工程建设领域适用数字技术 2022

buildingSMART中国分部
中国房地产业协会数字科技地产分会 组织编写

戴　薇　张桓瑞　于晓明　编著

中国建筑工业出版社

图书在版编目（CIP）数据

工程建设领域适用数字技术 . 2022 / 戴薇，张桓瑞，于晓明编著；buildingSMART 中国分部，中国房地产业协会数字科技地产分会组织编写 . —北京：中国建筑工业出版社，2021.9（2022.10重印）
ISBN 978-7-112-26743-9

Ⅰ.①工… Ⅱ.①戴… ②张… ③于… ④b… ⑤中… Ⅲ.①数字技术—应用—建筑工程—2022 Ⅳ.①TU18

中国版本图书馆 CIP 数据核字（2021）第 211296 号

责任编辑：赵晓菲 朱晓瑜 张智芊
责任校对：张惠雯

工程建设领域适用数字技术 2022
buildingSMART 中国分部 中国房地产业协会数字科技地产分会 组织编写
戴薇 张桓瑞 于晓明 编著
*
中国建筑工业出版社出版、发行（北京海淀三里河路 9 号）
各地新华书店、建筑书店经销
逸品书装设计制版
北京建筑工业印刷厂印刷
*
开本：787 毫米×1092 毫米 1/16 印张：37¾ 字数：757 千字
2021 年 12 月第一版 2022 年 10 月第二次印刷
定价：**138.00** 元
ISBN 978-7-112-26743-9
（38562）

编委会

组织编写：

buildingSMART中国分部

中国房地产业协会数字科技地产分会

编　　著：

戴　薇　张桓瑞　于晓明

审查专家：

顾　明　魏　来　张学生

编写人员（按姓氏笔画排序）：

马　冰　马鹏程　王　毅　王建业　仇　勇　冉体松　刘立慧
孙　磊　李　翔　李邵建　杨　露　张　颖　张　然　张诗洁
陈　立　秦　中　秦　军　徐朝辉　高凌云　黄　琨

参编单位（按笔画排序）：

上海鲁班软件股份有限公司

天宝寰宇电子产品（上海）有限公司

中国惠普有限公司

中设数字技术股份有限公司

达索析统（上海）信息技术有限公司

北京理正软件股份有限公司

同济大学建筑设计研究院（集团）有限公司
江苏浩森建筑设计有限公司
欧特克软件（中国）有限公司
杭州品茗安控信息技术股份有限公司
南京市水利规划设计院股份有限公司
深圳市毕美科技有限公司
深圳前海好工易网络科技有限公司
联想（北京）有限公司
戴尔科技集团
BENTLEY 软件（北京）有限公司

序　言

子曰："工欲善其事，必先利其器。"而今工程建设欲善何事？显然数字化是重点之一，以更好地推动城市和建筑工程的可持续化、智慧化、高质量化发展。此时此刻，数字化扑面而来。为了更好地应对，每个工程建设从业者，都不得不思考生产工具的问题，毕竟这是生产力的重要因素。那就来看看重要工具——软件吧。

软件是有能力的。做好工程数字化工作，离不开以BIM为代表的各类数字化方法和技术，这些方法和技术的最大特色，就是高度依托计算机和数据科学对人类的思维和行为、工程对象及关系等信息进行处理，以辅助人类进行决策。这决定了电脑与人脑需共同工作，乃至思考，在这个过程中，软件扮演着重要角色，是人类伸入数据世界手中的"器"，也就是工具。通过软件，人类操纵计算机对数据进行整理和分析，甚至教会计算机像人一样思考。软件的水平决定了操纵数据的能力和效率的最大空间。

软件是有性格的。关西大汉，小家碧玉，各善其能。不存在一款非凡的软件，能够面面俱到。不能让"大炮打蚊子"，而是选用合适的软件做合适的事。同样是建立BIM模型，有的软件适合房屋建筑，有的适合铁路工程，有的善于处理混凝土结构，有的对钢结构擅长。甚至可以说，软件专业化程度越高，解决问题的能力越强。如此一来，市场上的软件如过江之鲫，眼花缭乱。然而对于使用者来说，"乱花渐欲迷人眼"，要想在众多的软件当中选取最适合自己的一款，绝非易事。在考虑采购成本等因素之外，至少还要考虑两个问题，软件的功能是什么？我用软件要做什么？这是个相互了解和匹配的过程。此时，如果能有一本软件查询目录该有多好！这便是本书的初心。

软件有个适应过程。一个不容忽视的事实是，软件作为工具有时并不顺手。解决这个问题首先要选择最适合自己的软件，其次是要以发展的观点看待软件。无论是编程技术，还是市场需求，都是不断进化和变化的。使用者和软件都需要学会适应对方，这是个持续完善的过程。我们需要以很大的敬意对待软件研发中所付出的辛勤汗水，以形成良好的知识产权氛围，让软件行业欣欣向荣。

本书收录的都是非常值得参考的资料。但由于时间等因素限制，本书未能把所有的优秀软件都纳入，纰漏也难免出现，读者诸君若能持以最大的宽容，万分感激之至。

2021年7月22日于鹏城

前　言

为什么要看这本书？

随着数字经济趋势越来越明朗，数字经济在未来发展中将成为推动各行各业发展和升级的驱动力；工程建设数字化经过多年的探索和发展，目前在国内已形成百花齐放的市场环境，软硬件的快速发展和迭代，已成为百家争鸣的优势策略；但优势有时也带来困扰，许多使用者在选择软硬件时，更多的是根据过往经验和基础认知，必然出现软硬件匹配程度不高，花了钱并未解决问题的现象，如何解决这些问题？本书将带领读者，从应用场景角度出发，按工程建设发展逻辑和时间顺序，综合市场上主流软硬件发展，分析各应用场景下，软件提供的解决方案、成果应用、自身优势和基础操作流程等内容，同时匹配相关的硬件措施、平台综合应用介绍等，为用户在明确应用场景前提下，选择适合的软硬件或平台提供参考。

帮您选择第一款适用的BIM软件

对于BIM初学者或者是起步阶段的BIM团队来说，选择一款适合的BIM软件，将为今后的工作开展起到至关重要的作用。但对于市面上众多的BIM软件，如何选择出自己感兴趣和适合团队发展的一款软件，成为许多初学者或初建团队的难题。本书将助力初学者或初建团队，从众多的软件中，寻找适合自己或团队工作和应用的软硬件。首先请根据您所学的专业和团队工作特点出发，基于自身或团队需求，定位业务类型，本书提供了15种业务类型供您选择（详见“业务类型与应用场景总表”），同时，我们还提供了85种应用场景，请您在这85种中，选择出您即将从事，或是兴趣爱好，或是团队发展需求的应用场景，若您暂时无法确定所需要的应用场景，可从“通用场景”开始了解，本书第2章为通用场景、第3章为根据工程全生命周期划分的专用场景，每章每阶段均对各应用场景进行了介绍，初学者对场景不了解时可以通过介绍来选择自己需要的应用场景，各场景下通常包含很多软硬件，选择涵盖您业务类型的软件，每款软件我们在正文中为您提供了该产品针对该应用的简介、版本、应用功能、操纵流程、项目使用案例和对应的基础硬件要求，您可以通过阅读每个产品的功能和特点，对比同一应用场景下不同软硬件的差异，选择出适合自己应用的软硬件产品，帮助您快速定位需求、熟悉软硬件基本操作流程、解决方案和成果预期。

帮您拓展BIM应用增值软件

通常当您已熟练掌握个别应用场景后，会想要继续拓展相关应用，而此时将产生新的困扰。例如还可以拓展哪些应用，想要拓展深入的应用之前选中的软硬件是否就能满足需求，不能满足要搭配其他软硬件时兼容性又如何，或者想要了解之前选中的软硬件还能实现别的什么应用。本书除了详细介绍每个产品对应的场景功能外，还会列出该产品在其他应用场景和业务类型下的应用功能，以及该软件支持的输入输出格式，您可以在了解自身需求的基础上，提前了解每一款软件在其他场景、其他业务类型下的应用情况，根据其他场景信息可以在其他章节找到该软硬件在该场景下的详细介绍，介绍中同样为您提供该场景下，此产品的简介、版本、应用功能、操纵流程、项目使用案例和基础硬件要求。我们在提供一款软硬件和解决一个需求的同时，也希望能够帮助您或您的团队拓展BIM软硬件的增值应用，使您可以全面了解每一款软件所具备的各功功能、兼容能力，以及行业内还有哪些应用场景，同时目前都应用到什么深度了、还能拓展解决什么问题，从而形成BIM应用的全局观；最后使您和您的团队可以从整体发展观出发，选择出能够为您或您的团队带来长远可持续发展的软硬件基础设施。

帮您比选适合的BIM平台

什么是BIM平台？BIM平台是一种通常用于项目全生命周期，承载轻量化模型多种用途数据和可扩展、可持续、可管理的软件，它通常包括具备输入多种软件格式的接口，以体现出不同阶段的三维可视化整合能力，大部分BIM平台是基于互联网且提供云端的共享用户界面和交互风格，使得专业的软件数据能够被用户快速应用和查阅。此外，BIM平台有多种不同的用途，根据各自厂商在项目建设阶段的重点导向不同，BIM平台就会有不一样的集成功能。常见的平台功能如三维可视化协调、问题管理、文档管理、权限管理、进度管理、质量管理、设备管理、信息管理等。

BIM模型在交互协作上的使用越来越趋向于BIM平台的辅助应用，其模型轻量化和基于云端的协作功能，不仅带来了模型数据三维可视化协调，降低了BIM应用的门槛，同时也大大提高了项目参与各方的工作效率和协作效率。通常当您对BIM的应用上升到管理层面时，会需要平台类软件的辅助。本书在第4章中，将对平台类软件进行逐一介绍，主要针对BIM平台的特性，结合本书分类的应用场景和业务类型，进行平台软件适用的场景推荐，并对其软件的版本、格式、基础硬件、平台功能和项目案例进行阐述。至此，可以根据自身发展的需要，选择一款适合团队发展所需的BIM平台，帮助你或你的团队实现BIM综合管理应用的升级与拓展。

帮您匹配适合软件的硬件

我们在第5章对硬件进行了集中介绍，当您或您的团队，已经选择好适合的BIM软件或BIM平台后，我们在各软件的介绍中为您提供了该软件的推荐硬件配置与最低硬件配置，您可以根据预算为心仪的软件配备最合适的硬件配置，硬件产品从适用的场景出发，为您及您的团队推荐适用于何种工程项目中的不同产品；场景如建模、渲染、VR、性能分析、模拟仿真等，或是项目的体量级，您和您的团队可以从项目需求和未来增值服务角度出发，选择适合的硬件设施。

为什么要匹配适合软件的硬件？当选择了相应的软件后，如果硬件配置不行，很有可能发挥不了软件的特性和功能，甚至出现连软件都无法运行的情况，直接带来的可能是工作的无法进行和时间的浪费；或者是由于硬件配置较低，导致团队工作效率低下。为避免冤枉的费用，以及发生一定周期的硬件升级，我们在本章节中特提供一些专业的硬件产品，供您和您的团队选择，一来可以保障软件的顺利运行，同时也确保了硬件具备持续发展的要求。

怎么阅读这本书？

查找流程

如图1所示。

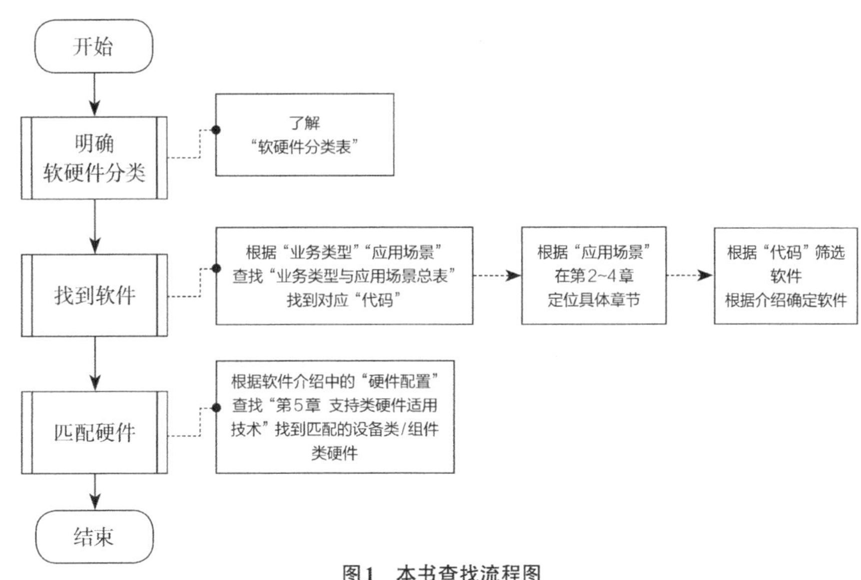

图1　本书查找流程图

软硬件分类表

如表1所示。

软硬件分类表　　表1

通用类软硬件	主要功能可应用于两个及以上生命阶段的软硬件。 主要功能：通用建模和表达，模型整合与管理，环境拍照及扫描，可视化仿真与VR，显示引擎。 通用类软硬件也可包含应用于专用场景的次要功能。 常见通用类软硬件有：通用建模软件、模型轻量化浏览软件、VR软硬件等
应用类软硬件	功能均为应用于专用场景的软硬件。 专用场景根据全生命周期细分。 常见应用类软硬件：算量软件、参数化设计优化软件、基坑扫描处理软硬件等
平台类软件	能够实现基于网络传输的数据存储、共享并提供多点协同等综合功能的平台或软件体系。 常见平台类软件：项目协同平台、运维管理平台、文档管理平台等
支持类硬件	不面向特定应用场景而提供底层技术支持环境的硬件或硬件集成。 常见支持类硬件：工作站、显卡等

业务类型与应用场景总表

如表2所示。

业务类型与应用场景总表　　表2

应用场景 \ 业务类型				城市规划	场地景观	建筑工程	水处理	垃圾处理	管道工程	道路工程	桥梁工程	隧道工程	铁路工程	信号工程	变电站	电网工程	水坝工程	飞行工程
			代码	A	B	C	D	E	F	G	H	J	K	L	M	N	P	Q
通用场景		通用建模和表达	01	A01	B01	C01	D01	E01	F01	G01	H01	J01	K01	L01	M01	N01	P01	Q01
		模型整合与管理	02	A02	B02	C02	D02	E02	F02	G02	H02	J02	K02	L02	M02	N02	P02	Q02
		环境拍照及扫描	03	A03	B03	C03	D03	E03	F03	G03	H03	J03	K03	L03	M03	N03	P03	Q03
		可视化仿真与VR	04	A04	B04	C04	D04	E04	F04	G04	H04	J04	K04	L04	M04	N04	P04	Q04
		显示引擎	05	A05	B05	C05	D05	E05	F05	G05	H05	J05	K05	L05	M05	N05	P05	Q05
专用场景	勘察及岩土工程	勘察外业设计辅助和建模	06	A06	B06	C06	D06	E06	F06	G06	H06	J06	K06	L06	M06	N06	P06	Q06
		原位测试与室内试验	07	A07	B07	C07	D07	E07	F07	G07	H07	J07	K07	L07	M07	N07	P07	Q07
		岩土工程分析评价	08	A08	B08	C08	D08	E08	F08	G08	H08	J08	K08	L08	M08	N08	P08	Q08
		勘察内业辅助和建模	09	A09	B09	C09	D09	E09	F09	G09	H09	J09	K09	L09	M09	N09	P09	Q09
		岩土工程设计辅助和建模	10	A10	B10	C10	D10	E10	F10	G10	H10	J10	K10	L10	M10	N10	P10	Q10
		岩土工程计算和分析	11	A11	B11	C11	D11	E11	F11	G11	H11	J11	K11	L11	M11	N11	P11	Q11
		工程量统计	12	A12	B12	C12	D12	E12	F12	G12	H12	J12	K12	L12	M12	N12	P12	Q12
		设计成果渲染与表达	13	A13	B13	C13	D13	E13	F13	G13	H13	J13	K13	L13	M13	N13	P13	Q13
		岩土工程检验与检测	14	A14	B14	C14	D14	E14	F14	G14	H14	J14	K14	L14	M14	N14	P14	Q14
		其他	15	A15	B15	C15	D15	E15	F15	G15	H15	J15	K15	L15	M15	N15	P15	Q15

续表

应用场景 \ 业务类型			代码	城市规划	场地景观	建筑工程	水处理	垃圾处理	管道工程	道路工程	桥梁工程	隧道工程	铁路工程	信号工程	变电站	电网工程	水坝工程	飞行工程
				A	B	C	D	E	F	G	H	J	K	L	M	N	P	Q
专用场景	规划/方案设计	设计辅助和建模	16	A16	B16	C16	D16	E16	F16	G16	H16	J16	K16	L16	M16	N16	P16	Q16
		场地环境性能化分析	17	A17	B17	C17	D17	E17	F17	G17	H17	J17	K17	L17	M17	N17	P17	Q17
		交通流线性能化分析	18	A18	B18	C18	D18	E18	F18	G18	H18	J18	K18	L18	M18	N18	P18	Q18
		建筑环境性能化分析	19	A19	B19	C19	D19	E19	F19	G19	H19	J19	K19	L19	M19	N19	P19	Q19
		参数化设计优化	20	A20	B20	C20	D20	E20	F20	G20	H20	J20	K20	L20	M20	N20	P20	Q20
		工程量统计	21	A21	B21	C21	D21	E21	F21	G21	H21	J21	K21	L21	M21	N21	P21	Q21
		算量和造价	22	A22	B22	C22	D22	E22	F22	G22	H22	J22	K22	L22	M22	N22	P22	Q22
		设计成果渲染与表达	23	A23	B23	C23	D23	E23	F23	G23	H23	J23	K23	L23	M23	N23	P23	Q23
		其他	24	A24	B24	C24	D24	E24	F24	G24	H24	J24	K24	L24	M24	N24	P24	Q24
	初步/施工图设计	设计辅助与建模	25	A25	B25	C25	D25	E25	F25	G25	H25	J25	K25	L25	M25	N25	P25	Q25
		结构专项计算和分析	26	A26	B26	C26	D26	E26	F26	G26	H26	J26	K26	L26	M26	N26	P26	Q26
		设计分析和优化	27	A27	B27	C27	D27	E27	F27	G27	H27	J27	K27	L27	M27	N27	P27	Q27
		冲突检测	28	A28	B28	C28	D28	E28	F28	G28	H28	J28	K28	L28	M28	N28	P28	Q28
		工程量统计	29	A29	B29	C29	D29	E29	F29	G29	H29	J29	K29	L29	M29	N29	P29	Q29
		算量和造价	30	A30	B30	C30	D30	E30	F30	G30	H30	J30	K30	L30	M30	N30	P30	Q30
		设计成果渲染与表达	31	A31	B31	C31	D31	E31	F31	G31	H31	J31	K31	L31	M31	N31	P31	Q31
		其他	32	A32	B32	C32	D32	E32	F32	G32	H32	J32	K32	L32	M32	N32	P32	Q32

续表

应用场景 \ 业务类型			代码	城市规划 A	场地景观 B	建筑工程 C	水处理 D	垃圾处理 E	管道工程 F	道路工程 G	桥梁工程 H	隧道工程 J	铁路工程 K	信号工程 L	变电站 M	电网工程 N	水坝工程 P	飞行工程 Q
专用场景	深化设计	深化设计辅助和建模	33	A33	B33	C33	D33	E33	F33	G33	H33	J33	K33	L33	M33	N33	P33	Q33
		地基基础设计辅助和建模	34	A34	B34	C34	D34	E34	F34	G34	H34	J34	K34	L34	M34	N34	P34	Q34
		现浇混凝土设计辅助和建模	35	A35	B35	C35	D35	E35	F35	G35	H35	J35	K35	L35	M35	N35	P35	Q35
		预制装配设计辅助和建模	36	A36	B36	C36	D36	E36	F36	G36	H36	J36	K36	L36	M36	N36	P36	Q36
		装饰装修设计辅助和建模	37	A37	B37	C37	D37	E37	F37	G37	H37	J37	K37	L37	M37	N37	P37	Q37
		钢结构设计辅助和建模	38	A38	B38	C38	D38	E38	F38	G38	H38	J38	K38	L38	M38	N38	P38	Q38
		机电工程设计辅助和建模	39	A39	B39	C39	D39	E39	F39	G39	H39	J39	K39	L39	M39	N39	P39	Q39
		幕墙设计辅助和建模	40	A40	B40	C40	D40	E40	F40	G40	H40	J40	K40	L40	M40	N40	P40	Q40
		专项计算和分析	41	A41	B41	C41	D41	E41	F41	G41	H41	J41	K41	L41	M41	N41	P41	Q41
		冲突检测	42	A42	B42	C42	D42	E42	F42	G42	H42	J42	K42	L42	M42	N42	P42	Q42
		工程量统计	43	A43	B43	C43	D43	E43	F43	G43	H43	J43	K43	L43	M43	N43	P43	Q43
		算量和造价	44	A44	B44	C44	D44	E44	F44	G44	H44	J44	K44	L44	M44	N44	P44	Q44
		其他	45	A45	B45	C45	D45	E45	F45	G45	H45	J45	K45	L45	M45	N45	P45	Q45
	招采	招标投标采购	46	A46	B46	C46	D46	E46	F46	G46	H46	J46	K46	L46	M46	N46	P46	Q46
		投资与招商	47	A47	B47	C47	D47	E47	F47	G47	H47	J47	K47	L47	M47	N47	P47	Q47
		其他	48	A48	B48	C48	D48	E48	F48	G48	H48	J48	K48	L48	M48	N48	P48	Q48
	施工准备	施工场地规划	49	A49	B49	C49	D49	E49	F49	G49	H49	J49	K49	L49	M49	N49	P49	Q49
		施工组织和计划	50	A50	B50	C50	D50	E50	F50	G50	H50	J50	K50	L50	M50	N50	P50	Q50
		施工仿真	51	A51	B51	C51	D51	E51	F51	G51	H51	J51	K51	L51	M51	N51	P51	Q51
		模板设计	52	A52	B52	C52	D52	E52	F52	G52	H52	J52	K52	L52	M52	N52	P52	Q52

续表

业务类型 \ 应用场景				城市规划	场地景观	建筑工程	水处理	垃圾处理	管道工程	道路工程	桥梁工程	隧道工程	铁路工程	信号工程	变电站	电网工程	水坝工程	飞行工程
			代码	A	B	C	D	E	F	G	H	J	K	L	M	N	P	Q
专用场景	施工准备	脚手架设计	53	A53	B53	C53	D53	E53	F53	G53	H53	J53	K53	L53	M53	N53	P53	Q53
		机电安装设计	54	A54	B54	C54	D54	E54	F54	G54	H54	J54	K54	L54	M54	N54	P54	Q54
		钢筋工程设计	55	A55	B55	C55	D55	E55	F55	G55	H55	J55	K55	L55	M55	N55	P55	Q55
		其他	56	A56	B56	C56	D56	E56	F56	G56	H56	J56	K56	L56	M56	N56	P56	Q56
	施工实施	土方工程	57	A57	B57	C57	D57	E57	F57	G57	H57	J57	K57	L57	M57	N57	P57	Q57
		基坑施工	58	A58	B58	C58	D58	E58	F58	G58	H58	J58	K58	L58	M58	N58	P58	Q58
		钢筋加工	59	A59	B59	C59	D59	E59	F59	G59	H59	J59	K59	L59	M59	N59	P59	Q59
		隐蔽工程记录	60	A60	B60	C60	D60	E60	F60	G60	H60	J60	K60	L60	M60	N60	P60	Q60
		质量管理	61	A61	B61	C61	D61	E61	F61	G61	H61	J61	K61	L61	M61	N61	P61	Q61
		成本管理	62	A62	B62	C62	D62	E62	F62	G62	H62	J62	K62	L62	M62	N62	P62	Q62
		进度管理	63	A63	B63	C63	D63	E63	F63	G63	H63	J63	K63	L63	M63	N63	P63	Q63
		安全管理	64	A64	B64	C64	D64	E64	F64	G64	H64	J64	K64	L64	M64	N64	P64	Q64
		环境管理	65	A65	B65	C65	D65	E65	F65	G65	H65	J65	K65	L65	M65	N65	P65	Q65
		算量和造价	66	A66	B66	C66	D66	E66	F66	G66	H66	J66	K66	L66	M66	N66	P66	Q66
		劳务管理	67	A67	B67	C67	D67	E67	F67	G67	H67	J67	K67	L67	M67	N67	P67	Q67
		物资管理	68	A68	B68	C68	D68	E68	F68	G68	H68	J68	K68	L68	M68	N68	P68	Q68
		车辆管理	69	A69	B69	C69	D69	E69	F69	G69	H69	J69	K69	L69	M69	N69	P69	Q69
		设备管理	70	A70	B70	C70	D70	E70	F70	G70	H70	J70	K70	L70	M70	N70	P70	Q70
		工地监测	71	A71	B71	C71	D71	E71	F71	G71	H71	J71	K71	L71	M71	N71	P71	Q71
		竣工与验收	72	A72	B72	C72	D72	E72	F72	G72	H72	J72	K72	L72	M72	N72	P72	Q72

续表

应用场景 \ 业务类型			代码	城市规划 A	场地景观 B	建筑工程 C	水处理 D	垃圾处理 E	管道工程 F	道路工程 G	桥梁工程 H	隧道工程 J	铁路工程 K	信号工程 L	变电站 M	电网工程 N	水坝工程 P	飞行工程 Q
专用场景	施工实施	其他	73	A73	B73	C73	D73	E73	F73	G73	H73	J73	K73	L73	M73	N73	P73	Q73
	运维	空间登记与管理	74	A74	B74	C74	D74	E74	F74	G74	H74	J74	K74	L74	M74	N74	P74	Q74
		资产登记与管理	75	A75	B75	C75	D75	E75	F75	G75	H75	J75	K75	L75	M75	N75	P75	Q75
		应急模拟与管理	76	A76	B76	C76	D76	E76	F76	G76	H76	J76	K76	L76	M76	N76	P76	Q76
		能耗管理	77	A77	B77	C77	D77	E77	F77	G77	H77	J77	K77	L77	M77	N77	P77	Q77
		其他	78	A78	B78	C78	D78	E78	F78	G78	H78	J78	K78	L78	M78	N78	P78	Q78
协同平台/终端		通用协同	79	A79	B79	C79	D79	E79	F79	G79	H79	J79	K79	L79	M79	N79	P79	Q79
		建设方内部协同	80	A80	B80	C80	D80	E80	F80	G80	H80	J80	K80	L80	M80	N80	P80	Q80
		设计方内部协同	81	A81	B81	C81	D81	E81	F81	G81	H81	J81	K81	L81	M81	N81	P81	Q81
		总承包内部协同	82	A82	B82	C82	D82	E82	F82	G82	H82	J82	K82	L82	M82	N82	P82	Q82
		施工现场协同	83	A83	B83	C83	D83	E83	F83	G83	H83	J83	K83	L83	M83	N83	P83	Q83
		运维协同	84	A84	B84	C84	D84	E84	F84	G84	H84	J84	K84	L84	M84	N84	P84	Q84
		轻量化模型文档管理	85	A85	B85	C85	D85	E85	F85	G85	H85	J85	K85	L85	M85	N85	P85	Q85

目　录

第3章 应用类软硬件适用技术 049

第5章 支持类硬件适用技术 529

第6章 案 例——成都绿地中心蜀峰468超高层项目BIM综合应用 547

第7章 彩页附录 563

第1章

工程建设数字技术纲要

1.1 信息技术战略发展背景

随着经济全球化的日益发展和迭代更新，信息化和智能化已经成为全球先进制造业、生物、健康、教育、医疗、建筑业、智慧城市等方面重点突破和竞争的领域。在支撑各行各业创新发展方面，有着举足轻重的地位，发展信息化和智能化产业前沿技术，形成智慧型共享信息基础设施与数据分析平台，建设信息化网络与信息共同体为支撑的创新，已成为各国的信息技术战略发展方向。信息化是充分利用信息科学技术，开发利用信息资源，促进信息交流和知识共享，提高经济质量增长，推动经济社会发展转型的进程。

1.1.1 全球信息化技术发展背景

20世纪90年代以来，信息技术不断创新，信息产业持续发展，信息网络广泛普及，信息化已成为全球经济社会发展的显著特征；进入21世纪以来，信息化对经济社会发展的影响更加深刻。广泛应用、高度渗透的信息技术正孕育着新的重大突破。信息资源日益成为重要生产要素、无形资产和社会财富。信息网络更加普及并日趋融合。信息化与经济全球化相互交织，推动着全球产业分工深化和经济结构调整，重塑着全球经济竞争格局。互联网加剧了各种思想文化的相互激荡，成为信息传播和知识扩散的新载体。同时，全球数字鸿沟呈现扩大趋势，发展失衡现象日趋严重。发达国家信息化发展目标更加清晰，正在出现向信息社会转型的趋向；越来越多的发展中国家主动迎接信息化发展带来的新机遇，力争跟上时代潮流。全球信息化正在引发当今世界的深刻变革，重塑世界政治、经济、社会、文化和军事发展的新格局。加快信息化发展已经成为世界各国的共同选择和重要发展战略规划。

1.1.2 我国信息化技术发展背景

党中央、国务院一直高度重视信息化工作。2020年，我国信息化发展的战略目标是：综合信息基础设施基本普及，信息技术自主创新能力显著增强，信息产业结构全面优化，国家信息安全保障水平大幅提高，国民经济和社会信息化取得明显成效，新型工业化发展模式初步确立，国家信息化发展的制度环境和政策体系基本完善，国民信息技术应用能力显著提高，为迈向信息社会奠定坚实基础。

具体目标：促进经济增长方式的根本转变。广泛应用信息技术，改造和提升传统产业，发展信息服务业，推动经济结构战略性调整。深化应用信息技术，努力降低单位产品能耗、物耗，加大对环境污染的监控和治理，服务循环经济发展。充分利用信息技术，促进我国经济增长方式由主要依靠资本和资源投入向主要依靠科技进步和提高劳动者素质转变，提高经济增长的质量和效益。

实现信息技术自主创新、信息产业发展的跨越。有效利用国际国内两个市场、两种资源，增强对引进技术的消化吸收，突破一批关键技术，掌握一批核心技术，实现信息技术从跟踪、引进到自主创新的跨越，实现信息产业由大变强的跨越。

1.1.3 建筑业信息化技术发展背景

建筑业信息化是建筑业发展战略的重要组成部分，也是建筑业转变发展方式、提质增效、节能减排的必然要求，对建筑业绿色发展、提高人民生活品质具有重要意义。建筑行业信息化发展目标：全面提高建筑业信息化水平，着力增强BIM、大数据、智能化、移动通信、云计算、物联网等信息技术集成应用能力，建筑业数字化、网络化、智能化取得突破性进展，初步建成一体化行业监管和服务平台，数据资源利用水平和信息服务能力明显提升，形成一批具有较强信息技术创新能力和信息化应用达到国际先进水平的建筑企业，及具有关键自主知识产权的建筑业信息技术企业。

BIM（Building Information Model），建筑信息模型。建筑行业BIM信息技术在1975年诞生，“BIM之父”——乔治亚理工大学的查克·伊士曼（Chuck Eastman）教授创建了BIM理念，自创立至今，BIM技术的研究经历了三大阶段：萌芽阶段、产生阶段和发展阶段。BIM理念的启蒙，受到了1973年全球石油危机的影响，美国全行业需要考虑提高行业效益的问题，1975年查克·伊士曼教授在其研究的课题“Building Description System”中提出“Computer-based description of-a building”，以便于实现建筑工程的可视化和量化分析，提高工程建设效率。2002年，Autodesk公司副总裁Phil Bernstein向美国建筑师协会提出了建筑信息化模型的设计理念，Building Information Modeling一词正式诞生。

建筑企业正在积极深入研究BIM等技术的创新应用，探索“互联网+”形势下管理、生产的创新商业模式，增强核心竞争力，实现跨越式发展，已成为建筑企业相近追逐的发展趋势。勘察、设计类企业也已逐步推进信息技术与企业管理的深度融合，加快BIM普及应用，实现勘察、设计信息化技术的提升，强化企业知识管理，发展支撑智慧企业建设的信息化技术；施工类企业也在加强信息化基础设施建设，推进管理信息系统升级换代，拓展信息化管理系统的新功能；工程总承包类企业更应从优化工程总承包项目信息化管理角度出发，整体提升集成信息化企业管理应用水平，推进“互联网+”协同工作模式，实现全过程信息化管理、共享与协作。

1.2 数字技术在工程建筑中的关键因素

建设数字城市是城市信息化的系统工程，数字城市是把新一代信息技术，充分运用在城市中各行各业，基于知识社会下一代创新的城市信息化高级形态，实现信息化、工业化与城镇化深度融合，提高城镇化质量，实现精细化和动态管理，提升城市管理成效和改善市民生活质量。随着建筑业信息化的飞速发展，数字技术被广泛应用于工程建筑领域，特别是BIM技术的发展，将建筑行业从二维平面推向三维空间数字化，工程全生命周期得以通过信息化手段运用与记录；此外，通过BIM技术信息化的建设和发展，可带动大数据技术、云计算技术、物联网技术、3D打印技术、人工智能化技术等专项信息技术的应用，为建筑行业的智能化发展添砖增瓦，由此可见，数字技术是工程建设信息化的重要基础因素。

但在社会分工与技术手段多样化发展的环境下，工程技术人员知识素养、软硬件选择环境、信息化的有效利用和组织管理模式，成为数字技术在工程建筑中的关键因素，如何在众多软硬件技术和各发展阶段应用的前提下，选择匹配高效、适用的信息化技术手段成为首要问题。本书将从读者自身信息化应用需求为出发点，按国内工程项目发展的时间顺序，以工程业务和场景应用为基础，匹配相应软硬件及平台方案；帮助读者从选择适合自身应用的软硬件方案；避免因软硬件不匹配带来的时间延误、成本增加和无效结果等情况，以及信息化无用论的发生。

1.2.1 人员因素的重要性

BIM技术近几年已成为国内建筑工程行业的聚焦点，许多企业在此基础上进行转型升级，随着信息技术的发展、BIM技术的不断深入探索和行业标准的不断变化，BIM人才和团队的培养也成为关键因素之一。如何建立适合企业发展的BIM团队，成为各企业面临亟待解决的问题。但人才梯队的建设取决于企业选择应用的软件系列，企业可根据自身业务发展的目标，在选择好软件产品的前提下，根据软件系列，组建具备专业素养和掌握软件应用能力的团队成员，确保软件功能的最大化利用，保障团队工作的顺利开展和节约时间，从而帮助企业实现发展目标。

1.2.2 软硬件环境的重要性

数字化技术作为促进建筑行业创新发展的重要核心技术，其应用与推广对建筑行业的科技进步与转型升级将产生不可估量的影响，同时也给建筑行业的发展带来巨大的动力，将大大提高工程项目的集成化交付能力，进一步促进工程项目的效益和效率提升。

软硬件系列作为企业数字化发展的重要选择前提，在信息化发展过程中起着举足轻重的地位，同时也决定着企业发展的社会价值。正确的软硬件选择对后续工作开展能起到事半功倍的效果，但是跟随主流或逐个试用，可能给企业带来时间、人力、成本的损耗，甚至导致信息化无用论；本书将在应用场景和软硬件功能方面重点论述，帮助读者寻求适合、有效的软硬件环境，从而避免企业在发展过程中，因探索软硬件匹配等方面的资源、时间、人力和成本的浪费。

1.2.3 组织管理模式的重要性

信息化技术的持续发展，离不开企业的组织管理。如何充分利用数字化的直观性、可分析性、可共享性和可管理性等特点，为企业管理或项目管理的业务提供准确及时的技术数据支持或技术分析成果，与各企业的目标策划、组织管理流程和工程人员职责息息相关。信息化技术的发展必然带来企业的组织管理方式升级，信息化技术与组织管理匹配应用的核心价值主要体现在：提升项目可视化管理能力、提供更有效的分析手段、为项目管理提供数据支持、为企业管理提供数据积累。我们建议各企业结合自身管理特点，在信息化使用的过程中，结合主营业务，形成新的组织管理模式，该模式应结合企业人员组织、已选软硬件特点、项目管理架构等因素，建立新的标准化应用流程、人员管理职责，必要时建立专人负责制，以确保信息化技术的充分应用，从而达到提高协作效率，确保组织目标得以实现。

1.2.4 信息化有效利用的重要性

建筑行业的信息化由两个过程组成，一是信息的集成过程，建筑信息的集成分别在方案设计、扩初设计、施工图设计、施工过程、竣工阶段和运维阶段形成，其中施工图设计、施工过程、运维阶段是信息集成的主要阶段；二是信息的使用过程，大量的数据累积必然会出现冗余的数据堆积，并非是所有信息化数据的沉淀才能带来有效的信息化运用。企业应当从信息程度自身需要出发，结合企业软硬件配置和组织管理模式，建立能为自身提高效率和便捷使用的信息化数据库，在一定程度上做信息化数据数据收集的减法，从而更加明确核心数据，才能为将来的数据库运行提供良好、清晰的集成和使用逻辑，为企业的信息化发展奠定基础。

第2章

通用类软硬件适用技术

2.1 “主力部队”——通用类软硬件

通用类软硬件可能是你了解BIM之初最早接触的软硬件，人们通常对BIM第一印象就是三维可视化，通用类软硬件就是用来完成最基础三维信息模型搭建或可视化增强的一批软硬件。它们可以跨业务类型和在多应用场景中应用，虽不能满足一些特殊需求，但能完成大多数的基础应用，因此使用者较广，传递性较强，是BIM软硬件中的“主力部队”。因此，通常当你刚入门BIM时，都会先从接触一个通用类软硬件开始。

2.1.1 “主力部队”的前世今生

通用类软硬件几乎和BIM理念同时诞生，第一批BIM软件以及配套工作站产品在1975年至1985年出现，如查克·伊士曼教授（Chuck Eastman）的建筑表现系统和GLIDE、RUCAPS、Sonata和Reflex等。早期的软件及运行所需的硬件非常昂贵，这限制了这项技术的发展。1984年发布的ArchiCAD的RadarCH，是首个能个人电脑上运行的BIM软件。

随着时间发展，许多公司开发出集合复杂相关信息的建筑信息模型运用规范及框架，这些软件包不同于以往的建筑绘图工具，如AutoCAD等，它能够包含更多的信息在建筑模型中，如时间、成本、制造商细节信息、持续性的维护信息等。

时间来到2005年前后，BIM理念及通用类软硬件进入中国市场，我国快速吸收BIM理念，在数个重点项目中首次运用了BIM技术及通用类软硬件，随后的几年，更适用于中国工程行业的本土化BIM通用类软硬件也如雨后春笋般蓬勃发展。

2.1.2 “主力部队”的主要功能

通用类软硬件主要功能为通用建模和表达、模型整合与管理、环境拍照及扫描、可视化仿真与VR、显示引擎，且主要功能可应用于两个及以上生命阶段。主要功能应用场景及定义如表2-1-1所示。

2.1.3 “主力部队”的次要功能

通用类软硬件的主要功能，在本章进行介绍。通用类软硬件也可包含应用于专用场景的次要功能，次要功能在第3章各阶段专用应用场景中进行介绍（图2-1-1）。

通用类软硬件主要功能应用场景及定义　　表2-1-1

应用场景		定义
1	通用建模和表达	利用软件搭建各专业三维信息模型，并满足两个及以上生命阶段传递使用的需求
2	模型整合与管理	利用软件轻量化处理BIM模型，使满足普通硬件配置用户整合、浏览、测量、检测、管理BIM模型的使用需求，并满足两个及以上生命阶段的使用
3	环境拍照及扫描	利用软硬件对物体或地表空间外形、结构色彩进行扫描，以获得物体表面的空间坐标，以用于建筑现状还原、施工验收比对等BIM应用的技术
4	可视化仿真与VR	利用软硬件对BIM信息模型进行渲染处理、生成效果图、模拟仿真漫游，或虚拟现实沉浸式体验的应用
5	显示引擎	三维图形显示的底层核心功能框架，封装了三维图形算法和用于渲染二维、三维矢量图形的跨语言、跨平台的应用程序编程接口

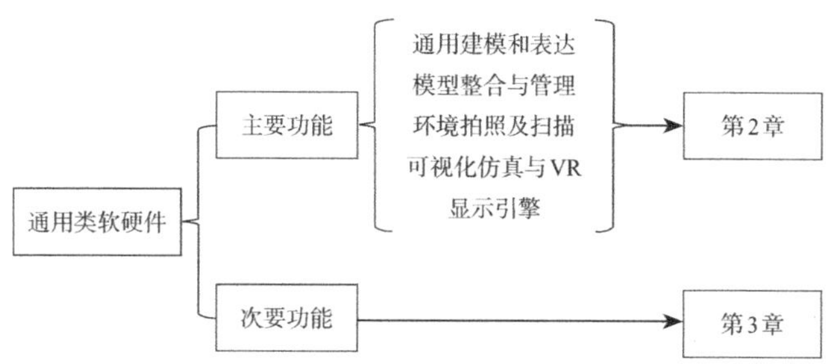

图2-1-1　通用类软硬件功能章节分布

2.2 通用建模和表达

2.2.1 Revit

Revit软件情况介绍　　表2-2-1

软件名称	Revit		厂商名称	Autodesk		
代码		应用场景	业务类型			
A01/B01/C01/D01/E01/F01/G01/H01/J01/K01/L01/M01/N01/P01/Q01		通用建模和表达	城市规划/场地景观/建筑工程/水处理/垃圾处理/管道工程/道路工程/桥梁工程/隧道工程/铁路工程/信号工程/变电站/电网工程/水坝工程/飞行工程			
最新版本	Revit 2021					
输入格式	.dwg/.dxf/.dgn/.sat/.skp/.rvt/ .rfa/.ifc/.pdf/.xml/点云.rcp/.rcs /.nwc/.nwd/所有图像文件					
输出格式	.dwg/.dxf/.dgn/.sat/.ifc/.rvt					
推荐硬件配置	操作系统	64位Windows 10	处理器	3GHz	内存	16GB
	显卡	支持DirectX® 11和Shader Model 5的显卡，最少有4GB视频内存	磁盘空间	30GB	鼠标要求	带滚轮
	其他	NET Framework 版本 4.8 或更高版本				

续表

<table>
<tr><td rowspan="3">最低硬件配置</td><td>操作系统</td><td>64位 Windows 10</td><td>处理器</td><td>2GHz</td><td>内存</td><td>8GB</td></tr>
<tr><td>显卡</td><td>支持 DirectX®11 和 Shader Model 5 的显卡，最少有 4GB 视频内存</td><td>磁盘空间</td><td>30GB</td><td>鼠标要求</td><td>带滚轮</td></tr>
<tr><td>其他</td><td colspan="5">NET Framework 版本 4.8 或更高版本</td></tr>
<tr><td colspan="7">功能介绍</td></tr>
</table>

A01/B01/C01/D01/E01/F01/G01/H01/I01/J01/K01/L01/M01/N01 /P01/Q01：

Autodesk Revit 是用于建筑、结构、机电设计和建模的 BIM 解决方案，其包含建筑、结构、机电设计模块，可以对城市规划、场地景观、建筑工程等进行建模，也可以对铁路、公路、桥梁、桥墩和挡土墙等土木工程结构进行建模，创建三维配筋模型，也支持工业类管道工程、水处理、垃圾处理等工程的建模，并制作2D图纸并计算数量，满足通用工程建设场景的建模和表达（图1）。

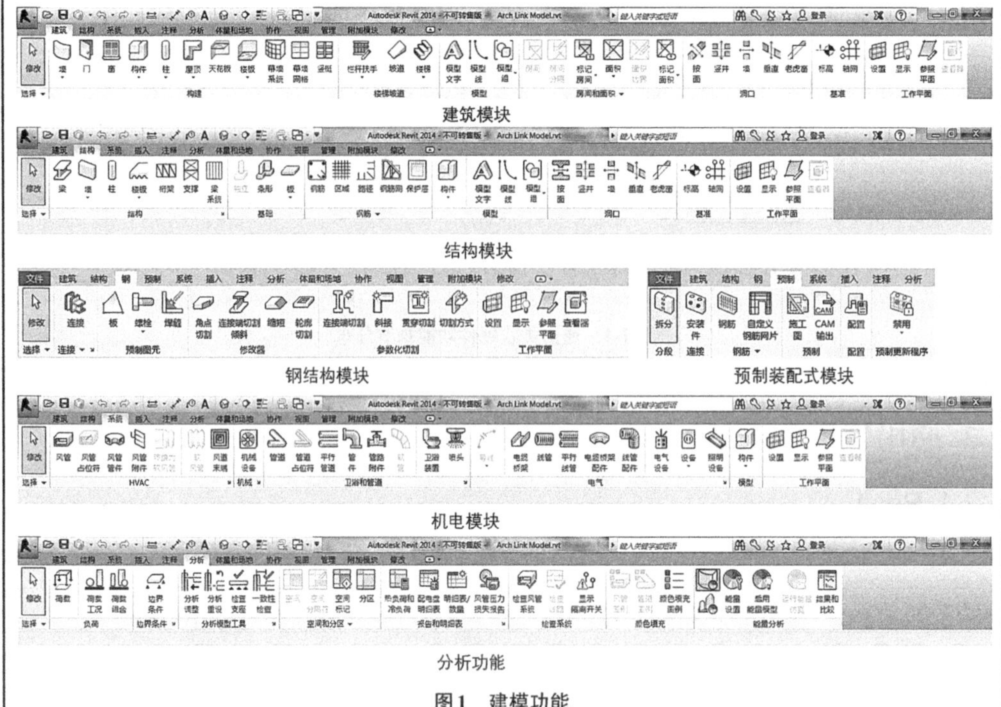

图1　建模功能

专为 BIM 设计的 Autodesk Revit 软件能够帮助你捕捉和分析最具创新性的设计构思，并精确地保持你的设计理念。Revit 提供包含丰富信息的模型，能够支持针对可持续设计、冲突检测、施工规划和建造做出明智的决策。同时帮助你与工程师、承包商和业主更好地沟通协作。设计过程中的所有变更都会在相关设计与文档中自动更新，实现更加协调一致的流程，获得更加可靠的设计文档。（图2）

Revit 也兼容土木工程设计 3D 建模，可通过与 Civil 3D 协作功能，使用线性信息进行桥梁建模，并进行设计过程中的简易结构分析（图3）

续表

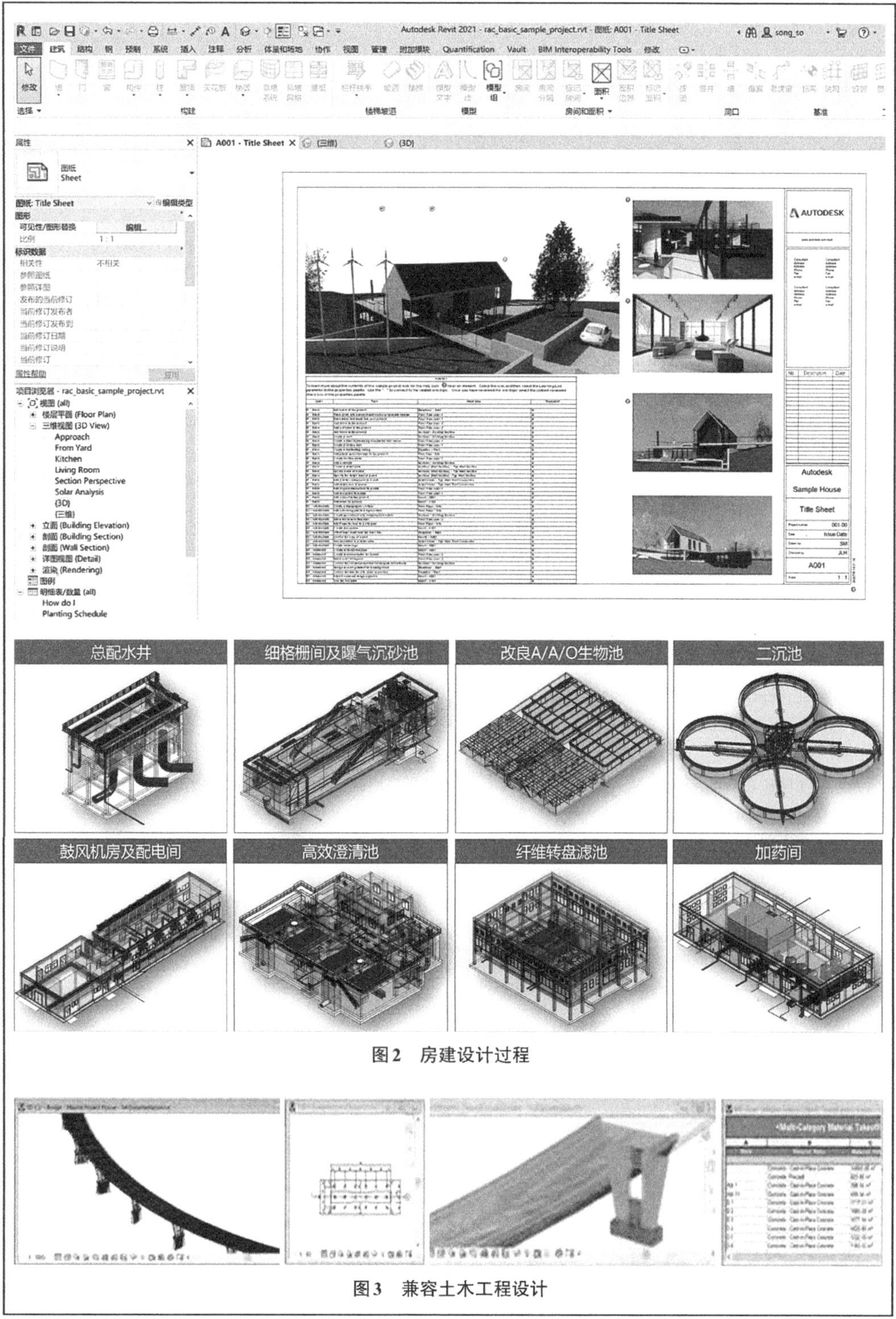

图2　房建设计过程

图3　兼容土木工程设计

2.2.2 MicroStation

MicroStation 软件情况介绍 **表 2-2-2**

<table>
<tr><td>软件名称</td><td colspan="3">MicroStation</td><td>厂商名称</td><td colspan="3">Bentley</td></tr>
<tr><td colspan="3">代码</td><td>应用场景</td><td colspan="4">业务类型</td></tr>
<tr><td colspan="3">A01/B01/C01/D01/E01/F01/G01/H01/J01/K01/L01/M01/N01/P01/Q01</td><td>通用建模和表达</td><td colspan="4" rowspan="2">城市规划/场地景观/建筑工程/水处理/垃圾处理/管道工程/道路工程/桥梁工程/隧道工程/铁路工程/信号工程/变电站/电网工程/水坝工程/飞行工程</td></tr>
<tr><td colspan="3">A02/B02/C02/D02/E02/F02/G02/H02/J02/K02/L02/M02/N02/P02/Q02</td><td>模型整合与管理</td></tr>
<tr><td>最新版本</td><td colspan="7">MicroStation CONNECT Edition Update 15</td></tr>
<tr><td>输入格式</td><td colspan="7">.dgn/.dwg/.cel/.rfa/.dgnlib/.rdl/.imodel/.shp/.txt/.dxf/.ifc/.3ds/.obj/……</td></tr>
<tr><td>输出格式</td><td colspan="7">.dgn/.dwg/.dgnlib/.rdl/.pdf/.fbx/.skp/.vob/.lxo/.u3d/.obj/……</td></tr>
<tr><td rowspan="2">推荐硬件配置</td><td>操作系统</td><td>64位 Windows 10</td><td>处理器</td><td>2GHz</td><td>内存</td><td>16GB</td></tr>
<tr><td>显卡</td><td>2GB</td><td>磁盘空间</td><td>1TB</td><td>鼠标要求</td><td>带滚轮</td></tr>
<tr><td rowspan="2">最低硬件配置</td><td>操作系统</td><td>64位 Windows 10</td><td>处理器</td><td>1GHz</td><td>内存</td><td>4GB</td></tr>
<tr><td>显卡</td><td>512MB</td><td>磁盘空间</td><td>500GB</td><td>鼠标要求</td><td>带滚轮</td></tr>
<tr><td colspan="8">功能介绍</td></tr>
</table>

A01/B01/C01/D01/E01/F01/G01/H01/J01/K01/L01/M01/N01/P01/Q01：

MicroStation 的高级参数化三维建模功能可以让任何专业的基础设施专业人士交付数据驱动的 BIM 就绪模型。借助 Bentley 特定专业的 BIM 应用程序创建设计和模型，可以创建多专业综合 BIM 模型、文档和其他可交付成果。MicroStation 及所有 Bentley BIM 应用程序均构建于同一个综合建模平台上。因此，可以利用 Bentley 设计和分析建模 BIM 应用程序，轻松为 MicroStation 工作实现专业特定的工作流。得益于这种灵活性，项目团队中的每位成员在执行其需要完成的工作时，都能用到最适合的应用程序。无需更改你现有的工作流，便可获得 BIM 的全部优势。

MicroStation不仅仅是一个CAD软件，它支持：

自动生成可交付成果：利用数据驱动的综合 BIM 模型自动创建和共享项目可交付成果，例如图纸、计划表、模型、可视化效果等。

实景建模：轻松集成设计的背景信息，包括实景网格、图像、点云、GIS 数据、Revit或其他模型、DWG 文件以及外部数据源等（图1）。

特有的地理坐标系：在特有的标注地理坐标环境中工作，便于你在精确的地理和几何环境中设计 BIM 模型（图2）。

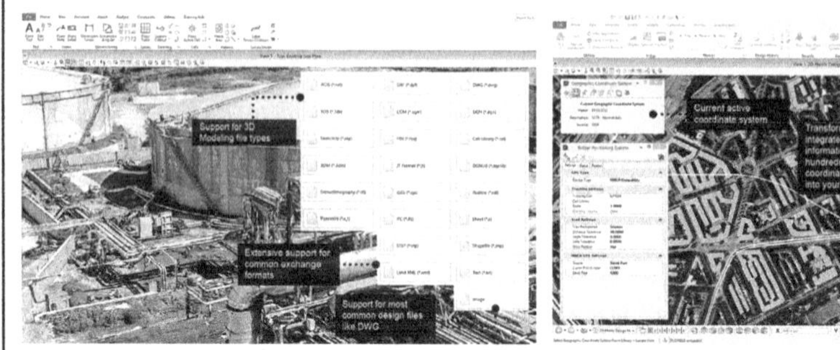

图1 支持多种文件格式

图2 支持地理坐标系

续表

功能组件：体验真正的高级设计建模三维参数化设计，利用二维和三维约束，准确捕捉设计意图并进行建模。 超模型建模：通过丰富、可视化的三维体验，将带注释的文档集成到三维模型中，提供对设计更深入的了解

2.2.3 AutoCAD

AutoCAD软件情况介绍　　　　**表2-2-3**

<table>
<tr><td>软件名称</td><td colspan="3">AutoCAD</td><td colspan="2">厂商名称</td><td>Autodesk</td></tr>
<tr><td colspan="3">代码</td><td>应用场景</td><td colspan="3">业务类型</td></tr>
<tr><td colspan="3">A01/B01/C01/D01/E01/F01/G01/H01/J01/K01/L01/M01/N01 /P01/Q01</td><td>通用建模和表达</td><td colspan="3">城市规划/场地景观/建筑工程/水处理/垃圾处理/管道工程/道路工程/桥梁工程/隧道工程/铁路工程/信号工程/变电站/电网工程/水坝工程/飞行工程</td></tr>
<tr><td>最新版本</td><td colspan="6">AutoCAD 2021</td></tr>
<tr><td>输入格式</td><td colspan="6">.dwg/.dxf/.sat/.CAPart/.CATProduct/.igs/.iges/.ipt/.iam/.jt/.wmf/.dgn/.prt./.x_b/*.pdf/.prt/.asm/.g/.neu/.3dm/.stp/.step</td></tr>
<tr><td>输出格式</td><td colspan="6">.dwg/.dxf/.dwf/.sat/.igs/.iges/.stl/.sat//dxx/.dgn/.bmp/.eps/.wmf</td></tr>
<tr><td rowspan="3">推荐硬件配置</td><td>操作系统</td><td>64位 Windows 10</td><td>处理器</td><td>3GHz</td><td>内存</td><td>16GB</td></tr>
<tr><td>显卡</td><td>4GB</td><td>磁盘空间</td><td>6GB</td><td>鼠标要求</td><td>带滚轮</td></tr>
<tr><td>其他</td><td colspan="5">NET Framework 4.7或更高版本</td></tr>
<tr><td rowspan="3">最低硬件配置</td><td>操作系统</td><td>64位 Windows 10</td><td>处理器</td><td>2.5GHz</td><td>内存</td><td>8GB</td></tr>
<tr><td>显卡</td><td>1GB</td><td>磁盘空间</td><td>6GB</td><td>鼠标要求</td><td>带滚轮</td></tr>
<tr><td>其他</td><td colspan="5">NET Framework 4.7或更高版本</td></tr>
<tr><td colspan="7">功能介绍</td></tr>
<tr><td colspan="7">A01/B01/C01/D01/E01/F01/G01/H01/I01/J01/K01/L01/M01/N01 /P01/Q01：
AutoCAD（Autodesk Computer Aided Design）是Autodesk（欧特克）公司首次于1982年开发的自动计算辅助设计软件，用于二维绘图、详细绘制、设计文档和基本三维设计，现已经成为国际上广为流行的绘图工具。AutoCAD具有良好的用户界面，通过交互菜单或命令行方式便可以进行各种操作。它的多文档设计环境，让非计算机专业人员也能很快地学会使用。在不断实践的过程中更好地掌握它的各种应用和开发技巧，从而不断提高工作效率。AutoCAD具有广泛的适应性，它可以在各种操作系统支持的微型计算机和工作站上运行。
AutoCAD具有以下特点：①具有完善的图形绘制功能；②有强大的图形编辑功能；③可以采用多种方式进行二次开发或用户定制；④可以进行多种图形格式的转换，具有较强的数据交换能力；⑤支持多种硬件设备；⑥支持多种操作平台；⑦具有通用性、易用性，适用于各类用户，此外，从AutoCAD2000开始，该系统又增添了许多强大的功能，如AutoCAD设计中心（ADC）、多文档设计环境（MDE）、Internet驱动、新的对象捕捉功能、增强标注功能及局部打开和局部加载功能。
1.本软件在“通用建模和表达”应用上的介绍及优势
AutoCAD最大的优势在于稳定性、开放性和兼容性。开放性支持基于AutoCAD进行针对各个行业的定制性开发，全球基于AutoCAD开发的产品多则上千种，其中包括Autodesk自身，也基于AutoCAD开发面向建筑、机电、电气、机械、工艺管道等行业细分产品，而全世界基于AutoCAD开发的产品几乎覆盖工程领域全部专业；稳定性能够保证AutoCAD产品自身及基于AutoCAD开发的插件能够连续稳定运行，这也促进很多软件开发企业愿意利用AutoCAD进行产品定制性开发；兼容性支持软件可以导入导出丰富的第三方格式，从而</td></tr>
</table>

续表

促进不同企业之间的数据传递以及不同软件之间的协同工作。 2.本软件在“通用建模和表达”应用上的操作难易度 基础操作流程：新建图形→绘制对象→创建模型→标注表达→成果输出。 操作简单，容易学习，通过命令提高对象创建效率，无论其他电脑软件操作熟练程度如何，在两天内均可学会AutoCAD软件基本操作（图1）。 图1 操作界面

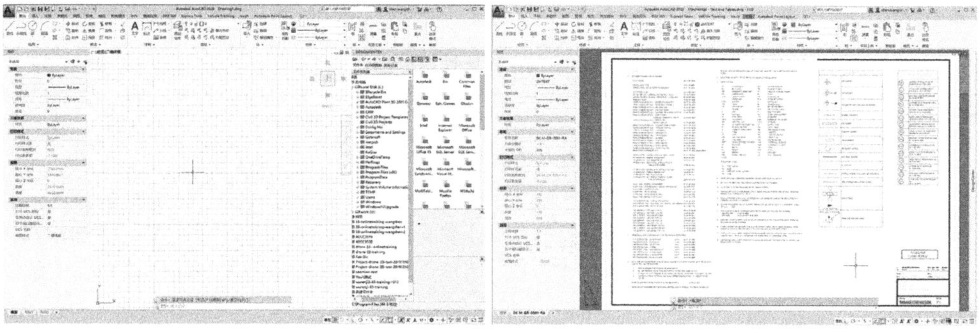

2.2.4 Civil 3D

Civil 3D软件情况介绍　　表2-2-4

软件名称	Civil 3D		厂商名称	Autodesk
代码		应用场景	业务类型	
A01/B01/F01/G01/H01/J01/K01/P01		通用建模和表达	城市规划/场地景观/管道工程/道路工程/桥梁工程/隧道工程/铁路工程/水坝工程	
A02/B02/C02/D02/E02/F02/G02/H02/J02/K02/L02/M02/N02/P02		模型整合与管理	城市规划/场地景观/建筑工程/水处理/垃圾处理/管道工程/道路工程/桥梁工程/隧道工程/铁路工程/信号工程/变电站/电网工程/水坝工程	
A04/B04/F04/G04		可视化仿真与VR	城市规划/场地景观/管道工程/道路工程	
A05/B05/C05/D05/E05/F05/G05/H05/J05/K05/L05/M05/N05/P05		显示引擎	城市规划/场地景观/建筑工程/水处理/垃圾处理/管道工程/道路工程/桥梁工程/隧道工程/铁路工程/信号工程/变电站/电网工程/水坝工程	
最新版本	Civil 3D 2021			
输入格式	通用格式：.dwg/.dxf/.imx/.sqlite/.landxml/.ifc/.pkt等； gis数据：.shp/.sdf/.sat/.sdf/.txt/.csv/.asc/.nez/.gml/.xml/.gz/.e00/.kml/.kmz/.mif/.tab/.sqlite等；cad数据：.3ds/.igs/.iges/.ipt/.iam/.model/.catpart/.catproduct/.jt/.wmf/.dgn/.prt/.pdf/.prt/.3dm/.ste/.stp/.step等； 图像数据：.psd/.asc/.txt/.adf/.fli/.flc/.cal/.mil/.rst/.cg4/.gp4/.cals/.dds/.ncw/.fst/ .bil/.bip/.bsq/.hdr/.pic/.exr/.jpg/.jpeg/.jp2/.j2k/.pct/.pict/.sid/.ntf/.tif/.tiff/.rlc/.tga/.dem/.bmp/.dib/.rle/.pcx/.png/.dt0/.dt1/.dt2/.ig4/.gif/.doq/.nws/.nes/.ses/.sws等； 点云数据：.rcp/.rcs等			
输出格式	.dwg/.dwf/.dxf/.imx/.landxml/.pkt/.fgdb/.ifc/.nez/.csv/.xyz/.rpn/.wmf/.sat/.stl/.eps/.dxx/.dgn/.igs/.iges			

续表

推荐硬件配置	操作系统	64位Windows 10	处理器	主频3GHz以上	内存	16GB以上
	显卡	支持DirectX® 11，4GB GPU	磁盘空间	16GB	鼠标要求	Microsoft兼容
最低硬件配置	操作系统	64位Windows 10	处理器	主频2.4G～2.9GHz	内存	16GB
	显卡	支持DirectX® 11，1GB GPU	磁盘空间	16GB	鼠标要求	Microsoft兼容
功能介绍						

A01/B01/F01/G01/H01/J01/K01/P01：

Civil 3D 软件是Autodesk公司推出的一款面向基础设施行业的建筑信息模型（BIM）解决方案。它为基础设施行业的各类技术人员提供了强大的设计、分析以及文档编制功能。Civil 3D软件广泛适用于勘察测绘、岩土工程、交通运输、水利水电、市政给水排水、城市规划和总图设计等众多领域。

Civil 3D 还集成了AutoCAD所有功能和Map 3D所有功能，可以用于通用的2D、3D制图和测绘与规划工作（图1）。

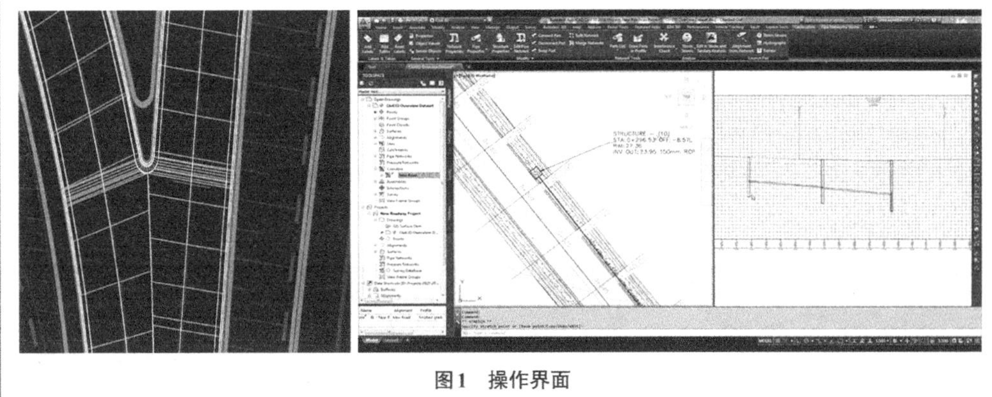

图1　操作界面

2.2.5 InfraWorks

InfraWorks软件情况介绍　　表2-2-5

软件名称	InfraWorks		厂商名称	Autodesk
代码		应用场景	业务类型	
A01/B01/C01/F01/G01/H01/J01/K01		通用建模和表达	城市规划/场地景观/建筑工程/管道工程/道路工程/桥梁工程/隧道工程/铁路工程	
A02/B02/C02/D02/E02/F02/G02/H02/J02/K02/L02/M02/N02/P02		模型整合与管理	城市规划/场地景观/建筑工程/水处理/垃圾处理/管道工程/道路工程/桥梁工程/隧道工程/铁路工程/信号工程/变电站/电网工程/水坝工程	
A04/B04/C04/D04/E04/F04/G04/H04/J04/K04/L04/M04/N04/P04		可视化仿真与VR		
A05/B05/C05/D05/E05/F05/G05/H05/J05/K05/L05/M05/N05/P05		显示引擎		
最新版本	InfraWorks 2021			

续表

输入格式	.DWG/.dxf/.f2d/.3ds/.dae/.dxf/.fbx/.obj/.imx/.rvt/.rfa/.citygml/.gml/.xml/.landxml/.dgn/.ifc/.rcs/.rcp/.adf/.asc/.bt/.ddf/.dem/.dt0/.dt1/.dt2/.grd/.hgt/.doq/.ecw/.img/.jp2/.jpg/.jpeg/.png/.sid/.tif/.tiff/.wms/.xml/.vrt/.zip/.gz/.sdf/.shp/ .skp/.sdx/.db/.sqlite					
输出格式	.sqlite/.imx/.fbx/.obj/.dae/.fgdb/.avi/.wmv					
推荐硬件配置	操作系统	64位 Windows 10	处理器	四核 Intel Core i7以上	内存	16GB以上
	显卡	支持DirectX® 10.1，2GB GPU	磁盘空间	16 GB	鼠标要求	Microsoft兼容
最低硬件配置	操作系统	64位 Windows 10	处理器	双核 Intel Core 2或同等	内存	8GB
	显卡	支持DirectX® 10.1，1GB GPU	磁盘空间	16GB	鼠标要求	Microsoft兼容
功能介绍						

A01/B01/C01/F01/G01/H01/J01/K01：

InfraWorks软件为城市基础设施与建筑提供了突破性的三维建模和可视化技术。通过更加高效地管理大型基础设施模型和帮助加速设计流程，土木工程设计师和规划师可帮助交付各种规模的项目。此外，用户还可以通过InfraWorks随时随地了解项目方案，从而与更广泛的项目参与方进行交流。InfraWorks包含道路设计、桥梁设计和排水设计三个专业设计模块，除此之外，还包含建筑、地形覆盖、水域等概念设计功能，可供土木工程设计师在真实的项目环境中开展方案和详细设计，也可供建筑设计师将项目与周边市政环境整合进行展现（图1）。

图1　操作界面

2.2.6 品茗HiBIM软件

品茗HiBIM软件情况介绍 **表2-2-6**

<table>
<tr><td>软件名称</td><td colspan="2">品茗HiBIM软件</td><td>厂商名称</td><td colspan="3">杭州品茗安控信息技术股份有限公司</td></tr>
<tr><td colspan="2">代码</td><td colspan="3">应用场景</td><td colspan="2">业务类型</td></tr>
<tr><td colspan="2">C01</td><td colspan="3">通用建模和表达</td><td colspan="2">建筑工程</td></tr>
<tr><td colspan="2">C16</td><td colspan="3">规划/方案设计_设计辅助和建模</td><td colspan="2">建筑工程</td></tr>
<tr><td colspan="2">C21</td><td colspan="3">规划/方案设计_工程量统计</td><td colspan="2">建筑工程</td></tr>
<tr><td colspan="2">C25</td><td colspan="3">初步/施工图设计_设计辅助和建模</td><td colspan="2">建筑工程</td></tr>
<tr><td colspan="2">C28</td><td colspan="3">初步/施工图设计_冲突检测</td><td colspan="2">建筑工程</td></tr>
<tr><td colspan="2">C29</td><td colspan="3">初步/施工图设计_工程量统计</td><td colspan="2">建筑工程</td></tr>
<tr><td colspan="2">C33</td><td colspan="3">深化设计_深化设计辅助和建模</td><td colspan="2">建筑工程</td></tr>
<tr><td colspan="2">C37</td><td colspan="3">深化设计_装饰装修设计辅助和建模</td><td colspan="2">建筑工程</td></tr>
<tr><td colspan="2">C39/F39</td><td colspan="3">深化设计_机电工程设计辅助和建模</td><td colspan="2">建筑工程/管道工程</td></tr>
<tr><td colspan="2">C41/F41</td><td colspan="3">深化设计_专项计算和分析</td><td colspan="2">建筑工程/管道工程</td></tr>
<tr><td colspan="2">C42</td><td colspan="3">深化设计_冲突检测</td><td colspan="2">建筑工程</td></tr>
<tr><td colspan="2">C43</td><td colspan="3">深化设计_工程量统计</td><td colspan="2">建筑工程</td></tr>
<tr><td>最新版本</td><td colspan="8">HiBIM3.2</td></tr>
<tr><td>输入格式</td><td colspan="8">.ifc/.pbim/.rvt（2021及以下版本）</td></tr>
<tr><td>输出格式</td><td colspan="8">.rvt/.pbim/.dwg/.skp/.doc/.xlsx</td></tr>
<tr><td rowspan="2">推荐硬件配置</td><td>操作系统</td><td>64位Windows 7/8/10</td><td>处理器</td><td>3.6GHz</td><td>内存</td><td>16GB</td></tr>
<tr><td>显卡</td><td>Gtx1070或同等级别及以上</td><td>磁盘空间</td><td>1TB</td><td>鼠标要求</td><td>带滚轮</td></tr>
<tr><td rowspan="2">最低硬件配置</td><td>操作系统</td><td>64位Windows 7/8/10</td><td>处理器</td><td>2GHz</td><td>内存</td><td>4GB</td></tr>
<tr><td>显卡</td><td>Gtx1050或同级别及以上</td><td>磁盘空间</td><td>128GB</td><td>鼠标要求</td><td>带滚轮</td></tr>
<tr><td colspan="7">功能介绍</td></tr>
</table>

C01、C16、C25：

1. 本软件在“通用建模和表达”应用上的介绍及优势

软件可以智能创建标高、轴网、墙、梁、板、柱、门窗等构件，也可以链接CAD，对CAD图纸进行识别和校对，支持楼层表、门窗表转化，可方便快捷地提取CAD图层信息，进行轴网、柱、梁、墙、门窗的转化，支持提取水管、风管、桥架及设备。专业化的建筑结构翻模，支持梁、柱的原位标注；强大的提取喷淋系统命令，通过设置管道及喷头的属性，提取图纸上的图层及信息，可一键自动生成喷淋系统。

2. 本软件在“通用建模和表达”应用上的操作难易度

智能建模流程：点击功能→选择图纸→转化/设置标高→分割图纸→识别设置→一键转化。

实现了土建模型快速建模，大大缩短建模时间、提高建模效率，功能界面（图1）简洁参数齐全，易操作。

图纸转化建模流程：链接图纸→转化功能→提取图层→设置参数→转化模型。

仅需导入图纸，再分别对轴网、墙、柱、梁、板、门窗、管道、风管、桥架等构件标注和边线图层进行手动识别（图2），一键就能进行转化，操作简单易上手

续表

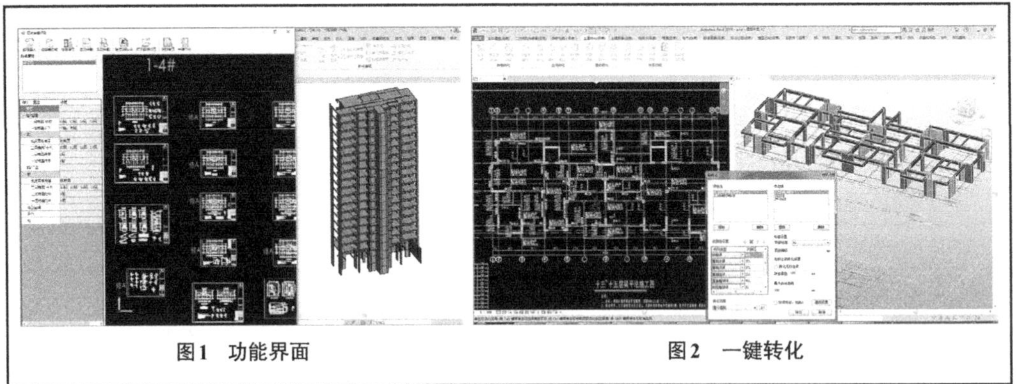
图1　功能界面　　图2　一键转化

2.2.7 Trimble SketchUp Pro

Trimble SketchUp Pro软件情况介绍　表2-2-7

软件名称	Trimble SketchUp Pro	厂商名称	天宝寰宇电子产品（上海）有限公司
代码	应用场景		业务类型
A01/B01/C01/F01	通用建模和表达		城市规划/场地景观/建筑工程/管道工程
A02/B02/C02/F02	模型整合与管理		城市规划/场地景观/建筑工程/管道工程
A04/B04/C04/F04	可视化仿真与VR		城市规划/场地景观/建筑工程/管道工程
A16/B16/C16/F16	规划/方案设计_设计辅助和建模		城市规划/场地景观/建筑工程/管道工程
A17/B17/C17/F17	规划/方案设计_场地环境性能化分析		城市规划/场地景观/建筑工程/管道工程
A19/B19/C19/F19	规划/方案设计_建筑环境性能化分析		城市规划/场地景观/建筑工程/管道工程
A20/B20/C20/F20	规划/方案设计_参数化设计优化		城市规划/场地景观/建筑工程/管道工程
A23/B23/C23/F23	规划/方案设计_设计成果渲染与表达		城市规划/场地景观/建筑工程/管道工程
A25/B25/C25/F25	初步/施工图设计_设计辅助和建模		城市规划/场地景观/建筑工程/管道工程
A27/B27/C27/F27	初步/施工图设计_设计分析和优化		城市规划/场地景观/建筑工程/管道工程
A31/B31/C31/F31	初步/施工图设计_设计成果渲染与表达		城市规划/场地景观/建筑工程/管道工程
A33/B33/C33/F33	深化设计_深化设计辅助和建模		城市规划/场地景观/建筑工程/管道工程
C37	深化设计_装饰装修设计辅助和建模		建筑工程
C39	深化设计_机电工程设计辅助和建模		建筑工程
C40	深化设计_幕墙设计辅助和建模		建筑工程
最新版本	Trimble SketchUp Pro 2021		
输入格式	.3ds/.bmp/.dae/.ddf/.dem/.dwg/.dxf/.ifc/.ifczip/.jpeg/.jpg/.kmz/.png/.psd/.skp/.stl/.tga/.tif/.tiff		
输出格式	.3ds/.dwg/.dxf/.dae/.fbx/.ifc/.kmz/.obj/.stl/.wrl/.xsi/.pdf/.eps/.bmp/.jpg/.tif/.png		

推荐硬件配置	操作系统	64位Windows 10	处理器	2GHz	内存	8GB
	显卡	1GB	磁盘空间	700MB	鼠标要求	带滚轮

续表

<table>
<tr><td rowspan="2">最低硬件配置</td><td>操作系统</td><td>64位Windows 10</td><td>处理器</td><td>1GHz</td><td>内存</td><td>4GB</td></tr>
<tr><td>显卡</td><td>512MB</td><td>磁盘空间</td><td>500MB</td><td>鼠标要求</td><td>带滚轮</td></tr>
<tr><td colspan="7">功能介绍</td></tr>
<tr><td colspan="7">A01/B01/C01/F01：
1. 本软件在“通用建模和表达”应用上的介绍及优势
SketchUp是一款三维设计辅助软件，主要用于三维建模、方案沟通、图纸输出。
SketchUp的优势：界面简洁直观、适用范围广阔、学习成本低且容易上手。
2. 本软件在“通用建模和表达”应用上的操作难易度
“推拉建模”的专利功能，设计师通过一个图形就可以推拉生成3D几何体（图1），无需进行复杂的参数设置。操作难易程度：简单。
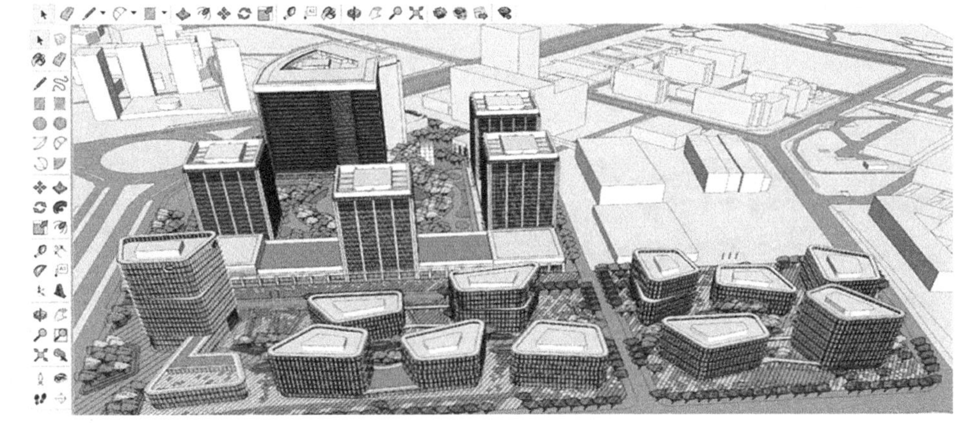
图1 操作界面</td></tr>
<tr><td colspan="7">接本书7.4节彩页</td></tr>
</table>

2.2.8 Trimble Scan Essentials for SketchUp

Trimble Scan Essentials for SketchUp软件情况介绍 **表2-2-8**

<table>
<tr><td>软件名称</td><td colspan="3">Trimble Scan Essentials for SketchUp</td><td>厂商名称</td><td colspan="2">天宝寰宇电子产品（上海）有限公司</td></tr>
<tr><td colspan="2">代码</td><td colspan="2">应用场景</td><td colspan="3">业务类型</td></tr>
<tr><td colspan="2">A01/B01/C01/F01/G01/H01/J01</td><td colspan="2">通用建模和表达</td><td colspan="3" rowspan="2">城市规划/场地景观/建筑工程/管道工程/道路工程/桥梁工程/隧道工程</td></tr>
<tr><td colspan="2">A03/B03/C03/F03/G03/H03/J03</td><td colspan="2">环境拍照及扫描</td></tr>
<tr><td colspan="2">C60/F60/H60/J60</td><td colspan="2">施工实施_隐蔽工程记录</td><td colspan="3" rowspan="2">建筑工程/管道工程/桥梁工程/隧道工程</td></tr>
<tr><td colspan="2">C72/F72/H72/J72</td><td colspan="2">施工实施_竣工与验收</td></tr>
<tr><td>最新版本</td><td colspan="6">Trimble Scan Essentials for SketchUp 1.2020.1113</td></tr>
<tr><td>输入格式</td><td colspan="6">.las/.rwp/.e57/.laz</td></tr>
<tr><td>输出格式</td><td colspan="6">无</td></tr>
<tr><td rowspan="2">推荐硬件配置</td><td>操作系统</td><td>64位Windows 10</td><td>处理器</td><td>2.8GHz</td><td>内存</td><td>32GB</td></tr>
<tr><td>显卡</td><td>3GB</td><td>磁盘空间</td><td>1GB</td><td>鼠标要求</td><td>三键鼠标</td></tr>
</table>

续表

最低硬件配置	操作系统	64位Windows 8.1	处理器	2.8GHz	内存	16GB
	显卡	1GB	磁盘空间	500MB	鼠标要求	带滚轮
功能介绍						

A01/B01/C01/F01/G01/H01/J01：

1. 本软件在“通用建模和表达”应用上的介绍及优势

Trimble Scan Essentials for SketchUp根据点云数据建模的完整解决方案。可以根据点云数据进行建模，使用模型比较功能来检查建模元素的整体准确性。优势：与SketchUp、RealWorks同厂家，无需数据格式转换，直接读取点云文件，兼容性最好。

2. 本软件在“通用建模和表达”应用上的操作难易度

数据采集→数据处理（Trimble RealWorks）→SketchUp中直接读取。

可在SketchUp中直接打开点云数据查看和建模（图1），无需导入、导出。操作难易程度：低。

图1　云数据查看和建模

接本书7.5节彩页

2.2.9 Trimble SketchUp Pro/BIM5D工具For SketchUp

Trimble SketchUp Pro/BIM5D工具For SketchUp软件情况介绍　　表2-2-9

软件名称	Trimble SketchUp Pro/BIM5D工具 For SketchUp			厂商名称	天宝寰宇电子产品（上海）有限公司/广州乾讯建筑咨询有限公司	
代码		应用场景			业务类型	
C01		通用建模和表达			建筑工程	
最新版本	BIM5D工具For SketchUp 2019					
输入格式	.skp					
输出格式	.skp					
推荐硬件配置	操作系统	64位Windows 10	处理器	2GHz	内存	8GB
	显卡	1GB	磁盘空间	700MB	鼠标要求	带滚轮
最低硬件配置	操作系统	64位Windows 10	处理器	1GHz	内存	4GB
	显卡	512MB	磁盘空间	500MB	鼠标要求	带滚轮

续表

功能介绍

C01：

1. 本软件在“通用建模和表达”应用上的介绍及优势

本软件可以实现将SketchUp模型进行信息化，快速生成BIM模型，由BIM模型可以实现工程量清单统计及项目管理。

2. 本软件在“通用建模和表达”应用上的操作难易度

本软件操作流程：赋予属性→清单统计→项目管理。

界面简洁，上手容易，经过简单的培训即可掌握。

软件将已建成的SketchUp模型进行赋予属性操作，赋予了属性的模型可以快速的进行清单算量统计和快速建立项目管理计划等操作。每一件产品构件均有价格信息，与信息库动态关联。可快速导出区域清单及预算报表（图1）。

图1 SketchUp模型信息化

2.2.10 ContextCapture

ContextCapture软件情况介绍 **表2-2-10**

<table>
<tr><td>软件名称</td><td colspan="2">ContextCapture</td><td>厂商名称</td><td>Bentley</td></tr>
<tr><td colspan="2">代码</td><td colspan="2">应用场景</td><td>业务类型</td></tr>
<tr><td colspan="2">A01/B01/C01/D01/E01/F01/G01/H01/J01/K01/L01/M01/N01/P01/Q01</td><td colspan="2">通用建模和表达</td><td rowspan="4">城市规划/场地景观/建筑工程/水处理/垃圾处理/管道工程/道路工程/桥梁工程/隧道工程/铁路工程/信号工程/变电站/电网工程/水坝工程/飞行工程</td></tr>
<tr><td colspan="2">A06/B06/C06/D06/E06/F06/G06/H06/J06/K06/L06/M06/N06/P06/Q06</td><td colspan="2">勘察岩土_勘察外业设计辅助和建模</td></tr>
<tr><td colspan="2">A63/B63/C63/D63/E63/F63/G63/H63/J63/K63/L63/M63/N63/P63/Q63</td><td colspan="2">施工实施_进度管理</td></tr>
<tr><td colspan="2">A75/B75/C75/D75/E75/F75/G75/H75/J75/K75/L75/M75/N75/P75/Q75</td><td colspan="2">运维_资产登记与管理</td></tr>
<tr><td>最新版本</td><td colspan="4">V10.17</td></tr>
<tr><td>输入格式</td><td colspan="4">影像：JPEG、Tiff、Panasonic RAW（RW2）、Canon RAW（CRW、CR2）、Nikon RAW（NEF）、Sony RAW（ARW）、Hasselblad（3FR）、Adobe Digital Negative（DNG）、JPEG2000。
点云：E57、LAS、PTX、LAZ和PLY。
视频：Audio Video Interleave（AVI）、MPEG-1/MPEG-2（MPG）、MPEG-4（MP4）、Windows Media Video（WMV）、Quicktime（MOV）</td></tr>
</table>

续表

<table>
<tr><td>输出格式</td><td colspan="6">实景模型：DGN、slpk、3sm、3mx、s3c、osgb、fbx、obj，STL、dae、GoogleKML，OpenCities Planner LoD Tree，SpaceEyes3D Builder Layer。
点云：LAS、PLY、POD。
正射影像：TIFF/GeoTIFF、JPEG、KML Super-overlay</td></tr>
<tr><td rowspan="2">推荐硬件配置</td><td>操作系统</td><td>64位 Windows 10</td><td>处理器</td><td>Intel I7（四核以上），4.0GHz及以上</td><td>内存</td><td>64GB</td></tr>
<tr><td>显卡</td><td>NVIDIAGeForce RTX 2080显卡（或RTX 2080Ti, TitanX, GTX1080）</td><td>磁盘空间</td><td>高速存储设备（HDD，SSD，SAN）20GB</td><td>鼠标要求</td><td>带滚轮</td></tr>
<tr><td rowspan="2">最低硬件配置</td><td>操作系统</td><td>64位 Windows 10</td><td>处理器</td><td>2.0GHz</td><td>内存</td><td>8GB</td></tr>
<tr><td>显卡</td><td>兼容OpenGL3.2，并具有至少1GB独立显存的NIVIDIA/AMD/Intel集成图形处理器</td><td>磁盘空间</td><td>5GB</td><td>鼠标要求</td><td>带滚轮</td></tr>
<tr><td colspan="7">功能介绍</td></tr>
</table>

A01/B01/C01/D01/E01/F01/G01/H01/J01/K01/L01/M01/N01/P01/Q01：

1. 本产品在“通用建模和表达”应用上的介绍及优势

ContextCapture是Bentley的实景建模软件，可从简单的照片和/或点云中全自动、经济高效地生成所有类型的基础设施项目现有条件下的三维模型，以用于每个基础设施项目。无需昂贵或专业化的设备，ContextCapture即可帮助用户快速创建高度精细的三维工程就绪实景网格，并使用这些模型在项目的整个生命周期内为设计、施工、运营决策提供精确真实的环境。利用ContextCapture可快速可靠地生成任何规模的三维模型，小到几厘米的物体，大到整个城市。生成的三维模型在精度方面的主要限制是输入数据的分辨率。可以在项目团队内部共享和同步多种格式的实景建模信息。团队成员除了可在桌面和移动设备上访问使用这些信息，还可将实景模型加载到MicroStation平台上，用于设计、施工、运营、维护以及GIS等工作流程中。ContextCapture支持多节点可伸缩性部署，用户可根据自身情况和项目要求灵活配置算力，加快项目进度（图1）。

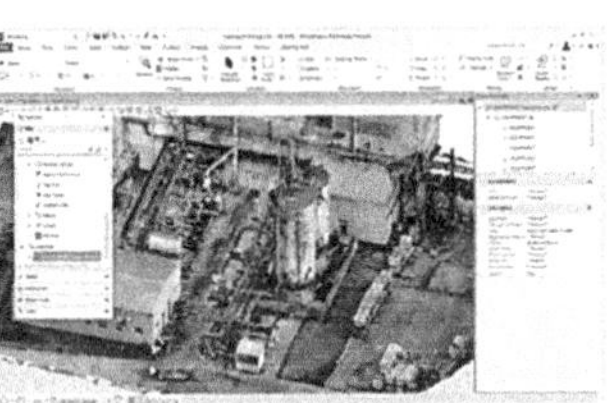

图1　可用于设计、施工、运维的实景建模

2. 本产品在“通用建模和表达”应用上的操作难易度

ContextCapture软件主要工作是可以自动化进行。操作简单，无需专业背景，方便各行业管理，技术人员均可快速掌握基本操作。

实景建模的基本流程是：数据采集→数据处理→模型编辑→保存分享→模型应用（图2）。

图2　实景建模基本流程

其中数据处理在ContextCapture中进行，其基本操作流程：数据整理→自动空三→场景重建→模型生产（图3）

续表

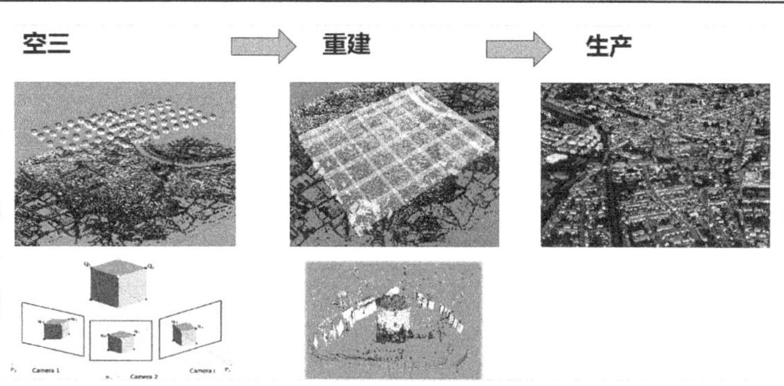

图3　ContextCapture建模流

集成地理参考数据 ContextCapture 还可为包括 GPS 标记和控制点在内的多种类型的定位数据提供本地支持。它还可以通过定位/旋转导入或完整块导入来导入任何其他定位数据。这使你能够精确测量坐标、距离、面积和体积。自动空中三角测量和三维重建：一旦自动识别每张相片的相对位置和方向，就可以通过添加控制点和编辑连接点来对空中三角测量结果进行微调，以最大限度提升几何和地理空间精度。优化的三维重建算法以无可匹敌的精度生成精准的三维模型以及每个格网面片的影像纹理。ContextCapture 可确保各个三维格网模型顶点放置在最佳位置，因此可以以更少的瑕疵表现更精细的细节和更锐利的边缘，从而大幅提高几何精度。生成二维和三维 GIS 模型：借助 ContextCapture，可以生成各种 GIS 格式的精确地理参考三维模型，包括真正射影像和新的 Cesium 3D Tiles，并可将成果导出为 KML 和 XML。ContextCapture 提供的坐标系数据库接口可确保与你选择的 GIS 解决方案的数据互用。你可以从 4000 多个空间参考系统中进行选择，并可添加用户自定义的坐标系。而且，ContextCapture 会根据输入照片的分辨率和空间分布情况，自动调整模型的分辨率和精度。这意味着，它可以处理分辨率不均匀的场景，不必为保留一些更高分辨率的场景区域而牺牲整体效率。利用ContextCapture可以为项目提供真实的周边实地环境（图4）。

图4　ContextCapture实景模型案例

2.2.11 OpenBuildings Designer

OpenBuildings Designer软件情况介绍　　　　**表2-2-11**

软件名称	OpenBuildings Designer	厂商名称	Bentley
代码	应用场景	业务类型	
C01/F01/M01/P01	通用建模和表达	建筑工程/管道工程/变电站/水坝工程	
C25	初步/施工图设计_设计辅助与建模	建筑工程	
C27	初步/施工图设计_设计分析和优化	建筑工程	
C28	初步/施工图设计_冲突检测	建筑工程	
C29	初步/施工图设计_工程量统计	建筑工程	

续表

C30		初步/施工图设计_算量和造价		建筑工程		
最新版本	OpenBuildings Designer Update7					
输入格式	.dgn（V8i版本）					
输出格式	.dgn					
推荐硬件配置	操作系统	64位 Windows 10	处理器	2GHz	内存	16GB
	显卡	4GB	磁盘空间	1TB	鼠标要求	带滚轮
最低硬件配置	操作系统	64位 Windows 10	处理器	1GHz	内存	8GB
	显卡	2GB	磁盘空间	500GB	鼠标要求	带滚轮
功能介绍						

C01/F01/ M01/P01：

OpenBuildings Designer是Bentley公司的唯一一款三维土建设计软件，广泛应用于建筑、工厂、电力和市政交通等领域的土建工程设计和建模。它包含了建筑、结构、建筑设备、建筑电气四个专业模块，内置工程内容创建平台MicroStation，可以创建各种类型的三维信息模型，同时提供了开放的数据结构，允许用户自己扩充自定义信息模型。OpenBuildings Designer是一个整合、集中、统一的设计环境，不仅能够完成从模型创建、图纸输出、统计报表、碰撞检测、数据输出等整个项目流程的工作内容，还能够和其他软件格式进行交互，方便项目实施过程中的数据应用、模型整合和协同工作（图1）。

图1　案例应用

OpenBuildings Designer采用“联合建模”的工作流程，需要创建多个称为“工作模型”的不同模型。模型会先按专业进行分解，然后再根据需要在每个专业中进行细分以简化建模工作，通过参考这些模型将它们放在一起，即可形成专业模型。“联合建模”可以让团队成员能够实时访问模型，有效避免重复建模，轻松实现工作协同（图2）。

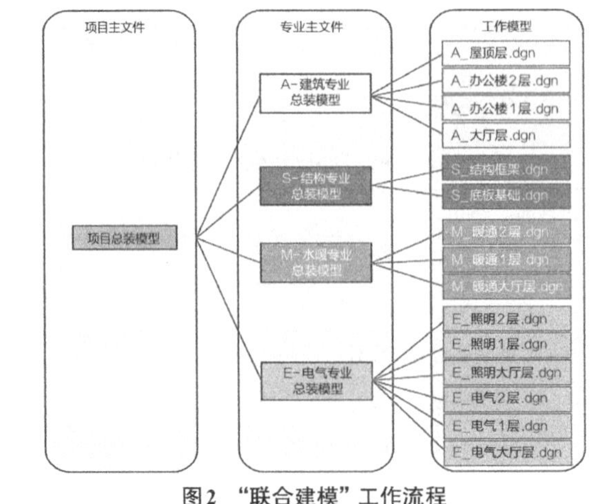

图2　“联合建模”工作流程

2.2.12 OpenRoads Designer

OpenRoads Designer软件情况介绍 **表2-2-12**

<table>
<tr><td>软件名称</td><td colspan="3">OpenRoads Designer</td><td>厂商名称</td><td colspan="2">Bentley</td></tr>
<tr><td colspan="2">代码</td><td colspan="2">应用场景</td><td colspan="3">业务类型</td></tr>
<tr><td colspan="2">B01/F01/G01/J01</td><td colspan="2">通用建模和表达</td><td colspan="3">场地景观/管道工程/道路工程/隧道工程</td></tr>
<tr><td colspan="2">F25/G25</td><td colspan="2">初步/施工图设计_设计辅助和建模</td><td colspan="3">道路工程/管道工程</td></tr>
<tr><td colspan="2">F28/G28</td><td colspan="2">初步/施工图设计_冲突检测</td><td colspan="3">道路工程/管道工程</td></tr>
<tr><td colspan="2">F29/G29</td><td colspan="2">初步/施工图设计_工程量统计</td><td colspan="3">道路工程/管道工程</td></tr>
<tr><td colspan="2">F31/G31</td><td colspan="2">初步/施工图设计_设计成果渲染与表达</td><td colspan="3">道路工程/管道工程</td></tr>
<tr><td>最新版本</td><td colspan="6">OpenRoads Designer CONNECT Edition10.09.00.091</td></tr>
<tr><td>输入格式</td><td colspan="6">.dwg/.dgn/.cel/.dgnlib/.rdl/.imodel/.shp/.txt/.dxf/.ifc/.3ds/.obj/……</td></tr>
<tr><td>输出格式</td><td colspan="6">.dwg/.dgn/.dgnlib/.rdl/.pdf/.fbx/.skp/.vob/.lxo/.u3d/.obj/……</td></tr>
<tr><td rowspan="2">推荐硬件配置</td><td>操作系统</td><td>64位 Windows 10</td><td>处理器</td><td>2GHz</td><td>内存</td><td>16GB</td></tr>
<tr><td>显卡</td><td>2GB</td><td>磁盘空间</td><td>1TB</td><td>鼠标要求</td><td>带滚轮</td></tr>
<tr><td rowspan="2">最低硬件配置</td><td>操作系统</td><td>64位 Windows 10</td><td>处理器</td><td>1GHz</td><td>内存</td><td>4GB</td></tr>
<tr><td>显卡</td><td>512MB</td><td>磁盘空间</td><td>500GB</td><td>鼠标要求</td><td>带滚轮</td></tr>
<tr><td colspan="7">功能介绍</td></tr>
</table>

B01/F01/G01：

1. 本软件在“通用建模和表达”应用上的介绍及优势

OpenRoads Designer是Bentley公司一款线性三维设计软件，广泛应用于市政交通、水运水利等领域中的路网、渠道、管道、场地等的设计建模与分析。它包含了勘测、场地、线性廊道、排水及公共设施等专业工作模块，能够实现基础设施项目在勘察、设计、施工分析等阶段的各项应用，从而确保项目顺利开展。OpenRoads Designer是一个整合、集中、统一的设计环境，不仅能够完成从模型创建、图纸输出、统计报表、数据输出等整个项目流程的工作内容，还能够和其他软件格式进行交互，方便项目实施过程中的数据应用、模型整合和协同工作（图1～图3）。

2. 本软硬件在“通用建模和表达应用”应用上的案例

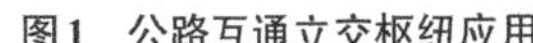

图1 公路互通立交枢纽应用

图2 市政道路管网应用

图3 水运防波堤应用

2.2.13 OpenPlant

OpenPlant软件情况介绍 **表2-2-13**

软件名称	OpenPlant		厂商名称	Bentley		
代码		应用场景		业务类型		
D01/E01/F01		通用建模和表达		水处理/垃圾处理/管道工程		
D02/E02/F02		模型整合与管理				
D16/E16/F16		规划/方案设计_设计辅助和建模				
D20/E20/F20		规划/方案设计_参数化设计优化				
D24/E24/F24		规划/方案设计_其他				
D25/E25/F25		初步/施工图设计_设计辅助和建模				
D27/E27/F27		初步/施工图设计_设计分析和优化				
D32/E32/F32		初步/施工图设计_其他				
D33/E33/F33		深化设计_深化设计辅助和建模				
D36/E36/F36		深化设计_预制装配设计辅助和建模				
D39/E39/F39		深化设计_机电工程设计辅助和建模				
D45/E45/F45		深化设计_其他				
最新版本	OpenPlant CONNECT Edition Update 9					
输入格式	.dgn/.dwg/.3ds/.ifc/.3dm/.skp/.stp/.sat/.fbx/.obj/.jt/.3mx/.igs/.stl/.x_t/.shp					
输出格式	.dgn/.dwg/.rdl/.hln/.pdf/.cgm/.dxf/.fbx/.igs/.jt/.stp/.sat/.obj/.x_t/.skp/.stl/.vob					
推荐硬件配置	操作系统	64位Windows 10	处理器	2GHz	内存	16GB
	显卡	2GB	磁盘空间	1TB	鼠标要求	带滚轮
最低硬件配置	操作系统	64位Windows 10	处理器	1GHz	内存	4GB
	显卡	512MB	磁盘空间	500GB	鼠标要求	带滚轮
功能介绍						

D01/E01/F01、D02/E02/F02：

OpenPlant集成了全部的MicroStation功能，而MicroStation是一个集二维绘图、三维建模和工程可视化于一体的图形环境。具备优秀的绘图及建模功能，其精确绘图和参考功能强大，使其能够快速定位并与外部协同。MicroStation中的参考功能是其他软件难以望其项背的。强大的参考文件功能是各专业之间协同工作的保证。其参考文件工具提供易于查看及编辑的功能，能够有效地对所参考地文件进行整合与管理。可直接通过软件的左上方的“工作流”来自行切换所需要的建模或绘图模式（图1）

续表

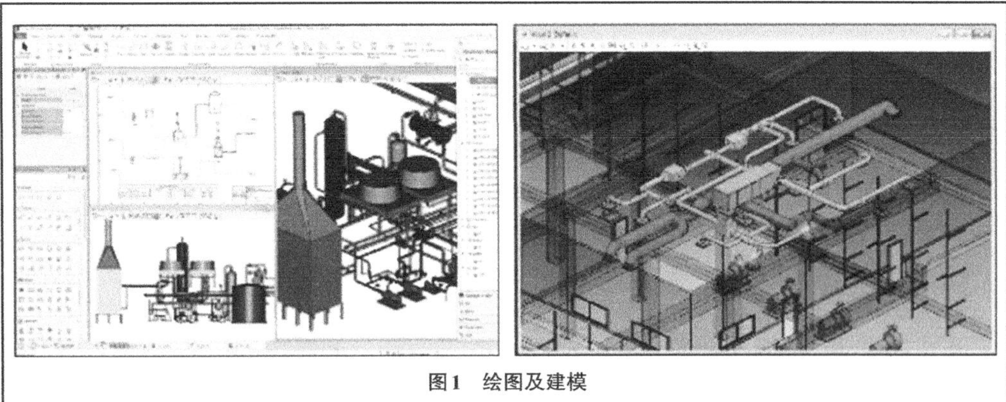

图1　绘图及建模

2.2.14 OpenRail Designer

OpenRail Designer软件情况介绍　　　　**表2-2-14**

<table>
<tr><td>软件名称</td><td colspan="3">OpenRail Designer</td><td>厂商名称</td><td colspan="2">Bentley软件公司</td></tr>
<tr><td colspan="2">代码</td><td colspan="2">应用场景</td><td colspan="3">业务类型</td></tr>
<tr><td colspan="2">A01/F01/G01/J01/K01</td><td colspan="2">通用建模和表达</td><td colspan="3">城市规划/管道工程/道路工程/隧道工程/铁路工程</td></tr>
<tr><td colspan="2">A25/F25/G25/J25/K25</td><td colspan="2">初步/施工图设计_设计辅助和建模</td><td colspan="3">城市规划/管道工程/道路工程/隧道工程/铁路工程</td></tr>
<tr><td colspan="2">A28/F28/G28/J28/K28</td><td colspan="2">初步/施工图设计_工程量统计</td><td colspan="3">城市规划/管道工程/道路工程/隧道工程/铁路工程</td></tr>
<tr><td colspan="2">A31/F31/G31/J31/K31</td><td colspan="2">初步/施工图设计_设计成果渲染与表达</td><td colspan="3">城市规划/管道工程/道路工程/隧道工程/铁路工程</td></tr>
<tr><td>最新版本</td><td colspan="6">OpenRail Designer CONNECT Edition10.09.00.091</td></tr>
<tr><td>输入格式</td><td colspan="6">.dgn/.dwg/.dgnlib/.imodel/.txt/.shp/.jx/.mif/.tab/.dxf/.fbx/.ifc/.cgm/.jgs/.rfa/.stp/.3ds/.skp/.obj/.sat/.3dm</td></tr>
<tr><td>输出格式</td><td colspan="6">.dgn/.dwg/.pdf/.dxf/.fbx/.stp/.sat/.obj/.shp/.hml</td></tr>
<tr><td rowspan="2">推荐硬件配置</td><td>操作系统</td><td>64位Windows 10</td><td>处理器</td><td>2GHz</td><td>内存</td><td>8GB</td></tr>
<tr><td>显卡</td><td>8GB</td><td>磁盘空间</td><td>500GB</td><td>鼠标要求</td><td>带滚轮</td></tr>
<tr><td rowspan="2">最低硬件配置</td><td>操作系统</td><td>64位Windows 10</td><td>处理器</td><td>1GHz</td><td>内存</td><td>4GB</td></tr>
<tr><td>显卡</td><td>4GB</td><td>磁盘空间</td><td>100GB</td><td>鼠标要求</td><td>带滚轮</td></tr>
<tr><td colspan="7">功能介绍</td></tr>
<tr><td colspan="7">A01/F01/G01/J01/K01：
1.本软件在“通用建模和表达”应用上的介绍及优势
OpenRail Designer针对铁路网项目交付提供了一个综合的建模环境，实现了统一设计和施工。它可以完成自动化轨道绘图、设计与放置铁路信号、设计站场和车站、设计道岔、设计轨道排水系统、设计OLE系统，包括可定制的设计标准以及电线和结构的3D建模等，并生成各种图纸和数据，包括沿线形、图形或在点之间创建/生成平面图、截面图和剖面图，直接从三维模型创建且支持联合多领域模型。通过完全本地化的应用程序提高资产质量并减少返工（图1、图2）</td></tr>
</table>

续表

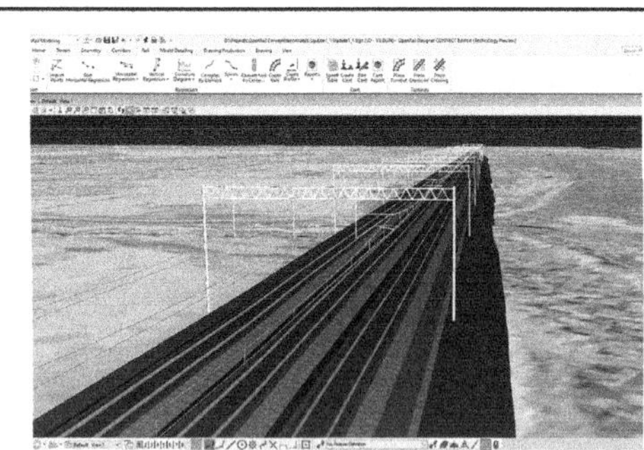

图1 多股轨道模型

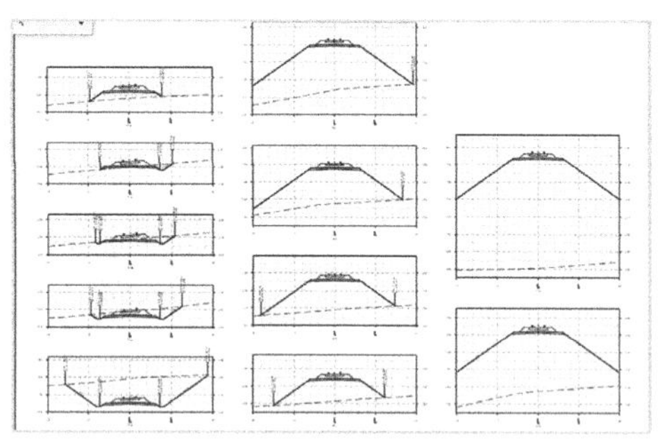

图2 横断面出图

可以自动创建全系列的设计交付成果。自动化执行绘图过程，即时同步模型以生成高质量的文档，这也是绘图合成流程的结果。可以从各个角度全面地查看铁路要素，以发现间隙或错位，查找公共设施冲突以及检查间距。可以直观地评估轨道和轨枕放置、接触网结构、信号观测以及车站设计，同时还可以尝试进行多种美化处理以达到预期效果。

2.本软件在“通用建模和表达”操作上的难易度

创建项目→创建文件→项目设置→地形模型；

创平面线→超高设置→布置道岔→建竖曲线；

铁路廊道→定义模板→创建路基→轨道轨枕；

成果评估→出图出表→工程量统计→生成报告

2.3 模型整合与管理

2.3.1 Navisworks Manage

Navisworks Manage软件情况介绍 **表2-3-1**

软件名称	Navisworks Manage	厂商名称	Autodesk
代码	应用场景	业务类型	
A02/B02/C02/D02/E02/F02/G02/H02/J02/K02/L02/M02/N02/P02/Q02	模型整合与管理	城市规划/场地景观/建筑工程/水处理/垃圾处理/管道工程/道路工程/桥梁工程/隧道工程/铁路工程/信号工程/变电站/电网工程/水坝工程/飞行工程	
A28/B28/C28/D28/E28/F28/G28/H28/J28/K28/L28/M28/N28/P28/Q28	初步/施工图设计_冲突检测		
A42/B42/C42/D42/E42/F42/G42/H42/J42/K42/L42/M42/N42/P42/Q42	深化设计_冲突检测		
A29/B29/C29/D29/E29/F29/G29/H29/J29/K29/L29/M29/N29/P29/Q29	初步/施工图设计_工程量统计		
A43/B43/C43/D43/E43/F43/G43/H43/J43/K43/L43/M43/N43/P43/Q43	深化设计_工程量统计		
A31/B31/C31/D31/E31/F31/G31/H31/J31/K31/L31/M31/N31/P31/Q31	初步/施工图设计_设计成果渲染与表达		
A49/B49/C49/D49/E49/F49/G49/H49/J49/K49/L49/M49/N49/P49/Q49	施工准备_施工场地规划		

续表

A50/B50/C50/D50/E50/F50/G50/H50/J50/K50/L50/M50/N50/P50/Q50		施工准备_施工组织和计划				
A51/B51/C51/D51/E51/F51/G51/H51/J51/K51/L51/M51/N51/P51/Q51		施工准备_施工仿真				
最新版本	Navisworks Manage 2021					
输入格式	.nwd/.nwf/.nwc/.fbx/.dwg/.dxf/.sat/.stp/.step/.dwf/.ifc/.igs/.iges/.ipt/.iam/.ipj/.jt/.dgn/.prp/.prw/.x_b/.dri/.rvm/.skp/.stp/.step/.stl/.wrl/.wrz/.3ds/.prjv/..asc/.txt/.pts/.ptx/.rcs//.rcp/.model/.session/.exp/.dlv3/.CATPart/.CATProduct/.cgr/.dwf/.dwfx/.w2d/.prt/.sldprt/.asm/.sldasm/.pdf/.rvt/.rfa/.rte/.3dm/					
输出格式	.nwd/.nwf/.nwc/.dwf/.dwfx/.fbx/.png/.jpeg/.avi					
推荐硬件配置	操作系统	64位Windows 10	处理器	或更高	内存	或更高
	显卡	支持Direct3D® 9、OpenGL®和Shader Model 2显卡	磁盘空间	15GB	鼠标要求	带滚轮
	其他	建议使用1920×1080显示器和32位视频显示适配器				
最低硬件配置	操作系统	64位Windows 10	处理器	3GHz	内存	2GB
	显卡	支持Direct3D® 9、OpenGL®和Shader Model 2显卡	磁盘空间	15GB	鼠标要求	带滚轮
	其他	1280×800真彩色VGA显示器				
功能介绍						

A02/B02/C02/D02/E02/F02/G02/H02/J02/K02/L02/M02/N02/P02/Q02：

1.本软件在“模型整合与管理”应用上的介绍及优势

Autodesk Navisworks是3D模型整合和导航、4D/5D模拟、照片仿真可视化项目审阅软件。通过Navisworks的干涉检查功能和4D流程模拟功能支持项目的施工阶段。目前，市面上主流模型文件格式均可以直接打开，现支持50多种不同BIM文件格式。它们都可以在施工前整合至Autodesk Navisworks中，并进行施工的各专业冲突检查（图1）。

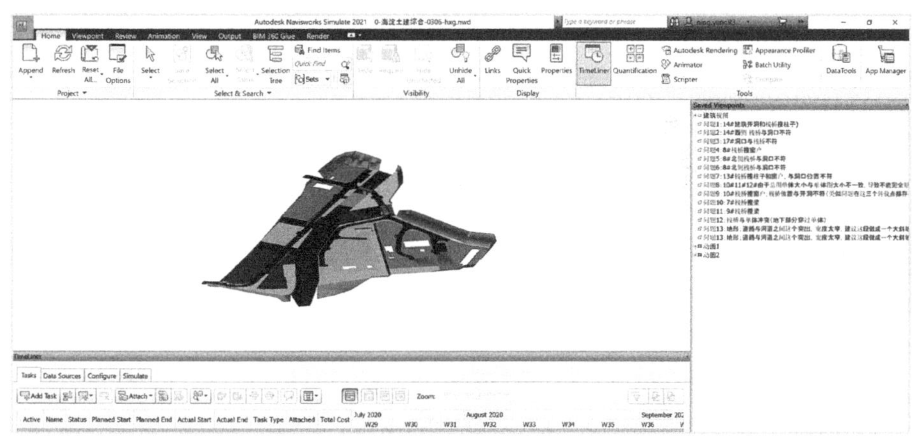

图1　操作界面

Autodesk Navisworks是欧特克BIM工作流中的重要组成部分。可帮助建筑工程和施工领域的专业人士与利益相关方一起全面审阅集成模型和数据，从而更好地控制项目成果。各种分析工具也可以更好地帮助项目团队在施工准备阶段提前排除或解决一些施工中的疑难杂症，从而提高施工效率，降低施工成本

续表

2.本软件在"模型整合与管理"应用上的操作难易度 先罗列基础操作流程，如：导入模型→合并模型→保存合并模型。 Autodesk Navisworks操作相对简单，它能将很多种不同格式的模型文件和并在一起，基于这个能力，产生了三个最主要的应用功能：碰撞检查、施工模拟、工程算量。 3.本软件在"模型整合与管理"应用上的案例 本软件已经在上海迪士尼、丽泽金融商务区D10项目、BIM应用于桂林两江国际机场T2扩建、重庆市快速路四横线分流道工程等重点工程项目的设计阶段进行了深入应用，帮助建筑、工程和施工领域的专业人士与相关人员一起在施工前全面审阅集成模型和数据，从而更好地控制项目结果

2.3.2 MicroStation

MicroStation软件情况介绍 **表2-3-2**

软件名称	MicroStation			厂商名称	Bentley		
代码			应用场景	业务类型			
A01/B01/C01/D01/E01/F01/G01/H01/J01/K01/L01/M01/N01/P01/Q01			通用建模和表达	城市规划/场地景观/建筑工程/水处理/垃圾处理/管道工程/道路工程/桥梁工程/隧道工程/铁路工程/信号工程/变电站/电网工程/水坝工程/飞行工程			
A02/B02/C02/D02/E02/F02/G02/H02/J02/K02/L02/M02/N02/P02/Q02			模型整合与管理				
最新版本	MicroStation CONNECT Edition Update 15						
输入格式	.dgn/.dwg/.cel/.rfa/.dgnlib/.rdl/.imodel/.shp/.txt/.dxf/.ifc/.3ds/.obj/……						
输出格式	.dgn/.dwg/.dgnlib/.rdl/.pdf/.fbx/.skp/.vob/.lxo/.u3d/.obj/……						
推荐硬件配置	操作系统	64位Windows 10	处理器	2GHz	内存	16GB	
	显卡	2GB	磁盘空间	1TB	鼠标要求	带滚轮	
最低硬件配置	操作系统	64位Windows 10	处理器	1GHz	内存	4GB	
	显卡	512MB	磁盘空间	500GB	鼠标要求	带滚轮	
功能介绍							
A02/B02/C02/D02/E02/F02/G02/H02/J02/K02/L02/M02/N02/P02/Q02： （1）在个性化环境中工作 可在每个项目正确的环境下工作，并自动应用所需的设置与标准。快速获得帮助，访问涵盖全面学习内容的资料库，实现熟练驾驭。简化各工作流程，并使用各种可用工具与企业系统集成，自定义用户界面包括Microsoft（VBA）、NET、C ++、C # 和用户定义的宏命令。对工具和任务进行个性化和分组管理，并通过可定制的菜单减少重复点击。 （2）在空间环境中设计 清楚地了解现有条件，轻松地使图像、点云、三维实景网格与设计和建筑模型成为一体，加速设计建模工作流。集成的地理空间信息保证模型精确地地理定位。 （3）真实的三维参数化模型设计 通过广泛的设计建模工具（包括表面、网格、特征和实体模型），推进最复杂的设计模型。通过预定义的变化建立参数化功能组件，以便于轻松寻找并管理许多相似的组件。使用自动将图纸嵌入模型的绘图工具以提高清晰度并简化文档工作流（图1）。 （4）执行标准 确保组织与项目具体标准和内容有合适的应用程序。应用模板来控制几何与数据标准，如样式尺寸、文							

续表

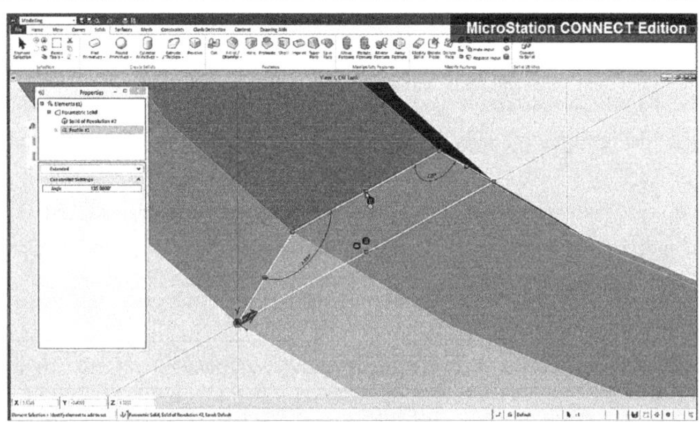

图1　参数化建模

本、线条、详细符号等。一旦设计完成，使用自动化工具来检验图纸是否符合标准。了解如何管理设计变更和绘图标准、控制和保护文件。

（5）放置与标注图纸

使用一套全面的绘图工具，创建精确的图纸，以便从概念到完成设计。使用一致的约束条件来保证设计意向，并通过智能、交互式捕捉和动态数据输入来加快起草和标注工作流程。

（6）制作动画和效果图

通过利用设计、施工和操作模型来制作逼真的电影与模拟效果，确保获得利益相关者支持。从关键帧和基于时间的动画中选择，使用实时屏幕动画预览和分布式网络处理，快速获得想要的结果。创建逼真的可视化和在线访问，交付的库拥有正确物料以及照明和真实感内容。

（7）可视化与分析设计

在基于几何形状或基本属性的模型中，通过分析与展示数据可视化的理解设计，对现实世界中太阳的暴露与遮蔽进行分析。基于每个对象的高度、坡度、纵横角等嵌入式特性，提供实时的显示样式来可视化模型，并基于相互关联的空间与属性数据形成可视化实景网格

接本书7.6节彩页

2.3.3 Civil 3D

Civil 3D软件情况介绍　　**表2-3-3**

软件名称	Civil 3D	厂商名称	Autodesk
代码		应用场景	业务类型
A01/B01/F01/G01/H01/J01/K01/P01		通用建模和表达	城市规划/场地景观/管道工程/道路工程/桥梁工程/隧道工程/铁路工程/水坝工程
A02/B02/C02/D02/E02/F02/G02/H02/J02/K02/L02/M02/N02/P02		模型整合与管理	城市规划/场地景观/建筑工程/水处理/垃圾处理/管道工程/道路工程/桥梁工程/隧道工程/铁路工程/信号工程/变电站/电网工程/水坝工程
A04/B04/F04/G04		可视化仿真与VR	城市规划/场地景观/管道工程/道路工程
A05/B05/C05/D05/E05/F05/G05/H05/J05/K05/L05/M05/N05/P05		显示引擎	城市规划/场地景观/建筑工程/水处理/垃圾处理/管道工程/道路工程/桥梁工程/隧道工程/铁路工程/信号工程/变电站/电网工程/水坝工程

续表

最新版本	Civil 3D 2021					
输入格式	通用格式：.sqlite/.imx/.fbx/.obj/.dae/.fgdb/.avi/.wmv等； gis数据：.shp/.sdf/.sat/.sdf/.txt/.csv/.asc/.nez/.gml/.xml/.gz/.e00/.kml/.kmz/.mif/.tab/.sqlite； cad数据：.3ds/.igs/.iges/.ipt/.iam/.model/.catpart/.catproduct/.jt/.wmf/.dgn/.prt/.pdf/.prt/.3dm/.ste/.stp/.step等； 图像数据：.psd/.asc/.txt/.adf/.fli/.flc/.cal/.mil/.rst/.cg4/.gp4/.cals/.dds/.ecw/.fst/ .bil/.bip/.bsq/.hdr/.pic/.exr/.jpg/.jpeg/.jp2/.j2k/.pct/.pict/.sid/.ntf/.tif/.tiff/.rlc/.tga/ .dem/.bmp/.dib/.rle/.pcx/.png/.dt0/.dt1/.dt2/.ig4/.gif/.doq/.nws/.nes/.ses/.sws等； 点云数据：.rcp/.rcs等					
输出格式	.dwg/.dwf/.dxf/.imx/.landxml/.pkt/.fgdb/.ifc/.nez/.csv/.xyz/.rpn/.wmf/.sat/.stl/ .eps/.dxx/.dgn/.igs/.iges					
推荐硬件配置	操作系统	64位Windows 10	处理器	主频3GHz以上	内存	16GB以上
	显卡	支持DirectX® 11，4GB GPU	磁盘空间	16GB	鼠标要求	Microsoft兼容
最低硬件配置	操作系统	64位Windows 10	处理器	主频2.4G～2.9GHz	内存	16GB
	显卡	支持DirectX® 11，1GB GPU	磁盘空间	16GB	鼠标要求	Microsoft兼容
功能介绍						
A02/B02/C02/D02/E02/F02/G02/H02/J02/K02/L02/M02/N02/P02： 在Civil 3D软件中，支持将大多数格式的建筑与基础设施的BIM数据、大多数格式的GIS数据以及其他数据（如点云）等，进行模型整合与管理						

2.3.4 InfraWorks

InfraWorks软件情况介绍 **表2-3-4**

软件名称	InfraWorks	厂商名称	Autodesk
代码		应用场景	业务类型
A01/B01/C01/F01/G01/H01/J01/K01		通用建模和表达	城市规划/场地景观/建筑工程/管道工程/道路工程/桥梁工程/隧道工程/铁路工程
A02/B02/C02/D02/E02/F02/G02/H02/J02/K02/L02/M02/N02/P02		模型整合与管理	城市规划/场地景观/建筑工程/水处理/垃圾处理/管道工程/道路工程/桥梁工程/隧道工程/铁路工程/信号工程/变电站/电网工程/水坝工程
A04/B04/C04/D04/E04/F04/G04/H04/J04/K04/L04/M04/N04/P04		可视化仿真与VR	
A05/B05/C05/D05/E05/F05/G05/H05/J05/K05/L05/M05/N05/P05		显示引擎	
最新版本	InfraWorks 2021		
输入格式	.dwg/.dxf/.f2d/.3ds/.dae/.dxf/.fbx/.obj/.imx/.rvt/.rfa/.citygml/.gml/.xml/ .landxml/.dgn/.ifc/.rcs/.rcp/.adf/.asc/.bt/.ddf/.dem/.dt0/.dt1/.dt2/.grd/.hgt/ .doq/.ecw/.img/.jp2/.jpg/.jpeg/.png/.sid/.tif/.tiff/.wms/.xml/.vrt/.zip/.gz/.sdf/.shp/ .skp/.sdx/.db/.sqlite		
输出格式	.sqlite/.imx/.fbx/.obj/.dae/.fgdb/.avi/.wmv		

续表

推荐硬件配置	操作系统	64位 Windows 10	处理器	四核 Intel Core i7以上	内存	16GB以上
	显卡	支持 DirectX® 10.1，2 GB GPU	磁盘空间	16GB	鼠标要求	Microsoft兼容
最低硬件配置	操作系统	64位 Windows 10	处理器	双核 Intel Core 2或同等	内存	8GB
	显卡	支持 DirectX® 10.1，1 GB GPU	磁盘空间	16GB	鼠标要求	Microsoft兼容
功能介绍						
A02/B02/C02/D02/E02/F02/G02/H02/J02/K02/L02/M02/N02/P02： InfraWorks 支持在真实的环境中，将大多数格式的建筑与基础设施的BIM数据、大多数格式的GIS数据以及其他数据（如点云）等，进行模型整合与管理						

2.3.5 Trimble SketchUp Pro

Trimble SketchUp Pro软件情况介绍 **表2-3-5**

软件名称	Trimble SketchUp Pro		厂商名称	天宝寰宇电子产品（上海）有限公司		
代码		应用场景		业务类型		
A01/B01/C01/F01		通用建模和表达		城市规划/场地景观/建筑工程/管道工程		
A02/B02/C02/F02		模型整合与管理		城市规划/场地景观/建筑工程/管道工程		
A04/B04/C04/F04		可视化仿真与VR		城市规划/场地景观/建筑工程/管道工程		
A16/B16/C16/F16		规划/方案设计_设计辅助和建模		城市规划/场地景观/建筑工程/管道工程		
A17/B17/C17/F17		规划/方案设计_场地环境性能化分析		城市规划/场地景观/建筑工程/管道工程		
A19/B19/C19/F19		规划/方案设计_建筑环境性能化分析		城市规划/场地景观/建筑工程/管道工程		
A20/B20/C20/F20		规划/方案设计_参数化设计优化		城市规划/场地景观/建筑工程/管道工程		
A23/B23/C23/F23		规划/方案设计_设计成果渲染与表达		城市规划/场地景观/建筑工程/管道工程		
A25/B25/C25/F25		初步/施工图设计_设计辅助和建模		城市规划/场地景观/建筑工程/管道工程		
A27/B27/C27/F27		初步/施工图设计_设计分析和优化		城市规划/场地景观/建筑工程/管道工程		
A31/B31/C31/F31		初步/施工图设计_设计成果渲染与表达		城市规划/场地景观/建筑工程/管道工程		
A33/B33/C33/F33		深化设计_深化设计辅助和建模		城市规划/场地景观/建筑工程/管道工程		
C37		深化设计_装饰装修设计辅助和建模		建筑工程		
C39		深化设计_机电工程设计辅助和建模		建筑工程		
C40		深化设计_幕墙设计辅助和建模		建筑工程		
最新版本	Trimble SketchUp Pro 2021					
输入格式	.3ds/.bmp/.dae/.ddf/.dem/.dwg/.dxf/.ifc/.ifczip/.jpeg/.jpg/.kmz/.png/.psd/.skp/.stl/.tga/.tif/.tiff					
输出格式	.3ds/.dwg/.dxf/.dae/.fbx/.ifc/.kmz/.obj/.stl/.wrl/.xsi/.pdf/.eps/.bmp/.jpg/.tif/.png					
推荐硬件配置	操作系统	64位 Windows 10	处理器	2GHz	内存	8GB
	显卡	1GB	磁盘空间	700MB	鼠标要求	带滚轮

续表

最低硬件配置	操作系统	64位 Windows 10	处理器	1GHz	内存	4GB
	显卡	512MB	磁盘空间	500MB	鼠标要求	带滚轮
功能介绍						

A02/B02/C02/F02：

1. 本软件在“模型整合与管理”应用上的介绍及优势

SketchUp的管理工具主要有：组、组件、场景、标记（图层）、管理目录、图源信息等（图1）。

SketchUp的优势：管理逻辑简洁、检索能力强、学习成本低且容易上手。

2. 本软件在“模型整合与管理”应用上的操作难易度

通过组件的“重新载入”功能，可以快速整合模型，逻辑流程：图元→组件（或组）→图层→管理目录。操作难易程度：简单。

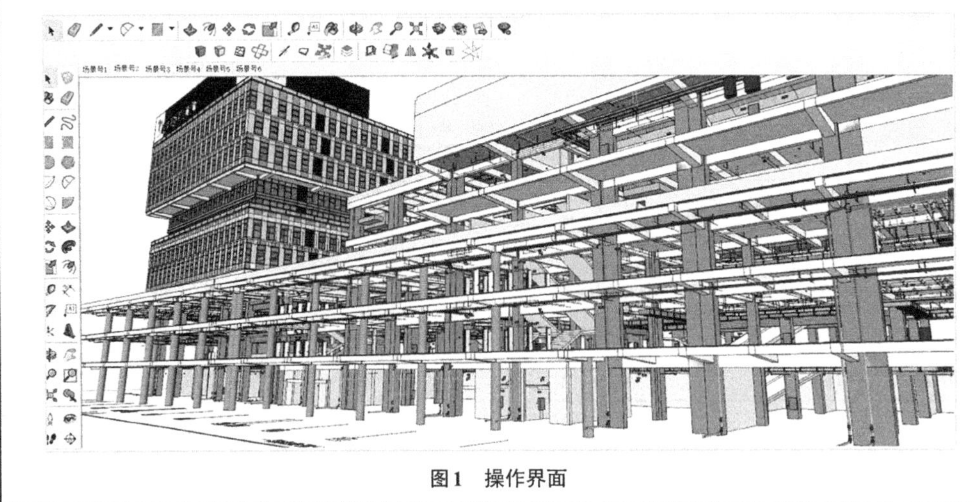

图1 操作界面

接本书7.4节彩页

2.3.6 OpenPlant

OpenPlant软件情况介绍 **表2-3-6**

软件名称	OpenPlant	厂商名称	Bentley
代码	应用场景	业务类型	
D01/E01/F01	通用建模和表达	水处理/垃圾处理/管道工程	
D02/E02/F02	模型整合与管理		
D16/E16/F16	规划/方案设计_设计辅助和建模		
D20/E20/F20	规划/方案设计_参数化设计优化		
D24/E24/F24	规划/方案设计_其他		
D25/E25/F25	初步/施工图设计_设计辅助和建模		
D27/E27/F27	初步/施工图设计_设计分析和优化		
D32/E32/F32	初步/施工图设计_其他		

续表

D33/E33/F33	深化设计_深化设计辅助和建模					
D36/E36/F36	深化设计_预制装配设计辅助和建模					
D39/E39/F39	深化设计_机电工程设计辅助和建模					
D45/E45/F45	深化设计_其他					
最新版本	OpenPlant CONNECT Edition Update 9					
输入格式	.dgn/.dwg/.3ds/.ifc/.3dm/.skp/.stp/.sat/.fbx/.obj/.jt/.3mx/.igs/.stl/x_t/.shp					
输出格式	.dgn/.dwg/.rdl/.hln/.pdf/.cgm/.dxf/.fbx/.igs/.jt/.stp/.sat/.obj/.x_t/.skp/.stl/.vob					
推荐硬件配置	操作系统	64位 Windows 10	处理器	2GHz	内存	16GB
	显卡	2GB	磁盘空间	1TB	鼠标要求	带滚轮
最低硬件配置	操作系统	64位 Windows 10	处理器	1GHz	内存	4GB
	显卡	512MB	磁盘空间	500GB	鼠标要求	带滚轮
功能介绍						

D01/E01/F01、D02/E02/F02：

OpenPlant集成了全部的MicroStation功能，而MicroStation是一个集二维绘图、三维建模和工程可视化于一体的图形环境。具备了优秀的绘图及建模功能，其精确绘图和参考功能的强大，使其能够非常快速地并定位与外部协同。MicroStation中的参考功能是其他软件难以望其项背的。强大的参考文件功能是各专业之间协同工作的保证。其参考文件工具提供易于查看及编辑的功能，能够有效地对所参考的文件进行整合与管理。可直接通过软件左上方的“工作流”来自行切换所需要的建模或绘图模式（图1）。

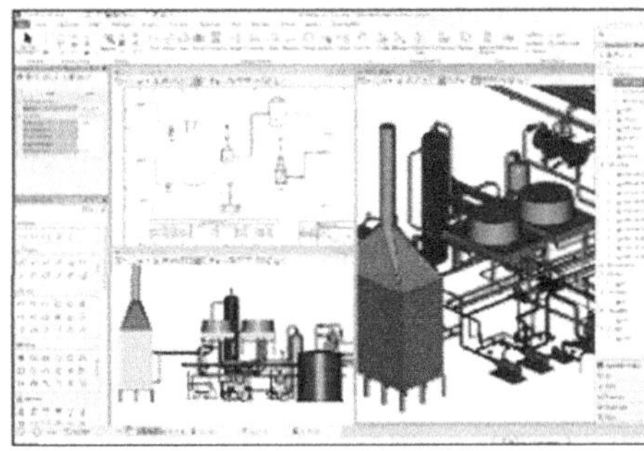
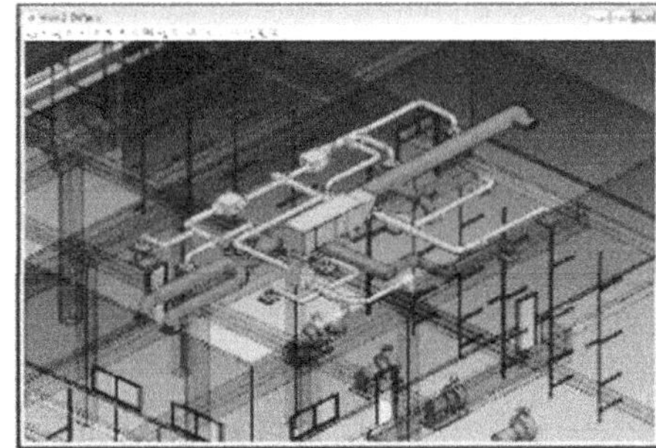

图1　绘图及建模

2.4 环境拍照及扫描

2.4.1 Recap Pro/Photo

Recap Pro/Photo软件情况介绍　　**表2-4-1**

软件名称	Recap Pro/Photo	厂商名称	Autodesk
代码	应用场景	业务类型	
A03/B03/C03/D03/E03/F03/G03/H03/J03/K03/L03/M03/N03/P03/Q03	环境拍照及扫描	城市规划/场地景观/建筑工程/水处理/垃圾处理/管道工程/道路工程/桥梁工程/隧道工程/铁路工程/信号工程/变电站/电网工程/水坝工程/飞行工程	

续表

最新版本	Recap 2021					
输入格式	.fls/.fws/.e57/.cl3/.crl/.pts/.lsproj/.ptx/.rcx/.rds/.txt/.xyb/.xyz/.zfs/.zfprj/.jpg					
输出格式	.jpg/.mp4/.pts/.e57/.rcm/.rcs/.tif（ortho）/.fbx/.obj					
推荐硬件配置	操作系统	64位 Windows 10	处理器	3GHz	内存	8GB/32GB
	显卡	4GB/6GB	磁盘空间	6GB	鼠标要求	带滚轮
	其他	以上配置分别对应Recap Pro/Photo模块				
最低硬件配置	操作系统	64位 Windows 10	处理器	2.0GHz	内存	4GB/16GB
	显卡	1GB/4GB	磁盘空间	3GB	鼠标要求	带滚轮
	其他	以上配置分别对应Recap Pro/Photo模块				
功能介绍						

A03/B03/C03/D03/E03/F03/G03/H03/J03/K03/L03/M03/N03/P03/Q03：

Autodesk® ReCap™是用于复杂激光扫描和摄影测量项目的3D程序。它将文件导出为专有格式，可无缝集成到其他Autodesk软件应用程序中。ReCap有可自定义的项目选项，其Pro版本包括通过桌面和Web应用程序和服务进行的操纵、管理和注册。ReCap Pro对于导入导出和吸收无人机、动画项目非常有用。ReCap提供价格合理的基于云的软件解决方案，通过提供将航空照片转换为富有表现力的2D和3D数据，来支持无人机行业及其消费者。

Autodesk Recap包括的产品有以下类型：

Recap基本版：使用ReCap基本版本导入，查看转换点云数据。它在所有Autodesk套件中都可用，并且可以在Autodesk网站上免费下载，并提供5GB的存储空间。该Internet应用程序可以在平板电脑或智能手机上运行，从而可以将ReCap数据带入现场，以对照实际对象检查模型的准确性。

Recap专业版：借助先进的测量、网格转换、对齐和注释工具，为扫描和摄影测量项目提供无与伦比的速度和工作流程功能，所有这些功能均具有简单、直观的用户界面和100GB的存储空间。专业版中提供了自动注册功能和广泛的报告功能，以及更多其他功能。

Recap Photo：Autodesk ReCap Photo是Autodesk ReCap Pro的扩展，旨在将航拍照片和对象照片转换为3D模型。这些3D模型可以导出为图像、视频或模型，以用于其他Autodesk软件应用程序。

Recap Mobile：可供用户在移动设备上浏览Recap文件的移动应用。

1. 本软硬件在“环境拍照及扫描”应用上的介绍及优势

兼容的点云格式丰富，支持的三维扫描设备类型多。

照片建模在云端处理，节省硬件费用，处理效率高，流程简单。

可处理无人机、相机数码照片和激光扫描捕捉现实环境。

软件轻量化，输出格式与Autodesk其他三维设计软件无缝集成和高度兼容。

2. 本软硬件在“环境拍照及扫描”应用上的操作难易度

点云浏览与编辑操作流程：导入点云→数据处理→编辑浏览→模型输出。操作极其简单。

照片建模操作流程：导入照片→数据处理→模型处理→模型输出。操作直观，简单易学

接本书7.3节彩页

2.4.2 Trimble Scan Essentials for SketchUp

Trimble Scan Essentials for SketchUp软件情况介绍 **表2-4-2**

<table>
<tr><td>软件名称</td><td colspan="3">Trimble Scan Essentials for SketchUp</td><td>厂商名称</td><td colspan="2">天宝寰宇电子产品（上海）有限公司</td></tr>
<tr><td colspan="3">代码</td><td colspan="2">应用场景</td><td colspan="2">业务类型</td></tr>
<tr><td colspan="3">A01/B01/C01/F01/G01/H01/J01</td><td colspan="2">通用建模和表达</td><td colspan="2" rowspan="2">城市规划/场地景观/建筑工程/管道工程/道路工程/桥梁工程/隧道工程</td></tr>
<tr><td colspan="3">A03/B03/C03/F03/G03/H03/J03</td><td colspan="2">环境拍照及扫描</td></tr>
<tr><td colspan="3">C60/F60/H60/J60</td><td colspan="2">施工实施_隐蔽工程记录</td><td colspan="2" rowspan="2">建筑工程/管道工程/桥梁工程/隧道工程</td></tr>
<tr><td colspan="3">C72/F72/H72/J72</td><td colspan="2">施工实施_竣工与验收</td></tr>
<tr><td>最新版本</td><td colspan="6">Trimble Scan Essentials for SketchUp 1.2020.1113</td></tr>
<tr><td>输入格式</td><td colspan="6">.las/.rwp/.e57/.laz</td></tr>
<tr><td>输出格式</td><td colspan="6">无</td></tr>
<tr><td rowspan="2">推荐硬件配置</td><td>操作系统</td><td>64位Windows 10</td><td>处理器</td><td>2.8GHz</td><td>内存</td><td>32GB</td></tr>
<tr><td>显卡</td><td>3GB</td><td>磁盘空间</td><td>1GB</td><td>鼠标要求</td><td>三键鼠标</td></tr>
<tr><td rowspan="2">最低硬件配置</td><td>操作系统</td><td>64位Windows 8.1</td><td>处理器</td><td>2.8GHz</td><td>内存</td><td>16GB</td></tr>
<tr><td>显卡</td><td>1GB</td><td>磁盘空间</td><td>500MB</td><td>鼠标要求</td><td>带滚轮</td></tr>
<tr><td colspan="7">功能介绍</td></tr>
</table>

A03/B03/C03/F03/G03/H03/J03：

1. 本软硬件在“环境拍照及扫描”应用上的介绍及优势

Trimble Scan Essentials for SketchUp可以读取：手持扫描、架站式扫描、车载扫描、机载扫描、无人机等设备采集的点云数据。

Trimble Scan Essentials for SketchUp的优势：直接读取Trimble原厂家点云格式，无须数据转换。

2. 本软硬件在“环境拍照及扫描”应用上的操作难易度

数据采集→数据处理（Trimble RealWorks）→SketchUp中直接读取。

可在SketchUp中直接打开点云数据查看和建模，无须导入、导出。操作难易程度：低（图1）。

图1 点云数据

接本书7.5节彩页

2.5 可视化仿真与VR

2.5.1 Civil 3D

Civil 3D软件情况介绍 表2-5-1

<table>
<tr><td>软件名称</td><td colspan="2">Civil 3D</td><td>厂商名称</td><td colspan="4">Autodesk</td></tr>
<tr><td colspan="2">代码</td><td colspan="2">应用场景</td><td colspan="4">业务类型</td></tr>
<tr><td colspan="2">A01/B01/F01/G01/H01/J01/K01/P01</td><td colspan="2">通用建模和表达</td><td colspan="4">城市规划/场地景观/管道工程/道路工程/桥梁工程/隧道工程/铁路工程/水坝工程</td></tr>
<tr><td colspan="2">A02/B02/C02/D02/E02/F02/G02/H02/J02/K02/L02/M02/N02/P02</td><td colspan="2">模型整合与管理</td><td colspan="4">城市规划/场地景观/建筑工程/水处理/垃圾处理/管道工程/道路工程/桥梁工程/隧道工程/铁路工程/信号工程/变电站/电网工程/水坝工程</td></tr>
<tr><td colspan="2">A04/B04/F04/G04</td><td colspan="2">可视化仿真与VR</td><td colspan="4">城市规划/场地景观/管道工程/道路工程</td></tr>
<tr><td colspan="2">A05/B05/C05/D05/E05/F05/G05/H05/J05/K05/L05/M05/N05/P05</td><td colspan="2">显示引擎</td><td colspan="4">城市规划/场地景观/建筑工程/水处理/垃圾处理/管道工程/道路工程/桥梁工程/隧道工程/铁路工程/信号工程/变电站/电网工程/水坝工程</td></tr>
<tr><td>最新版本</td><td colspan="7">Civil 3D 2021</td></tr>
<tr><td>输入格式</td><td colspan="7">通用格式：.dwg/.dxf/.imx/.sqlite/.landxml/.ifc/.pkt等；
gis数据：.shp/.sdf/.sat/.sdf/.txt/.csv/.asc/.nez /.gml/.xml/.gz/.e00/.kml/.kmz/.mif/.tab/.sqlite；
cad数据：.3ds/.igs/.iges/.ipt/.iam/.model/.catpart/.catproduct/.jt/.wmf/.dgn/.prt/ .pdf/.prt/.3dm/.ste/.stp/.step等；
图像数据：.psd/.asc/.txt/.adf/.fli/.flc/.cal/.mil/.rst/.cg4/.gp4/.cals/.dds/.ecw/.fst/ .bil/.bip/.bsq/.hdr/.pic/.exr/.jpg/.jpeg/.jp2/.j2k/.pct/.pict/.sid/.ntf/.tif/.tiff/.rlc/.tga/ .dem/.bmp/.dib/.rle/.pcx/.png/.dt0/.dt1/.dt2/.ig4/.gif/.doq/.nws/.nes/.ses/.sws等；
点云数据：.rcp/.rcs等</td></tr>
<tr><td>输出格式</td><td colspan="7">.dwg/.dwf/.dxf/.imx/.landxml/.pkt/.fgdb/.ifc/.nez/.csv/.xyz/.rpn/.wmf/.sat/.stl/ .eps/.dxx/.dgn/.igs/.iges</td></tr>
<tr><td rowspan="2">推荐硬件配置</td><td>操作系统</td><td>64位Windows 10</td><td>处理器</td><td>主频3GHz以上</td><td>内存</td><td>16GB以上</td></tr>
<tr><td>显卡</td><td>支持DirectX® 11，4 GB GPU</td><td>磁盘空间</td><td>16GB</td><td>鼠标要求</td><td>Microsoft兼容</td></tr>
<tr><td rowspan="2">最低硬件配置</td><td>操作系统</td><td>64位Windows 10</td><td>处理器</td><td>主频2.4G～2.9GHz</td><td>内存</td><td>16GB</td></tr>
<tr><td>显卡</td><td>支持DirectX® 11，1 GB GPU</td><td>磁盘空间</td><td>16GB</td><td>鼠标要求</td><td>Microsoft兼容</td></tr>
<tr><td colspan="8">功能介绍</td></tr>
<tr><td colspan="8">A04/B04/F04/G04：
Civil 3D集成了一系列模拟分析的功能，如高程分析、坡度分析、流域分析、跌水分析、水文分析、水力计算等。在这些分析软件的模型数据中，可随时帮助验证设计的可行性与合理性</td></tr>
</table>

2.5.2 Bentley LumenRT

Bentley LumenRT软件情况介绍 **表2-5-2**

<table>
<tr><td>软件名称</td><td colspan="2">Bentley LumenRT</td><td>厂商名称</td><td colspan="3">Bentley</td></tr>
<tr><td colspan="2">代码</td><td>应用场景</td><td colspan="4">业务类型</td></tr>
<tr><td colspan="2">A04/B04/C04/F04/G04/H04/J04/K04/M04/N04/P04</td><td>可视化仿真与VR</td><td colspan="4">城市规划/场地景观/建筑工程/管道工程/道路工程/桥梁工程/隧道工程/铁路工程/变电站/电网工程/水坝工程</td></tr>
<tr><td>最新版本</td><td colspan="6">LumenRT Update 15</td></tr>
<tr><td>输入格式</td><td colspan="6">.dgn/.3sm/.vob/.raw/.dae/.fbx/.obj/.3ds/.ibim/.hdf5</td></tr>
<tr><td>输出格式</td><td colspan="6">.lrt/.jpg/.avi/.mp4/.exe</td></tr>
<tr><td rowspan="2">推荐硬件配置</td><td>操作系统</td><td>64位Windows 10</td><td>处理器</td><td>3GHz</td><td>内存</td><td>64GB</td></tr>
<tr><td>显卡</td><td>4GB</td><td>磁盘空间</td><td>2TB</td><td>鼠标要求</td><td>带滚轮</td></tr>
<tr><td rowspan="2">最低硬件配置</td><td>操作系统</td><td>64位Windows 10</td><td>处理器</td><td>1GHz</td><td>内存</td><td>16GB</td></tr>
<tr><td>显卡</td><td>1GB</td><td>磁盘空间</td><td>1TB</td><td>鼠标要求</td><td>带滚轮</td></tr>
<tr><td colspan="7">功能介绍</td></tr>
</table>

A04/B04/C04/F04/G04/H04/J04/K04/M04/N04/P04：

1. LumenRT在“可视化仿真与VR”应用上的介绍及优势

作为一款用于创建实时环境的软件，使用Bentley LumenRT可将逼真的数字本质集成到模拟的基础架构设计中，并为设计成果创建高影响力的视觉效果。这种革命性的实时可视化媒体可使AECO行业的任何专业人员使用，并且能够产生令人惊叹的精美且易于理解的可视化效果（图1）。

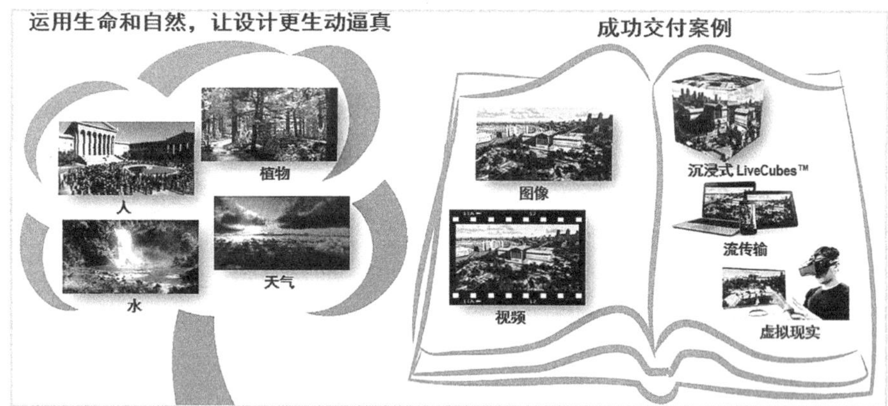

图1 LumenRT为设计注入生命力

Bentley LumenRT具有以下优势：

（1）对具有运动元素的基础设施模型进行动画处理，例如使用各种类型的车辆模拟交通、人员的移动、被风吹过的植物、季节性树木随季节交替的变化、起伏的云朵、荡漾的水等。

（2）轻松生成引人入胜的电影品质图像和视频。

（3）使用Bentley LumenRT与项目参与者有多种共享的交互方式，身临其境的3D演示文稿 LiveCubes。

（4）可以直接从MicroStation内部创建Bentley LumenRT场景，包括V8i SELECTseries和CONNECT Edition、Autodesk Revit、Esri CityEngine、Graphisoft ArchiCAD、Trimble SketchUp，并且还可以从许多领先的3D交换格式导入

续表

<table>
<tr><td>
2. LumenRT在“可视化仿真与VR”应用上的操作难易度
LumenRT的基础操作流程：模型导入→模型调整→环境调整→材质调整→项目浏览→成果输出。
LumenRT的软件操作难易度：在LumenRT中，有三个基本的解决方案原则在起作用，每个功能都在努力推进——快速、简单和美观。如果一个功能性的功能不能推进这三个原则，就可以不包括它，或者重新设计它，直到它满足这个定义。“快速”元素意味着消除或减少在LumenRT中可视化所花费的时间。LumenRT内部的一切都是实时发生的，因为我们正在利用显卡GPU的力量来生成电影质量的渲染。当在LumenRT LiveCube中创作时也是如此。所有的一切都是实时移动的，所以你可以看到随风飘动的树木、充满泡沫的波浪水，以及移动的云。当你准备好分享完成的场景时，你可以将其导出为一个独立的LiveCube，它将所有内容打包成一个整洁的小bundle，可以在PC或Mac上共享。此外，你可以创建图像和视频，在短短几秒钟内使用内置的视频编辑器，这是非常容易使用的。“简单”的解决方案原则是LumenRT的基础，因为它是为所有人而不仅仅是计算机图形专家而设计的。所以，我们的产品是“由外而内”设计的，我们主要关注三件事：首先，LumenRT无缝集成到领先的CAD/BIM/GIS解决方案；其次，LumenRT有非常简单、整洁的用户界面；最后，LumenRT的设计可以在一小时内掌握，如图2、图3所示。

图2　莫比尔河大桥LumenRT应用

图3　黑龙江建筑业现代化示范园LumenRT应用
</td></tr>
</table>

2.5.3 InfraWorks

InfraWorks软件情况介绍　　表2-5-3

<table>
<tr><td>软件名称</td><td colspan="2">InfraWorks</td><td>厂商名称</td><td>Autodesk</td></tr>
<tr><td colspan="2">代码</td><td colspan="2">应用场景</td><td>业务类型</td></tr>
<tr><td colspan="2">A01/B01/C01/F01/G01/H01/J01/K01</td><td colspan="2">通用建模和表达</td><td>城市规划/场地景观/建筑工程/管道工程/道路工程/桥梁工程/隧道工程/铁路工程</td></tr>
<tr><td colspan="2">A02/B02/C02/D02/E02/F02/G02/H02/J02/K02/L02/M02/N02/P02</td><td colspan="2">模型整合与管理</td><td rowspan="3">城市规划/场地景观/建筑工程/水处理/垃圾处理/管道工程/道路工程/桥梁工程/隧道工程/铁路工程/信号工程/变电站/电网工程/水坝工程</td></tr>
<tr><td colspan="2">A04/B04/C04/D04/E04/F04/G04/H04/J04/K04/L04/M04/N04/P04</td><td colspan="2">可视化仿真与VR</td></tr>
<tr><td colspan="2">A05/B05/C05/D05/E05/F05/G05/H05/J05/K05/L05/M05/N05/P05</td><td colspan="2">显示引擎</td></tr>
<tr><td>最新版本</td><td colspan="4">InfraWorks 2021</td></tr>
<tr><td>输入格式</td><td colspan="4">.dwg/.dxf/.f2d/.3ds/.dae/.dxf/.fbx/.obj/.imx/.rvt/.rfa/.citygml/.gml/.xml/ .landxml/.dgn/.ifc/.rcs/.rcp/.adf/.asc/.bt/.ddf/.dem/.dt0/.dt1/.dt2/.grd/.hgt/ .doq/.ecw/.img/.jp2/.jpg/.jpeg/.png/.sid/.tif/.tiff/.wms/.xml/.vrt/.zip/.gz/.sdf/.shp/ .skp/.sdx/.db/.sqlite</td></tr>
<tr><td>输出格式</td><td colspan="4">.sqlite/.imx/.fbx/.obj/.dae/.fgdb/.avi/.wmv</td></tr>
</table>

续表

推荐硬件配置	操作系统	64位 Windows 10	处理器	四核 Intel Core i7 以上	内存	16 GB 以上
	显卡	支持 DirectX® 10.1，2 GB GPU	磁盘空间	16 GB	鼠标要求	Microsoft 兼容
最低硬件配置	操作系统	64位 Windows 10	处理器	双核 Intel Core 2 或同等	内存	8 GB
	显卡	支持 DirectX® 10.1，1 GB GPU	磁盘空间	16 GB	鼠标要求	Microsoft 兼容
功能介绍						
A04/B04/C04/D04/E04/F04/G04/H04/J04/K04/L04/M04/N04/P04： InfraWorks集成了一系列模拟分析的功能，如日照模拟、交通模拟、移动模拟、流域分析、洪水模拟、管网水力计算、涵洞水力计算、挖填方分析等。这些分析功能在可视化的模型环境中，随时帮助验证设计的可行性与合理性						

2.5.4 品茗BIM施工策划软件

品茗BIM施工策划软件情况介绍　　**表2-5-4**

软件名称	品茗BIM施工策划软件			厂商名称	杭州品茗安控信息技术股份有限公司	
代码		应用场景			业务类型	
C04		可视化仿真与VR			建筑工程	
C51		施工准备_施工仿真			建筑工程	
C57		施工实施_土方工程			建筑工程	
C62		施工实施_成本管理			建筑工程	
最新版本	V3.2.1.17243					
输入格式	.skp/.pbim/.obj/.simobj/.pmobj/.simgroupgj/.dwg					
输出格式	.skp/.pbim/.dwg/.png/.MP4					
推荐硬件配置	操作系统	64位 Windows 10	处理器	3.5GHz	内存	16GB
	显卡	RTX2060（6GB）	磁盘空间	6GB	鼠标要求	带滚轮
最低硬件配置	操作系统	32位 Windows 7	处理器	2.5GHz	内存	8GB
	显卡	GTX1030（2GB）	磁盘空间	2GB	鼠标要求	带滚轮
功能介绍						
C04： 1.本软件在“可视化仿真与VR”应用上的介绍及优势 本软件布置构件后可直接生成三维图，并在三维的基础上支持自由漫游、路径漫游、航拍漫游以及全景漫游四种漫游方式。构件模型与实际模型接近，可渲染保存为高清图片。 2.本软件在“可视化仿真与VR”应用上的操作难易度 操作流程：二维建模→三维显示→渲染拍照。 三维可视化仿真是对创建好的模型进行三维上的显示，只需要设置为高清渲染拍照即可进行三维渲染拍照，操作简单（图1）						

续表

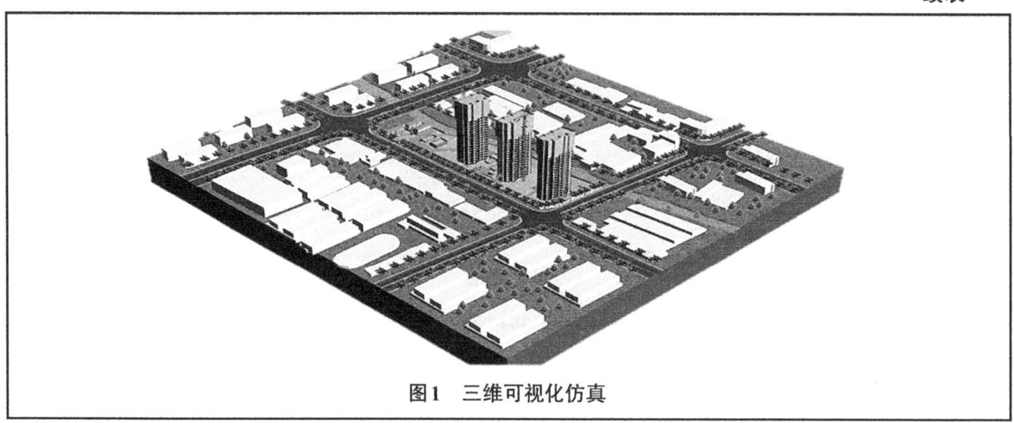
图1　三维可视化仿真

2.5.5 Trimble SketchUp Pro

Trimble SketchUp Pro软件介绍　　表2-5-5

软件名称	Trimble SketchUp Pro		厂商名称	天宝寰宇电子产品（上海）有限公司		
代码	应用场景		业务类型			
A01/B01/C01/F01	通用建模和表达		城市规划/场地景观/建筑工程/管道工程			
A02/B02/C02/F02	模型整合与管理		城市规划/场地景观/建筑工程/管道工程			
A04/B04/C04/F04	可视化仿真与VR		城市规划/场地景观/建筑工程/管道工程			
A16/B16/C16/F16	规划/方案设计_设计辅助和建模		城市规划/场地景观/建筑工程/管道工程			
A17/B17/C17/F17	规划/方案设计_场地环境性能化分析		城市规划/场地景观/建筑工程/管道工程			
A19/B19/C19/F19	规划/方案设计_建筑环境性能化分析		城市规划/场地景观/建筑工程/管道工程			
A20/B20/C20/F20	规划/方案设计_参数化设计优化		城市规划/场地景观/建筑工程/管道工程			
A23/B23/C23/F23	规划/方案设计_设计成果渲染与表达		城市规划/场地景观/建筑工程/管道工程			
A25/B25/C25/F25	初步/施工图设计_设计辅助和建模		城市规划/场地景观/建筑工程/管道工程			
A27/B27/C27/F27	初步/施工图设计_设计分析和优化		城市规划/场地景观/建筑工程/管道工程			
A31/B31/C31/F31	初步/施工图设计_设计成果渲染与表达		城市规划/场地景观/建筑工程/管道工程			
A33/B33/C33/F33	深化设计_深化设计辅助和建模		城市规划/场地景观/建筑工程/管道工程			
C37	深化设计_装饰装修设计辅助和建模		建筑工程			
C39	深化设计_机电工程设计辅助和建模		建筑工程			
C40	深化设计_幕墙设计辅助和建模		建筑工程			
最新版本	Trimble SketchUp Pro 2021					
输入格式	.3ds/.bmp/.dae/.ddf/.dem/.dwg/.dxf/.ifc/.ifczip/.jpeg/.jpg/.kmz/.png/.psd/.skp/.stl/.tga/.tif/.tiff					
输出格式	.3ds/.dwg/.dxf/.dae/.fbx/.ifc/.kmz/.obj/.stl/.wrl/.xsi/.pdf/.eps/.bmp/.jpg/.tif/.png					
推荐硬件配置	操作系统	64位Windows 10	处理器	2GHz	内存	8GB
	显卡	1GB	磁盘空间	700MB	鼠标要求	带滚轮

续表

最低硬件配置	操作系统	64位Windows 10	处理器	1GHz	内存	4GB
	显卡	512MB	磁盘空间	500MB	鼠标要求	带滚轮
功能介绍						

A04/B04/C04/F04：

1. 本软硬件在“可视化仿真与VR”应用上的介绍及优势

SketchUp的可视化仿真与VR有：移动端（手机、平板）、VR端、MR端。

SketchUp的优势：支持平台较广。

2. 本软硬件在“可视化仿真与VR”应用上的操作难易度

通过上传Trimble Connect账号，可以多端口预览使用，实现多人交互（图1）。操作难易程度：简单。

图1　多端口多人交互

2.5.6 Trimble SketchUp Pro/三维图纸平台工具For SketchUp

Trimble SketchUp Pro/三维图纸平台工具For SketchUp介绍　　表2-5-6

软件名称	Trimble SketchUp Pro/三维图纸平台工具For SketchUp			厂商名称	天宝寰宇电子产品（上海）有限公司/广州乾讯建筑咨询有限公司	
代码		应用场景			业务类型	
C04/B04/F04		可视化仿真与VR			建筑工程/场地景观/管道工程	
最新版本	三维图纸平台工具For SketchUp 2019					
输入格式	.skp					
输出格式	.skp					
推荐硬件配置	操作系统	64位Windows 10	处理器	2GHz	内存	8GB
	显卡	1GB	磁盘空间	700MB	鼠标要求	带滚轮

续表

最低硬件配置	操作系统	64位Windows 10	处理器	1GHz	内存	4GB
	显卡	512MB	磁盘空间	500MB	鼠标要求	带滚轮
功能介绍						

C04/B04/F04：

1. 本软硬件在“可视化仿真与VR”应用上的介绍及优势

本软件可以实现将SketchUp模型发布到云端显示，显示的模型可以包括尺寸标注及材料清单等信息，由二维码进行发布，施工方、项目方人员扫码即可进行查看，更为直观。可以替代传统二维图纸。

2. 本软硬件在“可视化仿真与VR”应用上的操作难易度

本软件操作流程：一键上传→二维码发布→扫码查看。本软件界面简洁，上手容易，经过简单的培训即可掌握。软件将已建成的SketchUp模型上传到云端服务器，并显示分享二维码。施工方和项目方人员可以用手机扫描二维码或者用浏览器访问浏览网址即可查看三维图纸（图1）。

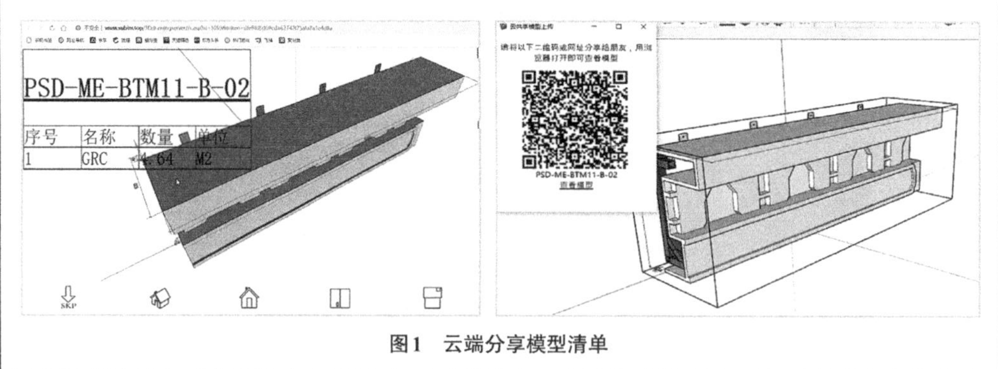

图1　云端分享模型清单

2.6 显示引擎

2.6.1 Forge

Forge软件　　**表2-6-1**

软件名称	Forge		厂商名称	Autodesk			
代码		应用场景		业务类型			
A05/B05/C05/D05/E05/F05/G05/H05/J05/K05/L05/M05/N05/P05/Q05		显示引擎		城市规划/场地景观/建筑工程/水处理/垃圾处理/管道工程/道路工程/桥梁工程/隧道工程/铁路工程/信号工程/变电站/电网工程/水坝工程/飞行工程			
最新版本	Forge						
输入格式	.sat/.skp/.rvt/.stl/.nwc/.max/.dwg/.fbx/.dgn/.axm/.gbl等，浏览超过50种2D与3D模型						
输出格式	BIM项目各要素数据可导出为某些格式（PDF、CSV、Excel等），或以图表统计等形式展现，或通过Autodesk Forge云服务导出浏览器加载的Autodesk特有格式（SVF、F2D），或通过Forge导出其他行业格式（OBJ、IFC、glTF、Json等），或通过Forge云服务于自行提取数据导出为其他SaaS系统的业务格式						
推荐硬件配置	操作系统	建议使用64位浏览器，以获得最佳浏览体验	浏览器	Chrome（建议）、Firefox、Safari、Edge	处理器	2GHz	

续表

推荐硬件配置	内存	8GB	显卡	1GB	磁盘空间	700MB
	鼠标要求	无要求，触摸板、触摸屏或移动设备均可	其他	在传输时，网络连接能为每台计算机提供25 Mbps对称连接		
最低硬件配置	操作系统	MS Windows，iOS，Android等	浏览器	IE11及以上	处理器	1GHz
	内存	4GB	显卡	512MB	磁盘空间	500MB
	鼠标要求	无要求，触摸板、触摸屏或移动设备均可	其他	在传输时，网络连接能为每台计算机提供5Mbps对称连接		
功能介绍						

A05/B05/C05/D05/E05/F05/G05/H05/J05/K05/L05/M05/N05/P05/Q05：

Forge云服务是Web Service和网络开发API集合，为云应用和系统集成赋予创新能力，提升数字化转型的效率，让客户最终获得成功的同时实现与合作伙伴共赢。Forge使用通行的网络标准（Restful）来设计服务和前端API语言 Javascript等，并以最先进的云服务进行架构，遵循国际标准的云安全规范（例如oAuth、oData等）和数据使用规范（例如SOC2、GDPR等）。

Forge最初的理念是互联设计数据的孤岛，让创新应用不受制于单机软体，实现设计数据和数字制造/营建的无缝对接。这样的App不限于某个行业，例如工程建设、机械制造、地理信息等，也不限于必须是Autodesk生态的客户，只要和设计数据有关联，都有使用Forge的可能性（图1）。

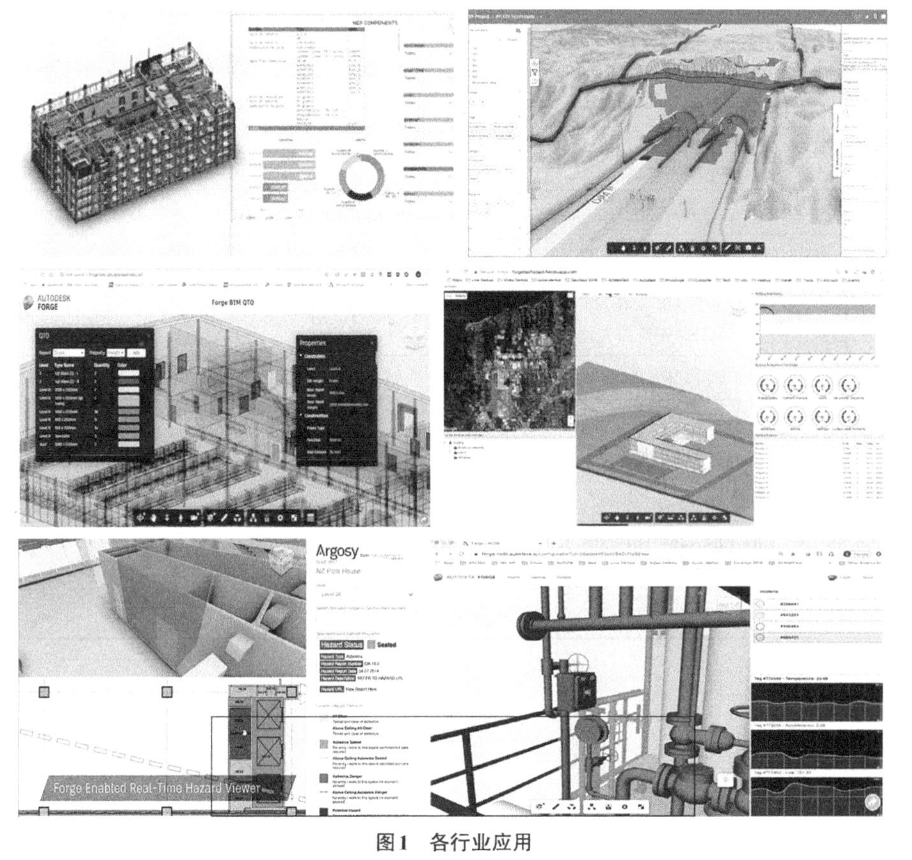

图1　各行业应用

2.6.2 Civil 3D

Civil 3D 软件 **表 2-6-2**

<table>
<tr><td>软件名称</td><td colspan="2">Civil 3D</td><td>厂商名称</td><td colspan="3">Autodesk</td></tr>
<tr><td colspan="3">代码</td><td colspan="2">应用场景</td><td colspan="2">业务类型</td></tr>
<tr><td colspan="3">A01/B01/F01/G01/H01/J01/K01/P01</td><td colspan="2">通用建模和表达</td><td colspan="2">城市规划/场地景观/管道工程/道路工程/桥梁工程/隧道工程/铁路工程/水坝工程</td></tr>
<tr><td colspan="3">A02/B02/C02/D02/E02/F02/G02/H02/J02/K02/L02/M02/N02/P02</td><td colspan="2">模型整合与管理</td><td colspan="2">城市规划/场地景观/建筑工程/水处理/垃圾处理/管道工程/道路工程/桥梁工程/隧道工程/铁路工程/信号工程/变电站/电网工程/水坝工程</td></tr>
<tr><td colspan="3">A04/B04/F04/G04</td><td colspan="2">可视化仿真与 VR</td><td colspan="2">城市规划/场地景观/管道工程/道路工程</td></tr>
<tr><td colspan="3">A05/B05/C05/D05/E05/F05/G05/H05/J05/K05/L05/M05/N05/P05</td><td colspan="2">显示引擎</td><td colspan="2">城市规划/场地景观/建筑工程/水处理/垃圾处理/管道工程/道路工程/桥梁工程/隧道工程/铁路工程/信号工程/变电站/电网工程/水坝工程</td></tr>
<tr><td>最新版本</td><td colspan="6">Civil 3D 2021</td></tr>
<tr><td>输入格式</td><td colspan="6">通用格式：.dwg/.dxf/.imx/.sqlite/.landxml/.ifc/.pkt 等；
gis 数据：.shp/.sdf/.sat/.sdf/.txt/.csv/.asc/.nez /.gml/.xml/.gz/.e00/.kml/.kmz/.mif/ .tab/.sqlite；
cad 数据：.3ds/.igs/.iges/.ipt/.iam/.model/.catpart/.catproduct/.jt/.wmf/.dgn/.prt/ .pdf/.prt/.3dm/.ste/.stp/.step 等；
图像数据：.psd/.asc/.txt/.adf/.fli/.flc/.cal/.mil/.rst/.cg4/.gp4/.cals/.dds/.ecw/.fst/ .bil/.bip/.bsq/.hdr/.pic/.exr/.jpg/.jpeg/.jp2/.j2k/.pct/.pict/.sid/.ntf/.tif/.tiff/.rlc/.tga/ .dem/.bmp/.dib/.rle/.pcx/.png/.dt0/.dt1/.dt2/.ig4/.gif/.doq/.nws/.nes/.ses/.sws 等；
点云数据：.rcp/.rcs 等</td></tr>
<tr><td>输出格式</td><td colspan="6">.dwg/.dwf/.dxf/.imx/.landxml/.pkt/.fgdb/.ifc/.nez/.csv/.xyz/.rpn/.wmf/.sat/.stl/ .eps/.dxx/.dgn/.igs/.iges</td></tr>
<tr><td rowspan="2">推荐硬件配置</td><td>操作系统</td><td>64 位 Windows 10</td><td>处理器</td><td>主频 3GHz 以上</td><td>内存</td><td>16GB 以上</td></tr>
<tr><td>显卡</td><td>支持 DirectX® 11，4GB GPU</td><td>磁盘空间</td><td>16GB</td><td>鼠标要求</td><td>Microsoft 兼容</td></tr>
<tr><td rowspan="2">最低硬件配置</td><td>操作系统</td><td>64 位 Windows 10</td><td>处理器</td><td>主频 2.4G～2.9GHz</td><td>内存</td><td>16GB</td></tr>
<tr><td>显卡</td><td>支持 DirectX® 11，1GB GPU</td><td>磁盘空间</td><td>16GB</td><td>鼠标要求</td><td>Microsoft 兼容</td></tr>
<tr><td colspan="7">功能介绍</td></tr>
<tr><td colspan="7">A05/B05/C05/D05/E05/F05/G05/H05/J05/K05/L05/M05/N05/P05：
Civil 3D 支持对建筑与基础设施模型以及 GIS 数据进行可视化展示，以便检查工程对象与周边场地、交通和环境的关系，从而进一步改进项目的总体布置和配套基础设施，使项目与周边环境更协调</td></tr>
</table>

2.6.3 InfraWorks

InfraWorks软件 **表2-6-3**

软件名称	InfraWorks		厂商名称	Autodesk		
代码		应用场景	业务类型			
A01/B01/C01/F01/G01/H01/J01/K01		通用建模和表达	城市规划/场地景观/建筑工程/管道工程/道路工程/桥梁工程/隧道工程/铁路工程			
A02/B02/C02/D02/E02/F02/G02/H02/J02/K02/L02/M02/N02/P02		模型整合与管理	城市规划/场地景观/建筑工程/水处理/垃圾处理/管道工程/道路工程/桥梁工程/隧道工程/铁路工程/信号工程/变电站/电网工程/水坝工程			
A04/B04/C04/D04/E04/F04/G04/H04/J04/K04/L04/M04/N04/P04		可视化仿真与VR				
A05/B05/C05/D05/E05/F05/G05/H05/J05/K05/L05/M05/N05/P05		显示引擎				
最新版本	InfraWorks 2021					
输入格式	.dwg/.dxf/.f2d/.3ds/.dae/.dxf/.fbx/.obj/.imx/.rvt/.rfa/.citygml/.gml/.xml/ .landxml/.dgn/.ifc/.rcs/.rcp/.adf/.asc/.bt/.ddf/.dem/.dt0/.dt1/.dt2/.grd/.hgt/ .doq/.ecw/.img/.jp2/.jpg/.jpeg/.png/.sid/.tif/.tiff/.wms/.xml/.vrt/.zip/.gz/.sdf/.shp/.skp/.sdx/.db/.sqlite					
输出格式	.sqlite/.imx/.fbx/.obj/.dae/.fgdb/.avi/.wmv					
推荐硬件配置	操作系统	64位Windows 10	处理器	四核Intel Core i7以上	内存	16GB以上
	显卡	支持DirectX® 10.1，2GB GPU	磁盘空间	16GB	鼠标要求	Microsoft兼容
最低硬件配置	操作系统	64位Windows 10	处理器	双核Intel Core 2或同等	内存	8GB
	显卡	支持DirectX® 10.1，1GB GPU	磁盘空间	16GB	鼠标要求	Microsoft兼容
功能介绍						
A05/B05/C05/D05/E05/F05/G05/H05/J05/K05/L05/M05/N05/P05： InfraWorks不仅能够对建筑、基础设施甚至城市级模型进行可视化展示，也能够按照特定的路径或场景进行漫游，生成图片或视频。InfraWorks还支持将模型分享到网页端进行浏览与审阅						

第3章

应用类软硬件适用技术

3.1 “特种部队”——应用类软硬件

“特种部队”，顾名思义是针对特定任务集中攻破的精良部队。应用类软硬件正是如此，随着工程行业的发展，软硬件用户对某些特定应用场景有了更高、更具体的需求，这些需求通用类软硬件无法面面俱到，因此应用类软硬件应运而生。

应用类软硬件针对特定应用场景开发，虽然不像通用类软硬件应用范围广，但在特定的应用场景内表现突出，正所谓是术业有专攻。有的应用类软硬件需要在通用类软硬件的基础成果上进行工作，有的可以脱离通用类软硬件独立工作，是和“主力部队”并肩作战、攻坚克难的“特种部队”。通常当你对BIM有了一定深度应用时，会开始对应用类软硬件产生需求。

3.1.1 “特种部队”的主次要功能

应用类软硬件指功能均应用于专用场景的软硬件。专用场景根据建设全生命周期按阶段细分，阶段分为勘察及岩土工程阶段、规划方案阶段、初步设计施工图设计阶段、深化设计阶段、招采阶段、施工准备阶段、施工实施阶段、运维阶段。同一应用类软硬件若包含多个专用场景功能，则各功能分别在对应专用场景下进行介绍（图3-1-1）。

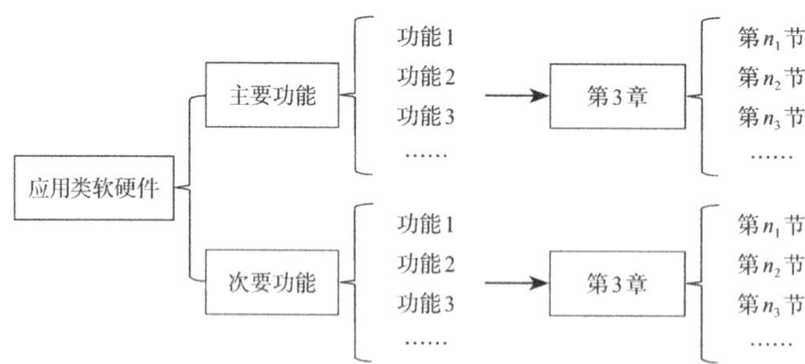

图3-1-1 应用类软硬件功能章节分布

3.2 勘察及岩土工程阶段

3.2.1 应用场景综述

在勘察及岩土工程阶段，BIM侧重于在模型中立体还原地质、岩土等情况，并基于BIM模型进行一系列岩土水工结构计算，同时供后续规划阶段参考及传递。积累的勘察BIM信息可整合为三维地质数据库，更大地发挥BIM信息化的优势。勘察及岩土工程阶段应用场景及定义如表3-2-1所示。

勘察及岩土工程阶段应用场景及定义　　表3-2-1

应用场景		定义
1	勘察外业设计辅助和建模	利用移动采集设备，在现场录入钻探的回次、取样、坐标、图片等编录内容和地质环境调查、地质灾害点等地质踏勘信息，是最基础的原始地质数据
2	原位测试与室内试验	利用不同试验方法，得到各地层物理力学指标等信息，一般存储为模型中的属性数据
3	勘察内业辅助和建模	根据地调数据、测绘数据、外业编录数据、原位测试数据进行地层划分，形成地质平面图、柱状图、剖面图等图件，结合岩土工程分析评价，最终形成勘察报告，同时建立工程及场地的地质三维模型
4	岩土工程设计辅助和建模	对于岩土工程中的地基基础、基坑、边坡、堤坝、支挡结构等工程对象进行参数化、可视化创建工作
5	岩土工程计算和分析	对于岩土工程中的地基基础、基坑、边坡、堤坝、支挡结构等工程对象，进行稳定、内力、配筋计算和分析
6	工程量统计	用于岩土工程勘察工作中，对进尺、取样、原位测试等工作的工作量统计，和岩土工程设计及计算分析工作中对土方、混凝土用量、钢筋等算量统计。应用BIM软件可快速进行工作量统计，还可方便进行方案比选等工作

3.2.2 勘察外业设计辅助和建模

1. 理正数字化移交及发布集成展示平台

理正数字化移交及发布集成展示平台　　表3-2-2

软件名称	理正数字化移交及发布集成展示平台			厂商名称	北京理正软件股份有限公司	
代码		应用场景		业务类型		
B06/C06/F06/G06/H06/J06/K06/M06/N06/P06		勘察岩土_勘察外业设计辅助和建模		场地景观/建筑工程/管道工程/道路工程/桥梁工程/隧道工程/铁路工程/变电站/电网工程/水坝工程		
最新版本	V2.0 2019					
输入格式	.cgp/.cgb/.lbp/.lbpx/.3ds/.dxf/.ifc/.stl/.xls/.xlsx/.osgb/.lzg3d					
输出格式	.cgpx/.cgp/.lbp/.3ds/.dxf/.stl/.3dc/.asc/.ac/.dae/.zae/.dot/.fbx/.osgz/.ivez/.gz/.ive/.iv					
推荐硬件配置	操作系统	64位Windows 10	处理器	2GHz	内存	16GB
	显卡	1GB	磁盘空间	700MB	鼠标要求	带滚轮
最低硬件配置	操作系统	64位Windows 10	处理器	1GHz	内存	4GB
	显卡	512MB	磁盘空间	500MB	鼠标要求	带滚轮

续表

功能介绍

B06/C06/F06/G06/H06/J06/K06/M06/N06/P06：

理正数字化移交及发布集成展示平台（LzGeoEditor），可读入理正地质三维lzg3d、LBP、3DS等多种数据格式，对地面、地下水、三维地层、各种结构面等进行多种方式的可视化展现与开挖剖切；可整合其他BIM软件生成的建筑、基坑、道路、桥梁、隧道等BIM模型，对模型进一步分类整理、添加属性，不但满足方案交流、成果汇报、施工模拟等场合的要求，而且实现了工程项目内部协作共享管理与工程数据复用，为下游的BIM应用提供了宝贵的数据支撑。

数字化移交及发布。可加载理正地质BIM模型标准发布格式（lzg3d）。可导入其他专业BIM模型，如理正基坑软件生成的基坑模型，Revit软件生成的建筑模型等。数字化交付成果，统一管理和发布地质BIM模型、勘察数据库、勘察报告文件等项目全套数字化成果。文档和地质体建立关联关系。成果可发布为轻量化版本（LBPX），可在“理正岩土BIM轻量化展示平台”中展示（图1）。

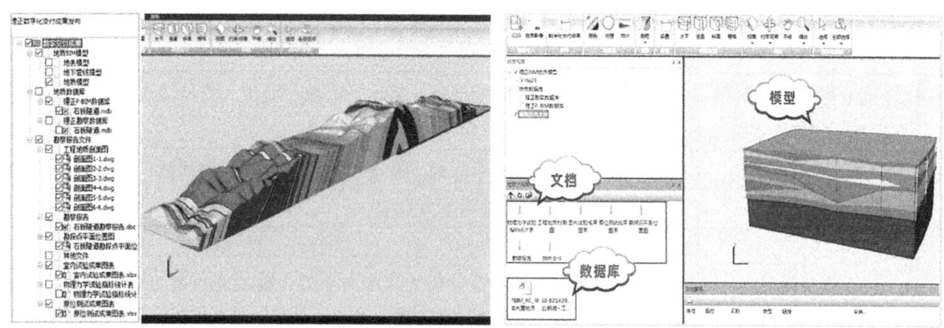

图1　数字化交付成果-勘察交付电子文件、发布界面、交付内容

集成展示。对地表、地下水、地质体等进行可视化展现，包括颜色、纹理、照片贴图、等值线、色斑图等。可对视点、漫游路径进行保存与重放，方便展示汇报。构件属性支持专业、系统、图层、组、构件类型、颜色、纹理等属性，可对模型中构件的树状分类，按照业务规则进行批量调整；修改或添加后续业务所需的构件属性。对地层进行水平、竖向、栅格剖切（图2）、挖洞挖坑操作。对地层属性（如高程、含水量等）进行可视化展现，包括云图、等高线（图3）、色斑图等。查看任意位置的柱状图、平切图、剖面图（图4）。

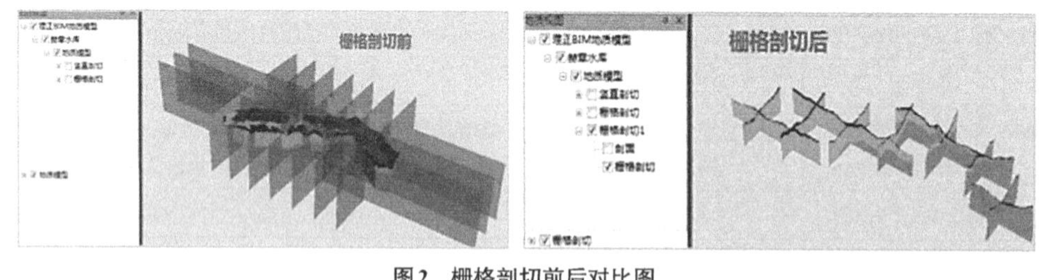

图2　栅格剖切前后对比图

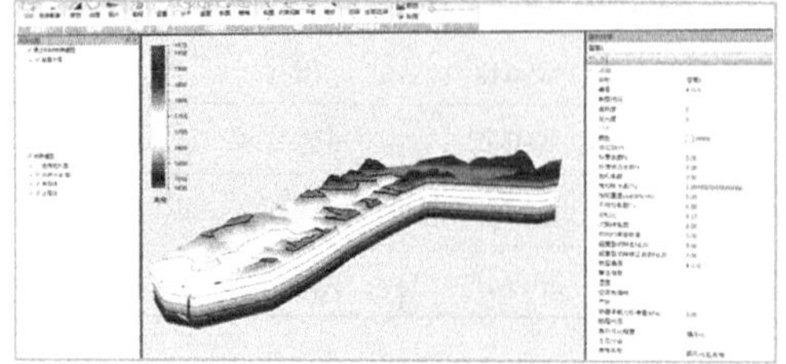

图3　等高线+云图

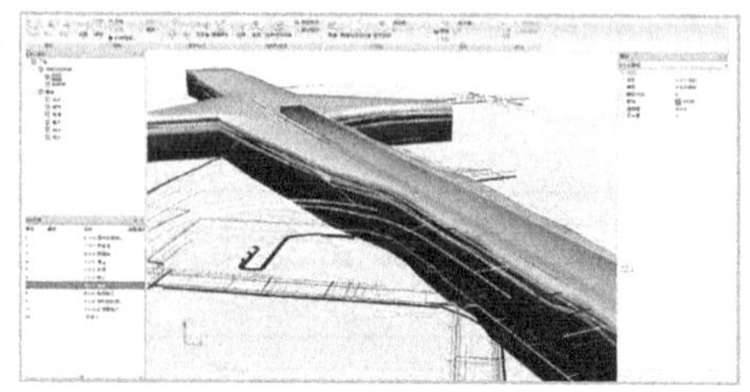

图4　市政管线与水工构筑物碰撞检查

续表

<table>
<tr><td>基础操作流程：打开工程→导入地质模型→导入建筑模型→导入管线→导入倾斜影像→设置展示模式→漫游→地质模型剖切→关联文档管理→导出（或发布）数字化结果</td></tr>
<tr><td>接本书7.7节彩页</td></tr>
</table>

2. 理正野外钻探数据采集系统

理正野外钻探数据采集系统　　　　表3-2-3

<table>
<tr><td>软件名称</td><td colspan="2">理正野外钻探数据采集系统</td><td>厂商名称</td><td colspan="3">北京理正软件股份有限公司</td></tr>
<tr><td colspan="3">代码</td><td>应用场景</td><td colspan="3">业务类型</td></tr>
<tr><td colspan="3">C06/F06/G06/H06/J06/K06/M06/N06/P06</td><td>勘察岩土_勘察外业设计辅助和建模</td><td colspan="3">建筑工程/管道工程/道路工程/桥梁工程/隧道工程/铁路工程/变电站/电网工程/水坝工程</td></tr>
<tr><td>最新版本</td><td colspan="7">V1.0 2019</td></tr>
<tr><td>输入格式</td><td colspan="7">设计钻孔.xls文件格式</td></tr>
<tr><td>输出格式</td><td colspan="7">野外采集数据.dat文件格式</td></tr>
<tr><td rowspan="3">推荐硬件配置</td><td>操作系统</td><td>64位Windows7/ 10</td><td>处理器</td><td>2GHz</td><td>内存</td><td>8GB</td></tr>
<tr><td>显卡</td><td>1GB</td><td>磁盘空间</td><td>700MB</td><td>鼠标要求</td><td>带滚轮</td></tr>
<tr><td>其他</td><td colspan="5">浏览器IE11以上、360、FireFox、Chrome、SaFari、Opera、傲游、搜狗、世界之窗</td></tr>
<tr><td rowspan="2">最低硬件配置</td><td>操作系统</td><td>64位Windows 10</td><td>处理器</td><td>1GHz</td><td>内存</td><td>4GB</td></tr>
<tr><td>显卡</td><td>512MB</td><td>磁盘空间</td><td>500MB</td><td>鼠标要求</td><td>带滚轮</td></tr>
<tr><td colspan="7">功能介绍</td></tr>
</table>

C06/F06/G06/H06/J06/K06/M06/N06/P06：

理正野外钻探数据采集系统通过勘察任务下达，移动端App对野外勘察数据实时录入，GPS实时定位记录位置、时间，采集图像，信息可上传服务器，可查看工作进度及工作量统计，生成野外记录单。也可将数据导出到理正三维连层软件、理正工程地质勘察软件，为野外勘察数据的采集、监督、施工质量检查和工程事故调查提供便捷的信息化手段，同时该系统满足业务主管单位对勘察采集数据监管要求（图1）。

项目管理。当项目管理员在新建项目时，可采用自动导入方式，将理正勘察CAD软件生成的设计钻孔信息导入系统中（图2），也可手动新建野外采集项目，并进行项目人员安排以及项目角色分配。

图1　首页工程概况预览　　　　图2　导入理正勘察CAD钻孔数据

角色管理。可自定义项目角色，在新建项目中，指定对应的人员。此项目的人员只能查看该项目信息，以保证数据的安全性（图3）。

钻孔任务分配。可按项目从勘察软件自动导入设计钻孔信息。项目管理人员可进行钻孔任务分配，指定钻孔对应的描述员。在野外利用移动端登录后，自动下载描述员负责的钻孔任务（图4）

续表

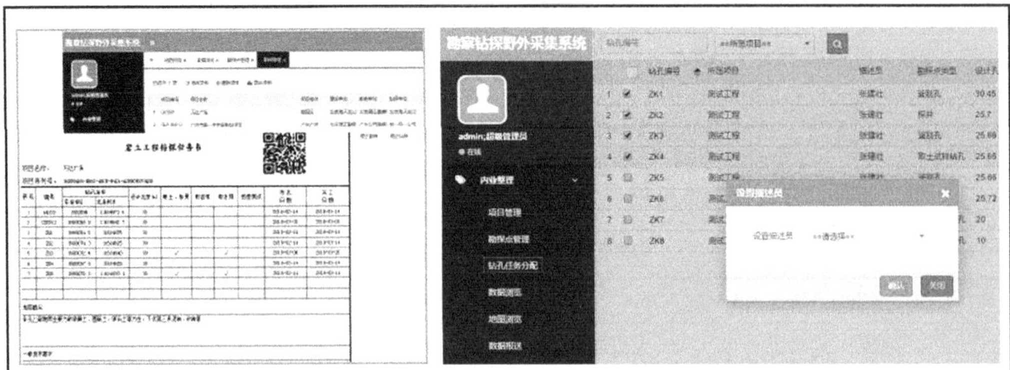

图3　项目新建　　　　图4　钻孔任务分配

移动端数据录入。野外利用移动端登录后，自动下载描述员负责的钻孔任务，完成野外采集信息（钻孔照片、回次、水位、土样、水样、标贯、动探）的录入上传。服务器导入标准地层后手机端会自动下载对应项目的标准地层，野外描述时，可选择对应地层快速录入编辑（图5）。

数据浏览。根据用户权限范围，项目人员在服务器管理端以数据列表方式查看项目及钻孔布置等信息（图6、图7）。

图5　数据录入　　　　图6　岩芯照片查看

地图浏览。根据用户权限范围，项目管理人员可通过地图浏览功能，快速定位项目位置、钻孔的回次、水位、土样、标贯等相关信息（图8）。

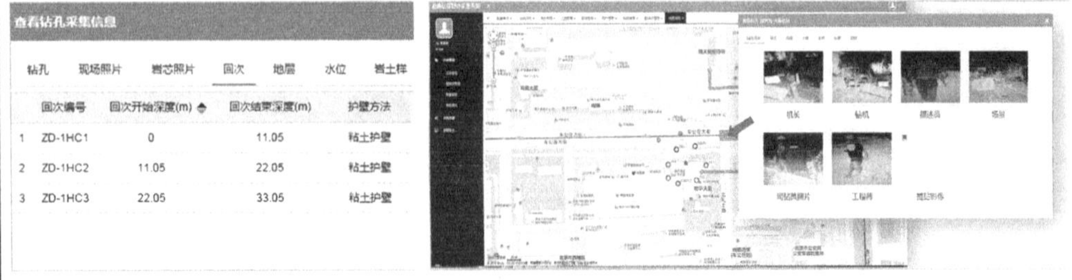

图7　数据查看　　　　图8　地图方式查看钻孔信息

可批量生成记录单，用于归档。如图9所示。

查看工程进度及工作量统计。如图10、图11所示

续表

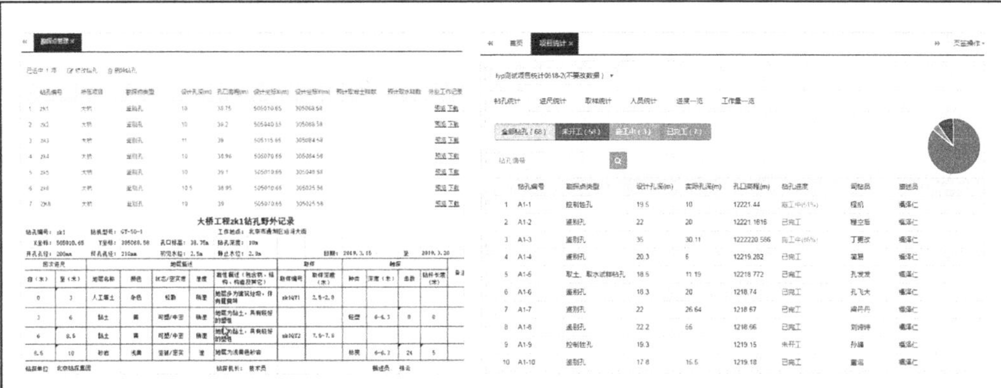

图9 生成记录单图　　图10 钻孔统计

实现与理正工程地质勘察软件、理正三维连层模块数据对接。系统与“理正勘察CAD”“理正三维连层模块”无缝连接，通过服务器管理端可将采集后的勘察数据信息导入“理正勘察CAD”中，完成野外数据收集和整理，生成勘察报告；导入“理正三维连层软件数据对接”后，可直接进行地层划分和三维连层，如图12所示。

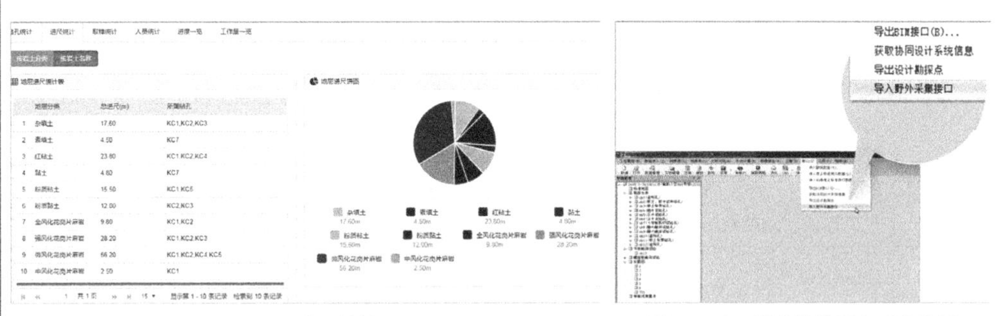

图11 进尺统计　　图12 理正勘察软件导入采集数据

对接政府勘察质量信息化监管平台。野外采集数据可上传到政府勘察质量信息化监管平台，为勘察质量监督、施工质量检查以及工程事故调查提供了便捷的信息化手段(图13)。

图13 对接政府勘察质量信息化监管平台

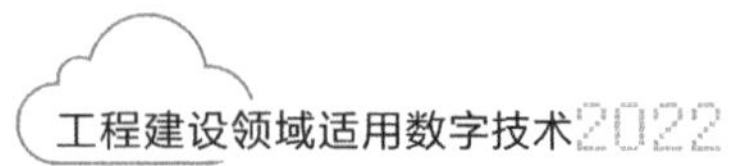

3. ContextCapture

ContextCapture **表 3-2-4**

软件名称	ContextCapture			厂商名称	Bentley	
代码			应用场景		业务类型	
A01/B01/C01/D01/E01/F01/G01/H01/J01/K01/L01/M01/N01/P01/Q01			通用建模和表达		城市规划/场地景观/建筑工程/水处理/垃圾处理/管道工程/道路工程/桥梁工程/隧道工程/铁路工程/信号工程/变电站/电网工程/水坝工程/飞行工程	
A06/B06/C06/D06/E06/F06/G06/H06/J06/K06/L06/M06/N06/P06/Q06			勘察岩土_勘察外业设计辅助和建模			
A63/B63/C63/D63/E63/F63/G63/H63/J63/K63/L63/M63/N63/P63/Q63			施工实施_进度管理			
A75/B75/C75/D75/E75/F75/G75/H75/J75/K75/L75/M75/N75/P75/Q75			运维_资产登记与管理			
最新版本	V10.17					
输入格式	影像：JPEG、Tiff、Panasonic RAW（RW2）、Canon RAW（CRW、CR2）、Nikon RAW（NEF）、Sony RAW（ARW）、Hasselblad（3FR）、Adobe Digital Negative（DNG）、JPEG2000。 点云：E57、LAS、PTX、LAZ和PLY。 视频：Audio Video Interleave（AVI）、MPEG-1/MPEG-2（MPG）、MPEG-4（MP4）、Windows Media Video（WMV）、Quicktime（MOV）					
输出格式	实景模型：DGN、slpk、3sm、3mx、s3c、osgb、fbx、obj、STL、dae、GoogleKML、OpenCities Planner LoD Tree、SpaceEyes3D Builder Layer。 点云：LAS、PLY、POD。 正射影像：TIFF/GeoTIFF、JPEG、KML Super-overlay					
推荐硬件配置	操作系统	64位Windows 10	处理器	Intel i7（四核以上），4.0GHz及以上	内存	64GB
	显卡	NVIDIAGeForce RTX 2080显卡或RTX 2080Ti，TitanX，GTX1080	磁盘空间	高速存储设备（HDD，SSD，SAN）20GB	鼠标要求	带滚轮
最低硬件配置	操作系统	64位Windows 10	处理器	2.0GHz	内存	8GB
	显卡	兼容OpenGL 3.2，并具有至少1GB独立显存的NIVIDIA/AMD/Intel集成图形处理器	磁盘空间	5GB	鼠标要求	带滚轮
功能介绍						
A06/B06/C06/D06/E06/F06/G06/H06/J06/K06/L06/M06/N06/P06/Q06、A63/B63/C63/D63/E63/F63/G63/H63/J63/K63/L63/M63/N63/P63/Q63、A75/B75/C75/D75/E75/F75/G75/H75/J75/K75/L75/M75/N75/P75/Q75： 1.本产品在“勘察岩土_勘察外业设计辅助和建模”应用上的介绍及优势 采用ContextCapture进行实景建模，可以获取现有场地条件并为项目创建数字化环境，也可以作为快速获取最新地形图的一种方式。为项目设计提供可靠的环境信息，方便项目选址、走廊规划、场地布局。实景模型可以及时准确反应项目现场进度和资产工况，因此也可用于施工进度管理的可视化及资产运维中。 2.本产品在“勘察岩土_勘察外业设计辅助和建模”应用上的操作难易度 操作流程：实景导入→选定范围→提取地形→保存地形。 操作流程：实景导入→模型导入→综合展示						

续表

实景模型可以通过参考的方式导入后续设计平台，如OpenRoads Designer、OpenRoads Concept Station，以及其他大部分以MicroStation为基础平台的Bentley专业软件。此外，ContextCapture生成的实景模型还可以导入主流通用GIS平台中（图1）。

黑龙江黑河阿穆尔大桥BIM协同设计

香港科技园智慧施工管理

美国通信塔巡检运维

韩国热力厂改扩建

图1　实景建模应用案例

4. Trimble SketchUp Pro/Trimble Business Center/SketchUp mobile viewer/水处理模块For SketchUp/垃圾处理模块For SketchUp/能源化工模块For SketchUp/6D For SketchUp

Trimble SketchUp Pro/Trimble Business Center/SketchUp mobile viewer/水处理模块For SketchUp/垃圾处理模块For SketchUp/能源化工模块For SketchUp/6D For SketchUp　　**表3-2-5**

软件名称	Trimble SketchUp Pro/Trimble Business Center/Sketchup mobile viewer/水处理模块For SketchUp/垃圾处理模块For SketchUp/能源化工模块For SketchUp/6D For SketchUp	厂商名称	天宝寰宇电子产品（上海）有限公司/辽宁乐成能源科技有限公司
代码	应用场景		业务类型
D06/E06/F06	勘察岩土_勘察外业设计辅助和建模		水处理/垃圾处理/管道工程（能源化工）
D11/E11/F11	勘察岩土_岩土工程计算和分析		水处理/垃圾处理/管道工程（能源化工）

续表

D16/E16/F16	规划/方案设计_设计辅助和建模	水处理/垃圾处理/管道工程（能源化工）			
D22/E22/F22	规划/方案设计_算量和造价	水处理/垃圾处理/管道工程（能源化工）			
D23/E23/F23	规划/方案设计_设计成果渲染与表达	水处理/垃圾处理/管道工程（能源化工）			
D25/E25/F25	初步/施工图设计_设计辅助和建模	水处理/垃圾处理/管道工程（能源化工）			
D30/E30/F30	初步/施工图设计_算量和造价	水处理/垃圾处理/管道工程（能源化工）			
D31/E31/F31	初步/施工图设计_设计成果渲染与表达	水处理/垃圾处理/管道工程（能源化工）			
D33/E33/F33	深化设计_深化设计辅助和建模	水处理/垃圾处理/管道工程（能源化工）			
D38/E38/F38	深化设计_钢结构设计辅助和建模	水处理/垃圾处理/管道工程（能源化工）			
D44/E44/F44	深化设计_算量和造价	水处理/垃圾处理/管道工程（能源化工）			
D46/E46/F46	招采_招标投标采购	水处理/垃圾处理/管道工程（能源化工）			
D47/E47/F47	招采_投资与招商	水处理/垃圾处理/管道工程（能源化工）			
D48/E48/F48	招采_其他	水处理/垃圾处理/管道工程（能源化工）			
D49/E49/F49	施工准备_施工场地规划	水处理/垃圾处理/管道工程（能源化工）			
D50/E50/F50	施工准备_施工组织和计划	水处理/垃圾处理/管道工程（能源化工）			
D60/E60/F60	施工实施_隐蔽工程记录	水处理/垃圾处理/管道工程（能源化工）			
D62/E62/F62	施工实施_成本管理	水处理/垃圾处理/管道工程（能源化工）			
D63/E63/F63	施工实施_进度管理	水处理/垃圾处理/管道工程（能源化工）			
D66/E66/F66	施工实施_算量和造价	水处理/垃圾处理/管道工程（能源化工）			
D74/E74/F74	运维_空间登记与管理	水处理/垃圾处理/管道工程（能源化工）			
D75/E75/F75	运维_资产登记与管理	水处理/垃圾处理/管道工程（能源化工）			
D78/E78/F78	运维_其他	水处理/垃圾处理/管道工程（能源化工）			

最新版本	Trimble SketchUp Pro2021/Trimble Business Center/SketchUp mobile viewer/水处理模块For SketchUp/垃圾处理模块For SketchUp/能源化工模块For SketchUp/6D For SketchUp					
输入格式	.skp/.3ds/.dae/.dem/.ddf/.dwg/.dxf/.ifc/.ifcZIP/.kmz/.stl/.jpg/.png/.psd/.tif/.tag/.bmp					
输出格式	.skp/.3ds/.dae/.dwg/.dxf/.fbx/.ifc/.kmz/.obj/.wrl/.stl/.xsi/.jpg/.png/.tif/.bmp/.mp4/.avi/.webm/.ogv/.xls					
推荐硬件配置	操作系统	64位Windows 10	处理器	2GHz	内存	8GB
	显卡	1GB	磁盘空间	700MB	鼠标要求	带滚轮
最低硬件配置	操作系统	64位Windows 10	处理器	1GHz	内存	4GB
	显卡	512MB	磁盘空间	500MB	鼠标要求	带滚轮

功能介绍

D06/E06/F06：

1.本软硬件在“勘察岩土_勘察外业设计辅助和建模”应用上的介绍及优势

本软件可以将现场数据扫描提取，可快速生成现场场地模型，便于项目前期规划设计。

2.本软硬件在“勘察岩土_勘察外业设计辅助和建模”应用上的操作难易度

本软件操作流程：三维扫描→点云整合→生成模型。

本软件扫描快速，方便查看点云信息，操作简单。点云数据导入SketchUp，可直接生成场地模型（图1）。也可通过SketchUp添加地理位置并显示地形（图2）

续表

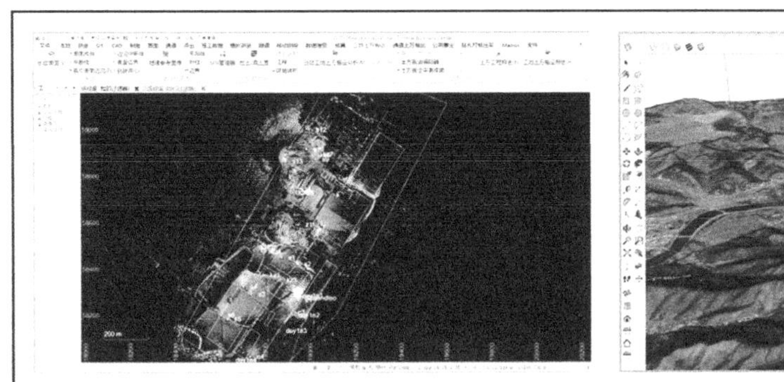

图1 扫描生成场地模型

图2 添加位置显示地形

3.2.3 原位测试与室内试验

理正土工试验软件 表3-2-6

<table>
<tr><td>软件名称</td><td colspan="2">理正土工试验软件</td><td>厂商名称</td><td colspan="3">北京理正软件股份有限公司</td></tr>
<tr><td colspan="2">代码</td><td colspan="2">应用场景</td><td colspan="3">业务类型</td></tr>
<tr><td colspan="2">C07/F07/G07/H07/J07/K07/M07/N07/P07</td><td colspan="2">勘察岩土_原位测试与室内试验</td><td colspan="3">建筑工程/管道工程/道路工程/桥梁工程/隧道工程/铁路工程/变电站/电网工程/水坝工程</td></tr>
<tr><td>最新版本</td><td colspan="6">V3.5 2019</td></tr>
<tr><td>输入格式</td><td colspan="6">南京智龙标准接口文件/华勘标准接口文件/电子天平数字采集文件</td></tr>
<tr><td>输出格式</td><td colspan="6">.xsl/.dwg/.gicad/.mdb</td></tr>
<tr><td rowspan="3">推荐硬件配置</td><td>操作系统</td><td>64位Windows7</td><td>处理器</td><td>1GHz</td><td>内存</td><td>256MB</td></tr>
<tr><td>显卡</td><td>1GB</td><td>磁盘空间</td><td>500MB</td><td>鼠标要求</td><td>2键</td></tr>
<tr><td>其他</td><td colspan="5">显示器VGA、SVGA型号的彩色显示器，分辨率800×600以上</td></tr>
<tr><td rowspan="3">最低硬件配置</td><td>操作系统</td><td>64位Windows7</td><td>处理器</td><td>533MHz</td><td>内存</td><td>64MB</td></tr>
<tr><td>显卡</td><td>512MB</td><td>磁盘空间</td><td>100MB</td><td>鼠标要求</td><td>2键</td></tr>
<tr><td>其他</td><td colspan="5">显示器VGA、SVGA型号的彩色显示器，分辨率800×600以上</td></tr>
<tr><td colspan="7">功能介绍</td></tr>
<tr><td colspan="7">C07/F07/G07/H07/J07/K07/M07/N07/P07：
理正土工试验软件用于完成常规室内土工试验的数据录入、计算、曲线分析及绘制，自动生成成果汇总表格及各种试验记录表格，自动统计工作量并生成收费表，可向理正工程地质勘察CAD软件传递土工室内试验数据，实现土工试验勘察报告编制一体化（图1、图2）。
软件支持的试验项目包括含水率、密度、比重、颗分、固结、直剪、界限含水率、三轴压缩、击实、无侧限抗压、黄土湿陷性、有机质含量、GDM膨胀土、渗透、岩石力学性质、砂的相对密度试验等，包含了所有常见的室内试验项目。
软件在支持手动录入各种试验原始数据的同时，还可自行读入用户设置好的仪器的相应数据，如电子天平称重、南京智龙、南京土壤仪器厂仪器接口、华勘仪器接口等，使实验数据的提取更加智能化、便捷化</td></tr>
</table>

续表

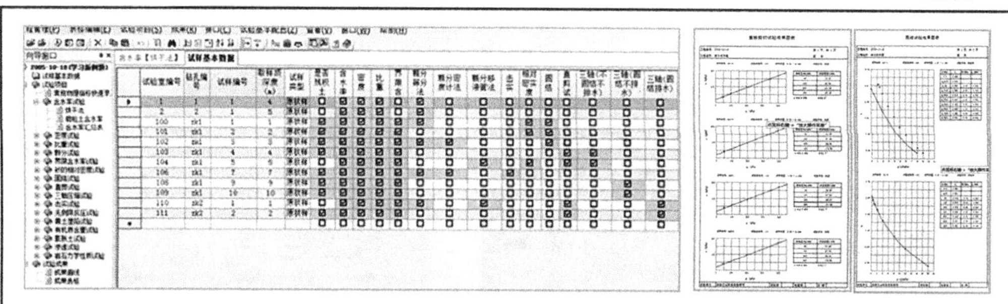

图1 土工试验项目表　　　　图2 土工试验成果曲线

基础操作流程：打开工程→土样基本数据表→各单项土工试验原始数据录入→成果曲线分析→单项试验成果汇总表→生成理正勘察接口、生成工作量及概算表

3.2.4 勘察内业辅助和建模

1. 理正工程地质勘察软件

理正工程地质勘察软件　　表3-2-7

软件名称	理正工程地质勘察软件		厂商名称	北京理正软件股份有限公司		
代码		应用场景		业务类型		
C09/F09/G09/H09/J09/K09/M09/N09/P09		勘察岩土_勘察内业辅助和建模		建筑工程/管道工程/道路工程/桥梁工程/隧道工程/铁路工程/变电站/电网工程/水坝工程		
最新版本	V9.5 2020					
输入格式	理正标准接口.txt文件格式、理正标准静探数据.txt文件格式、野外采集.dat文件格式					
输出格式	勘察工程备份库.mdb格式、PBIM.mdb数据库格式、工程CDM.xls文件格式、设计勘探点.xls文件格式					
推荐硬件配置	操作系统	64位Windows 7/8/10；32位Windows 7/8/10	处理器	1GHz	内存	2GB
	显卡	1GB	磁盘空间	500MB	鼠标要求	2键
	其他	显示器VGA、SVGA型号的彩色显示器，分辨率1024×768以上				
最低硬件配置	操作系统	64位Windows 10	处理器	1GHz	内存	4GB
	显卡	512MB	磁盘空间	500MB	鼠标要求	带滚轮
功能介绍						
C09/F09/G09/H09/J09/K09/M09/N09/P09： 理正工程地质勘察软件采用理正新一代软件架构 可实现地质勘察数据录入及管理，平面图、剖面图、柱状图的绘制及编辑，统计分析、计算评价，形成地质勘察报告。实现与上、下游专业数据接口功能，实现勘察地质图形和数据联动设计，可通过配置平台实现更灵活多样的图件表达，简化操作。 支持行业：市政版、水电版、电力版、公路版、铁路版。 （1）丰富的接口 导入数据：理正三维地质软件剖面数据、理正三维连层软件、土工试验软件、野外采集软件、静探采集仪器、Excel数据表						

续表

导出数据：P-BIM。

支持多种图表输出格式：.docx/.xlsx/.dwg

（2）软件亮点

配置平台：软件采用新一代软件架构，独立的配置平台设计，可设置数据录入表格、出图样式、成果表格的样式模板、小数位数、图层字体、出图模版等内容，减少出图选项，方便企业统一管理出图样式和提高生产效率。

勘察数字化成果一键提交：实现了成果文件的自动归档。导入GDM后实现工程原始柱状图、原始剖面图的自动绑定，柱状图自动关联对应钻孔，剖面图自动关联对应剖线，可在GDM系统中查看原始柱状图、剖面图。

勘察图形和数据联动：平面图布置的地质构造等地质填绘、钻孔、剖线等，入库后可以在分幅、旋转后的平面图上重新生成。剖面手工绘制连层信息后，可以入库。实现图形和数据联动。

支持多出图平台：AutoCAD、中望CAD、浩辰CAD。

批量成图，批量打印：可以批量将剖面图、柱状图（A3、A4图）、成果曲线图生成在一个dwg图中，并在CAD下完成批量打印，极大提高成图效率。

（3）软件功能

地质勘察数据及资料的录入和管理：软件可以录入和管理钻探、原位测试、水文地质、土工试验、岩石试验等地质数据，导入和管理相关的工程设计文档、照片等其他数据。

计算评价：计算评价包括地基基础沉降计算、单桩承载力计算、桩沉降计算、黄土湿陷计算、桩端阻侧阻计算、膨胀性（土）评价、液化判定、承载力计算、腐蚀性评价、岩石稳定性评价、岩土均匀性评价、场地类别判断等功能，直接生成计算表单，并将计算结果入库（图1）。液化判断后可生成液化分区图（图2）。

平面图：平面图增添了更多的地质内容绘制，包括时代成因、构造、产状、地质界线、其他勘测符号、分区编号等。提供工程中常用的组合钻孔、平面图局部切图、地下水等高线、剖面线切地面线等功能。

剖面图绘制：剖面图绘制继承了前版诸多优良功能外，还更人性化地实现了自动化绘制和绘图工具集相互补充的成图方式。利用绘图工具集修改绘制或手工绘制的图形也可实现数字化存储，实现地层分析、连层查错、变比成图等功能。

水文地质：可进行渗透系数计算、出水量计算，在平面图中可绘制水文地质符号、水文线型，并可以生成抽水试验、压水试验、注水试验图。

柱状图及原位曲线：软件可生成钻孔柱状图、动探柱状图、静探柱状图、超声波柱状图、波速柱状图、钻孔试验柱状图、试坑鉴定表、扁板试验曲线、旁压试验曲线、平板试验曲线、螺旋板试验曲线、应力铲试验曲线、十字板试验曲线等多种柱状图及原位测试曲线。

勘察报告：增加生成勘察报告的辅助工具，定制报告内容模板，从库中读取相应内容的分析结果，在Word中的用户指定位置插入设定好的分析结果，灵活辅助编写勘察报告（图1～图5）。

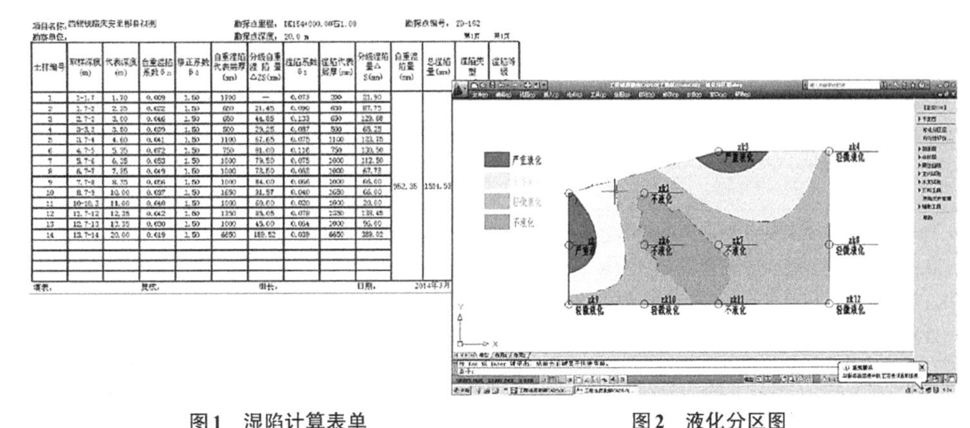

勘察点深度：20.0 m

土样编号	取样深度(m)	代表深度(m)	自重湿陷系数δ_{zs}	修正系数β_0	自重湿陷代表层厚(mm)	分级自重湿陷量ΔZS(mm)	湿陷系数δ_s	湿陷代表层厚(mm)	分级湿陷量ΔS(mm)	自重湿陷量(mm)	总湿陷量(mm)	湿陷类型	湿陷等级
1	1-1.7	1.70	0.009	1.50	1700	—	0.073	200	21.90	952.35	1504.53		
2	1.7-2	2.35	0.022	1.50	650	21.45	0.090	650	87.75				
3	2.7-3	3.00	0.046	1.50	650	44.85	0.133	650	129.68				
4	3-3.3	3.50	0.039	1.50	500	29.25	0.087	500	65.25				
5	3.7-4	4.60	0.041	1.50	1100	67.65	0.075	1100	123.75				
6	4.7-5	5.35	0.072	1.50	750	81.00	0.116	750	130.50				
7	5.7-6	6.35	0.053	1.50	1000	79.50	0.075	1000	112.50				
8	6.7-7	7.35	0.049	1.50	1000	73.50	0.045	1000	67.73				
9	7.7-8	8.35	0.056	1.50	1000	84.00	0.044	1000	66.00				
10	8.7-9	10.00	0.037	1.50	1650	91.57	0.040	1650	66.00				
11	10-10.3	11.00	0.040	1.50	1000	60.00	0.020	1000	20.00				
12	11.7-12	12.35	0.042	1.50	1350	85.05	0.078	1350	138.45				
13	12.7-13	13.35	0.030	1.50	1000	45.00	0.064	1000	96.00				
14	13.7-14	20.00	0.019	1.50	6650	189.52	0.039	6650	389.02				

填表：　复核：　组长：　日期：2014年3月

图1　湿陷计算表单

图2　液化分区图

续表

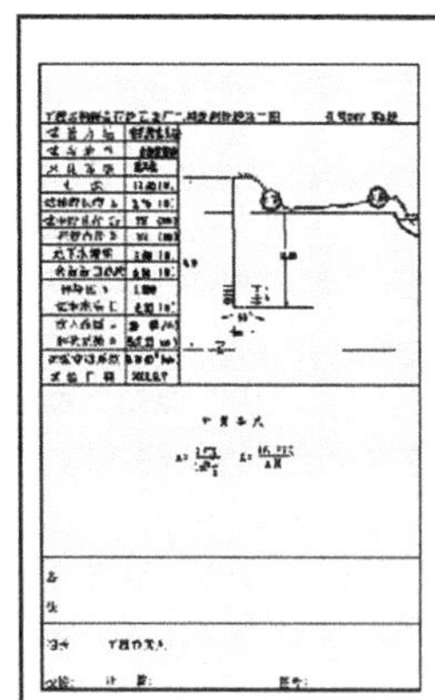

图3 注水试验成果图

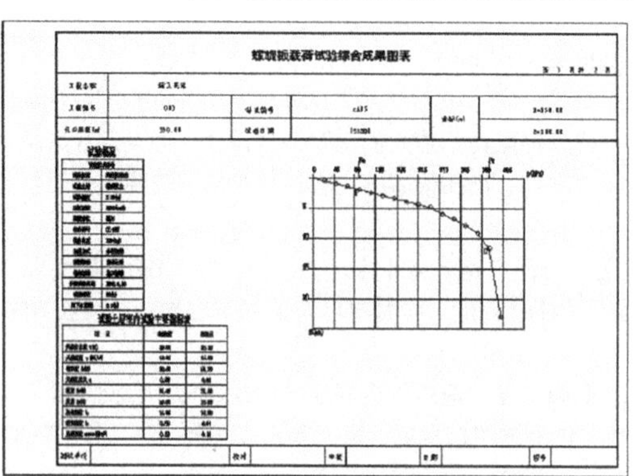

图4 螺旋板载荷试验

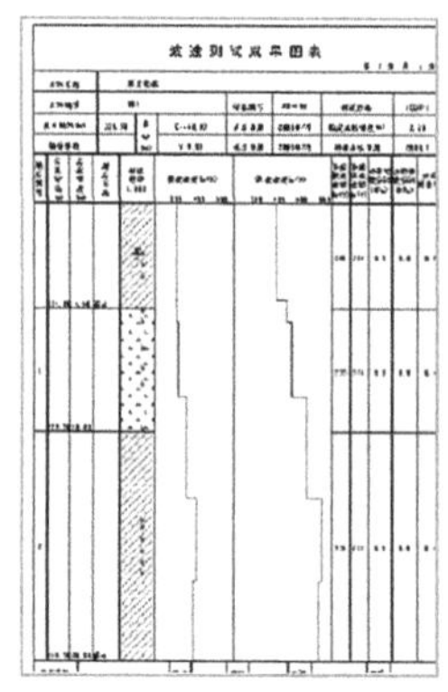

图5 波速柱状图

理正工程地质勘察软件（OEM版）是理正公司推出的一款集成国产CAD内核的软件，本软件在保持原有工勘软件产品专业性的基础上，使产品性能更加卓越，同时也可以当做国产CAD软件使用，全面兼容CAD图纸格式及操作习惯，还能帮助设计企业解决软件版权困扰、降低成本、保障数据安全。

基础操作流程：设置工作路径→打开工程→录入工程信息→数检→生成室内试验、原位试验、水文试验曲线→生成成果表格→生成地层室内试验曲线→分析评估→生成成果图

2.理正三维连层软件

理正三维连层软件　　表3-2-8

软件名称	理正三维连层软件		厂商名称	北京理正软件股份有限公司		
代码		应用场景		业务类型		
C09/F09/G09/H09/J09/K09/M09/N09/P09		勘察岩土_勘察内业辅助和建模		建筑工程/管道工程/道路工程/桥梁工程/隧道工程/铁路工程/变电站/电网工程/水坝工程		
最新版本	V1.0 2019					
输入格式	.mdb					
输出格式	.mdb（二维数据、三维数据）					
推荐硬件配置	操作系统	64位Windows 10	处理器	2GHz	内存	8GB
	显卡	1GB	磁盘空间	700MB	鼠标要求	带滚轮
最低硬件配置	操作系统	64位Windows 7	处理器	1GHz	内存	4GB
	显卡	512MB	磁盘空间	500MB	鼠标要求	带滚轮
功能介绍						

C09/F09/G09/H09/J09/K09/M09/N09/P09：

理正三维连层软件主要解决勘察工程地层划分和编号过程中，需兼顾多个剖面图和平面图，难度大且耗时多，易出现同一地层在不同剖面图高程（位置）不吻合问题。本软件提供了多视图工作模式，既能在三维视图中处理地层冲突，又能在剖面视图中操作编辑；无论在哪个视图进行调整，其他视图都会自动进行相应的调整，还可处理地层分叉和复杂地层，将之转换为普通简单地层，降低三维建模难度。本软件还可提供可视化工具，以方便地层划分，通过室内试验和原位试验数据，自动匹配检查相应地层的野外指标数据，并可在地层调整后自动进行检查

续表

（1）地层编号快捷，方便快速进行地层划分 按照规范进行野外指标和室内指标对比，综合进行地层划分；多孔曲线指标参照，快速调整地层；可参考静探和土工试验指标。 （2）岩层和复杂地层连层 考虑岩层产状和岩层尖灭样式；考虑复合岩层分组划分；综合考虑各个剖线特征和岩层产状；考虑三维地层划分，尖灭优化处理，去除跨孔尖灭。 （3）剖线交点，推理调整 自动判断剖线交点，剖线交点智能推导，解决深浅孔问题。 （4）多视图编辑和调整查看，各视图实时联动 剖面连层结果可保存入库，直接导入二维勘察并生成正式剖面图。三维连层结果可直接生成三维接口，用于三维建模
接本书7.9节彩页

3.理正勘察三维地质软件

理正勘察三维地质软件　　表3-2-9

<table>
<tr><td>软件名称</td><td colspan="2">理正勘察三维地质软件</td><td>厂商名称</td><td colspan="4">北京理正软件股份有限公司</td></tr>
<tr><td colspan="2">代码</td><td colspan="2">应用场景</td><td colspan="4">业务类型</td></tr>
<tr><td colspan="2">B09/C09/F09/G09/H09/J09/K09/M09/N09/P09</td><td colspan="2">勘察岩土_勘察内业辅助和建模</td><td colspan="4">场地景观/建筑工程/管道工程/道路工程/桥梁工程/隧道工程/铁路工程/变电站/电网工程/水坝工程</td></tr>
<tr><td>最新版本</td><td colspan="7">V3.0 2019</td></tr>
<tr><td>输入格式</td><td colspan="7">.p-bim/.xls/.mdb/.dwg</td></tr>
<tr><td>输出格式</td><td colspan="7">.xls/.dwg/.lzg3d/.ifc/.lbp/.lzrvt/.dxf/.3ds/.ifc</td></tr>
<tr><td rowspan="2">推荐硬件配置</td><td>操作系统</td><td>64位Windows 7/10</td><td>处理器</td><td>2.2GHz</td><td>内存</td><td>8GB</td></tr>
<tr><td>显卡</td><td>8GB</td><td>磁盘空间</td><td>—</td><td>鼠标要求</td><td>带滚轮</td></tr>
<tr><td rowspan="2">最低硬件配置</td><td>操作系统</td><td>64位Windows7/10</td><td>处理器</td><td>2.2GHz</td><td>内存</td><td>8GB</td></tr>
<tr><td>显卡</td><td>—</td><td>磁盘空间</td><td>—</td><td>鼠标要求</td><td>带滚轮</td></tr>
<tr><td colspan="8">功能介绍</td></tr>
<tr><td colspan="8">B09/C09/F09/G09/H09/J09/K09/M09/N09/P09：
理正勘察三维地质软件（高级版）是集三维地质模型创建、模型可视化展示、模型专业应用、BIM成果数字化移交于一体的软件系统；通过以接近现实世界的方式表达分析地质信息，可以最大限度地增强地质分析的直观性和准确性。本软件于2016年、2020年连续入选水利部水规总院《水利水电工程勘测设计计算机软件名录》。
（1）三维地质建模
以理正工程地质勘察软件数据为支撑，提供多种建模方法，可灵活进行全自动/半自动的三维地质模型创建。建模过程符合地质专业习惯，操作便捷；建模周期短，效率高。
多源建模数据：支持钻孔、探坑探槽、平硐、地质平面图、剖面图、平切图等多种类型数据的任意灵活组合。
多种地质要素建模：包含地表地形、土层、岩层、断层、褶皱、节理、风化、地下水、透镜体、滑坡、地表水、溶（土）洞等。
数据合法性检查：自动分析检查各建模数据的空间位置几何一致性和地质属性的逻辑正确性</td></tr>
</table>

续表

全自动/半自动建模：提供多种建模工具，既可进行便捷高效的全自动建模；也可进行人工充分灵活参与的半自动建模。

多种建模方法：包括层面法、逐层成体法和三棱柱法，适合不同的地质特点，更专业化建模。

一键更新：编辑调整某地层后，结合建模过程中后台智能记录的相关信息，可一键自动化更新全模型（含空间相邻地层的自动关联更新）。

无缝对接理正数据：支持导入理正勘察CAD、三维连层等软件数据，并能实现后台智能分析识别，大幅减轻建模数据处理工作。

分块建模：对于比较大型的工程，可以分块进行建模，然后再拼接合并；既实现并行建模、缩短建模周期，又降低硬件的门槛。

建模精度控制：可结合工程范围大小、应用目的等多种因素定制建模精度质量控制标准，在建模数据预处理、模型创建、模型编辑等过程中，实现精度质量的即时检查、自动纠偏。

（2）三维模型展示

通过多样的显示样式和展现手段，结合丰富的渲染效果，实现了三维地质模型的各种展示功能，利于提升复杂地质情况的分析准确性，提高专业人员之间技术交流的沟通效率，更加形象直观地为业主进行汇报展现。

显示样式：提供地表影像贴图、模型对象显隐控制、栅格剖面切片显示、岩层层理显示等多种方式。

渲染效果：支持颜色渲染、透明渲染、影像仿真渲染等多种效果。

漫游动画：支持三维漫游（任意漫游、路径漫游等），并可将漫游过程录制保存为视频动画。

地质特性即时展示：即时展示任一选中地形的地质特性。

地表贴图同步更新：伴随模型剖切、模拟开挖等操作，同步更新对应子模型中的地表影像贴图显示效果。

（3）三维模型应用

基于三维地质模型成果，提供常见的专业应用功能，可以满足专业内精准度更高的分析计算需求，也可以快速高效地应对下游专业的设计变更等情况，大幅提高多专业之间的协作效率。

剖切分析：可进行栅格、水平、竖向、任意、路径等多种剖切，方便地质人员对地质体进行查看分析。

开挖分析：在三维地质体内部挖去一定形状的空间，实现在空间中漫游，查看地层内部分布情况。包括基坑、基桩、隧道、路堑挖方及自定义路径开挖、导入外部实体开挖。

任意出图：生成任意点的钻孔柱状图、任意高程平切图、任意形状剖线的剖面等；并将图件导出到理正勘察CAD、理正边坡综合等软件中。

场地平整分析：可计算填挖方量。

SDK开发包：提供理正勘察三维地质模型二次开发包，可在第三方软件平台中灵活定制，实现更个性化的分析应用功能。

无损导出Revit：三维地质模型成果无损导出到Revit后，可以使用Revit自身功能进行剖切开挖和计算分析。

云技术融合：三维地质模型成果可发布在理正建设云上，从而在PC端或移动端上实现轻量化的展示。

（4）三种地层建模方法

层面法：是通过三维空间插值计算技术，构造形成地层面；进而根据各地层面的空间位置关系来构建形成三维地层体模型的一种方法，比较适用于岩层建模。

逐层成体法：是充分考虑地层沉积规律特点，以符合工程地质专业的习惯，从上至下逐层直接构建三维地层体的一种方法，比较适用于土层建模。

三棱柱法：基于现有钻孔数据，通过三棱柱空间构模技术直接创建三维地层体的一种方法，比较适用于简单地层自动化建模。

建模时可根据实际情况，灵活切换上述各种地层建模方法。比如工业与民用建筑中，主要关注土层，可使用逐层成体法完成全部地层建模。公路、铁路等行业中，土岩兼顾，可采用逐层成体法完成上部土层建模，再用层面法完成下部岩层建模。水利水电行业中，主要关注岩层，可采用层面法完成建模。

（5）六种三维空间插值算法

克里金插值、DSI插值、样条插值、径向基函数插值、距离反比插值、空间概率推测插值

续表

（6）五种专业智能化技术 理正数据接口的智能分析识别技术、多源勘察数据的智能纠错技术、地层沉积次序的智能推测技术、地层的平面范围边界的智能推测技术、透镜体/空洞空间范围的智能推测技术、三维地层空间连层分组智能推测技术。 （7）三种自动化处理技术 勘察数据合法性自动检查技术、三维地层建模自动处理技术、模型编辑更新自动处理技术。 基础操作流程：模型管理→数据录入→地形面建模→数据预处理→层面建模→模型创建→显示控制→专业应用→接口导出
接本书7.8节彩页

4.理正三维连层模块

理正三维连层模块　　表3-2-10

软件名称	理正三维连层模块			厂商名称	北京理正软件股份有限公司	
代码		应用场景		业务类型		
C09/F09/G09/H09/J09/K09/M09/N09/P09		勘察岩土－勘察内业辅助和建模		建筑工程/管道工程/道路工程/桥梁工程/隧道工程/铁路工程/变电站/电网工程/水坝工程		
最新版本	V9.5 2020					
输入格式	.mdb					
输出格式	.mdb（二维数据、三维数据）					
推荐硬件配置	操作系统	64位Windows 10	处理器	2GHz	内存	8GB
	显卡	1GB	磁盘空间	700MB	鼠标要求	带滚轮
最低硬件配置	操作系统	64位Windows 7	处理器	1GHz	内存	4GB
	显卡	512MB	磁盘空间	500MB	鼠标要求	带滚轮
功能介绍						
C09/F09/G09/H09/J09/K09/M09/N09/P09： 理正三维连层模块主要解决勘察工程地层划分和编号过程中，需兼顾多个剖面图和平面图，难度大且耗时多，易出现同一地层在不同剖面图高程（位置）不吻合问题。本软件提供多视图工作模式，既能在三维视图中处理地层冲突，又能在剖面视图中操作编辑；无论在哪个视图进行调整，其他视图都会自动进行相应的调整，还可处理地层分叉和复杂地层，将之转换为普通简单地层，降低三维建模难度，从而架起二维勘察到三维勘察设计的一座桥梁。本软件还可提供可视化工具，以方便地层划分，通过室内试验和原位试验数据，自动匹配检查相应地层的野外指标数据，并可在地层调整后自动进行检查。 （1）岩层和复杂地层连层 考虑岩层产状岩层尖灭样式；综合考虑各个剖线特征和岩层产状；考虑三维地层划分，尖灭优化处理，去除跨孔尖灭；连层考虑复杂地层的分组划分，便于三维模型建立（图1）。 （2）地层编号快捷，方便快速进行地层划分 可参考多孔曲线和土工试验指标，快速调整地层深度及地层编号（图2）。 （3）视图实时联动 支持三维视图、剖线二维视图、平面图视图编辑调整查看，各视图实时联动（图3）。 （4）三维连层结果可直接生成三维接口，用于三维建模 三维建模软件，读取三维接口数据，创建模型（图4、图5）						

续表

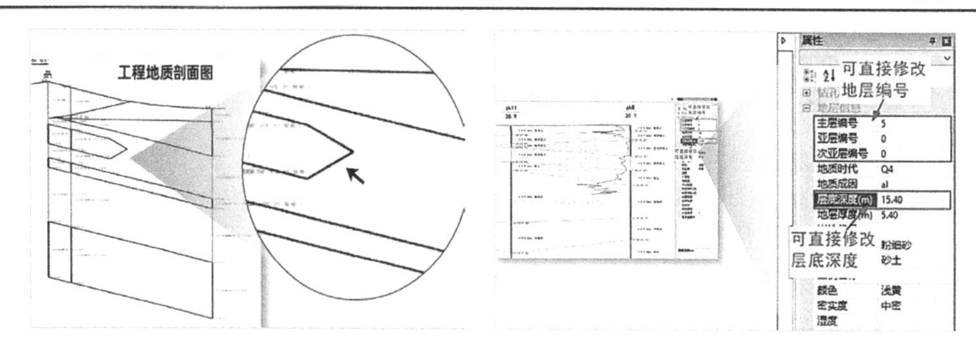

图1　岩层按产状尖灭　　图2　地层编号快捷

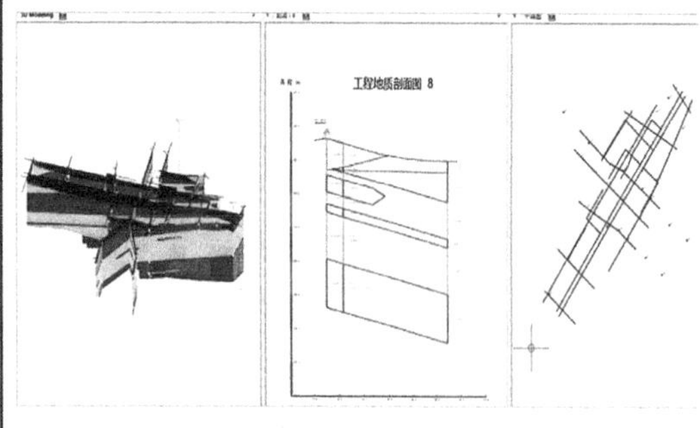

图3　三维视图、二剖面、平面　　图4　三维连层结果生成三维接口

(5) 剖线交点，推理调整

自动判断剖线交点；剖线交点智能推导；解决深浅孔及投影剖线问题(图6)。

(6) 提供多种手工连层工具，方便连层调整层线

三维连层中剖面连层结果可保存入库，直接导入二维勘察生成正式剖面图(图7、图8)。

图5　读取三维接口创建模型

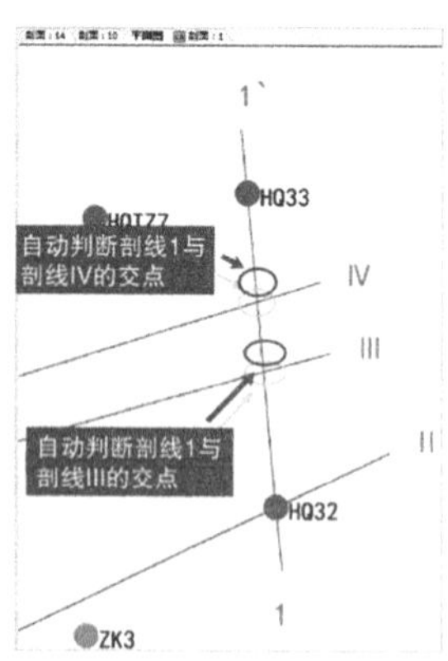

图6　剖线交点推理调整

续表

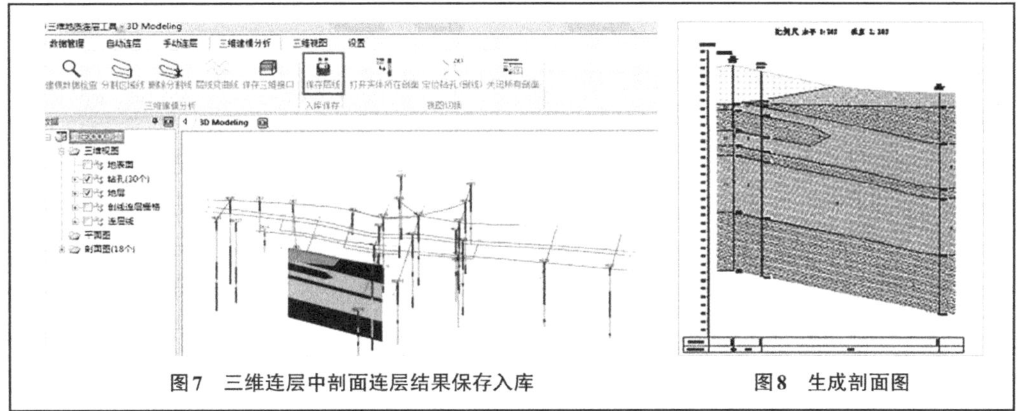

图7 三维连层中剖面连层结果保存入库　　　　图8 生成剖面图

3.2.5 岩土工程设计辅助和建模

1. 理正深基坑支护结构设计软件

理正深基坑支护结构设计软件　　　　表3-2-11

<table>
<tr><td>软件名称</td><td colspan="3">理正深基坑支护结构设计软件</td><td>厂商名称</td><td colspan="2">北京理正软件股份有限公司</td></tr>
<tr><td colspan="2">代码</td><td colspan="3">应用场景</td><td colspan="2">业务类型</td></tr>
<tr><td colspan="2">C10/F10/G10/H10/K10/P10</td><td colspan="3">勘察岩土_岩土工程设计辅助和建模</td><td colspan="2" rowspan="2">建筑工程/管道工程/道路工程/桥梁工程/铁路工程/水坝工程</td></tr>
<tr><td colspan="2">C12/F12/G12/H12/K12/P12</td><td colspan="3">勘察岩土_工程量统计</td></tr>
<tr><td>最新版本</td><td colspan="6">V7.5 2020</td></tr>
<tr><td>输入格式</td><td colspan="6">.ffx/.rtf/.dyd</td></tr>
<tr><td>输出格式</td><td colspan="6">.ffx/.rtf</td></tr>
<tr><td rowspan="2">推荐硬件配置</td><td>操作系统</td><td>64位Windows 7/8
32位Windows 7/8</td><td>处理器</td><td>2GHz</td><td>内存</td><td>8GB</td></tr>
<tr><td>显卡</td><td>1GB</td><td>磁盘空间</td><td>700MB</td><td>鼠标要求</td><td>带滚轮</td></tr>
<tr><td rowspan="2">最低硬件配置</td><td>操作系统</td><td>64位Windows 10</td><td>处理器</td><td>1GHz</td><td>内存</td><td>4GB</td></tr>
<tr><td>显卡</td><td>512MB</td><td>磁盘空间</td><td>500MB</td><td>鼠标要求</td><td>带滚轮</td></tr>
<tr><td colspan="7">功能介绍</td></tr>
<tr><td colspan="7">C10/F10/G10/H10/K10/P10、C12/F12/G12/H12/K12/P12：
根据《建筑基坑支护技术规程》JGJ 120—2012，可完成悬臂式或多支锚的排桩（圆桩、方桩）、地下连续墙（钢筋混凝土墙）、钢板桩、水泥土墙（SWM工法）、土钉墙、天然放坡、多支锚双排桩等多种支护类型的内力、变形（支护结构的水平位移及地表沉降）、抗倾覆、抗隆起、抗管涌、抗突涌、整体稳定验算，包括钢筋混凝土构件配筋、选筋及施工图的绘制。计算结果形成图文并茂且具有计算表达式的计算书；可考虑加撑和拆撑过程的内力位移计算和地表沉降分析；可根据实测数据反分析土层参数M、C、K值。本软件于2016年、2020年连续入选水利部水规总院《水利水电工程勘测设计计算机软件名录》（图1～图3）。
实现基坑真三维计算功能，可进行支护构件、内支撑、立柱、斜撑、锚杆及土岩体的三维空间整体协同计算，完成构件的位移、内力、配筋计算，具有三维动态图形显示、构件自动归并、工程量统计、施工图自动生成等先进功能</td></tr>
</table>

续表

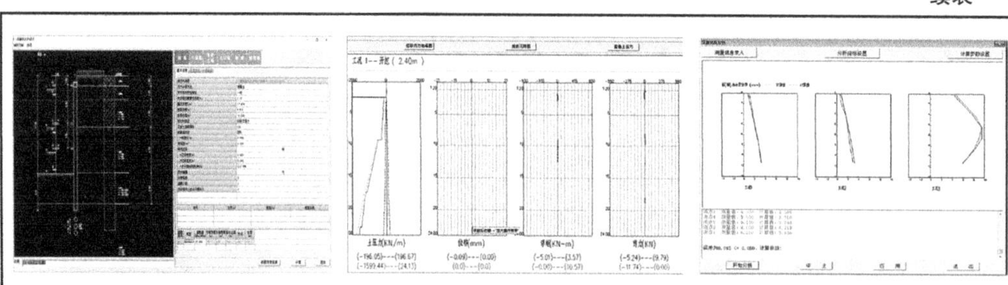 图1　单位计算　　图2　位移、内力计算结果　　图3　反分析 可支持《建筑基坑设计P-BIM软件功能与信息交换标准》T/CECS–CBIMU 4—2017，支持读入勘察、基础P-BIM数据，并输出基坑P-BIM数据。支持地方规范：上海版《上海市基坑工程设计规程》DG/TJ08–61—2018、深圳版《基坑支护技术规范》DB SJG 05—2011、天津版《天津市建筑基坑工程技术规程》DB29–202—2010、浙江版《建筑基坑工程技术规程》DB33/T 1096—2014、北京版《建筑基坑支护技术规程》DB11/489—2016、广东版《广东省建筑基坑工程技术规程》DBJ/T 15–20—2016，以及《建筑基坑支护技术规程》JGJ 120—2012、《混凝土结构设计规范》GB 50010—2010、《预应力混凝土用钢绞线》GB/T 5224—2003、《型钢水泥土搅拌墙技术规程》JGJ/T 199—2010、《钢结构设计规范》GB 50017—2003、《冷弯薄壁型钢结构技术规范》GB 50018—2002、《建筑基坑设计P-BIM软件功能与信息交换标准》T/CECS–CBIMU 4—2017、《湿陷性黄土地区建筑基坑工程安全技术规程》JGJ–167—2009。 基础操作流程：路径设置→单元计算和整体计算→数据存盘及备份
接本书7.10节彩页

2. 理正岩土BIM插件

理正岩土BIM插件　　**表3-2-12**

软件名称	理正岩土BIM插件			厂商名称	北京理正软件股份有限公司	
代码		应用场景		业务类型		
B10/C10/F10/G10/H10/J10/K10/P10		勘察岩土_岩土工程设计辅助和建模		场地景观/建筑工程/管道工程/道路工程/桥梁工程/隧道工程/铁路工程/水坝工程		
B12/C12/F12/G12/H12/J12/K12/P12		勘察岩土_工程量统计		场地景观/建筑工程/管道工程/道路工程/桥梁工程/隧道工程/铁路工程/水坝工程		
最新版本	V2.0 2020					
输入格式	.dwg					
输出格式	.rvt					
推荐硬件配置	操作系统	64位Windows7/8/10	处理器	2GHz	内存	8GB
	显卡	1GB	磁盘空间	700MB	鼠标要求	带滚轮
最低硬件配置	操作系统	64位Windows 10	处理器	1GHz	内存	4GB
	显卡	512MB	磁盘空间	500MB	鼠标要求	带滚轮
功能介绍						
B10/C10/F10/G10/H10/J10/K10/P10、B12/C12/F12/G12/H12/J12/K12/P12： 理正岩土BIM插件包括：理正岩土BIM For Revit、理正岩土BIM For Bentley、理正易建（Revit）辅助设计，由这三款软件组成的复合软件可为Revit和Bentley平台岩土BIM设计提供整体化解决方案						

续表

理正岩土BIM for Revit：是一款集地质、边坡建模、桩基翻模、基坑数据翻模、基坑CAD图纸翻模、辅助建模和出图于一体的岩土专业设计软件。包含地质模块、基坑模块、桩基模块、边坡模块，可有效地解决岩土工程师在使用Revit进行设计时出现的操作复杂与习惯不符等难题，显著提升了设计效率。生成的地质、桩基础、基坑模型可与建筑、结构、设备等专业的模型进行协同集成展示，也可用于设计出图。既可满足翻模用户需求，也可满足正向设计用户需求（图1～图4）。

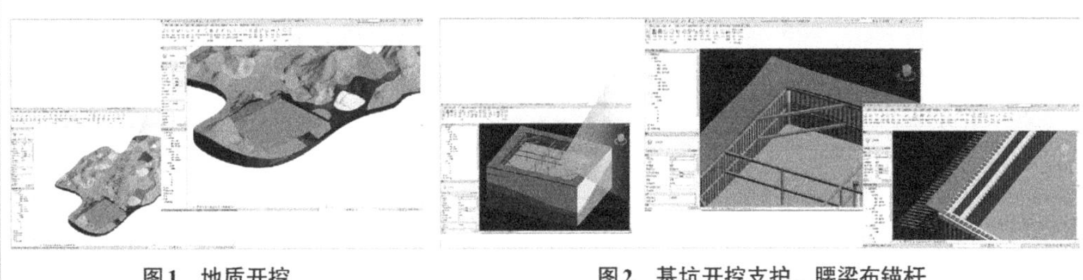

图1 地质开挖　　图2 基坑开挖支护、腰梁布锚杆

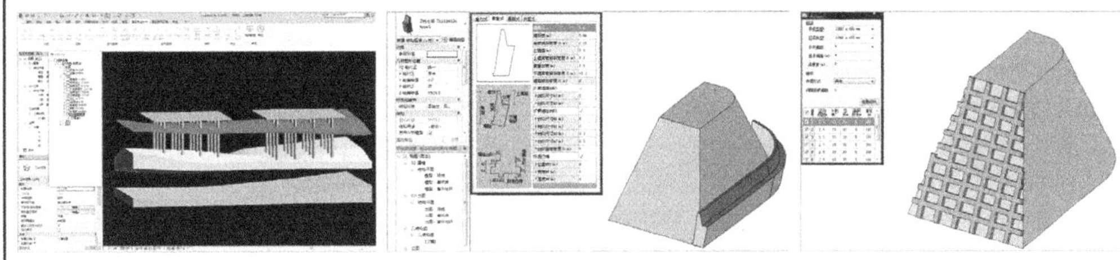

图3 三维桩基　　图4 挡土墙及护坡隔梁

理正岩土BIM For Bentley：定位于Bentley平台的一款集地质、边坡、基坑建模和出图于一体的岩土专业设计软件（图5、图6）。

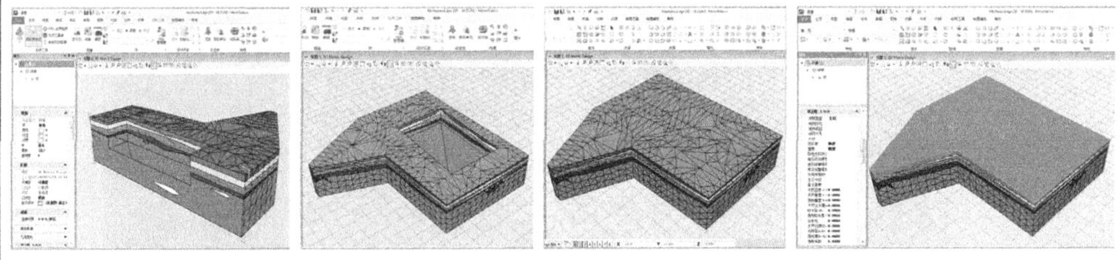

图5 地层剖切、开挖、创建　　图6 地层属性

理正易建（Revit）辅助设计：是一款集建筑机电建模、建筑结构、给水排水、暖通、电气各专业翻模及出图于一体的Revit平台上辅助设计软件

3. 理正岩土边坡综合治理软件（基本版）

理正岩土边坡综合治理软件（基本版）　　表3-2-13

<table>
<tr><td>软件名称</td><td>理正岩土边坡综合治理软件（基本版）</td><td>厂商名称</td><td>北京理正软件股份有限公司</td></tr>
<tr><td colspan="2">代码</td><td>应用场景</td><td>业务类型</td></tr>
<tr><td colspan="2">C10/F10/G10/H10/J10/K10/P10</td><td>勘察岩土_岩土工程设计辅助和建模</td><td rowspan="3">建筑工程/管道工程/道路工程/桥梁工程/隧道工程/铁路工程/变电站/电网工程/水坝工程</td></tr>
<tr><td colspan="2">C11/F11/G11/H11/J11/K11/P11</td><td>勘察岩土_岩土工程计算和分析</td></tr>
<tr><td colspan="2">C12/F12/G12/H12/J12/K12/P12</td><td>勘察岩土_工程量统计</td></tr>
</table>

续表

最新版本	V2.0 2020					
输入格式	.dxf/.dwg					
输出格式	.rtf计算书数据/.dxf结果数据					
推荐硬件配置	操作系统	64位Windows 10	处理器	2GHz	内存	8GB
	显卡	1GB	磁盘空间	700MB	鼠标要求	带滚轮
最低硬件配置	操作系统	64位Windows 10	处理器	1GHz	内存	4GB
	显卡	512MB	磁盘空间	500MB	鼠标要求	带滚轮
功能介绍						

C10/F10/G10/H10/J10/K10/P10、C11/F11/G11/H11/J11/K11/P11、C12/F12/G12/H12/J12/K12/P12：

理正边坡综合治理软件是针对高边坡、复杂边坡的治理推出的综合分析软件。软件基于理正自主图形平台开发，能够对高边坡、复杂边坡进行整体建模，可布置单一支挡，也可同时布置多种治理措施，如挡墙、抗滑桩、护坡格梁、锚杆锚索和填方挖方等。可进行多滑面的稳定性分析，指定滑面滑坡推力计算、各支挡构件计算接口。同时可进行多种治理方案的比选，为高边坡、复杂边坡的治理提供更加经济和安全参考。同时也是国内较先具备P-BIM功能的边坡设计软件。2016年、2020年连续入选水利部水规总院《水利水电工程勘测设计计算机软件名录》。主要支持的规范有《建筑边坡工程技术规范》GB 50330—2013、《公路路基设计规范》JTG D30—2015、《滑坡防治设计规范》GB/T 38509—2020。

建模：软件支持CAD建模后导入和自主图形平台直接建模，可在一个平台下，设置原始坡面和多个治理方案模型。治理模型各自独立，原始数据共用，快捷方便。还可接入理正地质三维模型剖面（图1～图3）。

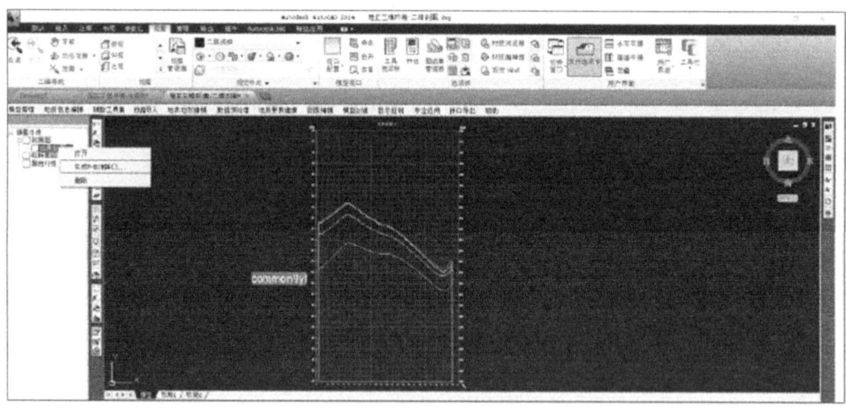

图1 接入理正地质三维模型剖面

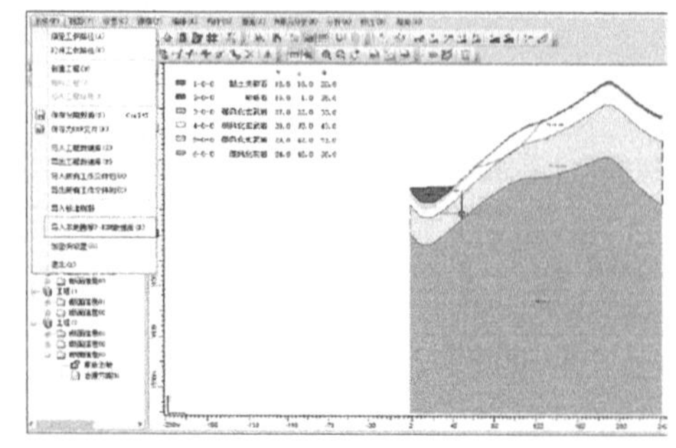

图2 接入理正地质三维模型剖面

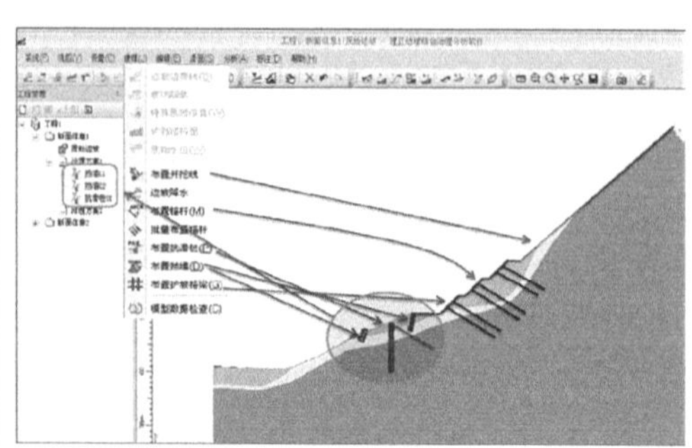

图3 多种方案治理组合

续表

行业规范设定：设定应用行业，软件自动设置各项计算的应用规范及参数，如稳定和推力计算、倾覆滑移计算、支挡构件内力计算、支挡构件截面验算等。适应不同行业特点，具备行业针对性，方便设计人员有针对性地进行设计。

治理方案设置：一个断面可设置若干治理方案。每种治理方案均可独立设置填方、挖方、挡墙、抗滑桩、护坡格梁、锚杆锚索等治理措施及其组合；均可对每种方案进行稳定计算及结果展示（图3）。方便方案比选，极大地方便了设计人员，提高设计效率。

稳定分析：可以进行多滑面的稳定性分析，可以对指定滑面进行滑坡推力计算及稳定计算（图4）。

构件设计接口：挡墙、抗滑桩、护坡格梁等构件设计，可以直接从综合治理整体模型中提取相关尺寸信息和地层参数，减少重复录入（图5）。

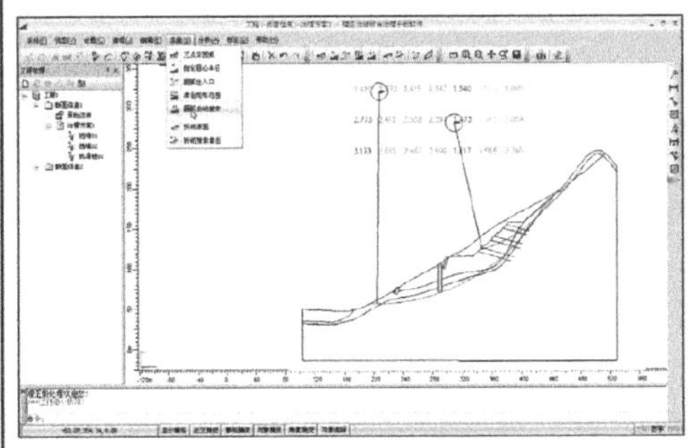

图4 治理后边坡稳定分析

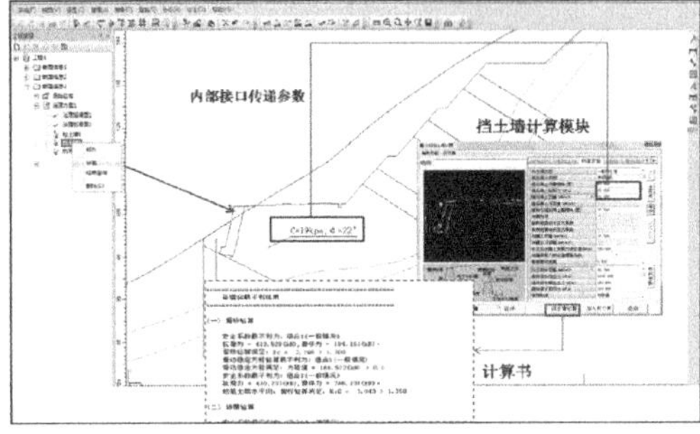

图5 挡土墙构件设计

计算结果查看：形成图文并茂的计算结果文件，并汇总指定治理方案的各项计算及各支挡构件计算结果。形成统一的计算结果文件。

基础操作流程：新建工程→读取勘察P-BIM数据→交互边坡设计方案（包括开挖、回填、降水、各种支挡结构，如挡墙、护坡格梁、抗滑桩、锚杆等）→计算边坡整体稳定及支挡结构设计分析→汇总形成丰富的图文结果

4. 理正岩土边坡综合治理软件（有限元版）

理正岩土边坡综合治理软件（有限元版） 表3-2-14

<table>
<tr><td>软件名称</td><td colspan="3">理正岩土边坡综合治理软件（有限元版）</td><td>厂商名称</td><td colspan="2">北京理正软件股份有限公司</td></tr>
<tr><td colspan="2">代码</td><td colspan="3">应用场景</td><td colspan="2">业务类型</td></tr>
<tr><td colspan="2">C10/F10/G10/H10/J10/K10/P10</td><td colspan="3">勘察岩土_岩土工程设计辅助和建模</td><td colspan="2" rowspan="3">建筑工程/管道工程/道路工程/桥梁工程/隧道工程/铁路工程/变电站/电网工程/水坝工程</td></tr>
<tr><td colspan="2">C11/F11/G11/H11/J11/K11/P11</td><td colspan="3">勘察岩土_岩土工程计算和分析</td></tr>
<tr><td colspan="2">C12/F12/G12/H12/J12/K12/P12</td><td colspan="3">勘察岩土_工程量统计</td></tr>
<tr><td>最新版本</td><td colspan="6">V2.0 2020</td></tr>
<tr><td>输入格式</td><td colspan="6">.dxf/.dwg</td></tr>
<tr><td>输出格式</td><td colspan="6">.rtf计算书数据/.dxf结果数据</td></tr>
<tr><td rowspan="2">推荐硬件配置</td><td>操作系统</td><td>64位Windows 10</td><td>处理器</td><td>2GHz</td><td>内存</td><td>8GB</td></tr>
<tr><td>显卡</td><td>1GB</td><td>磁盘空间</td><td>700MB</td><td>鼠标要求</td><td>带滚轮</td></tr>
<tr><td rowspan="2">最低硬件配置</td><td>操作系统</td><td>64位Windows 10</td><td>处理器</td><td>1GHz</td><td>内存</td><td>4GB</td></tr>
<tr><td>显卡</td><td>512MB</td><td>磁盘空间</td><td>500MB</td><td>鼠标要求</td><td>带滚轮</td></tr>
</table>

续表

功能介绍
C10/F10/G10/H10/J10/K10/P10、C11/F11/G11/H11/J11/K11/P11、C12/F12/G12/H12/J12/K12/P12： 依托理正边坡综合治理软件已有边坡模型和治理模型，采用非线性有限单元技术对模型对象进行弹塑性分析，以及采用强度折减法进行边坡稳定性分析。可以分析出边坡位移、应力应变及支护构件内力，并进行可视化查看。是传统规范方法的有效补充，同时也是国内较先具备P-BIM功能的边坡设计软件。2016年、2020年连续入选水利部水规总院《水利水电工程勘测设计计算机软件名录》。 采用强度折减法进行整体稳定性分析，可以直接分析出可能滑动面及安全系数，方便与传统条分法相互印证，避免遗漏不利滑动面。采用弹塑性分析方法，可以分析边坡在开挖、回填、支护等施工过程中应力位移变化过程和稳定性；可以分析支护结构的内力、位移；可以考虑降水、下雨等水位线变化对边坡的影响；也可分析多排桩联合支护等复杂情况下各构件的内力位移。 基础操作流程：新建工程→读取勘察P-BIM数据→交互边坡设计方案（包括开挖、回填、降水、各种支挡结构，如挡墙、护坡格梁、抗滑桩、锚杆等）→计算边坡整体稳定及支挡结构设计分析→汇总形成丰富的图文结果
接本书7.11节彩页

3.2.6 岩土工程计算和分析

1. 理正岩土边坡综合治理软件（基本版）

理正岩土边坡综合治理软件（基本版） 表3-2-15

软件名称	理正岩土边坡综合治理软件（基本版）			厂商名称	北京理正软件股份有限公司	
代码			应用场景		业务类型	
C10/F10/G10/H10/J10/K10/P10			勘察岩土_岩土工程设计辅助和建模		建筑工程/管道工程/道路工程/桥梁工程/隧道工程/铁路工程/变电站/电网工程/水坝工程	
C11/F11/G11/H11/J11/K11/P11			勘察岩土_岩土工程计算和分析			
C12/F12/G12/H12/J12/K12/P12			勘察岩土_工程量统计			
最新版本	V2.0 2020					
输入格式	.dxf/.dwg					
输出格式	.rtf计算书数据/.dxf结果数据					
推荐硬件配置	操作系统	64位Windows 10	处理器	2GHz	内存	8GB
	显卡	1GB	磁盘空间	700MB	鼠标要求	带滚轮
最低硬件配置	操作系统	64位Windows 10	处理器	1GHz	内存	4GB
	显卡	512MB	磁盘空间	500MB	鼠标要求	带滚轮
功能介绍						
C10/F10/G10/H10/J10/K10/P10、C11/F11/G11/H11/J11/K11/P11、C12/F12/G12/H12/J12/K12/P12： 理正边坡综合治理软件是针对高边坡、复杂边坡的治理而推出的综合分析软件。软件基于理正自主图形平台开发，能够对高边坡、复杂边坡进行整体建模，可布置单一支挡，也可同时布置多种治理手段，如挡墙、抗滑桩、护坡格梁、锚杆锚索和填方挖方等。进行多滑面的稳定性分析，指定滑面滑坡推力计算、各支挡构件计算接口。同时可进行多种治理方案的比选，为高边坡、复杂边坡的治理提供更加经济和安全参考。同时也是国内较先具备P-BIM功能的边坡设计软件。2016年、2020年连续入选水利部水规总院《水利水电工程勘测设计计算机软件名录》。主要支持的规范：《建筑边坡工程技术规范》GB 50330—2013、《公路路基设计规范》JTG D30—2015、《滑坡防治设计规范》GB/T 38509—2020						

续表

建模：软件支持CAD建模后导入和自主图形平台直接建模，可在一个平台下，设置原始坡面和多个治理方案模型。治理模型各自独立，原始数据共用，快捷方便。还可接入理正地质三维模型剖面（图1、图2）。

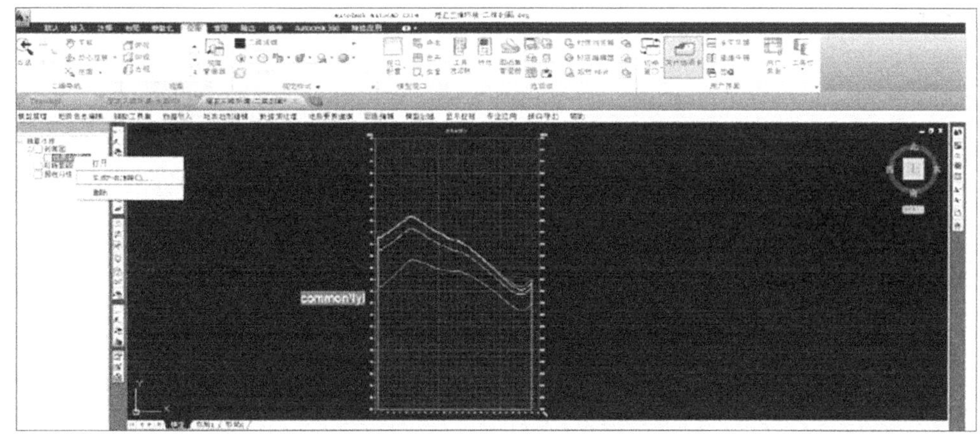

图1 接入理正地质三维模型剖面

行业规范设定：设定应用行业，软件自动设置各项计算的应用规范及参数，如稳定和推力计算、倾覆滑移计算、支挡构件内力计算、支挡构件截面验算等。适应不同行业特点，具备行业针对性，方便设计人员有针对性地进行设计。

治理方案设置：一个断面可设置若干治理方案。每种治理方案均可独立设置填方、挖方、挡墙、抗滑桩、护坡格梁、锚杆锚索等治理措施及其组合；均可对每种方案进行稳定计算及结果展示。方便方案比选。极大方便设计人员，提高设计效率（图3）。

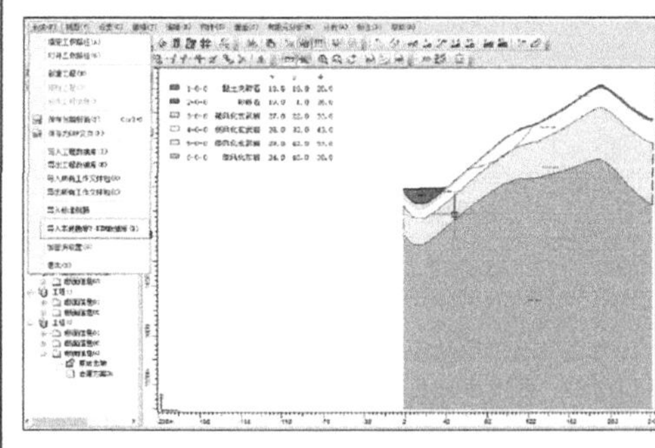

图2 接入理正地质三维模型剖面

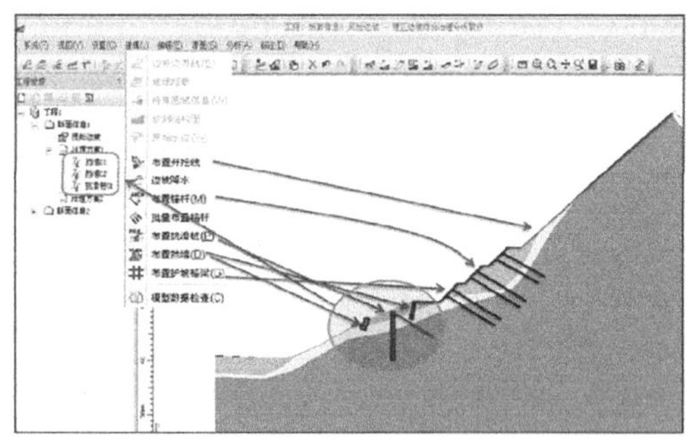

图3 多种方案治理组合

稳定分析：可以进行多滑面的稳定性分析，可以对指定滑面进行滑坡推力计算及稳定计算（图4）。

构件设计接口：在挡墙、抗滑桩、护坡格梁等构件设计中，可以直接从综合治理整体模型中提取相关尺寸信息和地层参数，减少重复录入（图5）。

计算结果查看：形成图文并茂的计算结果文件，并汇总指定治理方案的各项计算及各支挡构件计算结果。形成统一的计算结果文件。

基础操作流程：新建工程→读取勘察P-BIM数据→交互边坡设计方案（包括开挖、回填、降水、各种支挡结构，如挡墙、护坡格梁、抗滑桩、锚杆等）→计算边坡整体稳定及支挡结构设计分析→汇总形成丰富的图文结果

续表

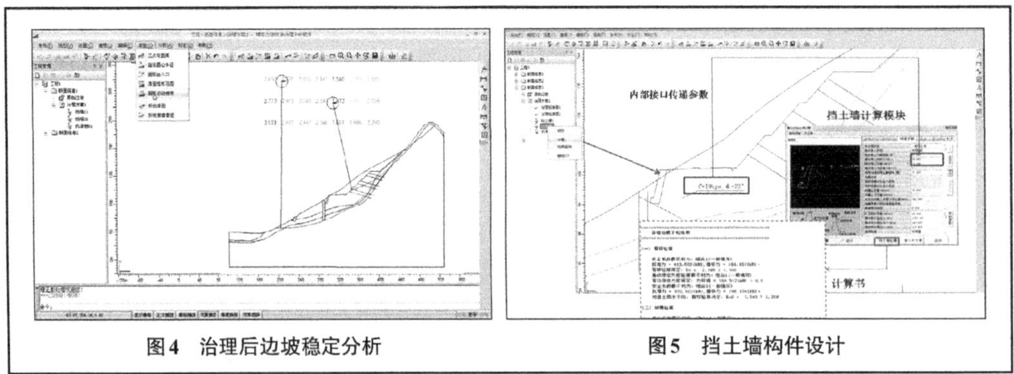

图4 治理后边坡稳定分析　　图5 挡土墙构件设计

2. 理正岩土边坡综合治理软件（有限元版）

理正岩土边坡综合治理软件（有限元版）　　表3-2-16

<table>
<tr><td>软件名称</td><td colspan="3">理正岩土边坡综合治理软件（有限元版）</td><td>厂商名称</td><td colspan="2">北京理正软件股份有限公司</td></tr>
<tr><td colspan="2">代码</td><td colspan="3">应用场景</td><td colspan="2">业务类型</td></tr>
<tr><td colspan="2">C10/F10/G10/H10/J10/K10/P10</td><td colspan="3">勘察岩土_岩土工程设计辅助和建模</td><td colspan="2" rowspan="3">建筑工程/管道工程/道路工程/桥梁工程/隧道工程/铁路工程/变电站/电网工程/水坝工程</td></tr>
<tr><td colspan="2">C11/F11/G11/H11/J11/K11/P11</td><td colspan="3">勘察岩土_岩土工程计算和分析</td></tr>
<tr><td colspan="2">C12/F12/G12/H12/J12/K12/P12</td><td colspan="3">勘察岩土_工程量统计</td></tr>
<tr><td>最新版本</td><td colspan="6">V2.0 2020</td></tr>
<tr><td>输入格式</td><td colspan="6">.dxf/.dwg</td></tr>
<tr><td>输出格式</td><td colspan="6">.rtf计算书数据/.dxf结果数据</td></tr>
<tr><td rowspan="2">推荐硬件配置</td><td>操作系统</td><td>64位Windows 10</td><td>处理器</td><td>2GHz</td><td>内存</td><td>8GB</td></tr>
<tr><td>显卡</td><td>1GB</td><td>磁盘空间</td><td>700MB</td><td>鼠标要求</td><td>带滚轮</td></tr>
<tr><td rowspan="2">最低硬件配置</td><td>操作系统</td><td>64位Windows 10</td><td>处理器</td><td>1GHz</td><td>内存</td><td>4GB</td></tr>
<tr><td>显卡</td><td>512MB</td><td>磁盘空间</td><td>500MB</td><td>鼠标要求</td><td>带滚轮</td></tr>
<tr><td colspan="7">功能介绍</td></tr>
<tr><td colspan="7">C10/F10/G10/H10/J10/K10/P10、C11/F11/G11/H11/J11/K11/P11、C12/F12/G12/H12/J12/K12/P12：
依托理正边坡综合治理软件已有边坡模型和治理模型，采用非线性有限单元技术对模型对象进行弹塑性分析，以及采用强度折减方法进行边坡稳定性分析。可以分析出边坡位移、应力应变及支护构件内力，并进行可视化查看。是传统规范方法的有效补充，同时也是国内较先具备P-BIM功能的边坡设计软件。2016年、2020年连续入选水利部水规总院《水利水电工程勘测设计计算机软件名录》。
采用强度折减法进行整体稳定性分析，可以直接分析出可能滑动面及安全系数，方便与传统条分法相互印证，避免遗漏不利滑动面。采用弹塑性分析方法可以分析边坡在开挖、回填、支护等施工过程中应力位移变化过程和稳定性，可以分析支护结构的内力、位移。可以考虑降水、下雨等水位线变化对边坡的影响，也可分析多排桩联合支护等复杂情况下各构件的内力位移。
基础操作流程：新建工程→读取勘察P-BIM数据→交互边坡设计方案（包括开挖、回填、降水、各种支挡结构，如挡墙、护坡格梁、抗滑桩、锚杆等）→计算边坡整体稳定及支挡结构设计分析→汇总形成丰富的图文结果</td></tr>
<tr><td colspan="7">接本书7.11节彩页</td></tr>
</table>

3. 理正岩土边坡稳定分析系统

理正岩土边坡稳定分析系统 **表3-2-17**

软件名称	理正岩土边坡稳定分析系统		厂商名称	北京理正软件股份有限公司		
代码			应用场景	业务类型		
B11/C11/F11/G11/H11/J11/K11/P11			勘察岩土_岩土工程计算和分析	场地景观/建筑工程/管道工程/道路工程/桥梁工程/隧道工程/铁路工程/水坝工程		
最新版本	V7.0 2020					
输入格式	参数化输入					
输出格式	.wd1/.wd2/.wd3/.dxf/.rtf/.dxf/.rtf					
推荐硬件配置	操作系统	64位Windows7/8/10	处理器	2GHz	内存	8GB
	显卡	1GB	磁盘空间	700MB	鼠标要求	带滚轮
最低硬件配置	操作系统	32位Windows7/8/10	处理器	1GHz	内存	4GB
	显卡	512MB	磁盘空间	500MB	鼠标要求	带滚轮
功能介绍						

B11/C11/F11/G11/H11/J11/K11/P11：

理正边坡稳定分析系统最初是针对铁路、公路路基设计而开发的专业设计软件，经半年多的推广应用已经得到行业内的认可，并于1999年12月通过了铁道部的鉴定，证明是高效的计算机辅助设计软件。该软件同时引起其他行业关注，尤其是水利、港工等行业，在使用中迫切希望补充完善相关内容。在此基础上开发的理正边坡稳定分析系统在内容和功能上都做了较大的调整和改进，发展成为面向各个行业，能够处理各种复杂情况的通用边坡稳定分析系统，并且于2002年通过水利部水规总院的鉴定，2016年、2020年连续入选水利部水规总院《水利水电工程勘测设计计算机软件名录》。

功能特点如下：

1.利用CAD快速建模：可在AutoCAD中快速绘制边坡模型，再读入边坡软件分析计算。

2.水的作用：选择“考虑”或“不考虑”水的作用；可设置任意形式水面浸润线；自动施加静水压力；自动计算水浮力、渗透压力；可按《堤防工程设计规范》GB 50286—2013、《碾压式土石坝设计规范》SL 274—2020方法进行计算；可自动读取理正渗流软件原始数据及浸润线；镜像功能自动转换数据后，依次计算临水侧、背水侧的边坡稳定。

3.其他荷载的作用：施加水平、垂直或任意方向的作用力，真实反应水压力及其他荷载的作用；自动计算地震荷载。

4.计算方法的选择：瑞典条分法、简化Bishop法、JanBu法、摩根斯顿—普赖斯法。

5.计算公式及参数的选择：与滑动方向相反的土条切向力，可按抗滑力（分子项）或负的下滑力（分母项）考虑；选择“有效应力法”或“总应力法”。采用十字板剪切强度进行稳定计算。

6.滑动破裂面：直线、圆弧、折线、水面、滑动面、土层层面与土条的交点，自动作为计算控制点。

7.计算剩余下滑力：自动搜索最危险滑动面形状；指定安全系数，反推c、ϕ参数值。

8.开放式专业设计模板：系统提供分不同土层情况的高路堤、陡坡路堤、路堑、浸水堤基等，并可由用户不断扩充。

9.三种土层模型：等厚土层—土层分界线互相平行（水平）；不等厚土层—土层分界线倾斜；任意复杂土层—土层任意分布，处理断层、夹层、互层、透镜体等各种复杂情况。

10.加筋材料对稳定的贡献：锚杆、土工布。

11.输入输出：操作简单直观，输入动态指示；计算简图与计算书，左右对照相得益彰；安全系数彩色云图及其他可视化计算结果；从每个土条到整个土坡的自重、水浮力、渗水压力、地震力、附加力、下滑力、抗滑力等一系列详尽的计算结果

续表

<table>
<tr><td>

12.锚杆设计：锚固力、锚固段力长度、锚杆（索）配筋面积计算；参照《建筑边坡工程技术规范》GB 50330—2013、《水利水电工程边坡设计规范》SL 386—2007。

基础操作流程：选择工作路径→选择边坡形式→增加计算项目→边坡计算→计算结果查询（图1～图4）。

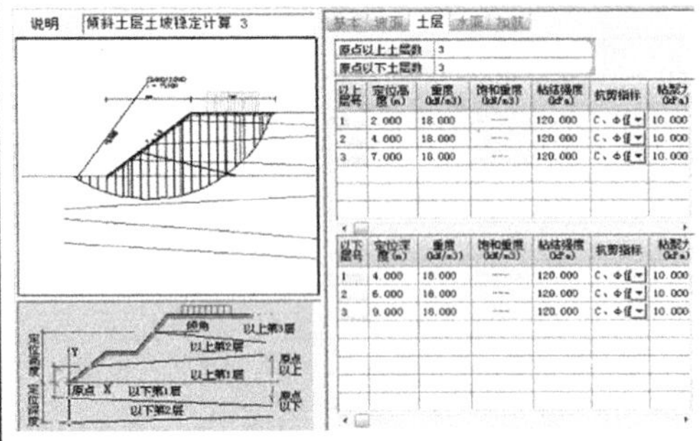

图1　倾斜土层界面 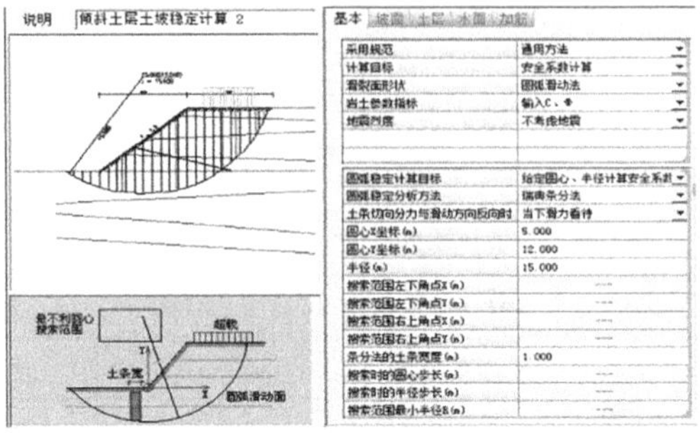

图2　复杂土层界面

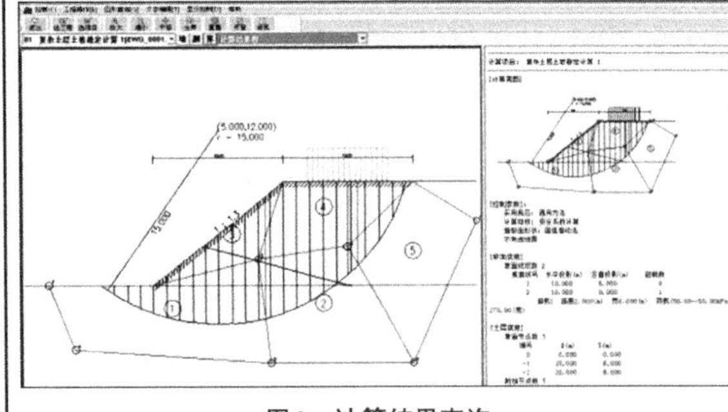

图3　计算结果查询

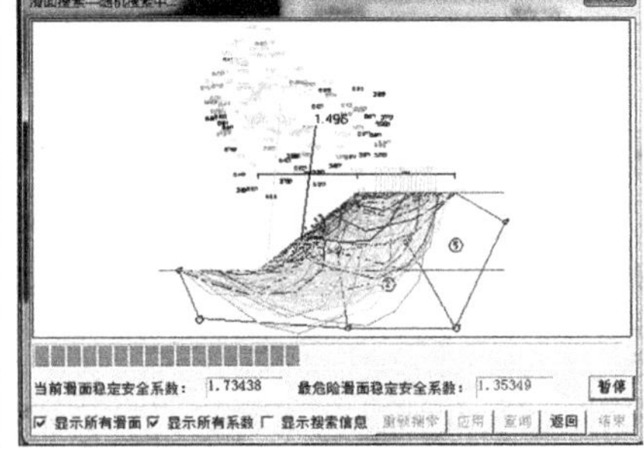

图4　折线滑动搜索

选择工作路径：定义文件存储路径、文件名称、文件编号、设计时间。

选择边坡类型：选择边坡稳定计算项目，包括“等厚土层土坡稳定计算”“倾斜土层土坡稳定计算”“复杂土层土坡稳定计算”。

增加计算项目：增加一项边坡稳定计算项目。

边坡计算：输入“等厚土层土坡稳定计算”“倾斜土层土坡稳定计算”“复杂土层土坡稳定计算”相关原始数据。

计算结果查询：对当前项目进行计算，并输出查询结果，包括图形查询结果与文字查询结果

</td></tr>
</table>

4. 理正岩土岩质边坡稳定分析软件

理正岩土岩质边坡稳定分析软件　　　　**表3-2-18**

<table>
<tr><td>软件名称</td><td colspan="2">理正岩土岩质边坡稳定分析软件</td><td>厂商名称</td><td>北京理正软件股份有限公司</td></tr>
<tr><td colspan="2">代码</td><td colspan="2">应用场景</td><td>业务类型</td></tr>
<tr><td colspan="2">C11/F11/G11/H11/J11/K11/P11</td><td colspan="2">勘察岩土_岩土工程计算和分析</td><td>建筑工程/管道工程/道路工程/桥梁工程/隧道工程/铁路工程/水坝工程</td></tr>
<tr><td>最新版本</td><td colspan="4">V6.0 2019</td></tr>
<tr><td>输入格式</td><td colspan="4">参数化输入</td></tr>
<tr><td>输出格式</td><td colspan="4">.srs/.prs/.wdg/.wty/.dxf/.rtf</td></tr>
</table>

续表

推荐硬件配置	操作系统	64位Windows7/8/10	处理器	2GHz	内存	8GB
	显卡	1GB	磁盘空间	700MB	鼠标要求	带滚轮
最低硬件配置	操作系统	32位Windows7/8/10	处理器	1GHz	内存	4GB
	显卡	512MB	磁盘空间	500MB	鼠标要求	带滚轮

功能介绍

C11/F11/G11/H11/J11/K11/P11：

本软件不但能分析简单的岩质边坡问题，而且能处理各种复杂的岩质边坡稳定性问题，适合于水利、公路、铁路、城建、地矿等行业，为工程建设提供实用的设计工具。2016年、2020年连续入选水利部水规总院《水利水电工程勘测设计计算机软件名录》。

1.适用范围：简单平面（二维滑动体，滑裂面为直线、二阶直坡）稳定性分析；复杂平面（二维滑动体，滑裂面为折线，裂隙面可为斜面）稳定性分析；三维楔形体（边坡可为正悬或倒悬）稳定性分析；夹层、互层、透镜体等任意复杂的岩土模型（用地质剖面图模拟）；岩体稳定性判定、结构面统计等。

2.破坏准则：摩尔—库仑破坏准则。

3.计算内容：稳定安全系数；岩石压力；临界加速度系数；反算c、ϕ值。

4.计算方法：极限平衡法；Arma法；通用方法（扩展Sarma法）；Sarma改进法；赤平极射投影。

5.影响因素：地震作用；任意方向外加荷载作用；锚杆（索）作用；裂隙水作用；张裂隙。

6.计算结果：安全系数与临界加速度系数（$k-k_c$）关系曲线；安全系数与边坡高度关系曲线；安全系数与裂隙水深关系曲线；安全系数与坡角关系曲线；结构面上作用力（正压力、裂隙水压力、下滑力、抗滑力）；岩体重量；锚杆力；各种几何参数；详尽的计算书。

基础操作流程：选择工作路径→选择边坡类型→增加计算项目→边坡计算→计算结果查询（图1～图3）。

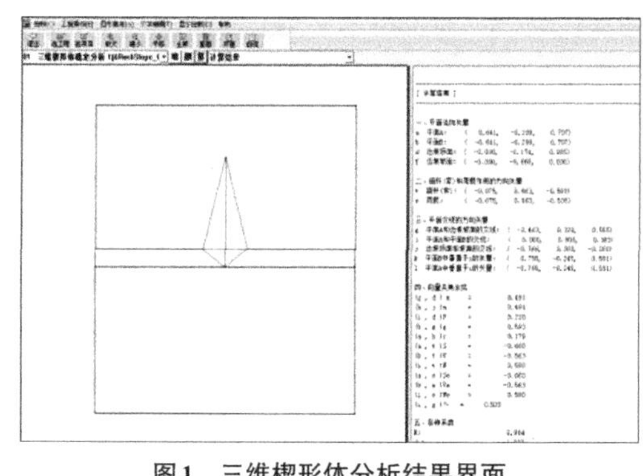

图1　三维楔形体分析结果界面

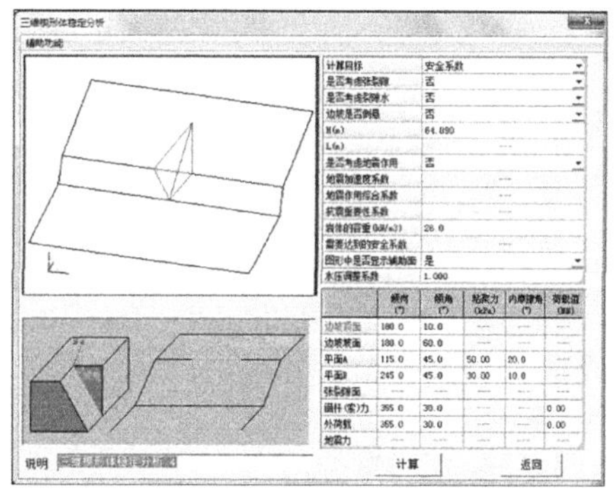

图2　三维楔形体稳定分析界面

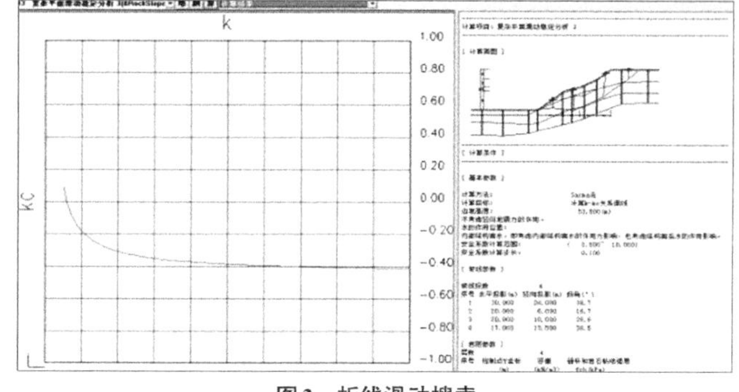

图3　折线滑动搜索

续表

选择工作路径：定义文件存储路径、文件名称、文件编号、设计时间。 选择边坡类型：选择参与岩质边坡类型，包括“简单平面滑动稳定分析”“复杂平面滑动稳定分析”“三维楔形体稳定分析”“赤平极射投影分析”。 增加计算项目：增加一项岩质边坡计算项目。 边坡计算：输入“简单平面滑动稳定分析”“复杂平面滑动稳定分析”“三维楔形体稳定分析”“赤平极射投影分析”相关原始数据。 计算结果查询：对当前项目进行计算，并输出查询结果，包括图形查询结果与文字查询结果

5. 理正岩土边坡滑坍抢修设计软件

理正岩土边坡滑坍抢修设计软件　　表3-2-19

<table>
<tr><td>软件名称</td><td colspan="2">理正岩土边坡滑坍抢修设计软件</td><td>厂商名称</td><td colspan="3">北京理正软件股份有限公司</td></tr>
<tr><td colspan="3">代码</td><td colspan="2">应用场景</td><td colspan="2">业务类型</td></tr>
<tr><td colspan="3">C11/F11/G11/H11/J11/K11/P11</td><td colspan="2">勘察岩土_岩土工程计算和分析</td><td colspan="2">建筑工程/管道工程/道路工程/桥梁工程/隧道工程/铁路工程/水坝工程</td></tr>
<tr><td>最新版本</td><td colspan="6">V6.0 2019</td></tr>
<tr><td>输入格式</td><td colspan="6">手工输入</td></tr>
<tr><td>输出格式</td><td colspan="6">.dxf/.ht/.rtf</td></tr>
<tr><td rowspan="2">推荐硬件配置</td><td>操作系统</td><td>64位Windows7/8</td><td>处理器</td><td>2GHz</td><td>内存</td><td>8GB</td></tr>
<tr><td>显卡</td><td>1GB</td><td>磁盘空间</td><td>700MB</td><td>鼠标要求</td><td>带滚轮</td></tr>
<tr><td rowspan="2">最低硬件配置</td><td>操作系统</td><td>32位Windows7/8</td><td>处理器</td><td>1GHz</td><td>内存</td><td>4GB</td></tr>
<tr><td>显卡</td><td>512MB</td><td>磁盘空间</td><td>500MB</td><td>鼠标要求</td><td>带滚轮</td></tr>
<tr><td colspan="7">功能介绍</td></tr>
<tr><td colspan="7">C11/F11/G11/H11/J11/K11/P11：
理正边坡滑坍抢修设计软件适用于公路、铁路、水利等行业的边坡滑坍快速抢修分析计算。对于出现滑坡的工程（如铁路、公路、水利等）进行快速抢修，能在最短时间完成安全、可靠、经济的滑坍抢修方案的确定及实施。
理正边坡滑坍抢修设计软件考虑多种因素（外加荷载、地震作用、地下水等）对边坡滑坍的影响。具有分析计算滑坡现状的剩余下滑力，及提供抗滑桩、坡底反压、上部刷方减载三种治理措施，可以单独采用，也可以任意组合采用。可进行快速边坡滑坍抢修设计，并可快速得到工程量与造价（图1、图2）。
1.适应面广：不但可选择单一治理方法，而且三种方法可任意组合运用；可考虑动水压力/承压水的浮托力；可考虑地震荷载及其他附加荷载；可任意设置坡面、滑裂面和地下水位面。
2.选择灵活：可选择多种桩型及桩底支承条件；可在桩顶设置锚索；可选择弹性方法（M法/C法/K法）；可选择滑坡推力分布形式（矩形/三角形/梯形）及调整系数；可选择给定滑裂面上的黏聚力C反算内摩擦角ϕ或给定ϕ反算C。
3.优化设计：自动设计抗滑桩排数、间距；自动设计反压码起始位置、高度；自动设计刷方起始定位坐标。
4.提供丰富而有价值的变化曲线：反压码高度—滑坡推力/体积关系曲线；反压码定位坐标—滑坡推力/体积关系曲线；上部刷方定位坐标—滑坡推力/体积关系曲线；桩身内力—位移—土反力关系曲线。
基础操作流程：选择工作路径→增加计算项目→编辑原始数据→当前项目计算→计算结果查询（图1、图2）</td></tr>
</table>

续表

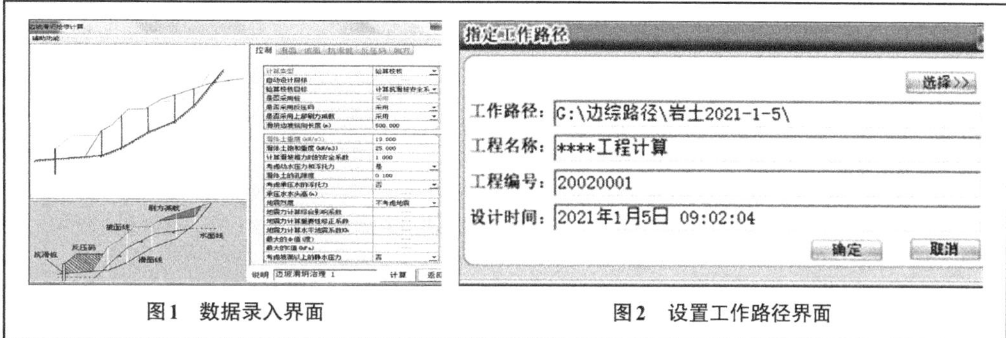

图1　数据录入界面　　　　图2　设置工作路径界面

6. 理正岩土挡土墙设计软件

理正岩土挡土墙设计软件　　表 3-2-20

<table>
<tr><td>软件名称</td><td colspan="3">理正岩土挡土墙设计软件</td><td>厂商名称</td><td colspan="2">北京理正软件股份有限公司</td></tr>
<tr><td colspan="3">代码</td><td>应用场景</td><td colspan="3">业务类型</td></tr>
<tr><td colspan="3">C11/F11/G11/H11/J11/K11/P11</td><td>勘察岩土_岩土工程计算和分析</td><td colspan="3">建筑工程/管道工程/道路工程/桥梁工程/隧道工程/铁路工程/水坝工程</td></tr>
<tr><td>最新版本</td><td colspan="6">V7.0 2020</td></tr>
<tr><td>输入格式</td><td colspan="6">参数输入</td></tr>
<tr><td>输出格式</td><td colspan="6">.zl/.hz/.jjt/.bzl/.xb/.fb/.zb/.mg/.mdb/.yyl/.zpxb/.zpfb/.xhb/.dxf/.rtf</td></tr>
<tr><td rowspan="2">推荐硬件配置</td><td>操作系统</td><td>64位 Windows7/8</td><td>处理器</td><td>2GHz</td><td>内存</td><td>8GB</td></tr>
<tr><td>显卡</td><td>1GB</td><td>磁盘空间</td><td>700MB</td><td>鼠标要求</td><td>带滚轮</td></tr>
<tr><td rowspan="2">最低硬件配置</td><td>操作系统</td><td>32位 Windows7/8</td><td>处理器</td><td>1GHz</td><td>内存</td><td>4GB</td></tr>
<tr><td>显卡</td><td>512MB</td><td>磁盘空间</td><td>500MB</td><td>鼠标要求</td><td>带滚轮</td></tr>
<tr><td colspan="7">功能介绍</td></tr>
<tr><td colspan="7">C11/F11/G11/H11/J11/K11/P11：
1.技术优势
（1）计算速度快、计算效率高：用手工完成一道类似于路基设计手册上的工程例题，即使经验丰富的老手，从准备数据到完成全部计算过程，少说也得半天、一天。同样的题目用这套软件计算，从录入数据到得出计算结果，最多需要5分钟，一个小时能出10套方案。本软件于2016年、2020年连续入选水利部水规总院《水利水电工程勘测设计计算机软件名录》。
（2）计算结果准确可靠：软件正式推出前经过严格测试和反复验证，与路基设计手册上的各个例题、计算表及工程定型图进行对比，结果全部吻合。经全国数百家设计单位应用均对结果满意。
（3）人性化设计、操作简单：软件设计充分考虑专业人员的工作习惯。我们曾请有关专业人员试用，未经任何外人的提示、提醒，操作人员能立即快速准确地算出结果，试用后皆赞不绝口，连声称赞软件操作简单、专业化程度高。
2.功能特点
（1）涵盖多种挡土墙类型。
（2）考虑问题非常全面：考虑了浸水与抗震等各种情况及工况；5种基础类型；能有效处理墙后多层填土的问题；能自动处理墙后黏性填土，无须将黏聚力换算成等效内摩擦角；提供在挡土墙上布置附加外力的功能；土压力计算的处理方法十分科学</td></tr>
</table>

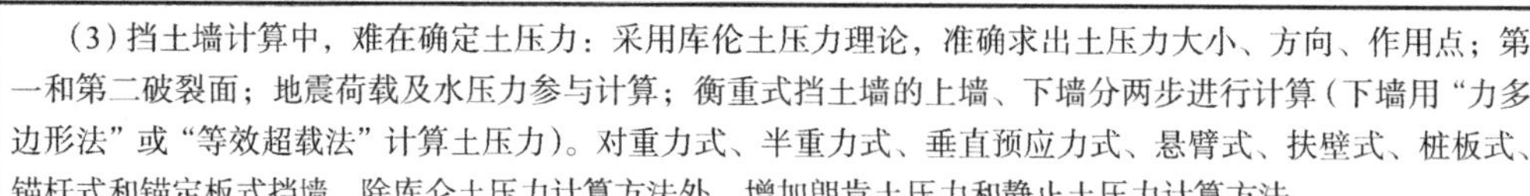

续表

（3）挡土墙计算中，难在确定土压力：采用库伦土压力理论，准确求出土压力大小、方向、作用点；第一和第二破裂面；地震荷载及水压力参与计算；衡重式挡土墙的上墙、下墙分两步进行计算（下墙用“力多边形法”或“等效超载法”计算土压力）。对重力式、半重力式、垂直预应力式、悬臂式、扶壁式、桩板式、锚杆式和锚定板式挡墙，除库仑土压力计算方法外，增加朗肯土压力和静止土压力计算方法。

（4）提供“验算”“设计”两大功能：其中“设计”重力式、衡重式等挡土墙时，自动输出优化截面，智能化程度相当高。标准计算结果与内容将屏幕一分为二，左侧输出简图，右侧输出计算书。简图内容为土压力与破裂角关系曲线；土压力沿挡墙高度分布图；压力与破裂面示意图；力的平衡多边形。计算书内容为计算参数；各种计算、检算结果。

3.装配式挡土墙

（1）随着城市建设，市政工程及地铁工程等发展，装配式钢筋混凝土挡土墙除具备一般挡土墙的特点外，还具有施工速度快、工效高等特点，深受建设者的青睐。为满足广大建设者、设计者的要求，理正推出了装配式挡土墙设计、计算软件。软件投放市场后，现已经成为几个行业制作“装配式挡土墙标准图案”的分析验算软件。

（2）悬臂式挡土墙的整体验算、抗滑移验算、抗倾覆验算、基底应力及偏心距验算。

（3）面板、基础的内力、配筋、裂缝及变形计算，面板与基础的连接计算。

（4）扶壁式挡土墙整体验算、结构内力计算，面板肋板、基础内力、配筋、裂缝变形计算，面板+肋板与基础连接计算，吊装计算。

基础操作流程：选择工作路径→选择行业及挡墙形式→增加计算项目→编辑原始数据→当前挡墙计算→计算结果查询（图1～图3）。

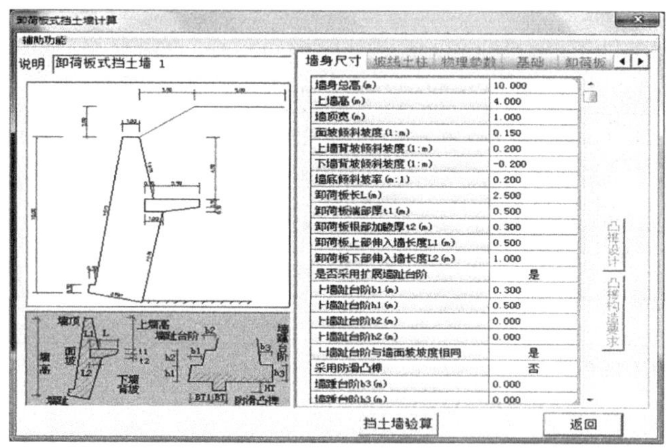

图1　卸荷板挡土墙界面

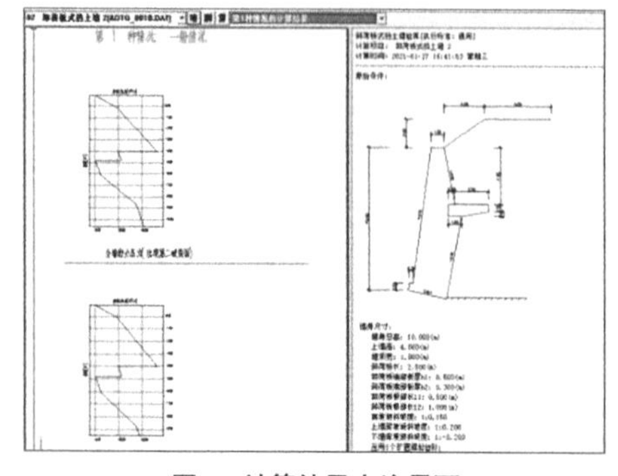

图2　计算结果查询界面

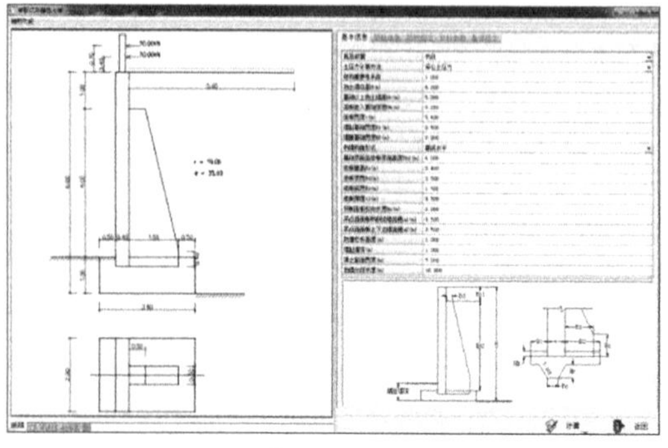

图3　装配式扶壁挡土墙

7. 理正岩土建筑边坡挡土墙设计软件

理正岩土建筑边坡挡土墙设计软件　　**表3-2-21**

软件名称	理正岩土建筑边坡挡土墙设计软件		厂商名称	北京理正软件股份有限公司		
代码		应用场景		业务类型		
C11/F11/G11/H11/J11/K11/P11		勘察岩土_岩土工程计算和分析		建筑工程/管道工程/道路工程/桥梁工程/隧道工程/铁路工程/水坝工程		
最新版本	V7.0 2020					
输入格式	手工输入					
输出格式	.dat/.dxf/.rtf					
推荐硬件配置	操作系统	64位Windows7/8	处理器	2GHz	内存	8GB
	显卡	1GB	磁盘空间	700MB	鼠标要求	带滚轮
最低硬件配置	操作系统	32位Windows7/8	处理器	1GHz	内存	4GB
	显卡	512MB	磁盘空间	500MB	鼠标要求	带滚轮
功能介绍						

C11：

理正岩土建筑边坡挡土墙设计软件依据《建筑边坡工程技术规范》GB 50330—2013研发，适用于建（构）筑物及市政工程边坡治理的挡土墙设计软件，实现安全、经济、适用的目的；丰富的挡土墙类型有格构式锚杆挡土墙、板肋式锚杆挡土墙、排桩式锚杆挡土墙、重力式挡土墙、衡重式挡土墙、悬臂式挡土墙、扶壁式挡土墙；简捷的参数交互，动态的图形展示，帮助式的操作提示，详细的图文输出，易学易用。本软件于2016年、2020年连续入选水利部水规总院《水利水电工程勘测设计计算机软件名录》。

1.新颖的格构式挡土墙

格构梁（可增设挡土板）与锚索（杆）有效的结合，既达到边坡治理的目的，又提高了支护结构的整体性，并且可降低造价，是工程中很有前景的边坡治理方法。采用杆系有限元计算格构梁的内力、位移，并完成配筋计算、锚索（杆）设计、裂缝计算等全部设计内容；采用条分法分析计算坡体的整体稳定性；极大地提高了设计效率，达到安全、经济、实用的目的。矩形截面格构梁之间可设置简支板、连续板、拱形板（简支、双铰支），为工程设计提供灵活、方便的选择（图1）。

2.适用条件广泛

适用边坡类型：土质边坡、岩质边坡；

适用环境条件：一般地区、浸水地区、抗震地区、抗震浸水地区（图2）。

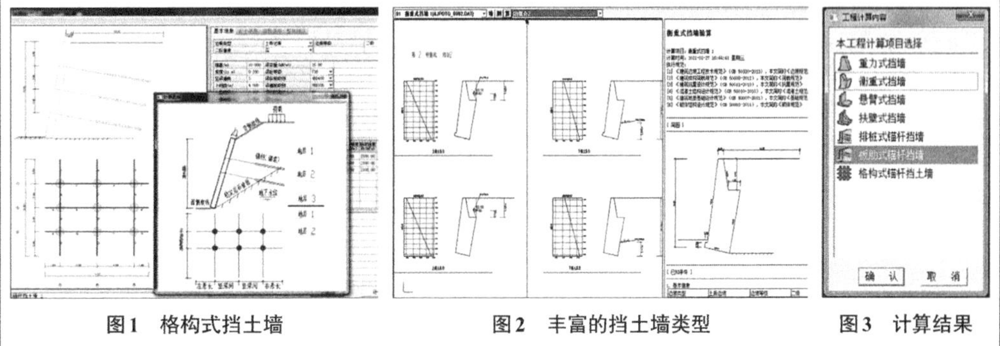

图1　格构式挡土墙　　图2　丰富的挡土墙类型　　图3　计算结果

续表

3.实用的土压力计算 依据《建筑边坡工程技术规范》GB 50330—2013岩土压力的计算方法有： 土质边坡：库仑土压力、朗肯土压力、静止土压力、修正库仑土压力、修正朗肯土压力、特殊情况（如有限范围填土）土压力、二阶直坡、土压力局载作用下土压力、地震情况土压力等，有适用不同支护形式的土压力分布形式。 岩质边坡：主动岩石压力、静止岩石压力、修正岩石压力（图3）。 基础操作流程：选择工作路径→选择挡墙形式→增加计算项目→编辑原始数据→当前挡墙计算→计算结果查询

8. 理正岩土抗滑桩（挡墙）设计软件

理正岩土抗滑桩（挡墙）设计软件　　表3-2-22

软件名称	理正岩土抗滑桩（挡墙）设计软件		厂商名称	北京理正软件股份有限公司		
代码			应用场景	业务类型		
C11/F11/G11/H11/J11/K11/P11			勘察岩土_岩土工程计算和分析	建筑工程/管道工程/道路工程/桥梁工程/隧道工程/铁路工程/水坝工程		
最新版本	V7.0 2020					
输入格式	参数输入					
输出格式	.hptl/.khz/.zlkh/.yylkh/.zbkh/.zm/.dxf/.rtf					
推荐硬件配置	操作系统	64位Windows7/8	处理器	2GHz	内存	8GB
	显卡	1GB	磁盘空间	700MB	鼠标要求	带滚轮
最低硬件配置	操作系统	32位Windows7/8	处理器	1GHz	内存	4GB
	显卡	512MB	磁盘空间	500MB	鼠标要求	带滚轮
功能介绍						
C11/F11/G11/H11/J11/K11/P11： 抗滑桩、抗滑挡墙已被广泛应用于滑坡防治工程中，但因情况多变、影响因素众多，计算十分复杂，手工设计更是令人头痛的事情。理正抗滑桩（挡墙）设计软件的出现，给工程技术人员带来极大的方便。它不仅可以在短短的几分钟内完成滑坡推力、各种形式的抗滑桩、抗滑挡墙计算，而且由于操作简单，考虑情况全面，全部计算工作一次完成，特别适用于方案设计，从而真正把设计人员从手工劳动中解放出来。本软件于2016年、2020年连续入选水利部水规总院《水利水电工程勘测设计计算机软件名录》。 1.抗滑桩常规分析 （1）计算滑坡推力 给定滑动面，计算滑坡推力。可考虑地下水浮力、地震力、承压地下水浮托力、动水压力，还可由用户任意添加两个方向的附加力；适用于牵引式、推动式等各种形式的滑坡体。亦可只给定局部的滑动面，其余部分通过软件自动搜索最危险滑动面来确定，同时计算出滑坡推力。输出每一个滑块体的详细计算过程和结果。 （2）设计抗滑桩 分别进行土压力（采用库伦土压力理论）、滑坡推力作用下的桩身内力、位移、土反力及配筋计算。计算时可选择*M*法、*C*法、*K*法。桩顶可设置锚索，底端边界条件可选择自由、铰接、嵌固三种；滑坡推力有矩形、三角形、梯形等；桩身截面可取圆形或方形，配筋按均匀或非均匀布置。由于采用了有限元弹性方法直接求解，不需要预先判别刚性桩或柔性桩。 （3）设计重力式抗滑挡墙 分别进行土压力（采用库伦土压力理论）、滑坡推力作用下的挡墙抗滑移、抗倾覆、基底应力及偏心距、						

续表

墙身强度等的验算。可考虑地震和浸水等不同情况。既可给定挡墙截面进行验算，又可自动设计挡墙截面。

（4）设计桩板式抗滑挡墙

设计方法、内容与抗滑桩一致，同时完成挡土板内力与配筋计算。

（5）设计垂直预应力锚杆式抗滑挡墙

可在任意位置设置垂直锚杆并施加预应力，设计方法、内容与重力式抗滑挡墙完全相同。

2.抗滑桩综合分析

抗滑桩综合分析是一个更加高级的模块，适用于边坡治理锚固桩（包括桩间板及桩间墙）的建模、内力配筋计算、选筋、施工图绘制；已在多项工程中应用，反应良好。

功能介绍：软件集锚固桩支护建模、计算、配筋、选筋、施工图于一体。可进行锚固桩内力、位移、配筋计算；桩间重力挡土墙稳定计算；桩间板（直板、弧板）的内力、配筋计算；锚固桩、锚索、桩间墙、桩间板的施工图自动绘制，并可进行锚固桩配筋的自动截筋。

技术特点：采用“弹性支点法”理论计算锚固桩的内力及位移；采用KT或R/K模型计算剩余下滑力；桩间板形式为直板或弧板；设计计算与施工图绘制一体化，可自动输出桩、锚索、桩间墙、桩间板及锚头的施工图；具有自动截筋功能，可实现锚固桩配筋的优化。

基础操作流程：选择工作路径→增加计算项目→编辑原始数据→当前项目计算→计算结果查询（图1～图4）。

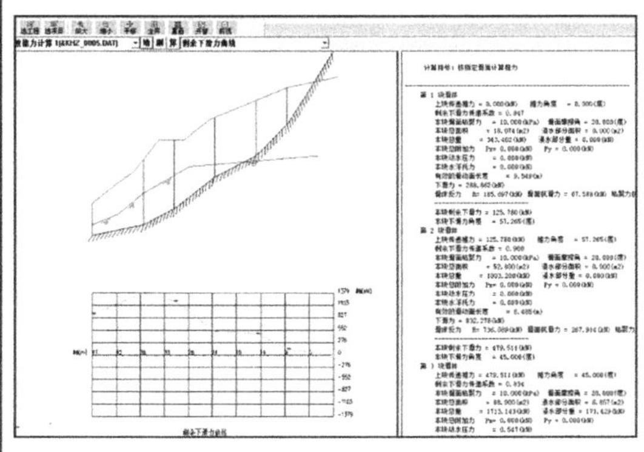

图1　滑坡推力计算结果

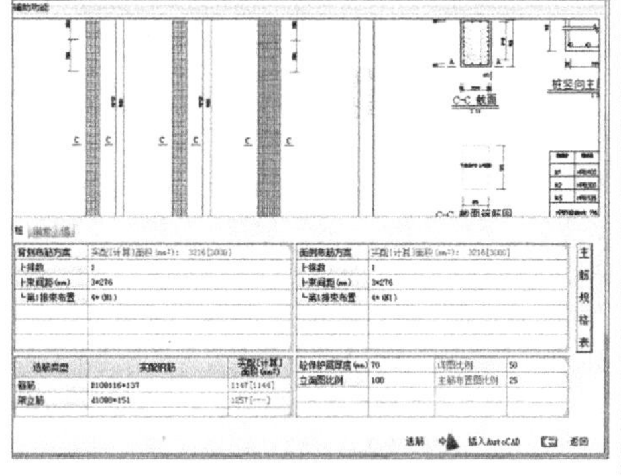

图2　截筋过程图

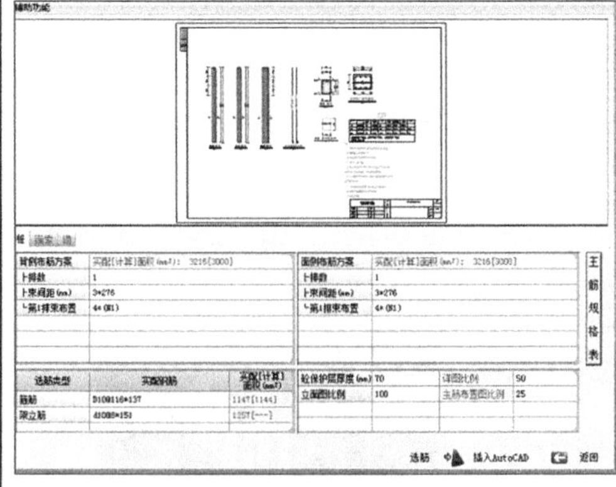

图3　计算结果施工图（一）

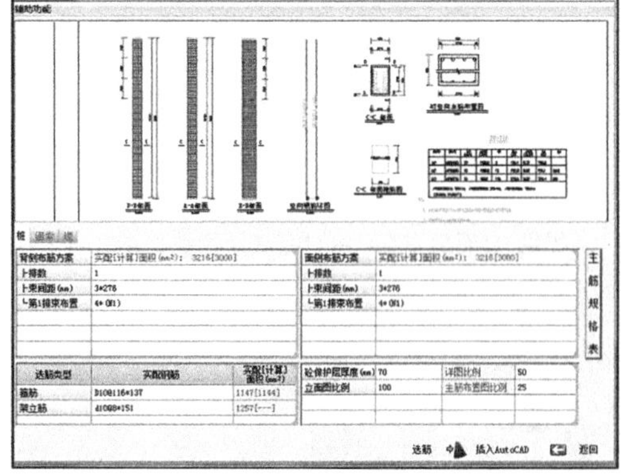

图4　计算结果施工图（二）

9. 理正岩土桩基托梁挡土墙计算分析软件

理正岩土桩基托梁挡土墙计算分析软件　　表 3-2-23

<table>
<tr><td>软件名称</td><td colspan="3">理正岩土桩基托梁挡土墙计算分析软件</td><td>厂商名称</td><td colspan="3">北京理正软件股份有限公司</td></tr>
<tr><td colspan="3">代码</td><td colspan="2">应用场景</td><td colspan="3">业务类型</td></tr>
<tr><td colspan="3">C11/F11/G11/H11/J11/K11/P11</td><td colspan="2">勘察岩土_岩土工程计算和分析</td><td colspan="3">建筑工程/管道工程/道路工程/桥梁工程/隧道工程/铁路工程/水坝工程</td></tr>
<tr><td>最新版本</td><td colspan="7">V2.0 2020</td></tr>
<tr><td>输入格式</td><td colspan="7">参数输入</td></tr>
<tr><td>输出格式</td><td colspan="7">.zjtl/.dxf/.rtf</td></tr>
<tr><td rowspan="2">推荐硬件配置</td><td>操作系统</td><td>64位Windows7/8</td><td>处理器</td><td>2GHz</td><td>内存</td><td>8GB</td></tr>
<tr><td>显卡</td><td>1GB</td><td>磁盘空间</td><td>700MB</td><td>鼠标要求</td><td>带滚轮</td></tr>
<tr><td rowspan="2">最低硬件配置</td><td>操作系统</td><td>32位Windows7/8</td><td>处理器</td><td>1GHz</td><td>内存</td><td>4GB</td></tr>
<tr><td>显卡</td><td>512MB</td><td>磁盘空间</td><td>500MB</td><td>鼠标要求</td><td>带滚轮</td></tr>
<tr><td colspan="8">功能介绍</td></tr>
</table>

C11/F11/G11/H11/J11/K11/P11：

桩基托梁挡土墙是由上部挡土墙、中部承台（托梁）及下部桩基组成的一款组合型支挡结构，在高边坡或软土地区边坡支护里应用广泛。本软件是首个集挡土墙、托梁、桩为一体的整体分析计算软件，主要依据现行最新设计规范，可计算复杂坡线，多种超载形式的土压力；可分别进行土压力控制或滑坡推力控制两种模式下的桩基托梁设计；可完成挡土墙抗滑移稳定性验算、抗倾覆稳定性验算、截面强度验算；承台正截面及斜截面承载力验算；桩内力及配筋计算。建模简单，计算快速，设计内容全面，可实现多个组合计算及最不利组合的比选，最终输出图文并茂的计算书。软件支持建筑、公路、铁路三大行业，依据各行业最新规范设计，并可做计算参数的自定义配置。可分为抗滑桩模型和桩基模型（图1）。

（1）抗滑桩模型。主要依据现行规范《建筑边坡工程技术规范》GB 50330—2013、《公路路基设计规范》JTG D30—2015、《铁路路基支挡结构设计规范》TB 10025—2019，软件桩基部分采用有限元方法分析变形和内力，对于支挡结构变形要求严格的情况，还可施加锚索。基桩形式可为单排桩或双排桩，形状可为圆形或矩形。

（2）桩基模型。主要依据现行规范《建筑桩基技术规范》JGJ 94—2008，软件桩基部分考虑群桩效应桩的竖向、水平承载力验算；可以考虑地基土液化、Boussinesq理论或Mindlin理论的桩基沉降验算；软弱下卧层的地基承载力验算。基桩形式可为单排桩或多排桩，形状可为圆形或方形，桩头形状可为扩底或不扩底；承载力性状可为端承摩擦桩、摩擦桩、摩擦端承桩和端承桩；成桩方法可以为非挤土桩、部分挤土桩、挤土桩（穿越饱和土层）和挤土桩（不穿越饱和土层）。

支持重力式、衡重式、悬臂式和扶壁式挡墙形式及单排、多排桩基模式（图2）。

提供3D模型查看，可自定义设置查看样式（图3）。

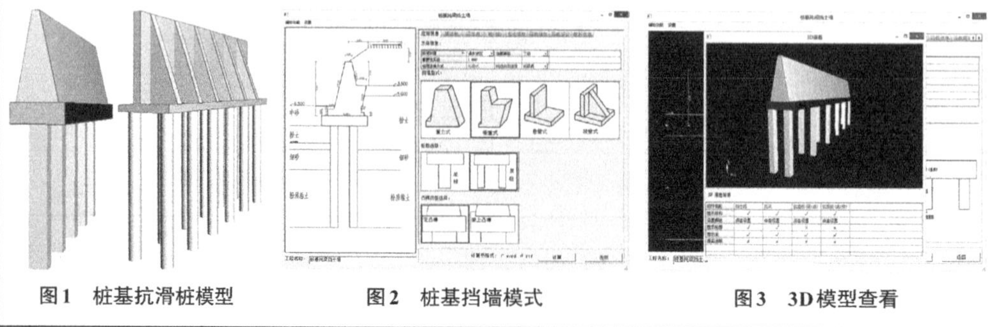

图1　桩基抗滑桩模型　　图2　桩基挡墙模式　　图3　3D模型查看

续表

输出挡土墙、托梁、桩每步计算的结果，便于及时查看和方案调整（图4～图7）；

可以实现多个组合计算及最不利组合的比选，最终输出图文并茂的计算书。

基础操作流程：选择工作路径→选择行业及桩基托梁形式→增加计算项目→编辑原始数据→当前桩基托梁计算→计算结果查询。

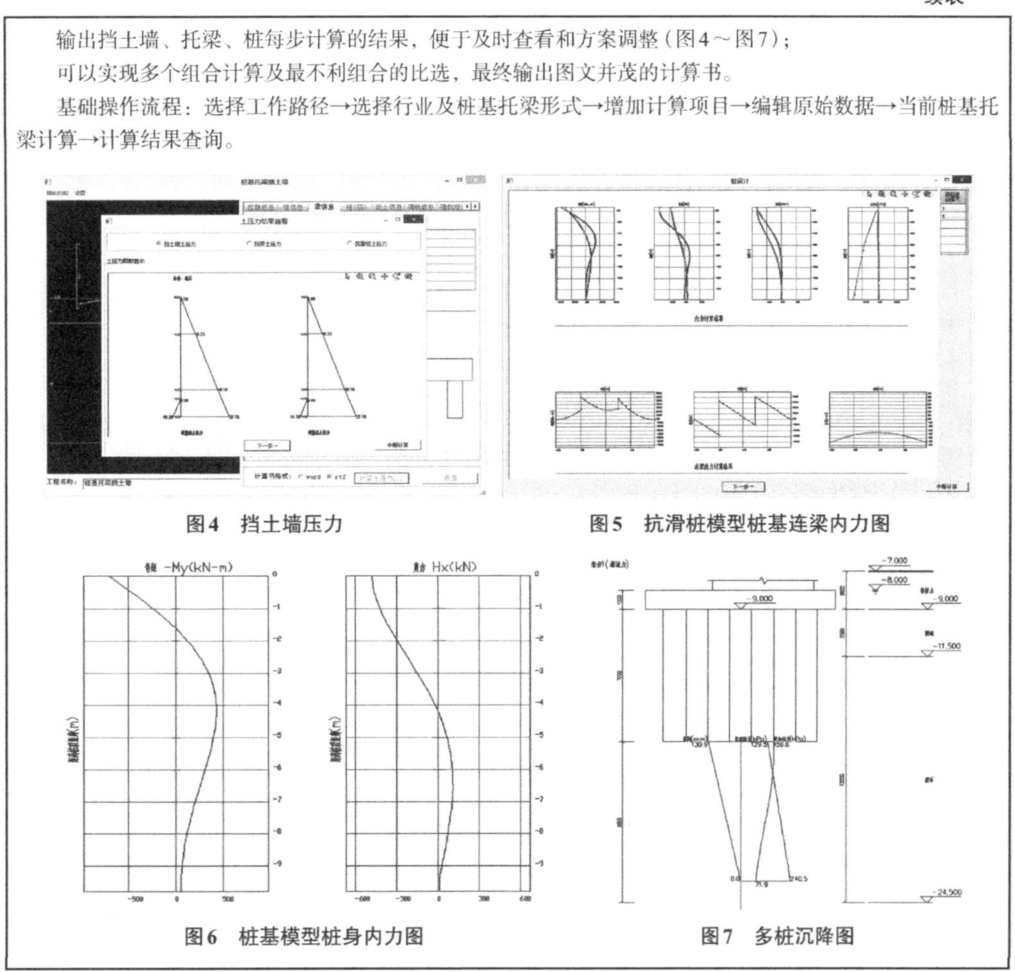

图4　挡土墙压力

图5　抗滑桩模型桩基连梁内力图

图6　桩基模型桩身内力图

图7　多桩沉降图

10. 理正岩土软土地基路堤、堤坝设计软件

理正岩土软土地基路堤、堤坝设计软件　　表3-2-24

<table>
<tr><td>软件名称</td><td colspan="2">理正岩土软土地基路堤、堤坝设计软件</td><td>厂商名称</td><td colspan="3">北京理正软件股份有限公司</td></tr>
<tr><td colspan="2">代码</td><td colspan="2">应用场景</td><td colspan="3">业务类型</td></tr>
<tr><td colspan="2">G11/H11/K11/P11</td><td colspan="2">勘察岩土_岩土工程计算和分析</td><td colspan="3">道路工程/桥梁工程/铁路工程/水坝工程</td></tr>
<tr><td>最新版本</td><td colspan="6">V7.0 2020</td></tr>
<tr><td>输入格式</td><td colspan="6">参数输入</td></tr>
<tr><td>输出格式</td><td colspan="6">.rt/.rte/.rtdf/.rtdb/.dxf/.rtf</td></tr>
<tr><td rowspan="2">推荐硬件配置</td><td>操作系统</td><td>64位Windows10</td><td>处理器</td><td>2GHz</td><td>内存</td><td>8GB</td></tr>
<tr><td>显卡</td><td>1GB</td><td>磁盘空间</td><td>700MB</td><td>鼠标要求</td><td>带滚轮</td></tr>
<tr><td rowspan="2">最低硬件配置</td><td>操作系统</td><td>64位Windows10</td><td>处理器</td><td>1GHz</td><td>内存</td><td>4GB</td></tr>
<tr><td>显卡</td><td>512MB</td><td>磁盘空间</td><td>500MB</td><td>鼠标要求</td><td>带滚轮</td></tr>
</table>

续表

功能介绍
G11/H11/K11/P11： 理正岩土软土地基路堤、堤坝设计软件结合规范、吸纳最先进的技术成果，成功地运用于软土路堤、软土堤坝设计中，完成多层土的固结沉降及考虑固结影响的整体稳定分析、固结对地基承载力影响的各项计算，达到优化合理的设计目的。 功能特点： 1.丰富的软基处理措施 浅层处置、砂垫层、粉煤灰路堤、反压护道、加筋路堤、超载预压、竖向排水体预压、粒料桩、加固土桩、真空预压、管桩，并可实现多种措施组合综合处置。 2.特有的既有路堤拓宽设计 解决了新、老路堤（不同时间、不均匀填土）固结（不均匀）沉降计算、新老路堤整体协同稳定性验算的难题；既适应局部地基处理，也适应新、老路堤分别采用不同的地基处理措施（粒料桩、加固土桩、管桩、竖向排水体、真空预压）；是既有路堤改、扩建设计计算必备的功能。 3.多样的反分析模式 根据工程经验和实测数据的类型可分别选择双曲线法、沉降速率法、星野法、三点法分析最终沉降量；也可根据孔隙水压力—时间变化曲线分析固结系数。 4.先进的固结沉降计算 针对不同的地基处理措施（包括天然地基），考虑施工工况过程（多级加载），采用规范方法计算均质地基（单、双面排水）的平均固结度、采用太沙基一维固结理论（微分方程方法）计算单层或多层地基土的固结度；可准确地计算任一点、任意时刻的沉降，并可分析计算工程竣工时沉降、计算工后基准期内的残余沉降，为选择地基处理方案提供定量的数据指标。地基的最终沉降量可采用经验法（经验系数 × 主固结沉降）或公式法（瞬时沉降+主固结沉降+次固结沉降）计算；并且以直观的图形输出基础底面处路基竣工、工后基准期、最终沉降的沉降曲线，以及填土过程沉降（固结）曲线。 5.可靠的稳定分析 考虑超载、地震作用的“ϕ=0”法、改进的“ϕ=0”法、总应力法、有效应力法（准Bishop法）、有效固结应力法计算不同施工工况、考虑固结影响的整体稳定分析，采用优化的搜索规则，自动搜索最不利的稳定分析结果，也提供一些指定参数（圆心点、半径、搜索范围）的稳定计算，为指导、编制施工进度提供了定量指标。 6.考虑固结的地基承载力验算 考虑施工过程固结度对地基承载力的影响，实现地基承载力的动态验算。 基础操作流程：选择工作路径→选择计算类型→增加计算项目→软土地基路基设计计算→计算结果查询（图1、图2）。 选择工作路径：定义文件存储路径、文件名称、文件编号、设计时间。 选择计算类型：选择软土地基路基设计计算项目，包括“简单软土地基路基设计”“复杂软土地基路基设计”“简单软土地基堤坝设计”“复杂软土地基堤坝设计”“既有软土路堤拓宽设计”。 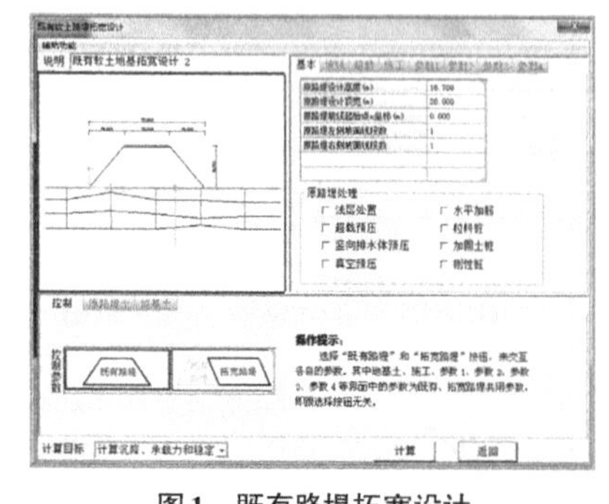 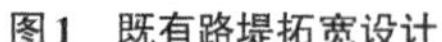 图1　既有路堤拓宽设计 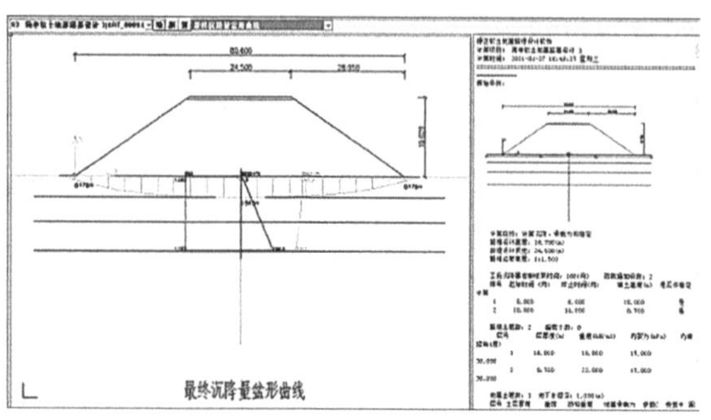 图2　沉降计算结果

续表

<table>
<tr><td>增加计算项目：增加一项软土地基路基设计计算项目。
软土地基路基设计计算：输入“简单软土地基路基设计”“复杂软土地基路基设计”“简单软土地基堤坝设计”“复杂软土地基堤坝设计”“既有软土路堤拓宽设计”相关原始数据。
计算结果查询：对当前项目进行计算，并输出查询结果，包括查询图形结果与文字查询结果</td></tr>
</table>

11. 理正岩土地基处理设计软件

理正岩土地基处理设计软件　　　　**表 3-2-25**

<table>
<tr><td>软件名称</td><td colspan="3">理正岩土地基处理设计软件</td><td>厂商名称</td><td colspan="2">北京理正软件股份有限公司</td></tr>
<tr><td colspan="3">代码</td><td colspan="2">应用场景</td><td colspan="2">业务类型</td></tr>
<tr><td colspan="3">C11/G11/H11/K11/P11</td><td colspan="2">勘察岩土_岩土工程计算和分析</td><td colspan="2">建筑工程/道路工程/桥梁工程/铁路工程/水坝工程</td></tr>
<tr><td>最新版本</td><td colspan="6">V6.5 2019</td></tr>
<tr><td>输入格式</td><td colspan="6">手工输入</td></tr>
<tr><td>输出格式</td><td colspan="6">.djcl/.dxf/.rtf</td></tr>
<tr><td rowspan="2">推荐硬件配置</td><td>操作系统</td><td>64位Windows10</td><td>处理器</td><td>2GHz</td><td>内存</td><td>8GB</td></tr>
<tr><td>显卡</td><td>1GB</td><td>磁盘空间</td><td>700MB</td><td>鼠标要求</td><td>带滚轮</td></tr>
<tr><td rowspan="2">最低硬件配置</td><td>操作系统</td><td>64位Windows10</td><td>处理器</td><td>1GHz</td><td>内存</td><td>4GB</td></tr>
<tr><td>显卡</td><td>512MB</td><td>磁盘空间</td><td>500MB</td><td>鼠标要求</td><td>带滚轮</td></tr>
<tr><td colspan="7">功能介绍</td></tr>
<tr><td colspan="7">C11/G11/H11/K11/P11：
我国分布着广阔的软弱土地层，工程界针对软弱土地基进行处理的各种设计、计算方法已较为成熟，但一直缺乏方便实用的计算软件，理正岩土地基处理设计软件的开发，满足了设计、施工单位的迫切需求。软件完全按照《建筑地基处理技术规范》JGJ 79—2012进行设计；广泛适用于各种工业民用建筑工程，包含换填土、高压喷射注浆、土或灰土挤密桩、砂石桩、水泥土深层搅拌桩、夯实水泥土桩、振冲桩、CFG桩、桩锤冲扩桩等各种常规的处理方法，以及多桩型复合地基微型桩等新型处理方法；包括地基承载力计算、软弱下卧层验算、沉降计算等各种复合地基的常规计算内容；可方便输出原始数据和中间计算过程、地基应力分布简图、地基沉降分布简图、计算书、造价统计、工时统计、施工图等各种丰富的计算结果和独特的智能方案设计能力。只需输入一套地质条件，就可选择多套地基处理设计方案，也可根据具体情况选择处理方案。根据软件统计的工程量可方便地制定工程进度计划。
基础操作流程：选择工作路径→增加计算项目→地基处理设计计算→计算结果查询（图1～图3）。
选择工作路径：定义文件存储路径、文件名称、文件编号、设计时间。
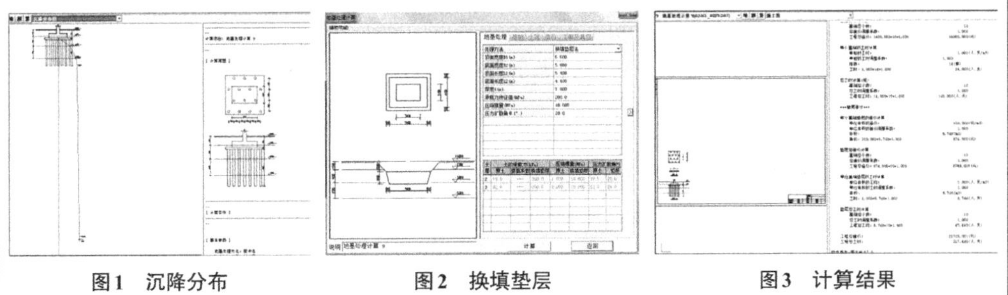
图1　沉降分布　　图2　换填垫层　　图3　计算结果</td></tr>
</table>

续表

增加计算项目：增加一项地基处理计算项目。 地基处理设计计算：输入地基处理承载力和变形计算相关原始数据。 计算结果查询：对当前项目进行计算，并输出查询结果，包括查询图形结果与文字查询结果

12. 理正岩土重力坝设计软件

理正岩土重力坝设计软件 **表 3-2-26**

软件名称	理正岩土重力坝设计软件		厂商名称	北京理正软件股份有限公司	
代码		应用场景		业务类型	
P11		勘察岩土_岩土工程计算和分析		水坝工程	
P16		规划/方案设计_设计辅助和建模		水坝工程	
最新版本	V6.0 2019				
输入格式	手工输入				
输出格式	.zlb/.dxf/.rtf				

推荐硬件配置	操作系统	64位Windows7	处理器	2GHz	内存	8GB
	显卡	1GB	磁盘空间	700MB	鼠标要求	带滚轮
最低硬件配置	操作系统	32位Windows7	处理器	1GHz	内存	4GB
	显卡	512MB	磁盘空间	500MB	鼠标要求	带滚轮

功能介绍
P11、P16： 理正岩土重力坝设计软件采用常规的材料力学方法对重力坝进行力学分析，在各种水位条件下、不同荷载组合情况下进行重力坝的承载能力极限状态设计和正常使用极限状态设计。本软件于2016年、2020年连续入选水利部水规总院《水利水电工程勘测设计计算机软件名录》。 1.考虑的荷载作用 包括：①坝体自重；②永久设备重力；③附加荷载；④静水压力；⑤扬压力；⑥淤沙压力；⑦土压力；⑧浪压力；⑨冰压力；⑩地震作用（地震惯性力、地震动水压力、地震动土压力）。用户可以根据具体的工程实际情况对上述可能的荷载按不同的设计状况（如持久状况、短暂状况或偶然状况）进行组合。 2.坝体强度和稳定承载能力极限状态设计 包括：①坝址抗压强度承载能力极限状态；②坝体选定截面下游端点的抗压强度承载能力极限状态；③坝体混凝土与基岩接触面的抗滑稳定极限状态；④坝体混凝土层面的抗滑稳定极限状态；⑤深层抗滑稳定计算。 3.坝体上、下游面拉应力正常使用极限状态计算 包括：①坝踵垂直应力不出现拉应力；②坝体上游面的垂直应力不出现拉应力；③短期组合下游坝面的垂直拉应力。 4.坝体内部应力的计算 输出不同荷载组合下的应力及应力云图。 基础操作流程：选择工作路径→增加计算项目→编辑原始数据→当前项目计算→计算结果查询（图1、图2）

续表

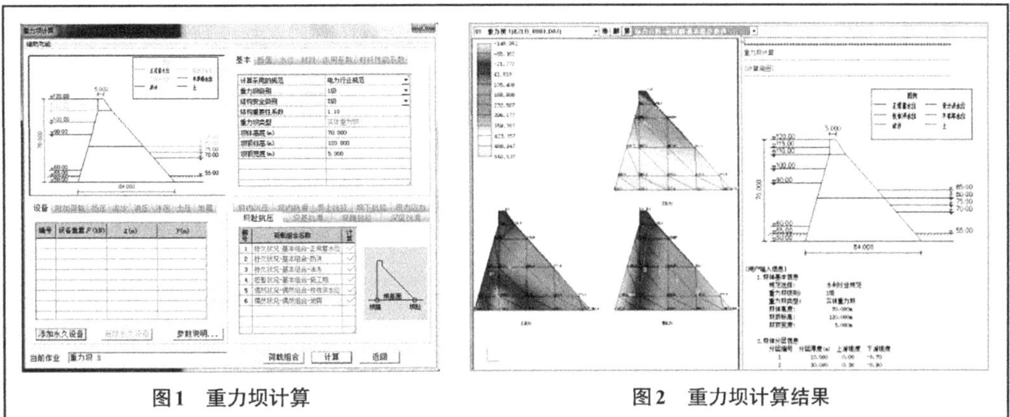

图1　重力坝计算　　　　图2　重力坝计算结果

13. 理正岩土渗流分析软件

理正岩土渗流分析软件　　　　**表3-2-27**

<table>
<tr><td>软件名称</td><td colspan="3">理正岩土渗流分析软件</td><td>厂商名称</td><td colspan="2">北京理正软件股份有限公司</td></tr>
<tr><td colspan="2">代码</td><td colspan="3">应用场景</td><td colspan="2">业务类型</td></tr>
<tr><td colspan="2">P11</td><td colspan="3">勘察岩土_岩土工程计算和分析</td><td colspan="2">水坝工程</td></tr>
<tr><td colspan="2">P16</td><td colspan="3">规划/方案设计_设计辅助和建模</td><td colspan="2">水坝工程</td></tr>
<tr><td>最新版本</td><td colspan="6">V6.0 2019</td></tr>
<tr><td>输入格式</td><td colspan="6">参数化输入</td></tr>
<tr><td>输出格式</td><td colspan="6">.sl/.gsl/.dxf/.rtf</td></tr>
<tr><td rowspan="2">推荐硬件配置</td><td>操作系统</td><td>64位Windows7/8</td><td>处理器</td><td>2GHz</td><td>内存</td><td>8GB</td></tr>
<tr><td>显卡</td><td>1GB</td><td>磁盘空间</td><td>700MB</td><td>鼠标要求</td><td>带滚轮</td></tr>
<tr><td rowspan="2">最低硬件配置</td><td>操作系统</td><td>32位Windows7/8</td><td>处理器</td><td>1GHz</td><td>内存</td><td>4GB</td></tr>
<tr><td>显卡</td><td>512MB</td><td>磁盘空间</td><td>500MB</td><td>鼠标要求</td><td>带滚轮</td></tr>
<tr><td colspan="7">功能介绍</td></tr>
<tr><td colspan="7">P11：
堤坝工程设计的责任重于泰山，渗流、稳定、沉降变形计算则是堤坝工程设计的重中之重，难中之难。传统的手工计算方法效率低、精度差，还有大量复杂问题无法解决。本软件于2016年、2020年连续入选水利部水规总院《水利水电工程勘测设计计算机软件名录》。北京理正软件股份有限公司在多年岩土工程实用软件开发中已形成行业知名品牌，其边坡稳定、挡土墙设计、滑坡防治及软土地基处理等成熟产品更得到铁路、公路、水利、民建等行业的充分认可。这些软件针对水利行业特殊需求已经进行了多次重大改进，最新改进内容将全面覆盖新建、加固、扩建、改建堤防工程设计计算，其最具特色的当属已推出的理正岩土渗流分析软件。
功能特点：既可采用基于经典渗流理论的有限元方法直接对稳定流及非稳定流求解，又可按“提防工程设计规范附录E”公式完成全部计算内容；可处理各种非匀质土层分布及复杂坝体情况；可设置给定水头、给定流量、可能渗出面等多种边界条件；可利用AutoCAD直接绘图建模，再读入渗流软件中；自动计算浸润线（面），并将计算结果自动传递到理正边坡软件；与理正边坡软件共享一套原始数据；渗流分析的孔隙水压力场可直接应用于边坡稳定性分析的有效应力场中；提供自动剖分网格和手动设置迭代次数及误差精度。显示、输出等势线、流线、浸润线各种彩色云图、计算结果曲线及渗流量、渗流出口比降等</td></tr>
</table>

续表

基础操作流程：选择工作路径→选择分析方法→增加计算项目→编辑原始数据→当前项目计算→计算结果查询（图1～图3）。
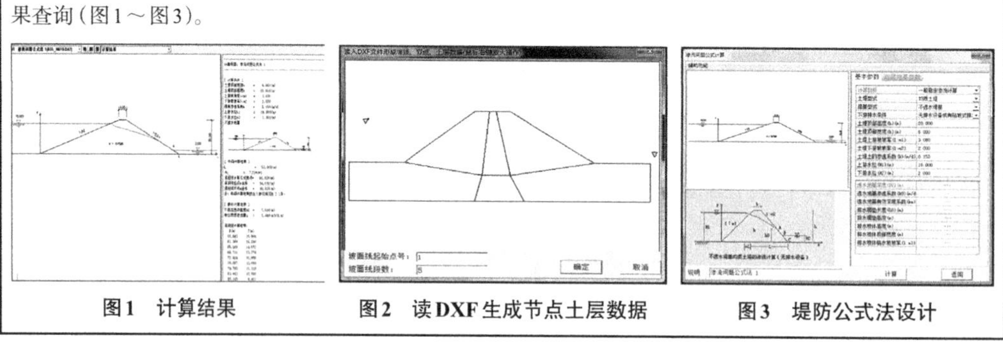 图1　计算结果　　图2　读DXF生成节点土层数据　　图3　堤防公式法设计

14. 理正岩土工程水力学计算软件

理正岩土工程水力学计算软件　　表3-2-28

软件名称	理正岩土工程水力学计算软件			厂商名称	北京理正软件股份有限公司	
代码		应用场景		业务类型		
P11		勘察岩土_岩土工程计算和分析		水坝工程		
最新版本	V6.0 2019					
输入格式	参数输入					
输出格式	.sla/.slb/.slc/.sld/.sle/.dxf/.rtf					
推荐硬件配置	操作系统	64位Windows10	处理器	2GHz	内存	8GB
	显卡	1GB	磁盘空间	700MB	鼠标要求	带滚轮
最低硬件配置	操作系统	64位Windows10	处理器	1GHz	内存	4GB
	显卡	512MB	磁盘空间	500MB	鼠标要求	带滚轮
功能介绍						

P11：

许多水利院在工程设计中经常要靠经验进行手工计算，或靠自己开发的程序解决一些问题，这种计算方式严重地影响了工作效率和计算结果的准确性。理正水工精品软件按照水利行业标准编制，继承了理正软件功能齐备、实用、计算结果准确、图文并茂的特点，同时软件的操作简便、易学。本软件于2016年、2020年连续入选水利部水规总院《水利水电工程勘测设计计算机软件名录》。

功能介绍：

（1）倒虹吸设计模块：适用于斜管式和竖井式布置的倒虹吸管设计与计算；流量计算：已知管路的布置形式和尺寸计算其通过的流量，多用于对原有工程进行过流能力校核；管径设计：根据管路布置形式及设计流量的要求，设计所需要的管径。

（2）渠道设计模块：适合于清水渠道、挟沙水流渠道的流量等设计计算；清水渠道：①均匀流：计算流量、底坡、底宽、水深，实用经济梯形断面的设计。②非常匀流：棱柱形和非棱柱形渠道水面曲线计算。③挟沙水流渠道：黄河中下游地区；西北黄土地区。

（3）水闸设计模块：适用于平底闸、宽顶堰闸、WES型实用堰闸；流量计算：校核过流能力；设计闸孔宽度：根据设计流量，从而设计闸门净宽；计算闸门开启度：根据要求的过流量，计算闸门的开启高度。

（4）水工隧洞水力学计算：适用于矩形、圆形、拱形断面隧洞的水力设计；计算无压隧洞的过流能力及断面设计；校核半有压隧洞的过流能力；计算有压隧洞在不同水位、不同闸门开度下的泄流量；校核已知流

续表

<table>
<tr><td>量条件下的上游水位；可绘制总水头线和压坡线，形象的显示洞身各点有无负压。三种隧洞均可给出计算的图形结果、文字结果及图文并茂的计算书。
基础操作流程：选择工作路径→选择分析方法→增加计算项目→编辑原始数据→当前项目计算→计算结果查询（图1～图4）。
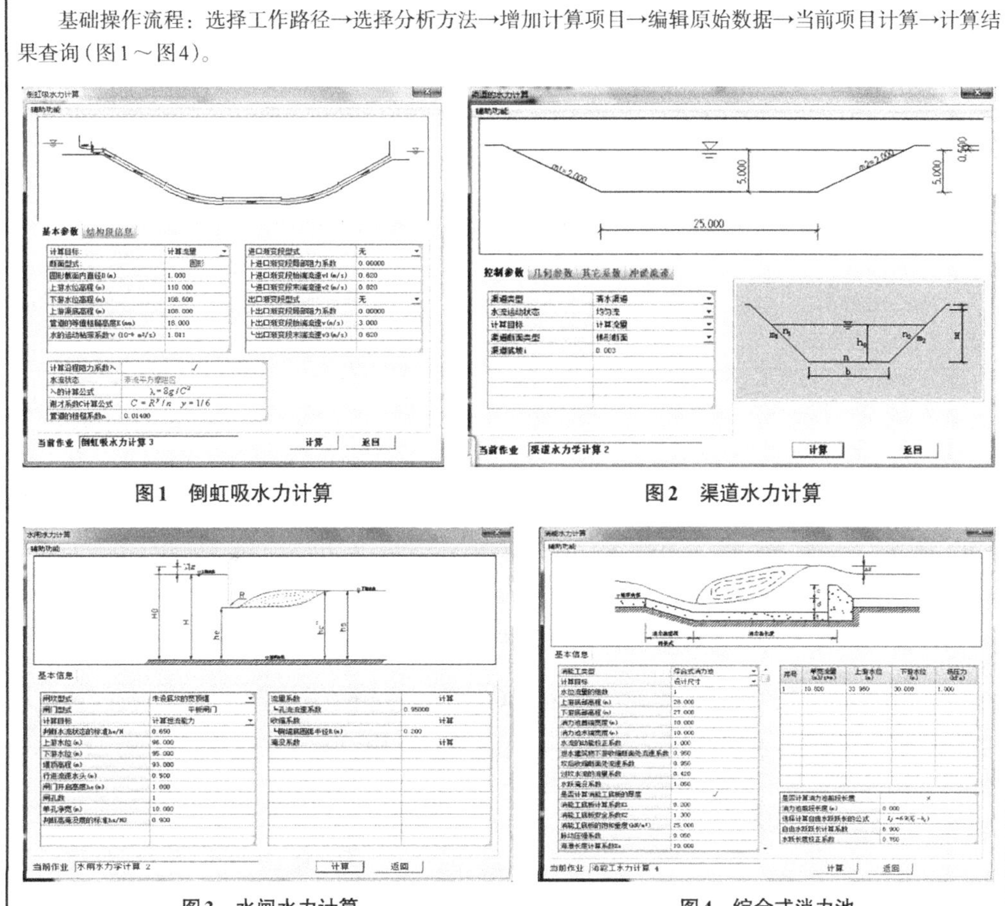
图1　倒虹吸水力计算　图2　渠道水力计算
图3　水闸水力计算　图4　综合式消力池</td></tr>
</table>

15. 理正岩土隧道衬砌计算软件

理正岩土隧道衬砌计算软件　　**表3-2-29**

<table>
<tr><td>软件名称</td><td colspan="3">理正岩土隧道衬砌计算软件</td><td colspan="2">厂商名称</td><td colspan="2">北京理正软件股份有限公司</td></tr>
<tr><td colspan="2">代码</td><td colspan="3">应用场景</td><td colspan="3">业务类型</td></tr>
<tr><td colspan="2">C11/F11/G11/H11/J11/K11/P11</td><td colspan="3">勘察岩土_岩土工程计算和分析</td><td colspan="3" rowspan="2">建筑工程/管道工程/道路工程/桥梁工程/隧道工程/铁路工程/水坝工程</td></tr>
<tr><td colspan="2">C16/F16/G16/H16/J16/K16/P16</td><td colspan="3">规划/方案设计_设计辅助和建模</td></tr>
<tr><td>最新版本</td><td colspan="7">V6.0 2019</td></tr>
<tr><td>输入格式</td><td colspan="7">手工输入</td></tr>
<tr><td>输出格式</td><td colspan="7">.chq/.dxf/.rtf</td></tr>
<tr><td rowspan="2">推荐硬件配置</td><td>操作系统</td><td>64位Windows10</td><td>处理器</td><td>2GHz</td><td>内存</td><td colspan="2">8GB</td></tr>
<tr><td>显卡</td><td>1GB</td><td>磁盘空间</td><td>700MB</td><td>鼠标要求</td><td colspan="2">带滚轮</td></tr>
</table>

续表

<table>
<tr><td rowspan="2">最低硬件配置</td><td>操作系统</td><td>64位Windows10</td><td>处理器</td><td>1GHz</td><td>内存</td><td>4GB</td></tr>
<tr><td>显卡</td><td>512MB</td><td>磁盘空间</td><td>500MB</td><td>鼠标要求</td><td>带滚轮</td></tr>
<tr><td colspan="7">功能介绍</td></tr>
</table>

C11/F11/G11/H11/J11/K11/M11/N11/P11：

本软件采用衬砌的边值问题及数值解法：将衬砌结构的计算化为非线性常微分方程组的边值问题，采用初参数数值解法，并结合水工隧洞的洞型和荷载特点，以计算水工隧洞衬砌在各主动荷载及其组合作用下的内力、位移及抗力分布。无须假定衬砌上的抗力分布，由程序经迭代计算自动得出。本软件于2016年、2020年连续入选水利部水规总院《水利水电工程勘测设计计算机软件名录》。

1.衬砌断面类型

①圆形；②拱形；③圆拱直墙形；④圆拱直墙形（无底板）；⑤圆拱直墙形（底圆角）；⑥马蹄形；⑦马蹄形（平底）；⑧马蹄形（开口）；⑨高壁拱；⑩渐变段；⑪矩形；⑫圆拱直墙形（底拱）；⑬直墙三心圆拱形；⑭三心圆拱形（地铁）。

2.支座类型

① 固定；②简支；③弹性。

3.荷载情况

① 衬砌自重；②顶岩压力；③底岩压力；④侧岩压力；⑤内水压力；⑥外水压力；⑦顶部灌浆压力；⑧其余灌浆压力；⑨地震作用力。

4.输出的结果

①轴力图；②剪力图；③弯矩图；④变形图；⑤切向位移图；⑥法向位移图；⑦转角位移图；⑧抗力分布图等。

基础操作流程：选择工作路径→增加计算项目→编辑原始数据→项目计算→计算结果查询（图1、图2）。

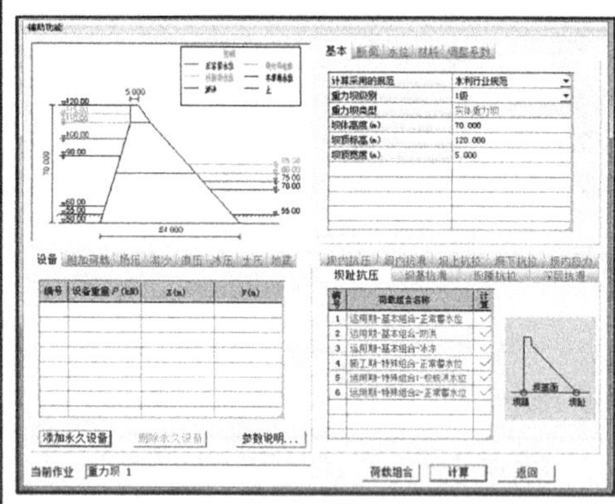

图1　隧道衬砌计算重力坝计算

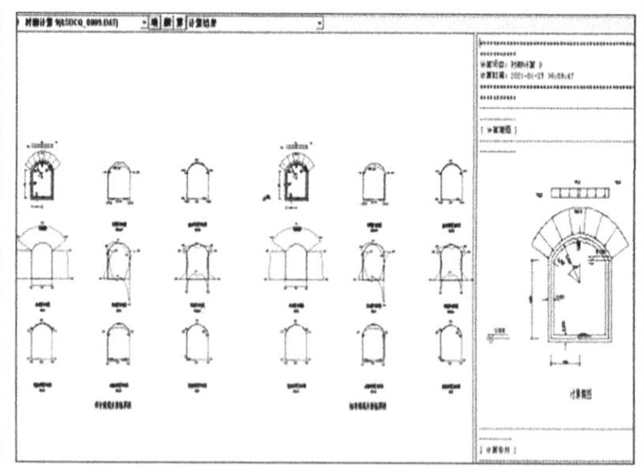

图2　隧道衬砌计算结果

选择工作路径：定义文件存储路径、文件名称、文件编号、设计时间。

增加计算项目：增加一项隧道衬砌计算项目。

编辑原始数据：输入基础、荷载、荷载组合等原始数据。

项目计算：隧道衬砌计算项目。

计算结果查询：对当前项目进行计算，并输出查询结果，包括查询图形结果与文字查询结果

16. 理正岩土弹性地基梁分析软件

理正岩土弹性地基梁分析软件　　表3-2-30

<table>
<tr><td>软件名称</td><td colspan="3">理正岩土弹性地基梁分析软件</td><td>厂商名称</td><td colspan="2">北京理正软件股份有限公司</td></tr>
<tr><td colspan="3">代码</td><td colspan="2">应用场景</td><td colspan="2">业务类型</td></tr>
<tr><td colspan="3">C11/F11/G11/H11/J11/K11/P11</td><td colspan="2">勘察岩土_岩土工程计算和分析</td><td colspan="2">建筑工程/管道工程/道路工程/桥梁工程/隧道工程/铁路工程/水坝工程</td></tr>
<tr><td>最新版本</td><td colspan="6">V6.0 2019</td></tr>
<tr><td>输入格式</td><td colspan="6">参数化输入</td></tr>
<tr><td>输出格式</td><td colspan="6">.djl/.djl2/.djl3/.dxf/.rtf</td></tr>
<tr><td rowspan="2">推荐硬件配置</td><td>操作系统</td><td>64位Windows10</td><td>处理器</td><td>2GHz</td><td>内存</td><td>8GB</td></tr>
<tr><td>显卡</td><td>1GB</td><td>磁盘空间</td><td>700MB</td><td>鼠标要求</td><td>带滚轮</td></tr>
<tr><td rowspan="2">最低硬件配置</td><td>操作系统</td><td>64位Windows10</td><td>处理器</td><td>1GHz</td><td>内存</td><td>4GB</td></tr>
<tr><td>显卡</td><td>512MB</td><td>磁盘空间</td><td>500MB</td><td>鼠标要求</td><td>带滚轮</td></tr>
<tr><td colspan="7">功能介绍</td></tr>
</table>

C11/F11/G11/H11/J11/K11/M11/N11/P11：

理正岩土弹性地基梁分析软件适合水利、港工、码头、船坞、工民建、公路、铁路等部门的基础构件及构筑物的内力、位移分析计算，并给出相应计算结果—图形结果及文字结果，同时生成图文并茂的计算书。理正岩土弹性地基梁分析软件包含三个模块：文克尔模型、郭氏表法、梁与地基的共同作用。本软件于2016年、2020年连续入选水利部水规总院《水利水电工程勘测设计计算机软件名录》。

本软件作为梁的分析程序适用于工民建、水利、水电等各个行业。其中文克尔法适用于文克尔地基上的梁，可考虑不同的支撑条件：固定、铰支和自由；可考虑集中力和分布力的共同作用；可计算不同支撑条件、不同荷载组合情况下的单跨和多跨地基梁；郭氏表法可计算单跨梁上的各种荷载，包括边荷载，但查表有一定的限制范围。两种方法都给出图形结果、文字结果及图文并茂的计算书。

计算方法：文克尔模型计算方法，利用郭氏表进行查表，梁与地基共同作用的有限元方法（考虑三种地基模型：文克尔地基模型、弹性半空间地基模型、分层地基模型，可解决文克尔地基模型解决不了的问题）。

功能特点：既适用于单、多跨梁（含变截面）的梁上荷载计算，也适用边荷载的计算；可设置多种支座情况；可考虑不同地层的地基弹性作用；可得到计算结果：地基沉降、地基反力、内力。

基础操作流程：选择工作路径→增加计算项目→编辑原始数据→当前项目计算→计算结果查询（图1、图2）。

选择工作路径：定义文件存储路径、文件名称、文件编号、设计时间。

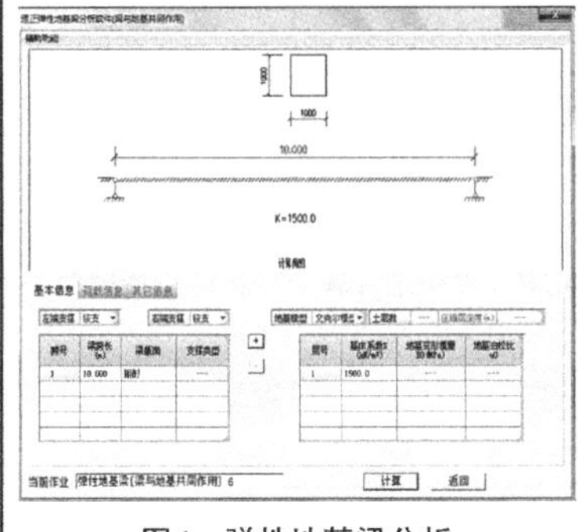

图1　弹性地基梁分析

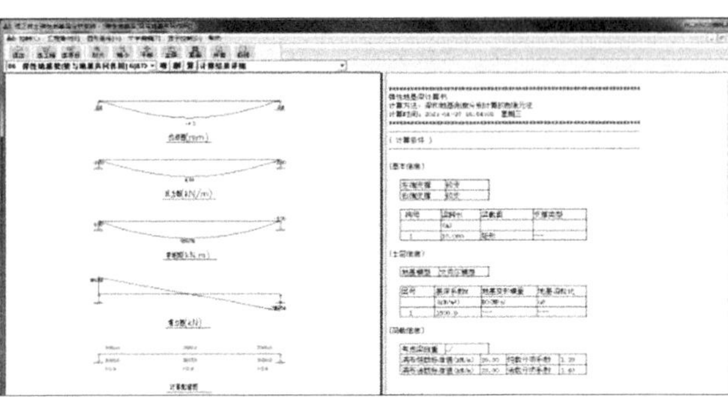

图2　图文并茂的计算结果

续表

增加计算项目：增加一项弹性地基梁计算项目。 编辑原始数据：输入弹性地基梁原始数据。 项目计算：弹性地基梁计算项目。 计算结果查询：对当前项目进行计算，并输出查询结果，包括查询图形结果与文字查询结果

17. 理正超级土钉支护设计软件

理正超级土钉支护设计软件　　表 3-2-31

软件名称	理正超级土钉支护设计软件			厂商名称	北京理正软件股份有限公司	
代码		应用场景		业务类型		
C11/F11/G11/H11/K11/P11		勘察岩土_岩土工程计算和分析		建筑工程/管道工程/道路工程/桥梁工程/铁路工程/水坝工程		
最新版本	V7.0 2019					
输入格式	手工输入					
输出格式	.td/.fhtd/.dxf/.rtf					
推荐硬件配置	操作系统	64 位 Windows7/8	处理器	2GHz	内存	8GB
	显卡	1GB	磁盘空间	700MB	鼠标要求	带滚轮
最低硬件配置	操作系统	32 位 WindowsXP/7/8	处理器	1GHz	内存	4GB
	显卡	512MB	磁盘空间	500MB	鼠标要求	带滚轮
功能介绍						
C11/F11/G11/H11/K11/P11： 理正超级土钉支护设计软件根据现行国家标准《复合土钉墙基坑支护技术规范》GB 50739—2011，可考虑土钉（钢筋或钢管）与截水帷幕、微型桩、锚杆等构件的综合作用，完成土钉墙的强度、稳定性计算，并包括抗隆起、抗渗流、抗突涌验算。适合于各种复杂、混合的土钉支护形式。另包含几种其他规范及实用方法，可优化设计。 软件特点如下： 设计内容丰富：土压力计算；局部抗拉强度验算/设计；整体稳定性验算/设计；面层验算；土钉选筋；抗隆起验算；抗渗流验算；抗突涌验算；外部整体稳定性验算；土钉墙位移的有限元分析，自动给出墙体水平位移曲线及墙后地面沉降曲线。 适用范围极为广泛：多级放坡；土钉墙整体稳定验算可考虑锚杆、微型桩、截水帷幕的作用；对基坑开挖面以下土体进行局部加固；钢管土钉；多种超载类型，可设置多个超载；真实模拟施工工况。 考虑周全，充分满足需求：可选择总应力法/有效应力法；根据每层土质，分别选择水土合算/分算；可指定每道土钉长度或控制土钉长度的逐道增长方式及最大允许范围；可分别设置土钉、锚杆、截水帷幕、微型桩的组合作用折减系数；可生成简明和详细计算书，方便审核；可选择4种稳定计算目标；可选择瑞典条分法/简化Bishop法/Janbu法进行复核。 基础操作流程：选择工作路径→增加计算项目→编辑原始数据→当前项目计算→计算结果查询（图1、图2）						

续表

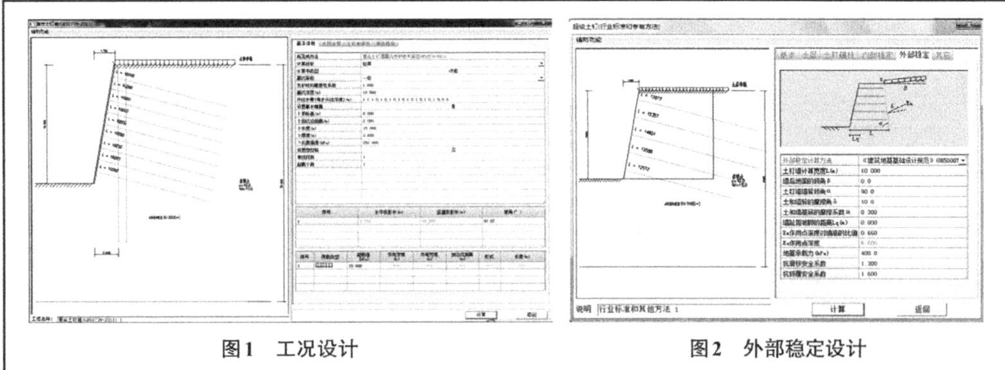

图1 工况设计　　图2 外部稳定设计

18. 理正降水沉降分析软件

理正降水沉降分析软件　　表3-2-32

软件名称	理正降水沉降分析软件			厂商名称	北京理正软件股份有限公司		
代码			应用场景		业务类型		
C11/F11/G11/H11/K11/P11			勘察岩土_岩土工程计算和分析		建筑工程/管道工程/道路工程/桥梁工程/铁路工程/水坝工程		
最新版本	V6.0 2019						
输入格式	手工输入						
输出格式	.dxf/.jsu/.rtf						
推荐硬件配置	操作系统	64位Windows10	处理器		2GHz	内存	8GB
	显卡	1GB	磁盘空间		700MB	鼠标要求	带滚轮
最低硬件配置	操作系统	64位Windows10	处理器		1GHz	内存	4GB
	显卡	512MB	磁盘空间		500MB	鼠标要求	带滚轮
功能介绍							

C11/F11/G11/H11/K11/P11：

理正降水沉降分析软件提供了完整井和非完整井多种地下水类型的基坑涌水量和所需井点数、单井进水管长度、任意位置的地表沉降等的计算，适用于全国各个地区的基坑降水和其他降水工程。

功能特点：以《建筑基坑支护技术规程》JGJ 120—2012、《湿陷性黄土地区建筑基坑工程安全技术规程》JGJ 167—2009、《建筑基坑支护技术规程》DB 11/489—2016及《基坑工程手册》为主要依据。完成基坑涌水量、降水井点数量、单井进水管长度、任意位置的水位降深、地表沉降及相邻建筑物的附加不均匀沉降计算。计算沉降时，同时提供了《建筑基坑支护技术规程》JGJ 120—2012和《建筑地基基础设计规范》GB 50007—2011两种方法，供使用者选择。采用“大井法”计算涌水量，适用于均质含水层潜水（承压水、承压—潜水）完整井、不完整井等各种情况。适用于稳定流、非稳定流两种水流流动条件。包括岸边降水、基坑远离边界、基坑位于两地表水体之间、基坑靠近隔水边界等边界条件。可方便输入各种水文地质参数、任意布置基坑平面、相邻建筑物平面及降水井点、设置线性补给边界、自由选择降深与沉降计算范围。输出井点布置图、各点降深及沉降简图、降深及沉降等值线、相邻建筑物角点沉降值、倾斜沉降值、任意剖面的降深、沉降曲线以及完整的计算书。

基础操作流程：选择工作路径→增加计算项目→编辑原始数据→当前项目计算→计算结果查询（图1、图2）

续表

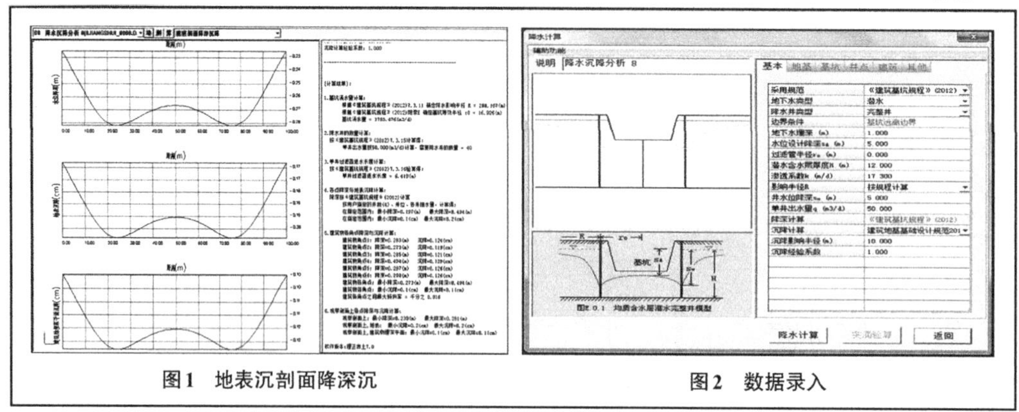
图1　地表沉剖面降深沉　　图2　数据录入

19. 理正深基坑平面有限元软件

理正深基坑平面有限元软件　　表 3-2-33

软件名称	理正深基坑平面有限元软件		厂商名称	北京理正软件股份有限公司		
代码		应用场景		业务类型		
C11/F11/G11/H11/K11/P11		勘察岩土_岩土工程计算和分析		建筑工程/管道工程/道路工程/桥梁工程/铁路工程/水坝工程		
最新版本	V1.0 2020					
输入格式	.ffx/.rtf/.dyd					
输出格式	.ffx/.rtf					
推荐硬件配置	操作系统	64位Windows10	处理器	2GHz	内存	8GB
	显卡	1GB	磁盘空间	700MB	鼠标要求	带滚轮
最低硬件配置	操作系统	64位Windows10	处理器	1GHz	内存	4GB
	显卡	512MB	磁盘空间	500MB	鼠标要求	带滚轮

功能介绍

C11/F11/G11/H11/K11/P11：

软件采用二维图形化和参数化结合的建模方式，采用平面应变问题假定和非线性计算架构，可进行平面连续介质的弹塑性分析和强度折减稳定分析。可计算多种支护类型及考虑基坑周边有建筑物或隧洞时，坑壁侧向位移和地表沉降计算；可进行复杂地质条件下坑内坑外地表不平整的基坑分析；可完成排桩、水泥土墙、土钉、对撑、斜撑等多种支护模型组合支护的结构分析。同时可以输出图文并茂的各种位移、应力应变、支护结构内力图形（图1～图3）。

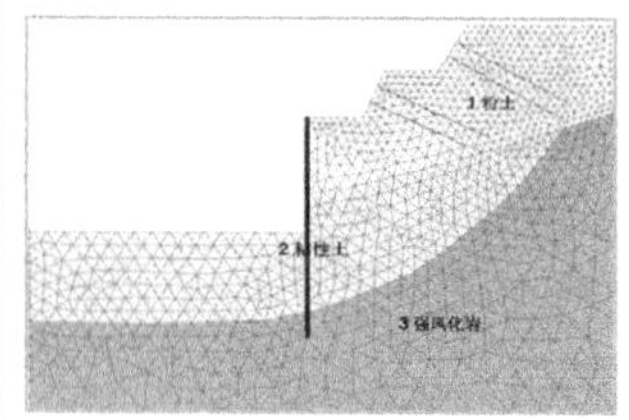

图1　多地层计算分析

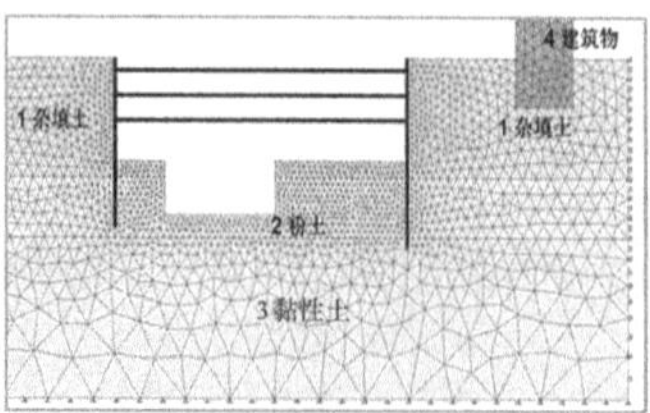

图2　多种支护组合

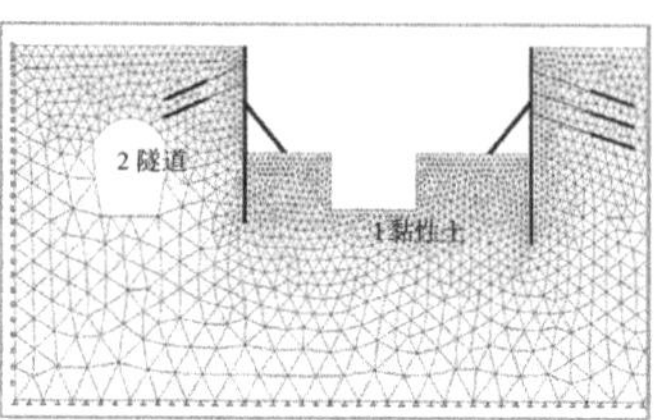

图3　多种支护组合

续表

1.完全兼容理正深基坑软件 直接读入深基坑软件例题，既可直接计算，也可利用已有模型修改，利于用户将两款软件互相印证。 2.组合支护 突破传统深基坑软件单一支护的限制，可进行多种支护的组合。比如排桩、水泥土墙、土钉、对撑、斜撑等多种支护模型组合支护的结构分析

20. Trimble SketchUp Pro/Trimble Business Center/SketchUp mobile viewer/水处理模块For SketchUp/垃圾处理模块For SketchUp/能源化工模块For SketchUp/6D For SketchUp

Trimble SketchUp Pro/Trimble Business Center/SketchUp mobile viewer/水处理模块 For SketchUp/垃圾处理模块 For SketchUp/能源化工模块 For SketchUp/6D For SketchUp　　表3-2-34

软件名称	Trimble SketchUp Pro/Trimble Business Center/SketchUp mobile viewer/水处理模块 For SketchUp/垃圾处理模块 For SketchUp/能源化工模块 For SketchUp/6D For SketchUp	厂商名称	天宝寰宇电子产品（上海）有限公司/辽宁乐成能源科技有限公司
代码	应用场景		业务类型
D06/E06/F06	勘察岩土_勘察外业设计辅助和建模		水处理/垃圾处理/管道工程（能源化工）
D11/E11/F11	勘察岩土_岩土工程计算和分析		水处理/垃圾处理/管道工程（能源化工）
D16/E16/F16	规划/方案设计_设计辅助和建模		水处理/垃圾处理/管道工程（能源化工）
D22/E22/F22	规划/方案设计_算量和造价		水处理/垃圾处理/管道工程（能源化工）
D23/E23/F23	规划/方案设计_设计成果渲染与表达		水处理/垃圾处理/管道工程（能源化工）
D25/E25/F25	初步/施工图设计_设计辅助和建模		水处理/垃圾处理/管道工程（能源化工）
D30/E30/F30	初步/施工图设计_算量和造价		水处理/垃圾处理/管道工程（能源化工）
D31/E31/F31	初步/施工图设计_设计成果渲染与表达		水处理/垃圾处理/管道工程（能源化工）
D33/E33/F33	深化设计_深化设计辅助和建模		水处理/垃圾处理/管道工程（能源化工）
D38/E38/F38	深化设计_钢结构设计辅助和建模		水处理/垃圾处理/管道工程（能源化工）
D44/E44/F44	深化设计_算量和造价		水处理/垃圾处理/管道工程（能源化工）
D46/E46/F46	招采_招标投标采购		水处理/垃圾处理/管道工程（能源化工）
D47/E47/F47	招采_投资与招商		水处理/垃圾处理/管道工程（能源化工）
D48/E48/F48	招采_其他		水处理/垃圾处理/管道工程（能源化工）
D49/E49/F49	施工准备_施工场地规划		水处理/垃圾处理/管道工程（能源化工）
D50/E50/F50	施工准备_施工组织和计划		水处理/垃圾处理/管道工程（能源化工）
D60/E60/F60	施工实施_隐蔽工程记录		水处理/垃圾处理/管道工程（能源化工）
D62/E62/F62	施工实施_成本管理		水处理/垃圾处理/管道工程（能源化工）
D63/E63/F63	施工实施_进度管理		水处理/垃圾处理/管道工程（能源化工）

续表

D66/E66/F66	施工实施_算量和造价			水处理/垃圾处理/管道工程（能源化工）		
D74/E74/F74	运维_空间登记与管理			水处理/垃圾处理/管道工程（能源化工）		
D75/E75/F75	运维_资产登记与管理			水处理/垃圾处理/管道工程（能源化工）		
D78/E78/F78	运维_其他			水处理/垃圾处理/管道工程（能源化工）		
最新版本	Trimble SketchUp Pro2021/Trimble Business Center/ SketchUp mobile viewer/水处理模块 For SketchUp/垃圾处理模块 For SketchUp/能源化工模块 For SketchUp/6D For SketchUp					
输入格式	.skp/.3ds/.dae/.dem/.ddf/.dwg/.dxf/.ifc/.ifcZIP/.kmz/.stl/.jpg/.png/.psd/.tif/.tag/.bmp					
输出格式	.skp/.3ds/.dae/.dwg/.dxf/.fbx/.ifc/.kmz/.obj/.wrl/.stl/.xsi/.jpg/.png/.tif/.bmp/.mp4/.avi/.webm/.ogv/.xls					
推荐硬件配置	操作系统	64位Windows10	处理器	2GHz	内存	8GB
	显卡	1GB	磁盘空间	700MB	鼠标要求	带滚轮
最低硬件配置	操作系统	64位Windows10	处理器	1GHz	内存	4GB
	显卡	512MB	磁盘空间	500MB	鼠标要求	带滚轮
功能介绍						

D11/E11/F11：

1.本软硬件在“勘察岩土_岩土工程计算和分析”应用上的介绍及优势

本软件可在Trimble Business Center内根据点云数据，计算分析土方量，并可以分析出最佳土方实施路线方案。

2.本软硬件在“勘察岩土_岩土工程计算和分析”应用上的操作难易度

本软件操作流程：三维扫描→点云整合→计算分析→生成报告（图1）。

本软件信息准确，查看方便，自动土方算量为前期规划提供依据。

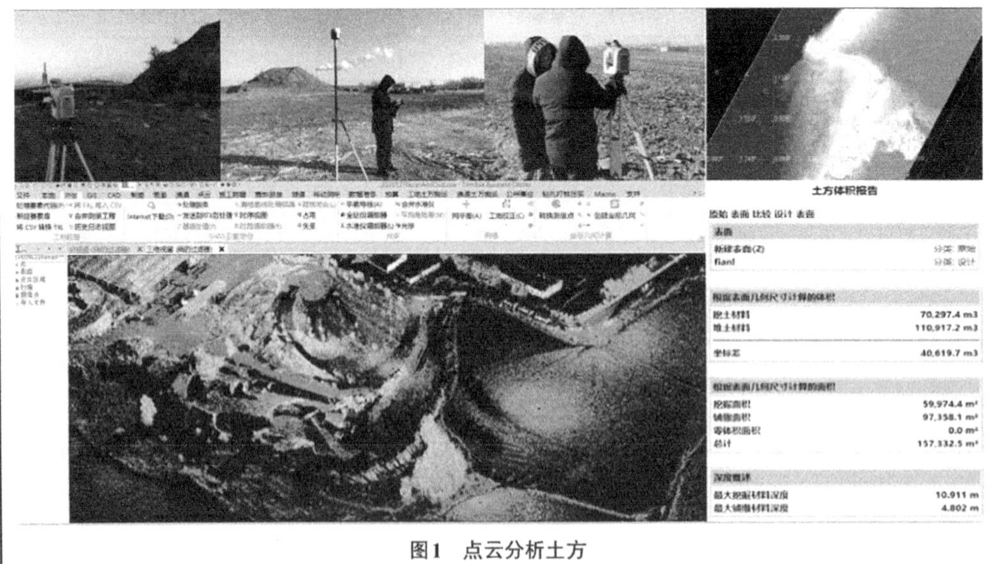

图1　点云分析土方

21. PLAXIS

PLAXIS **表3-2-35**

软件名称	PLAXIS			厂商名称	Plaxis.b.v	
代码			应用场景		业务类型	
C11/G11/H11/J11/K11/M11/P11			勘察岩土_岩土工程计算和分析		建筑工程/道路/桥梁/隧道/铁路工程/变电站	
最新版本	Plaxis v21					
输入格式	.dxf/.stp/.ifc/.brep/.ism					
输出格式	.dxf					
推荐硬件配置	操作系统	64位Windows10	处理器	2GHz	内存	16GB
	显卡	2GB	磁盘空间	1TB	鼠标要求	带滚轮
最低硬件配置	操作系统	64位Windows10	处理器	1GHz	内存	4GB
	显卡	512MB	磁盘空间	500GB	鼠标要求	带滚轮
功能介绍						

C11/G11/H11/J11/K11/M11/P11：

1.本软件在“勘察岩土_岩土工程计算和分析”应用上的介绍及优势

PLAXIS是一款用于分析岩土工程变形和稳定性的二维/三维有限元软件。它提供方便的建模方式、先进的本构模型和计算方法分析土与结构的相互作用。将土体和结构建立在同一个数值模型，采用PLAXIS特有的著名土体本构模型HSS（小应变土体硬化本构模型）进行精细化的分析，计算出结构的受力和变形，从而优化岩土结构设计，节约成本，还可以通过施工过程的模拟，将施工方案进行优化，节约工期（图1）。

2.本软件在“勘察岩土_岩土工程计算和分析”应用上的操作难易度

它具有逻辑性强大的操作流程：土体建模→结构建模→网格划分→施工过程→输出成果。

它是一个用户友好的二维/三维岩土工程软件，不仅可以类似CAD一样的绘制模型，还提供多种导入方式，即使初学者也能在几天内学会使用。

它提供了灵活协同的几何建模功能：图形化建模界面；地质钻孔输入土层（gINT钻孔导入）；支持点云、dxf、ifc及地形图导入；支持Bentley系列结构模型的导入；Python高级汇编语言；交互式命令流；全自动网格划分；非线性几何对象；分类框选；交叉、合并、旋转、阵列等（图2）。

3.本软件在“勘察岩土_岩土工程计算和分析”应用上的案例

PLAXIS软件已广泛应用于各种基础设施的岩土工程项目，如：基坑、挡墙、边坡、抗滑桩、隧道、桩（筏）基础、码头工程等，并得到世界各地岩土工程师的认可，日渐成为其日常工作中不可或缺的数值分析工具。截至2019年初，世界范围内PLAXIS售出多达22000个产品；其中国内用户已有300多家，分别是：交通、建筑、航务、电力、石化等行业设计院及高校和科研院所（图3、图4）。

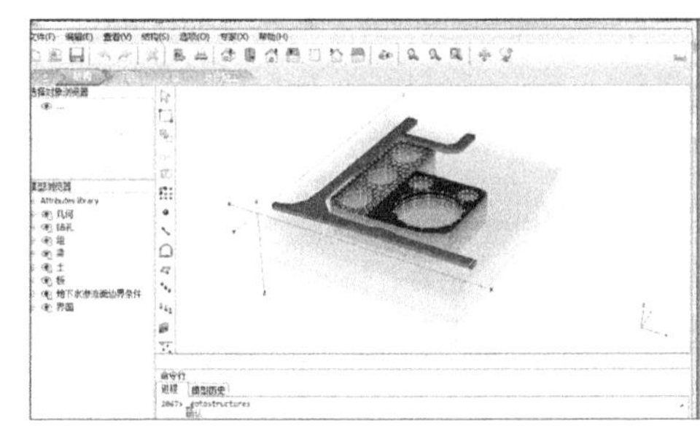

图1 PLAXIS岩土工程有限元程序展示

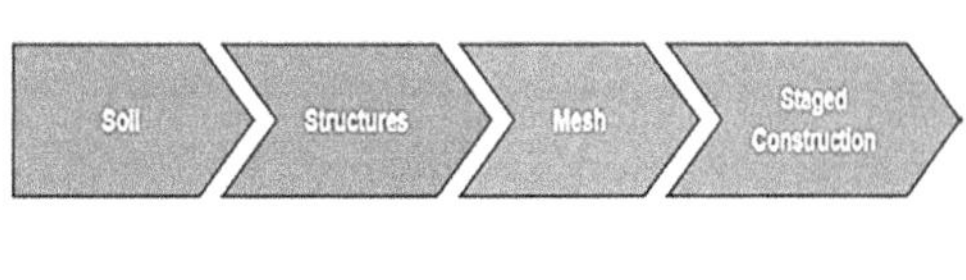

图2 PLAXIS操作流程

续表

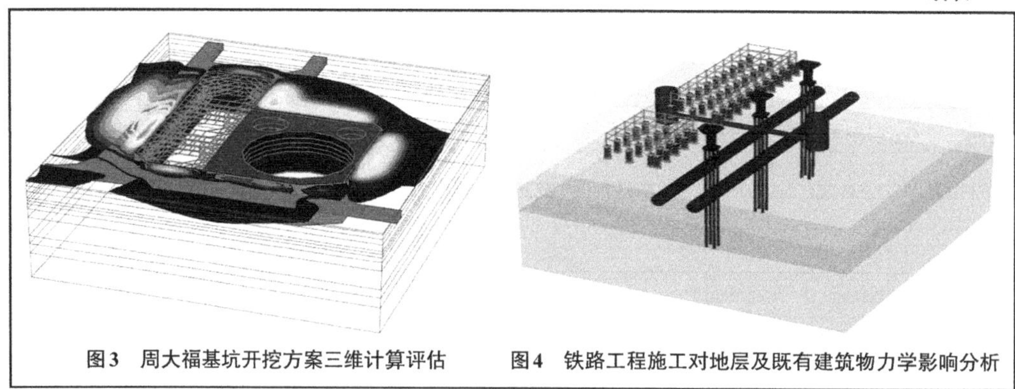

图3　周大福基坑开挖方案三维计算评估　　图4　铁路工程施工对地层及既有建筑物力学影响分析

3.2.7 工程量统计

1. 理正勘察概预算软件

理正勘察概预算软件　　表3-2-36

<table>
<tr><td>软件名称</td><td colspan="3">理正勘察概预算软件</td><td>厂商名称</td><td colspan="3">北京理正软件股份有限公司</td></tr>
<tr><td colspan="2">代码</td><td colspan="3">应用场景</td><td colspan="3">业务类型</td></tr>
<tr><td colspan="2">C12/M12</td><td colspan="3">勘察岩土_工程量统计</td><td colspan="3">建筑工程/变电站</td></tr>
<tr><td>最新版本</td><td colspan="7">V2.0 2019</td></tr>
<tr><td>输入格式</td><td colspan="7">.mdb</td></tr>
<tr><td>输出格式</td><td colspan="7">.xsl/.doc</td></tr>
<tr><td rowspan="2">推荐硬件配置</td><td>操作系统</td><td>64位Windows10</td><td>处理器</td><td>2GHz</td><td>内存</td><td>8GB</td></tr>
<tr><td>显卡</td><td>1GB</td><td>磁盘空间</td><td>700MB</td><td>鼠标要求</td><td>带滚轮</td></tr>
<tr><td rowspan="2">最低硬件配置</td><td>操作系统</td><td>64位Windows10</td><td>处理器</td><td>1GHz</td><td>内存</td><td>4GB</td></tr>
<tr><td>显卡</td><td>512MB</td><td>磁盘空间</td><td>500MB</td><td>鼠标要求</td><td>带滚轮</td></tr>
<tr><td colspan="8">功能介绍</td></tr>
<tr><td colspan="8">C12/M12：
理正勘察概预算软件可快速统计勘察工作量并计算工程的勘察费用，为工程建设（发包单位、承包单位）提供基本费用依据。本软件可在工程地质勘察CAD软件下执行，也可作为独立的软件运行。可从“工程地质勘察”软件数据库自动导入（全部或部分）数据，用户自己也可直接输入数据；完成“岩土工程勘探”和“室内试验”的工作量统计及概预算计算。可将统计计算结果以Excel 表格的形式输出，并生成Word文件格式的勘察概预算报告书；统计计算时自动考虑所有附加系数；具有授权管理并符合国家标准的“标准基价库”及用户可修改的“用户基价库”；具有灵活的编辑、修改功能，可进行“批量处理”修改数据，大大提高了工作效率；可将各种表中数据进行“导入”和“导出”；对于各项操作，均提供即时“帮助”。界面友好，便于操作；既可以在勘察工作完成后统计工作量、概预算，又可以进行勘察费用估算；输出各种表格时不但快捷方便，而且标准规范（标准A3、A4）；可直接从“工程地质勘察”软件导入数据，避免重复工作；适用于勘察部门、概预算部门、管理部门、经营计划部门等。
基础操作流程：打开工程→理正勘察导入数据→输入、编辑工程基本数据→用户基价库修改→工程量统计及概预算收费计算→表格生成及输出（图1、图2）</td></tr>
</table>

续表

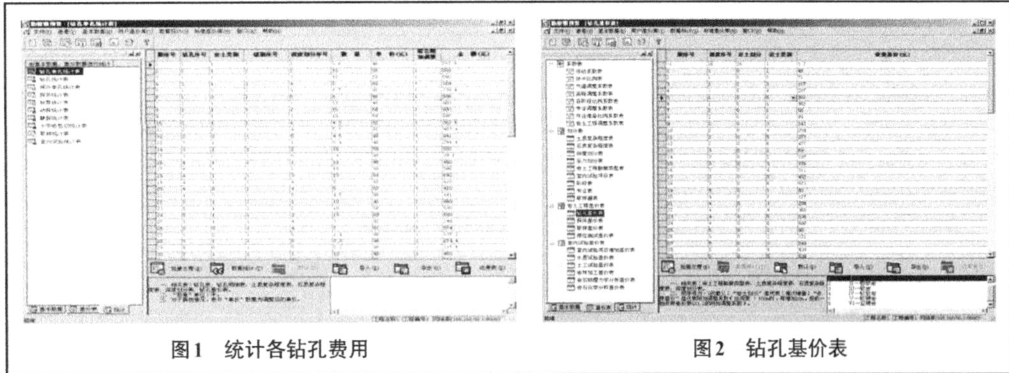

图1 统计各钻孔费用　　图2 钻孔基价表

2. 理正深基坑支护结构设计软件

理正深基坑支护结构设计软件　　表3-2-37

<table>
<tr><td>软件名称</td><td colspan="3">理正深基坑支护结构设计软件</td><td>厂商名称</td><td colspan="3">北京理正软件股份有限公司</td></tr>
<tr><td colspan="3">代码</td><td colspan="3">应用场景</td><td colspan="2">业务类型</td></tr>
<tr><td colspan="3">C10/F10/G10/H10/K10/P10</td><td colspan="3">勘察岩土_岩土工程设计辅助和建模</td><td colspan="2" rowspan="2">建筑工程/管道工程/道路工程/桥梁工程/铁路工程/水坝工程</td></tr>
<tr><td colspan="3">C12/F12/G12/H12/K12/P12</td><td colspan="3">勘察岩土_工程量统计</td></tr>
<tr><td>最新版本</td><td colspan="7">V7.5 2020</td></tr>
<tr><td>输入格式</td><td colspan="7">.ffx/.rtf/.dyd</td></tr>
<tr><td>输出格式</td><td colspan="7">.ffx/.rtf</td></tr>
<tr><td rowspan="2">推荐硬件配置</td><td>操作系统</td><td>64位Windows7/8
32位Windows7/8</td><td>处理器</td><td>2GHz</td><td>内存</td><td colspan="2">8GB</td></tr>
<tr><td>显卡</td><td>1GB</td><td>磁盘空间</td><td>700MB</td><td>鼠标要求</td><td colspan="2">带滚轮</td></tr>
<tr><td rowspan="2">最低硬件配置</td><td>操作系统</td><td>64位Windows10</td><td>处理器</td><td>1GHz</td><td>内存</td><td colspan="2">4GB</td></tr>
<tr><td></td><td>512MB</td><td>磁盘空间</td><td>500MB</td><td>鼠标要求</td><td colspan="2">带滚轮</td></tr>
<tr><td colspan="8">功能介绍</td></tr>
<tr><td colspan="8">C10/F10/G10/H10/K10/P10、C12/F12/G12/H12/K12/P12：
根据《建筑基坑支护技术规程》JGJ 120—2012，可完成悬臂式或多支锚的排桩（圆桩、方桩）、地下连续墙（钢筋混凝土墙）、钢板桩、水泥土墙（SWM工法）、土钉墙、天然放坡、多支锚双排桩等多种支护类型的内力、变形（支护结构的水平位移及地表沉降）、抗倾覆、抗隆起、抗管涌、抗突涌、整体稳定验算，包括钢筋混凝土构件配筋、选筋及施工图的绘制。计算结果形成图文并茂且具有计算表达式的计算书；可考虑加撑和拆撑过程的内力位移计算和地表沉降分析；可根据实测数据反分析土层参数M、C、K值的功能。本软件于2016年、2020年连续入选水利部水规总院《水利水电工程勘测设计计算机软件名录》(图1～图3)。
实现基坑真三维计算功能，可进行支护构件、内支撑、立柱、斜撑、锚杆及土岩体的三维空间整体协同计算，完成构件的位移、内力、配筋计算，具有三维动态图形显示、构件自动归并、工程量统计、施工图自动生成等先进功能。
可支持《建筑基坑设计P-BIM软件功能与信息交换标准》T/CECS-CBIMU 4—2017，支持读入勘察、基础P-BIM数据，并输出基坑P-BIM数据。支持地方规范：上海版《上海市基坑工程设计规程》DG/TJ08-61—2018、深圳版《基坑支护技术规范》DB SJG 05—2011、天津版《天津市建筑基坑工程技术规程》DB29-202—2010、</td></tr>
</table>

续表

<table>
<tr><td>浙江版《建筑基坑工程技术规程》DB33/T 1096—2014、北京版《建筑基坑支护技术规程》DB11/489—2016、广东版《广东省建筑基坑工程技术规程》DBJ/T 15-20—2016，以及《建筑基坑支护技术规程》JGJ 120—2012、《混凝土结构设计规范》GB 50010—2010、《预应力混凝土用钢绞线》GB/T 5224—2003、《型钢水泥土搅拌墙技术规程》JGJ/T 199—2010、《钢结构设计规范》GB 50017—2003、《冷弯薄壁型钢结构技术规范》GB 50018—2002、《建筑基坑设计P-BIM软件功能与信息交换标准》T/CECS-CBIMU 4—2017、《湿陷性黄土地区建筑基坑工程安全技术规程》JGJ–167—2009。
基础操作流程：路径设置→单元计算和整体计算→数据存盘及备份。
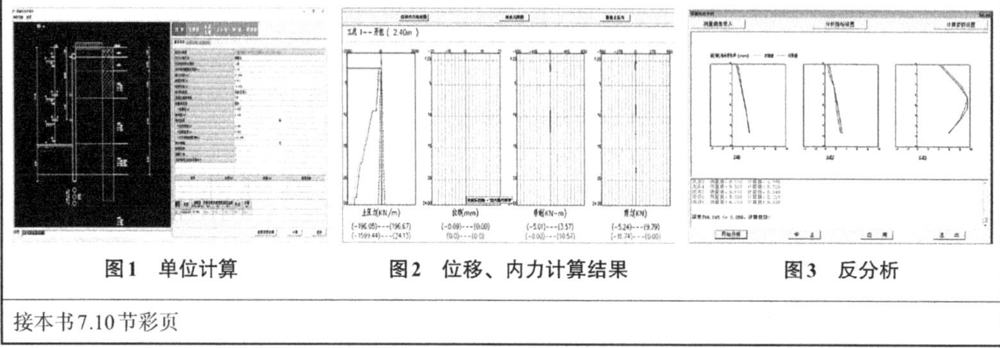
图1　单位计算　　图2　位移、内力计算结果　　图3　反分析</td></tr>
<tr><td>接本书7.10节彩页</td></tr>
</table>

3. 理正岩土BIM插件

理正岩土BIM插件　　**表3-2-38**

<table>
<tr><td>软件名称</td><td colspan="3">理正岩土BIM插件</td><td>厂商名称</td><td colspan="3">北京理正软件股份有限公司</td></tr>
<tr><td colspan="3">代码</td><td colspan="2">应用场景</td><td colspan="3">业务类型</td></tr>
<tr><td colspan="3">B10/C10/F10/G10/H10/J10/K10/P10</td><td colspan="2">勘察岩土_岩土工程设计辅助和建模</td><td colspan="3">场地景观/建筑工程/管道工程/道路工程/桥梁工程/隧道工程/铁路工程/水坝工程</td></tr>
<tr><td colspan="3">B12/C12/F12/G12/H12/J12/K12/P12</td><td colspan="2">勘察岩土_工程量统计</td><td colspan="3">场地景观/建筑工程/管道工程/道路工程/桥梁工程/隧道工程/铁路工程/水坝工程</td></tr>
<tr><td>最新版本</td><td colspan="7">V2.0 2020</td></tr>
<tr><td>输入格式</td><td colspan="7">.dwg文件</td></tr>
<tr><td>输出格式</td><td colspan="7">.rvt文件</td></tr>
<tr><td rowspan="2">推荐硬件配置</td><td>操作系统</td><td>64位Windows7/8/10</td><td>处理器</td><td>2GHz</td><td>内存</td><td colspan="2">8GB</td></tr>
<tr><td>显卡</td><td>1GB</td><td>磁盘空间</td><td>700MB</td><td>鼠标要求</td><td colspan="2">带滚轮</td></tr>
<tr><td rowspan="2">最低硬件配置</td><td>操作系统</td><td>64位Windows10</td><td>处理器</td><td>1GHz</td><td>内存</td><td colspan="2">4GB</td></tr>
<tr><td>显卡</td><td>512MB</td><td>磁盘空间</td><td>500MB</td><td>鼠标要求</td><td colspan="2">带滚轮</td></tr>
<tr><td colspan="8">功能介绍</td></tr>
<tr><td colspan="8">B10/C10/F10/G10/H10/J10/K10/P10、B12/C12/F12/G12/H12/J12/K12/P12：
理正岩土BIM插件包括：理正岩土BIM for Revit、理正岩土BIM for Bentley、理正易建（Revit）辅助设计，由这三款软件组成的复合软件可为Revit和Bentley平台岩土BIM设计提供整体化解决方案。
理正岩土BIM for Revit软件：理正岩土BIM for Revit软件是一款集地质、边坡建模、桩基翻模、基坑数据翻模、基坑CAD图纸翻模、辅助建模和出图于一体的岩土专业设计软件。包含地质模块、基坑模块、桩基模块、边坡模块，可有效地解决岩土工程师在使用Revit进行设计时出现的操作复杂与习惯不符等难题，显著</td></tr>
</table>

续表

提升了设计效率。生成的地质、桩基础、基坑模型可与建筑、结构、设备等专业的模型进行协同集成展示，也可用于设计出图。既可满足翻模用户需求，也可满足正向设计用户需求（图1～图5）。

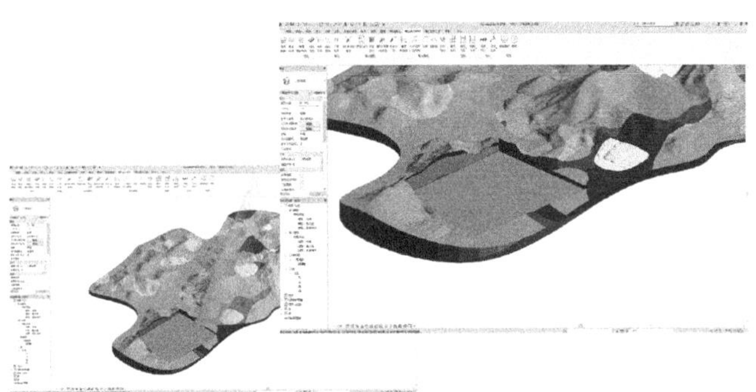

图1 地质开挖

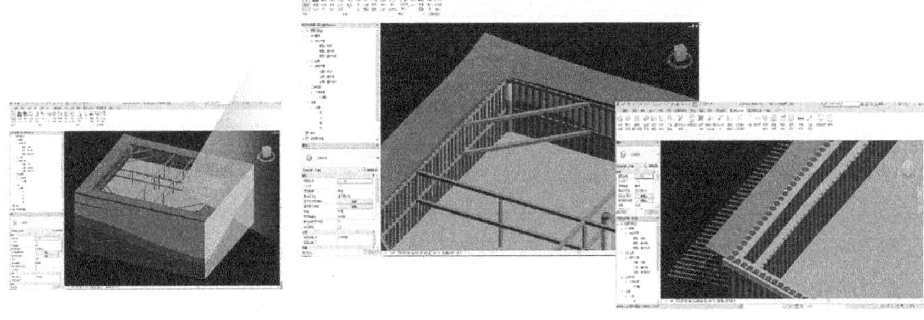

图2 基坑开挖支护、腰梁布锚杆

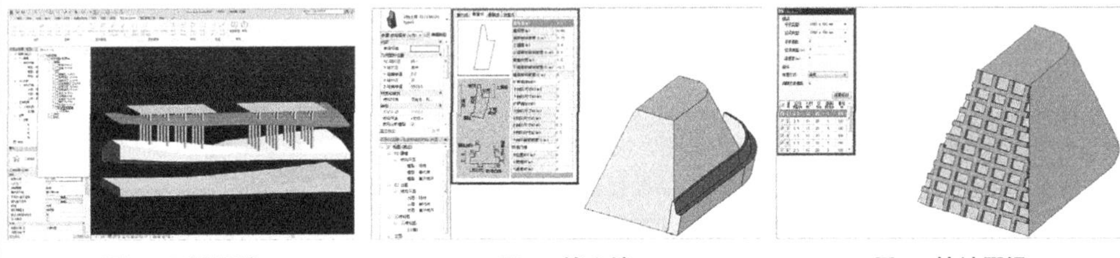

图3 三维桩基　　图4 挡土墙　　图5 护坡隔梁

理正岩土BIM for Bentley：定位Bentley平台的一款集地质、边坡、基坑建模和出图于一体的岩土专业设计软件（图6～图9）。

理正易建（Revit）辅助设计：是一款集建筑机电建模、建筑结构、给水排水、暖通、电气各专业翻模及出图于一体的Revit平台上辅助设计软件。

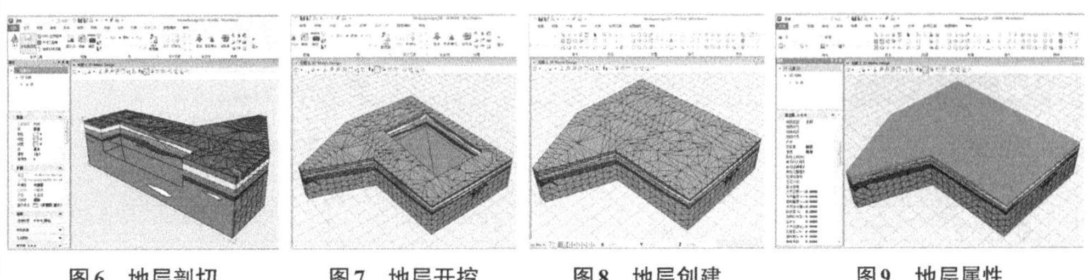

图6 地层剖切　　图7 地层开挖　　图8 地层创建　　图9 地层属性

4. 理正岩土边坡综合治理软件（基本版）

理正岩土边坡综合治理软件（基本版） 表3-2-39

<table>
<tr><td>软件名称</td><td colspan="3">理正岩土边坡综合治理软件（基本版）</td><td>厂商名称</td><td colspan="2">北京理正软件股份有限公司</td></tr>
<tr><td colspan="3">代码</td><td colspan="2">应用场景</td><td colspan="2">业务类型</td></tr>
<tr><td colspan="3">C10/F10/G10/H10/J10/K10/P10</td><td colspan="2">勘察岩土_岩土工程设计辅助和建模</td><td colspan="2" rowspan="3">建筑工程/管道工程/道路工程/桥梁工程/隧道工程/铁路工程/变电站/电网工程/水坝工程</td></tr>
<tr><td colspan="3">C11/F11/G11/H11/J11/K11/P11</td><td colspan="2">勘察岩土_岩土工程计算和分析</td></tr>
<tr><td colspan="3">C12/F12/G12/H12/J12/K12/P12</td><td colspan="2">勘察岩土_工程量统计</td></tr>
<tr><td>最新版本</td><td colspan="6">V2.0 2020</td></tr>
<tr><td>输入格式</td><td colspan="6">.dxf/.dwg</td></tr>
<tr><td>输出格式</td><td colspan="6">.rtf计算书数据/.dxf结果数据</td></tr>
<tr><td rowspan="2">推荐硬件配置</td><td>操作系统</td><td>64位Windows10</td><td>处理器</td><td>2GHz</td><td>内存</td><td>8GB</td></tr>
<tr><td>显卡</td><td>1GB</td><td>磁盘空间</td><td>700MB</td><td>鼠标要求</td><td>带滚轮</td></tr>
<tr><td rowspan="2">最低硬件配置</td><td>操作系统</td><td>64位Windows10</td><td>处理器</td><td>1GHz</td><td>内存</td><td>4GB</td></tr>
<tr><td>显卡</td><td>512MB</td><td>磁盘空间</td><td>500MB</td><td>鼠标要求</td><td>带滚轮</td></tr>
<tr><td colspan="7">功能介绍</td></tr>
</table>

C10/F10/G10/H10/J10/K10/P10、C11/F11/G11/H11/J11/K11/P11、C12/F12/G12/H12/J12/K12/P12：

理正边坡综合治理软件是针对高边坡、复杂边坡的治理推出的综合分析软件。软件基于理正自主图形平台开发，能够对高边坡、复杂边坡进行整体建模，可布置单一支挡，也可同时布置多种治理手段，如挡墙、抗滑桩、护坡格梁、锚杆锚索和填方挖方等。进行多滑面的稳定性分析，指定滑面滑坡推力计算、各支挡构件计算接口。同时可进行多种治理方案的比选，为高边坡、复杂边坡的治理提供更加经济和安全参考。同时也是国内较先具备P-BIM功能的边坡设计软件。2016年、2020年连续入选水利部水规总院《水利水电工程勘测设计计算机软件名录》。主要支持的规范有《建筑边坡工程技术规范》GB 50330—2013、《公路路基设计规范》JTG D30—2015、《滑坡防治设计规范》GB/T 38509—2020。

建模：软件支持CAD建模后导入和自主图形平台直接建模，可在一个平台下，设置原始坡面和多个治理方案模型。治理模型各自独立，原始数据共用，快捷方便。还可接入理正地质三维模型剖面（图1）。

行业规范设定：设定应用行业，软件自动设置各项计算的应用规范及参数，如稳定和推力计算、倾覆滑移计算、支挡构件内力计算、支挡构件截面验算等。适应不同行业特点，具备行业针对性，方便设计人员有针对性地进行设计。

治理方案设置：一个断面可设置若干治理方案。每种治理方案均可独立设置填方、挖方、挡墙、抗滑桩、护坡格梁、锚杆锚索等治理措施及其组合；均可对每种方案进行稳定计算及结果展示。方便方案比选，极大方便设计人员，提高设计效率（图2）。

稳定分析：可以进行多滑面的稳定性分析，可对指定滑面进行滑坡推力计算及稳定计算（图3）。

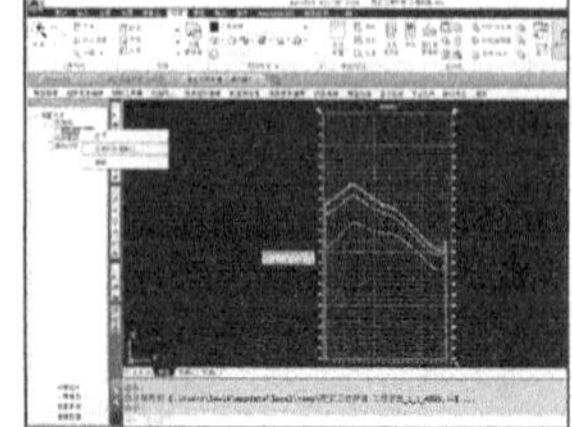

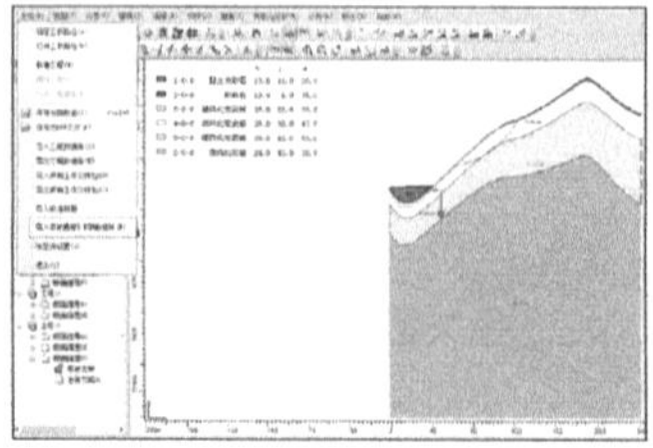

图1 接入理正地质三维模型剖面

图2 多种方案治理组合

续表

构件设计接口：挡墙、抗滑桩、护坡格梁等构件设计，可以直接从综合治理整体模型中提取相关尺寸信息和地层参数，减少重复录入（图4）。

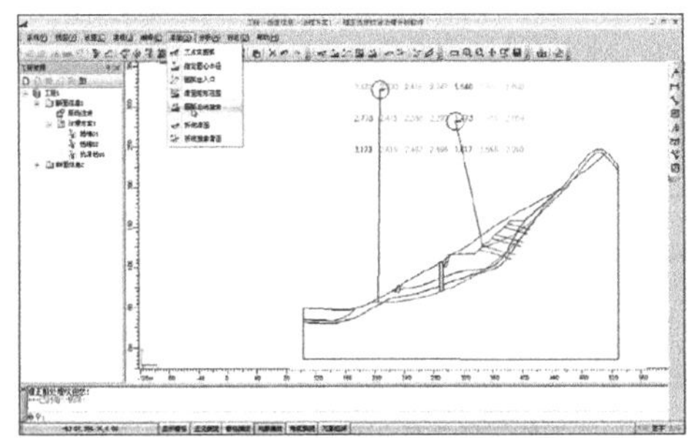

图3　治理后边坡稳定分析

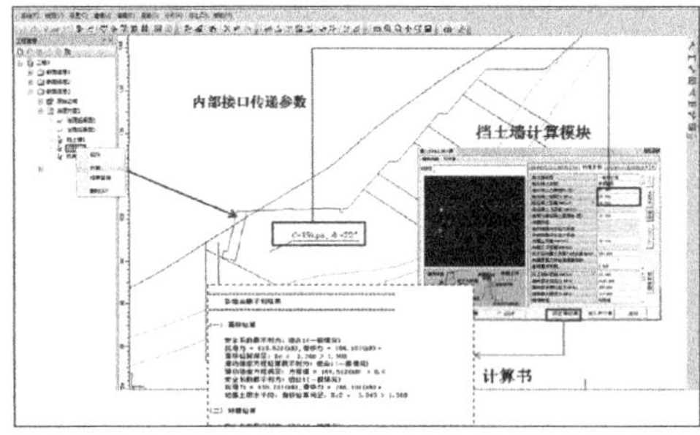

图4　挡土墙构件设计

计算结果查看：形成图文并茂的计算结果文件，并汇总指定治理方案的各项计算及各支挡构件计算结果。形成统一的计算结果文件。

基础操作流程：新建工程→读取勘察P-BIM数据→交互边坡设计方案（包括开挖、回填、降水、各种支挡结构，如挡墙、护坡格梁、抗滑桩、锚杆等）→计算边坡整体稳定及支挡结构设计分析→汇总形成丰富的图文结果

5. 理正岩土边坡综合治理软件（有限元版）

理正岩土边坡综合治理软件（有限元版）　　表3-2-40

<table>
<tr><td>软件名称</td><td colspan="3">理正岩土边坡综合治理软件（有限元版）</td><td>厂商名称</td><td colspan="2">北京理正软件股份有限公司</td></tr>
<tr><td colspan="2">代码</td><td colspan="3">应用场景</td><td colspan="2">业务类型</td></tr>
<tr><td colspan="2">C10/F10/G10/H10/J10/K10/P10</td><td colspan="3">勘察岩土_岩土工程设计辅助和建模</td><td colspan="2" rowspan="3">建筑工程/管道工程/道路工程/桥梁工程/隧道工程/铁路工程/变电站/电网工程/水坝工程</td></tr>
<tr><td colspan="2">C11/F11/G11/H11/J11/K11/P11</td><td colspan="3">勘察岩土_岩土工程计算和分析</td></tr>
<tr><td colspan="2">C12/F12/G12/H12/J12/K12/P12</td><td colspan="3">勘察岩土_工程量统计</td></tr>
<tr><td>最新版本</td><td colspan="6">V2.0 2020</td></tr>
<tr><td>输入格式</td><td colspan="6">.dxf/.dwg</td></tr>
<tr><td>输出格式</td><td colspan="6">.rtf计算书数据/.dxf结果数据</td></tr>
<tr><td rowspan="2">推荐硬件配置</td><td>操作系统</td><td>64位Windows10</td><td>处理器</td><td>2GHz</td><td>内存</td><td>8GB</td></tr>
<tr><td>显卡</td><td>1GB</td><td>磁盘空间</td><td>700MB</td><td>鼠标要求</td><td>带滚轮</td></tr>
<tr><td rowspan="2">最低硬件配置</td><td>操作系统</td><td>64位Windows10</td><td>处理器</td><td>1GHz</td><td>内存</td><td>4GB</td></tr>
<tr><td>显卡</td><td>512MB</td><td>磁盘空间</td><td>500MB</td><td>鼠标要求</td><td>带滚轮</td></tr>
<tr><td colspan="7">功能介绍</td></tr>
<tr><td colspan="7">C10/F10/G10/H10/J10/K10/P10、C11/F11/G11/H11/J11/K11/P11、C12/F12/G12/H12/J12/K12/P12：
依托理正边坡综合治理软件已有边坡模型和治理模型，采用非线性有限单元技术对模型对象进行弹塑性分析，以及采用强度折减法进行边坡稳定性分析。可以分析出边坡位移、应力应变及支护构件内力，并进行可视化查看。是传统规范方法的有效补充，同时也是国内较先具备P-BIM功能的边坡设计软件。2016年、2020年连续入选水利部水规总院《水利水电工程勘测设计计算机软件名录》。
采用强度折减法进行整体稳定性分析，可以直接分析出可能滑动面及安全系数，方便与传统条分法相互</td></tr>
</table>

续表

印证，避免遗漏不利滑动面。采用弹塑性分析方法，可以分析边坡在开挖、回填、支护等施工过程中应力位移变化过程和稳定性；可以分析支护结构的内力、位移；可以考虑降水、下雨等水位线变化对边坡的影响；也可分析多排桩联合支护等复杂情况下各构件的内力位移。 基础操作流程：新建工程→读取勘察P-BIM数据→交互边坡设计方案（包括开挖，回填，降水，各种支挡结构，如挡墙、护坡格梁、抗滑桩、锚杆等）→计算边坡整体稳定及支挡结构设计分析→汇总形成丰富的图文结果
接本书7.11节彩页

3.3 规划、方案设计阶段

3.3.1 应用场景综述

在规划、方案设计阶段，BIM侧重于基于模型进行各项三维可视化性能分析、增强规划及方案效果展示、辅助各方高效决断，同时供后续初步设计、施工图设计阶段参考及传递。规划、方案阶段应用场景及定义如表3-3-1所示。

规划、方案设计阶段应用场景及定义　　表3-3-1

应用场景		定义
1	设计辅助和建模	利用BIM软硬件进行规划、方案设计阶段三维模型创建及信息录入，以辅助设计方案验证、效果预览
2	场地环境性能化分析	基于规划、方案设计阶段BIM信息模型对场地环境进行三维可视化性能分析，如BIM高程坡向分析、BIM土方分析等
3	建筑环境性能化分析	基于规划、方案设计阶段BIM信息模型对建筑环境进行三维可视化性能分析。如BIM室外风环境模拟、BIM自然采光模拟、BIM室内自然通风模拟、BIM小区热环境模拟分析、BIM建筑环境噪声模拟分析等
4	参数化设计优化	通过参数驱动表达设计意图、约束关联构件关系，从而生成BIM三维信息模型。常应用于复杂异形设计之中
5	工程量统计	通过规划、方案设计阶段BIM信息模型，导出统计模型量
6	算量和造价	利用规划方案设计阶段BIM信息模型，考虑损耗余量因素，统计算量及造价估算
7	设计成果渲染与表达	利用规划、方案设计阶段BIM信息模型进行渲染处理、生成效果图、模拟仿真漫游，以呈现更好的规划方案效果

3.3.2 设计辅助和建模

1. Revit Architecture

Revit Architecture　　表3-3-2

软件名称	Revit Architecture		厂商名称	Autodesk
代码		应用场景		业务类型
A16/B16/C16/D16/E16/F16/G16/H16/J16/K16/L16/M16/N16/P16/Q16		规划/方案设计_设计辅助和建模		

续表

<table>
<tr><td>A19/B19/C19/D19/E19/F19/G19/H19/J19/K19/L19/M19/N19/P19/Q19</td><td>规划/方案设计_建筑环境性能化分析</td><td rowspan="15">城市规划/场地景观/建筑工程/水处理/垃圾处理/管道工程/道路工程/桥梁工程/隧道工程/铁路工程/信号工程/变电站/电网工程/水坝工程/飞行工程</td></tr>
<tr><td>A21/B21/C21/D21/E21/F21/G21/H21/J21/K21/L21/M21/N21/P21/Q21</td><td>规划/方案设计_工程量统计</td></tr>
<tr><td>A23/B23/C23/D23/E23/F23/G23/H23/J23/K23/L23/M23/N23/P23/Q23</td><td>规划/方案设计_设计成果渲染与表达</td></tr>
<tr><td>A25/B25/C25/D25/E25/F25/G25/H25/J25/K25/L25/M25/N25/P25/Q25</td><td>初步/施工图设计_设计辅助与建模</td></tr>
<tr><td>A27/B27/C27/D27/E27/F27/G27/H27/J27/K27/L27/M27/N27/P27/Q27</td><td>初步/施工图设计_设计分析和优化</td></tr>
<tr><td>A28/B28/C28/D28/E28/F28/G28/H28/J28/K28/L28/M28/N28/P28/Q28</td><td>初步/施工图设计_冲突检测</td></tr>
<tr><td>A29/B29/C29/D29/E29/F29/G29/H29/J29/K29/L29/M29/N29/P29/Q29</td><td>初步/施工图设计_工程量统计</td></tr>
<tr><td>A31/B31/C31/D31/E31/F31/G31/H31/J31/K31/L31/M31/N31/P31/Q31</td><td>初步/施工图设计_设计成果渲染与表达</td></tr>
<tr><td>A33/B33/C33/D33/E33/F33/G33/H33/J33/K33/L33/M33/N33/P33/Q33</td><td>深化设计_深化设计辅助和建模</td></tr>
<tr><td>A36/B36/C36/D36/E36/F36/G36/H36/J36/K36/L36/M36/N36/P36/Q36</td><td>深化设计_预制装配设计辅助和建模</td></tr>
<tr><td>A37/B37/C37/D37/E37/F37/G37/H37/J37/K37/L37/M37/N37/P37/Q37</td><td>深化设计_装饰装修设计辅助和建模</td></tr>
<tr><td>A40/B40/C40/D40/E40/F40/G40/H40/J40/K40/L40/M40/N40/P40/Q40</td><td>深化设计_幕墙设计辅助和建模</td></tr>
<tr><td>A42/B42/C42/D42/E42/F42/G42/H42/J42/K42/L42/M42/N42/P42/Q42</td><td>深化设计_冲突检测</td></tr>
<tr><td>A43/B43/C43/D43/E43/F43/G43/H43/J43/K43/L43/M43/N43/P43/Q43</td><td>深化设计_工程量统计</td></tr>
</table>

<table>
<tr><td>最新版本</td><td colspan="6">Revit 2021</td></tr>
<tr><td>输入格式</td><td colspan="6">.dwg/.dxf/.dgn/.sat/.skp/.rvt/ .rfa/.ifc/.pdf/.xml/点云 .rcp/.rcs /.nwc/.nwd/所有图像文件</td></tr>
<tr><td>输出格式</td><td colspan="6">.dwg/.dxf/.dgn/.sat/.ifc/.rvt</td></tr>
<tr><td rowspan="3">推荐硬件配置</td><td>操作系统</td><td>64位Windows10</td><td>处理器</td><td>3GHz</td><td>内存</td><td>16GB</td></tr>
<tr><td>显卡</td><td>支持 DirectX® 11 和 Shader Model 5 的显卡，最少有 4GB 视频内存</td><td>磁盘空间</td><td>30GB</td><td>鼠标要求</td><td>带滚轮</td></tr>
<tr><td>其他</td><td colspan="5">NET Framework 版本 4.8 或更高版本</td></tr>
<tr><td rowspan="3">最低硬件配置</td><td>操作系统</td><td>64位Windows10</td><td>处理器</td><td>2GHz</td><td>内存</td><td>8GB</td></tr>
<tr><td>显卡</td><td>支持 DirectX® 11 和 Shader Model 5 的显卡，最少有 4GB 视频内存</td><td>磁盘空间</td><td>30GB</td><td>鼠标要求</td><td>带滚轮</td></tr>
<tr><td>其他</td><td colspan="5">NET Framework 版本 4.8 或更高版本</td></tr>
</table>

续表

功能介绍
A16/B16/C16/D16/E16/F16/G16/H16/J16/K16/L16/M16/N16/P16/Q16、A25/B25/C25/D25/E25/F25/G25/H25/J25/K25/L25/M25/N25/P25/Q25： 1. 本软件在“规划/方案设计_设计辅助和建模、初步/施工图设计_设计辅助与建模”应用上的介绍及优势 （1）Revit项目环境中的概念体量和自适应几何图形，可以轻松地创建草图和具有自由形状的模型，辅助设计师进行灵感创作和建模。通过这种环境，可以直接操纵设计中的点、边、面，形成可构建的形状或参数化构件，并且方案阶段的模型可以直接用于施工图设计，充分利用概念设计阶段的成果和数据（图1）。 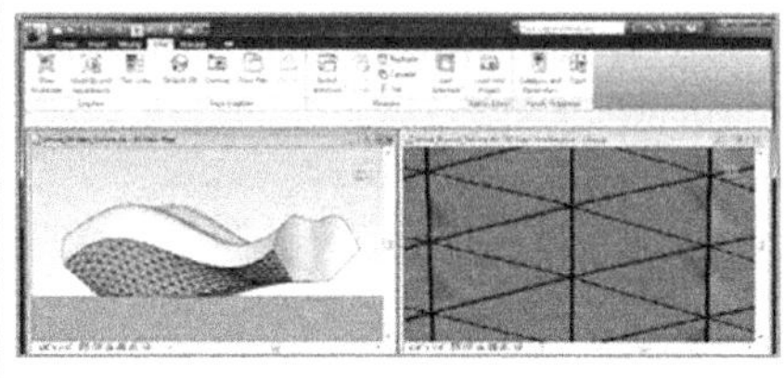 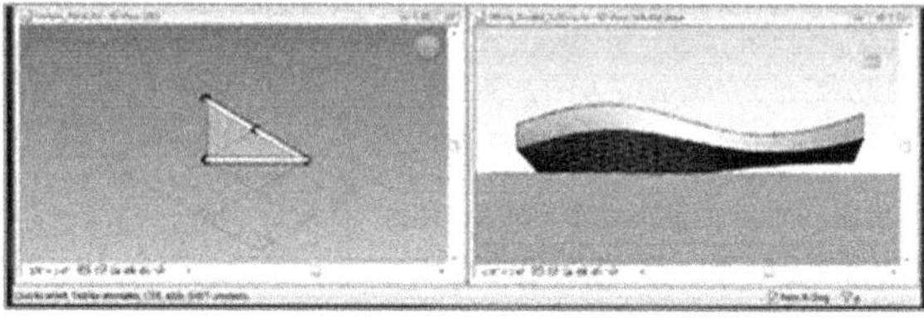 **图1　轻松创建自由形状模型** （2）通过项目样板，在满足设计标准的同时，大大提高了设计师的效率。基于样板的任意新项目均继承来自样板的所有族、设置（如单位、填充样式、线样式、线宽和视图比例）以及几何图形。使用合适的样板，有助于快速开展项目。国内比较通用的Revit样板文件，例如Revit中国本地化样板，有集合国家规范化标准和常用族等优势。 （3）通过族参数化构件（亦称“族”），Revit提供了一个开放的图形式系统，支持自由地构思设计、创建外型，并以逐步细化的方式来表达设计意图。族既包括复杂的组件（例如细木家具和设备），也包括基础的建筑构件（例如墙和柱）。 2. 本软件在“规划/方案设计_设计辅助和建模、初步/施工图设计_设计辅助与建模”应用上的操作难易度 本软件的BIM设计流程为：轴网标高→基础模型→专业协同→快速布局→详细设计。 在上述设计流程的各个环节，Revit都有相应的工具支持，操作简单，容易上手

2. Dynamo Studio

Dynamo Studio　　**表3-3-3**

软件名称	Dynamo Studio			厂商名称	Autodesk	
代码		应用场景			业务类型	
A16/C16		规划/方案设计_设计辅助和建模			城市规划/建筑工程	
最新版本	Dynamo Studio 2017					
输入格式	通用格式：.dyn/.dyf					
输出格式	.dyn/.dyf					
推荐硬件配置	操作系统	64位Windows10、64位Windows8.1、64位Window 8	处理器	多核Intel®奔腾®或同等级处理器	内存	8GB或16GB
	显卡	支持DirectX® 10	磁盘空间	1GB	鼠标要求	Microsoft兼容
最低硬件配置	操作系统	64位Windows7 SP1	处理器	单核Intel®奔腾®或同等级处理器	内存	4GB
	显卡	支持DirectX® 10	磁盘空间	1GB	鼠标要求	Microsoft兼容

续表

功能介绍

A16/C16：

Dynamo Studio是一个可视化的编程环境，使设计师能够探索参数化概念设计和自动化任务。将自动化设计的工作流集成到BIM（建筑信息建模）过程中。Dynamo将设计扩展为可互操作的工作流程，用于文档编制、协调和分析，并提供简单而强大的脚本接口，供设计师编写代码。

Dynamo Studio中创建的参数化形体，可导入FormIt中进一步推敲，提升方案/规划阶段设计成果的灵活性和可操作性，帮助设计师利用计算式设计的流程拓展思路，挖掘更多方案的可能性。随着Dynamo的发展和更新，目前已在Revit、Civil3d、Advance Steel等软件中集成了Dynamo插件，而Dynamo Studio目前仅用于FormIt软件或独立使用（图1～图3）。

主要功能：

（1）从简单的数据、逻辑和分析中生成复杂的设计。

（2）协助异形建筑造型，包括创建参数化曲面及网格划分，支持异形幕墙、屋面网架等设计。

（3）协助建筑性能分析，进行日照模拟、日光方向分析、优化屋面角度、开窗数量等。

（4）进行BIM模型信息的管理和应用。

（5）提供开源的节点包，供用户使用和分享自定义节点。

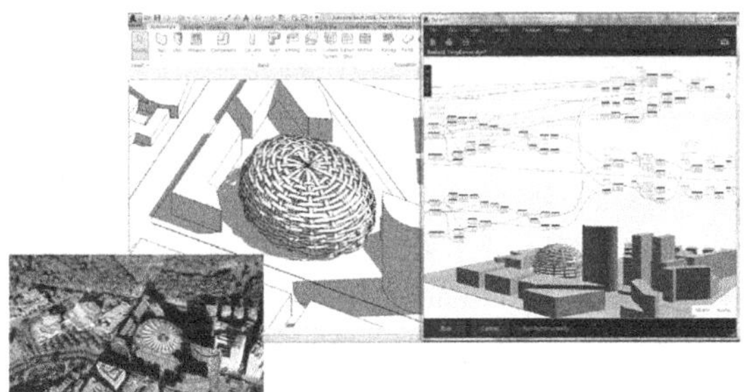

图1　参数化设计

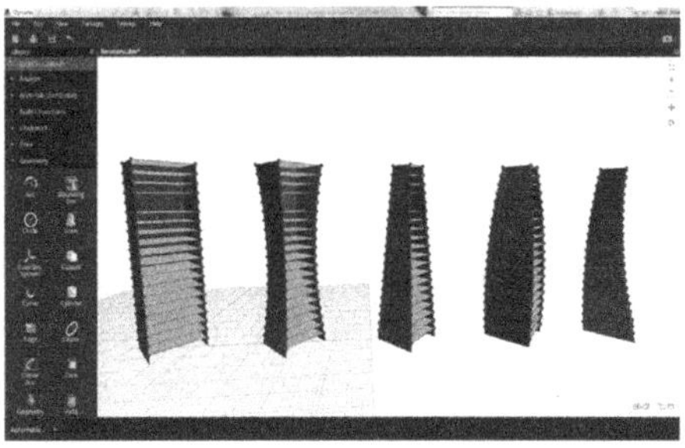

图2　参数化形体

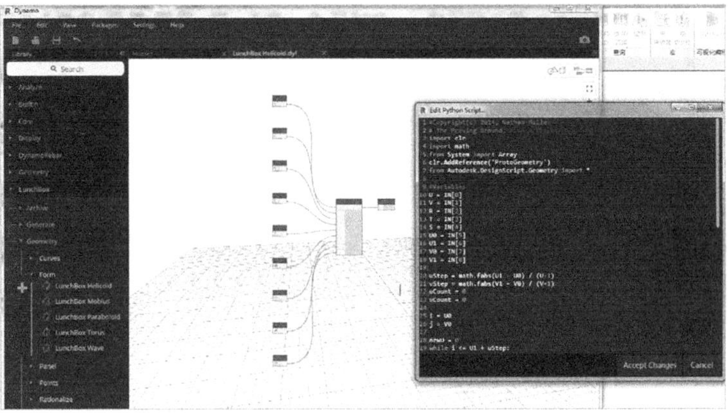

图3　自动化设计工作流

接本书7.2节彩页

3. FormIt/FormIt Pro/ Insight

FormIt/FormIt Pro/ Insight **表3-3-4**

<table>
<tr><td>软件名称</td><td colspan="3">FormIt/FormIt Pro/Insight</td><td>厂商名称</td><td colspan="2">Autodesk</td></tr>
<tr><td colspan="2">代码</td><td colspan="3">应用场景</td><td colspan="2">业务类型</td></tr>
<tr><td colspan="2">A16/C16</td><td colspan="3">规划/方案设计_设计辅助和建模</td><td colspan="2">城市规划/建筑工程</td></tr>
<tr><td colspan="2">A27/C27</td><td colspan="3">初步/施工图设计_设计分析和优化</td><td colspan="2">城市规划/建筑工程</td></tr>
<tr><td>最新版本</td><td colspan="6">FormIt for Windows2021.1 V19.1</td></tr>
<tr><td>输入格式</td><td colspan="6">.axm/.obj/.stl/.sat/.skp/.dwg/.fbx/.json</td></tr>
<tr><td>输出格式</td><td colspan="6">.axm/.zxm</td></tr>
<tr><td rowspan="2">推荐硬件配置</td><td>操作系统</td><td>Windows10</td><td>处理器</td><td>多核Intel®奔腾®/同等级处理器</td><td>内存</td><td>8GB或以上</td></tr>
<tr><td>显卡</td><td>支持DirectX® 11</td><td>磁盘空间</td><td>1GB</td><td>鼠标要求</td><td>Microsoft兼容</td></tr>
<tr><td rowspan="2">最低硬件配置</td><td>操作系统</td><td>Windows7</td><td>处理器</td><td>单核Intel®奔腾®/同等级处理器</td><td>内存</td><td>4GB</td></tr>
<tr><td>显卡</td><td>支持DirectX® 10</td><td>磁盘空间</td><td>1GB</td><td>鼠标要求</td><td>Microsoft兼容</td></tr>
<tr><td colspan="7">功能介绍</td></tr>
</table>

A16/C16：

FormIt在方案阶段中，建筑形体推敲和建模软件可提供3D草图绘制，并与Revit软件具备模型的互操作性。提供的功能包括：可视化的三维草图绘制；Revit互操作性插件；包含地点、标高、贴图、材质信息的概念设计体验；提供Ipad端上的FormIt App；提供基于网页浏览器端的FormIt网页版。

FormIt Pro 除FormIt本身的功能外，还提供以下的额外功能：提供Windows操作系统环境中的桌面应用程序；多人实时协同；全建筑能量分析；日照模拟；使用Autodesk材质库；与Dynamo Studio可视化编程平台集成使用（图1）。

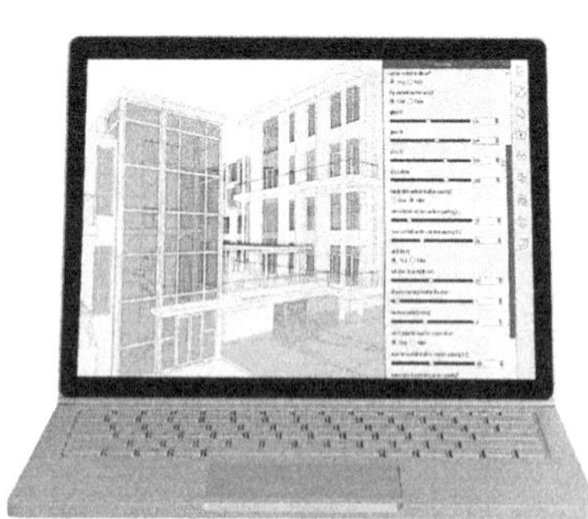

图1 多端草图绘制

4. 3DEXPERIENCE CATIA

3DEXPERIENCE CATIA　　　　**表3-3-5**

<table>
<tr><td>软件名称</td><td colspan="3">3DEXPERIENCE CATIA</td><td>厂商名称</td><td colspan="2">Dassault Systémes</td></tr>
<tr><td colspan="2">代码</td><td colspan="2">应用场景</td><td colspan="3">业务类型</td></tr>
<tr><td colspan="2">C16/H16</td><td colspan="2">规划/方案设计_设计辅助和建模</td><td colspan="3">建筑工程/桥梁工程</td></tr>
<tr><td colspan="2">C25/G25/H25/J25/K25/P25</td><td colspan="2">初步/施工图设计_设计辅助和建模</td><td colspan="3" rowspan="2">建筑工程/道路工程/桥梁工程/隧道工程/铁路工程/水坝工程</td></tr>
<tr><td colspan="2">C28/G28/H28/J28/K28/P28</td><td colspan="2">初步/施工图设计_冲突检测</td></tr>
<tr><td colspan="2">C38/H38/P38</td><td colspan="2">深化设计_钢结构设计辅助和建模</td><td colspan="3">建筑工程/桥梁工程/水坝工程</td></tr>
<tr><td colspan="2">C39/H39/P39</td><td colspan="2">深化设计_机电工程设计辅助和建模</td><td colspan="3">建筑工程/铁路工程/水坝工程</td></tr>
<tr><td colspan="2">C40</td><td colspan="2">深化设计_幕墙设计辅助和建模</td><td colspan="3">建筑工程</td></tr>
<tr><td colspan="2">C43/G43/H43/J43/K43/P43</td><td colspan="2">深化设计_工程量统计</td><td colspan="3">建筑工程/道路工程/桥梁工程/隧道工程/铁路工程/水坝工程</td></tr>
<tr><td>最新版本</td><td colspan="6">3DEXPERIENCE R2021x</td></tr>
<tr><td>输入格式</td><td colspan="6">.3dxml</td></tr>
<tr><td>输出格式</td><td colspan="6">.3dxml</td></tr>
<tr><td rowspan="2">推荐硬件配置</td><td>操作系统</td><td>64位Windows10</td><td>处理器</td><td>3GHz</td><td>内存</td><td>32GB</td></tr>
<tr><td>显卡</td><td>1GB</td><td>磁盘空间</td><td>30GB</td><td>鼠标要求</td><td>带滚轮</td></tr>
<tr><td rowspan="3">最低硬件配置</td><td>操作系统</td><td>64位Windows10</td><td>处理器</td><td>2GHz</td><td>内存</td><td>16GB</td></tr>
<tr><td>显卡</td><td>512MB</td><td>磁盘空间</td><td>20GB</td><td>鼠标要求</td><td>带滚轮</td></tr>
<tr><td>其他</td><td colspan="5">AdoptOpenJDK JRE 11.0.6 with OpenJ9，Firefox 68 ESR或者Chrome</td></tr>
<tr><td colspan="7">功能介绍</td></tr>
</table>

C16/H16：

1. 本软硬件在“规划/方案设计_设计辅助和建模”应用上的介绍及优势

3DEXPRIENCE平台是达索系统公司全新整合的3D体验平台，基于云的架构，由一系列3D设计、分析、仿真和商业智能软件工具组成。CATIA是其中三维建模工具（图1）。

其基于浏览器的x-Generative Design主要用于建筑工程和桥梁工程的方案设计，其功能和优势如下：一款基于浏览器的云端3D建模，用户在本地无须安装任何软件或插件；强大的造型设计功能，尤其是复杂曲面（图2）。强大的参数化功能，二次修改只需调整参数，即可完成设计变更；3D设计可视化编程，与Grasshopper功能相当（图3）。模型动态关联，如建筑外形和结构数据相互约束，一处修改，其他关联部分自动调整；数据能与CATIA客户端无缝协同，便于后期进一步深化设计。

图1　3D体验平台

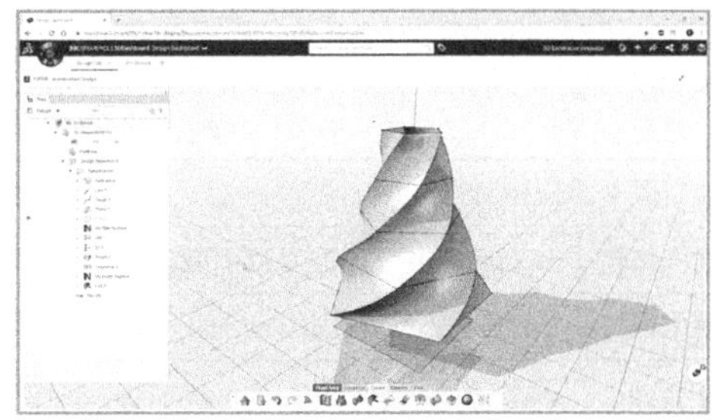

图2　复杂曲面

续表

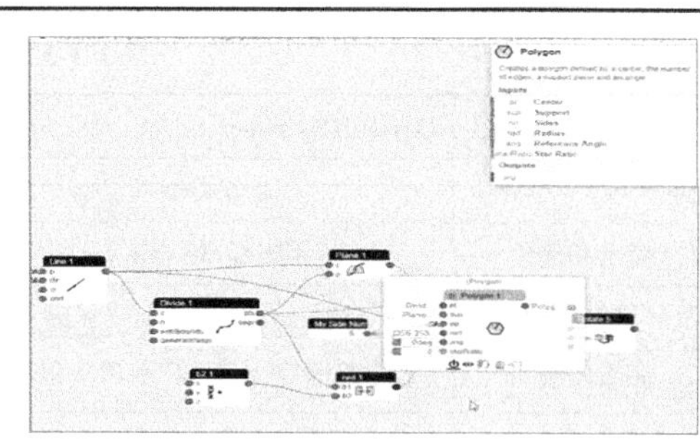

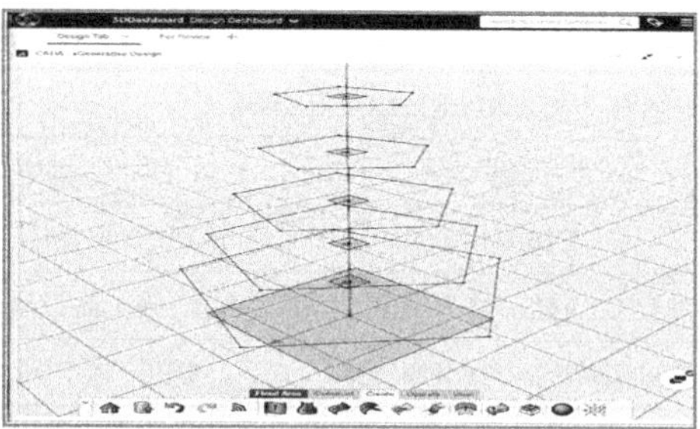

图3　参数化功能

2. 本软硬件在“规划/方案设计_设计辅助和建模”应用上的操作难易度

基础操作流程：外形设计→可视化编程→参数设置→修改参数→方案输出。

简化了用户界面，减少复杂的功能图标，更易于理解和使用。可视化编程功能的引入，大大降低了参数化设计的使用门槛。

3. 本软硬件在“规划/方案设计_设计辅助和建模”应用上的案例

日本著名限研吾建筑都市设计事务所和扎哈哈迪德设计师事务所大规模使用3DEXPERIENCE平台

5. 品茗HiBIM软件

品茗HiBIM软件　　表3-3-6

<table>
<tr><td>软件名称</td><td colspan="2">品茗HiBIM软件</td><td colspan="2">厂商名称</td><td colspan="3">杭州品茗安控信息技术股份有限公司</td></tr>
<tr><td colspan="2">代码</td><td colspan="3">应用场景</td><td colspan="3">业务类型</td></tr>
<tr><td colspan="2">C01</td><td colspan="3">通用建模和表达</td><td colspan="3">建筑工程</td></tr>
<tr><td colspan="2">C16</td><td colspan="3">规划/方案设计_设计辅助和建模</td><td colspan="3">建筑工程</td></tr>
<tr><td colspan="2">C21</td><td colspan="3">规划/方案设计_工程量统计</td><td colspan="3">建筑工程</td></tr>
<tr><td colspan="2">C25</td><td colspan="3">初步/施工图设计_设计辅助和建模</td><td colspan="3">建筑工程</td></tr>
<tr><td colspan="2">C28</td><td colspan="3">初步/施工图设计_冲突检测</td><td colspan="3">建筑工程</td></tr>
<tr><td colspan="2">C29</td><td colspan="3">初步/施工图设计_工程量统计</td><td colspan="3">建筑工程</td></tr>
<tr><td colspan="2">C33</td><td colspan="3">深化设计_深化设计辅助和建模</td><td colspan="3">建筑工程</td></tr>
<tr><td colspan="2">C37</td><td colspan="3">深化设计_装饰装修设计辅助和建模</td><td colspan="3">建筑工程</td></tr>
<tr><td colspan="2">C39/F39</td><td colspan="3">深化设计_机电工程设计辅助和建模</td><td colspan="3">建筑工程/管道工程</td></tr>
<tr><td colspan="2">C41/F41</td><td colspan="3">深化设计_专项计算和分析</td><td colspan="3">建筑工程/管道工程</td></tr>
<tr><td colspan="2">C42</td><td colspan="3">深化设计_冲突检测</td><td colspan="3">建筑工程</td></tr>
<tr><td colspan="2">C43</td><td colspan="3">深化设计_工程量统计</td><td colspan="3">建筑工程</td></tr>
<tr><td>最新版本</td><td colspan="7">HiBIM3.2</td></tr>
<tr><td>输入格式</td><td colspan="7">.ifc/.pbim/.rvt（2021及以下版本）</td></tr>
<tr><td>输出格式</td><td colspan="7">.rvt/.pbim/.dwg/.skp/.doc/.xlsx</td></tr>
<tr><td rowspan="2">推荐硬件配置</td><td>操作系统</td><td>64位Windows7/8/10</td><td>处理器</td><td>3.6GHz</td><td>内存</td><td colspan="2">16GB</td></tr>
<tr><td>显卡</td><td>Gtx1070或同等级别及以上</td><td>磁盘空间</td><td>1TB</td><td>鼠标要求</td><td colspan="2">带滚轮</td></tr>
</table>

续表

最低硬件配置	操作系统	64位Windows7/8/10	处理器	2GHz	内存	4GB
	显卡	Gtx1050或同级别及以上	磁盘空间	128GB	鼠标要求	带滚轮
功能介绍						

C01、C16、C25：

1. 本软件在"通用建模和表达"应用上的介绍及优势

软件可以智能创建标高、轴网、墙、梁、板、柱、门窗等构件，也可以链接CAD，对CAD图纸进行识别和校对，支持楼层表、门窗表转化，可方便快捷地提取CAD图层信息，进行轴网、柱、梁、墙、门窗的转化，支持提取水管、风管、桥架及设备。专业化的建筑结构翻模，支持梁、柱的原位标注；强大的提取喷淋系统命令，通过设置管道及喷头的属性，提取图纸上的图层及信息，可一键自动生成喷淋系统。

2. 本软件在"通用建模和表达"应用上的操作难易度

智能建模流程：点击功能→选择图纸→转化/设置标高→分割图纸→识别设置→一键转化。

实现了土建模型快速建模，大大缩短建模时间、提高建模效率，功能界面（图1）简洁，参数齐全，易操作。

图纸转化建模流程：链接图纸→转化功能→拾取图层→设置参数→转化模型。

仅需导入图纸，再分别对轴网、墙、柱、梁、板、门窗、管道、风管、桥架等构件的标注和边线的图层进行手动识别（图2），一键就能进行转化，操作简单，易上手。

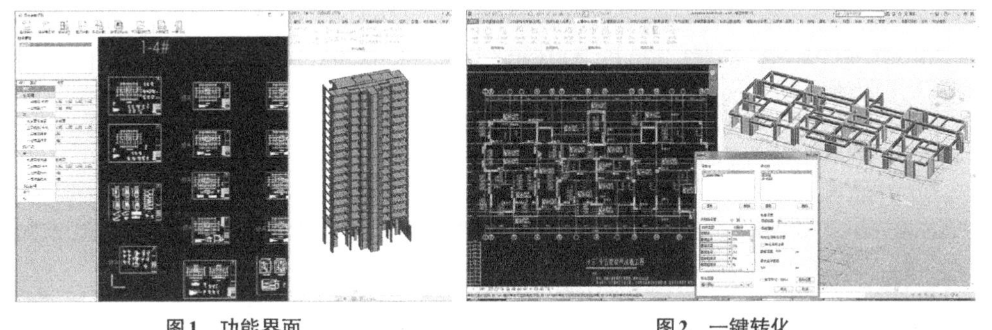

图1 功能界面　　图2 一键转化

6. 理正勘察数据与成果管理系统（GDM）

理正勘察数据与成果管理系统（GDM）　　表3-3-7

软件名称	理正勘察数据与成果管理系统（GDM）			厂商名称	北京理正软件股份有限公司	
代码		应用场景			业务类型	
C16/M16		规划/方案设计_设计辅助和建模			建筑工程/变电站	
最新版本	V2.0 2020					
输入格式	.mdb/工程参数录入					
输出格式	GICAD.mdb					
推荐硬件配置	操作系统	64位Windows10	处理器	2GHz	内存	8GB
	显卡	1GB	磁盘空间	700MB	鼠标要求	带滚轮
最低硬件配置	操作系统	64位Windows10	处理器	1GHz	内存	4GB
	显卡	512MB	磁盘空间	500MB	鼠标要求	带滚轮

续表

功能介绍

C16/M16：

理正勘察数据与成果管理系统（GDM）完成DBMS的核心功能，集成包含了数据服务器和文件服务器等，提供勘察数据和文件的上传下载服务，实现数据共享和多人协作，可支持多人同时访问中心服务器。并将勘察数据与高德网络地图相结合，实现对勘察数据、地质图件、勘察成果等资料的综合管理。包含多种数据查询方式，允许自定义查询条件进行高级查询，根据用户需求快速提取相关数据和文档资料，并可实时查看工程详细信息、文档，即时生成单孔柱状图、多孔柱状图、剖面图，便于历史资料分析及重复利用。同时提供用户和功能权限管理，保证工程资料的安全使用。勘察软件支持一键提交理正勘察数据到中心服务器，实现与理正勘察软件的无缝连接。

一键上传数据资料：可一键上传理正工程地质勘察CAD软件管理的数据和资料。

支持多种地图源：支持多种类型的地图源，包括谷歌、高德等网络地图和勘察单位自有的ArcGIS地图服务器。

查询统计：提供了多种数据查询和统计方式，可实现钻孔数据的空间查询和定位。

勘察资料二次利用：集成工程地质专业分析功能，支持各工程数据统一归管，实现工程区域分析、辅助工程基础研究，创造复用价值。

勘察资料综合管理：系统可将勘察数据和图件直接与网络地图相结合，实现对勘察数据、地质图件、勘察成果等资料的综合管理，并支持多种数据格式的勘察成果资料上传、下载、在线浏览（图1）。

灵活的用户权限管理：系统管理员可根据不同用户设置不同操作权限，保证工程资料安全使用。

与理正勘察CAD的无缝连接：实现了“数据获取＋数据管理＋数据应用”的无缝连接，极大提高了工程地质数据库的建库速度。

勘察资料二次利用：系统集成有强大的工程地质专业分析功能，可自动生成单孔柱状图、多钻孔柱状图、剖面图，并可在地图上进行多个工程间钻孔数据的空间查询和定位，实现对区域工程地质的分析评价，可广泛用于工程地质咨询、工程地质区域分析、辅助完成新建工程勘察报告、工程地质的基础研究等（图2、图3）。

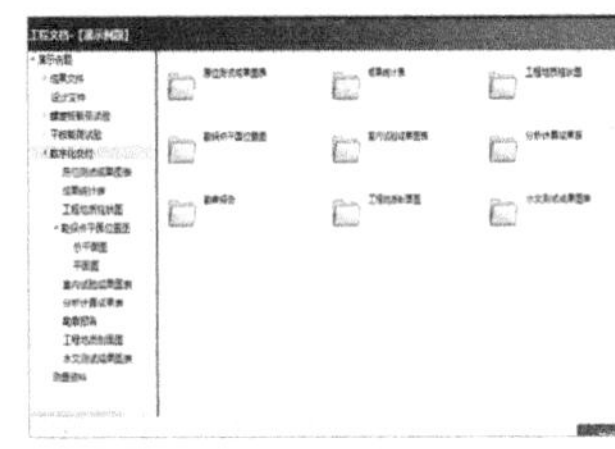

图1　资料管理

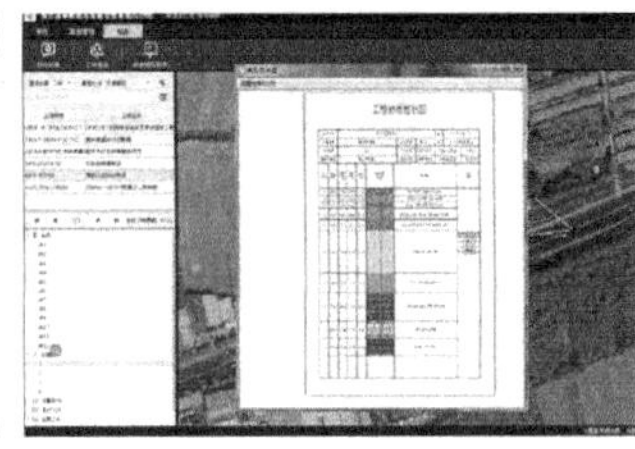

图2　自动生成单孔柱状图

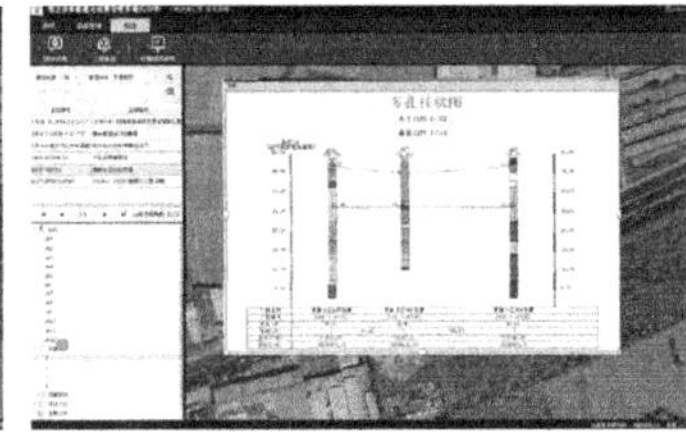

图3　自动生成多孔柱状图

强大的查询功能：系统提供了多种数据查询和统计方式，可根据工程编号、工程名称、施工日期等进行工程查询，根据钻孔编号、钻孔类型、孔口高程等进行钻孔查询，根据存档日期、制作人等进行文档查询，同时可实现多个工程间钻孔数据的空间查询和定位，并可实现沿某条线路两边一定范围内（缓冲区）的钻孔数据查询，具有良好的工程实用性（图4）。

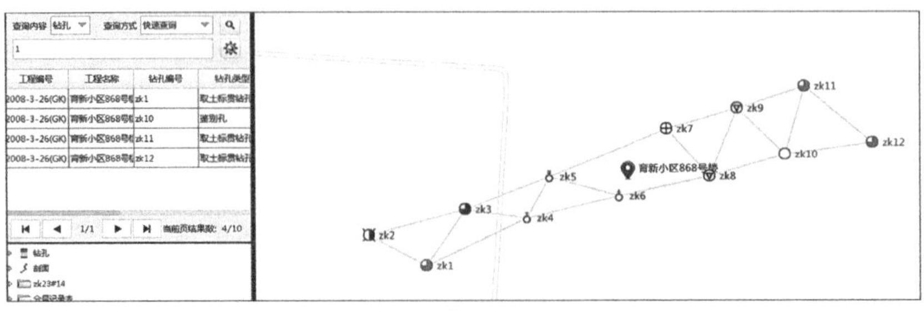

图4　钻孔查询

续表

灵活的系统建设方案：系统采用数据层、平台层、应用层三层分离的设计体系，支持单机与服务器两种方式部署，用户可结合网络地图服务，形象地展示工程位置和钻孔分布，同时还可结合地图，仅对勘察数据与图件进行管理

7. 理正岩土重力坝设计软件

理正岩土重力坝设计软件　　表3-3-8

软件名称	理正岩土重力坝设计软件			厂商名称	北京理正软件股份有限公司	
代码		应用场景			业务类型	
P11		勘察岩土_岩土工程计算和分析			水坝工程	
P16		规划/方案设计_设计辅助和建模			水坝工程	
最新版本	V6.0 2019					
输入格式	手工输入					
输出格式	.zlb/.dxf/.rtf					
推荐硬件配置	操作系统	64位Windows7	处理器	2GHz	内存	8GB
	显卡	1GB	磁盘空间	700MB	鼠标要求	带滚轮
最低硬件配置	操作系统	32位Windows7	处理器	1GHz	内存	4GB
	显卡	512MB	磁盘空间	500MB	鼠标要求	带滚轮
功能介绍						

P11、P16：

理正岩土重力坝设计软件采用常规的材料力学方法对重力坝进行力学分析，在各种水位条件下、不同荷载组合情况下进行重力坝的承载能力极限状态设计和正常使用极限状态设计。本软件于2016年、2020年连续入选水利部水规总院《水利水电工程勘测设计计算机软件名录》。

1.考虑的荷载作用

包括：①坝体自重；②永久设备重力；③附加荷载；④静水压力；⑤扬压力；⑥淤沙压力；⑦土压力；⑧浪压力；⑨冰压力；⑩地震作用（地震惯性力、地震动水压力、地震动土压力）。用户可以根据具体的工程实际情况对上述可能的荷载按不同的设计状况（如持久状况、短暂状况或偶然状况）进行组合。

2.坝体强度和稳定承载能力极限状态设计

包括：①坝址抗压强度承载能力极限状态；②坝体选定截面下游端点的抗压强度承载能力极限状态；③坝体混凝土与基岩接触面的抗滑稳定极限状态；④坝体混凝土层面的抗滑稳定极限状态；⑤深层抗滑稳定计算。

3.坝体上、下游面拉应力正常使用极限状态计算

包括：①坝踵垂直应力不出现拉应力；②坝体上游面的垂直应力不出现拉应力；③短期组合下游坝面的垂直拉应力。

4.坝体内部应力的计算

输出不同荷载组合下的应力及应力云图。

基础操作流程：选择工作路径→增加计算项目→编辑原始数据→当前项目计算→计算结果查询（图1、图2）

续表

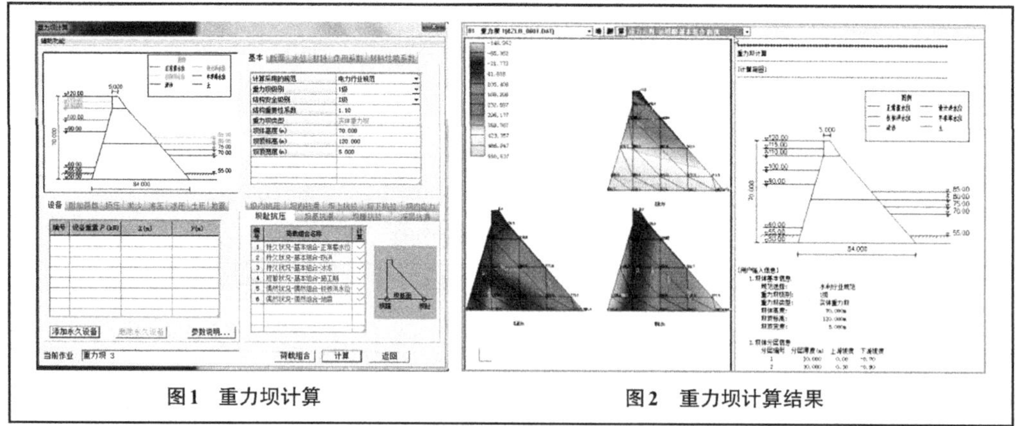

图1　重力坝计算　　　　图2　重力坝计算结果

8. 理正岩土隧道衬砌计算软件

理正岩土隧道衬砌计算软件　　　　表3-3-9

<table>
<tr><td>软件名称</td><td colspan="3">理正岩土隧道衬砌计算软件</td><td>厂商名称</td><td colspan="3">北京理正软件股份有限公司</td></tr>
<tr><td colspan="3">代码</td><td colspan="2">应用场景</td><td colspan="3">业务类型</td></tr>
<tr><td colspan="3">C11/F11/G11/H11/J11/K11/M11/N11/P11</td><td colspan="2">勘察岩土_岩土工程计算和分析</td><td colspan="3">建筑工程/管道工程/道路工程/桥梁工程/隧道工程/铁路工程/变电站/电网工程/水坝工程</td></tr>
<tr><td colspan="3">C16/F16/G16/H16/J16/K16/M16/N16/P16</td><td colspan="2">规划/方案设计_设计辅助和建模</td><td colspan="3">建筑工程/管道工程/道路工程/桥梁工程/隧道工程/铁路工程/变电站/电网工程/水坝工程</td></tr>
<tr><td>最新版本</td><td colspan="7">V6.0 2019</td></tr>
<tr><td>输入格式</td><td colspan="7">手工输入</td></tr>
<tr><td>输出格式</td><td colspan="7">.chq/.dxf/.rtf</td></tr>
<tr><td rowspan="2">推荐硬件配置</td><td>操作系统</td><td>64位Windows10</td><td>处理器</td><td>2GHz</td><td>内存</td><td colspan="2">8GB</td></tr>
<tr><td>显卡</td><td>1GB</td><td>磁盘空间</td><td>700MB</td><td>鼠标要求</td><td colspan="2">带滚轮</td></tr>
<tr><td rowspan="2">最低硬件配置</td><td>操作系统</td><td>64位Windows10</td><td>处理器</td><td>1GHz</td><td>内存</td><td colspan="2">4GB</td></tr>
<tr><td>显卡</td><td>512MB</td><td>磁盘空间</td><td>500MB</td><td>鼠标要求</td><td colspan="2">带滚轮</td></tr>
<tr><td colspan="8">功能介绍</td></tr>
<tr><td colspan="8">C16/F16/G16/H16/J16/K16/M16/N16/P16：
理正岩土隧道衬砌计算软件采用衬砌的边值问题及数值解法，将衬砌结构的计算化为非线性常微分方程组的边值问题，采用初参数数值解法，并结合水工隧洞的洞型和荷载特点，以计算水工隧洞衬砌在各主动荷载及其组合作用下的内力、位移及抗力分布。无须假定衬砌上的抗力分布，由程序经迭代计算自动得出（图1、图2）。
1.衬砌断面类型
包括：①圆形；②拱形；③圆拱直墙形；④圆拱直墙形（无底板）；⑤圆拱直墙形（底圆角）；⑥马蹄形；⑦马蹄形（平底）；⑧马蹄形（开口）；⑨高壁拱；⑩渐变段；⑪矩形；⑫圆拱直墙形（底拱）；⑬直墙三心圆拱形；⑭三心圆拱形（地铁）。
2.支座类型
包括：①固定；②简支；③弹性</td></tr>
</table>

续表

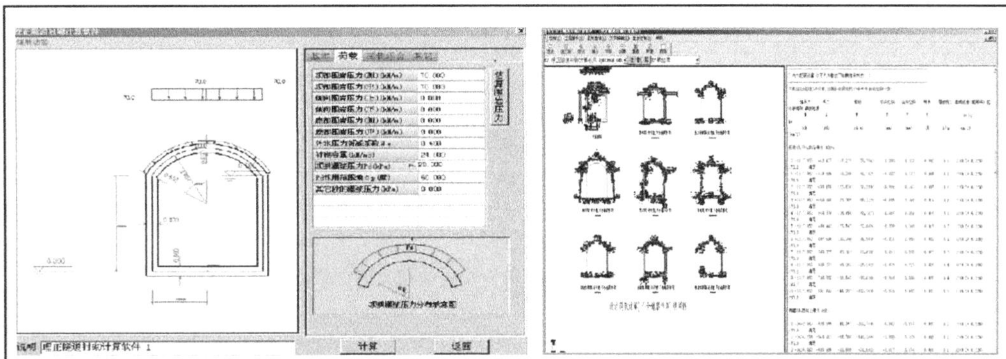

图1　隧道衬砌计算重力坝计算　　图2　隧道衬砌计算结果

3.荷载情况

包括：①衬砌自重；②顶岩压力；③底岩压力；④侧岩压力；⑤内水压力；⑥外水压力；⑦顶部灌浆压力；⑧其余灌浆压力；⑨地震作用力。

4.输出的结果

包括：①轴力图；②剪力图；③弯矩图；④变形图；⑤切向位移图；⑥法向位移图；⑦转角位移图；⑧抗力分布图等。

基础操作流程：选择工作路径→增加计算项目→编辑原始数据→项目计算→计算结果查询（图1、图2）。

选择工作路径：定义文件存储路径、文件名称、文件编号、设计时间。

增加计算项目：增加一项隧道衬砌计算项目。

编辑原始数据：输入基础、荷载、荷载组合等原始数据。

项目计算：隧道衬砌计算项目。

计算结果查询：对当前项目进行计算，并输出查询结果，包括查询图形结果与文字查询结果

9. 理正规划BIM报建工具软件

理正规划BIM报建工具软件　　表3-3-10

软件名称	理正规划BIM报建工具软件		厂商名称	北京理正软件股份有限公司		
代码		应用场景		业务类型		
A16		规划/方案设计_设计辅助和建模		城市规划		
最新版本	V1.0 2019					
输入格式	.dwg/.rvt/.dgn					
输出格式	.mdb/.lbp					
推荐硬件配置	操作系统	64位Windows7、32位Windows7	处理器	4GHz	内存	8GB
	显卡	8GB	磁盘空间	8TB	鼠标要求	带滚轮
最低硬件配置	操作系统	64位Windows7、32位Windows7	处理器	4GHz	内存	4GB
	显卡	4GB	磁盘空间	200GB	鼠标要求	带滚轮

续表

功能介绍
A16： 1.概述 实现BIM模型数字化报建，根据BIM相关数据标准实现BIM模型有效性校核、指标计算、数据错误提示等功能。通过实现BIM模型数字化报建，建立高度自动化的报建流程，减少报建材料提交审核中时间和资源消耗，提升报建效率（图1）。 2. BIM模型数字化报建 基于互联网实现建设单位报送BIM数据。为建设单位及其他相关用户单位提供BIM数据上传及报建信息录入服务接口。 3. BIM模型校验反馈 按照相关标准及规范对BIM报建文件进行有效性校核，判断是否符合电子报建规范，并对出现的问题或错误进行提示，通过相关接口反馈给报建单位或相关用户。 4.错误信息提示 报建单位或相关用户单位，可以通过在系统中查看报建BIM数据中存在的错误信息（图2）。 5.基础操作流程 对要求采用BIM技术的建设项目，使用BIM电子报建系统报送BIM数据。BIM电子报建系统将根据BIM报建标准，判别数据的有效性。如存在数据不合规的情况，将提示BIM模型错误信息。建设单位根据提示，对BIM数据进行修改后再进行报建（图3）。 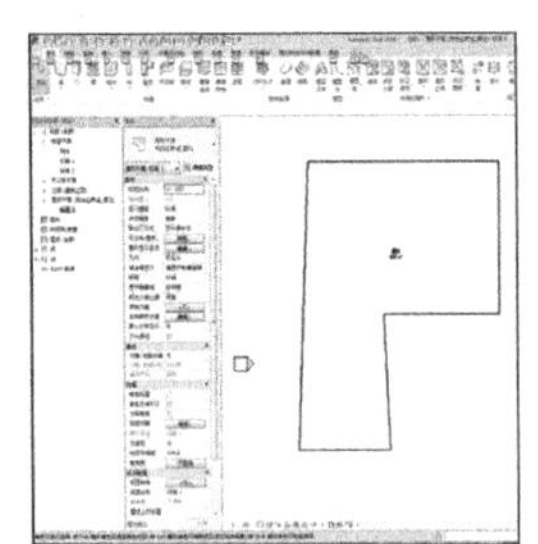 **图1　创建用地并标注面积** 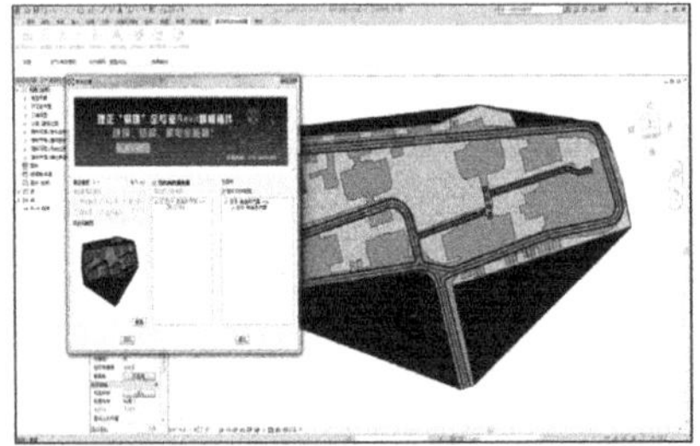 **图2　可视化数据导出** 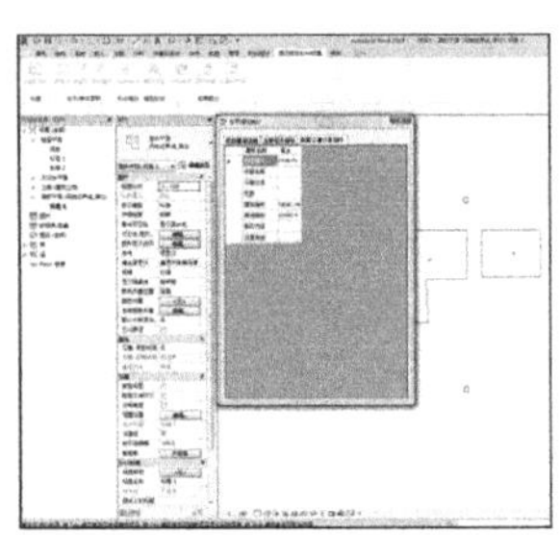 **图3　指标统计**

10. 基于BIM的建设项目可视化辅助审批系统

基于BIM的建设项目可视化辅助审批系统　　**表3-3-11**

<table>
<tr><td>软件名称</td><td colspan="3">基于BIM的建设项目可视化辅助审批系统</td><td>厂商名称</td><td colspan="3">北京理正软件股份有限公司</td></tr>
<tr><td colspan="2">代码</td><td colspan="3">应用场景</td><td colspan="3">业务类型</td></tr>
<tr><td colspan="2">A16</td><td colspan="3">规划/方案设计_设计辅助和建模</td><td colspan="3">城市规划</td></tr>
<tr><td>最新版本</td><td colspan="7">V1.0 2019</td></tr>
<tr><td>输入格式</td><td colspan="7">.dwg/.rvt/.dgn</td></tr>
<tr><td>输出格式</td><td colspan="7">.mdb/.lbp</td></tr>
<tr><td rowspan="2">推荐硬件配置</td><td>操作系统</td><td>64位Windows7、32位Windows7</td><td>处理器</td><td>4GHz</td><td>内存</td><td>8GB</td></tr>
<tr><td>显卡</td><td>8GB</td><td>磁盘空间</td><td>8TB</td><td>鼠标要求</td><td>带滚轮</td></tr>
<tr><td rowspan="2">最低硬件配置</td><td>操作系统</td><td>64位Windows7、32位Windows7</td><td>处理器</td><td>4GHz</td><td>内存</td><td>4GB</td></tr>
<tr><td>显卡</td><td>4GB</td><td>磁盘空间</td><td>200GB</td><td>鼠标要求</td><td>带滚轮</td></tr>
</table>

续表

功能介绍

A16：

基于BIM的建设项目可视化辅助审批系统：该系统的主要使用对象为BIM三维方案的审批者，主要是对BIM三维规划方案进行辅助审批管理和决策。

BIM数据提取：研究从BIM模型中快速提取规划管理所需信息，形成三维设计模型。

场景数据加载：调用简化后的三维设计模型，并加载项目周边现状三维城市模型、影像、DEM等现状数据和单元规划、控制性详细规划等管理数据，形成管理场景。

场景浏览：基于管理场景，利用3DGIS等先进技术，提供直观形象的BIM设计方案查看手段。

数据查询：在数据浏览过程中，可以交互查询、查看建筑工程项目模型的建筑面积、建筑高度、退界、建筑间距、建筑材料、色彩材质等信息。

辅助决策：提供通视分析、阴影模拟、建筑工程项目高度与布局调整等辅助决策功能，利用报建BIM模型指标数据可以与单元规划、控制性详细规划对项目地块的用地控制指标进行比对分析。

辅助标注：提供规划管理人员对方案修改意见进行标注，并可将标注结果以图片的形式进行保存。

模型导出：修改后的方案导出通用的模型文件。

基础操作流程：BIM数据提取信息→形成三维设计模型→场景数据加载→场景浏览→辅助标注决策→模型导出（图1～图6）。

规划管理部门根据审查审批要求，从BIM数据中提取信息，形成三维设计模型。在建设项目审查审批过程中，可首先将三维设计模型中的单元规划数据、控制性详细规划数据和其他管理部门数据加载到场景中。

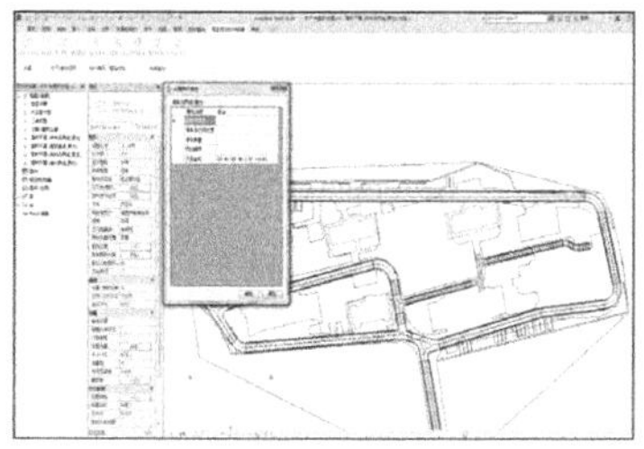

图1　赋属性

图2　面积数据导出

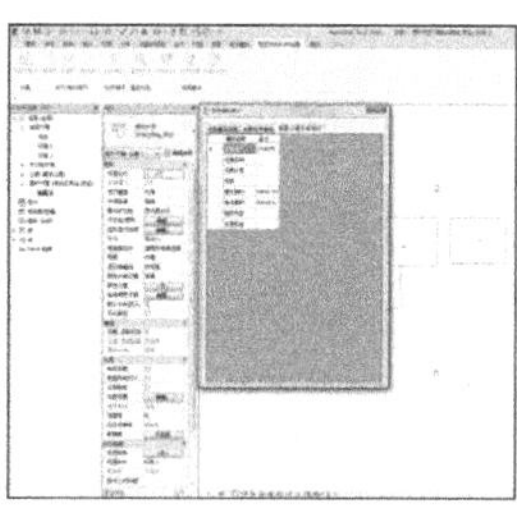

图3　指标统计

图4　BIM数据提取结果

图5　叠加现状三维

图6　视域分析

11. 理正建筑CAD软件

理正建筑CAD软件　　**表3-3-12**

软件名称	理正建筑CAD软件		厂商名称	北京理正软件股份有限公司
代码		应用场景		业务类型
A16/C16/J16		规划/方案设计_设计辅助和建模		城市规划/建筑工程/铁路工程
A25/C25/J25		初步/施工图设计_设计辅助和建模		城市规划/建筑工程/铁路工程
最新版本	V5.0 2019			
输入格式	参数输入			

续表

输出格式	.dwg					
推荐硬件配置	操作系统	64位Windows10	处理器	2GHz	内存	8GB
	显卡	1GB	磁盘空间	700MB	鼠标要求	带滚轮
最低硬件配置	操作系统	64位Windows10	处理器	1GHz	内存	4GB
	显卡	512MB	磁盘空间	500MB	鼠标要求	带滚轮
功能介绍						

A16/C16/J16、A25/C25/J25：

针对建筑设计师使用AutoCAD比较普遍，而AutoCAD专业功能又不强的特点，特为建筑设计师二次开发的一种软件，软件全面考虑设计工作者的设计习惯，兼容AutoCAD平台各个版本，并全面支持Win7及64位系统。考虑到建筑设计的特点，软件提供更多的快捷命令调用和智能化应用，辅助工程师快速、准确、高效地设计建筑精品。

软件功能

轴网标注：可任意将长短不齐的轴网窗选后正确进行标注。

墙线绘制：不同材质的墙放在不同的图层，内、外墙区分开来绘制，增强了图层的管理。

定义柱墙：可以将用户任意画的图元定义成柱或剪力墙。

定义异形柱：可以插入“+”形、“T”形、“L”形等形状的异形柱。

定义门窗：不同形式的门窗（内、外）分不同的图层绘制，方便了门窗的统计。

尺寸标注：既可用选图元方式，也可用取点方式确定标注点，并可在标注过程中拖动显示，取舍标注点。

改尺寸（组）：在改尺寸的同时改变它所标注的对象（如门窗、墙厚）尺寸的命令。

造门窗表：插入任意层平面，并能自动生成格式规范的标准门窗统计表。同时可以校对门窗表是否有漏编。

整体楼梯：可以一次性利用对话框，把所有的楼梯剖面画好。

图案面积：可以自动测量填充图案的面积。

遮挡处理：在填充图案上插图块，并能按图块轮廓遮挡填充图案的功能。

外引剪裁、提取：一个在图纸空间内将大于A0的图纸在出图时分割成小图，并不影响大图的完整性，当大图局部修改的同时小图也同时变化。

比例，做比例块：方便调整图面按不同比例出图。

平面生立、剖：平面图可在图中任意位置生成立面图和剖面图，不受坐标系原点影响。三维建模采用实体方式生成墙体等构件。

日照计算：可以进行建筑物遮挡产生的日照阴影计算、等日照时间曲线计算、位置点受日照时间的计算及建筑物窗受日照时间的计算。计算结果自动汇入图中，并自动生成计算表。从4.0版开始，规定连续日照时间改为取最长的一段、二段、三段和全部日照时间的选择，并兼容以米为单位的建筑模型。

图库管理：图库内容极为丰富，包括系统、用户和外接三部分，用户也可随时将自制图块加入。软件提供上千项专业绘图命令（图1）。

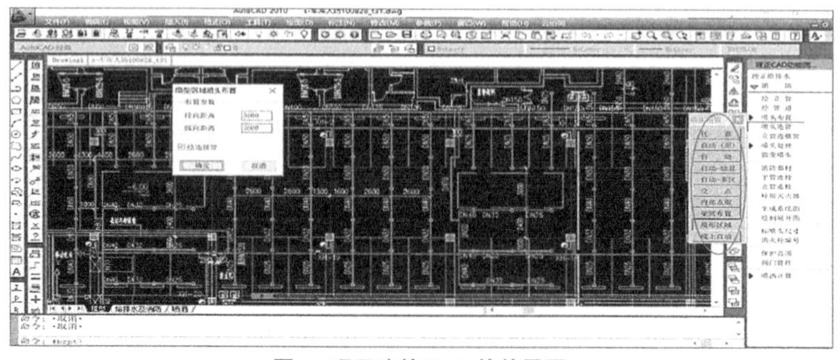

图1　理正建筑CAD软件界面

12. 理正给排水CAD软件

理正给排水CAD软件　　**表3-3-13**

软件名称	理正给排水CAD软件		厂商名称	北京理正软件股份有限公司	
代码		应用场景		业务类型	
A16/C16/J16		规划/方案设计_设计辅助和建模		城市规划/建筑工程/铁路工程	
A25/C25/J25		初步/施工图设计_设计辅助和建模		城市规划/建筑工程/铁路工程	
最新版本	V12.0 2020				
输入格式	参数输入				
输出格式	.dwg				

推荐硬件配置	操作系统	64位Windows10	处理器	2GHz	内存	8GB
	显卡	1GB	磁盘空间	700MB	鼠标要求	带滚轮
最低硬件配置	操作系统	64位Windows10	处理器	1GHz	内存	4GB
	显卡	512MB	磁盘空间	500MB	鼠标要求	带滚轮

功能介绍

A16/C16/J16、A25/C25/J25：

根据《建筑给水排水设计规范》GB 50015—2003重新编写有关内容，特别是给水的水力计算部分，分为住宅类和工建类计算；同时增加了目前常用的多种管材的计算。根据《自动喷水灭火系统设计规范》GB 50084—2001，按照逐点法进行自动喷洒计算。

功能特点

建筑部分：轴网、墙、柱、门窗、洞、楼梯等的绘制与编辑，使用方便简洁。采用对话框方式，直观、易用。墙线、柱子自动处理交点。设有与其他建筑软件的接口，可十分方便地与建筑专业衔接。

计算部分：具有室内给水、自动喷洒、水力表查询、减压孔板、节流管及雨水管渠计算功能，可自动生成专业计算书并可直接打印。室内给水水力计算只需点取入口总管即可自动进行管段编号，计算出管径，并得到计算书。而且可以对计算结果人为干预。按新规范编制了自动喷洒计算程序，只需指定作用面积及入口总管即可自动进行管段编号，计算出各个节点压力及喷头流量，并得到计算书；可以按照防火等级自动校核4个喷头流量是否满足规范要求，也可以给定入口压力校核各个喷头流量及压力。所有参数自动从图中得到（包括管长、当量长度等）。短短3min，就可以完成喷洒系统的计算和校核工作。可以设定喷头流量系数，为此可以用该功能来完成水喷雾系统的计算。各种形式的喷头布置，自动多区命令，可以快速布置喷头，并自动避开轴网；梁间布置和内部点取命令可快速在不规则、倾斜建筑物内布置喷头，并自动避开梁格。

室内部分：管道的绘制灵活方便，编辑修改非常容易，可自动生成原理图、系统图及管材、器具统计表，智能化程度很高。强大的修改、编辑功能，避免了大量的重复性工作，提高工作效率。

室外部分：可快速绘制出各种管道，方便快捷地布置检查井，修改井地面标高、管径、坡度，自动判别管道是否碰撞。检查井自动编号。自动从平面图产生纵断面图，也可以在平面图上直接标注相关信息。提供国标及市政院两种常见做法的纵断面图。在纵断面图上直接修改坡度、管径等参数后可自动更新。

泵房部分：用于泵房管线的布置。可绘制三通、弯头侧视图、前后视图、异径管及双管线等，并自动生成剖面图。三通、四通、弯头、异径管、法兰均按国标中所规定的标准值绘制，所绘出的尺寸即为真实大小。让你在绘图过程中很容易判断出空间是否满足要求。

管网平差部分：充分考虑了用户的操作设计习惯，尽量做到操作简易灵活。以前对于多环路大型管网，手工计算每一种工况平差可能需要几天时间，现在只需几秒钟即可完成，大大提高了设计人员的工作效率。

协同菜单：碰撞检查时，可一键查出管道、风管、桥架有碰撞的地方，并即时标注出碰撞地方的管道类别、管材、标高。同时，对两版图纸进行联动比较，可快速比较出不同的地方。智能会签不同专业间相互关联内容的漏洞检查（图1、图2）

续表

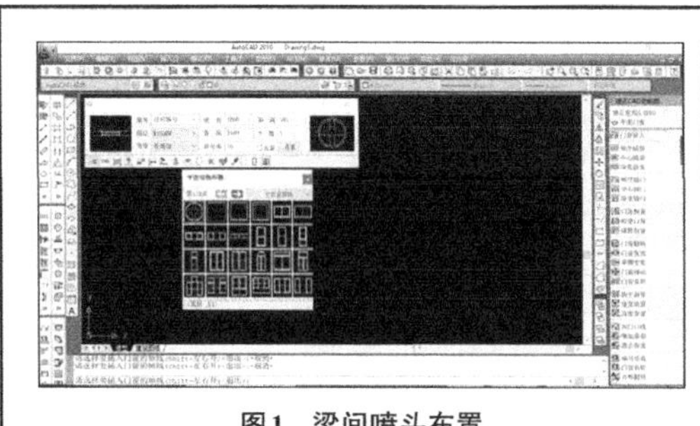

图1　梁间喷头布置

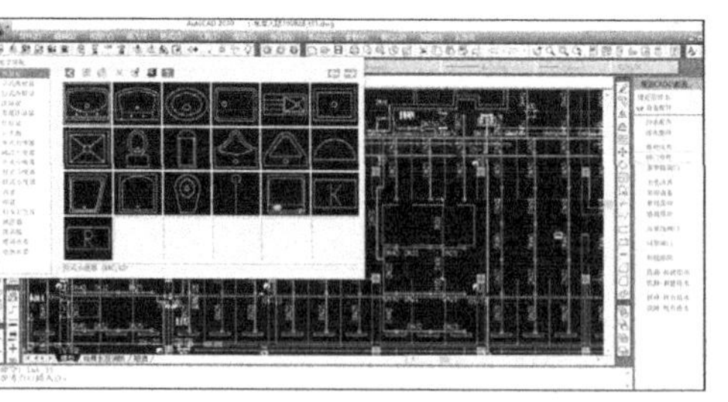

图2　卫生洁具布置

13. 理正易建（Revit）辅助设计软件—— BIM建筑设计软件

理正易建（Revit）辅助设计软件—— BIM建筑设计软件　　**表3-3-14**

<table>
<tr><td>软件名称</td><td colspan="3">理正易建（Revit）辅助设计软件—— BIM建筑设计软件</td><td>厂商名称</td><td colspan="2">北京理正软件股份有限公司</td></tr>
<tr><td colspan="2">代码</td><td colspan="2">应用场景</td><td colspan="3">业务类型</td></tr>
<tr><td colspan="2">A16/C16/J16</td><td colspan="2">规划/方案设计_设计辅助和建模</td><td colspan="3">城市规划/建筑工程/铁路工程</td></tr>
<tr><td colspan="2">A25/C25/J25</td><td colspan="2">初步/施工图设计_设计辅助和建模</td><td colspan="3">城市规划/建筑工程/铁路工程</td></tr>
<tr><td>最新版本</td><td colspan="6">V2.0 2019</td></tr>
<tr><td>输入格式</td><td colspan="6">参数输入</td></tr>
<tr><td>输出格式</td><td colspan="6">.rvt</td></tr>
<tr><td rowspan="2">推荐硬件配置</td><td>操作系统</td><td>64位Windows10</td><td>处理器</td><td>2GHz</td><td>内存</td><td>8GB</td></tr>
<tr><td>显卡</td><td>1GB</td><td>磁盘空间</td><td>700MB</td><td>鼠标要求</td><td>带滚轮</td></tr>
<tr><td rowspan="2">最低硬件配置</td><td>操作系统</td><td>64位Windows10</td><td>处理器</td><td>1GHz</td><td>内存</td><td>4GB</td></tr>
<tr><td>显卡</td><td>512MB</td><td>磁盘空间</td><td>500MB</td><td>鼠标要求</td><td>带滚轮</td></tr>
<tr><td colspan="7">功能介绍</td></tr>
<tr><td colspan="7">A16/C16/J16、A25/C25/J25：
理正建筑软件（Revit版）是基于Autodesk Revit Architecture的专业化辅助设计软件，软件集成了大量常用的Revit快捷建模设计功能，从专业角度及BIM设计人员实际需求出发，有效降低了设计人员采用Revit进行设计时操作复杂、习惯不符等难题，显著提升了设计效率。软件全面兼容Revit2013～Revit2016的各版本Revit软件，并全面支持Win7 32位及64位系统、XP系统、Windows8系统。
功能特点如下：
门窗布置：熟悉的门窗布置界面，仿佛置身于习惯的二维设计。
幕墙设计系统：Revit幕墙创建繁杂，理正幕墙设计系统提供了批量布置网格、嵌板，并支持在幕墙中嵌入门窗，且可生成展开图。
楼梯：将Revit绘制楼梯时烦琐的设置汇总到一个界面，且可以加平台梁。
坡道的创建：根据详图线利用楼板创建坡道，提供单独的创建及返回修改界面，并可创建展开图。
标注功能：强大的标注功能，支持关联构件标注、引出标注、图名标注等标注样式。
门窗大样：根据选择门窗自动绘制到指定区域，门窗大样支持门窗自动更新，当门窗类型改变时，大样图自动更新（图1～图3）</td></tr>
</table>

续表

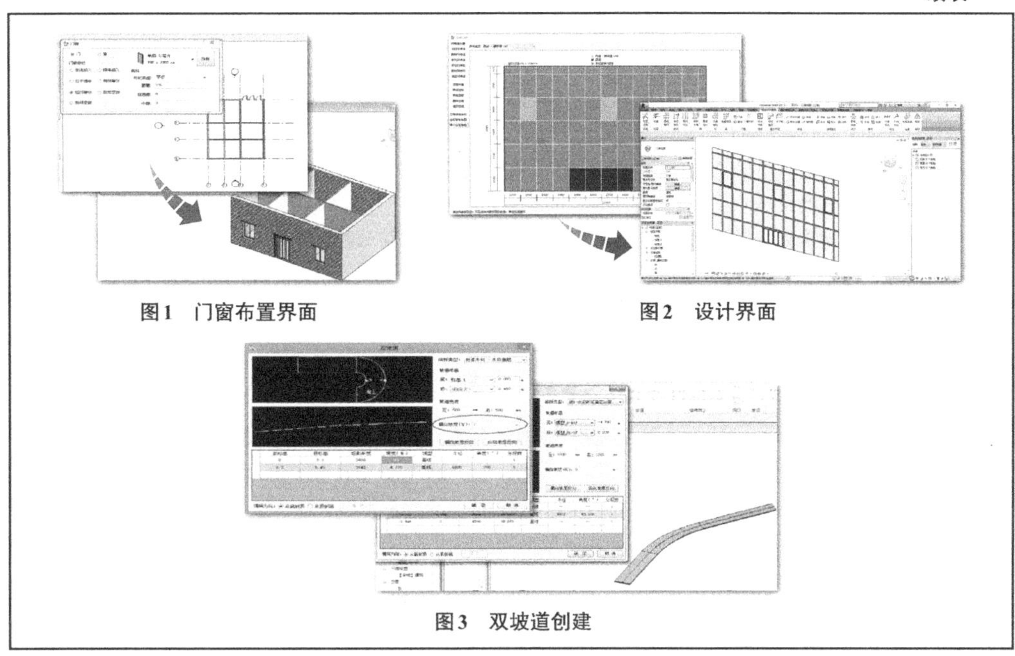
图1　门窗布置界面　　图2　设计界面

图3　双坡道创建

14. 理正易建（Revit）辅助设计软件——理正BIM水暖电设计软件

理正易建（Revit）辅助设计软件——理正BIM水暖电设计软件　　表3-3-15

软件名称	理正易建（Revit）辅助设计软件——理正BIM水暖电设计软件		厂商名称	北京理正软件股份有限公司		
代码		应用场景			业务类型	
A16/C16/J16		规划/方案设计_设计辅助和建模			城市规划/建筑工程/铁路工程	
A25/C25/J25		初步/施工图设计_设计辅助和建模			城市规划/建筑工程/铁路工程	
最新版本	V2.0 2019					
输入格式	参数输入					
输出格式	.rvt					
推荐硬件配置	操作系统	64位Windows10	处理器	2GHz	内存	8GB
	显卡	1GB	磁盘空间	700MB	鼠标要求	带滚轮
最低硬件配置	操作系统	64位Windows10	处理器	1GHz	内存	4GB
	显卡	512MB	磁盘空间	500MB	鼠标要求	带滚轮
功能介绍						
A16/C16/J16、A25/C25/J25： 基于Autodesk Revit MEP的专业化辅助设计软件，充分考虑了设备工程师的使用习惯，软件分为风系统、水系统、给水排水、消防、采暖五大系统，覆盖水暖电三个专业，并和国内首款植入本地规范的计算服务程序紧密集成，有效降低了设计人员采用Revit进行设计的难度，显著提升了设计效率，体现了专业设计与快速建模相结合的软件设计理念						

续表

软件的主要功能包括：风管水管的批量布置、弯头水管间的批量连接、风口快速布置、阀门喷头的批量布置、专业化标注等，以及电器设备的布置、专业的计算程序、管道高程着色等常用设计工具。让你一次投入同时享受三大专业，多个系统，设计及计算一次拥有。

功能特点如下：

专业化的系统分类：内置了五大系统常用分类，可对系统类型、颜色、线型等分别设置，可按照用户习惯完全定制自己的分类，并可将分类保存、导出和导入。

快速布置设备和管道：提供了对空调、卫浴、风口、喷头等设备精确定位布置，并对立管在空间上可精确定位布置。

快速连接：提供了设备与管道、管道与管道的快速连接，包括连接风机、批量连风口、连接盘管、连接喷头、各种方式管道连接、类型连接和任意连接等。

快速编辑：对风管和水管进行批量编辑功能，包括风管对齐、风管避让、风管编辑、水管避让和水管编辑等。

给水自动计算：给水自动计算将国标给水排水现行规范《建筑给水排水设计规范》GB 50015—2003与Revit紧密集成，只要将卫浴设备、管道连接成为一个系统，计算服务即自动完成，包括当量与流量转换、沿程水头损失计算等，沿程水头损失提供了CoreBrook和国标海登—威廉两种计算模型，针对不同设计要求选用，计算完成后，可利用Revit管道压力报告生成计算书，此功能在国内插件中属于首创，支持Revit 2014及以上版本。

符合专业设计标注：提供了多种实用且遵循专业设计制图规范标注，包括风管标注、风口标注、水管标注、设备标注、阀件标注等（图1、图2）。

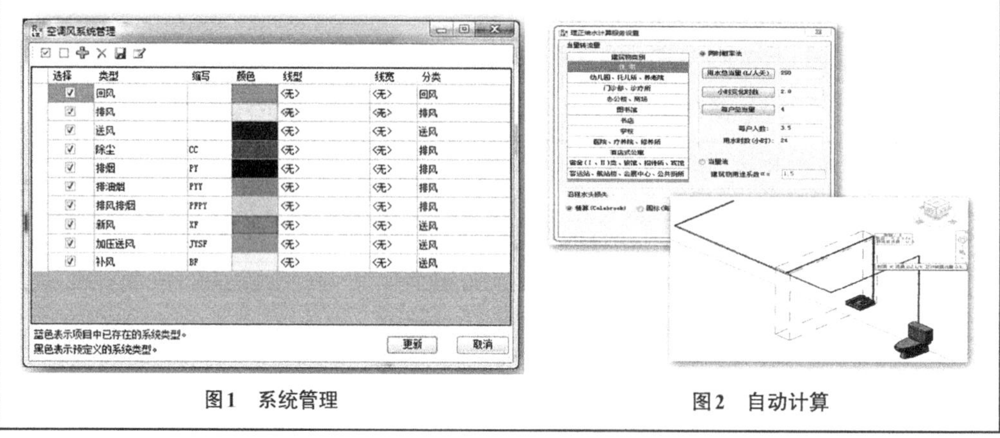

图1　系统管理　　　　图2　自动计算

15. 理正易建（Revit）辅助设计软件——理正翻模软件

理正易建（Revit）辅助设计软件——理正翻模软件　　表3-3-16

软件名称	理正易建（Revit）辅助设计软件——理正翻模软件		厂商名称	北京理正软件股份有限公司
代码		应用场景	业务类型	
A16/C16/J16		规划/方案设计_设计辅助和建模	城市规划/建筑工程/铁路工程	
A25/C25/J25		初步/施工图设计_设计辅助和建模	城市规划/建筑工程/铁路工程	
最新版本	V2.0 2019			
输入格式	参数输入			
输出格式	.rvt			

续表

推荐硬件配置	操作系统	64位Windows10	处理器	2GHz	内存	8GB
	显卡	1GB	磁盘空间	700MB	鼠标要求	带滚轮
最低硬件配置	操作系统	64位Windows10	处理器	1GHz	内存	4GB
	显卡	512MB	磁盘空间	500MB	鼠标要求	带滚轮

功能介绍

A16/C16/J16：

理正翻模工具是基于Revit平台进行的二次开发，针对Revit建模耗时且烦琐、DWG转Revit效率不高的迫切需求而研发，本翻模工具包含建筑翻模、结构翻模以及机电翻模，使用本翻模插件可以进行全专业翻模，同时配备翻模后编辑工具，方便用户修改模型，该软件对于国内基于主流CAD辅助设计软件的DWG图纸有良好兼容性，可实现现有图纸为基础建立BIM模型，有效提高Revit的操作效率，减少手工重复操作，使设计模型很方便地向施工模型过渡，为BIM数据的向下传递提供便捷之路。软件全面兼容Revit2014、Revit2015、Revit2016的各版本Revit软件，并全面支持64位Windows7、64位Windows8、64位Windows10。

理正建筑翻模软件（Revit）。该软件基于Revit，可快速实现建筑专业DWG图纸中：轴线、轴线标记、墙、柱（包括异型柱）、门窗等建筑构件转换成Revit模型，该软件对DWG图纸有良好兼容性，同时翻模速度快，导出后，Revit可对模型文件进一步编辑，深化BIM应用（图1）。

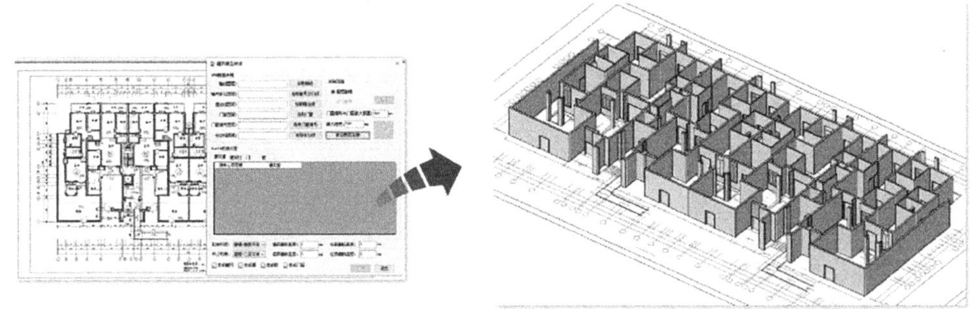

图1　建筑翻模前后

理正结构翻模软件（Revit）。结构翻模是针对Revit建模中的结构建模耗时长且烦琐的迫切需求而研发，它能将平法所表示的轴线、柱子、梁、墙等结构专业DWG图快速智能地生成Revit模型，并能在Revit中指定生成轴线、结构墙、结构柱、梁中的任意一类构件，同时对于国内主流CAD结构专业软件的DWG图纸都兼容，在智能操作、图纸兼容等方面都有良好的表现，大大提高了结构专业设计人员的设计效率。

理正机电翻模软件（Revit）。理正机电翻模软件是理正公司打造的一款智能化机电专业翻模软件，软件基于Revit下操作，它可以实现喷淋、水管、风管及桥架的翻模，同时实现Revit生成的管道自动连接等翻模操作，其最大的亮点为模型转换速度快、图纸兼容性好。

批量开洞：依据碰撞检查报告，按照用户选择的冲突记录批量开洞。

扣减功能：由于对穿过柱的墙、梁都会被柱切分，该功能可直接框选切割墙、梁的柱子，避免墙和柱重叠部分重复计算，提升设计效率。

自动降板：当前楼层楼板的指定区域的降板/升板。

风管、水管避让功能：通过风管、水管的方向、净距离以及角度的参数化输入，可智能化地进行风管和水管避让。

水管分段：该功能可实现水管的单段、多段批量分段（图2、图3）

续表

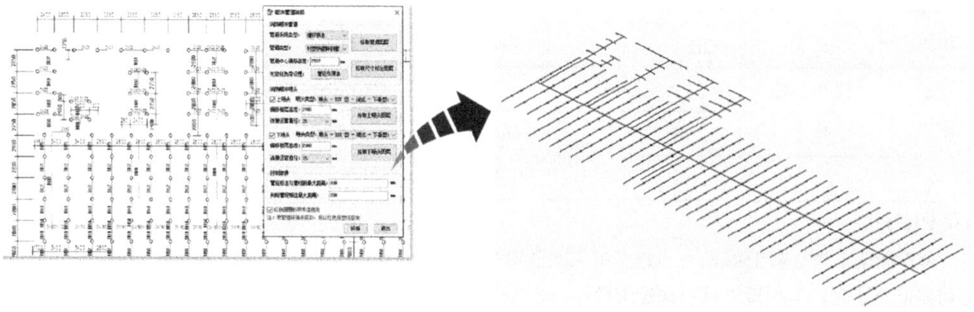

图 2　喷淋翻模前后

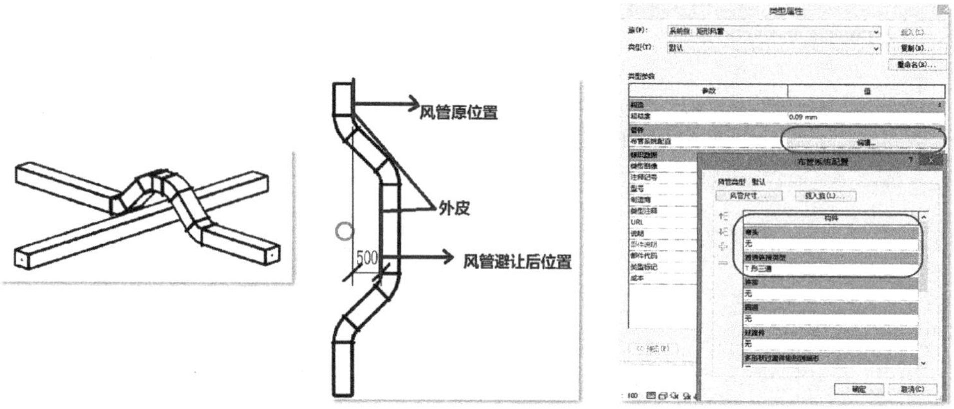

图 3　风管避让

16. Trimble SketchUp Pro

Trimble SketchUp Pro　　　　表 3-3-17

软件名称	Trimble SketchUp Pro	厂商名称	天宝寰宇电子产品（上海）有限公司
代码	应用场景	业务类型	
A01/B01/C01/F01	通用建模和表达	城市规划/场地景观/建筑工程/管道工程	
A02/B02/C02/F02	模型整合与管理	城市规划/场地景观/建筑工程/管道工程	
A04/B04/C04/F04	可视化仿真与VR	城市规划/场地景观/建筑工程/管道工程	
A16/B16/C16/F16	规划/方案设计_设计辅助和建模	城市规划/场地景观/建筑工程/管道工程	
A17/B17/C17/F17	规划/方案设计_场地环境性能化分析	城市规划/场地景观/建筑工程/管道工程	
A19/B19/C19/F19	规划/方案设计_建筑环境性能化分析	城市规划/场地景观/建筑工程/管道工程	
A20/B20/C20/F20	规划/方案设计_参数化设计优化	城市规划/场地景观/建筑工程/管道工程	
A23/B23/C23/F23	规划/方案设计_设计成果渲染与表达	城市规划/场地景观/建筑工程/管道工程	
A25/B25/C25/F25	初步/施工图设计_设计辅助和建模	城市规划/场地景观/建筑工程/管道工程	
A27/B27/C27/F27	初步/施工图设计_设计分析和优化	城市规划/场地景观/建筑工程/管道工程	

续表

<table>
<tr><td>A31/B31/C31/F31</td><td colspan="4">初步/施工图设计_设计成果渲染与表达</td><td colspan="3">城市规划/场地景观/建筑工程/管道工程</td></tr>
<tr><td>A33/B33/C33/F33</td><td colspan="4">深化设计_深化设计辅助和建模</td><td colspan="3">城市规划/场地景观/建筑工程/管道工程</td></tr>
<tr><td>C37</td><td colspan="4">深化设计_装饰装修设计辅助和建模</td><td colspan="3">建筑工程</td></tr>
<tr><td>C39</td><td colspan="4">深化设计_机电工程设计辅助和建模</td><td colspan="3">建筑工程</td></tr>
<tr><td>C40</td><td colspan="4">深化设计_幕墙设计辅助和建模</td><td colspan="3">建筑工程</td></tr>
<tr><td>最新版本</td><td colspan="7">Trimble SketchUp Pro 2021</td></tr>
<tr><td>输入格式</td><td colspan="7">.3ds/.bmp/.dae/.ddf/.dem/.dwg/.dxf/.ifc/.ifczip/.jpeg/.jpg/.kmz/.png/.psd/.skp/.stl/.tga/.tif/.tiff</td></tr>
<tr><td>输出格式</td><td colspan="7">.3ds/.dwg/.dxf/.dae/.fbx/.ifc/.kmz/.obj/.stl/.wrl/.xsi/.pdf/.eps/.bmp/.jpg/.tif/.png</td></tr>
<tr><td rowspan="2">推荐硬件配置</td><td>操作系统</td><td>64位Windows10</td><td>处理器</td><td>2GHz</td><td>内存</td><td>8GB</td><td></td></tr>
<tr><td>显卡</td><td>1GB</td><td>磁盘空间</td><td>700MB</td><td>鼠标要求</td><td>带滚轮</td><td></td></tr>
<tr><td rowspan="2">最低硬件配置</td><td>操作系统</td><td>64位Windows10</td><td>处理器</td><td>1GHz</td><td>内存</td><td>4GB</td><td></td></tr>
<tr><td>显卡</td><td>512MB</td><td>磁盘空间</td><td>500MB</td><td>鼠标要求</td><td>带滚轮</td><td></td></tr>
<tr><td colspan="8">功能介绍</td></tr>
</table>

A16/B16/C16/F16、A17/B17/C17/F17、A19/B19/C19/F19、A20/B20/C20/F20、A23/B23/C23/F23：

1.本软件在“规划/方案设计_设计辅助和建模、场地环境性能化分析、建筑环境性能化分析、参数化设计优化、设计成果渲染与表达”应用上的介绍及优势

SketchUp可以极其快速和方便地对三维模型进行创建、观察和修改，是专门为配合设计过程而研发的。

SketchUp的优势：相比其他三维建模软件，使用直观快捷、利于思考推敲、便于展示表达是SketchUp最突出的特点(图1)。

2.本软件在“规划/方案设计_设计辅助和建模、场地环境性能化分析、建筑环境性能化分析、参数化设计优化、设计成果渲染与表达”应用上的操作难易度

设计师在使用过程中，软件的操作相对比较自由，最大限度地减少了对设计师的思维限制(图2)。操作难易程度：一般。

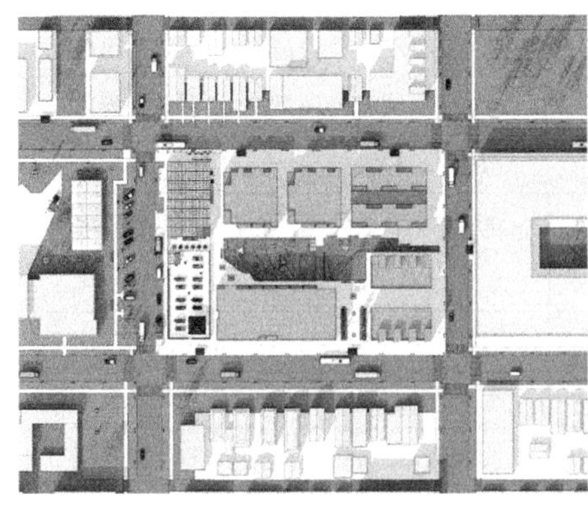

图1　便于推敲

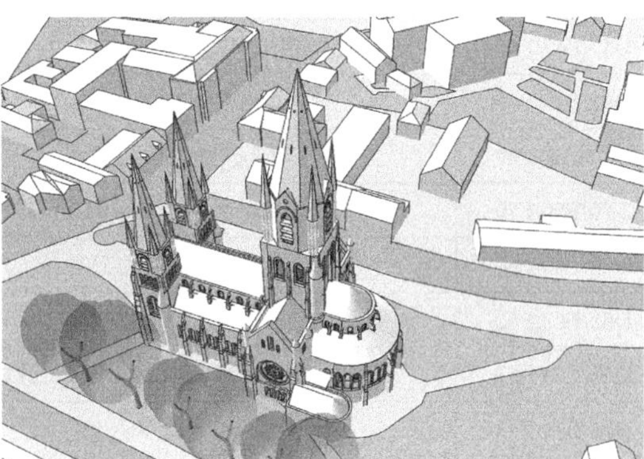

图2　快速建模

17. Trimble SketchUp Pro/Trimble Business Center/SketchUp mobile viewer/水处理模块For SketchUp/垃圾处理模块For SketchUp/能源化工模块For SketchUp/6D For SketchUp

Trimble SketchUp Pro/Trimble Business Center/SketchUp mobile viewer/水处理模块For SketchUp/垃圾处理模块For SketchUp/能源化工模块For SketchUp/6D For SketchUp **表3-3-18**

软件名称	Trimble SketchUp Pro/Trimble Business Center/SketchUp mobile viewer/水处理模块For SketchUp/垃圾处理模块For SketchUp/能源化工模块For SketchUp/6D For SketchUp	厂商名称	天宝寰宇电子产品（上海）有限公司/辽宁乐成能源科技有限公司
代码	应用场景		业务类型
D06/E06/F06	勘察岩土_勘察外业设计辅助和建模		水处理/垃圾处理/管道工程（能源化工）
D11/E11/F11	勘察岩土_岩土工程计算和分析		水处理/垃圾处理/管道工程（能源化工）
D16/E16/F16	规划/方案设计_设计辅助和建模		水处理/垃圾处理/管道工程（能源化工）
D22/E22/F22	规划/方案设计_算量和造价		水处理/垃圾处理/管道工程（能源化工）
D23/E23/F23	规划/方案设计_设计成果渲染与表达		水处理/垃圾处理/管道工程（能源化工）
D25/E25/F25	初步/施工图设计_设计辅助和建模		水处理/垃圾处理/管道工程（能源化工）
D30/E30/F30	初步/施工图设计_算量和造价		水处理/垃圾处理/管道工程（能源化工）
D31/E31/F31	初步/施工图设计_设计成果渲染与表达		水处理/垃圾处理/管道工程（能源化工）
D33/E33/F33	深化设计_深化设计辅助和建模		水处理/垃圾处理/管道工程（能源化工）
D38/E38/F38	深化设计_钢结构设计辅助和建模		水处理/垃圾处理/管道工程（能源化工）
D44/E44/F44	深化设计_算量和造价		水处理/垃圾处理/管道工程（能源化工）
D46/E46/F46	招采_招标投标采购		水处理/垃圾处理/管道工程（能源化工）
D47/E47/F47	招采_投资与招商		水处理/垃圾处理/管道工程（能源化工）
D48/E48/F48	招采_其他		水处理/垃圾处理/管道工程（能源化工）
D49/E49/F49	施工准备_施工场地规划		水处理/垃圾处理/管道工程（能源化工）
D50/E50/F50	施工准备_施工组织和计划		水处理/垃圾处理/管道工程（能源化工）
D60/E60/F60	施工实施_隐蔽工程记录		水处理/垃圾处理/管道工程（能源化工）
D62/E62/F62	施工实施_成本管理		水处理/垃圾处理/管道工程（能源化工）
D63/E63/F63	施工实施_进度管理		水处理/垃圾处理/管道工程（能源化工）
D66/E66/F66	施工实施_算量和造价		水处理/垃圾处理/管道工程（能源化工）
D74/E74/F74	运维_空间登记与管理		水处理/垃圾处理/管道工程（能源化工）
D75/E75/F75	运维_资产登记与管理		水处理/垃圾处理/管道工程（能源化工）
D78/E78/F78	运维_其他		水处理/垃圾处理/管道工程（能源化工）
最新版本	Trimble SketchUp Pro2021/Trimble Business Center/SketchUp mobile viewer/水处理模块For SketchUp/垃圾处理模块For SketchUp/能源化工模块For SketchUp/6D For SketchUp		

续表

<table>
<tr><td>输入格式</td><td colspan="6">.skp/.3ds/.dae/.dem/.ddf/.dwg/.dxf/.ifc/.ifcZIP/.kmz/.stl/.jpg/.png/.psd/.tif/.tag/.bmp</td></tr>
<tr><td>输出格式</td><td colspan="6">.skp/.3ds/.dae/.dwg/.dxf/.fbx/.ifc/.kmz/.obj/.wrl/.stl/.xsi/.jpg/.png/.tif/.bmp/.mp4/.avi/.webm/.ogv/.xls</td></tr>
<tr><td rowspan="2">推荐硬件配置</td><td>操作系统</td><td>64位Windows10</td><td>处理器</td><td>2GHz</td><td>内存</td><td>8GB</td></tr>
<tr><td>显卡</td><td>1GB</td><td>磁盘空间</td><td>700MB</td><td>鼠标要求</td><td>带滚轮</td></tr>
<tr><td rowspan="2">最低硬件配置</td><td>操作系统</td><td>64位Windows10</td><td>处理器</td><td>1GHz</td><td>内存</td><td>4GB</td></tr>
<tr><td>显卡</td><td>512MB</td><td>磁盘空间</td><td>500MB</td><td>鼠标要求</td><td>带滚轮</td></tr>
<tr><td colspan="7">功能介绍</td></tr>
<tr><td colspan="7">D16/E16/F16：
1. 本软件在“规划/方案设计_设计辅助和建模”应用上的介绍及优势
本软件可通过地图、点云、图片、CAD等形式快速搭建现场场地及环境模型，可快速进行规划方案设计及建模（图1）。
2. 本软件在“规划/方案设计_设计辅助和建模”应用上的操作难易度
本软件操作流程：地图/点云/图片/CAD文件导入→整理建模→规划设计。
建模操作简单，只有一个操作视口方便查看，可快速搭建多种方案，便于比选。显示样式丰富，满足个性汇报文本需求。
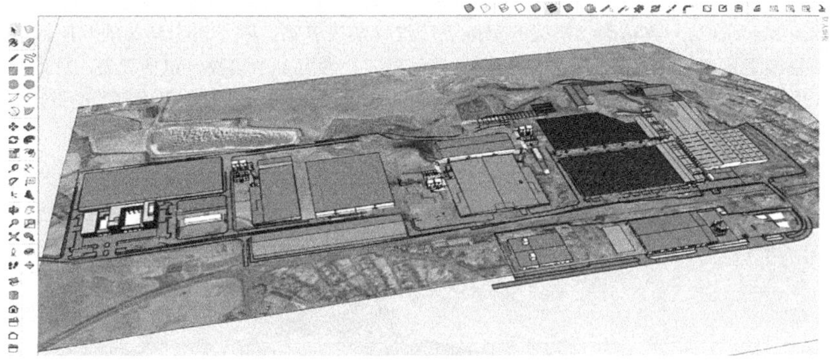
图1 快速搭建场地环境模型</td></tr>
</table>

18. OpenPlant

OpenPlant **表3-3-19**

<table>
<tr><td>软件名称</td><td>OpenPlant</td><td>厂商名称</td><td>Bentley</td></tr>
<tr><td>代码</td><td>应用场景</td><td colspan="2">业务类型</td></tr>
<tr><td>D01/E01/F01</td><td>通用建模和表达</td><td colspan="2" rowspan="7">水处理/垃圾处理/管道工程</td></tr>
<tr><td>D02/E02/F02</td><td>模型整合与管理</td></tr>
<tr><td>D16/E16/F16</td><td>规划/方案设计_设计辅助和建模</td></tr>
<tr><td>D20/E20/F20</td><td>规划/方案设计_参数化设计优化</td></tr>
<tr><td>D24/E24/F24</td><td>规划/方案设计_其他</td></tr>
<tr><td>D25/E25/F25</td><td>初步/施工图设计_设计辅助和建模</td></tr>
<tr><td>D27/E27/F27</td><td>初步/施工图设计_设计分析和优化</td></tr>
</table>

续表

D32/E32/F32	初步/施工图设计_其他					
D33/E33/F33	深化设计_深化设计辅助和建模					
D36/E36/F36	深化设计_预制装配设计辅助和建模					
D39/E39/F39	深化设计_机电工程设计辅助和建模					
D45/E45/F45	深化设计_其他					
最新版本	OpenPlant CONNECT Edition Update 9					
输入格式	.dgn/.dwg/.3ds/.ifc/.3dm/.skp/.stp/.sat/.fbx/.obj/.jt/.3mx/.igs/.stl/.x_t/.shp					
输出格式	.dgn/.dwg/.rdl/.hln/.pdf/.cgm/.dxf/.fbx/.igs/.jt/.stp/.sat/.obj/.x_t/.skp/.stl/.vob					
推荐硬件配置	操作系统	64位Windows10	处理器	2GHz	内存	16GB
	显卡	2GB	磁盘空间	1TB	鼠标要求	带滚轮
最低硬件配置	操作系统	64位Windows10	处理器	1GHz	内存	4GB
	显卡	512MB	磁盘空间	500GB	鼠标要求	带滚轮
功能介绍						

D16/E16/F16、D25/E25/F25、D33/E33/F33：

OpenPlant Modeler是一款精确、快捷的三维工厂设计解决方案，基于ISO15926的开放信息模型，将ISO15926信息模型定义用作应用程序内容的原始存储格式。含有多个模块，包括设备、管道、暖通、桥架、结构以及支吊架，能够快速输出平面图、轴测图和材料表，满足各个行业、各个环节的设计需求。通过OpenPlant Modeler的设计模块工具，轻松快速地实现设备、管道快速设计及建模（图1）。

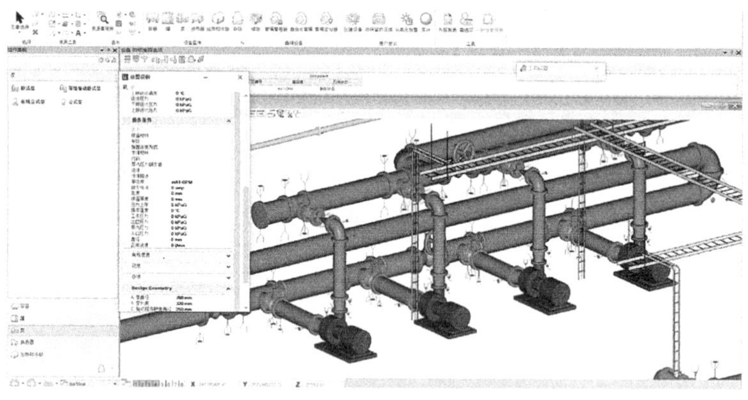

图1　OpenPlant压力管道设计

19. OpenUtilities™ Substation

OpenUtilities™ Substation　　表3-3-20

软件名称	OpenUtilities™ Substation	厂商名称	Bentley软件
代码	应用场景	业务类型	
C16/K16/L16/M16/N16	规划/方案设计_设计辅助和建模	建筑工程/铁路工程/信号工程/变电站/电网工程	
C21/K21/L21/M21/N21	规划/方案设计_工程量统计	建筑工程/铁路工程/信号工程/变电站/电网工程	

续表

<table>
<tr><td colspan="2">C23/K23/L23/M23/N23</td><td colspan="2">规划/方案设计_设计成果渲染与表达</td><td colspan="3">建筑工程/铁路工程/信号工程/变电站/电网工程</td></tr>
<tr><td colspan="2">C25/K25/L25/M25/N25</td><td colspan="2">初步/施工图设计_设计辅助和建模</td><td colspan="3">建筑工程/铁路工程/信号工程/变电站/电网工程</td></tr>
<tr><td colspan="2">C27/K27/L27/M27/N27</td><td colspan="2">初步/施工图设计_设计分析和优化</td><td colspan="3">建筑工程/铁路工程/信号工程/变电站/电网工程</td></tr>
<tr><td colspan="2">C28/K28/L28/M28/N28</td><td colspan="2">初步/施工图设计_冲突检测</td><td colspan="3">建筑工程/铁路工程/信号工程/变电站/电网工程</td></tr>
<tr><td colspan="2">C29/K29/L29/M29/N29</td><td colspan="2">初步/施工图设计_工程量统计</td><td colspan="3">建筑工程/铁路工程/信号工程/变电站/电网工程</td></tr>
<tr><td colspan="2">C31/K31/L31/M31/N31</td><td colspan="2">初步/施工图设计_设计成果渲染与表达</td><td colspan="3">建筑工程/铁路工程/信号工程/变电站/电网工程</td></tr>
<tr><td colspan="2">C33/K33/L33/M33/N33</td><td colspan="2">深化设计_深化设计辅助和建模</td><td colspan="3">建筑工程/铁路工程/信号工程/变电站/电网工程</td></tr>
<tr><td colspan="2">C42/K42/L42/M42/N42</td><td colspan="2">深化设计_冲突检测</td><td colspan="3">建筑工程/铁路工程/信号工程/变电站/电网工程</td></tr>
<tr><td colspan="2">C43/K43/L43/M43/N43</td><td colspan="2">深化设计_工程量统计</td><td colspan="3">建筑工程/铁路工程/信号工程/变电站/电网工程</td></tr>
<tr><td>最新版本</td><td colspan="6">Update9</td></tr>
<tr><td>输入格式</td><td colspan="6">.dgn/.imodel及.ifc/.stl/.stp/.obj/.fbx等常用的中间数据格式</td></tr>
<tr><td>输出格式</td><td colspan="6">.dgn/.imodel及.stl/.stp/.obj/.fbx等常用的中间数据格式</td></tr>
<tr><td rowspan="2">推荐硬件配置</td><td>操作系统</td><td>64位Windows10</td><td>处理器</td><td>2GHz</td><td>内存</td><td>16GB</td></tr>
<tr><td>显卡</td><td>2GB</td><td>磁盘空间</td><td>500GB</td><td>鼠标要求</td><td>带滚轮</td></tr>
<tr><td rowspan="2">最低硬件配置</td><td>操作系统</td><td>64位Windows10</td><td>处理器</td><td>1GHz</td><td>内存</td><td>4GB</td></tr>
<tr><td>显卡</td><td>512MB</td><td>磁盘空间</td><td>500GB</td><td>鼠标要求</td><td>带滚轮</td></tr>
<tr><td colspan="7">功能介绍</td></tr>
<tr><td colspan="7">C16/K16/L16/M16/N16、C25/K25/L25/M25/N25、C33/K33/L33/M33/N33：
1. 本软件在“设计辅助和建模”应用上的介绍及优势
Substation是针对建筑工程、铁路工程、信号工程、变电站、电网工程等基础设施项目数字化设计的专业电气设计软件，其以项目数据库为核心，可高效地实现多专业间、异地协同设计，并以应用模块配套齐全、各模块成熟度高见长，可支持完整的EPC全过程应用及设计成果的数字化交付，可有效提升项目整体设计质量和设计效率。
Substation设计辅助和建模功能可以应用于规划方案设计阶段、初步施工图设计阶段和深化设计阶段，可以快速完成二维原理设计、三维布置设计，并可实现二、三维数据的同步；可快速完成电气三维建模，可以自动生成材料表和计算书，可以从三维模型中快速抽取二维的平断面图纸。
2. 本软件在“设计辅助和建模”应用上的操作难易度
基础操作流程：模型准备→原理设计→设备布置→模型校核→三维出图→成果输出。
（1）模型准备：Substation软件中自带丰富的设备模型库和三维典设库，设计人员可按照项目需求，设定检索条件，快速地依据公用模型库生成项目模型库。同时还具有参数化模型编辑工具，可以对设备模型的参数进行编辑，操作简单，界面友好。
（2）原理设计：使用主接线模块，采用典型图方式快速创建主接线图/系统图，典型图库可以随时进行扩充。支持按照不同电压等级下进出线回路分别进行设计，设计信息自动保存在项目数据库中。
（3）设备布置：在进行三维设备布置时，设备布置模块自动从项目数据库中获取设备清单，以列表形式显示，方便工程师进行选取。二维原理图的设备参数和三维布置图的参数可以实时共享，并可以相互导航。若二维原理图数据发生更改，三维布置图数据可以自动进行更新</td></tr>
</table>

续表

<table>
<tr><td>（4）使用三维导线设计模块：可方便地进行三维软导线和硬导线（母排/管母线）设计。导线的选型从型号库中读取，导线库可以随时进行扩充。在设计导线过程中，可以进行绝缘子和金具的选择，从而快速高效地完成导线建模。导线建模完成后，通过报表生成器，可以自动统计导线、绝缘子和金具的数量，生成材料表。
（5）模型校核：当完成布置设计后，可以使用安全距离校验、空间测量、碰撞检测等工具，对全专业总装模型进行校核与分析，以有效解决专业间的冲突问题。
（6）三维出图：基于三维设计模型可以快速抽取需要的平、断面图；可以批量地对设备进行标注；可以自动生成材料表；可以快速完成设备定位、尺寸标注、标高标注及安全净距标注，进而快速地完成间隔平断面图图纸设计。
（7）成果输出：Substation具有数字化移交功能，可输出丰富的设计成果，以满足项目后续阶段的数据再利用需求。如在输变电项目、电网项目三维设计中，当完成项目设计后，就可以一键发布满足国家电网公司要求的GIM数据文件，移交给三维评审平台及电网工程数据中心</td></tr>
<tr><td>接本书7.14节彩页</td></tr>
</table>

20. WaterGEM/WaterCAD

WaterGEM/WaterCAD **表3-3-21**

<table>
<tr><td>软件名称</td><td colspan="3">WaterGEM/WaterCAD</td><td>厂商名称</td><td colspan="2">Bentley</td></tr>
<tr><td colspan="2">代码</td><td colspan="3">应用场景</td><td colspan="2">业务类型</td></tr>
<tr><td colspan="2">F16</td><td colspan="3">规划/方案设计_设计辅助和建模</td><td colspan="2">管道工程</td></tr>
<tr><td colspan="2">F25</td><td colspan="3">初步/施工图设计_设计辅助和建模</td><td colspan="2">管道工程</td></tr>
<tr><td colspan="2">F76</td><td colspan="3">运维_应急模拟与管理</td><td colspan="2">管道工程</td></tr>
<tr><td colspan="2">F77</td><td colspan="3">运维_能耗管理</td><td colspan="2">管道工程</td></tr>
<tr><td>最新版本</td><td colspan="6">WaterGEMS/WaterCAD 10.03.02.75</td></tr>
<tr><td>输入格式</td><td colspan="6">.sqlite/.mdb/.inp/.dxf/.shp/.xls/.dbf/.accdb/.dgn</td></tr>
<tr><td>输出格式</td><td colspan="6">.sqlite/.inp/.dxf/.shp/.xls/.dbf/.dgn</td></tr>
<tr><td rowspan="2">推荐硬件配置</td><td>操作系统</td><td>32/64位Windows10</td><td>处理器</td><td>2GHz</td><td>内存</td><td>8GB</td></tr>
<tr><td>显卡</td><td>1GB</td><td>磁盘空间</td><td>20GB</td><td>鼠标要求</td><td>带滚轮</td></tr>
<tr><td rowspan="2">最低硬件配置</td><td>操作系统</td><td>32/64位Windows7 SP1</td><td>处理器</td><td>1GHz</td><td>内存</td><td>4GB</td></tr>
<tr><td>显卡</td><td>512MB</td><td>磁盘空间</td><td>1.8GB</td><td>鼠标要求</td><td>带滚轮</td></tr>
<tr><td colspan="7">功能介绍</td></tr>
<tr><td colspan="7">F16、F25：
1. 本软件在“设计辅助和建模”应用上的介绍及优势
WaterGEMS是一款适用于给水系统的水力建模应用软件，主要包括供水系统基础数据管理、模型建立、运行模拟、优化管理及优化设计等功能，从消防流量、污染物浓度分析到能源消耗和投资成本管理，WaterGEMS可为工程人员提供易于使用的环境，用于分析、设计和优化给水系统。WaterGEMS的软件优势包括：①多运行平台的支持。除了独立运行版以外，还可以在MicroStation、ArcGIS、AutoCAD环境中运行。②支持多人协同工作，无管段节点限制，可以快速模拟5万根以上管段规模的管网水力状态。③兼容多种操作系统。如Window2000、WindowXP、Window2003、Window Vista、Window 7、Window 10等。④支持SQL Server、Oracle和Microsoft Access等数据库。⑤系统运行效率高，管网水力计算快速精确，相同属性拓扑参数可批量快速修改。⑥除了能够手工建模，也支持其他数据，如AutoCAD、ArcGIS、Excel等格式的数据批量</td></tr>
</table>

续表

导入建模。⑦包含消防流分析、DMA分区工具、冲洗分析工具、模拟管道断裂工况、火灾工况、断电工况等高级功能。⑧能够与GIS系统、SCADA系统进行实时连接。⑨完善的参数库，可以直接调用特定管道、阀门等对应的参数。

2. 本软件在“设计辅助和建模”应用上的操作难易度

WaterGEMS可以在多平台下运行，基本操作流程如下：数据收集与处理→模型搭建→成果输出→对比分析，首先对不同来源的数据进行收集和处理，再利用ModerBuilder工具导入模型数据库，设置边界条件和模型参数，启动水力模拟引擎进行计算，再对模拟结果进行查看和分析。同时也可以利用达尔文设计器对不同设计方案进行水力性能和工程造价的比选和优化。

3. 本软件在“设计辅助和建模”应用上的案例

Roy Hill Iron Ore对采矿厂给水排水基础设施的设计和运营进行优化，西澳大利亚洲的皮尔巴拉地区正在建造一个大规模的露天采矿厂，该项目耗资100亿澳元，是该国最大的铁矿石开采项目，包括一个贯穿300 km^2的供水和排水管网。Roy Hill 工程服务部的水资源管理团队负责矿场原水供应和排水系统的规划、设计、施工和运营。该团队面临的挑战包括满足消耗需求、保持良好水质以及确保实现排水和防尘目标，同时在快速波动的采矿环境中尽可能减少溢水处理。水资源管理团队利用WaterGEMS水力模型完成了所有管道系统的规划和设计，并执行特定的假设方案。通过对当前和未来的方案进行建模，该团队可以优化管道尺寸、压力等级等因素，以最低的成本满足不断变化的运营需求。采用WaterGEMS后，该团队能够快速周转设计信息，以在采矿作业前满足紧张的排水流程开发工期要求，并确保业务持续运转（图1）。

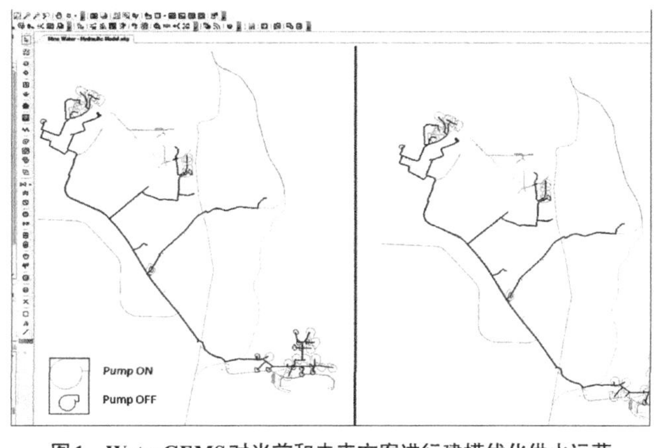

图1 WaterGEMS对当前和未来方案进行建模优化供水运营

3.3.3 场地环境性能化分析

Trimble SketchUp Pro

Trimble SketchUp Pro **表3-3-22**

软件名称	Trimble SketchUp Pro	厂商名称	天宝寰宇电子产品（上海）有限公司
代码	应用场景		业务类型
A01/B01/C01/F01	通用建模和表达		城市规划/场地景观/建筑工程/管道工程
A02/B02/C02/F02	模型整合与管理		城市规划/场地景观/建筑工程/管道工程
A04/B04/C04/F04	可视化仿真与VR		城市规划/场地景观/建筑工程/管道工程
A16/B16/C16/F16	规划/方案设计_设计辅助和建模		城市规划/场地景观/建筑工程/管道工程

续表

A17/B17/C17/F17	规划/方案设计_场地环境性能化分析	城市规划/场地景观/建筑工程/管道工程
A19/B19/C19/F19	规划/方案设计_建筑环境性能化分析	城市规划/场地景观/建筑工程/管道工程
A20/B20/C20/F20	规划/方案设计_参数化设计优化	城市规划/场地景观/建筑工程/管道工程
A23/B23/C23/F23	规划/方案设计_设计成果渲染与表达	城市规划/场地景观/建筑工程/管道工程
A25/B25/C25/F25	初步/施工图设计_设计辅助和建模	城市规划/场地景观/建筑工程/管道工程
A27/B27/C27/F27	初步/施工图设计_设计分析和优化	城市规划/场地景观/建筑工程/管道工程
A31/B31/C31/F31	初步/施工图设计_设计成果渲染与表达	城市规划/场地景观/建筑工程/管道工程
A33/B33/C33/F33	深化设计_深化设计辅助和建模	城市规划/场地景观/建筑工程/管道工程
C37	深化设计_装饰装修设计辅助和建模	建筑工程
C39	深化设计_机电工程设计辅助和建模	建筑工程
C40	深化设计_幕墙设计辅助和建模	建筑工程

最新版本	Trimble SketchUp Pro 2021					
输入格式	.3ds/.bmp/.dae/.ddf/.dem/.dwg/.dxf/.ifc/.ifczip/.jpeg/.jpg/.kmz/.png/.psd/.skp/.stl/.tga/.tif/.tiff					
输出格式	.3ds/.dwg/.dxf/.dae/.fbx/.ifc/.kmz/.obj/.stl/.wrl/.xsi/.pdf/.eps/.bmp/.jpg/.tif/.png					
推荐硬件配置	操作系统	64位Windows10	处理器	2GHz	内存	8GB
	显卡	1GB	磁盘空间	700MB	鼠标要求	带滚轮
最低硬件配置	操作系统	64位Windows10	处理器	1GHz	内存	4GB
	显卡	512MB	磁盘空间	500MB	鼠标要求	带滚轮

功能介绍

A16/B16/C16/F16、A17/B17/C17/F17、A19/B19/C19/F19、A20/B20/C20/F20、A23/B23/C23/F23：

1. 本软硬件在“规划/方案设计”应用上的介绍及优势

SketchUp可以极其快速和方便地对三维模型进行创建、观察和修改，是专门为配合设计过程而研发的。

SketchUp的优势：相比其他三维建模软件，使用直观快捷、利于思考推敲、便于展示表达是SketchUp最突出的特点（图1、图2）。

2. 本软硬件在“规划/方案设计”应用上的操作难易度

设计师在使用过程中，软件的操作相对较自由，最大限度地减少了对设计师的思维限制。操作难易程度：一般。

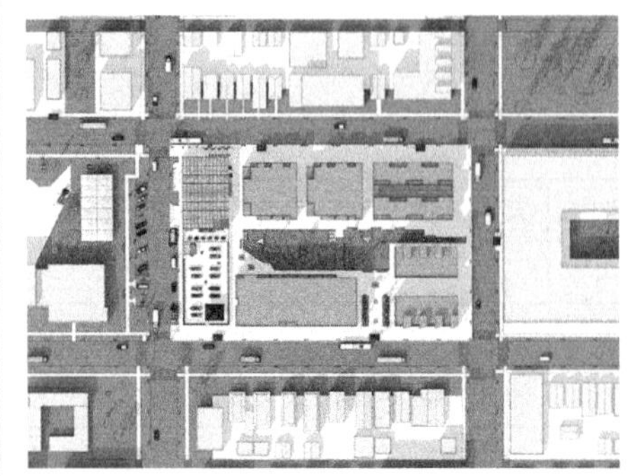

图1　便于推敲

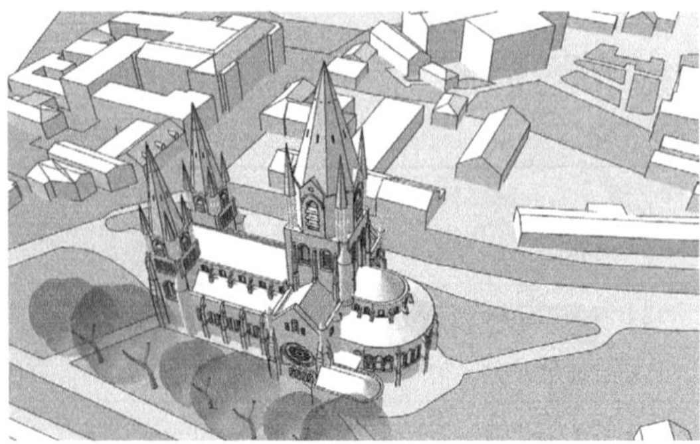

图2　快速建模

3.3.4 建筑环境性能化分析

1. Revit Architecture

Revit Architecture **表3-3-23**

软件名称	Revit Architecture	厂商名称	Autodesk
代码	应用场景		业务类型
A16/B16/C16/D16/E16/F16/G16/H16/J16/K16/L16/M16/N16/P16/Q16	规划/方案设计_设计辅助和建模		城市规划/场地景观/建筑工程/水处理/垃圾处理/管道工程/道路工程/桥梁工程/隧道工程/铁路工程/信号工程/变电站/电网工程/水坝工程/飞行工程
A19/B19/C19/D19/E19/F19/G19/H19/J19/K19/L19/M19/N19/P19/Q19	规划/方案设计_建筑环境性能化分析		
A21/B21/C21/D21/E21/F21/G21/H21/J21/K21/L21/M21/N21/P21/Q21	规划/方案设计_工程量统计		
A23/B23/C23/D23/E23/F23/G23/H23/J23/K23/L23/M23/N23/P23/Q23	规划/方案设计_设计成果渲染与表达		
A25/B25/C25/D25/E25/F25/G25/H25/J25/K25/L25/M25/N25/P25/Q25	初步/施工图设计_设计辅助与建模		
A27/B27/C27/D27/E27/F27/G27/H27/J27/K27/L27/M27/N27/P27/Q27	初步/施工图设计_设计分析和优化		
A28/B28/C28/D28/E28/F28/G28/H28/J28/K28/L28/M28/N28/P28/Q28	初步/施工图设计_冲突检测		
A29/B29/C29/D29/E29/F29/G29/H29/J29/K29/L29/M29/N29/P29/Q29	初步/施工图设计_工程量统计		
A31/B31/C31/D31/E31/F31/G31/H31/J31/K31/L31/M31/N31/P31/Q31	初步/施工图设计_设计成果渲染与表达		
A33/B33/C33/D33/E33/F33/G33/H33/J33/K33/L33/M33/N33/P33/Q33	深化设计_深化设计辅助和建模		
A36/B36/C36/D36/E36/F36/G36/H36/J36/K36/L36/M36/N36/P36/Q36	深化设计_预制装配设计辅助和建模		
A37/B37/C37/D37/E37/F37/G37/H37/J37/K37/L37/M37/N37/P37/Q37	深化设计_装饰装修设计辅助和建模		
A40/B40/C40/D40/E40/F40/G40/H40/J40/K40/L40/M40/N40/P40/Q40	深化设计_幕墙设计辅助和建模		
A42/B42/C42/D42/E42/F42/G42/H42/J42/K42/L42/M42/N42/P42/Q42	深化设计_冲突检测		
A43/B43/C43/D43/E43/F43/G43/H43/J43/K43/L43/M43/N43/P43/Q43	深化设计_工程量统计		
最新版本	Revit 2021		
输入格式	.dwg/.dxf/.dgn/.sat/.skp/.rvt/ .rfa/.ifc/.pdf/.xml/点云 .rcp/.rcs /.nwc/.nwd/所有图像文件		
输出格式	.dwg/.dxf/.dgn/.sat/.ifc/.rvt		

续表

推荐硬件配置	操作系统	64位Windows10	处理器	3GHz	内存	16GB
	显卡	支持 DirectX® 11 和 Shader Model 5 的显卡，最少有4GB视频内存	磁盘空间	30GB	鼠标要求	带滚轮
	其他	NET Framework 版本 4.8 或更高版本				
最低硬件配置	操作系统	64位Windows10	处理器	2GHz	内存	8GB
	显卡	支持 DirectX® 11 和 Shader Model 5 的显卡，最少有4GB视频内存	磁盘空间	30GB	鼠标要求	带滚轮
	其他	NET Framework 版本 4.8 或更高版本				

功能介绍

A19/B19/C19/D19/E19/F19/G19/H19/J19/K19/L19/M19/N19/P19/Q19、A27/B27/C27/D27/E27/F27/G27/H27/J27/K27/L27/M27/N27/P27/Q27：

1. 本软件在“规划/方案设计_建筑环境性能化分析、初步/施工图设计_设计分析和优化”应用上的介绍及优势

Revit具有专门的分析工具，可直接基于概念体量模型进行面积分析、能量分析、建筑冷热负荷分析、日光研究等操作。利用Revit的能量分析功能可创建能量分析模型，并执行建筑能量分析。结合Autodesk Insight还可以了解、评估和调整设计和运营系数，以提高性能（图1）。

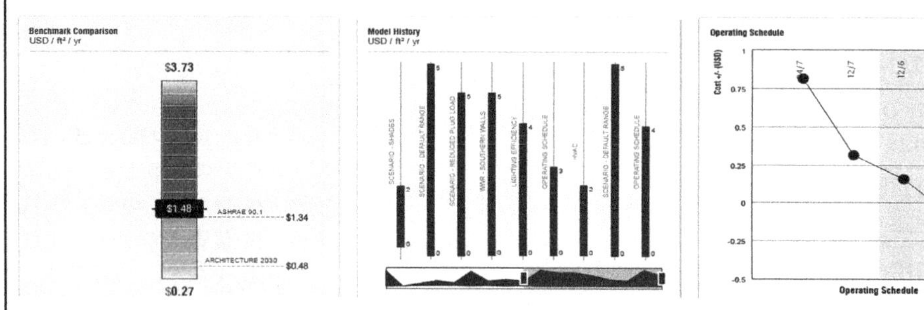

图1　性能分析

2. 本软件在“规划/方案设计_建筑环境性能化分析、初步/施工图设计_设计分析和优化”应用上的操作难易度

本软件的BIM设计流程为：基础模型→性能分析→设计优化→详细设计。

在上述设计流程的各个环节，Revit都有相应的工具支持，操作简单，容易上手

2. Trimble SketchUp Pro

Trimble SketchUp Pro　　**表3-3-24**

软件名称	Trimble SketchUp Pro	厂商名称	天宝寰宇电子产品（上海）有限公司
代码	应用场景	业务类型	
A01/B01/C01/F01	通用建模和表达	城市规划/场地景观/建筑工程/管道工程	
A02/B02/C02/F02	模型整合与管理	城市规划/场地景观/建筑工程/管道工程	
A04/B04/C04/F04	可视化仿真与VR	城市规划/场地景观/建筑工程/管道工程	
A16/B16/C16/F16	规划/方案设计_设计辅助和建模	城市规划/场地景观/建筑工程/管道工程	

续表

A17/B17/C17/F17	规划/方案设计_场地环境性能化分析	城市规划/场地景观/建筑工程/管道工程
A19/B19/C19/F19	规划/方案设计_建筑环境性能化分析	城市规划/场地景观/建筑工程/管道工程
A20/B20/C20/F20	规划/方案设计_参数化设计优化	城市规划/场地景观/建筑工程/管道工程
A23/B23/C23/F23	规划/方案设计_设计成果渲染与表达	城市规划/场地景观/建筑工程/管道工程
A25/B25/C25/F25	初步/施工图设计_设计辅助和建模	城市规划/场地景观/建筑工程/管道工程
A27/B27/C27/F27	初步/施工图设计_设计分析和优化	城市规划/场地景观/建筑工程/管道工程
A31/B31/C31/F31	初步/施工图设计_设计成果渲染与表达	城市规划/场地景观/建筑工程/管道工程
A33/B33/C33/F33	深化设计_深化设计辅助和建模	城市规划/场地景观/建筑工程/管道工程
C37	深化设计_装饰装修设计辅助和建模	建筑工程
C39	深化设计_机电工程设计辅助和建模	建筑工程
C40	深化设计_幕墙设计辅助和建模	建筑工程

最新版本	Trimble SketchUp Pro 2021					
输入格式	.3ds/.bmp/.dae/.ddf/.dem/.dwg/.dxf/.ifc/.ifczip/.jpeg/.jpg/.kmz/.png/.psd/.skp/.stl/.tga/.tif/.tiff					
输出格式	.3ds/.dwg/.dxf/.dae/.fbx/.ifc/.kmz/.obj/.stl/.wrl/.xsi/.pdf/.eps/.bmp/.jpg/.tif/.png					
推荐硬件配置	操作系统	64位Windows10	处理器	2GHz	内存	8GB
	显卡	1GB	磁盘空间	700MB	鼠标要求	带滚轮
最低硬件配置	操作系统	64位Windows10	处理器	1GHz	内存	4GB
	显卡	512MB	磁盘空间	500MB	鼠标要求	带滚轮

功能介绍

A16/B16/C16/F16、A17/B17/C17/F17、A19/B19/C19/F19、A20/B20/C20/F20、A23/B23/C23/F23：

1. 本软硬件在“规划/方案设计”应用上的介绍及优势

SketchUp可以极其快速和方便地对三维模型进行创建、观察和修改，是专门为配合设计过程而研发的。

SketchUp的优势：相比其他三维建模软件，使用直观快捷、利于思考推敲、便于展示表达是SketchUp最突出的特点（图1、图2）。

2. 本软硬件在“规划/方案设计”应用上的操作难易度

设计师在使用过程中，软件的操作相对较自由，最大限度地减少了对设计师的思维限制。操作难易程度：一般。

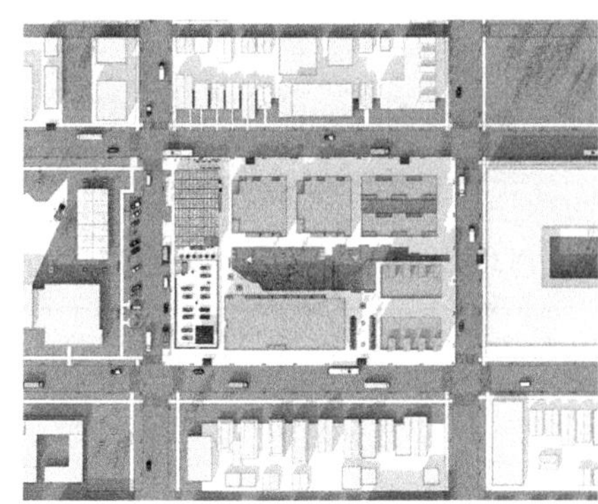

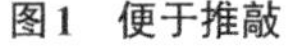

图1　便于推敲

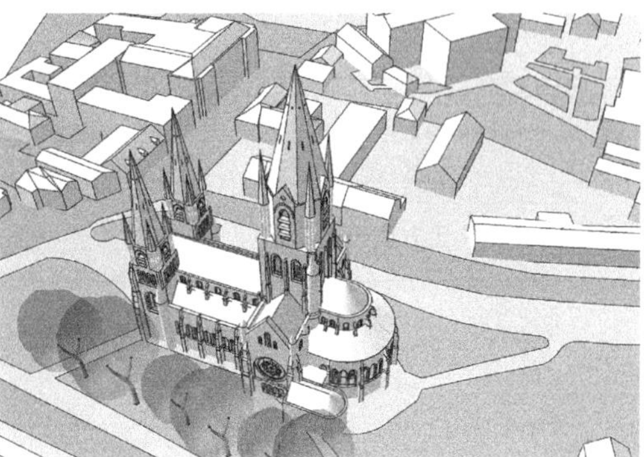

图2　快速建模

3.3.5 参数化设计优化

1. 理正三维桩基方案优化软件

理正三维桩基方案优化软件　　表 3-3-25

<table>
<tr><td>软件名称</td><td colspan="3">理正三维桩基方案优化软件</td><td>厂商名称</td><td colspan="2">北京理正软件股份有限公司</td></tr>
<tr><td colspan="2">代码</td><td colspan="2">应用场景</td><td colspan="3">业务类型</td></tr>
<tr><td colspan="2">C20/H20/K20</td><td colspan="2">规划/方案设计_参数化设计优化</td><td colspan="3">建筑工程/桥梁工程/铁路工程</td></tr>
<tr><td colspan="2">C27/H27/K27</td><td colspan="2">初步/施工图设计_设计分析和优化</td><td colspan="3">建筑工程/桥梁工程/铁路工程</td></tr>
<tr><td>最新版本</td><td colspan="6">V1.0 2020</td></tr>
<tr><td>输入格式</td><td colspan="6">理正勘察三维地质软件lzg3D</td></tr>
<tr><td>输出格式</td><td colspan="6">.dwg</td></tr>
<tr><td rowspan="2">推荐硬件配置</td><td>操作系统</td><td>64位Windows10</td><td>处理器</td><td>2GHz</td><td>内存</td><td>8GB</td></tr>
<tr><td>显卡</td><td>1GB</td><td>磁盘空间</td><td>700MB</td><td>鼠标要求</td><td>带滚轮</td></tr>
<tr><td rowspan="2">最低硬件配置</td><td>操作系统</td><td>64位Windows10</td><td>处理器</td><td>1GHz</td><td>内存</td><td>4GB</td></tr>
<tr><td>显卡</td><td>512MB</td><td>磁盘空间</td><td>500MB</td><td>鼠标要求</td><td>带滚轮</td></tr>
<tr><td colspan="7">功能介绍</td></tr>
</table>

C20/H20/K20、C27/H27/K27：

本软件是基于理正三维地质模型的可视化桩基方案设计软件，可进行地质三维模型查看、桩基方案调整，并计算整个桩基方案的承载量、土方量与工程量，设计成果可以导出到下游的BIM软件。

可插入桩位图选择图层或图元布桩，也可以单点布桩；可选择图元或图上绘制承台边界布置承台。桩基可以考虑溶洞调整。

导入三维地质成果，查看三维地质。可查询三维地质的剖面图与给定点的柱状图。

基础操作流程：新建工程→导入理正三维地质数据→输入工程基本信息→布置桩、承台及荷载→桩基调整→承载力及沉降计算→导出理正岩土BIM（Revit）接口→关闭及保存工程（图1～图8）。

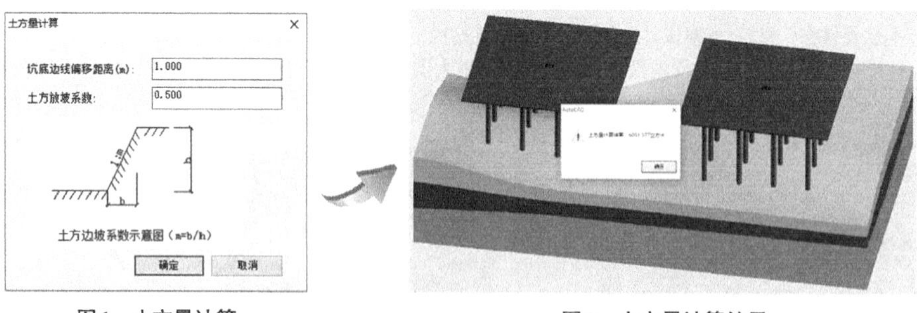

图1　土方量计算　　图2　土方量计算结果

续表

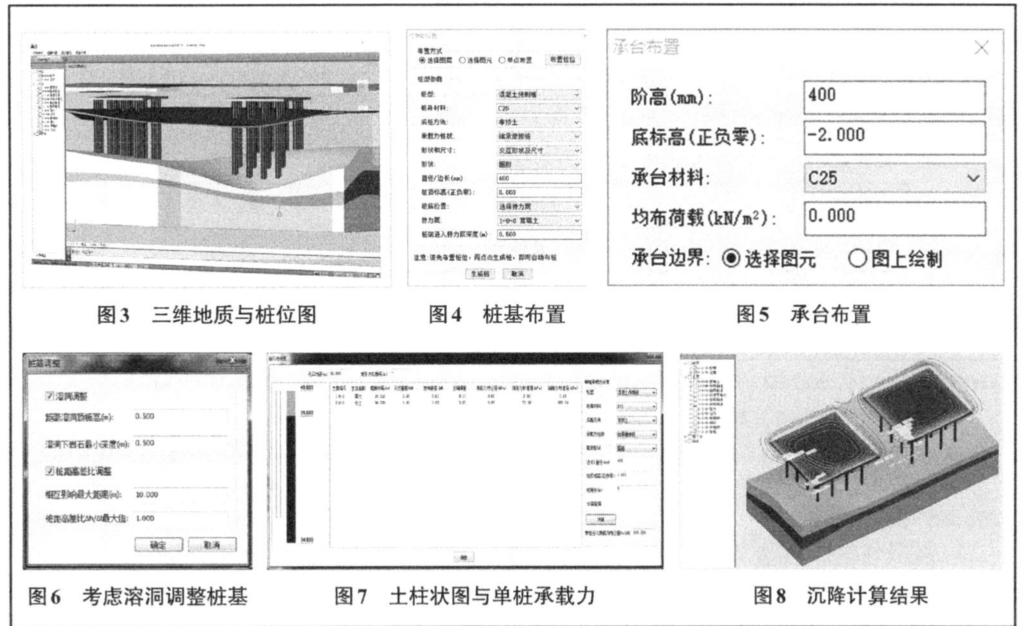

图3 三维地质与桩位图　图4 桩基布置　图5 承台布置

图6 考虑溶洞调整桩基　图7 土柱状图与单桩承载力　图8 沉降计算结果

2. Trimble SketchUp Pro

Trimble SketchUp Pro **表3-3-26**

软件名称	Trimble SketchUp Pro	厂商名称	天宝寰宇电子产品（上海）有限公司
代码	应用场景		业务类型
A01/B01/C01/F01	通用建模和表达		城市规划/场地景观/建筑工程/管道工程
A02/B02/C02/F02	模型整合与管理		城市规划/场地景观/建筑工程/管道工程
A04/B04/C04/F04	可视化仿真与VR		城市规划/场地景观/建筑工程/管道工程
A16/B16/C16/F16	规划/方案设计_设计辅助和建模		城市规划/场地景观/建筑工程/管道工程
A17/B17/C17/F17	规划/方案设计_场地环境性能化分析		城市规划/场地景观/建筑工程/管道工程
A19/B19/C19/F19	规划/方案设计_建筑环境性能化分析		城市规划/场地景观/建筑工程/管道工程
A20/B20/C20/F20	规划/方案设计_参数化设计优化		城市规划/场地景观/建筑工程/管道工程
A23/B23/C23/F23	规划/方案设计_设计成果渲染与表达		城市规划/场地景观/建筑工程/管道工程
A25/B25/C25/F25	初步/施工图设计_设计辅助和建模		城市规划/场地景观/建筑工程/管道工程
A27/B27/C27/F27	初步/施工图设计_设计分析和优化		城市规划/场地景观/建筑工程/管道工程
A31/B31/C31/F31	初步/施工图设计_设计成果渲染与表达		城市规划/场地景观/建筑工程/管道工程
A33/B33/C33/F33	深化设计_深化设计辅助和建模		城市规划/场地景观/建筑工程/管道工程
C37	深化设计_装饰装修设计辅助和建模		建筑工程
C39	深化设计_机电工程设计辅助和建模		建筑工程
C40	深化设计_幕墙设计辅助和建模		建筑工程

续表

最新版本	Trimble SketchUp Pro 2021					
输入格式	.3ds/.bmp/.dae/.ddf/.dem/.dwg/.dxf/.ifc/.ifczip/.jpeg/.jpg/.kmz/.png/.psd/.skp/.stl/.tga/.tif/.tiff					
输出格式	.3ds/.dwg/.dxf/.dae/.fbx/.ifc/.kmz/.obj/.stl/.wrl/.xsi/.pdf/.eps/.bmp/.jpg/.tif/.png					
推荐硬件配置	操作系统	64位Windows10	处理器	2GHz	内存	8GB
	显卡	1GB	磁盘空间	700MB	鼠标要求	带滚轮
最低硬件配置	操作系统	64位Windows10	处理器	1GHz	内存	4GB
	显卡	512MB	磁盘空间	500MB	鼠标要求	带滚轮
功能介绍						

A16/B16/C16/F16、A17/B17/C17/F17、A19/B19/C19/F19、A20/B20/C20/F20、A23/B23/C23/F23：

1. 本软硬件在“规划/方案设计”应用上的介绍及优势

SketchUp可以极其快速和方便地对三维模型进行创建、观察和修改，是专门为配合设计过程而研发的。

SketchUp的优势：相比其他三维建模软件，使用直观快捷、利于思考推敲、便于展示表达是SketchUp最突出的特点。

2. 本软硬件在“规划/方案设计”应用上的操作难易度

设计师在使用过程中，软件的操作相对较自由，最大限度地减少了对设计师的思维限制。操作难易程度：一般（图1、图2）。

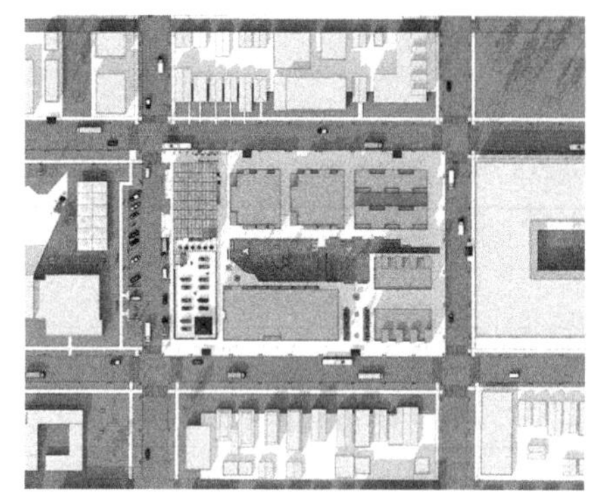

图1　便于推敲

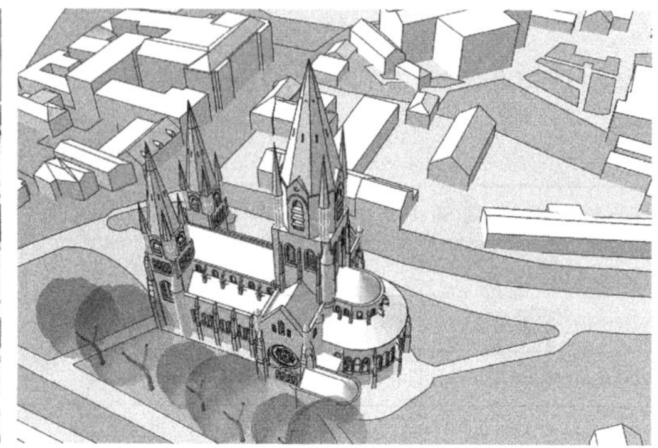

图2　快速建模

3. OpenPlant

OpenPlant　　**表3-3-27**

软件名称	OpenPlant	厂商名称	Bentley
代码	应用场景		业务类型
D01/E01/F01	通用建模和表达		水处理/垃圾处理/管道工程
D02/E02/F02	模型整合与管理		
D16/E16/F16	规划/方案设计_设计辅助和建模		
D20/E20/F20	规划/方案设计_参数化设计优化		
D24/E24/F24	规划/方案设计_其他		
D25/E25/F25	初步/施工图设计_设计辅助和建模		

续表

D27/E27/F27		初步/施工图设计_设计分析和优化			水处理/垃圾处理/管道工程	
D32/E32/F32		初步/施工图设计_其他				
D33/E33/F33		深化设计_深化设计辅助和建模				
D36/E36/F36		深化设计_预制装配设计辅助和建模				
D39/E39/F39		深化设计_机电工程设计辅助和建模				
D45/E45/F45		深化设计_其他				
最新版本	OpenPlant CONNECT Edition Update 9					
输入格式	.dgn/.dwg/.3ds/.ifc/.3dm/.skp/.stp/.sat/.fbx/.obj/.jt/.3mx/.igs/.stl/.x_t/.shp					
输出格式	.dgn/.dwg/.rdl/.hln/.pdf/.cgm/.dxf/.fbx/.igs/.jt/.stp/.sat/.obj/.x_t/.skp/.stl/.vob					
推荐硬件配置	操作系统	64位Windows10	处理器	2GHz	内存	16GB
	显卡	2GB	磁盘空间	1TB	鼠标要求	带滚轮
最低硬件配置	操作系统	64位Windows10	处理器	1GHz	内存	4GB
	显卡	512MB	磁盘空间	500GB	鼠标要求	带滚轮
功能介绍						
D20/E20/F20： OpenPlant Modeler中的设备模块具备参数化设计功能，设备工具带有每种设备的释义图示，只需通过简单点击图示中的尺寸，就可以修改该尺寸参数的数值。放置设备时可以输入设备编号及其相关属性，也可以在以后的修改过程中添加这些信息。 为参数化设备输入的所有数值都可以被保存，供项目规范或公司规范的规定设备库使用，使你在最短时间内就可以完成含有多个变量的多个设备的建模过程。参与项目的所有人员能够在同一时间内使用同一个设备库，定义好的设备库也可以发布到其他地方供设计人员使用						

3.3.6 工程量统计

1. Revit Architecture

Revit Architecture　　表3-3-28

软件名称	Revit Architecture	厂商名称	Autodesk
代码	应用场景	业务类型	
A16/B16/C16/D16/E16/F16/G16/H16/J16/K16/L16/M16/N16/P16/Q16	规划/方案设计_设计辅助和建模	城市规划/场地景观/建筑工程/水处理/垃圾处理/管道工程/道路工程/桥梁工程/隧道工程/铁路工程/信号工程/变电站/电网工程/水坝工程/飞行工程	
A19/B19/C19/D19/E19/F19/G19/H19/J19/K19/L19/M19/N19/P19/Q19	规划/方案设计_建筑环境性能化分析		
A21/B21/C21/D21/E21/F21/G21/H21/J21/K21/L21/M21/N21/P21/Q21	规划/方案设计_工程量统计		
A23/B23/C23/D23/E23/F23/G23/H23/J23/K23/L23/M23/N23/P23/Q23	规划/方案设计_设计成果渲染与表达		
A25/B25/C25/D25/E25/F25/G25/H25/J25/K25/L25/M25/N25/P25/Q25	初步/施工图设计_设计辅助与建模		

续表

<table>
<tr><td colspan="3">A27/B27/C27/D27/E27/F27/G27/H27/J27/K27/L27/M27/N27/P27/Q27</td><td colspan="3">初步/施工图设计_设计分析和优化</td><td colspan="2" rowspan="10"></td></tr>
<tr><td colspan="3">A28/B28/C28/D28/E28/F28/G28/H28/J28/K28/L28/M28/N28/P28/Q28</td><td colspan="3">初步/施工图设计_冲突检测</td></tr>
<tr><td colspan="3">A29/B29/C29/D29/E29/F29/G29/H29/J29/K29/L29/M29/N29/P29/Q29</td><td colspan="3">初步/施工图设计_工程量统计</td></tr>
<tr><td colspan="3">A31/B31/C31/D31/E31/F31/G31/H31/J31/K31/L31/M31/N31/P31/Q31</td><td colspan="3">初步/施工图设计_设计成果渲染与表达</td></tr>
<tr><td colspan="3">A33/B33/C33/D33/E33/F33/G33/H33/J33/K33/L33/M33/N33/P33/Q33</td><td colspan="3">深化设计_深化设计辅助和建模</td></tr>
<tr><td colspan="3">A36/B36/C36/D36/E36/F36/G36/H36/J36/K36/L36/M36/N36/P36/Q36</td><td colspan="3">深化设计_预制装配设计辅助和建模</td></tr>
<tr><td colspan="3">A37/B37/C37/D37/E37/F37/G37/H37/J37/K37/L37/M37/N37/P37/Q37</td><td colspan="3">深化设计_装饰装修设计辅助和建模</td></tr>
<tr><td colspan="3">A40/B40/C40/D40/E40/F40/G40/H40/J40/K40/L40/M40/N40/P40/Q40</td><td colspan="3">深化设计_幕墙设计辅助和建模</td></tr>
<tr><td colspan="3">A42/B42/C42/D42/E42/F42/G42/H42/J42/K42/L42/M42/N42/P42/Q42</td><td colspan="3">深化设计_冲突检测</td></tr>
<tr><td colspan="3">A43/B43/C43/D43/E43/F43/G43/H43/J43/K43/L43/M43/N43/P43/Q43</td><td colspan="3">深化设计_工程量统计</td></tr>
<tr><td>最新版本</td><td colspan="7">Revit 2021</td></tr>
<tr><td>输入格式</td><td colspan="7">.dwg/.dxf/.dgn/.sat/.skp/.rvt/ .rfa/.ifc/.pdf/.xml/点云.rcp/.rcs /.nwc/.nwd/所有图像文件</td></tr>
<tr><td>输出格式</td><td colspan="7">.dwg/.dxf/.dgn/.sat/.ifc/.rvt</td></tr>
<tr><td rowspan="3">推荐硬件配置</td><td>操作系统</td><td>64位Windows10</td><td>处理器</td><td>3GHz</td><td>内存</td><td>16GB</td><td></td></tr>
<tr><td>显卡</td><td>支持DirectX® 11 和 Shader Model 5的显卡，最少有4GB视频内存</td><td>磁盘空间</td><td>30GB</td><td>鼠标要求</td><td>带滚轮</td><td></td></tr>
<tr><td>其他</td><td colspan="6">NET Framework 版本4.8或更高版本</td></tr>
<tr><td rowspan="3">最低硬件配置</td><td>操作系统</td><td>64位Windows10</td><td>处理器</td><td>2GHz</td><td>内存</td><td>8GB</td><td></td></tr>
<tr><td>显卡</td><td>支持DirectX® 11 和 Shader Model 5的显卡，最少有4GB视频内存</td><td>磁盘空间</td><td>30GB</td><td>鼠标要求</td><td>带滚轮</td><td></td></tr>
<tr><td>其他</td><td colspan="6">NET Framework 版本4.8或更高版本</td></tr>
<tr><td colspan="8">功能介绍</td></tr>
</table>

A21/B21/C21/D21/E21/F21/G21/H21/J21/K21/L21/M21/N21/P21/Q21、A29/B29/C29/D29/E29/F29/G29/H29/J29/K29/L29/M29/N29/P29/Q29、A43/B43/C43/D43/E43/F43/G43/H43/J43/K43/L43/M43/N43/P43/Q43：

1. 本软件在"规划/方案设计_工程量统计、初步/施工图设计_工程量统计、深化设计_工程量统计"应用上的介绍及优势

对模型的任意修改可以自动体现在建筑的平、立、剖面图，以及构件明细表等相关图纸上，避免出现图纸间有对不上的错误。Revit可以根据需要实时输出任意建筑构件的明细表，适用于概预算工作时工程量的统计，以及施工图设计时的门窗统计表

续表

2. 本软件在"规划/方案设计_工程量统计、初步/施工图设计_工程量统计、深化设计_工程量统计"应用上的操作难易度

本软件的BIM设计流程为：基础模型→详细设计→工程量统计。

在上述设计流程的各个环节，Revit都有相应的工具支持，操作简单，容易上手（图1）。

结构梁统计表

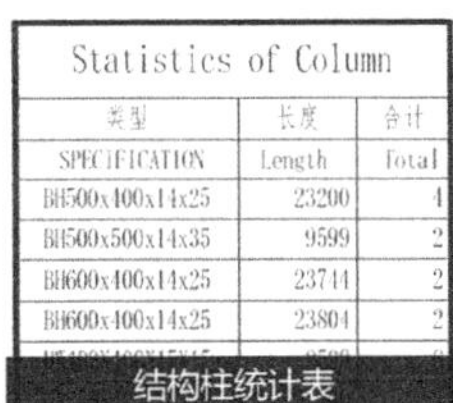

Statistics of Column		
类型	长度	合计
SPECIFICATION	Length	Total
BH500x400x14x25	23200	4
BH500x500x14x35	9599	2
BH600x400x14x25	23744	2
BH600x400x14x25	23804	2

结构柱统计表

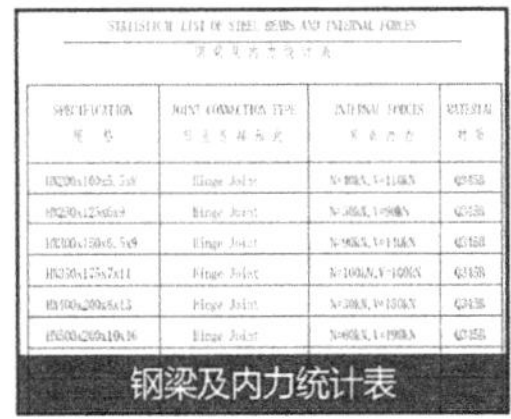
钢梁及内力统计表

栏杆扶梯统计表

窗户明细表

<门明细表>

A	B	C	D
类型标记	类型	宽度	高度
GM1524	1500 x 2400 m	1500	2380
GM1524	1500 x 2400 m	1500	2380
JLM5540	5500 x 4000 m	5500	4000
JLM4540	4500 x 4000 m	4500	4000
GM1524	1500 x 2400 m	1500	2380
FM1524	1500 x 2100 m	1500	2100

门明细表

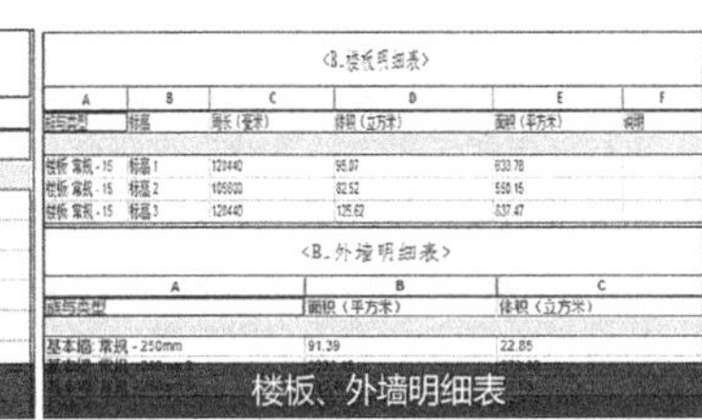
楼板、外墙明细表

图1 明细表

2. 品茗HiBIM软件

品茗HiBIM软件 **表3-3-29**

软件名称	品茗HiBIM软件	厂商名称	杭州品茗安控信息技术股份有限公司
代码	应用场景		业务类型
C01	通用建模和表达		建筑工程
C16	规划/方案设计_设计辅助和建模		建筑工程
C21	规划/方案设计_工程量统计		建筑工程
C25	初步/施工图设计_设计辅助和建模		建筑工程
C28	初步/施工图设计_冲突检测		建筑工程
C29	初步/施工图设计_工程量统计		建筑工程
C33	深化设计_深化设计辅助和建模		建筑工程
C37	深化设计_装饰装修设计辅助和建模		建筑工程
C39/F39	深化设计_机电工程设计辅助和建模		建筑工程/管道工程
C41/F41	深化设计_专项计算和分析		建筑工程/管道工程
C42	深化设计_冲突检测		建筑工程
C43	深化设计_工程量统计		建筑工程
最新版本	HiBIM3.2		
输入格式	.ifc/.pbim/.rvt（2021及以下版本）		
输出格式	.rvt/.pbim/.dwg/.skp/.doc/.xlsx		

续表

推荐硬件配置	操作系统	64位Windows7/8/10	处理器	3.6GHz	内存	16GB
	显卡	Gtx1070或同等级别及以上	磁盘空间	1TB	鼠标要求	带滚轮
最低硬件配置	操作系统	64位Windows7/8/10	处理器	2GHz	内存	4GB
	显卡	Gtx1050或同级别及以上	磁盘空间	128GB	鼠标要求	带滚轮
功能介绍						

C21、C29、C43：

1.本软件在“工程量统计”应用上的介绍及优势

软件是基于BIM模型进行算量，内置了国内清单及各地定额计算规则，快速、准确地计算出各种工程量，直接计算出清单、定额工程量并生成报表。支持土建和安装的工程量统计，支持按楼层、专业、系统进行工程量统计，并导出符合造价要求的工程量清单。

2.本软件在“工程量统计”应用上的操作难易度

工程量统计流程为：算量楼层划分→构件映射→算量模式→构件属性定义→计算工程量→导出报表。

楼层划分主要是将模型的楼层按照算量要求进行分层，便于后期按楼层进行工程量统计。构件映射主要是将三维模型进行算量归类，便于软件识别构件的算量属性，然后在算量模式中选择相应的清单定额计算规则。构件属性定义主要是套用清单定额，对不同构件赋予算量属性和工程量的计算式，此阶段需要对清单定额规则比较清楚，以为每个类别的构件套用清单定额条目。软件会根据上述设置进行计算，形成工程量统计表（图1）。

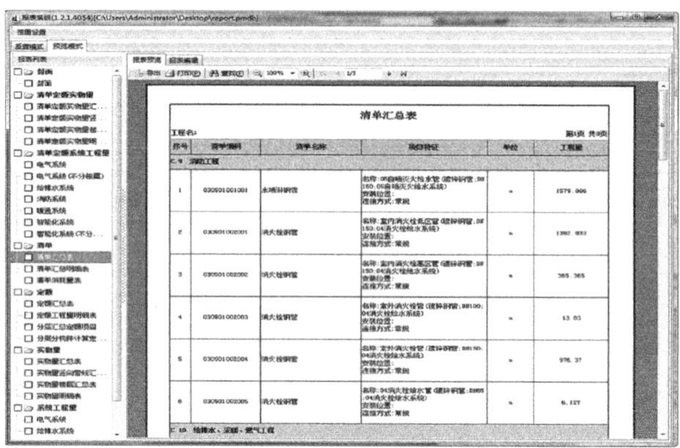

图1　工程量统计表

3. Trimble SketchUp Pro/建筑规划BIM设计工具 For SketchUp

Trimble SketchUp Pro/建筑规划BIM设计工具 For SketchUp　　表3-3-30

软件名称	Trimble SketchUp Pro/建筑规划BIM设计工具 For SketchUp	厂商名称	天宝寰宇电子产品（上海）有限公司/广州乾讯建筑咨询有限公司
代码	应用场景		业务类型
C21	规划/方案设计_工程量统计		建筑工程
最新版本	建筑规划BIM设计工具 For SketchUp 2019		
输入格式	.skp		
输出格式	.skp		

续表

推荐硬件配置	操作系统	64位Windows10	处理器	2GHz	内存	8GB
	显卡	1GB	磁盘空间	700MB	鼠标要求	带滚轮
最低硬件配置	操作系统	64位Windows10	处理器	1GHz	内存	4GB
	显卡	512MB	磁盘空间	500MB	鼠标要求	带滚轮
功能介绍						

C21：

1.本软硬件在“建筑工程_规划设计_工程量统计”应用上的介绍及优势

可以实现高效快速地建筑规划算量计算，由规划模型可以实现快速地工程量清单统计。

2.本软硬件在“建筑工程_规划设计_工程量统计”应用上的操作难易度

操作流程：材质清单→面附材质→模型统计→参数计算。

本软件界面简洁，上手容易，经过简单培训即可掌握。软件由云平台获取材质清单，用清单中的材质对规划面进行涂抹材质操作，规划面在获得材质后，软件即可对规划面进行工程量统计，并根据输入的基础参数计算建筑的各项指标，与标准进行比较，以指示出该规划是否符合标准(图1、图2)。

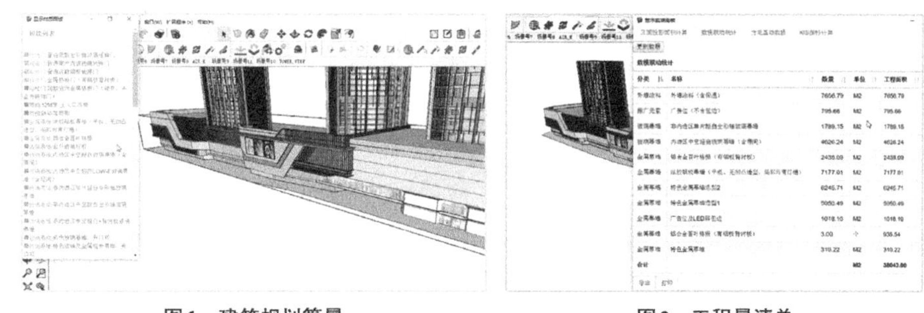

图1　建筑规划算量　　**图2　工程量清单**

4. OpenUtilities™ Substation

OpenUtilities™ Substation　　**表3-3-31**

软件名称	OpenUtilities™ Substation	厂商名称	Bentley软件
代码	应用场景	业务类型	
C16/K16/L16/M16/N16	规划/方案设计_设计辅助和建模	建筑工程/铁路工程/信号工程/变电站/电网工程	
C21/K21/L21/M21/N21	规划/方案设计_工程量统计	建筑工程/铁路工程/信号工程/变电站/电网工程	
C23/K23/L23/M23/N23	规划/方案设计_设计成果渲染与表达	建筑工程/铁路工程/信号工程/变电站/电网工程	
C25/K25/L25/M25/N25	初步/施工图设计_设计辅助与建模	建筑工程/铁路工程/信号工程/变电站/电网工程	
C27/K27/L27/M27/N27	初步/施工图设计_设计分析和优化	建筑工程/铁路工程/信号工程/变电站/电网工程	
C28/K28/L28/M28/N28	初步/施工图设计_冲突检测	建筑工程/铁路工程/信号工程/变电站/电网工程	
C29/K29/L29/M29/N29	初步/施工图设计_工程量统计	建筑工程/铁路工程/信号工程/变电站/电网工程	
C31/K31/L31/M31/N31	初步/施工图设计_设计成果渲染与表达	建筑工程/铁路工程/信号工程/变电站/电网工程	

续表

C33/K33/L33/M33/N33	深化设计_深化设计辅助和建模	建筑工程/铁路工程/信号工程/变电站/电网工程				
C42/K42/L42/M42/N42	深化设计_冲突检测	建筑工程/铁路工程/信号工程/变电站/电网工程				
C43/K43/L43/M43/N43	深化设计_工程量统计	建筑工程/铁路工程/信号工程/变电站/电网工程				
最新版本	Update9					
输入格式	.dgn/.imodel及.ifc/.stl/.stp/.obj/.fbx等常用的中间数据格式					
输出格式	.dgn/.imodel及.stl/.stp/.obj/.fbx等常用的中间数据格式					
推荐硬件配置	操作系统	64位Windows10	处理器	2GHz	内存	16GB
	显卡	2GB	磁盘空间	500GB	鼠标要求	带滚轮
最低硬件配置	操作系统	64位Windows10	处理器	1GHz	内存	4GB
	显卡	512MB	磁盘空间	500GB	鼠标要求	带滚轮
功能介绍						
C21/K21/L21/M21/N21、C29/K29/L29/M29/N29、C43/K43/L43/M43/N43： 1. 本软件在"工程量统计"应用上的介绍及优势 随着精细化设计要求的提出，精准的材料统计功能成为设计过程中必要的需求。Substation可基于三维信息模型与项目数据库，方便快速地实现精准的材料统计。统计时可以按照整个项目、不同电压等级、不同间隔等来进行相应的材料统计。 2. 本软件在"工程量统计"应用上的操作难易度 基础操作流程：选择范围→选定模板→报表输出。 当三维建模完成后，设计数据同步保存到项目数据库中，使用报表生成工具就可快速完成工程量的统计。可以直接在图纸上框选模型，也可以设定统计范围，如按照整个项目或不同配电装置区域范围来进行统计。软件自带报表模板，并具有模板编辑器，用户可进行编辑或扩充；选定模板后，就可一键输出工程量报表，报表可以输出多种格式，如.dgn、.pdf、.xls等						
接本书7.14节彩页						

3.3.7 算量和造价

Trimble SketchUp Pro/Trimble Business Center/SketchUp mobile viewer/水处理模块For SketchUp/垃圾处理模块For SketchUp/能源化工模块For SketchUp/6D For SketchUp

Trimble SketchUp Pro/Trimble Business Center/SketchUp mobile viewer/水处理模块For SketchUp/垃圾处理模块For SketchUp/能源化工模块For SketchUp/6D For SketchUp **表3-3-32**

软件名称	Trimble SketchUp Pro/Trimble Business Center/SketchUp mobile viewer/水处理模块For SketchUp/垃圾处理模块For SketchUp/能源化工模块For SketchUp/6D For SketchUp	厂商名称	天宝寰宇电子产品（上海）有限公司/辽宁乐成能源科技有限公司
代码	应用场景	业务类型	
D06/E06/F06	勘察岩土_勘察外业设计辅助和建模	水处理/垃圾处理/管道工程（能源化工）	

续表

<table>
<tr><td>D11/E11/F11</td><td colspan="3">勘察岩土_岩土工程计算和分析</td><td colspan="3">水处理/垃圾处理/管道工程（能源化工）</td></tr>
<tr><td>D16/E16/F16</td><td colspan="3">规划/方案设计_设计辅助和建模</td><td colspan="3">水处理/垃圾处理/管道工程（能源化工）</td></tr>
<tr><td>D22/E22/F22</td><td colspan="3">规划/方案设计_算量和造价</td><td colspan="3">水处理/垃圾处理/管道工程（能源化工）</td></tr>
<tr><td>D23/E23/F23</td><td colspan="3">规划/方案设计_设计成果渲染与表达</td><td colspan="3">水处理/垃圾处理/管道工程（能源化工）</td></tr>
<tr><td>D25/E25/F25</td><td colspan="3">初步/施工图设计_设计辅助和建模</td><td colspan="3">水处理/垃圾处理/管道工程（能源化工）</td></tr>
<tr><td>D30/E30/F30</td><td colspan="3">初步/施工图设计_算量和造价</td><td colspan="3">水处理/垃圾处理/管道工程（能源化工）</td></tr>
<tr><td>D31/E31/F31</td><td colspan="3">初步/施工图设计_设计成果渲染与表达</td><td colspan="3">水处理/垃圾处理/管道工程（能源化工）</td></tr>
<tr><td>D33/E33/F33</td><td colspan="3">深化设计_深化设计辅助和建模</td><td colspan="3">水处理/垃圾处理/管道工程（能源化工）</td></tr>
<tr><td>D38/E38/F38</td><td colspan="3">深化设计_钢结构设计辅助和建模</td><td colspan="3">水处理/垃圾处理/管道工程（能源化工）</td></tr>
<tr><td>D44/E44/F44</td><td colspan="3">深化设计_算量和造价</td><td colspan="3">水处理/垃圾处理/管道工程（能源化工）</td></tr>
<tr><td>D46/E46/F46</td><td colspan="3">招采_招标投标采购</td><td colspan="3">水处理/垃圾处理/管道工程（能源化工）</td></tr>
<tr><td>D47/E47/F47</td><td colspan="3">招采_投资与招商</td><td colspan="3">水处理/垃圾处理/管道工程（能源化工）</td></tr>
<tr><td>D48/E48/F48</td><td colspan="3">招采_其他</td><td colspan="3">水处理/垃圾处理/管道工程（能源化工）</td></tr>
<tr><td>D49/E49/F49</td><td colspan="3">施工准备_施工场地规划</td><td colspan="3">水处理/垃圾处理/管道工程（能源化工）</td></tr>
<tr><td>D50/E50/F50</td><td colspan="3">施工准备_施工组织和计划</td><td colspan="3">水处理/垃圾处理/管道工程（能源化工）</td></tr>
<tr><td>D60/E60/F60</td><td colspan="3">施工实施_隐蔽工程记录</td><td colspan="3">水处理/垃圾处理/管道工程（能源化工）</td></tr>
<tr><td>D62/E62/F62</td><td colspan="3">施工实施_成本管理</td><td colspan="3">水处理/垃圾处理/管道工程（能源化工）</td></tr>
<tr><td>D63/E63/F63</td><td colspan="3">施工实施_进度管理</td><td colspan="3">水处理/垃圾处理/管道工程（能源化工）</td></tr>
<tr><td>D66/E66/F66</td><td colspan="3">施工实施_算量和造价</td><td colspan="3">水处理/垃圾处理/管道工程（能源化工）</td></tr>
<tr><td>D74/E74/F74</td><td colspan="3">运维_空间登记与管理</td><td colspan="3">水处理/垃圾处理/管道工程（能源化工）</td></tr>
<tr><td>D75/E75/F75</td><td colspan="3">运维_资产登记与管理</td><td colspan="3">水处理/垃圾处理/管道工程（能源化工）</td></tr>
<tr><td>D78/E78/F78</td><td colspan="3">运维_其他</td><td colspan="3">水处理/垃圾处理/管道工程（能源化工）</td></tr>
<tr><td>最新版本</td><td colspan="6">Trimble SketchUp Pro2021/Trimble Business Center/ SketchUp mobile viewer/水处理模块 For SketchUp/垃圾处理模块 For SketchUp/能源化工模块 For SketchUp/6D For SketchUp</td></tr>
<tr><td>输入格式</td><td colspan="6">.skp/.3ds/.dae/.dem/.ddf/.dwg/.dxf/.ifc/.ifcZIP/.kmz/.stl/.jpg/.png/.psd/.tif/.tag/.bmp</td></tr>
<tr><td>输出格式</td><td colspan="6">.skp/.3ds/.dae/.dwg/.dxf/.fbx/.ifc/.kmz/.obj/.wrl/.stl/.xsi/.jpg/.png/.tif/.bmp/.mp4/.avi/.webm/.ogv/.xls</td></tr>
<tr><td rowspan="2">推荐硬件配置</td><td>操作系统</td><td>64位Windows10</td><td>处理器</td><td>2GHz</td><td>内存</td><td>8GB</td></tr>
<tr><td>显卡</td><td>1GB</td><td>磁盘空间</td><td>700MB</td><td>鼠标要求</td><td>带滚轮</td></tr>
<tr><td rowspan="2">最低硬件配置</td><td>操作系统</td><td>64位Windows10</td><td>处理器</td><td>1GHz</td><td>内存</td><td>4GB</td></tr>
<tr><td>显卡</td><td>512MB</td><td>磁盘空间</td><td>500MB</td><td>鼠标要求</td><td>带滚轮</td></tr>
<tr><td colspan="7">功能介绍</td></tr>
<tr><td colspan="7">D22/E22/F22：
1. 本软硬件在“规划/方案设计_算量和造价”应用上的介绍及优势
本软件可为任何组件赋予实际信息，包括基本信息、技术信息、产品信息、成本信息，构建信息集成BIM模型</td></tr>
</table>

续表

2. 本软硬件在“规划/方案设计_算量和造价”应用上的操作难易度

本软件操作流程：赋予信息→统计算量→生成报表。

本软件操作简单，无需掌握建模技能，也可完成信息化工作。算量报表更是一键生成即可（图1）。

中建一局工程汇总			
工程项目		面积（平方米）	预算（万元）
建筑工程	2#电瓶车检修车间	1039.64	2018
	5#陈化仓	10234.00	5999
	7#污水处理厂	3745.61	6470
	9#机修车间	3144.72	6250
	12#综合楼	22105.00	10850
	13#员工综合楼	8784.30	4280
	14#轻质垃圾处理厂房	9052.43	4566
	15#砖厂厂房	14670.13	10200
	18#立体料仓	24000.00	11100
	20#除尘脱销系统风机房	435.77	270
	21#除尘脱销设备用房	725.19	715
	22#除尘脱销设备用房	435.77	270
	23#除尘脱销系统风机房	725.19	715
	A-3#厂房	2277	569.25
	A-4污水处理厂附属设备用房	289.64	2915
皮带运输工程	皮带廊（室内+室外）	12250.00	8250
景观工程	除现场已建设完成部分	80000.00	40200
地下综合管网	除现场已建设完成部分	60000.00	29800
智能管控平台	就地控制中心	14（个）	
	区域控制中心	4（个）	
	中央控制中心	1（个）	

图1 算量报表

3.3.8 设计成果渲染与表达

1. Revit Architecture

Revit Architecture 表3-3-33

软件名称	Revit Architecture	厂商名称	Autodesk
代码	应用场景	业务类型	
A16/B16/C16/D16/E16/F16/G16/H16/J16/K16/L16/M16/N16/P16/Q16	规划/方案设计_设计辅助和建模	城市规划/场地景观/建筑工程/水处理/垃圾处理/管道工程/道路工程/桥梁工程/隧道工程/铁路工程/信号工程/变电站/电网工程/水坝工程/飞行工程	
A19/B19/C19/D19/E19/F19/G19/H19/J19/K19/L19/M19/N19/P19/Q19	规划/方案设计_建筑环境性能化分析		
A21/B21/C21/D21/E21/F21/G21/H21/J21/K21/L21/M21/N21/P21/Q21	规划/方案设计_工程量统计		
A23/B23/C23/D23/E23/F23/G23/H23/J23/K23/L23/M23/N23/P23/Q23	规划/方案设计_设计成果渲染与表达		
A25/B25/C25/D25/E25/F25/G25/H25/J25/K25/L25/M25/N25/P25/Q25	初步/施工图设计_设计辅助与建模		
A27/B27/C27/D27/E27/F27/G27/H27/J27/K27/L27/M27/N27/P27/Q27	初步/施工图设计_设计分析和优化		
A28/B28/C28/D28/E28/F28/G28/H28/J28/K28/L28/M28/N28/P28/Q28	初步/施工图设计_冲突检测		
A29/B29/C29/D29/E29/F29/G29/H29/J29/K29/L29/M29/N29/P29/Q29	初步/施工图设计_工程量统计		
A31/B31/C31/D31/E31/F31/G31/H31/J31/K31/L31/M31/N31/P31/Q31	初步/施工图设计_设计成果渲染与表达		

续表

<table>
<tr><td colspan="3">A33/B33/C33/D33/E33/F33/G33/H33/J33/K33/L33/M33/N33/P33/Q33</td><td colspan="2">深化设计_深化设计辅助和建模</td><td colspan="2" rowspan="6">城市规划/场地景观/建筑工程/水处理/垃圾处理/管道工程/道路工程/桥梁工程/隧道工程/铁路工程/信号工程/变电站/电网工程/水坝工程/飞行工程</td></tr>
<tr><td colspan="3">A36/B36/C36/D36/E36/F36/G36/H36/J36/K36/L36/M36/N36/P36/Q36</td><td colspan="2">深化设计_预制装配设计辅助和建模</td></tr>
<tr><td colspan="3">A37/B37/C37/D37/E37/F37/G37/H37/J37/K37/L37/M37/N37/P37/Q37</td><td colspan="2">深化设计_装饰装修设计辅助和建模</td></tr>
<tr><td colspan="3">A40/B40/C40/D40/E40/F40/G40/H40/J40/K40/L40/M40/N40/P40/Q40</td><td colspan="2">深化设计_幕墙设计辅助和建模</td></tr>
<tr><td colspan="3">A42/B42/C42/D42/E42/F42/G42/H42/J42/K42/L42/M42/N42/P42/Q42</td><td colspan="2">深化设计_冲突检测</td></tr>
<tr><td colspan="3">A43/B43/C43/D43/E43/F43/G43/H43/J43/K43/L43/M43/N43/P43/Q43</td><td colspan="2">深化设计_工程量统计</td></tr>
<tr><td>最新版本</td><td colspan="6">Revit 2021</td></tr>
<tr><td>输入格式</td><td colspan="6">.dwg/.dxf/.dgn/.sat/.skp/.rvt/ .rfa/.ifc/.pdf/.xml/点云.rcp/.rcs /.nwc/.nwd/所有图像文件</td></tr>
<tr><td>输出格式</td><td colspan="6">.dwg/.dxf/.dgn/.sat/.ifc/.rvt</td></tr>
<tr><td rowspan="3">推荐硬件配置</td><td>操作系统</td><td>64位Windows10</td><td>处理器</td><td>3GHz</td><td>内存</td><td>16GB</td></tr>
<tr><td>显卡</td><td>支持DirectX® 11和Shader Model 5的显卡，最少有4GB视频内存</td><td>磁盘空间</td><td>30GB</td><td>鼠标要求</td><td>带滚轮</td></tr>
<tr><td>其他</td><td colspan="5">NET Framework 版本4.8或更高版本</td></tr>
<tr><td rowspan="3">最低硬件配置</td><td>操作系统</td><td>64位Windows10</td><td>处理器</td><td>2GHz</td><td>内存</td><td>8GB</td></tr>
<tr><td>显卡</td><td>支持DirectX® 11和Shader Model 5的显卡，最少有4GB视频内存</td><td>磁盘空间</td><td>30GB</td><td>鼠标要求</td><td>带滚轮</td></tr>
<tr><td>其他</td><td colspan="5">NET Framework 版本4.8或更高版本</td></tr>
<tr><td colspan="7">功能介绍</td></tr>
</table>

A23/B23/C23/D23/E23/F23/G23/H23/J23/K23/L23/M23/N23/P23/Q23
A31/B31/C31/D31/E31/F31/G31/H31/J31/K31/L31/M31/N31/P31/Q31：

1. 本软件在“规划/方案设计_设计成果渲染与表达、初步/施工图设计_设计成果渲染与表达”应用上的介绍及优势

在统一的环境中，完成从方案的推敲到施工图设计，直至生成室内外透视效果图和三维漫游动画全部工作，避免了数据流失和重复工作。三维参数化的建模功能，能自动生成平立剖面图纸、室内外透视漫游动画等。使用Autodesk Raytracer渲染引擎能够准确快速地实现渲染。全新的渲染引擎具有更加流畅和快速的真实视图浏览体验，提高了10倍以上的模型响应速度，改进了自动曝光，带来更加逼真的材质和灯光效果（图1、图2）。

2. 本软件在“规划/方案设计_设计成果渲染与表达、初步/施工图设计_设计成果渲染与表达”应用上的操作难易度

本软件的BIM设计流程为：基础模型→详细设计→成果渲染。

在上述设计流程的各个环节，Revit都有相应的工具支持，操作简单，容易上手

续表

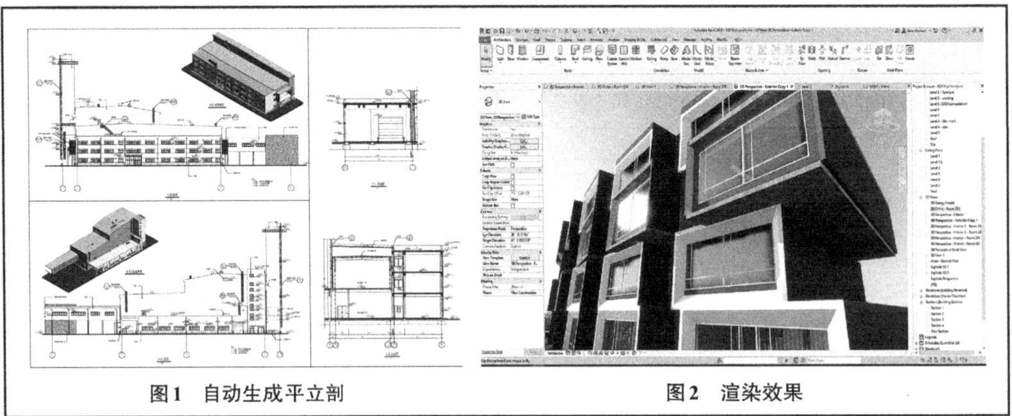

图1　自动生成平立剖　　　　图2　渲染效果

2. Trimble SketchUp Pro

Trimble SketchUp Pro　　　　**表3-3-34**

软件名称	Trimble SketchUp Pro	厂商名称	天宝寰宇电子产品（上海）有限公司
代码	应用场景		业务类型
A01/B01/C01/F01	通用建模和表达		城市规划/场地景观/建筑工程/管道工程
A02/B02/C02/F02	模型整合与管理		城市规划/场地景观/建筑工程/管道工程
A04/B04/C04/F04	可视化仿真与VR		城市规划/场地景观/建筑工程/管道工程
A16/B16/C16/F16	规划/方案设计_设计辅助和建模		城市规划/场地景观/建筑工程/管道工程
A17/B17/C17/F17	规划/方案设计_场地环境性能化分析		城市规划/场地景观/建筑工程/管道工程
A19/B19/C19/F19	规划/方案设计_建筑环境性能化分析		城市规划/场地景观/建筑工程/管道工程
A20/B20/C20/F20	规划/方案设计_参数化设计优化		城市规划/场地景观/建筑工程/管道工程
A23/B23/C23/F23	规划/方案设计_设计成果渲染与表达		城市规划/场地景观/建筑工程/管道工程
A25/B25/C25/F25	初步/施工图设计_设计辅助和建模		城市规划/场地景观/建筑工程/管道工程
A27/B27/C27/F27	初步/施工图设计_设计分析和优化		城市规划/场地景观/建筑工程/管道工程
A31/B31/C31/F31	初步/施工图设计_设计成果渲染与表达		城市规划/场地景观/建筑工程/管道工程
A33/B33/C33/F33	深化设计_深化设计辅助和建模		城市规划/场地景观/建筑工程/管道工程
C37	深化设计_装饰装修设计辅助和建模		建筑工程
C39	深化设计_机电工程设计辅助和建模		建筑工程
C40	深化设计_幕墙设计辅助和建模		建筑工程

最新版本	Trimble SketchUp Pro 2021						
输入格式	.3ds/.bmp/.dae/.ddf/.dem/.dwg/.dxf/.ifc/.ifczip/.jpeg/.jpg/.kmz/.png/.psd/.skp/.stl/.tga/.tif/.tiff						
输出格式	.3ds/.dwg/.dxf/.dae/.fbx/.ifc/.kmz/.obj/.stl/.wrl/.xsi/.pdf/.eps/.bmp/.jpg/.tif/.png						
推荐硬件配置	操作系统	64位Windows10	处理器	2GHz	内存	8GB	
	显卡	1GB	磁盘空间	700MB	鼠标要求	带滚轮	

续表

<table>
<tr><td rowspan="2">最低硬件配置</td><td>操作系统</td><td>64位Windows10</td><td>处理器</td><td>1GHz</td><td>内存</td><td>4GB</td></tr>
<tr><td>显卡</td><td>512MB</td><td>磁盘空间</td><td>500MB</td><td>鼠标要求</td><td>带滚轮</td></tr>
<tr><td colspan="7">功能介绍</td></tr>
<tr><td colspan="7">A16/B16/C16/F16、A17/B17/C17/F17、A19/B19/C19/F19、A20/B20/C20/F20、A23/B23/C23/F23：
1. 本软硬件在“规划/方案设计”应用上的介绍及优势
SketchUp可以极其快速和方便地对三维模型进行创建、观察和修改，是专门为配合设计过程而研发的。
SketchUp的优势：相比其他三维建模软件，使用直观快捷、利于思考推敲、便于展示表达是SketchUp最突出的特点（图1、图2）。
2. 本软硬件在“规划/方案设计”应用上的操作难易度
设计师在使用过程中，软件的操作相对较自由，最大限度地减少了对设计师的思维限制。操作难易程度：一般。
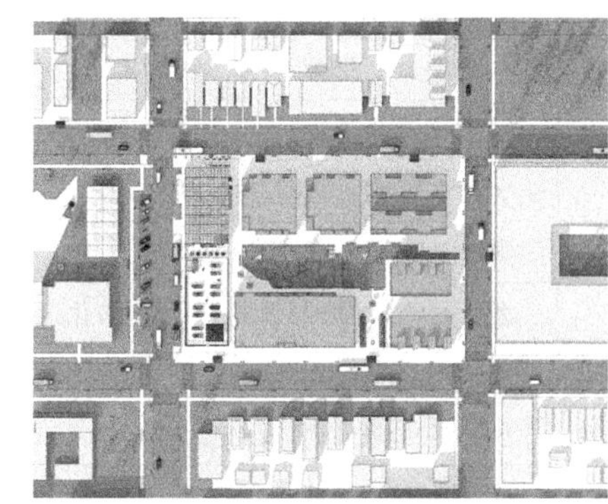
图1　便于推敲

图2　快速建模</td></tr>
</table>

3. Trimble SketchUp Pro/Trimble Business Center/SketchUp mobile viewer/水处理模块For SketchUp/垃圾处理模块For SketchUp/能源化工模块For SketchUp/6D For SketchUp

Trimble SketchUp Pro/Trimble Business Center/SketchUp mobile viewer/水处理模块For SketchUp/垃圾处理模块For SketchUp/能源化工模块For SketchUp/6D For SketchUp　　表3-3-35

<table>
<tr><td>软件名称</td><td colspan="2">Trimble SketchUp Pro/Trimble Business Center/SketchUp mobile viewer/水处理模块For SketchUp/垃圾处理模块For SketchUp/能源化工模块For SketchUp/6D For SketchUp</td><td>厂商名称</td><td>天宝寰宇电子产品（上海）有限公司/辽宁乐成能源科技有限公司</td></tr>
<tr><td colspan="2">代码</td><td colspan="2">应用场景</td><td>业务类型</td></tr>
<tr><td colspan="2">D06/E06/F06</td><td colspan="2">勘察岩土_勘察外业设计辅助和建模</td><td>水处理/垃圾处理/管道工程（能源化工）</td></tr>
<tr><td colspan="2">D11/E11/F11</td><td colspan="2">勘察岩土_岩土工程计算和分析</td><td>水处理/垃圾处理/管道工程（能源化工）</td></tr>
<tr><td colspan="2">D16/E16/F16</td><td colspan="2">规划/方案设计_设计辅助和建模</td><td>水处理/垃圾处理/管道工程（能源化工）</td></tr>
<tr><td colspan="2">D22/E22/F22</td><td colspan="2">规划/方案设计_算量和造价</td><td>水处理/垃圾处理/管道工程（能源化工）</td></tr>
</table>

续表

D23/E23/F23		规划/方案设计_设计成果渲染与表达		水处理/垃圾处理/管道工程（能源化工）		
D25/E25/F25		初步/施工图设计_设计辅助和建模		水处理/垃圾处理/管道工程（能源化工）		
D30/E30/F30		初步/施工图设计_算量和造价		水处理/垃圾处理/管道工程（能源化工）		
D31/E31/F31		初步/施工图设计_设计成果渲染与表达		水处理/垃圾处理/管道工程（能源化工）		
D33/E33/F33		深化设计_深化设计辅助和建模		水处理/垃圾处理/管道工程（能源化工）		
D38/E38/F38		深化设计_钢结构设计辅助和建模		水处理/垃圾处理/管道工程（能源化工）		
D44/E44/F44		深化设计_算量和造价		水处理/垃圾处理/管道工程（能源化工）		
D46/E46/F46		招采_招标投标采购		水处理/垃圾处理/管道工程（能源化工）		
D47/E47/F47		招采_投资与招商		水处理/垃圾处理/管道工程（能源化工）		
D48/E48/F48		招采_其他		水处理/垃圾处理/管道工程（能源化工）		
D49/E49/F49		施工准备_施工场地规划		水处理/垃圾处理/管道工程（能源化工）		
D50/E50/F50		施工准备_施工组织和计划		水处理/垃圾处理/管道工程（能源化工）		
D60/E60/F60		施工实施_隐蔽工程记录		水处理/垃圾处理/管道工程（能源化工）		
D62/E62/F62		施工实施_成本管理		水处理/垃圾处理/管道工程（能源化工）		
D63/E63/F63		施工实施_进度管理		水处理/垃圾处理/管道工程（能源化工）		
D66/E66/F66		施工实施_算量和造价		水处理/垃圾处理/管道工程（能源化工）		
D74/E74/F74		运维_空间登记与管理		水处理/垃圾处理/管道工程（能源化工）		
D75/E75/F75		运维_资产登记与管理		水处理/垃圾处理/管道工程（能源化工）		
D78/E78/F78		运维_其他		水处理/垃圾处理/管道工程（能源化工）		
最新版本	Trimble SketchUp Pro2021/Trimble Business Center/SketchUp mobile viewer/水处理模块 For SketchUp/垃圾处理模块 For SketchUp/能源化工模块 For SketchUp/6D For SketchUp					
输入格式	.skp/.3ds/.dae/.dem/.ddf/.dwg/.dxf/.ifc/.ifcZIP/.kmz/.stl/.jpg/.png/.psd/.tif/.tag/.bmp					
输出格式	.skp/.3ds/.dae/.dwg/.dxf/.fbx/.ifc/.kmz/.obj/.wrl/.stl/.xsi/.jpg/.png/.tif/.bmp/.mp4/.avi/.webm/.ogv/.xls					
推荐硬件配置	操作系统	64位Windows10	处理器	2GHz	内存	8GB
	显卡	1GB	磁盘空间	700MB	鼠标要求	带滚轮
最低硬件配置	操作系统	64位Windows10	处理器	1GHz	内存	4GB
	显卡	512MB	磁盘空间	500MB	鼠标要求	带滚轮

功能介绍

D23/E23/F23：

1. 本软硬件在“规划/方案设计_设计成果渲染与表达”应用上的介绍及优势

本软件模型轻量化，方便展示。材质样式丰富，在规划阶段，可通过场景制作不同方案变换动画。也可结合常用渲染器同步渲染，效果真实度较高，可快速导出图片和动画。

2. 本软硬件在“规划/方案设计_设计成果渲染与表达”应用上的操作难易度

本软件操作流程：赋予材质→添加场景→调整样式→导出图片/动画。或赋予材质→关联渲染器→调整效果→导出图片/动画。本软件操作简单，渲染生成动画快速（图1、图2）

续表

图1　渲染图片

图2　渲染动画

4. OpenUtilities™ Substation

OpenUtilities™ Substation　　表3-3-36

软件名称	OpenUtilities™ Substation		厂商名称	Bentley软件	
代码		应用场景		业务类型	
C16/K16/L16/M16/N16		规划/方案设计_设计辅助和建模		建筑工程/铁路工程/信号工程/变电站/电网工程	
C21/K21/L21/M21/N21		规划/方案设计_工程量统计		建筑工程/铁路工程/信号工程/变电站/电网工程	
C23/K23/L23/M23/N23		规划/方案设计_设计成果渲染与表达		建筑工程/铁路工程/信号工程/变电站/电网工程	
C25/K25/L25/M25/N25		初步/施工图设计_设计辅助与建模		建筑工程/铁路工程/信号工程/变电站/电网工程	
C27/K27/L27/M27/N27		初步/施工图设计_设计分析和优化		建筑工程/铁路工程/信号工程/变电站/电网工程	
C28/K28/L28/M28/N28		初步/施工图设计_冲突检测		建筑工程/铁路工程/信号工程/变电站/电网工程	
C29/K29/L29/M29/N29		初步/施工图设计_工程量统计		建筑工程/铁路工程/信号工程/变电站/电网工程	
C31/K31/L31/M31/N31		初步/施工图设计_设计成果渲染与表达		建筑工程/铁路工程/信号工程/变电站/电网工程	
C33/K33/L33/M33/N33		深化设计_深化设计辅助和建模		建筑工程/铁路工程/信号工程/变电站/电网工程	
C42/K42/L42/M42/N42		深化设计_冲突检测		建筑工程/铁路工程/信号工程/变电站/电网工程	
C43/K43/L43/M43/N43		深化设计_工程量统计		建筑工程/铁路工程/信号工程/变电站/电网工程	
最新版本	Update9				
输入格式	.dgn/.imodel及.ifc/.stl/.stp/.obj/.fbx等常用的中间数据格式				
输出格式	.dgn/.imodel及.stl/.stp/.obj/.fbx等常用的中间数据格式				

推荐硬件配置	操作系统	64位Windows10	处理器	2GHz	内存	16GB
	显卡	2GB	磁盘空间	500GB	鼠标要求	带滚轮
最低硬件配置	操作系统	64位Windows10	处理器	1GHz	内存	4GB
	显卡	512MB	磁盘空间	500GB	鼠标要求	带滚轮

续表

功能介绍
C23/K23/L23/M23/N23、C31/K31/L31/M31/N31： 1. 本软件在“设计成果渲染与表达”应用上的介绍及优势 Substation具有渲染工具，设计模型完成后可以赋予材质、输出效果图及项目动画；同时具有与专业渲染软件LumenRT的一键导出接口，可以批量地将设计模型导出到LumenRT中进行设计成果的渲染与表达。 2. 本软件在“设计成果渲染与表达”应用上的操作难易度 基本流程：模型检查→材质处理→脚本设置→成果输出。 在基本流程中的每一步操作均有向导工具来指导操作，预设多种渲染方式，预定义多个表达场景，在实际应用中只需要选定应用场景后进行微调就可以快速完成设计成果的渲染与表达
接本书7.14节彩页

3.3.9 其他

OpenPlant **表3-3-37**

软件名称	OpenPlant		厂商名称	Bentley	
代码		应用场景		业务类型	
D01/E01/F01		通用建模和表达		水处理/垃圾处理/管道工程	
D02/E02/F02		模型整合与管理			
D16/E16/F16		规划/方案设计_设计辅助和建模			
D20/E20/F20		规划/方案设计_参数化设计优化			
D24/E24/F24		规划/方案设计_其他			
D25/E25/F25		初步/施工图设计_设计辅助和建模			
D27/E27/F27		初步/施工图设计_设计分析和优化			
D32/E32/F32		初步/施工图设计_其他			
D33/E33/F33		深化设计_深化设计辅助和建模			
D36/E36/F36		深化设计_预制装配设计辅助和建模			
D39/E39/F39		深化设计_机电工程设计辅助和建模			
D45/E45/F45		深化设计_其他			

最新版本	OpenPlant CONNECT Edition Update 9					
输入格式	.dgn/.dwg/.3ds/.ifc/.3dm/.skp/.stp/.sat/.fbx/.obj/.jt/.3mx/.igs/.stl/.x_t/.shp					
输出格式	.dgn/.dwg/.rdl/.hln/.pdf/.cgm/.dxf/.fbx/.igs/.jt/.stp/.sat/.obj/.x_t/.skp/.stl/.vob					
推荐硬件配置	操作系统	64位Windows10	处理器	2GHz	内存	16GB
	显卡	2GB	磁盘空间	1TB	鼠标要求	带滚轮
最低硬件配置	操作系统	64位Windows10	处理器	1GHz	内存	4GB
	显卡	512MB	磁盘空间	500GB	鼠标要求	带滚轮

续表

功能介绍
D24/E24/F24、D32/E32/F32、F45/E45/D45： OpenPlant是一套完整的工厂设计方案，还包括智能化工艺流程图设计工具OpenPlant PID、三维设备管道设计系统OpenPlant Modeler、管道轴测图系统OpenPlant Isometric Manager、全自动管道出图工具OpenPlant Orthographics Manager以及管道支吊架设计工具OpenPlant Support Engineering。并且内嵌有自动报表工具、碰撞检测工具，以及可通过平台本身的渲染引擎来进行可视化展示。适用于流程工厂行业和离散制造行业及相关工厂行业设计（图1）。 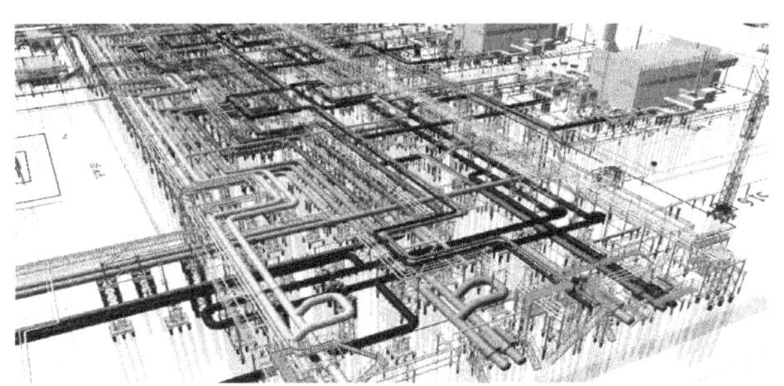 **图1 多种类型管道综合**

3.4 初步设计、施工图设计阶段

3.4.1 应用场景综述

在初步设计、施工图设计阶段，BIM侧重于基于模型验证初步设计、施工图设计可行性、提前发现设计中存在的问题，在设计阶段通过BIM模型进行优化分析、提高设计质量，同时供后续深化设计阶段参考及传递。初步设计、施工图设计阶段应用场景及定义如表3-4-1所示。

初步设计、施工图设计阶段应用场景及定义　　表3-4-1

应用场景		定义
1	设计辅助和建模	利用BIM软硬件进行初步设计、施工图设计阶段三维模型创建及信息录入，以辅助设计可行性验证、效果预览
2	结构专项计算和分析	基于初步设计、施工图设计阶段BIM信息模型对结构进行可行性验证、应力分析等专项结构分析
3	设计分析和优化	基于初步设计、施工图设计阶段BIM信息模型对设计过程中存在的问题进行分析及优化
4	冲突检测	基于初步设计、施工图设计阶段BIM信息模型对各专业、各构件间进行冲突检测、定位统计碰撞点
5	工程量统计	通过初步设计、施工图设计阶段BIM信息模型，导出统计模型量
6	算量和造价	利用BIM专项软硬件快速生成预算书等造价成果，内置各地配套清单、定额，一键完成、智能检查。为工程计价人员提供概算、预算、竣工结算、招标投标等各阶段的数据编审、分析积累与挖掘利用
7	设计成果渲染与表达	利用初步设计、施工图设计阶段BIM信息模型进行渲染处理、生成效果图、模拟仿真漫游，以更直观地展示初步设计、施工图设计成果

3.4.2 设计辅助和建模

1. Revit Architecture

Revit Architecture **表3-4-2**

软件名称	Revit Architecture	厂商名称	Autodesk
代码	应用场景		业务类型
A16/B16/C16/D16/E16/F16/G16/H16/J16/K16/L16/M16/N16/P16/Q16	规划/方案设计_设计辅助和建模		城市规划/场地景观/建筑工程/水处理/垃圾处理/管道工程/道路工程/桥梁工程/隧道工程/铁路工程/信号工程/变电站/电网工程/水坝工程/飞行工程
A19/B19/C19/D19/E19/F19/G19/H19/J19/K19/L19/M19/N19/P19/Q19	规划/方案设计_建筑环境性能化分析		
A21/B21/C21/D21/E21/F21/G21/H21/J21/K21/L21/M21/N21/P21/Q21	规划/方案设计_工程量统计		
A23/B23/C23/D23/E23/F23/G23/H23/J23/K23/L23/M23/N23/P23/Q23	规划/方案设计_设计成果渲染与表达		
A25/B25/C25/D25/E25/F25/G25/H25/J25/K25/L25/M25/N25/P25/Q25	初步/施工图设计_设计辅助与建模		
A27/B27/C27/D27/E27/F27/G27/H27/J27/K27/L27/M27/N27/P27/Q27	初步/施工图设计_设计分析和优化		
A28/B28/C28/D28/E28/F28/G28/H28/J28/K28/L28/M28/N28/P28/Q28	初步/施工图设计_冲突检测		
A29/B29/C29/D29/E29/F29/G29/H29/J29/K29/L29/M29/N29/P29/Q29	初步/施工图设计_工程量统计		
A31/B31/C31/D31/E31/F31/G31/H31/J31/K31/L31/M31/N31/P31/Q31	初步/施工图设计_设计成果渲染与表达		
A33/B33/C33/D33/E33/F33/G33/H33/J33/K33/L33/M33/N33/P33/Q33	深化设计_深化设计辅助和建模		
A36/B36/C36/D36/E36/F36/G36/H36/J36/K36/L36/M36/N36/P36/Q36	深化设计_预制装配设计辅助和建模		
A37/B37/C37/D37/E37/F37/G37/H37/J37/K37/L37/M37/N37/P37/Q37	深化设计_装饰装修设计辅助和建模		
A40/B40/C40/D40/E40/F40/G40/H40/J40/K40/L40/M40/N40/P40/Q40	深化设计_幕墙设计辅助和建模		
A42/B42/C42/D42/E42/F42/G42/H42/J42/K42/L42/M42/N42/P42/Q42	深化设计_冲突检测		
A43/B43/C43/D43/E43/F43/G43/H43/J43/K43/L43/M43/N43/P43/Q43	深化设计_工程量统计		
最新版本	Revit 2021		
输入格式	.dwg/.dxf/.dgn/.sat/.skp/.rvt/ .rfa/.ifc/.pdf/.xml/点云 .rcp/.rcs /.nwc/.nwd/所有图像文件		
输出格式	.dwg/.dxf/.dgn/.sat/.ifc/.rvt		

续表

<table>
<tr><td rowspan="3">推荐硬件配置</td><td>操作系统</td><td>64位Windows10</td><td>处理器</td><td>3GHz</td><td>内存</td><td>16GB</td></tr>
<tr><td>显卡</td><td>支持 DirectX® 11 和Shader Model 5的显卡，最少有4GB视频内存</td><td>磁盘空间</td><td>30GB</td><td>鼠标要求</td><td>带滚轮</td></tr>
<tr><td>其他</td><td colspan="5">NET Framework 版本4.8或更高版本</td></tr>
<tr><td rowspan="3">最低硬件配置</td><td>操作系统</td><td>64位Windows10</td><td>处理器</td><td>2GHz</td><td>内存</td><td>8GB</td></tr>
<tr><td>显卡</td><td>支持 DirectX® 11 和Shader Model 5的显卡，最少有4GB视频内存</td><td>磁盘空间</td><td>30GB</td><td>鼠标要求</td><td>带滚轮</td></tr>
<tr><td>其他</td><td colspan="5">NET Framework版本4.8或更高版本</td></tr>
<tr><td colspan="7">功能介绍</td></tr>
</table>

A16/B16/C16/D16/E16/F16/G16/H16/J16/K16/L16/M16/N16/P16/Q16、A25/B25/C25/D25/E25/F25/G25/H25/J25/K25/L25/M25/N25/P25/Q25：

1. 本软件在"规划/方案设计_设计辅助和建模、初步/施工图设计_设计辅助与建模"应用上的介绍及优势

（1）Revit项目环境中的概念体量和自适应几何图形，可以轻松地创建草图和具有自由形状的模型，辅助设计师进行灵感创作和建模。通过这种环境，可以直接操纵设计中的点、边、面，形成可构建的形状或参数化构件，并且方案阶段的模型可以直接用于施工图设计，充分利用概念设计阶段的成果和数据（图1）。

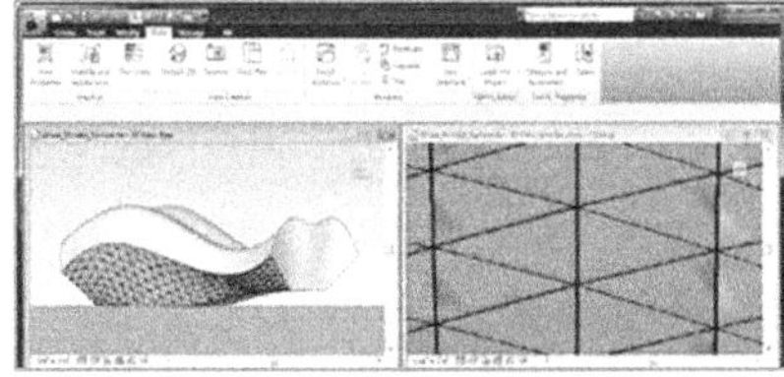
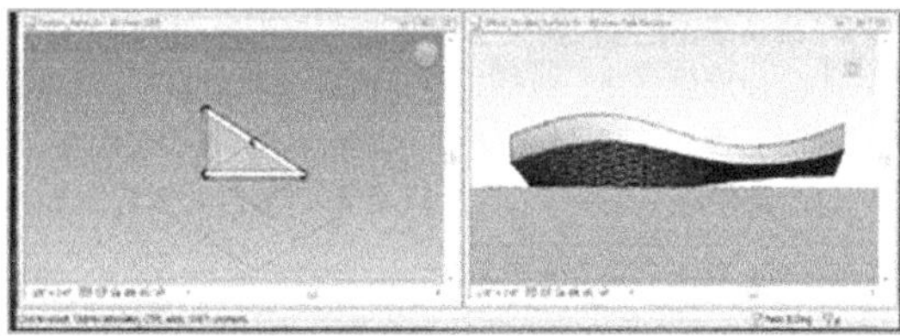

图1　轻松创建自由形状模型

（2）通过项目样板，在满足设计标准的同时，大大提高了设计师的效率。基于样板的任意新项目均继承来自样板的所有族、设置（如单位、填充样式、线样式、线宽和视图比例）以及几何图形。使用合适的样板，有助于快速开展项目。国内比较通用的Revit样板文件，例如Revit中国本地化样板，有集合国家规范化标准和常用族等优势。

（3）通过族参数化构件（亦称"族"），Revit提供了一个开放的图形式系统，支持自由地构思设计、创建外型，并以逐步细化的方式来表达设计意图。族既包括复杂的组件（例如细木家具和设备），也包括基础的建筑构件（例如墙和柱）。

2. 本软件在"规划/方案设计_设计辅助和建模、初步/施工图设计_设计辅助与建模"应用上的操作难易度

本软件的BIM设计流程为：轴网标高→基础模型→专业协同→快速布局→详细设计。

在上述设计流程的各个环节，Revit都有相应的工具支持，操作简单，容易上手

2. Dynamo for Revit

Dynamo for Revit　　**表3-4-3**

<table>
<tr><td>软件名称</td><td colspan="2">Dynamo for Revit</td><td>厂商名称</td><td>Autodesk</td></tr>
<tr><td colspan="2">代码</td><td colspan="2">应用场景</td><td>业务类型</td></tr>
<tr><td colspan="2">B25/C25/D25/F25/H25/J25/P25</td><td colspan="2">初步/施工图设计_设计辅助和建模</td><td>场地景观/建筑工程/水处理/管道工程/桥梁工程/隧道工程/水坝工程</td></tr>
</table>

续表

<table>
<tr><td colspan="2">B27/C27/D27/F27/H27/J27/P27</td><td>初步/施工图设计_设计分析和优化</td><td>场地景观/建筑工程/水处理/管道工程/桥梁工程/隧道工程/水坝工程</td></tr>
<tr><td colspan="2">B33/C33/D33/F33/H33/J33/P33</td><td>深化设计_深化设计辅助和建模</td><td>场地景观/建筑工程/水处理/管道工程/桥梁工程/隧道工程/水坝工程</td></tr>
<tr><td>最新版本</td><td colspan="3">Dynamo 2.5</td></tr>
<tr><td>输入格式</td><td colspan="3">通用格式：.dyn/.dyf</td></tr>
<tr><td>输出格式</td><td colspan="3">.dyn/.dyf</td></tr>
<tr><td>推荐硬件配置</td><td colspan="3">同Revit</td></tr>
<tr><td>最低硬件配置</td><td colspan="3">同Revit</td></tr>
<tr><td colspan="4">功能介绍</td></tr>
<tr><td colspan="4">B25/C25/D25/F25/H25/J25/P25：
Dynamo for Revit是自Revit 2015版开始的可视化编程插件，自Revit2017开始初始集成于Revit中，自Revit2020版本开始，每一个Revit版本对应一个Dynamo for Revit版本，截至Revit2021版，Dynamo已更新至2.5版。
Dynamo for Revit中提供一系列作用于Revit图元的节点，提供设计师一个可视化的编程环境，使得以脚本化程序驱动Revit中的图元，实现批量化建模、信息统计、分析优化等系列功能，大大拓展了Revit的原生功能：①异形形体创建，包括建筑、桥隧、水工等；②参数化模型创建；③批量化创建、修改图元；④图元着色；⑤图元编号；⑥日照分析、视线分析等优化功能；⑦自动标注；⑧导入外部Excel、图片、SAT模型等信息；⑨导出模型数据到Excel、Word等；⑩自动创建图纸和索引等（图1）。
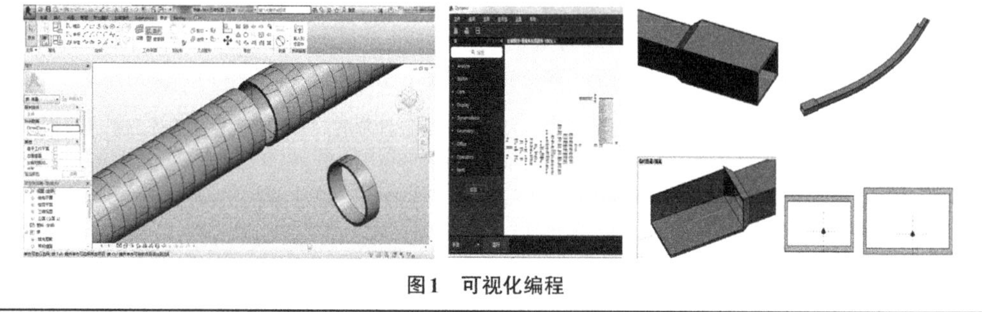
图1　可视化编程</td></tr>
</table>

3. Dynamo for Civil3d

Dynamo for Civil3d　　表3-4-4

<table>
<tr><td>软件名称</td><td colspan="2">Dynamo for Civil3d</td><td>厂商名称</td><td>Autodesk</td></tr>
<tr><td colspan="2">代码</td><td colspan="2">应用场景</td><td>业务类型</td></tr>
<tr><td colspan="2">G25/K25/N25</td><td colspan="2">初步/施工图设计_设计辅助与建模</td><td>道路工程/铁路工程/电网工程</td></tr>
<tr><td>最新版本</td><td colspan="4">Dynamo 2.5</td></tr>
<tr><td>输入格式</td><td colspan="4">通用格式：.dyn/.dyf</td></tr>
<tr><td>输出格式</td><td colspan="4">.dyn/.dyf</td></tr>
<tr><td>推荐硬件配置</td><td colspan="4">同Civil3d</td></tr>
<tr><td>最低硬件配置</td><td colspan="4">同Civil3d</td></tr>
</table>

续表

<table>
<tr><th>功能介绍</th></tr>
<tr><td>B25/C25/D25/F25/H25/J25/P25：
Dynamo for Civil3d是集成于Civil3d的插件，提供一系列作用于Civil3d模型的节点，提供设计师一个可视化的编程环境，使得以脚本化程序驱动Civil3d中模型的创建，提供按一定距离布置模型、对模型进行定位或旋转等操作，按数学函数的逻辑创建模型等功能，大大拓展了Civil3d的原生功能（图1）。
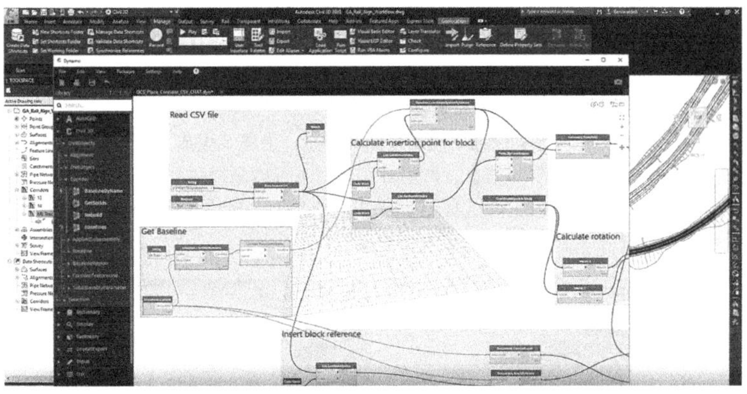

图1　可视化编程</td></tr>
</table>

4. 3DEXPERIENCE CATIA

3DEXPERIENCE CATIA　　**表3-4-5**

<table>
<tr><td>软件名称</td><td colspan="2">3DEXPERIENCE CATIA</td><td>厂商名称</td><td colspan="3">Dassault Systémes</td></tr>
<tr><td colspan="2">代码</td><td colspan="2">应用场景</td><td colspan="3">业务类型</td></tr>
<tr><td colspan="2">C16/H16</td><td colspan="2">规划/方案设计_设计辅助和建模</td><td colspan="3">建筑工程/桥梁工程</td></tr>
<tr><td colspan="2">C25/G25/H25/J25/K25/P25</td><td colspan="2">初步/施工图设计_设计辅助和建模</td><td colspan="3">建筑工程/道路工程/桥梁工程/隧道工程/铁路工程/水坝工程</td></tr>
<tr><td colspan="2">C28/G28/H28/J28/K28/P28</td><td colspan="2">初步/施工图设计_冲突检测</td><td colspan="3">建筑工程/道路工程/桥梁工程/隧道工程/铁路工程/水坝工程</td></tr>
<tr><td colspan="2">C38/H38/P38</td><td colspan="2">深化设计_钢结构设计辅助和建模</td><td colspan="3">建筑工程/桥梁工程/水坝工程</td></tr>
<tr><td colspan="2">C39/H39/P39</td><td colspan="2">深化设计_机电工程设计辅助和建模</td><td colspan="3">建筑工程/铁路工程/水坝工程</td></tr>
<tr><td colspan="2">C40</td><td colspan="2">深化设计_幕墙设计辅助和建模</td><td colspan="3">建筑工程</td></tr>
<tr><td colspan="2">C43/G43/H43/J43/K43/P43</td><td colspan="2">深化设计_工程量统计</td><td colspan="3">建筑工程/道路工程/桥梁工程/隧道工程/铁路工程/水坝工程</td></tr>
<tr><td>最新版本</td><td colspan="6">3DEXPERIENCE R2021x</td></tr>
<tr><td>输入格式</td><td colspan="6">.3dxml</td></tr>
<tr><td>输出格式</td><td colspan="6">.3dxml</td></tr>
<tr><td rowspan="2">推荐硬件配置</td><td>操作系统</td><td>64位Windows10</td><td>处理器</td><td>3GHz</td><td>内存</td><td>32GB</td></tr>
<tr><td>显卡</td><td>1GB</td><td>磁盘空间</td><td>30GB</td><td>鼠标要求</td><td>带滚轮</td></tr>
</table>

续表

最低硬件配置	操作系统	64位Windows10	处理器	2GHz	内存	16GB
	显卡	512MB	磁盘空间	20GB	鼠标要求	带滚轮
	其他	AdoptOpenJDK JRE 11.0.6 with OpenJ9，Firefox 68 ESR 或者Chrome				
功能介绍						

C25/G25/H25/J25/K25/P25：

1. 本软硬件在“初步/施工图设计_设计辅助与建模”应用上的介绍及优势

3DEXPERIENCE平台的CATIA具有建筑结构和土木工程的行业应用模块，从LOD 100到400的全流程、强大的参数化建模技术，标准化、模块化的知识重用体系。

建筑设计功能主要有：①建筑方案设计。使用草图和体量，为建筑生成方案模型（LOD 100～200）；对建筑内部空间进行规划，自动统计空间信息；使用方案模型进行概念探讨和优化（图1）。②建筑详细设计。在方案模型的基础上，实现面向加工的深化设计（LOD 300～400）；包括多种3D曲面造型功能，设计复杂的建筑立面；专业的钣金模块可用于金属幕墙设计（图2）。

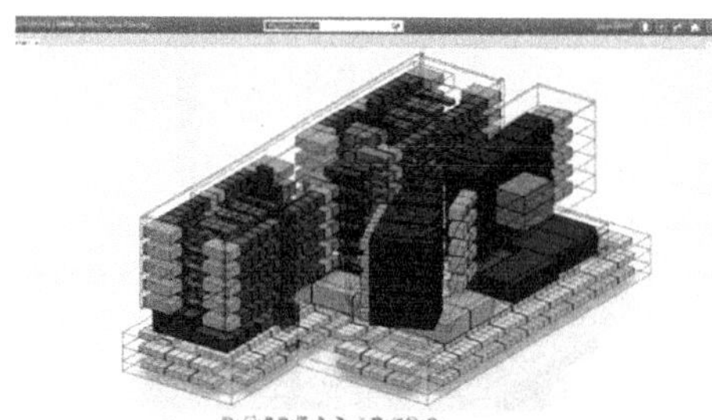

图1　建筑方案设计

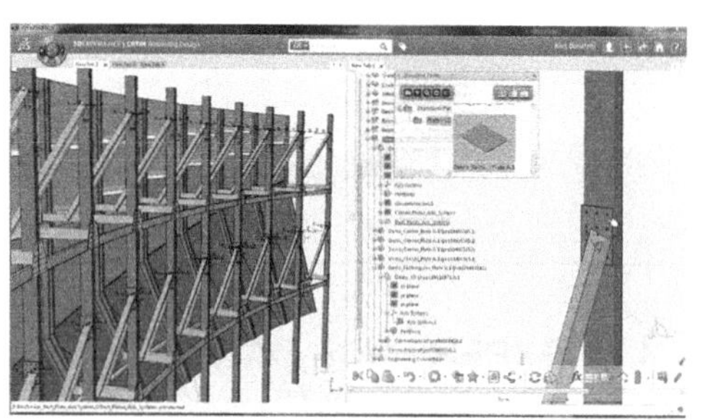

图2　金属幕墙设计

结构设计的主要功能有：①结构方案设计。预定义的梁、柱、基础等结构构件模板，高效生成结构模型；统计结构材料表；可将结构模型导出到分析软件（图3）。②钢筋混凝土设计。在方案模型的基础上，实现面向加工的深化设计（LOD 300～400）；钢结构连接件设计；强大的3D钢筋设计功能（图4）。

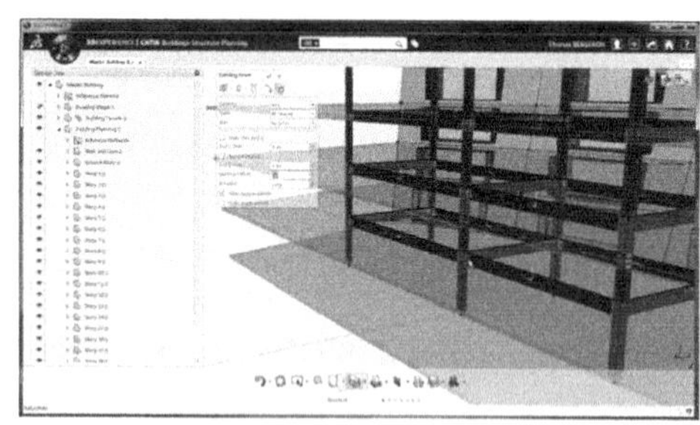

图3　结构方案设计

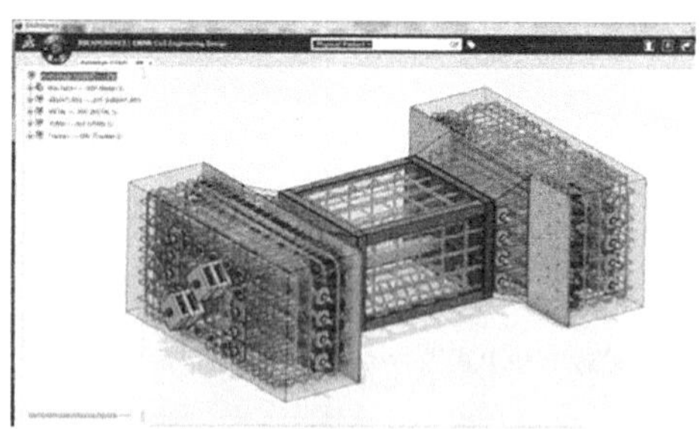

图4　钢筋混凝土设计

土木工程设计的主要功能有：①数字地形模型。支持大地测量坐标系；通过测量点或等高线，生成数字地形模型；地形的纵/横断面；场地挖填和土方计算（图5）。②土木工程建模。专业的路线设计功能，支持多种缓和曲线；专业的道路设计功能，边坡开挖计算，横断面的智能布置，路基设计；专为土木工程提供的参数化建模工具，适合于桥梁、隧道、铁路、大坝等工程设计。上百种预定义的土木工程构件模板，并可增加自定义模板（图6）。

2. 本软硬件在“初步/施工图设计_设计辅助与建模”应用上的操作难易度

建筑设计基础操作流程：建筑外形→建筑体量→空间规划→房间布置→幕墙分格→方案比对→出图交付。

结构设计基础操作流程：轴网标高→基础模型→导出分析→材料统计→出图交付

续表

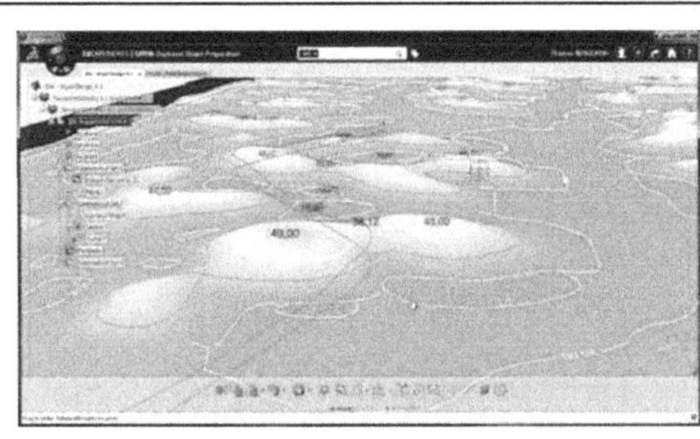

图5　数字地形模型

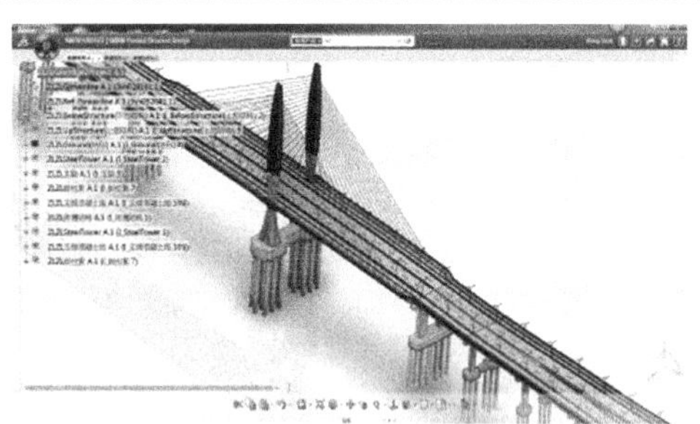

图6　土木工程建模

土木设计基础操作流程：地形建模→定线→路桥隧建模→导出分析→工程量统计→出图交付。

建筑结构功能系统预设了一些库，可以方便地调用建模，根据3D轴网批量的自动布置结构可以大大减少基础建模时间，操作简单，容易上手。土木工程设计系统预设了部分路桥隧的库，可以方便地调用建模，工程项目中需要根据需求补充路桥隧道的库，前期积累了一定的库，后面的项目设计速度会大大加快。CATIA的基础功能入门有一定难度，土木工程的模块封装了一些行业的功能，使用上减少了入门的难度。另外，上述所有的专业都基于统一用户界面，减少了使用难度。

3. 本软硬件在“初步/施工图设计_设计辅助与建模”应用上的案例

浦江双辉大厦土建主体、机电、幕墙、室外管线和景观的建模应用；上海G1501高架路工程道路、桥梁和地下专业的BIM建模和出图；阳大铁路、雅万铁路、京雄铁路等铁路工程全专业采用达索进行BIM设计和施工交付

5. CBIM建筑设计软件

CBIM建筑设计软件　　表3-4-6

<table>
<tr><td>软件名称</td><td colspan="3">CBIM建筑设计软件</td><td>厂商名称</td><td colspan="2">中设数字技术股份有限公司</td></tr>
<tr><td colspan="2">代码</td><td colspan="3">应用场景</td><td colspan="2">业务类型</td></tr>
<tr><td colspan="2">C25</td><td colspan="3">初步/施工图设计_设计辅助和建模</td><td colspan="2">建筑工程</td></tr>
<tr><td>最新版本</td><td colspan="6">CBIM建筑设计软件 2019</td></tr>
<tr><td>输入格式</td><td colspan="6">.rvt</td></tr>
<tr><td>输出格式</td><td colspan="6">.rvt</td></tr>
<tr><td rowspan="3">推荐硬件配置</td><td>操作系统</td><td>64位 Windows10</td><td>处理器</td><td>3GHz</td><td>内存</td><td>16GB</td></tr>
<tr><td>显卡</td><td>支持 DirectX®11 和 Shader Model 3 的显卡</td><td>磁盘空间</td><td>5GB</td><td>鼠标要求</td><td>带滚轮</td></tr>
<tr><td>其他</td><td colspan="5">IE 7及以上版本</td></tr>
<tr><td rowspan="3">最低硬件配置</td><td>操作系统</td><td>64位 Windows7</td><td>处理器</td><td>3GHz</td><td>内存</td><td>8GB</td></tr>
<tr><td>显卡</td><td>支持 24 位色的显示适配器</td><td>磁盘空间</td><td>5GB</td><td>鼠标要求</td><td>带滚轮</td></tr>
<tr><td>其他</td><td colspan="5">IE 7及以上版本</td></tr>
</table>

续表

功能介绍

C25：

1.本软件在“初步/施工图设计_设计辅助和建模”应用上的介绍及优势

CBIM建筑设计软件，是专为建筑设计师开发的BIM设计软件。其中包含一系列建筑专业的高效BIM模型设计、视图及图纸设计、尺寸标注与注释、构件统计及规范检查工具。同时结合CBIM定制的符合中国建筑设计制图标准的BIM族库、样板文件等资源，让建筑设计师可以高效率完成、交付高质量的BIM模型和图纸等项目设计成果。其主要功能特点如下：

（1）BIM模型智能设计。本软件可以智能批量创建建筑墙体、门窗、楼板/吊顶、房间、坡道、楼梯、阳台等各类基础BIM模型构件，并可随时通过参数及图形方式编辑修改，大幅提高设计效率（图1）。

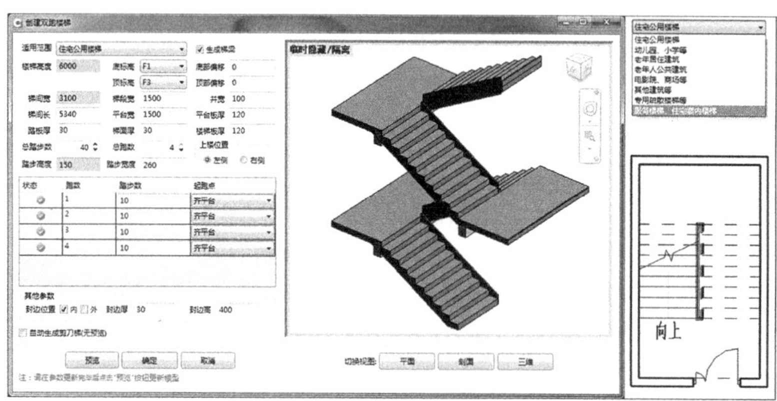

图1　批量创建模型

（2）融合设计规范及制图标准。CBIM建筑设计软件内嵌中国设计规范和制图标准，实现模型创建之前（参数设置过程中）、之后的自动审查和报警功能（净高识别、楼梯规范检查、重复构件检查等），从而保证BIM设计成果标准化、正确性。

（3）自动标记标注。CBIM建筑设计软件与模型创建对应的构件自动标记功能、快速标注功能，例如自动门窗标记、房间标记、门窗洞口尺寸标注（第3道尺寸线）等功能，可大幅提升设计图纸中各种标记标注的创建效率，并保证图纸标记与模型信息的一致性。

（4）自动构件统计。CBIM建筑设计软件可一键生成多个设计统计表格，轻松统计、管理各类项目和构件信息，例如防火分区统计表、门窗统计表、电梯扶梯等设备统计表、房间统计表、图纸清单等；同时各统计表随BIM模型修改而自动更新，保证了BIM模型与统计信息的一致性。

（5）土建一体化协同设计。CBIM推荐采用“土建一体化协同设计”模式（即建筑、结构专业在同一个BIM模型文件中进行实时协同设计）。大幅提高了建筑、结构一体化协同的设计效率，保证了建筑、结构两个专业BIM模型及信息的一致性和实时性。

2.本软件在“初步/施工图设计_设计辅助和建模”应用上的操作难易度

本软件的BIM设计基本流程为：轴网标高→基础模型→快速布图→专业提资→详细设计→碰撞检查→校对审核→尺寸注释→打印出图→导出交付。

本软件基于Revit平台软件二次开发，在上述设计流程各个工作环节，均开发了大量专用功能插件。这些插件极大地简化了Revit软件原有的操作，大幅提高了BIM设计效率。同时由于其基于设计师的设计流程、工作习惯，并融入了中国建筑设计规范和建筑制图标准，因此软件操作更简单、更容易上手。

3.本软件在“初步/施工图设计_设计辅助和建模”应用上的案例

本软件已经在北京城市副中心行政办公区A2、B1、B2、C2楼工程项目（45万m^2）、雄安市民服务中心项目（10万m^2）、厦门翔安机场项目（104万m^2）、太古远洋颐堤港项目（70万m^2）等大量重点工程项目的设计阶段进行了全过程BIM设计深入应用，交付了全套BIM模型和图纸设计成果

6. CBIM结构设计软件

CBIM结构设计软件　　　　**表3-4-7**

软件名称	CBIM结构设计软件			厂商名称	中设数字技术股份有限公司	
代码		应用场景			业务类型	
C25		初步/施工图设计_设计辅助和建模			建筑工程	
最新版本	CBIM结构设计软件 2019					
输入格式	.rvt					
输出格式	.rvt					
推荐硬件配置	操作系统	64位 Windows10	处理器	3GHz	内存	16GB
	显卡	支持DirectX®11和Shader Model 3的显卡	磁盘空间	5GB	鼠标要求	带滚轮
	其他	IE 7及以上版本				
最低硬件配置	操作系统	64位 Windows7	处理器	3GHz	内存	8GB
	显卡	支持24位色的显示适配器	磁盘空间	5GB	鼠标要求	带滚轮
	其他	IE 7及以上版本				

功能介绍

C25：

1. 本软件在“初步/施工图设计_设计辅助和建模”应用上的介绍及优势

CBIM结构设计软件，是专为结构工程师开发的BIM设计软件。其中包含一系列结构专业的高效BIM模型设计、视图及图纸设计、尺寸标注与注释、构件统计及规范检查工具。同时结合CBIM定制的符合中国建筑设计制图标准的BIM族库、样板文件等资源，让结构工程师可以高效率完成、交付高质量的BIM模型和图纸等项目设计成果。其主要功能特点如下：

（1）BIM模型智能设计。CBIM结构设计软件可以智能批量创建结构梁、结构柱、构造柱、连梁、洞口等各类基础BIM模型构件，并可随时通过参数及图形方式编辑修改，大幅提高设计效率。

（2）融合设计规范及制图标准。CBIM结构设计软件内嵌中国设计规范和制图标准，实现模型创建之前（参数设置过程中）、之后的自动审查和报警功能（结构属性检查、工作集检查等），从而保证BIM设计成果标准化、正确性。

（3）自动标记标注。CBIM结构设计软件与模型创建对应的构件自动标记功能、快速标注功能，例如自动梁柱标记、板标记、结构柱标注、洞口标注等功能，可大幅提升设计图纸中各种标记标注的创建效率，并保证图纸标记与模型信息的一致性（图1）。

（4）自动构件统计。CBIM结构设计软件可一键生成多个设计统计表格，轻松统计、管理各类项目和构件信息，例如梁表、柱表、图纸清单等；同时各统计表随BIM模型修改而自动更新，保证了BIM模型与统计信息的一致性。

（5）批量自动开洞。CBIM结构设计软件可以自动识别链接的机电专业BIM模型中管道的位置、尺寸，按结构设计师设置的开洞原则，批量、自动化创建结构洞口，高效解决了设计过程中与机电管线之间的管线综合优化问题。

2. 本软件在“初步/施工图设计_设计辅助和建模”应用上的操作难易度

本软件的BIM设计基本流程为：轴网标高→基础模型→快速布图→专业提资→详细设计→碰撞检查→校对审核→尺寸注释→打印出图→导出交付。

本软件基于Revit平台软件二次开发，在上述设计流程各个工作环节，均开发了大量专用功能插件。这些插件极大地简化了Revit软件原有的操作，大幅提高了BIM设计效率。同时由于其基于设计师的设计流程、工

续表

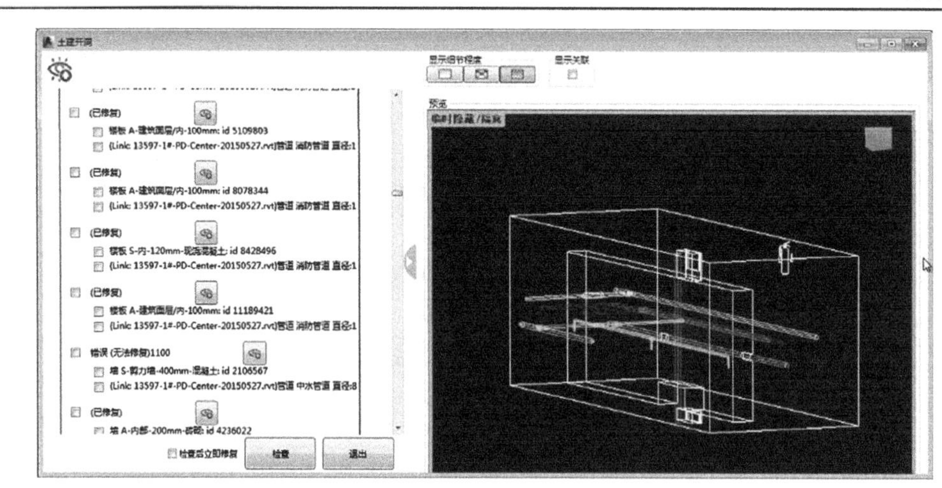

图1 批量自动开洞

作习惯，并融入了中国建筑设计规范和建筑制图标准，因此软件操作更简单、更容易上手。

3. 本软件在“初步/施工图设计_设计辅助和建模”应用上的案例

本软件已经在北京城市副中心行政办公区A2、B1、B2、C2楼工程项目（45万m^2）、雄安市民服务中心项目（10万m^2）、厦门翔安机场项目（104万m^2）、太古远洋颐堤港项目（70万m^2）等大量重点工程项目的设计阶段进行了全过程BIM设计深入应用，交付了全套BIM模型和图纸设计成果

7. CBIM给水排水设计软件

CBIM给水排水设计软件 表3-4-8

<table>
<tr><td>软件名称</td><td colspan="3">CBIM给水排水设计软件</td><td>厂商名称</td><td colspan="3">中设数字技术股份有限公司</td></tr>
<tr><td colspan="2">代码</td><td colspan="3">应用场景</td><td colspan="3">业务类型</td></tr>
<tr><td colspan="2">C25</td><td colspan="3">初步/施工图设计_设计辅助和建模</td><td colspan="3">建筑工程</td></tr>
<tr><td>最新版本</td><td colspan="7">CBIM给水排水设计软件2019</td></tr>
<tr><td>输入格式</td><td colspan="7">.rvt</td></tr>
<tr><td>输出格式</td><td colspan="7">.rvt</td></tr>
<tr><td rowspan="3">推荐硬件配置</td><td>操作系统</td><td>64位Windows10</td><td>处理器</td><td>3GHz</td><td>内存</td><td colspan="2">16GB</td></tr>
<tr><td>显卡</td><td>支持DirectX®11和Shader Model 3的显卡</td><td>磁盘空间</td><td>5GB</td><td>鼠标要求</td><td colspan="2">带滚轮</td></tr>
<tr><td>其他</td><td colspan="6">IE 7及以上版本</td></tr>
<tr><td rowspan="3">最低硬件配置</td><td>操作系统</td><td>64位Windows7</td><td>处理器</td><td>3GHz</td><td>内存</td><td colspan="2">8GB</td></tr>
<tr><td>显卡</td><td>支持24位色的显示适配器</td><td>磁盘空间</td><td>5GB</td><td>鼠标要求</td><td colspan="2">带滚轮</td></tr>
<tr><td>其他</td><td colspan="6">IE 7及以上版本</td></tr>
</table>

续表

功能介绍
C25： 1. 本软件在“初步/施工图设计_设计辅助和建模”应用上的介绍及优势 CBIM给水排水设计软件，是专为给水排水工程师开发的BIM设计软件。其中包含一系列给水排水专业的高效BIM模型设计、视图及图纸设计、尺寸标注与注释、构件统计及规范检查工具。同时结合CBIM定制的符合中国建筑设计制图标准的BIM族库、样板文件等资源，让给水排水工程师可以高效率完成、交付高质量的BIM模型和图纸等项目设计成果。其主要功能特点如下： （1）BIM模型智能设计：CBIM给水排水设计软件基于Revit软件的基本功能，开发了自有、高效的BIM基础模型设计工具，可以智能、批量地创建给水排水管道、给水排水设备（水泵、洁具、喷淋头等）、阀门附件等基础BIM模型构件，并可随时通过参数及图形方式编辑修改，大幅提高设计效率（图1）。 （2）智能连接。CBIM给水排水设计软件开发的末端设备与支管的自动连接功能，末端设备批量布置时的自动连接功能，大幅提升了BIM模型和图纸设计效率。 （3）实时给水排水计算。CBIM给水排水设计软件开发的给水排水计算功能（例如，喷淋管道直径计算等部分计算功能，更多计算功能逐步开发完善中），实现了BIM模型设计与计算一体化，彻底解决图形与计算的脱节问题，大幅提升设计精度和质量。 （4）融合设计规范及制图标准。CBIM给水排水设计软件内嵌中国设计规范和制图标准，实现模型创建之前（参数设置过程中）、之后的自动审查和报警功能；同时给水排水专业单独的系统设置功能（如不同水系统设置不同的管道颜色线型等），进一步保证了BIM设计成果的标准化、正确性。 （5）自动标记标注。CBIM给水排水设计软件与模型创建对应的构件自动标记功能、快速标注功能，例如并排管道标注、立管标注、设备标记等功能，可大幅提升设计图纸中各种标记标注的创建效率，并保证图纸标记与模型信息的一致性。 （6）自动设备材料表统计。CBIM给水排水设计软件可一键生成各类设备材料表，轻松统计、管理各类项目和设备信息，例如消防系统材料表、各类水系统材料表、卫生器具材料表、图纸清单等；同时各设备统计表随BIM模型修改而自动更新，保证了BIM模型与统计信息的一致性。 （7）智能管线综合。CBIM给水排水设计软件开发的快速水管升降等功能，可通过批量全自动、局部手动等方式，快速解决机电管线碰撞时的避让问题，提升设计效率的同时，保证BIM设计模型和图纸质量。 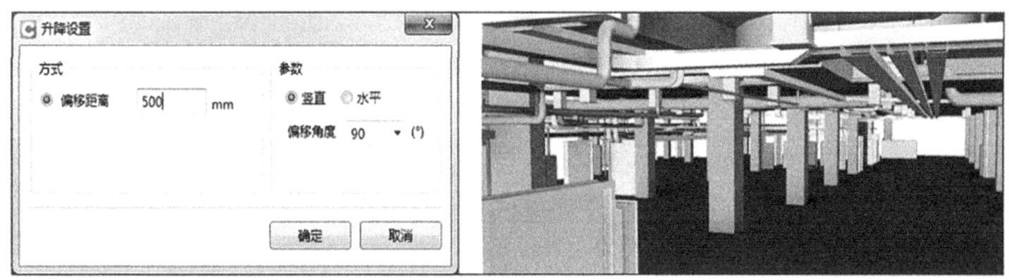 **图1　批量翻弯** 2. 本软件在“初步/施工图设计_设计辅助和建模”应用上的操作难易度 本软件的BIM设计基本流程为：链接土建→轴网标高→基础模型→快速布图→专业提资→详细设计→碰撞检查→校对审核→尺寸注释→打印出图→导出交付。 本软件基于Revit平台软件二次开发，在上述设计流程各个工作环节均开发了大量专用功能插件。这些插件极大地简化了Revit软件原有的操作，大幅提高了BIM设计效率。同时由于其基于设计师的设计流程、工作习惯，并融入了中国建筑设计规范和建筑制图标准，因此，软件操作更简单、更容易上手。 3. 本软件在“初步/施工图设计_设计辅助和建模”应用上的案例 本软件已经在北京城市副中心行政办公区A2、B1、B2、C2楼工程项目（45万m^2）、雄安市民服务中心项目（10万m^2）、厦门翔安机场项目（104万m^2）、太古远洋颐堤港项目（70万m^2）等大量重点工程项目的设计阶段进行了全过程BIM设计深入应用，交付了全套BIM模型和图纸设计成果

8. CBIM暖通设计软件

CBIM暖通设计软件 **表3-4-9**

<table>
<tr><td>软件名称</td><td colspan="3">CBIM暖通设计软件</td><td colspan="2">厂商名称</td><td colspan="2">中设数字技术股份有限公司</td></tr>
<tr><td colspan="2">代码</td><td colspan="3">应用场景</td><td colspan="3">业务类型</td></tr>
<tr><td colspan="2">C25</td><td colspan="3">初步/施工图设计_设计辅助和建模</td><td colspan="3">建筑工程</td></tr>
<tr><td>最新版本</td><td colspan="7">CBIM暖通设计软件2019</td></tr>
<tr><td>输入格式</td><td colspan="7">.rvt</td></tr>
<tr><td>输出格式</td><td colspan="7">.rvt</td></tr>
<tr><td rowspan="3">推荐硬件配置</td><td>操作系统</td><td>64位Windows10</td><td>处理器</td><td>3GHz</td><td>内存</td><td colspan="2">16GB</td></tr>
<tr><td>显卡</td><td>支持DirectX®11和Shader Model 3的显卡</td><td>磁盘空间</td><td>5GB</td><td>鼠标要求</td><td colspan="2">带滚轮</td></tr>
<tr><td>其他</td><td colspan="6">IE 7及以上版本</td></tr>
<tr><td rowspan="3">最低硬件配置</td><td>操作系统</td><td>64位Windows7</td><td>处理器</td><td>3GHz</td><td>内存</td><td colspan="2">8GB</td></tr>
<tr><td>显卡</td><td>支持24位色的显示适配器</td><td>磁盘空间</td><td>5GB</td><td>鼠标要求</td><td colspan="2">带滚轮</td></tr>
<tr><td>其他</td><td colspan="6">IE 7及以上版本</td></tr>
<tr><td colspan="8">功能介绍</td></tr>
</table>

C25：

1.本软件在“初步/施工图设计_设计辅助和建模”应用上的介绍及优势

CBIM暖通设计软件，是专为暖通工程师开发的BIM设计软件。其中包含一系列暖通专业的高效BIM模型设计、视图及图纸设计、尺寸标注与注释、构件统计及规范检查工具。同时结合CBIM定制的符合中国建筑设计制图标准的BIM族库、样板文件等资源，让暖通工程师可以高效率完成、交付高质量的BIM模型和图纸等项目设计成果。其主要功能特点如下：

（1）BIM模型智能设计。CBIM暖通设计软件基于Revit软件的基本功能，开发了自有、高效的BIM基础模型设计工具，可以智能批量创建暖通风管水管、暖通设备（风口、风机、空调机组、锅炉等）、风管附件和阀门附件等基础BIM模型构件，并可随时通过参数及图形方式编辑修改，大幅提高设计效率（图1）。

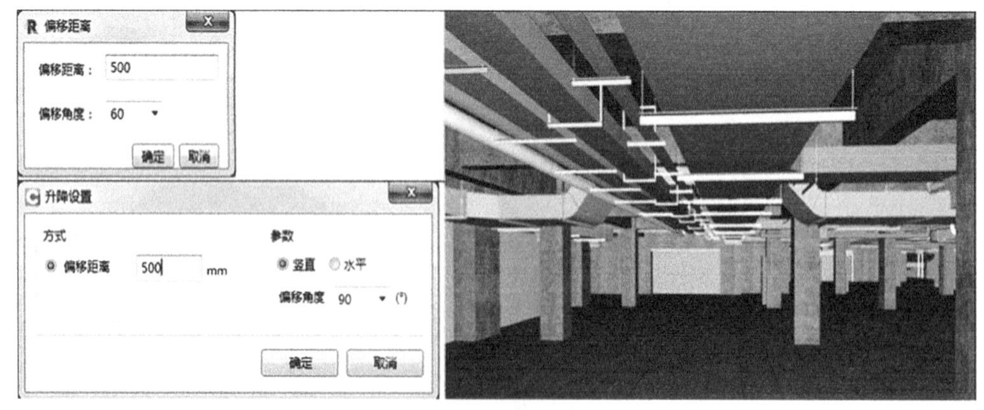

图1　批量翻弯

（2）智能连接。CBIM暖通设计软件开发的末端设备与支管的自动连接功能，末端设备批量布置时的自动连接功能，大幅提升了BIM模型和图纸设计效率

续表

（3）实时暖通计算。CBIM给水排水设计软件开发的暖通计算功能（例如水力计算等部分功能，更多计算功能逐步开发完善中），实现了BIM模型设计与计算一体化，彻底解决图形与计算的脱节问题，大幅提升设计精度和质量。 （4）融合设计规范及制图标准。CBIM暖通设计软件内嵌中国设计规范和制图标准，实现模型创建之前（参数设置过程中）、之后的自动审查和报警功能；同时暖通专业单独的系统设置功能（如不同风和水系统设置不同的管道颜色线型等），进一步保证了BIM设计成果的标准化、正确性。 （5）自动标记标注。CBIM暖通设计软件与模型创建对应的构件自动标记功能、快速标注功能，例如风管标注、立管标注、设备标记等功能，可大幅提升设计图纸中各种标记标注的创建效率，并保证图纸标记与模型信息的一致性。 （6）自动设备材料表统计。CBIM暖通设计软件可一键生成各类设备材料表，轻松统计、管理各类项目和设备信息，例如空调机组性能表、各类风机性能参数表、各类冷水机组热泵机组统计表、图纸清单等；同时各设备统计表随BIM模型修改而自动更新，保证了BIM模型与统计信息的一致性。 （7）智能管线综合。CBIM暖通设计软件开发的快速风管升降等功能，通过批量全自动、局部手动等方式，快速解决机电管线碰撞时的避让问题，提升设计效率的同时，保证BIM设计模型和图纸质量。 2. 本软件在“初步/施工图设计_设计辅助和建模”应用上的操作难易度 本软件的BIM设计基本流程为：链接土建→轴网标高→基础模型→快速布图→专业提资→详细设计→碰撞检查→校对审核→尺寸注释→打印出图→导出交付。 本软件基于Revit平台软件二次开发，在上述设计流程各个工作环节，均开发了大量专用功能插件。这些插件极大地简化了Revit软件原有的操作，大幅提高了BIM设计效率。同时由于其基于设计师的设计流程、工作习惯，并融入了中国建筑设计规范和建筑制图标准，因此软件操作更简单、更容易上手。 3. 本软件在“初步/施工图设计_设计辅助和建模”应用上的案例 本软件已经在北京城市副中心行政办公区A2、B1、B2、C2楼工程项目（45万m^2）、雄安市民服务中心项目（10万m^2）、厦门翔安机场项目（104万m^2）、太古远洋颐堤港项目（70万m^2）等大量重点工程项目的设计阶段进行了全过程BIM设计深入应用，交付了全套BIM模型和图纸设计成果

9. CBIM电气设计软件

CBIM电气设计软件 **表3-4-10**

<table>
<tr><td>软件名称</td><td colspan="3">CBIM电气设计软件</td><td colspan="2">厂商名称</td><td colspan="2">中设数字技术股份有限公司</td></tr>
<tr><td colspan="2">代码</td><td colspan="4">应用场景</td><td colspan="2">业务类型</td></tr>
<tr><td colspan="2">C25</td><td colspan="4">初步/施工图设计_设计辅助和建模</td><td colspan="2">建筑工程</td></tr>
<tr><td>最新版本</td><td colspan="7">CBIM电气设计软件 2019</td></tr>
<tr><td>输入格式</td><td colspan="7">.rvt</td></tr>
<tr><td>输出格式</td><td colspan="7">.rvt</td></tr>
<tr><td rowspan="3">推荐硬件配置</td><td>操作系统</td><td>64位Windows10</td><td>处理器</td><td>3GHz</td><td>内存</td><td colspan="2">16GB</td></tr>
<tr><td>显卡</td><td>支持DirectX®11和Shader Model 3的显卡</td><td>磁盘空间</td><td>5GB</td><td>鼠标要求</td><td colspan="2">带滚轮</td></tr>
<tr><td>其他</td><td colspan="6">IE 7及以上版本</td></tr>
<tr><td rowspan="3">最低硬件配置</td><td>操作系统</td><td>64位Windows7</td><td>处理器</td><td>3GHz</td><td>内存</td><td colspan="2">8GB</td></tr>
<tr><td>显卡</td><td>支持24位色的显示适配器</td><td>磁盘空间</td><td>5GB</td><td>鼠标要求</td><td colspan="2">带滚轮</td></tr>
<tr><td>其他</td><td colspan="6">IE 7及以上版本</td></tr>
</table>

续表

功能介绍
C25： 1. 本软件在“初步/施工图设计_设计辅助和建模”应用上的介绍及优势 CBIM电气设计软件，是专为电气工程师开发的BIM设计软件。其中包含一系列电气专业的高效BIM模型设计、视图及图纸设计、尺寸标注与注释、构件统计及规范检查工具。同时结合CBIM定制的符合中国建筑设计制图标准的BIM族库、样板文件等资源（“CBIM设计整体解决方案”第三部分“BIM设计资源”），让排水工程师可以高效率完成、交付高质量的BIM模型和图纸等项目设计成果。其主要功能特点如下： （1）BIM模型智能设计。CBIM电气设计软件基于Revit软件的基本功能，开发了自有的、高效的BIM基础模型设计工具，可以智能批量创建电缆桥架、电气设备与装置（灯具、开关、感烟/温探测器等）等基础BIM模型构件，并可随时通过参数及图形方式编辑修改，大幅提高设计效率（图1）。 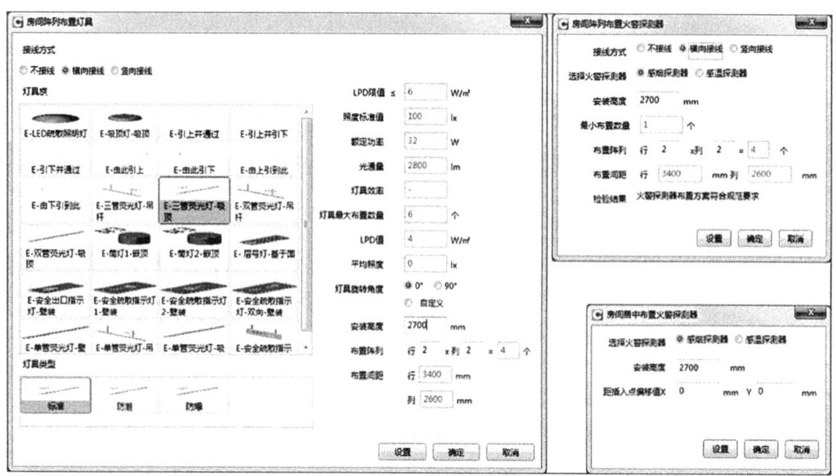 **图1　批量创建灯具** （2）智能连线。CBIM电气设计软件开发的末端设备及桥架、配电箱之间的自动连线功能，大幅提升了BIM模型和设计效率。 （3）实时电气计算。CBIM电气设计软件开发的电气计算功能（例如照度计算、雷击次数计算等部分功能，更多计算功能逐步开发完善中），实现了BIM模型设计与计算一体化，彻底解决图形与计算的脱节问题，大幅提升设计精度和质量。 （4）融合设计规范及制图标准。CBIM电气设计软件内嵌中国设计规范和制图标准，实现模型创建之前（参数设置过程中）、之后的自动审查和报警功能，进一步保证了BIM设计成果的标准化、正确性。 （5）自动标记标注。CBIM电气设计软件与模型创建对应的构件自动标记功能、快速标注功能，例如桥架标记、导线标注、设备标记等功能，可大幅提升设计图纸中各种标记标注的创建效率，并保证图纸标记与模型信息的一致性。 （6）自动设备材料表统计。CBIM电气设计软件可按全项目、楼层、防火分区，或自定义框选面积一键生成各类设备材料表，轻松统计、管理各类项目和设备信息，例如变压器统计表、成套用电设备类统计表、灯具统计表、图纸清单等；同时各设备统计表随BIM模型修改而自动更新，保证了BIM模型与统计信息的一致性。 （7）智能管线综合。CBIM电气设计软件开发的快速桥架升降等功能，通过批量全自动、局部手动等方式，快速解决机电管线碰撞时的避让问题，提升设计效率的同时，保证BIM设计模型和图纸质量。 2. 本软件在“初步/施工图设计_设计辅助和建模”应用上的操作难易度 本软件的BIM设计基本流程为：链接土建→轴网标高→基础模型→快速布图→专业提资→详细设计→碰撞检查→校对审核→尺寸注释→打印出图→导出交付

续表

本软件基于Revit平台软件二次开发，在上述设计流程各个工作环节均开发了大量专用功能插件。这些插件极大地简化了Revit软件原有的操作，大幅提高了BIM设计效率。同时由于其基于设计师的设计流程、工作习惯，并融入了中国建筑设计规范和建筑制图标准，因此软件操作更简单、更容易上手。 3. 本软件在“初步/施工图设计_设计辅助和建模”应用上的案例 本软件已经在北京城市副中心行政办公区A2、B1、B2、C2楼工程项目（45万m^2）、雄安市民服务中心项目（10万m^2）、厦门翔安机场项目（104万m^2）、太古远洋颐堤港项目（70万m^2）等大量重点工程项目的设计阶段进行了全过程BIM设计深入应用，交付了全套BIM模型和图纸设计成果

10. 品茗HiBIM软件

品茗HiBIM软件 表3-4-11

<table>
<tr><td>软件名称</td><td colspan="2">品茗HiBIM软件</td><td>厂商名称</td><td colspan="3">杭州品茗安控信息技术股份有限公司</td></tr>
<tr><td colspan="2">代码</td><td colspan="2">应用场景</td><td colspan="3">业务类型</td></tr>
<tr><td colspan="2">C01</td><td colspan="2">通用建模和表达</td><td colspan="3">建筑工程</td></tr>
<tr><td colspan="2">C16</td><td colspan="2">规划/方案设计_设计辅助和建模</td><td colspan="3">建筑工程</td></tr>
<tr><td colspan="2">C21</td><td colspan="2">规划/方案设计_工程量统计</td><td colspan="3">建筑工程</td></tr>
<tr><td colspan="2">C25</td><td colspan="2">初步/施工图设计_设计辅助和建模</td><td colspan="3">建筑工程</td></tr>
<tr><td colspan="2">C28</td><td colspan="2">初步/施工图设计_冲突检测</td><td colspan="3">建筑工程</td></tr>
<tr><td colspan="2">C29</td><td colspan="2">初步/施工图设计_工程量统计</td><td colspan="3">建筑工程</td></tr>
<tr><td colspan="2">C33</td><td colspan="2">深化设计_深化设计辅助和建模</td><td colspan="3">建筑工程</td></tr>
<tr><td colspan="2">C37</td><td colspan="2">深化设计_装饰装修设计辅助和建模</td><td colspan="3">建筑工程</td></tr>
<tr><td colspan="2">C39/F39</td><td colspan="2">深化设计_机电工程设计辅助和建模</td><td colspan="3">建筑工程/管道工程</td></tr>
<tr><td colspan="2">C41/F41</td><td colspan="2">深化设计_专项计算和分析</td><td colspan="3">建筑工程/管道工程</td></tr>
<tr><td colspan="2">C42</td><td colspan="2">深化设计_冲突检测</td><td colspan="3">建筑工程</td></tr>
<tr><td colspan="2">C43</td><td colspan="2">深化设计_工程量统计</td><td colspan="3">建筑工程</td></tr>
<tr><td>最新版本</td><td colspan="6">HiBIM3.2</td></tr>
<tr><td>输入格式</td><td colspan="6">.ifc/.pbim/.rvt（2021及以下版本）</td></tr>
<tr><td>输出格式</td><td colspan="6">.rvt/.pbim/.dwg/.skp/.doc/.xlsx</td></tr>
<tr><td rowspan="2">推荐硬件配置</td><td>操作系统</td><td>64位Windows7/8/10</td><td>处理器</td><td>3.6GHz</td><td>内存</td><td>16GB</td></tr>
<tr><td>显卡</td><td>Gtx1070或同等级别及以上</td><td>磁盘空间</td><td>1TB</td><td>鼠标要求</td><td>带滚轮</td></tr>
<tr><td rowspan="2">最低硬件配置</td><td>操作系统</td><td>64位Windows7/8/10</td><td>处理器</td><td>2GHz</td><td>内存</td><td>4GB</td></tr>
<tr><td>显卡</td><td>Gtx1050或同级别及以上</td><td>磁盘空间</td><td>128GB</td><td>鼠标要求</td><td>带滚轮</td></tr>
<tr><td colspan="7">功能介绍</td></tr>
<tr><td colspan="7">C01、C16、C25：
1. 本软件在“通用建模和表达”应用上的介绍及优势
软件可以智能创建标高、轴网、墙、梁、板、柱、门窗等构件，也可以链接CAD，对CAD图纸进行识别和校对，支持楼层表、门窗表转化，可方便快捷地提取CAD图层信息，进行轴网、柱、梁、墙、门窗的转化，支持提取水管、风管、桥架及设备。专业化的建筑结构翻模，支持梁、柱的原位标注；强大的提取喷淋</td></tr>
</table>

续表

系统命令，通过设置管道及喷头的属性，提取图纸上的图层及信息，可一键自动生成喷淋系统。 2. 本软件在“通用建模和表达”应用上的操作难易度 智能建模流程：点击功能→选择图纸→转化/设置标高→分割图纸→识别设置→一键转化。 实现了土建模型快速建模，大大缩短建模时间、提高建模效率，功能界面（图1）简洁，参数齐全，容易操作。 图纸转化建模流程：链接图纸→转化功能→拾取图层→设置参数→转化模型。 仅需导入图纸，再分别对轴网、墙、柱、梁、板、门窗、管道、风管、桥架等构件的标注和边线的图层进行手动识别（图2），一键就能进行转化，操作简单，容易上手。 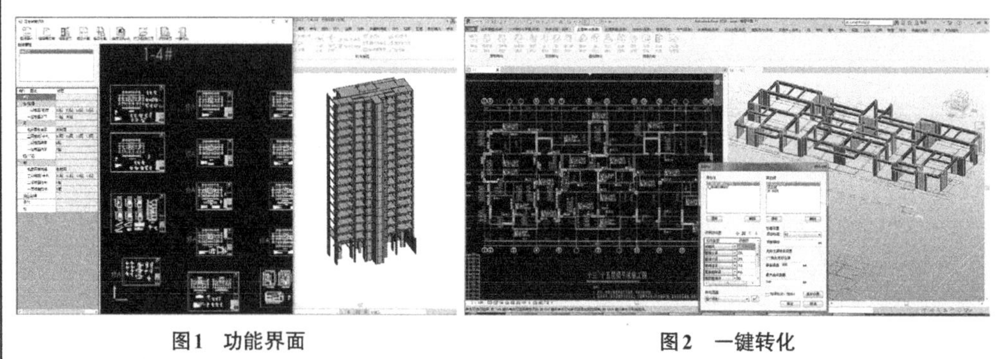 图1　功能界面　　图2　一键转化

11. 理正建筑CAD软件

理正建筑CAD软件　　表3-4-12

软件名称	理正建筑CAD软件			厂商名称	北京理正软件股份有限公司	
代码		应用场景			业务类型	
A16/C16/J16		规划/方案设计_设计辅助和建模			城市规划/建筑工程/铁路工程	
A25/C25/J25		初步/施工图设计_设计辅助和建模			城市规划/建筑工程/铁路工程	
最新版本	V5.0 2019					
输入格式	参数输入					
输出格式	.dwg					
推荐硬件配置	操作系统	64位Windows10	处理器	2GHz	内存	8GB
	显卡	1GB	磁盘空间	700MB	鼠标要求	带滚轮
最低硬件配置	操作系统	64位Windows10	处理器	1GHz	内存	4GB
	显卡	512MB	磁盘空间	500MB	鼠标要求	带滚轮
功能介绍						
A16/C16/J16、A25/C25/J25： 针对建筑设计师使用AutoCAD比较普遍，而AutoCAD专业功能又不强的特点，特为建筑设计师二次开发的一种软件，软件全面考虑设计工作者的设计习惯，兼容AutoCAD平台各个版本，并全面支持Win7及64位系统。考虑到建筑设计的特点，软件提供更多的快捷命令调用和智能化应用，辅助工程师快速、准确、高效地设计建筑精品						

续表

软件功能
轴网标注：可任意将长短不齐的轴网窗选中后正确进行标注。 墙线绘制：不同材质的墙放在不同的图层，内、外墙区分开来绘制，增强了图层的管理。 定义柱墙：可以将用户任意画的图元定义成柱或剪力墙。定义异形柱：可以插入“+”形、“T”形、“L”形等形状的异形柱。 定义门窗：不同形式的门窗（内、外）分不同的图层绘制，方便了门窗的统计。 尺寸标注：既可用选图元方式，也可用取点方式确定标注点，并可在标注过程中拖动显示，取舍标注点。 改尺寸（组）：在改尺寸的同时改变它所标注的对象（如门窗、墙厚）尺寸的命令。 造门窗表：插入任意层平面，并能自动生成格式规范的标准门窗统计表。同时可以校对门窗表是否有漏编。 整体楼梯：可以一次性利用对话框，把所有的楼梯剖面画好。 图案面积：可以自动测量填充图案的面积。 遮挡处理：在填充图案上插图块，并能按图块轮廓遮挡填充图案。 外引剪裁、提取：一个在图纸空间内将大于A0的图纸在出图时分割成小图，并不影响大图的完整性，当大图局部修改的同时小图也同时变化。 比例，做比例块：方便调整图面按不同比例出图。 平面生立、剖：平面图可在图中任意位置生成立面图和剖面图，不受坐标系原点影响。三维建模采用实体方式生成墙体等构件。 日照计算：可以进行建筑物遮挡产生的日照阴影计算、等日照时间曲线计算、位置点受日照时间的计算及建筑物窗受日照时间的计算。计算结果自动汇入图中，并自动生成计算表。从4.0版开始，规定连续日照时间改为取最长的一段、二段、三段和全部日照时间的选择，并兼容以米为单位的建筑模型。 图库管理：图库内容极为丰富，包括系统、用户和外接三部分，用户也可随时将自制图块加入。软件提供上千项专业绘图命令（图1）。 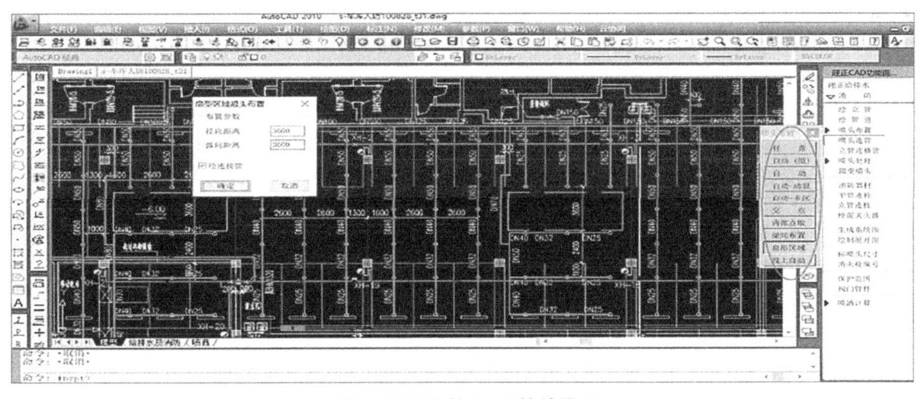 图1 理正建筑CAD软件界面

12. 理正给水排水CAD软件

理正给水排水CAD软件　　表3-4-13

软件名称	理正给水排水CAD软件		厂商名称	北京理正软件股份有限公司
代码		应用场景		业务类型
A16/C16/J16		规划/方案设计_设计辅助和建模		城市规划/建筑工程/铁路工程
A25/C25/J25		初步/施工图设计_设计辅助和建模		城市规划/建筑工程/铁路工程
最新版本	V12.0 2020			

续表

<table>
<tr><td>输入格式</td><td colspan="6">参数输入</td></tr>
<tr><td>输出格式</td><td colspan="6">.dwg</td></tr>
<tr><td rowspan="2">推荐硬件配置</td><td>操作系统</td><td>64位Windows10</td><td>处理器</td><td>2GHz</td><td>内存</td><td>8GB</td></tr>
<tr><td>显卡</td><td>1GB</td><td>磁盘空间</td><td>700MB</td><td>鼠标要求</td><td>带滚轮</td></tr>
<tr><td rowspan="2">最低硬件配置</td><td>操作系统</td><td>64位Windows10</td><td>处理器</td><td>1GHz</td><td>内存</td><td>4GB</td></tr>
<tr><td>显卡</td><td>512MB</td><td>磁盘空间</td><td>500MB</td><td>鼠标要求</td><td>带滚轮</td></tr>
<tr><td colspan="7">功能介绍</td></tr>
</table>

A16/C16/J16、A25/C25/J25：

根据《建筑给水排水设计规范》GB 50015—2003重新编写有关内容，特别是给水的水力计算部分，分为住宅类和工建类计算；同时增加了目前常用的多种管材的计算。根据《自动喷水灭火系统设计规范》GB 50084—2001，按照逐点法进行自动喷洒计算。

功能特点

建筑部分：轴网、墙、柱、门窗、洞、楼梯等的绘制与编辑，使用方便简洁。采用对话框方式，直观、易用。墙线、柱子自动处理交点。设有与其他建筑软件的接口，可十分方便地与建筑专业衔接。

计算部分：具有室内给水、自动喷洒、水力表查询、减压孔板、节流管及雨水管渠计算功能，可自动生成专业计算书并可直接打印。室内给水水力计算只需点取入口总管即可自动进行管段编号，计算出管径，并得到计算书。而且可以对计算结果人为干预。按新规范编制了自动喷洒计算程序，只需指定作用面积及入口总管即可自动进行管段编号，计算出各个节点压力及喷头流量，并得到计算书；可以按照防火等级自动校核4个喷头流量是否满足规范要求，也可以给定入口压力校核各个喷头流量及压力。所有参数自动从图中得到(包括管长、当量长度等)。短短3min，就可以完成喷洒系统的计算和校核工作。可以设定喷头流量系数，为此可以用该功能来完成水喷雾系统的计算。各种形式的喷头布置，自动多区命令，可以快速布置喷头，并自动避开轴网；梁间布置和内部点取命令可快速在不规则、倾斜建筑物内布置喷头，并自动避开梁格。

室内部分：管道的绘制灵活方便，编辑修改非常容易，可自动生成原理图、系统图及管材、器具统计表。智能化程度很高。强大的修改、编辑功能，可避免大量的重复性工作，提高工作效率。

室外部分：可快速绘制出各种管道，方便快捷地布置检查井，修改井地面标高、管径、坡度，自动判别管道是否碰撞。检查井自动编号。自动从平面图产生纵断面图，也可以在平面图上直接标注相关信息。提供国标及市政院两种常见做法的纵断面图。在纵断面图上直接修改坡度、管径等参数后可自动更新。

泵房部分：用于泵房管线的布置。可绘制三通、弯头侧视图、前后视图、异径管及双管线等，并自动生成剖面图。三通、四通、弯头、异径管、法兰均按国标中所规定的标准值绘制，所绘出的尺寸即为真实大小。让你在绘图过程中很容易判断出空间是否满足要求。

管网平差部分：充分考虑了用户的操作设计习惯，尽量做到操作简易灵活。以前对于多环路大型管网，手工计算每一种工况平差可能需要几天时间，现在只需几秒钟即可完成，大大提高了设计人员的工作效率。

协同菜单：碰撞检查时，可一键查出管道、风管、桥架有碰撞的地方，并即时标注出碰撞地方的管道类别、管材、标高。同时，对两版图纸进行联动比较，可快速比较出不同的地方。智能会签不同专业间相互关联内容的漏洞检查(图1、图2)。

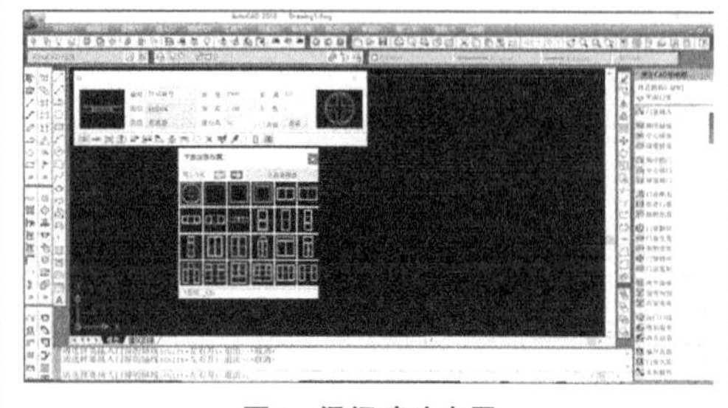

图1　梁间喷头布置

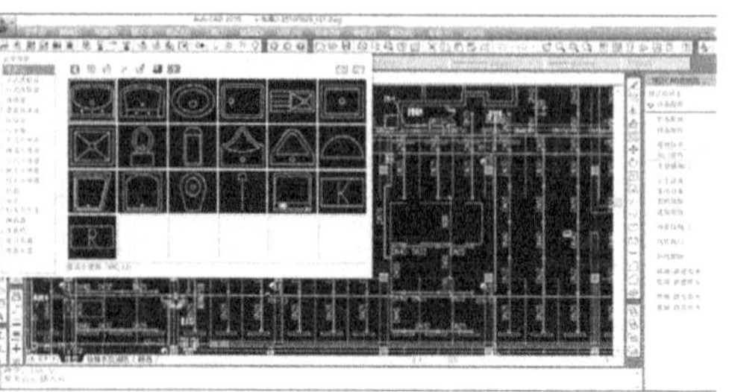

图2　卫生洁具布置

13. 理正易建（Revit）辅助设计软件——BIM建筑设计软件

理正易建（Revit）辅助设计软件——BIM建筑设计软件　　表3-4-14

软件名称	理正易建（Revit）辅助设计软件——BIM建筑设计软件			厂商名称	北京理正软件股份有限公司	
代码		应用场景		业务类型		
A16/C16/J16		规划/方案设计_设计辅助和建模		城市规划/建筑工程/铁路工程		
A25/C25/J25		初步/施工图设计_设计辅助和建模		城市规划/建筑工程/铁路工程		
最新版本	V2.0 2019					
输入格式	参数输入					
输出格式	.rvt					
推荐硬件配置	操作系统	64位Windows10	处理器	2GHz	内存	8GB
	显卡	1GB	磁盘空间	700MB	鼠标要求	带滚轮
最低硬件配置	操作系统	64位Windows10	处理器	1GHz	内存	4GB
	显卡	512MB	磁盘空间	500MB	鼠标要求	带滚轮
功能介绍						

A16/C16/J16、A25/C25/J25：

理正建筑软件（Revit版）是基于Autodesk Revit Architecture的专业化辅助设计软件，软件集成了大量常用的Revit快捷建模设计功能，从专业角度及BIM设计人员实际需求出发，有效降低了设计人员采用Revit进行设计时操作复杂、习惯不符等难题，显著提升了设计效率。软件全面兼容Revit2013～Revit2016的各版本Revit软件，并全面支持Win7 32位及64位系统、XP系统、Win8系统。

功能特点

门窗布置：熟悉的门窗布置界面，仿佛置身于习惯的二维设计。

幕墙设计系统：Revit幕墙创建烦杂，理正幕墙设计系统提供了批量布置网格、竖梃、嵌板，并支持在幕墙中嵌入门窗，且可生成展开图。

楼梯：将Revit绘制楼梯时烦琐的设置汇总到一个界面，且可以加平台梁。

坡道的创建：根据详图线利用楼板创建坡道，提供单独的创建及返回修改界面，并可创建展开图。

标注功能：强大的标注功能，支持关联构件标注、引出标注、图名标注等标注样式。

门窗大样：根据选择门窗自动绘制到指定区域，门窗大样支持门窗自动更新，当门窗类型改变时，大样图自动更新（图1～图3）。

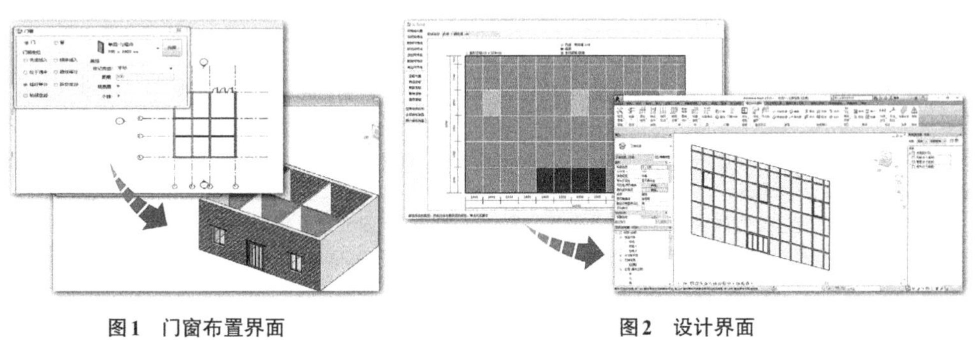

图1　门窗布置界面　　　　图2　设计界面

续表

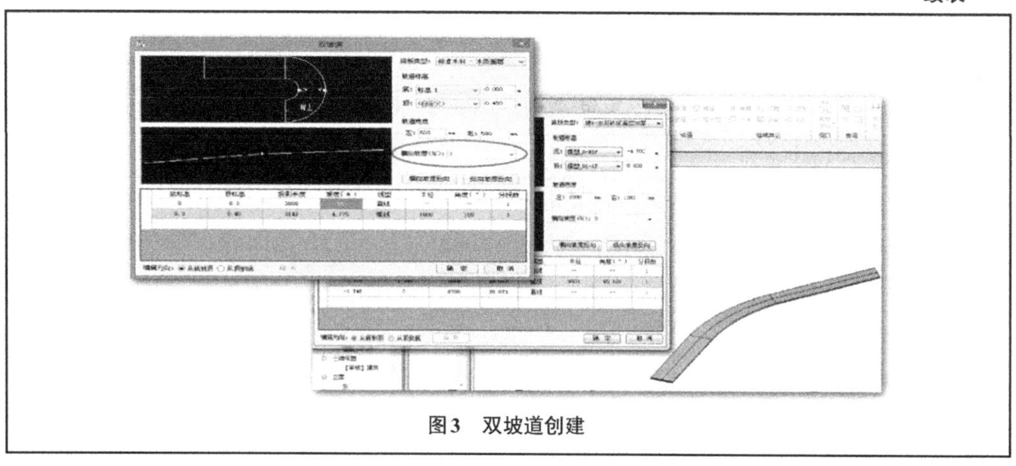

图3　双坡道创建

14. 理正易建（Revit）辅助设计软件——理正BIM水暖电设计软件

理正易建（Revit）辅助设计软件——理正BIM水暖电设计软件　　表3-4-15

<table>
<tr><td>软件名称</td><td colspan="3">理正易建（Revit）辅助设计软件——理正BIM水暖电设计软件</td><td>厂商名称</td><td colspan="2">北京理正软件股份有限公司</td></tr>
<tr><td colspan="2">代码</td><td colspan="2">应用场景</td><td colspan="3">业务类型</td></tr>
<tr><td colspan="2">A16/C16/J16</td><td colspan="2">规划/方案设计_设计辅助和建模</td><td colspan="3">城市规划/建筑工程/铁路工程</td></tr>
<tr><td colspan="2">A25/C25/J25</td><td colspan="2">初步/施工图设计_设计辅助和建模</td><td colspan="3">城市规划/建筑工程/铁路工程</td></tr>
<tr><td>最新版本</td><td colspan="6">V2.0 2019</td></tr>
<tr><td>输入格式</td><td colspan="6">参数输入</td></tr>
<tr><td>输出格式</td><td colspan="6">.rvt</td></tr>
<tr><td rowspan="2">推荐硬件配置</td><td>操作系统</td><td>64位Windows10</td><td>处理器</td><td>2GHz</td><td>内存</td><td>8GB</td></tr>
<tr><td>显卡</td><td>1GB</td><td>磁盘空间</td><td>700MB</td><td>鼠标要求</td><td>带滚轮</td></tr>
<tr><td rowspan="2">最低硬件配置</td><td>操作系统</td><td>64位Windows10</td><td>处理器</td><td>1GHz</td><td>内存</td><td>4GB</td></tr>
<tr><td>显卡</td><td>512MB</td><td>磁盘空间</td><td>500MB</td><td>鼠标要求</td><td>带滚轮</td></tr>
<tr><td colspan="7">功能介绍</td></tr>
<tr><td colspan="7">A16/C16/J16、A25/C25/J25：
基于Autodesk Revit MEP的专业化辅助设计软件，充分考虑了设备工程师的使用习惯，软件分为风系统、水系统、给水排水、消防、采暖五大系统，覆盖水暖电三个专业，并和国内首款植入本地规范的计算服务程序紧密集成，有效降低了设计人员采用Revit进行设计的难度，显著提升了设计效率，体现了专业设计与快速建模相结合的软件设计理念。
软件的主要功能包括：风管水管的批量布置、弯头水管间的批量连接、风口快速布置、阀门喷头的批量布置、专业化标注等，以及电器设备的布置、专业的计算程序、管道高程着色等常用设计工具。一次投入即可享受三大专业、多个系统，设计及计算一次拥有。
功能特点
专业化系统分类：内置了五大系统常用分类，可对系统类型、颜色、线型等分别设置，可按照用户习惯定制，并可将分类保存、导出和导入</td></tr>
</table>

续表

快速布置设备和管道：提供了对空调、卫浴、风口、喷头等设备精确定位布置，并对立管在空间上可精确定位布置。

快速连接：提供了设备与管道、管道与管道的快速连接，包括连接风机、批量连风口、连接盘管、连接喷头、各种方式管道连接、类型连接和任意连接等。

快速编辑：对风管和水管进行批量编辑功能，包括风管对齐、风管避让、风管编辑、水管避让和水管编辑等。给水自动计算：给水自动计算将国标给水排水现行规范《建筑给水排水设计规范》GB 50015—2003与Revit紧密集成，只要将卫浴设备、管道连接成为一个系统，计算服务即自动完成，包括当量与流量转换、沿程水头损失计算等，沿程水头损失提供了CoreBrook和国标海登—威廉两种计算模型，针对不同设计要求选用，计算完成后，可利用Revit管道压力报告生成计算书，此功能在国内插件中属于首创，支持Revit 2014及以上版本。

符合专业设计标注：提供了多种实用且遵循专业设计制图规范标注，包括风管标注、风口标注、水管标注、设备标注、阀件标注等（图1、图2）。

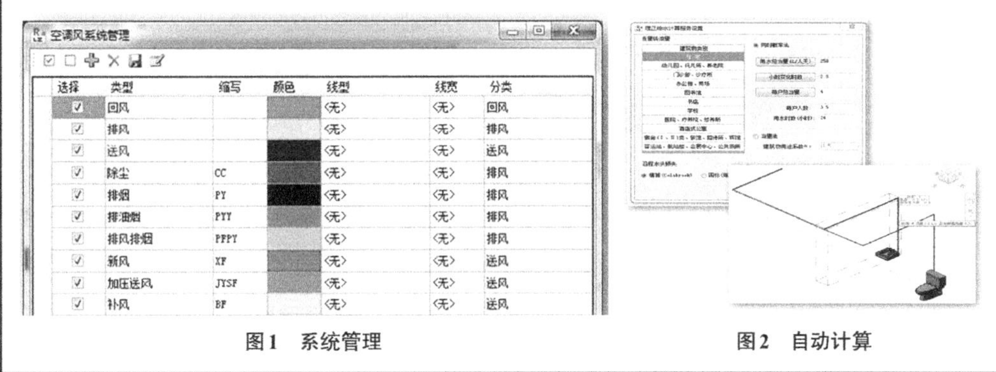

图1 系统管理　　　图2 自动计算

15. 理正易建（Revit）辅助设计软件——理正翻模软件

理正易建（Revit）辅助设计软件——理正翻模软件　　　表3-4-16

软件名称	理正易建（Revit）辅助设计软件——理正翻模软件			厂商名称	北京理正软件股份有限公司
代码		应用场景		业务类型	
A16/C16/J16		规划/方案设计_设计辅助和建模		城市规划/建筑工程/铁路工程	
A25/C25/J25		初步/施工图设计_设计辅助和建模		城市规划/建筑工程/铁路工程	
最新版本	V2.0 2019				
输入格式	参数输入				
输出格式	.rvt				
推荐硬件配置	操作系统	64位Windows10	处理器	2GHz	内存	8GB
	显卡	1GB	磁盘空间	700MB	鼠标要求	带滚轮
最低硬件配置	操作系统	64位Windows10	处理器	1GHz	内存	4GB
	显卡	512MB	磁盘空间	500MB	鼠标要求	带滚轮

功能介绍

A16/C16/J16、A25/C25/J25：

理正翻模工具是基于Revit平台进行的二次开发，针对Revit建模耗时且烦琐、DWG转Revit效率不高的迫

续表

切需求而研发，本翻模工具包含建筑翻模、结构翻模以及机电翻模，使用本翻模插件可以进行全专业翻模，同时配备翻模后编辑工具，方便用户修改模型，该软件对于国内基于主流CAD辅助设计软件的DWG图纸有良好兼容，可实现现有图纸为基础建立BIM模型，有效提高Revit的操作效率，减少手工重复操作，使设计模型很方便地向施工模型过渡，为BIM数据的向下传递提供便捷之路。软件全面兼容Revit2014、Revit2015、Revit2016的各版本Revit软件，并全面支持64位Windows7、64位Windows8、64位Windows10。

理正建筑翻模软件（Revit）。该软件基于Revit，可快速实现建筑专业DWG图纸中构件：轴线、轴线标记、墙、柱（包括异型柱）、门窗等建筑构件转换成Revit模型，该软件对DWG图纸有良好兼容性，同时翻模速度快，导出后的Revit可对模型文件进一步编辑，深化BIM应用（图1）。

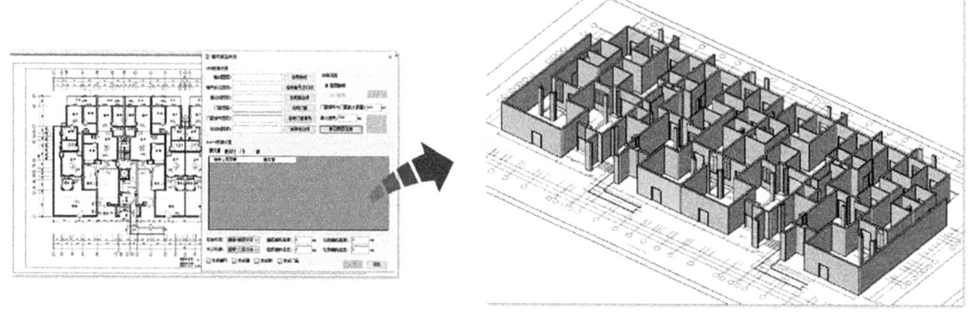

图1 建筑翻模前后

理正结构翻模软件（Revit）。结构翻模是针对Revit建模中的结构建模耗时长且烦琐的迫切需求而研发，它能将平法所表示的轴线、柱子、梁、墙等结构专业DWG图快速智能地生成Revit模型，并能在Revit中指定生成轴线、结构墙、结构柱、梁中的任意一类构件，同时对于国内主流CAD结构专业软件的DWG图纸都兼容，在智能操作、图纸兼容等方面都有良好的表现，大大提高了结构专业设计人员设计效率。

理正机电翻模软件（Revit）。理正机电翻模软件是理正公司打造的一款智能化机电专业翻模软件，软件基于Revit下操作，它可以实现喷淋、水管、风管及桥架的翻模，同时实现Revit生成的管道自动连接等翻模操作，其最大地亮点为模型转换速度快、图纸兼容性好。

批量开洞：依据碰撞检查报告，按照用户选择的冲突记录批量开洞。

扣减功能：该功能可对穿过柱的墙、梁都会被柱切分，直接框选切割墙、梁的柱子即可，避免墙和柱重叠部分重复计算，提升设计效率。

自动降板：当前楼层楼板的指定区域的降板/升板。

风管、水管避让功能：通过风管、水管的方向、净距离以及角度的参数化输入，可智能化地进行风管和水管避让。

水管分段：该功能可实现水管的单段、多段批量分段（图2、图3）。

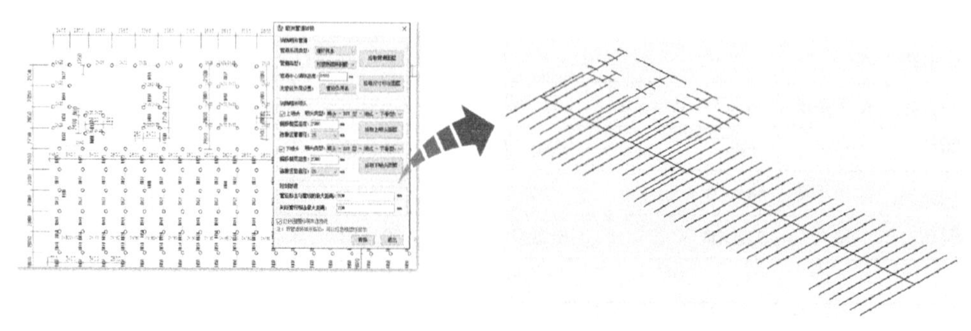

图2 喷淋翻模前后

续表

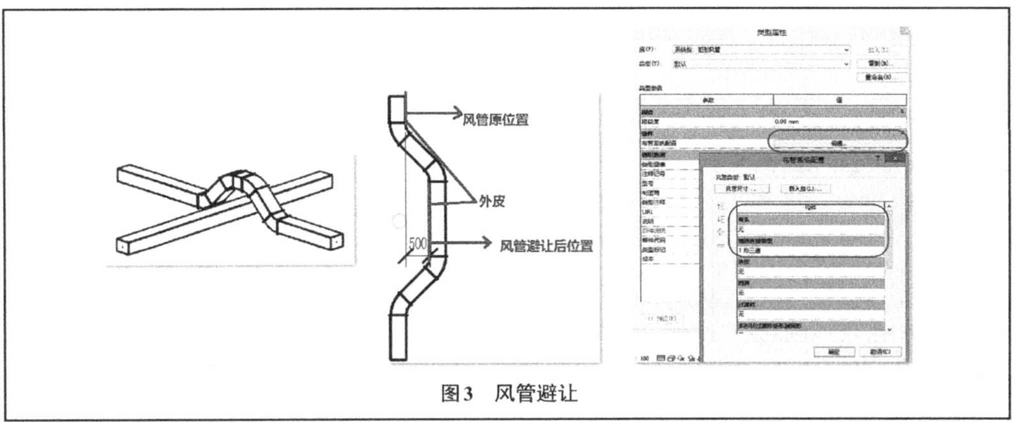

图3 风管避让

16. Trimble SketchUp Pro

Trimble SketchUp Pro 表3-4-17

软件名称	Trimble SketchUp Pro		厂商名称	天宝寰宇电子产品（上海）有限公司	
代码		应用场景		业务类型	
A01/B01/C01/F01		通用建模和表达		城市规划/场地景观/建筑工程/管道工程	
A02/B02/C02/F02		模型整合与管理		城市规划/场地景观/建筑工程/管道工程	
A04/B04/C04/F04		可视化仿真与VR		城市规划/场地景观/建筑工程/管道工程	
A16/B16/C16/F16		规划/方案设计_设计辅助和建模		城市规划/场地景观/建筑工程/管道工程	
A17/B17/C17/F17		规划/方案设计_场地环境性能化分析		城市规划/场地景观/建筑工程/管道工程	
A19/B19/C19/F19		规划/方案设计_建筑环境性能化分析		城市规划/场地景观/建筑工程/管道工程	
A20/B20/C20/F20		规划/方案设计_参数化设计优化		城市规划/场地景观/建筑工程/管道工程	
A23/B23/C23/F23		规划/方案设计_设计成果渲染与表达		城市规划/场地景观/建筑工程/管道工程	
A25/B25/C25/F25		初步/施工图设计_设计辅助和建模		城市规划/场地景观/建筑工程/管道工程	
A27/B27/C27/F27		初步/施工图设计_设计分析和优化		城市规划/场地景观/建筑工程/管道工程	
A31/B31/C31/F31		初步/施工图设计_设计成果渲染与表达		城市规划/场地景观/建筑工程/管道工程	
A33/B33/C33/F33		深化设计_深化设计辅助和建模		城市规划/场地景观/建筑工程/管道工程	
C37		深化设计_装饰装修设计辅助和建模		建筑工程	
C39		深化设计_机电工程设计辅助和建模		建筑工程	
C40		深化设计_幕墙设计辅助和建模		建筑工程	
最新版本	Trimble SketchUp Pro 2021				
输入格式	.3ds/.bmp/.dae/.ddf/.dem/.dwg/.dxf/.ifc/.ifczip/.jpeg/.jpg/.kmz/.png/.psd/.skp/.stl/.tga/.tif/.tiff				
输出格式	.3ds/.dwg/.dxf/.dae/.fbx/.ifc/.kmz/.obj/.stl/.wrl/.xsi/.pdf/.eps/.bmp/.jpg/.tif/.png				

推荐硬件配置	操作系统	64位Windows10	处理器	2GHz	内存	8GB
	显卡	1GB	磁盘空间	700MB	鼠标要求	带滚轮

续表

<table>
<tr><td rowspan="2">最低硬件配置</td><td>操作系统</td><td>64位Windows10</td><td>处理器</td><td>1GHz</td><td>内存</td><td>4GB</td></tr>
<tr><td>显卡</td><td>512MB</td><td>磁盘空间</td><td>500MB</td><td>鼠标要求</td><td>带滚轮</td></tr>
<tr><td colspan="7">功能介绍</td></tr>
<tr><td colspan="7">A25/B25/C25/F25、A27/B27/C27/F27、A31/B31/C31/F31：
1. 本软硬件在“初步/施工图设计”应用上的介绍及优势
SketchUp已探索出更完善的设计流程：从概念设计到三维模型深化，再到二维图纸的输出，这一系列的操作步骤在SketchUp系列软件中（LayOut）有机地结合在一起。
SketchUp的优势：将SketchUp建造的模型发送到LayOut中，直接生成施工图。“图&模”联动。
2. 本软硬件在“初步/施工图设计”应用上的操作难易度
SketchUp建模→LayOut出图，在这个过程中，LayOut可以与SketchUp动态链接，保持实时更新（图1、图2）。操作难易程度：中等。
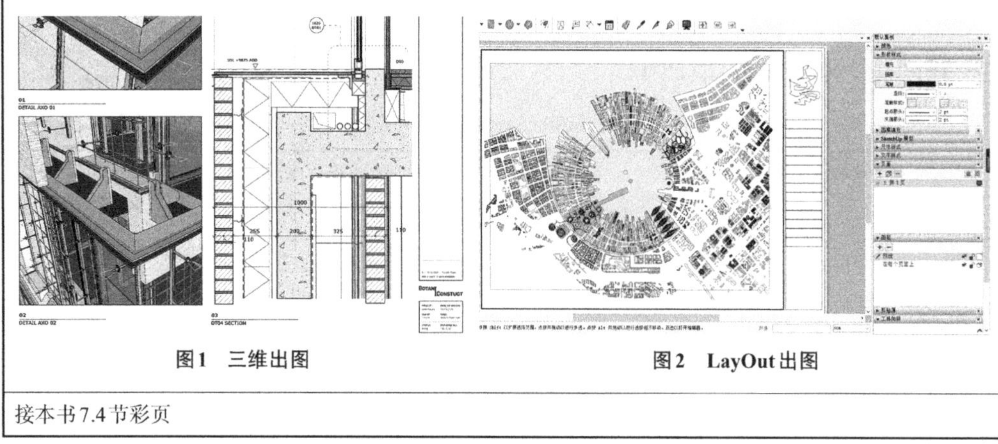
图1　三维出图　　　　图2　LayOut出图</td></tr>
<tr><td colspan="7">接本书7.4节彩页</td></tr>
</table>

17. Trimble SketchUp Pro/Trimble Business Center/SketchUp mobile viewer/水处理模块For SketchUp/垃圾处理模块For SketchUp/能源化工模块For SketchUp/6D For SketchUp

Trimble SketchUp Pro/Trimble Business Center/SketchUp mobile viewer/水处理模块For SketchUp/垃圾处理模块For SketchUp/能源化工模块For SketchUp/6D For SketchUp　　表3-4-18

<table>
<tr><td>软件名称</td><td colspan="2">Trimble SketchUp Pro/Trimble Business Center/SketchUp mobile viewer/水处理模块For SketchUp/垃圾处理模块For SketchUp/能源化工模块For SketchUp/6D For SketchUp</td><td>厂商名称</td><td>天宝寰宇电子产品（上海）有限公司/辽宁乐成能源科技有限公司</td></tr>
<tr><td colspan="2">代码</td><td colspan="2">应用场景</td><td>业务类型</td></tr>
<tr><td colspan="2">D06/E06/F06</td><td colspan="2">勘察岩土_勘察外业设计辅助和建模</td><td>水处理/垃圾处理/管道工程（能源化工）</td></tr>
<tr><td colspan="2">D11/E11/F11</td><td colspan="2">勘察岩土_岩土工程计算和分析</td><td>水处理/垃圾处理/管道工程（能源化工）</td></tr>
<tr><td colspan="2">D16/E16/F16</td><td colspan="2">规划/方案设计_设计辅助和建模</td><td>水处理/垃圾处理/管道工程（能源化工）</td></tr>
<tr><td colspan="2">D22/E22/F22</td><td colspan="2">规划/方案设计_算量和造价</td><td>水处理/垃圾处理/管道工程（能源化工）</td></tr>
</table>

续表

<table>
<tr><td colspan="2">D23/E23/F23</td><td colspan="3">规划/方案设计_设计成果渲染与表达</td><td colspan="2">水处理/垃圾处理/管道工程(能源化工)</td></tr>
<tr><td colspan="2">D25/E25/F25</td><td colspan="3">初步/施工图设计_设计辅助和建模</td><td colspan="2">水处理/垃圾处理/管道工程(能源化工)</td></tr>
<tr><td colspan="2">D30/E30/F30</td><td colspan="3">初步/施工图设计_算量和造价</td><td colspan="2">水处理/垃圾处理/管道工程(能源化工)</td></tr>
<tr><td colspan="2">D31/E31/F31</td><td colspan="3">初步/施工图设计_设计成果渲染与表达</td><td colspan="2">水处理/垃圾处理/管道工程(能源化工)</td></tr>
<tr><td colspan="2">D33/E33/F33</td><td colspan="3">深化设计_深化设计辅助和建模</td><td colspan="2">水处理/垃圾处理/管道工程(能源化工)</td></tr>
<tr><td colspan="2">D38/E38/F38</td><td colspan="3">深化设计_钢结构设计辅助和建模</td><td colspan="2">水处理/垃圾处理/管道工程(能源化工)</td></tr>
<tr><td colspan="2">D44/E44/F44</td><td colspan="3">深化设计_算量和造价</td><td colspan="2">水处理/垃圾处理/管道工程(能源化工)</td></tr>
<tr><td colspan="2">D46/E46/F46</td><td colspan="3">招采_招标投标采购</td><td colspan="2">水处理/垃圾处理/管道工程(能源化工)</td></tr>
<tr><td colspan="2">D47/E47/F47</td><td colspan="3">招采_投资与招商</td><td colspan="2">水处理/垃圾处理/管道工程(能源化工)</td></tr>
<tr><td colspan="2">D48/E48/F48</td><td colspan="3">招采_其他</td><td colspan="2">水处理/垃圾处理/管道工程(能源化工)</td></tr>
<tr><td colspan="2">D49/E49/F49</td><td colspan="3">施工准备_施工场地规划</td><td colspan="2">水处理/垃圾处理/管道工程(能源化工)</td></tr>
<tr><td colspan="2">D50/E50/F50</td><td colspan="3">施工准备_施工组织和计划</td><td colspan="2">水处理/垃圾处理/管道工程(能源化工)</td></tr>
<tr><td colspan="2">D60/E60/F60</td><td colspan="3">施工实施_隐蔽工程记录</td><td colspan="2">水处理/垃圾处理/管道工程(能源化工)</td></tr>
<tr><td colspan="2">D62/E62/F62</td><td colspan="3">施工实施_成本管理</td><td colspan="2">水处理/垃圾处理/管道工程(能源化工)</td></tr>
<tr><td colspan="2">D63/E63/F63</td><td colspan="3">施工实施_进度管理</td><td colspan="2">水处理/垃圾处理/管道工程(能源化工)</td></tr>
<tr><td colspan="2">D66/E66/F66</td><td colspan="3">施工实施_算量和造价</td><td colspan="2">水处理/垃圾处理/管道工程(能源化工)</td></tr>
<tr><td colspan="2">D74/E74/F74</td><td colspan="3">运维_空间登记与管理</td><td colspan="2">水处理/垃圾处理/管道工程(能源化工)</td></tr>
<tr><td colspan="2">D75/E75/F75</td><td colspan="3">运维_资产登记与管理</td><td colspan="2">水处理/垃圾处理/管道工程(能源化工)</td></tr>
<tr><td colspan="2">D78/E78/F78</td><td colspan="3">运维_其他</td><td colspan="2">水处理/垃圾处理/管道工程(能源化工)</td></tr>
<tr><td>最新版本</td><td colspan="6">Trimble SketchUp Pro2021/Trimble Business Center/SketchUp mobile viewer/水处理模块 For SketchUp/垃圾处理模块 For SketchUp/能源化工模块 For SketchUp/6D For SketchUp</td></tr>
<tr><td>输入格式</td><td colspan="6">.skp/.3ds/.dae/.dem/.ddf/.dwg/.dxf/.ifc/.ifcZIP/.kmz/.stl/.jpg/.png/.psd/.tif/.tag/.bmp</td></tr>
<tr><td>输出格式</td><td colspan="6">.skp/.3ds/.dae/.dwg/.dxf/.fbx/.ifc/.kmz/.obj/.wrl/.stl/.xsi/.jpg/.png/.tif/.bmp/.mp4/.avi/.webm/.ogv/.xls</td></tr>
<tr><td rowspan="2">推荐硬件配置</td><td>操作系统</td><td>64位Windows10</td><td>处理器</td><td>2GHz</td><td>内存</td><td>8GB</td></tr>
<tr><td>显卡</td><td>1GB</td><td>磁盘空间</td><td>700MB</td><td>鼠标要求</td><td>带滚轮</td></tr>
<tr><td rowspan="2">最低硬件配置</td><td>操作系统</td><td>64位Windows10</td><td>处理器</td><td>1GHz</td><td>内存</td><td>4GB</td></tr>
<tr><td>显卡</td><td>512MB</td><td>磁盘空间</td><td>500MB</td><td>鼠标要求</td><td>带滚轮</td></tr>
<tr><td colspan="7">功能介绍</td></tr>
<tr><td colspan="7">D25/E25/F25：
1. 本软硬件在“初步/施工图设计_设计辅助和建模”应用上的介绍及优势
本软件可根据设计意向和计算结果，快速搭建初步设计模型，便于更改方案，有助于方案推敲和快速展现(图1)。
2. 本软硬件在“初步/施工图设计_设计辅助和建模”应用上的操作难易度
本软件操作流程：理论数据→建模设计→方案展现。根据理论数据建立方案模型，随着设计建模，同步验证计算数据结果。在理论数据和实际现状中选择最佳计算值，保证方案的正确性</td></tr>
</table>

续表

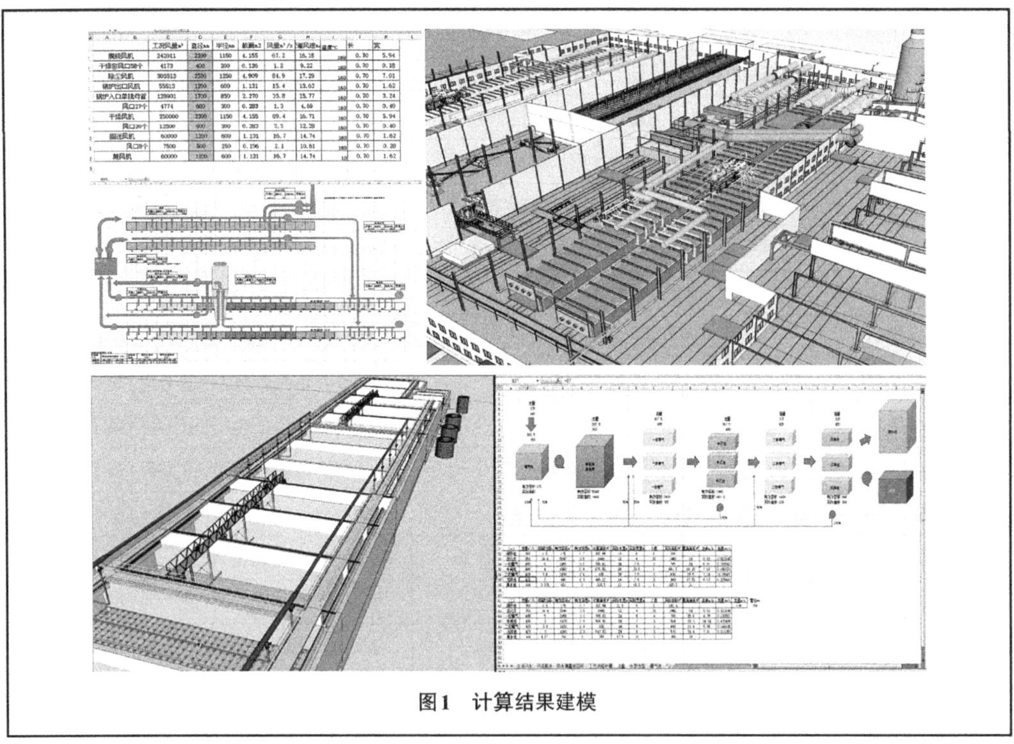

图1 计算结果建模

18. OpenBuildings Designer

OpenBuildings Designer 表3-4-19

<table>
<tr><td>软件名称</td><td colspan="3">OpenBuildings Designer</td><td>厂商名称</td><td colspan="2">Bentley</td></tr>
<tr><td colspan="2">代码</td><td colspan="3">应用场景</td><td colspan="2">业务类型</td></tr>
<tr><td colspan="2">C01/F01/M01/P01</td><td colspan="3">通用建模和表达</td><td colspan="2">建筑工程/管道工程/变电站/水坝工程</td></tr>
<tr><td colspan="2">C25</td><td colspan="3">初步/施工图设计_设计辅助与建模</td><td colspan="2">建筑工程</td></tr>
<tr><td colspan="2">C27</td><td colspan="3">初步/施工图设计_设计分析和优化</td><td colspan="2">建筑工程</td></tr>
<tr><td colspan="2">C28</td><td colspan="3">初步/施工图设计_冲突检测</td><td colspan="2">建筑工程</td></tr>
<tr><td colspan="2">C29</td><td colspan="3">初步/施工图设计_工程量统计</td><td colspan="2">建筑工程</td></tr>
<tr><td colspan="2">C30</td><td colspan="3">初步/施工图设计_算量和造价</td><td colspan="2">建筑工程</td></tr>
<tr><td>最新版本</td><td colspan="6">OpenBuildings Designer update7</td></tr>
<tr><td>输入格式</td><td colspan="6">.dgn（V8i版本）</td></tr>
<tr><td>输出格式</td><td colspan="6">.dgn</td></tr>
<tr><td rowspan="2">推荐硬件配置</td><td>操作系统</td><td>64位Windows10</td><td>处理器</td><td>2GHz</td><td>内存</td><td>16GB</td></tr>
<tr><td>显卡</td><td>4GB</td><td>磁盘空间</td><td>1TB</td><td>鼠标要求</td><td>带滚轮</td></tr>
<tr><td rowspan="2">最低硬件配置</td><td>操作系统</td><td>64位Windows10</td><td>处理器</td><td>1GHz</td><td>内存</td><td>8GB</td></tr>
<tr><td>显卡</td><td>2GB</td><td>磁盘空间</td><td>500GB</td><td>鼠标要求</td><td>带滚轮</td></tr>
</table>

续表

<table>
<tr><td>功能介绍</td></tr>
<tr><td>C25、C27：
OpenBuildings Designer能够轻松完成建筑、结构、暖通排水和建筑电气各专业的模型设计和创建，并在建模过程中采用参数化的创建方式，这就大大方便了模型的创建与修改，提高了工作效率。例如：建筑行业的墙体、门窗、楼梯、家具、幕墙等构件可以采用参数的创建方式（图1）。</td></tr>
</table>

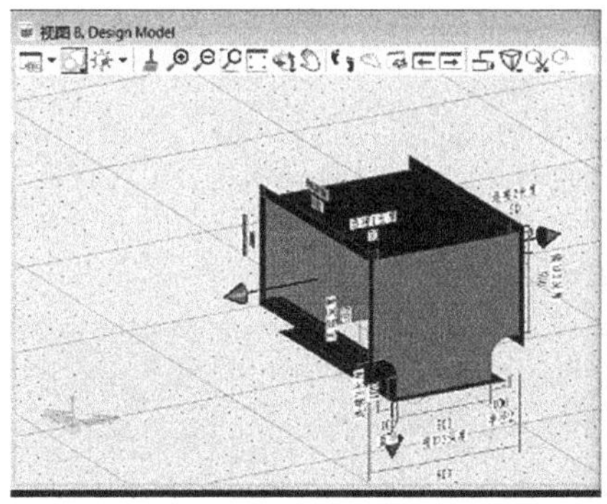

图1　参数化建模

19. OpenRoads Designer

OpenRoads Designer　　表3-4-20

<table>
<tr><td>软件名称</td><td colspan="3">OpenRoads Designer</td><td>厂商名称</td><td colspan="2">Bentley</td></tr>
<tr><td colspan="2">代码</td><td colspan="3">应用场景</td><td colspan="2">业务类型</td></tr>
<tr><td colspan="2">B01/F01/G01/J01</td><td colspan="3">通用建模和表达</td><td colspan="2">场地景观/管道工程/道路工程/隧道工程</td></tr>
<tr><td colspan="2">F25/G25</td><td colspan="3">初步/施工图设计_设计辅助和建模</td><td colspan="2">道路工程/管道工程</td></tr>
<tr><td colspan="2">F28/G28</td><td colspan="3">初步/施工图设计_冲突检测</td><td colspan="2">道路工程/管道工程</td></tr>
<tr><td colspan="2">F29/G29</td><td colspan="3">初步/施工图设计_工程量统计</td><td colspan="2">道路工程/管道工程</td></tr>
<tr><td colspan="2">F31/G31</td><td colspan="3">初步/施工图设计_设计成果渲染与表达</td><td colspan="2">道路工程/管道工程</td></tr>
<tr><td>最新版本</td><td colspan="6">OpenRoads Designer CONNECT Edition10.09.00.091</td></tr>
<tr><td>输入格式</td><td colspan="6">.dwg/.dgn/.cel/.dgnlib/.rdl/.imodel/.shp/.txt/.dxf/.ifc/.3ds/.obj/……</td></tr>
<tr><td>输出格式</td><td colspan="6">.dwg/.dgn/.dgnlib/.rdl/.pdf/.fbx/.skp/.vob/.lxo/.u3d/.obj/……</td></tr>
<tr><td rowspan="2">推荐硬件配置</td><td>操作系统</td><td>64位Windows10</td><td>处理器</td><td>2GHz</td><td>内存</td><td>16GB</td></tr>
<tr><td>显卡</td><td>2GB</td><td>磁盘空间</td><td>1TB</td><td>鼠标要求</td><td>带滚轮</td></tr>
<tr><td rowspan="2">最低硬件配置</td><td>操作系统</td><td>64位Windows10</td><td>处理器</td><td>1GHz</td><td>内存</td><td>4GB</td></tr>
<tr><td>显卡</td><td>512MB</td><td>磁盘空间</td><td>500GB</td><td>鼠标要求</td><td>带滚轮</td></tr>
<tr><td colspan="7">功能介绍</td></tr>
<tr><td colspan="7">F25/G25：
1. 本软件在“初步/施工图设计_设计辅助和建模”应用上的介绍及优势
OpenRoads Designer是一个同时可用于勘测、场地、道路、排水及公共设施等专业的设计平台，可用于各种类型（包括大项目和小项目）土木工程项目的各个阶段，适用于具有任何专业程度的用户。该应用程序集成</td></tr>
</table>

续表

了从廊道研究到最终设计和生成施工交付成果的土木工程项目的各个方面。它可以处理各种复杂任务，如互通立交设计、环形交通枢纽设计、场地开挖、污水和雨水管网设计，以及生成专业图表报告（图1、图2）。 2. 本软件在“初步/施工图设计_设计辅助和建模”应用上的操作难易度 道路工程基础操作流程如下：创建地形→路线设计→横断面模板设计→路廊创建及编辑。 地形：可导入多种地勘资料格式创建地形，支持多种创建、编辑方法，可动态查看、分析地形。 路线：运用专业的几何线性工具进行路线平面及纵断面的设计、编辑。 横断面模板设计：智能的横断面模板编辑器可支持多种形式的横断面模板创建、编辑。 路廊创建及编辑：运用廊道工具实现道路模型的创建、编辑。 管道工程基础操作流程：放置节点→管线连接→模型查看与分析。 放置节点：内嵌本地化多种类型的管井节点库，支持手动、批量等多种创建模式。 管线连接：运用管线工具连接管井节点。 模型查看分析：多种视口查看管网模型，支持碰撞冲突检测及水力分析。 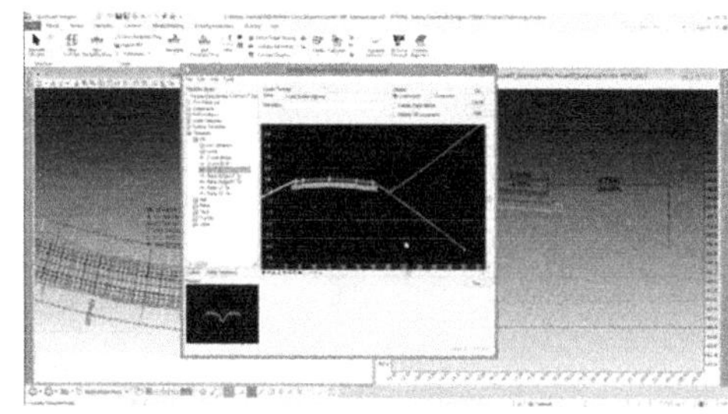 **图1 道路工程设计建模** 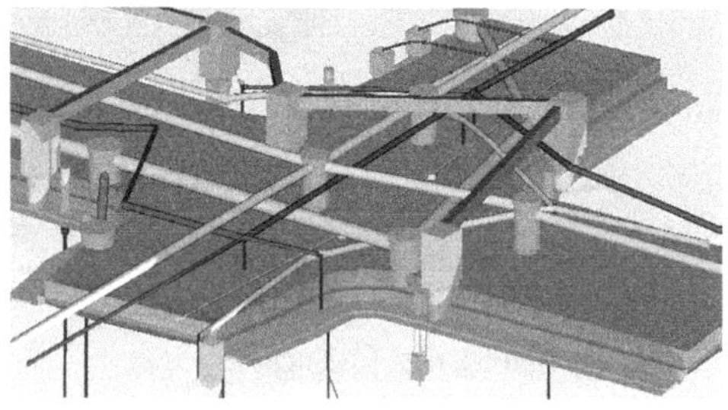 **图2 市政管网设计建模**

20. OpenBridge Designer

OpenBridge Designer 表3-4-21

软件名称	OpenBridge Designer			厂商名称	Bentley软件（北京）有限公司	
代码		应用场景			业务类型	
H25		初步/施工图设计_设计辅助与建模			桥梁工程	
H26		初步/施工图设计_结构专项计算和分析			桥梁工程	
H33		深化设计_深化设计辅助和建模			桥梁工程	
最新版本	10.09.00.10					
输入格式	.dgn/.dxf/.xml/.landxml					
输出格式	.dgn/.dxf/.xml/.landxml					
推荐硬件配置	操作系统	64位Windows10	处理器	2.6GHz	内存	32GB
	显卡	2GB	磁盘空间	2TB	鼠标要求	带滚轮
最低硬件配置	操作系统	64位Windows8	处理器	2GHz	内存	16GB
	显卡	1GB	磁盘空间	10GB	鼠标要求	带滚轮
功能介绍						
H25： 1. 本软件在“初步/施工图设计_设计辅助与建模”应用上的介绍及优势 OpenBridge Designer是一个综合信息模型软件，集合了地形模型、设计与分析、可视化及报表等各种设						

续表

计需求为一体的桥梁设计软件。其优势功能有：①跨专业的建模环境；②高效专业的3D模型；③设计与分析一体化；④可视化展示和碰撞检查；⑤工程量统计；⑥高效协同。

2. 本软件在“设计辅助与建模”应用上的操作难易度

本软件操作简单、流程清晰，可以批量添加、批量修改布跨线；智能、整体的3D桥梁模型的建模流程，结合程序中自带有丰富的参数化上部结构、下部结构、附属结构模板库功能，可快速批量生成常规桥梁结构（图1～图3）。

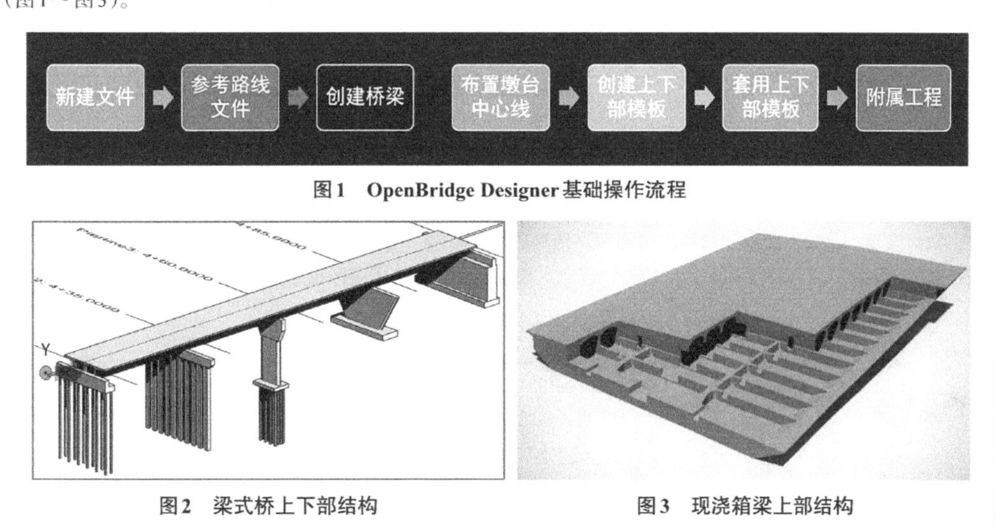

图1　OpenBridge Designer基础操作流程

图2　梁式桥上下部结构

图3　现浇箱梁上部结构

21. OpenPlant

OpenPlant　　表3-4-22

软件名称	OpenPlant	厂商名称	Bentley
代码	应用场景		业务类型
D01/E01/F01	通用建模和表达		水处理/垃圾处理/管道工程
D02/E02/F02	模型整合与管理		
D16/E16/F16	规划/方案设计_设计辅助和建模		
D20/E20/F20	规划/方案设计_参数化设计优化		
D24/E24/F24	规划/方案设计_其他		
D25/E25/F25	初步/施工图设计_设计辅助和建模		
D27/E27/F27	初步/施工图设计_设计分析和优化		
D32/E32/F32	初步/施工图设计_其他		
D33/E33/F33	深化设计_深化设计辅助和建模		
D36/E36/F36	深化设计_预制装配设计辅助和建模		
D39/E39/F39	深化设计_机电工程设计辅助和建模		
D45/E45/F45	深化设计_其他		
最新版本	OpenPlant CONNECT Edition Update 9		

续表

输入格式	.dgn/.dwg/.3ds/.ifc/.3dm/.skp/.stp/.sat/.fbx/.obj/.jt/.3mx/.igs/.stl/.x_t/.shp					
输出格式	.dgn/.dwg/.rdl/.hln/.pdf/.cgm/.dxf/.fbx/.igs/.jt/.stp/.sat/.obj/.x_t/.skp/.stl/.vob					
推荐硬件配置	操作系统	64位Windows10	处理器	2GHz	内存	16GB
	显卡	2GB	磁盘空间	1TB	鼠标要求	带滚轮
最低硬件配置	操作系统	64位Windows10	处理器	1GHz	内存	4GB
	显卡	512MB	磁盘空间	500GB	鼠标要求	带滚轮

功能介绍

D16/E16/F16、D25/E25/F25、D33/E33/F33：

OpenPlant Modeler是一款精确、快捷的三维工厂设计解决方案，基于ISO15926的开放信息模型，将ISO15926信息模型定义用作应用程序内容的原始存储格式。含有多个模块，包括设备、管道、暖通、桥架、结构以及支吊架，能够快速输出平面图、轴测图和材料表，满足各个行业、各个环节的设计需求。通过OpenPlant Modeler的设计模块工具，轻松快速地实现设备、管道快速设计及建模（图1）。

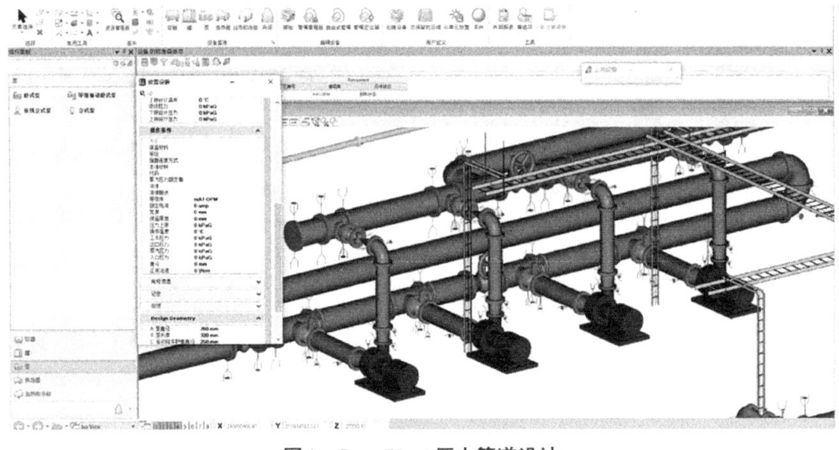

图1　OpenPlant压力管道设计

22. OpenRail Designer

OpenRail Designer　　**表3-4-23**

软件名称	OpenRail Designer	厂商名称	Bentley软件公司
代码	应用场景		业务类型
A01/F01/G01/J01/K01	通用建模和表达		城市规划/管道工程/道路工程/隧道工程/铁路工程
A25/F25/G25/J25/K25	初步/施工图设计_设计辅助和建模		城市规划/管道工程/道路工程/隧道工程/铁路工程
A28/F28/G28/J28/K28	初步/施工图设计_工程量统计		城市规划/管道工程/道路工程/隧道工程/铁路工程
A31/F31/G31/J31/K31	初步/施工图设计_设计成果渲染与表达		城市规划/管道工程/道路工程/隧道工程/铁路工程

续表

最新版本	OpenRail Designer CONNECT Edition10.09.00.091					
输入格式	.dgn/.dwg/.dgnlib/.imodel/.txt/.shp/.jx/.mif/.tab/.dxf/.fbx/.ifc/.cgm/.jgs/.rfa/.stp/.3ds/.skp/.obj/.sat/.3dm					
输出格式	.dgn/.dwg/.pdf/.dxf/.fbx/.stp/.sat/.obj/.shp/.hml					
推荐硬件配置	操作系统	64位 Windows10	处理器	2GHz	内存	8GB
	显卡	8GB	磁盘空间	500GB	鼠标要求	带滚轮
最低硬件配置	操作系统	64位 Windows10	处理器	1GHz	内存	4GB
	显卡	4GB	磁盘空间	100GB	鼠标要求	带滚轮
功能介绍						

A25/F25/G25/J25/K25：

1. 本软件在“初步/施工图设计_设计辅助和建模”应用上的介绍及优势

可以创建智能、数据丰富的轻量级地形模型，创建符合铁路规范的圆曲线、缓和曲线，创建符合铁路规范的轨道超高曲线及各类道岔的建模，如单开道岔、双开道岔、菱形交叉等，并内置多国道岔库，既有线路中心线回归拟合功能，根据曲率图和超高可进行精确的轨道计算。

支持由管道、弯管、渠道、涵洞、出入孔、水泵、雨水井和入水口组成的互连管网，创建基于模型的动态关联设计，创建雨水、污水或混合水力管网，直接通过测量数据构建公共设施模型，并进行三维管网模型的创建。

可以对多种设计方案进行建模动态编辑设计，以设计意图驱动自动模型更新，利用材料自动分配实现设计可视化，利用动态截面图以交互方式查询联合三维模型，管理二维/三维模型和显示表现形式，对模型实现基于规则的超高控制并动态创建模型报告。

利用制图和绘图工具自动运行项目交付流程，可定义批注，适用于平面图、剖面图和截面图标示，直接从已生成的三维模型提取剖面、绘图和报表，为平面图、剖面图和横断面图自动生成图纸，提供桥梁、超高、间距、数据收集、几何线形、截面图、DTM、法律说明、设计、可见性等标准报告，按曲面对曲面（三角化曲面比较）和三维对象计算体积（图1、图2）。

2. 本软件在“初步/施工图设计_设计辅助和建模”操作上的难易度

基础操作流程：Openrail建模→地形、线形、廊道、轨道→模型输出。

地形：导入多种地形格式，创建、编辑地形，多种查看方式。

线形：基于地形运用多种线形几何工具进行轨道中心线的平面和纵断面的创建，生成三维线型，并以此为基础进行路基和轨道的设计。

路基：基于轨道中心线，通过创建编辑廊道功能进行铁路区间及站场三维路基的模型创建编辑。

轨道：在此基础上，通过轨道、轨枕布置完成轨道的三维建模与编辑。

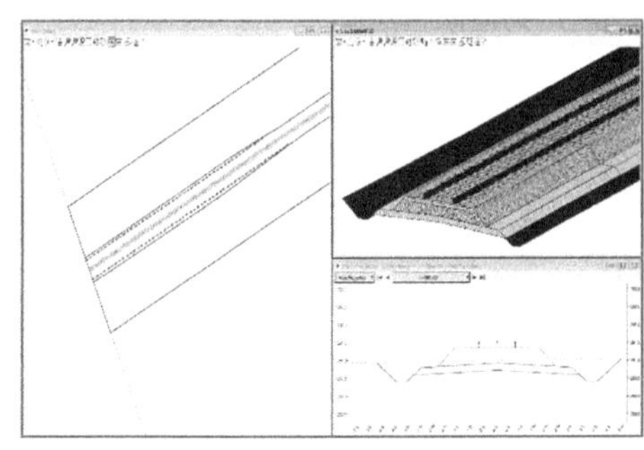

图1　三维路基及断面图

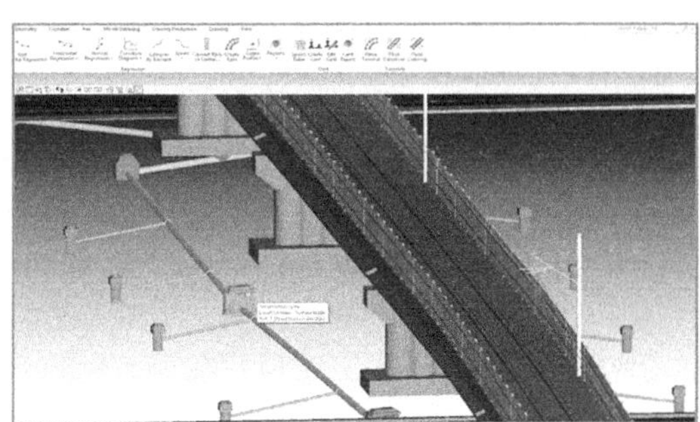

图2　三维地下管网

23. OpenUtilities™ Substation

OpenUtilities™ Substation **表3-4-24**

软件名称	OpenUtilities™ Substation	厂商名称	Bentley软件

代码	应用场景	业务类型
C16/K16/L16/M16/N16	规划/方案设计_设计辅助和建模	建筑工程/铁路工程/信号工程/变电站/电网工程
C21/K21/L21/M21/N21	规划/方案设计_工程量统计	建筑工程/铁路工程/信号工程/变电站/电网工程
C23/K23/L23/M23/N23	规划/方案设计_设计成果渲染与表达	建筑工程/铁路工程/信号工程/变电站/电网工程
C25/K25/L25/M25/N25	初步/施工图设计_设计辅助和建模	建筑工程/铁路工程/信号工程/变电站/电网工程
C27/K27/L27/M27/N27	初步/施工图设计_设计分析和优化	建筑工程/铁路工程/信号工程/变电站/电网工程
C28/K28/L28/M28/N28	初步/施工图设计_冲突检测	建筑工程/铁路工程/信号工程/变电站/电网工程
C29/K29/L29/M29/N29	初步/施工图设计_工程量统计	建筑工程/铁路工程/信号工程/变电站/电网工程
C31/K31/L31/M31/N31	初步/施工图设计_设计成果渲染与表达	建筑工程/铁路工程/信号工程/变电站/电网工程
C33/K33/L33/M33/N33	深化设计_深化设计辅助和建模	建筑工程/铁路工程/信号工程/变电站/电网工程
C42/K42/L42/M42/N42	深化设计_冲突检测	建筑工程/铁路工程/信号工程/变电站/电网工程
C43/K43/L43/M43/N43	深化设计_工程量统计	建筑工程/铁路工程/信号工程/变电站/电网工程

最新版本	Update9
输入格式	.dgn/.imodel及.ifc/.stl/.stp/.obj/.fbx等常用的中间数据格式
输出格式	.dgn/.imodel及.stl/.stp/.obj/.fbx等常用的中间数据格式

推荐硬件配置	操作系统	64位Windows10	处理器	2GHz	内存	16GB
	显卡	2GB	磁盘空间	500GB	鼠标要求	带滚轮
最低硬件配置	操作系统	64位Windows10	处理器	1GHz	内存	4GB
	显卡	512MB	磁盘空间	500GB	鼠标要求	带滚轮

功能介绍

C16/K16/L16/M16/N16、C25/K25/L25/M25/N25、C33/K33/L33/M33/N33：

1. 本软件在“设计辅助和建模”应用上的介绍及优势

Substation是针对建筑工程、铁路工程、信号工程、变电站、电网工程等基础设施项目数字化设计的专业电气设计软件，其以项目数据库为核心，可高效地实现多专业间、异地协同设计，并以应用模块配套齐全、各模块成熟度高见长，可支持完整的EPC全过程应用及设计成果的数字化交付，可有效提升项目整体设计质量和设计效率。

续表

Substation设计辅助和建模功能可以应用于规划方案设计阶段、初步施工图设计阶段和深化设计阶段，可以快速完成二维原理设计、三维布置设计，并可实现二三维数据的同步；可快速完成电气三维建模，可以自动生成材料表和计算书，可以从三维模型中快速抽取二维的平断面图纸。 2. 本软件在“设计辅助和建模”应用上的操作难易度 基础操作流程：模型准备→原理设计→设备布置→模型校核→三维出图→成果输出。 （1）模型准备。Substation软件中自带丰富的设备模型库和三维典设库，设计人员可按照项目需求设定检索条件，快速地依据公用模型库生成项目模型库。同时还具有参数化模型编辑工具，可以对设备模型的参数进行编辑，操作简单，界面友好。 （2）原理设计。使用主接线模块，采用典型图方式快速创建主接线图/系统图，典型图库可以随时进行扩充。支持按照不同电压等级下进出线回路分别进行设计，设计信息自动保存在项目数据库中。 （3）设备布置。在进行三维设备布置时，设备布置模块自动从项目数据库中获取设备清单，以列表形式显示，方便工程师进行选取。二维原理图的设备参数和三维布置图的参数可以实时共享，并可以相互导航。若二维原理图数据发生更改，三维布置图数据可以自动进行更新。 （4）使用三维导线设计模块。可方便地进行三维软导线和硬导线（母排/管母线）设计。导线的选型从型号库中读取，导线库可以随时进行扩充。在设计导线过程中，可以进行绝缘子和金具的选择，从而快速高效地完成导线建模。导线建模完成后，通过报表生成器，可以自动统计导线、绝缘子和金具的数量，生成材料表。 （5）模型校核。当完成布置设计后，可以使用安全距离校验、空间测量、碰撞检测等工具，对全专业总装模型进行校核与分析，以有效解决专业间的冲突问题。 （6）三维出图。基于三维设计模型可以快速抽取需要的平、断面图；可以批量地对设备进行标注；可以自动生成材料表；可以快速完成设备定位尺寸标注、标高标注及安全净距标注，进而快速地完成间隔平断面图图纸设计。 （7）成果输出。Substation具有数字化移交功能，可输出丰富的设计成果，以满足项目后续阶段的数据再利用需求。如在输变电项目、电网项目三维设计中，当完成项目设计后，就可以一键发布满足国家电网公司要求的GIM数据文件，移交给三维评审平台及电网工程数据中心
接本书7.14节彩页

24. WaterGEM/WaterCAD

WaterGEM/WaterCAD　　　　**表3-4-25**

软件名称	WaterGEM/WaterCAD		厂商名称	Bentley		
代码		应用场景		业务类型		
F16		规划/方案设计_设计辅助和建模		管道工程		
F25		初步/施工图设计_设计辅助和建模		管道工程		
F76		运维_应急模拟与管理		管道工程		
F77		运维_能耗管理		管道工程		
最新版本	WaterGEMS/WaterCAD 10.03.02.75					
输入格式	.sqlite/.mdb/.inp/.dxf/.shp/.xls/.dbf/.accdb/.dgn					
输出格式	.sqlite/.inp/.dxf/.shp/.xls/.dbf/.dgn					
推荐硬件配置	操作系统	32/64位Windows10	处理器	2GHz	内存	8GB
	显卡	1GB	磁盘空间	20GB	鼠标要求	带滚轮

续表

最低硬件配置	操作系统	32/64位Windows7 SP1	处理器	1GHz	内存	4GB
	显卡	512MB	磁盘空间	1.8GB	鼠标要求	带滚轮
功能介绍						

F16、F25：

1. 本软件在“设计辅助和建模”应用上的介绍及优势

WaterGEMS是一款适用于给水系统的水力建模应用软件，主要包括供水系统基础数据管理、模型建立、运行模拟、优化管理及优化设计等功能，从消防流量、污染物浓度分析到能源消耗和投资成本管理，WaterGEMS可为工程人员提供易于使用的环境，用于分析、设计和优化给水系统。WaterGEMS的软件优势包括：①多运行平台的支持。除了独立运行版以外，还可以在MicroStation、ArcGIS、AutoCAD环境中运行。②支持多人协同工作，无管段节点限制，可以快速模拟5万根以上管段规模的管网水力状态。③兼容多种操作系统。如Window2000、WindowXP、Window2003、Window Vista、Window7、Window10等。④支持SQL Server、Oracle和Microsoft Access等数据库。⑤系统运行效率高，管网水力计算快速精确，相同属性拓扑参数可批量快速修改。⑥除了能够手工建模，也支持其他数据，如AutoCAD、ArcGIS、Excel等格式的数据批量导入建模。⑦包含消防流分析、DMA分区工具、冲洗分析工具、模拟管道断裂工况、火灾工况、断电工况等高级功能。⑧能够与GIS系统、SCADA系统进行实时连接。⑨完善的参数库，可以直接调用特定管道、阀门等对应的参数。

2. 本软件在“设计辅助和建模”应用上的操作难易度

WaterGEMS可以在多平台下运行，基本操作流程如下：数据收集与处理→模型搭建→成果输出→对比分析，首先对不同来源的数据进行收集和处理，再利用ModerBuilder工具导入模型数据库，设置边界条件和模型参数，启动水力模拟引擎进行计算，再对模拟结果进行查看和分析。同时也可以利用达尔文设计器对不同设计方案进行水力性能和工程造价的比选和优化。

3. 本软件在“设计辅助和建模”应用上的案例

Roy Hill Iron Ore 对采矿厂给水排水基础设施的设计和运营进行优化，西澳大利亚洲的皮尔巴拉地区正在建造一个大规模的露天采矿厂，该项目耗资 100 亿澳元，是该国最大的铁矿石开采项目，包括一个贯穿300 km^2的供水和排水管网。Roy Hill 工程服务部的水资源管理团队负责矿场原水供应和排水系统的规划、设计、施工和运营。该团队面临的挑战包括满足消耗需求、保持良好水质以及确保实现排水和防尘目标，同时在快速波动的采矿环境中尽可能减少溢水处理。水资源管理团队利用WaterGEMS水力模型完成了所有管道系统的规划和设计，并执行特定的假设方案。通过对当前和未来的方案进行建模，该团队可以优化管道尺寸、压力等级等因素，以最低的成本满足不断变化的运营需求。采用WaterGEMS后，该团队能够快速周转设计信息，以在采矿作业前满足紧张的排水流程开发工期要求，并确保业务持续运转（图1）。

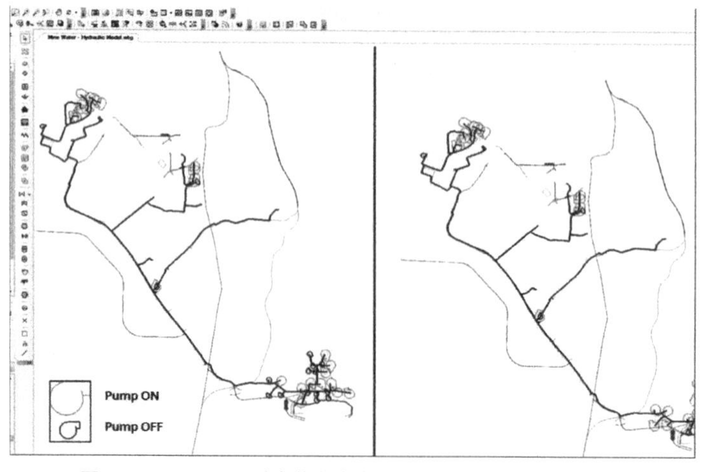

图1　WaterGEMS对当前和未来方案进行建模优化供水运营

3.4.3 结构专项计算和分析

1. 理正结构设计工具箱软件

理正结构设计工具箱软件 **表 3-4-26**

<table>
<tr><td>软件名称</td><td colspan="3">理正结构设计工具箱软件</td><td>厂商名称</td><td colspan="2">北京理正软件股份有限公司</td></tr>
<tr><td colspan="2">代码</td><td colspan="2">应用场景</td><td colspan="3">业务类型</td></tr>
<tr><td colspan="2">B26/C26/F26/G26/H26/I26/J26/K26/L26/M26/N26/P26</td><td colspan="2">初步/施工图设计_结构专项计算和分析</td><td colspan="3">场地景观/建筑工程/管道工程/道路工程/桥梁工程/隧道工程/铁路工程/变电站/电网工程/水坝工程/信号工程</td></tr>
<tr><td>最新版本</td><td colspan="6">V8.0 2020</td></tr>
<tr><td>输入格式</td><td colspan="6">参数输入</td></tr>
<tr><td>输出格式</td><td colspan="6">.dxf/.rtf</td></tr>
<tr><td rowspan="2">推荐硬件配置</td><td>操作系统</td><td>64位Windows10</td><td>处理器</td><td>2GHz</td><td>内存</td><td>8GB</td></tr>
<tr><td>显卡</td><td>1GB</td><td>磁盘空间</td><td>700MB</td><td>鼠标要求</td><td>带滚轮</td></tr>
<tr><td rowspan="2">最低硬件配置</td><td>操作系统</td><td>64位Windows10</td><td>处理器</td><td>1GHz</td><td>内存</td><td>4GB</td></tr>
<tr><td>显卡</td><td>512MB</td><td>磁盘空间</td><td>500MB</td><td>鼠标要求</td><td>带滚轮</td></tr>
<tr><td colspan="7">功能介绍</td></tr>
<tr><td colspan="7">B26/C26/F26/G26/H26/I26/J26/K26/L26/M26/N26/P26：
理正钢混结构构件计算：可完成各种钢筋混凝土基本构件、截面的设计计算；完成砌体结构基本构件的设计计算；软件可自动生成计算书及施工图。包括：钢筋混凝土构件、楼梯、砌体、异形板、无梁楼盖、预应力、井字梁、曲折梁、平面交叉梁系。
理正钢–混凝土组合结构计算：可进行钢材与混凝土组合结构分析验算的工具软件，软件可自动生成计算书。包括：钢–混凝土组合结构梁计算、钢–混凝土组合结构板计算、钢–混凝土组合结构柱计算。
理正地基基础设计：可完成天然地基基础、桩基础的计算、计算书的编制及施工图绘制。对于无肋筏板基础的计算可采用无梁楼盖软件。包括基础计算、独立桩承台、复合桩基承载力、复合桩基水平荷载、桩基础优化方案设计。
理正特殊构件设计：可进行特殊结构构件（钢结构、异型楼梯、水池、三维杆系）设计的常用软件；软件可自动生成计算书。含钢结构设计、异型楼梯设计、三维杆系设计、平面刚桁架、水池设计。
理正涵洞设计：箱涵适用于市政、道桥、水利、电力等行业单孔盖板、单孔或多孔箱形涵洞计算，主要计算内容包括荷载及组合、地基承载力、抗浮、内力、配筋及裂缝计算，也可用于单孔地下通道、多孔地下通道等结构设计。
理正水闸设计：水闸适用于水利、电力等行业水闸构筑物计算，主要计算内容包括闸室稳定，闸底板内力、配筋、裂缝计算，闸墩应力、配筋计算，支座设计，水闸渗透压力及闸顶高程计算，水闸桩基计算，水闸浪压力计算等。
理正电力基础设计：送电线路基础抗拔、送电线路拉线盘抗拔、电杆基础抗倾覆验算、铁塔基础抗倾覆验算。
理正渡槽设计（水利）：渡槽、落地槽适用于水利、水工等行业设计，渡槽支持带横杆侧墙不等厚渡槽计算，主要计算内容包括槽身横向荷载及组合、内力、配筋及裂缝计算，纵向配筋、裂缝计算等，落地槽支持素混凝土与钢筋混凝土计算，主要计算内容包括荷载及组合、地基承载力、抗浮、内力、配筋、裂缝等（素混凝土落地槽进行槽身厚度验算）。
理正装配式构件计算：软件对装配式施工中的叠合梁、叠合板、预制楼梯进行脱模及吊装过程验算，包</td></tr>
</table>

续表

括脱模吊装内力计算、混凝土法向拉应力及吊钉或桁架筋强度验算、叠合梁（连梁）梁端竖向接缝校核、预制柱底水平接缝校核、剪力墙水平接缝校核。

理正加固计算：梁增大截面加固、梁置换混凝土加固、柱增大截面加固、柱置换混凝土加固、梁粘贴纤维加固、柱粘贴纤维加固、梁粘贴钢板加固、梁外包型钢加固、柱粘贴钢板加固、柱外包型钢加固、植筋加固、锚栓加固。

理正地铁计算：用于城市地铁结构设计，包括地铁车站断面、地铁区间隧道断面及地铁盾构管片设计等模块，主要计算内容为荷载及荷载组合、抗浮、内力、配筋及裂缝计算等。

理正工作井顶管计算：适用于各类顶管工程设计，包括顶管顶推力、顶管后座墙顶推、圆形矩形工作井顶推计算等模块，主要计算内容包括顶管顶推力计算及顶管后座墙、工作井荷载计算、后背土体稳定验算、内力、配筋计算等。

理正输水结构计算：压力明钢管镇墩、压力明钢管支墩、压力明钢管应力、压力明钢管振动、压力明钢管抗外压稳定、压力明钢管支承环应力、露天式压力钢管伸缩节、自承式给水钢管平管强度、自承式给水钢管折管强度、自承式给水钢管拱管强度、自承式给水钢管平管稳定、自承式给水钢管折管稳定、自承式给水钢管拱管稳定、自承式给水钢管平管设计、自承式给水钢管折管设计、自承式给水钢管拱管设计、调压井设计。

理正U形槽设计：U形槽结构设计，主要包括U形槽荷载及荷载组合计算、地基承载力计算、抗浮计算、内力计算（按杆系有限元计算，底板计算可按弹性地基梁考虑）、配筋、裂缝计算等。

常用工具：结构常用表格、选筋工具、型刚截面查询、地基基础规范、钢筋锚固长度计算、混凝土结构规范、结构荷载规范、风（雪）荷载查询、抗震设计规范、砌体结构设计规范、抗震设防查询。

本软件于2016年、2020年连续入选水利部水规总院《水利水电工程勘测设计计算机软件名录》。

基础操作流程：选择工作路径→设计数据输入与读取→计算与绘图→生成计算书。

1.选择工作路径，定义文件存储路径、文件名称、文件编号、设计时间。

2.设计数据输入与读取：可输入与读取相应结构计算模块原始数据。

3.计算与绘图：根据相应结构，计算模块可采用直接绘图或计算。对当前项目进行计算，并输出查询结果，包括查询图形结果与文字查询结果。

4.生成计算书，如图1～图3所示。

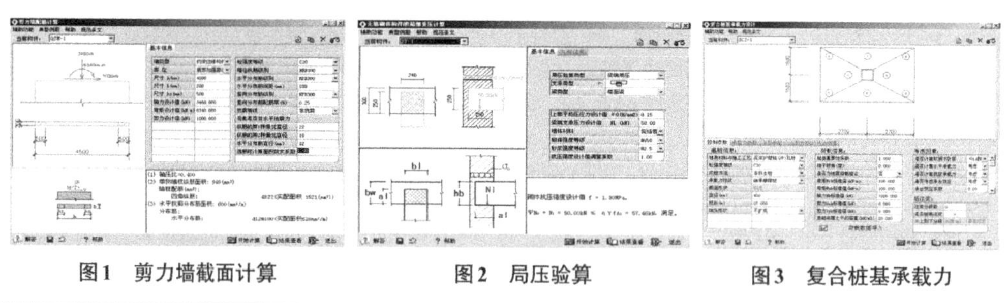

图1　剪力墙截面计算　　图2　局压验算　　图3　复合桩基承载力

2. 理正复杂水池结构分析设计软件

理正复杂水池结构分析设计软件　　表3-4-27

软件名称	理正复杂水池结构分析设计软件		厂商名称	北京理正软件股份有限公司
代码		应用场景		业务类型
B26/C26/D26/J26/M26		初步/施工图设计_结构专项计算和分析		场地景观/建筑工程/水处理/隧道工程/变电站
最新版本	V3.5 2020			

续表

输入格式	交互建模数据					
输出格式	.coc/.dxf					
推荐硬件配置	操作系统	64位Windows10	处理器	2GHz	内存	8GB
	显卡	1GB	磁盘空间	700MB	鼠标要求	带滚轮
最低硬件配置	操作系统	64位Windows10	处理器	1GHz	内存	4GB
	显卡	512MB	磁盘空间	500MB	鼠标要求	带滚轮
功能介绍						

B26/C26/D26/J26/M26：

水池结构广泛用于市政、电力、石油、化工、环保等行业，种类繁多。依工艺要求，有些结构简单，有些非常复杂，采用简单构件计算方法不能得到合理的结果。北京理正软件股份有限公司研发了针对复杂水池结构设计计算的专用软件——理正复杂水池结构分析设计软件，解决了众多水池结构设计师的难题。

本软件采用弹性地基（温克尔弹性地基及考虑耦联作用的弹性地基）与水池结构共同作用的厚壳有限元分析，可完成各种复杂水池结构的设计计算。与理正水池工具箱（构件计算）配合，完成各种类型水池设计，还可应用在地下管廊、地铁站等地下空间计算。

本软件于2016年、2020年连续入选水利部水规总院《水利水电工程勘测设计计算机软件名录》。

功能特点：①采用自主图形建模平台，符合水池结构设计的建模习惯。模型可三维显示，也可分层显示，方便模型检查。②软件可综合考虑池壁荷载、柱荷载、梁荷载、顶板荷载、底板梁荷载、底板荷载等多种荷载。③可任意设置池外水土深度以及池内各区格不同水位的高度。④可任意设置池外水土深度以及池内各区格不同水位的高度。⑤软件具有基础验算功能，可进行基础、地基承载力、抗浮等验算。沉降模式包括全应力解法和附加应力解法。应力修正方法包括幂函数法和对数函数法。土压力计算方法包括主动土压力法和静止土压力法。⑥可建立任意形状的多格水池、深浅池、锥底池、斜底池，可布置梁、板、柱、扶壁柱、柱帽、柱墩、挑板等构件及开洞，特别是支持多层结构布置和支持结构划分沉降缝。方便满足各种工艺需求。⑦分层输出平面计算结果图，包括构件编号、内力、配筋、裂缝、沉降、土反力等的云图、等值线图、数值图，便于查询。输出图文并茂的RTF计算书，方便审图。

基础操作流程：新建工程→顶板层建模→中间层建模→底板层建模→定义区格→设置计算参数→计算分析→输出结果（图1、图2）。

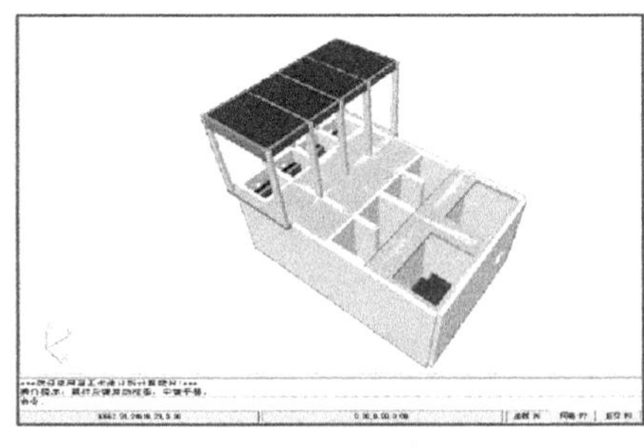

图1 雨水泵房

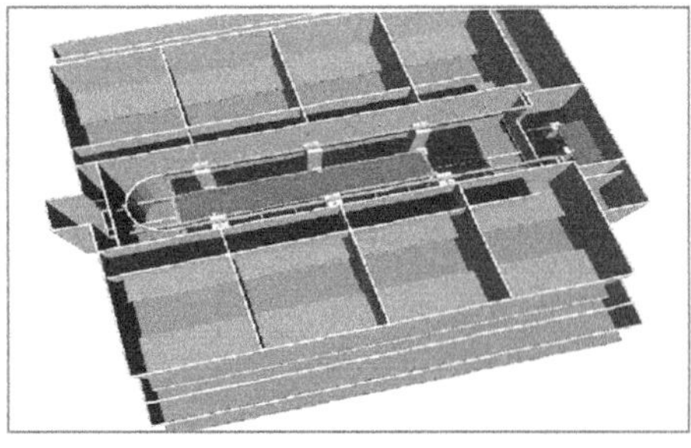

图2 过滤池

新建工程：新建工程目录及工程。

顶板层建模：布置顶板层的池壁、梁、柱等构件，以及构件上的荷载。

中间层建模：布置中间层的池壁、梁、柱等构件，以及构件上的荷载。

底板层建模：布置底板层的板、梁等构件，以及构件上的荷载。

定义区格：确定水池每个区格的水位。

设置计算参数：设置沉降计算、荷载组合、基础验算等参数。

输出结果：输出沉降、内力、配筋等图形结果和Word计算书

3. 理正土木工程地基基础计算机辅助设计系统

理正土木工程地基基础计算机辅助设计系统　　表3-4-28

软件名称	理正土木工程地基基础计算机辅助设计系统			厂商名称	北京理正软件股份有限公司	
代码		应用场景			业务类型	
C26		初步/施工图设计_结构专项计算和分析			建筑工程	
最新版本	V4.0 2019					
输入格式	.sat/.mxf					
输出格式	.txt/.dxf					
推荐硬件配置	操作系统	64位Windows10	处理器	2GHz	内存	8GB
	显卡	1GB	磁盘空间	700MB	鼠标要求	带滚轮
最低硬件配置	操作系统	64位Windows10	处理器	1GHz	内存	4GB
	显卡	512MB	磁盘空间	500MB	鼠标要求	带滚轮
功能介绍						

C26：

理正土木工程地基基础计算机辅助设计系统 FCAD–I是北京理正公司结构系列软件之一的地基基础共同作用分析软件。软件可自动接力高层结构设计软件的结果，既可根据规范、手册进行独基（单柱、双柱）、条基、筏基、桩基等基础的承载力、沉降、内力配筋计算，也可采用国内领先的厚薄板自适应单元的有限元分析、计算多塔大底盘及局部地基处理等复杂地基基础的内力及沉降变形。是基础设计的有效利器。

软件特点：

（1）考虑上部结构、基础与地基（桩）的协同作用，充分考虑主楼与裙房荷载分布不均匀、刚度分布不均匀对基础内力变形的影响。

（2）采用先进的厚薄板自适应单元，有效解决厚板理论和薄板理论各自缺陷对内力变形的影响。

（3）具有独基、条基、筏基、独立桩承台、桩条、桩筏等多种基础形式综合布置。

（4）考虑不均匀地层及局部地基处理的地基刚度，反映不均匀地基对基础结构内力变形的影响。

（5）客观真实地反应后浇带设置对于整个基础结构内力及变形（沉降）的影响，为合理设置后浇带位置提供数据参考。

（6）内力及变形的彩色云图、等值线图、数值图、剖面图等多种灵活直观的结果查看方式（图1）。

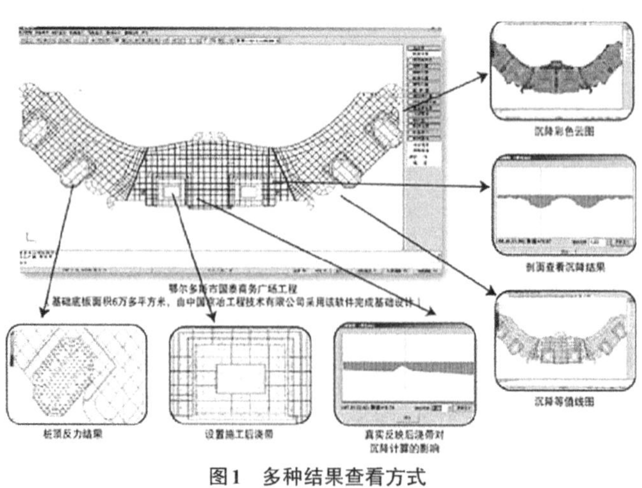

图1　多种结果查看方式

续表

基础操作流程：新建工程→读入PKPM或QSAP数据→结构布置→交互墙柱荷载→交互地勘资料→基础设计→承载力验算→承载力验算→协同分析。 新建工程：新建工作目录。 读入PKPM或QSAP数据：读入PKPM或者QSAP软件的结构布置及墙柱数据。 结构布置：用户布置上部建筑的结构模型。 交互墙柱荷载：交互不同工况下墙与柱的荷载。 交互地勘资料：交互土层参数、钻孔资料及进行地基处理。 基础设计：布置结构的基础形式，及采用规范算法进行承载力和沉降计算。 承载力验算：验算基础的承载力是否满足要求。 协同分析：利用有限元法，遵守上部结构、地下结构、地基的变形协调原理，计算整个结构的内力、变形以及地基的反力、沉降

4. STAAD

STAAD　　表3-4-29

<table>
<tr><td>软件名称</td><td colspan="3">STAAD</td><td colspan="2">厂商名称</td><td colspan="2">Bentley</td></tr>
<tr><td colspan="2">代码</td><td colspan="3">应用场景</td><td colspan="3">业务类型</td></tr>
<tr><td colspan="2">C26/M26</td><td colspan="3">初步/施工图设计_结构专项计算和分析</td><td colspan="3">建筑工程/变电站</td></tr>
<tr><td>最新版本</td><td colspan="7">STAAD Connect Edition 22.05.00.131</td></tr>
<tr><td>输入格式</td><td colspan="7">.std</td></tr>
<tr><td>输出格式</td><td colspan="7">.anl</td></tr>
<tr><td rowspan="2">推荐硬件配置</td><td>操作系统</td><td>64位Windows10</td><td>处理器</td><td>2GHz</td><td>内存</td><td colspan="2">8GB</td></tr>
<tr><td>显卡</td><td>1GB</td><td>磁盘空间</td><td>700MB</td><td>鼠标要求</td><td colspan="2">带滚轮</td></tr>
<tr><td rowspan="2">最低硬件配置</td><td>操作系统</td><td>64位Windows10</td><td>处理器</td><td>1GHz</td><td>内存</td><td colspan="2">4GB</td></tr>
<tr><td>显卡</td><td>512MB</td><td>磁盘空间</td><td>500MB</td><td>鼠标要求</td><td colspan="2">带滚轮</td></tr>
<tr><td colspan="8">功能介绍</td></tr>
<tr><td colspan="8">C26/M26：
1. 本软件在“结构专项计算和分析”应用上的介绍及优势
STAAD.Pro是一款有着悠久历史的经典结构有限元软件，目前已发展成为一个集结构建模、结构分析和结构设计于一体的设计解决方案平台。其包括良好的用户界面、可视化工具和丰富的国际设计规范，可用于分析承受静力载荷、动力响应、岩土结构相互作用或风、地震及移动载荷等影响的所有结构类型，广泛应用于高层建筑、桥涵、石油石化工厂、变电架构、空冷平台、隧道、桥梁等领域，目前在全球近百个国家中已超过20万家用户。
STAAD.Pro包含三个前处理模块Analytical Modeling、Physical Modeling和Building Planner，分别对应于分析模型、物理模型和建筑模型。其内置的高级分析求解器可以处理线性静力分析、反应谱分析、时间历程分析、缆索分析、Pushover分析以及非线性分析等工程分析问题，同时其内置的多个主流国家的设计规范能够轻松满足项目的设计要求。平台自带的后处理模块包含SSDD、RCDC、RAM Connection和STAAD Foundation，可以分别在我国钢结构设计出图、混凝土设计出图、多国规范节点设计出图和基础设计出图等领域，为工程团队提供一个可扩展的解决方案。同时，STAAD.Pro可以发布Bentley-Itwins数字孪生模型，不仅可以在移动端预览和评审模型，而且支持导出ISM标准化的结构信息模型，可以与OBD、ProStructures、Tekla、Revit、PDMS、ANSYS等主流三维建模及分析软件进行数据交互。STAAD.Pro是获得ISO9001认证的软件，并且完全达到了核工业严格制定的软件验证标准（10CFR Part 50、10CFR 21及ASME NQA-1-2000）</td></tr>
</table>

续表

(图1、图2)。

2. 本软件在“结构专项计算和分析”应用上的操作难易度

基础操作流程：几何建模→结构属性→边界条件→添加荷载→结构分析→结构设计→成果交付。

STAAD不仅具有常见的图形表格窗口界面，而且有一个保存和修改建模分析设计命令的命令编辑器。另外，内置了几何建模向导和异形截面向导两个工具，为建模带来了极大的便利。其灵活地加载和分析设计工具可以让工程师快速上手，另外也可以一键生成结构平面布置图和材料用量表（图3～图5）。

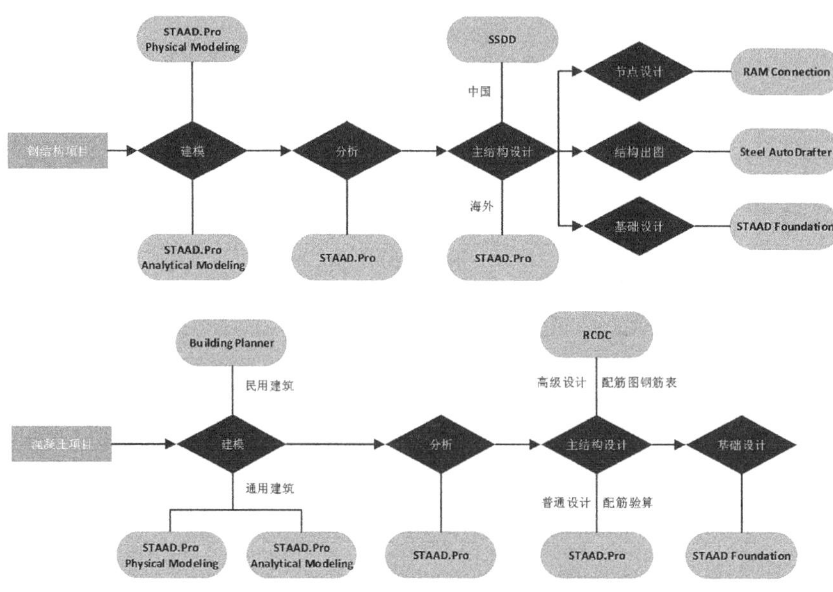

图1　STAAD工作流程图

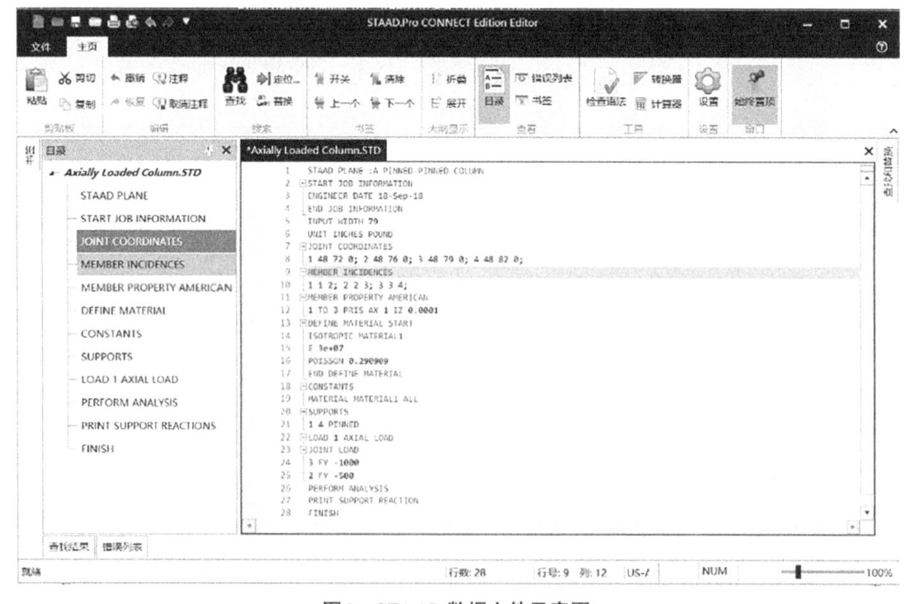

图2　STAAD数据文件示意图

续表

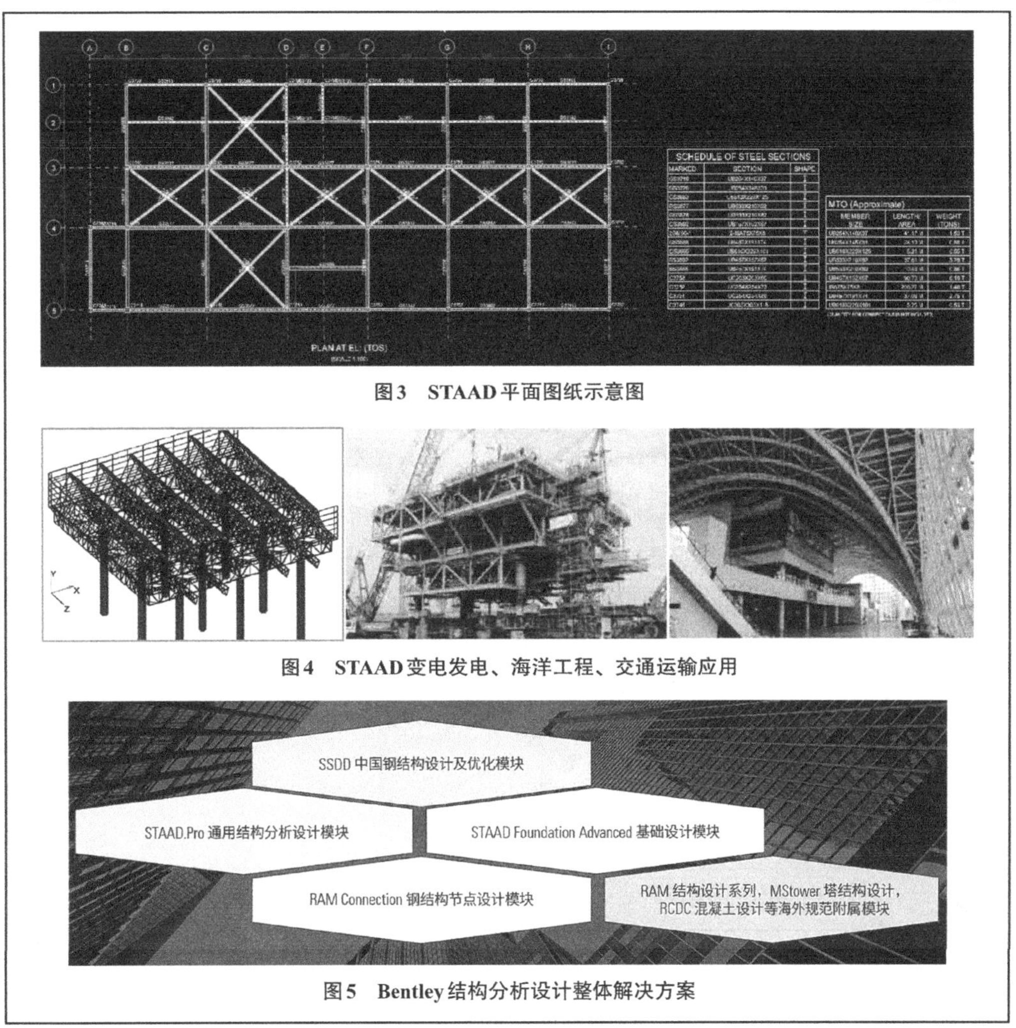

图3 STAAD平面图纸示意图

图4 STAAD变电发电、海洋工程、交通运输应用

图5 Bentley结构分析设计整体解决方案

5. OpenBridge Designer

OpenBridge Designer 表3-4-30

软件名称	OpenBridge Designer		厂商名称	Bentley软件（北京）有限公司
代码		应用场景		业务类型
H25		初步/施工图设计_设计辅助与建模		桥梁工程
H26		初步/施工图设计_结构专项计算和分析		桥梁工程
H33		深化设计_深化设计辅助和建模		桥梁工程
最新版本	10.09.00.10			
输入格式	.dgn/.dxf/.xml/.landxml			
输出格式	.dgn/.dxf/.xml/.landxml			

续表

推荐硬件配置	操作系统	64位Windows10	处理器	2.6GHz	内存	32GB
	显卡	2GB	磁盘空间	2TB	鼠标要求	带滚轮
最低硬件配置	操作系统	64位Windows8	处理器	2GHz	内存	16GB
	显卡	1GB	磁盘空间	10GB	鼠标要求	带滚轮
功能介绍						

H26：

1. 本软件在“初步/施工图设计_结构专项计算和分析”应用上的介绍及优势

OpenBridge Designer包含桥梁专用分析功能，针对性强，功能全面，可以分析几乎所有的桥型和绝大多数施工方法，集成了静力分析、动力分析、几何非线性分析、屈曲分析、移动荷载分析、CFD分析、车桥耦合、索力优化等分析设计功能（图1、图2）。

2. 本软件在“结构专项计算和分析”应用上的操作难易度

本软件基础操作流程为：创建轴线→上下部横断面生成→节段定义→约束及荷载施加→荷载组合→分析验算。参数化、模块化的建模流程，避免同类桥梁数据的重复输入，可以建立项目数据库，类似桥型可以重复调用。

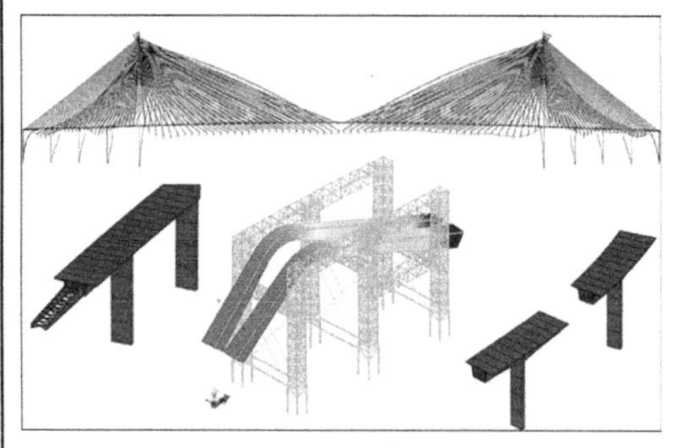

图1 桥梁分析案例模型

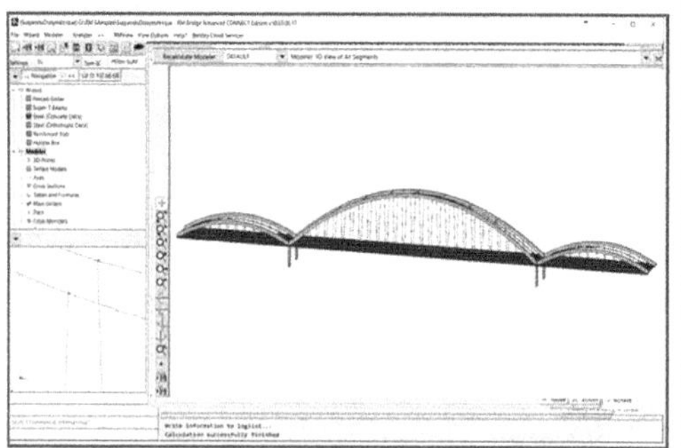

图2 拱桥分析模型

3.4.4 设计分析和优化

1. 理正三维桩基方案优化软件

理正三维桩基方案优化软件 **表3-4-31**

软件名称	理正三维桩基方案优化软件		厂商名称	北京理正软件股份有限公司
代码		应用场景		业务类型
C20/H20/K20		规划/方案设计_参数化设计优化		建筑工程/桥梁工程/铁路工程
C27/H27/K27		初步/施工图设计_设计分析和优化		建筑工程/桥梁工程/铁路工程
最新版本	V1.0 2020			
输入格式	理正勘察三维地质软件lzg3d			
输出格式	.dwg			

续表

推荐硬件配置	操作系统	64位Windows10	处理器	2GHz	内存	8GB
	显卡	1GB	磁盘空间	700MB	鼠标要求	带滚轮
最低硬件配置	操作系统	64位Windows10	处理器	1GHz	内存	4GB
	显卡	512MB	磁盘空间	500MB	鼠标要求	带滚轮
功能介绍						

C20/H20/K20、C27/H27/K27：

本软件是基于理正三维地质模型的可视化桩基方案设计软件，可进行地质三维模型查看、桩基方案的调整，并计算整个桩基方案的承载量、土方量与工程量，设计成果可以导出到下游的BIM软件。

可插入桩位图选择图层或图元布桩，也可以单点布桩；可选择图元或图上绘制承台边界布置承台。桩基可以考虑溶洞调整。

导入三维地质成果，查看三维地质。可查询三维地质的剖面图与给定点的柱状图。

基础操作流程：新建工程→导入理正三维地质数据→输入工程基本信息→布置桩、承台及荷载→桩基调整→承载力及沉降计算→导出理正岩土BIM（Revit）接口→关闭及保存工程（图1～图8）。

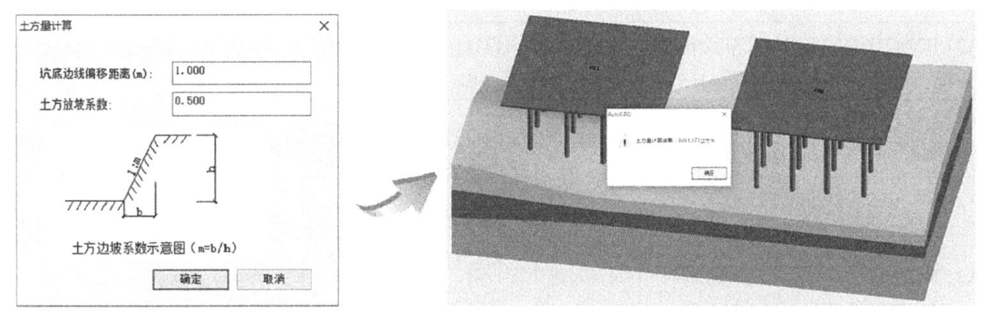

图1　土方量计算　　图2　土方量计算结果

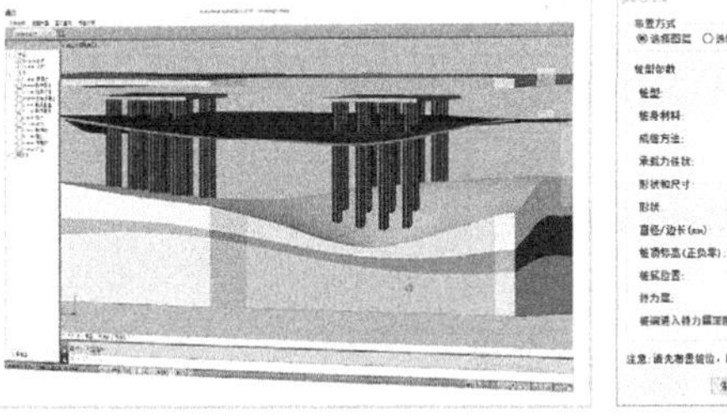

图3　三维地质与桩位图　　图4　桩基布置

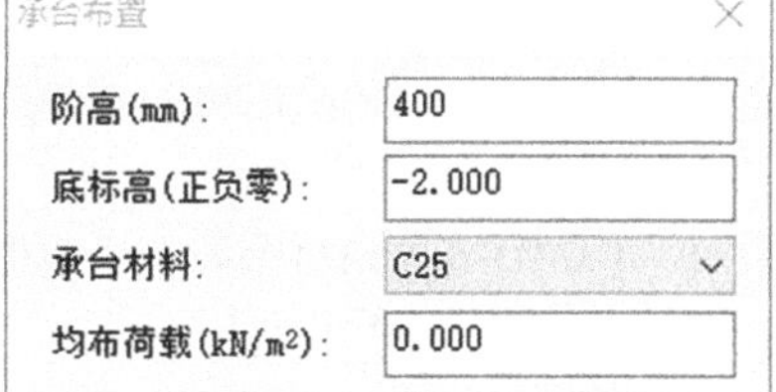

图5　承台布置

图6　考虑溶洞调整桩基

图7　土柱状图与单桩承载力

图8　沉降计算结果

2. Revit Architecture

Revit Architecture **表 3-4-32**

<table>
<tr><td>软件名称</td><td>Revit Architecture</td><td>厂商名称</td><td>Autodesk</td></tr>
<tr><td colspan="2">代码</td><td>应用场景</td><td>业务类型</td></tr>
<tr><td colspan="2">A16/B16/C16/D16/E16/F16/G16/H16/J16/K16/L16/M16/N16/P16/Q16</td><td>规划/方案设计_设计辅助和建模</td><td rowspan="15">城市规划/场地景观/建筑工程/水处理/垃圾处理/管道工程/道路工程/桥梁工程/隧道工程/铁路工程/信号工程/变电站/电网工程/水坝工程/飞行工程</td></tr>
<tr><td colspan="2">A19/B19/C19/D19/E19/F19/G19/H19/J19/K19/L19/M19/N19/P19/Q19</td><td>规划/方案设计_建筑环境性能化分析</td></tr>
<tr><td colspan="2">A21/B21/C21/D21/E21/F21/G21/H21/J21/K21/L21/M21/N21/P21/Q21</td><td>规划/方案设计_工程量统计</td></tr>
<tr><td colspan="2">A23/B23/C23/D23/E23/F23/G23/H23/J23/K23/L23/M23/N23/P23/Q23</td><td>规划/方案设计_设计成果渲染与表达</td></tr>
<tr><td colspan="2">A25/B25/C25/D25/E25/F25/G25/H25/J25/K25/L25/M25/N25/P25/Q25</td><td>初步/施工图设计_设计辅助与建模</td></tr>
<tr><td colspan="2">A27/B27/C27/D27/E27/F27/G27/H27/J27/K27/L27/M27/N27/P27/Q27</td><td>初步/施工图设计_设计分析和优化</td></tr>
<tr><td colspan="2">A28/B28/C28/D28/E28/F28/G28/H28/J28/K28/L28/M28/N28/P28/Q28</td><td>初步/施工图设计_冲突检测</td></tr>
<tr><td colspan="2">A29/B29/C29/D29/E29/F29/G29/H29/J29/K29/L29/M29/N29/P29/Q29</td><td>初步/施工图设计_工程量统计</td></tr>
<tr><td colspan="2">A31/B31/C31/D31/E31/F31/G31/H31/J31/K31/L31/M31/N31/P31/Q31</td><td>初步/施工图设计_设计成果渲染与表达</td></tr>
<tr><td colspan="2">A33/B33/C33/D33/E33/F33/G33/H33/J33/K33/L33/M33/N33/P33/Q33</td><td>深化设计_深化设计辅助和建模</td></tr>
<tr><td colspan="2">A36/B36/C36/D36/E36/F36/G36/H36/J36/K36/L36/M36/N36/P36/Q36</td><td>深化设计_预制装配设计辅助和建模</td></tr>
<tr><td colspan="2">A37/B37/C37/D37/E37/F37/G37/H37/J37/K37/L37/M37/N37/P37/Q37</td><td>深化设计_装饰装修设计辅助和建模</td></tr>
<tr><td colspan="2">A40/B40/C40/D40/E40/F40/G40/H40/J40/K40/L40/M40/N40/P40/Q40</td><td>深化设计_幕墙设计辅助和建模</td></tr>
<tr><td colspan="2">A42/B42/C42/D42/E42/F42/G42/H42/J42/K42/L42/M42/N42/P42/Q42</td><td>深化设计_冲突检测</td></tr>
<tr><td colspan="2">A43/B43/C43/D43/E43/F43/G43/H43/J43/K43/L43/M43/N43/P43/Q43</td><td>深化设计_工程量统计</td></tr>
<tr><td>最新版本</td><td colspan="3">Revit 2021</td></tr>
<tr><td>输入格式</td><td colspan="3">.dwg/.dxf/.dgn/.sat/.skp/.rvt/ .rfa/.ifc/.pdf/.xml/点云 .rcp/.rcs /.nwc/.nwd/所有图像文件</td></tr>
<tr><td>输出格式</td><td colspan="3">.dwg/.dxf/.dgn/.sat/.ifc/.rvt</td></tr>
</table>

续表

推荐硬件配置	操作系统	64位Windows10	处理器	3GHz	内存	16GB
	显卡	支持DirectX® 11和Shader Model 5的显卡，最少有4GB视频内存	磁盘空间	30GB	鼠标要求	带滚轮
	其他	NET Framework 版本 4.8 或更高版本				
最低硬件配置	操作系统	64位Windows10	处理器	2GHz	内存	8GB
	显卡	支持DirectX® 11和Shader Model 5的显卡，最少有4GB视频内存	磁盘空间	30GB	鼠标要求	带滚轮
	其他	NET Framework 版本 4.8 或更高版本				
功能介绍						

A19/B19/C19/D19/E19/F19/G19/H19/J19/K19/L19/M19/N19/P19/Q19
A27/B27/C27/D27/E27/F27/G27/H27/J27/K27/L27/M27/N27/P27/Q27：

1. 本软件在“规划/方案设计_建筑环境性能化分析、初步/施工图设计_设计分析和优化”应用上的介绍及优势

Revit具有专门的分析工具，可直接基于概念体量模型进行面积分析、能量分析、建筑冷热负荷分析、日光研究等操作。利用Revit的能量分析功能可创建能量分析模型，并执行建筑能量分析。结合Autodesk Insight还可以了解、评估和调整设计和运营系数，以提高性能（图1）。

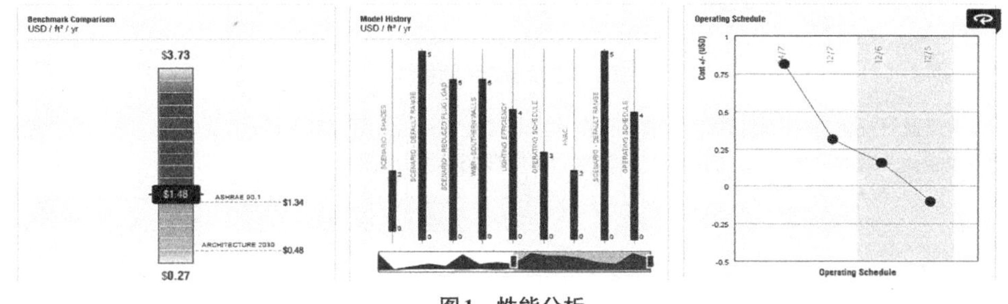

图1 性能分析

2. 本软件在“规划/方案设计_建筑环境性能化分析、初步/施工图设计_设计分析和优化”应用上的操作难易度：

本软件的BIM设计流程为：基础模型→性能分析→设计优化→详细设计。

在上述设计流程的各个环节，Revit都有相应的工具支持，操作简单，容易上手

3. FormIt/FormIt Pro/Insight

FormIt/FormIt Pro/Insight **表3-4-33**

软件名称	FormIt/FormIt Pro/Insight	厂商名称	Autodesk
代码	应用场景	业务类型	
A16/C16	规划/方案设计	城市规划/建筑工程	
A27/C27	设计分析和优化	城市规划/建筑工程	
最新版本	FormIt for Windows2021.1 V19.1		
输入格式	.axm/.obj/.stl/.sat/.skp/.dwg/.fbx/.json		
输出格式	.axm/.zxm		

续表

推荐硬件配置	操作系统	Windows10	处理器	多核Intel®奔腾/同等级处理器	内存	8GB或以上
	显卡	支持DirectX® 11	磁盘空间	1GB	鼠标要求	Microsoft兼容
最低硬件配置	操作系统	Windows7	处理器	单核Intel®奔腾/同等级处理器	内存	4GB
	显卡	支持DirectX® 10	磁盘空间	1GB	鼠标要求	Microsoft兼容
功能介绍						

A27/C27：

Insight使建筑师和工程师能够使用集成在Revit中的高级模拟引擎和建筑性能分析数据来设计更节能的建筑。借助FormIt Pro和Revit的强大功能，可以自动创建从早期概念到详细设计的能源模型（图1）。

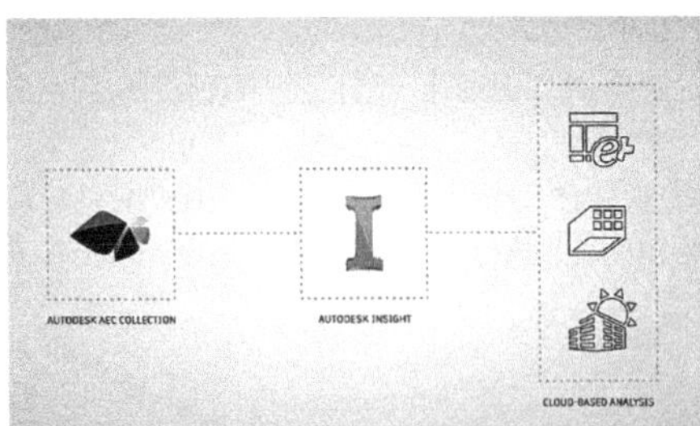

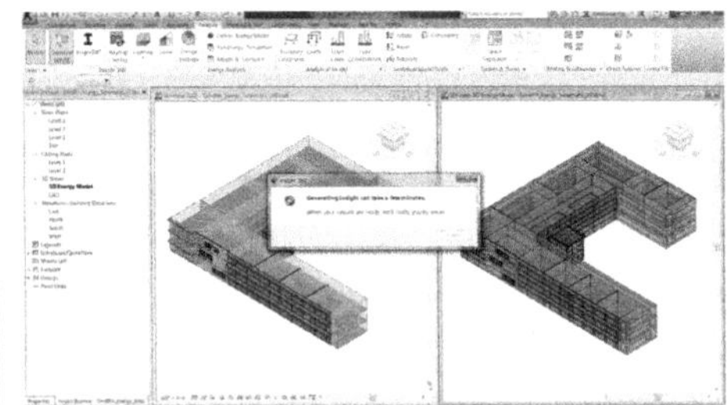

图1　自动创建能源模型

实时反馈可视化关键性能指标、因素和范围，并与之交互，以帮助做出更好的设计决策。采光分析模拟、计算和可视化关键的采光指标，例如日光自治度和年度日光照射量（图2）。

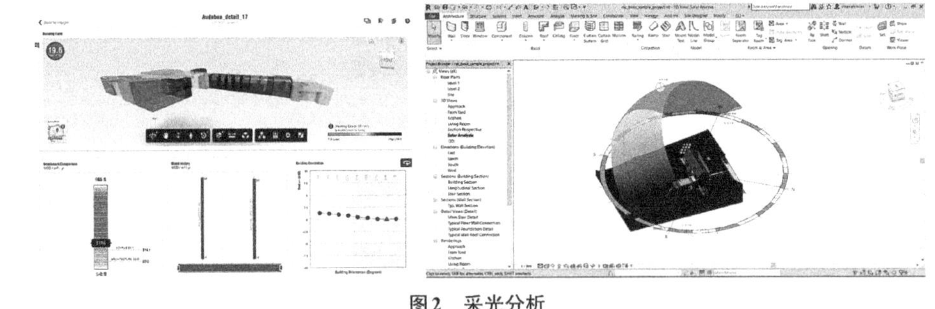

图2　采光分析

4. Dynamo for Revit

Dynamo for Revit　　**表3-4-34**

软件名称	Dynamo for Revit	厂商名称	Autodesk
代码	应用场景	业务类型	
B25/C25/D25/F25/H25/J25/P25	初步/施工图设计_设计辅助和建模	场地景观/建筑工程/水处理/管道工程/桥梁工程/隧道工程/水坝工程	
B27/C27/D27/F27/H27/J27/P27	初步/施工图设计_设计分析和优化	场地景观/建筑工程/水处理/管道工程/桥梁工程/隧道工程/水坝工程	

续表

B33/C33/D33/F33/H33/J33/P33	深化设计_深化设计辅助和建模	场地景观/建筑工程/水处理/管道工程/桥梁工程/隧道工程/水坝工程
最新版本	Dynamo 2.5	
输入格式	通用格式：.dyn/.dyf	
输出格式	.dyn/.dyf	
推荐硬件配置	同Revit	
最低硬件配置	同Revit	
功能介绍		

B27/C27/D27/F27/H27/J27/P27：

Dynamo for Revit提供可视化编程环境供设计师编写脚本，用于设计分析与优化，例如视线分析、采光分析、距离分析、合规性验证等（图1）。

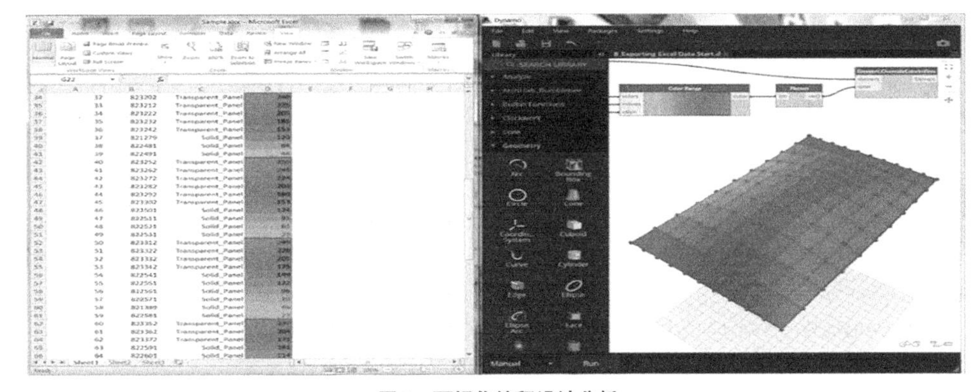

图1　可视化编程设计分析

5. Trimble SketchUp Pro

Trimble SketchUp Pro　　**表3-4-35**

软件名称	Trimble SketchUp Pro	厂商名称	天宝寰宇电子产品（上海）有限公司
代码	应用场景	业务类型	
A01/B01/C01/F01	通用建模和表达	城市规划/场地景观/建筑工程/管道工程	
A02/B02/C02/F02	模型整合与管理	城市规划/场地景观/建筑工程/管道工程	
A04/B04/C04/F04	可视化仿真与VR	城市规划/场地景观/建筑工程/管道工程	
A16/B16/C16/F16	规划/方案设计_设计辅助和建模	城市规划/场地景观/建筑工程/管道工程	
A17/B17/C17/F17	规划/方案设计_场地环境性能化分析	城市规划/场地景观/建筑工程/管道工程	
A19/B19/C19/F19	规划/方案设计_建筑环境性能化分析	城市规划/场地景观/建筑工程/管道工程	
A20/B20/C20/F20	规划/方案设计_参数化设计优化	城市规划/场地景观/建筑工程/管道工程	
A23/B23/C23/F23	规划/方案设计_设计成果渲染与表达	城市规划/场地景观/建筑工程/管道工程	
A25/B25/C25/F25	初步/施工图设计_设计辅助和建模	城市规划/场地景观/建筑工程/管道工程	

续表

A27/B27/C27/F27	初步/施工图设计_设计分析和优化	城市规划/场地景观/建筑工程/管道工程
A31/B31/C31/F31	初步/施工图设计_设计成果渲染与表达	城市规划/场地景观/建筑工程/管道工程
A33/B33/C33/F33	深化设计_深化设计辅助和建模	城市规划/场地景观/建筑工程/管道工程
C37	深化设计_装饰装修设计辅助和建模	建筑工程
C39	深化设计_机电工程设计辅助和建模	建筑工程
C40	深化设计_幕墙设计辅助和建模	建筑工程

最新版本	Trimble SketchUp Pro 2021
输入格式	.3ds/.bmp/.dae/.ddf/.dem/.dwg/.dxf/.ifc/.ifczip/.jpeg/.jpg/.kmz/.png/.psd/.skp/.stl/.tga/.tif/.tiff
输出格式	.3ds/.dwg/.dxf/.dae/.fbx/.ifc/.kmz/.obj/.stl/.wrl/.xsi/.pdf/.eps/.bmp/.jpg/.tif/.png

推荐硬件配置	操作系统	64位 Windows10	处理器	2GHz	内存	8GB
	显卡	1GB	磁盘空间	700MB	鼠标要求	带滚轮
最低硬件配置	操作系统	64位 Windows10	处理器	1GHz	内存	4GB
	显卡	512MB	磁盘空间	500MB	鼠标要求	带滚轮

功能介绍

A25/B25/C25/F25、A27/B27/C27/F27、A31/B31/C31/F31：

1. 本软硬件在"初步/施工图设计"应用上的介绍及优势

SketchUp已探索出更完善的设计流程：从概念设计到三维模型深化，再到二维图纸的输出，这一系列的操作步骤在SketchUp系列软件中（LayOut）有机地结合在一起。

SketchUp的优势：将SketchUp建造的模型发送到LayOut中，直接生成施工图。"图&模"联动。

2. 本软硬件在"初步/施工图设计"应用上的操作难易度

SketchUp建模→LayOut出图，在这个过程中，LayOut可以与SketchUp动态链接，保持实时更新（图1、图2）。操作难易程度：中等。

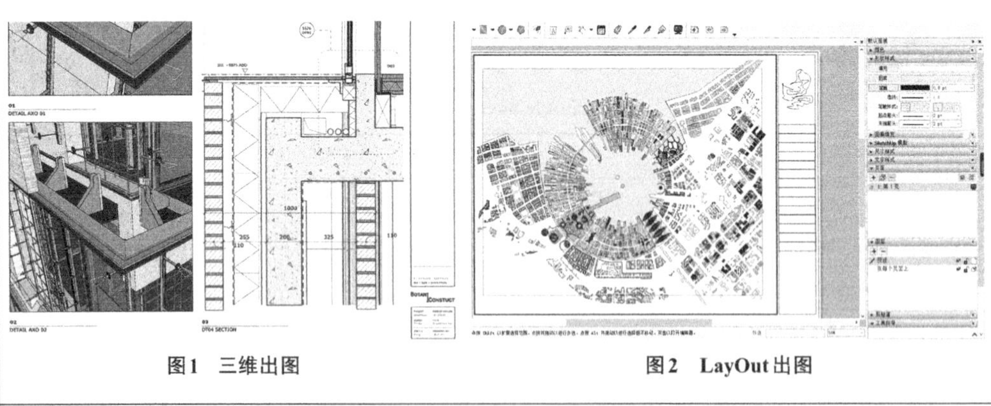

图1　三维出图　　　图2　LayOut出图

接本书7.4节彩页

6. OpenBuildings Designer

OpenBuildings Designer **表3-4-36**

软件名称	OpenBuildings Designer			厂商名称	Bentley	
代码		应用场景		业务类型		
C01/F01/M01/P01		通用建模和表达		建筑工程/管道工程/变电站/水坝工程		
C25		初步/施工图设计_设计辅助与建模		建筑工程		
C27		初步/施工图设计_设计分析和优化		建筑工程		
C28		初步/施工图设计_冲突检测		建筑工程		
C29		初步/施工图设计_工程量统计		建筑工程		
C30		初步/施工图设计_算量和造价		建筑工程		
最新版本	OpenBuildings Designer update7					
输入格式	.dgn（V8i版本）					
输出格式	.dgn					
推荐硬件配置	操作系统	64位Windows10	处理器	2GHz	内存	16GB
	显卡	4GB	磁盘空间	1TB	鼠标要求	带滚轮
最低硬件配置	操作系统	64位Windows10	处理器	1GHz	内存	8GB
	显卡	2GB	磁盘空间	500GB	鼠标要求	带滚轮
功能介绍						

C25、C27：

OpenBuildings Designer能够轻松完成建筑、结构、暖通排水和建筑电气各专业的模型设计和创建，并在建模过程中采用参数化的创建方式，这就大大方便了模型的创建与修改，提高了工作效率。例如：建筑行业的墙体、门窗、楼梯、家具、幕墙等构件可以采用参数的创建方式（图1）。

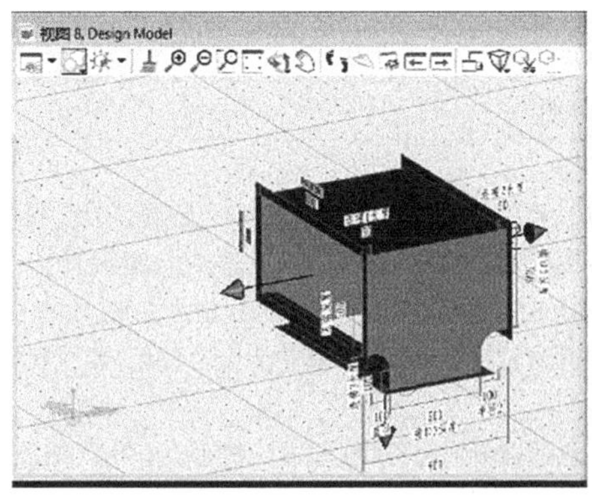

图1 参数化建模

7. OpenPlant

OpenPlant **表 3-4-37**

<table>
<tr><td>软件名称</td><td colspan="3">OpenPlant</td><td colspan="2">厂商名称</td><td>Bentley</td></tr>
<tr><td colspan="2">代码</td><td colspan="4">应用场景</td><td>业务类型</td></tr>
<tr><td colspan="2">D01/E01/F01</td><td colspan="4">通用建模和表达</td><td rowspan="12">水处理/垃圾处理/管道工程</td></tr>
<tr><td colspan="2">D02/E02/F02</td><td colspan="4">模型整合与管理</td></tr>
<tr><td colspan="2">D16/E16/F16</td><td colspan="4">规划/方案设计_设计辅助和建模</td></tr>
<tr><td colspan="2">D20/E20/F20</td><td colspan="4">规划/方案设计_参数化设计优化</td></tr>
<tr><td colspan="2">D24/E24/F24</td><td colspan="4">规划/方案设计_其他</td></tr>
<tr><td colspan="2">D25/E25/F25</td><td colspan="4">初步/施工图设计_设计辅助和建模</td></tr>
<tr><td colspan="2">D27/E27/F27</td><td colspan="4">初步/施工图设计_设计分析和优化</td></tr>
<tr><td colspan="2">D32/E32/F32</td><td colspan="4">初步/施工图设计_其他</td></tr>
<tr><td colspan="2">D33/E33/F33</td><td colspan="4">深化设计_深化设计辅助和建模</td></tr>
<tr><td colspan="2">D36/E36/F36</td><td colspan="4">深化设计_预制装配设计辅助和建模</td></tr>
<tr><td colspan="2">D39/E39/F39</td><td colspan="4">深化设计_机电工程设计辅助和建模</td></tr>
<tr><td colspan="2">D45/E45/F45</td><td colspan="4">深化设计_其他</td></tr>
<tr><td>最新版本</td><td colspan="7">OpenPlant CONNECT Edition Update 9</td></tr>
<tr><td>输入格式</td><td colspan="7">.dgn/.dwg/.3ds/.ifc/.3dm/.skp/.stp/.sat/.fbx/.obj/.jt/.3mx/.igs/.stl/.x_t/.shp</td></tr>
<tr><td>输出格式</td><td colspan="7">.dgn/.dwg/.rdl/.hln/.pdf/.cgm/.dxf/.fbx/.igs/.jt/.stp/.sat/.obj/.x_t/.skp/.stl/.vob</td></tr>
<tr><td rowspan="2">推荐硬件配置</td><td>操作系统</td><td>64位 Windows10</td><td>处理器</td><td>2GHz</td><td>内存</td><td>16GB</td></tr>
<tr><td>显卡</td><td>2GB</td><td>磁盘空间</td><td>1TB</td><td>鼠标要求</td><td>带滚轮</td></tr>
<tr><td rowspan="2">最低硬件配置</td><td>操作系统</td><td>64位 Windows10</td><td>处理器</td><td>1GHz</td><td>内存</td><td>4GB</td></tr>
<tr><td>显卡</td><td>512MB</td><td>磁盘空间</td><td>500GB</td><td>鼠标要求</td><td>带滚轮</td></tr>
<tr><td colspan="7">功能介绍</td></tr>
<tr><td colspan="7">D27/E27/F27：
OpenPlant Modeler管道模块，可支持直接绘制管线，也支持中心线布管方式（即先绘制表示管子走向的直线，再给直线赋予管道信息，并沿直线放置直管和弯头），绘制过程相当智能化，能够自动匹配管件，旋转处自动匹配弯头，分支处自动连接分支，法兰连接处自动匹配螺栓垫片。管线修改也极为方便。每个管件的手柄点都有移动、拉伸、旋转的功能，直接拖拽手柄即可对管件进行操作。对整个管线来说，使用移动功能可以轻松地修改管段的高度、位置。
管线管理器为用户提供了统一的管道操作界面，包括批量修改管线（添加、删除、编辑），修改等级/管径，连接性校验，在模型中高亮、放大所选择的管件，选择管线导出成用于应力分析的中间文件，创建Isosheet等</td></tr>
</table>

8. OpenUtilities™ Substation

OpenUtilities™ Substation　　**表3-4-38**

<table>
<tr><td>软件名称</td><td colspan="2">OpenUtilities™ Substation</td><td>厂商名称</td><td colspan="3">Bentley软件</td></tr>
<tr><td colspan="2">代码</td><td colspan="2">应用场景</td><td colspan="3">业务类型</td></tr>
<tr><td colspan="2">C16/K16/L16/M16/N16</td><td colspan="2">规划/方案设计_设计辅助和建模</td><td colspan="3">建筑工程/铁路工程/信号工程/变电站/电网工程</td></tr>
<tr><td colspan="2">C21/K21/L21/M21/N21</td><td colspan="2">规划/方案设计_工程量统计</td><td colspan="3">建筑工程/铁路工程/信号工程/变电站/电网工程</td></tr>
<tr><td colspan="2">C23/K23/L23/M23/N23</td><td colspan="2">规划/方案设计_设计成果渲染与表达</td><td colspan="3">建筑工程/铁路工程/信号工程/变电站/电网工程</td></tr>
<tr><td colspan="2">C25/K25/L25/M25/N25</td><td colspan="2">初步/施工图设计_设计辅助与建模</td><td colspan="3">建筑工程/铁路工程/信号工程/变电站/电网工程</td></tr>
<tr><td colspan="2">C27/K27/L27/M27/N27</td><td colspan="2">初步/施工图设计_设计分析和优化</td><td colspan="3">建筑工程/铁路工程/信号工程/变电站/电网工程</td></tr>
<tr><td colspan="2">C28/K28/L28/M28/N28</td><td colspan="2">初步/施工图设计_冲突检测</td><td colspan="3">建筑工程/铁路工程/信号工程/变电站/电网工程</td></tr>
<tr><td colspan="2">C29/K29/L29/M29/N29</td><td colspan="2">初步/施工图设计_工程量统计</td><td colspan="3">建筑工程/铁路工程/信号工程/变电站/电网工程</td></tr>
<tr><td colspan="2">C31/K31/L31/M31/N31</td><td colspan="2">初步/施工图设计_设计成果渲染与表达</td><td colspan="3">建筑工程/铁路工程/信号工程/变电站/电网工程</td></tr>
<tr><td colspan="2">C33/K33/L33/M33/N33</td><td colspan="2">深化设计_深化设计辅助和建模</td><td colspan="3">建筑工程/铁路工程/信号工程/变电站/电网工程</td></tr>
<tr><td colspan="2">C42/K42/L42/M42/N42</td><td colspan="2">深化设计_冲突检测</td><td colspan="3">建筑工程/铁路工程/信号工程/变电站/电网工程</td></tr>
<tr><td colspan="2">C43/K43/L43/M43/N43</td><td colspan="2">深化设计_工程量统计</td><td colspan="3">建筑工程/铁路工程/信号工程/变电站/电网工程</td></tr>
<tr><td>最新版本</td><td colspan="6">Update9</td></tr>
<tr><td>输入格式</td><td colspan="6">.dgn/.imodel及.ifc/.stl/.stp/.obj/.fbx等常用的中间数据格式</td></tr>
<tr><td>输出格式</td><td colspan="6">.dgn/.imodel及.stl/.stp/.obj/.fbx等常用的中间数据格式</td></tr>
<tr><td rowspan="2">推荐硬件配置</td><td>操作系统</td><td>64位Windows10</td><td>处理器</td><td>2GHz</td><td>内存</td><td>16GB</td></tr>
<tr><td>显卡</td><td>2GB</td><td>磁盘空间</td><td>500GB</td><td>鼠标要求</td><td>带滚轮</td></tr>
<tr><td rowspan="2">最低硬件配置</td><td>操作系统</td><td>64位Windows10</td><td>处理器</td><td>1GHz</td><td>内存</td><td>4GB</td></tr>
<tr><td>显卡</td><td>512MB</td><td>磁盘空间</td><td>500GB</td><td>鼠标要求</td><td>带滚轮</td></tr>
<tr><td colspan="7">功能介绍</td></tr>
<tr><td colspan="7">C27/K27/L27/M27/N27：
1. 本软件在“初步/施工图设计_设计分析和优化”应用上的介绍及优势
在Substation的设计模块中，多个模块均是按照设计业务范围，集建模与分析功能为一体的应用模式，在建模完成后就可进行快速的分析以验证建模设计的正确性。如防雷保护范围计算及三维模拟，接地网（接地电阻、接触电压、跨步电压）计算分析，导线拉力计算、安全距离校验等。通过这些分析工具的应用，可以优化设计方案，保证设计质量，提升设计水平。
2. 本软件在“初步/施工图设计_设计分析和优化”应用上的操作难易度
基础操作流程：模型创建→参数定义→计算分析→结果输出。
在实际应用过程中，模型创建后，计算数据同步保存于项目数据库中，界面上可以进行调整，确定计算参数后，软件自动按照算法完成计算分析，并输出计算书</td></tr>
<tr><td colspan="7">接本书7.14节彩页</td></tr>
</table>

3.4.5 冲突检测

1. Navisworks Manage

Navisworks Manage **表 3-4-39**

<table>
<tr><td>软件名称</td><td colspan="3">Navisworks Manage</td><td colspan="2">厂商名称</td><td>Autodesk</td></tr>
<tr><td colspan="3">代码</td><td colspan="3">应用场景</td><td>业务类型</td></tr>
<tr><td colspan="3">A02/B02/C02/D02/E02/F02/G02/H02/J02/K02/L02/M02/N02/P02/Q02</td><td colspan="3">模型整合与管理</td><td rowspan="9">城市规划/场地景观/建筑工程
水处理/垃圾处理/管道工程
道路工程/桥梁工程/隧道工程
铁路工程/信号工程/变电站
电网工程/水坝工程/飞行工程</td></tr>
<tr><td colspan="3">A28/B28/C28/D28/E28/F28/G28/H28/J28/K28/L28/M28/N28/P28/Q28</td><td colspan="3">初步/施工图设计_冲突检测</td></tr>
<tr><td colspan="3">A42/B42/C42/D42/E42/F42/G42/H42/J42/K42/L42/M42/N42/P42/Q42</td><td colspan="3">深化设计_冲突检测</td></tr>
<tr><td colspan="3">A29/B29/C29/D29/E29/F29/G29/H29/J29/K29/L29/M29/N29/P29/Q29</td><td colspan="3">初步/施工图设计_工程量统计</td></tr>
<tr><td colspan="3">A43/B43/C43/D43/E43/F43/G43/H43/J43/K43/L43/M43/N43/P43/Q43</td><td colspan="3">深化设计_工程量统计</td></tr>
<tr><td colspan="3">A31/B31/C31/D31/E31/F31/G31/H31/J31/K31/L31/M31/N31/P31/Q31</td><td colspan="3">初步/施工图设计_设计成果渲染与表达</td></tr>
<tr><td colspan="3">A49/B49/C49/D49/E49/F49/G49/H49/J49/K49/L49/M49/N49/P49/Q49</td><td colspan="3">施工准备_施工场地规划</td></tr>
<tr><td colspan="3">A50/B50/C50/D50/E50/F50/G50/H50/J50/K50/L50/M50/N50/P50/Q50</td><td colspan="3">施工准备_施工组织和计划</td></tr>
<tr><td colspan="3">A51/B51/C51/D51/E51/F51/G51/H51/J51/K51/L51/M51/N51/P51/Q51</td><td colspan="3">施工准备_施工仿真</td></tr>
<tr><td>最新版本</td><td colspan="6">Navisworks Manage 2021</td></tr>
<tr><td>输入格式</td><td colspan="6">.nwd/.nwf/.nwc/.fbx/.dwg/.dxf/.sat/.stp/.step/.dwf/.ifc/.igs/.iges/.ipt/.iam/.ipj/.jt/.dgn/.prp/.prw/.x_b/.dri/.rvm/.skp/.stp/.step/.stl/.wrl/.wrz/.3ds/.prjv/.asc/.txt/.pts/.ptx/.rcs/.rcp/.model/.session/.exp/.dlv3/.CATPart/.CATProduct/.cgr/.dwf/.dwfx/.w2d/.prt/.sldprt/.asm/.sldasm/.pdf/.rvt/.rfa/.rte/.3dm</td></tr>
<tr><td>输出格式</td><td colspan="6">.nwd/.nwf/.nwc/.dwf/.dwfx/.fbx/.png/.jpeg/.avi</td></tr>
<tr><td rowspan="3">推荐硬件配置</td><td>操作系统</td><td>64 位 Windows10</td><td>处理器</td><td>或更高</td><td>内存</td><td>或更高</td></tr>
<tr><td>显卡</td><td>支持 Direct3D® 9、OpenGL® 和 Shader Model 2 的显卡</td><td>磁盘空间</td><td>15GB</td><td>鼠标要求</td><td>带滚轮</td></tr>
<tr><td>其他</td><td colspan="5">建议使用 1920 × 1080 显示器和 32 位视频显示适配器</td></tr>
<tr><td rowspan="3">最低硬件配置</td><td>操作系统</td><td>64 位 Windows10</td><td>处理器</td><td>3GHz</td><td>内存</td><td>2GB</td></tr>
<tr><td>显卡</td><td>支持 Direct3D® 9、OpenGL® 和 Shader Model 2 的显卡</td><td>磁盘空间</td><td>15GB</td><td>鼠标要求</td><td>带滚轮</td></tr>
<tr><td>其他</td><td colspan="5">1280 × 800 真彩色 VGA 显示器</td></tr>
</table>

续表

功能介绍
A28/B28/C28/D28/E28/F28/G28/H28/J28/K28/L28/M28/N28/P28/Q28 **A42/B42/C42/D42/E42/F42/G42/H42/J42/K42/L42/M42/N42/P42/Q42：** 前期所建立的BIM模型，目前各种市面上主流模型文件格式均可以直接打开，现支持多达50多种不同BIM文件格式。它们都可以在施工前整合至Autodesk Navisworks中进行施工各专业冲突检查（图1）。Navisworks®项目审阅软件可帮助建筑工程和施工领域的专业人士与相关人员一起在施工前全面审阅集成模型和数据，从而更好地控制项目结果（注：此功能不适用于Navisworks Simulate）。 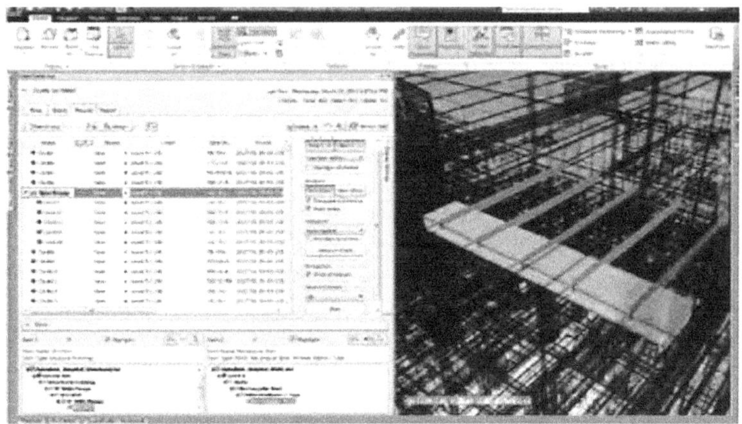 **图1 碰撞检测**

2. Revit Architecture

Revit Architecture **表3-4-40**

软件名称	Revit Architecture	厂商名称	Autodesk
代码	应用场景	业务类型	
A16/B16/C16/D16/E16/F16/G16/H16/J16/K16/L16/M16/N16/P16/Q16	规划/方案设计_设计辅助和建模	城市规划/场地景观/建筑工程/水处理/垃圾处理/管道工程/道路工程/桥梁工程/隧道工程/铁路工程/信号工程/变电站/电网工程/水坝工程/飞行工程	
A19/B19/C19/D19/E19/F19/G19/H19/J19/K19/L19/M19/N19/P19/Q19	规划/方案设计_建筑环境性能化分析		
A21/B21/C21/D21/E21/F21/G21/H21/J21/K21/L21/M21/N21/P21/Q21	规划/方案设计_工程量统计		
A23/B23/C23/D23/E23/F23/G23/H23/J23/K23/L23/M23/N23/P23/Q23	规划/方案设计_设计成果渲染与表达		
A25/B25/C25/D25/E25/F25/G25/H25/J25/K25/L25/M25/N25/P25/Q25	初步/施工图设计_设计辅助与建模		
A27/B27/C27/D27/E27/F27/G27/H27/J27/K27/L27/M27/N27/P27/Q27	初步/施工图设计_设计分析和优化		
A28/B28/C28/D28/E28/F28/G28/H28/J28/K28/L28/M28/N28/P28/Q28	初步/施工图设计_冲突检测		

续表

<table>
<tr><td colspan="2">A29/B29/C29/D29/E29/F29/G29/H29/J29/K29/L29/M29/N29/P29/Q29</td><td colspan="3">初步/施工图设计_工程量统计</td><td colspan="3" rowspan="8">城市规划/场地景观/建筑工程/水处理/垃圾处理/管道工程/道路工程/桥梁工程/隧道工程/铁路工程/信号工程/变电站/电网工程/水坝工程/飞行工程</td></tr>
<tr><td colspan="2">A31/B31/C31/D31/E31/F31/G31/H31/J31/K31/L31/M31/N31/P31/Q31</td><td colspan="3">初步/施工图设计_设计成果渲染与表达</td></tr>
<tr><td colspan="2">A33/B33/C33/D33/E33/F33/G33/H33/J33/K33/L33/M33/N33/P33/Q33</td><td colspan="3">深化设计_深化设计辅助和建模</td></tr>
<tr><td colspan="2">A36/B36/C36/D36/E36/F36/G36/H36/J36/K36/L36/M36/N36/P36/Q36</td><td colspan="3">深化设计_预制装配设计辅助和建模</td></tr>
<tr><td colspan="2">A37/B37/C37/D37/E37/F37/G37/H37/J37/K37/L37/M37/N37/P37/Q37</td><td colspan="3">深化设计_装饰装修设计辅助和建模</td></tr>
<tr><td colspan="2">A40/B40/C40/D40/E40/F40/G40/H40/J40/K40/L40/M40/N40/P40/Q40</td><td colspan="3">深化设计_幕墙设计辅助和建模</td></tr>
<tr><td colspan="2">A42/B42/C42/D42/E42/F42/G42/H42/J42/K42/L42/M42/N42/P42/Q42</td><td colspan="3">深化设计_冲突检测</td></tr>
<tr><td colspan="2">A43/B43/C43/D43/E43/F43/G43/H43/J43/K43/L43/M43/N43/P43/Q43</td><td colspan="3">深化设计_工程量统计</td></tr>
<tr><td>最新版本</td><td colspan="7">Revit 2021</td></tr>
<tr><td>输入格式</td><td colspan="7">.dwg/.dxf/.dgn/.sat/.skp/.rvt/ .rfa/.ifc/.pdf/.xml/点云.rcp/.rcs /.nwc/.nwd/所有图像文件</td></tr>
<tr><td>输出格式</td><td colspan="7">.dwg/.dxf/.dgn/.sat/.ifc/.rvt</td></tr>
<tr><td rowspan="3">推荐硬件配置</td><td>操作系统</td><td>64位Windows10</td><td>处理器</td><td>3GHz</td><td>内存</td><td>16GB</td></tr>
<tr><td>显卡</td><td>支持DirectX® 11和Shader Model 5的显卡，最少有4GB视频内存</td><td>磁盘空间</td><td>30GB</td><td>鼠标要求</td><td>带滚轮</td></tr>
<tr><td>其他</td><td colspan="5">NET Framework版本4.8或更高版本</td></tr>
<tr><td rowspan="3">最低硬件配置</td><td>操作系统</td><td>64位Windows10</td><td>处理器</td><td>2GHz</td><td>内存</td><td>8GB</td></tr>
<tr><td>显卡</td><td>支持DirectX® 11和Shader Model 5的显卡，最少有4GB视频内存</td><td>磁盘空间</td><td>30GB</td><td>鼠标要求</td><td>带滚轮</td></tr>
<tr><td>其他</td><td colspan="5">NET Framework版本4.8或更高版本</td></tr>
<tr><td colspan="8">功能介绍</td></tr>
</table>

A28/B28/C28/D28/E28/F28/G28/H28/J28/K28/L28/M28/N28/P28/Q28

A42/B42/C42/D42/E42/F42/G42/H42/J42/K42/L42/M42/N42/P42/Q42：

1. 本软硬件在“初步/施工图设计_冲突检测、深化设计_冲突检测”应用上的介绍及优势

Revit工作集的模式可以实现土建、结构、机电、暖通等专业间的协同，通过Revit Server可以更好地实现基于工作共享的异地协同，实现不同区域工作人员同步/异步在同一个Revit中心模型上工作。协同工作的过程也是纠错的过程，能够直观地看到专业之间的碰撞。也可以利用Revit“碰撞检查”工具提前发现隐藏的碰撞，及时修改（图1、图2）。

2. 本软件在“初步/施工图设计_冲突检测、深化设计_冲突检测”应用上的操作难易度

应用流程为：详细设计→专业协同→碰撞检查。

在上述设计流程的各个环节，Revit都有相应的工具支持，操作简单，容易上手

续表

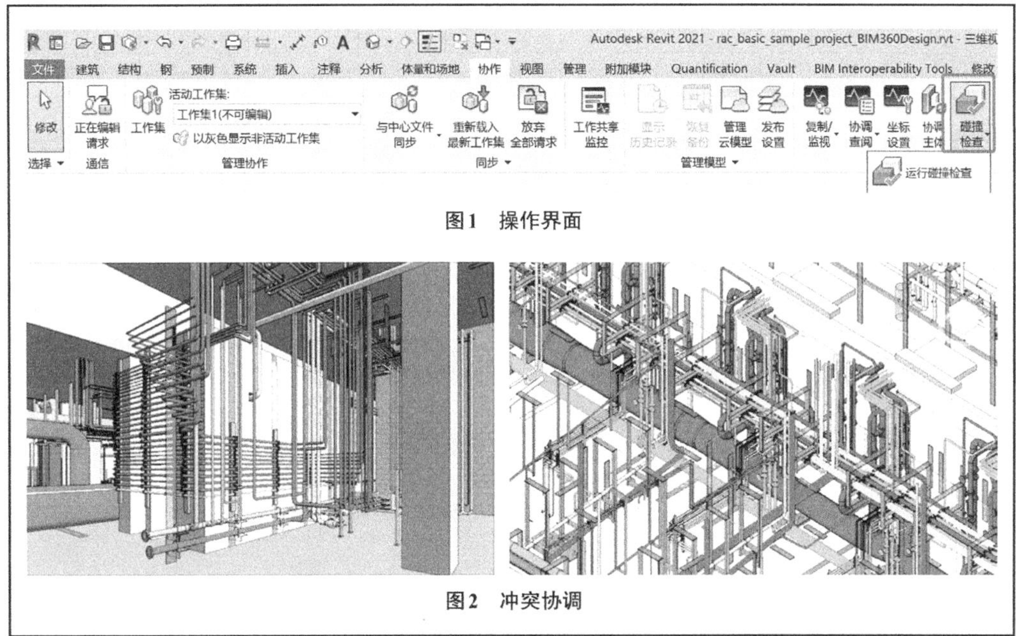

图1 操作界面

图2 冲突协调

3. 3DEXPERIENCE CATIA

3DEXPERIENCE CATIA 表3-4-41

<table>
<tr><td>软件名称</td><td colspan="2">3DEXPERIENCE CATIA</td><td>厂商名称</td><td colspan="3">Dassault Systémes</td></tr>
<tr><td colspan="2">代码</td><td colspan="2">应用场景</td><td colspan="3">业务类型</td></tr>
<tr><td colspan="2">C16/H16</td><td colspan="2">规划/方案设计_设计辅助和建模</td><td colspan="3">建筑工程/桥梁工程</td></tr>
<tr><td colspan="2">C25/G25/H25/J25/K25/P25</td><td colspan="2">初步/施工图设计_设计辅助和建模</td><td colspan="3">建筑工程/道路工程/桥梁工程/隧道工程/铁路工程/水坝工程</td></tr>
<tr><td colspan="2">C28/G28/H28/J28/K28/P28</td><td colspan="2">初步/施工图设计_冲突检测</td><td colspan="3">建筑工程/道路工程/桥梁工程/隧道工程/铁路工程/水坝工程</td></tr>
<tr><td colspan="2">C38/H38/P38</td><td colspan="2">深化设计_钢结构设计辅助和建模</td><td colspan="3">建筑工程/桥梁工程/水坝工程</td></tr>
<tr><td colspan="2">C39/H39/P39</td><td colspan="2">深化设计_机电工程设计辅助和建模</td><td colspan="3">建筑工程/铁路工程/水坝工程</td></tr>
<tr><td colspan="2">C40</td><td colspan="2">深化设计_幕墙设计辅助和建模</td><td colspan="3">建筑工程</td></tr>
<tr><td colspan="2">C43/G43/H43/J43/K43/P43</td><td colspan="2">深化设计_工程量统计</td><td colspan="3">建筑工程/道路工程/桥梁工程/隧道工程/铁路工程/水坝工程</td></tr>
<tr><td>最新版本</td><td colspan="6">3DEXPERIENCE R2021x</td></tr>
<tr><td>输入格式</td><td colspan="6">.3dxml</td></tr>
<tr><td>输出格式</td><td colspan="6">.3dxml</td></tr>
<tr><td rowspan="2">推荐硬件配置</td><td>操作系统</td><td>64位Windows10</td><td>处理器</td><td>3GHz</td><td>内存</td><td>32GB</td></tr>
<tr><td>显卡</td><td>1GB</td><td>磁盘空间</td><td>30GB</td><td>鼠标要求</td><td>带滚轮</td></tr>
</table>

续表

最低硬件配置	操作系统	64位Windows10	处理器	2GHz	内存	16GB
	显卡	512MB	磁盘空间	20GB	鼠标要求	带滚轮
	其他	AdoptOpenJDK JRE 11.0.6 with OpenJ9，Firefox 68 ESR或者Chrome				

功能介绍

C28/G28/H28/J28/K28/P28：

1. 本软硬件在“初步/施工图设计_冲突检测”应用上的介绍及优势

3DEXPERIENCE平台的CATIA有集成校审功能，用于3D模型的浏览和批注以及模型碰撞检查。主要功能介绍有：①IFC接口导入/导出BIM数据。除了CATIA模型，还支持IFC标准的模型导入，在3DEXPERIENCE平台集成模型，为模型校审做数据准备。②3D模型浏览及批注。不同版本模型的对比，模型的在线批准和圈阅（图1）。③模型碰撞检查。高亮显示模型的硬碰撞和软碰撞，自定义碰撞类型并导出碰撞报告（图2）。

2. 本软硬件在“初步/施工图设计_冲突检测”应用上的操作难易度

基础操作流程：合模→碰撞检查→碰撞报告→模型修改→模型审阅。

如果不同专业都使用CATIA建模，那么就不需要导入合模这个步骤，所有的模型都存在数据中，后续的步骤都是基于模型操作，操作没有难度。

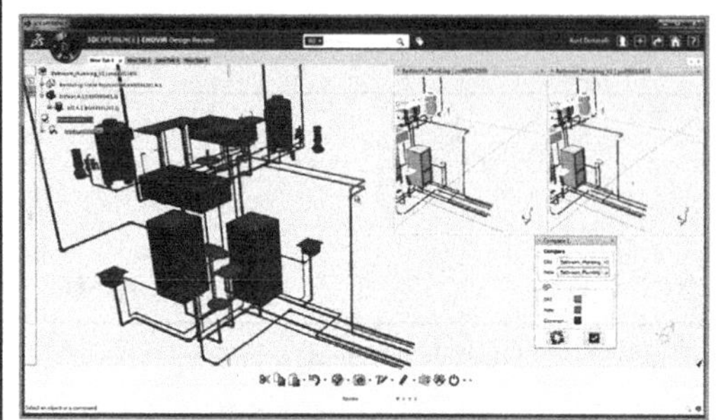

图1　模型浏览及批注

图2　模型碰撞检查

4. 鲁班集成应用（Luban Works）

鲁班集成应用（Luban Works）　　**表3-4-42**

软件名称	鲁班集成应用（Luban Works）	厂商名称	上海鲁班软件股份有限公司
代码	应用场景	业务类型	
C28/F28/G28/H28/I28/J28/K28/L28/M28/N28/O28	初步/施工图设计_冲突检测	建筑工程/管道工程/道路工程/桥梁工程/隧道工程/铁路工程/信号工程/变电站/电网工程/水坝工程/飞行工程	
C42/F42/G42/H42/I42/J42/K42/L42/M42/N42/O42	深化设计_冲突检测	建筑工程/管道工程/道路工程/桥梁工程/隧道工程/铁路工程/信号工程/变电站/电网工程/水坝工程/飞行工程	
最新版本	V6.4.0		
输入格式	.ifc/.pds		
输出格式	.doc/.exe		

续表

推荐硬件配置	操作系统	64位Windows10旗舰版	处理器	英特尔i7或以上	内存	16GB或以上
	显卡	独立显卡GTX1060或以上，4GB或以上显存	磁盘空间	1TB或以上	鼠标要求	—
	其他	网卡1000MB				
最低硬件配置	操作系统	64位Windows7操作系统	处理器	英特尔i5	内存	4GB
	显卡	独立显卡	磁盘空间	500GB	鼠标要求	—
	其他	网卡1000MB				
功能介绍						

C28/F28/G28/H28/I28/J28/K28/L28/M28/N28/O28：

鲁班集成应用（Luban Works）可以把建筑、结构、安装等多专业BIM模型通过工作集的形式合并，在该平台进行集成应用，比如进行碰撞检查、净高检测、孔洞检查、三维漫游等，并基于集成应用输出相应的结果报告。

（1）碰撞检查。通过设置软碰撞、硬碰撞、规范间距等检查规则，整合多软件、多专业BIM模型，进行三维空间碰撞检查，对二维图纸中存在的问题提前预警，解决设计碰撞问题，实现可视化施工交底，降低各方沟通成本，节省项目成本（图1）。

（2）净高检查。不同用途的建筑有不同的设计净高要求，净高检查可避免由于不符合净高要求而引起的返工。软件可按照设计净高的不同，将建筑划分为不同的净高分区，并将分区结果以Word格式导出，作为BIM应用的成果报告（图2）。

（3）孔洞检查。通过内置孔洞规则，检查墙、梁、板上需要为管线预留的洞口，避免施工遗漏而引起的返工。软件生成的孔洞数据可以直观展示，并可一键传输至鲁班算量端，为工程算量提供数据支撑（图3）。

（4）漫游。依据真实、形象的三维模型进行协调，通过漫游了解实际情况，检查设计的合理性等。漫游功能可以模拟人物行走和设备进场的实际情况，保证进场路线最优化（图4）。

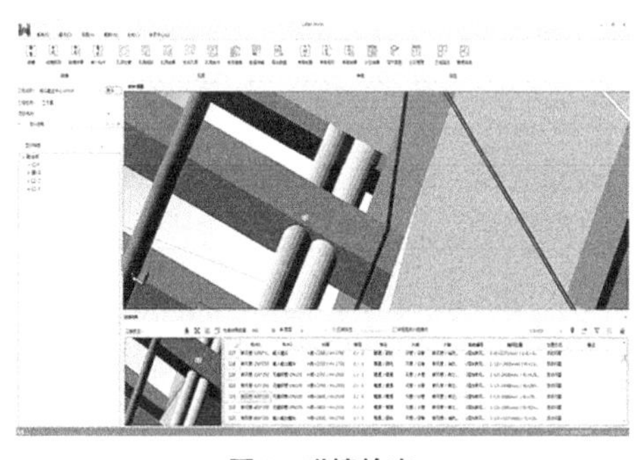

图1　碰撞检查

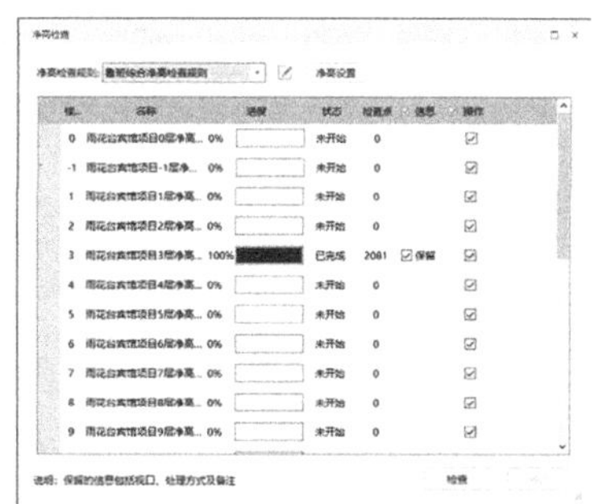

图2　净高检查

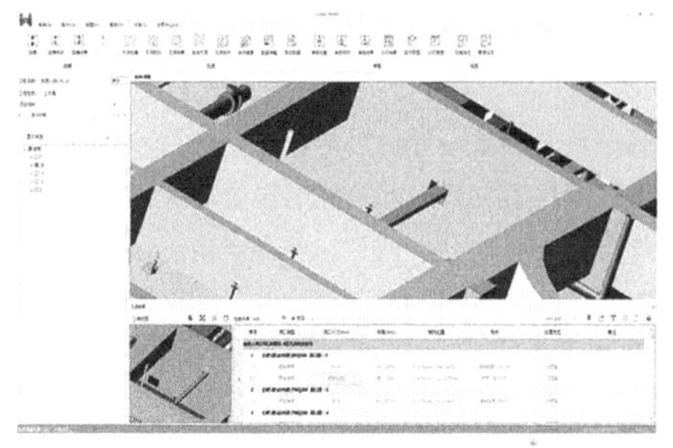

图3　孔洞检查

图4　漫游

5. 品茗HiBIM软件

品茗HiBIM软件 **表3-4-43**

<table>
<tr><td>软件名称</td><td colspan="3">品茗HiBIM软件</td><td colspan="2">厂商名称</td><td colspan="2">杭州品茗安控信息技术股份有限公司</td></tr>
<tr><td colspan="2">代码</td><td colspan="3">应用场景</td><td colspan="3">业务类型</td></tr>
<tr><td colspan="2">C01</td><td colspan="3">通用建模和表达</td><td colspan="3">建筑工程</td></tr>
<tr><td colspan="2">C16</td><td colspan="3">规划/方案设计_设计辅助和建模</td><td colspan="3">建筑工程</td></tr>
<tr><td colspan="2">C21</td><td colspan="3">规划/方案设计_工程量统计</td><td colspan="3">建筑工程</td></tr>
<tr><td colspan="2">C25</td><td colspan="3">初步/施工图设计_设计辅助和建模</td><td colspan="3">建筑工程</td></tr>
<tr><td colspan="2">C28</td><td colspan="3">初步/施工图设计_冲突检测</td><td colspan="3">建筑工程</td></tr>
<tr><td colspan="2">C29</td><td colspan="3">初步/施工图设计_工程量统计</td><td colspan="3">建筑工程</td></tr>
<tr><td colspan="2">C33</td><td colspan="3">深化设计_深化设计辅助和建模</td><td colspan="3">建筑工程</td></tr>
<tr><td colspan="2">C37</td><td colspan="3">深化设计_装饰装修设计辅助和建模</td><td colspan="3">建筑工程</td></tr>
<tr><td colspan="2">C39/F39</td><td colspan="3">深化设计_机电工程设计辅助和建模</td><td colspan="3">建筑工程/管道工程</td></tr>
<tr><td colspan="2">C41/F41</td><td colspan="3">深化设计_专项计算和分析</td><td colspan="3">建筑工程/管道工程</td></tr>
<tr><td colspan="2">C42</td><td colspan="3">深化设计_冲突检测</td><td colspan="3">建筑工程</td></tr>
<tr><td colspan="2">C43</td><td colspan="3">深化设计_工程量统计</td><td colspan="3">建筑工程</td></tr>
<tr><td>最新版本</td><td colspan="7">HiBIM3.2</td></tr>
<tr><td>输入格式</td><td colspan="7">.ifc/.pbim/.rvt（2021及以下版本）</td></tr>
<tr><td>输出格式</td><td colspan="7">.rvt/.pbim/.dwg/.skp/.doc/.xlsx</td></tr>
<tr><td rowspan="2">推荐硬件配置</td><td>操作系统</td><td>64位Windows7/8/10</td><td>处理器</td><td>3.6GHz</td><td>内存</td><td colspan="2">16GB</td></tr>
<tr><td>显卡</td><td>Gtx1070或同等级别及以上</td><td>磁盘空间</td><td>1TB</td><td>鼠标要求</td><td colspan="2">带滚轮</td></tr>
<tr><td rowspan="2">最低硬件配置</td><td>操作系统</td><td>64位Windows7/8/10</td><td>处理器</td><td>2GHz</td><td>内存</td><td colspan="2">4GB</td></tr>
<tr><td>显卡</td><td>Gtx1050或同级别及以上</td><td>磁盘空间</td><td>128GB</td><td>鼠标要求</td><td colspan="2">带滚轮</td></tr>
<tr><td colspan="8">功能介绍</td></tr>
<tr><td colspan="8">C28、C42：
1. 本软件在“冲突检测”应用上的介绍及优势
软件支持“软”“硬”冲突，可以自由选择冲突的专业和楼层范围，支持自定义设置冲突检测规则，检测结果支出快速定位返查修改，一边定位一边修改，修改完成后支持一键生成冲突报告。冲突报告可以导出Word、Excel、dwg格式，满足各种需求。
2. 本软件在“冲突检测”应用上的操作难易度
“冲突检测”流程：整合模型→设置冲突规则→开始计算→冲突结果→导出报告。
将需进行冲突检测的模型准备好，若是多专业模型，可以链接整合到一起，然后设置冲突规则，如冲突的专业、楼层、构件等，然后点击冲突，计算完成后，软件会将所有冲突点列举，并可点击进行定位，可以实时查看冲突点进行处理（图1）。确定冲突检测完成后，可以导出冲突报告（图2）</td></tr>
</table>

续表

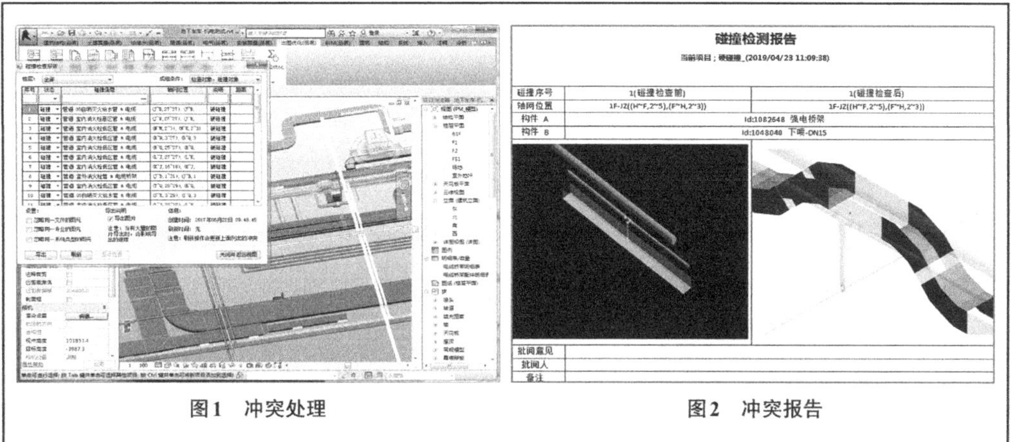

图1　冲突处理　　　　图2　冲突报告

6. OpenBuildings Designer

OpenBuildings Designer　　　　表3-4-44

<table>
<tr><td>软件名称</td><td colspan="3">OpenBuildings Designer</td><td>厂商名称</td><td colspan="2">Bentley</td></tr>
<tr><td colspan="2">代码</td><td colspan="2">应用场景</td><td colspan="3">业务类型</td></tr>
<tr><td colspan="2">C01/F01/M01/P01</td><td colspan="2">通用建模和表达</td><td colspan="3">建筑工程/管道工程/变电站/水坝工程</td></tr>
<tr><td colspan="2">C25</td><td colspan="2">初步/施工图设计_设计辅助与建模</td><td colspan="3">建筑工程</td></tr>
<tr><td colspan="2">C27</td><td colspan="2">初步/施工图设计_设计分析和优化</td><td colspan="3">建筑工程</td></tr>
<tr><td colspan="2">C28</td><td colspan="2">初步/施工图设计_冲突检测</td><td colspan="3">建筑工程</td></tr>
<tr><td colspan="2">C29</td><td colspan="2">初步/施工图设计_工程量统计</td><td colspan="3">建筑工程</td></tr>
<tr><td colspan="2">C30</td><td colspan="2">初步/施工图设计_算量和造价</td><td colspan="3">建筑工程</td></tr>
<tr><td>最新版本</td><td colspan="6">OpenBuildings Designer update7</td></tr>
<tr><td>输入格式</td><td colspan="6">.dgn（V8i版本）</td></tr>
<tr><td>输出格式</td><td colspan="6">.dgn</td></tr>
<tr><td rowspan="2">推荐硬件配置</td><td>操作系统</td><td>64位Windows10</td><td>处理器</td><td>2GHz</td><td>内存</td><td>16GB</td></tr>
<tr><td>显卡</td><td>4GB</td><td>磁盘空间</td><td>1TB</td><td>鼠标要求</td><td>带滚轮</td></tr>
<tr><td rowspan="2">最低硬件配置</td><td>操作系统</td><td>64位Windows10</td><td>处理器</td><td>1GHz</td><td>内存</td><td>8GB</td></tr>
<tr><td>显卡</td><td>2GB</td><td>磁盘空间</td><td>500GB</td><td>鼠标要求</td><td>带滚轮</td></tr>
<tr><td colspan="7">功能介绍</td></tr>
<tr><td colspan="7">C28：
Openbuildings Designer内置的碰撞检测模块Clash Detection，可以在设计过程中，针对专业内部及专业之间进行及时地碰撞检测校验，及时发现设计过程中的问题（图1）</td></tr>
</table>

续表

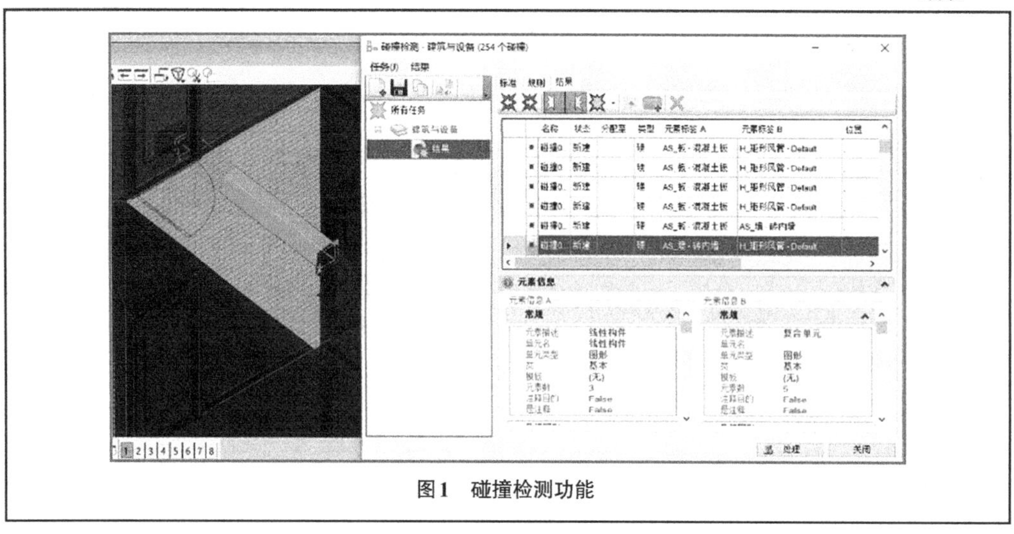

图1　碰撞检测功能

7. OpenRoads Designer

OpenRoads Designer　　　　表3-4-45

<table>
<tr><td>软件名称</td><td colspan="2">OpenRoads Designer</td><td>厂商名称</td><td colspan="3">Bentley</td></tr>
<tr><td colspan="2">代码</td><td colspan="2">应用场景</td><td colspan="3">业务类型</td></tr>
<tr><td colspan="2">B01/F01/G01/J01</td><td colspan="2">通用建模和表达</td><td colspan="3">场地景观/管道工程/道路工程/隧道工程</td></tr>
<tr><td colspan="2">F25/G25</td><td colspan="2">初步/施工图设计_设计辅助和建模</td><td colspan="3">道路工程/管道工程</td></tr>
<tr><td colspan="2">F28/G28</td><td colspan="2">初步/施工图设计_冲突检测</td><td colspan="3">道路工程/管道工程</td></tr>
<tr><td colspan="2">F29/G29</td><td colspan="2">初步/施工图设计_工程量统计</td><td colspan="3">道路工程/管道工程</td></tr>
<tr><td colspan="2">F31/G31</td><td colspan="2">初步/施工图设计_设计成果渲染与表达</td><td colspan="3">道路工程/管道工程</td></tr>
<tr><td>最新版本</td><td colspan="6">OpenRoads Designer CONNECT Edition10.09.00.091</td></tr>
<tr><td>输入格式</td><td colspan="6">.dwg/.dgn/.cel/.dgnlib/.rdl/.imodel/.shp/.txt/.dxf/.ifc/.3ds/.obj/……</td></tr>
<tr><td>输出格式</td><td colspan="6">.dwg/.dgn/.dgnlib/.rdl/.pdf/.fbx/.skp/.vob/.lxo/.u3d/.obj/……</td></tr>
<tr><td rowspan="2">推荐硬件配置</td><td>操作系统</td><td>64位Windows10</td><td>处理器</td><td>2GHz</td><td>内存</td><td>16GB</td></tr>
<tr><td>显卡</td><td>2GB</td><td>磁盘空间</td><td>1TB</td><td>鼠标要求</td><td>带滚轮</td></tr>
<tr><td rowspan="2">最低硬件配置</td><td>操作系统</td><td>64位Windows10</td><td>处理器</td><td>1GHz</td><td>内存</td><td>4GB</td></tr>
<tr><td>显卡</td><td>512MB</td><td>磁盘空间</td><td>500GB</td><td>鼠标要求</td><td>带滚轮</td></tr>
<tr><td colspan="7">功能介绍</td></tr>
<tr><td colspan="7">G28：
1. 本软件在“初步/施工图设计_冲突检测”应用上的介绍及优势
产品内嵌中国本地道路工程设计标准，可在设计过程中实时校核是否符合规范标准。
排水管网设计工作流包含碰撞检测工具，可实现多专业管线碰撞检测。
2. 本软件在“初步/施工图设计_冲突检测”应用上的操作难易度
道路工程基础操作流程：选择规范→路线设计→冲突修正</td></tr>
</table>

续表

选择规范：用户可在规范工具栏选择项目适用的国标规范并激活检测工具。 路线设计：使用几何工具设计路线，设计完成即可查看与规范不符处的冲突。 冲突修正：根据冲突警告提示修改线性几何参数，使之符合规范要求。 管道工程基础操作流程：设置条件→检测碰撞→生成报告→冲突修正。 设置条件：在碰撞工具中设置碰撞条件。 检测碰撞：启用检测工具检测冲突。 生成报告：自动生成碰撞检测报告并支持索引查看对应碰撞。 冲突修正：利用属性工具，根据碰撞报告修正模型元素

8. OpenUtilities™ Substation

OpenUtilities™ Substation **表3-4-46**

软件名称	OpenUtilities ™ Substation			厂商名称	Bentley 软件	
代码		应用场景		业务类型		
C16/K16/L16/M16/N16		规划/方案设计_设计辅助和建模		建筑工程/铁路工程/信号工程/变电站/电网工程		
C21/K21/L21/M21/N21		规划/方案设计_工程量统计		建筑工程/铁路工程/信号工程/变电站/电网工程		
C23/K23/L23/M23/N23		规划/方案设计_设计成果渲染与表达		建筑工程/铁路工程/信号工程/变电站/电网工程		
C25/K25/L25/M25/N25		初步/施工图设计_设计辅助与建模		建筑工程/铁路工程/信号工程/变电站/电网工程		
C27/K27/L27/M27/N27		初步/施工图设计_设计分析和优化		建筑工程/铁路工程/信号工程/变电站/电网工程		
C28/K28/L28/M28/N28		初步/施工图设计_冲突检测		建筑工程/铁路工程/信号工程/变电站/电网工程		
C29/K29/L29/M29/N29		初步/施工图设计_工程量统计		建筑工程/铁路工程/信号工程/变电站/电网工程		
C31/K31/L31/M31/N31		初步/施工图设计_设计成果渲染与表达		建筑工程/铁路工程/信号工程/变电站/电网工程		
C33/K33/L33/M33/N33		深化设计_深化设计辅助和建模		建筑工程/铁路工程/信号工程/变电站/电网工程		
C42/K42/L42/M42/N42		深化设计_冲突检测		建筑工程/铁路工程/信号工程/变电站/电网工程		
C43/K43/L43/M43/N43		深化设计_工程量统计		建筑工程/铁路工程/信号工程/变电站/电网工程		
最新版本	Update9					
输入格式	.dgn/.imodel 及 .ifc/.stl/.stp/.obj/.fbx 等常用的中间数据格式					
输出格式	.dgn/.imodel 及 .stl/.stp/.obj/.fbx 等常用的中间数据格式					
推荐硬件配置	操作系统	64位 Windows10	处理器	2GHz	内存	16GB
	显卡	2GB	磁盘空间	500GB	鼠标要求	带滚轮
最低硬件配置	操作系统	64位 Windows10	处理器	1GHz	内存	4GB
	显卡	512MB	磁盘空间	500GB	鼠标要求	带滚轮

续表

功能介绍
C28/K28/L28/M28/N28、C42/K42/L42/M42/N42： 1. 本软件在"冲突检测"应用上的介绍及优势 Substation内嵌冲突检测工具，既可实现各专业设计模型间的硬碰撞检测，也可以实现设备吊装、设备运输及检修过程中的软碰撞检测，生成冲突列表并与模型关联，校核人员可方便地进行复核并形成修改意见。通过冲突检测，可将项目中常见的隐性问题在设计阶段解决，极大程度地减少返工率。 2. 本软件在"冲突检测"应用上的操作难易度 基础操作流程：模型分组→规则设定→自动检测→结果输出。 在实际应用中，设计人员按照软件操作向导的提示进行全流程操作，界面简洁，操作简便。冲突检测规则已预先保存为模板，并可由用户自行修订
接本书7.14节彩页

3.4.6 工程量统计

1. Revit Architecture

Revit Architecture **表3-4-47**

软件名称	Revit Architecture	厂商名称	Autodesk
代码	应用场景	业务类型	
A16/B16/C16/D16/E16/F16/G16/H16/J16/K16/L16/M16/N16/P16/Q16	规划/方案设计_设计辅助和建模	城市规划/场地景观/建筑工程/水处理/垃圾处理/管道工程/道路工程/桥梁工程/隧道工程/铁路工程/信号工程/变电站/电网工程/水坝工程/飞行工程	
A19/B19/C19/D19/E19/F19/G19/H19/J19/K19/L19/M19/N19/P19/Q19	规划/方案设计_建筑环境性能化分析		
A21/B21/C21/D21/E21/F21/G21/H21/J21/K21/L21/M21/N21/P21/Q21	规划/方案设计_工程量统计		
A23/B23/C23/D23/E23/F23/G23/H23/J23/K23/L23/M23/N23/P23/Q23	规划/方案设计_设计成果渲染与表达		
A25/B25/C25/D25/E25/F25/G25/H25/J25/K25/L25/M25/N25/P25/Q25	初步/施工图设计_设计辅助与建模		
A27/B27/C27/D27/E27/F27/G27/H27/J27/K27/L27/M27/N27/P27/Q27	初步/施工图设计_设计分析和优化		
A28/B28/C28/D28/E28/F28/G28/H28/J28/K28/L28/M28/N28/P28/Q28	初步/施工图设计_冲突检测		
A29/B29/C29/D29/E29/F29/G29/H29/J29/K29/L29/M29/N29/P29/Q29	初步/施工图设计_工程量统计		
A31/B31/C31/D31/E31/F31/G31/H31/J31/K31/L31/M31/N31/P31/Q31	初步/施工图设计_设计成果渲染与表达		
A33/B33/C33/D33/E33/F33/G33/H33/J33/K33/L33/M33/N33/P33/Q33	深化设计_深化设计辅助和建模		
A36/B36/C36/D36/E36/F36/G36/H36/J36/K36/L36/M36/N36/P36/Q36	深化设计_预制装配设计辅助和建模		

续表

<table>
<tr><td colspan="2">A37/B37/C37/D37/E37/F37/G37/H37/J37/K37/L37/M37/N37/P37/Q37</td><td colspan="2">深化设计_装饰装修设计辅助和建模</td><td colspan="3" rowspan="4">城市规划/场地景观/建筑工程/水处理/垃圾处理/管道工程/道路工程/桥梁工程/隧道工程/铁路工程/信号工程/变电站/电网工程/水坝工程/飞行工程</td></tr>
<tr><td colspan="2">A40/B40/C40/D40/E40/F40/G40/H40/J40/K40/L40/M40/N40/P40/Q40</td><td colspan="2">深化设计_幕墙设计辅助和建模</td></tr>
<tr><td colspan="2">A42/B42/C42/D42/E42/F42/G42/H42/J42/K42/L42/M42/N42/P42/Q42</td><td colspan="2">深化设计_冲突检测</td></tr>
<tr><td colspan="2">A43/B43/C43/D43/E43/F43/G43/H43/J43/K43/L43/M43/N43/P43/Q43</td><td colspan="2">深化设计_工程量统计</td></tr>
<tr><td>最新版本</td><td colspan="6">Revit 2021</td></tr>
<tr><td>输入格式</td><td colspan="6">.dwg/.dxf/.dgn/.sat/.skp/.rvt/ .rfa/.ifc/.pdf/.xml/点云 .rcp/.rcs /.nwc/.nwd/所有图像文件</td></tr>
<tr><td>输出格式</td><td colspan="6">.dwg/.dxf/.dgn/.sat/.ifc/.rvt</td></tr>
<tr><td rowspan="3">推荐硬件配置</td><td>操作系统</td><td>64位Windows10</td><td>处理器</td><td>3GHz</td><td>内存</td><td>16GB</td></tr>
<tr><td>显卡</td><td>支持 DirectX® 11 和Shader Model 5 的显卡，最少有4GB视频内存</td><td>磁盘空间</td><td>30GB</td><td>鼠标要求</td><td>带滚轮</td></tr>
<tr><td>其他</td><td colspan="5">NET Framework 版本4.8或更高版本</td></tr>
<tr><td rowspan="3">最低硬件配置</td><td>操作系统</td><td>64位Windows10</td><td>处理器</td><td>2GHz</td><td>内存</td><td>8GB</td></tr>
<tr><td>显卡</td><td>支持 DirectX® 11 和Shader Model 5 的显卡，最少有4GB视频内存</td><td>磁盘空间</td><td>30GB</td><td>鼠标要求</td><td>带滚轮</td></tr>
<tr><td>其他</td><td colspan="5">NET Framework 版本4.8或更高版本</td></tr>
<tr><td colspan="7">功能介绍</td></tr>
</table>

A21/B21/C21/D21/E21/F21/G21/H21/J21/K21/L21/M21/N21/P21/Q21

A29/B29/C29/D29/E29/F29/G29/H29/J29/K29/L29/M29/N29/P29/Q29

A43/B43/C43/D43/E43/F43/G43/H43/J43/K43/L43/M43/N43/P43/Q43：

1. 本软件在“规划/方案设计_工程量统计、初步/施工图设计_工程量统计、深化设计_工程量统计”应用上的介绍及优势

对模型的任意修改可以自动体现在建筑的平、立、剖面图中，以及构件明细表等相关图纸上，避免出现图纸间对不上的低级错误。Revit可以根据需要实时输出任意建筑构件的明细表，适用于概预算工作时工程量的统计，以及施工图设计时的门窗统计表（图1）。

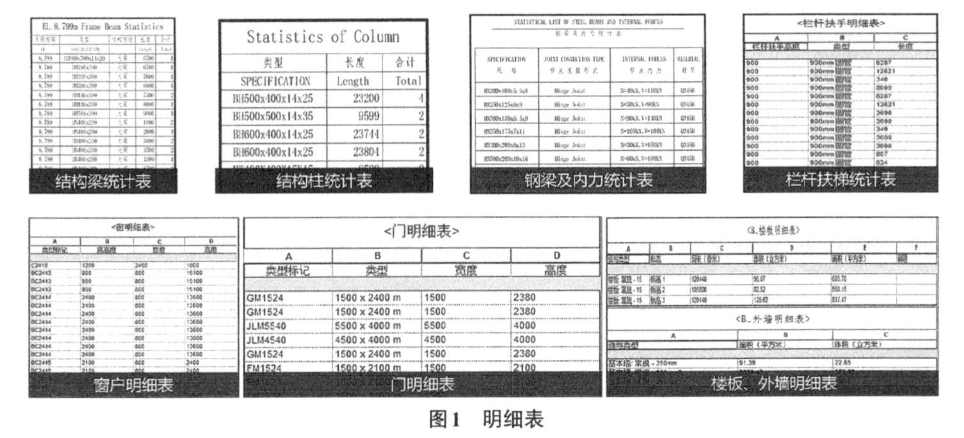

图1 明细表

续表

2. 本软件在“规划/方案设计_工程量统计、初步/施工图设计_工程量统计、深化设计_工程量统计”应用上的操作难易度 本软件的BIM设计流程为：基础模型→详细设计→工程量统计。 在上述设计流程的各个环节，Revit都有相应的工具支持，操作简单，容易上手

2. Navisworks Manage

Navisworks Manage 表 3-4-48

<table>
<tr><td>软件名称</td><td colspan="3">Navisworks Manage</td><td>厂商名称</td><td colspan="2">Autodesk</td></tr>
<tr><td colspan="3">代码</td><td colspan="2">应用场景</td><td colspan="2">业务类型</td></tr>
<tr><td colspan="3">A02/B02/C02/D02/E02/F02/G02/H02/J02/K02/L02/M02/N02/P02/Q02</td><td colspan="2">模型整合与管理</td><td colspan="2" rowspan="9">城市规划/场地景观/建筑工程
水处理/垃圾处理/管道工程
道路工程/桥梁工程/隧道工程
铁路工程/信号工程/变电站
电网工程/水坝工程/飞行工程</td></tr>
<tr><td colspan="3">A28/B28/C28/D28/E28/F28/G28/H28/J28/K28/L28/M28/N28/P28/Q28</td><td colspan="2">初步/施工图设计_冲突检测</td></tr>
<tr><td colspan="3">A42/B42/C42/D42/E42/F42/G42/H42/J42/K42/L42/M42/N42/P42/Q42</td><td colspan="2">深化设计_冲突检测</td></tr>
<tr><td colspan="3">A29/B29/C29/D29/E29/F29/G29/H29/J29/K29/L29/M29/N29/P29/Q29</td><td colspan="2">初步/施工图设计_工程量统计</td></tr>
<tr><td colspan="3">A43/B43/C43/D43/E43/F43/G43/H43/J43/K43/L43/M43/N43/P43/Q43</td><td colspan="2">深化设计_工程量统计</td></tr>
<tr><td colspan="3">A31/B31/C31/D31/E31/F31/G31/H31/J31/K31/L31/M31/N31/P31/Q31</td><td colspan="2">初步/施工图设计_设计成果渲染与表达</td></tr>
<tr><td colspan="3">A49/B49/C49/D49/E49/F49/G49/H49/J49/K49/L49/M49/N49/P49/Q49</td><td colspan="2">施工准备_施工场地规划</td></tr>
<tr><td colspan="3">A50/B50/C50/D50/E50/F50/G50/H50/J50/K50/L50/M50/N50/P50/Q50</td><td colspan="2">施工准备_施工组织和计划</td></tr>
<tr><td colspan="3">A51/B51/C51/D51/E51/F51/G51/H51/J51/K51/L51/M51/N51/P51/Q51</td><td colspan="2">施工准备_施工仿真</td></tr>
<tr><td>最新版本</td><td colspan="6">Navisworks Manage 2021</td></tr>
<tr><td>输入格式</td><td colspan="6">.nwd/.nwf/.nwc/.fbx/.dwg/.dxf/.sat/.stp/.step/.dwf/.ifc/.igs/.iges/.ipt/.iam/.ipj/.jt/.dgn/.prp/.prw/.x_b/.dri/.rvm/.skp/.stp/.step/.stl/.wrl/.wrz/.3ds/.prjv/.asc/.txt/.pts/.ptx/.rcs/.rcp/.model/.session/.exp/.dlv3/.CATPart/.CATProduct/.cgr/.dwf/.dwfx/.w2d/.prt/.sldprt/.asm/.sldasm/.pdf/.rvt/.rfa/.rte/.3dm</td></tr>
<tr><td>输出格式</td><td colspan="6">.nwd/.nwf/.nwc/.dwf/.dwfx/.fbx/.png/.jpeg/.avi</td></tr>
<tr><td rowspan="3">推荐硬件配置</td><td>操作系统</td><td>64位Windows10</td><td>处理器</td><td>或更高</td><td>内存</td><td>或更高</td></tr>
<tr><td>显卡</td><td>支持Direct3D® 9、OpenGL® 和Shader Model 2 的显卡</td><td>磁盘空间</td><td>15GB</td><td>鼠标要求</td><td>带滚轮</td></tr>
<tr><td>其他</td><td colspan="5">建议使用 1920 × 1080 显示器和 32 位视频显示适配器</td></tr>
<tr><td rowspan="3">最低硬件配置</td><td>操作系统</td><td>64位Windows10</td><td>处理器</td><td>3GHz</td><td>内存</td><td>2GB</td></tr>
<tr><td>显卡</td><td>支持Direct3D® 9、OpenGL® 和Shader Model 2 的显卡</td><td>磁盘空间</td><td>15GB</td><td>鼠标要求</td><td>带滚轮</td></tr>
<tr><td>其他</td><td colspan="5">1280 × 800 真彩色 VGA 显示器</td></tr>
</table>

续表

功能介绍
A29/B29/C29/D29/E29/F29/G29/H29/J29/K29/L29/M29/N29/P29/Q29 A43/B43/C43/D43/E43/F43/G43/H43/J43/K43/L43/M43/N43/P43/Q43： 本软件在“初步/施工图设计_工程量统计、深化设计_工程量统计”应用上的介绍及优势 测量建筑师、工程师和其他设计者准备的模型、工程图和规格中材质数量的过程称为算量。在Autodesk Navisworks中，使用Quantification功能执行算量。Quantification可帮助自动估算材质、测量面积和计数建筑组件。可以针对新建和改建工程项目进行估算，因此用于计算项目数量和测量的时间将会减少，从而将更多时间用在分析项目上。Quantification 支持三维和二维设计数据的集成。也可以针对没有关联的模型几何图形或属性的项目执行虚拟算量。之后，可以将算量数据导出到 Excel 文件中，以便进行分析，并通过 Autodesk BIM 360®在云中与其他项目团队成员共享，实现优化协作

3. 品茗HiBIM软件

品茗HiBIM软件　　**表3-4-49**

软件名称	品茗HiBIM软件			厂商名称	杭州品茗安控信息技术股份有限公司	
代码		应用场景			业务类型	
C01		通用建模和表达			建筑工程	
C16		规划/方案设计_设计辅助和建模			建筑工程	
C21		规划/方案设计_工程量统计			建筑工程	
C25		初步/施工图设计_设计辅助和建模			建筑工程	
C28		初步/施工图设计_冲突检测			建筑工程	
C29		初步/施工图设计_工程量统计			建筑工程	
C33		深化设计_深化设计辅助和建模			建筑工程	
C37		深化设计_装饰装修设计辅助和建模			建筑工程	
C39/F39		深化设计_机电工程设计辅助和建模			建筑工程/管道工程	
C41/F41		深化设计_专项计算和分析			建筑工程/管道工程	
C42		深化设计_冲突检测			建筑工程	
C43		深化设计_工程量统计			建筑工程	
最新版本	HiBIM3.2					
输入格式	.ifc/.pbim/.rvt（2021及以下版本）					
输出格式	.rvt/.pbim/.dwg/.skp/.doc/.xlsx					
推荐硬件配置	操作系统	64位Windows7/8/10	处理器	3.6GHz	内存	16GB
	显卡	Gtx1070或同等级别及以上	磁盘空间	1TB	鼠标要求	带滚轮
最低硬件配置	操作系统	64位Windows7/8/10	处理器	2GHz	内存	4GB
	显卡	Gtx1050或同级别及以上	磁盘空间	128GB	鼠标要求	带滚轮
功能介绍						
C21、C29、C43： 1.本软件在“工程量统计”应用上的介绍及优势 软件是基于BIM模型进行算量，内置了国内清单及各地定额计算规则，快速、准确地计算出各种工程量，						

续表

<table>
<tr><td colspan="4">直接计算出清单、定额工程量并生成报表。支持土建和安装的工程量统计，支持按楼层、专业、系统进行工程量统计，并导出符合造价要求的工程量清单。
2.本软件在“工程量统计”应用上的操作难易度
工程量统计流程为：算量楼层划分→构件映射→算量模式→构件属性定义→计算工程量→导出报表。
楼层划分主要是将模型的楼层按照算量要求进行分层，便于后期按楼层进行工程量统计。构件映射主要是将三维模型进行算量归类，便于软件识别构件的算量属性，然后在算量模式中选择相应的清单定额计算规则。构件属性定义主要是套用清单定额，对不同构件赋予算量属性和工程量的计算式，此阶段需要对清单定额规则比较清楚，以为每个类别的构件套用清单定额条目。软件会根据上述设置进行计算，形成工程量统计表（图1）。
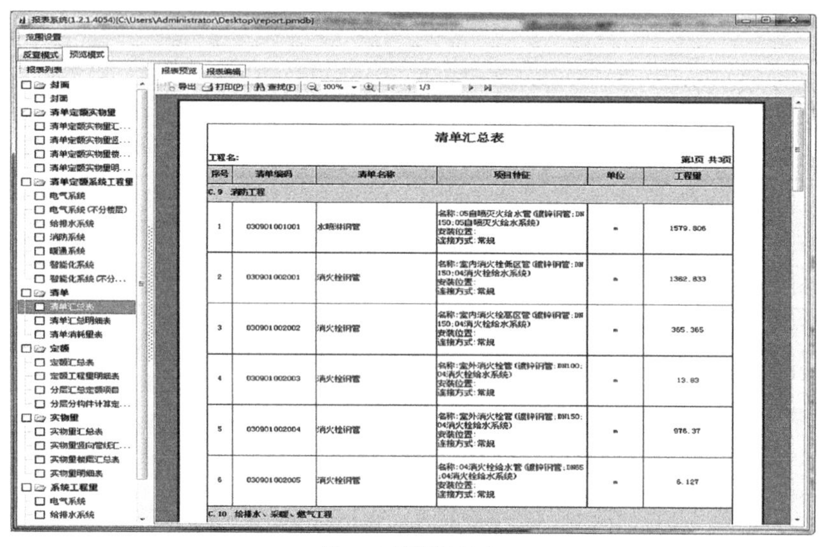

图1　工程量统计表</td></tr>
</table>

4. OpenBuildings Designer

OpenBuildings Designer　　**表3-4-50**

<table>
<tr><td>软件名称</td><td colspan="2">OpenBuildings Designer</td><td>厂商名称</td><td>Bentley</td></tr>
<tr><td colspan="2">代码</td><td colspan="2">应用场景</td><td>业务类型</td></tr>
<tr><td colspan="2">C01/F01/M01/P01</td><td colspan="2">通用建模和表达</td><td>建筑工程/管道工程/变电站/水坝工程</td></tr>
<tr><td colspan="2">C25</td><td colspan="2">初步/施工图设计_设计辅助与建模</td><td>建筑工程</td></tr>
<tr><td colspan="2">C27</td><td colspan="2">初步/施工图设计_设计分析和优化</td><td>建筑工程</td></tr>
<tr><td colspan="2">C28</td><td colspan="2">初步/施工图设计_冲突检测</td><td>建筑工程</td></tr>
<tr><td colspan="2">C29</td><td colspan="2">初步/施工图设计_工程量统计</td><td>建筑工程</td></tr>
<tr><td colspan="2">C30</td><td colspan="2">初步/施工图设计_算量和造价</td><td>建筑工程</td></tr>
<tr><td>最新版本</td><td colspan="4">OpenBuildings Designer update7</td></tr>
<tr><td>输入格式</td><td colspan="4">.dgn（V8i版本）</td></tr>
<tr><td>输出格式</td><td colspan="4">.dgn</td></tr>
</table>

续表

推荐硬件配置	操作系统	64位Windows10	处理器	2GHz	内存	16GB
	显卡	4GB	磁盘空间	1TB	鼠标要求	带滚轮
最低硬件配置	操作系统	64位Windows10	处理器	1GHz	内存	8GB
	显卡	2GB	磁盘空间	500GB	鼠标要求	带滚轮
功能介绍						

C29、C30：

Openbuildings Designer可以对各个专业的相应构件进行工程属性的统计，这些属性在需要的时候能够被计算机自动抽取，分门别类地进行相应统计和报表归类。如果将相应的施工量定额标准以编码的形式定制到施工构件上，可对整个模型的施工工程量进行概预算自动统计，在此基础上还可以进一步统计出构件的造价、密度、重量、面积、长度、个数等材料报表信息（图1）。

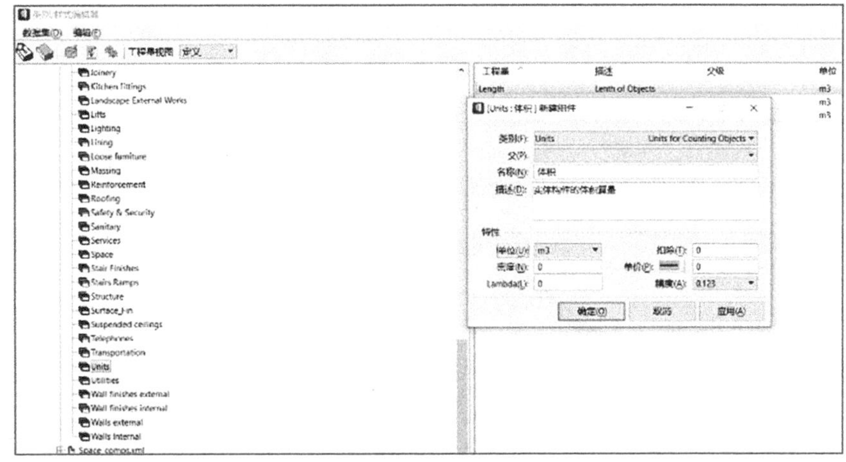

图1 工程量统计

5. OpenRoads Designer

OpenRoads Designer **表3-4-51**

软件名称	OpenRoads Designer	厂商名称	Bentley
代码	应用场景	业务类型	
B01/F01/G01/J01	通用建模和表达	场地景观/管道工程/道路工程/隧道工程	
F25/G25	初步/施工图设计_设计辅助和建模	道路工程/管道工程	
F28/G28	初步/施工图设计_冲突检测	道路工程/管道工程	
F29/G29	初步/施工图设计_工程量统计	道路工程/管道工程	
F31/G31	初步/施工图设计_设计成果渲染与表达	道路工程/管道工程	
最新版本	OpenRoads Designer CONNECT Edition10.09.00.091		
输入格式	.dwg/.dgn/.cel/.dgnlib/.rdl/.imodel/.shp/.txt/.dxf/.ifc/.3ds/.obj/……		
输出格式	.dwg/.dgn/.dgnlib/.rdl/.pdf/.fbx/.skp/.vob/.lxo/.u3d/.obj/……		

续表

推荐硬件配置	操作系统	64位Windows10	处理器	2GHz	内存	16GB
	显卡	2GB	磁盘空间	1TB	鼠标要求	带滚轮
最低硬件配置	操作系统	64位Windows10	处理器	1GHz	内存	4GB
	显卡	512MB	磁盘空间	500GB	鼠标要求	带滚轮

功能介绍

F29/G29：

1. 本软件在“初步/施工图设计_工程量统计”应用上的介绍及优势

支持按整个项目报告数量进行说明，可以依据模型实时生成线性、面积和体积数量并修改示例报告或通过XML样式表创建自定义报告。

2. 本软件在“初步/施工图设计_工程量统计”应用上的操作难易度

道路工程基础操作流程：廊道报表→生成报告。

廊道报表：支持实时组件报表查询，模型创建、修改完成后实时更新工程量组件报表。

生成报告：快速生成、导出符合要求的工程量报表，支持用户通过XML样式创建自定义报告。

管道工程基础操作流程：查看报表→编辑导出。

查看报表：支持实时组件报表查询，模型创建、修改完成后实时更新工程量组件报表。

编辑导出：快速生成、导出符合要求的工程量报表，支持用户通过XML样式创建自定义报告（图1）。

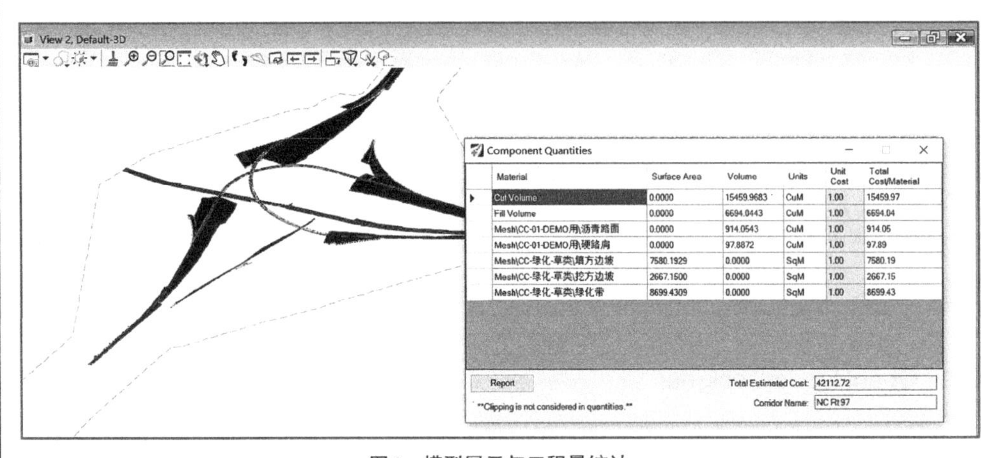

图1 模型展示与工程量统计

6. OpenRail Designer

OpenRail Designer 表 3-4-52

软件名称	OpenRail Designer	厂商名称	Bentley软件公司
代码	应用场景	业务类型	
A01/F01/G01/J01/K01	通用建模和表达	城市规划/管道工程/道路工程/隧道工程/铁路工程	
A25/F25/G25/J25/K25	初步/施工图设计_设计辅助和建模	城市规划/管道工程/道路工程/隧道工程/铁路工程	

续表

<table>
<tr><td>A28/F28/G28/ J28/ K28</td><td colspan="2">初步/施工图设计_工程量统计</td><td colspan="4">城市规划/管道工程/道路工程/隧道工程/铁路工程</td></tr>
<tr><td>A31/F31/G31/ J31/ K31</td><td colspan="2">初步/施工图设计_设计成果渲染与表达</td><td colspan="4">城市规划/管道工程/道路工程/隧道工程/铁路工程</td></tr>
<tr><td>最新版本</td><td colspan="6">OpenRail Designer CONNECT Edition10.09.00.091</td></tr>
<tr><td>输入格式</td><td colspan="6">.dgn/.dwg/.dgnlib/.imodel/.txt/.shp/.jx/.mif/.tab/.dxf/.fbx/.ifc/.cgm/.jgs/.rfa/.stp/.3ds/.skp/.obj/.sat/.3dm</td></tr>
<tr><td>输出格式</td><td colspan="6">.dgn/.dwg/.pdf/.dxf/.fbx/.stp/.sat/.obj/.shp/.hml</td></tr>
<tr><td rowspan="2">推荐硬件配置</td><td>操作系统</td><td>64位 Windows10</td><td>处理器</td><td>2GHz</td><td>内存</td><td>8GB</td></tr>
<tr><td>显卡</td><td>8GB</td><td>磁盘空间</td><td>500GB</td><td>鼠标要求</td><td>带滚轮</td></tr>
<tr><td rowspan="2">最低硬件配置</td><td>操作系统</td><td>64位 Windows10</td><td>处理器</td><td>1GHz</td><td>内存</td><td>4GB</td></tr>
<tr><td>显卡</td><td>4GB</td><td>磁盘空间</td><td>100GB</td><td>鼠标要求</td><td>带滚轮</td></tr>
<tr><td colspan="7">功能介绍</td></tr>
</table>

A28/F28/G28/J28/K28：

1. 本软件在“初步/施工图设计_工程量统计”应用上的介绍及优势

按整个项目报告数量或者按表单、站点、面积或阶段进行说明，可以依据模型生成线性、面积和体积数并修改示例报告或通过 XML 样式表创建自定义报告（图1）。

2. 本软件在“初步/施工图设计_工程量统计”操作上的难易度

基础操作流程：Openrail 建模→廊道→廊道报表→成果输出。

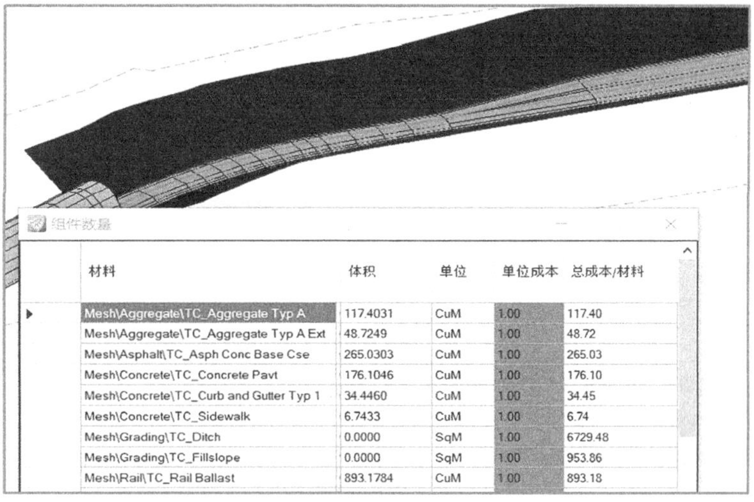

组件数量

材料	体积	单位	单位成本	总成本/材料
Mesh\Aggregate\TC_Aggregate Typ A	117.4031	CuM	1.00	117.40
Mesh\Aggregate\TC_Aggregate Typ A Ext	48.7249	CuM	1.00	48.72
Mesh\Asphalt\TC_Asph Conc Base Cse	265.0303	CuM	1.00	265.03
Mesh\Concrete\TC_Concrete Pavt	176.1046	CuM	1.00	176.10
Mesh\Concrete\TC_Curb and Gutter Typ 1	34.4460	CuM	1.00	34.45
Mesh\Concrete\TC_Sidewalk	6.7433	CuM	1.00	6.74
Mesh\Grading\TC_Ditch	0.0000	SqM	1.00	6729.48
Mesh\Grading\TC_Fillslope	0.0000	SqM	1.00	953.86
Mesh\Rail\TC_Rail Ballast	893.1784	CuM	1.00	893.18

图1 工程量统计

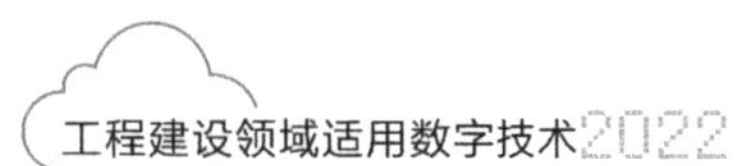

7. OpenUtilities™ Substation

OpenUtilities™ Substation **表 3-4-53**

<table>
<tr><td>软件名称</td><td colspan="2">OpenUtilities™ Substation</td><td>厂商名称</td><td colspan="3">Bentley 软件</td></tr>
<tr><td colspan="2">代码</td><td colspan="2">应用场景</td><td colspan="3">业务类型</td></tr>
<tr><td colspan="2">C16/K16/L16/M16/N16</td><td colspan="2">规划/方案设计_设计辅助和建模</td><td colspan="3">建筑工程/铁路工程/信号工程/变电站/电网工程</td></tr>
<tr><td colspan="2">C21/K21/L21/M21/N21</td><td colspan="2">规划/方案设计_工程量统计</td><td colspan="3">建筑工程/铁路工程/信号工程/变电站/电网工程</td></tr>
<tr><td colspan="2">C23/K23/L23/M23/N23</td><td colspan="2">规划/方案设计_设计成果渲染与表达</td><td colspan="3">建筑工程/铁路工程/信号工程/变电站/电网工程</td></tr>
<tr><td colspan="2">C25/K25/L25/M25/N25</td><td colspan="2">初步/施工图设计_设计辅助与建模</td><td colspan="3">建筑工程/铁路工程/信号工程/变电站/电网工程</td></tr>
<tr><td colspan="2">C27/K27/L27/M27/N27</td><td colspan="2">初步/施工图设计_设计分析和优化</td><td colspan="3">建筑工程/铁路工程/信号工程/变电站/电网工程</td></tr>
<tr><td colspan="2">C28/K28/L28/M28/N28</td><td colspan="2">初步/施工图设计_冲突检测</td><td colspan="3">建筑工程/铁路工程/信号工程/变电站/电网工程</td></tr>
<tr><td colspan="2">C29/K29/L29/M29/N29</td><td colspan="2">初步/施工图设计_工程量统计</td><td colspan="3">建筑工程/铁路工程/信号工程/变电站/电网工程</td></tr>
<tr><td colspan="2">C31/K31/L31/M31/N31</td><td colspan="2">初步/施工图设计_设计成果渲染与表达</td><td colspan="3">建筑工程/铁路工程/信号工程/变电站/电网工程</td></tr>
<tr><td colspan="2">C33/K33/L33/M33/N33</td><td colspan="2">深化设计_深化设计辅助和建模</td><td colspan="3">建筑工程/铁路工程/信号工程/变电站/电网工程</td></tr>
<tr><td colspan="2">C42/K42/L42/M42/N42</td><td colspan="2">深化设计_冲突检测</td><td colspan="3">建筑工程/铁路工程/信号工程/变电站/电网工程</td></tr>
<tr><td colspan="2">C43/K43/L43/M43/N43</td><td colspan="2">深化设计_工程量统计</td><td colspan="3">建筑工程/铁路工程/信号工程/变电站/电网工程</td></tr>
<tr><td>最新版本</td><td colspan="6">Update9</td></tr>
<tr><td>输入格式</td><td colspan="6">.dgn/.imodel 及 .ifc/.stl/.stp/.obj/.fbx 等常用的中间数据格式</td></tr>
<tr><td>输出格式</td><td colspan="6">.dgn/.imodel 及 .stl/.stp/.obj/.fbx 等常用的中间数据格式</td></tr>
<tr><td rowspan="2">推荐硬件配置</td><td>操作系统</td><td>64 位 Windows10</td><td>处理器</td><td>2GHz</td><td>内存</td><td>16GB</td></tr>
<tr><td>显卡</td><td>2GB</td><td>磁盘空间</td><td>500GB</td><td>鼠标要求</td><td>带滚轮</td></tr>
<tr><td rowspan="2">最低硬件配置</td><td>操作系统</td><td>64 位 Windows10</td><td>处理器</td><td>1GHz</td><td>内存</td><td>4GB</td></tr>
<tr><td>显卡</td><td>512MB</td><td>磁盘空间</td><td>500GB</td><td>鼠标要求</td><td>带滚轮</td></tr>
<tr><td colspan="7">功能介绍</td></tr>
<tr><td colspan="7">C21/K21/L21/M21/N21、C29/K29/L29/M29/N29、C43/K43/L43/M43/N43：
1. 本软件在“工程量统计”应用上的介绍及优势
随着精细化设计要求地提出，精准的材料统计功能成为设计过程中必要的需求。Substation 可基于三维信息模型与项目数据库，方便快速地实现精准的材料统计。统计时可以按照整个项目、不同电压等级、不同间隔等为范围来进行相应的材料统计。
2. 本软件在“工程量统计”应用上的操作难易度
基础操作流程：选择范围→选定模板→报表输出。
当三维建模完成后，设计数据同步保存到项目数据库中，使用报表生成工具就可快速完成工程量的统计。可以直接在图纸上框选模型，也可以设定统计范围，如按照整个项目或不同配电装置区域范围来进行统计。软件自带报表模板，并具有模板编辑器，用户可进行编辑或扩充；选定模板后，就可一键输出工程量报表，报表可以输出多种格式，如 .dgn、.pdf、.xls 等</td></tr>
<tr><td colspan="7">接附录彩页</td></tr>
</table>

3.4.7 算量和造价

1. Trimble SketchUp Pro/Trimble Business Center/SketchUp mobile viewer/水处理模块For SketchUp/垃圾处理模块For SketchUp/能源化工模块For SketchUp/6D For SketchUp

Trimble SketchUp Pro/Trimble Business Center/SketchUp mobile viewer/水处理模块For SketchUp/垃圾处理模块For SketchUp/能源化工模块For SketchUp/6D For SketchUp　　表3-4-54

软件名称	Trimble SketchUp Pro/Trimble Business Center/SketchUp mobile viewer/水处理模块For SketchUp/垃圾处理模块For SketchUp/能源化工模块For SketchUp/6D For SketchUp	厂商名称	天宝寰宇电子产品（上海）有限公司/辽宁乐成能源科技有限公司
代码	应用场景		业务类型
D06/E06/F06	勘察岩土_勘察外业设计辅助和建模		水处理/垃圾处理/管道工程（能源化工）
D11/E11/F11	勘察岩土_岩土工程计算和分析		水处理/垃圾处理/管道工程（能源化工）
D16/E16/F16	规划/方案设计_设计辅助和建模		水处理/垃圾处理/管道工程（能源化工）
D22/E22/F22	规划/方案设计_算量和造价		水处理/垃圾处理/管道工程（能源化工）
D23/E23/F23	规划/方案设计_设计成果渲染与表达		水处理/垃圾处理/管道工程（能源化工）
D25/E25/F25	初步/施工图设计_设计辅助和建模		水处理/垃圾处理/管道工程（能源化工）
D30/E30/F30	初步/施工图设计_算量和造价		水处理/垃圾处理/管道工程（能源化工）
D31/E31/F31	初步/施工图设计_设计成果渲染与表达		水处理/垃圾处理/管道工程（能源化工）
D33/E33/F33	深化设计_深化设计辅助和建模		水处理/垃圾处理/管道工程（能源化工）
D38/E38/F38	深化设计_钢结构设计辅助和建模		水处理/垃圾处理/管道工程（能源化工）
D44/E44/F44	深化设计_算量和造价		水处理/垃圾处理/管道工程（能源化工）
D46/E46/F46	招采_招标投标采购		水处理/垃圾处理/管道工程（能源化工）
D47/E47/F47	招采_投资与招商		水处理/垃圾处理/管道工程（能源化工）
D48/E48/F48	招采_其他		水处理/垃圾处理/管道工程（能源化工）
D49/E49/F49	施工准备_施工场地规划		水处理/垃圾处理/管道工程（能源化工）
D50/E50/F50	施工准备_施工组织和计划		水处理/垃圾处理/管道工程（能源化工）
D60/E60/F60	施工实施_隐蔽工程记录		水处理/垃圾处理/管道工程（能源化工）
D62/E62/F62	施工实施_成本管理		水处理/垃圾处理/管道工程（能源化工）
D63/E63/F63	施工实施_进度管理		水处理/垃圾处理/管道工程（能源化工）
D66/E66/F66	施工实施_算量和造价		水处理/垃圾处理/管道工程（能源化工）
D74/E74/F74	运维_空间登记与管理		水处理/垃圾处理/管道工程（能源化工）
D75/E75/F75	运维_资产登记与管理		水处理/垃圾处理/管道工程（能源化工）
D78/E78/F78	运维_其他		水处理/垃圾处理/管道工程（能源化工）

续表

最新版本	Trimble SketchUp Pro2021/Trimble Business Center/ SketchUp mobile viewer/水处理模块 For SketchUp/垃圾处理模块For SketchUp/能源化工模块For SketchUp/6D For SketchUp					
输入格式	.skp/.3ds/.dae/.dem/.ddf/.dwg/.dxf/.ifc/.ifcZIP/.kmz/.stl/.jpg/.png/.psd/.tif/.tag/.bmp					
输出格式	.skp/.3ds/.dae/.dwg/.dxf/.fbx/.ifc/.kmz/.obj/.wrl/.stl/.xsi/.jpg/.png/.tif/.bmp/.mp4/.avi/.webm/.ogv/.xls					
推荐硬件配置	操作系统	64位Windows10	处理器	2GHz	内存	8GB
	显卡	1GB	磁盘空间	700MB	鼠标要求	带滚轮
最低硬件配置	操作系统	64位Windows10	处理器	1GHz	内存	4GB
	显卡	512MB	磁盘空间	500MB	鼠标要求	带滚轮
功能介绍						

D30/E30/F30：

1. 本软硬件在“初步/施工图设计_算量和造价”应用上的介绍及优势

本软件可为任何组件赋予实际信息，包括基本信息、技术信息、产品信息、成本信息，构建信息集成BIM模型。

2. 本软硬件在“初步/施工图设计_算量和造价”应用上的操作难易度

本软件操作流程：赋予信息→统计算量→生成报表。本软件操作简单，无须掌握建模技能，也可完成信息化工作。算量报表更是一键生成即可（图1）。

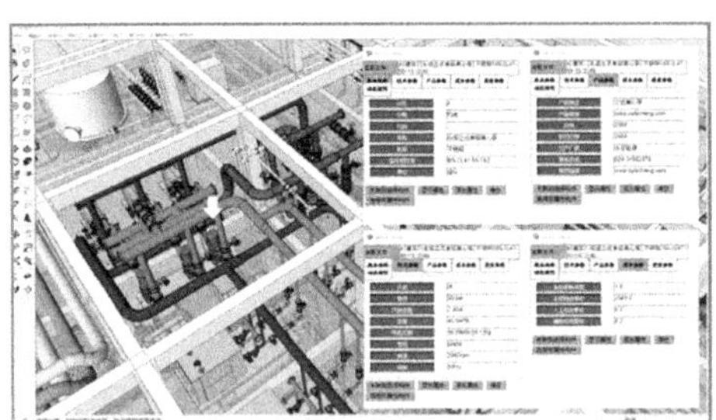

图1 算量报表

2. OpenBuildings Designer

OpenBuildings Designer **表3-4-55**

软件名称	OpenBuildings Designer	厂商名称	Bentley
代码	应用场景		业务类型
C01/F01/M01/P01	通用建模和表达		建筑工程/管道工程/变电站/水坝工程
C25	初步/施工图设计_设计辅助与建模		建筑工程
C27	初步/施工图设计_设计分析和优化		建筑工程
C28	初步/施工图设计_冲突检测		建筑工程
C29	初步/施工图设计_工程量统计		建筑工程
C30	初步/施工图设计_算量和造价		建筑工程
最新版本	OpenBuildings Designer update7		
输入格式	.dgn（V8i版本）		

续表

输出格式	.dgn					
推荐硬件配置	操作系统	64位 Windows10	处理器	2GHz	内存	16GB
	显卡	4GB	磁盘空间	1TB	鼠标要求	带滚轮
最低硬件配置	操作系统	64位 Windows10	处理器	1GHz	内存	8GB
	显卡	2GB	磁盘空间	500GB	鼠标要求	带滚轮
功能介绍						

C29、C30：

Openbuildings Designer可以对各个专业的相应构件进行工程属性的统计，这些属性在需要的时候能够被计算机自动抽取，分门别类地进行相应统计和报表归类。如果将相应的施工量定额标准以编码的形式定制到施工构件上，可对整个模型的施工工程量进行概预算自动统计，在此基础上还可以进一步统计出构件的造价、密度、重量、面积、长度、个数等材料报表信息（图1）。

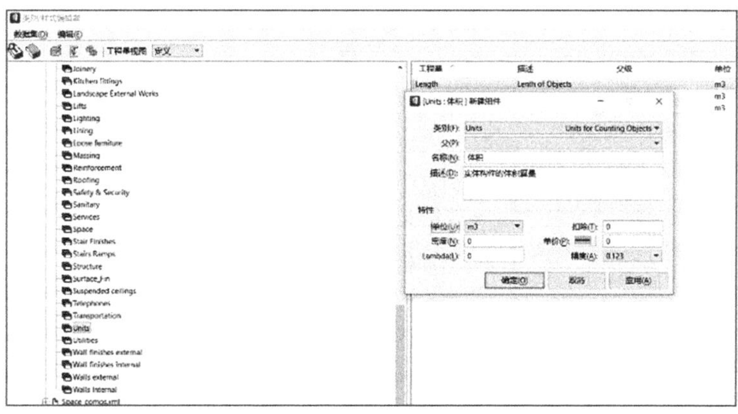

图1　工程量统计

3.4.8 设计成果渲染与表达

1. Revit Architecture

Revit Architecture　　**表3-4-56**

软件名称	Revit Architecture	厂商名称	Autodesk
代码	应用场景	业务类型	
A16/B16/C16/D16/E16/F16/G16/H16/J16/K16/L16/M16/N16/P16/Q16	规划/方案设计_设计辅助和建模	城市规划/场地景观/建筑工程/水处理/垃圾处理/管道工程/道路工程/桥梁工程/隧道工程/铁路工程/信号工程/变电站/电网工程/水坝工程/飞行工程	
A19/B19/C19/D19/E19/F19/G19/H19/J19/K19/L19/M19/N19/P19/Q19	规划/方案设计_建筑环境性能化分析		
A21/B21/C21/D21/E21/F21/G21/H21/J21/K21/L21/M21/N21/P21/Q21	规划/方案设计_工程量统计		
A23/B23/C23/D23/E23/F23/G23/H23/J23/K23/L23/M23/N23/P23/Q23	规划/方案设计_设计成果渲染与表达		

续表

A25/B25/C25/D25/E25/F25/G25/H25/J25/K25/L25/M25/N25/P25/Q25	初步/施工图设计_设计辅助与建模	城市规划/场地景观/建筑工程/水处理/垃圾处理/管道工程/道路工程/桥梁工程/隧道工程/铁路工程/信号工程/变电站/电网工程/水坝工程/飞行工程
A27/B27/C27/D27/E27/F27/G27/H27/J27/K27/L27/M27/N27/P27/Q27	初步/施工图设计_设计分析和优化	
A28/B28/C28/D28/E28/F28/G28/H28/J28/K28/L28/M28/N28/P28/Q28	初步/施工图设计_冲突检测	
A29/B29/C29/D29/E29/F29/G29/H29/J29/K29/L29/M29/N29/P29/Q29	初步/施工图设计_工程量统计	
A31/B31/C31/D31/E31/F31/G31/H31/J31/K31/L31/M31/N31/P31/Q31	初步/施工图设计_设计成果渲染与表达	
A33/B33/C33/D33/E33/F33/G33/H33/J33/K33/L33/M33/N33/P33/Q33	深化设计_深化设计辅助和建模	
A36/B36/C36/D36/E36/F36/G36/H36/J36/K36/L36/M36/N36/P36/Q36	深化设计_预制装配设计辅助和建模	
A37/B37/C37/D37/E37/F37/G37/H37/J37/K37/L37/M37/N37/P37/Q37	深化设计_装饰装修设计辅助和建模	
A40/B40/C40/D40/E40/F40/G40/H40/J40/K40/L40/M40/N40/P40/Q40	深化设计_幕墙设计辅助和建模	
A42/B42/C42/D42/E42/F42/G42/H42/J42/K42/L42/M42/N42/P42/Q42	深化设计_冲突检测	
A43/B43/C43/D43/E43/F43/G43/H43/J43/K43/L43/M43/N43/P43/Q43	深化设计_工程量统计	

最新版本	Revit 2021					
输入格式	.dwg/.dxf/.dgn/.sat/.skp/.rvt/ .rfa/.ifc/.pdf/.xml/点云.rcp/.rcs /.nwc/.nwd/所有图像文件					
输出格式	.dwg/.dxf/.dgn/.sat/.ifc/.rvt					
推荐硬件配置	操作系统	64位Windows10	处理器	3GHz	内存	16GB
	显卡	支持DirectX® 11和Shader Model 5的显卡，最少有4GB视频内存	磁盘空间	30GB	鼠标要求	带滚轮
	其他	NET Framework 版本4.8或更高版本				
最低硬件配置	操作系统	64位Windows10	处理器	2GHz	内存	8GB
	显卡	支持DirectX® 11和Shader Model 5的显卡，最少有4GB视频内存	磁盘空间	30GB	鼠标要求	带滚轮
	其他	NET Framework 版本4.8或更高版本				

功能介绍

A23/B23/C23/D23/E23/F23/G23/H23/J23/K23/L23/M23/N23/P23/Q23
A31/B31/C31/D31/E31/F31/G31/H31/J31/K31/L31/M31/N31/P31/Q31：

1. 本软件在"规划/方案设计_设计成果渲染与表达、初步/施工图设计_设计成果渲染与表达"应用上的介绍及优势

在统一的环境中，完成从方案的推敲到施工图设计，直至生成室内外透视效果图和三维漫游动画全部工作，避免了数据流失和重复工作。三维参数化的建模功能，能自动生成平立剖面图纸、室内外透视漫游动画等。

续表

使用 Autodesk Raytracer 渲染引擎能够准确快速地实现渲染。全新的渲染引擎具有更加流畅和快速的真实视图浏览体验，提高了10倍以上的模型响应速度，改进了自动曝光，带来更加逼真的材质和灯光效果（图1、图2）。

2. 本软件在“规划/方案设计_设计成果渲染与表达、初步/施工图设计_设计成果渲染与表达”应用上的操作难易度

本软件的BIM设计流程为：基础模型→详细设计→成果渲染。

在上述设计流程的各个环节，Revit都有相应的工具支持，操作简单，容易上手。

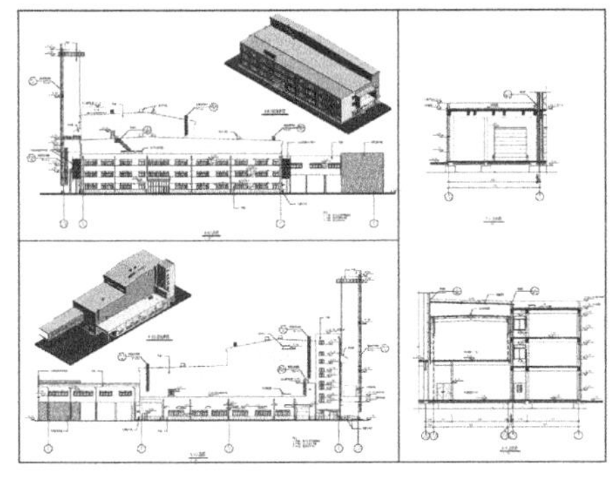

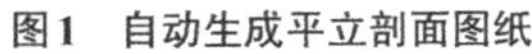

图1 自动生成平立剖面图纸

图2 渲染效果

2. Navisworks Manage

Navisworks Manage **表3-4-57**

<table>
<tr><td>软件名称</td><td>Navisworks Manage</td><td>厂商名称</td><td>Autodesk</td></tr>
<tr><td colspan="2">代码</td><td>应用场景</td><td>业务类型</td></tr>
<tr><td colspan="2">A02/B02/C02/D02/E02/F02/G02/H02/J02/K02/L02/M02/N02/P02/Q02</td><td>模型整合与管理</td><td rowspan="9">城市规划/场地景观/建筑工程
水处理/垃圾处理/管道工程
道路工程/桥梁工程/隧道工程
铁路工程/信号工程/变电站
电网工程/水坝工程/飞行工程</td></tr>
<tr><td colspan="2">A28/B28/C28/D28/E28/F28/G28/H28/J28/K28/L28/M28/N28/P28/Q28</td><td>初步/施工图设计_冲突检测</td></tr>
<tr><td colspan="2">A42/B42/C42/D42/E42/F42/G42/H42/J42/K42/L42/M42/N42/P42/Q42</td><td>深化设计_冲突检测</td></tr>
<tr><td colspan="2">A29/B29/C29/D29/E29/F29/G29/H29/J29/K29/L29/M29/N29/P29/Q29</td><td>初步/施工图设计_工程量统计</td></tr>
<tr><td colspan="2">A43/B43/C43/D43/E43/F43/G43/H43/J43/K43/L43/M43/N43/P43/Q43</td><td>深化设计_工程量统计</td></tr>
<tr><td colspan="2">A31/B31/C31/D31/E31/F31/G31/H31/J31/K31/L31/M31/N31/P31/Q31</td><td>初步/施工图设计_设计成果渲染与表达</td></tr>
<tr><td colspan="2">A49/B49/C49/D49/E49/F49/G49/H49/J49/K49/L49/M49/N49/P49/Q49</td><td>施工准备_施工场地规划</td></tr>
<tr><td colspan="2">A50/B50/C50/D50/E50/F50/G50/H50/J50/K50/L50/M50/N50/P50/Q50</td><td>施工准备_施工组织和计划</td></tr>
<tr><td colspan="2">A51/B51/C51/D51/E51/F51/G51/H51/J51/K51/L51/M51/N51/P51/Q51</td><td>施工准备_施工仿真</td></tr>
</table>

续表

<table>
<tr><td>最新版本</td><td colspan="7">Navisworks Manage 2021</td></tr>
<tr><td>输入格式</td><td colspan="7">.nwd/.nwf/.nwc/.fbx/.dwg/.dxf/.sat/.stp/.step/.dwf/.ifc/.igs/.iges/.ipt/.iam/.ipj/.jt/.dgn/.prp/.prw/.x_b/.dri/.rvm/.skp/.stp/.step/.stl/.wrl/.wrz/.3ds/.prjv/.asc/.txt/.pts/.ptx/.rcs/.rcp/.model/.session/.exp/.dlv3/.CATPa/.CATProduct/.cgr/.dwf/.dwfx/.w2d/.prt/.sldprt/.asm/.sldasm/.pdf/.rvt/.rfa/.rte/.3dm</td></tr>
<tr><td>输出格式</td><td colspan="7">.nwd/.nwf/.nwc/.dwf/.dwfx/.fbx/.png/.jpeg/.avi</td></tr>
<tr><td rowspan="3">推荐硬件配置</td><td>操作系统</td><td>64 位 Windows10</td><td>处理器</td><td>或更高</td><td>内存</td><td>或更高</td></tr>
<tr><td>显卡</td><td>支持 Direct3D® 9、OpenGL® 和 Shader Model 2 的显卡</td><td>磁盘空间</td><td>15GB</td><td>鼠标要求</td><td>带滚轮</td></tr>
<tr><td>其他</td><td colspan="5">建议使用 1920 × 1080 显示器和 32 位视频显示适配器</td></tr>
<tr><td rowspan="3">最低硬件配置</td><td>操作系统</td><td>64 位 Windows10</td><td>处理器</td><td>3GHz</td><td>内存</td><td>2GB</td></tr>
<tr><td>显卡</td><td>支持 Direct3D® 9、OpenGL® 和 Shader Model 2 的显卡</td><td>磁盘空间</td><td>15GB</td><td>鼠标要求</td><td>带滚轮</td></tr>
<tr><td>其他</td><td colspan="5">1280 × 800 真彩色 VGA 显示器</td></tr>
<tr><td colspan="7">功能介绍</td></tr>
<tr><td colspan="7">A31/B31/C31/D31/E31/F31/G31/H31/J31/K31/L31/M31/N31/P31/Q31：
1. 本软件在“初步/施工图设计_设计成果渲染与表达”应用上的介绍及优势
通过Navisworks可以实时控制“场景视图”中模型的外观和渲染的质量。可以创建实时渲染以使用真实视觉样式显示模型，也可以使用“Autodesk 渲染”模型以创建真实照片级的图像。在Autodesk Navisworks中，有两种类型的动画：视点动画和对象动画。
2. 本软件在“初步/施工图设计_设计成果渲染与表达”应用上的操作难易度
基础操作流程：应用材质→添加光源→曝光设置→渲染图像→保存/导出渲染图像</td></tr>
</table>

3. Trimble SketchUp Pro

Trimble SketchUp Pro **表 3-4-58**

<table>
<tr><td>软件名称</td><td>Trimble SketchUp Pro</td><td>厂商名称</td><td>天宝寰宇电子产品（上海）有限公司</td></tr>
<tr><td>代码</td><td colspan="2">应用场景</td><td>业务类型</td></tr>
<tr><td>A01/B01/C01/F01</td><td colspan="2">通用建模和表达</td><td>城市规划/场地景观/建筑工程/管道工程</td></tr>
<tr><td>A02/B02/C02/F02</td><td colspan="2">模型整合与管理</td><td>城市规划/场地景观/建筑工程/管道工程</td></tr>
<tr><td>A04/B04/C04/F04</td><td colspan="2">可视化仿真与 VR</td><td>城市规划/场地景观/建筑工程/管道工程</td></tr>
<tr><td>A16/B16/C16/F16</td><td colspan="2">规划/方案设计_设计辅助和建模</td><td>城市规划/场地景观/建筑工程/管道工程</td></tr>
<tr><td>A17/B17/C17/F17</td><td colspan="2">规划/方案设计_场地环境性能化分析</td><td>城市规划/场地景观/建筑工程/管道工程</td></tr>
<tr><td>A19/B19/C19/F19</td><td colspan="2">规划/方案设计_建筑环境性能化分析</td><td>城市规划/场地景观/建筑工程/管道工程</td></tr>
<tr><td>A20/B20/C20/F20</td><td colspan="2">规划/方案设计_参数化设计优化</td><td>城市规划/场地景观/建筑工程/管道工程</td></tr>
<tr><td>A23/B23/C23/F23</td><td colspan="2">规划/方案设计_设计成果渲染与表达</td><td>城市规划/场地景观/建筑工程/管道工程</td></tr>
<tr><td>A25/B25/C25/F25</td><td colspan="2">初步/施工图设计_设计辅助和建模</td><td>城市规划/场地景观/建筑工程/管道工程</td></tr>
<tr><td>A27/B27/C27/F27</td><td colspan="2">初步/施工图设计_设计分析和优化</td><td>城市规划/场地景观/建筑工程/管道工程</td></tr>
<tr><td>A31/B31/C31/F31</td><td colspan="2">初步/施工图设计_设计成果渲染与表达</td><td>城市规划/场地景观/建筑工程/管道工程</td></tr>
</table>

续表

<table>
<tr><td colspan="2">A33/B33/C33/F33</td><td colspan="2">深化设计_深化设计辅助和建模</td><td colspan="3">城市规划/场地景观/建筑工程/管道工程</td></tr>
<tr><td colspan="2">C37</td><td colspan="2">深化设计_装饰装修设计辅助和建模</td><td colspan="3">建筑工程</td></tr>
<tr><td colspan="2">C39</td><td colspan="2">深化设计_机电工程设计辅助和建模</td><td colspan="3">建筑工程</td></tr>
<tr><td colspan="2">C40</td><td colspan="2">深化设计_幕墙设计辅助和建模</td><td colspan="3">建筑工程</td></tr>
<tr><td>最新版本</td><td colspan="6">Trimble SketchUp Pro 2021</td></tr>
<tr><td>输入格式</td><td colspan="6">.3ds/.bmp/.dae/.ddf/.dem/.dwg/.dxf/.ifc/.ifczip/.jpeg/.jpg/.kmz/.png/.psd/.skp/.stl/.tga/.tif/.tiff</td></tr>
<tr><td>输出格式</td><td colspan="6">.3ds/.dwg/.dxf/.dae/.fbx/.ifc/.kmz/.obj/.stl/.wrl/.xsi/.pdf/.eps/.bmp/.jpg/.tif/.png</td></tr>
<tr><td rowspan="2">推荐硬件配置</td><td>操作系统</td><td>64位Windows10</td><td>处理器</td><td>2GHz</td><td>内存</td><td>8GB</td></tr>
<tr><td>显卡</td><td>1GB</td><td>磁盘空间</td><td>700MB</td><td>鼠标要求</td><td>带滚轮</td></tr>
<tr><td rowspan="2">最低硬件配置</td><td>操作系统</td><td>64位Windows10</td><td>处理器</td><td>1GHz</td><td>内存</td><td>4GB</td></tr>
<tr><td>显卡</td><td>512MB</td><td>磁盘空间</td><td>500MB</td><td>鼠标要求</td><td>带滚轮</td></tr>
<tr><td colspan="7">功能介绍</td></tr>
</table>

A25/B25/C25/F25、A27/B27/C27/F27、A31/B31/C31/F31：

1. 本软硬件在“初步/施工图设计”应用上的介绍及优势

SketchUp已探索出更完善的设计流程：从概念设计到三维模型深化再到二维图纸的输出，这一系列的操作步骤在SketchUp系列软件中（LayOut）有机地结合在一起。

SketchUp的优势：将SketchUp建造的模型发送到LayOut中，直接生成施工图。

2. 本软硬件在“初步/施工图设计”应用上的操作难易度

SketchUp建模→LayOut出图，在这个过程中，LayOut可以与SketchUp动态链接，保持实时更新。操作难易程度：中等（图1、图2）。

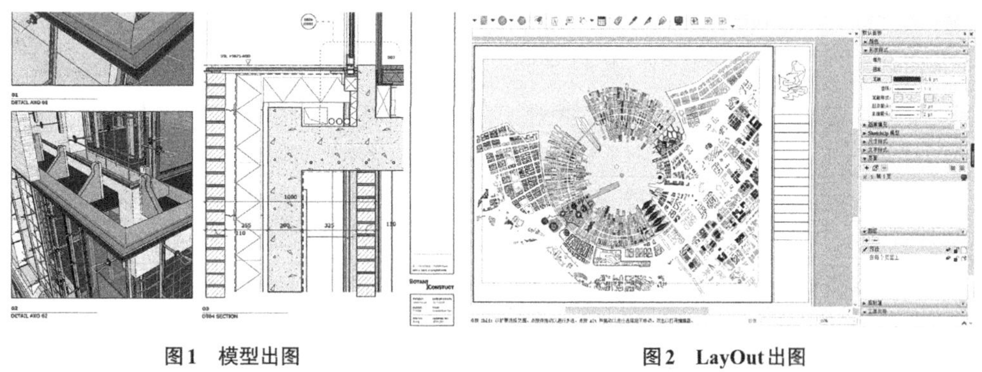

图1 模型出图　　图2 LayOut出图

接本书7.4节彩页

4. Trimble SketchUp Pro/Trimble Business Center/SketchUp mobile viewer/水处理模块For SketchUp/垃圾处理模块For SketchUp/能源化工模块For SketchUp/6D For SketchUp

Trimble SketchUp Pro/Trimble Business Center/SketchUp mobile viewer/水处理模块 For SketchUp/垃圾处理模块 For SketchUp/能源化工模块 For SketchUp/6D For SketchUp　　表 3-4-59

软件名称	Trimble SketchUp Pro/Trimble Business Center/SketchUp mobile viewer/水处理模块 For SketchUp/垃圾处理模块For SketchUp/能源化工模块For SketchUp/6D For SketchUp	厂商名称	天宝寰宇电子产品（上海）有限公司/辽宁乐成能源科技有限公司
代码	应用场景		业务类型
D06/E06/F06	勘察岩土_勘察外业设计辅助和建模		水处理/垃圾处理/管道工程（能源化工）
D11/E11/F11	勘察岩土_岩土工程计算和分析		水处理/垃圾处理/管道工程（能源化工）
D16/E16/F16	规划/方案设计_设计辅助和建模		水处理/垃圾处理/管道工程（能源化工）
D22/E22/F22	规划/方案设计_算量和造价		水处理/垃圾处理/管道工程（能源化工）
D23/E23/F23	规划/方案设计_设计成果渲染与表达		水处理/垃圾处理/管道工程（能源化工）
D25/E25/F25	初步/施工图设计_设计辅助和建模		水处理/垃圾处理/管道工程（能源化工）
D30/E30/F30	初步/施工图设计_算量和造价		水处理/垃圾处理/管道工程（能源化工）
D31/E31/F31	初步/施工图设计_设计成果渲染与表达		水处理/垃圾处理/管道工程（能源化工）
D33/E33/F33	深化设计_深化设计辅助和建模		水处理/垃圾处理/管道工程（能源化工）
D38/E38/F38	深化设计_钢结构设计辅助和建模		水处理/垃圾处理/管道工程（能源化工）
D44/E44/F44	深化设计_算量和造价		水处理/垃圾处理/管道工程（能源化工）
D46/E46/F46	招采_招标投标采购		水处理/垃圾处理/管道工程（能源化工）
D47/E47/F47	招采_投资与招商		水处理/垃圾处理/管道工程（能源化工）
D48/E48/F48	招采_其他		水处理/垃圾处理/管道工程（能源化工）
D49/E49/F49	施工准备_施工场地规划		水处理/垃圾处理/管道工程（能源化工）
D50/E50/F50	施工准备_施工组织和计划		水处理/垃圾处理/管道工程（能源化工）
D60/E60/F60	施工实施_隐蔽工程记录		水处理/垃圾处理/管道工程（能源化工）
D62/E62/F62	施工实施_成本管理		水处理/垃圾处理/管道工程（能源化工）
D63/E63/F63	施工实施_进度管理		水处理/垃圾处理/管道工程（能源化工）
D66/E66/F66	施工实施_算量和造价		水处理/垃圾处理/管道工程（能源化工）
D74/E74/F74	运维_空间登记与管理		水处理/垃圾处理/管道工程（能源化工）
D75/E75/F75	运维_资产登记与管理		水处理/垃圾处理/管道工程（能源化工）
D78/E78/F78	运维_其他		水处理/垃圾处理/管道工程（能源化工）
最新版本	Trimble SketchUp Pro2021/Trimble Business Center/ SketchUp mobile viewer/水处理模块 For SketchUp/垃圾处理模块For SketchUp/ 能源化工模块For SketchUp/6D For SketchUp		

续表

输入格式	.skp/.3ds/.dae/.dem/.ddf/.dwg/.dxf/.ifc/.ifcZIP/.kmz/.stl/.jpg/.png/.psd/.tif/.tag/.bmp					
输出格式	.skp/.3ds/.dae/.dwg/.dxf/.fbx/.ifc/.kmz/.obj/.wrl/.stl/.xsi/.jpg/.png/.tif/.bmp/.mp4/.avi/.webm/.ogv/.xls					
推荐硬件配置	操作系统	64位Windows10	处理器	2GHz	内存	8GB
	显卡	1GB	磁盘空间	700MB	鼠标要求	带滚轮
最低硬件配置	操作系统	64位Windows10	处理器	1GHz	内存	4GB
	显卡	512MB	磁盘空间	500MB	鼠标要求	带滚轮
功能介绍						

D31/E31/F31：

1. 本软硬件在“初步/施工图设计_设计成果渲染与表达”应用上的介绍及优势

本软件在初步设计阶段，可依托场景功能制作设计展示动画、工艺改造方案动画等，清晰展示设计过程，软件可以链接VR/AR，预见项目成果。便于方案汇报及评审。展示项目效果可通过关联LayOut出施工图，并随模型同步更新（图1）。

2. 本软硬件在“初步/施工图设计_设计成果渲染与表达”应用上的操作难易度

本软件操作流程：设计建模→渲染/制作动画→施工出图。

本软件操作难度低，方案成果展示全面，出图更新方便，容易操作。

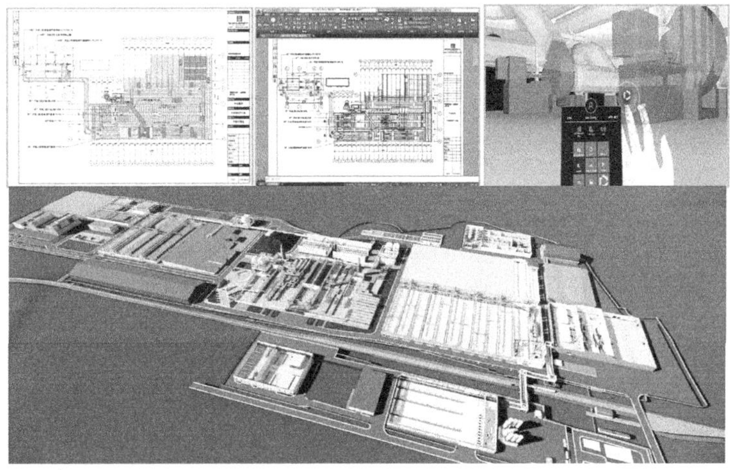

图1　模型动画

5. OpenRoads Designer

OpenRoads Designer　　**表3-4-60**

软件名称	OpenRoads Designer	厂商名称	Bentley
代码	应用场景	业务类型	
B01/F01/G01/J01	通用建模和表达	场地景观/管道工程/道路工程/隧道工程	
F25/G25	初步/施工图设计_设计辅助和建模	道路工程/管道工程	
F28/G28	初步/施工图设计_冲突检测	道路工程/管道工程	
F29/G29	初步/施工图设计_工程量统计	道路工程/管道工程	

续表

<table>
<tr><td colspan="2">F31/G31</td><td colspan="2">初步/施工图设计_设计成果渲染与表达</td><td colspan="3">道路工程/管道工程</td></tr>
<tr><td>最新版本</td><td colspan="6">OpenRoads Designer CONNECT Edition10.09.00.091</td></tr>
<tr><td>输入格式</td><td colspan="6">dwg/.dgn/.cel/.dgnlib/.rdl/.imodel/.shp/.txt/.dxf/.ifc/.3ds/.obj/……</td></tr>
<tr><td>输出格式</td><td colspan="6">.dwg/.dgn/.dgnlib/.rdl/.pdf/.fbx/.skp/.vob/.lxo/.u3d/.obj/……</td></tr>
<tr><td rowspan="2">推荐硬件配置</td><td>操作系统</td><td>64位Windows10</td><td>处理器</td><td>2GHz</td><td>内存</td><td>16GB</td></tr>
<tr><td>显卡</td><td>2GB</td><td>磁盘空间</td><td>1TB</td><td>鼠标要求</td><td>带滚轮</td></tr>
<tr><td rowspan="2">最低硬件配置</td><td>操作系统</td><td>64位Windows10</td><td>处理器</td><td>1GHz</td><td>内存</td><td>4GB</td></tr>
<tr><td>显卡</td><td>512MB</td><td>磁盘空间</td><td>500GB</td><td>鼠标要求</td><td>带滚轮</td></tr>
<tr><td colspan="7">功能介绍</td></tr>
<tr><td colspan="7">F31/G31：
1. 本软件在“初步/施工图设计_设计成果渲染与表达”应用上的介绍及优势
支持以多种渲染模式查看设计模型，并提供专业的出图、制表工具，对设计模型进行成果输出（图1）。
2. 本软件在“初步/施工图设计_设计成果渲染与表达”应用上的操作难易度
基础操作流程：制图工具→图纸管理。
制图：运用制图工具实现项目专业图纸输出（图1）。
图纸管理：利用图纸管理工具进行索引管理、批量打印。
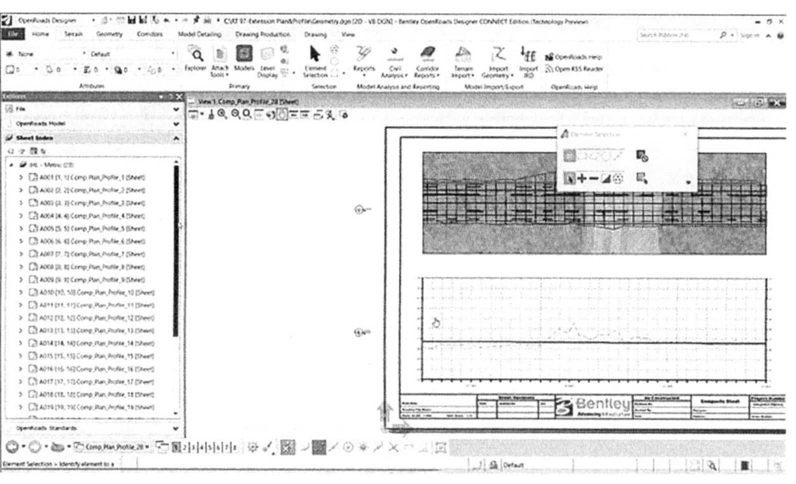
图1　专业图纸输出</td></tr>
</table>

6. OpenRail Designer

OpenRail Designer　　**表3-4-61**

<table>
<tr><td>软件名称</td><td colspan="2">OpenRail Designer</td><td>厂商名称</td><td>Bentley软件公司</td></tr>
<tr><td colspan="2">代码</td><td colspan="2">应用场景</td><td>业务类型</td></tr>
<tr><td colspan="2">A01/F01/G01/ J01/K01</td><td colspan="2">通用建模和表达</td><td>城市规划/管道工程/道路工程/隧道工程/铁路工程</td></tr>
<tr><td colspan="2">A25/F25/G25/ J25/K25</td><td colspan="2">初步/施工图设计_设计辅助和建模</td><td>城市规划/管道工程/道路工程/隧道工程/铁路工程</td></tr>
</table>

续表

A28/F28/G28/ J28/K28	初步/施工图设计_工程量统计	城市规划/管道工程/道路工程/隧道工程/铁路工程				
A31/F31/G31/ J31/K31	初步/施工图设计_设计成果渲染与表达	城市规划/管道工程/道路工程/隧道工程/铁路工程				
最新版本	OpenRail Designer CONNECT Edition10.09.00.091					
输入格式	.dgn/.dwg/.dgnlib/.imodel/.txt/.shp/.jx/.mif/.tab/.dxf/.fbx/.ifc/.cgm/.jgs/.rfa/.stp/.3ds/.skp/.obj/.sat/.3dm					
输出格式	.dgn/.dwg/.pdf/.dxf/.fbx/.stp/.sat/.obj/.shp/.hml					
推荐硬件配置	操作系统	64位Windows10	处理器	2GHz	内存	8GB
	显卡	8GB	磁盘空间	500GB	鼠标要求	带滚轮
最低硬件配置	操作系统	64位Windows10	处理器	1GHz	内存	4GB
	显卡	4GB	磁盘空间	100GB	鼠标要求	带滚轮
功能介绍						
A31/F31/G31/J31/K31： 1. 本软件在“初步/施工图设计_设计成果渲染与表达”应用上的介绍及优势 在成果模型中可以沿着定义的路径或路线驱车穿过，并可以应用于构件的预定义材料，支持实感渲染，根据地理位置确定太阳位置，确保阴影模式呈现逼真效果，可为交通车道上的车辆制作动画，将交通绘制条纹平面图应用到三维模型中，可以在三维模型中应用真实纹理、光照效果，创建漫游场景和动画，并进行日光和阴影分析。 2. 本软件在“初步/施工图设计_设计成果渲染与表达”操作上的难易度 OpenRail实景建模→传送、修饰→成果输出						
接本书7.13节彩页						

7. OpenUtilities™ Substation

OpenUtilities™ Substation **表3-4-62**

软件名称	OpenUtilities™ Substation	厂商名称	Bentley软件
代码	应用场景	业务类型	
C16/K16/L16/M16/N16	规划/方案设计_设计辅助和建模	建筑工程/铁路工程/信号工程/变电站/电网工程	
C21/K21/L21/M21/N21	规划/方案设计_工程量统计	建筑工程/铁路工程/信号工程/变电站/电网工程	
C23/K23/L23/M23/N23	规划/方案设计_设计成果渲染与表达	建筑工程/铁路工程/信号工程/变电站/电网工程	
C25/K25/L25/M25/N25	初步/施工图设计_设计辅助与建模	建筑工程/铁路工程/信号工程/变电站/电网工程	
C27/K27/L27/M27/N27	初步/施工图设计_设计分析和优化	建筑工程/铁路工程/信号工程/变电站/电网工程	
C28/K28/L28/M28/N28	初步/施工图设计_冲突检测	建筑工程/铁路工程/信号工程/变电站/电网工程	
C29/K29/L29/M29/N29	初步/施工图设计_工程量统计	建筑工程/铁路工程/信号工程/变电站/电网工程	
C31/K31/L31/M31/N31	初步/施工图设计_设计成果渲染与表达	建筑工程/铁路工程/信号工程/变电站/电网工程	

续表

<table>
<tr><td colspan="2">C33/K33/L33/M33/N33</td><td colspan="2">深化设计_深化设计辅助和建模</td><td colspan="3">建筑工程/铁路工程/信号工程/变电站/电网工程</td></tr>
<tr><td colspan="2">C42/K42/L42/M42/N42</td><td colspan="2">深化设计_冲突检测</td><td colspan="3">建筑工程/铁路工程/信号工程/变电站/电网工程</td></tr>
<tr><td colspan="2">C43/K43/L43/M43/N43</td><td colspan="2">深化设计_工程量统计</td><td colspan="3">建筑工程/铁路工程/信号工程/变电站/电网工程</td></tr>
<tr><td>最新版本</td><td colspan="6">Update9</td></tr>
<tr><td>输入格式</td><td colspan="6">.dgn/.imodel及.ifc/.stl/.stp/.obj/.fbx等常用的中间数据格式</td></tr>
<tr><td>输出格式</td><td colspan="6">.dgn/.imodel及.stl/.stp/.obj/.fbx等常用的中间数据格式</td></tr>
<tr><td rowspan="2">推荐硬件配置</td><td>操作系统</td><td>64位Windows10</td><td>处理器</td><td>2GHz</td><td>内存</td><td>16GB</td></tr>
<tr><td>显卡</td><td>2GB</td><td>磁盘空间</td><td>500GB</td><td>鼠标要求</td><td>带滚轮</td></tr>
<tr><td rowspan="2">最低硬件配置</td><td>操作系统</td><td>64位Windows10</td><td>处理器</td><td>1GHz</td><td>内存</td><td>4GB</td></tr>
<tr><td>显卡</td><td>512MB</td><td>磁盘空间</td><td>500GB</td><td>鼠标要求</td><td>带滚轮</td></tr>
<tr><td colspan="7">功能介绍</td></tr>
<tr><td colspan="7">C23/K23/L23/M23/N23、C31/K31/L31/M31/N31：
1. 本软件在“设计成果渲染与表达”应用上的介绍及优势
Substation具有渲染工具，设计模型完成后可以赋予材质，输出效果图及项目动画；同时具有与专业渲染软件LumenRT的一键导出接口，可以批量地将设计模型导出到LumenRT里面进行设计成果的渲染与表达。
2. 本软件在“设计成果渲染与表达”应用上的操作难易度
基本流程：模型检查→材质处理→脚本设置→成果输出。
在基本流程中的每一步操作均由向导工具来指导，预设多种渲染方式，预定义多个表达场景，在实际应用中只需要选定应用场景后进行微调就可以快速完成设计成果的渲染与表达</td></tr>
<tr><td colspan="7">接本书7.14节彩页</td></tr>
</table>

3.4.9 其他

OpenPlant **表3-4-63**

<table>
<tr><td>软件名称</td><td colspan="2">OpenPlant</td><td>厂商名称</td><td>Bentley</td></tr>
<tr><td colspan="2">代码</td><td colspan="2">应用场景</td><td>业务类型</td></tr>
<tr><td colspan="2">D01/E01/F01</td><td colspan="2">通用建模和表达</td><td rowspan="10">水处理/垃圾处理/管道工程</td></tr>
<tr><td colspan="2">D02/E02/F02</td><td colspan="2">模型整合与管理</td></tr>
<tr><td colspan="2">D16/E16/F16</td><td colspan="2">规划/方案设计_设计辅助和建模</td></tr>
<tr><td colspan="2">D20/E20/F20</td><td colspan="2">规划/方案设计_参数化设计优化</td></tr>
<tr><td colspan="2">D24/E24/F24</td><td colspan="2">规划/方案设计_其他</td></tr>
<tr><td colspan="2">D25/E25/F25</td><td colspan="2">初步/施工图设计_设计辅助和建模</td></tr>
<tr><td colspan="2">D27/E27/F27</td><td colspan="2">初步/施工图设计_设计分析和优化</td></tr>
<tr><td colspan="2">D32/E32/F32</td><td colspan="2">初步/施工图设计_其他</td></tr>
<tr><td colspan="2">D33/E33/F33</td><td colspan="2">深化设计_深化设计辅助和建模</td></tr>
<tr><td colspan="2">D36/E36/F36</td><td colspan="2">深化设计_预制装配设计辅助和建模</td></tr>
</table>

续表

<table>
<tr><td colspan="2">D39/E39/F39</td><td colspan="3">深化设计_机电工程设计辅助和建模</td><td colspan="2" rowspan="2">水处理/垃圾处理/管道工程</td></tr>
<tr><td colspan="2">D45/E45/F45</td><td colspan="3">深化设计_其他</td></tr>
<tr><td>最新版本</td><td colspan="6">OpenPlant CONNECT Edition Update 9</td></tr>
<tr><td>输入格式</td><td colspan="6">.dgn/.dwg/.3ds/.ifc/.3dm/.skp/.stp/.sat/.fbx/.obj/.jt/.3mx/.igs/.stl/.x_t/.shp</td></tr>
<tr><td>输出格式</td><td colspan="6">.dgn/.dwg/.rdl/.hln/.pdf/.cgm/.dxf/.fbx/.igs/.jt/.stp/.sat/.obj/.x_t/.skp/.stl/.vob</td></tr>
<tr><td rowspan="2">推荐硬件配置</td><td>操作系统</td><td>64位Windows10</td><td>处理器</td><td>2GHz</td><td>内存</td><td>16GB</td></tr>
<tr><td>显卡</td><td>2GB</td><td>磁盘空间</td><td>1TB</td><td>鼠标要求</td><td>带滚轮</td></tr>
<tr><td rowspan="2">最低硬件配置</td><td>操作系统</td><td>64位Windows10</td><td>处理器</td><td>1GHz</td><td>内存</td><td>4GB</td></tr>
<tr><td>显卡</td><td>512MB</td><td>磁盘空间</td><td>500GB</td><td>鼠标要求</td><td>带滚轮</td></tr>
<tr><td colspan="7">功能介绍</td></tr>
<tr><td colspan="7">D24/E24/F24、D32/E32/F32、F45/E45/D45：
OpenPlant是一套完整的工厂设计方案，还包括智能化工艺流程图设计工具OpenPlant PID、三维设备管道设计系统OpenPlant Modeler、管道轴测图系统OpenPlant Isometric Manager、全自动管道出图工具OpenPlant Orthographics Manager，以及管道支吊架设计工具OpenPlant Support Engineering。并且内嵌有自动报表工具、碰撞检测工具，以及可通过平台本身的渲染引擎来进行可视化展示。适用于流程工厂行业和离散制造行业及相关工厂行业设计（图1）。

图1 多种类型管道综合</td></tr>
</table>

3.5 深化设计阶段

3.5.1 应用场景综述

在深化设计阶段，BIM侧重于基于施工图模型对各专项分别进行深化，验证深化设计可行性、协调各专业间存在的问题，在深化阶段通过BIM模型进行优化、提高设计质量，同时供后续招采阶段参考及传递。深化设计阶段应用场景及定义如表3-5-1所示。

深化设计阶段应用场景及定义　　表3-5-1

应用场景		定义
1	深化设计辅助和建模	利用BIM软硬件进行深化设计阶段专项三维模型设计创建及信息录入，验证深化设计可行性、协调各专业进行效果预览
2	预制装配设计辅助和建模	利用BIM软硬件进行深化设计阶段预制装配三维模型设计创建及信息录入，验证预制装配深化设计可行性、协调各专业与预制装配构件间的冲突与不一致，为预制装配加工提供数据
3	装饰装修设计辅助和建模	利用BIM软硬件进行深化设计阶段装饰装修三维模型设计创建及信息录入，验证装饰装修深化设计可行性、协调各专业与装饰装修构件间的冲突与不一致，为后续加工提供数据
4	钢结构设计辅助和建模	利用BIM软硬件进行深化设计阶段钢结构三维模型设计创建及信息录入，细化加强钢结构，验证钢结构深化设计可行性、协调各专业与钢结构构件间的冲突与不一致，为钢结构加工提供模型数据
5	机电工程设计辅助和建模	基于施工图或二次机电成果，利用BIM软硬件进行深化设计阶段机电工程三维模型设计创建及信息录入，合理化排布、全方位验证净高可行性，为施工组织流程提供依据
6	幕墙设计辅助和建模	利用BIM软硬件进行深化设计阶段幕墙设计，创建三维设计模型以及录入信息，细化幕墙节点，验证幕墙深化设计可行性、协调各专业与幕墙构件间的冲突与不一致，为幕墙加工提供模型数据
7	专项计算和分析	专项深化过程中利用BIM结构化、参数化的特点，借助专项BIM软硬件进行计算及优化分析，数据可追溯、易优化调整
8	冲突检测	基于深化设计阶段BIM信息模型对各专业、各构件进行冲突检测、定位统计碰撞点
9	工程量统计	通过深化设计阶段BIM信息模型，快速导出、统计模型量
10	算量和造价	利用BIM专项软硬件快速生成预算书等造价成果，内置各地配套清单、定额，一键完成、智能检查。为工程计价人员提供概算、预算、竣工结算、招标投标等各阶段的数据编审、分析积累与挖掘利用

3.5.2 深化设计辅助和建模

1. Revit Architecture

Revit Architecture　　表3-5-2

软件名称	Revit Architecture	厂商名称	Autodesk
代码	应用场景		业务类型
A16/B16/C16/D16/E16/F16/G16/H16/J16/K16/L16/M16/N16/P16/Q16	规划/方案设计_设计辅助和建模		城市规划/场地景观/建筑工程/水处理/垃圾处理/管道工程/道路工程/桥梁工程/隧道工程/铁路工程/信号工程/变电站/电网工程/水坝工程/飞行工程
A19/B19/C19/D19/E19/F19/G19/H19/J19/K19/L19/M19/N19/P19/Q19	规划/方案设计_建筑环境性能化分析		
A21/B21/C21/D21/E21/F21/G21/H21/J21/K21/L21/M21/N21/P21/Q21	规划/方案设计_工程量统计		

续表

A23/B23/C23/D23/E23/F23/G23/H23/J23/K23/L23/M23/N23/P23/Q23	规划/方案设计_设计成果渲染与表达	城市规划/场地景观/建筑工程/水处理/垃圾处理/管道工程/道路工程/桥梁工程/隧道工程/铁路工程/信号工程/变电站/电网工程/水坝工程/飞行工程
A25/B25/C25/D25/E25/F25/G25/H25/J25/K25/L25/M25/N25/P25/Q25	初步/施工图设计_设计辅助与建模	
A27/B27/C27/D27/E27/F27/G27/H27/J27/K27/L27/M27/N27/P27/Q27	初步/施工图设计_设计分析和优化	
A28/B28/C28/D28/E28/F28/G28/H28/J28/K28/L28/M28/N28/P28/Q28	初步/施工图设计_冲突检测	
A29/B29/C29/D29/E29/F29/G29/H29/J29/K29/L29/M29/N29/P29/Q29	初步/施工图设计_工程量统计	
A31/B31/C31/D31/E31/F31/G31/H31/J31/K31/L31/M31/N31/P31/Q31	初步/施工图设计_设计成果渲染与表达	
A33/B33/C33/D33/E33/F33/G33/H33/J33/K33/L33/M33/N33/P33/Q33	深化设计_深化设计辅助和建模	
A36/B36/C36/D36/E36/F36/G36/H36/J36/K36/L36/M36/N36/P36/Q36	深化设计_预制装配设计辅助和建模	
A37/B37/C37/D37/E37/F37/G37/H37/J37/K37/L37/M37/N37/P37/Q37	深化设计_装饰装修设计辅助和建模	
A40/B40/C40/D40/E40/F40/G40/H40/J40/K40/L40/M40/N40/P40/Q40	深化设计_幕墙设计辅助和建模	
A42/B42/C42/D42/E42/F42/G42/H42/J42/K42/L42/M42/N42/P42/Q42	深化设计_冲突检测	
A43/B43/C43/D43/E43/F43/G43/H43/J43/K43/L43/M43/N43/P43/Q43	深化设计_工程量统计	

最新版本	Revit 2021						
输入格式	.dwg/.dxf/.dgn/.sat/.skp/.rvt/ .rfa/.ifc/.pdf/.xml/点云 .rcp/.rcs /.nwc/.nwd/所有图像文件						
输出格式	.dwg/.dxf/.dgn/.sat/.ifc/.rvt						
推荐硬件配置	操作系统	64位Windows10	处理器	3GHz	内存	16GB
	显卡	支持DirectX® 11和Shader Model 5的显卡，最少有4GB视频内存	磁盘空间	30GB	鼠标要求	带滚轮
	其他	NET Framework 版本4.8或更高版本				
最低硬件配置	操作系统	64位Windows10	处理器	2GHz	内存	8GB
	显卡	支持DirectX® 11和Shader Model 5的显卡，最少有4GB视频内存	磁盘空间	30GB	鼠标要求	带滚轮
	其他	NET Framework 版本4.8或更高版本				

功能介绍

A33/B33/C33/D33/E33/F33/G33/H33/J33/K33/L33/M33/N33/P33/Q33：

1. 本软件在“深化设计_深化设计辅助和建模”应用上的介绍及优势

Revit模型综合协调整合强电、弱点、空调、给水排水、消防等多专业模型，从三维空间角度综合分析和

续表

<table>
<tr><td>设计机电管线排布；通过模型进行净高优化，并完成支吊架排布，最终可直接形成综合图、支吊架点位图，以及最终的工程量（图1）。
2. 本软件在“深化设计_深化设计辅助和建模”应用上的操作难易度
应用流程：深化设计→深化建模→专业协同。
在上述设计流程的各个环节，Revit都有相应的工具支持，操作简单，容易上手。
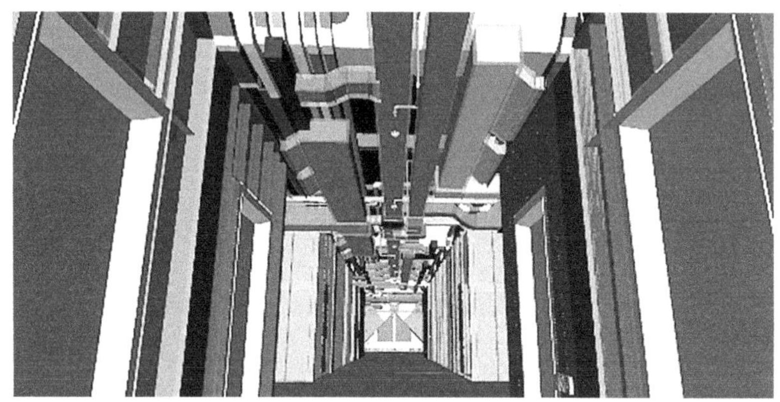
图1　整合多专业模型</td></tr>
</table>

2. Dynamo for Revit

Dynamo for Revit　　表3-5-3

<table>
<tr><td>软件名称</td><td colspan="2">Dynamo for Revit</td><td>厂商名称</td><td>Autodesk</td></tr>
<tr><td colspan="2">代码</td><td colspan="2">应用场景</td><td>业务类型</td></tr>
<tr><td colspan="2">B25/C25/D25/F25/H25/J25/P25</td><td colspan="2">初步/施工图设计_设计辅助和建模</td><td>场地景观/建筑工程/水处理/管道工程/桥梁工程/隧道工程/水坝工程</td></tr>
<tr><td colspan="2">B27/C27/D27/F27/H27/J27/P27</td><td colspan="2">初步/施工图设计_设计分析和优化</td><td>场地景观/建筑工程/水处理/管道工程/桥梁工程/隧道工程/水坝工程</td></tr>
<tr><td colspan="2">B33/C33/D33/F33/H33/J33/P33</td><td colspan="2">深化设计_深化设计辅助和建模</td><td>场地景观/建筑工程/水处理/管道工程/桥梁工程/隧道工程/水坝工程</td></tr>
<tr><td>最新版本</td><td colspan="4">Dynamo 2.5</td></tr>
<tr><td>输入格式</td><td colspan="4">通用格式：.dyn/.dyf</td></tr>
<tr><td>输出格式</td><td colspan="4">.dyn/.dyf</td></tr>
<tr><td>推荐硬件配置</td><td colspan="4">同Revit</td></tr>
<tr><td>最低硬件配置</td><td colspan="4">同Revit</td></tr>
<tr><td colspan="5">功能介绍</td></tr>
<tr><td colspan="5">B33/C33/D33/F33/H33/J33/P33：
Dynamo for Revit提供可视化编程环境供设计师编写脚本用于深化设计辅助和建模，例如批量化钢筋建模、批量化钢结构建模等（图1）</td></tr>
</table>

续表

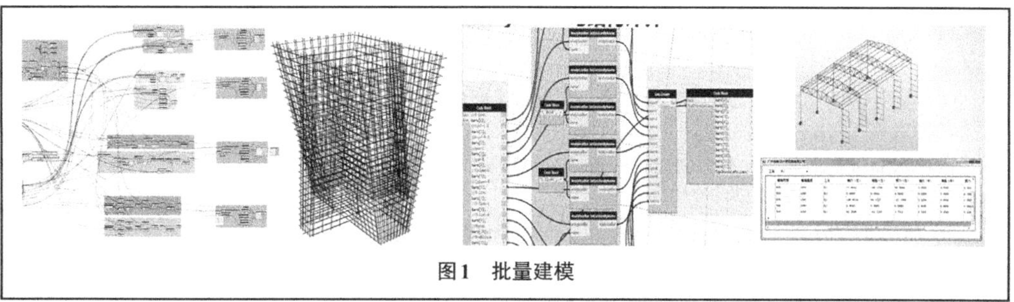

图1 批量建模

3. Autodesk Advance Steel

Autodesk Advance Steel 表3-5-4

软件名称	Autodesk Advance Steel			厂商名称	Autodesk		
代码			应用场景		业务类型		
C33/F33/H33/M33/N33/Q33			深化设计_深化设计辅助与建模		建筑工程/管道工程/桥梁工程/变电站/电网工程/飞行工程		
C38/F38/H38/M38/N38/Q38			深化设计_钢结构设计辅助和建模		建筑工程/管道工程/桥梁工程/变电站/电网工程/飞行工程		
C43/F43/H43/M43/N43/Q43			深化设计_工程量统计		建筑工程/管道工程/桥梁工程/变电站/电网工程/飞行工程		
最新版本	Autodesk Advance Steel 2021						
输入格式	.dwg/.dwf/.dwfx/.dws./.dwt/.dgn/.sat/.3ds/.igs/.iges/.wfm/.CATPart/.model/.3dm/.ste/.prt						
输出格式	.dwg/.dwf/.dwfx/.dws/.dwt/.dgn/.wfm/.stl/.sat/.eps/.bmp/.igs/.iges/.dxx/.pdf						
推荐硬件配置	操作系统	64位Windows10	处理器	3GHz及以上	内存	16GB	
	显卡	1GB	磁盘空间	12GB	鼠标要求	无	
	其他	显示器分辨率：3840×2160（4K）					
最低硬件配置	操作系统	64位Windows10	处理器	2.5GHz	内存	8GB	
	显卡	512MB	磁盘空间	9GB	鼠标要求	无	
	其他	显示器分辨率：1920×1080（1080p）					
功能介绍							

C33/F33/H33/M33/N33/Q33：

1. 本软硬件在“深化设计_深化设计辅助与建模”应用上的介绍及优势

Advance Steel是一款主要面向钢结构工程的三维设计软件，提供一系列三维建模工具。大到横梁、立柱，小到连接节点、钢板切割、螺钉、螺栓，一应俱全。

（1）Advance Steel提供丰富的结构构件库（各种型钢、屋面体系等）、钢制件（楼梯、扶手、爬梯等）、钣金构件（能自动生成钣金展开图和CNC文件）、梁（焊接梁、变截面梁和曲梁）、柱、桁架、檩条、支撑等。

（2）Advance Steel提供可参变节点库（包括AISC和EC3标准，250种以上的连接节点）和节点设计引擎（让用户可定制节点）。

（3）用户直接在3D界面中，可进行快速建模，运用自动命名为各构件分配编码。

（4）Advance Steel同时支持三方软件创建的构建，如储液罐、储气罐等，并支持深化

续表

(5) 支持钢结构全流程的数据流转，从概念设计到数控加工，支持DWG施工图自动生成零件加工图，并导出NC、DSTV等数控加工文件。 (6) 基于AutoCAD强大的数字建模能力，可基于AutoCAD的任意线条生成三维构件，并保留了熟悉的AutoCAD的操作习惯和见面形式。 (7) Advance Steel与BIM模型创建软件Revit中的网格、模型支持直接互相导入，在导入一次后，可通过同步的功能进行增量更新。 (8) 利用Dynamo模块实现参数化深化设计，对钢结构造型和连接件进行批量设计编辑。 (9) 与Robot结构性能分析软件数据共享，利用Robot计算结果生成符合要求的结构构件。 (10) 自动生成图纸，通过调用Advance Steel内定义好的样板文件，即可自动生成包括总布置图、加工图、材料表、切割清单、NC文件、焊接机器使用的XML文件等在内的各种文件。 (11) 可直接使用图形化的模板定制功能，定制自己的模板文件。 (12) Advance Steel提供强大的文件管理系统。图纸和3D模型实时关联，模型上有任何变化都会在图纸上反映。 (13) 支持图纸的版本控制，修改处可以显示云线标注，图框中能显示版本信息。 2. 本软硬件在“深化设计_深化设计辅助与建模”应用上的操作难易度 模型创建（初步设计模型导入）→结构计算（节点计算）→深化构件→跨专业协同→验证模型→成果输出（模型、图纸、表单等）。 (1) 模型创建：Advance Steel 模型创建基于AutoCAD工作空间，对于熟悉AutoCAD设计工具的工程师，学习成本大大降低。结合自带的专业工具模块，快速生成、编辑、调取钢结构设计模型。 (2) 模型导入：支持直接从Revit软件中直接导入初步设计成果，并无缝转化为可编辑文件版本。同时支持多种不同软件生成的三维或二维设计成果导入。 (3) 结构计算：与Autodesk Robot结构计算分析软件共享设计数据，完整定义和传递受力状态，将计算结果以可视化形式返回Advance Steel模型中，并自动根据规则生成符合受力要求的构件。 (4) 深化构件：支持丰富的参数化构件库供调取和编辑，也可独立保存特有的构件形式，结合Dynamo可视化编程，快速、批量地生成或编辑构件。 (5) 验证模型：将设计成果再次在Robot中进行受力等必要计算，验证深化设计成果符合要求。 (6) 通过软件包含的丰富样板，以及自身需要设计的模板，批量自动化生成加工图、施工图、材料表、切割清单、NC文件等。其中图纸中标注的细节调整也可以通过自定义规则实现快速调整
接本书7.1节彩图

4. 品茗HiBIM软件

品茗 HiBIM 软件 **表 3-5-5**

软件名称	品茗 HiBIM 软件	厂商名称	杭州品茗安控信息技术股份有限公司
代码	应用场景	业务类型	
C01	通用建模和表达	建筑工程	
C16	规划/方案设计_设计辅助和建模	建筑工程	
C21	规划/方案设计_工程量统计	建筑工程	
C25	初步/施工图设计_设计辅助和建模	建筑工程	
C28	初步/施工图设计_冲突检测	建筑工程	
C29	初步/施工图设计_工程量统计	建筑工程	
C33	深化设计_深化设计辅助和建模	建筑工程	

续表

<table>
<tr><td colspan="2">C37</td><td colspan="3">深化设计_装饰装修设计辅助和建模</td><td colspan="3">建筑工程</td></tr>
<tr><td colspan="2">C39/F39</td><td colspan="3">深化设计_机电工程设计辅助和建模</td><td colspan="3">建筑工程/管道工程</td></tr>
<tr><td colspan="2">C41/F41</td><td colspan="3">深化设计_专项计算和分析</td><td colspan="3">建筑工程/管道工程</td></tr>
<tr><td colspan="2">C42</td><td colspan="3">深化设计_冲突检测</td><td colspan="3">建筑工程</td></tr>
<tr><td colspan="2">C43</td><td colspan="3">深化设计_工程量统计</td><td colspan="3">建筑工程</td></tr>
<tr><td>最新版本</td><td colspan="7">HiBIM3.2</td></tr>
<tr><td>输入格式</td><td colspan="7">.ifc/.pbim/.rvt（2021及以下版本）</td></tr>
<tr><td>输出格式</td><td colspan="7">.rvt/.pbim/.dwg/.skp/.doc/.xlsx</td></tr>
<tr><td rowspan="2">推荐硬件配置</td><td>操作系统</td><td>64位Windows7/8/10</td><td>处理器</td><td>3.6GHz</td><td>内存</td><td>16GB</td></tr>
<tr><td>显卡</td><td>Gtx1070或同等级别及以上</td><td>磁盘空间</td><td>1TB</td><td>鼠标要求</td><td>带滚轮</td></tr>
<tr><td rowspan="2">最低硬件配置</td><td>操作系统</td><td>64位Windows7/8/10</td><td>处理器</td><td>2GHz</td><td>内存</td><td>4GB</td></tr>
<tr><td>显卡</td><td>Gtx1050或同级别及以上</td><td>磁盘空间</td><td>128GB</td><td>鼠标要求</td><td>带滚轮</td></tr>
<tr><td colspan="8">功能介绍</td></tr>
</table>

C33：

1. 本软件在“深化设计_深化设计辅助和建模”应用上的介绍及优势

软件在深化设计上提供了二次结构深化功能，辅助进行构造柱、圈梁、过梁、门垛、砌体排布等构件的深化，内置规范要求，一键生成二次结构模型。

机电深化上提供了管线避让、开洞套管、净高分析等功能辅助进行深化工作，辅助管线综合，提高效率。用管线连接、管线避让等对管线进行优化排布，然后可以对构件的空间距地净高随时检测，从而优化设计，避免出现施工过程中净高不足等重大问题，减少变更。

2. 本软件在“深化设计_深化设计辅助和建模”应用上的操作难易度

土建深化流程：模型准备→深化功能→规则设置→生成模型。

二次结构主要是根据规范要求，在相应部位生成构件，内置的规范要求可以直接进行选择（图1），无须翻找规范，一键布置。

机电深化流程：机电建模→管线调整→开洞套管→支吊架布置→标注出图。

机电各专业模型创建好后需进行整合，通过管线避让、连接等功能进行管线综合排布（图2），然后跟土建模型整合后进行开洞套管，为预留预埋做准备。管线调整完之后进行支吊架布置，确定管线安装高度和固定位置，最后利用快速标注进行出图。

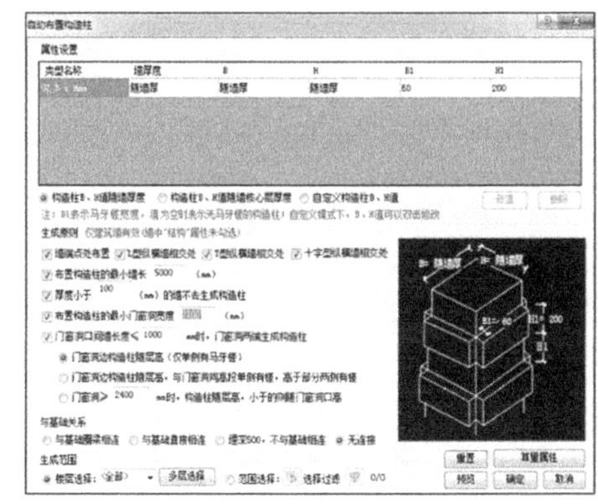
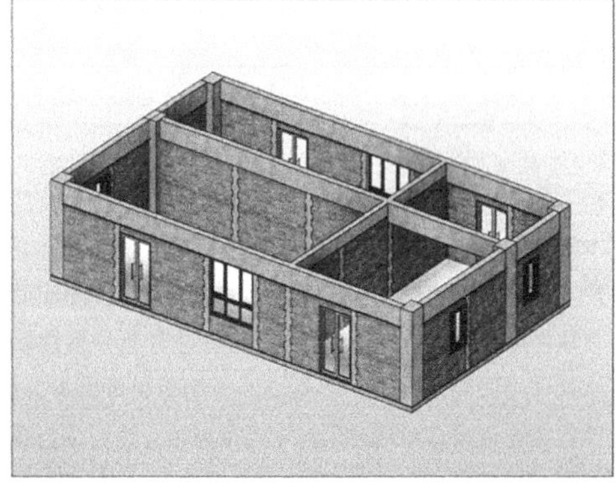

图1　土建深化

续表

图2 机电深化

5. Trimble SketchUp Pro/建筑BIM模型工具 For SketchUp

Trimble SketchUp Pro/建筑BIM模型工具 For SketchUp **表3-5-6**

<table>
<tr><td>软件名称</td><td colspan="2">Trimble SketchUp Pro/建筑BIM模型工具 For SketchUp</td><td>厂商名称</td><td colspan="3">天宝寰宇电子产品(上海)有限公司/广州乾讯建筑咨询有限公司</td></tr>
<tr><td colspan="2">代码</td><td colspan="2">应用场景</td><td colspan="3">业务类型</td></tr>
<tr><td colspan="2">C33</td><td colspan="2">深化设计_深化设计辅助和建模</td><td colspan="3">建筑工程</td></tr>
<tr><td>最新版本</td><td colspan="6">建筑BIM模型工具 For SketchUp 2019</td></tr>
<tr><td>输入格式</td><td colspan="6">.skp</td></tr>
<tr><td>输出格式</td><td colspan="6">.skp</td></tr>
<tr><td rowspan="2">推荐硬件配置</td><td>操作系统</td><td>64位Windows10</td><td>处理器</td><td>2GHz</td><td>内存</td><td>8GB</td></tr>
<tr><td>显卡</td><td>1GB</td><td>磁盘空间</td><td>700MB</td><td>鼠标要求</td><td>带滚轮</td></tr>
<tr><td rowspan="2">最低硬件配置</td><td>操作系统</td><td>64位Windows10</td><td>处理器</td><td>1GHz</td><td>内存</td><td>4GB</td></tr>
<tr><td>显卡</td><td>512MB</td><td>磁盘空间</td><td>500MB</td><td>鼠标要求</td><td>带滚轮</td></tr>
<tr><td colspan="7">功能介绍</td></tr>
<tr><td colspan="7">C33:
1. 本软硬件在“建筑工程_深化设计_深化设计辅助和建模”应用上的介绍及优势
本软件可以实现依照CAD的建筑图快速生成SketchUp信息化模型，包括梁、柱、墙及配筋。
2. 本软硬件在“建筑工程_深化设计_深化设计辅助和建模”应用上的操作难易度
本软件操作流程：导入CAD图→标注分析→属性赋予→生成模型。
本软件界面简洁，上手容易，经过简单培训即可掌握。
该软件通过将CAD图纸导入SketchUp，然后分析标注与图纸内容关系，将相应属性赋予特征线面，通过特征线面生成建筑模型，包括梁、柱、墙，并根据配筋属性生成配筋模型(图1)</td></tr>
</table>

续表

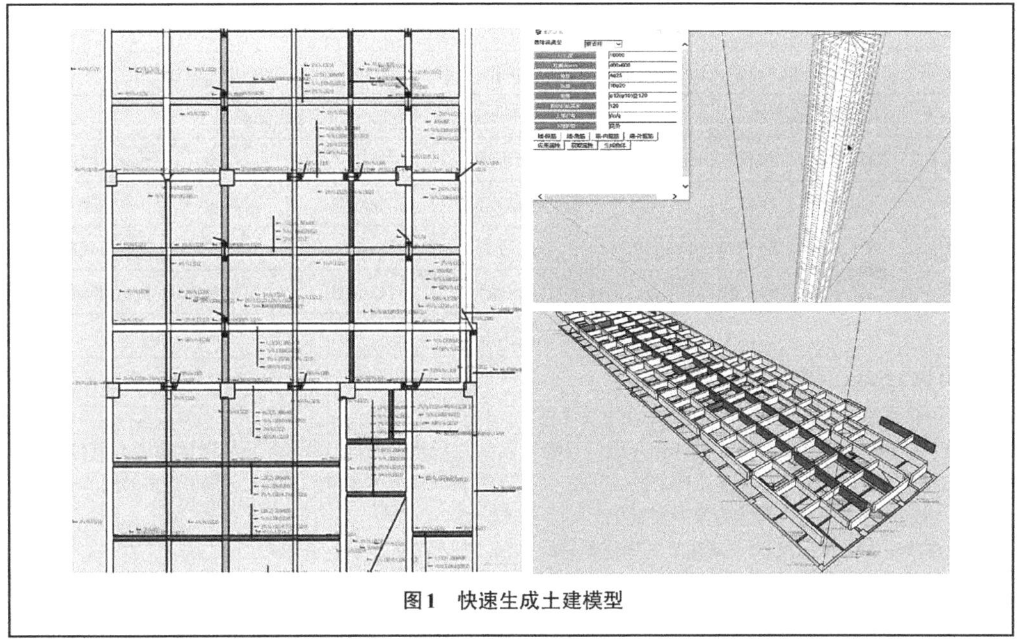

图1 快速生成土建模型

6. Trimble SketchUp Pro

Trimble SketchUp Pro 表3-5-7

软件名称	Trimble SketchUp Pro	厂商名称	天宝寰宇电子产品（上海）有限公司
代码	应用场景		业务类型
A01/B01/C01/F01	通用建模和表达		城市规划/场地景观/建筑工程/管道工程
A02/B02/C02/F02	模型整合与管理		城市规划/场地景观/建筑工程/管道工程
A04/B04/C04/F04	可视化仿真与VR		城市规划/场地景观/建筑工程/管道工程
A16/B16/C16/F16	规划/方案设计_设计辅助和建模		城市规划/场地景观/建筑工程/管道工程
A17/B17/C17/F17	规划/方案设计_场地环境性能化分析		城市规划/场地景观/建筑工程/管道工程
A19/B19/C19/F19	规划/方案设计_建筑环境性能化分析		城市规划/场地景观/建筑工程/管道工程
A20/B20/C20/F20	规划/方案设计_参数化设计优化		城市规划/场地景观/建筑工程/管道工程
A23/B23/C23/F23	规划/方案设计_设计成果渲染与表达		城市规划/场地景观/建筑工程/管道工程
A25/B25/C25/F25	初步/施工图设计_设计辅助和建模		城市规划/场地景观/建筑工程/管道工程
A27/B27/C27/F27	初步/施工图设计_设计分析和优化		城市规划/场地景观/建筑工程/管道工程
A31/B31/C31/F31	初步/施工图设计_设计成果渲染与表达		城市规划/场地景观/建筑工程/管道工程
A33/B33/C33/F33	深化设计_深化设计辅助和建模		城市规划/场地景观/建筑工程/管道工程
C37	深化设计_装饰装修设计辅助和建模		建筑工程
C39	深化设计_机电工程设计辅助和建模		建筑工程
C40	深化设计_幕墙设计辅助和建模		建筑工程

续表

最新版本	Trimble SketchUp Pro 2021					
输入格式	.3ds/.bmp/.dae/.ddf/.dem/.dwg/.dxf/.ifc/.ifczip/.jpeg/.jpg/.kmz/.png/.psd/.skp/.stl/.tga/.tif/.tiff					
输出格式	.3ds/.dwg/.dxf/.dae/.fbx/.ifc/.kmz/.obj/.stl/.wrl/.xsi/.pdf/.eps/.bmp/.jpg/.tif/.png					
推荐硬件配置	操作系统	64位 Windows10	处理器	2GHz	内存	8GB
	显卡	1GB	磁盘空间	700MB	鼠标要求	带滚轮
最低硬件配置	操作系统	64位 Windows10	处理器	1GHz	内存	4GB
	显卡	512MB	磁盘空间	500MB	鼠标要求	带滚轮
功能介绍						

A33/B33/C33/F33、C37、C39、C40：

1.本软硬件在“深化设计”应用上的介绍及优势

自SketchUp2016版本以来，SketchUp团队已经重新编写了软件内核，SketchUp的画图精度与其他CAD软件无异，但是SketchUp的轻量化却是做得最好，可以轻松地承载大体量模型，能表达模型更多的细节（图1、图2）。SketchUp的优势：模型自身的轻量化（图1、图2）。

2.本软硬件在“深化设计”应用上的操作难易度

SketchUp的建模规则更简单，操作更自由，可以让深化设计人员更淋漓尽致地表达丰富的细节。

操作难易程度：中等。

图1　模型轻量化　　**图2　深化模型**

7. Trimble SketchUp Pro/Trimble Business Center/SketchUp mobile viewer/水处理模块For SketchUp/垃圾处理模块For SketchUp/能源化工模块For SketchUp/6D For SketchUp

Trimble SketchUp Pro/Trimble Business Center/SketchUp mobile viewer/水处理模块For SketchUp/垃圾处理模块For SketchUp/能源化工模块For SketchUp/6D For SketchUp　　**表3-5-8**

软件名称	Trimble SketchUp Pro/Trimble Business Center/SketchUp mobile viewer/水处理模块For SketchUp/垃圾处理模块For SketchUp/能源化工模块For SketchUp/6D For SketchUp	厂商名称	天宝寰宇电子产品（上海）有限公司/辽宁乐成能源科技有限公司
代码	应用场景		业务类型
D06/E06/F06	勘察岩土_勘察外业设计辅助和建模		水处理/垃圾处理/管道工程（能源化工）

续表

D11/E11/F11		勘察岩土_岩土工程计算和分析		水处理/垃圾处理/管道工程（能源化工）		
D16/E16/F16		规划/方案设计_设计辅助和建模		水处理/垃圾处理/管道工程（能源化工）		
D22/E22/F22		规划/方案设计_算量和造价		水处理/垃圾处理/管道工程（能源化工）		
D23/E23/F23		规划/方案设计_设计成果渲染与表达		水处理/垃圾处理/管道工程（能源化工）		
D25/E25/F25		初步/施工图设计_设计辅助和建模		水处理/垃圾处理/管道工程（能源化工）		
D30/E30/F30		初步/施工图设计_算量和造价		水处理/垃圾处理/管道工程（能源化工）		
D31/E31/F31		初步/施工图设计_设计成果渲染与表达		水处理/垃圾处理/管道工程（能源化工）		
D33/E33/F33		深化设计_深化设计辅助和建模		水处理/垃圾处理/管道工程（能源化工）		
D38/E38/F38		深化设计_钢结构设计辅助和建模		水处理/垃圾处理/管道工程（能源化工）		
D44/E44/F44		深化设计_算量和造价		水处理/垃圾处理/管道工程（能源化工）		
D46/E46/F46		招采_招标投标采购		水处理/垃圾处理/管道工程（能源化工）		
D47/E47/F47		招采_投资与招商		水处理/垃圾处理/管道工程（能源化工）		
D48/E48/F48		招采_其他		水处理/垃圾处理/管道工程（能源化工）		
D49/E49/F49		施工准备_施工场地规划		水处理/垃圾处理/管道工程（能源化工）		
D50/E50/F50		施工准备_施工组织和计划		水处理/垃圾处理/管道工程（能源化工）		
D60/E60/F60		施工实施_隐蔽工程记录		水处理/垃圾处理/管道工程（能源化工）		
D62/E62/F62		施工实施_成本管理		水处理/垃圾处理/管道工程（能源化工）		
D63/E63/F63		施工实施_进度管理		水处理/垃圾处理/管道工程（能源化工）		
D66/E66/F66		施工实施_算量和造价		水处理/垃圾处理/管道工程（能源化工）		
D74/E74/F74		运维_空间登记与管理		水处理/垃圾处理/管道工程（能源化工）		
D75/E75/F75		运维_资产登记与管理		水处理/垃圾处理/管道工程（能源化工）		
D78/E78/F78		运维_其他		水处理/垃圾处理/管道工程（能源化工）		
最新版本	Trimble SketchUp Pro2021/Trimble Business Center/SketchUp mobile viewer/水处理模块 For SketchUp/垃圾处理模块 For SketchUp/能源化工模块 For SketchUp/6D For SketchUp					
输入格式	.skp/.3ds/.dae/.dem/.ddf/.dwg/.dxf/.ifc/.ifcZIP/.kmz/.stl/.jpg/.png/.psd/.tif/.tag/.bmp					
输出格式	.skp/.3ds/.dae/.dwg/.dxf/.fbx/.ifc/.kmz/.obj/.wrl/.stl/.xsi/.jpg/.png/.tif/.bmp/.mp4/.avi/.webm/.ogv/.xls					
推荐硬件配置	操作系统	64位Windows10	处理器	2GHz	内存	8GB
	显卡	1GB	磁盘空间	700MB	鼠标要求	带滚轮
最低硬件配置	操作系统	64位Windows10	处理器	1GHz	内存	4GB
	显卡	512MB	磁盘空间	500MB	鼠标要求	带滚轮
功能介绍						

D33/E33/F33：

1. 本软硬件在“深化设计_深化设计辅助和建模”应用上的介绍及优势

本软件轻量化，大体量精细化模型操作自如，模型完全满足深化设计精度。方案模型清晰易懂，施工方、采购方、管理方均可参与到深化设计建模阶段，保证深化模型完全满足工艺设计需求、便捷施工需求和设备安装需求，进而指导施工（图1）

续表

<table>
<tr><td>

图1 工艺设计

2. 本软硬件在“深化设计_深化设计辅助和建模”应用上的操作难易度
本软件操作流程：深化建模→协同探讨→模型更新→施工指导。
本软件操作便捷，展示清晰，深化程度高
</td></tr>
</table>

8. OpenBridge Designer

OpenBridge Designer **表 3-5-9**

<table>
<tr><td>软件名称</td><td colspan="3">OpenBridge Designer</td><td>厂商名称</td><td colspan="3">Bentley软件（北京）有限公司</td></tr>
<tr><td colspan="2">代码</td><td colspan="3">应用场景</td><td colspan="3">业务类型</td></tr>
<tr><td colspan="2">H25</td><td colspan="3">初步/施工图设计_设计辅助与建模</td><td colspan="3">桥梁工程</td></tr>
<tr><td colspan="2">H26</td><td colspan="3">初步/施工图设计_结构专项计算和分析</td><td colspan="3">桥梁工程</td></tr>
<tr><td colspan="2">H33</td><td colspan="3">深化设计_深化设计辅助和建模</td><td colspan="3">桥梁工程</td></tr>
<tr><td>最新版本</td><td colspan="7">10.09.00.10</td></tr>
<tr><td>输入格式</td><td colspan="7">.dgn/.dxf/.xml/.landxml</td></tr>
<tr><td>输出格式</td><td colspan="7">.dgn/.dxf/.xml/.landxml</td></tr>
<tr><td rowspan="2">推荐硬件配置</td><td>操作系统</td><td>64位Windows10</td><td>处理器</td><td>2.6GHz</td><td>内存</td><td>32GB</td></tr>
<tr><td>显卡</td><td>2GB</td><td>磁盘空间</td><td>2TB</td><td>鼠标要求</td><td>带滚轮</td></tr>
<tr><td rowspan="2">最低硬件配置</td><td>操作系统</td><td>64位Windows8</td><td>处理器</td><td>2GHz</td><td>内存</td><td>16GB</td></tr>
<tr><td>显卡</td><td>1GB</td><td>磁盘空间</td><td>10GB</td><td>鼠标要求</td><td>带滚轮</td></tr>
<tr><td colspan="8">功能介绍</td></tr>
<tr><td colspan="8">H33：
1. 本软件在“深化设计_深化设计辅助和建模”应用上的介绍及优势
OpenBridge Designer为桥梁项目中的工程师甚至项目业主定制并提供了一个独立且统一的数据环境，保证桥梁项目从开始一直到方案修改、深化等环节的数据统一性。本软件使工程师可以轻松完成物理模型与分析模型的关联，还可以互相更新数据。OpenBridge Modeler除了建模功能，还可以计算分析、出图，得到工程量报表，以及3DPDF文档等</td></tr>
</table>

续表

2. 本软件在“深化设计辅助和建模”应用上的操作难易度

本软件基础操作流程为：桥梁物理模型建立→桥梁分析模型→深化设计。

创建一个桥梁项目，就可以在设计决策评估、计算结果优化、施工可行性分析等流程中，通过多专业、多方位等丰富的视角来提前发现项目中的问题或冲突。基于创建的数字孪生模型，可保证桥梁项目在设计、施工以及运维阶段的数据应用都来自同一物理模型（图1）。

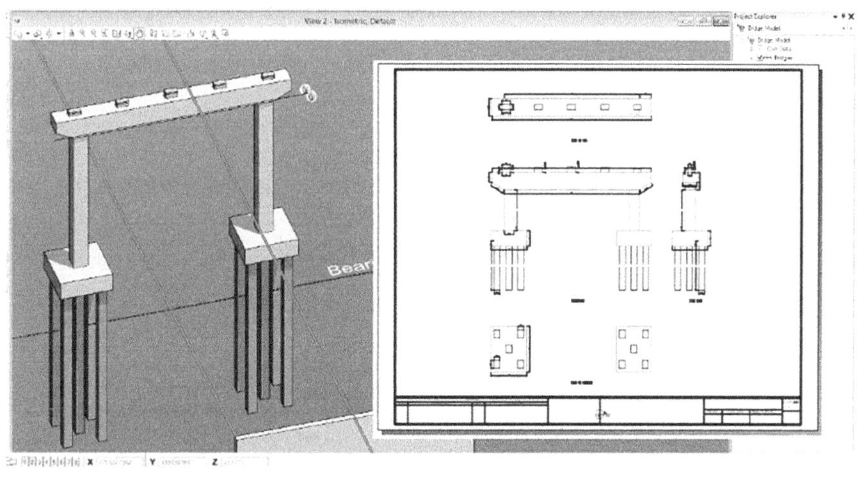

图1　下部结构图纸

9.OpenPlant

OpenPlant　　　　表3-5-10

软件名称	OpenPlant	厂商名称	Bentley
代码	应用场景	业务类型	
D01/E01/F01	通用建模和表达	水处理/垃圾处理/管道工程	
D02/E02/F02	模型整合与管理		
D16/E16/F16	规划/方案设计_设计辅助和建模		
D20/E20/F20	规划/方案设计_参数化设计优化		
D24/E24/F24	规划/方案设计_其他		
D25/E25/F25	初步/施工图设计_设计辅助和建模		
D27/E27/F27	初步/施工图设计_设计分析和优化		
D32/E32/F32	初步/施工图设计_其他		
D33/E33/F33	深化设计_深化设计辅助和建模		
D36/E36/F36	深化设计_预制装配设计辅助和建模		
D39/E39/F39	深化设计_机电工程设计辅助和建模		
D45/E45/F45	深化设计_其他		
最新版本	OpenPlant CONNECT Edition Update 9		

续表

输入格式	.dgn/.dwg/.3ds/.ifc/.3dm/.skp/.stp/.sat/.fbx/.obj/.jt/.3mx/.igs/.stl/.x_t/.shp					
输出格式	.dgn/.dwg/.rdl/.hln/.pdf/.cgm/.dxf/.fbx/.igs/.jt/.stp/.sat/.obj/.x_t/.skp/.stl/.vob					
推荐硬件配置	操作系统	64位Windows10	处理器	2GHz	内存	16GB
	显卡	2GB	磁盘空间	1TB	鼠标要求	带滚轮
最低硬件配置	操作系统	64位Windows10	处理器	1GHz	内存	4GB
	显卡	512MB	磁盘空间	500GB	鼠标要求	带滚轮
功能介绍						

D16/E16/F16、D25/E25/F25、D33/E33/F33：

OpenPlant Modeler是一款精确、快捷的三维工厂设计解决方案，基于ISO15926的开放信息模型，将ISO15926信息模型定义用作应用程序内容的原始存储格式。含有多个模块，包括设备、管道、暖通、桥架、结构以及支吊架，能够快速输出平面图、轴测图和材料表，满足各个行业、各个环节的设计需求。通过OpenPlant Modeler的设计模块工具，轻松快速地实现设备、管道快速设计及建模（图1）。

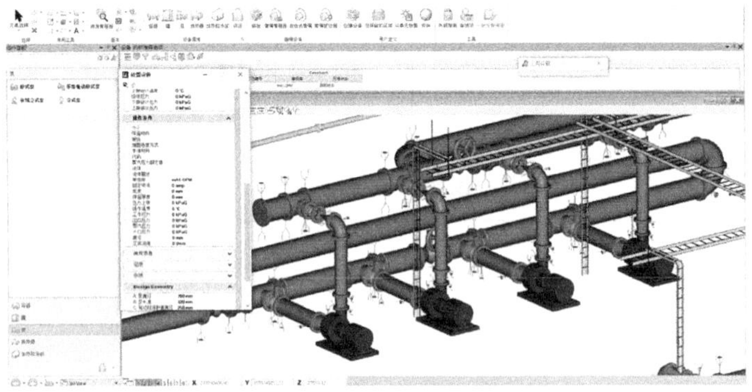

图1 OpenPlant压力管道设计

10. OpenUtilities™ Substation

OpenUtilities™ Substation 表3-5-11

软件名称	OpenUtilities™ Substation	厂商名称	Bentley
代码	应用场景	业务类型	
C16/K16/L16/M16/N16	规划/方案设计_设计辅助和建模	建筑工程/铁路工程/信号工程/变电站/电网工程	
C21/K21/L21/M21/N21	规划/方案设计_工程量统计	建筑工程/铁路工程/信号工程/变电站/电网工程	
C23/K23/L23/M23/N23	规划/方案设计_设计成果渲染与表达	建筑工程/铁路工程/信号工程/变电站/电网工程	
C25/K25/L25/M25/N25	初步/施工图设计_设计辅助和建模	建筑工程/铁路工程/信号工程/变电站/电网工程	
C27/K27/L27/M27/N27	初步/施工图设计_设计分析和优化	建筑工程/铁路工程/信号工程/变电站/电网工程	

续表

<table>
<tr><td colspan="2">C28/K28/L28/M28/N28</td><td colspan="3">初步/施工图设计_冲突检测</td><td colspan="2">建筑工程/铁路工程/信号工程/变电站/电网工程</td></tr>
<tr><td colspan="2">C29/K29/L29/M29/N29</td><td colspan="3">初步/施工图设计_工程量统计</td><td colspan="2">建筑工程/铁路工程/信号工程/变电站/电网工程</td></tr>
<tr><td colspan="2">C31/K31/L31/M31/N31</td><td colspan="3">初步/施工图设计_设计成果渲染与表达</td><td colspan="2">建筑工程/铁路工程/信号工程/变电站/电网工程</td></tr>
<tr><td colspan="2">C33/K33/L33/M33/N33</td><td colspan="3">深化设计_深化设计辅助和建模</td><td colspan="2">建筑工程/铁路工程/信号工程/变电站/电网工程</td></tr>
<tr><td colspan="2">C42/K42/L42/M42/N42</td><td colspan="3">深化设计_冲突检测</td><td colspan="2">建筑工程/铁路工程/信号工程/变电站/电网工程</td></tr>
<tr><td colspan="2">C43/K43/L43/M43/N43</td><td colspan="3">深化设计_工程量统计</td><td colspan="2">建筑工程/铁路工程/信号工程/变电站/电网工程</td></tr>
<tr><td>最新版本</td><td colspan="6">Update9</td></tr>
<tr><td>输入格式</td><td colspan="6">.dgn/.imodel及.ifc/.stl/.stp/.obj/.fbx等常用的中间数据格式</td></tr>
<tr><td>输出格式</td><td colspan="6">.dgn/.imodel及.stl/.stp/.obj/.fbx等常用的中间数据格式</td></tr>
<tr><td rowspan="2">推荐硬件配置</td><td>操作系统</td><td>64位Windows10</td><td>处理器</td><td>2GHz</td><td>内存</td><td>16GB</td></tr>
<tr><td>显卡</td><td>2GB</td><td>磁盘空间</td><td>500GB</td><td>鼠标要求</td><td>带滚轮</td></tr>
<tr><td rowspan="2">最低硬件配置</td><td>操作系统</td><td>64位Windows10</td><td>处理器</td><td>1GHz</td><td>内存</td><td>4GB</td></tr>
<tr><td>显卡</td><td>512MB</td><td>磁盘空间</td><td>500GB</td><td>鼠标要求</td><td>带滚轮</td></tr>
<tr><td colspan="7">功能介绍</td></tr>
<tr><td colspan="7">C16/K16/L16/M16/N16、C25/K25/L25/M25/N25、C33/K33/L33/M33/N33：
1. 本软件在“设计辅助和建模”应用上的介绍及优势
Substation是针对建筑工程、铁路工程、信号工程、变电站、电网工程等基础设施项目数字化设计的专业电气设计软件，其以项目数据库为核心，可高效地实现多专业间、异地协同设计，并以应用模块配套齐全、各模块成熟度高见长，可支持完整的EPC全过程应用及设计成果的数字化交付，可有效提升项目整体设计质量和设计效率。
Substation设计辅助和建模功能可以应用于规划方案设计阶段、初步施工图设计阶段和深化设计阶段，可以快速完成二维原理设计、三维布置设计，并可实现二三维数据的同步；可快速完成电气三维建模，可以自动生成材料表和计算书，可以从三维模型中快速抽取二维的平断面图纸。
2. 本软件在“设计辅助和建模”应用上的操作难易度
基础操作流程：模型准备→原理设计→设备布置→模型校核→三维出图→成果输出。
（1）模型准备。Substation软件中自带丰富的设备模型库和三维典设库，设计人员可按照项目需求，设定检索条件，快速地依据公用模型库生成项目模型库。同时还具有参数化模型编辑工具，可以对设备模型的参数进行编辑，操作简单，界面友好。
（2）原理设计。使用主接线模块，采用典型图方式快速创建主接线图/系统图，典型图库可以随时进行扩充。支持按照不同电压等级下进出线回路分别进行设计，设计信息自动保存在项目数据库中。
（3）设备布置。在进行三维设备布置时，设备布置模块自动从项目数据库中获取设备清单，以列表形式显示，方便工程师进行选取。二维原理图的设备参数和三维布置图的参数可以实时共享，并可以相互导航。若二维原理图数据发生更改，三维布置图数据可以自动进行更新</td></tr>
</table>

续表

（4）使用三维导线设计模块。可方便地进行三维软导线和硬导线（母排/管母线）设计。导线的选型从型号库中读取，导线库可以随时进行扩充。在设计导线过程中，可以进行绝缘子和金具的选择，从而快速高效地完成导线建模。导线建模完成后，通过报表生成器，可以自动统计导线、绝缘子和金具的数量，生成材料表。 （5）模型校核。当完成布置设计后，可以使用安全距离校验、空间测量、碰撞检测等工具，对全专业总装模型进行校核与分析，以有效解决专业间的冲突问题。 （6）三维出图。基于三维设计模型可以快速抽取需要的平、断面图；可以批量地对设备进行标注；可以自动生成材料表；可以快速完成设备定位尺寸标注、标高标注及安全净距标注，进而快速地完成间隔平断面图图纸设计。 （7）成果输出。Substation具有数字化移交功能，可输出丰富的设计成果，以满足项目后续阶段的数据再利用需求。如在输变电项目、电网项目三维设计中，当完成项目设计后，就可以一键发布满足国家电网公司要求的GIM数据文件，移交给三维评审平台及电网工程数据中心
接本书7.14节彩页

3.5.3 预制装配设计辅助和建模

1. Revit Architecture

Revit Architecture 表3-5-12

软件名称	Revit Architecture	厂商名称	Autodesk
代码	应用场景	业务类型	
A16/B16/C16/D16/E16/F16/G16/H16/J16/K16/L16/M16/N16/P16/Q16	规划/方案设计_设计辅助和建模	城市规划/场地景观/建筑工程/水处理/垃圾处理/管道工程/道路工程/桥梁工程/隧道工程/铁路工程/信号工程/变电站/电网工程/水坝工程/飞行工程	
A19/B19/C19/D19/E19/F19/G19/H19/J19/K19/L19/M19/N19/P19/Q19	规划/方案设计_建筑环境性能化分析		
A21/B21/C21/D21/E21/F21/G21/H21/J21/K21/L21/M21/N21/P21/Q21	规划/方案设计_工程量统计		
A23/B23/C23/D23/E23/F23/G23/H23/J23/K23/L23/M23/N23/P23/Q23	规划/方案设计_设计成果渲染与表达		
A25/B25/C25/D25/E25/F25/G25/H25/J25/K25/L25/M25/N25/P25/Q25	初步/施工图设计_设计辅助与建模		
A27/B27/C27/D27/E27/F27/G27/H27/J27/K27/L27/M27/N27/P27/Q27	初步/施工图设计_设计分析和优化		
A28/B28/C28/D28/E28/F28/G28/H28/J28/K28/L28/M28/N28/P28/Q28	初步/施工图设计_冲突检测		
A29/B29/C29/D29/E29/F29/G29/H29/J29/K29/L29/M29/N29/P29/Q29	初步/施工图设计_工程量统计		
A31/B31/C31/D31/E31/F31/G31/H31/J31/K31/L31/M31/N31/P31/Q31	初步/施工图设计_设计成果渲染与表达		

续表

<table>
<tr><td colspan="3">A33/B33/C33/D33/E33/F33/G33/H33/J33/K33/L33/M33/N33/P33/Q33</td><td colspan="2">深化设计_深化设计辅助和建模</td><td colspan="2" rowspan="6">城市规划/场地景观/建筑工程/水处理/垃圾处理/管道工程/道路工程/桥梁工程/隧道工程/铁路工程/信号工程/变电站/电网工程/水坝工程/飞行工程</td></tr>
<tr><td colspan="3">A36/B36/C36/D36/E36/F36/G36/H36/J36/K36/L36/M36/N36/P36/Q36</td><td colspan="2">深化设计_预制装配设计辅助和建模</td></tr>
<tr><td colspan="3">A37/B37/C37/D37/E37/F37/G37/H37/J37/K37/L37/M37/N37/P37/Q37</td><td colspan="2">深化设计_装饰装修设计辅助和建模</td></tr>
<tr><td colspan="3">A40/B40/C40/D40/E40/F40/G40/H40/J40/K40/L40/M40/N40/P40/Q40</td><td colspan="2">深化设计_幕墙设计辅助和建模</td></tr>
<tr><td colspan="3">A42/B42/C42/D42/E42/F42/G42/H42/J42/K42/L42/M42/N42/P42/Q42</td><td colspan="2">深化设计_冲突检测</td></tr>
<tr><td colspan="3">A43/B43/C43/D43/E43/F43/G43/H43/J43/K43/L43/M43/N43/P43/Q43</td><td colspan="2">深化设计_工程量统计</td></tr>
<tr><td>最新版本</td><td colspan="6">Revit 2021</td></tr>
<tr><td>输入格式</td><td colspan="6">.dwg/.dxf/.dgn/.sat/.skp/.rvt/ .rfa/.ifc/.pdf/.xml/点云.rcp/.rcs /.nwc/.nwd/所有图像文件</td></tr>
<tr><td>输出格式</td><td colspan="6">.dwg/.dxf/.dgn/.sat/.ifc/.rvt</td></tr>
<tr><td rowspan="3">推荐硬件配置</td><td>操作系统</td><td>64位Windows10</td><td>处理器</td><td>3GHz</td><td>内存</td><td>16GB</td></tr>
<tr><td>显卡</td><td>支持DirectX® 11和Shader Model 5的显卡，最少有4GB视频内存</td><td>磁盘空间</td><td>30GB</td><td>鼠标要求</td><td>带滚轮</td></tr>
<tr><td>其他</td><td colspan="5">NET Framework版本4.8或更高版本</td></tr>
<tr><td rowspan="3">最低硬件配置</td><td>操作系统</td><td>64位Windows10</td><td>处理器</td><td>2GHz</td><td>内存</td><td>8GB</td></tr>
<tr><td>显卡</td><td>支持DirectX® 11和Shader Model 5的显卡，最少有4GB视频内存</td><td>磁盘空间</td><td>30GB</td><td>鼠标要求</td><td>带滚轮</td></tr>
<tr><td>其他</td><td colspan="5">NET Framework版本4.8或更高版本</td></tr>
<tr><td colspan="7">功能介绍</td></tr>
<tr><td colspan="7">A36/B36/C36/D36/E36/F36/G36/H36/J36/K36/L36/M36/N36/P36/Q36：
1.本软件在“深化设计_预制装配设计辅助和建模”应用上的介绍及优势
Revit建筑、结构、钢、预制等功能模块可以在施工图模型的基础上进一步完成施工深化的辅助和建模设计，比如钢筋建模和深化，支持直接生成料单，导入加工机床进行自动化钢筋加工。
Revit机电预制模块、钢结构预制模块可进行机电深化与钢结构节点深化设计，满足预制装配设计建模的要求（图1、图2）。
2.本软件在“深化设计_预制装配设计辅助和建模”应用上的操作难易度
应用流程为：预制装配深化设计→预制装配深化建模→专业协同。
在上述设计流程的各个环节，Revit都有相应的工具支持，操作简单，容易上手</td></tr>
</table>

续表

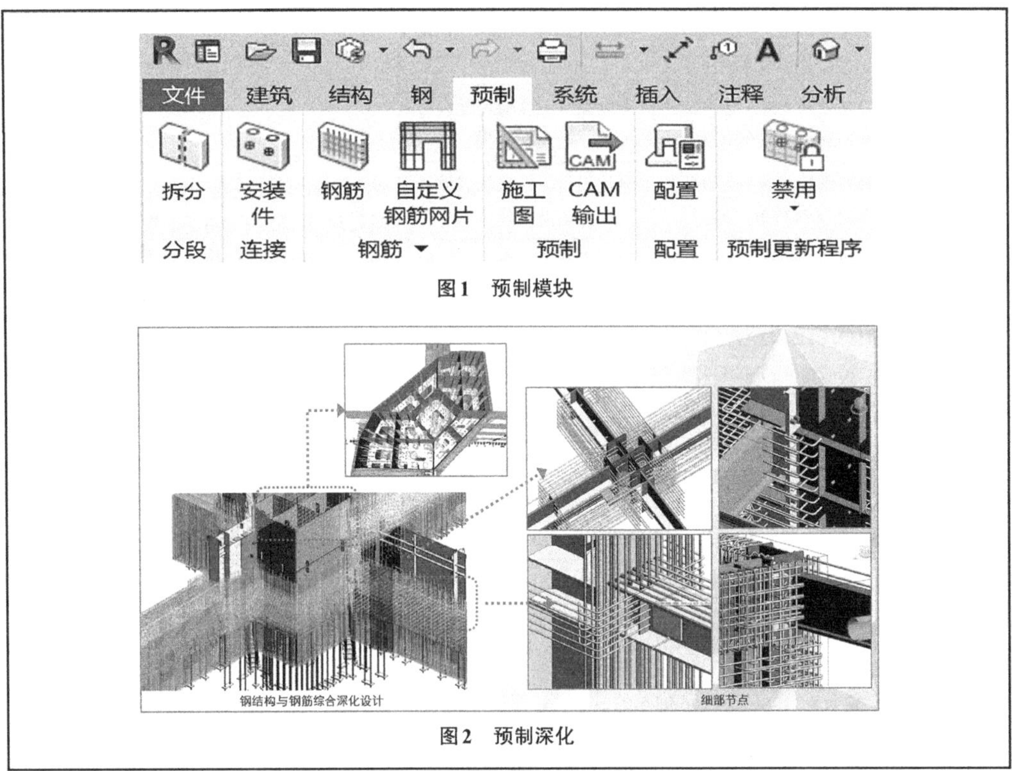

图1　预制模块

图2　预制深化

2. Structural Precast Extension for Revit

Structural Precast Extension for Revit　　**表3-5-13**

<table>
<tr><td>软件名称</td><td colspan="3">Structural Precast Extension for Revit</td><td>厂商名称</td><td colspan="2">Autodesk</td></tr>
<tr><td colspan="3">代码</td><td colspan="2">应用场景</td><td colspan="2">业务类型</td></tr>
<tr><td colspan="3">C36/D36/F36/G36/J36/M36</td><td colspan="2">深化设计_预制装配设计辅助和建模</td><td colspan="2">建筑工程/管道工程/道路工程/隧道工程/变电站</td></tr>
<tr><td colspan="3">C55/D55/F55/G55/J55/M55</td><td colspan="2">施工准备_钢筋工程设计</td><td colspan="2">建筑工程/管道工程/道路工程/隧道工程/变电站</td></tr>
<tr><td>最新版本</td><td colspan="6">Autodesk Revit 2021-预制模块（Structural Precast Extension for Revit）</td></tr>
<tr><td>输入格式</td><td colspan="6">.dwg/.rvt</td></tr>
<tr><td>输出格式</td><td colspan="6">.dwg/.dwf/.dwfx/.dws/.dwt/.dgn/.wfm/.stl/.sat/.eps/.bmp/.igs/.iges/.dxf/.pdf</td></tr>
<tr><td rowspan="3">推荐硬件配置</td><td>操作系统</td><td>64位Windows10</td><td>处理器</td><td>3GHz</td><td>内存</td><td>16GB</td></tr>
<tr><td>显卡</td><td>支持DirectX® 11和Shader Model 5的显卡，最少有4GB视频内存</td><td>磁盘空间</td><td>30GB</td><td>鼠标要求</td><td>带滚轮</td></tr>
<tr><td>其他</td><td colspan="5">NET Framework 版本4.8或更高版本</td></tr>
</table>

续表

最低硬件配置	操作系统	64位Windows10	处理器	2GHz	内存	8GB
	显卡	支持DirectX® 11和Shader Model 5的显卡，最少有4GB视频内存	磁盘空间	30GB	鼠标要求	带滚轮
	其他	NET Framework 版本4.8或更高版本				
功能介绍						

C36/D36/F36/G36/J36/M36：

1.本软件在“深化设计_预制装配设计辅助和建模”应用上的介绍及优势

Structural Precast Extension for Revit是一款专门针对PC构件预制的Revit官方插件，在Revit2021版本中已经正式集成为Revit一个原生功能模块和Revit预制模块。

（1）软件包含PC预制所需要的全流程设计功能，通过详细参数设置和输入，即可一键完成墙体、楼板自动分块，受力钢筋布置，补强钢筋设置，电气配件布置，吊装埋件选型和设置等工作，效率极高，并可以创建嵌板、连接、斜顶和楼板的部件用于预制（图1）。

（2）软件支持门洞窗口等洞口上方过梁的参数化布置，调整洞口时匹配的过梁自动调整（图2）。

（3）预制楼板包括大梁楼板、实心楼板、空心楼板，并支持通过参数设置，一键转换楼板形式。

（4）内置规范和计算公式，可以针对构件材质、尺寸、吊装件的参数等数据自动计算最合理的吊装件数量和位置，并生成模型。

（5）根据参数自动选择，生成板块之间连接性形式和缝隙等，并自动生成模型。

（6）通过详细的参数选型和设置，可以自动生成所有受力钢筋和加强筋模型，并支持随结构造型的改变自动调整（图3）。

（7）支持自动导出施工图和材料用量表。

（8）支持导出CAM文件，每个CAM导出节点都会让你输入特定于每种CAM文件类型的更多信息。输入项目所需的任何信息。使用变量和用户定义的字符串对名称进行进一步自定义。使用文件名预览字段查看文件将以当前语法进行命名。

（9）Revit结构预制提供的API可提供支持预制行业所需的大量自定义和改进，通过二次开发，可以支持每一个可能的解决方案。

2.本软件在“深化设计_预制装配设计辅助和建模”应用上的操作难易度

Structural Precast Extension for Revit功能简单明了，最新的2021版本，支持所有选项中文查看和输入，并完全按照设计、拆分、埋件生成、钢筋生成、出图加工这样的工作逻辑进行模型操作，易于理解。建模完全由参数驱动，在理解规则和定义的前提下，拆分、分缝、预埋、钢筋等模型均可以自动生成。

图1　预制模块

续表

图2　参数化布置过梁

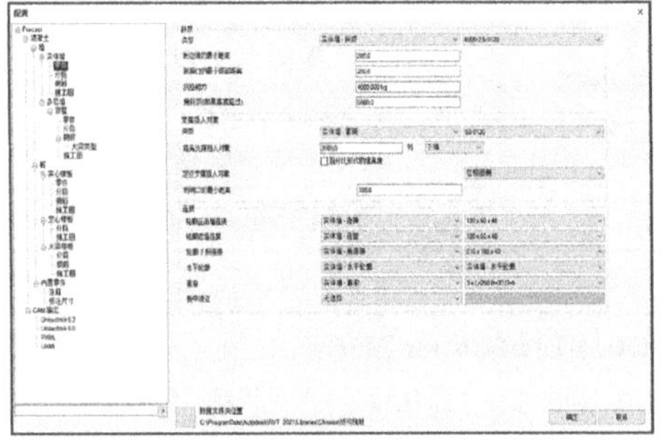

图3　参数联动模型

3. OpenPlant

OpenPlant　　表3-5-14

<table>
<tr><td>软件名称</td><td colspan="3">OpenPlant</td><td>厂商名称</td><td colspan="2">Bentley</td></tr>
<tr><td colspan="2">代码</td><td colspan="2">应用场景</td><td colspan="3">业务类型</td></tr>
<tr><td colspan="2">D01/E01/F01</td><td colspan="2">通用建模和表达</td><td colspan="3" rowspan="12">水处理/垃圾处理/管道工程</td></tr>
<tr><td colspan="2">D02/E02/F02</td><td colspan="2">模型整合与管理</td></tr>
<tr><td colspan="2">D16/E16/F16</td><td colspan="2">规划/方案设计_设计辅助和建模</td></tr>
<tr><td colspan="2">D20/E20/F20</td><td colspan="2">规划/方案设计_参数化设计优化</td></tr>
<tr><td colspan="2">D24/E24/F24</td><td colspan="2">规划/方案设计_其他</td></tr>
<tr><td colspan="2">D25/E25/F25</td><td colspan="2">初步/施工图设计_设计辅助和建模</td></tr>
<tr><td colspan="2">D27/E27/F27</td><td colspan="2">初步/施工图设计_设计分析和优化</td></tr>
<tr><td colspan="2">D32/E32/F32</td><td colspan="2">初步/施工图设计_其他</td></tr>
<tr><td colspan="2">D33/E33/F33</td><td colspan="2">深化设计_深化设计辅助和建模</td></tr>
<tr><td colspan="2">D36/E36/F36</td><td colspan="2">深化设计_预制装配设计辅助和建模</td></tr>
<tr><td colspan="2">D39/E39/F39</td><td colspan="2">深化设计_机电工程设计辅助和建模</td></tr>
<tr><td colspan="2">D45/E45/F45</td><td colspan="2">深化设计_其他</td></tr>
<tr><td>最新版本</td><td colspan="6">OpenPlant CONNECT Edition Update 9</td></tr>
<tr><td>输入格式</td><td colspan="6">.dgn/.dwg/.3ds/.ifc/.3dm/.skp/.stp/.sat/.fbx/.obj/.jt/.3mx/.igs/.stl/.x_t/.shp</td></tr>
<tr><td>输出格式</td><td colspan="6">.dgn/.dwg/.rdl/.hln/.pdf/.cgm/.dxf/.fbx/.igs/.jt/.stp/.sat/.obj/.x_t/.skp/.stl/.vob</td></tr>
<tr><td rowspan="2">推荐硬件配置</td><td>操作系统</td><td>64位Windows10</td><td>处理器</td><td>2GHz</td><td>内存</td><td>16GB</td></tr>
<tr><td>显卡</td><td>2GB</td><td>磁盘空间</td><td>1T</td><td>鼠标要求</td><td>带滚轮</td></tr>
<tr><td rowspan="2">最低硬件配置</td><td>操作系统</td><td>64位Windows10</td><td>处理器</td><td>1GHz</td><td>内存</td><td>4GB</td></tr>
<tr><td>显卡</td><td>512MB</td><td>磁盘空间</td><td>500G</td><td>鼠标要求</td><td>带滚轮</td></tr>
</table>

续表

功能介绍
D36/E36/F36、D39/E39/F39： OpenPlant Modeler管道模块所设计的管道模型可直接通过OpenPlant Isometric Manager全自动生成，用于施工预制安装的管道轴测图纸。即在一张图面上按管线号表示一根管道的安装情况，图面清晰、空间立体感强，尺寸标注比较精确，适合工厂预制，施工现场直接安装。大型工程采用工厂预制管道，在工厂车间内将管道按照设计长度切割，并加工开孔和破口，提高安装质量，减少现场工作量（图1）。 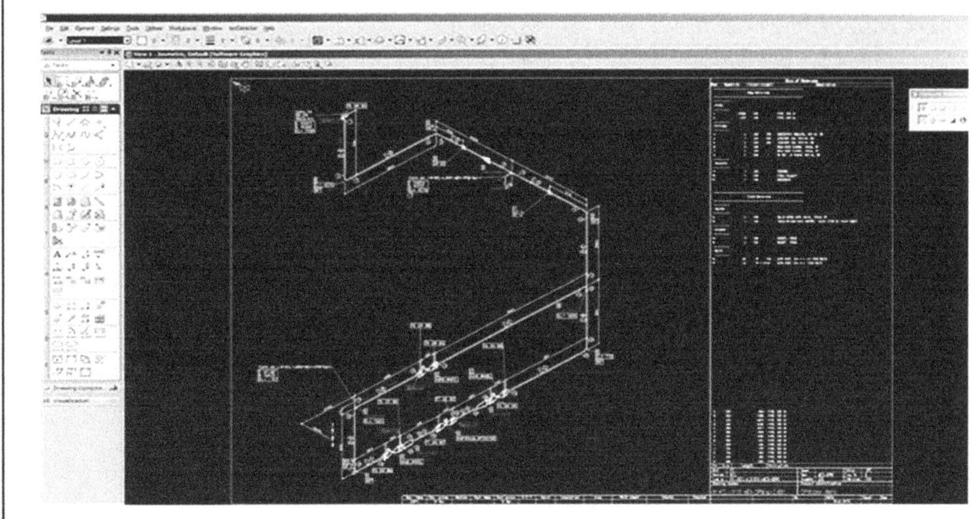 **图1　OpenPlant自动输出ISO图纸**

3.5.4 装饰装修设计辅助和建模

1. Revit Architecture

Revit Architecture　　**表3-5-15**

软件名称	Revit Architecture	厂商名称	Autodesk
代码	应用场景	业务类型	
A16/B16/C16/D16/E16/F16/G16/H16/J16/K16/L16/M16/N16/P16/Q16	规划/方案设计_设计辅助和建模	城市规划/场地景观/建筑工程/水处理/垃圾处理/管道工程/道路工程/桥梁工程/隧道工程/铁路工程/信号工程/变电站/电网工程/水坝工程/飞行工程	
A19/B19/C19/D19/E19/F19/G19/H19/J19/K19/L19/M19/N19/P19/Q19	规划/方案设计_建筑环境性能化分析		
A21/B21/C21/D21/E21/F21/G21/H21/J21/K21/L21/M21/N21/P21/Q21	规划/方案设计_工程量统计		
A23/B23/C23/D23/E23/F23/G23/H23/J23/K23/L23/M23/N23/P23/Q23	规划/方案设计_设计成果渲染与表达		

<table>
<tr><td colspan="2">A25/B25/C25/D25/E25/F25/G25/H25/J25/K25/L25/M25/N25/P25/Q25</td><td colspan="2">初步/施工图设计_设计辅助与建模</td><td colspan="4" rowspan="11">城市规划/场地景观/建筑工程/水处理/垃圾处理/管道工程/道路工程/桥梁工程/隧道工程/铁路工程/信号工程/变电站/电网工程/水坝工程/飞行工程</td></tr>
<tr><td colspan="2">A27/B27/C27/D27/E27/F27/G27/H27/J27/K27/L27/M27/N27/P27/Q27</td><td colspan="2">初步/施工图设计_设计分析和优化</td></tr>
<tr><td colspan="2">A28/B28/C28/D28/E28/F28/G28/H28/J28/K28/L28/M28/N28/P28/Q28</td><td colspan="2">初步/施工图设计_冲突检测</td></tr>
<tr><td colspan="2">A29/B29/C29/D29/E29/F29/G29/H29/J29/K29/L29/M29/N29/P29/Q29</td><td colspan="2">初步/施工图设计_工程量统计</td></tr>
<tr><td colspan="2">A31/B31/C31/D31/E31/F31/G31/H31/J31/K31/L31/M31/N31/P31/Q31</td><td colspan="2">初步/施工图设计_设计成果渲染与表达</td></tr>
<tr><td colspan="2">A33/B33/C33/D33/E33/F33/G33/H33/J33/K33/L33/M33/N33/P33/Q33</td><td colspan="2">深化设计_深化设计辅助和建模</td></tr>
<tr><td colspan="2">A36/B36/C36/D36/E36/F36/G36/H36/J36/K36/L36/M36/N36/P36/Q36</td><td colspan="2">深化设计_预制装配设计辅助和建模</td></tr>
<tr><td colspan="2">A37/B37/C37/D37/E37/F37/G37/H37/J37/K37/L37/M37/N37/P37/Q37</td><td colspan="2">深化设计_装饰装修设计辅助和建模</td></tr>
<tr><td colspan="2">A40/B40/C40/D40/E40/F40/G40/H40/J40/K40/L40/M40/N40/P40/Q40</td><td colspan="2">深化设计_幕墙设计辅助和建模</td></tr>
<tr><td colspan="2">A42/B42/C42/D42/E42/F42/G42/H42/J42/K42/L42/M42/N42/P42/Q42</td><td colspan="2">深化设计_冲突检测</td></tr>
<tr><td colspan="2">A43/B43/C43/D43/E43/F43/G43/H43/J43/K43/L43/M43/N43/P43/Q43</td><td colspan="2">深化设计_工程量统计</td></tr>
<tr><td>最新版本</td><td colspan="7">Revit 2021</td></tr>
<tr><td>输入格式</td><td colspan="7">.dwg/.dxf/.dgn/.sat/.skp/.rvt/ .rfa/.ifc/.pdf/.xml/点云.rcp/.rcs /.nwc/.nwd/所有图像文件</td></tr>
<tr><td>输出格式</td><td colspan="7">.dwg/.dxf/.dgn/.sat/.ifc/.rvt</td></tr>
<tr><td rowspan="3">推荐硬件配置</td><td>操作系统</td><td>64位Windows10</td><td>处理器</td><td>3GHz</td><td>内存</td><td>16GB</td></tr>
<tr><td>显卡</td><td>支持 DirectX® 11 和 Shader Model 5 的显卡，最少有 4GB 视频内存</td><td>磁盘空间</td><td>30GB</td><td>鼠标要求</td><td>带滚轮</td></tr>
<tr><td>其他</td><td colspan="5">NET Framework 版本 4.8 或更高版本</td></tr>
<tr><td rowspan="3">最低硬件配置</td><td>操作系统</td><td>64位Windows10</td><td>处理器</td><td>2GHz</td><td>内存</td><td>8GB</td></tr>
<tr><td>显卡</td><td>支持 DirectX® 11 和 Shader Model 5 的显卡，最少有 4GB 视频内存</td><td>磁盘空间</td><td>30GB</td><td>鼠标要求</td><td>带滚轮</td></tr>
<tr><td>其他</td><td colspan="5">NET Framework 版本 4.8 或更高版本</td></tr>
</table>

续表

功能介绍
A37/B37/C37/D37/E37/F37/G37/H37/J37/K37/L37/M37/N37/P37/Q37 **A40/B40/C40/D40/E40/F40/G40/H40/J40/K40/L40/M40/N40/P40/Q40：** 1.本软件在"深化设计_装饰装修设计辅助和建模、深化设计_幕墙设计辅助和建模"应用上的介绍及优势 Revit参数化设计工具以及与Dynamo的集成应用，可以最大程度地满足砌筑结构、装饰装修、幕墙等深化辅助设计和建模，并完成统计工程量和出图（图1、图2）。 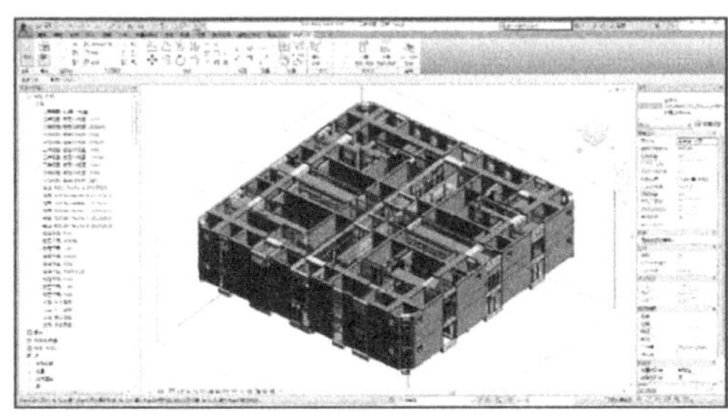 **图1　砌筑结构建模** 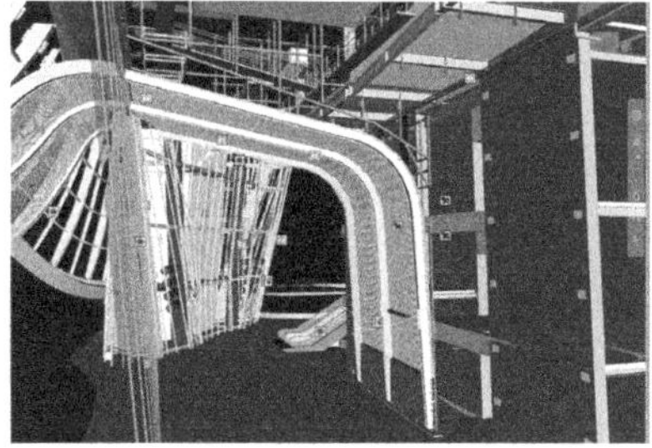 **图2　装饰装修建模** 2.本软件在"深化设计_装饰装修设计辅助和建模、深化设计_幕墙设计辅助和建模"应用上的操作难易度 应用流程：装饰装修/幕墙深化设计→装饰装修/幕墙深化建模→专业协同。 在上述设计流程的各个环节，Revit都有相应的工具支持，操作简单，容易上手

2. 品茗HiBIM软件

品茗HiBIM软件　　**表3-5-16**

软件名称	品茗HiBIM软件	厂商名称	杭州品茗安控信息技术股份有限公司
代码	应用场景		业务类型
C01	通用建模和表达		建筑工程
C16	规划/方案设计_设计辅助和建模		建筑工程
C21	规划/方案设计_工程量统计		建筑工程
C25	初步/施工图设计_设计辅助和建模		建筑工程
C28	初步/施工图设计_冲突检测		建筑工程
C29	初步/施工图设计_工程量统计		建筑工程
C33	深化设计_深化设计辅助和建模		建筑工程
C37	深化设计_装饰装修设计辅助和建模		建筑工程
C39/F39	深化设计_机电工程设计辅助和建模		建筑工程/管道工程
C41/F41	深化设计_专项计算和分析		建筑工程/管道工程
C42	深化设计_冲突检测		建筑工程
C43	深化设计_工程量统计		建筑工程
最新版本	HiBIM3.2		
输入格式	.ifc/.pbim/.rvt（2021及以下版本）		

续表

输出格式	.rvt/.pbim/.dwg/.skp/.doc/.xlsx					
推荐硬件配置	操作系统	64位Windows7/8/10	处理器	3.6GHz	内存	16GB
	显卡	Gtx1070或同等级别及以上	磁盘空间	1TB	鼠标要求	带滚轮
最低硬件配置	操作系统	64位Windows7/8/10	处理器	2GHz	内存	4GB
	显卡	Gtx1050或同级别及以上	磁盘空间	128GB	鼠标要求	带滚轮
功能介绍						

C37：

1.本软件在“深化设计_装饰装修设计辅助和建模”应用上的介绍及优势

软件提供房间装饰功能，可以对房间内装修饰面、墙裙、踢脚、地面等进行一键装修布置，同时可以保存装修方案，对于相同装修的房间统一布置和修改。

2.本软件在“深化设计_装饰装修设计辅助和建模”应用上的操作难易度

装饰设计流程：选择房间→装饰设置→生成装修模型。

选择需要装修的房间，根据设计的装修方案设置不同饰面的装饰层，待墙饰面、梁柱饰面、踢脚、吊顶等不同装饰部位的装修方案设置好，然后点击布置，一键生成房间装修模型（图1）。

图1　一键生成装修模型

3. Trimble SketchUp Pro/园林假山规划BIM设计工具 For SketchUp

Trimble SketchUp Pro/园林假山规划BIM设计工具 For SketchUp　　表3-5-17

软件名称	Trimble SketchUp Pro/园林假山规划BIM设计工具 For SketchUp		厂商名称	天宝寰宇电子产品（上海）有限公司/广州乾讯建筑咨询有限公司
代码		应用场景		业务类型
B37		深化设计_装饰装修设计辅助和建模		场地景观
最新版本	园林假山规划BIM设计工具 For SketchUp 2019			
输入格式	.skp			

续表

输出格式	.skp					
推荐硬件配置	操作系统	64位Windows10	处理器	2GHz	内存	8GB
	显卡	1GB	磁盘空间	700MB	鼠标要求	带滚轮
最低硬件配置	操作系统	64位Windows10	处理器	1GHz	内存	4GB
	显卡	512MB	磁盘空间	500MB	鼠标要求	带滚轮
功能介绍						

B37:

1.本软硬件在“深化设计_装饰装修设计辅助和建模”应用上的介绍及优势

本软件可以实现高效快速的园林假山配筋规划模型，由配筋规划模型可以实现快速的出钢筋图及工程量清单统计(图1)。

2.本软硬件在“深化设计_装饰装修设计辅助和建模”应用上的操作难易度

本软件操作流程：原模切块→规划放线→由线成图。

本软件界面简洁，上手容易，经过简单培训即可掌握。软件根据假山表面设计模型进行切块，将模型形成固定长宽的立方块模型，然后通过模型块进行钢筋放线，获得钢筋线模型，用钢筋线模型一键出图，生成钢筋加工图。

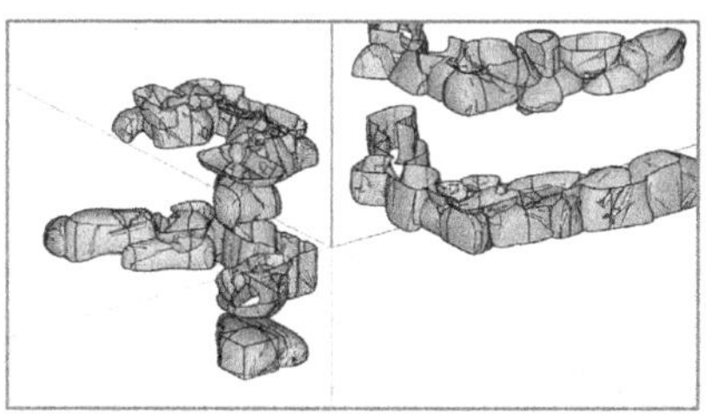

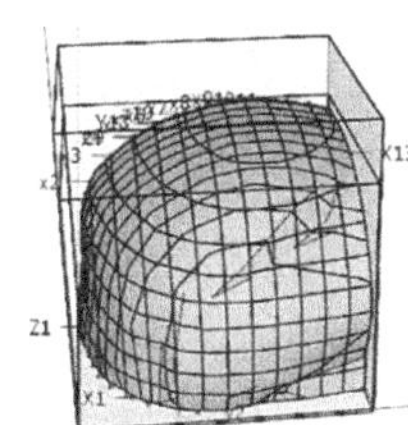

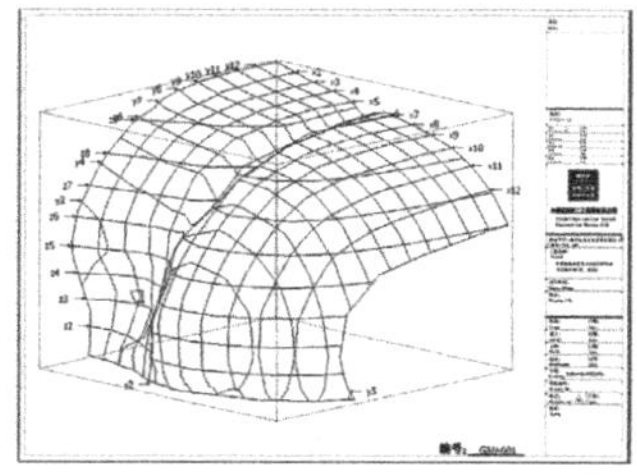

图1 园林假山配筋规划模型出图

4. Trimble SketchUp Pro/室内装修BIM设计工具 For SketchUp

Trimble SketchUp Pro/室内装修BIM设计工具 For SketchUp **表3-5-18**

软件名称	Trimble SketchUp Pro/室内装修BIM设计工具 For SketchUp		厂商名称	天宝寰宇电子产品(上海)有限公司/广州乾讯建筑咨询有限公司		
代码		应用场景		业务类型		
C37		深化设计_装饰装修设计辅助和建模		建筑工程		
最新版本	室内装修BIM设计工具 For SketchUp 2019					
输入格式	.skp					
输出格式	.skp					
推荐硬件配置	操作系统	64位Windows10	处理器	2GHz	内存	8GB
	显卡	1GB	磁盘空间	700MB	鼠标要求	带滚轮
最低硬件配置	操作系统	64位Windows10	处理器	1GHz	内存	4GB
	显卡	512MB	磁盘空间	500MB	鼠标要求	带滚轮

续表

功能介绍

C37:

1. 本软硬件在“建筑工程_深化设计_装饰装修设计辅助和建模”应用上的介绍及优势

本软件可以实现高效快速的室内装修设计，快速生成BIM模型，由BIM模型可以实现快速的出图及工程量清单统计，并进行渲染（图1、图2）。

2. 本软硬件在“建筑工程_深化设计_装饰装修设计辅助和建模”应用上的操作难易度

本软件操作流程：规划底面→底面成模→装修布置→出加工图→清单统计。

本软件界面简洁，上手容易，经过简单培训即可掌握。软件根据建筑平面图进行底面规划，然后一键生成建筑模型，再根据建筑模型快速布置装修材料，包括墙面、地面、吊顶和龙骨，然后生成材料清单，出各专业平面图。

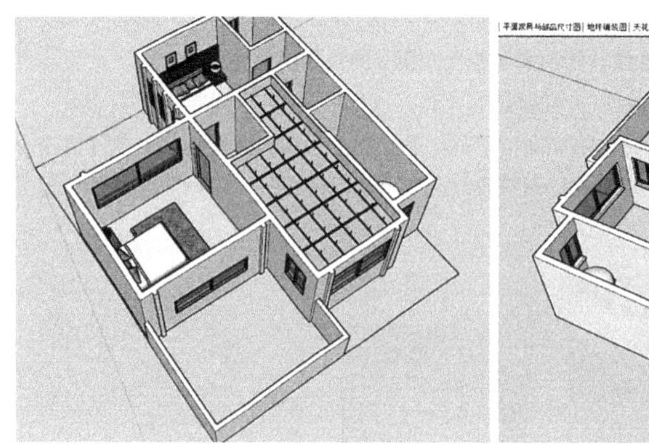

图1　快速室内装修设计　　图2　室内装修模型出图

5. Trimble SketchUp Pro/整体厨浴BIM设计工具For SketchUp

Trimble SketchUp Pro/整体厨浴BIM设计工具For SketchUp　　表3-5-19

<table>
<tr><td>软件名称</td><td colspan="3">Trimble SketchUp Pro/整体厨浴BIM设计工具For SketchUp</td><td>厂商名称</td><td colspan="2">天宝寰宇电子产品（上海）有限公司/广州乾讯建筑咨询有限公司</td></tr>
<tr><td colspan="3">代码</td><td colspan="2">应用场景</td><td colspan="2">业务类型</td></tr>
<tr><td colspan="3">C37</td><td colspan="2">深化设计_装饰装修设计辅助和建模</td><td colspan="2">建筑工程</td></tr>
<tr><td>最新版本</td><td colspan="6">整体厨浴BIM设计工具For SketchUp 2019</td></tr>
<tr><td>输入格式</td><td colspan="6">.skp</td></tr>
<tr><td>输出格式</td><td colspan="6">.skp</td></tr>
<tr><td rowspan="2">推荐硬件配置</td><td>操作系统</td><td>64位Windows10</td><td>处理器</td><td>2GHz</td><td>内存</td><td>8GB</td></tr>
<tr><td>显卡</td><td>1GB</td><td>磁盘空间</td><td>700MB</td><td>鼠标要求</td><td>带滚轮</td></tr>
<tr><td rowspan="2">最低硬件配置</td><td>操作系统</td><td>64位Windows10</td><td>处理器</td><td>1GHz</td><td>内存</td><td>4GB</td></tr>
<tr><td>显卡</td><td>512MB</td><td>磁盘空间</td><td>500MB</td><td>鼠标要求</td><td>带滚轮</td></tr>
</table>

续表

功能介绍
C37： 1.本软硬件在“建筑工程_深化设计_装饰装修设计辅助和建模”应用上的介绍及优势 本软件可以实现高效快速的整体厨浴设计，快速生成BIM模型，由BIM模型可以实现施工出图及工程量清单统计（图1）。 2.本软硬件在“建筑工程_深化设计_装饰装修设计辅助和建模”应用上的操作难易度 本软件操作流程：平面规划→由图成模→出加工图→清单统计→云端渲染。 本软件界面简洁，上手容易，经过简单培训即可掌握。软件根据建筑规划面自动导入相应的合适的设计平面图，由平面图一键生成BIM模型，然后由BIM模型可以快速地出加工图和算量清单，最后在云端进行即时渲染和发布。  **图1 快速厨浴设计模型出图**

6. Trimble SketchUp Pro

Trimble SketchUp Pro **表3-5-20**

软件名称	Trimble SketchUp Pro	厂商名称	天宝寰宇电子产品（上海）有限公司
代码	应用场景	业务类型	
A01/B01/C01/F01	通用建模和表达	城市规划/场地景观/建筑工程/管道工程	
A02/B02/C02/F02	模型整合与管理	城市规划/场地景观/建筑工程/管道工程	
A04/B04/C04/F04	可视化仿真与VR	城市规划/场地景观/建筑工程/管道工程	
A16/B16/C16/F16	规划/方案设计_设计辅助和建模	城市规划/场地景观/建筑工程/管道工程	
A17/B17/C17/F17	规划/方案设计_场地环境性能化分析	城市规划/场地景观/建筑工程/管道工程	
A19/B19/C19/F19	规划/方案设计_建筑环境性能化分析	城市规划/场地景观/建筑工程/管道工程	
A20/B20/C20/F20	规划/方案设计_参数化设计优化	城市规划/场地景观/建筑工程/管道工程	
A23/B23/C23/F23	规划/方案设计_设计成果渲染与表达	城市规划/场地景观/建筑工程/管道工程	
A25/B25/C25/F25	初步/施工图设计_设计辅助和建模	城市规划/场地景观/建筑工程/管道工程	
A27/B27/C27/F27	初步/施工图设计_设计分析和优化	城市规划/场地景观/建筑工程/管道工程	
A31/B31/C31/F31	初步/施工图设计_设计成果渲染与表达	城市规划/场地景观/建筑工程/管道工程	

续表

<table>
<tr><td colspan="2">A33/B33/C33/F33</td><td colspan="3">深化设计_深化设计辅助和建模</td><td colspan="2">城市规划/场地景观/建筑工程/管道工程</td></tr>
<tr><td colspan="2">C37</td><td colspan="3">深化设计_装饰装修设计辅助和建模</td><td colspan="2">建筑工程</td></tr>
<tr><td colspan="2">C39</td><td colspan="3">深化设计_机电工程设计辅助和建模</td><td colspan="2">建筑工程</td></tr>
<tr><td colspan="2">C40</td><td colspan="3">深化设计_幕墙设计辅助和建模</td><td colspan="2">建筑工程</td></tr>
<tr><td>最新版本</td><td colspan="6">Trimble SketchUp Pro 2021</td></tr>
<tr><td>输入格式</td><td colspan="6">.3ds/.bmp/.dae/.ddf/.dem/.dwg/.dxf/.ifc/.ifczip/.jpeg/.jpg/.kmz/.png/.psd/.skp/.stl/.tga/.tif/.tiff</td></tr>
<tr><td>输出格式</td><td colspan="6">.3ds/.dwg/.dxf/.dae/.fbx/.ifc/.kmz/.obj/.stl/.wrl/.xsi/.pdf/.eps/.bmp/.jpg/.tif/.png</td></tr>
<tr><td rowspan="2">推荐硬件配置</td><td>操作系统</td><td>64位Windows10</td><td>处理器</td><td>2GHz</td><td>内存</td><td>8GB</td></tr>
<tr><td>显卡</td><td>1GB</td><td>磁盘空间</td><td>700MB</td><td>鼠标要求</td><td>带滚轮</td></tr>
<tr><td rowspan="2">最低硬件配置</td><td>操作系统</td><td>64位Windows10</td><td>处理器</td><td>1GHz</td><td>内存</td><td>4GB</td></tr>
<tr><td>显卡</td><td>512MB</td><td>磁盘空间</td><td>500MB</td><td>鼠标要求</td><td>带滚轮</td></tr>
<tr><td colspan="7">功能介绍</td></tr>
</table>

A33/B33/C33/F33、C37、C39、C40：

1.本软硬件在“深化设计”应用上的介绍及优势

自SketchUp2016版本以来，SketchUp团队已经重新编写了软件内核，SketchUp的画图精度与其他CAD软件无异，但是SketchUp的轻量化却是做得最好，可以轻松地承载大体量模型，能表达模型中更多的细节。SketchUp的优势是模型自身的轻量化（图1、图2）。

2.本软硬件在“深化设计”应用上的操作难易度

SketchUp的建模规则更简单，操作更自由，可以让深化设计人员更淋漓尽致的表达丰富的细节。

操作难易程度：中等。

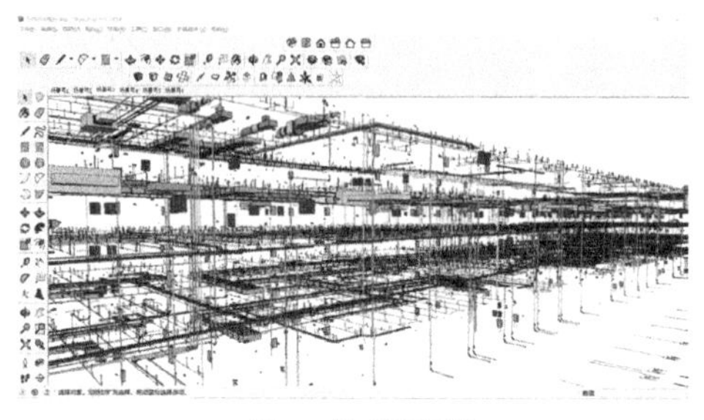

图1 模型轻量化

图2 深化设计

3.5.5 钢结构设计辅助和建模

1. Revit Structure

Revit Structure **表 3-5-21**

<table>
<tr><td>软件名称</td><td colspan="3">Revit Structure</td><td>厂商名称</td><td colspan="2">Autodesk</td></tr>
<tr><td colspan="3">代码</td><td colspan="2">应用场景</td><td colspan="2">业务类型</td></tr>
<tr><td colspan="3">A38/B38/C38/D38/E38/F38/G38/H38/J38/K38/L38/M38/N38/P38/Q38</td><td colspan="2">深化设计_钢结构设计辅助和建模</td><td colspan="2" rowspan="2">城市规划/场地景观/建筑工程/水处理/垃圾处理/管道工程/道路工程/桥梁工程/隧道工程/铁路工程/信号工程/变电站/电网工程/水坝工程/飞行工程</td></tr>
<tr><td colspan="3">A55/B55/C55/D55/E55/F55/G55/H55/J55/K55/L55/M55/N55/P55/Q55</td><td colspan="2">施工准备_钢筋工程设计</td></tr>
<tr><td>最新版本</td><td colspan="6">Revit 2021</td></tr>
<tr><td>输入格式</td><td colspan="6">.dwg/.dxf/.dgn/.sat/.skp/.rvt/ .rfa/.ifc/.pdf/.xml/点云 .rcp/.rcs /.nwc/.nwd/所有图像文件</td></tr>
<tr><td>输出格式</td><td colspan="6">.dwg/.dxf/.dgn/.sat/.ifc/.rvt</td></tr>
<tr><td rowspan="3">推荐硬件配置</td><td>操作系统</td><td>64位Windows10</td><td>处理器</td><td>3GHz</td><td>内存</td><td>16GB</td></tr>
<tr><td>显卡</td><td>支持 DirectX® 11 和 Shader Model 5 的显卡，最少有 4GB 视频内存</td><td>磁盘空间</td><td>30GB</td><td>鼠标要求</td><td>带滚轮</td></tr>
<tr><td>其他</td><td colspan="5">NET Framework 版本 4.8 或更高版本</td></tr>
<tr><td rowspan="3">最低硬件配置</td><td>操作系统</td><td>64位Windows10</td><td>处理器</td><td>2GHz</td><td>内存</td><td>8GB</td></tr>
<tr><td>显卡</td><td>支持 DirectX® 11 和 Shader Model 5 的显卡，最少有 4GB 视频内存</td><td>磁盘空间</td><td>30GB</td><td>鼠标要求</td><td>带滚轮</td></tr>
<tr><td>其他</td><td colspan="5">NET Framework 版本 4.8 或更高版本</td></tr>
<tr><td colspan="7">功能介绍</td></tr>
</table>

A38/B38/C38/D38/E38/F38/G38/H38/J38/K38/L38/M38/N38/P38/Q38：

本软件在“深化设计_钢结构设计辅助和建模”应用上的介绍及优势

Revit Structure是面向结构工程师的建筑信息模型应用程序。它可以帮助结构工程师创建更加协调、可靠的模型，增强各团队间的协作。并可与流行的结构分析软件（如Robot Structural Analysis Professional、Etabs、Midas等）双向关联。强大的参数化管理技术有助于协调模型和文档中的修改和更新。它具备Revit系列软件的自动生成平、立、剖面图档，自动统计构件明细表，各图档间动态关联等所有特性，除此之外还具有专为结构设计师使用的特性（图1）。

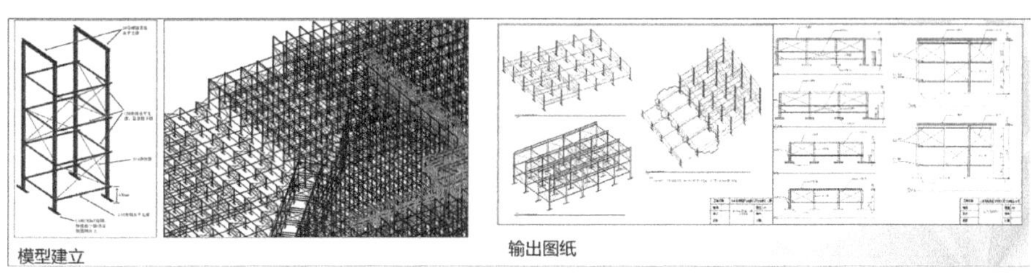

图1 钢结构深化模型出图

续表

除BIM模型外，Revit Strcuture还为结构工程师提供了分析模型及结构受力分析工具，允许结构工程师灵活处理各结构构件受力关系、受力类型等。Revit Structure结构分析模型中包含荷载、荷载组合、构件大小、约束条件等信息，以便在其他行业领先的第三方的结构计算分析应用程序中使用。Autodesk公司已与世界领先的建筑结构计算和分析软件厂商达成战略合作，Revit Structure中的结构模型可以直接导入其他结构计算软件中，并且可以读取计算程序的计算结果，修正Revit Structure模型。 Revit钢结构模块带有完善的钢结构族库和节点库，支持多种钢构件建模以及钢节点深化模型创建。最新的钢结构编辑功能以及Dynamo for Revit中集成的钢结构连接节点，可编辑更多的钢结构类型，实现更多参数化钢结构的应用。 Revit钢结构模块与Advance Steel之间可实现LOD350精度模型信息的双向互通，包括所有的钢构件和钢连接件，导入/导出/同步Revit和Advance Steel之间的更改（图2）	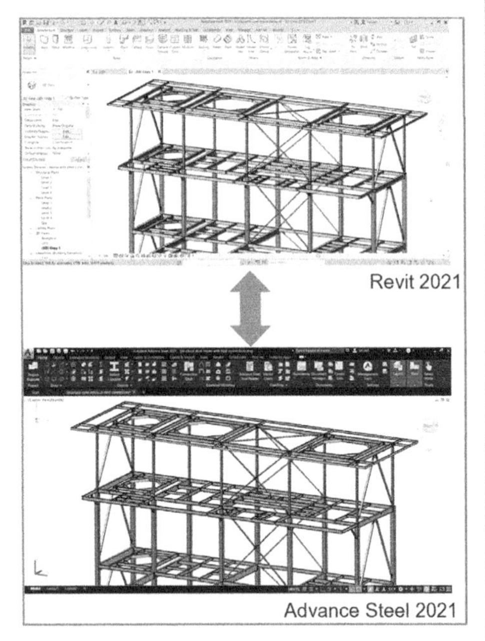 图2　软件互通

2. Autodesk Advance Steel

Autodesk Advance Steel　　表3-5-22

软件名称	Autodesk Advance Steel			厂商名称	Autodesk		
代码			应用场景		业务类型		
C33/F33/H33/M33/N33/Q33			深化设计_深化设计辅助与建模		建筑工程/管道工程/桥梁工程/变电站/电网工程/飞行工程		
C38/F38/H38/M38/N38/Q38			深化设计_钢结构设计辅助和建模		建筑工程/管道工程/桥梁工程/变电站/电网工程/飞行工程		
C43/F43/H43/M43/N43/Q43			深化设计_工程量统计		建筑工程/管道工程/桥梁工程/变电站/电网工程/飞行工程		
最新版本	Autodesk Advance Steel 2021						
输入格式	.dwg/.dwf/.dwfx/.dws./.dwt/.dgn/.sat/.3ds/.igs/.iges/.wfm/.CATPart/.model/.3dm/.ste/.prt						
输出格式	.dwg/.dwf/.dwfx/.dws./.dwt/.dgn/.wfm/.stl/.sat/.eps/.bmp/.igs/.iges/.dxx/.pdf						
推荐硬件配置	操作系统	64位Windows10	处理器	3GHz及以上	内存	16GB	
	显卡	1GB	磁盘空间	12GB	鼠标要求	无	
	其他	显示器分辨率：3840×2160（4K）					
最低硬件配置	操作系统	64位Windows10	处理器	2.5GHz	内存	8GB	
	显卡	512MB	磁盘空间	9GB	鼠标要求	无	
	其他	显示器分辨率：1920×1080（1080p）					

续表

功能介绍
C38/F38/H38/M38/N38/Q38： 本软件作为专门面向钢结构工程的设计和深化设计软件，在钢结构深化设计方面完全支持上游的初步设计以及下游的出图加工，形成钢结构数据流转中不可缺少的一环。其主要优势及操作难易度同“深化设计_深化设计辅助与建模应用上的介绍及优势”

3. Dynamo for Advance Steel

Dynamo for Advance Steel　　**表 3-5-23**

软件名称	Dynamo for Advance Steel		厂商名称	Autodesk
代码		应用场景		业务类型
C38/H38/M38/N38		深化设计_钢结构设计辅助和建模		建筑工程/桥梁工程/变电站/电网工程
最新版本	Dynamo 2.5			
输入格式	通用格式：.dyn/.dyf			
输出格式	.dyn/.dyf			
推荐硬件配置	同 Advance Steel			
最低硬件配置	同 Advance Steel			
功能介绍				
C38/H38/M38/N38： Dynamo for Advance Steel是集成于Advance Steel的插件，提供一系列作用于Advance Steel模型的节点，提供设计师一个可视化的编程环境，使得以脚本化程序驱动Advance Steel中模型的创建，提供钢结构建筑、钢结构厂房、钢结构桥梁、钢结构输电塔等工程的深化模型创建和设计。大大提升了Advance Steel的设计效率和灵活性（图1）。				

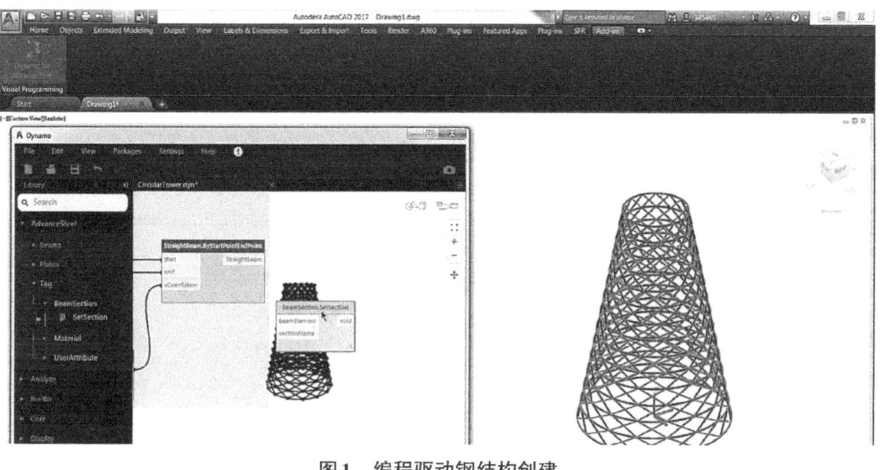

图1　编程驱动钢结构创建

4. 3DEXPERIENCE CATIA

3DEXPERIENCE CATIA **表3-5-24**

<table>
<tr><td>软件名称</td><td colspan="3">3DEXPERIENCE CATIA</td><td>厂商名称</td><td colspan="2">Dassault Systémes</td></tr>
<tr><td colspan="2">代码</td><td colspan="2">应用场景</td><td colspan="3">业务类型</td></tr>
<tr><td colspan="2">C16/H16</td><td colspan="2">规划/方案设计_设计辅助和建模</td><td colspan="3">建筑工程/桥梁工程</td></tr>
<tr><td colspan="2">C25/G25/H25/J25/K25/P25</td><td colspan="2">初步/施工图设计_设计辅助和建模</td><td colspan="3">建筑工程/道路工程/桥梁工程/隧道工程/铁路工程/水坝工程</td></tr>
<tr><td colspan="2">C28/G28/H28/J28/K28/P28</td><td colspan="2">初步/施工图设计_冲突检测</td><td colspan="3">建筑工程/道路工程/桥梁工程/隧道工程/铁路工程/水坝工程</td></tr>
<tr><td colspan="2">C38/H38/P38</td><td colspan="2">深化设计_钢结构设计辅助和建模</td><td colspan="3">建筑工程/桥梁工程/水坝工程</td></tr>
<tr><td colspan="2">C39/H39/P39</td><td colspan="2">深化设计_机电工程设计辅助和建模</td><td colspan="3">建筑工程/铁路工程/水坝工程</td></tr>
<tr><td colspan="2">C40</td><td colspan="2">深化设计_幕墙设计辅助和建模</td><td colspan="3">建筑工程</td></tr>
<tr><td colspan="2">C43/G43/H43/J43/K43/P43</td><td colspan="2">深化设计_工程量统计</td><td colspan="3">建筑工程/道路工程/桥梁工程/隧道工程/铁路工程/水坝工程</td></tr>
<tr><td>最新版本</td><td colspan="6">3DEXPERIENCE R2021x</td></tr>
<tr><td>输入格式</td><td colspan="6">.3dxml</td></tr>
<tr><td>输出格式</td><td colspan="6">.3dxml</td></tr>
<tr><td rowspan="2">推荐硬件配置</td><td>操作系统</td><td>64位Windows10</td><td>处理器</td><td>3GHz</td><td>内存</td><td>32GB</td></tr>
<tr><td>显卡</td><td>1GB</td><td>磁盘空间</td><td>30GB</td><td>鼠标要求</td><td>带滚轮</td></tr>
<tr><td rowspan="3">最低硬件配置</td><td>操作系统</td><td>64位Windows10</td><td>处理器</td><td>2GHz</td><td>内存</td><td>16GB</td></tr>
<tr><td>显卡</td><td>512MB</td><td>磁盘空间</td><td>20GB</td><td>鼠标要求</td><td>带滚轮</td></tr>
<tr><td>其他</td><td colspan="5">AdoptOpenJDK JRE 11.0.6 with OpenJ9，Firefox 68 ESR或者Chrome</td></tr>
<tr><td colspan="7">功能介绍</td></tr>
</table>

C38/H38/P38：

1.本软硬件在“深化设计_钢结构设计辅助和建模”应用上的介绍及优势

3DEXPERIENCE平台的CATIA钢结构模块主要用于钢结构厂房、钢结构桥梁和水电项目中的金属闸门等设计建模和出图。

钢结构初步设计：快速建立钢结构的功能模型用于结构分析；对功能模型进行网格化，并可输出至多种计算软件（图1）。

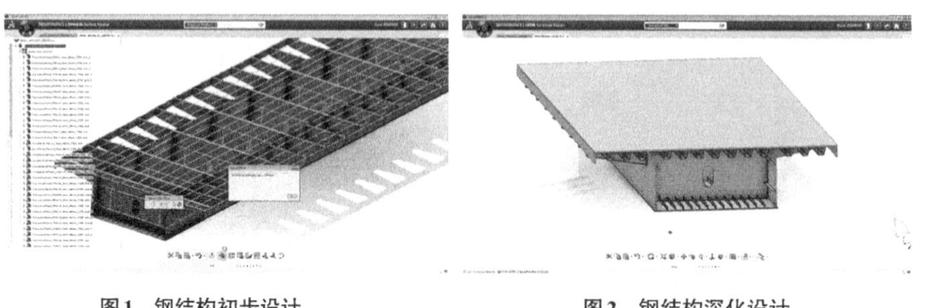

图1　钢结构初步设计　　图2　钢结构深化设计

续表

钢结构深化设计：用于精细化设计的实体模型，既可从功能模型转换而来，也可以独立创建；可输出钢结构制造模型直接应用于数控加工（图2）。 钢结构出图：根据三维模型创建二维图形，可以定义板材和型材在不同视图中的显示方式，模型的材料表可以从参数中自动提取。 2.本软硬件在“深化设计_钢结构设计辅助和建模”应用上的操作难易度 钢结构桥梁设计基础操作流程：骨架设计→布置截面→定义板材→定义型材→导出分析→定义开槽→定义人孔→统计量→出图交付。 内置了很多材料板材、型材库，易于操作。 3.本软硬件在“深化设计_钢结构设计辅助和建模”应用上的案例 北京市永定河大桥（总长639m的双塔全焊斜拉钢构组合体系桥）的深化设计和二维出图。 淮安市跨京杭运河大桥（圆塔形独塔双索面斜拉桥）的施工与加工的三维、二维合成交付

5. Trimble SketchUp Pro/轻钢结构BIM设计工具 For SketchUp

Trimble SketchUp Pro/轻钢结构BIM设计工具 For SketchUp **表3-5-25**

软件名称	Trimble SketchUp Pro/轻钢结构BIM设计工具 For SketchUp			厂商名称	天宝寰宇电子产品（上海）有限公司/广州乾讯建筑咨询有限公司	
代码			应用场景		业务类型	
C38			深化设计_钢结构设计辅助和建模		建筑工程	
最新版本	轻钢结构BIM设计工具 For SketchUp 2019					
输入格式	.skp					
输出格式	.skp					
推荐硬件配置	操作系统	64位Windows10	处理器	2GHz	内存	8GB
	显卡	1GB	磁盘空间	700MB	鼠标要求	带滚轮
最低硬件配置	操作系统	64位Windows10	处理器	1GHz	内存	4GB
	显卡	512MB	磁盘空间	500MB	鼠标要求	带滚轮
功能介绍						
C38： 1.本软硬件在“建筑工程_深化设计_钢结构设计辅助和建模”应用上的介绍及优势 本软件可以实现高效快速的轻钢结构设计，快速生成BIM模型，由BIM模型可以实现施工出图及工程量清单统计（图1）。 2.本软硬件在“建筑工程_深化设计_钢结构设计辅助和建模”应用上的操作难易度 本软件操作流程：平面规划→由线成模→出加工图→出加工文件→清单统计。 本软件界面简洁，上手容易，经过简单培训即可掌握。软件根据建筑规划面进行规划放线，由规划线一键生成轻钢结构BIM模型，然后由BIM模型可以快速地出加工图、算量清单和加工文件，专用设备可通过识别加工文件并进行加工						

续表

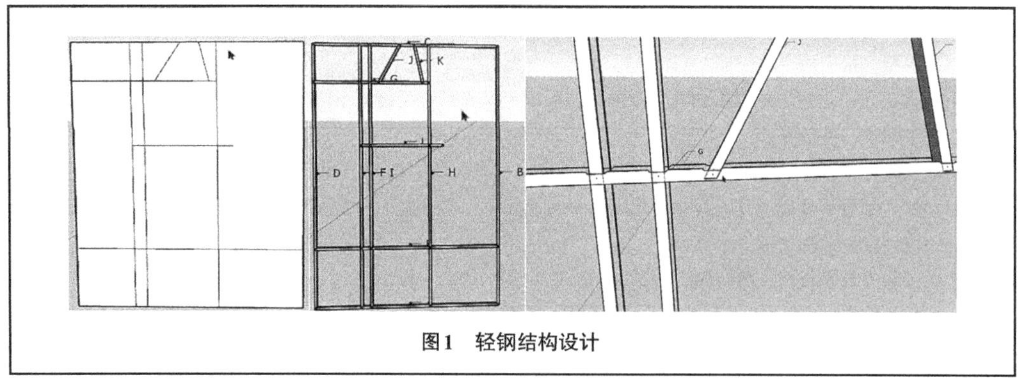

图1 轻钢结构设计

6. Trimble SketchUp Pro/Trimble Business Center/SketchUp mobile viewer/水处理模块For SketchUp/垃圾处理模块For SketchUp/能源化工模块For SketchUp/6D For SketchUp

Trimble SketchUp Pro/Trimble Business Center/SketchUp mobile viewer/水处理模块For SketchUp/垃圾处理模块For SketchUp/能源化工模块For SketchUp/6D For SketchUp 表3-5-26

软件名称	Trimble SketchUp Pro/Trimble Business Center/ SketchUp mobile viewer/水处理模块For SketchUp/垃圾处理模块For SketchUp/能源化工模块For SketchUp/6D For SketchUp	厂商名称	天宝寰宇电子产品（上海）有限公司/辽宁乐成能源科技有限公司
代码	应用场景		业务类型
D06/E06/F06	勘察岩土_勘察外业设计辅助和建模		水处理/垃圾处理/管道工程（能源化工）
D11/E11/F11	勘察岩土_岩土工程计算和分析		水处理/垃圾处理/管道工程（能源化工）
D16/E16/F16	规划/方案设计_设计辅助和建模		水处理/垃圾处理/管道工程（能源化工）
D22/E22/F22	规划/方案设计_算量和造价		水处理/垃圾处理/管道工程（能源化工）
D23/E23/F23	规划/方案设计_设计成果渲染与表达		水处理/垃圾处理/管道工程（能源化工）
D25/E25/F25	初步/施工图设计_设计辅助和建模		水处理/垃圾处理/管道工程（能源化工）
D30/E30/F30	初步/施工图设计_算量和造价		水处理/垃圾处理/管道工程（能源化工）
D31/E31/F31	初步/施工图设计_设计成果渲染与表达		水处理/垃圾处理/管道工程（能源化工）
D33/E33/F33	深化设计_深化设计辅助和建模		水处理/垃圾处理/管道工程（能源化工）
D38/E38/F38	深化设计_钢结构设计辅助和建模		水处理/垃圾处理/管道工程（能源化工）
D44/E44/F44	深化设计_算量和造价		水处理/垃圾处理/管道工程（能源化工）
D46/E46/F46	招采_招标投标采购		水处理/垃圾处理/管道工程（能源化工）
D47/E47/F47	招采_投资与招商		水处理/垃圾处理/管道工程（能源化工）
D48/E48/F48	招采_其他		水处理/垃圾处理/管道工程（能源化工）

续表

<table>
<tr><td>D49/E49/F49</td><td colspan="4">施工准备_施工场地规划</td><td colspan="2">水处理/垃圾处理/管道工程（能源化工）</td></tr>
<tr><td>D50/E50/F50</td><td colspan="4">施工准备_施工组织和计划</td><td colspan="2">水处理/垃圾处理/管道工程（能源化工）</td></tr>
<tr><td>D60/E60/F60</td><td colspan="4">施工实施_隐蔽工程记录</td><td colspan="2">水处理/垃圾处理/管道工程（能源化工）</td></tr>
<tr><td>D62/E62/F62</td><td colspan="4">施工实施_成本管理</td><td colspan="2">水处理/垃圾处理/管道工程（能源化工）</td></tr>
<tr><td>D63/E63/F63</td><td colspan="4">施工实施_进度管理</td><td colspan="2">水处理/垃圾处理/管道工程（能源化工）</td></tr>
<tr><td>D66/E66/F66</td><td colspan="4">施工实施_算量和造价</td><td colspan="2">水处理/垃圾处理/管道工程（能源化工）</td></tr>
<tr><td>D74/E74/F74</td><td colspan="4">运维_空间登记与管理</td><td colspan="2">水处理/垃圾处理/管道工程（能源化工）</td></tr>
<tr><td>D75/E75/F75</td><td colspan="4">运维_资产登记与管理</td><td colspan="2">水处理/垃圾处理/管道工程（能源化工）</td></tr>
<tr><td>D78/E78/F78</td><td colspan="4">运维_其他</td><td colspan="2">水处理/垃圾处理/管道工程（能源化工）</td></tr>
<tr><td>最新版本</td><td colspan="6">Trimble SketchUp Pro2021/Trimble Business Center/SketchUp mobile viewer/水处理模块 For SketchUp/垃圾处理模块 For SketchUp/能源化工模块 For SketchUp/6D For SketchUp</td></tr>
<tr><td>输入格式</td><td colspan="6">.skp/.3ds/.dae/.dem/.ddf/.dwg/.dxf/.ifc/.ifcZIP/.kmz/.stl/.jpg/.png/.psd/.tif/.tag/.bmp</td></tr>
<tr><td>输出格式</td><td colspan="6">.skp/.3ds/.dae/.dwg/.dxf/.fbx/.ifc/.kmz/.obj/.wrl/.stl/.xsi/.jpg/.png/.tif/.bmp/.mp4/.avi/.webm/.ogv/.xls</td></tr>
<tr><td rowspan="2">推荐硬件配置</td><td>操作系统</td><td>64位Windows10</td><td>处理器</td><td>2GHz</td><td>内存</td><td>8GB</td></tr>
<tr><td>显卡</td><td>1GB</td><td>磁盘空间</td><td>700MB</td><td>鼠标要求</td><td>带滚轮</td></tr>
<tr><td rowspan="2">最低硬件配置</td><td>操作系统</td><td>64位Windows10</td><td>处理器</td><td>1GHz</td><td>内存</td><td>4GB</td></tr>
<tr><td>显卡</td><td>512MB</td><td>磁盘空间</td><td>500MB</td><td>鼠标要求</td><td>带滚轮</td></tr>
<tr><td colspan="7">功能介绍</td></tr>
</table>

D38/E38/F38：

1.本软硬件在“深化设计_钢结构设计辅助和建模”应用上的介绍及优势

本软件在深化设计阶段，可将创建好的钢结构BIM模型与其他各专业BIM模型整合，提前发现并解决各专业之间存在的构件碰撞、工序交叉、衔接配合等问题，减少设计变更及工程返工，为工程节约资源与工期成本；同时，为工程总体施工进度计划及钢结构专业施工进度计划提供依据（图1）。

2.本软硬件在“深化设计_钢结构设计辅助和建模”应用上的操作难易度

操作流程：创建BIM模型→碰撞检查→完善构件。本软件操作便捷，展示清晰，深化程度高。

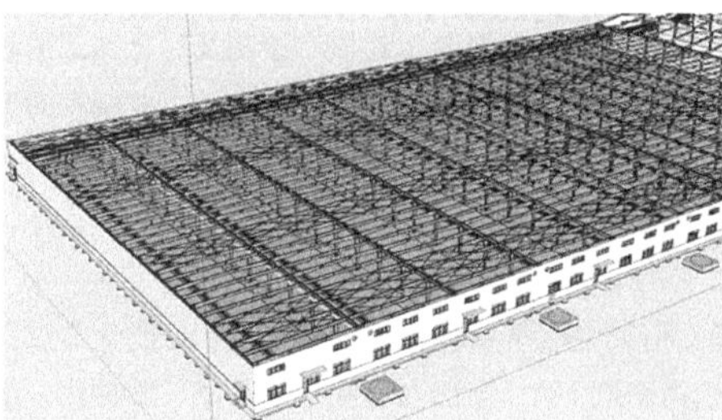

图1　整合钢结构模型

7. ProStructures

ProStructures **表 3-5-27**

<table>
<tr><td>软件名称</td><td colspan="3">ProStructures</td><td colspan="2">厂商名称</td><td>Bentley</td></tr>
<tr><td colspan="3">代码</td><td colspan="2">应用场景</td><td colspan="2">业务类型</td></tr>
<tr><td colspan="3">C38/D38/E38/F38/G38/H38/J38/K38/M38/N38/P38</td><td colspan="2">深化设计_钢结构设计辅助和建模</td><td colspan="2" rowspan="5">建筑工程/水处理/垃圾处理/管道工程/道路工程/桥梁工程/隧道工程/铁路工程/变电站/电网工程/水坝工程</td></tr>
<tr><td colspan="3">C42/D42/E42/F42/G42/H42/J42/K42/M42/N42/P42</td><td colspan="2">深化设计_冲突检测</td></tr>
<tr><td colspan="3">C43/D43/E43/F43/G43/H43/J43/K43/M43/N43/P43</td><td colspan="2">深化设计_工程量统计</td></tr>
<tr><td colspan="3">C55/D55/E55/F55/G55/H55/J55/K55/M55/N55/P55</td><td colspan="2">施工准备_钢筋工程设计</td></tr>
<tr><td colspan="3">C59/D59/E59/F59/G59/H59/J59/K59/M59/N59/P59</td><td colspan="2">施工实施_钢筋加工</td></tr>
<tr><td>最新版本</td><td colspan="6">ProStructures CONNECT Edition Update 5</td></tr>
<tr><td>输入格式</td><td colspan="6">.dgn/.dwg</td></tr>
<tr><td>输出格式</td><td colspan="6">.dgn/.dwg/.ifc</td></tr>
<tr><td rowspan="2">推荐硬件配置</td><td>操作系统</td><td>64位Windows10</td><td>处理器</td><td>2GHz</td><td>内存</td><td>32GB</td></tr>
<tr><td>显卡</td><td>1GB</td><td>磁盘空间</td><td>20GB</td><td>鼠标要求</td><td>带滚轮</td></tr>
<tr><td rowspan="2">最低硬件配置</td><td>操作系统</td><td>64位Windows10</td><td>处理器</td><td>1GHz</td><td>内存</td><td>4GB</td></tr>
<tr><td>显卡</td><td>512MB</td><td>磁盘空间</td><td>10GB</td><td>鼠标要求</td><td>带滚轮</td></tr>
<tr><td colspan="7">功能介绍</td></tr>
</table>

C38/D38/E38/F38/G38/H38/J38/K38/M38/N38/P38
C42/D42/E42/F42/G42/H42/J42/K42/M42/N42/P42
C43/D43/E43/F43/G43/H43/J43/K43/M43/N43/P43
C55/D55/E55/F55/G55/H55/J55/K55/M55/N55/P55
C59/D59/E59/F59/G59/H59/J59/K59/M59/N59/P59：

ProStructures是基于MicroStation平台开发的专业三维钢结构和钢筋混凝土建模、绘图及深化加工的软件系统。用户可以在软件中快速建立各种钢结构的三维模型和钢筋混凝土深化模型。系统自动生成所有的施工图、加工详图和材料表。

ProSteel模块技术特点

1. 软件界面和基本操作

ProSteel可以帮助用户轻松完成三维实体建模；楼梯、桁架、檩条系统自动生成单元；智能化节点自动连接；模拟碰撞检测；组件、零件自动编号；自动生成生产图纸（平、立面布置图，组件图，零件图，剖面图，节点详图等）；自动生成各种报表（材料表、螺栓统计表、生产管制表等）；PDF、EXCEL、HTML等多格式输出；数控机床数据接口及国内外多种软件接口。

2. 型钢和自定义截面及螺栓

ProSteel拥有30多个系列、1800多种标准截面。这些标准截面的数据都存放在统一的数据库中，用户可以方便地扩充数据库，插入自定义的截面尺寸，或者添加新的截面形式。ProSteel允许用户通过截面轮廓线和

续表

其他参数来自定义复杂的截面形式，并且可以保存在单独的数据库中。自定义截面库的使用方法与操作标准截面库相同。用户还可以把几个标准或特殊截面组合起来构成一个新的截面。新的组合截面构件本身是一个实体，即所有的操作如延长、截断等，对组合截面中所有的单个截面都产生作用。当然，材料表和施工图数据可以从单个截面提取。节点连接中所有必需的螺栓都是自动生成的。螺栓参数如螺栓种类、垫圈、间隙和其他必要的附件都可以调节。 3. 编辑工具 可进行构件拷贝、移动、镜像、克隆等常规编辑操作；可进行构件分割、钻孔、自适应切割、斜切、钝化转角、添加螺栓、开槽等加工操作；可在指定位置添加各种形状的加劲肋，可选择构件和方向以确定构件坐标系，便于进行细部操作。 4. 自动节点连接 ProSteel选择节点类型和连接构件后即可生成节点，允许客户设置和调整节点参数，包含通用的端板连接、底板连接、角钢连接、拼接连接、加腋连接、支撑连接、檩条连接等类型。包括很多国外的常用节点类型和我国《多、高层民用建筑钢结构节点构造详图》01SG519图集中常用的节点类型。常用节点可外挂节点参数库，可根据构件截面信息自动筛选参数。强大的编辑功能可保证客户生成自己的节点类型。 5. 附属结构参数化建模 ProSteel提供了一种生成附属构件的快捷方式。一些复杂且重复率高的模型，如楼梯、栏杆、门式钢架及其节点等，只需点击鼠标即可生成。所有子结构和附属构件后期都可以进行参数化调整。 6. 自动生成2D图纸 ProSteel可从三维模型中全自动提取所有图纸。自动智能添加螺栓标注、焊缝标注、材料表、尺寸、图框等对象。 7. 自动生成材料表 材料表的生成和处理是ProSteel的重要功能，系统可自动生成标准数据库文件。ProSteel有一个功能强大的材料表生成程序。除了可以使用各种类型、大小的字体选项以外，还可以在材料表中包含各种图标文件。材料表表项的排列可以有不同的排序方式，用户可以通过过滤方式在材料表中略去部分表项，用户还可以汇总多张图纸的构件生成统一的材料表。 8. 二次开发和导入导出 ProStructures允许用户使用VS2015 IDE进行二次开发。用户可以编写一个程序来进行重复性的工作。通过Bentley的ISM格式，ProStructures可以跟很多结构软件进行数据交互，比如STAAD.Pro、Tekla、Revit等。 **ProConrete模块技术特点** （1）强大的参数化混凝土和钢筋建模； （2）丰富的钢筋编辑和显示工具； （3）自动生成混凝土用量及钢筋下料清单； （4）碰撞检查：ProStructures可以对整个模型进行碰撞检测，也可以只对指定构件进行检测。最小碰撞检测距离可以任意设定。碰撞检测不仅对构件进行检测，还检测螺栓及其孔洞之间的装配净间隙是否足够要求
接本书7.12节彩页

3.5.6 机电工程设计辅助和建模

1. Revit MEP

Revit MEP　　表 3-5-28

<table>
<tr><td>软件名称</td><td colspan="2">Revit MEP</td><td colspan="2">厂商名称</td><td colspan="3">Autodesk</td></tr>
<tr><td colspan="3">代码</td><td colspan="2">应用场景</td><td colspan="3">业务类型</td></tr>
<tr><td colspan="3">A39/B39/C39/D39/E39/F39/G39/H39/J39/K39/L39/M39/N39/P39/Q39</td><td colspan="2">深化设计_机电工程设计辅助和建模</td><td colspan="3" rowspan="2">城市规划/场地景观/建筑工程/水处理/垃圾处理/管道工程/道路工程/桥梁工程/隧道工程/铁路工程/信号工程/变电站/电网工程/水坝工程/飞行工程</td></tr>
<tr><td colspan="3">A54/B54/C54/D54/E54/F54/G54/H54/J54/K54/L54/M54/N54/P54/Q54</td><td colspan="2">施工准备_机电安装</td></tr>
<tr><td>最新版本</td><td colspan="7">Revit 2021</td></tr>
<tr><td>输入格式</td><td colspan="7">.dwg/.dxf/.dgn/.sat/.skp/.rvt/ .rfa/.ifc/.pdf/.xml/点云 .rcp/.rcs /.nwc/.nwd/所有图像文件</td></tr>
<tr><td>输出格式</td><td colspan="7">.dwg/.dxf/.dgn/.sat/.ifc/.rvt</td></tr>
<tr><td rowspan="3">推荐硬件配置</td><td>操作系统</td><td>64位Windows10</td><td>处理器</td><td>3GHz</td><td>内存</td><td colspan="2">16GB</td></tr>
<tr><td>显卡</td><td>支持 DirectX® 11 和 Shader Model 5 的显卡，最少有 4GB 视频内存</td><td>磁盘空间</td><td>30GB</td><td>鼠标要求</td><td colspan="2">带滚轮</td></tr>
<tr><td>其他</td><td colspan="6">NET Framework 版本 4.8 或更高版本</td></tr>
<tr><td rowspan="3">最低硬件配置</td><td>操作系统</td><td>64位Windows10</td><td>处理器</td><td>2GHz</td><td>内存</td><td colspan="2">8GB</td></tr>
<tr><td>显卡</td><td>支持 DirectX® 11 和 Shader Model 5 的显卡，最少有 4GB 视频内存</td><td>磁盘空间</td><td>30GB</td><td>鼠标要求</td><td colspan="2">带滚轮</td></tr>
<tr><td>其他</td><td colspan="6">NET Framework 版本 4.8 或更高版本</td></tr>
<tr><td colspan="8">功能介绍</td></tr>
<tr><td colspan="8">A39/B39/C39/D39/E39/F39/G39/H39/J39/K39/L39/M39/N39/P39/Q39
A54/B54/C54/D54/E54/F54/G54/H54/J54/K54/L54/M54/N54/P54/Q54：
Revit机电模块是面向机电工程师的建筑信息模型应用程序。Revit MEP以Revit为基础平台，针对机电设备、电工和给水排水设计的特点，提供了专业的设备及管道三维建模及二维制图工具。它通过数据驱动的系统建模和设计来优化设备与管道专业工程，能够让机电工程师以机电设计过程的思维方式展开设计工作。
Revit MEP提供了暖通通风设备和管道系统建模、给水排水设备和管道系统建模、电力电路及照明计算等一系列专业工具并提供智能的管道系统分析和计算工具，可以让机电工程师快速完成机电BIM三维模型，并可将系统模型导入Ecotect Analysis、IES等能耗分析和计算工具中进行模拟和分析。提供参数化、模块化的正向深化设计（图1）。
Revit机电模块中的预制工具直接集成了Autodesk MEP Fabrication的机电深化模型库，包括石油、化工、电力等300多种规格的管道，以及能自动连接楼板的支吊架，让用户在Revit的3D界面中直接快速及便利地进行机电深化设计。通过将机电管道模型导出到“Fabrication CAMDuct”产品中，可直接生成管道的平面展开图、数控机床控制文件，可直接发送给数控机床进行材料切割、生产（图2）</td></tr>
</table>

续表

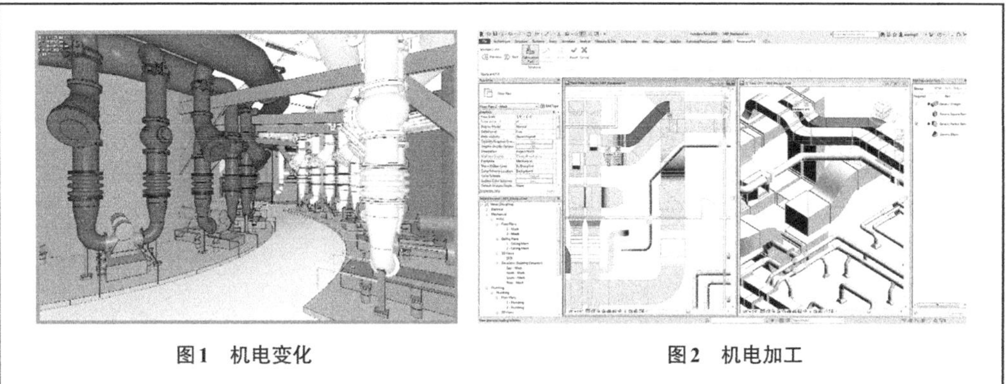

图1 机电变化　　图2 机电加工

2. Fabrication

Fabrication 表3-5-29

<table>
<tr><td>软件名称</td><td colspan="3">Fabrication</td><td>厂商名称</td><td colspan="2">Autodesk</td></tr>
<tr><td colspan="2">代码</td><td colspan="3">应用场景</td><td colspan="2">业务类型</td></tr>
<tr><td colspan="2">C39</td><td colspan="3">深化设计_机电工程设计辅助和建模</td><td colspan="2" rowspan="5">建筑工程</td></tr>
<tr><td colspan="2">C43</td><td colspan="3">深化设计_工程量统计</td></tr>
<tr><td colspan="2">C44</td><td colspan="3">深化设计_算量和造价</td></tr>
<tr><td colspan="2">C54</td><td colspan="3">施工准备_机电安装设计</td></tr>
<tr><td colspan="2">C66</td><td colspan="3">施工实施_算量和造价</td></tr>
<tr><td>最新版本</td><td colspan="6">Fabrication 2021</td></tr>
<tr><td>输入格式</td><td colspan="6">.maj/.caj/.esj/.jot/.rej</td></tr>
<tr><td>输出格式</td><td colspan="6">.maj/.caj/.esj/.jot/.rej/.ifc/.pcf</td></tr>
<tr><td rowspan="3">推荐硬件配置</td><td>操作系统</td><td>64位Windows10</td><td>处理器</td><td>3GHz</td><td>内存</td><td>16GB</td></tr>
<tr><td>显卡</td><td>4GB</td><td>磁盘空间</td><td>6GB</td><td>鼠标要求</td><td>带滚轮</td></tr>
<tr><td>其他</td><td colspan="5">NET Framework 4.7或更高版本</td></tr>
<tr><td rowspan="3">最低硬件配置</td><td>操作系统</td><td>64位Windows10</td><td>处理器</td><td>2.5GHz</td><td>内存</td><td>8GB</td></tr>
<tr><td>显卡</td><td>1GB</td><td>磁盘空间</td><td>6GB</td><td>鼠标要求</td><td>带滚轮</td></tr>
<tr><td>其他</td><td colspan="5">NET Framework 4.7或更高版本</td></tr>
<tr><td colspan="7">功能介绍</td></tr>
<tr><td colspan="7">C39、C54：
Autodesk Fabrication产品有助于将建筑信息建模（BIM）工作流程扩展到机械、电气和管道（MEP）专业承包商中，以设计、估算和制造建筑物中使用的管道、电气围护和其他机械系统。这些产品使你可以将制造商特定的内容生成更好的估算值，创建更准确的详细模型并直接推动MEP的制造。
Autodesk Fabrication产品包括：Autodesk® Fabrication CADmep™、Autodesk® Fabrication ESTmep™、Autodesk® Fabrication CAMduct™</td></tr>
</table>

续表

1. 本软硬件在“深化设计_机电工程设计辅助和建模、施工准备_机电安装设计”应用上的介绍及优势 使用Revit建筑设计软件创建机电深化设计模型，并且与CADmep / CAMduct / ESTmep共享Fabrication机电数据库。 将具有Revit LOD 300设计元素的模型转换为具有LOD 400 MEP制造零件的详细模型。 使用布线填充和改进的构件拆分，及调整连接元素大小的功能，可以在更短的时间内深化模型。 使用Revit独有的跨专业多用户环境与其他用户进行协作。 通过Revit和Fabricaiton模型自动创建详细的车间加工图。 使用庞大的规范驱动参数构件数据库。 自动化高级下料功能可提高材料利用率。 内置和自定义的后处理器有助于加快生产速度。 2. 本软硬件在“深化设计_机电工程设计辅助和建模、施工准备_机电安装设计”应用上的操作难易度 基础操作流程：创建Revit模型→导出MAJ工作文件→导入Fabrication→数据处理→导出图纸→导出数据→导入加工设备→加工生产。 复用Revit模型，数据无损导入导出，可视化操作，简便易学

3. 3DEXPERIENCE CATIA

3DEXPERIENCE CATIA **表3-5-30**

软件名称	3DEXPERIENCE CATIA		厂商名称	Dassault Systémes		
代码		应用场景		业务类型		
C16/H16		规划/方案设计_设计辅助和建模		建筑工程/桥梁工程		
C25/G25/H25/J25/K25/P25		初步/施工图设计_设计辅助和建模		建筑工程/道路工程/桥梁工程/隧道工程/铁路工程/水坝工程		
C28/G28/H28/J28/K28/P28		初步/施工图设计_冲突检测		建筑工程/道路工程/桥梁工程/隧道工程/铁路工程/水坝工程		
C38/H38/P38		深化设计_钢结构设计辅助和建模		建筑工程/桥梁工程/水坝工程		
C39/H39/P39		深化设计_机电工程设计辅助和建模		建筑工程/铁路工程/水坝工程		
C40		深化设计_幕墙设计辅助和建模		建筑工程		
C43/G43/H43/J43/K43/P43		深化设计_工程量统计		建筑工程/道路工程/桥梁工程/隧道工程/铁路工程/水坝工程		
最新版本	3DEXPERIENCE R2021x					
输入格式	.3dxml					
输出格式	.3dxml					
推荐硬件配置	操作系统	64位Windows10	处理器	3GHz	内存	32GB
	显卡	1GB	磁盘空间	30GB	鼠标要求	带滚轮
最低硬件配置	操作系统	64位Windows10	处理器	2GHz	内存	16GB
	显卡	512MB	磁盘空间	20GB	鼠标要求	带滚轮
	其他	AdoptOpenJDK JRE 11.0.6 with OpenJ9，Firefox 68 ESR或者Chrome				

续表

功能介绍
C39/H39/P39： 1.本软硬件在“深化设计_机电工程设计辅助和建模”应用上的介绍及优势 3DEXPERIENCE平台的CATIA机电模块主要用于建筑工程机电、铁路工程机电、水坝工程机电的设计，主要包括给水排水设计、电气设计和暖通设计。 主要功能介绍如下： 系统原理图设计：为接线图、信号图以及管路暖通系统创建原理图。在原理图中自动捕获属性，通过业务智能规则分析，可实现原理图设计的连接性和质量分析，确保其与3D设计同步（图1）。 3D MEP设计：在DMU的上下文中实现管道、暖通空调系统和电气系统的3D设计。利用规格驱动的设计和自动零件放置功能，确保符合公司和行业标准规范。并自动统计材料表（图2）。 自动化批量出图：图纸来源于最新的3D（3D为主）设计。通过模板驱动，可以一次修改多个图纸。通过模板和规则设定，减少图纸错误（图3）。 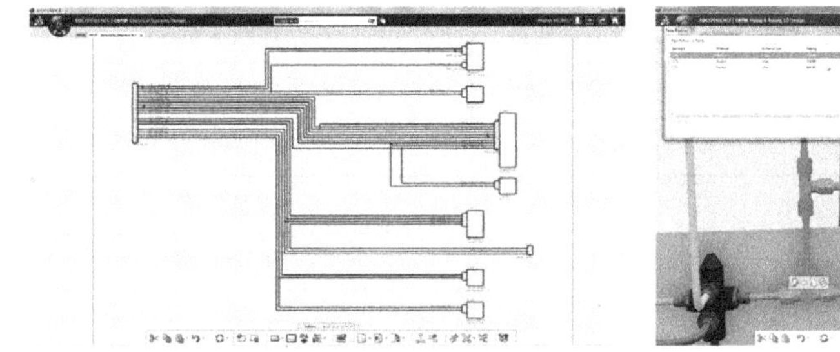 **图1　系统原理图设计**　　**图2　自动统计材料表** 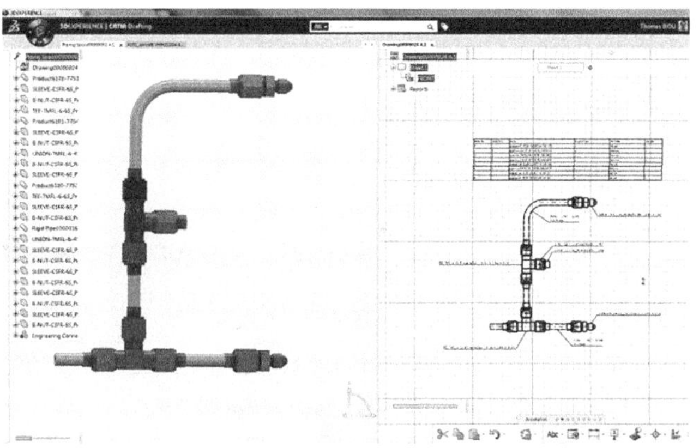 **图3　自动化批量出图** 2.本软硬件在“深化设计_机电工程设计辅助和建模”应用上的操作难易度 基础流程：原理图设计→同步三维→三维MEP设计→仿真分析→生产准备→工艺规划→图纸。 管路设计规则可内嵌进库，智能放置管路附件，使操作更智能。基于模板和规则的自动化出图可减少出图时间，操作简单易上手。 3.本软硬件在“深化设计_机电工程设计辅助和建模”应用上的案例 浦江双辉大厦的机电深化采用达索产品。王家岭选煤厂二期主厂房BIM正向设计采用达索产品

4. 品茗HiBIM软件

品茗HiBIM软件 表3-5-31

<table>
<tr><td>软件名称</td><td colspan="2">品茗HiBIM软件</td><td>厂商名称</td><td colspan="3">杭州品茗安控信息技术股份有限公司</td></tr>
<tr><td colspan="2">代码</td><td colspan="2">应用场景</td><td colspan="3">业务类型</td></tr>
<tr><td colspan="2">C01</td><td colspan="2">通用建模和表达</td><td colspan="3">建筑工程</td></tr>
<tr><td colspan="2">C16</td><td colspan="2">规划/方案设计_设计辅助和建模</td><td colspan="3">建筑工程</td></tr>
<tr><td colspan="2">C21</td><td colspan="2">规划/方案设计_工程量统计</td><td colspan="3">建筑工程</td></tr>
<tr><td colspan="2">C25</td><td colspan="2">初步/施工图设计_设计辅助和建模</td><td colspan="3">建筑工程</td></tr>
<tr><td colspan="2">C28</td><td colspan="2">初步/施工图设计_冲突检测</td><td colspan="3">建筑工程</td></tr>
<tr><td colspan="2">C29</td><td colspan="2">初步/施工图设计_工程量统计</td><td colspan="3">建筑工程</td></tr>
<tr><td colspan="2">C33</td><td colspan="2">深化设计_深化设计辅助和建模</td><td colspan="3">建筑工程</td></tr>
<tr><td colspan="2">C37</td><td colspan="2">深化设计_装饰装修设计辅助和建模</td><td colspan="3">建筑工程</td></tr>
<tr><td colspan="2">C39/F39</td><td colspan="2">深化设计_机电工程设计辅助和建模</td><td colspan="3">建筑工程/管道工程</td></tr>
<tr><td colspan="2">C41/F41</td><td colspan="2">深化设计_专项计算和分析</td><td colspan="3">建筑工程/管道工程</td></tr>
<tr><td colspan="2">C42</td><td colspan="2">深化设计_冲突检测</td><td colspan="3">建筑工程</td></tr>
<tr><td colspan="2">C43</td><td colspan="2">深化设计_工程量统计</td><td colspan="3">建筑工程</td></tr>
<tr><td>最新版本</td><td colspan="6">HiBIM3.2</td></tr>
<tr><td>输入格式</td><td colspan="6">.ifc/.pbim/.rvt（2021及以下版本）</td></tr>
<tr><td>输出格式</td><td colspan="6">.rvt/.pbim/.dwg/.skp/.doc/.xlsx</td></tr>
<tr><td rowspan="2">推荐硬件配置</td><td>操作系统</td><td>64位Windows7/8/10</td><td>处理器</td><td>3.6GHz</td><td>内存</td><td>16GB</td></tr>
<tr><td>显卡</td><td>Gtx1070或同等级别及以上</td><td>磁盘空间</td><td>1TB</td><td>鼠标要求</td><td>带滚轮</td></tr>
<tr><td rowspan="2">最低硬件配置</td><td>操作系统</td><td>64位Windows7/8/10</td><td>处理器</td><td>2GHz</td><td>内存</td><td>4GB</td></tr>
<tr><td>显卡</td><td>Gtx1050或同级别及以上</td><td>磁盘空间</td><td>128GB</td><td>鼠标要求</td><td>带滚轮</td></tr>
<tr><td colspan="7">功能介绍</td></tr>
<tr><td colspan="7">C39/F39：
1.本软件在“深化设计_机电工程设计辅助和建模”应用上的介绍及优势
软件提供机电管道分段预制功能，可以对模型中的管线根据实际连接方式进行管线分段，可以对管线进行分段编号处理，并将编号结果与管线长度与数量等导出管线分段统计表。同时导出管道预制分段加工图及材料表，便于指导施工现场安装。
2.本软件在“深化设计_机电工程设计辅助和建模”应用上的操作难易度
机电工程设计辅助和建模流程：选择管道→分段设置→分段模型→管道材料统计→管道预制分段加工图。选择需要分段的管线，根据不同管线及材质设置不同分段参数（图1），对模型进行分段，选择需要统计材料的管线进行材料统计，导出材料表。选择需要出加工图的管线导出加工图（图2）</td></tr>
</table>

续表

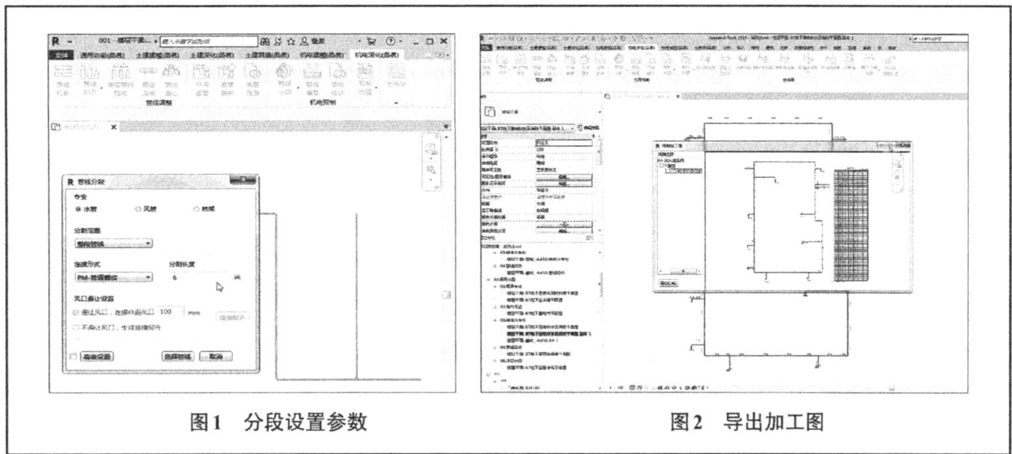

图1　分段设置参数　　　　图2　导出加工图

5. Trimble SketchUp Pro/MEP PIPE工具 For SketchUp

Trimble SketchUp Pro/MEP PIPE工具 For SketchUp　　　　**表3-5-32**

<table>
<tr><td>软件名称</td><td colspan="3">Trimble SketchUp Pro/MEP PIPE工具 For SketchUp</td><td>厂商名称</td><td colspan="2">天宝寰宇电子产品（上海）有限公司/广州乾讯建筑咨询有限公司</td></tr>
<tr><td colspan="2">代码</td><td colspan="2">应用场景</td><td colspan="3">业务类型</td></tr>
<tr><td colspan="2">C39/F39</td><td colspan="2">深化设计_机电工程设计辅助和建模</td><td colspan="3">建筑工程/管道工程</td></tr>
<tr><td colspan="2">C42/F42</td><td colspan="2">深化设计_冲突检测</td><td colspan="3">建筑工程/管道工程</td></tr>
<tr><td colspan="2">C43/F43</td><td colspan="2">深化设计_工程量统计</td><td colspan="3">建筑工程/管道工程</td></tr>
<tr><td>最新版本</td><td colspan="6">MEP PIPE工具For SketchUp 2019</td></tr>
<tr><td>输入格式</td><td colspan="6">.skp</td></tr>
<tr><td>输出格式</td><td colspan="6">.skp</td></tr>
<tr><td rowspan="2">推荐硬件配置</td><td>操作系统</td><td>64位Windows10</td><td>处理器</td><td>2GHz</td><td>内存</td><td>8GB</td></tr>
<tr><td>显卡</td><td>1GB</td><td>磁盘空间</td><td>700MB</td><td>鼠标要求</td><td>带滚轮</td></tr>
<tr><td rowspan="2">最低硬件配置</td><td>操作系统</td><td>64位Windows10</td><td>处理器</td><td>1GHz</td><td>内存</td><td>4GB</td></tr>
<tr><td>显卡</td><td>512MB</td><td>磁盘空间</td><td>500MB</td><td>鼠标要求</td><td>带滚轮</td></tr>
<tr><td colspan="7">功能介绍</td></tr>
<tr><td colspan="7">C39/F39、C42/F42、C43/F43：
1. 本软硬件在“建筑工程_深化设计_机电工程设计辅助和建模”应用上的介绍及优势
本软件可以实现管道的BIM模型快速创建与修改，可以实现与其他专业的冲突检测，模型可以快速地进行出图和工程量统计（图1）。
2. 本软硬件在“建筑工程_深化设计_深化设计辅助和建模”应用上的操作难易度
本软件操作流程：规划放线→管道生成→管道修改→吊架生成→碰撞检查→管道编码→快速标注→出CAD图→统计清单</td></tr>
</table>

续表

本软件界面简洁，上手容易，经过简单培训即可掌握。软件首先进行规划放线，对规划线进行属性确认，然后通过规划线生成管道模型，可以快速地进行调整和修改，并由管道生成支吊架。软件可以实现与其他专业的冲突碰撞检测，并实现管综的高效调整，模型确认后可以对管道进行编码并标注，根据要求出CAD图和统计工程量清单。 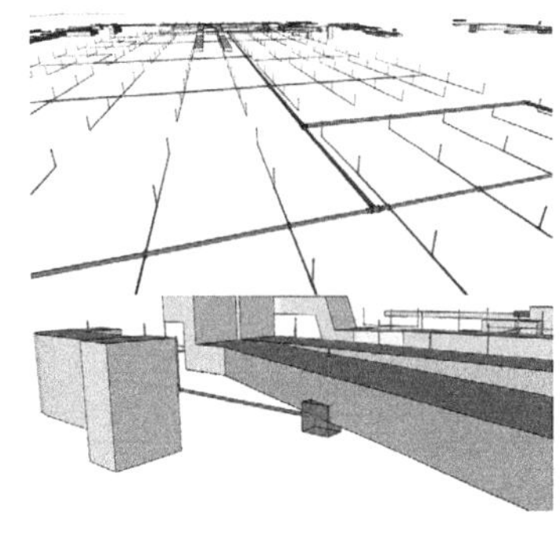 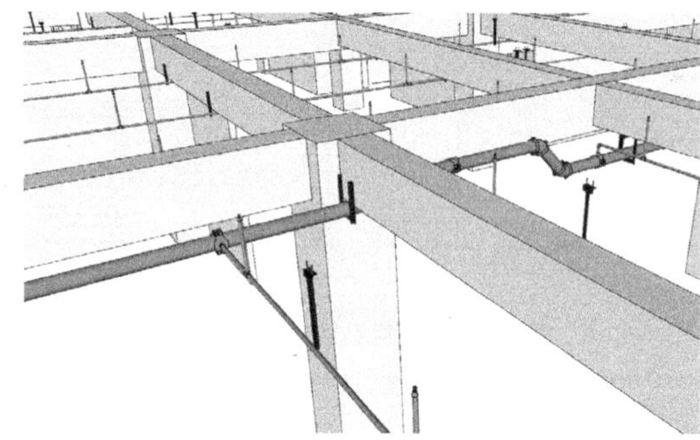 图1　管道快速创建

6. Trimble SketchUp Pro/MEP电缆桥架工具For SketchUp

Trimble SketchUp Pro/MEP电缆桥架工具For SketchUp　　表3-5-33

<table>
<tr><td>软件名称</td><td colspan="3">Trimble SketchUp Pro/MEP 电缆桥架工具 For SketchUp</td><td colspan="2">厂商名称</td><td colspan="3">天宝寰宇电子产品（上海）有限公司/广州乾讯建筑咨询有限公司</td></tr>
<tr><td colspan="3">代码</td><td colspan="3">应用场景</td><td colspan="3">业务类型</td></tr>
<tr><td colspan="3">C39/F39</td><td colspan="3">深化设计_机电工程设计辅助和建模</td><td colspan="3">建筑工程/管道工程</td></tr>
<tr><td colspan="3">C43/F43</td><td colspan="3">深化设计_工程量统计</td><td colspan="3">建筑工程/管道工程</td></tr>
<tr><td>最新版本</td><td colspan="8">MEP PIPE工具For SketchUp 2019</td></tr>
<tr><td>输入格式</td><td colspan="8">.skp</td></tr>
<tr><td>输出格式</td><td colspan="8">.skp</td></tr>
<tr><td rowspan="2">推荐硬件配置</td><td>操作系统</td><td colspan="2">64位Windows10</td><td>处理器</td><td colspan="2">2GHz</td><td>内存</td><td>8GB</td></tr>
<tr><td>显卡</td><td colspan="2">1GB</td><td>磁盘空间</td><td colspan="2">700MB</td><td>鼠标要求</td><td>带滚轮</td></tr>
<tr><td rowspan="2">最低硬件配置</td><td>操作系统</td><td colspan="2">64位Windows10</td><td>处理器</td><td colspan="2">1GHz</td><td>内存</td><td>4GB</td></tr>
<tr><td>显卡</td><td colspan="2">512MB</td><td>磁盘空间</td><td colspan="2">500MB</td><td>鼠标要求</td><td>带滚轮</td></tr>
<tr><td colspan="9">功能介绍</td></tr>
<tr><td colspan="9">C39/F39、C43/F43：
1.本软硬件在“建筑工程/管道工程_深化设计_机电工程设计辅助和建模”应用上的介绍及优势
本软件可以实现电缆桥架的BIM模型快速创建与修改，可以实现与其他专业的冲突检测，模型可以快速地进行出图和工程量统计（图1）。
2.本软硬件在“建筑工程_深化设计_深化设计辅助和建模”应用上的操作难易度
本软件操作流程：规划放线→管道生成→管道修改→快速标注→出CAD图→统计清单</td></tr>
</table>

续表

本软件界面简洁，上手容易，经过简单培训即可掌握。软件首先进行规划放线，对规划线进行属性确认，然后通过规划线生成管道模型，可以快速地进行调整和修改，并由管道生成支吊架。软件可以实现管综的高效调整，模型确认后可以对管道进行标注，根据要求出CAD图和统计工程量清单（图1）。

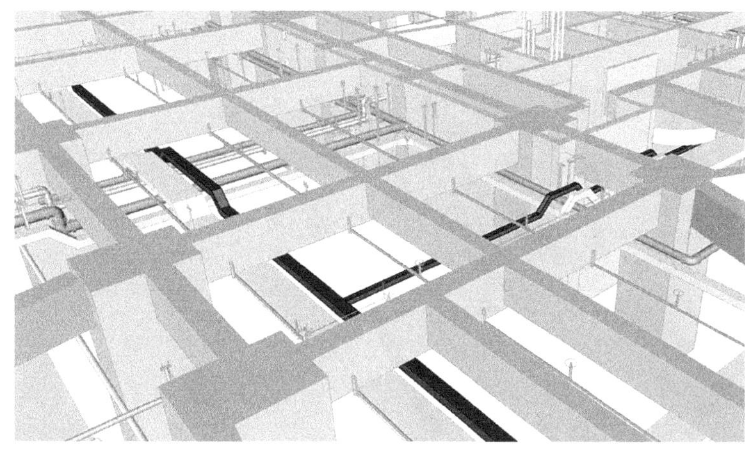

图1 桥架快速创建

7. Trimble SketchUp Pro/MEP通风专业工具For SketchUp

Trimble SketchUp Pro/MEP通风专业工具For SketchUp **表3-5-34**

软件名称	Trimble SketchUp Pro/MEP 通风专业工具 For SketchUp		厂商名称	天宝寰宇电子产品（上海）有限公司/广州乾讯建筑咨询有限公司	
代码		应用场景		业务类型	
C39/F39		深化设计_机电工程设计辅助和建模		建筑工程/管道工程	
C43/F43		深化设计_工程量统计		建筑工程/管道工程	
最新版本	MEP 通风专业工具For SketchUp 2019				
输入格式	.skp				
输出格式	.skp				

推荐硬件配置	操作系统	64位Windows10	处理器	2GHz	内存	8GB
	显卡	1GB	磁盘空间	700MB	鼠标要求	带滚轮
最低硬件配置	操作系统	64位Windows10	处理器	1GHz	内存	4GB
	显卡	512MB	磁盘空间	500MB	鼠标要求	带滚轮

功能介绍

C39/F39 、C43/F43：

1.本软硬件在“建筑工程/管道工程_深化设计_机电工程设计辅助和建模”应用上的介绍及优势

本软件可实现通风管道的BIM模型快速创建与修改，模型可以快速地进行出图和工程量统计（图1）。

2.本软硬件在“建筑工程_深化设计_深化设计辅助和建模”应用上的操作难易度

续表

本软件操作流程：规划放线→管道生成→管道修改→吊架生成→快速标注→出CAD图→统计清单。本软件界面简洁，上手容易，经过简单培训即可掌握。

软件首先进行规划放线，对规划线进行属性确认，然后通过规划放线生成通风管道模型，可以快速地进行调整和修改，并由管道生成支吊架。模型确认后可以对管道进行标注，根据要求出CAD图和统计工程量清单。

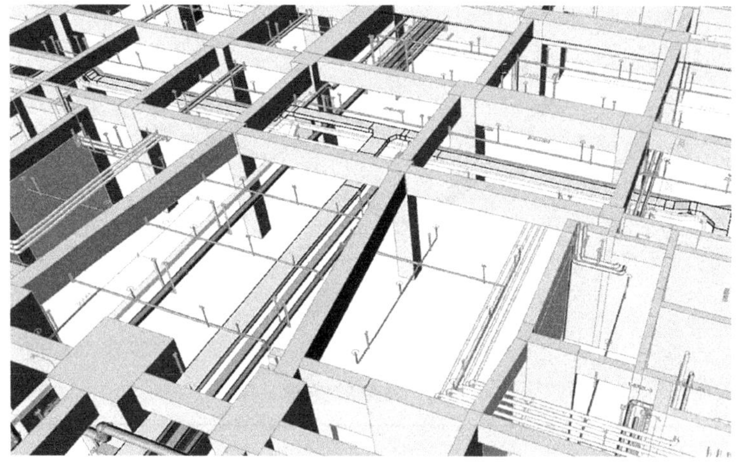

图1 风管快速创建

8. Trimble SketchUp Pro

Trimble SketchUp Pro　　表3-5-35

软件名称	Trimble SketchUp Pro	厂商名称	天宝寰宇电子产品（上海）有限公司
代码	应用场景		业务类型
A01/B01/C01/F01	通用建模和表达		城市规划/场地景观/建筑工程/管道工程
A02/B02/C02/F02	模型整合与管理		城市规划/场地景观/建筑工程/管道工程
A04/B04/C04/F04	可视化仿真与VR		城市规划/场地景观/建筑工程/管道工程
A16/B16/C16/F16	规划/方案设计_设计辅助和建模		城市规划/场地景观/建筑工程/管道工程
A17/B17/C17/F17	规划/方案设计_场地环境性能化分析		城市规划/场地景观/建筑工程/管道工程
A19/B19/C19/F19	规划/方案设计_建筑环境性能化分析		城市规划/场地景观/建筑工程/管道工程
A20/B20/C20/F20	规划/方案设计_参数化设计优化		城市规划/场地景观/建筑工程/管道工程
A23/B23/C23/F23	规划/方案设计_设计成果渲染与表达		城市规划/场地景观/建筑工程/管道工程
A25/B25/C25/F25	初步/施工图设计_设计辅助和建模		城市规划/场地景观/建筑工程/管道工程
A27/B27/C27/F27	初步/施工图设计_设计分析和优化		城市规划/场地景观/建筑工程/管道工程
A31/B31/C31/F31	初步/施工图设计_设计成果渲染与表达		城市规划/场地景观/建筑工程/管道工程
A33/B33/C33/F33	深化设计_深化设计辅助和建模		城市规划/场地景观/建筑工程/管道工程
C37	深化设计_装饰装修设计辅助和建模		建筑工程

续表

C39	深化设计_机电工程设计辅助和建模		建筑工程			
C40	深化设计_幕墙设计辅助和建模		建筑工程			
最新版本	Trimble SketchUp Pro 2021					
输入格式	.3ds/.bmp/.dae/.ddf/.dem/.dwg/.dxf/.ifc/.ifczip/.jpeg/.jpg/.kmz/.png/.psd/.skp/.stl/.tga/.tif/.tiff					
输出格式	.3ds/.dwg/.dxf/.dae/.fbx/.ifc/.kmz/.obj/.stl/.wrl/.xsi/.pdf/.eps/.bmp/.jpg/.tif/.png					
推荐硬件配置	操作系统	64位Windows10	处理器	2GHz	内存	8GB
	显卡	1GB	磁盘空间	700MB	鼠标要求	带滚轮
最低硬件配置	操作系统	64位Windows10	处理器	1GHz	内存	4GB
	显卡	512MB	磁盘空间	500MB	鼠标要求	带滚轮
功能介绍						

A33/B33/C33/F33、C37、C39、C40：

1.本软硬件在“深化设计”应用上的介绍及优势

自SketchUp2016版本以来，SketchUp团队已经重新编写了软件内核，SketchUp的画图精度与其他CAD软件无异，但是SketchUp的轻量化却是做得最好，可以轻松地承载大体量模型，能表达模型更多的细节。SketchUp的优势是模型自身的轻量化（图1、图2）。

2.本软硬件在“深化设计”应用上的操作难易度

SketchUp的建模规则更简单，操作更自由，可以让深化设计人员更淋漓尽致地表达丰富的细节。

操作难易程度：中等。

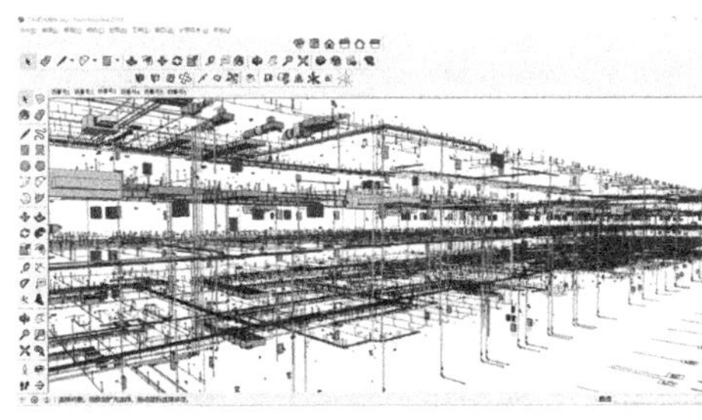

图1　模型轻量化

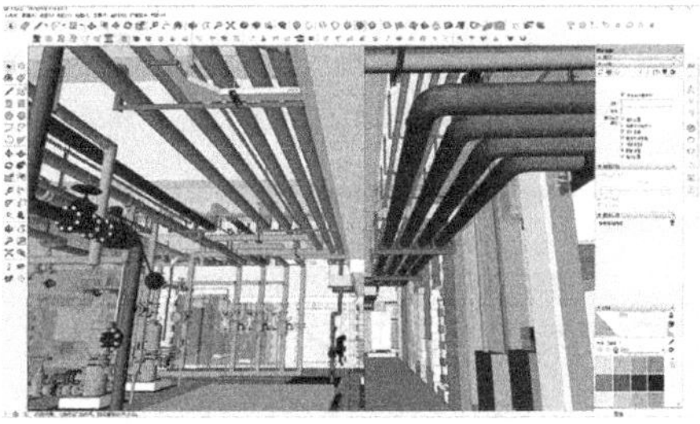

图2　深化模型

9. OpenPlant

OpenPlant　　**表3-5-36**

软件名称	OpenPlant	厂商名称	Bentley
代码	应用场景	业务类型	
D01/E01/F01	通用建模和表达	水处理/垃圾处理/管道工程	
D02/E02/F02	模型整合与管理		
D16/E16/F16	规划/方案设计_设计辅助和建模		
D20/E20/F20	规划/方案设计_参数化设计优化		
D24/E24/F24	规划/方案设计_其他		

续表

D25/E25/F25	初步/施工图设计_设计辅助和建模					
D27/E27/F27	初步/施工图设计_设计分析和优化					
D32/E32/F32	初步/施工图设计_其他					
D33/E33/F33	深化设计_深化设计辅助和建模					
D36/E36/F36	深化设计_预制装配设计辅助和建模					
D39/E39/F39	深化设计_机电工程设计辅助和建模					
D45/E45/F45	深化设计_其他					
最新版本	OpenPlant CONNECT Edition Update 9					
输入格式	.dgn/.dwg/.3ds/.ifc/.3dm/.skp/.stp/.sat/.fbx/.obj/.jt/.3mx/.igs/.stl/.x_t/.shp					
输出格式	.dgn/.dwg/.rdl/.hln/.pdf/.cgm/.dxf/.fbx/.igs/.jt/.stp/.sat/.obj/.x_t/.skp/.stl/.vob					
推荐硬件配置	操作系统	64位Windows10	处理器	2GHz	内存	16GB
	显卡	2GB	磁盘空间	1TB	鼠标要求	带滚轮
最低硬件配置	操作系统	64位Windows10	处理器	1GHz	内存	4GB
	显卡	512MB	磁盘空间	500GB	鼠标要求	带滚轮
功能介绍						

D36/E36/F36、D39/E39/F39：

在OpenPlant Modeler管道模块中，其所设计的管道模型可直接通过OpenPlant Isometric Manager全自动生成用于施工预制安装的管道轴测图纸。即在一张图面上按管线号表示一根管道的安装情况，图面清晰，空间立体感强，尺寸标注比较精确，适合工厂预制，施工现场直接安装。大型工程采用工厂预制管道，在工厂车间内将管道按照设计长度切割，并加工开孔和破口，以提高安装质量，减少现场工作量（图1）。

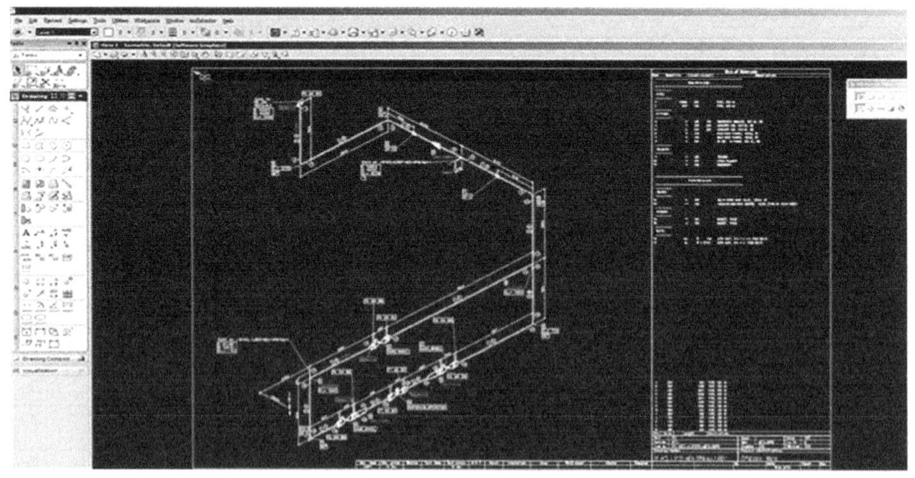

图1　OpenPlant自动输出ISO图纸

3.5.7 幕墙设计辅助和建模

1. 3DEXPERIENCE CATIA

3DEXPERIENCE CATIA **表3-5-37**

<table>
<tr><td>软件名称</td><td colspan="3">3DEXPERIENCE CATIA</td><td>厂商名称</td><td colspan="2">Dassault Systémes</td></tr>
<tr><td colspan="2">代码</td><td colspan="3">应用场景</td><td colspan="2">业务类型</td></tr>
<tr><td colspan="2">C16/H16</td><td colspan="3">规划/方案设计_设计辅助和建模</td><td colspan="2">建筑工程/桥梁工程</td></tr>
<tr><td colspan="2">C25/G25/H25/J25/K25/P25</td><td colspan="3">初步/施工图设计_设计辅助与建模</td><td colspan="2">建筑工程/道路工程/桥梁工程/隧道工程/铁路工程/水坝工程</td></tr>
<tr><td colspan="2">C28/G28/H28/J28/K28/P28</td><td colspan="3">初步/施工图设计_冲突检测</td><td colspan="2">建筑工程/道路工程/桥梁工程/隧道工程/铁路工程/水坝工程</td></tr>
<tr><td colspan="2">C38/H38/P38</td><td colspan="3">深化设计_钢结构设计辅助和建模</td><td colspan="2">建筑工程/桥梁工程/水坝工程</td></tr>
<tr><td colspan="2">C39/H39/P39</td><td colspan="3">深化设计_机电工程设计辅助和建模</td><td colspan="2">建筑工程/铁路工程/水坝工程</td></tr>
<tr><td colspan="2">C40</td><td colspan="3">深化设计_幕墙设计辅助和建模</td><td colspan="2">建筑工程</td></tr>
<tr><td colspan="2">C43/G43/H43/J43/K43/P43</td><td colspan="3">深化设计_工程量统计</td><td colspan="2">建筑工程/道路工程/桥梁工程/隧道工程/铁路工程/水坝工程</td></tr>
<tr><td>最新版本</td><td colspan="6">3DEXPERIENCE R2021x</td></tr>
<tr><td>输入格式</td><td colspan="6">.3dxml</td></tr>
<tr><td>输出格式</td><td colspan="6">.3dxml</td></tr>
<tr><td rowspan="2">推荐硬件配置</td><td>操作系统</td><td>64位Windows10</td><td>处理器</td><td>3GHz</td><td>内存</td><td>32GB</td></tr>
<tr><td>显卡</td><td>1GB</td><td>磁盘空间</td><td>30GB</td><td>鼠标要求</td><td>带滚轮</td></tr>
<tr><td rowspan="3">最低硬件配置</td><td>操作系统</td><td>64位Windows10</td><td>处理器</td><td>2GHz</td><td>内存</td><td>16GB</td></tr>
<tr><td>显卡</td><td>512MB</td><td>磁盘空间</td><td>20GB</td><td>鼠标要求</td><td>带滚轮</td></tr>
<tr><td>其他</td><td colspan="5">AdoptOpenJDK JRE 11.0.6 with OpenJ9，Firefox 68 ESR或者Chrome</td></tr>
<tr><td colspan="7">功能介绍</td></tr>
<tr><td colspan="7">C40：
1.本软硬件在“深化设计_幕墙设计辅助和建模”应用上的介绍及优势
本软件的参数化建模功能可满足复杂幕墙深化阶段的设计、出图、加工需求，具体介绍如下：
（1）强大的曲面功能和知识工程结合可以进行幕墙单元的优化。
（2）参数化模板功能满足各种形式幕墙的节点深化设计要求。
（3）专业的钣金模块可用于金属幕墙设计。包括金属幕墙单元的深化建模、板块材料统计和展开出图等。
（4）批量的自动布置幕墙单元。不仅方案阶段的幕墙模型能传递到深化阶段参考使用，还能批量布置幕墙单元的深化模型，实现一键转换模型LOD级别。
（5）材料表的自动统计。可一键提取模型中的参数到材料表。
（6）碰撞自动检测。自动检测幕墙单元之间、幕墙与结构之间的干涉情况，并高亮显示。
（7）可通过设置大地坐标来设置建模位置，并与周围环境一起进行整体模型的查看和浏览。
（8）将深化模型发布到网页社区，并用移动端查看轻量化模型</td></tr>
</table>

续表

2. 本软硬件在“深化设计_幕墙设计辅助和建模”应用上的操作难易度 基础操作流程：建筑外形→幕墙分隔→板块优化→节点深化→材料表→模型交付→数字化加工。 本软件有难度的一点在于幕墙节点参数化建模，这需要有CATIA参数化的基础，结合CBD模块化建模方法可以批量地参数化布置幕墙板块，此操作简单，容易上手。 3. 本软硬件在“深化设计_幕墙设计辅助和建模”应用上的案例 北京大兴国际机场的幕墙方案由Zaha Hadid Architects通过达索系统CATIA设计完成。中国哈尔滨木雕博物馆的幕墙优化与加工，节约加工成本16%。梅溪湖国际文化艺术中心使用CATIA进行幕墙全系统的参数化设计和数字化加工，为GRC幕墙施工、安装精度提供了重要保障

2. Revit Architecture

Revit Architecture **表3-5-38**

软件名称	Revit Architecture	厂商名称	Autodesk
代码	应用场景	业务类型	
A16/B16/C16/D16/E16/F16/G16/H16/J16/K16/L16/M16/N16/P16/Q16	规划/方案设计_设计辅助和建模	城市规划/场地景观/建筑工程/水处理/垃圾处理/管道工程/道路工程/桥梁工程/隧道工程/铁路工程/信号工程/变电站/电网工程/水坝工程/飞行工程	
A19/B19/C19/D19/E19/F19/G19/H19/J19/K19/L19/M19/N19/P19/Q19	规划/方案设计_建筑环境性能化分析		
A21/B21/C21/D21/E21/F21/G21/H21/J21/K21/L21/M21/N21/P21/Q21	规划/方案设计_工程量统计		
A23/B23/C23/D23/E23/F23/G23/H23/J23/K23/L23/M23/N23/P23/Q23	规划/方案设计_设计成果渲染与表达		
A25/B25/C25/D25/E25/F25/G25/H25/J25/K25/L25/M25/N25/P25/Q25	初步/施工图设计_设计辅助与建模		
A27/B27/C27/D27/E27/F27/G27/H27/J27/K27/L27/M27/N27/P27/Q27	初步/施工图设计_设计分析和优化		
A28/B28/C28/D28/E28/F28/G28/H28/J28/K28/L28/M28/N28/P28/Q28	初步/施工图设计_冲突检测		
A29/B29/C29/D29/E29/F29/G29/H29/J29/K29/L29/M29/N29/P29/Q29	初步/施工图设计_工程量统计		
A31/B31/C31/D31/E31/F31/G31/H31/J31/K31/L31/M31/N31/P31/Q31	初步/施工图设计_设计成果渲染与表达		
A33/B33/C33/D33/E33/F33/G33/H33/J33/K33/L33/M33/N33/P33/Q33	深化设计_深化设计辅助和建模		
A36/B36/C36/D36/E36/F36/G36/H36/J36/K36/L36/M36/N36/P36/Q36	深化设计_预制装配设计辅助和建模		
A37/B37/C37/D37/E37/F37/G37/H37/J37/K37/L37/M37/N37/P37/Q37	深化设计_装饰装修设计辅助和建模		
A40/B40/C40/D40/E40/F40/G40/H40/J40/K40/L40/M40/N40/P40/Q40	深化设计_幕墙设计辅助和建模		

续表

A42/B42/C42/D42/E42/F42/G42/H42/J42/K42/L42/M42/N42/P42/Q42		深化设计_冲突检测				
A43/B43/C43/D43/E43/F43/G43/H43/J43/K43/L43/M43/N43/P43/Q43		深化设计_工程量统计				
最新版本	Revit 2021					
输入格式	.dwg/.dxf/.dgn/.sat/.skp/.rvt/ .rfa/.ifc/.pdf/.xml/点云.rcp/.rcs /.nwc/.nwd/所有图像文件					
输出格式	.dwg/.dxf/.dgn/.sat/.ifc/.rvt					
推荐硬件配置	操作系统	64位Windows10	处理器	3GHz	内存	16GB
	显卡	支持DirectX® 11和Shader Model 5的显卡，最少有4GB视频内存	磁盘空间	30GB	鼠标要求	带滚轮
	其他	NET Framework版本4.8或更高版本				
最低硬件配置	操作系统	64位Windows10	处理器	2GHz	内存	8GB
	显卡	支持DirectX® 11和Shader Model 5的显卡，最少有4GB视频内存	磁盘空间	30GB	鼠标要求	带滚轮
	其他	NET Framework版本4.8或更高版本				
功能介绍						
A37/B37/C37/D37/E37/F37/G37/H37/J37/K37/L37/M37/N37/P37/Q37 **A40/B40/C40/D40/E40/F40/G40/H40/J40/K40/L40/M40/N40/P40/Q40：** 1.本软件在“深化设计_装饰装修设计辅助和建模、深化设计_幕墙设计辅助和建模”应用上的介绍及优势 Revit参数化设计工具以及与Dynamo的集成应用，可以最大程度地满足砌筑结构、装饰装修、幕墙等深化辅助设计和建模，并完成统计工程量和出图。 2.本软件在“深化设计_装饰装修设计辅助和建模、深化设计_幕墙设计辅助和建模”应用上的操作难易度 应用流程：装饰装修/幕墙深化设计→装饰装修/幕墙深化建模→专业协同。 在上述设计流程的各个环节，Revit都有相应的工具支持，操作简单，容易上手						

3. Trimble SketchUp Pro/建筑幕墙BIM设计工具 For SketchUp

Trimble SketchUp Pro/建筑幕墙BIM设计工具 For SketchUp　　表3-5-39

软件名称	Trimble SketchUp Pro/建筑幕墙BIM设计工具 For SketchUp		厂商名称	天宝寰宇电子产品（上海）有限公司/广州乾讯建筑咨询有限公司		
代码		应用场景		业务类型		
B40/C40		深化设计_幕墙设计辅助和建模		场地景观/建筑工程		
最新版本	园林假山规划BIM设计工具 For SketchUp 2019					
输入格式	.skp					
输出格式	.skp					
推荐硬件配置	操作系统	64位Windows10	处理器	2GHz	内存	8GB
	显卡	1GB	磁盘空间	700MB	鼠标要求	带滚轮

续表

<table>
<tr><td rowspan="2">最低硬件配置</td><td>操作系统</td><td>64位Windows10</td><td>处理器</td><td>1GHz</td><td>内存</td><td>4GB</td></tr>
<tr><td>显卡</td><td>512MB</td><td>磁盘空间</td><td>500MB</td><td>鼠标要求</td><td>带滚轮</td></tr>
<tr><td colspan="7">功能介绍</td></tr>
<tr><td colspan="7">B40/C40：
1.本软硬件在“深化设计_幕墙设计辅助和建模”应用上的介绍及优势
本软件可以实现高效快速的建筑幕墙规划设计，生成BIM模型，由BIM模型可以实现快速的钢架出图及工程量清单统计。
2.本软硬件在“深化设计_幕墙设计辅助和建模”应用上的操作难易度
本软件操作流程：规划成面→由面成板→由板生架→出加工图→清单统计。
本软件界面简洁，上手容易，经过简单培训即可掌握。软件根据建筑规划面规划成幕墙贴合面，由幕墙贴合面生成幕墙面板，由幕墙面板生成支撑钢架的BIM模型，然后由BIM模型可以快速地出加工图和算量清单（图1）。
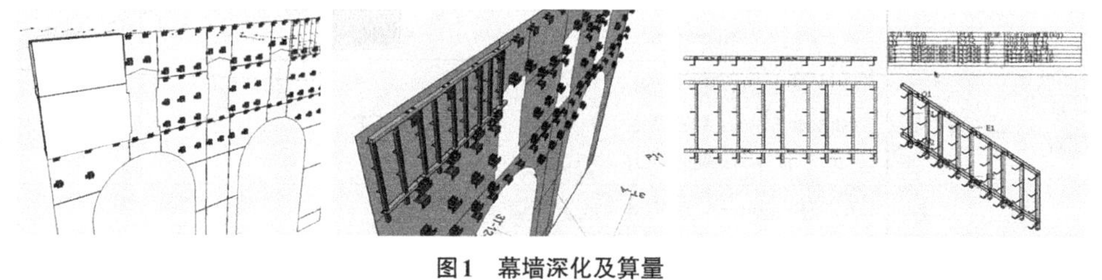
图1　幕墙深化及算量</td></tr>
</table>

4. Trimble SketchUp Pro

Trimble SketchUp Pro　　**表3-5-40**

<table>
<tr><td>软件名称</td><td>Trimble SketchUp Pro</td><td>厂商名称</td><td>天宝寰宇电子产品（上海）有限公司</td></tr>
<tr><td>代码</td><td colspan="2">应用场景</td><td>业务类型</td></tr>
<tr><td>A01/B01/C01/F01</td><td colspan="2">通用建模和表达</td><td>城市规划/场地景观/建筑工程/管道工程</td></tr>
<tr><td>A02/B02/C02/F02</td><td colspan="2">模型整合与管理</td><td>城市规划/场地景观/建筑工程/管道工程</td></tr>
<tr><td>A04/B04/C04/F04</td><td colspan="2">可视化仿真与VR</td><td>城市规划/场地景观/建筑工程/管道工程</td></tr>
<tr><td>A16/B16/C16/F16</td><td colspan="2">规划/方案设计_设计辅助和建模</td><td>城市规划/场地景观/建筑工程/管道工程</td></tr>
<tr><td>A17/B17/C17/F17</td><td colspan="2">规划/方案设计_场地环境性能化分析</td><td>城市规划/场地景观/建筑工程/管道工程</td></tr>
<tr><td>A19/B19/C19/F19</td><td colspan="2">规划/方案设计_建筑环境性能化分析</td><td>城市规划/场地景观/建筑工程/管道工程</td></tr>
<tr><td>A20/B20/C20/F20</td><td colspan="2">规划/方案设计_参数化设计优化</td><td>城市规划/场地景观/建筑工程/管道工程</td></tr>
<tr><td>A23/B23/C23/F23</td><td colspan="2">规划/方案设计_设计成果渲染与表达</td><td>城市规划/场地景观/建筑工程/管道工程</td></tr>
<tr><td>A25/B25/C25/F25</td><td colspan="2">初步/施工图设计_设计辅助和建模</td><td>城市规划/场地景观/建筑工程/管道工程</td></tr>
<tr><td>A27/B27/C27/F27</td><td colspan="2">初步/施工图设计_设计分析和优化</td><td>城市规划/场地景观/建筑工程/管道工程</td></tr>
<tr><td>A31/B31/C31/F31</td><td colspan="2">初步/施工图设计_设计成果渲染与表达</td><td>城市规划/场地景观/建筑工程/管道工程</td></tr>
<tr><td>A33/B33/C33/F33</td><td colspan="2">深化设计_深化设计辅助和建模</td><td>城市规划/场地景观/建筑工程/管道工程</td></tr>
<tr><td>C37</td><td colspan="2">深化设计_装饰装修设计辅助和建模</td><td>建筑工程</td></tr>
</table>

续表

<table>
<tr><td colspan="3">C39</td><td colspan="3">深化设计_机电工程设计辅助和建模</td><td colspan="2">建筑工程</td></tr>
<tr><td colspan="3">C40</td><td colspan="3">深化设计_幕墙设计辅助和建模</td><td colspan="2">建筑工程</td></tr>
<tr><td>最新版本</td><td colspan="7">Trimble SketchUp Pro 2021</td></tr>
<tr><td>输入格式</td><td colspan="7">.3ds/.bmp/.dae/.ddf/.dem/.dwg/.dxf/.ifc/.ifczip/.jpeg/.jpg/.kmz/.png/.psd/.skp/.stl/.tga/.tif/.tiff</td></tr>
<tr><td>输出格式</td><td colspan="7">.3ds/.dwg/.dxf/.dae/.fbx/.ifc/.kmz/.obj/.stl/.wrl/.xsi/.pdf/.eps/.bmp/.jpg/.tif/.png</td></tr>
<tr><td rowspan="2">推荐硬件配置</td><td>操作系统</td><td>64位Windows10</td><td>处理器</td><td>2GHz</td><td>内存</td><td colspan="2">8GB</td></tr>
<tr><td>显卡</td><td>1GB</td><td>磁盘空间</td><td>700MB</td><td>鼠标要求</td><td colspan="2">带滚轮</td></tr>
<tr><td rowspan="2">最低硬件配置</td><td>操作系统</td><td>64位Windows10</td><td>处理器</td><td>1GHz</td><td>内存</td><td colspan="2">4GB</td></tr>
<tr><td>显卡</td><td>512MB</td><td>磁盘空间</td><td>500MB</td><td>鼠标要求</td><td colspan="2">带滚轮</td></tr>
<tr><td colspan="8">功能介绍</td></tr>
<tr><td colspan="8">A33/B33/C33/F33、C37、C39、C40：
1.本软硬件在“深化设计”应用上的介绍及优势
自SketchUp2016版本以来，SketchUp团队已经重新编写了软件内核，SketchUp的画图精度与其他CAD软件无异，但是SketchUp的轻量化却是做的最好，可以轻松地承载大体量模型，能表达模型更多的细节。SketchUp的优势：模型自身的轻量化。
2.本软硬件在“深化设计”应用上的操作难易度
SketchUp的建模规则更简单，操作更自由，可以让深化设计人员更淋漓尽致地表达丰富的细节。
操作难易程度：中等</td></tr>
</table>

3.5.8 专项计算和分析

品茗HiBIM软件 **表3-5-41**

<table>
<tr><td>软件名称</td><td colspan="2">品茗HiBIM软件</td><td>厂商名称</td><td>杭州品茗安控信息技术股份有限公司</td></tr>
<tr><td colspan="2">代码</td><td colspan="2">应用场景</td><td>业务类型</td></tr>
<tr><td colspan="2">C01</td><td colspan="2">通用建模和表达</td><td>建筑工程</td></tr>
<tr><td colspan="2">C16</td><td colspan="2">规划/方案设计_设计辅助和建模</td><td>建筑工程</td></tr>
<tr><td colspan="2">C21</td><td colspan="2">规划/方案设计_工程量统计</td><td>建筑工程</td></tr>
<tr><td colspan="2">C25</td><td colspan="2">初步/施工图设计_设计辅助和建模</td><td>建筑工程</td></tr>
<tr><td colspan="2">C28</td><td colspan="2">初步/施工图设计_冲突检测</td><td>建筑工程</td></tr>
<tr><td colspan="2">C29</td><td colspan="2">初步/施工图设计_工程量统计</td><td>建筑工程</td></tr>
<tr><td colspan="2">C33</td><td colspan="2">深化设计_深化设计辅助和建模</td><td>建筑工程</td></tr>
<tr><td colspan="2">C37</td><td colspan="2">深化设计_装饰装修设计辅助和建模</td><td>建筑工程</td></tr>
<tr><td colspan="2">C39/F39</td><td colspan="2">深化设计_机电工程设计辅助和建模</td><td>建筑工程/管道工程</td></tr>
<tr><td colspan="2">C41/F41</td><td colspan="2">深化设计_专项计算和分析</td><td>建筑工程/管道工程</td></tr>
<tr><td colspan="2">C42</td><td colspan="2">深化设计_冲突检测</td><td>建筑工程</td></tr>
</table>

续表

<table>
<tr><td colspan="2">C43</td><td colspan="3">深化设计_工程量统计</td><td colspan="3">建筑工程</td></tr>
<tr><td>最新版本</td><td colspan="7">HiBIM3.2</td></tr>
<tr><td>输入格式</td><td colspan="7">.ifc/.pbim/.rvt(2021及以下版本)</td></tr>
<tr><td>输出格式</td><td colspan="7">.rvt/.pbim/.dwg/.skp/.doc/.xlsx</td></tr>
<tr><td rowspan="2">推荐硬件配置</td><td>操作系统</td><td>64位Windows7/8/10</td><td>处理器</td><td>3.6GHz</td><td>内存</td><td>16GB</td></tr>
<tr><td>显卡</td><td>Gtx1070或同等级别及以上</td><td>磁盘空间</td><td>1TB</td><td>鼠标要求</td><td>带滚轮</td></tr>
<tr><td rowspan="2">最低硬件配置</td><td>操作系统</td><td>64位Windows7/8/10</td><td>处理器</td><td>2GHz</td><td>内存</td><td>4GB</td></tr>
<tr><td>显卡</td><td>Gtx1050或同等级别及以上</td><td>磁盘空间</td><td>128GB</td><td>鼠标要求</td><td>带滚轮</td></tr>
<tr><td colspan="8">功能介绍</td></tr>
</table>

C41/F41:

1.本软件在“深化设计_专项计算和分析”应用上的介绍及优势

软件提供支吊架荷载专项计算和分析功能，利用有限元计算对模型中的支吊架进行荷载计算，支吊架计算内容全面，包含支吊架间距、横担、立杆、端板、膨胀螺栓、焊缝及支吊架稳定性等计算内容，支持自定义恒载、活载，考虑了荷载不利布置的情况，管道荷载考虑附件重，支杆按偏心受压构件计算，考虑了偏心荷载。

2.本软件在“深化设计_专项计算和分析”应用上的操作难易度

支吊架荷载专项计算和分析流程：选择支吊架→计算参数设置→支吊架计算→计算书导出。

选择需要计算的支吊架，在界面上设置对应的计算参数(图1)，点击计算按钮得到计算结果，可以查到并导出支吊架计算书(图2)。

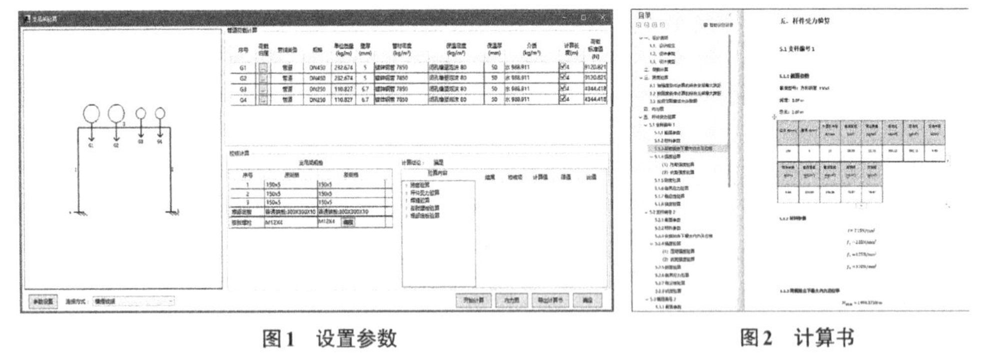

图1　设置参数　　图2　计算书

3.5.9 冲突检测

1. Navisworks Manage

Navisworks Manage **表 3-5-42**

<table>
<tr><td>软件名称</td><td colspan="3">Navisworks Manage</td><td>厂商名称</td><td colspan="2">Autodesk</td></tr>
<tr><td colspan="3">代码</td><td colspan="2">应用场景</td><td colspan="2">业务类型</td></tr>
<tr><td colspan="3">A02/B02/C02/D02/E02/F02/G02/H02/
J02/K02/L02/M02/N02/P02/Q02</td><td colspan="2">模型整合与管理</td><td colspan="2" rowspan="9">城市规划/场地景观/建筑工程
水处理/垃圾处理/管道工程
道路工程/桥梁工程/隧道工程
铁路工程/信号工程/变电站
电网工程/水坝工程/飞行工程</td></tr>
<tr><td colspan="3">A28/B28/C28/D28/E28/F28/G28/H28/
J28/K28/L28/M28/N28/P28/Q28</td><td colspan="2">初步/施工图设计_冲突检测</td></tr>
<tr><td colspan="3">A42/B42/C42/D42/E42/F42/G42/H42/
J42/K42/L42/M42/N42/P42/Q42</td><td colspan="2">深化设计_冲突检测</td></tr>
<tr><td colspan="3">A29/B29/C29/D29/E29/F29/G29/H29/
J29/K29/L29/M29/N29/P29/Q29</td><td colspan="2">初步/施工图设计_工程量统计</td></tr>
<tr><td colspan="3">A43/B43/C43/D43/E43/F43/G43/H43/
J43/K43/L43/M43/N43/P43/Q43</td><td colspan="2">深化设计_工程量统计</td></tr>
<tr><td colspan="3">A31/B31/C31/D31/E31/F31/G31/H31/
J31/K31/L31/M31/N31/P31/Q31</td><td colspan="2">初步/施工图设计_设计成果渲染与表达</td></tr>
<tr><td colspan="3">A49/B49/C49/D49/E49/F49/G49/H49/
J49/K49/L49/M49/N49/P49/Q49</td><td colspan="2">施工准备_施工场地规划</td></tr>
<tr><td colspan="3">A50/B50/C50/D50/E50/F50/G50/H50/
J50/K50/L50/M50/N50/P50/Q50</td><td colspan="2">施工准备_施工组织和计划</td></tr>
<tr><td colspan="3">A51/B51/C51/D51/E51/F51/G51/H51/
J51/K51/L51/M51/N51/P51/Q51</td><td colspan="2">施工准备_施工仿真</td></tr>
<tr><td>最新版本</td><td colspan="6">Navisworks Manage 2021</td></tr>
<tr><td>输入格式</td><td colspan="6">.nwd/.nwf/.nwc/.fbx/.dwg/.dxf/.sat/.stp/.step/.dwf/.ifc/.igs/.iges/.ipt/.iam/.ipj/.jt/.dgn/.prp/.prw/.x_b/.dri/.rvm/.skp/.stp/.step/.stl/.wrl/.wrz/.3ds/.prjv/.asc/.txt/.pts/.ptx/.rcs/.rcp/.model/.session/.exp/.dlv3/.CATPart/.CATProduct/.cgr/.dwf/.dwfx/.w2d/.prt/.sldprt/.asm/.sldasm/.pdf/.rvt/.rfa/.rtc/.3dm/</td></tr>
<tr><td>输出格式</td><td colspan="6">.nwd/.nwf/.nwc/.dwf/.dwfx/.fbx/.png/.jpeg/.avi</td></tr>
<tr><td rowspan="3">推荐硬件配置</td><td>操作系统</td><td>64 位 Windows10</td><td>处理器</td><td>或更高</td><td>内存</td><td>或更高</td></tr>
<tr><td>显卡</td><td>支持 Direct3D® 9、OpenGL® 和 Shader Model 2 的显卡</td><td>磁盘空间</td><td>15GB</td><td>鼠标要求</td><td>带滚轮</td></tr>
<tr><td>其他</td><td colspan="5">建议使用 1920 × 1080 显示器和 32 位视频显示适配器</td></tr>
<tr><td rowspan="3">最低硬件配置</td><td>操作系统</td><td>64 位 Windows10</td><td>处理器</td><td>3GHz</td><td>内存</td><td>2GB</td></tr>
<tr><td>显卡</td><td>支持 Direct3D® 9、OpenGL® 和 Shader Model 2 的显卡</td><td>磁盘空间</td><td>15GB</td><td>鼠标要求</td><td>带滚轮</td></tr>
<tr><td>其他</td><td colspan="5">1280 × 800 真彩色 VGA 显示器</td></tr>
</table>

续表

功能介绍
A28/B28/C28/D28/E28/F28/G28/H28/J28/K28/L28/M28/N28/P28/Q28 **A42/B42/C42/D42/E42/F42/G42/H42/J42/K42/L42/M42/N42/P42/Q42：** 前期所建立的BIM模型，目前各种市面上主流模型文件格式均可以直接打开，现支持多达50种不同BIM文件格式。它们都可以在施工前整合至Autodesk Navisworks中，并进行施工各专业冲突检查（图1）。Navisworks® 项目审阅软件可帮助建筑工程和施工领域的专业人士与相关人员一起在施工前全面审阅集成模型和数据，从而更好地控制项目结果（注：此功能不适用于Navisworks Simulate）。 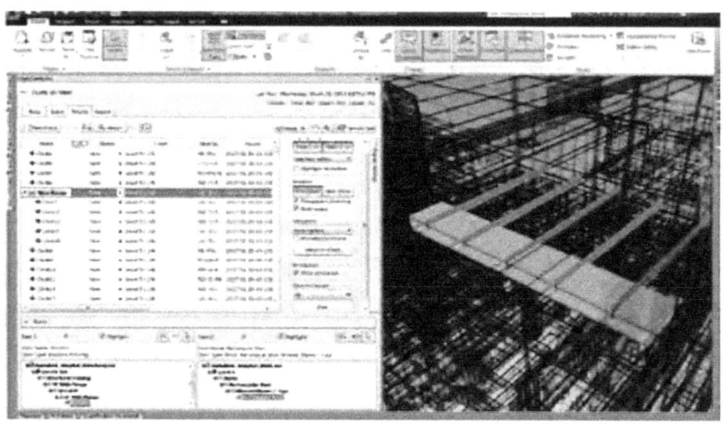 **图1　碰撞检测**

2. Revit Architecture

Revit Architecture　　表3-5-43

软件名称	Revit Architecture	厂商名称	Autodesk
代码	应用场景	业务类型	
A16/B16/C16/D16/E16/F16/G16/H16/J16/K16/L16/M16/N16/P16/Q16	规划/方案设计_设计辅助和建模	城市规划/场地景观/建筑工程/水处理/垃圾处理/管道工程/道路工程/桥梁工程/隧道工程/铁路工程/信号工程/变电站/电网工程/水坝工程/飞行工程	
A19/B19/C19/D19/E19/F19/G19/H19/J19/K19/L19/M19/N19/P19/Q19	规划/方案设计_建筑环境性能化分析		
A21/B21/C21/D21/E21/F21/G21/H21/J21/K21/L21/M21/N21/P21/Q21	规划/方案设计_工程量统计		
A23/B23/C23/D23/E23/F23/G23/H23/J23/K23/L23/M23/N23/P23/Q23	规划/方案设计_设计成果渲染与表达		
A25/B25/C25/D25/E25/F25/G25/H25/J25/K25/L25/M25/N25/P25/Q25	初步/施工图设计_设计辅助与建模		
A27/B27/C27/D27/E27/F27/G27/H27/J27/K27/L27/M27/N27/P27/Q27	初步/施工图设计_设计分析和优化		
A28/B28/C28/D28/E28/F28/G28/H28/J28/K28/L28/M28/N28/P28/Q28	初步/施工图设计_冲突检测		

续表

<table>
<tr><td colspan="3">A29/B29/C29/D29/E29/F29/G29/H29/J29/K29/L29/M29/N29/P29/Q29</td><td colspan="2">初步/施工图设计_工程量统计</td><td colspan="2" rowspan="8">城市规划/场地景观/建筑工程/水处理/垃圾处理/管道工程/道路工程/桥梁工程/隧道工程/铁路工程/信号工程/变电站/电网工程/水坝工程/飞行工程</td></tr>
<tr><td colspan="3">A31/B31/C31/D31/E31/F31/G31/H31/J31/K31/L31/M31/N31/P31/Q31</td><td colspan="2">初步/施工图设计_设计成果渲染与表达</td></tr>
<tr><td colspan="3">A33/B33/C33/D33/E33/F33/G33/H33/J33/K33/L33/M33/N33/P33/Q33</td><td colspan="2">深化设计_深化设计辅助和建模</td></tr>
<tr><td colspan="3">A36/B36/C36/D36/E36/F36/G36/H36/J36/K36/L36/M36/N36/P36/Q36</td><td colspan="2">深化设计_预制装配设计辅助和建模</td></tr>
<tr><td colspan="3">A37/B37/C37/D37/E37/F37/G37/H37/J37/K37/L37/M37/N37/P37/Q37</td><td colspan="2">深化设计_装饰装修设计辅助和建模</td></tr>
<tr><td colspan="3">A40/B40/C40/D40/E40/F40/G40/H40/J40/K40/L40/M40/N40/P40/Q40</td><td colspan="2">深化设计_幕墙设计辅助和建模</td></tr>
<tr><td colspan="3">A42/B42/C42/D42/E42/F42/G42/H42/J42/K42/L42/M42/N42/P42/Q42</td><td colspan="2">深化设计_冲突检测</td></tr>
<tr><td colspan="3">A43/B43/C43/D43/E43/F43/G43/H43/J43/K43/L43/M43/N43/P43/Q43</td><td colspan="2">深化设计_工程量统计</td></tr>
<tr><td>最新版本</td><td colspan="6">Revit 2021</td></tr>
<tr><td>输入格式</td><td colspan="6">.dwg/.dxf/.dgn/.sat/.skp/.rvt/ .rfa/.ifc/.pdf/.xml/点云.rcp/.rcs /.nwc/.nwd/所有图像文件</td></tr>
<tr><td>输出格式</td><td colspan="6">.dwg/.dxf/.dgn/.sat/.ifc/.rvt</td></tr>
<tr><td rowspan="3">推荐硬件配置</td><td>操作系统</td><td>64位Windows10</td><td>处理器</td><td>3GHz</td><td>内存</td><td>16GB</td></tr>
<tr><td>显卡</td><td>支持DirectX® 11和Shader Model 5的显卡，最少有4GB视频内存</td><td>磁盘空间</td><td>30GB</td><td>鼠标要求</td><td>带滚轮</td></tr>
<tr><td>其他</td><td colspan="5">NET Framework版本4.8或更高版本</td></tr>
<tr><td rowspan="3">最低硬件配置</td><td>操作系统</td><td>64位Windows10</td><td>处理器</td><td>2GHz</td><td>内存</td><td>8GB</td></tr>
<tr><td>显卡</td><td>支持DirectX® 11和Shader Model 5的显卡，最少有4GB视频内存</td><td>磁盘空间</td><td>30GB</td><td>鼠标要求</td><td>带滚轮</td></tr>
<tr><td>其他</td><td colspan="5">NET Framework版本4.8或更高版本</td></tr>
<tr><td colspan="7">功能介绍</td></tr>
</table>

A28/B28/C28/D28/E28/F28/G28/H28/J28/K28/L28/M28/N28/P28/Q28

A42/B42/C42/D42/E42/F42/G42/H42/J42/K42/L42/M42/N42/P42/Q42：

1.本软硬件在“初步/施工图设计_冲突检测、深化设计_冲突检测”应用上的介绍及优势

Revit工作集的模式可以实现土建、结构、机电、暖通等专业间的协同，通过Revit Server可以更好地实现基于工作共享的异地协同，实现不同区域工作人员同步/异步在同一个Revit中心模型上工作。协同工作的过程也是纠错的过程，能够直观地看到专业之间的碰撞。也可以利用Revit“碰撞检查”工具提前发现隐藏的碰撞，及时修改（图1、图2）

续表

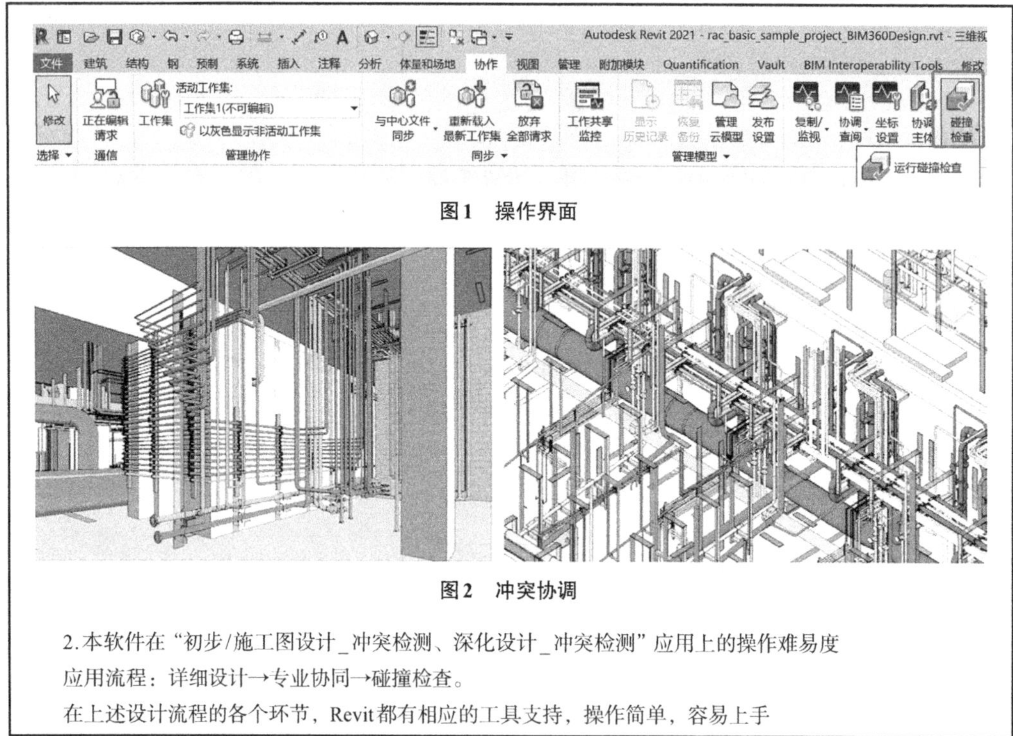

图1　操作界面

图2　冲突协调

2.本软件在“初步/施工图设计_冲突检测、深化设计_冲突检测”应用上的操作难易度

应用流程：详细设计→专业协同→碰撞检查。

在上述设计流程的各个环节，Revit都有相应的工具支持，操作简单，容易上手

3. 品茗HiBIM软件

品茗HiBIM软件　　　　**表3-5-44**

软件名称	品茗HiBIM软件	厂商名称	杭州品茗安控信息技术股份有限公司
代码	应用场景		业务类型
C01	通用建模和表达		建筑工程
C16	规划/方案设计_设计辅助和建模		建筑工程
C21	规划/方案设计_工程量统计		建筑工程
C25	初步/施工图设计_设计辅助和建模		建筑工程
C28	初步/施工图设计_冲突检测		建筑工程
C29	初步/施工图设计_工程量统计		建筑工程
C33	深化设计_深化设计辅助和建模		建筑工程
C37	深化设计_装饰装修设计辅助和建模		建筑工程
C39/F39	深化设计_机电工程设计辅助和建模		建筑工程/管道工程
C41/F41	深化设计_专项计算和分析		建筑工程/管道工程
C42	深化设计_冲突检测		建筑工程
C43	深化设计_工程量统计		建筑工程

续表

<table>
<tr><td>最新版本</td><td colspan="6">HiBIM3.2</td></tr>
<tr><td>输入格式</td><td colspan="6">.ifc/.pbim/.rvt（2021及以下版本）</td></tr>
<tr><td>输出格式</td><td colspan="6">.rvt/.pbim/.dwg/.skp/.doc/.xlsx</td></tr>
<tr><td rowspan="2">推荐硬件配置</td><td>操作系统</td><td>64位Windows7/8/10</td><td>处理器</td><td>3.6GHz</td><td>内存</td><td>16GB</td></tr>
<tr><td>显卡</td><td>Gtx1070或同等级别及以上</td><td>磁盘空间</td><td>1TB</td><td>鼠标要求</td><td>带滚轮</td></tr>
<tr><td rowspan="2">最低硬件配置</td><td>操作系统</td><td>64位Windows7/8/10</td><td>处理器</td><td>2GHz</td><td>内存</td><td>4GB</td></tr>
<tr><td>显卡</td><td>Gtx1050或同等级别及以上</td><td>磁盘空间</td><td>128GB</td><td>鼠标要求</td><td>带滚轮</td></tr>
<tr><td colspan="7">功能介绍</td></tr>
</table>

C28、C42：

1.本软件在“冲突检测”应用上的介绍及优势

软件支持“软”“硬”冲突，可以自由选择冲突的专业和楼层范围，支持自定义设置冲突检测规则，检测结果支持快速定位返查修改，一边定位，一边修改，修改完成后支持一键生成冲突报告。冲突报告可以导出Word、Excel、Dwg格式，满足各种需求。

2.本软件在“冲突检测”应用上的操作难易度

“冲突检测”流程：整合模型→设置冲突规则→开始计算→冲突结果→导出报告。

将需进行冲突检测的模型准备好，若是多专业模型，可以链接整合到一起，然后设置冲突规则，如冲突的专业、楼层、构件等，然后点击冲突，计算完成后，软件会将所有冲突点列举，并可点击进行定位，可以实时查看冲突点进行处理（图1）。确定冲突检测完成后，可以导出冲突报告（图2）。

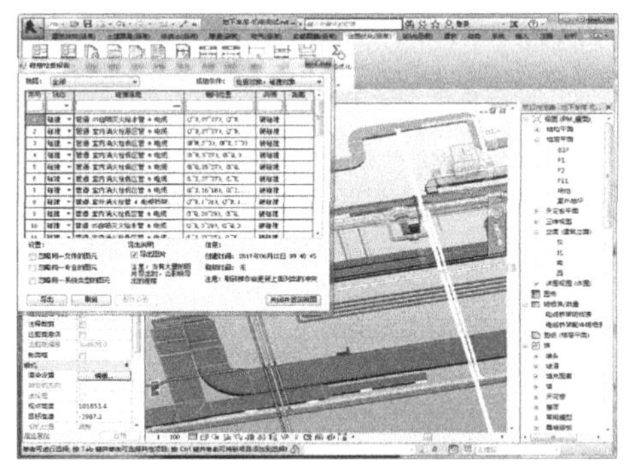

图1　冲突处理

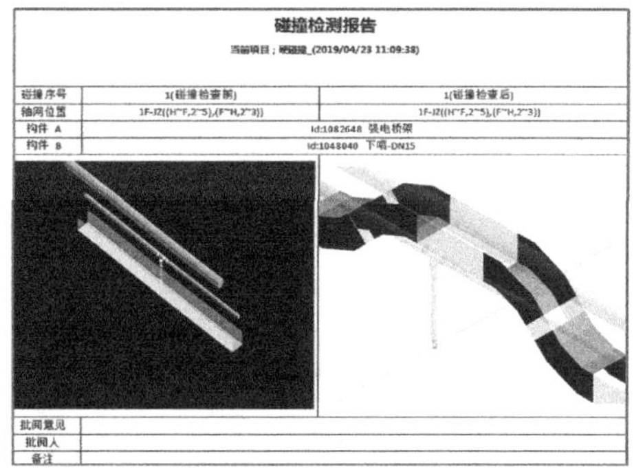

图2　冲突报告

4. 鲁班集成应用（Luban Works）

鲁班集成应用（Luban Works）　　表3-5-45

<table>
<tr><td>软件名称</td><td colspan="2">鲁班集成应用（Luban Works）</td><td>厂商名称</td><td>上海鲁班软件股份有限公司</td></tr>
<tr><td colspan="2">代码</td><td colspan="2">应用场景</td><td>业务类型</td></tr>
<tr><td colspan="2">C28/F28/G28/H28/I28/J28/K28/L28/M28/N28/O28</td><td colspan="2">初步/施工图设计_冲突检测</td><td>建筑工程/管道工程/道路工程/桥梁工程/隧道工程/铁路工程/信号工程/变电站/电网工程/水坝工程/飞行工程</td></tr>
</table>

续表

<table>
<tr><td colspan="3">C42/F42/G42/H42/I42/J42/K42/L42/M42/N42/O42</td><td colspan="2">深化设计_冲突检测</td><td colspan="2">建筑工程/管道工程/道路工程/桥梁工程/隧道工程/铁路工程/信号工程/变电站/电网工程/水坝工程/飞行工程</td></tr>
<tr><td>最新版本</td><td colspan="6">V6.4.0</td></tr>
<tr><td>输入格式</td><td colspan="6">.ifc/.pds</td></tr>
<tr><td>输出格式</td><td colspan="6">.docx/.xlsx</td></tr>
<tr><td rowspan="3">推荐硬件配置</td><td>操作系统</td><td>64位Windows10旗舰版</td><td>处理器</td><td>英特尔i7或以上</td><td>内存</td><td>16GB或以上</td></tr>
<tr><td>显卡</td><td>独立显卡GTX1060或以上，4GB或以上显存</td><td>磁盘空间</td><td>1TB或以上</td><td>鼠标要求</td><td>—</td></tr>
<tr><td>其他</td><td colspan="5">网卡1000MB</td></tr>
<tr><td rowspan="3">最低硬件配置</td><td>操作系统</td><td>64位Windows7操作系统</td><td>处理器</td><td>英特尔i5</td><td>内存</td><td>4GB</td></tr>
<tr><td>显卡</td><td>独立显卡</td><td>磁盘空间</td><td>500GB</td><td>鼠标要求</td><td>—</td></tr>
<tr><td>其他</td><td colspan="5">网卡1000MB</td></tr>
<tr><td colspan="7">功能介绍</td></tr>
</table>

C42/F42/G42/H42/I42/J42/K42/L42/M42/N42/O42：

鲁班集成应用（Luban Works）可以把建筑、结构、安装等多专业BIM模型通过工作集的形式合并，在该平台进行集成应用，比如进行碰撞检查、净高检测、孔洞检查、三维漫游等，并基于集成应用输出相应的结果报告。

（1）碰撞检查：通过设置软碰撞、硬碰撞、规范间距等检查规则，整合多软件、多专业BIM模型，进行三维空间碰撞检查，对二维图纸中存在的问题提前预警，解决设计碰撞问题，实现可视化施工交底，降低各方沟通成本，节省项目成本（图1）。

（2）净高检查：不同用途的建筑有不同的设计净高要求，净高检查可避免由于不符合净高要求而引起的返工。软件可按照设计净高的不同，将建筑划分为不同的净高分区，并将分区结果以Word格式导出，作为BIM应用的成果报告（图2）。

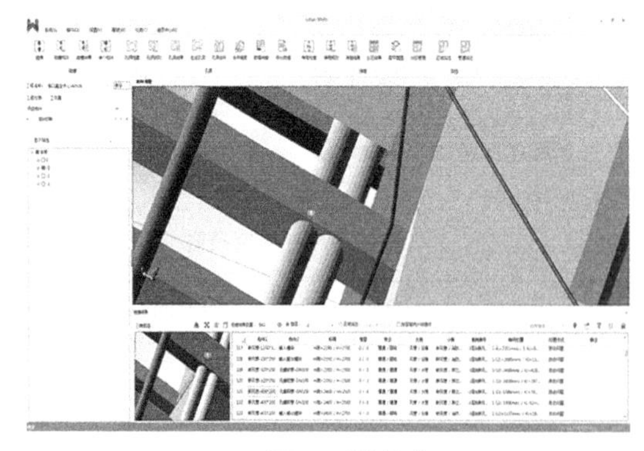

图1 碰撞检查

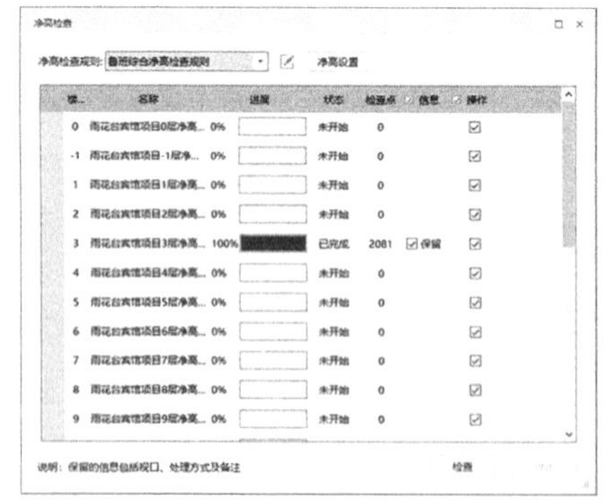

图2 净高检查

（3）孔洞检查：通过内置孔洞规则，检查墙、梁、板上需为管线预留的洞口，避免施工遗漏引起返工。软件生成的孔洞数据可直观展示，并可一键传输至鲁班算量端，为工程算量提供数据支撑（图3）

续表

（4）漫游：依据真实、形象的三维模型进行协调，通过漫游了解实际情况，检查设计的合理性等。漫游功能可以模拟人物行走和设备进场的实际情况，保证进场路线最优化（图4）。 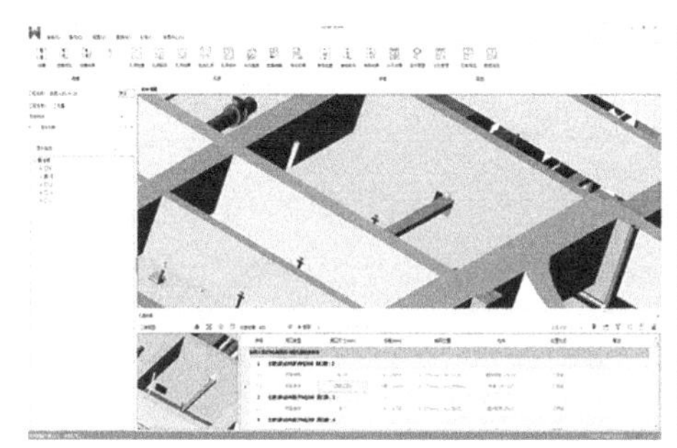 **图3 净高检查**  **图4 漫游**

5. Trimble SketchUp Pro/MEP PIPE工具 For SketchUp

Trimble SketchUp Pro/MEP PIPE工具 For SketchUp **表3-5-46**

<table>
<tr><td>软件名称</td><td colspan="3">Trimble SketchUp Pro/MEP PIPE工具 For SketchUp</td><td>厂商名称</td><td colspan="2">天宝寰宇电子产品（上海）有限公司/广州乾讯建筑咨询有限公司</td></tr>
<tr><td colspan="2">代码</td><td colspan="2">应用场景</td><td colspan="3">业务类型</td></tr>
<tr><td colspan="2">C39/F39</td><td colspan="2">深化设计_机电工程设计辅助和建模</td><td colspan="3">建筑工程/管道工程</td></tr>
<tr><td colspan="2">C42/F42</td><td colspan="2">深化设计_冲突检测</td><td colspan="3">建筑工程/管道工程</td></tr>
<tr><td colspan="2">C43/F43</td><td colspan="2">深化设计_工程量统计</td><td colspan="3">建筑工程/管道工程</td></tr>
<tr><td>最新版本</td><td colspan="6">MEP PIPE工具For SketchUp 2019</td></tr>
<tr><td>输入格式</td><td colspan="6">.skp</td></tr>
<tr><td>输出格式</td><td colspan="6">.skp</td></tr>
<tr><td rowspan="2">推荐硬件配置</td><td>操作系统</td><td>64位Windows10</td><td>处理器</td><td>2GHz</td><td>内存</td><td>8GB</td></tr>
<tr><td>显卡</td><td>1GB</td><td>磁盘空间</td><td>700MB</td><td>鼠标要求</td><td>带滚轮</td></tr>
<tr><td rowspan="2">最低硬件配置</td><td>操作系统</td><td>64位Windows10</td><td>处理器</td><td>1GHz</td><td>内存</td><td>4GB</td></tr>
<tr><td>显卡</td><td>512MB</td><td>磁盘空间</td><td>500MB</td><td>鼠标要求</td><td>带滚轮</td></tr>
<tr><td colspan="7">功能介绍</td></tr>
<tr><td colspan="7">C39/F39、C42/F42、C43/F43：
1.本软硬件在“建筑工程_深化设计_机电工程设计辅助和建模”应用上的介绍及优势
本软件可以实现管道BIM模型的快速创建和修改，可以实现与其他专业的冲突检测，模型可以快速地进行出图和工程量统计。
2.本软硬件在“建筑工程_深化设计_机电工程设计辅助和建模”应用上的操作难易度
本软件操作流程：规划放线→管道生成→管道修改→吊架生成→碰撞检查→管道编码→快速标注→出CAD图→统计清单</td></tr>
</table>

续表

<table>
<tr><td>本软件界面简洁，上手容易，经过简单培训即可掌握。软件首先进行规划放线，对规划线进行属性确认，然后通过规划线生成管道模型，可以快速地进行调整和修改，并由管道生成支吊架。软件可以实现与其他专业的冲突碰撞检测（图1），并实现管综的高效调整，模型确认后可以对管道进行编码并标注，根据要求出CAD图和统计工程量清单。
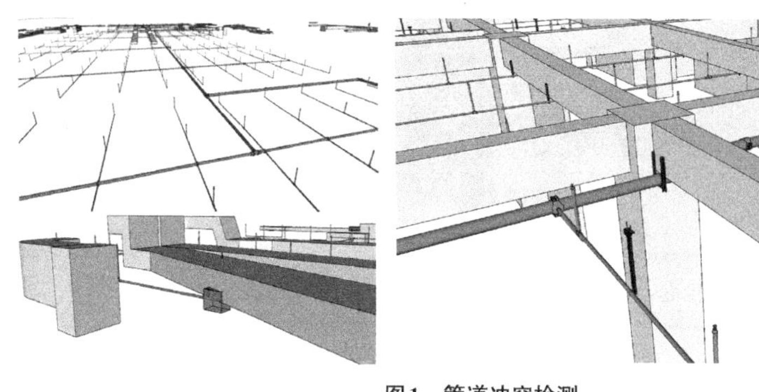
图1　管道冲突检测</td></tr>
</table>

6. ProStructures

ProStructures　　表3-5-47

<table>
<tr><td>软件名称</td><td colspan="3">ProStructures</td><td>厂商名称</td><td colspan="3">Bentley</td></tr>
<tr><td colspan="3">代码</td><td colspan="2">应用场景</td><td colspan="3">业务类型</td></tr>
<tr><td colspan="3">C38/D38/E38/F38/G38/H38/J38/K38/M38/N38/P38</td><td colspan="2">深化设计_钢结构设计辅助和建模</td><td colspan="3" rowspan="5">建筑工程/水处理/垃圾处理/管道工程/道路工程/桥梁工程/隧道工程/铁路工程/变电站/电网工程/水坝工程</td></tr>
<tr><td colspan="3">C42/D42/E42/F42/G42/H42/J42/K42/M42/N42/P42</td><td colspan="2">深化设计_冲突检测</td></tr>
<tr><td colspan="3">C43/D43/E43/F43/G43/H43/J43/K43/M43/N43/P43</td><td colspan="2">深化设计_工程量统计</td></tr>
<tr><td colspan="3">C55/D55/E55/F55/G55/H55/J55/K55/M55/N55/P55</td><td colspan="2">施工准备_钢筋工程设计</td></tr>
<tr><td colspan="3">C59/D59/E59/F59/G59/H59/J59/K59/M59/N59/P59</td><td colspan="2">施工实施_钢筋加工</td></tr>
<tr><td>最新版本</td><td colspan="7">ProStructures CONNECT Edition Update 5</td></tr>
<tr><td>输入格式</td><td colspan="7">.dgn/.dwg</td></tr>
<tr><td>输出格式</td><td colspan="7">.dgn/.dwg/.ifc</td></tr>
<tr><td rowspan="2">推荐硬件配置</td><td>操作系统</td><td>64位Windows10</td><td>处理器</td><td>2GHz</td><td>内存</td><td>32GB</td></tr>
<tr><td>显卡</td><td>1GB</td><td>磁盘空间</td><td>20GB</td><td>鼠标要求</td><td>带滚轮</td></tr>
<tr><td rowspan="2">最低硬件配置</td><td>操作系统</td><td>64位Windows10</td><td>处理器</td><td>1GHz</td><td>内存</td><td>4GB</td></tr>
<tr><td>显卡</td><td>512MB</td><td>磁盘空间</td><td>10GB</td><td>鼠标要求</td><td>带滚轮</td></tr>
</table>

续表

功能介绍
C38/D38/E38/F38/G38/H38/J38/K38/M38/N38/P38 **C42/D42/E42/F42/G42/H42/J42/K42/M42/N42/P42** **C43/D43/E43/F43/G43/H43/J43/K43/M43/N43/P43** **C55/D55/E55/F55/G55/H55/J55/K55/M55/N55/P55** **C59/D59/E59/F59/G59/H59/J59/K59/M59/N59/P59：** ProStructures是基于MicroStation平台开发的专业三维钢结构和钢筋混凝土建模、绘图及深化加工的软件系统。用户可以在软件中快速建立各种钢结构的三维模型和钢筋混凝土深化模型。系统自动生成所有的施工图、加工详图和材料表。 **ProSteel模块技术特点** 1. 软件界面和基本操作 ProSteel可以帮助用户轻松完成三维实体建模；楼梯、桁架、檩条系统自动生成单元；智能化节点自动连接；模拟碰撞检测；组件、零件自动编号；自动生成生产图纸（平、立面布置图，组件图，零件图，剖面图，节点详图等）；自动生成各种报表（材料表、螺栓统计表、生产管制表等）；PDF、EXCEL、HTML等多格式输出；数控机床数据接口及国内外多种软件接口。 2. 型钢和自定义截面及螺栓 ProSteel拥有30多个系列、1800多种标准截面。这些标准截面的数据都存放在统一的数据库中，用户可以方便地扩充数据库，插入自定义的截面尺寸，或者添加新的截面形式。ProSteel允许用户通过截面轮廓线和其他参数来自定义复杂的截面形式，并且可以保存在单独的数据库中。自定义截面库的使用方法与操作标准截面库相同。用户还可以把几个标准或特殊截面组合起来构成一个新的截面。新的组合截面构件本身是一个实体，即所有的操作如延长、截断等，对组合截面中所有的单个截面都产生作用。当然，材料表和施工图数据可以从单个截面提取。节点连接中所有必需的螺栓都是自动生成的。螺栓参数如螺栓种类、垫圈、间隙和其他必要的附件都可以调节。 3. 编辑工具 可进行构件拷贝、移动、镜像、克隆等常规编辑操作；可进行构件分割、钻孔、自适应切割、斜切、钝化转角、添加螺栓、开槽等加工操作；可在指定位置添加各种形状的加劲肋，可选择构件和方向以确定构件坐标系，便于进行细部操作。 4. 自动节点连接 ProSteel选择节点类型和连接构件后即可生成节点，允许客户设置和调整节点参数，包含通用的端板连接、底板连接、角钢连接、拼接连接、加腋连接、支撑连接、檩条连接等类型。包括很多国外的常用节点类型和我国《多、高层民用建筑钢结构节点构造详图》01SG519图集中常用的节点类型。常用节点可外挂节点参数库，可根据构件截面信息自动筛选参数。强大的编辑功能可保证客户生成自己的节点类型。 5. 附属结构参数化建模 ProSteel提供了一种生成附属构件的快捷方式。一些复杂且重复率高的模型，如楼梯、栏杆、门式钢架及其节点等，只需点击鼠标即可生成。所有子结构和附属构件后期都可以进行参数化调整。 6. 自动生成2D图纸 ProSteel可从三维模型中全自动提取所有图纸。自动智能添加螺栓标注、焊缝标注、材料表、尺寸、图框等对象。 7. 自动生成材料表 材料表的生成和处理是ProSteel的重要功能，系统可自动生成标准数据库文件。ProSteel有一个功能强大的材料表生成程序。除了可以使用各种类型、大小的字体选项以外，还可以在材料表中包含各种图标文件。材料表表项的排列可以有不同的排序方式，用户可以通过过滤方式在材料表中略去部分表项，用户还可以汇总多张图纸的构件生成统一的材料表

续表

8. 二次开发和导入导出 ProStructures允许用户使用VS2015 IDE进行二次开发。用户可以编写一个程序来进行重复性的工作。通过Bentley的ISM格式，ProStructures可以跟很多结构软件进行数据交互，比如STAAD.Pro、Tekla、Revit等。 **ProConrete模块技术特点** （1）强大的参数化混凝土和钢筋建模； （2）丰富的钢筋编辑和显示工具； （3）自动生成混凝土用量及钢筋下料清单； （4）碰撞检查：ProStructures可以对整个模型进行碰撞检测，也可以只对指定构件进行检测。最小碰撞检测距离可以任意设定。碰撞检测不仅对构件进行检测，还检测螺栓及其孔洞之间的装配净间隙是否足够要求
接本书7.12节彩页

7. OpenUtilities™ Substation

OpenUtilities™ Substation **表3-5-48**

软件名称	OpenUtilities™ Substation	厂商名称	Bentley软件
代码	应用场景		业务类型
C16/K16/L16/M16/N16	规划/方案设计_设计辅助和建模		建筑工程/铁路工程/信号工程/变电站/电网工程
C21/K21/L21/M21/N21	规划/方案设计_工程量统计		建筑工程/铁路工程/信号工程/变电站/电网工程
C23/K23/L23/M23/N23	规划/方案设计_设计成果渲染与表达		建筑工程/铁路工程/信号工程/变电站/电网工程
C25/K25/L25/M25/N25	初步/施工图设计_设计辅助与建模		建筑工程/铁路工程/信号工程/变电站/电网工程
C27/K27/L27/M27/N27	初步/施工图设计_设计分析和优化		建筑工程/铁路工程/信号工程/变电站/电网工程
C28/K28/L28/M28/N28	初步/施工图设计_冲突检测		建筑工程/铁路工程/信号工程/变电站/电网工程
C29/K29/L29/M29/N29	初步/施工图设计_工程量统计		建筑工程/铁路工程/信号工程/变电站/电网工程
C31/K31/L31/M31/N31	初步/施工图设计_设计成果渲染与表达		建筑工程/铁路工程/信号工程/变电站/电网工程
C33/K33/L33/M33/N33	深化设计_深化设计辅助和建模		建筑工程/铁路工程/信号工程/变电站/电网工程
C42/K42/L42/M42/N42	深化设计_冲突检测		建筑工程/铁路工程/信号工程/变电站/电网工程
C43/K43/L43/M43/N43	深化设计_工程量统计		建筑工程/铁路工程/信号工程/变电站/电网工程
最新版本	Update9		
输入格式	.dgn/.imodel及.ifc/.stl/.stp/.obj/.fbx等常用的中间数据格式		

续表

输出格式	.dgn/.imodel及.stl/.stp/.obj/.fbx等常用的中间数据格式					
推荐硬件配置	操作系统	64位Windows10	处理器	2GHz	内存	16GB
	显卡	2GB	磁盘空间	500GB	鼠标要求	带滚轮
最低硬件配置	操作系统	64位Windows10	处理器	1GHz	内存	4GB
	显卡	512MB	磁盘空间	500GB	鼠标要求	带滚轮
功能介绍						
C28/K28/L28/M28/N28、C42/K42/L42/M42/N42： 1.本软件在“冲突检测”应用上的介绍及优势 Substation内嵌冲突检测工具，既可实现各专业设计模型间的硬碰撞检测，也可以实现设备吊装、设备运输及检修过程中的软碰撞检测，生成冲突列表并与模型关联，校核人员可方便地进行复核并形成修改意见。通过冲突检测，可将项目中常见的隐性问题在设计阶段解决，极大程度地减少返工率。 2.本软件在“冲突检测”应用上的操作难易度 基础操作流程：模型分组→规则设定→自动检测→结果输出。 在实际应用中，设计人员按照软件操作向导的提示进行全流程的操作，界面简洁，操作简便。冲突检测规则已预先保存为模板并可由用户自行修订						
接本书7.14节彩页						

3.5.10 工程量统计

1. Revit Architecture

Revit Architecture **表3-5-49**

软件名称	Revit Architecture	厂商名称	Autodesk
代码	应用场景	业务类型	
A16/B16/C16/D16/E16/F16/G16/H16/J16/K16/L16/M16/N16/P16/Q16	规划/方案设计_设计辅助和建模	城市规划/场地景观/建筑工程/水处理/垃圾处理/管道工程/道路工程/桥梁工程/隧道工程/铁路工程/信号工程/变电站/电网工程/水坝工程/飞行工程	
A19/B19/C19/D19/E19/F19/G19/H19/J19/K19/L19/M19/N19/P19/Q19	规划/方案设计_建筑环境性能化分析		
A21/B21/C21/D21/E21/F21/G21/H21/J21/K21/L21/M21/N21/P21/Q21	规划/方案设计_工程量统计		
A23/B23/C23/D23/E23/F23/G23/H23/J23/K23/L23/M23/N23/P23/Q23	规划/方案设计_设计成果渲染与表达		
A25/B25/C25/D25/E25/F25/G25/H25/J25/K25/L25/M25/N25/P25/Q25	初步/施工图设计_设计辅助与建模		
A27/B27/C27/D27/E27/F27/G27/H27/J27/K27/L27/M27/N27/P27/Q27	初步/施工图设计_设计分析和优化		
A28/B28/C28/D28/E28/F28/G28/H28/J28/K28/L28/M28/N28/P28/Q28	初步/施工图设计_冲突检测		

续表

<table>
<tr><td colspan="2">A29/B29/C29/D29/E29/F29/G29/H29/J29/K29/L29/M29/N29/P29/Q29</td><td colspan="2">初步/施工图设计_工程量统计</td><td colspan="4" rowspan="8">城市规划/场地景观/建筑工程/水处理/垃圾处理/管道工程/道路工程/桥梁工程/隧道工程/铁路工程/信号工程/变电站/电网工程/水坝工程/飞行工程</td></tr>
<tr><td colspan="2">A31/B31/C31/D31/E31/F31/G31/H31/J31/K31/L31/M31/N31/P31/Q31</td><td colspan="2">初步/施工图设计_设计成果渲染与表达</td></tr>
<tr><td colspan="2">A33/B33/C33/D33/E33/F33/G33/H33/J33/K33/L33/M33/N33/P33/Q33</td><td colspan="2">深化设计_深化设计辅助和建模</td></tr>
<tr><td colspan="2">A36/B36/C36/D36/E36/F36/G36/H36/J36/K36/L36/M36/N36/P36/Q36</td><td colspan="2">深化设计_预制装配设计辅助和建模</td></tr>
<tr><td colspan="2">A37/B37/C37/D37/E37/F37/G37/H37/J37/K37/L37/M37/N37/P37/Q37</td><td colspan="2">深化设计_装饰装修设计辅助和建模</td></tr>
<tr><td colspan="2">A40/B40/C40/D40/E40/F40/G40/H40/J40/K40/L40/M40/N40/P40/Q40</td><td colspan="2">深化设计_幕墙设计辅助和建模</td></tr>
<tr><td colspan="2">A42/B42/C42/D42/E42/F42/G42/H42/J42/K42/L42/M42/N42/P42/Q42</td><td colspan="2">深化设计_冲突检测</td></tr>
<tr><td colspan="2">A43/B43/C43/D43/E43/F43/G43/H43/J43/K43/L43/M43/N43/P43/Q43</td><td colspan="2">深化设计_工程量统计</td></tr>
<tr><td>最新版本</td><td colspan="7">Revit 2021</td></tr>
<tr><td>输入格式</td><td colspan="7">.dwg/.dxf/.dgn/.sat/.skp/.rvt/ .rfa/.ifc/.pdf/.xml/点云.rcp/.rcs /.nwc/.nwd/所有图像文件</td></tr>
<tr><td>输出格式</td><td colspan="7">.dwg/.dxf/.dgn/.sat/.ifc/.rvt</td></tr>
<tr><td rowspan="3">推荐硬件配置</td><td>操作系统</td><td>64位Windows10</td><td>处理器</td><td>3GHz</td><td>内存</td><td>16GB</td></tr>
<tr><td>显卡</td><td>支持DirectX® 11和Shader Model 5的显卡，最少有4GB视频内存</td><td>磁盘空间</td><td>30GB</td><td>鼠标要求</td><td>带滚轮</td></tr>
<tr><td>其他</td><td colspan="5">NET Framework 版本4.8或更高版本</td></tr>
<tr><td rowspan="3">最低硬件配置</td><td>操作系统</td><td>64位Windows10</td><td>处理器</td><td>2GHz</td><td>内存</td><td>8GB</td></tr>
<tr><td>显卡</td><td>支持DirectX® 11和Shader Model 5的显卡，最少有4GB视频内存</td><td>磁盘空间</td><td>30GB</td><td>鼠标要求</td><td>带滚轮</td></tr>
<tr><td>其他</td><td colspan="5">NET Framework 版本4.8或更高版本</td></tr>
<tr><td colspan="8">功能介绍</td></tr>
<tr><td colspan="8">A21/B21/C21/D21/E21/F21/G21/H21/J21/K21/L21/M21/N21/P21/Q21
A29/B29/C29/D29/E29/F29/G29/H29/J29/K29/L29/M29/N29/P29/Q29
A43/B43/C43/D43/E43/F43/G43/H43/J43/K43/L43/M43/N43/P43/Q43：
1.本软件在“规划/方案设计_工程量统计、初步/施工图设计_工程量统计、深化设计_工程量统计”应用上的介绍及优势
对模型的任意修改可以自动体现在建筑平、立、剖面图中，以及构件明细表等相关图纸上，避免出现图纸间对不上的低级错误。Revit可以根据需要实时输出任意建筑构件的明细表，适用于概预算工作时工程量的统计，以及施工图设计时的门窗统计表（图1）</td></tr>
</table>

续表

2.本软件在“规划/方案设计_工程量统计、初步/施工图设计_工程量统计、深化设计_工程量统计”应用上的操作难易度

本软件的BIM设计流程为：基础模型→详细设计→工程量统计。

在上述设计流程的各个环节，Revit都有相应的工具支持，操作简单，容易上手。

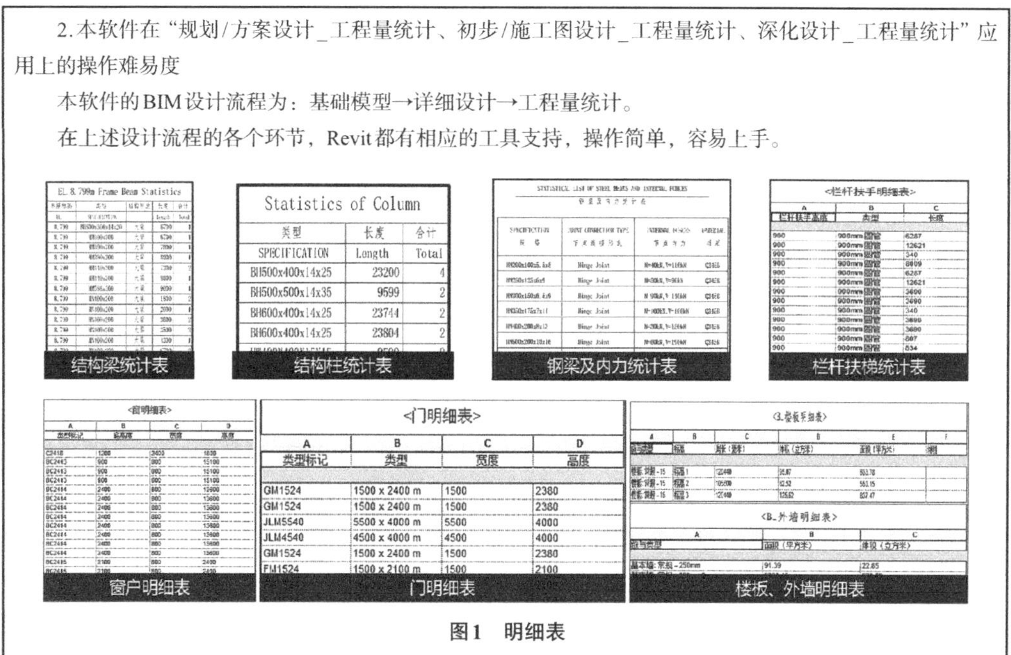

图1　明细表

2. Autodesk Advance Steel

Autodesk Advance Steel　　　　**表3-5-50**

<table>
<tr><td>软件名称</td><td colspan="2">Autodesk Advance Steel</td><td>厂商名称</td><td colspan="3">Autodesk</td></tr>
<tr><td colspan="2">代码</td><td colspan="2">应用场景</td><td colspan="3">业务类型</td></tr>
<tr><td colspan="2">C33/F33/H33/M33/N33/Q33</td><td colspan="2">深化设计_深化设计辅助与建模</td><td colspan="3">建筑工程/管道工程/桥梁工程/变电站/电网工程/飞行工程</td></tr>
<tr><td colspan="2">C38/F38/H38/M38/N38/Q38</td><td colspan="2">深化设计_钢结构设计辅助和建模</td><td colspan="3">建筑工程/管道工程/桥梁工程/变电站/电网工程/飞行工程</td></tr>
<tr><td colspan="2">C43/F43/H43/M43/N43/Q43</td><td colspan="2">深化设计_工程量统计</td><td colspan="3">建筑工程/管道工程/桥梁工程/变电站/电网工程/飞行工程</td></tr>
<tr><td>最新版本</td><td colspan="6">Autodesk Advance Steel 2021</td></tr>
<tr><td>输入格式</td><td colspan="6">.dwg/.dwf/.dwfx/.dws/.dwt/.dgn/.sat/.3ds/.igs/.iges/.wfm/.CATPart/.model/.3dm/.ste/.prt</td></tr>
<tr><td>输出格式</td><td colspan="6">.dwg/.dwf/.dwfx/.dws/.dwt/.dgn/.wfm/.stl/.sat/.eps/.bmp/.igs/.iges/.dxx/.pdf</td></tr>
<tr><td rowspan="3">推荐硬件配置</td><td>操作系统</td><td>64位Windows10</td><td>处理器</td><td>3GHz及以上</td><td>内存</td><td>16GB</td></tr>
<tr><td>显卡</td><td>1GB</td><td>磁盘空间</td><td>12GB</td><td>鼠标要求</td><td>无</td></tr>
<tr><td>其他</td><td colspan="5">显示器分辨率：3840×2160（4K）</td></tr>
<tr><td rowspan="3">最低硬件配置</td><td>操作系统</td><td>64位Windows10</td><td>处理器</td><td>2.5GHz</td><td>内存</td><td>8GB</td></tr>
<tr><td>显卡</td><td>512MB</td><td>磁盘空间</td><td>9GB</td><td>鼠标要求</td><td>无</td></tr>
<tr><td>其他</td><td colspan="5">显示器分辨率：1920×1080（1080p）</td></tr>
</table>

续表

功能介绍
C43/F43/H43/M43/N43/Q43： 1.本软硬件在"深化设计_工程量统计"应用上的介绍及优势 本软件是一款基于AutoCAD平台打造的专业深化设计工具，其在工程量统计功能模块中继承了CAD平台原有的高精度和自动统计功能，同时，作为专门面向钢结构工程的设计和深化设计软件，在钢结构统计方面整合了专用于钢结构专业的统计选项和模板；支持根据本地规范进行的自动数据统计和导出功能，且支持自动识别和生成各种构件的工程量统计。完全支持商务测算和构件下料前统计，形成钢结构数据流转中不可缺少的一环。其主要优势同"深化设计_深化设计辅助与建模"。结合内嵌的Dynamo节点，可以定义和编制计算机可视化程序，辅助自动化、个性化的数量统计和表单输出功能。 2.本软硬件在"深化设计_工程量统计"应用上的操作难易度 本软件基于AutoCAD平台，操作习惯和界面通用，且数据统计和导出有专业满足钢结构规范的范例和模板文件

3. Fabrication

Fabrication 　**表3-5-51**

软件名称	Fabrication			厂商名称	Autodesk	
代码		应用场景		业务类型		
C39		深化设计_机电工程设计辅助和建模		建筑工程		
C43		深化设计_工程量统计				
C44		深化设计_算量和造价				
C54		施工准备_机电安装设计				
C66		施工实施_算量和造价				
最新版本	Fabrication 2021					
输入格式	.maj/.caj/.esj/.jot/.rej					
输出格式	.maj/.caj/.esj/.jot/.rej/.ifc/.pcf					
推荐硬件配置	操作系统	64位Windows10	处理器	3GHz	内存	16GB
	显卡	4GB	磁盘空间	6GB	鼠标要求	带滚轮
	其他	NET Framework 4.7或更高版本				
最低硬件配置	操作系统	64位Windows10	处理器	2.5GHz	内存	8GB
	显卡	1GB	磁盘空间	6GB	鼠标要求	带滚轮
	其他	NET Framework 4.7或更高版本				
功能介绍						
C43、C44、C66： 1.本软件在"深化设计_工程量统计、深化设计_算量和造价、施工实施_算量和造价"应用上的介绍及优势 （1）导入Revit模型进行算量。 （2）可编辑和操作的计价数据库，以快速进行成本迭代。 （3）利用设计线更快地创建更具竞争力的出价						

续表

（4）向客户显示多个服务定价选项。

（5）通过颜色可视化作业成本进行分析。

2.本软件在“深化设计_工程量统计、深化设计_算量和造价、施工实施_算量和造价”应用上的操作难易度

基础操作流程，如：创建Revit模型→导出MAJ工作文件→导入Fabrication→数据处理→生成算量数据→调整价格→生成总价（图1~图4）。

复用Revit模型，数据无损导入导出，可视化操作，简便易学。

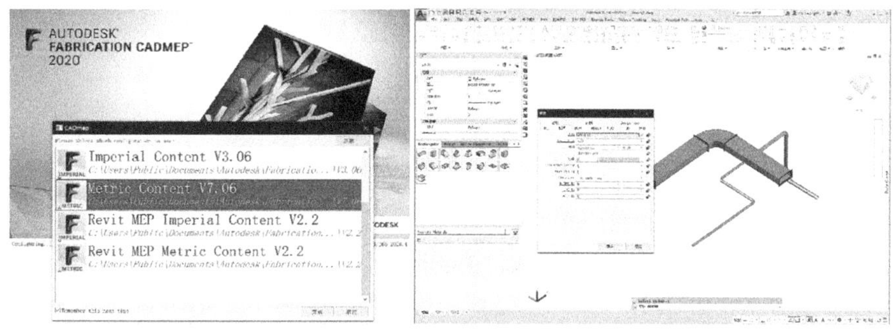

图1 导入Fabrication　　　　图2 数据处理

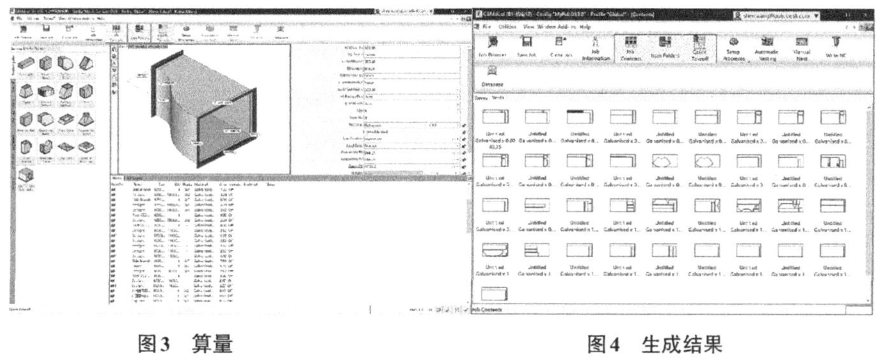

图3 算量　　　　图4 生成结果

4. Navisworks Manage

Navisworks Manage　　　　**表3-5-52**

软件名称	Navisworks Manage	厂商名称	Autodesk
代码	应用场景	业务类型	
A02/B02/C02/D02/E02/F02/G02/H02/J02/K02/L02/M02/N02/P02/Q02	模型整合与管理	城市规划/场地景观/建筑工程 水处理/垃圾处理/管道工程 道路工程/桥梁工程/隧道工程 铁路工程/信号工程/变电站 电网工程/水坝工程/飞行工程	
A28/B28/C28/D28/E28/F28/G28/H28/J28/K28/L28/M28/N28/P28/Q28	初步/施工图设计_冲突检测		
A42/B42/C42/D42/E42/F42/G42/H42/J42/K42/L42/M42/N42/P42/Q42	深化设计_冲突检测		

续表

<table>
<tr><td colspan="3">A29/B29/C29/D29/E29/F29/G29/H29/J29/K29/L29/M29/N29/P29/Q29</td><td colspan="2">初步/施工图设计_工程量统计</td><td colspan="3" rowspan="6"></td></tr>
<tr><td colspan="3">A43/B43/C43/D43/E43/F43/G43/H43/J43/K43/L43/M43/N43/P43/Q43</td><td colspan="2">深化设计_工程量统计</td></tr>
<tr><td colspan="3">A31/B31/C31/D31/E31/F31/G31/H31/J31/K31/L31/M31/N31/P31/Q31</td><td colspan="2">初步/施工图设计_设计成果渲染与表达</td></tr>
<tr><td colspan="3">A49/B49/C49/D49/E49/F49/G49/H49/J49/K49/L49/M49/N49/P49/Q49</td><td colspan="2">施工准备_施工场地规划</td></tr>
<tr><td colspan="3">A50/B50/C50/D50/E50/F50/G50/H50/J50/K50/L50/M50/N50/P50/Q50</td><td colspan="2">施工准备_施工组织和计划</td></tr>
<tr><td colspan="3">A51/B51/C51/D51/E51/F51/G51/H51/J51/K51/L51/M51/N51/P51/Q51</td><td colspan="2">施工准备_施工仿真</td></tr>
<tr><td>最新版本</td><td colspan="7">Navisworks Manage 2021</td></tr>
<tr><td>输入格式</td><td colspan="7">.nwd/.nwf/.nwc/.fbx/.dwg/.dxf/.sat/.stp/.step/.dwf/.ifc/.igs/.iges/.ipt/.iam/.ipj/.jt/.dgn/.prp/.prw/.x_b/.dri/.rvm/.skp/.stp/.step/.stl/.wrl/.wrz/.3ds/.prjv/.asc/.txt/.pts/.ptx/.rcs/.rcp/.model/.session/.exp/.dlv3/.CATPart/.CATProduct/.cgr/.dwf/.dwfx/.w2d/.prt/.sldprt/.asm/.sldasm/.pdf/.rvt/.rfa/.rte/.3dm/</td></tr>
<tr><td>输出格式</td><td colspan="7">.nwd/.nwf/.nwc/.dwf/.dwfx/.fbx/.png/.jpeg/.avi</td></tr>
<tr><td rowspan="3">推荐硬件配置</td><td>操作系统</td><td>64位Windows10</td><td>处理器</td><td>或更高</td><td>内存</td><td>或更高</td><td></td></tr>
<tr><td>显卡</td><td>支持Direct3D® 9、OpenGL®和Shader Model 2的显卡</td><td>磁盘空间</td><td>15GB</td><td>鼠标要求</td><td>带滚轮</td><td></td></tr>
<tr><td>其他</td><td colspan="6">建议使用1920×1080显示器和32位视频显示适配器</td></tr>
<tr><td rowspan="3">最低硬件配置</td><td>操作系统</td><td>64位Windows10</td><td>处理器</td><td>3GHz</td><td>内存</td><td>2GB</td><td></td></tr>
<tr><td>显卡</td><td>支持Direct3D® 9、OpenGL®和Shader Model 2的显卡</td><td>磁盘空间</td><td>15GB</td><td>鼠标要求</td><td>带滚轮</td><td></td></tr>
<tr><td>其他</td><td colspan="6">1280×800真彩色VGA显示器</td></tr>
<tr><td colspan="8">功能介绍</td></tr>
<tr><td colspan="8">A29/B29/C29/D29/E29/F29/G29/H29/J29/K29/L29/M29/N29/P29/Q29
A43/B43/C43/D43/E43/F43/G43/H43/J43/K43/L43/M43/N43/P43/Q43：
本软件在“初步/施工图设计_工程量统计、深化设计_工程量统计”应用上的介绍及优势
测量建筑师、工程师和其他设计者准备的模型、工程图和规格中材质数量的过程，称为算量。在Autodesk Navisworks中，使用Quantification功能执行算量。Quantification可帮助自动估算材质、测量面积和计数建筑组件。可以针对新建和改建工程项目进行估算，因此用于计算项目数量和测量的时间将会减少，从而将更多时间用在分析项目上。Quantification支持三维（3D）和二维（2D）设计数据的集成，也可以针对没有关联的模型几何图形或属性的项目执行虚拟算量。之后，可以将算量数据导出到Excel文件中，以便进行分析，并通过Autodesk BIM 360®在云中与其他项目团队成员共享，实现优化协作</td></tr>
</table>

5. 3DEXPERIENCE CATIA

3DEXPERIENCE CATIA **表3-5-53**

<table>
<tr><td>软件名称</td><td colspan="3">3DEXPERIENCE CATIA</td><td>厂商名称</td><td colspan="3">Dassault Systémes</td></tr>
<tr><td colspan="2">代码</td><td colspan="3">应用场景</td><td colspan="3">业务类型</td></tr>
<tr><td colspan="2">C16/H16</td><td colspan="3">规划/方案设计_设计辅助和建模</td><td colspan="3">建筑工程/桥梁工程</td></tr>
<tr><td colspan="2">C25/G25/H25/J25/K25/P25</td><td colspan="3">初步/施工图设计_设计辅助与建模</td><td colspan="3">建筑工程/道路工程/桥梁工程/隧道工程/铁路工程/水坝工程</td></tr>
<tr><td colspan="2">C28/G28/H28/J28/K28/P28</td><td colspan="3">初步/施工图设计_冲突检测</td><td colspan="3">建筑工程/道路工程/桥梁工程/隧道工程/铁路工程/水坝工程</td></tr>
<tr><td colspan="2">C38/H38/P38</td><td colspan="3">深化设计_钢结构设计辅助和建模</td><td colspan="3">建筑工程/桥梁工程/水坝工程</td></tr>
<tr><td colspan="2">C39/H39/P39</td><td colspan="3">深化设计_机电工程设计辅助和建模</td><td colspan="3">建筑工程/铁路工程/水坝工程</td></tr>
<tr><td colspan="2">C40</td><td colspan="3">深化设计_幕墙设计辅助和建模</td><td colspan="3">建筑工程</td></tr>
<tr><td colspan="2">C43/G43/H43/J43/K43/P43</td><td colspan="3">深化设计_工程量统计</td><td colspan="3">建筑工程/道路工程/桥梁工程/隧道工程/铁路工程/水坝工程</td></tr>
<tr><td>最新版本</td><td colspan="7">3DEXPERIENCE R2021x</td></tr>
<tr><td>输入格式</td><td colspan="7">.3dxml</td></tr>
<tr><td>输出格式</td><td colspan="7">.3dxml</td></tr>
<tr><td rowspan="2">推荐硬件配置</td><td>操作系统</td><td>64位Windows10</td><td>处理器</td><td>3GHz</td><td>内存</td><td colspan="2">32GB</td></tr>
<tr><td>显卡</td><td>1GB</td><td>磁盘空间</td><td>30GB</td><td>鼠标要求</td><td colspan="2">带滚轮</td></tr>
<tr><td rowspan="3">最低硬件配置</td><td>操作系统</td><td>64位Windows10</td><td>处理器</td><td>2GHz</td><td>内存</td><td colspan="2">16GB</td></tr>
<tr><td>显卡</td><td>512MB</td><td>磁盘空间</td><td>20GB</td><td>鼠标要求</td><td colspan="2">带滚轮</td></tr>
<tr><td>其他</td><td colspan="6">AdoptOpenJDK JRE 11.0.6 with OpenJ9，Firefox 68 ESR或者Chrome</td></tr>
<tr><td colspan="8">功能介绍</td></tr>
<tr><td colspan="8">C43/G43/H43/J43/K43/P43：
1.本软硬件在“深化设计_工程量统计”应用上的介绍及优势
本软件的参数化建模技术，结合IFC标准属性的应用，在深化设计阶段的工程量统计上发挥着很大的优势，模型完成的同时，工程量就可以统计出来。
主要统计介绍如下：
土方开挖量统计：土木工程模块中的道路开挖设计完成即可统计得到土方开挖量，利用知识工程的优化功能，还可以自动优化土方开挖量，得到最佳开挖方案。
混凝土量统计：桥梁隧道的混凝土模型有自己的属性，如体积、密度、重心等，根据属性可以提取得到混凝土量。CATIA的结构树可以按照项目、标段等不同层级，将混凝土量进行灵活地统计。
钢筋量统计：钢筋模块提供钢筋量的统计，基于钢筋模型可以提取钢筋的规格、数量、长度、折弯参数、弯钩参数等。
建筑结构材料统计：建筑结构的梁、板、柱，按照分类统计数量，包括门窗规格等，这些都是根据已有模型自动统计。
钢结构材料表：钢结构的板材和型材表可以自动从模型中统计汇总</td></tr>
</table>

续表

其他工程量统计：CATIA还可以从创建的参数中提取模型信息，最后这些信息可以自动汇总到材料表中。CATIA还提供材料表模板定制，在模板中可以调取模型的基础属性值和IFC属性值，灵活定制材料表。 2.本软硬件在“深化设计_工程量统计”应用上的操作难易度 基础操作流程：参数设置→基础建模→参数提取→输出材料表。 上述流程是通过参数的方法提取工程量的操作流程，如果是专用模块建模，如土方开挖、混凝土、钢筋、钢结构、建筑结构等，则只有基础建模→输出材料表的步骤，参数设置和提取都是自动的，无须人为设置，操作简单

6. 品茗HiBIM软件

品茗HiBIM软件 **表3-5-54**

软件名称	品茗HiBIM软件		厂商名称	杭州品茗安控信息技术股份有限公司		
代码	应用场景			业务类型		
C01	通用建模和表达			建筑工程		
C16	规划/方案设计_设计辅助和建模			建筑工程		
C21	规划/方案设计_工程量统计			建筑工程		
C25	初步/施工图设计_设计辅助和建模			建筑工程		
C28	初步/施工图设计_冲突检测			建筑工程		
C29	初步/施工图设计_工程量统计			建筑工程		
C33	深化设计_深化设计辅助和建模			建筑工程		
C37	深化设计_装饰装修设计辅助和建模			建筑工程		
C39/F39	深化设计_机电工程设计辅助和建模			建筑工程/管道工程		
C41/F41	深化设计_专项计算和分析			建筑工程/管道工程		
C42	深化设计_冲突检测			建筑工程		
C43	深化设计_工程量统计			建筑工程		
最新版本	HiBIM3.2					
输入格式	.ifc/.pbim/.rvt（2021及以下版本）					
输出格式	.rvt/.pbim/.dwg/.skp/.doc/.xlsx					
推荐硬件配置	操作系统	64位Windows7/8/10	处理器	3.6GHz	内存	16GB
	显卡	Gtx1070或同等级别及以上	磁盘空间	1TB	鼠标要求	带滚轮
最低硬件配置	操作系统	64位Windows7/8/10	处理器	2GHz	内存	4GB
	显卡	Gtx1050或同级别及以上	磁盘空间	128GB	鼠标要求	带滚轮
功能介绍						
C21、C29、C43： 1.本软件在“工程量统计”应用上的介绍及优势 软件是基于BIM模型进行算量，内置了国内清单及各地定额计算规则，快速、准确地计算出各种工程量，直接计算出清单、定额工程量并生成报表。支持土建和安装的工程量统计，支持按楼层、专业、系统进行工程量统计，并导出符合造价要求的工程量清单						

续表

2.本软件在"工程量统计"应用上的操作难易度 工程量统计流程为：算量楼层划分→构件映射→算量模式→构件属性定义→计算工程量→导出报表。 楼层划分主要是将模型的楼层按照算量要求进行分层，便于后期按楼层进行工程量统计。构件映射主要是将三维模型进行算量归类，便于软件识别构件的算量属性，然后在算量模式中选择相应的清单定额计算规则。构件属性定义主要是套用清单定额，对不同构件赋予算量属性和工程量的计算式，此阶段需要对清单定额规则比较清楚，以为每个类别的构件套用清单定额条目。软件会根据上述设置进行计算，形成工程量统计表（图1）。

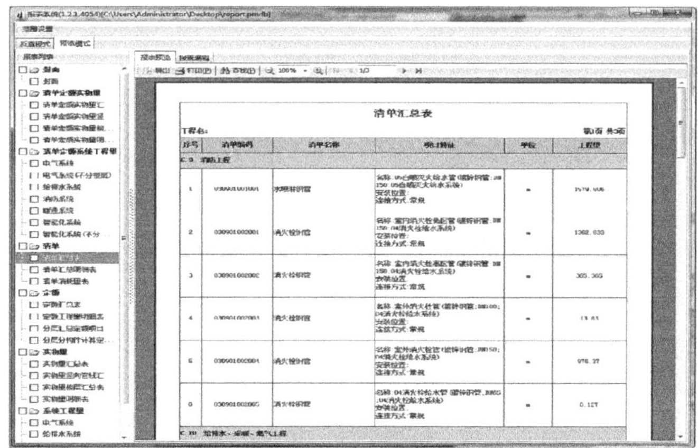

图1　工程量统计表

7. 鲁班土建VIP（Luban Architecture）

鲁班土建VIP（Luban Architecture）　　表3-5-55

软件名称	鲁班土建VIP（Luban Architecture）			厂商名称	上海鲁班软件股份有限公司	
代码			应用场景		业务类型	
C43/F43/G43/H43/I43/J43/N43/O43			深化设计_工程量统计		建筑工程/管道工程/道路工程/桥梁工程/隧道工程/铁路工程/水坝工程/飞行工程	
最新版本	V30.2.0					
输入格式	.eng/.lbim					
输出格式	.ifc/.pds/.eng/.lbim					
推荐硬件配置	操作系统	64位Windows10旗舰版	处理器	英特尔i7或以上	内存	16GB或以上
	显卡	独立显卡GTX1060或以上，4GB或以上显存	磁盘空间	1TB或以上	鼠标要求	—
	其他	网卡1000MB				
最低硬件配置	操作系统	64位Windows7操作系统	处理器	英特尔i5	内存	4GB
	显卡	独立显卡	磁盘空间	500GB	鼠标要求	—
	其他	网卡1000MB				

续表

<table>
<tr><th>功能介绍</th></tr>
<tr><td>

C43/F43/G43/H43/I43/J43/N43/O43：

鲁班土建为基于AutoCAD图形平台开发的工程量自动计算软件。它利用AutoCAD强大的图形功能并结合了我国工程造价模式的特点及未来造价模式的发展变化，内置了全国各地定额的计算规则，最终得出可靠的计算结果并输出各种形式的工程量数据。由于软件采用了三维立体建模的方式，使整个计算过程可视化。通过三维显示的土建工程可以较为直观地模拟现实情况。其包含的智能检查模块，可自动化、智能化检查用户建模过程中的错误（图1、图2）。

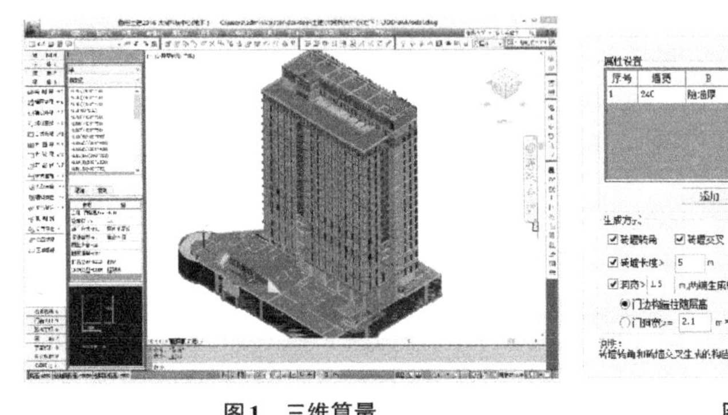

图1　三维算量

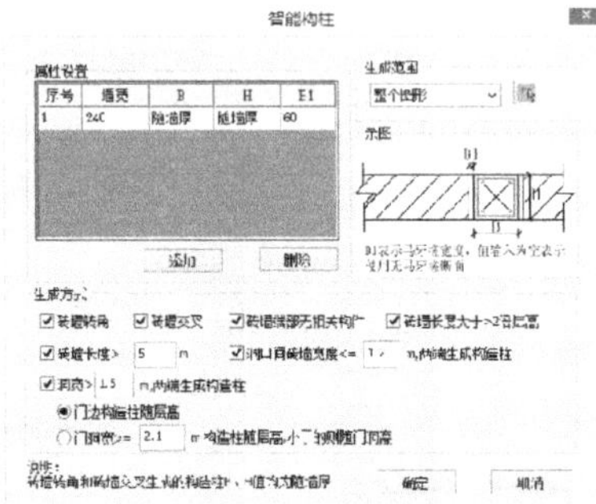

图2　智能构柱

</td></tr>
</table>

8. 鲁班钢筋VIP（Luban Steel）

鲁班钢筋VIP（Luban Steel）　　**表3-5-56**

<table>
<tr><td>软件名称</td><td colspan="3">鲁班钢筋VIP（Luban Steel）</td><td>厂商名称</td><td colspan="2">上海鲁班软件股份有限公司</td></tr>
<tr><td colspan="3">代码</td><td colspan="2">应用场景</td><td colspan="2">业务类型</td></tr>
<tr><td colspan="3">C43/F43/G43/H43/I43/J43/N43/O43</td><td colspan="2">深化设计_工程量统计</td><td colspan="2">建筑工程/管道工程/道路工程/桥梁工程/隧道工程/铁路工程/水坝工程/飞行工程</td></tr>
<tr><td>最新版本</td><td colspan="6">V28.1.0</td></tr>
<tr><td>输入格式</td><td colspan="6">.stz/.lbim</td></tr>
<tr><td>输出格式</td><td colspan="6">.ifc/.pds/.stz/.lbim</td></tr>
<tr><td rowspan="3">推荐硬件配置</td><td>操作系统</td><td>64位Windows10旗舰版</td><td>处理器</td><td>英特尔i7或以上</td><td>内存</td><td>16GB或以上</td></tr>
<tr><td>显卡</td><td>独立显卡GTX1060或以上，4GB或以上显存</td><td>磁盘空间</td><td>1TB或以上</td><td>鼠标要求</td><td>—</td></tr>
<tr><td>其他</td><td colspan="5">网卡1000MB</td></tr>
<tr><td rowspan="3">最低硬件配置</td><td>操作系统</td><td>64位Windows7操作系统</td><td>处理器</td><td>英特尔i5</td><td>内存</td><td>4GB</td></tr>
<tr><td>显卡</td><td>独立显卡</td><td>磁盘空间</td><td>500GB</td><td>鼠标要求</td><td>—</td></tr>
<tr><td>其他</td><td colspan="5">网卡1000MB</td></tr>
</table>

续表

功能介绍
C43/F43/G43/H43/I43/J43/N43/O43： 鲁班钢筋基于国家规范和平法标准图集，采用CAD转化建模、绘图建模、辅以表格输入等多种方式，整体考虑构件之间的扣减关系，解决造价工程师在招标投标、施工过程钢筋工程量控制和结算阶段钢筋工程量的计算问题。软件自动考虑构件之间的关联和扣减，用户只需要完成绘图即可实现钢筋量计算，内置计算规则并可修改，强大的钢筋三维显示，使得计算过程有据可依，便于查看和控制（图1、图2）。 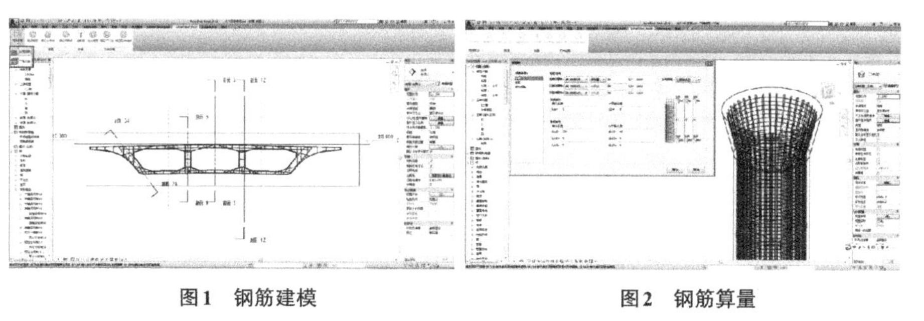 **图1 钢筋建模** **图2 钢筋算量**

9. 鲁班安装VIP（Luban MEP）

鲁班安装VIP（Luban MEP） **表3-5-57**

软件名称	鲁班安装VIP（Luban MEP）			厂商名称	上海鲁班软件股份有限公司	
代码			应用场景		业务类型	
C43/F43/G43/H43/I43/J43/N43/O43			深化设计_工程量统计		建筑工程/管道工程/道路工程/桥梁工程/隧道工程/铁路工程/水坝工程/飞行工程	
最新版本	V20.1.0					
输入格式	.lba/.lbim					
输出格式	.ifc/.psd/.lba/.lbim					
推荐硬件配置	操作系统	64位Windows10旗舰版	处理器	英特尔i7或以上	内存	16GB或以上
	显卡	独立显卡GTX1060或以上，4GB或以上显存	磁盘空间	1TB或以上	鼠标要求	—
	其他	网卡1000MB				
最低硬件配置	操作系统	64位Windows7操作系统	处理器	英特尔i5	内存	4GB
	显卡	独立显卡	磁盘空间	500GB	鼠标要求	—
	其他	网卡1000MB				
功能介绍						
C43/F43/G43/H43/I43/J43/N43/O43： 鲁班安装是基于AutoCAD图形平台开发的工程量自动计算软件。其广泛运用于建设方、承包方、审价方等多方工程造价人员对安装工程量的计算。鲁班安装可适用于CAD转化、绘图输入、照片输入、表格输入等多种输入模式，在此基础上运用三维技术完成安装工程量的计算。鲁班安装可以解决工程造价人员手工统计繁杂、审核难度大、工作效率低等问题（图1、图2）						

续表

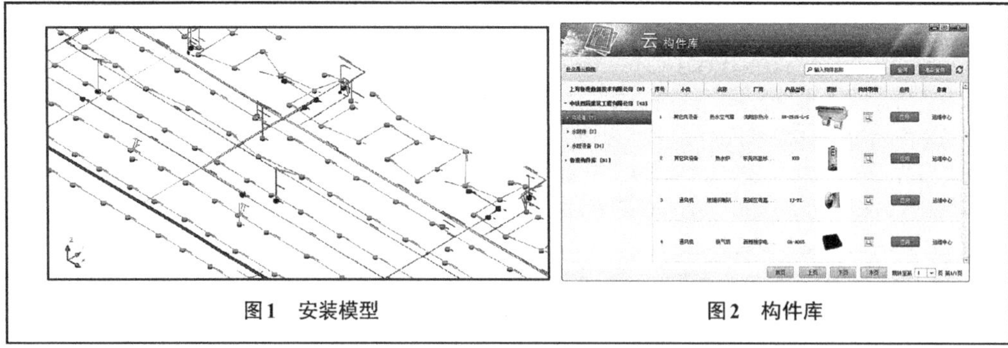

图1 安装模型　　图2 构件库

10. 鲁班场布（Luban Site）

鲁班场布（Luban Site）　　表 3-5-58

<table>
<tr><td>软件名称</td><td colspan="3">鲁班场布（Luban Site）</td><td>厂商名称</td><td colspan="2">上海鲁班软件股份有限公司</td></tr>
<tr><td colspan="3">代码</td><td colspan="2">应用场景</td><td colspan="2">业务类型</td></tr>
<tr><td colspan="3">C43/F43/G43/H43/I43/J43/N43/O43</td><td colspan="2">深化设计_工程量统计</td><td colspan="2">建筑工程/管道工程/道路工程/桥梁工程/隧道工程/铁路工程/水坝工程/飞行工程</td></tr>
<tr><td>最新版本</td><td colspan="6">V4.0.0</td></tr>
<tr><td>输入格式</td><td colspan="6">.isg/.lbim</td></tr>
<tr><td>输出格式</td><td colspan="6">.ifc/.pds/.isg</td></tr>
<tr><td rowspan="3">推荐硬件配置</td><td>操作系统</td><td>64位Windows10旗舰版</td><td>处理器</td><td>英特尔i7或以上</td><td>内存</td><td>16GB或以上</td></tr>
<tr><td>显卡</td><td>独立显卡GTX1060或以上，4GB或以上显存</td><td>磁盘空间</td><td>1TB或以上</td><td>鼠标要求</td><td>—</td></tr>
<tr><td>其他</td><td colspan="5">网卡1000MB</td></tr>
<tr><td rowspan="3">最低硬件配置</td><td>操作系统</td><td>64位Windows7操作系统</td><td>处理器</td><td>英特尔i5</td><td>内存</td><td>4GB</td></tr>
<tr><td>显卡</td><td>独立显卡</td><td>磁盘空间</td><td>500GB</td><td>鼠标要求</td><td>—</td></tr>
<tr><td>其他</td><td colspan="5">网卡1000MB</td></tr>
<tr><td colspan="7">功能介绍</td></tr>
<tr><td colspan="7">C43/F43/G43/H43/I43/J43/N43/O43：
鲁班场布是一款用于建设项目临建设施科学规划的场地设计三维建模软件，内嵌丰富的办公生活、绿色文明、临水临电、安全防护等参数化构件，可快速建立三维施工总平面图模型；自动计算场布构件工程量，精确统计所需材料用量，为企业精细化管理提供依据；逼真的贴图效果同时展示企业的安全文明绿色施工形象（图1）</td></tr>
</table>

续表

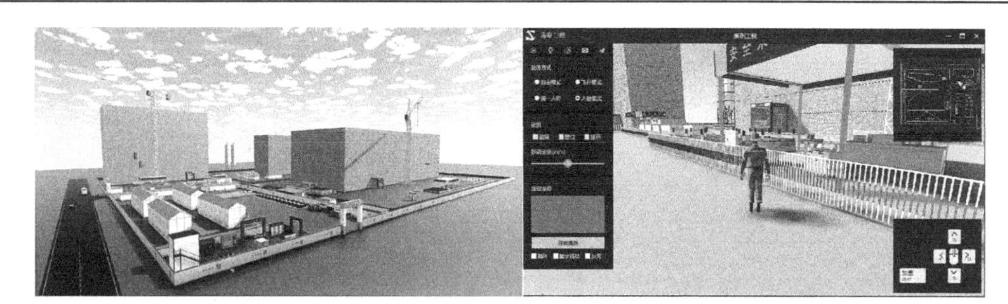

图1　场布模型

11. 鲁班下料（Luban Blanking）

鲁班下料（Luban Blanking）　　表3-5-59

软件名称	鲁班下料（Luban Blanking）			厂商名称	上海鲁班软件股份有限公司	
代码			应用场景		业务类型	
C43/F43/G43/H43/I43/J43/N43/O43			深化设计_工程量统计		建筑工程/管道工程/道路工程/桥梁工程/隧道工程/铁路工程/水坝工程/飞行工程	
最新版本	V14.1.0					
输入格式	.ftz/.stz					
输出格式	.ftz/.stz					
推荐硬件配置	操作系统	64位Windows10旗舰版	处理器	英特尔i7或以上	内存	16GB或以上
	显卡	独立显卡GTX1060或以上，4GB或以上显存	磁盘空间	1TB或以上	鼠标要求	—
	其他	网卡1000MB				
最低硬件配置	操作系统	64位Windows7操作系统	处理器	英特尔i5	内存	4GB
	显卡	独立显卡	磁盘空间	500GB	鼠标要求	—
	其他	网卡1000MB				
功能介绍						
C43/F43/G43/H43/I43/J43/N43/O43： 鲁班下料是一款可用于现场钢筋下料的专业软件。软件模拟过程中加入经验做法使计算结果更具有实用性。清单配备施工简图，复杂节点施工极为方便。鲁班下料支持3D模型中直接修改钢筋图形或参数，并与相应报表联动。同时，其内置的加工断料组合系统可以大幅降低钢筋加工损耗（图1、图2）						

续表

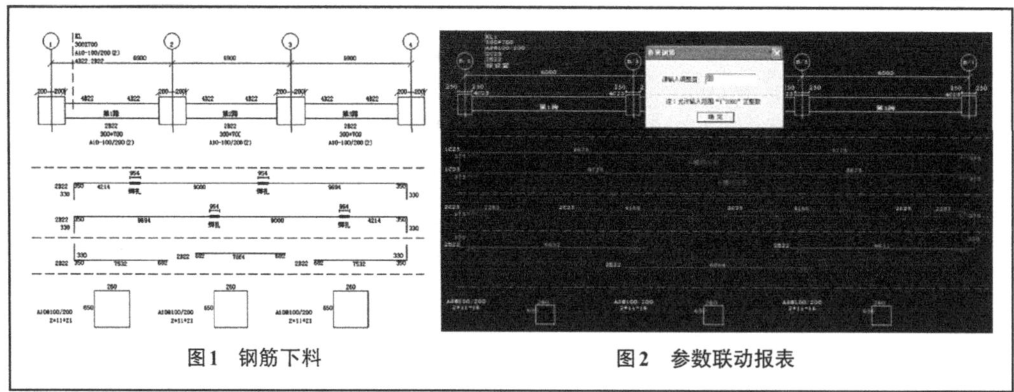
图1　钢筋下料　　图2　参数联动报表

12. 鲁班节点(Luban Node)

鲁班节点(Luban Node)　　表3-5-60

<table>
<tr><td>软件名称</td><td colspan="3">鲁班节点(Luban Node)</td><td>厂商名称</td><td colspan="2">上海鲁班软件股份有限公司</td></tr>
<tr><td colspan="3">代码</td><td colspan="2">应用场景</td><td colspan="2">业务类型</td></tr>
<tr><td colspan="3">C43/F43/G43/H43/I43/J43/N43/O43</td><td colspan="2">深化设计_工程量统计</td><td colspan="2">建筑工程/管道工程/道路工程/桥梁工程/隧道工程/铁路工程/水坝工程/飞行工程</td></tr>
<tr><td>最新版本</td><td colspan="6">V1.3.0</td></tr>
<tr><td>输入格式</td><td colspan="6">.ndg</td></tr>
<tr><td>输出格式</td><td colspan="6">.ndg</td></tr>
<tr><td rowspan="3">推荐硬件配置</td><td>操作系统</td><td>64位Windows10旗舰版</td><td>处理器</td><td>英特尔i7或以上</td><td>内存</td><td>16GB或以上</td></tr>
<tr><td>显卡</td><td>独立显卡GTX1060或以上，4GB或以上显存</td><td>磁盘空间</td><td>1TB或以上</td><td>鼠标要求</td><td>—</td></tr>
<tr><td>其他</td><td colspan="5">网卡1000MB</td></tr>
<tr><td rowspan="3">最低硬件配置</td><td>操作系统</td><td>64位Windows7操作系统</td><td>处理器</td><td>英特尔i5</td><td>内存</td><td>4GB</td></tr>
<tr><td>显卡</td><td>独立显卡</td><td>磁盘空间</td><td>500GB</td><td>鼠标要求</td><td>—</td></tr>
<tr><td>其他</td><td colspan="5">网卡1000MB</td></tr>
<tr><td colspan="7">功能介绍</td></tr>
<tr><td colspan="7">C43/F43/G43/H43/I43/J43/N43/O43：
鲁班节点软件采用三维平台编辑技术，可准确地对构件进行空间操作编辑及空间校验，可对鲁班钢筋复杂节点进行可视化编辑与交底，允许对钢筋信息单独查看、编辑、绕弯、打断，对复杂节点进行定制化操作，提供节点图等输出方式，方便将结果直观展示出来，并可以在PDS中三维查看(图1、图2)</td></tr>
</table>

续表

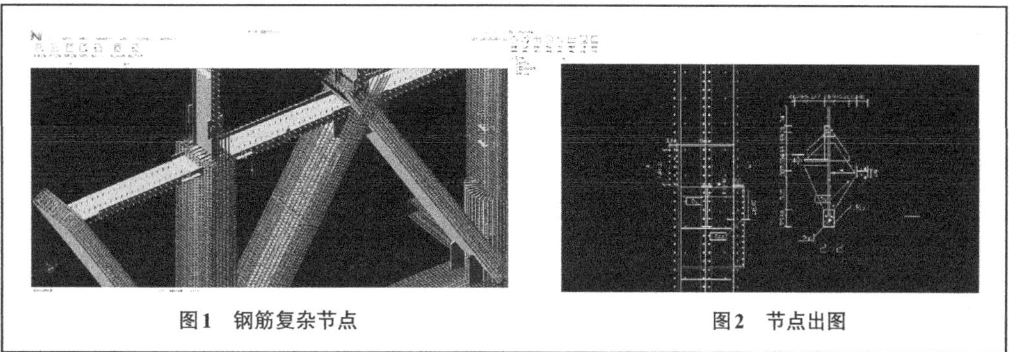

图1　钢筋复杂节点　　　　图2　节点出图

13. 鲁班排布（Luban Arrangement）

鲁班排布（Luban Arrangement）　　表3-5-61

<table>
<tr><td>软件名称</td><td colspan="3">鲁班排布（Luban Arrangement）</td><td>厂商名称</td><td colspan="2">上海鲁班软件股份有限公司</td></tr>
<tr><td colspan="3">代码</td><td colspan="2">应用场景</td><td colspan="2">业务类型</td></tr>
<tr><td colspan="3">C43/F43/G43/H43/I43/J43/N43/O43</td><td colspan="2">深化设计_工程量统计</td><td colspan="2">建筑工程/管道工程/道路工程/桥梁工程/隧道工程/铁路工程/水坝工程/飞行工程</td></tr>
<tr><td>最新版本</td><td colspan="6">V1.0.0</td></tr>
<tr><td>输入格式</td><td colspan="6">.lbim/.rlbim</td></tr>
<tr><td>输出格式</td><td colspan="6">.dwg/.xlsx</td></tr>
<tr><td rowspan="3">推荐硬件配置</td><td>操作系统</td><td>64位Windows10旗舰版</td><td>处理器</td><td>英特尔i7或以上</td><td>内存</td><td>16GB或以上</td></tr>
<tr><td>显卡</td><td>独立显卡GTX1060或以上，4GB或以上显存</td><td>磁盘空间</td><td>1TB或以上</td><td>鼠标要求</td><td>—</td></tr>
<tr><td>其他</td><td colspan="5">网卡1000MB</td></tr>
<tr><td rowspan="3">最低硬件配置</td><td>操作系统</td><td>64位Windows7操作系统</td><td>处理器</td><td>英特尔i5</td><td>内存</td><td>4GB</td></tr>
<tr><td>显卡</td><td>独立显卡</td><td>磁盘空间</td><td>500GB</td><td>鼠标要求</td><td>—</td></tr>
<tr><td>其他</td><td colspan="5">网卡1000MB</td></tr>
<tr><td colspan="7">功能介绍</td></tr>
<tr><td colspan="7">C43/F43/G43/H43/I43/J43/N43/O43：
鲁班排布依据施工规范及现场经验，可快速批量对整栋或整层砖墙进行排布，提前模拟出符合施工现场的砌块排布方案，生成墙体立面排布图、平面编号图，统计出各规格砌块用量，帮助施工技术人员合理安排砌筑施工计划，指导现场施工（图1、图2）。
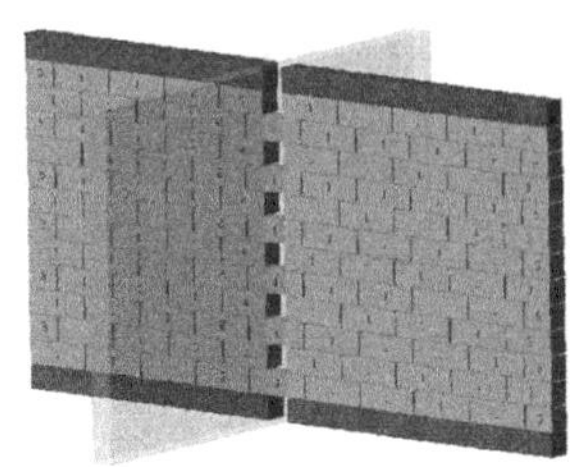 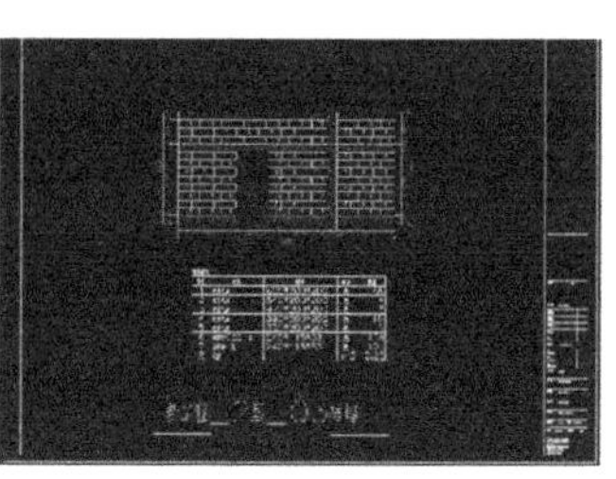
图1　砌块排布方案　　图2　统计各规格砌块用量</td></tr>
</table>

14. 鲁班模架（Luban Scaffold）

鲁班模架（Luban Scaffold） **表3-5-62**

<table>
<tr><td>软件名称</td><td colspan="2">鲁班模架（Luban Scaffold）</td><td>厂商名称</td><td colspan="3">上海鲁班软件股份有限公司</td></tr>
<tr><td colspan="3">代码</td><td colspan="2">应用场景</td><td colspan="2">业务类型</td></tr>
<tr><td colspan="3">C43/F43/G43/H43/I43/J43/N43/O43</td><td colspan="2">深化设计_工程量统计</td><td colspan="2">建筑工程/管道工程/道路工程/桥梁工程/隧道工程/铁路工程/水坝工程/飞行工程</td></tr>
<tr><td>最新版本</td><td colspan="6">V1.0.0</td></tr>
<tr><td>输入格式</td><td colspan="6">.lmb/.eng</td></tr>
<tr><td>输出格式</td><td colspan="6">.dwg</td></tr>
<tr><td rowspan="3">推荐硬件配置</td><td>操作系统</td><td>64位Windows10旗舰版</td><td>处理器</td><td>英特尔i7或以上</td><td>内存</td><td>16GB或以上</td></tr>
<tr><td>显卡</td><td>独立显卡GTX1060或以上，4GB或以上显存</td><td>磁盘空间</td><td>1TB或以上</td><td>鼠标要求</td><td>—</td></tr>
<tr><td>其他</td><td colspan="5">网卡1000MB</td></tr>
<tr><td rowspan="3">最低硬件配置</td><td>操作系统</td><td>64位Windows7操作系统</td><td>处理器</td><td>英特尔i5</td><td>内存</td><td>4GB</td></tr>
<tr><td>显卡</td><td>独立显卡</td><td>磁盘空间</td><td>500GB</td><td>鼠标要求</td><td>—</td></tr>
<tr><td>其他</td><td colspan="5">网卡1000MB</td></tr>
<tr><td colspan="7">功能介绍</td></tr>
<tr><td colspan="7">C43/F43/G43/H43/I43/J43/N43/O43：
鲁班模架内置施工规范，根据BIM结构模型，一键生成脚手架、模板等专项工程模型，生成施工图、安全计算书，进行材料统计，大大提高施工技术人员编制专项施工方案效率（图1、图2）。</td></tr>
</table>

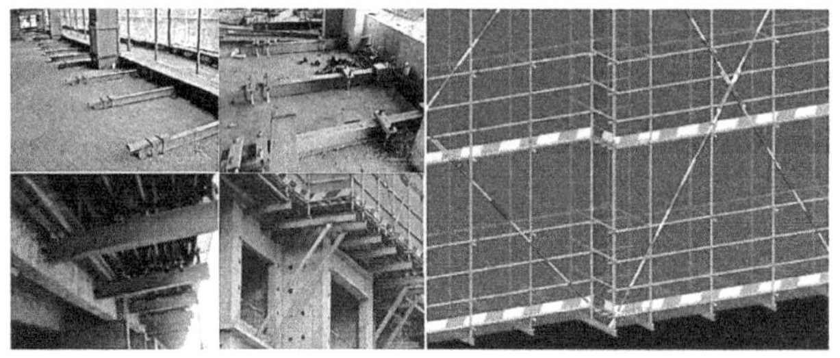

图1　脚手架模型

图2　材料统计

15. Trimble SketchUp Pro/MEP PIPE工具For SketchUp

Trimble SketchUp Pro/MEP PIPE工具For SketchUp **表3-5-63**

<table>
<tr><td>软件名称</td><td>Trimble SketchUp Pro/MEP PIPE工具For SketchUp</td><td>厂商名称</td><td>天宝寰宇电子产品（上海）有限公司/广州乾讯建筑咨询有限公司</td></tr>
<tr><td>代码</td><td colspan="2">应用场景</td><td>业务类型</td></tr>
<tr><td>C39/F39</td><td colspan="2">深化设计_机电工程设计辅助和建模</td><td>建筑工程/管道工程</td></tr>
</table>

续表

C42/F42		深化设计_冲突检测		建筑工程/管道工程		
C43/F43		深化设计_工程量统计		建筑工程/管道工程		
最新版本	MEP PIPE工具For SketchUp 2019					
输入格式	.skp					
输出格式	.skp					
推荐硬件配置	操作系统	64位Windows10	处理器	2GHz	内存	8GB
	显卡	1GB	磁盘空间	700MB	鼠标要求	带滚轮
最低硬件配置	操作系统	64位Windows10	处理器	1GHz	内存	4GB
	显卡	512MB	磁盘空间	500MB	鼠标要求	带滚轮

功能介绍

C39/F39、C42/F42、C43/F43：

1.本软硬件在"建筑工程_深化设计_机电工程设计辅助和建模"应用上的介绍及优势

本软件可以实现管道的BIM模型快速创建与修改，可以实现与其他专业的冲突检测，模型可以快速地进行出图和工程量统计。

2.本软硬件在"建筑工程_深化设计_深化设计辅助和建模"应用上的操作难易度

本软件操作流程：规划放线→管道生成→管道修改→吊架生成→碰撞检查→管道编码→快速标注→出CAD图→统计清单。

本软件界面简洁，上手容易，经过简单培训即可掌握。软件首先进行规划放线，对规划线进行属性确认，然后通过规划线生成管道模型，可以快速地进行调整和修改，并由管道生成支吊架。软件可以实现与其他专业的冲突碰撞检测，并实现管综的高效调整，模型确认后可以对管道进行编码并标注，根据要求出CAD图和统计工程量清单（图1）。

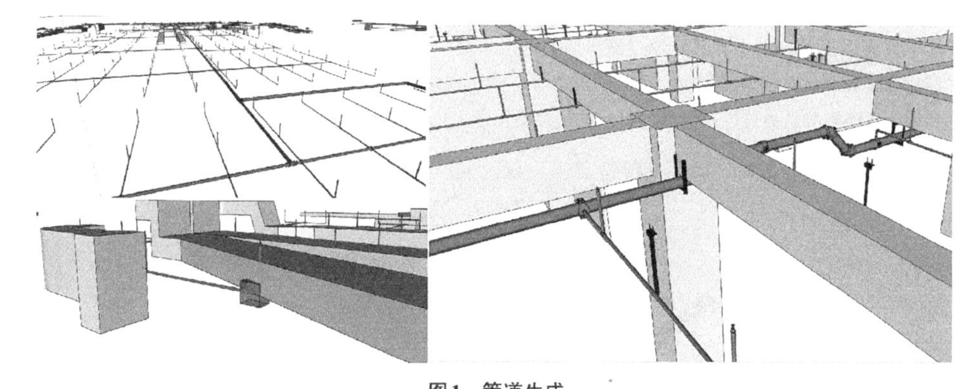

图1　管道生成

16. Trimble SketchUp Pro/MEP 电缆桥架工具 For SketchUp

Trimble SketchUp Pro/MEP 电缆桥架工具 For SketchUp 表 3-5-64

<table>
<tr><td>软件名称</td><td colspan="3">Trimble SketchUp Pro/MEP 电缆桥架工具 For SketchUp</td><td>厂商名称</td><td colspan="2">天宝寰宇电子产品（上海）有限公司/广州乾讯建筑咨询有限公司</td></tr>
<tr><td colspan="3">代码</td><td colspan="2">应用场景</td><td colspan="2">业务类型</td></tr>
<tr><td colspan="3">C39/F39</td><td colspan="2">深化设计_机电工程设计辅助和建模</td><td colspan="2">建筑工程/管道工程</td></tr>
<tr><td colspan="3">C43/F43</td><td colspan="2">深化设计_工程量统计</td><td colspan="2">建筑工程/管道工程</td></tr>
<tr><td>最新版本</td><td colspan="6">MEP PIPE 工具 For SketchUp 2019</td></tr>
<tr><td>输入格式</td><td colspan="6">.skp</td></tr>
<tr><td>输出格式</td><td colspan="6">.skp</td></tr>
<tr><td rowspan="2">推荐硬件配置</td><td>操作系统</td><td>64 位 Windows10</td><td>处理器</td><td>2GHz</td><td>内存</td><td>8GB</td></tr>
<tr><td>显卡</td><td>1GB</td><td>磁盘空间</td><td>700MB</td><td>鼠标要求</td><td>带滚轮</td></tr>
<tr><td rowspan="2">最低硬件配置</td><td>操作系统</td><td>64 位 Windows10</td><td>处理器</td><td>1GHz</td><td>内存</td><td>4GB</td></tr>
<tr><td>显卡</td><td>512MB</td><td>磁盘空间</td><td>500MB</td><td>鼠标要求</td><td>带滚轮</td></tr>
<tr><td colspan="7">功能介绍</td></tr>
</table>

C39/F39、C43/F43：

1. 本软硬件在“建筑工程/管道工程_深化设计_机电工程设计辅助和建模”应用上的介绍及优势

本软件可以实现电缆桥架的BIM模型快速创建与修改，可以实现与其他专业的冲突检测，模型可以快速地进行出图和工程量统计。

2. 本软硬件在“建筑工程_深化设计_深化设计辅助和建模”应用上的操作难易度

本软件操作流程：规划放线→管道生成→管道修改→快速标注→出CAD图→统计清单。

本软件界面简洁，上手容易，经过简单培训即可掌握。软件首先进行规划放线，对规划线进行属性确认，然后通过规划线生成管道模型，可以快速地进行调整和修改，并由管道生成支吊架。软件可以实现管综的高效调整，模型确认后可以对管道进行标注，根据要求出CAD图和统计工程量清单（图1）。

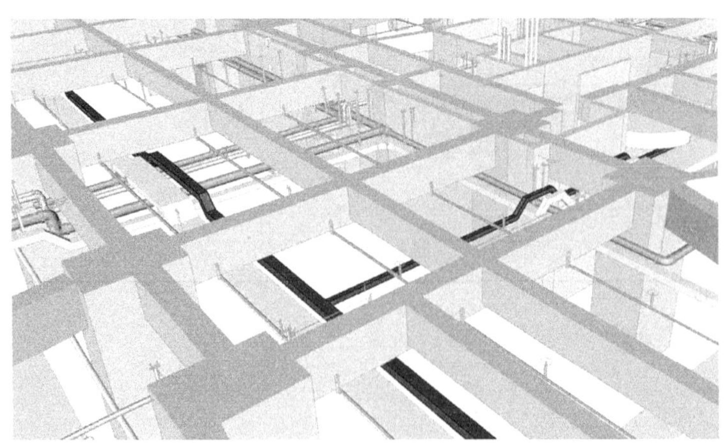

图1　桥架生成

17. Trimble SketchUp Pro/MEP 通风专业工具 For SketchUp

Trimble SketchUp Pro/MEP 通风专业工具 For SketchUp　　表 3-5-65

<table>
<tr><td>软件名称</td><td colspan="3">Trimble SketchUp Pro/MEP 通风专业工具 For SketchUp</td><td>厂商名称</td><td colspan="2">天宝寰宇电子产品（上海）有限公司/广州乾讯建筑咨询有限公司</td></tr>
<tr><td colspan="2">代码</td><td colspan="3">应用场景</td><td colspan="2">业务类型</td></tr>
<tr><td colspan="2">C39/F39</td><td colspan="3">深化设计_机电工程设计辅助和建模</td><td colspan="2">建筑工程/管道工程</td></tr>
<tr><td colspan="2">C43/F43</td><td colspan="3">深化设计_工程量统计</td><td colspan="2">建筑工程/管道工程</td></tr>
<tr><td>最新版本</td><td colspan="6">MEP 通风专业工具 For SketchUp 2019</td></tr>
<tr><td>输入格式</td><td colspan="6">.skp</td></tr>
<tr><td>输出格式</td><td colspan="6">.skp</td></tr>
<tr><td rowspan="2">推荐硬件配置</td><td>操作系统</td><td>64位 Windows10</td><td>处理器</td><td>2GHz</td><td>内存</td><td>8GB</td></tr>
<tr><td>显卡</td><td>1GB</td><td>磁盘空间</td><td>700MB</td><td>鼠标要求</td><td>带滚轮</td></tr>
<tr><td rowspan="2">最低硬件配置</td><td>操作系统</td><td>64位 Windows10</td><td>处理器</td><td>1GHz</td><td>内存</td><td>4GB</td></tr>
<tr><td>显卡</td><td>512MB</td><td>磁盘空间</td><td>500MB</td><td>鼠标要求</td><td>带滚轮</td></tr>
<tr><td colspan="7">功能介绍</td></tr>
</table>

C39/F39 、C43/F43：

1.本软硬件在“建筑工程/管道工程_深化设计_机电工程设计辅助和建模”应用上的介绍及优势

本软件可实现通风管道的BIM模型快速创建与修改，模型可以快速地进行出图和工程量统计。

2.本软硬件在“建筑工程_深化设计_深化设计辅助和建模”应用上的操作难易度

本软件操作流程：规划放线→管道生成→管道修改→吊架生成→快速标注→出CAD图→统计清单。本软件界面简洁，上手容易，经过简单培训即可掌握。

软件首先进行规划放线，对规划放线进行属性确认，然后通过规划放线生成通风管道模型，可以快速地进行调整和修改，并由管道生成支吊架。模型确认后可以对管道进行标注，根据要求出CAD图和统计工程量清单（图1）。

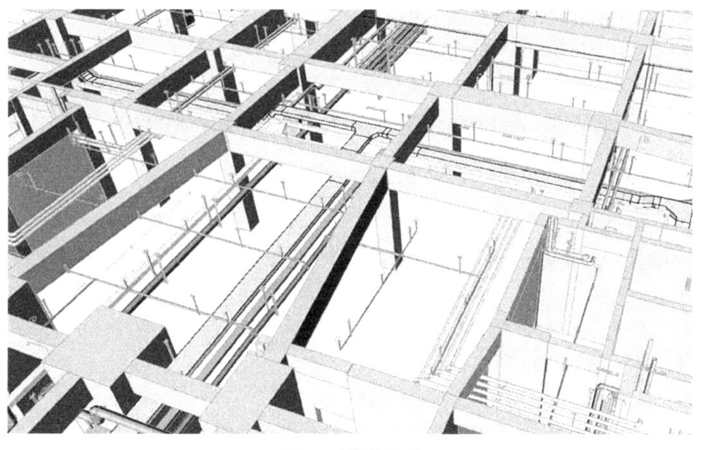

图1　风管生成

18. ProStructures

ProStructures 表 3-5-66

<table>
<tr><td>软件名称</td><td colspan="3">ProStructures</td><td colspan="2">厂商名称</td><td colspan="2">Bentley</td></tr>
<tr><td colspan="3">代码</td><td colspan="2">应用场景</td><td colspan="3">业务类型</td></tr>
<tr><td colspan="3">C38/D38/E38/F38/G38/H38/J38/K38/M38/N38/P38</td><td colspan="2">深化设计_钢结构设计辅助和建模</td><td colspan="3" rowspan="5">建筑工程/水处理/垃圾处理/管道工程/道路工程/桥梁工程/隧道工程/铁路工程/变电站/电网工程/水坝工程</td></tr>
<tr><td colspan="3">C42/D42/E42/F42/G42/H42/J42/K42/M42/N42/P42</td><td colspan="2">深化设计_冲突检测</td></tr>
<tr><td colspan="3">C43/D43/E43/F43/G43/H43/J43/K43/M43/N43/P43</td><td colspan="2">深化设计_工程量统计</td></tr>
<tr><td colspan="3">C55/D55/E55/F55/G55/H55/J55/K55/M55/N55/P55</td><td colspan="2">施工准备_钢筋工程设计</td></tr>
<tr><td colspan="3">C59/D59/E59/F59/G59/H59/J59/K59/M59/N59/P59</td><td colspan="2">施工实施_钢筋加工</td></tr>
<tr><td>最新版本</td><td colspan="7">ProStructures CONNECT Edition Update 5</td></tr>
<tr><td>输入格式</td><td colspan="7">.dgn/.dwg</td></tr>
<tr><td>输出格式</td><td colspan="7">.dgn/.dwg/.ifc</td></tr>
<tr><td rowspan="2">推荐硬件配置</td><td>操作系统</td><td>64位Windows10</td><td>处理器</td><td>2GHz</td><td>内存</td><td colspan="2">32GB</td></tr>
<tr><td>显卡</td><td>1GB</td><td>磁盘空间</td><td>20GB</td><td>鼠标要求</td><td colspan="2">带滚轮</td></tr>
<tr><td rowspan="2">最低硬件配置</td><td>操作系统</td><td>64位Windows10</td><td>处理器</td><td>1GHz</td><td>内存</td><td colspan="2">4GB</td></tr>
<tr><td>显卡</td><td>512MB</td><td>磁盘空间</td><td>10GB</td><td>鼠标要求</td><td colspan="2">带滚轮</td></tr>
<tr><td colspan="8">功能介绍</td></tr>
<tr><td colspan="8">C38/D38/E38/F38/G38/H38/J38/K38/M38/N38/P38
C42/D42/E42/F42/G42/H42/J42/K42/M42/N42/P42
C43/D43/E43/F43/G43/H43/J43/K43/M43/N43/P43
C55/D55/E55/F55/G55/H55/J55/K55/M55/N55/P55
C59/D59/E59/F59/G59/H59/J59/K59/M59/N59/P59：
ProStructures是基于MicroStation平台开发的专业三维钢结构和钢筋混凝土建模、绘图及深化加工的软件系统。用户可以在软件中快速建立各种钢结构的三维模型和钢筋混凝土深化模型。系统自动生成所有的施工图、加工详图和材料表。
ProSteel模块技术特点
1. 软件界面和基本操作
ProSteel可以帮助用户轻松完成三维实体建模；楼梯、桁架、檩条系统自动生成单元；智能化节点自动连接；模拟碰撞检测；组件、零件自动编号；自动生成生产图纸（平、立面布置图，组件图，零件图，剖面图，节点详图等）；自动生成各种报表（材料表、螺栓统计表、生产管制表等）；PDF、EXCEL、HTML等多格式输出；数控机床数据接口及国内外多种软件接口。
2. 型钢和自定义截面及螺栓
ProSteel拥有30多个系列、1800多种标准截面。这些标准截面的数据都存放在统一的数据库中，用户可以方便地扩充数据库，插入自定义的截面尺寸，或者添加新的截面形式。ProSteel允许用户通过截面轮廓线和其他参数来自定义复杂的截面形式，并且可以保存在单独的数据库中。自定义截面库的使用方法与操作标准</td></tr>
</table>

续表

截面库相同。用户还可以把几个标准或特殊截面组合起来构成一个新的截面。新的组合截面构件本身是一个实体，即所有的操作如延长、截断等，对组合截面中所有的单个截面都产生作用。当然，材料表和施工图数据可以从单个截面提取。节点连接中所有必需的螺栓都是自动生成的。螺栓参数如螺栓种类、垫圈、间隙和其他必要的附件都可以调节。

3. 编辑工具

可进行构件拷贝、移动、镜像、克隆等常规编辑操作；可进行构件分割、钻孔、自适应切割、斜切、钝化转角、添加螺栓、开槽等加工操作；可在指定位置添加各种形状的加劲肋，可选择构件和方向以确定构件坐标系，便于进行细部操作。

4. 自动节点连接

ProSteel选择节点类型和连接构件后即可生成节点，允许客户设置和调整节点参数，包含通用的端板连接、底板连接、角钢连接、拼接连接、加腋连接、支撑连接、檩条连接等类型。包括很多国外的常用节点类型和我国《多、高层民用建筑钢结构节点构造详图》01SG519图集中常用的节点类型。常用节点可外挂节点参数库，可根据构件截面信息自动筛选参数。强大的编辑功能可保证客户生成自己的节点类型。

5. 附属结构参数化建模

ProSteel提供了一种生成附属构件的快捷方式。一些复杂且重复率高的模型，如楼梯、栏杆、门式钢架及其节点等，只需点击鼠标即可生成。所有子结构和附属构件后期都可以进行参数化调整。

6. 自动生成2D图纸

ProSteel可从三维模型中全自动提取所有图纸。自动智能添加螺栓标注、焊缝标注、材料表、尺寸、图框等对象。

7. 自动生成材料表

材料表的生成和处理是ProSteel的重要功能，系统可自动生成标准数据库文件。ProSteel有一个功能强大的材料表生成程序。除了可以使用各种类型、大小的字体选项以外，还可以在材料表中包含各种图标文件。材料表表项的排列可以有不同的排序方式，用户可以通过过滤方式在材料表中略去部分表项，用户还可以汇总多张图纸的构件生成统一的材料表（图1、图2）。

8. 二次开发和导入导出

ProStructures允许用户使用VS2015 IDE进行二次开发。用户可以编写一个程序来进行重复性的工作。通过Bentley的ISM格式，ProStructures可以跟很多结构软件进行数据交互，比如STAAD.Pro、Tekla、Revit等。

ProConrete模块技术特点

（1）强大的参数化混凝土和钢筋建模；

（2）丰富的钢筋编辑和显示工具；

（3）自动生成混凝土用量及钢筋下料清单；

（4）碰撞检查：ProStructures可以对整个模型进行碰撞检测，也可以只对指定构件进行检测。最小碰撞检测距离可以任意设定。碰撞检测不仅对构件进行检测，还检测螺栓及其孔洞之间的装配净间隙是否符合要求。

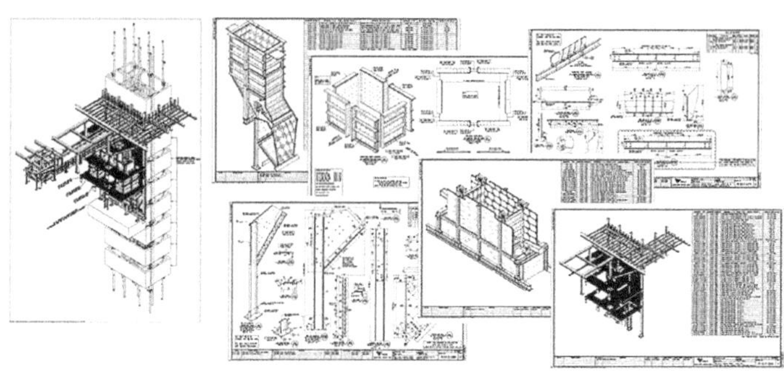

图1 工程量统计

续表

Bar Mark	Quantity	Bar Size	Length of each bar	Shape	Sketch (dimensions)	Device at Bar Start	Device at Bar End	Total Weight
8A154	1	#8	45:4					121
8A154	1	#8	45:4					121
8A154	1	#8	45:4					121
8A154	1	#8	41:8 3/4					111
8A37	104	#8	55:10					15,504
8A73	104	#8	46:5					12,889
8A74	208	#8	27:8					15,365
8A76	936	#8	14:3 1/4	29	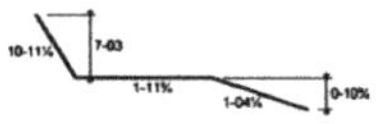 10-11½ 7-03 1-11½ 1-04½ 0-10½			35,665
8A78	472	#8	11:2	19	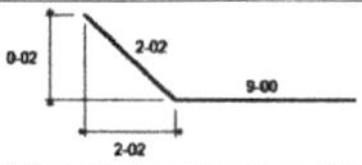 0-02 2-02 9-00 2-02			14,073
8A93	1	#8	58:2 1/2					155
8A93	1	#8	58:2 1/2					155
8A93	1	#8	58:2 1/2					155
8A93	1	#8	58:2 1/2					155
8A94	1	#8	57:5 1/4					153
8A94	1	#8	57:5 1/4					153
8A94	1	#8	57:5 1/4					153
8A94	1	#8	57:5 1/4					153
8A95	1	#8	56:7 3/4					151
8A95	1	#8	56:7 3/4					151
8A95	1	#8	56:7 3/4					151

图2　钢筋加工

接本书7.12节彩页

19. OpenUtilities™ Substation

OpenUtilities™ Substation　　表3-5-67

软件名称	OpenUtilities™ Substation	厂商名称	Bentley软件
代码	应用场景		业务类型
C16/K16/L16/M16/N16	规划/方案设计_设计辅助和建模		建筑工程/铁路工程/信号工程/变电站/电网工程
C21/K21/L21/M21/N21	规划/方案设计_工程量统计		建筑工程/铁路工程/信号工程/变电站/电网工程
C23/K23/L23/M23/N23	规划/方案设计_设计成果渲染与表达		建筑工程/铁路工程/信号工程/变电站/电网工程
C25/K25/L25/M25/N25	初步/施工图设计_设计辅助与建模		建筑工程/铁路工程/信号工程/变电站/电网工程
C27/K27/L27/M27/N27	初步/施工图设计_设计分析和优化		建筑工程/铁路工程/信号工程/变电站/电网工程
C28/K28/L28/M28/N28	初步/施工图设计_冲突检测		建筑工程/铁路工程/信号工程/变电站/电网工程
C29/K29/L29/M29/N29	初步/施工图设计_工程量统计		建筑工程/铁路工程/信号工程/变电站/电网工程
C31/K31/L31/M31/N31	初步/施工图设计_设计成果渲染与表达		建筑工程/铁路工程/信号工程/变电站/电网工程
C33/K33/L33/M33/N33	深化设计_深化设计辅助和建模		建筑工程/铁路工程/信号工程/变电站/电网工程

续表

<table>
<tr><td colspan="3">C42/K42/L42/M42/N42</td><td colspan="3">深化设计_冲突检测</td><td colspan="2">建筑工程/铁路工程/信号工程/变电站/电网工程</td></tr>
<tr><td colspan="3">C43/K43/L43/M43/N43</td><td colspan="3">深化设计_工程量统计</td><td colspan="2">建筑工程/铁路工程/信号工程/变电站/电网工程</td></tr>
<tr><td>最新版本</td><td colspan="7">Update9</td></tr>
<tr><td>输入格式</td><td colspan="7">.dgn/.imodel及.ifc/.stl/.stp/.obj/.fbx等常用的中间数据格式</td></tr>
<tr><td>输出格式</td><td colspan="7">.dgn/.imodel及.stl/.stp/.obj/.fbx等常用的中间数据格式</td></tr>
<tr><td rowspan="2">推荐硬件配置</td><td>操作系统</td><td>64位Windows10</td><td>处理器</td><td>2GHz</td><td>内存</td><td colspan="2">16GB</td></tr>
<tr><td>显卡</td><td>2GB</td><td>磁盘空间</td><td>500GB</td><td>鼠标要求</td><td colspan="2">带滚轮</td></tr>
<tr><td rowspan="2">最低硬件配置</td><td>操作系统</td><td>64位Windows10</td><td>处理器</td><td>1GHz</td><td>内存</td><td colspan="2">4GB</td></tr>
<tr><td>显卡</td><td>512MB</td><td>磁盘空间</td><td>500GB</td><td>鼠标要求</td><td colspan="2">带滚轮</td></tr>
<tr><td colspan="8">功能介绍</td></tr>
<tr><td colspan="8">C28/K28/L28/M28/N28、C42/K42/L42/M42/N42：
1.本软件在“冲突检测”应用上的介绍及优势
Substation内嵌冲突检测工具，既可实现各专业设计模型间的硬碰撞检测，也可以实现设备吊装、设备运输及检修过程中的软碰撞检测，生成冲突列表并与模型关联，校核人员可方便地进行复核并形成修改意见。通过冲突检测，可将项目中常见的隐性问题在设计阶段解决，极大程度地减少返工率。
2.本软件在“冲突检测”应用上的操作难易度
基础操作流程：模型分组→规则设定→自动检测→结果输出。
在实际应用中，设计人员按照软件操作向导的提示进行全流程的操作，界面简洁，操作简便。冲突检测规则已预先保存为模板并可由用户自行修订</td></tr>
<tr><td colspan="8">接本书7.14节彩页</td></tr>
</table>

3.5.11 算量和造价

1. 鲁班造价（Luban Estimator）

鲁班造价（Luban Estimator）　　**表3-5-68**

<table>
<tr><td>软件名称</td><td colspan="2">鲁班造价（Luban Estimator）</td><td>厂商名称</td><td>上海鲁班软件股份有限公司</td></tr>
<tr><td colspan="2">代码</td><td colspan="2">应用场景</td><td>业务类型</td></tr>
<tr><td colspan="2">C44/F44/G44/H44/I44/J44/N44/O44</td><td colspan="2">深化设计_算量和造价</td><td>建筑工程/管道工程/道路工程/桥梁工程/隧道工程/铁路工程/水坝工程/飞行工程</td></tr>
<tr><td>最新版本</td><td colspan="4">V15.5.0</td></tr>
<tr><td>输入格式</td><td colspan="4">.lbzj</td></tr>
<tr><td>输出格式</td><td colspan="4">.exl</td></tr>
</table>

续表

推荐硬件配置	操作系统	64位Windows10旗舰版	处理器	英特尔i7或以上	内存	16GB或以上
	显卡	独立显卡GTX1060或以上，4GB或以上显存	磁盘空间	1TB或以上	鼠标要求	—
	其他	网卡1000MB				
最低硬件配置	操作系统	64位Windows7操作系统	处理器	英特尔i5	内存	4GB
	显卡	独立显卡	磁盘空间	500GB	鼠标要求	—
	其他	网卡1000MB				
功能介绍						

C44/F44/G44/H44/I44/J44/N44/O44：

鲁班造价软件是基于BIM技术的国内首款图形可视化造价产品，它完全兼容鲁班算量的工程文件，可快速生成预算书、招标投标文件。软件功能全面、易学、易用，内置全国各地配套清单、定额，一键实现“营改增”税制之间的自由切换，无须再做组价换算；智能检查的规则系统，可全面检查组价过程、招标投标规范要求出现的错误。为工程计价人员提供概算、预算、竣工结算、招标投标等各阶段的数据编审、分析积累与挖掘利用，满足造价人员的各种需求（图1、图2）。

（1）云应用。云智能推送清单定额库、市场价、工程模板、取费模板；可调用云价格库中市场价；更多工程模板可直接通过云应用下载。

（2）全过程造价管理。云智能推送清单定额库、市场价、工程模板、取费模板；可调用云价格库中市场价；更多工程模板可直接通过云应用下载。

（3）基于BIM的4D工程量和造价视图。完全兼容鲁班算量工程文件、服务图形和报表数据全部进入造价软件；生成工程形象进度预算书，按进度反映材料使用情况。

（4）实时远程数据库支持。网络远程支持企业定额库造价指标、工程模板、取费模板；云智能推送清单定额库、工程模板、取费模板等。

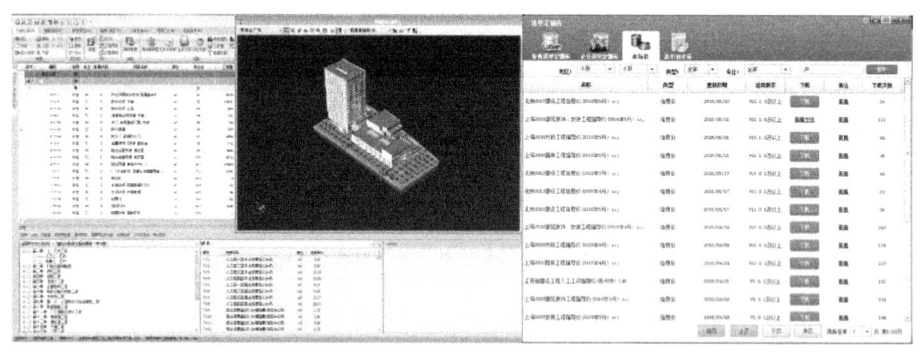

图1 模型算量　　图2 清单定额库

2. Fabrication

Fabrication **表3-5-69**

<table>
<tr><td>软件名称</td><td colspan="3">Fabrication</td><td>厂商名称</td><td colspan="2">Autodesk</td></tr>
<tr><td colspan="2">代码</td><td colspan="2">应用场景</td><td colspan="3">业务类型</td></tr>
<tr><td colspan="2">C39</td><td colspan="2">深化设计_机电工程设计辅助和建模</td><td colspan="3" rowspan="5">建筑工程</td></tr>
<tr><td colspan="2">C43</td><td colspan="2">深化设计_工程量统计</td></tr>
<tr><td colspan="2">C44</td><td colspan="2">深化设计_算量和造价</td></tr>
<tr><td colspan="2">C54</td><td colspan="2">施工准备_机电安装设计</td></tr>
<tr><td colspan="2">C66</td><td colspan="2">施工实施_算量和造价</td></tr>
<tr><td>最新版本</td><td colspan="6">Fabrication 2021</td></tr>
<tr><td>输入格式</td><td colspan="6">.maj/.caj/.esj/.jot/.rej</td></tr>
<tr><td>输出格式</td><td colspan="6">.maj/.caj/.esj/.jot/.rej/.ifc/.pcf</td></tr>
<tr><td rowspan="3">推荐硬件配置</td><td>操作系统</td><td>64位Windows10</td><td>处理器</td><td>3GHz</td><td>内存</td><td>16GB</td></tr>
<tr><td>显卡</td><td>4GB</td><td>磁盘空间</td><td>6GB</td><td>鼠标要求</td><td>带滚轮</td></tr>
<tr><td>其他</td><td colspan="5">NET Framework 4.7或更高版本</td></tr>
<tr><td rowspan="3">最低硬件配置</td><td>操作系统</td><td>64位Windows10</td><td>处理器</td><td>2.5GHz</td><td>内存</td><td>8GB</td></tr>
<tr><td>显卡</td><td>1GB</td><td>磁盘空间</td><td>6GB</td><td>鼠标要求</td><td>带滚轮</td></tr>
<tr><td>其他</td><td colspan="5">NET Framework 4.7或更高版本</td></tr>
<tr><td colspan="7">功能介绍</td></tr>
<tr><td colspan="7">C43、C44、C66：
1.本软件在“深化设计_工程量统计、深化设计_算量和造价、施工实施_算量和造价”应用上的介绍及优势
（1）导入Revit模型进行算量。
（2）可编辑和操作的计价数据库，以快速进行成本迭代。
（3）利用设计线更快地创建更具竞争力的出价。
（4）向客户显示多个服务定价选项。
（5）通过颜色可视化作业成本进行分析。
2.本软件在“深化设计_工程量统计、深化设计_算量和造价、施工实施_算量和造价”应用上的操作难易度
基础操作流程：如创建Revit模型→导出MAJ工作文件→导入Fabrication→数据处理→生成算量数据→调整价格→生成总价（图1~图4）。
复用Revit模型，数据无损导入导出，可视化操作，简便易学。</td></tr>
</table>

续表

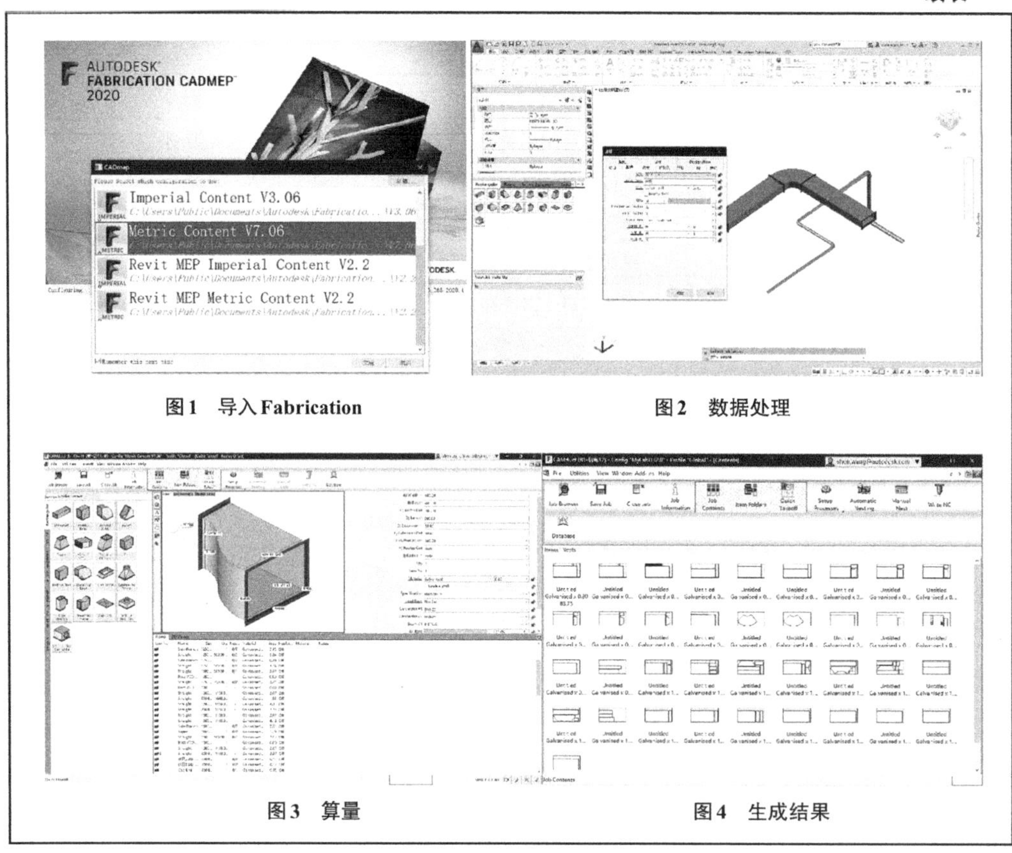

图1 导入Fabrication　　图2 数据处理

图3 算量　　图4 生成结果

3. Trimble SketchUp Pro/Trimble Business Center/SketchUp mobile viewer/水处理模块For SketchUp/垃圾处理模块For SketchUp/能源化工模块For SketchUp/6D For SketchUp

Trimble SketchUp Pro/Trimble Business Center/SketchUp mobile viewer/水处理模块For SketchUp/垃圾处理模块For SketchUp/能源化工模块For SketchUp/6D For SketchUp　　表3-5-70

软件名称	Trimble SketchUp Pro/Trimble Business Center/SketchUp mobile viewer/水处理模块For SketchUp/垃圾处理模块For SketchUp/能源化工模块For SketchUp/6D For SketchUp	厂商名称	天宝寰宇电子产品（上海）有限公司/辽宁乐成能源科技有限公司
代码	应用场景		业务类型
D06/E06/F06	勘察岩土_勘察外业设计辅助和建模		水处理/垃圾处理/管道工程（能源化工）
D11/E11/F11	勘察岩土_岩土工程计算和分析		水处理/垃圾处理/管道工程（能源化工）
D16/E16/F16	规划/方案设计_设计辅助和建模		水处理/垃圾处理/管道工程（能源化工）

续表

<table>
<tr><td colspan="2">D22/E22/F22</td><td colspan="3">规划/方案设计_算量和造价</td><td colspan="2">水处理/垃圾处理/管道工程(能源化工)</td></tr>
<tr><td colspan="2">D23/E23/F23</td><td colspan="3">规划/方案设计_设计成果渲染与表达</td><td colspan="2">水处理/垃圾处理/管道工程(能源化工)</td></tr>
<tr><td colspan="2">D25/E25/F25</td><td colspan="3">初步/施工图设计_设计辅助和建模</td><td colspan="2">水处理/垃圾处理/管道工程(能源化工)</td></tr>
<tr><td colspan="2">D30/E30/F30</td><td colspan="3">初步/施工图设计_算量和造价</td><td colspan="2">水处理/垃圾处理/管道工程(能源化工)</td></tr>
<tr><td colspan="2">D31/E31/F31</td><td colspan="3">初步/施工图设计_设计成果渲染与表达</td><td colspan="2">水处理/垃圾处理/管道工程(能源化工)</td></tr>
<tr><td colspan="2">D33/E33/F33</td><td colspan="3">深化设计_深化设计辅助和建模</td><td colspan="2">水处理/垃圾处理/管道工程(能源化工)</td></tr>
<tr><td colspan="2">D38/E38/F38</td><td colspan="3">深化设计_钢结构设计辅助和建模</td><td colspan="2">水处理/垃圾处理/管道工程(能源化工)</td></tr>
<tr><td colspan="2">D44/E44/F44</td><td colspan="3">深化设计_算量和造价</td><td colspan="2">水处理/垃圾处理/管道工程(能源化工)</td></tr>
<tr><td colspan="2">D46/E46/F46</td><td colspan="3">招采_招标投标采购</td><td colspan="2">水处理/垃圾处理/管道工程(能源化工)</td></tr>
<tr><td colspan="2">D47/E47/F47</td><td colspan="3">招采_投资与招商</td><td colspan="2">水处理/垃圾处理/管道工程(能源化工)</td></tr>
<tr><td colspan="2">D48/E48/F48</td><td colspan="3">招采_其他</td><td colspan="2">水处理/垃圾处理/管道工程(能源化工)</td></tr>
<tr><td colspan="2">D49/E49/F49</td><td colspan="3">施工准备_施工场地规划</td><td colspan="2">水处理/垃圾处理/管道工程(能源化工)</td></tr>
<tr><td colspan="2">D50/E50/F50</td><td colspan="3">施工准备_施工组织和计划</td><td colspan="2">水处理/垃圾处理/管道工程(能源化工)</td></tr>
<tr><td colspan="2">D60/E60/F60</td><td colspan="3">施工实施_隐蔽工程记录</td><td colspan="2">水处理/垃圾处理/管道工程(能源化工)</td></tr>
<tr><td colspan="2">D62/E62/F62</td><td colspan="3">施工实施_成本管理</td><td colspan="2">水处理/垃圾处理/管道工程(能源化工)</td></tr>
<tr><td colspan="2">D63/E63/F63</td><td colspan="3">施工实施_进度管理</td><td colspan="2">水处理/垃圾处理/管道工程(能源化工)</td></tr>
<tr><td colspan="2">D66/E66/F66</td><td colspan="3">施工实施_算量和造价</td><td colspan="2">水处理/垃圾处理/管道工程(能源化工)</td></tr>
<tr><td colspan="2">D74/E74/F74</td><td colspan="3">运维_空间登记与管理</td><td colspan="2">水处理/垃圾处理/管道工程(能源化工)</td></tr>
<tr><td colspan="2">D75/E75/F75</td><td colspan="3">运维_资产登记与管理</td><td colspan="2">水处理/垃圾处理/管道工程(能源化工)</td></tr>
<tr><td colspan="2">D78/E78/F78</td><td colspan="3">运维_其他</td><td colspan="2">水处理/垃圾处理/管道工程(能源化工)</td></tr>
<tr><td>最新版本</td><td colspan="6">Trimble SketchUp Pro2021/Trimble Business Center/SketchUp mobile viewer/水处理模块For SketchUp/垃圾处理模块For SketchUp/能源化工模块For SketchUp/6D For SketchUp</td></tr>
<tr><td>输入格式</td><td colspan="6">.skp/.3ds/.dae/.dem/.ddf/.dwg/.dxf/.ifc/.ifcZIP/.kmz/.stl/.jpg/.png/.psd/.tif/.tag/.bmp</td></tr>
<tr><td>输出格式</td><td colspan="6">.skp/.3ds/.dae/.dwg/.dxf/.fbx/.ifc/.kmz/.obj/.wrl/.stl/.xsi/.jpg/.png/.tif/.bmp/.mp4/.avi/.webm/.ogv/.xls</td></tr>
<tr><td rowspan="2">推荐硬件配置</td><td>操作系统</td><td>64位Windows10</td><td>处理器</td><td>2GHz</td><td>内存</td><td>8GB</td></tr>
<tr><td>显卡</td><td>1GB</td><td>磁盘空间</td><td>700MB</td><td>鼠标要求</td><td>带滚轮</td></tr>
<tr><td rowspan="2">最低硬件配置</td><td>操作系统</td><td>64位Windows10</td><td>处理器</td><td>1GHz</td><td>内存</td><td>4GB</td></tr>
<tr><td>显卡</td><td>512MB</td><td>磁盘空间</td><td>500MB</td><td>鼠标要求</td><td>带滚轮</td></tr>
<tr><td colspan="7">功能介绍</td></tr>
</table>

D44/E44/F44：

1.本软硬件在“深化设计_算量和造价”应用上的介绍及优势

本软件可为任何组件赋予实际信息，含基本信息、技术信息、产品信息、成本信息，构建信息集成BIM模型。生成材料价格表，更能实现价格表与BIM模型反向赋予联动，保证模型造价信息同步。

2.本软硬件在“深化设计_算量和造价”应用上的操作难易度

本软件操作流程：赋予信息→统计算量→生成报表。本软件操作简单，无须掌握建模技能，也可完成信息化工作。算量报表更是一键生成即可(图1)

续表

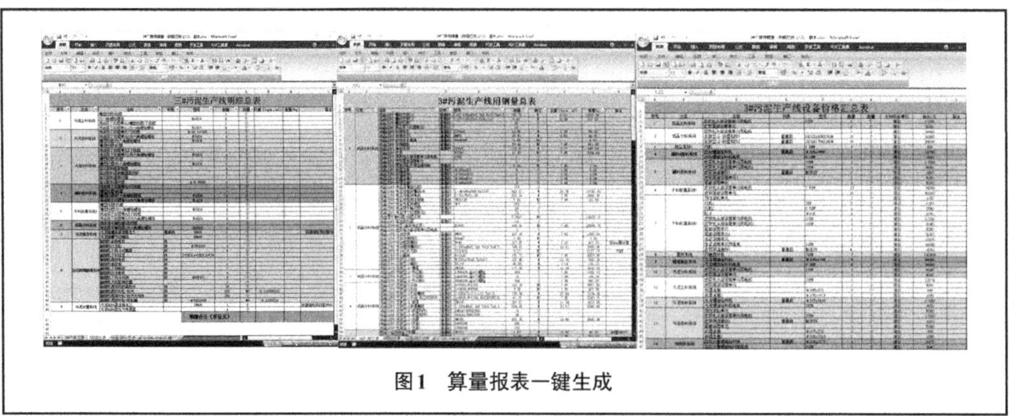

图1　算量报表一键生成

3.5.12 其他

OpenPlant　　表3-5-71

<table>
<tr><td>软件名称</td><td colspan="3">OpenPlant</td><td>厂商名称</td><td colspan="2">Bentley</td></tr>
<tr><td colspan="2">代码</td><td colspan="2">应用场景</td><td colspan="3">业务类型</td></tr>
<tr><td colspan="2">D01/E01/F01</td><td colspan="2">通用建模和表达</td><td colspan="3" rowspan="12">水处理/垃圾处理/管道工程</td></tr>
<tr><td colspan="2">D02/E02/F02</td><td colspan="2">模型整合与管理</td></tr>
<tr><td colspan="2">D16/E16/F16</td><td colspan="2">规划/方案设计_设计辅助和建模</td></tr>
<tr><td colspan="2">D20/E20/F20</td><td colspan="2">规划/方案设计_参数化设计优化</td></tr>
<tr><td colspan="2">D24/E24/F24</td><td colspan="2">规划/方案设计_其他</td></tr>
<tr><td colspan="2">D25/E25/F25</td><td colspan="2">初步/施工图设计_设计辅助和建模</td></tr>
<tr><td colspan="2">D27/E27/F27</td><td colspan="2">初步/施工图设计_设计分析和优化</td></tr>
<tr><td colspan="2">D32/E32/F32</td><td colspan="2">初步/施工图设计_其他</td></tr>
<tr><td colspan="2">D33/E33/F33</td><td colspan="2">深化设计_深化设计辅助和建模</td></tr>
<tr><td colspan="2">D36/E36/F36</td><td colspan="2">深化设计_预制装配设计辅助和建模</td></tr>
<tr><td colspan="2">D39/E39/F39</td><td colspan="2">深化设计_机电工程设计辅助和建模</td></tr>
<tr><td colspan="2">D45/E45/F45</td><td colspan="2">深化设计_其他</td></tr>
<tr><td>最新版本</td><td colspan="6">OpenPlant CONNECT Edition Update 9</td></tr>
<tr><td>输入格式</td><td colspan="6">.dgn/.dwg/.3ds/.ifc/.3dm/.skp/.stp/.sat/.fbx/.obj/.jt/.3mx/.igs/.stl/.x_t/.shp</td></tr>
<tr><td>输出格式</td><td colspan="6">.dgn/.dwg/.rdl/.hln/.pdf/.cgm/.dxf/.fbx/.igs/.jt/.stp/.sat/.obj/.x_t/.skp/.stl/.vob</td></tr>
<tr><td rowspan="2">推荐硬件配置</td><td>操作系统</td><td>64位Windows10</td><td>处理器</td><td>2GHz</td><td>内存</td><td>16GB</td></tr>
<tr><td>显卡</td><td>2GB</td><td>磁盘空间</td><td>1TB</td><td>鼠标要求</td><td>带滚轮</td></tr>
<tr><td rowspan="2">最低硬件配置</td><td>操作系统</td><td>64位Windows10</td><td>处理器</td><td>1GHz</td><td>内存</td><td>4GB</td></tr>
<tr><td>显卡</td><td>512MB</td><td>磁盘空间</td><td>500GB</td><td>鼠标要求</td><td>带滚轮</td></tr>
</table>

续表

功能介绍
D24/E24/F24、D32/E32/F32、F45/E45/D45： OpenPlant是一套完整的工厂设计方案，还包括智能化工艺流程图设计工具OpenPlant PID、三维设备管道设计系统OpenPlant Modeler、管道轴测图系统OpenPlant Isometric Manager、全自动管道出图工具OpenPlant Orthographics Manager，以及管道支吊架设计工具OpenPlant Support Engineering。并且内嵌有自动报表工具、碰撞检测工具，以及可通过平台本身的渲染引擎来进行可视化展示。适用于流程工厂行业和离散制造行业及相关工厂行业设计（图1）。 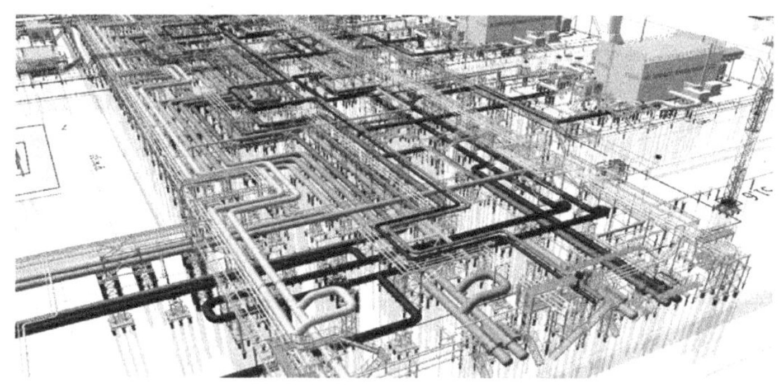 **图1　多种类型管道综合**

3.6　招采

3.6.1 应用场景综述

招采阶段BIM侧重于根据招标模型采购符合建设方、设计要求的材料设备等产品，在控制成本同时录入采购信息，供后续施工准备阶段参考及传递。招采阶段应用场景及定义如表3-6-1所示。

招采阶段应用场景及定义　　表3-6-1

应用场景		定义
1	招标投标采购	利用BIM软硬件关联产品详细参数、购买型号、购买链接、厂家信息、优惠价格等信息，保证采购质量与成本控制
2	投资与招商	利用BIM软硬件增强视觉效果、沉浸式体验、助力招商，或利用BIM数据分析，准确定位、高针对性得投资招商

3.6.2 招标投标采购

Trimble SketchUp Pro/Trimble Business Center/ SketchUp mobile viewer/ 水处理模块 For SketchUp/ 垃圾处理模块 For SketchUp/ 能源化工模块 For SketchUp/6D For SketchUp 表 3-6-2

软件名称	Trimble SketchUp Pro/Trimble Business Center/ SketchUp mobile viewer/水处理模块 For SketchUp/垃圾处理模块For SketchUp/ 能源化工模块For SketchUp/6D For SketchUp	厂商名称	天宝寰宇电子产品（上海）有限公司/辽宁乐成能源科技有限公司
代码	应用场景		业务类型
D06/E06/F06	勘察岩土_勘察外业设计辅助和建模		水处理/垃圾处理/管道工程（能源化工）
D11/E11/F11	勘察岩土_岩土工程计算和分析		水处理/垃圾处理/管道工程（能源化工）
D16/E16/F16	规划/方案设计_设计辅助和建模		水处理/垃圾处理/管道工程（能源化工）
D22/E22/F22	规划/方案设计_算量和造价		水处理/垃圾处理/管道工程（能源化工）
D23/E23/F23	规划/方案设计_设计成果渲染与表达		水处理/垃圾处理/管道工程（能源化工）
D25/E25/F25	初步/施工图设计_设计辅助和建模		水处理/垃圾处理/管道工程（能源化工）
D30/E30/F30	初步/施工图设计_算量和造价		水处理/垃圾处理/管道工程（能源化工）
D31/E31/F31	初步/施工图设计_设计成果渲染与表达		水处理/垃圾处理/管道工程（能源化工）
D33/E33/F33	深化设计_深化设计辅助和建模		水处理/垃圾处理/管道工程（能源化工）
D38/E38/F38	深化设计_钢结构设计辅助和建模		水处理/垃圾处理/管道工程（能源化工）
D44/E44/F44	深化设计_算量和造价		水处理/垃圾处理/管道工程（能源化工）
D46/E46/F46	招采_招标投标采购		水处理/垃圾处理/管道工程（能源化工）
D47/E47/F47	招采_投资与招商		水处理/垃圾处理/管道工程（能源化工）
D48/E48/F48	招采_其他		水处理/垃圾处理/管道工程（能源化工）
D49/E49/F49	施工准备_施工场地规划		水处理/垃圾处理/管道工程（能源化工）
D50/E50/F50	施工准备_施工组织和计划		水处理/垃圾处理/管道工程（能源化工）
D60/E60/F60	施工实施_隐蔽工程记录		水处理/垃圾处理/管道工程（能源化工）
D62/E62/F62	施工实施_成本管理		水处理/垃圾处理/管道工程（能源化工）
D63/E63/F63	施工实施_进度管理		水处理/垃圾处理/管道工程（能源化工）
D66/E66/F66	施工实施_算量和造价		水处理/垃圾处理/管道工程（能源化工）
D74/E74/F74	运维_空间登记与管理		水处理/垃圾处理/管道工程（能源化工）
D75/E75/F75	运维_资产登记与管理		水处理/垃圾处理/管道工程（能源化工）
D78/E78/F78	运维_其他		水处理/垃圾处理/管道工程（能源化工）
最新版本	Trimble SketchUp Pro2021/Trimble Business Center/SketchUp mobile viewer/水处理模块 For SketchUp/垃圾处理模块For SketchUp/能源化工模块For SketchUp/6D For SketchUp		
输入格式	.skp/.3ds/.dae/.dem/.ddf/.dwg/.dxf/.ifc/.ifcZIP/.kmz/.stl/.jpg/.png/.psd/.tif/.tag/.bmp		

续表

输出格式	.skp/.3ds/.dae/.dwg/.dxf/.fbx/.ifc/.kmz/.obj/.wrl/.stl/.xsi/.jpg/.png/.tif/.bmp/.mp4/.avi/.webm/.ogv/.xls					
推荐硬件配置	操作系统	64位Windows10	处理器	2GHz	内存	8GB
	显卡	1GB	磁盘空间	700MB	鼠标要求	带滚轮
最低硬件配置	操作系统	64位Windows10	处理器	1GHz	内存	4GB
	显卡	512MB	磁盘空间	500MB	鼠标要求	带滚轮
功能介绍						

D46/E46/F46：

1.本软硬件在“招采_招标投标采购”应用上的介绍及优势

本软件通过BIM指导采购，为甲方提供不同系统、产品的工程预算书。模型关联该产品的详细参数、购买型号、购买链接、厂家信息、优惠价格等，通过BIM模型，采购人员可直观了解所要采购物料的详细信息、要求、应用位置，保证正确的购买和价格询价比选，减少多次与设计人员沟通的麻烦，并可以配合更新采购信息（图1、图2）。

2.本软硬件在“招采_招标投标采购”应用上的操作难易度

本软件操作流程：招采内容建模→赋予信息→生成预算书→更新模型信息。操作简单，设计人员可提取模型中的招采部分，赋予信息后一键统计报表，再移交给采购人员，也可采购人员自行操作。

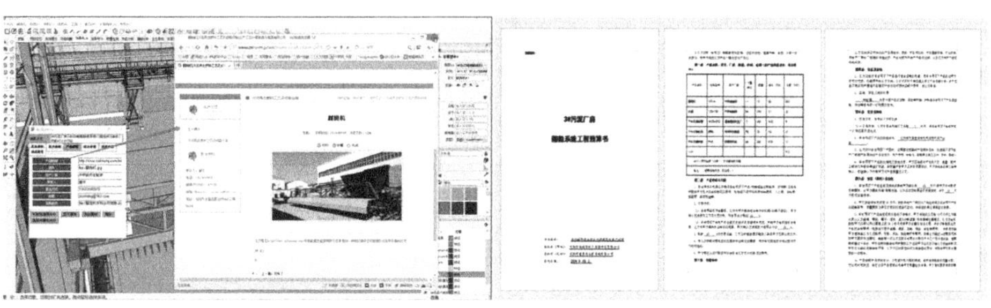

图1　赋予信息　　　　图2　生成预算书

3.6.3 投资与招商

Trimble SketchUp Pro/Trimble Business Center/SketchUp mobile viewer/水处理模块 For SketchUp/垃圾处理模块 For SketchUp/能源化工模块 For SketchUp/6D For SketchUp　　**表3-6-3**

软件名称	Trimble SketchUp Pro/Trimble Business Center/ SketchUp mobile viewer/水处理模块 For SketchUp/垃圾处理模块For SketchUp/能源化工模块For SketchUp/6D For SketchUp	厂商名称	天宝寰宇电子产品（上海）有限公司/辽宁乐成能源科技有限公司
代码	应用场景		业务类型
D06/E06/F06	勘察岩土_勘察外业设计辅助和建模		水处理/垃圾处理/管道工程（能源化工）
D11/E11/F11	勘察岩土_岩土工程计算和分析		水处理/垃圾处理/管道工程（能源化工）
D16/E16/F16	规划/方案设计_设计辅助和建模		水处理/垃圾处理/管道工程（能源化工）

续表

D22/E22/F22	规划/方案设计_算量和造价		水处理/垃圾处理/管道工程（能源化工）			
D23/E23/F23	规划/方案设计_设计成果渲染与表达		水处理/垃圾处理/管道工程（能源化工）			
D25/E25/F25	初步/施工图设计_设计辅助和建模		水处理/垃圾处理/管道工程（能源化工）			
D30/E30/F30	初步/施工图设计_算量和造价		水处理/垃圾处理/管道工程（能源化工）			
D31/E31/F31	初步/施工图设计_设计成果渲染与表达		水处理/垃圾处理/管道工程（能源化工）			
D33/E33/F33	深化设计_深化设计辅助和建模		水处理/垃圾处理/管道工程（能源化工）			
D38/E38/F38	深化设计_钢结构设计辅助和建模		水处理/垃圾处理/管道工程（能源化工）			
D44/E44/F44	深化设计_算量和造价		水处理/垃圾处理/管道工程（能源化工）			
D46/E46/F46	招采_招标投标采购		水处理/垃圾处理/管道工程（能源化工）			
D47/E47/F47	招采_投资与招商		水处理/垃圾处理/管道工程（能源化工）			
D48/E48/F48	招采_其他		水处理/垃圾处理/管道工程（能源化工）			
D49/E49/F49	施工准备_施工场地规划		水处理/垃圾处理/管道工程（能源化工）			
D50/E50/F50	施工准备_施工组织和计划		水处理/垃圾处理/管道工程（能源化工）			
D60/E60/F60	施工实施_隐蔽工程记录		水处理/垃圾处理/管道工程（能源化工）			
D62/E62/F62	施工实施_成本管理		水处理/垃圾处理/管道工程（能源化工）			
D63/E63/F63	施工实施_进度管理		水处理/垃圾处理/管道工程（能源化工）			
D66/E66/F66	施工实施_算量和造价		水处理/垃圾处理/管道工程（能源化工）			
D74/E74/F74	运维_空间登记与管理		水处理/垃圾处理/管道工程（能源化工）			
D75/E75/F75	运维_资产登记与管理		水处理/垃圾处理/管道工程（能源化工）			
D78/E78/F78	运维_其他		水处理/垃圾处理/管道工程（能源化工）			
最新版本	Trimble SketchUp Pro2021/Trimble Business Center/SketchUp mobile viewer/水处理模块 For SketchUp/垃圾处理模块 For SketchUp/能源化工模块 For SketchUp/6D For SketchUp					
输入格式	.skp/.3ds/.dae/.dem/.ddf/.dwg/.dxf/.ifc/.ifcZIP/.kmz/.stl/.jpg/.png/.psd/.tif/.tag/.bmp					
输出格式	.skp/.3ds/.dae/.dwg/.dxf/.fbx/.ifc/.kmz/.obj/.wrl/.stl/.xsi/.jpg/.png/.tif/.bmp/.mp4/.avi/.webm/.ogv/.xls					
推荐硬件配置	操作系统	64位Windows10	处理器	2GHz	内存	8GB
	显卡	1GB	磁盘空间	700MB	鼠标要求	带滚轮
最低硬件配置	操作系统	64位Windows10	处理器	1GHz	内存	4GB
	显卡	512MB	磁盘空间	500MB	鼠标要求	带滚轮
功能介绍						

D47/E47/F47：

1.本软硬件在“招采_投资与招商”应用上的介绍及优势

通过BIM模型及精准算量，为甲方对资本方入驻投资进行审核，以及调整招商引资架构，提供基础成本数据和布局。

2.本软硬件在“招采_投资与招商”应用上的操作难易度

本软件操作流程：信息模型→统计算量→生成报表。搭建信息模型，并统计算量，得到实际成本以结合工程进度布局投资及招商方案

3.6.4 其他

Trimble SketchUp Pro/Trimble Business Center/SketchUp mobile viewer/水处理模块 For SketchUp/垃圾处理模块 For SketchUp/能源化工模块 For SketchUp/6D For SketchUp 表 3-6-4

软件名称	Trimble SketchUp Pro/Trimble Business Center/SketchUp mobile viewer/水处理模块 For SketchUp/垃圾处理模块 For SketchUp/能源化工模块 For SketchUp/6D For SketchUp	厂商名称	天宝寰宇电子产品（上海）有限公司/辽宁乐成能源科技有限公司
代码	应用场景		业务类型
D06/E06/F06	勘察岩土_勘察外业设计辅助和建模		水处理/垃圾处理/管道工程（能源化工）
D11/E11/F11	勘察岩土_岩土工程计算和分析		水处理/垃圾处理/管道工程（能源化工）
D16/E16/F16	规划/方案设计_设计辅助和建模		水处理/垃圾处理/管道工程（能源化工）
D22/E22/F22	规划/方案设计_算量和造价		水处理/垃圾处理/管道工程（能源化工）
D23/E23/F23	规划/方案设计_设计成果渲染与表达		水处理/垃圾处理/管道工程（能源化工）
D25/E25/F25	初步/施工图设计_设计辅助和建模		水处理/垃圾处理/管道工程（能源化工）
D30/E30/F30	初步/施工图设计_算量和造价		水处理/垃圾处理/管道工程（能源化工）
D31/E31/F31	初步/施工图设计_设计成果渲染与表达		水处理/垃圾处理/管道工程（能源化工）
D33/E33/F33	深化设计_深化设计辅助和建模		水处理/垃圾处理/管道工程（能源化工）
D38/E38/F38	深化设计_钢结构设计辅助和建模		水处理/垃圾处理/管道工程（能源化工）
D44/E44/F44	深化设计_算量和造价		水处理/垃圾处理/管道工程（能源化工）
D46/E46/F46	招采_招标投标采购		水处理/垃圾处理/管道工程（能源化工）
D47/E47/F47	招采_投资与招商		水处理/垃圾处理/管道工程（能源化工）
D48/E48/F48	招采_其他		水处理/垃圾处理/管道工程（能源化工）
D49/E49/F49	施工准备_施工场地规划		水处理/垃圾处理/管道工程（能源化工）
D50/E50/F50	施工准备_施工组织和计划		水处理/垃圾处理/管道工程（能源化工）
D60/E60/F60	施工实施_隐蔽工程记录		水处理/垃圾处理/管道工程（能源化工）
D62/E62/F62	施工实施_成本管理		水处理/垃圾处理/管道工程（能源化工）
D63/E63/F63	施工实施_进度管理		水处理/垃圾处理/管道工程（能源化工）
D66/E66/F66	施工实施_算量和造价		水处理/垃圾处理/管道工程（能源化工）
D74/E74/F74	运维_空间登记与管理		水处理/垃圾处理/管道工程（能源化工）
D75/E75/F75	运维_资产登记与管理		水处理/垃圾处理/管道工程（能源化工）
D78/E78/F78	运维_其他		水处理/垃圾处理/管道工程（能源化工）
最新版本	Trimble SketchUp Pro2021/Trimble Business Center/SketchUp mobile viewer/水处理模块 For SketchUp/垃圾处理模块 For SketchUp/能源化工模块 For SketchUp/6D For SketchUp		

续表

<table>
<tr><td>输入格式</td><td colspan="6">.skp/.3ds/.dae/.dem/.ddf/.dwg/.dxf/.ifc/.ifcZIP/.kmz/.stl/.jpg/.png/.psd/.tif/.tag/.bmp</td></tr>
<tr><td>输出格式</td><td colspan="6">.skp/.3ds/.dae/.dwg/.dxf/.fbx/.ifc/.kmz/.obj/.wrl/.stl/.xsi/.jpg/.png/.tif/.bmp/.mp4/.avi/.webm/.ogv/.xls</td></tr>
<tr><td rowspan="2">推荐硬件配置</td><td>操作系统</td><td>64位Windows10</td><td>处理器</td><td>2GHz</td><td>内存</td><td>8GB</td></tr>
<tr><td>显卡</td><td>1GB</td><td>磁盘空间</td><td>700MB</td><td>鼠标要求</td><td>带滚轮</td></tr>
<tr><td rowspan="2">最低硬件配置</td><td>操作系统</td><td>64位Windows10</td><td>处理器</td><td>1GHz</td><td>内存</td><td>4GB</td></tr>
<tr><td>显卡</td><td>512MB</td><td>磁盘空间</td><td>500MB</td><td>鼠标要求</td><td>带滚轮</td></tr>
<tr><td colspan="7">功能介绍</td></tr>
</table>

D48/E48/F48：

1.本软硬件在“招采_其他”应用上的介绍及优势

对于先研发的设备，本软件可进行建模设计，再通过模型与设备生产商进行对接，替甲方审核生产商制作能力，并指导设备生产。

2.本软硬件在“招采_其他”应用上的操作难易度

本软件操作流程：设计建模→赋予信息→材料清单→出图。本软件可以快速展示所设计的设备成果，一键提量，掌握成本信息。通过模型动态效果展示设备运作状态，方便与生产商对接，并根据厂商需求实现LayOut出图，高效快速（图1）。

图1　快速展示设备成果对接生产商

3.7　施工准备阶段

3.7.1 应用场景综述

施工准备阶段BIM侧重于基于施工图及深化模型成果，对各施工条件进行预演规划、仿真模拟，借助BIM可视化的特点提前判断、选择最优方案，最大程度节约工期、节省造价，指导后续施工，也为施工实施提供可靠依据。施工准备阶段应用场景及定义如表3-7-1所示。

施工准备阶段应用场景及定义 表3-7-1

应用场景		定义
1	施工场地规划	利用BIM专项软硬件构建物流模型，针对物料运输虚拟仿真，验证运输机具配置和道路等级预设的合理性，以协助施工场地物流规划分析等
2	施工组织和计划	借助BIM专项软硬件、利用BIM可视化的特性，通过3D图形界面直观地拆解工作任务、定义任务之间的逻辑关系，合理调度分配资源、制定工作计划，增进各方沟通、提高施工效率
3	施工仿真	利用BIM专项软硬件、借助BIM数据集成和直观的真实场景，模拟验证工序级别的进度规划、工艺级别的操作流程，给予现场全方位指导，更好把控施工质量
4	模板设计	利用BIM专项软硬件，借助BIM参数化的优势，一键布置模板架体、输出图纸及计算书，大幅减少工作量、降低错误率，提升工作效率
5	脚手架设计	利用BIM专项软硬件，依据内置规范、参数驱动智能排布脚手架导出图纸等，成功节省工作投入、提升施工安全性
6	机电安装设计	利用BIM专项软硬件优化设备与管道专业工程安装，提升安装效率及机电施工质量
7	钢筋工程设计	利用BIM专项软硬件，自动生成钢筋模型，钢筋类型全面，细节真实，工程量准确，减少工作量，降低操作难度

3.7.2 施工场地规划

1. 3DEXPERIENCE DELMIA

3DEXPERIENCE DELMIA 表3-7-2

软件名称	3DEXPERIENCE DELMIA		厂商名称	Dassault Systémes	
代码		应用场景		业务类型	
C49/G49/H49/J49/K49/P49		施工准备_施工场地规划		建筑工程/道路工程/桥梁工程/隧道工程/铁路工程/水坝工程	
C50/G50/H50/J50/K50/P50		施工准备_施工组织和计划		建筑工程/道路工程/桥梁工程/隧道工程/铁路工程/水坝工程	
C51/G51/H51/J51/K51/P51		施工准备_施工仿真		建筑工程/道路工程/桥梁工程/隧道工程/铁路工程/水坝工程	
最新版本	3DEXPERIENCE R2021x				
输入格式	.3dxml				
输出格式	.3dxml				

推荐硬件配置	操作系统	64位Windows10	处理器	3GHz	内存	32GB
	显卡	1GB	磁盘空间	30GB	鼠标要求	带滚轮

续表

<table>
<tr><td rowspan="3">最低硬件配置</td><td>操作系统</td><td>64位Windows10</td><td>处理器</td><td>2GHz</td><td>内存</td><td>16GB</td></tr>
<tr><td>显卡</td><td>512MB</td><td>磁盘空间</td><td>20GB</td><td>鼠标要求</td><td>带滚轮</td></tr>
<tr><td>其他</td><td colspan="5">AdoptOpenJDK JRE 11.0.6 with OpenJ9，Firefox 68 ESR 或者 Chrome</td></tr>
<tr><td colspan="7">功能介绍</td></tr>
</table>

C49/G49/H49/J49/K49/P49：

1.本软硬件在“施工准备_施工场地规划”应用上的介绍及优势

借助于”3DEXPERIENCE”平台的集成数据环境和直观的3D场景，DELMIA可以协助施工场地物流规划分析的内容如下：

(1)灵活且基于对象的离散事件仿真分析施工场地与外围施工辅助运输；

(2)依据初始设计物料运输方案和施工方案构建物流模型；

(3)针对物料运输虚拟仿真，验证运输机具配置和道路等级预设的合理性；

(4)分析设备开动率对效率的影响；

(5)根据道路及运输机具，限定条件(限高、限速、限时)，分析多种方案可行性；

(6)通过仿真模拟来优化原有的物料运输方案(图1)。

图1　材料运输方案

2.本软硬件在“施工准备_施工场地规划”应用上的操作难易度

基础操作流程：分析对象→设备信息收集→车辆过弯分析→物流仿真分析→分析结果输出。

借助3D的DELMIA相关模块，可以快速地完成机构、车辆等物流对象的定义，并借助软件自带的分析工具，可以直观地完成不同方案之间的比对，易于上手。

3.本软硬件在“施工准备_施工场地规划”应用上的案例

某水电站通过仿真模拟来优化原有的物料运输方案和大坝填筑过程

2. Navisworks Manage

Navisworks Manage **表 3-7-3**

<table>
<tr><td>软件名称</td><td colspan="2">Navisworks Manage</td><td>厂商名称</td><td colspan="3">Autodesk</td></tr>
<tr><td colspan="2">代码</td><td colspan="2">应用场景</td><td colspan="3">业务类型</td></tr>
<tr><td colspan="2">A02/B02/C02/D02/E02/F02/G02/H02/J02/K02/L02/M02/N02/P02/Q02</td><td colspan="2">模型整合与管理</td><td colspan="3" rowspan="9">城市规划/场地景观/建筑工程
水处理/垃圾处理/管道工程
道路工程/桥梁工程/隧道工程
铁路工程/信号工程/变电站
电网工程/水坝工程/飞行工程</td></tr>
<tr><td colspan="2">A28/B28/C28/D28/E28/F28/G28/H28/J28/K28/L28/M28/N28/P28/Q28</td><td colspan="2">初步/施工图设计_冲突检测</td></tr>
<tr><td colspan="2">A42/B42/C42/D42/E42/F42/G42/H42/J42/K42/L42/M42/N42/P42/Q42</td><td colspan="2">深化设计_冲突检测</td></tr>
<tr><td colspan="2">A29/B29/C29/D29/E29/F29/G29/H29/J29/K29/L29/M29/N29/P29/Q29</td><td colspan="2">初步/施工图设计_工程量统计</td></tr>
<tr><td colspan="2">A43/B43/C43/D43/E43/F43/G43/H43/J43/K43/L43/M43/N43/P43/Q43</td><td colspan="2">深化设计_工程量统计</td></tr>
<tr><td colspan="2">A31/B31/C31/D31/E31/F31/G31/H31/J31/K31/L31/M31/N31/P31/Q31</td><td colspan="2">初步/施工图设计_设计成果渲染与表达</td></tr>
<tr><td colspan="2">A49/B49/C49/D49/E49/F49/G49/H49/J49/K49/L49/M49/N49/P49/Q49</td><td colspan="2">施工准备_施工场地规划</td></tr>
<tr><td colspan="2">A50/B50/C50/D50/E50/F50/G50/H50/J50/K50/L50/M50/N50/P50/Q50</td><td colspan="2">施工准备_施工组织和计划</td></tr>
<tr><td colspan="2">A51/B51/C51/D51/E51/F51/G51/H51/J51/K51/L51/M51/N51/P51/Q51</td><td colspan="2">施工准备_施工仿真</td></tr>
<tr><td>最新版本</td><td colspan="6">Navisworks Manage 2021</td></tr>
<tr><td>输入格式</td><td colspan="6">.nwd/.nwf/.nwc/.fbx/.dwg/.dxf/.sat/.stp/.step/.dwf/.ifc/.igs/.iges/.ipt/.iam/.ipj/.jt/.dgn/.prp/.prw/.x_b/.dri/.rvm/.skp/.stp/.step/.stl/.wrl/.wrz/.3ds/.prjv/.asc/.txt/.pts/.ptx/.rcs/.rcp/.model/.session/.exp/.dlv3/.catpart/.catproduct/.cgr/.dwf/.dwfx/.w2d/.prt/.sldprt/.asm/.sldasm/.pdf/.rvt/.rfa/.rte/.3dm/</td></tr>
<tr><td>输出格式</td><td colspan="6">.nwd/.nwf/.nwc/.dwf/.dwfx/.fbx/.png/.jpeg/.avi</td></tr>
<tr><td rowspan="3">推荐硬件配置</td><td>操作系统</td><td>64 位 Windows10</td><td>处理器</td><td>或更高</td><td>内存</td><td>或更高</td></tr>
<tr><td>显卡</td><td>支持 Direct3D® 9、OpenGL® 和 Shader Model 2 的显卡</td><td>磁盘空间</td><td>15GB</td><td>鼠标要求</td><td>带滚轮</td></tr>
<tr><td>其他</td><td colspan="5">建议使用 1920 × 1080 显示器和 32 位视频显示适配器</td></tr>
<tr><td rowspan="3">最低硬件配置</td><td>操作系统</td><td>64 位 Windows10</td><td>处理器</td><td>3GHz</td><td>内存</td><td>2GB</td></tr>
<tr><td>显卡</td><td>支持 Direct3D® 9、OpenGL® 和 Shader Model 2 的显卡</td><td>磁盘空间</td><td>15GB</td><td>鼠标要求</td><td>带滚轮</td></tr>
<tr><td>其他</td><td colspan="5">1280 × 800 真彩色 VGA 显示器</td></tr>
</table>

续表

功能介绍
A49/B49/C49/D49/E49/F49/G49/H49/J49/K49/L49/M49/N49/P49/Q49： 施工场地布置会随着施工进度推进呈现动态变化，在欧特克Navisworks软件中可以使用Time Liner功能针对不同时期的工程进度对场地布置方案进行动态评估，并生成最优方案。从而保障了正常施工的需要。避免了二次搬运费和施工设备安置位置不合理等所导致的施工成本上升问题，从而提高了施工效率，减少施工成本，为企业增加利润（图1）。 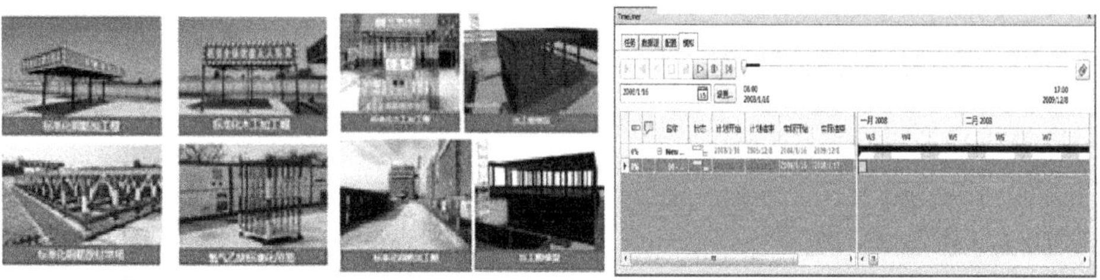 **图1　场布方案评估**　　**图2　制定施工计划** Navisworks® 项目审阅软件可帮助建筑、工程和施工领域的专业人士与相关人员一起在施工前全面审阅集成模型和数据，制定施工计划并进行仿真模拟，从而更好地控制项目结果（图2）

3. Trimble SketchUp Pro/Trimble Business Center/ SketchUp mobile viewer/水处理模块 For SketchUp/垃圾处理模块For SketchUp/ 能源化工模块For SketchUp/6D For SketchUp

Trimble SketchUp Pro/Trimble Business Center/SketchUp mobile viewer/水处理模块 For SketchUp/垃圾处理模块For SketchUp/能源化工模块For SketchUp/6D For SketchUp　　表3-7-4

软件名称	Trimble SketchUp Pro/Trimble Business Center/ SketchUp mobile viewer/水处理模块 For SketchUp/垃圾处理模块For SketchUp/能源化工模块For SketchUp/6D For SketchUp	厂商名称	天宝寰宇电子产品（上海）有限公司/辽宁乐成能源科技有限公司
代码	应用场景		业务类型
D06/E06/F06	勘察岩土_勘察外业设计辅助和建模		水处理/垃圾处理/管道工程（能源化工）
D11/E11/F11	勘察岩土_岩土工程计算和分析		水处理/垃圾处理/管道工程（能源化工）
D16/E16/F16	规划/方案设计_设计辅助和建模		水处理/垃圾处理/管道工程（能源化工）
D22/E22/F22	规划/方案设计_算量和造价		水处理/垃圾处理/管道工程（能源化工）
D23/E23/F23	规划/方案设计_设计成果渲染与表达		水处理/垃圾处理/管道工程（能源化工）
D25/E25/F25	初步/施工图设计_设计辅助和建模		水处理/垃圾处理/管道工程（能源化工）
D30/E30/F30	初步/施工图设计_算量和造价		水处理/垃圾处理/管道工程（能源化工）
D31/E31/F31	初步/施工图设计_设计成果渲染与表达		水处理/垃圾处理/管道工程（能源化工）
D33/E33/F33	深化设计_深化设计辅助和建模		水处理/垃圾处理/管道工程（能源化工）

续表

D38/E38/F38	深化设计_钢结构设计辅助和建模	水处理/垃圾处理/管道工程（能源化工）
D44/E44/F44	深化设计_算量和造价	水处理/垃圾处理/管道工程（能源化工）
D46/E46/F46	招采_招标投标采购	水处理/垃圾处理/管道工程（能源化工）
D47/E47/F47	招采_投资与招商	水处理/垃圾处理/管道工程（能源化工）
D48/E48/F48	招采_其他	水处理/垃圾处理/管道工程（能源化工）
D49/E49/F49	施工准备_施工场地规划	水处理/垃圾处理/管道工程（能源化工）
D50/E50/F50	施工准备_施工组织和计划	水处理/垃圾处理/管道工程（能源化工）
D60/E60/F60	施工实施_隐蔽工程记录	水处理/垃圾处理/管道工程（能源化工）
D62/E62/F62	施工实施_成本管理	水处理/垃圾处理/管道工程（能源化工）
D63/E63/F63	施工实施_进度管理	水处理/垃圾处理/管道工程（能源化工）
D66/E66/F66	施工实施_算量和造价	水处理/垃圾处理/管道工程（能源化工）
D74/E74/F74	运维_空间登记与管理	水处理/垃圾处理/管道工程（能源化工）
D75/E75/F75	运维_资产登记与管理	水处理/垃圾处理/管道工程（能源化工）
D78/E78/F78	运维_其他	水处理/垃圾处理/管道工程（能源化工）

最新版本	Trimble SketchUp Pro2021/Trimble Business Center/SketchUp mobile viewer/水处理模块 For SketchUp/垃圾处理模块 For SketchUp/能源化工模块 For SketchUp/6D For SketchUp					
输入格式	.skp/.3ds/.dae/.dem/.ddf/.dwg/.dxf/.ifc/.ifcZIP/.kmz/.stl/.jpg/.png/.psd/.tif/.tag/.bmp					
输出格式	.skp/.3ds/.dae/.dwg/.dxf/.fbx/.ifc/.kmz/.obj/.wrl/.stl/.xsi/.jpg/.png/.tif/.bmp/.mp4/.avi/.webm/.ogv/.xls					
推荐硬件配置	操作系统	64位Windows10	处理器	2GHz	内存	8GB
	显卡	1GB	磁盘空间	700MB	鼠标要求	带滚轮
最低硬件配置	操作系统	64位Windows10	处理器	1GHz	内存	4GB
	显卡	512MB	磁盘空间	500MB	鼠标要求	带滚轮

功能介绍

D49/E49/F49：

1.本软硬件在“施工准备_施工场地规划”应用上的介绍及优势

利用BIM技术对现场地形进行建模，通过三维模型对临设设施和现场围挡、机械设备、现场运输路线等进行优化，充分考虑到现场地形高程对于现场临设布置的影响，弥补了在二维布置中难以考虑到高程对于现场布置的难点。

2.本软硬件在“施工准备_施工场地规划”应用上的操作难易度

本软件操作流程：方案规划→设施审核→建模布局。根据已完成方案模型，简单规划施工布局。对接确认施工设施尺寸、时间等信息，直接建模布置即可（图1）

续表

图1　场布方案

4. SYNCHRO Pro

SYNCHRO Pro　　表3-7-5

软件名称	SYNCHRO Pro	厂商名称	Bentley
代码	应用场景	业务类型	
A49/B49/C49/D49/E49/F49/G49/H49/J49/K49/L49/M49/N49/P49/Q49	施工准备_施工场地规划	城市规划/场地景观/建筑工程 水处理/垃圾处理/管道工程 道路工程/桥梁工程/隧道工程 铁路工程/信号工程/变电站 电网工程/水坝工程/飞行工程	
A50/B50/C50/D50/E50/F50/G50/H50/J50/K50/L50/M50/N50/P50/Q50	施工准备_施工组织和计划		
A51/B51/C51/D51/E51/F51/G51/H51/J51/K51/L51/M51/N51/P51/Q51	施工准备_施工仿真		
A61/B61/C61/D61/E61/F61/G61/H61/J61/K61/L61/M61/N61/P61/Q61	施工实施_质量管理		
A62/B62/C62/D62/E62/F62/G62/H62/J62/K62/L62/M62/N62/P62/Q62	施工实施_成本管理		
A63/B63/C63/D63/E63/F63/G63/H63/J63/K63/L63/M63/N63/P63/Q63	施工实施_进度管理		
A64/B64/C64/D64/E64/F64/G64/H64/J64/K64/L64/M64/N64/P64/Q64	施工实施_安全管理		
A66/B66/C66/D66/E66/F66/G66/H66/J66/K66/L66/M66/N66/P66/Q66	施工实施_算量和造价		
A68/B68/C68/D68/E68/F68/G68/H68/J68/K68/L68/M68/N68/P68/Q68	施工实施_物资管理		
最新版本	SYNCHRO Pro 6.2.2.0		
输入格式	.sp/.spm/.spx		

续表

<table>
<tr><td>输出格式</td><td colspan="6">.sp/.spm/.spx</td></tr>
<tr><td rowspan="2">推荐硬件配置</td><td>操作系统</td><td>64位Windows10</td><td>处理器</td><td>2GHz</td><td>内存</td><td>16GB</td></tr>
<tr><td>显卡</td><td>2GB</td><td>磁盘空间</td><td>1TB</td><td>鼠标要求</td><td>带滚轮</td></tr>
<tr><td rowspan="2">最低硬件配置</td><td>操作系统</td><td>64位Windows10</td><td>处理器</td><td>1GHz</td><td>内存</td><td>4GB</td></tr>
<tr><td>显卡</td><td>512MB</td><td>磁盘空间</td><td>500GB</td><td>鼠标要求</td><td>带滚轮</td></tr>
<tr><td colspan="7">功能介绍</td></tr>
<tr><td colspan="7">A49/B49/C49/D49/E49/F49/G49/H49/J49/K49/L49/M49/N49/P49/Q49
A50/B50/C50/D50/E50/F50/G50/H50/J50/K50/L50/M50/N50/P50/Q50
A51/B51/C51/D51/E51/F51/G51/H51/J51/K51/L51/M51/N51/P51/Q51：
1.本软件在“施工准备_施工场地规划、施工准备_施工组织和计划、施工准备_施工仿真”应用上的介绍及优势
SYNCHRO几乎支持所有主流的三维模型信息，并且可以顺畅地将三维模型信息中的外观几何信息和底层属性信息完美融合；可以进一步按照施工要求，对模型的几何分区进行切割，满足施工准备阶段规划要求。对于底层属性支持自定义编辑，帮助收集施工过程数据。
2.本软件在“施工准备_施工场地规划、施工准备_施工组织和计划、施工准备_施工仿真”应用上的操作难易度
本软件操作流程：模型录入→组织规划→数据处理→数字预演→优化更新。
SYNCHRO提供标准化功能按钮，帮助我们在项目准备阶段，通过简单点选按钮，即可快速进行信息整合，并基于可视化方式查看项目数字化信息，提供资源管理、动画、路径等模块，通过三维角度审查项目，并将项目产地规划、施工组织、施工计划等与三维模型和空间进行融合，并基于提供的数字化预演内容，共享给项目参与方，进行高效探讨、优化方案，让各方在准备阶段达成共识，促进项目顺利进行</td></tr>
</table>

3.7.3 施工组织和计划

1. 3DEXPERIENCE DELMIA

3DEXPERIENCE DELMIA **表3-7-6**

<table>
<tr><td>软件名称</td><td colspan="2">3DEXPERIENCE DELMIA</td><td>厂商名称</td><td>Dassault Systémes</td></tr>
<tr><td colspan="2">代码</td><td colspan="2">应用场景</td><td>业务类型</td></tr>
<tr><td colspan="2">C49/G49/H49/J49/K49/P49</td><td colspan="2">施工准备_施工场地规划</td><td>建筑工程/道路工程/桥梁工程/隧道工程/铁路工程/水坝工程</td></tr>
<tr><td colspan="2">C50/G50/H50/J50/K50/P50</td><td colspan="2">施工准备_施工组织和计划</td><td>建筑工程/道路工程/桥梁工程/隧道工程/铁路工程/水坝工程</td></tr>
<tr><td colspan="2">C51/G51/H51/J51/K51/P51</td><td colspan="2">施工准备_施工仿真</td><td>建筑工程/道路工程/桥梁工程/隧道工程/铁路工程/水坝工程</td></tr>
<tr><td>最新版本</td><td colspan="4">3DEXPERIENCE R2021x</td></tr>
<tr><td>输入格式</td><td colspan="4">.3dxml</td></tr>
<tr><td>输出格式</td><td colspan="4">.3dxml</td></tr>
</table>

续表

推荐硬件配置	操作系统	64位Windows10	处理器	3GHz	内存	32GB
	显卡	1GB	磁盘空间	30GB	鼠标要求	带滚轮
最低硬件配置	操作系统	64位Windows10	处理器	2GHz	内存	16GB
	显卡	512MB	磁盘空间	20GB	鼠标要求	带滚轮
	其他	AdoptOpenJDK JRE 11.0.6 with OpenJ9，Firefox 68 ESR 或者Chrome				
功能介绍						

C50/G50/H50/J50/K50/P50：

1.本软硬件在“施工准备_施工组织和计划”应用上的介绍及优势

借助于“3DEXPERIENCE”平台的集成数据环境和直观的3D场景，DELMIA可以协助设计、施工、业主进行良好的沟通与分享。

它具有以下优势：

直观的工作任务分解：可通过3D图形界面将整个工程项目逐步分解成具体的施工任务，并定义任务之间的逻辑关系，以及为每个任务分配资源。

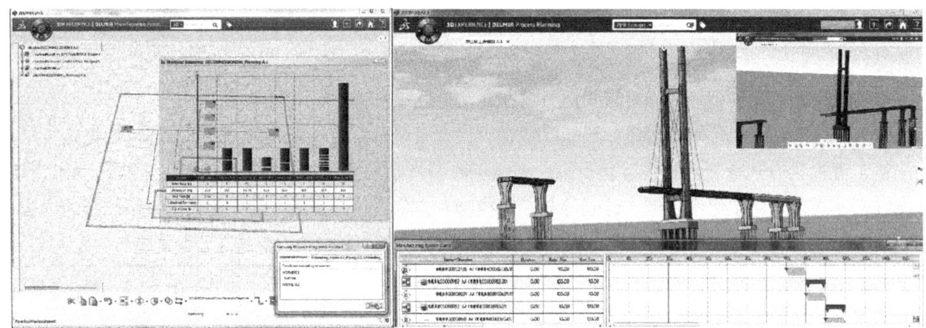

图1　施工任务分解及进度计划

便捷的4D进度模拟：根据任务分解关系，自动生成甘特图。可调整任务起止时间，然后据此自动生成4D施工过程动画（图1）。

与CATIA无缝衔接，省去数据转化工作及数据处理带来的数据损失。节约数据转换时间，也更便于跨部门间的沟通与协作。

2.本软硬件在“施工准备_施工组织和计划”应用上的操作难易度

基础操作流程：获取BIM模型→构件施工模型→定制施工模板→定义施工计划→定义施工工序→施工资源组织分配→计算施工周期→计算资源数量→项目层计划同步。

以上工作看似烦琐，但实际上在达索DELMIA 3DEXPERIENCE上可以实现自动化，当然前提是需要定义清楚的业务逻辑和计算规则。DELMIA支持将这些逻辑和规则定制成施工模板，容易上手

2. Navisworks Manage

Navisworks Manage　　　　**表 3-7-7**

<table>
<tr><td>软件名称</td><td colspan="3">Navisworks Manage</td><td>厂商名称</td><td colspan="2">Autodesk</td></tr>
<tr><td colspan="3">代码</td><td colspan="2">应用场景</td><td colspan="2">业务类型</td></tr>
<tr><td colspan="3">A02/B02/C02/D02/E02/F02/G02/H02/J02/K02/L02/M02/N02/P02/Q02</td><td colspan="2">模型整合与管理</td><td colspan="2" rowspan="9">城市规划/场地景观/建筑工程
水处理/垃圾处理/管道工程
道路工程/桥梁工程/隧道工程
铁路工程/信号工程/变电站
电网工程/水坝工程/飞行工程</td></tr>
<tr><td colspan="3">A28/B28/C28/D28/E28/F28/G28/H28/J28/K28/L28/M28/N28/P28/Q28</td><td colspan="2">初步/施工图设计_冲突检测</td></tr>
<tr><td colspan="3">A42/B42/C42/D42/E42/F42/G42/H42/J42/K42/L42/M42/N42/P42/Q42</td><td colspan="2">深化设计_冲突检测</td></tr>
<tr><td colspan="3">A29/B29/C29/D29/E29/F29/G29/H29/J29/K29/L29/M29/N29/P29/Q29</td><td colspan="2">初步/施工图设计_工程量统计</td></tr>
<tr><td colspan="3">A43/B43/C43/D43/E43/F43/G43/H43/J43/K43/L43/M43/N43/P43/Q43</td><td colspan="2">深化设计_工程量统计</td></tr>
<tr><td colspan="3">A31/B31/C31/D31/E31/F31/G31/H31/J31/K31/L31/M31/N31/P31/Q31</td><td colspan="2">初步/施工图设计_设计成果渲染与表达</td></tr>
<tr><td colspan="3">A49/B49/C49/D49/E49/F49/G49/H49/J49/K49/L49/M49/N49/P49/Q49</td><td colspan="2">施工准备_施工场地规划</td></tr>
<tr><td colspan="3">A50/B50/C50/D50/E50/F50/G50/H50/J50/K50/L50/M50/N50/P50/Q50</td><td colspan="2">施工准备_施工组织和计划</td></tr>
<tr><td colspan="3">A51/B51/C51/D51/E51/F51/G51/H51/J51/K51/L51/M51/N51/P51/Q51</td><td colspan="2">施工准备_施工仿真</td></tr>
<tr><td>最新版本</td><td colspan="6">Navisworks Manage 2021</td></tr>
<tr><td>输入格式</td><td colspan="6">.nwd/.nwf/.nwc/.fbx/.dwg/.dxf/.sat/.stp/.step/.dwf/.ifc/.igs/.iges/.ipt/.iam/.ipj/.jt/.dgn/.prp/.prw/.x_b/.dri/.rvm/.skp/.stp/.step/.stl/.wrl/.wrz/.3ds/.prjv/.asc/.txt/.pts/.ptx/.rcs/.rcp/.model/.session/.exp/.dlv3/.catpart/.catproduct/.cgr/.dwf/.dwfx/.w2d/.prt/.sldprt/.asm/.sldasm/.pdf/.rvt/.rfa/.rte/.3dm/</td></tr>
<tr><td>输出格式</td><td colspan="6">.nwd/.nwf/.nwc/.dwf/.dwfx/.fbx/.png/.jpeg/.avi</td></tr>
<tr><td rowspan="3">推荐硬件配置</td><td>操作系统</td><td>64 位 Windows10</td><td>处理器</td><td>或更高</td><td>内存</td><td>或更高</td></tr>
<tr><td>显卡</td><td>支持 Direct3D® 9、OpenGL® 和 Shader Model 2 的显卡</td><td>磁盘空间</td><td>15GB</td><td>鼠标要求</td><td>带滚轮</td></tr>
<tr><td>其他</td><td colspan="5">建议使用 1920 × 1080 显示器和 32 位视频显示适配器</td></tr>
<tr><td rowspan="3">最低硬件配置</td><td>操作系统</td><td>64 位 Windows10</td><td>处理器</td><td>3GHz</td><td>内存</td><td>2GB</td></tr>
<tr><td>显卡</td><td>支持 Direct3D® 9、OpenGL® 和 Shader Model 2 的显卡</td><td>磁盘空间</td><td>15GB</td><td>鼠标要求</td><td>带滚轮</td></tr>
<tr><td>其他</td><td colspan="5">1280 × 800 真彩色 VGA 显示器</td></tr>
</table>

续表

功能介绍
A50/B50/C50/D50/E50/F50/G50/H50/J50/K50/L50/M50/N50/P50/Q50： 本软件在"施工准备_施工组织和计划"应用上的介绍及优势 施工过程中，业主、设计方、施工总包、分包以及各个设备供应商之间需要互相配合。由于施工过程中牵涉各个公司利益，合理的施工组织和计划会令施工过程事半功倍，更重要的是可以减少企业成本支出。在欧特克Navisworks软件中可以使用Time Liner功能，针对不同时期的工程进度制定合理的施工计划，例如设备厂家合适进场等问题。通过制定最优、最合理的施工计划，可以提高施工效率、减少施工成本，从而为企业增加利润（图1）。 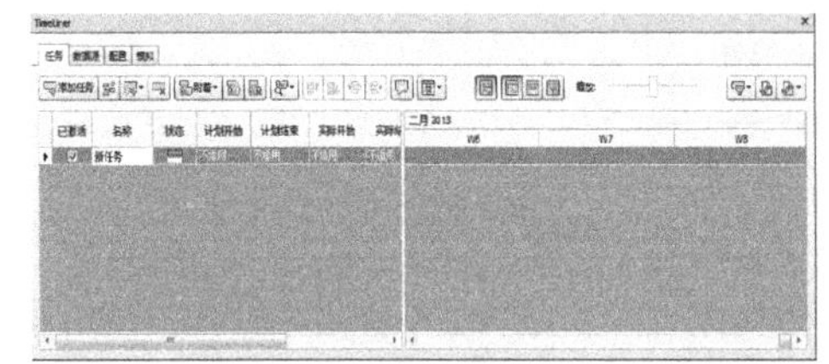 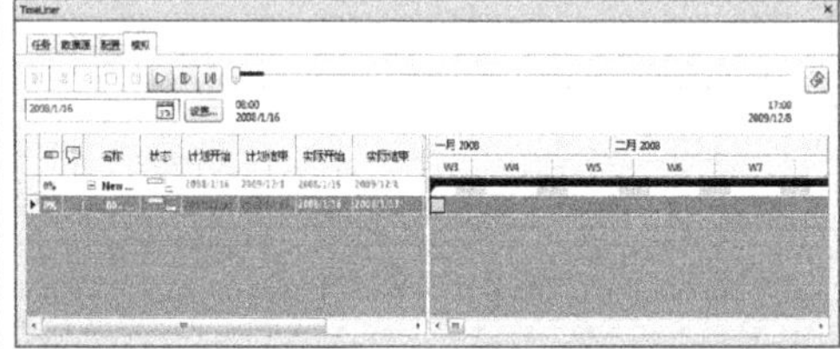 **图1　进度计划**

3. Trimble SketchUp Pro/Trimble Business Center/ SketchUp mobile viewer/水处理模块 For SketchUp/垃圾处理模块For SketchUp/ 能源化工模块For SketchUp/6D For SketchUp

Trimble SketchUp Pro/Trimble Business Center/SketchUp mobile viewer/水处理模块 For SketchUp/垃圾处理模块 For SketchUp/能源化工模块 For SketchUp/6D For SketchUp　表 3-7-8

软件名称	Trimble SketchUp Pro/Trimble Business Center/ SketchUp mobile viewer/水处理模块 For SketchUp/垃圾处理模块For SketchUp/能源化工模块 For SketchUp/6D For SketchUp	厂商名称	天宝寰宇电子产品（上海）有限公司/辽宁乐成能源科技有限公司
代码	应用场景		业务类型
D06/E06/F06	勘察岩土_勘察外业设计辅助和建模		水处理/垃圾处理/管道工程（能源化工）
D11/E11/F11	勘察岩土_岩土工程计算和分析		水处理/垃圾处理/管道工程（能源化工）
D16/E16/F16	规划/方案设计_设计辅助和建模		水处理/垃圾处理/管道工程（能源化工）
D22/E22/F22	规划/方案设计_算量和造价		水处理/垃圾处理/管道工程（能源化工）
D23/E23/F23	规划/方案设计_设计成果渲染与表达		水处理/垃圾处理/管道工程（能源化工）
D25/E25/F25	初步/施工图设计_设计辅助和建模		水处理/垃圾处理/管道工程（能源化工）
D30/E30/F30	初步/施工图设计_算量和造价		水处理/垃圾处理/管道工程（能源化工）
D31/E31/F31	初步/施工图设计_设计成果渲染与表达		水处理/垃圾处理/管道工程（能源化工）
D33/E33/F33	深化设计_深化设计辅助和建模		水处理/垃圾处理/管道工程（能源化工）

续表

<table>
<tr><td colspan="2">D38/E38/F38</td><td colspan="3">深化设计_钢结构设计辅助和建模</td><td colspan="2">水处理/垃圾处理/管道工程（能源化工）</td></tr>
<tr><td colspan="2">D44/E44/F44</td><td colspan="3">深化设计_算量和造价</td><td colspan="2">水处理/垃圾处理/管道工程（能源化工）</td></tr>
<tr><td colspan="2">D46/E46/F46</td><td colspan="3">招采_招标投标采购</td><td colspan="2">水处理/垃圾处理/管道工程（能源化工）</td></tr>
<tr><td colspan="2">D47/E47/F47</td><td colspan="3">招采_投资与招商</td><td colspan="2">水处理/垃圾处理/管道工程（能源化工）</td></tr>
<tr><td colspan="2">D48/E48/F48</td><td colspan="3">招采_其他</td><td colspan="2">水处理/垃圾处理/管道工程（能源化工）</td></tr>
<tr><td colspan="2">D49/E49/F49</td><td colspan="3">施工准备_施工场地规划</td><td colspan="2">水处理/垃圾处理/管道工程（能源化工）</td></tr>
<tr><td colspan="2">D50/E50/F50</td><td colspan="3">施工准备_施工组织和计划</td><td colspan="2">水处理/垃圾处理/管道工程（能源化工）</td></tr>
<tr><td colspan="2">D60/E60/F60</td><td colspan="3">施工实施_隐蔽工程记录</td><td colspan="2">水处理/垃圾处理/管道工程（能源化工）</td></tr>
<tr><td colspan="2">D62/E62/F62</td><td colspan="3">施工实施_成本管理</td><td colspan="2">水处理/垃圾处理/管道工程（能源化工）</td></tr>
<tr><td colspan="2">D63/E63/F63</td><td colspan="3">施工实施_进度管理</td><td colspan="2">水处理/垃圾处理/管道工程（能源化工）</td></tr>
<tr><td colspan="2">D66/E66/F66</td><td colspan="3">施工实施_算量和造价</td><td colspan="2">水处理/垃圾处理/管道工程（能源化工）</td></tr>
<tr><td colspan="2">D74/E74/F74</td><td colspan="3">运维_空间登记与管理</td><td colspan="2">水处理/垃圾处理/管道工程（能源化工）</td></tr>
<tr><td colspan="2">D75/E75/F75</td><td colspan="3">运维_资产登记与管理</td><td colspan="2">水处理/垃圾处理/管道工程（能源化工）</td></tr>
<tr><td colspan="2">D78/E78/F78</td><td colspan="3">运维_其他</td><td colspan="2">水处理/垃圾处理/管道工程（能源化工）</td></tr>
<tr><td>最新版本</td><td colspan="6">Trimble SketchUp Pro2021/Trimble Business Center/SketchUp mobile viewer/水处理模块 For SketchUp/垃圾处理模块 For SketchUp/能源化工模块 For SketchUp/6D For SketchUp</td></tr>
<tr><td>输入格式</td><td colspan="6">.skp/.3ds/.dae/.dem/.ddf/.dwg/.dxf/.ifc/.ifcZIP/.kmz/.stl/.jpg/.png/.psd/.tif/.tag/.bmp</td></tr>
<tr><td>输出格式</td><td colspan="6">.skp/.3ds/.dae/.dwg/.dxf/.fbx/.ifc/.kmz/.obj/.wrl/.stl/.xsi/.jpg/.png/.tif/.bmp/.mp4/.avi/.webm/.ogv/.xls</td></tr>
<tr><td rowspan="2">推荐硬件配置</td><td>操作系统</td><td>64位 Windows10</td><td>处理器</td><td>2GHz</td><td>内存</td><td>8GB</td></tr>
<tr><td>显卡</td><td>1GB</td><td>磁盘空间</td><td>700MB</td><td>鼠标要求</td><td>带滚轮</td></tr>
<tr><td rowspan="2">最低硬件配置</td><td>操作系统</td><td>64位 Windows10</td><td>处理器</td><td>1GHz</td><td>内存</td><td>4GB</td></tr>
<tr><td>显卡</td><td>512MB</td><td>磁盘空间</td><td>500MB</td><td>鼠标要求</td><td>带滚轮</td></tr>
<tr><td colspan="7">功能介绍</td></tr>
<tr><td colspan="7">D50/E50/F50：
1. 本软硬件在“施工准备_施工组织和计划”应用上的介绍及优势
本软件可将BIM模型与施工组织管理常用的Project关联，Project中工程项目列表内容可与BIM模型一一对应，模型中信息将同步关联到Project当中，并可随时根据项目进度和需求更改关联内容。
2. 本软硬件在“施工准备_施工组织和计划”应用上的操作难易度
本软件操作流程：选中模型→工程关联/更新→规划时间→编辑资源→完成计划表。
操作简单，选中的模型信息可直接关联计划表中对应的工程栏，并自动统计输入工程量和成本。选中更新的模型，重新关联即可更新对应项的工程量。只需输入每项工程的时间计划和资源，即可生成进度甘特图（图1）</td></tr>
</table>

续表

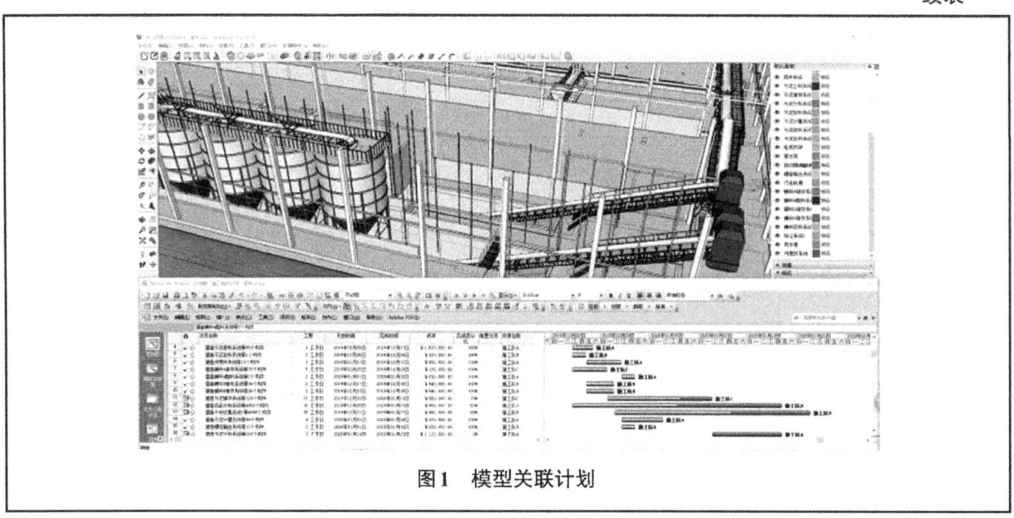

图1　模型关联计划

4. SYNCHRO Pro

SYNCHRO Pro　　表3-7-9

软件名称	SYNCHRO Pro	厂商名称	Bentley
代码	应用场景	业务类型	
A49/B49/C49/D49/E49/F49/G49/H49/J49/K49/L49/M49/N49/P49/Q49	施工准备_施工场地规划	城市规划/场地景观/建筑工程 水处理/垃圾处理/管道工程 道路工程/桥梁工程/隧道工程 铁路工程/信号工程/变电站 电网工程/水坝工程/飞行工程	
A50/B50/C50/D50/E50/F50/G50/H50/J50/K50/L50/M50/N50/P50/Q50	施工准备_施工组织和计划		
A51/B51/C51/D51/E51/F51/G51/H51/J51/K51/L51/M51/N51/P51/Q51	施工准备_施工仿真		
A61/B61/C61/D61/E61/F61/G61/H61/J61/K61/L61/M61/N61/P61/Q61	施工实施_质量管理		
A62/B62/C62/D62/E62/F62/G62/H62/J62/K62/L62/M62/N62/P62/Q62	施工实施_成本管理		
A63/B63/C63/D63/E63/F63/G63/H63/J63/K63/L63/M63/N63/P63/Q63	施工实施_进度管理		
A64/B64/C64/D64/E64/F64/G64/H64/J64/K64/L64/M64/N64/P64/Q64	施工实施_安全管理		
A66/B66/C66/D66/E66/F66/G66/H66/J66/K66/L66/M66/N66/P66/Q66	施工实施_算量和造价		
A68/B68/C68/D68/E68/F68/G68/H68/J68/K68/L68/M68/N68/P68/Q68	施工实施_物资管理		
最新版本	SYNCHRO Pro 6.2.2.0		
输入格式	.sp/.spm/.spx		

续表

<table>
<tr><td>输出格式</td><td colspan="6">.sp/.spm/.spx</td></tr>
<tr><td rowspan="2">推荐硬件配置</td><td>操作系统</td><td>64位Windows10</td><td>处理器</td><td>2GHz</td><td>内存</td><td>16GB</td></tr>
<tr><td>显卡</td><td>2GB</td><td>磁盘空间</td><td>1TB</td><td>鼠标要求</td><td>带滚轮</td></tr>
<tr><td rowspan="2">最低硬件配置</td><td>操作系统</td><td>64位Windows10</td><td>处理器</td><td>1GHz</td><td>内存</td><td>4GB</td></tr>
<tr><td>显卡</td><td>512MB</td><td>磁盘空间</td><td>500GB</td><td>鼠标要求</td><td>带滚轮</td></tr>
<tr><td colspan="7">功能介绍</td></tr>
<tr><td colspan="7">A49/B49/C49/D49/E49/F49/G49/H49/J49/K49/L49/M49/N49/P49/Q49
A50/B50/C50/D50/E50/F50/G50/H50/J50/K50/L50/M50/N50/P50/Q50
A51/B51/C51/D51/E51/F51/G51/H51/J51/K51/L51/M51/N51/P51/Q51：
1.本软件在“施工准备_施工场地规划、施工准备_施工组织和计划、施工准备_施工仿真”应用上的介绍及优势
SYNCHRO几乎支持所有主流的三维模型信息，并且可以顺畅地将三维模型信息中的外观几何信息和底层属性信息完美融合；可以进一步按照施工要求，对模型的几何分区进行切割，满足施工准备阶段规划要求。对于底层属性支持自定义编辑，帮助收集施工过程数据。
2.本软件在“施工准备_施工场地规划、施工准备_施工组织和计划、施工准备_施工仿真”应用上的操作难易度
本软件操作流程：模型录入→组织规划→数据处理→数字预演→优化更新。
SYNCHRO提供标准化功能按钮，帮助我们在项目准备阶段通过简单点选按钮，即可快速进行信息整合，并基于可视化方式查看项目数字化信息，提供资源管理、动画、路径等模块，通过在三维角度审查项目，并将项目产地规划、施工组织、施工计划等与三维模型和空间进行融合，并基于提供的数字化预演内容，共享给项目参与方，进行高效探讨、优化方案，让各方在准备阶段达成共识，促进项目顺利进行</td></tr>
</table>

3.7.4 施工仿真

1. 3DEXPERIENCE DELMIA

3DEXPERIENCE DELMIA **表3-7-10**

<table>
<tr><td>软件名称</td><td>3DEXPERIENCE DELMIA</td><td>厂商名称</td><td>Dassault Systémes</td></tr>
<tr><td colspan="2">代码</td><td>应用场景</td><td>业务类型</td></tr>
<tr><td colspan="2">C49/G49/H49/J49/K49/P49</td><td>施工准备_施工场地规划</td><td>建筑工程/道路工程/桥梁工程/隧道工程/铁路工程/水坝工程</td></tr>
<tr><td colspan="2">C50/G50/H50/J50/K50/P50</td><td>施工准备_施工组织和计划</td><td>建筑工程/道路工程/桥梁工程/隧道工程/铁路工程/水坝工程</td></tr>
<tr><td colspan="2">C51/G51/H51/J51/K51/P51</td><td>施工准备_施工仿真</td><td>建筑工程/道路工程/桥梁工程/隧道工程/铁路工程/水坝工程</td></tr>
<tr><td>最新版本</td><td colspan="3">3DEXPERIENCE R2021x</td></tr>
<tr><td>输入格式</td><td colspan="3">.3dxml</td></tr>
<tr><td>输出格式</td><td colspan="3">.3dxml</td></tr>
</table>

续表

推荐硬件配置	操作系统	64位Windows10	处理器	3GHz	内存	32GB
	显卡	1GB	磁盘空间	30GB	鼠标要求	带滚轮
	其他	无				
最低硬件配置	操作系统	64位Windows10	处理器	2GHz	内存	16GB
	显卡	512MB	磁盘空间	20GB	鼠标要求	带滚轮
	其他	AdoptOpenJDK JRE 11.0.6 with OpenJ9，Firefox 68 ESR 或者Chrome				

功能介绍

C51/G51/H51/J51/K51/P51：

1.本软硬件在“施工准备_施工仿真”应用上的介绍及优势

借助“3D体验”平台的集成数据环境和直观的3D场景，DELMIA无论是工序级别的进度规划还是工艺级别的操作流程，都可以在虚拟环境下得以验证。

模拟设备运作过程：可轻松地定义机械设备的运作过程并生成动画。优化现场工程设备的使用效率，节省成本（图1）。

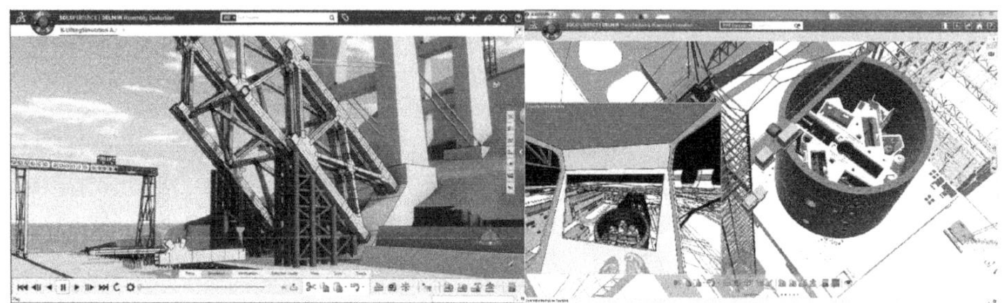

图1　模拟设备运作过程　　　**图2　极具真实的人机模拟**

施工资源优化：根据施工计划，统计设备、材料等各种资源的使用效率，避免现场窝工造成浪费。

极具真实的人机模拟：可模拟现场人员的各种动作，例如操作设备、现场安装等，以验证施工操作的可行性，确保人员安全，并优化工作效率（图2）。

2.本软硬件在“施工准备_施工仿真”应用上的操作难易度

基础操作流程：获取BIM模型→构件施工模型→定义施工工法→施工资源组织分配→施工仿真。

通过定义施工工法模板和资源模板可以提升设计效率，3D直观的界面易于上手。

3.本软硬件在“施工准备_施工仿真”应用上的案例

中铁十八局怒江大桥吊装方案仿真，通过施工仿真发现的问题最终在施工中得到印证，并先于现场发现。黄河设计院的混凝土坝（古贤水电站）施工过程模拟，与仿真计算数据交互，实现5D仿真

2. Navisworks Manage

Navisworks Manage　　　　**表 3-7-11**

<table>
<tr><td>软件名称</td><td colspan="3">Navisworks Manage</td><td>厂商名称</td><td colspan="2">Autodesk</td></tr>
<tr><td colspan="3">代码</td><td colspan="2">应用场景</td><td colspan="2">业务类型</td></tr>
<tr><td colspan="3">A02/B02/C02/D02/E02/F02/G02/H02/J02/K02/L02/M02/N02/P02/Q02</td><td colspan="2">模型整合与管理</td><td colspan="2" rowspan="9">城市规划/场地景观/建筑工程
水处理/垃圾处理/管道工程
道路工程/桥梁工程/隧道工程
铁路工程/信号工程/变电站
电网工程/水坝工程/飞行工程</td></tr>
<tr><td colspan="3">A28/B28/C28/D28/E28/F28/G28/H28/J28/K28/L28/M28/N28/P28/Q28</td><td colspan="2">初步/施工图设计_冲突检测</td></tr>
<tr><td colspan="3">A42/B42/C42/D42/E42/F42/G42/H42/J42/K42/L42/M42/N42/P42/Q42</td><td colspan="2">深化设计_冲突检测</td></tr>
<tr><td colspan="3">A29/B29/C29/D29/E29/F29/G29/H29/J29/K29/L29/M29/N29/P29/Q29</td><td colspan="2">初步/施工图设计_工程量统计</td></tr>
<tr><td colspan="3">A43/B43/C43/D43/E43/F43/G43/H43/J43/K43/L43/M43/N43/P43/Q43</td><td colspan="2">深化设计_工程量统计</td></tr>
<tr><td colspan="3">A31/B31/C31/D31/E31/F31/G31/H31/J31/K31/L31/M31/N31/P31/Q31</td><td colspan="2">初步/施工图设计_设计成果渲染与表达</td></tr>
<tr><td colspan="3">A49/B49/C49/D49/E49/F49/G49/H49/J49/K49/L49/M49/N49/P49/Q49</td><td colspan="2">施工准备_施工场地规划</td></tr>
<tr><td colspan="3">A50/B50/C50/D50/E50/F50/G50/H50/J50/K50/L50/M50/N50/P50/Q50</td><td colspan="2">施工准备_施工组织和计划</td></tr>
<tr><td colspan="3">A51/B51/C51/D51/E51/F51/G51/H51/J51/K51/L51/M51/N51/P51/Q51</td><td colspan="2">施工准备_施工仿真</td></tr>
<tr><td>最新版本</td><td colspan="6">Navisworks Manage 2021</td></tr>
<tr><td>输入格式</td><td colspan="6">.nwd/.nwf/.nwc/.fbx/.dwg/.dxf/.sat/.stp/.step/.dwf/.ifc/.igs/.iges/.ipt/.iam/.ipj/.jt/.dgn/.prp/.prw/.x_b/.dri/.rvm/.skp/.stp/.step/.stl/.wrl/.wrz/.3ds/.prjv/.asc/.txt/.pts/.ptx/.rcs/.rcp/.model/.session/.exp/.dlv3/.catpart/.catproduct/.cgr/.dwf/.dwfx/.w2d/.prt/.sldprt/.asm/.sldasm/.pdf/.rvt/.rfa/.rte/.3dm/</td></tr>
<tr><td>输出格式</td><td colspan="6">.nwd/.nwf/.nwc/.dwf/.dwfx/.fbx/.png/.jpeg/.avi</td></tr>
<tr><td rowspan="3">推荐硬件配置</td><td>操作系统</td><td>64位 Windows10</td><td>处理器</td><td>或更高</td><td>内存</td><td>或更高</td></tr>
<tr><td>显卡</td><td>支持Direct3D® 9、OpenGL®和Shader Model 2的显卡</td><td>磁盘空间</td><td>15GB</td><td>鼠标要求</td><td>带滚轮</td></tr>
<tr><td>其他</td><td colspan="5">建议使用 1920 × 1080 显示器和 32 位视频显示适配器</td></tr>
<tr><td rowspan="3">最低硬件配置</td><td>操作系统</td><td>64位 Windows10</td><td>处理器</td><td>3GHz</td><td>内存</td><td>2GB</td></tr>
<tr><td>显卡</td><td>支持Direct3D® 9、OpenGL®和Shader Model 2 的显卡</td><td>磁盘空间</td><td>15GB</td><td>鼠标要求</td><td>带滚轮</td></tr>
<tr><td>其他</td><td colspan="5">1280 × 800 真彩色 VGA 显示器</td></tr>
</table>

续表

功能介绍
A51/B51/C51/D51/E51/F51/G51/H51/J51/K51/L51/M51/N51/P51/Q51： 本软件在"施工准备_施工仿真"应用上的介绍及优势 在欧特克Navisworks软件中，可以使用Time Liner功能针对不同时期的工程进度进行完全的仿真模拟，并可以与施工进度相结合。 TimeLiner工具可将计划模拟添加到Autodesk Navisworks中。然后，可以将进度中的任务与模型中的对象相连接来创建模拟。这使你能够看到进度在模型上的效果，并将计划日期与实际日期相比较，也可以为任务分配费用，以跟踪整个进度内的项目费用。除此之外，"TimeLiner"还能够基于模拟的结果导出图像和动画。如果模型或进度更改，"TimeLiner"将自动更新模拟（图1）。 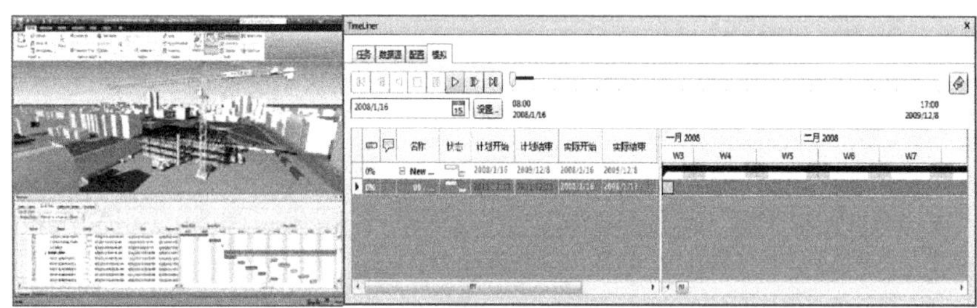 **图1　进度模型联动** 通过将"TimeLiner"和对象动画链接在一起，可以根据项目任务的开始时间和持续时间触发对象移动并安排其进度，且可以帮助你进行工作空间和过程规划。将"TimeLiner"和"冲突检查"链接在一起，可以对项目进行基于时间的冲突检查。将"TimeLiner"、对象动画和"冲突检查"链接在一起，可以对完全动画化的"TimeLiner"进度进行碰撞检测。因此，假设要确保正在移动的起重机不会与工作小组碰撞，可以运行一个碰撞检测，而不必以可视方式检查"TimeLiner"施工序列。 Navisworks® 项目审阅软件可帮助建筑、工程和施工领域的专业人士与相关人员一起在施工前全面审阅集成模型和数据，制定施工计划并进行仿真模拟，从而更好地控制项目结果

3. 品茗BIM施工策划软件

品茗BIM施工策划软件　　**表3-7-12**

软件名称	品茗BIM施工策划软件			厂商名称	杭州品茗安控信息技术股份有限公司		
代码			应用场景		业务类型		
C04			可视化仿真与VR		建筑工程		
C51			施工准备_施工仿真		建筑工程		
C57			施工实施_土方工程		建筑工程		
C62			施工实施_成本管理		建筑工程		
最新版本	V3.2.1.17243						
输入格式	.skp/.pbim/.obj/.simobj/.pmobj/.simgroupgj/.dwg						
输出格式	.skp/.pbim/.dwg/.png/.mp4						
推荐硬件配置	操作系统	64位Windows10	处理器	3.5GHz	内存	16GB	
	显卡	RTX2060（6GB）	磁盘空间	6GB	鼠标要求	带滚轮	

续表

<table>
<tr><td rowspan="2">最低硬件配置</td><td>操作系统</td><td>32位Windows7</td><td>处理器</td><td>2.5GHz</td><td>内存</td><td>8GB</td></tr>
<tr><td>显卡</td><td>GTX1030（2GB）</td><td>磁盘空间</td><td>2GB</td><td>鼠标要求</td><td>带滚轮</td></tr>
<tr><td colspan="7">功能介绍</td></tr>
<tr><td colspan="7">C51：
1.本软件在“施工仿真”应用上的介绍及优势
本软件二维建模后可生成模拟动画，通过设置各个场布构件的动画及子动画后可生成模拟动画，模拟现场施工场景。横道图及时间可随动画一起播放，可输出模拟动画视频（图1）。
2.本软件在“施工仿真”应用上的操作难易度
操作流程：二维建模→施工模拟→动画设置→生成动画。
施工仿真是对场布构件进行动画设置，可根据施工网络图进行施工时间的设置，操作相对简单容易。
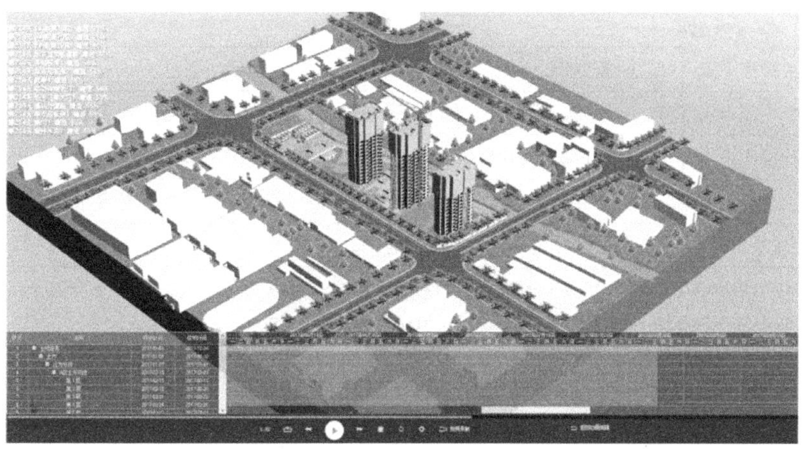
图1　场布动画</td></tr>
</table>

4. SYNCHRO Pro

SYNCHRO Pro　　**表3-7-13**

<table>
<tr><td>软件名称</td><td>SYNCHRO Pro</td><td>厂商名称</td><td>Bentley</td></tr>
<tr><td>代码</td><td>应用场景</td><td colspan="2">业务类型</td></tr>
<tr><td>A49/B49/C49/D49/E49/F49/G49/H49/J49/K49/L49/M49/N49/P49/Q49</td><td>施工准备_施工场地规划</td><td colspan="2" rowspan="5">城市规划/场地景观/建筑工程
水处理/垃圾处理/管道工程
道路工程/桥梁工程/隧道工程
铁路工程/信号工程/变电站
电网工程/水坝工程/飞行工程</td></tr>
<tr><td>A50/B50/C50/D50/E50/F50/G50/H50/J50/K50/L50/M50/N50/P50/Q50</td><td>施工准备_施工组织和计划</td></tr>
<tr><td>A51/B51/C51/D51/E51/F51/G51/H51/J51/K51/L51/M51/N51/P51/Q51</td><td>施工准备_施工仿真</td></tr>
<tr><td>A61/B61/C61/D61/E61/F61/G61/H61/J61/K61/L61/M61/N61/P61/Q61</td><td>施工实施_质量管理</td></tr>
<tr><td>A62/B62/C62/D62/E62/F62/G62/H62/J62/K62/L62/M62/N62/P62/Q62</td><td>施工实施_成本管理</td></tr>
</table>

续表

<table>
<tr><td colspan="3">A63/B63/C63/D63/E63/F63/G63/H63/J63/K63/L63/M63/N63/P63/Q63</td><td colspan="2">施工实施_进度管理</td><td colspan="3" rowspan="4">城市规划/场地景观/建筑工程
水处理/垃圾处理/管道工程
道路工程/桥梁工程/隧道工程
铁路工程/信号工程/变电站
电网工程/水坝工程/飞行工程</td></tr>
<tr><td colspan="3">A64/B64/C64/D64/E64/F64/G64/H64/J64/K64/L64/M64/N64/P64/Q64</td><td colspan="2">施工实施_安全管理</td></tr>
<tr><td colspan="3">A66/B66/C66/D66/E66/F66/G66/H66/J66/K66/L66/M66/N66/P66/Q66</td><td colspan="2">施工实施_算量和造价</td></tr>
<tr><td colspan="3">A68/B68/C68/D68/E68/F68/G68/H68/J68/K68/L68/M68/N68/P68/Q68</td><td colspan="2">施工实施_物资管理</td></tr>
<tr><td>最新版本</td><td colspan="7">SYNCHRO Pro 6.2.2.0</td></tr>
<tr><td>输入格式</td><td colspan="7">.sp/.spm/.spx</td></tr>
<tr><td>输出格式</td><td colspan="7">.sp/.spm/.spx</td></tr>
<tr><td rowspan="2">推荐硬件配置</td><td>操作系统</td><td>64位Windows10</td><td>处理器</td><td>2GHz</td><td>内存</td><td>16GB</td></tr>
<tr><td>显卡</td><td>2GB</td><td>磁盘空间</td><td>1TB</td><td>鼠标要求</td><td>带滚轮</td></tr>
<tr><td rowspan="2">最低硬件配置</td><td>操作系统</td><td>64位Windows10</td><td>处理器</td><td>1GHz</td><td>内存</td><td>4GB</td></tr>
<tr><td>显卡</td><td>512MB</td><td>磁盘空间</td><td>500GB</td><td>鼠标要求</td><td>带滚轮</td></tr>
<tr><td colspan="8">功能介绍</td></tr>
<tr><td colspan="8">A49/B49/C49/D49/E49/F49/G49/H49/J49/K49/L49/M49/N49/P49/Q49
A50/B50/C50/D50/E50/F50/G50/H50/J50/K50/L50/M50/N50/P50/Q50
A51/B51/C51/D51/E51/F51/G51/H51/J51/K51/L51/M51/N51/P51/Q51：
1.本软件在“施工准备_施工场地规划、施工准备_施工组织和计划、施工准备_施工仿真”应用上的介绍及优势
SYNCHRO几乎支持所有主流的三维模型信息，并且可以顺畅地将三维模型信息中的外观几何信息和底层属性信息完美融合；可以进一步按照施工要求，对模型的几何分区进行切割，满足施工准备阶段规划要求。对于底层属性支持自定义编辑，帮助收集施工过程数据。
2.本软件在“施工准备_施工场地规划、施工准备_施工组织和计划、施工准备_施工仿真”应用上的操作难易度
本软件操作流程：模型录入→组织规划→数据处理→数字预演→优化更新。
SYNCHRO提供标准化功能按钮，帮助我们在项目准备阶段通过简单点选按钮，即可快速进行信息整合，并基于可视化方式查看项目数字化信息，提供资源管理、动画、路径等模块，通过在三维角度审查项目，并将项目产地规划、施工组织、施工计划等与三维模型和空间进行融合，并基于提供的数字化预演内容，共享给项目参与方，进行高效探讨、优化方案，让各方在准备阶段达成共识，促进项目顺利进行</td></tr>
</table>

3.7.5 模板设计

1. 品茗BIM模板工程设计软件

品茗BIM模板工程设计软件　　表3-7-14

<table>
<tr><td>软件名称</td><td colspan="3">品茗BIM模板工程设计软件</td><td colspan="2">厂商名称</td><td>杭州品茗安控信息技术股份有限公司</td></tr>
<tr><td colspan="3">代码</td><td colspan="2">应用场景</td><td colspan="2">业务类型</td></tr>
<tr><td colspan="3">C52</td><td colspan="2">施工准备_模板设计</td><td colspan="2">建筑工程</td></tr>
<tr><td colspan="3">C66</td><td colspan="2">施工实施_算量与造价</td><td colspan="2">建筑工程</td></tr>
<tr><td>最新版本</td><td colspan="6">2.2.3.9426</td></tr>
<tr><td>输入格式</td><td colspan="6">.pbim/.dwg</td></tr>
<tr><td>输出格式</td><td colspan="6">.pbim/.skp/.dwg/.png</td></tr>
<tr><td rowspan="2">推荐硬件配置</td><td>操作系统</td><td>64位Windows10</td><td>处理器</td><td>3.5GHz</td><td>内存</td><td>16GB</td></tr>
<tr><td>显卡</td><td>RTX2060（6GB）</td><td>磁盘空间</td><td>6GB</td><td>鼠标要求</td><td>带滚轮</td></tr>
<tr><td rowspan="2">最低硬件配置</td><td>操作系统</td><td>32位Windows7</td><td>处理器</td><td>2.5GHz</td><td>内存</td><td>8GB</td></tr>
<tr><td>显卡</td><td>GTX1030（2GB）</td><td>磁盘空间</td><td>2GB</td><td>鼠标要求</td><td>带滚轮</td></tr>
<tr><td colspan="7">功能介绍</td></tr>
</table>

C52：

1.本软硬件在“施工准备_模板设计”应用上的介绍及优势

本软件提供了多种参数，包括构造参数、荷载参数、材料参数等，使用者可以根据工程特点和要求输入这些参数，利用软件内置的计算和布置引擎，即可一键布置模板架体，既满足架体安全性的要求又足够经济；若有架体调整的需要，则可以使用软件中的架体编辑功能进行架体的编辑；完成架体布置后可以一键输出CAD图纸及计算书、方案书等各类成果。架体布置参数化和一键输出成果大大减少了模板设计时的烦琐工作，减少了出错的可能性，提升了工作效率。

2.本软硬件在“施工准备_模板设计”应用上的操作难易度

操作流程：选择规范→选择架体→输入参数→生成架体→架体调整→输出成果。

软件的操作是基于工程人员在现场进行模板设计时的工作流程，各类参数对于工程人员来说也不陌生，仅需遵照上述流程就可实现架体的设计（图1）。

图1　架体模型

2. Trimble SketchUp Pro/铝模版BIM设计工具 For SketchUp

Trimble SketchUp Pro/铝模版BIM设计工具 For SketchUp **表3-7-15**

<table>
<tr><td>软件名称</td><td colspan="3">Trimble SketchUp Pro/铝模版BIM设计工具 For SketchUp</td><td>厂商名称</td><td colspan="2">天宝寰宇电子产品（上海）有限公司/广州乾讯建筑咨询有限公司</td></tr>
<tr><td colspan="3">代码</td><td colspan="2">应用场景</td><td colspan="2">业务类型</td></tr>
<tr><td colspan="3">C52</td><td colspan="2">施工准备_模板设计</td><td colspan="2">建筑工程</td></tr>
<tr><td>最新版本</td><td colspan="6">铝模版BIM设计工具 For SketchUp 2018</td></tr>
<tr><td>输入格式</td><td colspan="6">.skp</td></tr>
<tr><td>输出格式</td><td colspan="6">.skp</td></tr>
<tr><td rowspan="2">推荐硬件配置</td><td>操作系统</td><td>64位Windows10</td><td>处理器</td><td>2GHz</td><td>内存</td><td>8GB</td></tr>
<tr><td>显卡</td><td>1GB</td><td>磁盘空间</td><td>700MB</td><td>鼠标要求</td><td>带滚轮</td></tr>
<tr><td rowspan="2">最低硬件配置</td><td>操作系统</td><td>64位Windows10</td><td>处理器</td><td>1GHz</td><td>内存</td><td>4GB</td></tr>
<tr><td>显卡</td><td>512MB</td><td>磁盘空间</td><td>500MB</td><td>鼠标要求</td><td>带滚轮</td></tr>
<tr><td colspan="7">功能介绍</td></tr>
</table>

C52：

1.本软硬件在“施工准备_模板设计”应用上的介绍及优势

本软件可以实现高效快速的铝模板BIM建模，由BIM模型可以实现快速的模板清单统计、快速出平面布置图和模板加工图（图1）。

2.本软硬件在“施工准备_模板设计”应用上的操作难易度

本软件操作流程：导入白模→规划放线→由面成模→模型出图→清单统计。本软件界面简洁，上手容易，经过简单培训即可掌握。

规划放线即在修改的白模上进行放线，放线一键自动完成，将墙面拆分成模板贴合面，再简单调整，将模板贴合面附上属性，即内外墙等，通过有属性的贴合面生成铝模板模型，模板带有属性信息，属于BIM信息模型，通过这些BIM信息模型可以进行清单数量统计，出平面施工图和模板的加工图。

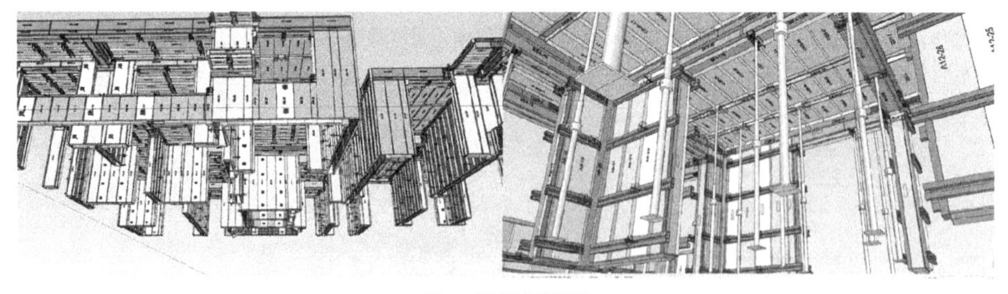

图1 铝模板模型

3.7.6 脚手架设计

1. 品茗BIM脚手架工程设计软件

品茗BIM脚手架工程设计软件 **表3-7-16**

软件名称	品茗BIM脚手架工程设计软件		厂商名称	杭州品茗安控信息技术股份有限公司		
代码			应用场景		业务类型	
C53			施工准备_脚手架设计		建筑工程	
C66			施工实施_算量和造价		建筑工程	
最新版本	2.1.1.5440					
输入格式	.pbim					
输出格式	.pbim/.skp/.obj/.hsf/.dwg/.png					
推荐硬件配置	操作系统	64位Windows10	处理器	3.5GHz	内存	16GB
	显卡	GTX 7(4GB)	磁盘空间	2GB	鼠标要求	带滚轮
最低硬件配置	操作系统	win7及以上	处理器	2GHz	内存	4GB
	显卡	1GB	磁盘空间	2GB	鼠标要求	带滚轮
功能介绍						

C53:

1.本软件在“施工准备_脚手架设计”应用上的介绍及优势

软件介绍：本软件利用已有的建筑模型，结合规范要求和多种参数设置，快速实现扣件式或盘扣式外脚手架的智能排布，还可利用架体手动编辑功能，使架体灵活排布，使其更接近现场实际情况。在架体布置成功的基础上，可快速导出架体布置图、方案书、计算书、架体配置表及材料统计，并可将成果模型导出为Revit支持的Pbim和SketchUp、Lumion支持的Skp等格式，是BIM工具集场景化应用的重要落地点之一。

优势：可选的规范种类全，各类构件参数支持灵活设置，智能排布+手动编辑实现灵活布架，力学计算安全可靠，材料配架统计类型齐全准确，三维节点清晰流畅，导出方案图纸图片等成果丰富。

2.本软件在“施工准备_脚手架设计”应用上的操作难易度

基本流程：模型创建→参数设置→识别建筑轮廓线→生成架体轮廓线→架体布置→成果输出。

模型创建后（手工建模、转化CAD或Pbim导入），要进行参数设置，主要包含荷载参数、材料参数以及纵距、横距、步距等构造参数；下一步识别每层的建筑轮廓线，根据已有的建筑轮廓线生成架体轮廓线，同时设置好架体分段高度，然后进行智能布置，此过程可以对建筑轮廓线、架体轮廓线、分段线的高度和类型，以及架体杆件和型钢进行编辑调整，再进行剪刀撑安全网防护栏杆等附属构件的布置；通过二维和三维检查架体布置情况，布置好之后即可输出各类成果，主要包含方案书、计算书、架体施工图、材料统计表及成果模型，流程图如图1、图2所示

续表

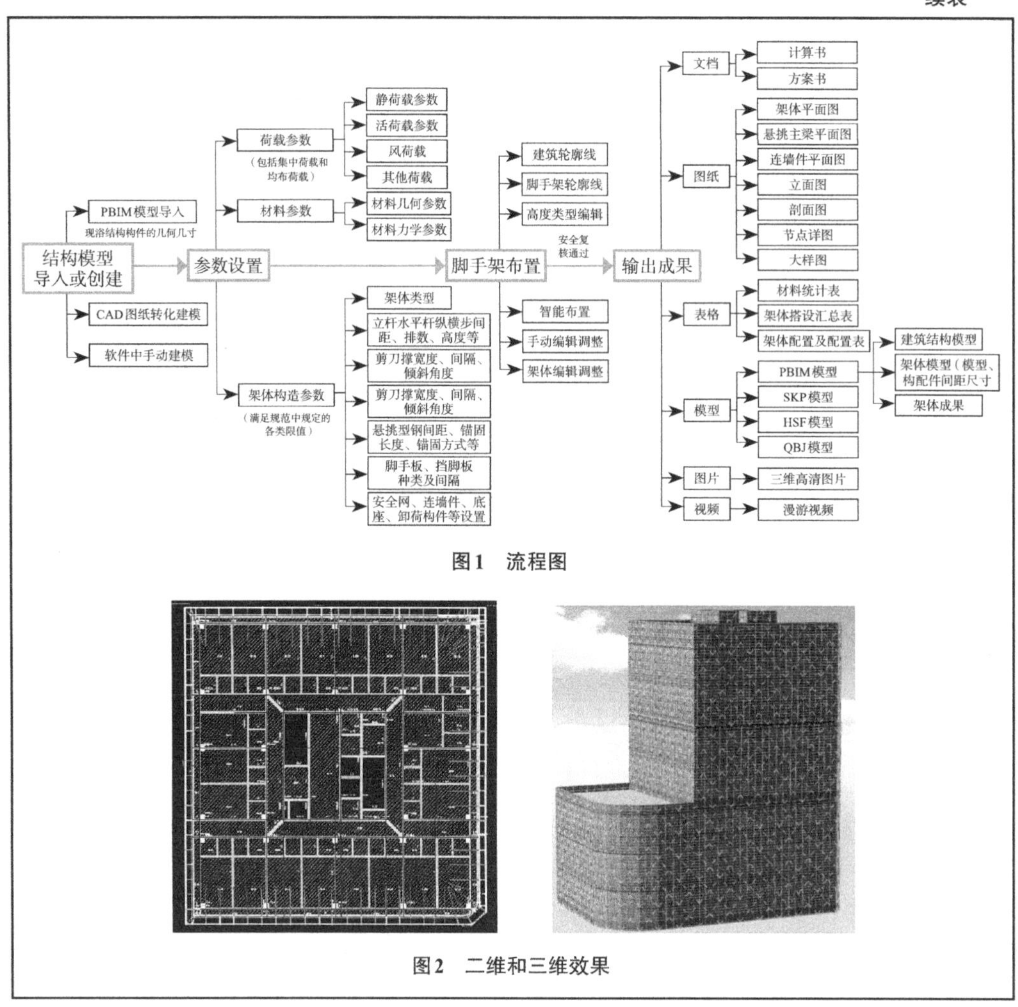

图1 流程图

图2 二维和三维效果

2. Trimble SketchUp Pro/脚手架BIM设计工具 For SketchUp

Trimble SketchUp Pro/脚手架BIM设计工具 For SketchUp 表 3-7-17

软件名称	Trimble SketchUp Pro/脚手架BIM设计工具 For SketchUp		厂商名称	天宝寰宇电子产品（上海）有限公司/广州乾讯建筑咨询有限公司	
代码		应用场景		业务类型	
C53		施工准备_脚手架设计		建筑工程	
最新版本	脚手架BIM设计工具 For SketchUp 2018				
输入格式	.skp				
输出格式	.skp				
推荐硬件配置	操作系统	64位Windows10	处理器	2GHz	内存	8GB
	显卡	1GB	磁盘空间	700MB	鼠标要求	带滚轮

续表

最低硬件配置	操作系统	64位Windows10	处理器	1GHz	内存	4GB
	显卡	512MB	磁盘空间	500MB	鼠标要求	带滚轮
功能介绍						

C53：

1.本软硬件在“施工准备_脚手架设计”应用上的介绍及优势

本软件可以实现高效快速的脚手架BIM建模，由BIM模型可以实现快速的脚手架清单统计、快速出平面布置图（图1）。

2.本软硬件在“施工准备_脚手架设计”应用上的操作难易度

本软件操作流程：规划放线→由线成模→模型出图→清单统计。

本软件界面简洁，上手容易，经过简单培训即可掌握。规划放线即在建筑平面图上进行放线，放线是一键自动完成，然后再简单调整，根据线的位置计算并附上属性，通过有属性的线生成脚手架模型，模型带有属性信息，属于BIM信息模型，通过这些BIM信息模型可以进行清单数量统计，出平面施工图，及进一步进行施工模拟。

图1 脚手架模型

3.7.7 机电安装设计

1. Revit MEP

Revit MEP **表3-7-18**

软件名称	Revit MEP		厂商名称	Autodesk
代码		应用场景	业务类型	
A39/B39/C39/D39/E39/F39/G39/H39/J39/K39/L39/M39/N39/P39/Q39		深化设计_机电工程设计辅助和建模	城市规划/场地景观/建筑工程/水处理/垃圾处理/管道工程/道路工程/桥梁工程/隧道工程/铁路工程/信号工程/变电站/电网工程/水坝工程/飞行工程	
A54/B54/C54/D54/E54/F54/G54/H54/J54/K54/L54/M54/N54/P54/Q54		施工准备_机电安装		
最新版本	Revit 2021			
输入格式	.dwg/.dxf/.dgn/.sat/.skp/.rvt/.rfa/.ifc/.pdf/.xml/点云.rcp/.rcs /.nwc/.nwd/所有图像文件			
输出格式	.dwg/.dxf/.dgn/.sat/.ifc/.rvt			

续表

推荐硬件配置	操作系统	64位Windows10	处理器	3GHz	内存	16GB
	显卡	支持DirectX® 11和Shader Model 5的显卡，最少有4GB视频内存	磁盘空间	30GB	鼠标要求	带滚轮
	其他	NET Framework版本4.8或更高版本				
最低硬件配置	操作系统	64位Windows10	处理器	2GHz	内存	8GB
	显卡	支持DirectX® 11和Shader Model 5的显卡，最少有4GB视频内存	磁盘空间	30GB	鼠标要求	带滚轮
	其他	NET Framework版本4.8或更高版本				
功能介绍						

A39/B39/C39/D39/E39/F39/G39/H39/J39/K39/L39/M39/N39/P39/Q39
A54/B54/C54/D54/E54/F54/G54/H54/J54/K54/L54/M54/N54/P54/Q54：

Revit机电模块是面向机电工程师的建筑信息模型应用程序。Revit MEP以Revit为基础平台，针对机电设备、电工和给水排水设计的特点，提供了专业的设备及管道三维建模及二维制图工具。它通过数据驱动的系统建模和设计来优化设备与管道专业工程，能够让机电工程师以机电设计过程的思维方式展开设计工作。

Revit MEP提供了暖通通风设备和管道系统建模、给水排水设备和管道系统建模、电力电路及照明计算等一系列专业工具并提供智能的管道系统分析和计算工具，可以让机电工程师快速完成机电BIM三维模型，并可将系统模型导入Ecotect Analysis、IES等能耗分析和计算工具中进行模拟和分析。提供参数化、模块化的正向深化设计（图1）。

Revit机电模块中的预制工具直接集成了Autodesk MEP Fabrication的机电深化模型库，包括石油、化工、电力等300多种规格的管道，能自动连接楼板支吊架，让用户在Revit 3D界面中直接快速及便利地进行机电深化设计。通过将机电管道模型导出到"Fabrication CAMDuct"产品中，可直接生成管道的平面展开图、数控机床控制文件，可直接发送给数控机床进行材料切割、生产（图2）。

图1　机电安装

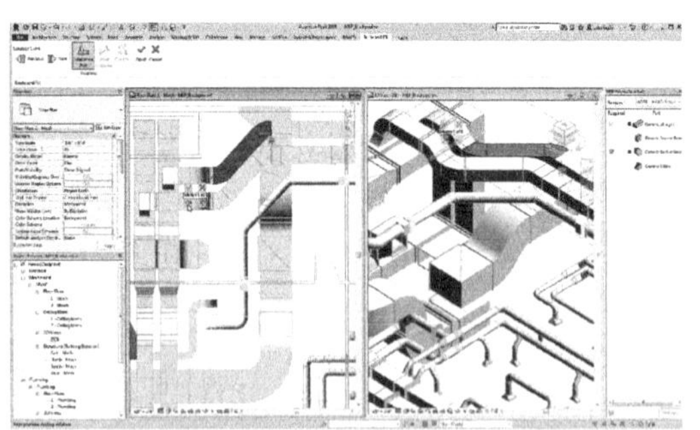

图2　机电预制

2. Fabrication

Fabrication **表3-7-19**

<table>
<tr><td>软件名称</td><td colspan="3">Fabrication</td><td>厂商名称</td><td colspan="2">Autodesk</td></tr>
<tr><td colspan="2">代码</td><td colspan="3">应用场景</td><td colspan="2">业务类型</td></tr>
<tr><td colspan="2">C39</td><td colspan="3">深化设计_机电工程设计辅助和建模</td><td colspan="2" rowspan="5">建筑工程</td></tr>
<tr><td colspan="2">C43</td><td colspan="3">深化设计_工程量统计</td></tr>
<tr><td colspan="2">C44</td><td colspan="3">深化设计_算量和造价</td></tr>
<tr><td colspan="2">C54</td><td colspan="3">施工准备_机电安装设计</td></tr>
<tr><td colspan="2">C66</td><td colspan="3">施工实施_算量和造价</td></tr>
<tr><td>最新版本</td><td colspan="6">Fabrication 2021</td></tr>
<tr><td>输入格式</td><td colspan="6">.maj/.caj/.esj/.jot/.rej</td></tr>
<tr><td>输出格式</td><td colspan="6">.maj/.caj/.esj/.jot/.rej/.ifc/.pcf</td></tr>
<tr><td rowspan="3">推荐硬件配置</td><td>操作系统</td><td>64位Windows10</td><td>处理器</td><td>3GHz</td><td>内存</td><td>16GB</td></tr>
<tr><td>显卡</td><td>4GB</td><td>磁盘空间</td><td>6GB</td><td>鼠标要求</td><td>带滚轮</td></tr>
<tr><td>其他</td><td colspan="5">NET Framework 4.7或更高版本</td></tr>
<tr><td rowspan="3">最低硬件配置</td><td>操作系统</td><td>64位Windows10</td><td>处理器</td><td>2.5GHz</td><td>内存</td><td>8GB</td></tr>
<tr><td>显卡</td><td>1GB</td><td>磁盘空间</td><td>6GB</td><td>鼠标要求</td><td>带滚轮</td></tr>
<tr><td>其他</td><td colspan="5">NET Framework 4.7或更高版本</td></tr>
<tr><td colspan="7">功能介绍</td></tr>
</table>

C39、C54：

Autodesk Fabrication产品有助于将建筑信息建模（BIM）工作流程扩展到机械、电气和管道（MEP）专业承包商中，以设计、估算和制造建筑物中使用的管道、电气围护和其他机械系统。这些产品使你可以将制造商特定的内容生成更好的估算值，创建更准确的详细模型并直接推动MEP的制造。

Autodesk Fabrication产品包括：Autodesk® Fabrication CADmep™、Autodesk® Fabrication ESTmep™、Autodesk® Fabrication CAMduct™。

1.本软硬件在“深化设计_机电工程设计辅助和建模、施工准备_机电安装设计”应用上的介绍及优势

使用Revit建筑设计软件创建机电深化设计模型，并且与CADmep、CAMduct、ESTmep共享Fabrication机电数据库。

将具有Revit LOD 300设计元素的模型转换为具有LOD 400 MEP制造零件的详细模型。

使用布线填充和改进的构件拆分，及调整连接元素大小的功能，可以在更短的时间内深化模型。

使用Revit独有的跨专业多用户环境与其他用户进行协作。

通过Revit和Fabricaiton模型自动创建详细的车间加工图。

使用庞大的规范以驱动参数构件数据库。

自动化高级下料功能可提高材料利用率。

内置和自定义的后处理器有助于加快生产速度。

2.本软硬件在“深化设计_机电工程设计辅助和建模、施工准备_机电安装设计”应用上的操作难易度

基础操作流程，如：创建Revit模型→导出MAJ工作文件→导入Fabrication→数据处理→导出图纸→导出数据→导入加工设备→加工生产。

复用Revit模型，数据无损导入导出，可视化操作，简便易学

3.7.8 钢筋工程设计

1. Structural Precast Extension for Revit

Structural Precast Extension for Revit **表 3-7-20**

<table>
<tr><td>软件名称</td><td colspan="3">Structural Precast Extension for Revit</td><td>厂商名称</td><td colspan="3">Autodesk</td></tr>
<tr><td colspan="3">代码</td><td colspan="2">应用场景</td><td colspan="3">业务类型</td></tr>
<tr><td colspan="3">C36/D36/F36/G36/J36/M36</td><td colspan="2">深化设计_预制装配设计辅助和建模</td><td colspan="3">建筑工程/管道工程/道路工程/隧道工程/变电站</td></tr>
<tr><td colspan="3">C55/D55/F55/G55/J55/M55</td><td colspan="2">施工准备_钢筋工程设计</td><td colspan="3">建筑工程/管道工程/道路工程/隧道工程/变电站</td></tr>
<tr><td>最新版本</td><td colspan="7">Autodesk Revit 2021-预制模块（Structural Precast Extension for Revit）</td></tr>
<tr><td>输入格式</td><td colspan="7">.dwg/.rvt</td></tr>
<tr><td>输出格式</td><td colspan="7">.dwg/.dwf/.dwfx/.dws./.dwt/.dgn/.wfm/.stl/.sat/.eps/.bmp/.igs/.iges/.dxf/.pdf</td></tr>
<tr><td rowspan="3">推荐硬件配置</td><td>操作系统</td><td>64位Windows10</td><td>处理器</td><td>3GHz</td><td>内存</td><td>16GB</td></tr>
<tr><td>显卡</td><td>支持DirectX® 11和Shader Model5的显卡，最少有4GB视频内存</td><td>磁盘空间</td><td>30GB</td><td>鼠标要求</td><td>带滚轮</td></tr>
<tr><td>其他</td><td colspan="5">NET Framework 版本 4.8 或更高版本</td></tr>
<tr><td rowspan="3">最低硬件配置</td><td>操作系统</td><td>64位Windows10</td><td>处理器</td><td>2GHz</td><td>内存</td><td>8GB</td></tr>
<tr><td>显卡</td><td>支持DirectX® 11和Shader Model5的显卡，最少有4GB视频内存</td><td>磁盘空间</td><td>30GB</td><td>鼠标要求</td><td>带滚轮</td></tr>
<tr><td>其他</td><td colspan="5">NET Framework 版本 4.8 或更高版本</td></tr>
<tr><td colspan="7">功能介绍</td></tr>
<tr><td colspan="7">C55/D55/F55/G55/J55/M55：
1.本软件在“深化设计_钢筋工程设计”应用上的介绍及优势
本软件作为专门面向PC构件设计和建工的Revit模块，钢筋的参数设置完全按照本地化的标准，并可以进行自定义输入，包含所有PC构件中的钢筋要素。并支持通过完整配置自动生成钢筋模型。钢筋类型完整，细节符合实际，工程量准确。
2.本软件在“深化设计_钢筋工程设计”应用上的操作难易度
本软件模块在钢筋设置时，符合中文表达习惯和规则，并提供按照本地规范进行下拉菜单的直接选取。且钢筋模型为软件根据输入的参数进行自动生成，如有相关结构构件的调整，模型也会根据约束条件而自动变更，操作简单（图1）</td></tr>
</table>

续表

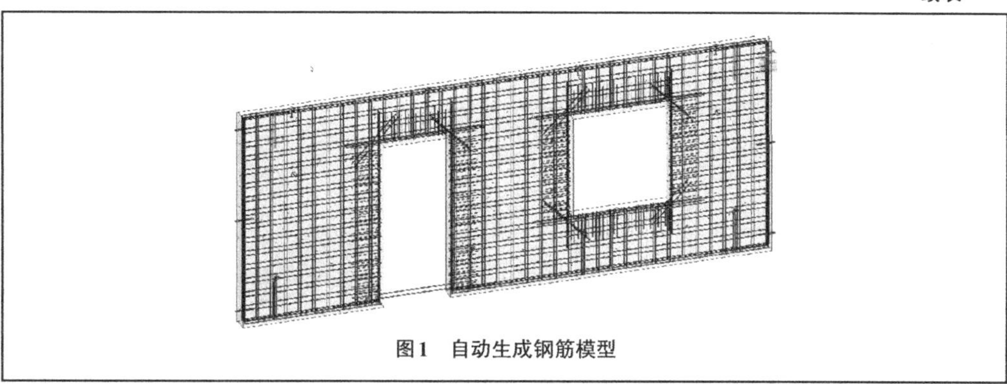

图1　自动生成钢筋模型

2. Revit Structure

Revit Structure　　**表3-7-21**

<table>
<tr><td>软件名称</td><td colspan="3">Revit Structure</td><td>厂商名称</td><td colspan="2">Autodesk</td></tr>
<tr><td colspan="3">代码</td><td colspan="2">应用场景</td><td colspan="2">业务类型</td></tr>
<tr><td colspan="3">A38/B38/C38/D38/E38/F38/G38/H38/J38/K38/L38/M38/N38/P38/Q38</td><td colspan="2">深化设计_钢结构设计辅助和建模</td><td colspan="2" rowspan="2">城市规划/场地景观/建筑工程/水处理/垃圾处理/管道工程/道路工程/桥梁工程/隧道工程/铁路工程/信号工程/变电站/电网工程/水坝工程/飞行工程</td></tr>
<tr><td colspan="3">A55/B55/C55/D55/E55/F55/G55/H55/J55/K55/L55/M55/N55/P55/Q55</td><td colspan="2">施工准备_钢筋工程设计</td></tr>
<tr><td>最新版本</td><td colspan="6">Revit 2021</td></tr>
<tr><td>输入格式</td><td colspan="6">.dwg/.dxf/.dgn/.sat/.skp/.rvt/ .rfa/.ifc/.pdf/.xml/点云.rcp/.rcs /.nwc/.nwd/所有图像文件</td></tr>
<tr><td>输出格式</td><td colspan="6">.dwg/.dxf/.dgn/.sat/.ifc/.rvt</td></tr>
<tr><td rowspan="3">推荐硬件配置</td><td>操作系统</td><td>64位Windows10</td><td>处理器</td><td>3GHz</td><td>内存</td><td>16GB</td></tr>
<tr><td>显卡</td><td>支持DirectX® 11和Shader Model 5的显卡，最少有4GB视频内存</td><td>磁盘空间</td><td>30GB</td><td>鼠标要求</td><td>带滚轮</td></tr>
<tr><td>其他</td><td colspan="5">NET Framework版本4.8或更高版本</td></tr>
<tr><td rowspan="3">最低硬件配置</td><td>操作系统</td><td>64位Windows10</td><td>处理器</td><td>2GHz</td><td>内存</td><td>8GB</td></tr>
<tr><td>显卡</td><td>支持DirectX® 11和Shader Model 5的显卡，最少有4GB视频内存</td><td>磁盘空间</td><td>30GB</td><td>鼠标要求</td><td>带滚轮</td></tr>
<tr><td>其他</td><td colspan="5">NET Framework版本4.8或更高版本</td></tr>
<tr><td colspan="7">功能介绍</td></tr>
<tr><td colspan="7">A55/B55/C55/D55/E55/F55/G55/H55/J55/K55/L55/M55/N55/P55/Q55：
Revit Structure是面向结构工程师的建筑信息模型应用程序。它可以帮助结构工程师创建更加协调、可靠的模型，增强各团队间的协作。并可与流行的结构分析软件（如Robot Structural Analysis Professional、Etabs、Midas等）双向关联。强大的参数化管理技术有助于协调模型和文档中的修改和更新。它具备Revit系列软件的自动生成平、立、剖面图档，自动统计构件明细表，各图档间动态关联等所有特性，除此之外还具有结构设计师专用的特性（图1）</td></tr>
</table>

续表

<table>
<tr><td>Revit Structure 为结构工程师提供了非常方便的钢筋绘制工具。可以绘制平面钢筋、截面钢筋、3D空间形状钢筋，及处理各种钢筋折弯、弧形连接器、统计等信息（图1）。
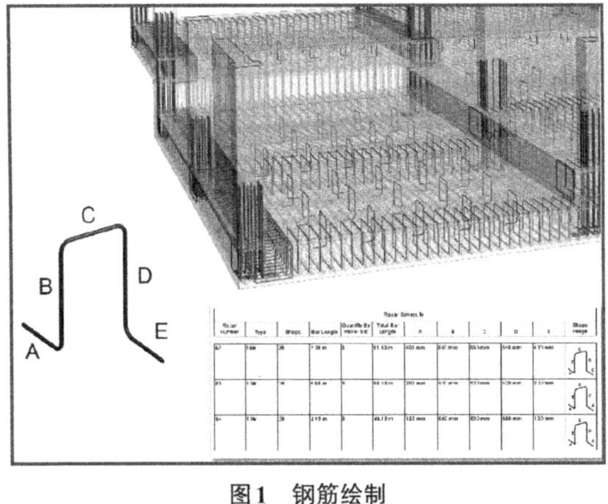

图1　钢筋绘制</td></tr>
</table>

3. ProStructures

ProStructures　　表 3-7-22

<table>
<tr><td>软件名称</td><td colspan="2">ProStructures</td><td>厂商名称</td><td colspan="3">Bentley</td></tr>
<tr><td colspan="3">代码</td><td colspan="2">应用场景</td><td colspan="2">业务类型</td></tr>
<tr><td colspan="3">C38/D38/E38/F38/G38/H38/J38/K38/M38/N38/P38</td><td colspan="2">深化设计_钢结构设计辅助和建模</td><td colspan="2" rowspan="5">建筑工程/水处理/垃圾处理/管道工程/道路工程/桥梁工程/隧道工程/铁路工程/变电站/电网工程/水坝工程</td></tr>
<tr><td colspan="3">C42/D42/E42/F42/G42/H42/J42/K42/M42/N42/P42</td><td colspan="2">深化设计_冲突检测</td></tr>
<tr><td colspan="3">C43/D43/E43/F43/G43/H43/J43/K43/M43/N43/P43</td><td colspan="2">深化设计_工程量统计</td></tr>
<tr><td colspan="3">C55/D55/E55/F55/G55/H55/J55/K55/M55/N55/P55</td><td colspan="2">施工准备_钢筋工程设计</td></tr>
<tr><td colspan="3">C59/D59/E59/F59/G59/H59/J59/K59/M59/N59/P59</td><td colspan="2">施工实施_钢筋加工</td></tr>
<tr><td>最新版本</td><td colspan="6">ProStructures CONNECT Edition Update 5</td></tr>
<tr><td>输入格式</td><td colspan="6">.dgn/.dwg</td></tr>
<tr><td>输出格式</td><td colspan="6">.dgn/.dwg/.ifc</td></tr>
<tr><td rowspan="2">推荐硬件配置</td><td>操作系统</td><td>64位Windows10</td><td>处理器</td><td>2GHz</td><td>内存</td><td>32GB</td></tr>
<tr><td>显卡</td><td>1GB</td><td>磁盘空间</td><td>20GB</td><td>鼠标要求</td><td>带滚轮</td></tr>
<tr><td rowspan="2">最低硬件配置</td><td>操作系统</td><td>64位Windows10</td><td>处理器</td><td>1GHz</td><td>内存</td><td>4GB</td></tr>
<tr><td>显卡</td><td>512MB</td><td>磁盘空间</td><td>10GB</td><td>鼠标要求</td><td>带滚轮</td></tr>
</table>

续表

功能介绍
C38/D38/E38/F38/G38/H38/J38/K38/M38/N38/P38 **C42/D42/E42/F42/G42/H42/J42/K42/M42/N42/P42** **C43/D43/E43/F43/G43/H43/J43/K43/M43/N43/P43** **C55/D55/E55/F55/G55/H55/J55/K55/M55/N55/P55** **C59/D59/E59/F59/G59/H59/J59/K59/M59/N59/P59：** ProStructures是基于MicroStation平台开发的专业三维钢结构和钢筋混凝土建模、绘图及深化加工的软件系统。用户可以在软件中方便地建立各种钢结构的三维模型和钢筋混凝土深化模型。系统自动生成所有的施工图、加工详图和材料表。 **ProSteel模块技术特点** 1. 软件界面和基本操作 ProSteel可以帮助用户轻松完成三维实体建模；楼梯、桁架、檩条系统自动生成单元；智能化节点自动连接；模拟碰撞检测；组件、零件自动编号；自动生成生产图纸（平、立面布置图，组件图，零件图，剖面图，节点详图等）；自动生成各种报表（材料表、螺栓统计表、生产管制表等）；PDF、EXCEL、HTML等多格式输出；数控机床数据接口及国内外多种软件接口。 2. 型钢和自定义截面及螺栓 ProSteel拥有30多个系列、1800多种标准截面。 这些标准截面的数据都存放在统一的数据库中，用户可以方便地扩充数据库，插入自定义的截面尺寸，或者添加新的截面形式。ProSteel允许用户通过截面轮廓线和其他参数来自定义复杂的截面形式，并且可以保存在单独的数据库中。自定义截面库的使用方法与操作标准截面库相同。用户还可以把几个标准或特殊截面组合起来构成一个新的截面。新的组合截面构件本身是一个实体，即所有的操作如延长、截断等，对组合截面中所有的单个截面都产生作用。当然，材料表和施工图数据可以从单个截面提取。节点连接中所有必需的螺栓都是自动生成的。螺栓参数如螺栓种类、垫圈、间隙和其他必要的附件都可以调节。 3. 编辑工具 可进行构件拷贝、移动、镜像、克隆等常规编辑操作；可进行构件分割、钻孔、自适应切割、斜切、钝化转角、添加螺栓、开槽等加工操作；可在指定位置添加各种形状的加劲肋，可选择构件和方向以确定构件坐标系，便于进行细部操作。 4. 自动节点连接 ProSteel选择节点类型和连接构件后即可生成节点。允许客户设置和调整节点参数，包含通用的端板连接、底板连接、角钢连接、拼接连接、加腋连接、支撑连接、檩条连接等类型。包括很多国外的常用节点类型和我国《多、高层民用建筑钢结构节点构造详图》01SG519图集中常用的节点类型。常用节点可外挂节点参数库，可根据构件截面信息自动筛选参数。强大的编辑功能可保证客户生成自己的节点类型。 5. 附属结构参数化建模 ProSteel提供了一种生成附属构件的快捷方式。一些复杂且重复率高的模型，如楼梯、栏杆、门式钢架及其节点等，只需点击几下鼠标即可生成。 所有子结构和附属构件后期都可以进行参数化调整。 6. 自动生成2D图纸 ProSteel可从三维模型中全自动提取所有图纸。自动智能添加螺栓标注、焊缝标注、材料表、尺寸、图框等对象。 7. 自动生成材料表 材料表的生成和处理是ProSteel的重要功能。系统自动生成标准数据库文件。ProSteel有一个功能强大的材料表生成程序。除了可以使用各种类型、大小的字体选项以外，还可以在材料表中包含各种图标文件。材料表表项的排列可以有不同的排序方式，用户可以通过过滤方式在材料表中略去部分表项，还可以汇总多张图纸的构件以生成统一的材料表

续表

8. 二次开发和导入导出 ProStructures允许用户使用VS2015 IDE进行二次开发。用户可以编写一个程序来进行重复性的工作。通过Bentley的ISM格式，ProStructures可以跟很多结构软件交互数据，比如：STAAD.Pro、Tekla、Revit等。 **ProConrete模块技术特点** （1）强大的参数化混凝土和钢筋建模； （2）丰富的钢筋编辑和显示工具； （3）自动生成混凝土用量及钢筋下料清单； （4）碰撞检查：ProStructures可以对整个模型进行碰撞检测，也可以只对指定构件进行检测。最小碰撞检测距离可以任意设定。碰撞检测不仅对构件进行检测，还检测螺栓及其孔洞之间的装配净间隙是否足够要求
接本书7.12节彩页

3.8 施工实施阶段

3.8.1 应用场景综述

在施工实施阶段，BIM侧重于把控施工质量、保证施工安全、节省施工成本、加快工程进度、防止施工污染等方面，为竣工验收提供依据，为运维阶段传递做准备。施工实施阶段应用场景及定义如表3-8-1所示。

施工实施阶段应用场景及定义 **表3-8-1**

应用场景		定义
1	土方工程	利用BIM专项软硬件，实现土方开挖、土方回填等分析优化计算，同时通过三维模拟提前预判、辅助决策
2	基坑施工	借助BIM专项软硬件快速创建基坑等模型，满足基坑方案设计、施工方案模拟动画，助力施工企业完成基坑施工模拟、基坑质量监管
3	钢筋加工	利用BIM专项软硬件，实现钢筋建模、生成钢筋加工详图和材料表
4	隐蔽工程记录	利用BIM专项软硬件，现场透视展现隐蔽工程及管线，并用于运维管理
5	质量管理	利用BIM专项软硬件，实现数字化施工管理，结合BIM可视化的特性现场对比验收整改，把控施工进度
6	成本管理	利用BIM专项软硬件，实现材料统计、临时设施用量统计，结合单价管控成本用量、辅助验收
7	进度管理	利用BIM专项软硬件，结合工程计划，把控现场实时进度，借助可视化特点直观对比，调整优化后续进度计划
8	安全管理	利用BIM专项软硬件，把控安全隐患，施工仿真模拟，将施工安全风险降到最低
9	算量和造价	利用BIM专项软硬件，基于施工模型进行算量，可视化作业成本和成本分析，结合BIM数据进行竣工结算

续表

应用场景		定义
10	物资管理	利用BIM专项软硬件，最优化分配管理物资，控制进场时间、进场顺序、合理调配、妥善协调
11	竣工与验收	利用BIM专项软硬件，将竣工数据与模型进行对比检测，如点云数据等验收竣工质量与竣工数据

3.8.2 土方工程

1. 品茗BIM施工策划软件

品茗BIM施工策划软件 **表3-8-2**

软件名称	品茗BIM施工策划软件			厂商名称	杭州品茗安控信息技术股份有限公司	
代码		应用场景			业务类型	
C04		可视化仿真与VR			建筑工程	
C51		施工准备_施工仿真			建筑工程	
C57		施工实施_土方工程			建筑工程	
C62		施工实施_成本管理			建筑工程	
最新版本	V3.2.1.17243					
输入格式	.skp/.pbim/.obj/.simobj/.pmobj/.simgroupgj/.dwg					
输出格式	.skp/.pbim/.dwg/.png/.MP4					
推荐硬件配置	操作系统	64位Windows10	处理器	3.5GHz	内存	16GB
	显卡	RTX2060（6GB）	磁盘空间	6GB	鼠标要求	带滚轮
最低硬件配置	操作系统	32位Windows7	处理器	2.5GHz	内存	8GB
	显卡	GTX1030（2GB）	磁盘空间	2GB	鼠标要求	带滚轮
功能介绍						
C57： 1.本软件在“土方工程”应用上的介绍及优势 本软件包括基坑、土方开挖、土方回填、出土道路、中心岛、支撑梁柱、栈桥等多个土方构件，可设置土方开挖动画以及支撑梁的子动画，可完整模拟土方开挖的过程，三维显示效果真切（图1）。 2.本软件在“土方工程”应用上的操作难易度 操作流程：土方构件→二维建模→施工模拟→动画设置→生成动画。 土方、出土道路支持分层及颜色修改，操作简单、详细						

续表

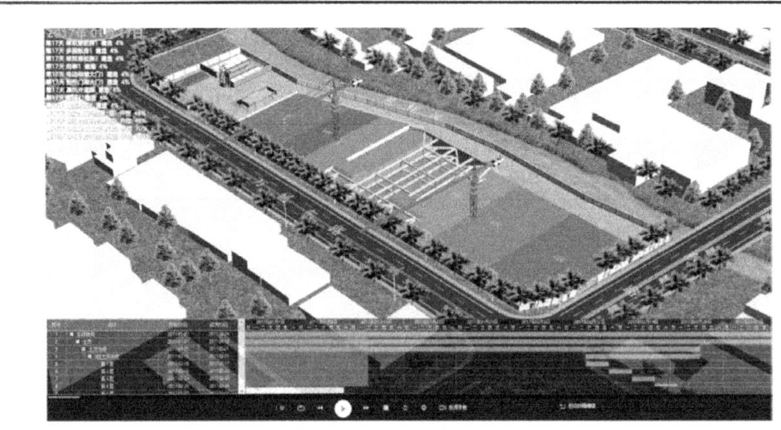

图1 土方开挖

3.8.3 基坑施工

1. 理正基坑施工BIM方案演示软件

理正基坑施工BIM方案演示软件 表3-8-3

<table>
<tr><td>软件名称</td><td colspan="3">理正基坑施工BIM方案演示软件</td><td>厂商名称</td><td colspan="2">北京理正软件股份有限公司</td></tr>
<tr><td colspan="3">代码</td><td colspan="2">应用场景</td><td colspan="2">业务类型</td></tr>
<tr><td colspan="3">C58/M58</td><td colspan="2">施工实施_基坑施工</td><td colspan="2">建筑工程/变电站</td></tr>
<tr><td>最新版本</td><td colspan="6">V1.0 2019</td></tr>
<tr><td>输入格式</td><td colspan="6">.cga（工程文件格式）/.mai（内部模型转换格式）/.pbim/.lbp（理正轻量化格式）/.3ds/.fbx/.dxf</td></tr>
<tr><td>输出格式</td><td colspan="6">.cga/.mp4</td></tr>
<tr><td rowspan="3">推荐硬件配置</td><td>操作系统</td><td>64位Windows10</td><td>处理器</td><td>3.2GHz</td><td>内存</td><td>16GB</td></tr>
<tr><td>显卡</td><td>2GB</td><td>磁盘空间</td><td>500MB</td><td>鼠标要求</td><td>带滚轮</td></tr>
<tr><td>其他</td><td colspan="5">显卡要求GTX750Ti或HD6970以上</td></tr>
<tr><td rowspan="2">最低硬件配置</td><td>操作系统</td><td>64位Windows7</td><td>处理器</td><td>2.8GHz</td><td>内存</td><td>4GB</td></tr>
<tr><td>显卡</td><td>1GB</td><td>磁盘空间</td><td>500MB</td><td>鼠标要求</td><td>带滚轮</td></tr>
<tr><td colspan="7">功能介绍</td></tr>
<tr><td colspan="7">C58/M58：
理正基坑施工BIM方案演示软件，拥有自主知识产权的“三维图形平台LZCG”渲染核心，内置专业模型库。软件通过“参数化方式”快速创建基坑、道路建筑等模型。可集成理正三维地质模型、轻量化模型、P-BIM、Revit、3DS、FBX、dxf等多种二三维模型数据，实现快速场布，丰富场景内容。满足基坑方案设计、施工方案模拟动画，是助力施工企业完成基坑施工模拟、投标方案汇报以及智慧工地可视化管理的平台，大大提升基坑施工企业BIM应用水平</td></tr>
</table>

续表

（1）三维场布。基于二维平面参考底图，将地质三维模型、支护模型、道路、建筑物、施工车辆、配景等模型导入场地，精确快速地进行三维场景布置（图1）。

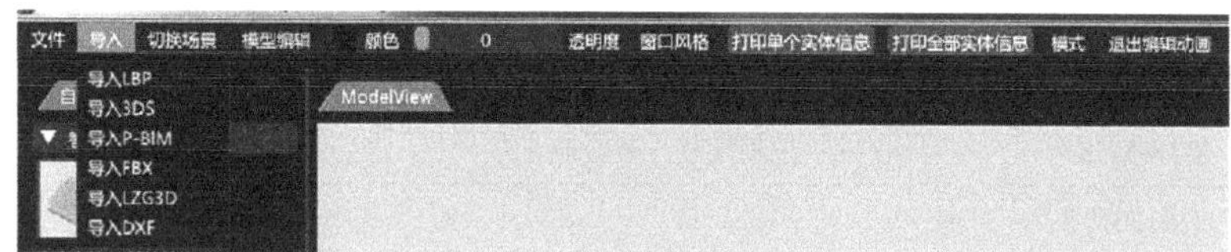

图1 丰富集成能力

（2）施工模型创建。实现“参数化方式”，快速完成原始地层、基坑分层、分区等基坑开挖模型及道路、建筑物及其他模型参数化建立（图2）。

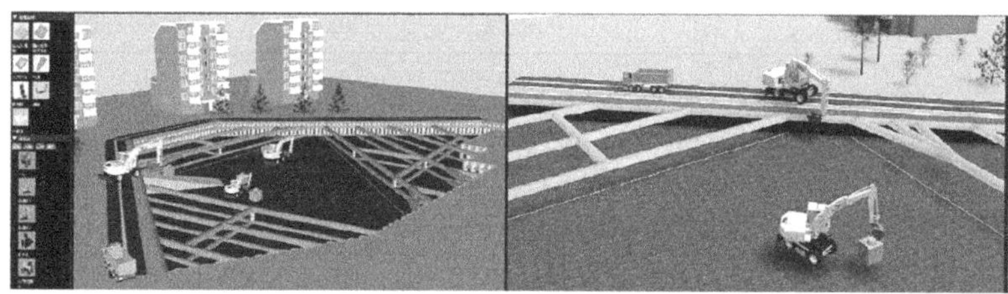

图2 施工模型创建

（3）基坑方案设计。通过软件视频编辑功能，利用图文、动画模板与特效实现规划、支护建造、分层分区开挖、日照等仿真模拟及场景漫游的方案设计。系统支持高清图片、4K视频导出、场景渲染，为投标方案提供高品质素材（图3~图5）。

图3 基坑方案设计

图4 导入底图并创建相关模型

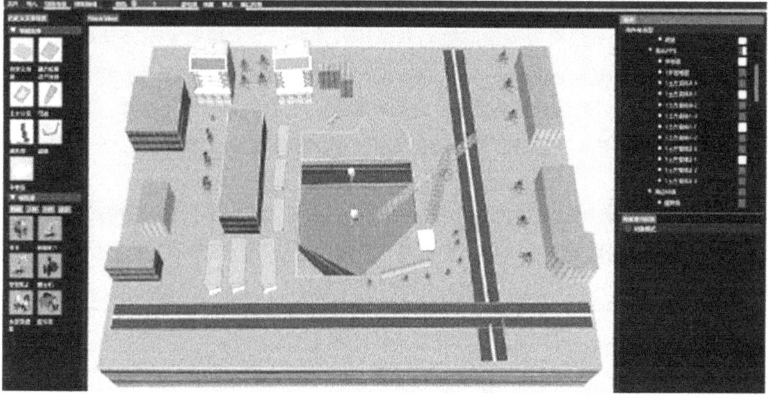

图5 关闭底图后创建模型效果

2. 理正基坑施工BIM监管平台

理正基坑施工BIM监管平台 表3-8-4

<table>
<tr><td>软件名称</td><td colspan="3">理正基坑施工BIM监管平台</td><td>厂商名称</td><td colspan="2">北京理正软件股份有限公司</td></tr>
<tr><td colspan="3">代码</td><td colspan="2">应用场景</td><td colspan="2">业务类型</td></tr>
<tr><td colspan="3">C58/M58</td><td colspan="2">施工实施_基坑施工</td><td colspan="2">建筑工程/变电站</td></tr>
<tr><td>最新版本</td><td colspan="6">V1.0 2019</td></tr>
<tr><td>输入格式</td><td colspan="6">基坑支护P-BIM格式/监管采集点文件/计划进度.xlsx</td></tr>
<tr><td>输出格式</td><td colspan="6">施工监管数据库文件.mdb</td></tr>
<tr><td rowspan="2">推荐硬件配置</td><td>操作系统</td><td>64位Windows10</td><td>处理器</td><td>2GHz</td><td>内存</td><td>8GB</td></tr>
<tr><td>显卡</td><td>1GB</td><td>磁盘空间</td><td>700MB</td><td>鼠标要求</td><td>带滚轮</td></tr>
<tr><td rowspan="2">最低硬件配置</td><td>操作系统</td><td>64位Windows10</td><td>处理器</td><td>1GHz</td><td>内存</td><td>4GB</td></tr>
<tr><td>显卡</td><td>512MB</td><td>磁盘空间</td><td>500MB</td><td>鼠标要求</td><td>带滚轮</td></tr>
<tr><td colspan="7">功能介绍</td></tr>
<tr><td colspan="7">**C58/M58：**
理正基坑施工BIM监管平台是结合“互联网+BIM”技术的安全监管云平台，可以实现复杂基坑工程施工过程基于BIM的可视化监测及监测数据空间可视化展示、基坑监测数据录入与分析、实时监测、危险源数据预警推送、沉降变形曲线的发展反演、基坑安全远程监控、基坑日常巡检数据录入与分析、基坑安全监测问题网上处理等功能，提升基坑安全监测结果的直观性和过程的实时性。
（1）项目信息管理：项目信息登记，支持对多个边坡（基坑）项目进行安全监测管理。
（2）项目人员策划：策划项目安全监测干系方的相关人员，这些人员可以使用系统进行基坑安全监测的相关工作。
（3）项目云盘：管理项目文件，实现跨组织的资料传递和共享。
（4）总监控台：将边坡（或基坑）BIM模型、监测点信息、监测状态、摄像头视频、上报及处置信息统一展示，边坡（基坑）安全监管一张图。
（5）数据上报：由监测人员将手工采集的数据按照统一格式即时上传到系统或通过系统接口将智能监测设备自动采集的检测数据上传到系统。
（6）安全巡查：现场安全巡检员使用手机App将巡检结果即时上报到系统。
（7）监测问题处置：系统对超出警戒值的监测数据即时预警，安全监测干系方使用系统进行远程协作、会商，并进行处置。
（8）监测信息综合查询：可系统查询各监测点的监测数据，查看数据的变化趋势。
（9）监测信息空间查询：BIM模型结合位移彩色云图、激光扫描点云数据，对边坡（基坑）空间变形情况进行更直观的查询。
（10）监测模型管理：管理边坡（基坑）施工或运维模型，对不同工况下的模型进行管理。
系统不仅适用于基坑安全监测，也可应用于边坡、隧道、桥梁等分部分项工程在施工期和使用期的基于BIM的安全监测（图1～图3）</td></tr>
</table>

续表

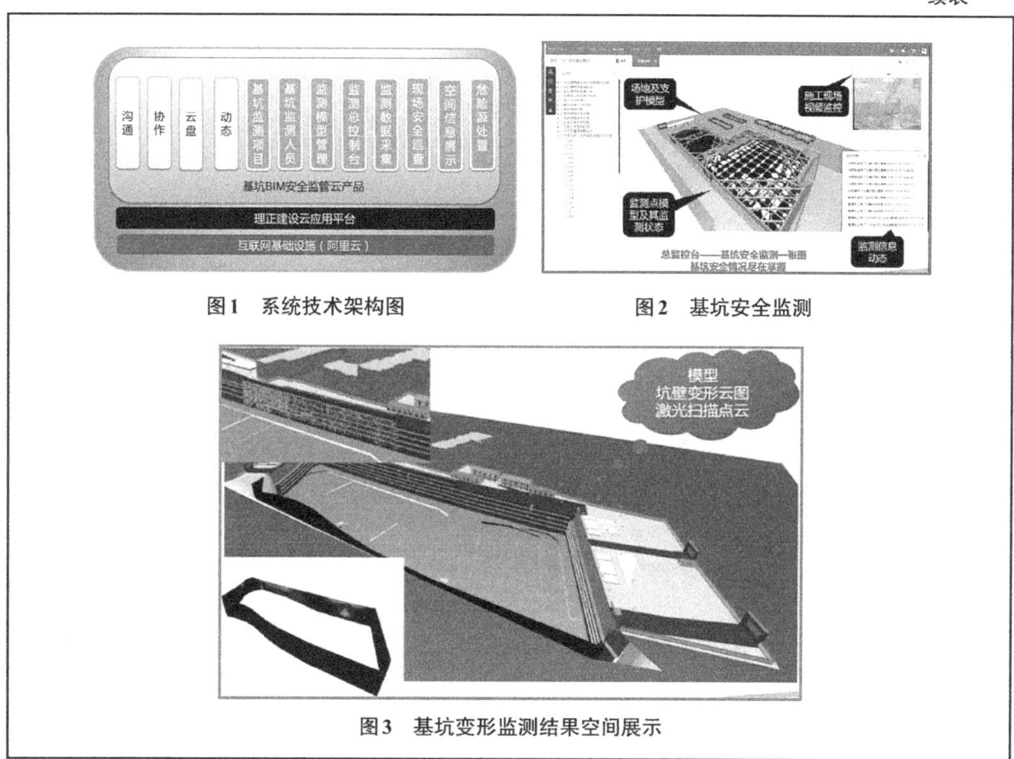

图1 系统技术架构图　　图2 基坑安全监测

图3 基坑变形监测结果空间展示

3. Trimble Field Points for SketchUp

Trimble Field Points for SketchUp 　　表3-8-5

软件名称	Trimble Field Points for SketchUp			厂商名称	天宝寰宇电子产品（上海）有限公司	
代码			应用场景		业务类型	
C58/F58			施工实施_基坑施工		建筑工程/管道工程	
最新版本	Trimble Field Points for SketchUp v3.1					
输入格式	.csv/.txt					
输出格式	.csv/.tfl					
推荐硬件配置	操作系统	64位Windows10	处理器	2GHz	内存	8GB
	显卡	1GB	磁盘空间	700MB	鼠标要求	带滚轮
最低硬件配置	操作系统	64位Windows10	处理器	1GHz	内存	4GB
	显卡	512MB	磁盘空间	500MB	鼠标要求	带滚轮
功能介绍						

C58/F58：

1.本软硬件在“施工实施_基坑施工”应用上的介绍及优势

Trimble Field Points for SketchUp可基于SketchUp模型快速创建放样点位，例如：轴网交叉点位、地脚螺栓点位、土建结构点位、幕墙预埋件点位、MEP支吊架点位、装饰完成面点位等

续表

Trimble Field Points for SketchUp的优势：操作简便，表达直观，无需专业的测绘知识。数据格式与Trimble Field Link无缝对接，直接应用于Trimble的BIM放样机器人中（图1~图3）。 2.本软硬件在“施工实施_基坑施工”应用上的操作难易度 在SketchUp中拾取点列表→导入BIM放样机器人→现场放样。操作难易程度：低。 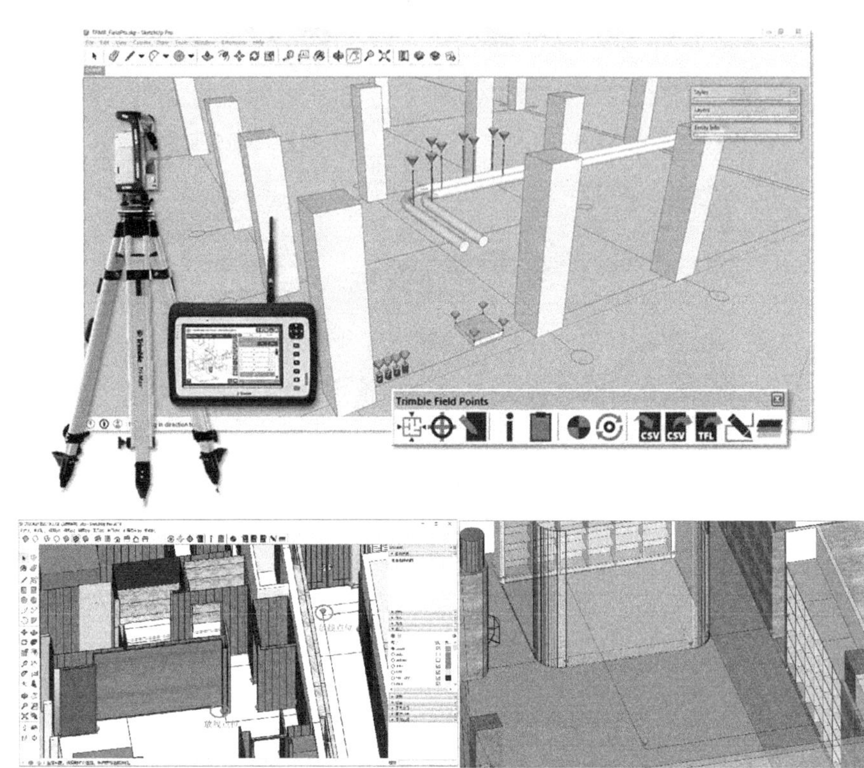 图1 快速创建放样点位

3.8.4 钢筋加工

ProStructures

ProStructures 表3-8-6

软件名称	ProStructures	厂商名称	Bentley
代码		应用场景	业务类型
C38/D38/E38/F38/G38/H38/J38/K38/M38/N38/P38		深化设计_钢结构设计辅助和建模	建筑工程/水处理/垃圾处理/管道工程/道路工程/桥梁工程/隧道工程/铁路工程/变电站/电网工程/水坝工程
C42/D42/E42/F42/G42/H42/J42/K42/M42/N42/P42		深化设计_冲突检测	
C43/D43/E43/F43/G43/H43/J43/K43/M43/N43/P43		深化设计_工程量统计	

续表

C55/D55/E55/F55/G55/H55/J55/K55/M55/N55/P55		施工准备_钢筋工程设计		建筑工程/水处理/垃圾处理/管道工程/道路工程/桥梁工程/隧道工程/铁路工程/变电站/电网工程/水坝工程		
C59/D59/E59/F59/G59/H59/J59/K59/M59/N59/P59		施工实施_钢筋加工				
最新版本	ProStructures CONNECT Edition Update 5					
输入格式	.dgn/.dwg					
输出格式	.dgn/.dwg/.ifc					
推荐硬件配置	操作系统	64位Windows10	处理器	2GHz	内存	32GB
	显卡	1GB	磁盘空间	20GB	鼠标要求	带滚轮
最低硬件配置	操作系统	64位Windows10	处理器	1GHz	内存	4GB
	显卡	512MB	磁盘空间	10GB	鼠标要求	带滚轮
功能介绍						

C38/D38/E38/F38/G38/H38/J38/K38/M38/N38/P38
C42/D42/E42/F42/G42/H42/J42/K42/M42/N42/P42
C43/D43/E43/F43/G43/H43/J43/K43/M43/N43/P43
C55/D55/E55/F55/G55/H55/J55/K55/M55/N55/P55
C59/D59/E59/F59/G59/H59/J59/K59/M59/N59/P59：

ProStructures是基于MicroStation平台开发的专业三维钢结构和钢筋混凝土建模、绘图及深化加工的软件系统。用户可以在软件中方便地建立各种钢结构的三维模型和钢筋混凝土深化模型。系统自动生成所有的施工图、加工详图和材料表。

ProSteel模块技术特点

1. 软件界面和基本操作

ProSteel可以帮助用户轻松完成三维实体建模；楼梯、桁架、檩条系统自动生成单元；智能化节点自动连接；模拟碰撞检测；组件、零件自动编号；自动生成生产图纸（平、立面布置图，组件图，零件图，剖面图，节点详图等）；自动生成各种报表（材料表、螺栓统计表、生产管制表等）；PDF、EXCEL、HTML等多格式输出；数控机床数据接口及国内外多种软件接口。

2. 型钢和自定义截面及螺栓

ProSteel拥有30多个系列、1800多种标准截面。这些标准截面的数据都存放在统一的数据库中，用户可以方便地扩充数据库，插入自定义的截面尺寸，或者添加新的截面形式。ProSteel允许用户通过截面轮廓线和其他参数来自定义复杂的截面形式，并且可以保存在单独的数据库中。自定义截面库的使用方法与操作标准截面库相同。用户还可以把几个标准或特殊截面组合起来构成一个新的截面。新的组合截面构件本身是一个实体，即所有的操作如延长、截断等，对组合截面中所有的单个截面都产生作用。当然，材料表和施工图数据可以从单个截面提取。节点连接中所有必需的螺栓都是自动生成的。螺栓参数如螺栓种类、垫圈、间隙和其他必要的附件都可以调节。

3. 编辑工具

可进行构件拷贝、移动、镜像、克隆等常规编辑操作；可进行构件分割、钻孔、自适应切割、斜切、钝化转角、添加螺栓、开槽等加工操作；可在指定位置添加各种形状的加劲肋，可选择构件和方向以确定构件坐标系，便于进行细部操作。

4. 自动节点连接

ProSteel选择节点类型和连接构件后即可生成节点.允许客户设置和调整节点参数，包含通用的端板连接、底板连接、角钢连接、拼接连接、加腋连接、支撑连接、檩条连接等类型。包括很多国外的常用节点类

续表

型和我国《多、高层民用建筑钢结构节点构造详图》01SG519图集中常用的节点类型。常用节点可外挂节点参数库，可根据构件截面信息自动筛选参数。强大的编辑功能可保证客户生成自己的节点类型。 5. 附属结构参数化建模 ProSteel提供了一种生成附属构件的快捷方式。一些复杂且重复率高的模型，如楼梯、栏杆、门式钢架及其节点等，只需点击几下鼠标即可生成。所有子结构和附属构件后期都可以进行参数化调整。 6. 自动生成2D图纸 ProSteel可从三维模型中全自动提取所有图纸。自动智能添加螺栓标注、焊缝标注、材料表、尺寸、图框等对象。 7. 自动生成材料表 材料表的生成和处理是ProSteel的重要功能。系统自动生成标准数据库文件。ProSteel有一个功能强大的材料表生成程序。除了可以使用各种类型、大小的字体选项以外，还可以在材料表中包含各种图标文件。材料表表项的排列可以有不同的排序方式，用户可以通过过滤方式在材料表中略去部分表项，用户还可以汇总多张图纸的构件以生成统一的材料表。 8. 二次开发和导入导出 ProStructures允许用户使用VS2015 IDE进行二次开发。用户可以编写一个程序来进行重复性的工作。通过Bentley的ISM格式，ProStructures可以跟很多结构软件交互数据，比如：STAAD.Pro、Tekla、Revit等。 **ProConrete模块技术特点** （1）强大的参数化混凝土和钢筋建模； （2）丰富的钢筋编辑和显示工具； （3）自动生成混凝土用量及钢筋下料清单； （4）碰撞检查：ProStructures可以对整个模型进行碰撞检测，也可以只对指定构件进行检测。最小碰撞检测距离可以任意设定。碰撞检测不仅对构件进行检测，还检测螺栓及其孔洞之间的装配净间隙是否足够要求
接本书7.12节彩页

3.8.5 隐蔽工程记录

1. Trimble Scan Essentials for SketchUp

Trimble Scan Essentials for SketchUp 表3-8-7

软件名称	Trimble Scan Essentials for SketchUp		厂商名称	天宝寰宇电子产品（上海）有限公司
代码		应用场景		业务类型
A01/B01/C01/F01/G01/H01/J01		通用建模和表达		城市规划/场地景观/建筑工程/管道工程/道路工程/桥梁工程/隧道工程
A03/B03/C03/F03/G03/H03/J03		环境拍照及扫描		城市规划/场地景观/建筑工程/管道工程/道路工程/桥梁工程/隧道工程
C60/F60/H60/J60		施工实施_隐蔽工程记录		建筑工程/管道工程/桥梁工程/隧道工程
C72/F72/H72/J72		施工实施_竣工与验收		建筑工程/管道工程/桥梁工程/隧道工程
最新版本	Trimble Scan Essentials for SketchUp 1.2020.1113			
输入格式	las/.rwp/.e57/.laz			
输出格式	无			

续表

推荐硬件配置	操作系统	64位 Windows10	处理器	2.8GHz	内存	32GB
	显卡	3GB	磁盘空间	1GB	鼠标要求	三键鼠标
最低硬件配置	操作系统	64位 Windows8.1	处理器	2.8GHz	内存	16GB
	显卡	1GB	磁盘空间	500MB	鼠标要求	带滚轮

功能介绍

C60/F60/H60/J60：

1.本软硬件在"施工实施_隐蔽工程记录"应用上的介绍及优势

Trimble Scan Essentials for SketchUp可将施工过程中重要节点的点云数据在SketchUp中依次叠加保存，形成更直观的全要素隐蔽工程资料。Trimble Scan Essentials for SketchUp 的优势：无须格式转换，可实时查看，方便与SketchUp模型对比查验（图1）。

2.本软硬件在"施工实施_隐蔽工程记录"应用上的操作难易度

操作流程：数据采集→数据处理（Trimble RealWorks）→SketchUp中直接读取。

可在SketchUp中直接打开点云数据查看和建模，无须导入、导出。操作难易程度：低。

图1　隐蔽工程扫描

接本书7.5节彩页

2. Trimble SketchUp Pro/Trimble Business Center/SketchUp mobile viewer/水处理模块For SketchUp/垃圾处理模块For SketchUp/能源化工模块For SketchUp/6D For SketchUp

Trimble SketchUp Pro/Trimble Business Center/SketchUp mobile viewer/水处理模块For SketchUp/垃圾处理模块For SketchUp/能源化工模块For SketchUp/6D For SketchUp **表3-8-8**

软件名称	Trimble SketchUp Pro/Trimble Business Center/ SketchUp mobile viewer/水处理模块For SketchUp/垃圾处理模块For SketchUp/能源化工模块For SketchUp/6D For SketchUp	厂商名称	天宝寰宇电子产品（上海）有限公司/辽宁乐成能源科技有限公司
代码	应用场景		业务类型
D06/E06/F06	勘察岩土_勘察外业设计辅助和建模		水处理/垃圾处理/管道工程（能源化工）
D11/E11/F11	勘察岩土_岩土工程计算和分析		水处理/垃圾处理/管道工程（能源化工）
D16/E16/F16	规划/方案设计_设计辅助和建模		水处理/垃圾处理/管道工程（能源化工）
D22/E22/F22	规划/方案设计_算量和造价		水处理/垃圾处理/管道工程（能源化工）
D23/E23/F23	规划/方案设计_设计成果渲染与表达		水处理/垃圾处理/管道工程（能源化工）
D25/E25/F25	初步/施工图设计_设计辅助和建模		水处理/垃圾处理/管道工程（能源化工）
D30/E30/F30	初步/施工图设计_算量和造价		水处理/垃圾处理/管道工程（能源化工）
D31/E31/F31	初步/施工图设计_设计成果渲染与表达		水处理/垃圾处理/管道工程（能源化工）
D33/E33/F33	深化设计_深化设计辅助和建模		水处理/垃圾处理/管道工程（能源化工）
D38/E38/F38	深化设计_钢结构设计辅助和建模		水处理/垃圾处理/管道工程（能源化工）
D44/E44/F44	深化设计_算量和造价		水处理/垃圾处理/管道工程（能源化工）
D46/E46/F46	招采_招标投标采购		水处理/垃圾处理/管道工程（能源化工）
D47/E47/F47	招采_投资与招商		水处理/垃圾处理/管道工程（能源化工）
D48/E48/F48	招采_其他		水处理/垃圾处理/管道工程（能源化工）
D49/E49/F49	施工准备_施工场地规划		水处理/垃圾处理/管道工程（能源化工）
D50/E50/F50	施工准备_施工组织和计划		水处理/垃圾处理/管道工程（能源化工）
D60/E60/F60	施工实施_隐蔽工程记录		水处理/垃圾处理/管道工程（能源化工）
D62/E62/F62	施工实施_成本管理		水处理/垃圾处理/管道工程（能源化工）
D63/E63/F63	施工实施_进度管理		水处理/垃圾处理/管道工程（能源化工）
D66/E66/F66	施工实施_算量和造价		水处理/垃圾处理/管道工程（能源化工）
D74/E74/F74	运维_空间登记与管理		水处理/垃圾处理/管道工程（能源化工）
D75/E75/F75	运维_资产登记与管理		水处理/垃圾处理/管道工程（能源化工）
D78/E78/F78	运维_其他		水处理/垃圾处理/管道工程（能源化工）

续表

<table>
<tr><td>最新版本</td><td colspan="6">Trimble SketchUp Pro2021/Trimble Business Center/SketchUp mobile viewer/水处理模块 For SketchUp/垃圾处理模块 For SketchUp/能源化工模块 For SketchUp/6D For SketchUp</td></tr>
<tr><td>输入格式</td><td colspan="6">.skp/.3ds/.dae/.dem/.ddf/.dwg/.dxf/.ifc/.ifcZIP/.kmz/.stl/.jpg/.png/.psd/.tif/.tag/.bmp</td></tr>
<tr><td>输出格式</td><td colspan="6">.skp/.3ds/.dae/.dwg/.dxf/.fbx/.ifc/.kmz/.obj/.wrl/.stl/.xsi/.jpg/.png/.tif/.bmp/.mp4/.avi/.webm/.ogv/.xls</td></tr>
<tr><td rowspan="2">推荐硬件配置</td><td>操作系统</td><td>64位 Windows10</td><td>处理器</td><td>2GHz</td><td>内存</td><td>8GB</td></tr>
<tr><td>显卡</td><td>1GB</td><td>磁盘空间</td><td>700MB</td><td>鼠标要求</td><td>带滚轮</td></tr>
<tr><td rowspan="2">最低硬件配置</td><td>操作系统</td><td>64位 Windows10</td><td>处理器</td><td>1GHz</td><td>内存</td><td>4GB</td></tr>
<tr><td>显卡</td><td>512MB</td><td>磁盘空间</td><td>500MB</td><td>鼠标要求</td><td>带滚轮</td></tr>
<tr><td colspan="7">功能介绍</td></tr>
</table>

D60/E60/F60：

1. 本软硬件在“施工实施_隐蔽工程记录”应用上的介绍及优势

使用本软件对各种隐蔽系统和设备信息进行三维直观描述，并将其编号或者文字说明转换为模型的属性信息，直观形象，方便查找，可作为运维管理依据。

2. 本软硬件在“施工实施_隐蔽工程记录”应用上的操作难易度

本软件操作流程：隐蔽工程建模→赋予信息→查找信息。将隐蔽工程部分建模记录在整体模型中，并赋予信息，便于提取。模型可显示X透视模式，直接查看隐蔽工程的状态（图1）。

图1　X透视模式

3.8.6 质量管理

1. 理正建设云——施工企业项目协作与管理平台

理正建设云——施工企业项目协作与管理平台　　表3-8-9

<table>
<tr><td>软件名称</td><td>理正建设云——施工企业项目协作与管理平台</td><td>厂商名称</td><td>北京理正软件股份有限公司</td></tr>
<tr><td>代码</td><td colspan="2">应用场景</td><td>业务类型</td></tr>
<tr><td>A61/B61/C61/D61/E61/F61/G61</td><td colspan="2">施工实施_质量管理</td><td rowspan="3">城市规划/场地景观/建筑工程/水处理/垃圾处理/管道工程/道路工程</td></tr>
<tr><td>A63/B63/C63/D63/E63/F63/G63</td><td colspan="2">施工实施_进度管理</td></tr>
<tr><td>A64/B64/C64/D64/E63/F64/G64</td><td colspan="2">施工实施_安全管理</td></tr>
</table>

续表

最新版本	V2.0 2020					
输入格式	在线浏览.doc/.xlsx/.ppt/.pdf/.dwg/.jpeg/.jpg/.png/.bmp/.bim模型（理正LBP格式及常见三维格式）					
输出格式	在线浏览.doc/.xlsx/.ppt/.pdf/.dwg/.jpeg/.jpg/.png/.bmp/.bim模型（理正LBP格式及常见三维格式）					
推荐硬件配置	操作系统	64位Windows10	处理器	2GHz	内存	8GB
	显卡	1GB	磁盘空间	700MB	鼠标要求	带滚轮
最低硬件配置	操作系统	64位Windows10	处理器	1GHz	内存	4GB
	显卡	512MB	磁盘空间	500MB	鼠标要求	带滚轮
功能介绍						

A61/B61/C61/D61/E61/F61/G61
A63/B63/C63/D63/E63/F63/G63
A64/B64/C64/D64/E64/F64/G64：

该产品是借助互联网技术，面向施工企业的两级管理（公司级、项目部级），提供线上云应用的产品，解决施工项目的管控和协调处置，提升施工企业对项目全过程以及各个业务点位的管控能力。利用该产品，所有沟通协商过程中产生的信息、文档、图纸和数据都被永久地留存下来，做到事事可留痕，事事可追溯（图1）。

公司级：实现公司各业务部门对项目部的直接管理，如合同、请款、施工方案、计划进度等的上报、下达；实现公司各业务部门对施工现场业务的监管、抽查、协调处置等。

项目部：对上级，实现施工现场项目部对公司各业务主管部门的各类事务的上报和接收；对下级，实现施工现场项目部与分包单位、材料供应商等对接。

项目各参与方的管控与协调处置。实现项目部对项目实施过程的直接管控和协调处置，包括日常巡检、人员管理、变更签证管理、考勤管理、合同管理、技术交底、支付管理、分包管理等（图2）。

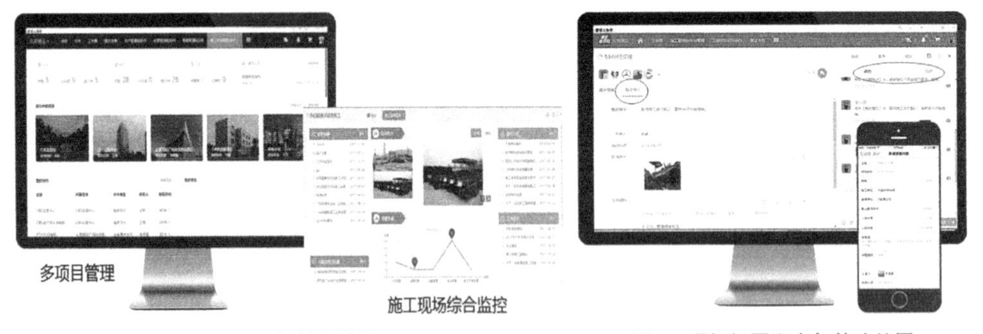

图1　现场综合监控　　　　图2　现场问题巡查与整改处置

2. Synchro Pro

Synchro Pro **表3-8-10**

<table>
<tr><td>软件名称</td><td colspan="3">Synchro Pro</td><td>厂商名称</td><td colspan="2">Bentley</td></tr>
<tr><td colspan="2">代码</td><td colspan="3">应用场景</td><td colspan="2">业务类型</td></tr>
<tr><td colspan="2">A49/B49/C49/D49/E49/F49/G49/H49/J49/K49/L49/M49/N49/P49/Q49</td><td colspan="3">施工准备_施工场地规划</td><td colspan="2" rowspan="9">城市规划/场地景观/建筑工程
水处理/垃圾处理/管道工程
道路工程/桥梁工程/隧道工程
铁路工程/信号工程/变电站
电网工程/水坝工程/飞行工程</td></tr>
<tr><td colspan="2">A50/B50/C50/D50/E50/F50/G50/H50/J50/K50/L50/M50/N50/P50/Q50</td><td colspan="3">施工准备_施工组织和计划</td></tr>
<tr><td colspan="2">A51/B51/C51/D51/E51/F51/G51/H51/J51/K51/L51/M51/N51/P51/Q51</td><td colspan="3">施工准备_施工仿真</td></tr>
<tr><td colspan="2">A61/B61/C61/D61/E61/F61/G61/H61/J61/K61/L61/M61/N61/P61/Q61</td><td colspan="3">施工实施_质量管理</td></tr>
<tr><td colspan="2">A62/B62/C62/D62/E62/F62/G62/H62/J62/K62/L62/M62/N62/P62/Q62</td><td colspan="3">施工实施_成本管理</td></tr>
<tr><td colspan="2">A63/B63/C63/D63/E63/F63/G63/H63/J63/K63/L63/M63/N63/P63/Q63</td><td colspan="3">施工实施_进度管理</td></tr>
<tr><td colspan="2">A64/B64/C64/D64/E64/F64/G64/H64/J64/K64/L64/M64/N64/P64/Q64</td><td colspan="3">施工实施_安全管理</td></tr>
<tr><td colspan="2">A66/B66/C66/D66/E66/F66/G66/H66/J66/K66/L66/M66/N66/P66/Q66</td><td colspan="3">施工实施_算量和造价</td></tr>
<tr><td colspan="2">A68/B68/C68/D68/E68/F68/G68/H68/J68/K68/L68/M68/N68/P68/Q68</td><td colspan="3">施工实施_物资管理</td></tr>
<tr><td>最新版本</td><td colspan="6">SYNCHRO Pro 6.2.2.0</td></tr>
<tr><td>输入格式</td><td colspan="6">.sp/.spm/.spx</td></tr>
<tr><td>输出格式</td><td colspan="6">.sp/.spm/.spx</td></tr>
<tr><td rowspan="2">推荐硬件配置</td><td>操作系统</td><td>64位Windows10</td><td>处理器</td><td>2GHz</td><td>内存</td><td>16GB</td></tr>
<tr><td>显卡</td><td>2GB</td><td>磁盘空间</td><td>1TB</td><td>鼠标要求</td><td>带滚轮</td></tr>
<tr><td rowspan="2">最低硬件配置</td><td>操作系统</td><td>64位Windows10</td><td>处理器</td><td>1GHz</td><td>内存</td><td>4GB</td></tr>
<tr><td>显卡</td><td>512MB</td><td>磁盘空间</td><td>500GB</td><td>鼠标要求</td><td>带滚轮</td></tr>
<tr><td colspan="7">功能介绍</td></tr>
<tr><td colspan="7">A61/B61/C61/D61/E61/F61/G61/H61/J61/K61/L61/M61/N61/P61/Q61、A62/B62/C62/D62/E62/F62/G62/H62/J62/K62/L62/M62/N62/P62/Q62、A63/B63/C63/D63/E63/F63/G63/H63/J63/K63/L63/M63/N63/P63/Q63、A64/B64/C64/D64/E64/F64/G64/H64/J64/K64/L64/M64/N64/P64/Q64、A66/B66/C66/D66/E66/F66/G66/H66/J66/K66/L66/M66/N66/P66/Q66、A68/B68/C68/D68/E68/F68/G68/H68/J68/K68/L68/M68/N68/P68/Q68：
1. 本软件在“施工实施_质量管理、施工实施_成本管理、施工实施_进度管理、施工实施_安全管理、施工实施_算量和造价、施工实施_物资管理”应用上的介绍及优势
Synchro提供了一套成熟的项目进度管理解决方案；从前期规划到项目实施，从管理中心到项目现场，以突破方式，为整个项目的各参与方，包括：业主、设计方、承包商、分包商、材料供应商等提供实时共享的工程过程数据，真正通过BIM技术对项目实施全过程进行管理</td></tr>
</table>

续表

基于BIM模型的进度编制：Synchro提供了基于BIM模型的进度编制功能，帮助你通过模型和其底层属性，快速建立详细的进度计划；并且建立的进度信息将与模型稳固地结合在一起，帮助你建立精细化管理的基础。 进度可视化和施工方案预演：Bentley Synchro能够帮助你快速地生成整个项目的进度模拟动画，来展示你的进度管理要求；通过设置3D运动路径及工作空间，即可实现预制件装配、复杂设备吊装、塔吊安全施工等方案预演。在模拟过程中，通过动态碰撞检测，验证施工逻辑的可行性。通过实施关键路径上设备进度计划的预演和模拟，对进度规划进行优化。 建造过程跟踪管理：Synchro提供了资源状态模块和移动端的应用，帮助你将模型和进度带到现场，能够与相关业务部门数据真正进行整合；统筹整个项目数据进行规划管理，从项目目标按时按质完成项目建造为基础，反向推动每个环节，信息共享，跟踪和管理整个建造过程。同时，Synchro还可以将现场采集的照片/3D扫描模型导入Synchro中，了解现场实际进度情况，进行进度更新；了解现场场地情况，进行施工规划。 进度变更/优化管理：Synchro提供基于CPM的任务变更管理，可以快速调整方案，同时通过关键任务链可快速分析变更是否对项目周期造成影响。另外，通过CPM可以对整个计划重新规划，使得项目进度更为紧凑，在不增加风险的情况下缩短工期。在Synchro中，由任务变更导致的模型变更发生后，模型与任务之间的关联关系保留，前期模型切割、资源分配等工作也保留，后续工作可直接进行，避免重复劳动，且不需要额外的人力成本投入。另一方面，Synchro提供多个3D窗口，每个3D窗口可以关联一个不同的进度计划，这样就可以在同一时间内进行多个进度计划的4D模拟对比，进而达到优化目的。并以报表的形式统计两个方案的不同之处，为进度优化提供一个参考。 工程量化数据管理：Synchro提供模型信息和进度数据通过关联关系实现相互之间的数字化交互，快速建立基于整合数据分析的概算模型，通过模型属性准确得到工程量，为施工周期规划提供依据。进度数据可通过外部信息或模型属性快速分类添加施工人员、租用设备、材料资源等相关信息，并自动生成资源情况柱状图，为资源的准备计划提供支撑。 挣值（成本和进度）分析：在Synchro中，每一个任务都对应一套计划成本信息和实际成本信息，包括人工、设备、材料、风险等，并通过EVA挣值分析，能够对某个时期内计划成本和实际成本等做一个系统的掌握和对比。另外，EVA图和甘特图关联，可以随时清晰查看某个施工阶段各项成本信息。 信息共享：Bentley Synchro通过报表导出，可以将以上所有资源和成本信息进行规范导出，将数据传递至各个环节，辅助决策。 协同工作：Synchro能够将整合的项目核心数据，基于云端进行共享，例如传送至平板电脑，让现场管理人员随身携带进行现场施工管理，并进行实际数据的录入。同时Synchro 4D还可以与MR混合现实技术结合，真正带你走进施工现场进行施工，如进行吊装模拟操作、将虚拟规划和现场结合，真正完成一次吊装工作。更进一步，现场采集的信息也可以通过提供的应用随时与项目核心数据对接，进行更新，使项目各方都能够了解最新信息，并提出反馈。 数据接口：Bentley Synchro提供开放的数据接口，能够使你将项目核心数据与其他管理平台或应用端进行数据对接，提供更多丰富的应用，满足项目需求。 2. 本软件在“施工实施_质量管理、施工实施_成本管理、施工实施_进度管理、施工实施_安全管理、施工实施_算量和造价、施工实施_物资管理”应用上的操作难易度 操作流程：模型录入→进度录入→资源规划→数字预演→优化更新→现场跟踪→动态控制。 Synchro整套解决方案包括了桌面端、云端、移动端以及与虚拟现实技术结合，让你的数据不再是孤岛的形式，可以提供不同数据存储形式，并且基于云端方式，将各个数据互通，能够灵活、实时地将各个场景下提交的信息进行汇总和管理；不论是在办公室还是在现场都能随时了解项目情况，更新当前最新情况，对未来发出指令。Synchro底层数据提供丰富的数据接口，能够帮助我们随时与其他平台或者数据进行对接，将项目的BIM数据、业务数据、现场情况等数据进行关联，并可传输至基于网页的管理平台中，让项目的参与方真正方便、及时了解项目最新情况，并基于最新规划进行执行

3.8.7 成本管理

1. 品茗BIM施工策划软件

品茗BIM施工策划软件　　表3-8-11

<table>
<tr><td>软件名称</td><td colspan="3">品茗BIM施工策划软件</td><td>厂商名称</td><td colspan="2">杭州品茗安控信息技术股份有限公司</td></tr>
<tr><td colspan="2">代码</td><td colspan="2">应用场景</td><td colspan="3">业务类型</td></tr>
<tr><td colspan="2">C04</td><td colspan="2">可视化仿真与VR</td><td colspan="3">建筑工程</td></tr>
<tr><td colspan="2">C51</td><td colspan="2">施工准备_施工仿真</td><td colspan="3">建筑工程</td></tr>
<tr><td colspan="2">C57</td><td colspan="2">施工实施_土方工程</td><td colspan="3">建筑工程</td></tr>
<tr><td colspan="2">C62</td><td colspan="2">施工实施_成本管理</td><td colspan="3">建筑工程</td></tr>
<tr><td>最新版本</td><td colspan="6">V3.2.1.17243</td></tr>
<tr><td>输入格式</td><td colspan="6">.skp/.pbim/.obj/.simobj/.pmobj/.simgroupgj/.dwg</td></tr>
<tr><td>输出格式</td><td colspan="6">.skp/.pbim/.dwg/.png/.MP4</td></tr>
<tr><td rowspan="2">推荐硬件配置</td><td>操作系统</td><td>64位Windows10</td><td>处理器</td><td>3.5GHz</td><td>内存</td><td>16GB</td></tr>
<tr><td>显卡</td><td>RTX2060（6GB）</td><td>磁盘空间</td><td>6GB</td><td>鼠标要求</td><td>带滚轮</td></tr>
<tr><td rowspan="2">最低硬件配置</td><td>操作系统</td><td>32位Windows7</td><td>处理器</td><td>2.5GHz</td><td>内存</td><td>8GB</td></tr>
<tr><td>显卡</td><td>GTX1030（2GB）</td><td>磁盘空间</td><td>2GB</td><td>鼠标要求</td><td>带滚轮</td></tr>
<tr><td colspan="7">功能介绍</td></tr>
</table>

C62：

1. 本软件在“成本管理”应用上的介绍及优势

本软件可对场布构件进行材料统计，可统计围墙大门等临时设施的用量，可导入单价，帮助管控成本用量（图1）。

2. 本软件在“成本管理”应用上的操作难易度

操作流程：二维建模→单价设置→材料统计。

本软件二维建模后，可导入单价表或者输入单个构件的单价，再点击材料统计即可统计各阶段的量以及总量，操作简单（图1）。

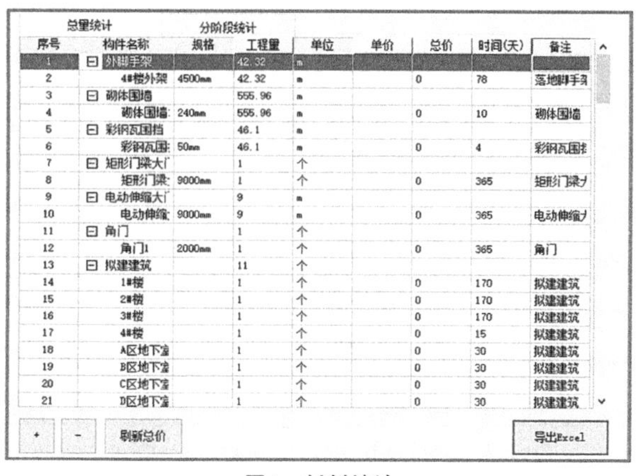

序号	构件名称	规格	工程量	单位	单价	总价	时间(天)	备注
1	⊟ 外脚手架		42.32	m				
2	4#楼外架	4500mm	42.32	m		0	78	落地脚手习
3	⊟ 砌体围墙		555.96	m				
4	砌体围墙:	240mm	555.96	m		0	10	砌体围墙
5	⊟ 彩钢瓦围挡		46.1	m				
6	彩钢瓦围:	50mm	46.1	m		0	4	彩钢瓦围挡
7	⊟ 矩形门梁大门		1	个				
8	矩形门梁:	9000mm	1	个		0	365	矩形门梁大
9	⊟ 电动伸缩大门		9	m				
10	电动伸缩:	9000mm	9	m		0	365	电动伸缩大
11	⊟ 角门		1	个				
12	角门1	2000mm	1	个		0	365	角门
13	⊟ 拟建建筑		11	个				
14	1#楼		1	个		0	170	拟建建筑
15	2#楼		1	个		0	170	拟建建筑
16	3#楼		1	个		0	170	拟建建筑
17	4#楼		1	个		0	15	拟建建筑
18	A区地下室		1	个		0	30	拟建建筑
19	B区地下室		1	个		0	30	拟建建筑
20	C区地下室		1	个		0	30	拟建建筑
21	D区地下室		1	个		0	30	拟建建筑

图1　材料统计

2. Trimble SketchUp Pro/Trimble Business Center/SketchUp mobile viewer/水处理模块For SketchUp/垃圾处理模块For SketchUp/能源化工模块For SketchUp/6D For SketchUp

Trimble SketchUp Pro/Trimble Business Center/SketchUp mobile viewer/水处理模块For SketchUp/垃圾处理模块For SketchUp/能源化工模块For SketchUp/6D For SketchUp **表3-8-12**

软件名称	Trimble SketchUp Pro/Trimble Business Center/SketchUp mobile viewer/水处理模块For SketchUp/垃圾处理模块For SketchUp/能源化工模块For SketchUp/6D For SketchUp	厂商名称	天宝寰宇电子产品(上海)有限公司/辽宁乐成能源科技有限公司
代码	应用场景		业务类型
D06/E06/F06	勘察岩土_勘察外业设计辅助和建模		水处理/垃圾处理/管道工程(能源化工)
D11/E11/F11	勘察岩土_岩土工程计算和分析		水处理/垃圾处理/管道工程(能源化工)
D16/E16/F16	规划/方案设计_设计辅助和建模		水处理/垃圾处理/管道工程(能源化工)
D22/E22/F22	规划/方案设计_算量和造价		水处理/垃圾处理/管道工程(能源化工)
D23/E23/F23	规划/方案设计_设计成果渲染与表达		水处理/垃圾处理/管道工程(能源化工)
D25/E25/F25	初步/施工图设计_设计辅助和建模		水处理/垃圾处理/管道工程(能源化工)
D30/E30/F30	初步/施工图设计_算量和造价		水处理/垃圾处理/管道工程(能源化工)
D31/E31/F31	初步/施工图设计_设计成果渲染与表达		水处理/垃圾处理/管道工程(能源化工)
D33/E33/F33	深化设计_深化设计辅助和建模		水处理/垃圾处理/管道工程(能源化工)
D38/E38/F38	深化设计_钢结构设计辅助和建模		水处理/垃圾处理/管道工程(能源化工)
D44/E44/F44	深化设计_算量和造价		水处理/垃圾处理/管道工程(能源化工)
D46/E46/F46	招采_招标投标采购		水处理/垃圾处理/管道工程(能源化工)
D47/E47/F47	招采_投资与招商		水处理/垃圾处理/管道工程(能源化工)
D48/E48/F48	招采_其他		水处理/垃圾处理/管道工程(能源化工)
D49/E49/F49	施工准备_施工场地规划		水处理/垃圾处理/管道工程(能源化工)
D50/E50/F50	施工准备_施工组织和计划		水处理/垃圾处理/管道工程(能源化工)
D60/E60/F60	施工实施_隐蔽工程记录		水处理/垃圾处理/管道工程(能源化工)
D62/E62/F62	施工实施_成本管理		水处理/垃圾处理/管道工程(能源化工)
D63/E63/F63	施工实施_进度管理		水处理/垃圾处理/管道工程(能源化工)
D66/E66/F66	施工实施_算量和造价		水处理/垃圾处理/管道工程(能源化工)
D74/E74/F74	运维_空间登记与管理		水处理/垃圾处理/管道工程(能源化工)
D75/E75/F75	运维_资产登记与管理		水处理/垃圾处理/管道工程(能源化工)
D78/E78/F78	运维_其他		水处理/垃圾处理/管道工程(能源化工)
最新版本	Trimble SketchUp Pro2021/Trimble Business Center/ SketchUp mobile viewer/水处理模块For SketchUp/垃圾处理模块For SketchUp/能源化工模块For SketchUp/6D For SketchUp		

续表

<table>
<tr><td>输入格式</td><td colspan="6">.skp/.3ds/.dae/.dem/.ddf/.dwg/.dxf/.ifc/.ifcZIP/.kmz/.stl/.jpg/.png/.psd/.tif/.tag/.bmp</td></tr>
<tr><td>输出格式</td><td colspan="6">.skp/.3ds/.dae/.dwg/.dxf/.fbx/.ifc/.kmz/.obj/.wrl/.stl/.xsi/.jpg/.png/.tif/.bmp/.mp4/.avi/.webm/.ogv/.xls</td></tr>
<tr><td rowspan="2">推荐硬件配置</td><td>操作系统</td><td>64位 Windows10</td><td>处理器</td><td>2GHz</td><td>内存</td><td>8GB</td></tr>
<tr><td>显卡</td><td>1GB</td><td>磁盘空间</td><td>700MB</td><td>鼠标要求</td><td>带滚轮</td></tr>
<tr><td rowspan="2">最低硬件配置</td><td>操作系统</td><td>64位 Windows10</td><td>处理器</td><td>1GHz</td><td>内存</td><td>4GB</td></tr>
<tr><td>显卡</td><td>512MB</td><td>磁盘空间</td><td>500MB</td><td>鼠标要求</td><td>带滚轮</td></tr>
<tr><td colspan="7">功能介绍</td></tr>
<tr><td colspan="7">D62/E62/F62、D63/E63/F63：
1. 本软硬件在“施工实施_成本管理/进度管理”应用上的介绍及优势
本软件将传统二维进度计划三维可视化，更直观准确，现场未开始时工程为白色，已经完成时工程为绿色，使现场施工进度清晰呈现，为变更决策提供依据。通过此方式，对施工人员、物料、设备进行资源管理，所有进度动态跟踪，避免超支和物料堆积。在此基础上形成项目成本管理，财务人员可通过资金动态跟踪计划，查看计划成本、实际成本、剩余成本，控制资金流，保证施工进度流程顺利。
2. 硬件在“施工实施_成本管理/进度管理”应用上的操作难易度
本软件操作流程：模型填充→填写完成百分比→选择表（项）→显示图表。跟随现场施工进度，可对已建和未建工程进行颜色区分，清晰了解当前进度。填写完成百分比后，即可选择不同的表查看物料、劳务、资金等对应的进度（图1）。
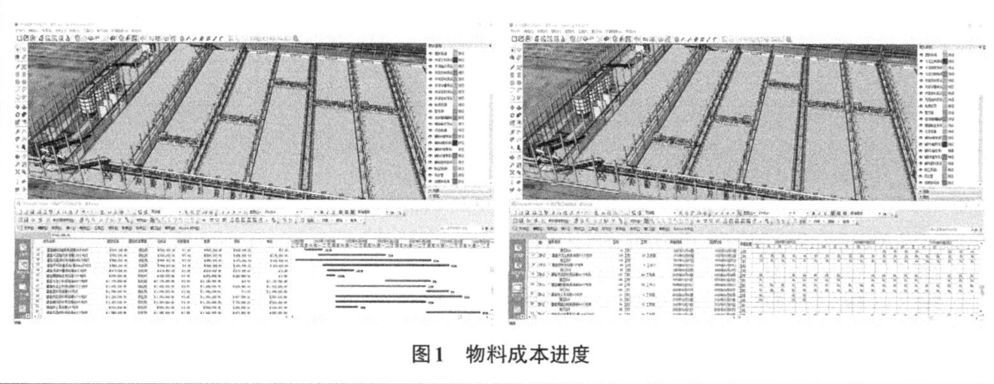
图1　物料成本进度</td></tr>
</table>

3. Synchro Pro

Synchro Pro **表3-8-13**

<table>
<tr><td>软件名称</td><td colspan="2">Synchro Pro</td><td>厂商名称</td><td>Bentley</td></tr>
<tr><td>代码</td><td colspan="3">应用场景</td><td>业务类型</td></tr>
<tr><td>A49/B49/C49/D49/E49/F49/G49/H49/J49/K49/L49/M49/N49/P49/Q49</td><td colspan="3">施工准备_施工场地规划</td><td rowspan="3">城市规划/场地景观/建筑工程
水处理/垃圾处理/管道工程
道路工程/桥梁工程/隧道工程
铁路工程/信号工程/变电站
电网工程/水坝工程/飞行工程</td></tr>
<tr><td>A50/B50/C50/D50/E50/F50/G50/H50/J50/K50/L50/M50/N50/P50/Q50</td><td colspan="3">施工准备_施工组织和计划</td></tr>
<tr><td>A51/B51/C51/D51/E51/F51/G51/H51/J51/K51/L51/M51/N51/P51/Q51</td><td colspan="3">施工准备_施工仿真</td></tr>
</table>

续表

<table>
<tr><td colspan="3">A61/B61/C61/D61/E61/F61/G61/H61/J61/K61/L61/M61/N61/P61/Q61</td><td colspan="2">施工实施_质量管理</td><td colspan="2" rowspan="6">城市规划/场地景观/建筑工程
水处理/垃圾处理/管道工程
道路工程/桥梁工程/隧道工程
铁路工程/信号工程/变电站
电网工程/水坝工程/飞行工程</td></tr>
<tr><td colspan="3">A62/B62/C62/D62/E62/F62/G62/H62/J62/K62/L62/M62/N62/P62/Q62</td><td colspan="2">施工实施_成本管理</td></tr>
<tr><td colspan="3">A63/B63/C63/D63/E63/F63/G63/H63/J63/K63/L63/M63/N63/P63/Q63</td><td colspan="2">施工实施_进度管理</td></tr>
<tr><td colspan="3">A64/B64/C64/D64/E64/F64/G64/H64/J64/K64/L64/M64/N64/P64/Q64</td><td colspan="2">施工实施_安全管理</td></tr>
<tr><td colspan="3">A66/B66/C66/D66/E66/F66/G66/H66/J66/K66/L66/M66/N66/P66/Q66</td><td colspan="2">施工实施_算量和造价</td></tr>
<tr><td colspan="3">A68/B68/C68/D68/E68/F68/G68/H68/J68/K68/L68/M68/N68/P68/Q68</td><td colspan="2">施工实施_物资管理</td></tr>
<tr><td>最新版本</td><td colspan="6">SYNCHRO Pro 6.2.2.0</td></tr>
<tr><td>输入格式</td><td colspan="6">.sp/.spm/.spx</td></tr>
<tr><td>输出格式</td><td colspan="6">.sp/.spm/.spx</td></tr>
<tr><td rowspan="2">推荐硬件配置</td><td>操作系统</td><td>64位Windows10</td><td>处理器</td><td>2GHz</td><td>内存</td><td>16GB</td></tr>
<tr><td>显卡</td><td>2GB</td><td>磁盘空间</td><td>1TB</td><td>鼠标要求</td><td>带滚轮</td></tr>
<tr><td rowspan="2">最低硬件配置</td><td>操作系统</td><td>64位Windows10</td><td>处理器</td><td>1GHz</td><td>内存</td><td>4GB</td></tr>
<tr><td>显卡</td><td>512MB</td><td>磁盘空间</td><td>500GB</td><td>鼠标要求</td><td>带滚轮</td></tr>
<tr><td colspan="7">功能介绍</td></tr>
</table>

A61/B61/C61/D61/E61/F61/G61/H61/J61/K61/L61/M61/N61/P61/Q61
A62/B62/C62/D62/E62/F62/G62/H62/J62/K62/L62/M62/N62/P62/Q62
A63/B63/C63/D63/E63/F63/G63/H63/J63/K63/L63/M63/N63/P63/Q63
A64/B64/C64/D64/E64/F64/G64/H64/J64/K64/L64/M64/N64/P64/Q64
A66/B66/C66/D66/E66/F66/G66/H66/J66/K66/L66/M66/N66/P66/Q66
A68/B68/C68/D68/E68/F68/G68/H68/J68/K68/L68/M68/N68/P68/Q68：

1. 本软件在“施工实施_质量管理、施工实施_成本管理、施工实施_进度管理、施工实施_安全管理、施工实施_算量和造价、施工实施_物资管理”应用上的介绍及优势

Synchro提供了一套成熟的项目进度管理解决方案；从前期规划到项目实施，从管理中心到项目现场，以突破方式，为整个项目的各参与方，包括：业主、设计方、承包商、分包商、材料供应商等提供实时共享的工程过程数据，真正通过BIM技术对项目实施全过程进行管理。

基于BIM模型的进度编制：Synchro提供了基于BIM模型的进度编制功能，帮助你通过模型和其底层属性，快速建立详细的进度计划；并且建立的进度信息将与模型稳固地结合在一起，帮助你建立精细化管理的基础。

进度可视化和施工方案预演：Bentley Synchro能够帮助你快速地生成整个项目的进度模拟动画，来展示你的进度管理要求；通过设置3D运动路径及工作空间，即可实现预制件装配、复杂设备吊装、塔吊安全施工等方案预演。在模拟过程中，通过动态碰撞检测，验证施工逻辑的可行性。通过实施关键路径上设备进行进度计划的预演和模拟，对进度规划进行优化。

建造过程跟踪管理：Synchro提供了资源状态模块和移动端的应用，帮助你将模型和进度带到现场，能够与相关业务部门数据真正进行整合；统筹整个项目数据进行规划管理，从项目目标按时按质完成项目建造为基础，反向推动每个环节，信息共享，跟踪和管理整个建造过程。同时，Synchro还可以将现场采集的照片/3D扫描模型导入Synchro中，了解现场实际进度情况，进行进度更新；了解现场场地情况，进行施工规划

续表

进度变更/优化管理：Synchro提供基于CPM的任务变更管理，可以快速调整方案，同时通过关键任务链可快速分析变更是否对项目周期造成影响。另外，通过CPM可以对整个计划重新规划，使得项目进度更为紧凑，在不增加风险的情况下缩短工期。在Synchro中，由任务变更导致的模型变更发生后，模型与任务之间的关联关系保留，前期模型切割、资源分配等工作也保留，后续工作可直接进行，避免重复劳动，且不需要额外的人力成本投入。另一方面，Synchro提供多个3D窗口，每个3D窗口可以关联一个不同的进度计划，这样就可以在同一时间内进行多个进度计划的4D模拟对比，进而达到优化目的。并以报表的形式统计两个方案的不同之处，为进度优化提供一个参考。 工程量化数据管理：Synchro提供模型信息和进度数据，通过关联关系实现相互之间数字化交互，快速建立基于整合数据分析的概算模型，通过模型属性准确地得到工程量，为施工周期规划提供依据。进度数据可通过外部信息或模型属性快速分类添加施工人员、租用设备、材料资源等相关信息，并自动生成资源情况柱状图，为资源的准备计划提供支撑。 挣值（成本和进度）分析：在Synchro中，每一个任务都对应一套计划成本信息和实际成本信息，包括人工、设备、材料、风险等，并通过EVA挣值分析，能够对某个时期内计划成本和实际成本等做一个系统地掌握和对比。另外，EVA图和甘特图关联，可以随时清晰地查看某个施工阶段各项成本信息。 信息共享：Bentley Synchro通过报表导出，可以将以上所有资源和成本信息进行规范导出，将数据传递至各个环节，辅助决策。 协同工作：Synchro能够将整合的项目核心数据，基于云端进行共享，例如传送至平板电脑，让现场管理人员随身携带进行现场施工管理，并进行实际数据的录入。同时Synchro 4D还可以与MR混合现实技术结合，真正带你走进施工现场进行施工，如进行吊装模拟操作、将虚拟规划和现场结合，真正完成一次吊装工作。更进一步，现场采集的信息也可以通过提供的应用随时与项目核心数据对接，进行更新，使项目的各方都能够了解最新信息，并提出反馈。 数据接口：Bentley Synchro提供开放的数据接口，能够使你将项目核心数据与其他管理平台或应用端进行数据对接，提供更多丰富的应用，满足项目需求。 2. 本软件在“施工实施_质量管理、施工实施_成本管理、施工实施_进度管理、施工实施_安全管理、施工实施_算量和造价、施工实施_物资管理”应用上的操作难易度 操作流程：模型录入→进度录入→资源规划→数字预演→优化更新→现场跟踪→动态控制。 Synchro整套解决方案包括了桌面端、云端、移动端以及与虚拟现实技术结合，让你的数据不再是以孤岛的形式提供不同数据存储，并且基于云端方式，将各个数据互通，能够灵活、实时地将各个场景下提交的信息进行汇总和管理；不论是在办公室还是在现场都能随时了解项目情况，更新当前最新情况，对未来发出指令。Synchro底层数据提供丰富数据接口，能够帮助我们随时与其他平台或者数据进行对接，将项目的BIM数据、业务数据、现场情况等数据进行关联，并可传输至基于网页的管理平台中，让项目的参与方真正方便、及时了解项目最新情况，并基于最新规划进行执行

3.8.8 进度管理

1. 理正建设云——施工企业项目协作与管理平台

理正建设云——施工企业项目协作与管理平台　　表3-8-14

软件名称	理正建设云——施工企业项目协作与管理平台		厂商名称	北京理正软件股份有限公司
代码		应用场景		业务类型
A61/B61/C61/D61/E61/F61/G61		施工实施_质量管理		城市规划/场地景观/建筑工程/水处理/垃圾处理/管道工程/道路工程
A63/B63/C63/D63/E63/F63/G63		施工实施_进度管理		
A64/B64/C64/D64/E63/F64/G64		施工实施_安全管理		

续表

最新版本	V2.0 2020					
输入格式	在线浏览.doc/.xlsx/.ppt/.pdf/.dwg/.jpeg/.jpg/.png/.bmp/.bim模型（理正LBP格式及常见三维格式）					
输出格式	在线浏览.doc/.xlsx/.ppt/.pdf/.dwg/.jpeg/.jpg/.png/.bmp/.bim模型（理正LBP格式及常见三维格式）					
推荐硬件配置	操作系统	64位Windows10	处理器	2GHz	内存	8GB
	显卡	1GB	磁盘空间	700MB	鼠标要求	带滚轮
最低硬件配置	操作系统	64位Windows10	处理器	1GHz	内存	4GB
	显卡	512MB	磁盘空间	500MB	鼠标要求	带滚轮
功能介绍						

A61/B61/C61/D61/E61/F61/G61、A63/B63/C63/D63/E63/F63/G63、A64/B64/C64/D64/E64/F64/G64：

该产品是借助互联网技术，面向施工企业的两级管理（公司级、项目部级），提供线上云应用的产品，解决施工项目的管控和协调处置，提升施工企业对项目全过程以及各个业务点位的管控能力。利用该产品，所有沟通协商过程中产生的信息、文档、图纸和数据都被永久地留存下来，做到事事可留痕，事事可追溯（图1）。

公司级：实现公司各业务部门对项目部的直接管理，如合同、请款、施工方案、计划进度等的上报、下达；实现公司各业务部门对施工现场业务的监管、抽查、协调处置等。

项目部：对上级，实现施工现场项目部对公司各业务主管部门的各类事务的上报和接收；对下级，实现施工现场项目部与分包单位、材料供应商等对接。

项目各参与方的管控与协调处置。实现项目部对项目实施过程的直接管控和协调处置，包括日常巡检、人员管理、变更签证管理、考勤管理、合同管理、技术交底、支付管理、分包管理等（图2）。

图1 现场综合监控　　图2 现场问题巡查与整改处置

2. BIM5D进度管理工具 For SketchUp

BIM5D进度管理工具 For SketchUp　　**表3-8-15**

软件名称	BIM5D进度管理工具 For SketchUp		厂商名称	天宝寰宇电子产品（上海）有限公司/广州乾讯建筑咨询有限公司
代码		应用场景		业务类型
C63		施工实施_进度管理		建筑工程
最新版本	BIM5D进度管理工具 For SketchUp 2019			
输入格式	.skp			

续表

<table>
<tr><td>输出格式</td><td colspan="6">.skp</td></tr>
<tr><td rowspan="2">推荐硬件配置</td><td>操作系统</td><td>64位Windows10</td><td>处理器</td><td>2GHz</td><td>内存</td><td>8GB</td></tr>
<tr><td>显卡</td><td>1GB</td><td>磁盘空间</td><td>700MB</td><td>鼠标要求</td><td>带滚轮</td></tr>
<tr><td rowspan="2">最低硬件配置</td><td>操作系统</td><td>64位Windows10</td><td>处理器</td><td>1GHz</td><td>内存</td><td>4GB</td></tr>
<tr><td>显卡</td><td>512MB</td><td>磁盘空间</td><td>500MB</td><td>鼠标要求</td><td>带滚轮</td></tr>
<tr><td colspan="7">功能介绍</td></tr>
</table>

C63：

1. 本软硬件在“建筑工程_施工实施_进度管理”应用上的介绍及优势

本软件可以实现将SketchUp模型与MSproject项目计划文件进行关联，从而实现快速地创建项目计划，对项目任务工程量进行量化管理（图1、图2）。

2. 本软硬件在“建筑工程_施工实施_进度管理”应用上的操作难易度

本软件操作流程：模型关联任务→任务费用计算→项目进度跟踪。本软件界面简洁，上手容易，经过简单培训即可掌握。

软件将已建成的SketchUp模型与MSproject项目计划进行关联，可以将任务相关的模型直接在项目计划中生成任务，并自动计算工程费用，也可以将已有的任务与模型相关联。根据模型构件的完成数量来计算项目任务的完成度，以实现任务完成度的客观量化评价。

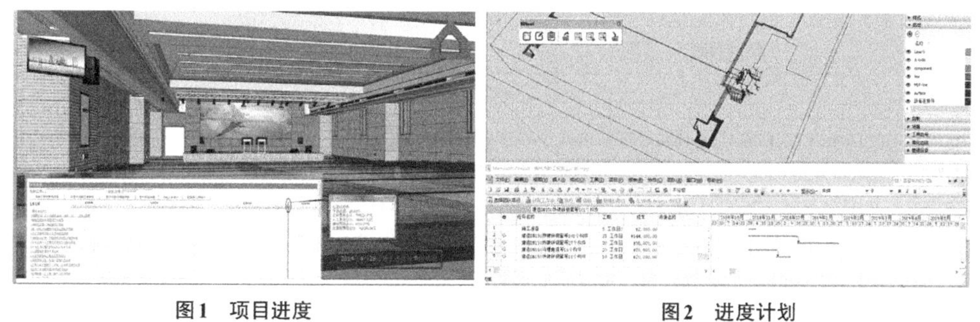

图1 项目进度 **图2 进度计划**

3. ContextCapture

ContextCapture **表3-8-16**

<table>
<tr><td>软件名称</td><td>ContextCapture</td><td>厂商名称</td><td>Bentley</td></tr>
<tr><td colspan="2">代码</td><td>应用场景</td><td>业务类型</td></tr>
<tr><td colspan="2">A01/B01/C01/D01/E01/F01/G01/H01/J01/K01/L01/M01/N01/P01/Q01</td><td>通用建模和表达</td><td rowspan="4">城市规划/场地景观/建筑工程/水处理/垃圾处理/管道工程/道路工程/桥梁工程/隧道工程/铁路工程/信号工程/变电站/电网工程/水坝工程/飞行工程</td></tr>
<tr><td colspan="2">A06/B06/C06/D06/E06/F06/G06/H06/J06/K06/L06/M06/N06/P06/Q06</td><td>勘察岩土_勘察外业设计辅助和建模</td></tr>
<tr><td colspan="2">A63/B63/C63/D63/E63/F63/G63/H63/J63/K63/L63/M63/N63/P63/Q63</td><td>施工实施_进度管理</td></tr>
<tr><td colspan="2">A75/B75/C75/D75/E75/F75/G75/H75/J75/K75/L75/M75/N75/P75/Q75</td><td>运维_资产登记与管理</td></tr>
</table>

续表

最新版本	V10.17					
输入格式	影像：JPEG，Tiff，Panasonic RAW（RW2）、Canon RAW（CRW、CR2）、Nikon RAW（NEF）、Sony RAW（ARW）、Hasselblad（3FR）、Adobe Digital Negative（DNG）、JPEG2000； 点云：E57、LAS、PTX、LAZ和PLY； 视频：Audio Video Interleave（AVI）、MPEG-1/MPEG-2（MPG）、MPEG-4（MP4）、Windows Media Video（WMV）、Quicktime（MOV）					
输出格式	实景模型：DGN、slpk、3sm、3mx、s3c、osgb、fbx、obj，STL、dae、GoogleKML，OpenCities Planner LoD Tree，SpaceEyes3D Builder Layer； 点云：LAS、PLY、POD； 正射影像：TIFF/GeoTIFF、JPEG、KML Super-overlay					
推荐硬件配置	操作系统	64位Windows10	处理器	Intel I7（四核以上），4.0GHz+	内存	64GB
	显卡	NVIDIAGeForce RTX 2080显卡或RTX 2080Ti，TitanX，GTX1080	磁盘空间	高速存储设备（HDD、SSD、SAN）20G	鼠标要求	带滚轮
最低硬件配置	操作系统	64位Windows10	处理器	2.0GHz	内存	8GB
	显卡	兼容OpenGL 3.2并具有至少1GB独立显存的NIVIDIA/AMD/Intel集成图形处理器	磁盘空间	5GB	鼠标要求	带滚轮
功能介绍						

A06/B06/C06/D06/E06/F06/G06/H06/J06/K06/L06/M06/N06/P06/Q06
A63/B63/C63/D63/E63/F63/G63/H63/J63/K63/L63/M63/N63/P63/Q63
A75/B75/C75/D75/E75/F75/G75/H75/J75/K75/L75/M75/N75/P75/Q75：

1.本产品在“勘察岩土_勘察外业设计辅助和建模”应用上的介绍及优势

采用ContextCapture进行实景建模，可以获取现有场地条件并为项目创建数字化环境。也可以作为快速获取最新地形图的一种方式。为项目设计提供可靠的环境信息，方便项目选址、走廊规划、场地布局。实景模型可以及时准确反应项目现场进度和资产工况，因此也可用于施工进度管理的可视化及资产运维中。

2.本产品在“勘察岩土_勘察外业设计辅助和建模”应用上的操作难易度

操作流程：实景导入→选定范围→提取地形→保存地形。

操作流程：实景导入→模型导入→综合展示。

实景模型可以通过参考的方式导入后续设计平台，如OpenRoads Designer、OpenRoads Concept Station，及其他大部分以MicroStation为基础平台的Bentley专业软件中。此外，ContextCapture生成的实景模型还可以导入到主流通用GIS平台中（图1）

续表

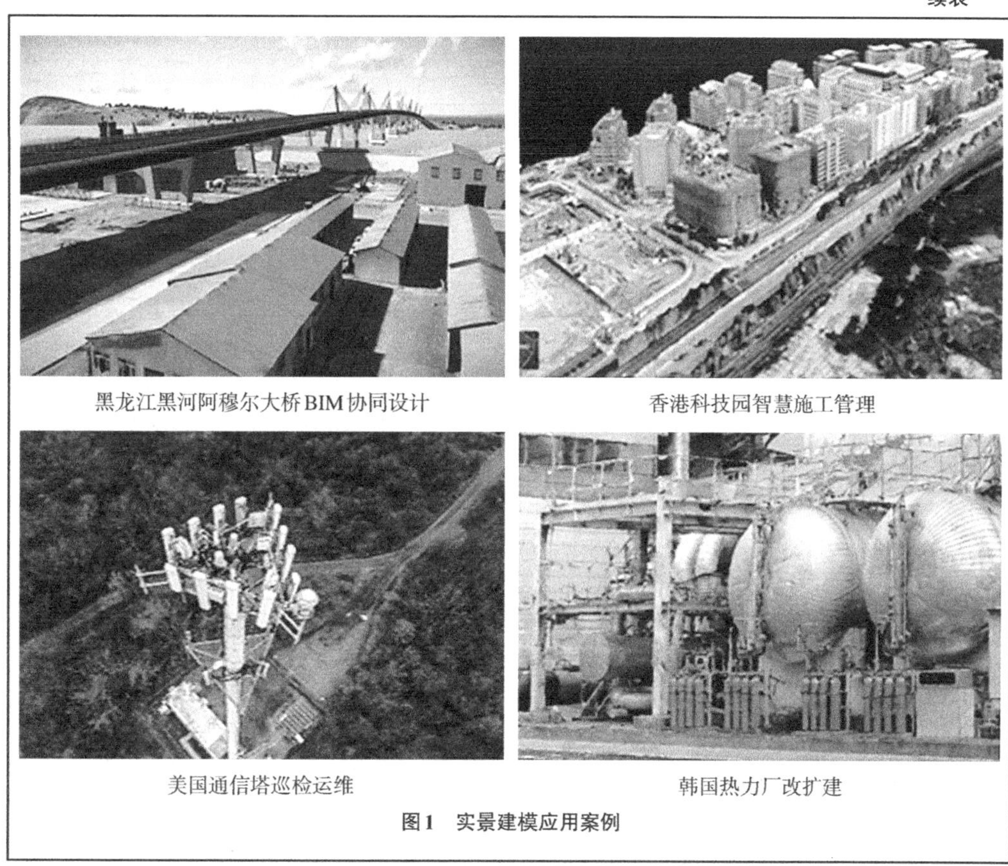

黑龙江黑河阿穆尔大桥BIM协同设计　　香港科技园智慧施工管理

美国通信塔巡检运维　　韩国热力厂改扩建

图1 实景建模应用案例

4. Trimble SketchUp Pro/Trimble Business Center/SketchUp mobile viewer/水处理模块For SketchUp/垃圾处理模块For SketchUp/能源化工模块For SketchUp/6D For SketchUp

Trimble SketchUp Pro/Trimble Business Center/SketchUp mobile viewer/水处理模块For SketchUp/垃圾处理模块For SketchUp/能源化工模块For SketchUp/6D For SketchUp **表3-8-17**

软件名称	Trimble SketchUp Pro/Trimble Business Center/SketchUp mobile viewer/水处理模块For SketchUp/垃圾处理模块For SketchUp/能源化工模块For SketchUp/6D For SketchUp	厂商名称	天宝寰宇电子产品（上海）有限公司/辽宁乐成能源科技有限公司
代码	应用场景		业务类型
D06/E06/F06	勘察岩土_勘察外业设计辅助和建模		水处理/垃圾处理/管道工程（能源化工）
D11/E11/F11	勘察岩土_岩土工程计算和分析		水处理/垃圾处理/管道工程（能源化工）
D16/E16/F16	规划/方案设计_设计辅助和建模		水处理/垃圾处理/管道工程（能源化工）
D22/E22/F22	规划/方案设计_算量和造价		水处理/垃圾处理/管道工程（能源化工）

续表

D23/E23/F23	规划/方案设计_设计成果渲染与表达		水处理/垃圾处理/管道工程（能源化工）			
D25/E25/F25	初步/施工图设计_设计辅助和建模		水处理/垃圾处理/管道工程（能源化工）			
D30/E30/F30	初步/施工图设计_算量和造价		水处理/垃圾处理/管道工程（能源化工）			
D31/E31/F31	初步/施工图设计_设计成果渲染与表达		水处理/垃圾处理/管道工程（能源化工）			
D33/E33/F33	深化设计_深化设计辅助和建模		水处理/垃圾处理/管道工程（能源化工）			
D38/E38/F38	深化设计_钢结构设计辅助和建模		水处理/垃圾处理/管道工程（能源化工）			
D44/E44/F44	深化设计_算量和造价		水处理/垃圾处理/管道工程（能源化工）			
D46/E46/F46	招采_招标投标采购		水处理/垃圾处理/管道工程（能源化工）			
D47/E47/F47	招采_投资与招商		水处理/垃圾处理/管道工程（能源化工）			
D48/E48/F48	招采_其他		水处理/垃圾处理/管道工程（能源化工）			
D49/E49/F49	施工准备_施工场地规划		水处理/垃圾处理/管道工程（能源化工）			
D50/E50/F50	施工准备_施工组织和计划		水处理/垃圾处理/管道工程（能源化工）			
D60/E60/F60	施工实施_隐蔽工程记录		水处理/垃圾处理/管道工程（能源化工）			
D62/E62/F62	施工实施_成本管理		水处理/垃圾处理/管道工程（能源化工）			
D63/E63/F63	施工实施_进度管理		水处理/垃圾处理/管道工程（能源化工）			
D66/E66/F66	施工实施_算量和造价		水处理/垃圾处理/管道工程（能源化工）			
D74/E74/F74	运维_空间登记与管理		水处理/垃圾处理/管道工程（能源化工）			
D75/E75/F75	运维_资产登记与管理		水处理/垃圾处理/管道工程（能源化工）			
D78/E78/F78	运维_其他		水处理/垃圾处理/管道工程（能源化工）			
最新版本	Trimble SketchUp Pro2021/Trimble Business Center/SketchUp mobile viewer/水处理模块 For SketchUp/垃圾处理模块 For SketchUp/能源化工模块 For SketchUp/6D For SketchUp					
输入格式	.skp/.3ds/.dae/.dem/.ddf/.dwg/.dxf/.ifc/.ifcZIP/.kmz/.stl/.jpg/.png/.psd/.tif/.tag/.bmp					
输出格式	.skp/.3ds/.dae/.dwg/.dxf/.fbx/.ifc/.kmz/.obj/.wrl/.stl/.xsi/.jpg/.png/.tif/.bmp/.mp4/.avi/.webm/.ogv/.xls					
推荐硬件配置	操作系统	64位Windows10	处理器	2GHz	内存	8GB
	显卡	1GB	磁盘空间	700MB	鼠标要求	带滚轮
最低硬件配置	操作系统	64位Windows10	处理器	1GHz	内存	4GB
	显卡	512MB	磁盘空间	500MB	鼠标要求	带滚轮
功能介绍						

D62/E62/F62、D63/E63/F63：

1. 本软硬件在“施工实施_成本管理/进度管理”应用上的介绍及优势

本软件将传统二维进度计划三维可视化，更直观准确，现场未开始工程为白色，已经完成工程为绿色，使现场施工进度清晰呈现，为变更决策提供依据。通过此方式，对施工人员、物料、设备进行资源管理，所有进度动态跟踪，避免超支和物料堆积。在此基础上形成项目成本管理，财务人员可通过资金动态跟踪计划，查看计划成本、实际成本、剩余成本，控制资金流，保证施工进度流程顺利。

2. 硬件在“施工实施_成本管理/进度管理”应用上的操作难易度

本软件操作流程：模型填充→填写完成百分比→选择表（项）→显示图表。跟随现场施工进度，可对已建和未建工程进行颜色区分，清晰了解当前进度。填写完成百分比后，即可选择不同的表查看物料、劳务、资金等对应的进度（图1）

续表

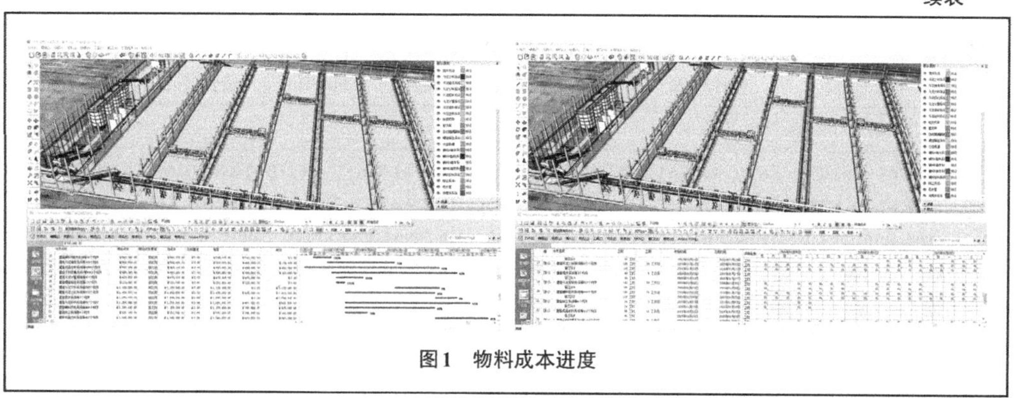

图1 物料成本进度

5. Synchro Pro

Synchro Pro 表3-8-18

软件名称	Synchro Pro		厂商名称	Bentley		
代码		应用场景		业务类型		
A49/B49/C49/D49/E49/F49/G49/H49/J49/K49/L49/M49/N49/P49/Q49		施工准备_施工场地规划		城市规划/场地景观/建筑工程 水处理/垃圾处理/管道工程 道路工程/桥梁工程/隧道工程 铁路工程/信号工程/变电站 电网工程/水坝工程/飞行工程		
A50/B50/C50/D50/E50/F50/G50/H50/J50/K50/L50/M50/N50/P50/Q50		施工准备_施工组织和计划				
A51/B51/C51/D51/E51/F51/G51/H51/J51/K51/L51/M51/N51/P51/Q51		施工准备_施工仿真				
A61/B61/C61/D61/E61/F61/G61/H61/J61/K61/L61/M61/N61/P61/Q61		施工实施_质量管理				
A62/B62/C62/D62/E62/F62/G62/H62/J62/K62/L62/M62/N62/P62/Q62		施工实施_成本管理				
A63/B63/C63/D63/E63/F63/G63/H63/J63/K63/L63/M63/N63/P63/Q63		施工实施_进度管理				
A64/B64/C64/D64/E64/F64/G64/H64/J64/K64/L64/M64/N64/P64/Q64		施工实施_安全管理				
A66/B66/C66/D66/E66/F66/G66/H66/J66/K66/L66/M66/N66/P66/Q66		施工实施_算量和造价				
A68/B68/C68/D68/E68/F68/G68/H68/J68/K68/L68/M68/N68/P68/Q68		施工实施_物资管理				
最新版本	SYNCHRO Pro 6.2.2.0					
输入格式	.sp/.spm/.spx					
输出格式	.sp/.spm/.spx					
推荐硬件配置	操作系统	64位Windows10	处理器	2GHz	内存	16GB
	显卡	2GB	磁盘空间	1TB	鼠标要求	带滚轮

续表

最低硬件配置	操作系统	64位Windows10	处理器	1GHz	内存	4GB
	显卡	512MB	磁盘空间	500GB	鼠标要求	带滚轮
功能介绍						

A61/B61/C61/D61/E61/F61/G61/H61/J61/K61/L61/M61/N61/P61/Q61、A62/B62/C62/D62/E62/F62/G62/H62/J62/K62/L62/M62/N62/P62/Q62、A63/B63/C63/D63/E63/F63/G63/H63/J63/K63/L63/M63/N63/P63/Q63、A64/B64/C64/D64/E64/F64/G64/H64/J64/K64/L64/M64/N64/P64/Q64、A66/B66/C66/D66/E66/F66/G66/H66/J66/K66/L66/M66/N66/P66/Q66、A68/B68/C68/D68/E68/F68/G68/H68/J68/K68/L68/M68/N68/P68/Q68：

1. 本软件在"施工实施_质量管理、施工实施_成本管理、施工实施_进度管理、施工实施_安全管理、施工实施_算量和造价、施工实施_物资管理"应用上的介绍及优势

Synchro提供了一套成熟的项目进度管理解决方案；从前期规划到项目实施，从管理中心到项目现场，以突破方式，为整个项目的各参与方，包括：业主、设计方、承包商、分包商、材料供应商等提供实时共享的工程过程数据，真正通过BIM技术对项目实施全过程进行管理。

基于BIM模型的进度编制：Synchro提供了基于BIM模型的进度编制功能，帮助你通过模型和其底层属性，快速建立详细的进度计划；并且建立的进度信息将与模型稳固地结合在一起，帮助你建立精细化管理的基础。

进度可视化和施工方案预演：Bentley Synchro能够帮助你快速地生成整个项目的进度模拟动画，来展示你的进度管理要求；通过设置3D运动路径及工作空间，即可实现预制件装配、复杂设备吊装、塔吊安全施工等方案预演。在模拟过程中，通过动态碰撞检测，验证施工逻辑的可行性。通过实施关键路径上设备进行进度计划的预演和模拟，对进度规划进行优化。

建造过程跟踪管理：Synchro提供了资源状态模块和移动端的应用，帮助你将模型和进度带到现场，能够与相关业务部门数据真正进行整合；统筹整个项目数据进行规划管理，从项目目标按时按质完成项目建造为基础，反向推动每个环节，信息共享，跟踪和管理整个建造过程。同时，Synchro还可以将现场采集的照片/3D扫描模型导入Synchro中，了解现场实际进度情况，进行进度更新；了解现场场地情况，进行施工规划。

进度变更/优化管理：Synchro提供基于CPM的任务变更管理，可以快速调整方案，同时通过关键任务链可快速分析变更是否对项目周期造成影响。另外，通过CPM可以对整个计划重新规划，使得项目进度更为紧凑，在不增加风险的情况下缩短工期。在Synchro中，由任务变更导致的模型变更发生后，模型与任务之间的关联关系保留，前期模型切割、资源分配等工作也保留，后续工作可直接进行，避免重复劳动，且不需要额外的人力成本投入。另一方面，Synchro提供多个3D窗口，每个3D窗口可以关联一个不同的进度计划，这样就可以在同一时间内进行多个进度计划的4D模拟对比，进而达到优化目的。并以报表的形式统计两个方案的不同之处，为进度优化提供一个参考。

工程量化数据管理：Synchro提供模型信息和进度数据，通过关联关系实现相互之间数字化交互，快速建立基于整合数据分析的概算模型，通过模型属性准确得到工程量，为施工周期规划提供依据。进度数据可通过外部信息或模型属性快速分类添加施工人员、租用设备、材料资源等相关信息，并自动生成资源情况柱状图，为资源的准备计划提供支撑。

挣值（成本和进度）分析：在Synchro中，每一个任务都对应一套计划成本信息和实际成本信息，包括人工、设备、材料、风险等，并通过EVA挣值分析，能够对某个时期内计划成本和实际成本等做一个系统地掌握和对比。另外，EVA图和甘特图关联，可以随时清晰查看某个施工阶段各项成本信息。

信息共享：Bentley Synchro通过报表导出，可以将以上所有资源和成本信息进行规范导出，将数据传递至各个环节，辅助决策。

协同工作：Synchro能够将整合的项目核心数据，基于云端进行共享，例如传送至平板电脑，让现场管理人员随身携带进行现场施工管理，并进行实际数据的录入。同时Synchro 4D还可以与MR混合现实技术结合，真正带你走进施工现场进行施工，如进行吊装模拟操作、将虚拟规划和现场结合，真正完成一次吊装工作。更进一步，现场采集的信息也可以通过提供的应用随时与项目核心数据对接，进行更新，使项目的各方都能够了解最新信息，并提出反馈

续表

数据接口：Bentley Synchro提供开放的数据接口，能够使你将项目核心数据与其他管理平台或应用端进行数据对接，提供更多丰富的应用，满足项目需求。 2. 本软件在“施工实施_质量管理、施工实施_成本管理、施工实施_进度管理、施工实施_安全管理、施工实施_算量和造价、施工实施_物资管理”应用上的操作难易度 操作流程：模型录入→进度录入→资源规划→数字预演→优化更新→现场跟踪→动态控制。 Synchro整套解决方案包括桌面端、云端、移动端以及与虚拟现实技术结合，让你的数据不再是以孤岛的形式提供不同数据存储，并且基于云端方式，将各个数据互通，能够灵活、实时地将各个场景下提交的信息进行汇总和管理；不论是在办公室还是在现场都能随时了解项目情况，更新当前最新情况，对未来发出指令。Synchro底层数据提供丰富数据接口，能够帮助我们随时与其他平台或者数据进行对接，将项目的BIM数据、业务数据、现场情况等进行关联，并可传输至基于网页的管理平台中，让项目的参与方真正方便、及时了解项目最新情况，并基于最新规划执行

3.8.9 安全管理

1. 理正建设云——施工企业项目协作与管理平台

理正建设云——施工企业项目协作与管理平台　　表3-8-19

软件名称	理正建设云——施工企业项目协作与管理平台			厂商名称	北京理正软件股份有限公司	
代码			应用场景		业务类型	
A61/B61/C61/D61/E61/F61/G61			施工实施_质量管理		城市规划/场地景观/建筑工程/水处理/垃圾处理/管道工程/道路工程	
A63/B63/C63/D63/E63/F63/G63			施工实施_进度管理			
A64/B64/C64/D64/E63/F64/G64			施工实施_安全管理			
最新版本	V2.0 2020					
输入格式	在线浏览.doc/.xlsx/.ppt/.pdf/.dwg/.jpeg/.jpg/.png/.bmp/.bim模型（理正LBP格式及常见三维格式）					
输出格式	在线浏览.doc/.xlsx/.ppt/.pdf/.dwg/.jpeg/.jpg/.png/.bmp/.bim模型（理正LBP格式及常见三维格式）					
推荐硬件配置	操作系统	64位Windows10	处理器	2GHz	内存	8GB
	显卡	1GB	磁盘空间	700MB	鼠标要求	带滚轮
最低硬件配置	操作系统	64位Windows10	处理器	1GHz	内存	4GB
	显卡	512MB	磁盘空间	500MB	鼠标要求	带滚轮
功能介绍						
A61/B61/C61/D61/E61/F61/G61、A63/B63/C63/D63/E63/F63/G63、A64/B64/C64/D64/E64/F64/G64： 该产品是借助互联网技术，面向施工企业的两级管理（公司级、项目部级），提供线上云应用的产品，解决施工项目的管控和协调处置，提升施工企业对项目全过程以及各个业务点位的管控能力。利用该产品，所有沟通协商过程中产生的信息、文档、图纸和数据都被永久留存下来，做到事事可留痕、事事可追溯（图1）。 公司级：实现公司各业务部门对项目部的直接管理，如合同、请款、施工方案、计划进度等的上报、下达；实现公司各业务部门对施工现场业务的监管、抽查、协调处置等。 项目部：对上级，实现施工现场项目部对公司各业务主管部门的各类事务的上报和接收；对下级，实现施工现场项目部与分包单位、材料供应商等对接						

续表

<table>
<tr><td>项目各参与方的管控与协调处置。实现项目部对项目实施过程的直接管控和协调处置，包括日常巡检、人员管理、变更签证管理、考勤管理、合同管理、技术交底、支付管理、分包管理等（图2）。
多项目管理　施工现场综合监控
图1　现场综合监控　　图2　现场问题巡查与整改处置</td></tr>
</table>

2. Synchro Pro

Synchro Pro　　表 3-8-20

<table>
<tr><td>软件名称</td><td>Synchro Pro</td><td>厂商名称</td><td>Bentley</td></tr>
<tr><td>代码</td><td colspan="2">应用场景</td><td>业务类型</td></tr>
<tr><td>A49/B49/C49/D49/E49/F49/G49/H49/J49/K49/L49/M49/N49/P49/Q49</td><td colspan="2">施工准备_施工场地规划</td><td rowspan="9">城市规划/场地景观/建筑工程/水处理/垃圾处理/管道工程/道路工程/桥梁工程/隧道工程/铁路工程/信号工程/变电站/电网工程/水坝工程/飞行工程</td></tr>
<tr><td>A50/B50/C50/D50/E50/F50/G50/H50/J50/K50/L50/M50/N50/P50/Q50</td><td colspan="2">施工准备_施工组织和计划</td></tr>
<tr><td>A51/B51/C51/D51/E51/F51/G51/H51/J51/K51/L51/M51/N51/P51/Q51</td><td colspan="2">施工准备_施工仿真</td></tr>
<tr><td>A61/B61/C61/D61/E61/F61/G61/H61/J61/K61/L61/M61/N61/P61/Q61</td><td colspan="2">施工实施_质量管理</td></tr>
<tr><td>A62/B62/C62/D62/E62/F62/G62/H62/J62/K62/L62/M62/N62/P62/Q62</td><td colspan="2">施工实施_成本管理</td></tr>
<tr><td>A63/B63/C63/D63/E63/F63/G63/H63/J63/K63/L63/M63/N63/P63/Q63</td><td colspan="2">施工实施_进度管理</td></tr>
<tr><td>A64/B64/C64/D64/E64/F64/G64/H64/J64/K64/L64/M64/N64/P64/Q64</td><td colspan="2">施工实施_安全管理</td></tr>
<tr><td>A66/B66/C66/D66/E66/F66/G66/H66/J66/K66/L66/M66/N66/P66/Q66</td><td colspan="2">施工实施_算量和造价</td></tr>
<tr><td>A68/B68/C68/D68/E68/F68/G68/H68/J68/K68/L68/M68/N68/P68/Q68</td><td colspan="2">施工实施_物资管理</td></tr>
<tr><td>最新版本</td><td colspan="3">Synchro Pro 6.2.2.0</td></tr>
<tr><td>输入格式</td><td colspan="3">.sp/.spm/.spx</td></tr>
<tr><td>输出格式</td><td colspan="3">.sp/.spm/.spx</td></tr>
</table>

续表

推荐硬件配置	操作系统	64位Windows10	处理器	2GHz	内存	16GB
	显卡	2GB	磁盘空间	1TB	鼠标要求	带滚轮
最低硬件配置	操作系统	64位Windows10	处理器	1GHz	内存	4GB
	显卡	512MB	磁盘空间	500GB	鼠标要求	带滚轮

功能介绍

A61/B61/C61/D61/E61/F61/G61/H61/J61/K61/L61/M61/N61/P61/Q61
A62/B62/C62/D62/E62/F62/G62/H62/J62/K62/L62/M62/N62/P62/Q62
A63/B63/C63/D63/E63/F63/G63/H63/J63/K63/L63/M63/N63/P63/Q63
A64/B64/C64/D64/E64/F64/G64/H64/J64/K64/L64/M64/N64/P64/Q64
A66/B66/C66/D66/E66/F66/G66/H66/J66/K66/L66/M66/N66/P66/Q66
A68/B68/C68/D68/E68/F68/G68/H68/J68/K68/L68/M68/N68/P68/Q68：

1. 本软件在“施工实施_质量管理、施工实施_成本管理、施工实施_进度管理、施工实施_安全管理、施工实施_算量和造价、施工实施_物资管理”应用上的介绍及优势

Synchro提供了一套成熟的项目进度管理解决方案；从前期规划到项目实施、从管理中心到项目现场，以突破方式，为整个项目的各参与方，包括：业主、设计方、承包商、分包商、材料供应商等提供实时共享的工程过程数据，真正通过BIM技术对项目实施全过程进行管理。

基于BIM模型的进度编制：Synchro提供了基于BIM模型的进度编制功能，帮助你通过模型和其底层属性，快速建立详细的进度计划；并且建立的进度信息将与模型稳固地结合在一起，帮助你建立精细化管理的基础。

进度可视化和施工方案预演：Bentley Synchro能够帮助你快速地生成整个项目的进度模拟动画，来展示你的进度管理要求；通过设置3D运动路径及工作空间，即可实现预制件装配、复杂设备吊装、塔吊安全施工等方案预演。在模拟过程中，通过动态碰撞检测，验证施工逻辑的可行性。通过实施关键路径上设备进行进度计划的预演和模拟，对进度规划进行优化。

建造过程跟踪管理：Synchro提供了资源状态模块和移动端的应用，帮助你将模型和进度带到现场，能够与相关业务部门数据真正进行整合；统筹整个项目数据进行规划管理，从项目目标按时按质完成项目建造为基础，反向推动每个环节，信息共享，跟踪和管理整个建造过程。同时，Synchro还可以将现场采集的照片或3D扫描模型导入Synchro中，了解现场实际进度情况，进行进度更新；了解现场场地情况，进行施工规划。

进度变更/优化管理：Synchro提供基于CPM的任务变更管理，可以快速调整方案，同时通过关键任务链可快速分析变更是否对项目周期造成影响。另外，通过CPM可以对整个计划重新规划，使得项目进度更为紧凑，在不增加风险的情况下缩短工期。在Synchro中，由任务变更导致的模型变更发生后，模型与任务之间的关联关系保留，前期模型切割、资源分配等工作也保留，后续工作可直接进行，避免重复劳动，且不需要额外的人力成本投入。另一方面，Synchro提供多个3D窗口，每个3D窗口可以关联一个不同的进度计划，这样就可以在同一时间内进行多个进度计划的4D模拟对比，进而达到优化目的。并以报表的形式统计两个方案的不同之处，为进度优化提供一个参考。

工程量化数据管理：Synchro提供模型信息和进度数据，通过关联关系实现相互之间数字化交互，快速建立基于整合数据分析的概算模型，通过模型属性准确得到工程量，为施工周期规划提供依据。进度数据可通过外部信息或模型属性快速分类添加施工人员、租用设备、材料资源等相关信息，并自动生成资源情况柱状图，为资源的准备计划提供支撑。

挣值（成本和进度）分析：在Synchro中，每一个任务都对应一套计划成本信息和实际成本信息，包括人工、设备、材料、风险等，并通过EVA挣值分析，能够对某个时期内计划成本和实际成本等做一个系统地掌握和对比。另外，EVA图和甘特图关联，可以随时清晰地查看某个施工阶段各项成本信息。

信息共享：Bentley Synchro通过报表导出，可以将以上所有资源和成本信息进行规范导出，将数据传递至各个环节，辅助决策

续表

协同工作：Synchro能够将整合的项目核心数据，基于云端进行共享，例如传送至平板电脑，让现场管理人员随身携带进行现场施工管理，并进行实际数据的录入。同时Synchro 4D还可以与MR混合现实技术结合，真正带你走进施工现场进行施工，如进行吊装模拟操作、将虚拟规划和现场结合，真正完成一次吊装工作。更进一步，现场采集的信息也可以通过提供的应用随时与项目核心数据对接，进行更新，使项目的各方都能够了解最新信息，并提出反馈。 数据接口：Bentley Synchro提供开放的数据接口，能够使你将项目核心数据与其他管理平台或应用端进行数据对接，提供更多丰富的应用，满足项目需求。 2. 本软件在“施工实施_质量管理、施工实施_成本管理、施工实施_进度管理、施工实施_安全管理、施工实施_算量和造价、施工实施_物资管理”应用上的操作难易度 操作流程：模型录入→进度录入→资源规划→数字预演→优化更新→现场跟踪→动态控制。 Synchro整套解决方案包括桌面端、云端、移动端以及与虚拟现实技术结合，让你的数据不再是以孤岛的形式提供不同数据存储，并且基于云端方式，将各个数据互通，能够灵活、实时地将各个场景下提交的信息进行汇总和管理；不论是在办公室还是在现场都能随时了解项目情况，更新当前最新情况，对未来发出指令。Synchro底层数据提供丰富数据接口，能够帮助我们随时与其他平台或者数据进行对接，将项目的BIM数据、业务数据、现场情况等数据进行关联，并可传输至基于网页的管理平台中，让项目的参与方真正方便、及时了解项目最新情况，并基于最新规划进行执行

3.8.10 算量和造价

1. 品茗BIM模板工程设计软件

品茗BIM模板工程设计软件 **表3-8-21**

软件名称	品茗BIM模板工程设计软件			厂商名称	杭州品茗安控信息技术股份有限公司	
代码		应用场景			业务类型	
C52		施工准备_模板设计			建筑工程	
C66		施工实施_算量与造价			建筑工程	
最新版本	2.2.3.9426					
输入格式	.pbim/.dwg					
输出格式	.pbim/.skp/.dwg/.png					
推荐硬件配置	操作系统	64位Windows10	处理器	3.5GHz	内存	16GB
	显卡	RTX2060（6GB）	磁盘空间	6GB	鼠标要求	带滚轮
最低硬件配置	操作系统	32位Windows7	处理器	2.5GHz	内存	8GB
	显卡	GTX1030（2GB）	磁盘空间	2GB	鼠标要求	带滚轮
功能介绍						
C66： 1. 本软硬件在“施工实施_算量与造价”应用上的介绍及优势 本软件主要集中于对模板施工的各类材料的用量进行统计，在架体布置完成生产三维模型后，对模型中各种材料的用量进行统计，统计准确；在完成了“施工实施_模板设计”流程后即可一键生成材料统计表，不需要其余操作或流程，方便简单。 2. 本软硬件在“施工实施_算量与造价”应用上的操作难易度： 操作流程：选择规范→选择架体→输入参数→生成架体→架体调整→材料统计。操作流程是基于“施工准备_模板设计”流程的，在完成此流程后即可一键进行工程量的统计（图1）						

续表

序号	构件信息	单位	工程量
1	⊟ 砼量		
1.1	⊟ 砼强度[C30]	m3	400.537
1.1.1	⊞ 现浇平板	m3	135.194
1.1.2	⊞ 砼柱	m3	60.508
1.1.3	⊞ 砼内墙	m3	12.757
1.1.4	⊞ 次梁	m3	77.243
1.1.5	⊞ 框架梁	m3	109.631
1.1.6	⊞ 沉降后浇带	m3	5.204
2	⊟ 模板		
2.1	⊟ 覆面木胶合板[18]	m2	1608.418
2.1.1	⊟ 现浇平板	m2	521.995
2.1.1.1	⊟ 1层	m2	521.995
2.1.1.1.1	⊟ 其他	m2	521.995
2.1.1.1.1.1	⊞ XB1	m2	505.75
2.1.1.1.1.2	⊞ XB2	m2	16.245
2.1.2	⊞ 砼柱	m2	294.993
2.1.3	⊞ 砼内墙	m2	100.578
2.1.4	⊞ 框架梁	m2	394.044
2.1.5	⊞ 次梁	m2	296.808
3	⊞ 立杆		
4	⊞ 横杆		
5	⊞ 主梁		
6	⊞ 小梁		
7	⊞ 对拉螺栓		
8	⊞ 固定支撑		
9	⊞ 底座\垫板		
10	⊞ 扣件		

图1 材料统计及配架

2. 品茗BIM脚手架工程设计软件

品茗BIM脚手架工程设计软件 表3-8-22

<table>
<tr><td>软件名称</td><td colspan="3">品茗BIM脚手架工程设计软件</td><td>厂商名称</td><td colspan="2">杭州品茗安控信息技术股份有限公司</td></tr>
<tr><td colspan="2">代码</td><td colspan="2">应用场景</td><td colspan="3">业务类型</td></tr>
<tr><td colspan="2">C53</td><td colspan="2">施工准备_脚手架设计</td><td colspan="3">建筑工程</td></tr>
<tr><td colspan="2">C66</td><td colspan="2">施工实施_算量和造价</td><td colspan="3">建筑工程</td></tr>
<tr><td>最新版本</td><td colspan="6">2.1.1.5440</td></tr>
<tr><td>输入格式</td><td colspan="6">.pbim</td></tr>
<tr><td>输出格式</td><td colspan="6">.pbim/.skp/.obj/.hsf/.dwg/.png</td></tr>
<tr><td rowspan="2">推荐硬件配置</td><td>操作系统</td><td>64位Windows10</td><td>处理器</td><td>3.5GHz</td><td>内存</td><td>16GB</td></tr>
<tr><td>显卡</td><td>GTX 7（4GB）</td><td>磁盘空间</td><td>2GB</td><td>鼠标要求</td><td>带滚轮</td></tr>
<tr><td rowspan="2">最低硬件配置</td><td>操作系统</td><td>Win7及以上</td><td>处理器</td><td>2GHz</td><td>内存</td><td>4GB</td></tr>
<tr><td>显卡</td><td>1GB</td><td>磁盘空间</td><td>2GB</td><td>鼠标要求</td><td>带滚轮</td></tr>
<tr><td colspan="7">功能介绍</td></tr>
<tr><td colspan="7">C66：
1. 本软件在“施工实施_算量和造价”应用上的介绍及优势
本软件主要集中于对脚手架施工的各类材料的用量进行统计，在架体布置完成生产三维模型后，对模型中各种材料的用量进行统计，统计准确；在完成了“施工准备_脚手架设计”流程后即可一键生成材料统计表，不需要其余操作或流程，方便简单。
2. 本软件在“施工实施_算量与造价”应用上的操作难易度
操作流程：选择规范→选择架体→输入参数→生成架体→架体调整→材料统计。操作流程是基于“施工准备_脚手架设计”流程的，在完成此流程后即可一键进行工程量的统计（图1）</td></tr>
</table>

续表

图1 材料统计及配架

3. Fabrication

Fabrication 表 3-8-23

<table>
<tr><td>软件名称</td><td colspan="3">Fabrication</td><td>厂商名称</td><td colspan="3">Autodesk</td></tr>
<tr><td colspan="2">代码</td><td colspan="3">应用场景</td><td colspan="3">业务类型</td></tr>
<tr><td colspan="2">C39</td><td colspan="3">深化设计_机电工程设计辅助和建模</td><td colspan="3" rowspan="5">建筑工程</td></tr>
<tr><td colspan="2">C43</td><td colspan="3">深化设计_工程量统计</td></tr>
<tr><td colspan="2">C44</td><td colspan="3">深化设计_算量和造价</td></tr>
<tr><td colspan="2">C54</td><td colspan="3">施工准备_机电安装设计</td></tr>
<tr><td colspan="2">C66</td><td colspan="3">施工实施_算量和造价</td></tr>
<tr><td>最新版本</td><td colspan="7">Fabrication 2021</td></tr>
<tr><td>输入格式</td><td colspan="7">.maj/.caj/.esj/.jot/.rej</td></tr>
<tr><td>输出格式</td><td colspan="7">.maj/.caj/.esj/.jot/.rej/.ifc/.pcf</td></tr>
<tr><td rowspan="3">推荐硬件配置</td><td>操作系统</td><td>64位Windows10</td><td>处理器</td><td>3GHz</td><td>内存</td><td colspan="2">16GB</td></tr>
<tr><td>显卡</td><td>4GB</td><td>磁盘空间</td><td>6GB</td><td>鼠标要求</td><td colspan="2">带滚轮</td></tr>
<tr><td>其他</td><td colspan="6">NET Framework 4.7或更高版本</td></tr>
<tr><td rowspan="3">最低硬件配置</td><td>操作系统</td><td>64位Windows10</td><td>处理器</td><td>2.5GHz</td><td>内存</td><td colspan="2">8GB</td></tr>
<tr><td>显卡</td><td>1GB</td><td>磁盘空间</td><td>6GB</td><td>鼠标要求</td><td colspan="2">带滚轮</td></tr>
<tr><td>其他</td><td colspan="6">NET Framework 4.7或更高版本</td></tr>
</table>

续表

功能介绍

C43、C44、C66：

1. 本软件在“深化设计_工程量统计、深化设计_算量和造价、施工实施_算量和造价”应用上的介绍及优势

（1）导入Revit模型进行算量。

（2）可编辑和操作的计价数据库，以快速进行成本迭代。

（3）利用设计线更快地创建更具竞争力的出价。

（4）向客户显示多个服务定价选项。

（5）通过颜色可视化作业进行成本分析。

2. 本软件在“深化设计_工程量统计、深化设计_算量和造价、施工实施_算量和造价”应用上的操作难易度

基础操作流程，如：创建Revit模型→导出MAJ工作文件→导入Fabrication→数据处理→生成算量数据→调整价格→生成总价。

复用Revit模型，数据无损导入导出，可视化操作，简便易学（图1～图4）。

图1　导入Fabrication

图2　数据处理

图3　算量

图4　生成结果

4. Trimble SketchUp Pro/Trimble Business Center/SketchUp mobile viewer/水处理模块For SketchUp/垃圾处理模块For SketchUp/能源化工模块For SketchUp/6D For SketchUp

Trimble SketchUp Pro/Trimble Business Center/SketchUp mobile viewer/水处理模块For SketchUp/垃圾处理模块For SketchUp/能源化工模块For SketchUp/6D For SketchUp 表3-8-24

软件名称	Trimble SketchUp Pro/Trimble Business Center/SketchUp mobile viewer/水处理模块For SketchUp/垃圾处理模块For SketchUp/能源化工模块For SketchUp/6D For SketchUp	厂商名称	天宝寰宇电子产品（上海）有限公司/辽宁乐成能源科技有限公司
代码	应用场景		业务类型
D06/E06/F06	勘察岩土_勘察外业设计辅助和建模		水处理/垃圾处理/管道工程（能源化工）
D11/E11/F11	勘察岩土_岩土工程计算和分析		水处理/垃圾处理/管道工程（能源化工）
D16/E16/F16	规划/方案设计_设计辅助和建模		水处理/垃圾处理/管道工程（能源化工）
D22/E22/F22	规划/方案设计_算量和造价		水处理/垃圾处理/管道工程（能源化工）
D23/E23/F23	规划/方案设计_设计成果渲染与表达		水处理/垃圾处理/管道工程（能源化工）
D25/E25/F25	初步/施工图设计_设计辅助和建模		水处理/垃圾处理/管道工程（能源化工）
D30/E30/F30	初步/施工图设计_算量和造价		水处理/垃圾处理/管道工程（能源化工）
D31/E31/F31	初步/施工图设计_设计成果渲染与表达		水处理/垃圾处理/管道工程（能源化工）
D33/E33/F33	深化设计_深化设计辅助和建模		水处理/垃圾处理/管道工程（能源化工）
D38/E38/F38	深化设计_钢结构设计辅助和建模		水处理/垃圾处理/管道工程（能源化工）
D44/E44/F44	深化设计_算量和造价		水处理/垃圾处理/管道工程（能源化工）
D46/E46/F46	招采_招标投标采购		水处理/垃圾处理/管道工程（能源化工）
D47/E47/F47	招采_投资与招商		水处理/垃圾处理/管道工程（能源化工）
D48/E48/F48	招采_其他		水处理/垃圾处理/管道工程（能源化工）
D49/E49/F49	施工准备_施工场地规划		水处理/垃圾处理/管道工程（能源化工）
D50/E50/F50	施工准备_施工组织和计划		水处理/垃圾处理/管道工程（能源化工）
D60/E60/F60	施工实施_隐蔽工程记录		水处理/垃圾处理/管道工程（能源化工）
D62/E62/F62	施工实施_成本管理		水处理/垃圾处理/管道工程（能源化工）
D63/E63/F63	施工实施_进度管理		水处理/垃圾处理/管道工程（能源化工）
D66/E66/F66	施工实施_算量和造价		水处理/垃圾处理/管道工程（能源化工）
D74/E74/F74	运维_空间登记与管理		水处理/垃圾处理/管道工程（能源化工）
D75/E75/F75	运维_资产登记与管理		水处理/垃圾处理/管道工程（能源化工）
D78/E78/F78	运维_其他		水处理/垃圾处理/管道工程（能源化工）
最新版本	Trimble SketchUp Pro2021/Trimble Business Center/ SketchUp mobile viewer/水处理模块For SketchUp/垃圾处理模块For SketchUp/能源化工模块For SketchUp/6D For SketchUp		

续表

<table>
<tr><td>输入格式</td><td colspan="6">.skp/.3ds/.dae/.dem/.ddf/.dwg/.dxf/.ifc/.ifcZiP/.kmz/.stl/.jpg/.png/.psd/.tif/.tag/.bmp</td></tr>
<tr><td>输出格式</td><td colspan="6">.skp/.3ds/.dae/.dwg/.dxf/.fbx/.ifc/.kmz/.obj/.wrl/.stl/.xsi/.jpg/.png/.tif/.bmp/.mp4/.avi/.webm/.ogv/.xls</td></tr>
<tr><td rowspan="2">推荐硬件配置</td><td>操作系统</td><td>64位 Windows10</td><td>处理器</td><td>2GHz</td><td>内存</td><td>8GB</td></tr>
<tr><td>显卡</td><td>1GB</td><td>磁盘空间</td><td>700MB</td><td>鼠标要求</td><td>带滚轮</td></tr>
<tr><td rowspan="2">最低硬件配置</td><td>操作系统</td><td>64位 Windows10</td><td>处理器</td><td>1GHz</td><td>内存</td><td>4GB</td></tr>
<tr><td>显卡</td><td>512MB</td><td>磁盘空间</td><td>500MB</td><td>鼠标要求</td><td>带滚轮</td></tr>
<tr><td colspan="7">功能介绍</td></tr>
<tr><td colspan="7">D66/E66/F66：
1. 本软硬件在“施工实施_算量和造价”应用
本软件可为任何组件赋予实际信息，含基本信息、技术信息、产品信息、成本信息，构建信息集成BIM模型。生成材料价格表，更能实现价格表与BIM模型反向赋予联动，保证模型造价信息同步。
2. 本软硬件在“施工实施_算量和造价”应用上的操作难易度
本软件操作流程：赋予信息→统计算量→生成报表。本软件操作简单，无需掌握建模技能也可完成信息化工作。算量报表更是一键生成即可</td></tr>
</table>

5. Synchro Pro

Synchro Pro **表3-8-25**

<table>
<tr><td>软件名称</td><td colspan="2">Synchro Pro</td><td>厂商名称</td><td>Bentley</td></tr>
<tr><td colspan="2">代码</td><td colspan="2">应用场景</td><td>业务类型</td></tr>
<tr><td colspan="2">A49/B49/C49/D49/E49/F49/G49/H49/J49/K49/L49/M49/N49/P49/Q49</td><td colspan="2">施工准备_施工场地规划</td><td rowspan="9">城市规划/场地景观/建筑工程
水处理/垃圾处理/管道工程
道路工程/桥梁工程/隧道工程
铁路工程/信号工程/变电站
电网工程/水坝工程/飞行工程</td></tr>
<tr><td colspan="2">A50/B50/C50/D50/E50/F50/G50/H50/J50/K50/L50/M50/N50/P50/Q50</td><td colspan="2">施工准备_施工组织和计划</td></tr>
<tr><td colspan="2">A51/B51/C51/D51/E51/F51/G51/H51/J51/K51/L51/M51/N51/P51/Q51</td><td colspan="2">施工准备_施工仿真</td></tr>
<tr><td colspan="2">A61/B61/C61/D61/E61/F61/G61/H61/J61/K61/L61/M61/N61/P61/Q61</td><td colspan="2">施工实施_质量管理</td></tr>
<tr><td colspan="2">A62/B62/C62/D62/E62/F62/G62/H62/J62/K62/L62/M62/N62/P62/Q62</td><td colspan="2">施工实施_成本管理</td></tr>
<tr><td colspan="2">A63/B63/C63/D63/E63/F63/G63/H63/J63/K63/L63/M63/N63/P63/Q63</td><td colspan="2">施工实施_进度管理</td></tr>
<tr><td colspan="2">A64/B64/C64/D64/E64/F64/G64/H64/J64/K64/L64/M64/N64/P64/Q64</td><td colspan="2">施工实施_安全管理</td></tr>
<tr><td colspan="2">A66/B66/C66/D66/E66/F66/G66/H66/J66/K66/L66/M66/N66/P66/Q66</td><td colspan="2">施工实施_算量和造价</td></tr>
<tr><td colspan="2">A68/B68/C68/D68/E68/F68/G68/H68/J68/K68/L68/M68/N68/P68/Q68</td><td colspan="2">施工实施_物资管理</td></tr>
</table>

续表

最新版本	Synchro Pro 6.2.2.0					
输入格式	.sp/.spm/.spx					
输出格式	.sp/.spm/.spx					
推荐硬件配置	操作系统	64位 Windows10	处理器	2GHz	内存	16GB
	显卡	2GB	磁盘空间	1TB	鼠标要求	带滚轮
最低硬件配置	操作系统	64位 Windows10	处理器	1GHz	内存	4GB
	显卡	512MB	磁盘空间	500GB	鼠标要求	带滚轮
功能介绍						

A61/B61/C61/D61/E61/F61/G61/H61/J61/K61/L61/M61/N61/P61/Q61
A62/B62/C62/D62/E62/F62/G62/H62/J62/K62/L62/M62/N62/P62/Q62
A63/B63/C63/D63/E63/F63/G63/H63/J63/K63/L63/M63/N63/P63/Q63
A64/B64/C64/D64/E64/F64/G64/H64/J64/K64/L64/M64/N64/P64/Q64
A66/B66/C66/D66/E66/F66/G66/H66/J66/K66/L66/M66/N66/P66/Q66
A68/B68/C68/D68/E68/F68/G68/H68/J68/K68/L68/M68/N68/P68/Q68：

1. 本软件在“施工实施_质量管理、施工实施_成本管理、施工实施_进度管理、施工实施_安全管理、施工实施_算量和造价、施工实施_物资管理”应用上的介绍及优势

Synchro提供了一套成熟的项目进度管理解决方案；从前期规划到项目实施，从管理中心到项目现场，以突破方式，为整个项目的各参与方，包括：业主、设计方、承包商、分包商、材料供应商等提供实时共享的工程过程数据，真正通过BIM技术对项目实施全过程进行管理。

基于BIM模型的进度编制：Synchro提供了基于BIM模型的进度编制功能，帮助你通过模型和其底层属性，快速建立详细的进度计划；并且建立的进度信息将与模型稳固地结合在一起，帮助你建立精细化管理的基础。

进度可视化和施工方案预演：Bentley Synchro能够帮助你快速地生成整个项目的进度模拟动画，来展示你的进度管理要求；通过设置3D运动路径及工作空间，即可实现预制件装配、复杂设备吊装、塔吊安全施工等方案预演。在模拟过程中，通过动态碰撞检测，验证施工逻辑的可行性。通过实施关键路径上设备进行进度计划的预演和模拟，对进度规划进行优化。

建造过程跟踪管理：Synchro提供了资源状态模块和移动端的应用，帮助你将模型和进度带到现场，能够与相关业务部门数据真正进行整合；统筹整个项目数据进行规划管理，从项目目标按时按质完成项目建造为基础，反向推动每个环节，信息共享，跟踪和管理整个建造过程。同时，Synchro还可以将现场采集的照片/3D扫描模型导入Synchro中，了解现场实际进度情况，进行进度更新；了解现场场地情况，进行施工规划。

进度变更/优化管理：Synchro提供基于CPM的任务变更管理，可以快速调整方案，同时通过关键任务链可快速分析变更是否对项目周期造成影响。另外，通过CPM可以对整个计划重新规划，使得项目进度更为紧凑，在不增加风险的情况下缩短工期。在Synchro中，由任务变更导致的模型变更发生后，模型与任务之间的关联关系保留，前期模型切割、资源分配等工作也保留，后续工作可直接进行，避免重复劳动，且不需要额外的人力成本投入。另一方面，Synchro提供多个3D窗口，每个3D窗口可以关联一个不同的进度计划，这样就可以在同一时间内进行多个进度计划的4D模拟对比，进而达到优化目的。并以报表的形式统计两个方案的不同之处，为进度优化提供一个参考。

工程量化数据管理：Synchro提供模型信息和进度数据，通过关联关系实现相互之间数字化交互，快速建立基于整合数据分析的概算模型，通过模型属性准确地得到工程量，为施工周期规划提供依据。进度数据可通过外部信息或模型属性快速分类添加施工人员、租用设备、材料资源等相关信息，并自动生成资源情况柱状图，为资源的准备计划提供支撑。

挣值（成本和进度）分析：在Synchro中，每一个任务都对应一套计划成本信息和实际成本信息，包括人工、设备、材料、风险等，并通过EVA挣值分析，能够对某个时期内计划成本和实际成本等做一个系统地掌握和对比。另外，EVA图和甘特图关联，可以随时清晰查看某个施工阶段各项成本信息

续表

信息共享：Bentley Synchro通过报表导出，可以将以上所有资源和成本信息进行规范导出，将数据传递至各个环节，辅助决策。 协同工作：Synchro能够将整合的项目核心数据，基于云端进行共享，例如传送至平板电脑，让现场管理人员随身携带进行现场施工管理，并进行实际数据的录入。同时Synchro 4D还可以与MR混合现实技术结合，真正带你走进施工现场进行施工，如进行吊装模拟操作、将虚拟规划和现场结合，真正完成一次吊装工作。更进一步，现场采集的信息也可以通过提供的应用随时与项目核心数据对接，进行更新，使项目的各方都能够了解最新信息，并提出反馈。 数据接口：Bentley Synchro提供开放的数据接口，能够使你将项目核心数据与其他管理平台或应用端进行数据对接，提供更多丰富的应用，满足项目需求。 2. 本软件在“施工实施_质量管理、施工实施_成本管理、施工实施_进度管理、施工实施_安全管理、施工实施_算量和造价、施工实施_物资管理”应用上的操作难易度 操作流程：模型录入→进度录入→资源规划→数字预演→优化更新→现场跟踪→动态控制。 Synchro整套解决方案包括桌面端、云端、移动端以及与虚拟现实技术结合，让你的数据不再是以孤岛的形式提供不同数据存储，并且基于云端方式，将各个数据互通，能够灵活、实时地将各个场景下提交的信息进行汇总和管理；不论是在办公室还是在现场都能随时了解项目情况，更新当前最新情况，对未来发出指令。Synchro底层数据提供丰富数据接口，能够帮助我们随时与其他平台或者数据进行对接，将项目的BIM数据、业务数据、现场情况等进行关联，并可传输至基于网页的管理平台中，让项目的参与方真正方便、及时了解项目最新情况，并基于最新规划进行执行

3.8.11 物资管理

1. Synchro Pro

Synchro Pro 表3-8-26

软件名称	Synchro Pro	厂商名称	Bentley
代码	应用场景	业务类型	
A49/B49/C49/D49/E49/F49/G49/H49/J49/K49/L49/M49/N49/P49/Q49	施工准备_施工场地规划	城市规划/场地景观/建筑工程 水处理/垃圾处理/管道工程 道路工程/桥梁工程/隧道工程 铁路工程/信号工程/变电站 电网工程/水坝工程/飞行工程	
A50/B50/C50/D50/E50/F50/G50/H50/J50/K50/L50/M50/N50/P50/Q50	施工准备_施工组织和计划		
A51/B51/C51/D51/E51/F51/G51/H51/J51/K51/L51/M51/N51/P51/Q51	施工准备_施工仿真		
A61/B61/C61/D61/E61/F61/G61/H61/J61/K61/L61/M61/N61/P61/Q61	施工实施_质量管理		
A62/B62/C62/D62/E62/F62/G62/H62/J62/K62/L62/M62/N62/P62/Q62	施工实施_成本管理		
A63/B63/C63/D63/E63/F63/G63/H63/J63/K63/L63/M63/N63/P63/Q63	施工实施_进度管理		
A64/B64/C64/D64/E64/F64/G64/H64/J64/K64/L64/M64/N64/P64/Q64	施工实施_安全管理		
A66/B66/C66/D66/E66/F66/G66/H66/J66/K66/L66/M66/N66/P66/Q66	施工实施_算量和造价		

续表

<table>
<tr><td colspan="3">A68/B68/C68/D68/E68/F68/G68/H68/
J68/K68/L68/M68/N68/P68/Q68</td><td colspan="3">施工实施_物资管理</td><td colspan="2"></td></tr>
<tr><td>最新版本</td><td colspan="7">Synchro Pro 6.2.2.0</td></tr>
<tr><td>输入格式</td><td colspan="7">.sp/.spm/.spx</td></tr>
<tr><td>输出格式</td><td colspan="7">.sp/.spm/.spx</td></tr>
<tr><td rowspan="2">推荐硬件配置</td><td>操作系统</td><td>64位Windows10</td><td>处理器</td><td>2GHz</td><td>内存</td><td>16GB</td><td></td></tr>
<tr><td>显卡</td><td>2GB</td><td>磁盘空间</td><td>1TB</td><td>鼠标要求</td><td>带滚轮</td><td></td></tr>
<tr><td rowspan="2">最低硬件配置</td><td>操作系统</td><td>64位Windows10</td><td>处理器</td><td>1GHz</td><td>内存</td><td>4GB</td><td></td></tr>
<tr><td>显卡</td><td>512MB</td><td>磁盘空间</td><td>500GB</td><td>鼠标要求</td><td>带滚轮</td><td></td></tr>
<tr><td colspan="8">功能介绍</td></tr>
<tr><td colspan="8">A61/B61/C61/D61/E61/F61/G61/H61/J61/K61/L61/M61/N61/P61/Q61
A62/B62/C62/D62/E62/F62/G62/H62/J62/K62/L62/M62/N62/P62/Q62
A63/B63/C63/D63/E63/F63/G63/H63/J63/K63/L63/M63/N63/P63/Q63
A64/B64/C64/D64/E64/F64/G64/H64/J64/K64/L64/M64/N64/P64/Q64
A66/B66/C66/D66/E66/F66/G66/H66/J66/K66/L66/M66/N66/P66/Q66
A68/B68/C68/D68/E68/F68/G68/H68/J68/K68/L68/M68/N68/P68/Q68：
1. 本软件在“施工实施_质量管理、施工实施_成本管理、施工实施_进度管理、施工实施_安全管理、施工实施_算量和造价、施工实施_物资管理”应用上的介绍及优势
Synchro提供了一套成熟的项目进度管理解决方案；从前期规划到项目实施，从管理中心到项目现场，以突破方式，为整个项目的各参与方，包括业主、设计方、承包商、分包商、材料供应商等提供实时共享的工程过程数据，真正通过BIM技术对项目实施全过程进行管理。
基于BIM模型的进度编制：Synchro提供了基于BIM模型的进度编制功能，帮助你通过模型和其底层属性，快速建立详细的进度计划；并且建立的进度信息将与模型稳固地结合在一起，帮助你建立精细化管理的基础。
进度可视化和施工方案预演：Bentley Synchro能够帮助你快速地生成整个项目的进度模拟动画，来展示你的进度管理要求；通过设置3D运动路径及工作空间，即可实现预制件装配、复杂设备吊装、塔吊安全施工等方案预演。在模拟过程中，通过动态碰撞检测，验证施工逻辑的可行性。通过实施关键路径上设备进行进度计划的预演和模拟，对进度规划进行优化。
建造过程跟踪管理：Synchro提供了资源状态模块和移动端的应用，帮助你将模型和进度带到现场，能够与相关业务部门数据真正的进行整合；统筹整个项目数据进行规划管理，从项目目标按时按质完成项目建造为基础，反向推动每个环节，信息共享，跟踪和管理整个建造过程。同时，Synchro还可以将现场采集的照片/3D扫描模型导入Synchro中，了解现场实际进度情况，进行进度更新；了解现场场地情况，进行施工规划。
进度变更/优化管理：Synchro提供基于CPM的任务变更管理，可以快速调整方案，同时通过关键任务链可快速分析变更是否对项目周期造成影响。另外，通过CPM可以对整个计划重新规划，使得项目进度更为紧凑，在不增加风险的情况下缩短工期。在Synchro中，由任务变更导致的模型变更发生后，模型与任务之间的关联关系保留，前期模型切割、资源分配等工作也保留，后续工作可直接进行，避免重复劳动，且不需要额外的人力成本投入。另一方面，Synchro提供多个3D窗口，每个3D窗口可以关联一个不同的进度计划，这样就可以在同一时间内进行多个进度计划的4D模拟对比，进而达到优化目的。并以报表的形式统计两个方案的不同之处，为进度优化提供一个参考。
工程量化数据管理：Synchro提供模型信息和进度数据，通过关联关系实现相互之间数字化交互，快速建立基于整合数据分析的概算模型，通过模型属性准确地得到工程量，为施工周期规划提供依据。进度数据可通过外部信息或模型属性快速分类添加施工人员、租用设备、材料资源等相关信息，并自动生成资源情况柱状图，为资源的准备计划提供支撑</td></tr>
</table>

续表

挣值（成本和进度）分析：在Synchro中，每一个任务都对应一套计划成本信息和实际成本信息，包括人工、设备、材料、风险等，并通过EVA挣值分析，能够对某个时期内计划成本和实际成本等做一个系统地掌握和对比。另外，EVA图和甘特图关联，可以随时清晰查看某个施工阶段各项成本信息。 信息共享：Bentley Synchro通过报表导出，可以将以上所有资源和成本信息进行规范导出，将数据传递至各个环节，辅助决策。 协同工作：Synchro能够将整合的项目核心数据，基于云端进行共享，例如传送至平板电脑，让现场管理人员随身携带进行现场施工管理，并进行实际数据的录入。同时Synchro 4D还可以与MR混合现实技术结合，真正带你走进施工现场进行施工，如进行吊装模拟操作、将虚拟规划和现场结合，真正完成一次吊装工作。更进一步，现场采集的信息也可以通过提供的应用随时与项目核心数据对接，进行更新，使项目的各方都能够了解最新信息，并提出反馈。 数据接口：Bentley Synchro提供开放的数据接口，能够使你将项目核心数据与其他管理平台或应用端进行数据对接，提供更多丰富的应用，满足项目需求。 2. 本软件在“施工实施_质量管理、施工实施_成本管理、施工实施_进度管理、施工实施_安全管理、施工实施_算量和造价、施工实施_物资管理”应用上的操作难易度 操作流程：模型录入→进度录入→资源规划→数字预演→优化更新→现场跟踪→动态控制。 Synchro整套解决方案包括了桌面端、云端、移动端以及与虚拟现实技术结合，让你的数据不再是以孤岛的形式提供不同数据存储，并且基于云端方式，将各个数据互通，能够灵活、实时将各个场景下提交的信息进行汇总和管理；不论是在办公室还是在现场都能随时了解项目情况，更新当前最新情况，对未来发出指令。Synchro底层数据提供丰富数据接口，能够帮助我们随时与其他平台或者数据进行对接，将项目的BIM数据、业务数据、现场情况等进行关联，并可传输至基于网页的管理平台中，让项目的参与方真正方便、及时了解项目最新情况，并基于最新规划进行执行

3.8.12 竣工与验收

1. Trimble Scan Essentials for SketchUp

Trimble Scan Essentials for SketchUp　　**表3-8-27**

<table>
<tr><td>软件名称</td><td colspan="3">Trimble Scan Essentials for SketchUp</td><td>厂商名称</td><td colspan="3">天宝寰宇电子产品（上海）有限公司</td></tr>
<tr><td colspan="2">代码</td><td colspan="3">应用场景</td><td colspan="3">业务类型</td></tr>
<tr><td colspan="2">A01/B01/C01/F01/G01/H01/J01</td><td colspan="3">通用建模和表达</td><td colspan="3">城市规划/场地景观/建筑工程/管道工程/道路工程/桥梁工程/隧道工程</td></tr>
<tr><td colspan="2">A03/B03/C03/F03/G03/H03/J03</td><td colspan="3">环境拍照及扫描</td><td colspan="3">城市规划/场地景观/建筑工程/管道工程/道路工程/桥梁工程/隧道工程</td></tr>
<tr><td colspan="2">C60/F60/H60/J60</td><td colspan="3">施工实施_隐蔽工程记录</td><td colspan="3">建筑工程/管道工程/桥梁工程/隧道工程</td></tr>
<tr><td colspan="2">C72/F72/H72/J72</td><td colspan="3">施工实施_竣工与验收</td><td colspan="3">建筑工程/管道工程/桥梁工程/隧道工程</td></tr>
<tr><td>最新版本</td><td colspan="7">Trimble Scan Essentials for SketchUp 1.2020.1113</td></tr>
<tr><td>输入格式</td><td colspan="7">.las/.rwp/.e57/.laz</td></tr>
<tr><td>输出格式</td><td colspan="7">无</td></tr>
<tr><td rowspan="2">推荐硬件配置</td><td>操作系统</td><td>64位Windows10</td><td>处理器</td><td>2.8GHz</td><td>内存</td><td colspan="2">32GB</td></tr>
<tr><td>显卡</td><td>3GB</td><td>磁盘空间</td><td>1GB</td><td>鼠标要求</td><td colspan="2">三键鼠标</td></tr>
<tr><td rowspan="2">最低硬件配置</td><td>操作系统</td><td>64位Windows8.1</td><td>处理器</td><td>2.8GHz</td><td>内存</td><td colspan="2">16GB</td></tr>
<tr><td>显卡</td><td>1GB</td><td>磁盘空间</td><td>500MB</td><td>鼠标要求</td><td colspan="2">带滚轮</td></tr>
</table>

续表

功能介绍
C72/F72/H72/J72： 1. 本软硬件在“施工实施_竣工与验收”应用上的介绍及优势 Trimble Scan Essentials for SketchUp可在SketchUp中将处理完成后的点云数据与模型进行对比检测，校核竣工尺寸。与SketchUp模型相结合，保存更完整的竣工数据（图1）。 2. 本软硬件在“施工实施_竣工与验收”应用上的操作难易度 操作流程：数据采集→数据处理（Trimble Real Works）→SketchUp中直接读取。 可在SketchUp中直接打开点云数据查看和建模，无需导入、导出。操作难易程度：低。  **图1　点云数据对比**
接本书7.5节彩页

3.9 运维阶段

3.9.1 应用场景综述

在运维阶段，BIM基于运维模型，根据运营方需求，采集实时运维数据，结合可视化模型，分析统计、高效运维、数字化运维。运维阶段应用场景及定义如表3-9-1所示。

运维阶段应用场景及定义　　表3-9-1

应用场景		定义
1	空间登记与管理	利用BIM专项软硬件，可视化实时动态管理室内空间，可用于商铺租借统计、会议室预定、测点巡检等应用
2	资产登记与管理	利用BIM专项软硬件，妥善管理BIM数字资产，建立数字档案，用于运营信息管理、修改、查询、调用等工作
3	应急模拟与管理	利用BIM专项软硬件，模拟和分析事故灾害事件，应急预演，排除隐患，降低事故灾害影响
4	能耗管理	利用BIM专项软硬件，计算系统运行能耗，模拟能耗费用，分析数据优化能耗管理

3.9.2 空间登记与管理

1. Trimble SketchUp Pro/Trimble Business Center/SketchUp mobile viewer/水处理模块For SketchUp/垃圾处理模块For SketchUp/能源化工模块For SketchUp/6D For SketchUp

Trimble SketchUp Pro/Trimble Business Center/SketchUp mobile viewer/水处理模块 For SketchUp/垃圾处理模块 For SketchUp/能源化工模块 For SketchUp/6D For SketchUp 表 3-9-2

软件名称	Trimble SketchUp Pro/Trimble Business Center/SketchUp mobile viewer/水处理模块 For SketchUp/垃圾处理模块 For SketchUp/能源化工模块 For SketchUp/6D For SketchUp	厂商名称	天宝寰宇电子产品（上海）有限公司/辽宁乐成能源科技有限公司
代码	应用场景		业务类型
D06/E06/F06	勘察岩土_勘察外业设计辅助和建模		水处理/垃圾处理/管道工程（能源化工）
D11/E11/F11	勘察岩土_岩土工程计算和分析		水处理/垃圾处理/管道工程（能源化工）
D16/E16/F16	规划/方案设计_设计辅助和建模		水处理/垃圾处理/管道工程（能源化工）
D22/E22/F22	规划/方案设计_算量和造价		水处理/垃圾处理/管道工程（能源化工）
D23/E23/F23	规划/方案设计_设计成果渲染与表达		水处理/垃圾处理/管道工程（能源化工）
D25/E25/F25	初步/施工图设计_设计辅助和建模		水处理/垃圾处理/管道工程（能源化工）
D30/E30/F30	初步/施工图设计_算量和造价		水处理/垃圾处理/管道工程（能源化工）
D31/E31/F31	初步/施工图设计_设计成果渲染与表达		水处理/垃圾处理/管道工程（能源化工）
D33/E33/F33	深化设计_深化设计辅助和建模		水处理/垃圾处理/管道工程（能源化工）
D38/E38/F38	深化设计_钢结构设计辅助和建模		水处理/垃圾处理/管道工程（能源化工）
D44/E44/F44	深化设计_算量和造价		水处理/垃圾处理/管道工程（能源化工）
D46/E46/F46	招采_招标投标采购		水处理/垃圾处理/管道工程（能源化工）
D47/E47/F47	招采_投资与招商		水处理/垃圾处理/管道工程（能源化工）
D48/E48/F48	招采_其他		水处理/垃圾处理/管道工程（能源化工）
D49/E49/F49	施工准备_施工场地规划		水处理/垃圾处理/管道工程（能源化工）
D50/E50/F50	施工准备_施工组织和计划		水处理/垃圾处理/管道工程（能源化工）
D60/E60/F60	施工实施_隐蔽工程记录		水处理/垃圾处理/管道工程（能源化工）
D62/E62/F62	施工实施_成本管理		水处理/垃圾处理/管道工程（能源化工）
D63/E63/F63	施工实施_进度管理		水处理/垃圾处理/管道工程（能源化工）
D66/E66/F66	施工实施_算量和造价		水处理/垃圾处理/管道工程（能源化工）
D74/E74/F74	运维_空间登记与管理		水处理/垃圾处理/管道工程（能源化工）

续表

D75/E75/F75	运维_资产登记与管理			水处理/垃圾处理/管道工程(能源化工)		
D78/E78/F78	运维_其他			水处理/垃圾处理/管道工程(能源化工)		
最新版本	Trimble SketchUp Pro2021/Trimble Business Center/SketchUp mobile viewer/水处理模块 For SketchUp/垃圾处理模块 For SketchUp/能源化工模块 For SketchUp/6D For SketchUp					
输入格式	.skp/.3ds/.dae/.dem/.ddf/.dwg/.dxf/.ifc/.ifcZIP/.kmz/.stl/.jpg/.png/.psd/.tif/.tag/.bmp					
输出格式	.skp/.3ds/.dae/.dwg/.dxf/.fbx/.ifc/.kmz/.obj/.wrl/.stl/.xsi/.jpg/.png/.tif/.bmp/.mp4/.avi/.webm/.ogv/.xls					
推荐硬件配置	操作系统	64位Windows10	处理器	2GHz	内存	8GB
	显卡	1GB	磁盘空间	700MB	鼠标要求	带滚轮
最低硬件配置	操作系统	64位Windows10	处理器	1GHz	内存	4GB
	显卡	512MB	磁盘空间	500MB	鼠标要求	带滚轮
功能介绍						

D74/E74/F74：

1. 本软硬件在“运维_空间登记与管理”应用上的介绍及优势

在BIM模型中，将所有工艺三维模型合并整合，即可查看整个项目工艺及空间布局。可在模型中巡检，并在模型中设定每个测点空间方位，在系统报警的同时锁定报警测点的实际位置，缩短维修时间。

2. 本软硬件在“运维_空间登记与管理”应用上的操作难易度

本软件操作流程：空间登记→巡检设定→测点设定→运维显示。在竣工模型的基础上，录入空间信息，作为不同空间三维巡检的基础。巡检可设定路线也可手动巡检。设置好测点视口，即可实现报警后跳转到故障测点的视口。随着运维变更更新设定(图1、图2)。

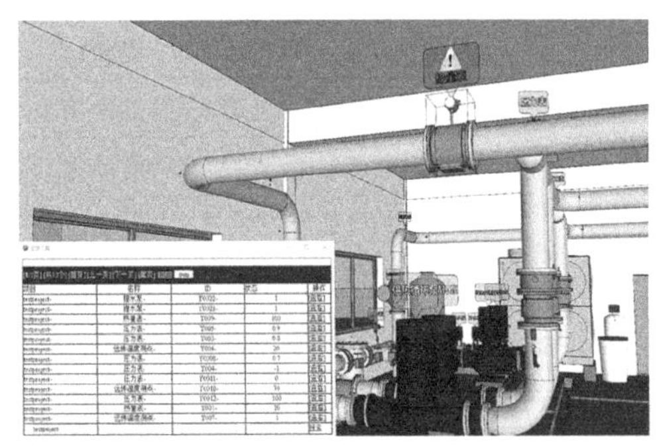

图1 系统报警

图2 运维显示

3.9.3 资产登记与管理

1. Trimble SketchUp Pro/Trimble Business Center/SketchUp mobile viewer/水处理模块For SketchUp/垃圾处理模块For SketchUp/能源化工模块For SketchUp/6D For SketchUp

Trimble SketchUp Pro/Trimble Business Center/ SketchUp mobile viewer/ 水处理模块 For SketchUp/ 垃圾处理模块 For SketchUp/ 能源化工模块 For SketchUp/6D For SketchUp **表3-9-3**

软件名称	Trimble SketchUp Pro/Trimble Business Center/ SketchUp mobile viewer/水处理模块 For SketchUp/ 垃圾处理模块 For SketchUp/ 能源化工模块 For SketchUp/6D For SketchUp	厂商名称	天宝寰宇电子产品（上海）有限公司/ 辽宁乐成能源科技有限公司
代码	应用场景		业务类型
D06/E06/F06	勘察岩土_勘察外业设计辅助和建模		水处理/垃圾处理/管道工程（能源化工）
D11/E11/F11	勘察岩土_岩土工程计算和分析		水处理/垃圾处理/管道工程（能源化工）
D16/E16/F16	规划/方案设计_设计辅助和建模		水处理/垃圾处理/管道工程（能源化工）
D22/E22/F22	规划/方案设计_算量和造价		水处理/垃圾处理/管道工程（能源化工）
D23/E23/F23	规划/方案设计_设计成果渲染与表达		水处理/垃圾处理/管道工程（能源化工）
D25/E25/F25	初步/施工图设计_设计辅助和建模		水处理/垃圾处理/管道工程（能源化工）
D30/E30/F30	初步/施工图设计_算量和造价		水处理/垃圾处理/管道工程（能源化工）
D31/E31/F31	初步/施工图设计_设计成果渲染与表达		水处理/垃圾处理/管道工程（能源化工）
D33/E33/F33	深化设计_深化设计辅助和建模		水处理/垃圾处理/管道工程（能源化工）
D38/E38/F38	深化设计_钢结构设计辅助和建模		水处理/垃圾处理/管道工程（能源化工）
D44/E44/F44	深化设计_算量和造价		水处理/垃圾处理/管道工程（能源化工）
D46/E46/F46	招采_招标投标采购		水处理/垃圾处理/管道工程（能源化工）
D47/E47/F47	招采_投资与招商		水处理/垃圾处理/管道工程（能源化工）
D48/E48/F48	招采_其他		水处理/垃圾处理/管道工程（能源化工）
D49/E49/F49	施工准备_施工场地规划		水处理/垃圾处理/管道工程（能源化工）
D50/E50/F50	施工准备_施工组织和计划		水处理/垃圾处理/管道工程（能源化工）
D60/E60/F60	施工实施_隐蔽工程记录		水处理/垃圾处理/管道工程（能源化工）
D62/E62/F62	施工实施_成本管理		水处理/垃圾处理/管道工程（能源化工）
D63/E63/F63	施工实施_进度管理		水处理/垃圾处理/管道工程（能源化工）
D66/E66/F66	施工实施_算量和造价		水处理/垃圾处理/管道工程（能源化工）
D74/E74/F74	运维_空间登记与管理		水处理/垃圾处理/管道工程（能源化工）
D75/E75/F75	运维_资产登记与管理		水处理/垃圾处理/管道工程（能源化工）
D78/E78/F78	运维_其他		水处理/垃圾处理/管道工程（能源化工）

续表

最新版本	Trimble SketchUp Pro2021/Trimble Business Center/ SketchUp mobile viewer/水处理模块For SketchUp/垃圾处理模块For SketchUp/能源化工模块For SketchUp/6D For SketchUp					
输入格式	.skp/.3ds/.dae/.dem/.ddf/.dwg/.dxf/.ifc/.ifcZIP/.kmz/.stl/.jpg/.png/.psd/.tif/.tag/.bmp					
输出格式	.skp/.3ds/.dae/.dwg/.dxf/.fbx/.ifc/.kmz/.obj/.wrl/.stl/.xsi/.jpg/.png/.tif/.bmp/.mp4/.avi/.webm/.ogv/.xls					
推荐硬件配置	操作系统	64位Windows10	处理器	2GHz	内存	8GB
	显卡	1GB	磁盘空间	700MB	鼠标要求	带滚轮
最低硬件配置	操作系统	64位Windows10	处理器	1GHz	内存	4GB
	显卡	512MB	磁盘空间	500MB	鼠标要求	带滚轮
功能介绍						

D75/E75/F75：

1. 本软硬件在“运维_资产登记与管理”应用上的介绍及优势

随着运维更新，可在模型中真实记录隐蔽工程，为所有设备和测点建立三维数字化维修档案，方便运营信息的管理、修改、查询、调用工作。运行数据和资金成本自动生成报表，跟踪管理。

2. 本软硬件在“运维_资产登记与管理”应用上的操作难易度

本软件操作流程：资产登记→资产更新→档案管理→资产跟踪。

竣工模型中已包含设计、施工、运维的资产信息，随着运维推进和变更，更新模型和信息即可，电脑端、移动端均可查看。生成报表，跟踪运行数据和运维成本（图1）。

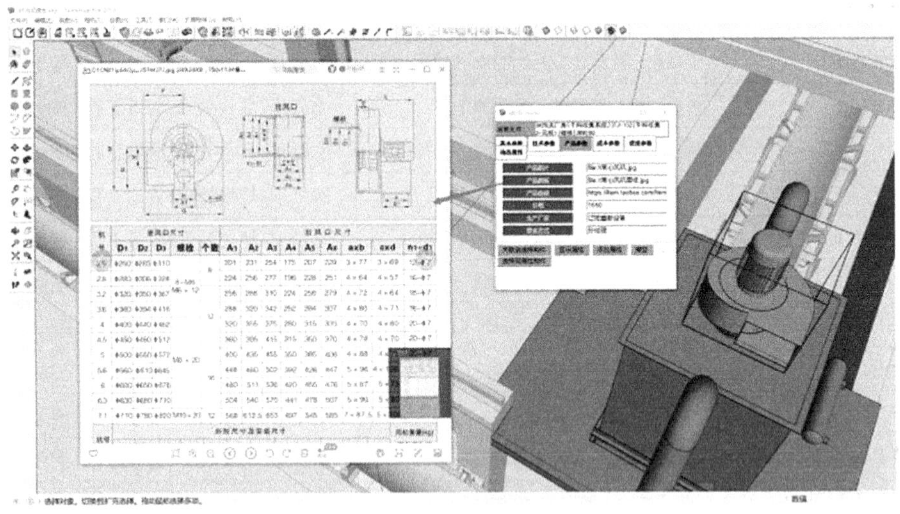

图1　三维数字化档案

2. ContextCapture

ContextCapture **表3-9-4**

<table>
<tr><td>软件名称</td><td colspan="2">ContextCapture</td><td>厂商名称</td><td colspan="3">Bentley</td></tr>
<tr><td colspan="3">代码</td><td>应用场景</td><td colspan="3">业务类型</td></tr>
<tr><td colspan="3">A01/B01/C01/D01/E01/F01/G01/H01/J01/K01/L01/M01/N01/P01/Q01</td><td>通用建模和表达</td><td colspan="3" rowspan="4">城市规划/场地景观/建筑工程/水处理/垃圾处理/管道工程/道路工程/桥梁工程/隧道工程/铁路工程/信号工程/变电站/电网工程/水坝工程/飞行工程</td></tr>
<tr><td colspan="3">A06/B06/C06/D06/E06/F06/G06/H06/J06/K06/L06/M06/N06/P06/Q06</td><td>勘察岩土_勘察外业设计辅助和建模</td></tr>
<tr><td colspan="3">A63/B63/C63/D63/E63/F63/G63/H63/J63/K63/L63/M63/N63/P63/Q63</td><td>施工实施_进度管理</td></tr>
<tr><td colspan="3">A75/B75/C75/D75/E75/F75/G75/H75/J75/K75/L75/M75/N75/P75/Q75</td><td>运维_资产登记与管理</td></tr>
<tr><td>最新版本</td><td colspan="6">V10.17</td></tr>
<tr><td>输入格式</td><td colspan="6">影像：JPEG，Tiff，Panasonic RAW（RW2）、Canon RAW（CRW、CR2）、Nikon RAW（NEF）、Sony RAW（ARW）、Hasselblad（3FR）、Adobe Digital Negative（DNG）、JPEG2000；
点云：E57，LAS，PTX，LAZ和PLY；
视频：Audio Video Interleave（AVI）、MPEG-1/MPEG-2（MPG）、MPEG-4（MP4）、Windows Media Video（WMV）、Quicktime（MOV）</td></tr>
<tr><td>输出格式</td><td colspan="6">实景模型：DGN、slpk、3sm、3mx、s3c、osgb、fbx、obj，STL、dae、GoogleKML、OpenCities Planner LoD Tree、SpaceEyes3D Builder Layer；
点云：LAS、PLY、POD；
正射影像：TIFF/GeoTIFF、JPEG、KML Super-overlay</td></tr>
<tr><td rowspan="2">推荐硬件配置</td><td>操作系统</td><td>64位Windows10</td><td>处理器</td><td>Intel I7（四核以上），4.0GHz及以上</td><td>内存</td><td>64GB</td></tr>
<tr><td>显卡</td><td>NVIDIAGeForce RTX 2080显卡或RTX 2080Ti，TitanX，GTX1080</td><td>磁盘空间</td><td>高速存储设备（HDD，SSD，SAN）20GB</td><td>鼠标要求</td><td>带滚轮</td></tr>
<tr><td rowspan="2">最低硬件配置</td><td>操作系统</td><td>64位Windows10</td><td>处理器</td><td>2.0GHz</td><td>内存</td><td>8GB</td></tr>
<tr><td>显卡</td><td>兼容OpenGL 3.2并具有至少1GB独立显存的NIVIDIA/AMD/Intel集成图形处理器</td><td>磁盘空间</td><td>5GB</td><td>鼠标要求</td><td>带滚轮</td></tr>
<tr><td colspan="7">功能介绍</td></tr>
<tr><td colspan="7">A06/B06/C06/D06/E06/F06/G06/H06/J06/K06/L06/M06/N06/P06/Q06
A63/B63/C63/D63/E63/F63/G63/H63/J63/K63/L63/M63/N63/P63/Q63
A75/B75/C75/D75/E75/F75/G75/H75/J75/K75/L75/M75/N75/P75/Q75：
1. 本产品在“勘察岩土_勘察外业设计辅助和建模”应用上的介绍及优势
采用ContextCapture进行实景建模，可以获取现有场地条件并为项目创建数字化环境。也可以作为快速获取最新地形图的一种方式。为项目设计提供可靠的环境信息，方便项目选址、走廊规划、场地布局。实景模型可以及时准确反应项目现场进度和资产工况，因此也可用于施工进度管理的可视化及资产运维。
2. 本产品在“勘察岩土_勘察外业设计辅助和建模”应用上的操作难易度
操作流程：实景导入→选定范围→提取地形→保存地形</td></tr>
</table>

续表

操作流程：实景导入→模型导入→综合展示。

实景模型可以通过参考的方式导入后续设计平台，如OpenRoads Designer、OpenRoads Concept Station，及其他大部分以MicroStation为基础平台的Bentley专业软件中。此外，ContextCapture生成的实景模型还可以导入主流通用GIS平台中（图1）。

黑龙江黑河阿穆尔大桥BIM协同设计

香港科技园智慧施工管理

美国通信塔巡检运维

韩国热力厂改扩建

图1　实景建模应用案例

3.9.4 应急模拟与管理

1. WaterGEM/WaterCAD

WaterGEM/WaterCAD　　**表3-9-5**

软件名称	WaterGEM/WaterCAD	厂商名称	Bentley
代码	应用场景		业务类型
F16	规划/方案设计_设计辅助和建模		管道工程
F25	初步/施工图设计_设计辅助和建模		管道工程
F76	运维_应急模拟与管理		管道工程
F77	运维_能耗管理		管道工程
最新版本	WaterGEMS/WaterCAD 10.03.02.75		
输入格式	.sqlite/.mdb/.inp/.dxf/.shp/.xls/.dbf/.accdb/.dgn		

续表

输出格式	.sqlite/.inp/.dxf/.shp/.xls/.dbf/.dgn					
推荐硬件配置	操作系统	32/64位 Windows10	处理器	2GHz	内存	8GB
	显卡	1GB	磁盘空间	20GB	鼠标要求	带滚轮
最低硬件配置	操作系统	32/64位 Windows7 SP1	处理器	1GHz	内存	4GB
	显卡	512MB	磁盘空间	1.8GB	鼠标要求	带滚轮
功能介绍						
F76： 1. 本软件在“运维_应急模拟与管理”应用上的介绍及优势 WaterGEMS能够对管网中的爆管、断电、火灾等事故进行模拟和分析。通过水力计算分析，能够帮助用户制定管网爆管和火灾等情况下的处理方案。例如，水力模型可以分析当某根管道爆管后，所需关闭的阀门数量以及停水面积，由此减少的用水量以及受爆管事故影响的用户范围。当发生火灾事故时，水力模型可以给出管网各处的可用消防流量，以及在消防流量下的剩余压力。对于管网中的突发污染事故，也可以利用水力模型计算污染物的扩散范围，通过及时关阀阻止污染物的进一步扩散，降低事故影响。 2. 本软件在“运维_应急模拟与管理”应用上的操作难易度 基本操作流程如下：数据收集与处理→模型搭建→模型率定→应急事故方案→成果分析。模型建立与F16/F25类似，此外模型建立之后需要进行模型率定，利用实测历史数据对模型进行校核，使模拟结果能真实反映系统运行情况。根据实际工况或假设工况创建应急事故方案，再进行模拟分析，确定事故的影响范围和大小，并提出应急事故的解决方案。 3. 本软件在“运维_应急模拟与管理”应用上的案例 Manila Water（马尼拉水务公司）拥有向马尼拉大都会东部地区提供水处理、市政供水、市政排水和卫生服务的特许经营权，该地区拥有着超过600万的居民、商业及工业用户。Manila Water制定了自然灾害风险防范与缓减总体规划，旨在确保自然灾害期间提供可靠的供水服务，其服务区域涵盖马尼拉市东区（国家首都区）和黎刹省。利用WaterGEMS，可以模拟在一个或多个串联供水系统发生故障时可能造成的影响，同时可以模拟一些设备在非满负荷运行的情况下会对系统造成最大程度的危害。该成果帮助马尼拉水务提前优化了供水系统中上百个设备的运行工况，为自然灾害的预防和整体规划提供了决策性的支持，减少了3.8亿美元的潜在损失。如果不采取这些措施，损失将达到5.2亿美元						

3.9.5 能耗管理

1. WaterGEM/WaterCAD

WaterGEM/WaterCAD　　**表3-9-6**

软件名称	WaterGEM/WaterCAD	厂商名称	Bentley
代码	应用场景		业务类型
F16	规划/方案设计_设计辅助和建模		管道工程
F25	初步/施工图设计_设计辅助和建模		管道工程
F76	运维_应急模拟与管理		管道工程
F77	运维_能耗管理		管道工程
最新版本	WaterGEMS/WaterCAD 10.03.02.75		
输入格式	.sqlite/.mdb/.inp/.dxf/.shp/.xls/.dbf/.accdb/.dgn		
输出格式	.sqlite/.inp/.dxf/.shp/.xls/.dbf/.dgn		

续表

推荐硬件配置	操作系统	32/64位Windows10	处理器	2GHz	内存	8GB
	显卡	1GB	磁盘空间	20GB	鼠标要求	带滚轮
最低硬件配置	操作系统	32/64位Windows7 SP1	处理器	1GHz	内存	4GB
	显卡	512MB	磁盘空间	1.8GB	鼠标要求	带滚轮
功能介绍						
F77： 1. 本软件在"运维_能耗管理"应用上的介绍及优势 WaterGEMS的能耗分析工具能够计算供水系统在一天的运行总能耗。它不是简单地计算水泵的能耗，而是全面考虑了管网中蓄水设备对实际能耗的影响。当管网中的蓄水设备蓄水或放水的时候，蓄水设备不仅会产生蓄水量的变化，同时也产生能量的储存与释放。我们通过水泵将水送入高位水池，水泵虽然消耗了能量，但高位水池储存的能量增加了，水泵的能耗并没有浪费掉，因此计算管网系统实际的能耗必须考虑整个管网蓄水设备的蓄水情况。WaterGEMS能够精确地计算出整个供水系统的实际能量损耗，并且能够自定义电价曲线，模拟水泵在不同时间段的能耗费用，并利用不同方案进行能耗的优化和管理。 2. 本软件在"运维_能耗管理"应用上的操作难易度 基本操作流程：数据收集与处理→模型搭建→模型率定→方案编辑→能耗分析→方案比选。模型建立和模型率定过程与F76类似，模型率定之后根据实际情况生成不同的水泵运行方案，对水泵运行方案进行能耗计算和分析，以及方案比选，以降低供水系统的运营成本。 3. 本软件在"运维_能耗管理"应用上的案例 印度Kharghar优化高能耗的供水管网系统：CIDCO承担了一个418万美元的项目，用来优化能源使用和改善印度Kharghar的供水。项目目标是审查当前能源和供水能力是否能满足未来人口增长带来的需水量增长，并保证供水的水质和压力。CIDCO利用WaterGEMS和Hammer优化当前供水系统的运行，升级到7×24小时供应，同时降低和消除系统中的储水池。这个项目的主要成果是降低了供水系统在电力/能源方面的运营成本，最终转化为更低的水价和更持续的供水服务						

3.9.6 其他

1. Trimble SketchUp Pro/Trimble Business Center/SketchUp mobile viewer/水处理模块For SketchUp/垃圾处理模块For SketchUp/能源化工模块For SketchUp/6D For SketchUp

Trimble SketchUp Pro/Trimble Business Center/SketchUp mobile viewer/水处理模块For SketchUp/垃圾处理模块For SketchUp/能源化工模块For SketchUp/6D For SketchUp 表3-9-7

软件名称	Trimble SketchUp Pro/Trimble Business Center/SketchUp mobile viewer/水处理模块For SketchUp/垃圾处理模块For SketchUp/能源化工模块For SketchUp/6D For SketchUp	厂商名称	天宝寰宇电子产品（上海）有限公司/辽宁乐成能源科技有限公司
代码	应用场景		业务类型
D06/E06/F06	勘察岩土_勘察外业设计辅助和建模		水处理/垃圾处理/管道工程（能源化工）
D11/E11/F11	勘察岩土_岩土工程计算和分析		水处理/垃圾处理/管道工程（能源化工）
D16/E16/F16	规划/方案设计_设计辅助和建模		水处理/垃圾处理/管道工程（能源化工）

续表

D22/E22/F22	规划/方案设计_算量和造价		水处理/垃圾处理/管道工程（能源化工）		
D23/E23/F23	规划/方案设计_设计成果渲染与表达		水处理/垃圾处理/管道工程（能源化工）		
D25/E25/F25	初步/施工图设计_设计辅助和建模		水处理/垃圾处理/管道工程（能源化工）		
D30/E30/F30	初步/施工图设计_算量和造价		水处理/垃圾处理/管道工程（能源化工）		
D31/E31/F31	初步/施工图设计_设计成果渲染与表达		水处理/垃圾处理/管道工程（能源化工）		
D33/E33/F33	深化设计_深化设计辅助和建模		水处理/垃圾处理/管道工程（能源化工）		
D38/E38/F38	深化设计_钢结构设计辅助和建模		水处理/垃圾处理/管道工程（能源化工）		
D44/E44/F44	深化设计_算量和造价		水处理/垃圾处理/管道工程（能源化工）		
D46/E46/F46	招采_招标投标采购		水处理/垃圾处理/管道工程（能源化工）		
D47/E47/F47	招采_投资与招商		水处理/垃圾处理/管道工程（能源化工）		
D48/E48/F48	招采_其他		水处理/垃圾处理/管道工程（能源化工）		
D49/E49/F49	施工准备_施工场地规划		水处理/垃圾处理/管道工程（能源化工）		
D50/E50/F50	施工准备_施工组织和计划		水处理/垃圾处理/管道工程（能源化工）		
D60/E60/F60	施工实施_隐蔽工程记录		水处理/垃圾处理/管道工程（能源化工）		
D62/E62/F62	施工实施_成本管理		水处理/垃圾处理/管道工程（能源化工）		
D63/E63/F63	施工实施_进度管理		水处理/垃圾处理/管道工程（能源化工）		
D66/E66/F66	施工实施_算量和造价		水处理/垃圾处理/管道工程（能源化工）		
D74/E74/F74	运维_空间登记与管理		水处理/垃圾处理/管道工程（能源化工）		
D75/E75/F75	运维_资产登记与管理		水处理/垃圾处理/管道工程（能源化工）		
D78/E78/F78	运维_其他		水处理/垃圾处理/管道工程（能源化工）		
最新版本	Trimble SketchUp Pro2021/Trimble Business Center/SketchUp mobile viewer/水处理模块 For SketchUp/垃圾处理模块 For SketchUp/能源化工模块 For SketchUp/6D For SketchUp				
输入格式	.skp/.3ds/.dae/.dem/.ddf/.dwg/.dxf/.ifc/.ifcZIP/.kmz/.stl/.jpg/.png/.psd/.tif/.tag/.bmp				
输出格式	.skp/.3ds/.dae/.dwg/.dxf/.fbx/.ifc/.kmz/.obj/.wrl/.stl/.xsi/.jpg/.png/.tif/.bmp/.mp4/.avi/.webm/.ogv/.xls				
推荐硬件配置	操作系统	64位Windows10	处理器	2GHz	内存	8GB
	显卡	1GB	磁盘空间	700MB	鼠标要求	带滚轮
最低硬件配置	操作系统	64位Windows10	处理器	1GHz	内存	4GB
	显卡	512MB	磁盘空间	500MB	鼠标要求	带滚轮

功能介绍

D78/E78/F78：

1. 本软硬件在“运维_其他”应用上的介绍及优势

本软件在测点报警后，以二维码形式生成维修派单，扫描二维码可查看故障元设备信息、维修记录、维修方案、三维定位以及百度导航。缩短复杂的维修报审流程，降低对维修人员要求，缩短查找维修记录时间，提高维修效率（图1）。

2. 本软硬件在“运维_其他”应用上的操作难易度

本软件操作流程：生成二维码→发送。系统报警后，模型跳转到测点视口，直接生成二维码并发送给第一负责人和维修人员即可。维修人员只需扫描二维码，即可查看维修单

续表

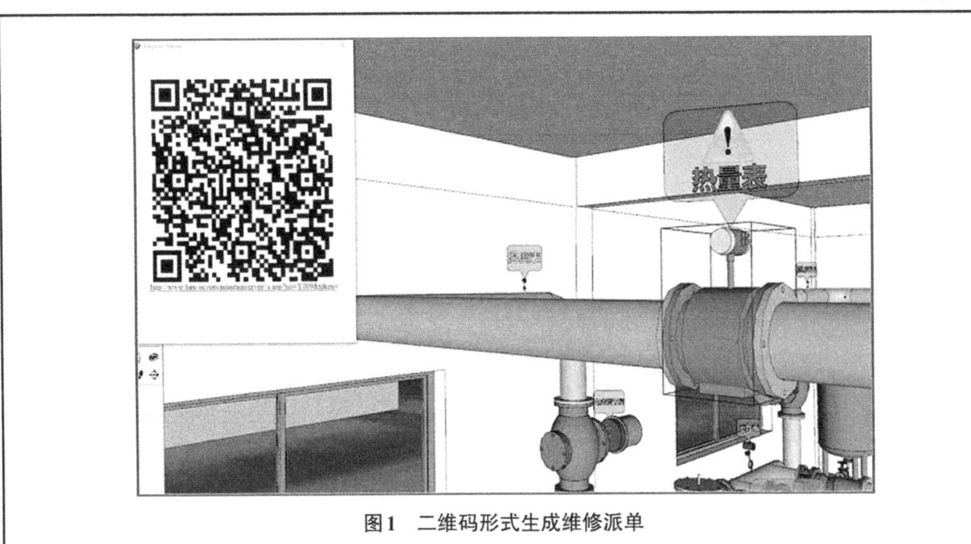

图1　二维码形式生成维修派单

第4章

平台类软件适用技术

4.1 “作战指挥部”——平台类软件

工程项目的开展需要各参与方长时间的密切协作、攻克险阻，其难度不亚于一场坚苦卓绝的战役，战役中各部队在前线奋勇作战，后方势必需要一个作战指挥部来整合海陆空各军力量、监控实时战势、推进前线、及时调整作战方案，使前线各部队紧密配合，战斗力最大化。在工程项目中，特别是一些难度大、复杂程度高的项目，同样如此，前线各方都在使用通用类或应用类软硬件实时产生新的BIM成果，这些成果相互有交集、有制约关系，这时管理者就需要一个后方平台类软件来整合各方BIM成果、实时监管项目质量、及时组织解决项目问题、推进项目进度，使各参与方密切协作、成果有效传递。通常当你对BIM的应用上升到管理层面时，会需要平台类软件的加持。

4.1.1 “作战指挥部”的主次功能

平台类软件指能够实现基于网络传输的数据存储、共享并提供多点协同等综合功能的平台或软件体系。平台类软件根据使用对象的不同分为通用协同平台、建设方内部协同平台、设计方内部协同平台、总承包内部协同平台、施工现场协同平台、运维协同平台、轻量化模型文档管理平台。本章将根据此分类分别介绍各平台功能，各平台除平台功能外，还有一些次要功能，如冲突检测、算量等专用场景，也将在本章同款平台内一并介绍（图4-1-1）。

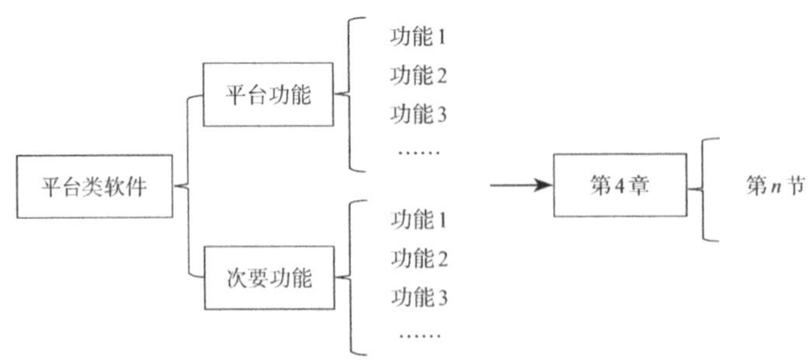

图4-1-1　平台类软件功能章节分布

4.2 通用协同

4.2.1 BIM 360 Docs

BIM 360 Docs　　**表4-2-1**

<table>
<tr><td>平台/终端名称</td><td colspan="3">BIM 360 Docs</td><td colspan="2">厂商名称</td><td colspan="2">Autodesk</td></tr>
<tr><td colspan="4">代码</td><td colspan="2">应用场景</td><td colspan="2">业务类型</td></tr>
<tr><td colspan="4">A79/B79/C79/D79/E79/F79/G79/H79/J79/K79/L79/M79/N79/P79/Q79</td><td colspan="2">通用协同</td><td colspan="2" rowspan="7">城市规划/场地景观/建筑工程/水处理/垃圾处理/管道工程/道路工程/桥梁工程/隧道工程/铁路工程/信号工程/变电站/电网工程/水坝工程/飞行工程</td></tr>
<tr><td colspan="4">A85/B85/C85/D85/E85/F85/G85/H85/J85/K85/L85/M85/N85/P85/Q85</td><td colspan="2">轻量化模型文档管理</td></tr>
<tr><td colspan="4">A61/B61/C61/D61/E61/F61/G61/H61/J61/K61/L61/M61/N61/P61/Q61</td><td colspan="2">施工实施_质量管理</td></tr>
<tr><td colspan="4">A64/B64/C64/D64/E64/F64/G64/H64/J64/K64/L64/M64/N64/P64/Q64</td><td colspan="2">施工实施_安全管理</td></tr>
<tr><td colspan="4">A65/B65/C65/D65/E65/F65/G65/H65/J65/K65/L65/M65/N65/P65/Q65</td><td colspan="2">施工实施_环境管理</td></tr>
<tr><td colspan="4">A68/B68/C68/D68/E68/F68/G68/H68/J68/K68/L68/M68/N68/P68/Q68</td><td colspan="2">施工实施_物资管理</td></tr>
<tr><td colspan="4">A03/B03/C03/D03/E03/F03/G03/H03/J03/K03/L03/M03/N03/P03/Q03</td><td colspan="2">环境拍照及扫描</td></tr>
<tr><td>最新版本</td><td colspan="7">BIM 360</td></tr>
<tr><td>输入格式</td><td colspan="7">.sat/.skp/.rvt/.stl/.nwc/.max/.dwg/.fbx/.dgn/.axm/.gbl等，浏览超过50种2D与3D模型</td></tr>
<tr><td>输出格式</td><td colspan="7">BIM项目各要素数据可导出为某些格式（PDF、CSV、Excel等），或以图表统计等形式展现或通过Autodesk Forge云服务导出浏览器加载的Autodesk特有格式（SVF、F2D），或通过Forge导出其他行业格式（OBJ、IFC、glTF、Json等），或通过Forge云服务于自行提取数据导出为其他SaaS系统的业务格式</td></tr>
<tr><td rowspan="3">推荐硬件配置</td><td>操作系统</td><td colspan="2">建议使用64位浏览器，以获得最佳浏览体验</td><td>浏览器</td><td>Chrome（建议）、Firefox、Safari、Edge</td><td>处理器</td><td>2GHz</td></tr>
<tr><td>内存</td><td colspan="2">8GB</td><td>显卡</td><td>1GB</td><td>磁盘空间</td><td>700MB</td></tr>
<tr><td>鼠标要求</td><td>带滚轮</td><td>其他</td><td colspan="4">在传输时网络连接能为每台计算机提供25 Mbps对称连接</td></tr>
<tr><td rowspan="3">最低硬件配置</td><td>操作系统</td><td colspan="2">MS Windows</td><td>浏览器</td><td>IE</td><td>处理器</td><td>1GHz</td></tr>
<tr><td>内存</td><td colspan="2">4GB</td><td>显卡</td><td>512MB</td><td>磁盘空间</td><td>500MB</td></tr>
<tr><td>鼠标要求</td><td>带滚轮</td><td>其他</td><td colspan="4">在传输时网络连接能为每台计算机提供5Mbps对称连接</td></tr>
</table>

续表

功能介绍
A79/B79/C79/D79/E79/F79/G79/H79/J79/K79/L79/M79/N79/P79/Q79 **A85/B85/C85/D85/E85/F85/G85/H85/J85/K85/L85/M85/N85/P85/Q85：** 通过BIM 360 Document Management，可以管理蓝图、二维平面图、三维BIM模型和任何其他项目文档。该模块旨在简化文档管理流程，不需要安装软件，通过浏览器、手机、平板计算机，浏览超过50种2D与3D模型，提供剖切、隐藏、测量、查看属性、2D与3D同时查阅等功能（图1）。 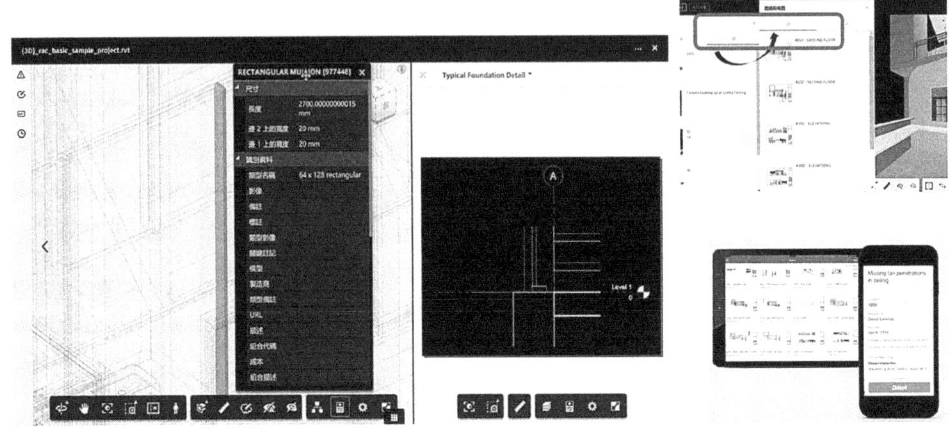 图1　多端2D/3D同时查阅 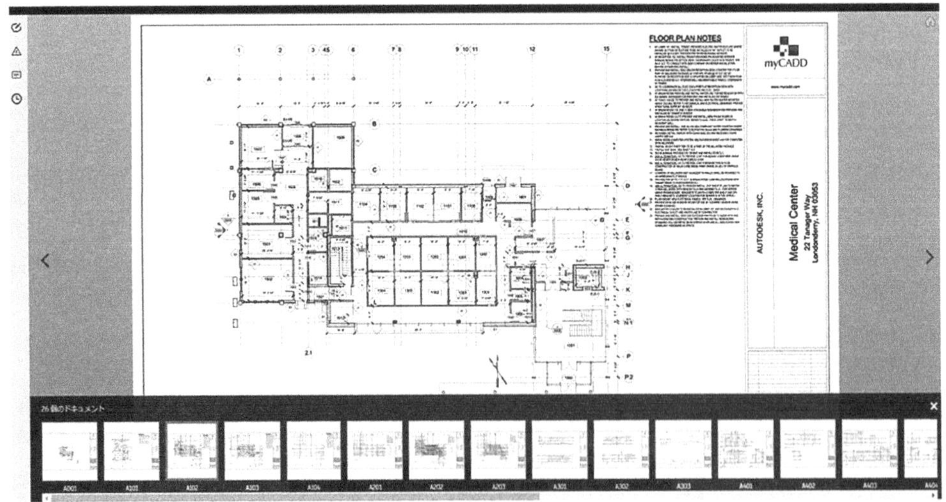 图2　设计文档查阅 上传、发布图形和设计文件（包括PDF、IFC、DWF、链接的Revit文件和带有外部参照的DWG），支持文档（例如，支持文档、计算、配置文件）等，如图2～图4所示

续表

图3　云端共享

图4　文档管理

A61/B61/C61/D61/E61/F61/G61/H61/J61/K61/L61/M61/N61/P61/Q61

A64/B64/C64/D64/E64/F64/G64/H64/J64/K64/L64/M64/N64/P64/Q64：

对于模型或图纸中有疑问的地方，可以创建标记，标记可删除；对于需要与项目其他人讨论的地方，可以创建问题，可以指定问题的解答者、问题产生的根本原因、问题的截止时间等。当创建好问题和标记后，相应文件会显示问题及标记的数量。在施工现场可对项目文件进行红线标注、文字、云形线等审阅批注管理、模型及图纸问题提报、指派与追踪，并可添加现场照片与附件（图5）。

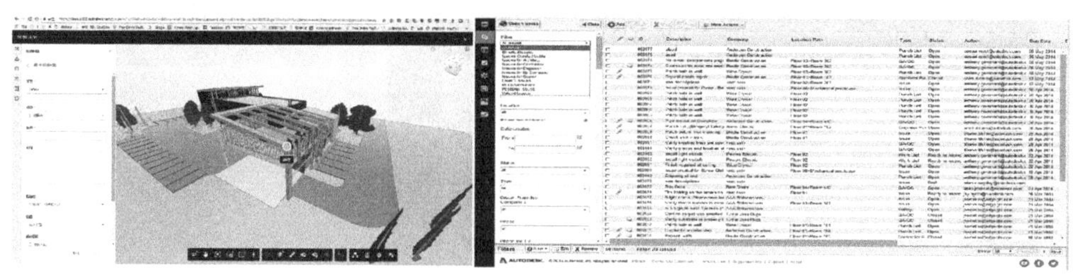

图5　问题标记

文件更新时，各历史版本完整保存，供日后查阅，以及在PDF文件和不同版本2D图与3D模型之间进行差异比对（图6）

续表

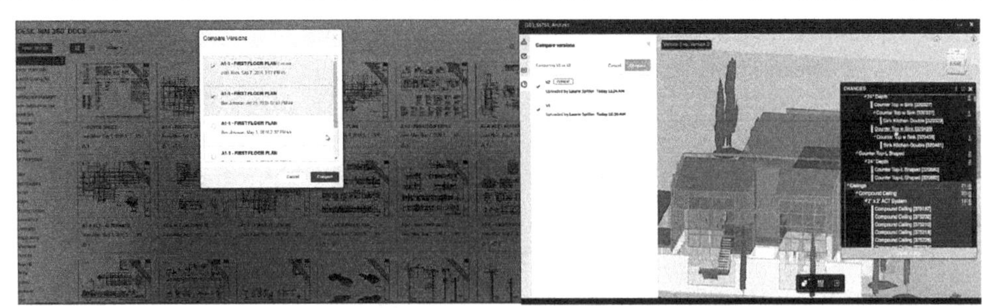

图6　差异比对

Insight模块：基于项目的智慧审查、预测、分析、评估项目数据中的趋势和模式，以及识别潜在的问题（图7）。

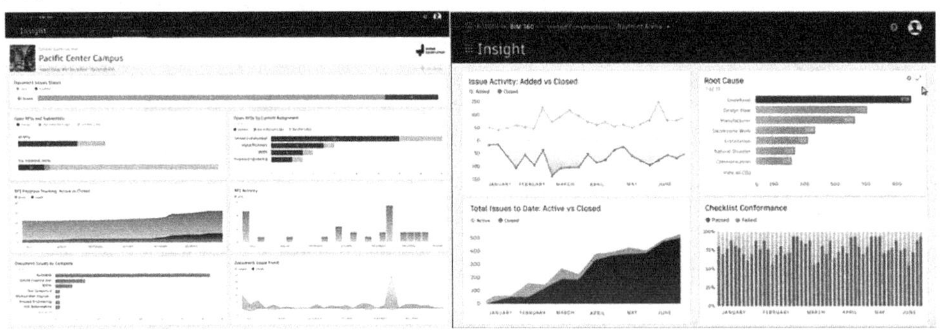

图7　智慧审查

A65/B65/C65/D65/E65/F65/G65/H65/J65/K65/L65/M65/N65/P65/Q65
A03/B03/C03/D03/E03/F03/G03/H03/J03/K03/L03/M03/N03/P03/Q03：

Partner Card：第三方的分析审查App经过评估，具备独特价值，亦可集成到BIM 360，最终为客户所用，例如微软的PowerBI（数据智能分析）、DroneDeploy公司的实景照片扫描创建模型、TrueLook公司的施工现场CCTV（图8）。

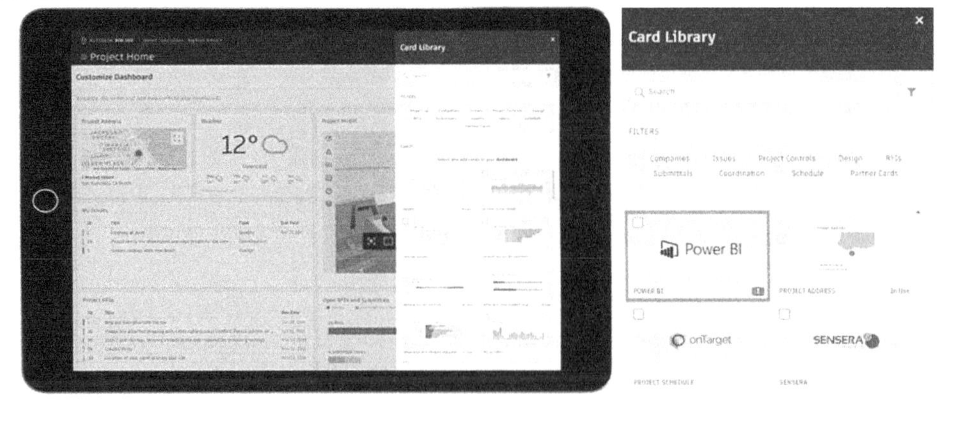

图8　第三方集成

续表

A68/B68/C68/D68/E68/F68/G68/H68/J68/K68/L68/M68/N68/P68/Q68：

通过BIM 360 Document有关的云服务和API（Autodesk Forge），第三方可拓展互联BIM 360的文档数据，在自身平台上深化设计、管理，以及互联更多其他应用，包括生产和建造，例如基于JeDunn公司Sharepoint项目管理平台和BIM 360数据进行对接；IBM Maximo集成BIM 360数据辅助FM；ItelliSys公司SAP物料管理和采购平台互联BIM模型数据；GTP公司对BIM 360的MEP构件进行可视化拆分和排单生产（图9）。

图9 拓展深化

4.2.2 BIM 360 Design

BIM 360 Design　　表4-2-2

平台/终端名称	BIM 360 Design	厂商名称	Autodesk
代码		应用场景	业务类型
A79/B79/C79/D79/E79/F79/G79/H79/J79/K79/L79/M79/N79/P79/Q79		通用协同	城市规划/场地景观/建筑工程/水处理/垃圾处理/管道工程/道路工程/桥梁工程/隧道工程/铁路工程/信号工程/变电站/电网工程/水坝工程/飞行工程
A80/B80/C80/D80/E80/F80/G80/H80/J80/K80/L80/M80/N80/P80/Q80		建设方内部协同	
A81/B81/C81/D81/E81/F81/G81/H81/J81/K81/L81/M81/N81/P81/Q81		设计方内部协同	
A82/B82/C82/D82/E82/F82/G82/H82/J82/K82/L82/M82/N82/P82/Q82		总承包内部协同	
A83/B83/C83/D83/E83/F83/G83/H83/J83/K83/L83/M83/N83/P83/Q83		施工现场协同	
最新版本	BIM 360		

续表

<table>
<tr><td>输入格式</td><td colspan="7">.sat/.skp/.rvt/.stl/.nwc/.max/.dwg/.fbx/.dgn/.axm/.gbl等，浏览超过50种2D与3D模型</td></tr>
<tr><td>输出格式</td><td colspan="7">BIM项目各要素数据可导出为某些格式（PDF、CSV、Excel等 ），或以图表统计等形式展现或通过Autodesk Forge云服务导出浏览器加载的Autodesk特有格式（SVF、F2D），或通过Forge导出其他行业格式（OBJ、IFC、glTF、Json等），或通过Forge云服务于自行提取数据导出为其他SaaS系统的业务格式</td></tr>
<tr><td rowspan="3">推荐硬件配置</td><td>操作系统</td><td colspan="2">建议使用64位浏览器，以获得最佳浏览体验</td><td>浏览器</td><td>Chrome（建议）、Firefox、Safari、Edge</td><td>处理器</td><td>2GHz</td></tr>
<tr><td>内存</td><td colspan="2">8GB</td><td>显卡</td><td>1GB</td><td>磁盘空间</td><td>700MB</td></tr>
<tr><td>鼠标要求</td><td>带滚轮</td><td>其他</td><td colspan="4">在传输时网络连接能为每台计算机提供 25 Mbps对称连接</td></tr>
<tr><td rowspan="3">最低硬件配置</td><td>操作系统</td><td colspan="2">MS Windows</td><td>浏览器</td><td>IE</td><td>处理器</td><td>1GHz</td></tr>
<tr><td>内存</td><td colspan="2">4GB</td><td>显卡</td><td>512MB</td><td>磁盘空间</td><td>500MB</td></tr>
<tr><td>鼠标要求</td><td>带滚轮</td><td>其他</td><td colspan="4">在传输时网络连接能为每台计算机提供 5 Mbps对称连接</td></tr>
<tr><td colspan="8">功能介绍</td></tr>
<tr><td colspan="8">

A79/B79/C79/D79/E79/F79/G79/H79/J79/K79/L79/M79/N79/P79/Q79
A81/B81/C81/D81/E81/F81/G81/H81/J81/K81/L81/M81/N81/P81/Q81
A82/B82/C82/D82/E82/F82/G82/H82/J82/K82/L82/M82/N82/P82/Q82：

Design Collaboration是BIM 360 内的一个模块，该模块极大地提高了公司项目团队的能力，可满足设计、施工项目的需求。BIM 360 中增强的权限允许各个团队在各自的空间中工作，使他们能够协作，从而全面控制其他项目团队如何查看其工作状态。Design Collaboration 可提供适用于团队考虑其项目数据方式的体验（图1）。

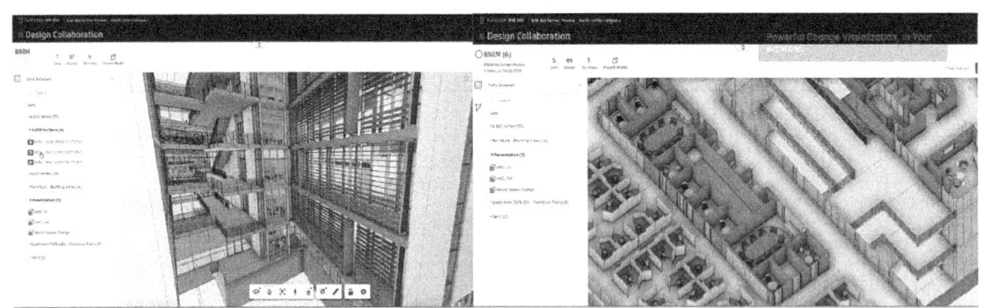

图1　多团队协作

Revit Cloud 工作共享。带有BIM 360的Revit Cloud Worksharing将强大的协作式Revit工作流程带到了云中。使你的团队能够实时共同撰写Revit模型，并能处理最新批准的工作。保证无论工作地点在哪里，都能使用最优秀的人才（图2）

</td></tr>
</table>

续表

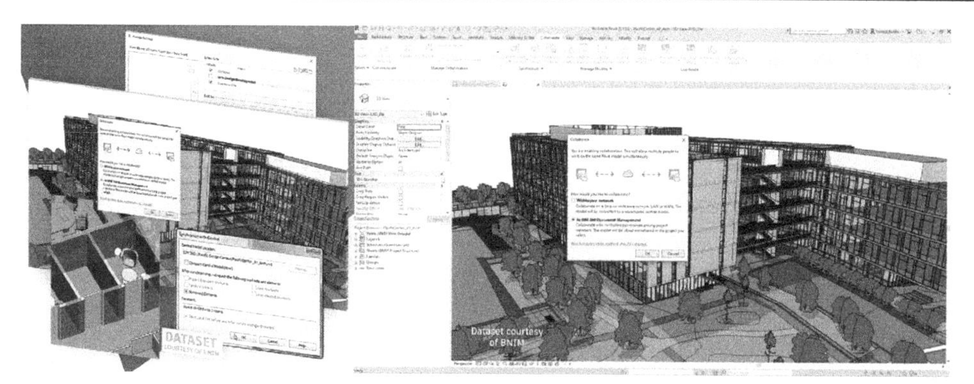

图2　工作共享

A80/B80/C80/D80/E80/F80/G80/H80/J80/K80/L80/M80/N80/P80/Q80：

实时云工作共享将Revit模型上传到BIM 360，利用基于云的工作共享流程与其他批准的用户同时共同创作，使它们与中心同步，通过确保与"中心同步"，将正在进行的工作保存到云中，并在需要时放弃其他用户的工作。具有高级更改可视化功能，可以更好地了解聚合项目模型环境中的设计更改。BIM 360支持的工作流使个人和团队合作者能够查看并发设计更新，从而影响正在进行的工作（图3）。

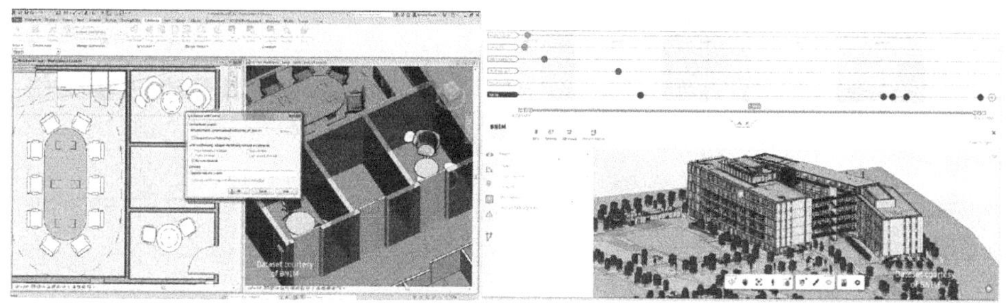

图3　共同创作

在聚合模型（超模型）中的2D图纸和3D视图之间使用上下文化的视图和导航来更好地理解设计。设计中的内容与其他团队使用的最后一个模型进行比较，以显示更改，然后再将其用于进一步的设计工作（图4）。

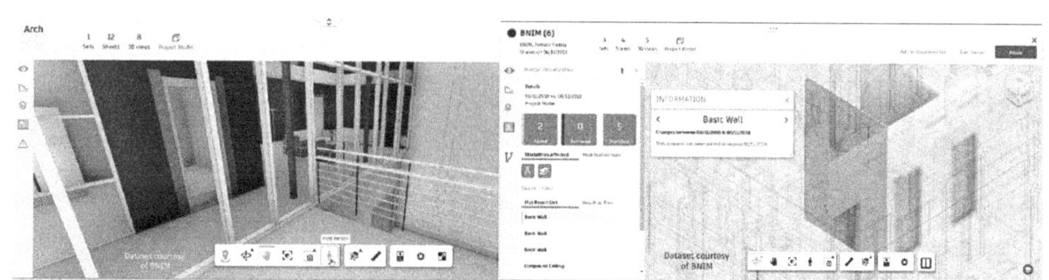

图4　显示更改

筛选变更结果，查看添加、删除和修改的元素，并按受影响的学科或修改类型进行过滤。回顾与团队成员一起查看Revit云工作共享模型、3D视图和2D工作表，以阐明或解决设计问题（图5）

续表

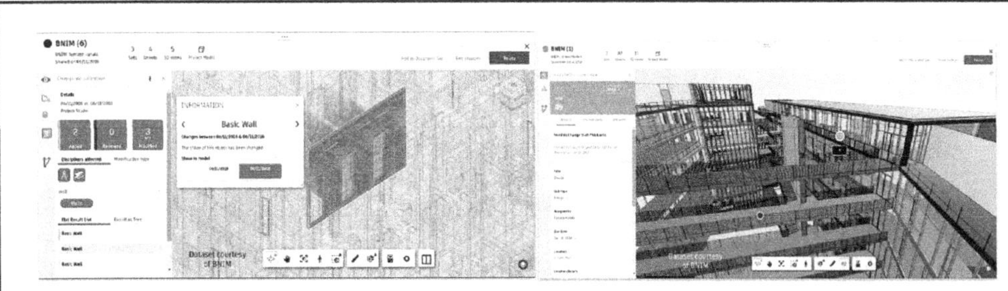

图5 解决设计问题

A83/B83/C83/D83/E83/F83/G83/H83/J83/K83/L83/M83/N83/P83/Q83：

通过BIM 360的云服务和API，第三方可互联BIM 360的数据和模型，亦可利用到类似BIM 360自身的功能，例如模型比较、问题报告、建立深化的设计协作、分析和方案实施的平台（图6、图7）。

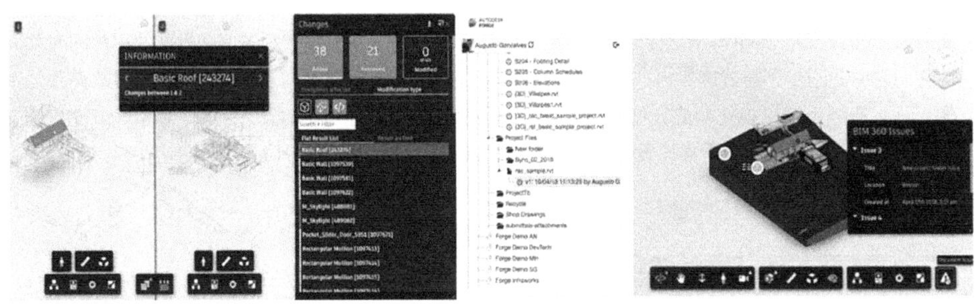

图6 云服务

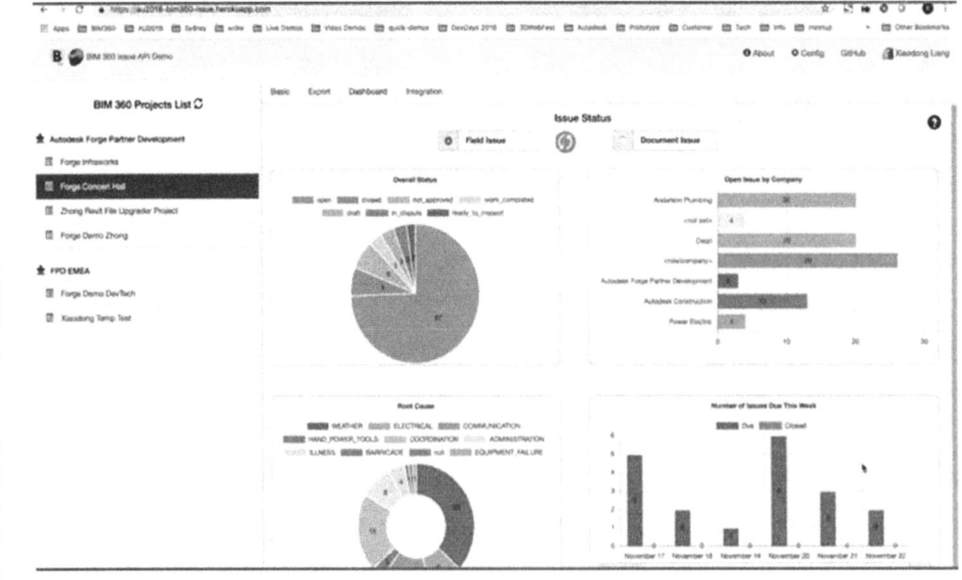

图7 API

4.2.3 BIM 360 Coordination

BIM 360 Coordination **表4-2-3**

<table>
<tr><td>平台/终端名称</td><td colspan="4">BIM 360 Coordination</td><td>厂商名称</td><td colspan="2">Autodesk</td></tr>
<tr><td colspan="3">代码</td><td colspan="2">应用场景</td><td colspan="3">业务类型</td></tr>
<tr><td colspan="3">A79/B79/C79/D79/E79/F79/G79/H79/J79/K79/L79/M79/N79/P79/Q79</td><td colspan="2">通用协同</td><td colspan="3" rowspan="4">城市规划/场地景观/建筑工程/水处理/垃圾处理/管道工程/道路工程/桥梁工程/隧道工程/铁路工程/信号工程/变电站/电网工程/水坝工程/飞行工程</td></tr>
<tr><td colspan="3">A02/B02/C02/D02/E02/F02/G02/H02/J02/K02/L02/M02/N02/P02/Q02</td><td colspan="2">模型整合与管理</td></tr>
<tr><td colspan="3">A28/B28/C28/D28/E28/F28/G28/H28/J28/K28/L28/M28/N28/P28/Q28</td><td colspan="2">初步/施工图设计_冲突检测</td></tr>
<tr><td colspan="3">A42/B42/C42/D42/E42/F42/G42/H42/J42/K42/L42/M42/N42/P42/Q42</td><td colspan="2">深化设计_冲突检测</td></tr>
<tr><td>最新版本</td><td colspan="7">.sat/.skp/.rvt/.stl/.nwc/.max/.dwg/.fbx/.dgn/.axm/.gbl等，浏览超过50种2D与3D模型</td></tr>
<tr><td>输入格式</td><td colspan="7">BIM项目各要素数据可导出为某些格式（PDF、CSV、Excel等），或以图表统计等形式展现或通过Autodesk Forge云服务导出浏览器加载的Autodesk特有格式（SVF、F2D），或通过Forge导出其他行业格式（OBJ、IFC、glTF、Json等），或通过Forge云服务于自行提取数据导出为其他SaaS系统的业务格式</td></tr>
<tr><td>输出格式</td><td colspan="7">.sat/.skp/.rvt/.stl/.nwc/.max/.dwg/.fbx/.dgn/.axm/.gbl等，浏览超过50种2D与3D模型</td></tr>
<tr><td rowspan="3">推荐硬件配置</td><td>操作系统</td><td colspan="2">建议使用64位浏览器，以获得最佳浏览体验</td><td>浏览器</td><td>Chrome（建议）、Firefox、Safari、Edge</td><td>处理器</td><td>2GHz</td></tr>
<tr><td>内存</td><td colspan="2">8GB</td><td>显卡</td><td>1GB</td><td>磁盘空间</td><td>700MB</td></tr>
<tr><td>鼠标要求</td><td>带滚轮</td><td>其他</td><td colspan="4">在传输时网络连接能为每台计算机提供25 Mbps对称连接</td></tr>
<tr><td rowspan="3">最低硬件配置</td><td>操作系统</td><td colspan="2">MS Windows</td><td>浏览器</td><td>IE</td><td>处理器</td><td>1GHz</td></tr>
<tr><td>内存</td><td colspan="2">4GB</td><td>显卡</td><td>512MB</td><td>磁盘空间</td><td>500MB</td></tr>
<tr><td>鼠标要求</td><td>带滚轮</td><td>其他</td><td colspan="4">在传输时网络连接能为每台计算机提供5 Mbps对称连接</td></tr>
<tr><td colspan="8">功能介绍</td></tr>
<tr><td colspan="8">A79/B79/C79/D79/E79/F79/G79/H79/J79/K79/L79/M79/N79/P79/Q79
A02/B02/C02/D02/E02/F02/G02/H02/J02/K02/L02/M02/N02/P02/Q02
A28/B28/C28/D28/E28/F28/G28/H28/J28/K28/L28/M28/N28/P28/Q28
A42/B42/C42/D42/E42/F42/G42/H42/J42/K42/L42/M42/N42/P42/Q42：
Model Coordination提供了一个共享的空间，供用户发布、查看最新的项目模型集，以及运行相关的冲突测试。上传三维模型至集中化的Model Coordination文件夹，该碰撞服务将自动定位这些模型中的任何问题。BIM 360 Model Coordination提供的协作空间可用于上传、审阅和检测最新项目模型集之间的冲突（图1）</td></tr>
</table>

续表

图1　共享空间

协调和BIM协作软件。一个协调良好的项目不但可以节省数百万美元，而且还能确保这个项目如期进行。但是传统的协调过程既昂贵又耗时。将BIM协调与协作交到专业的项目团队手中，以加快审核并及早发现问题和解决冲突，以解决单个或成组的冲突对象，或者将该冲突对象标记为忽略，直到项目中出现下一个要点，以加快协调（图2）。

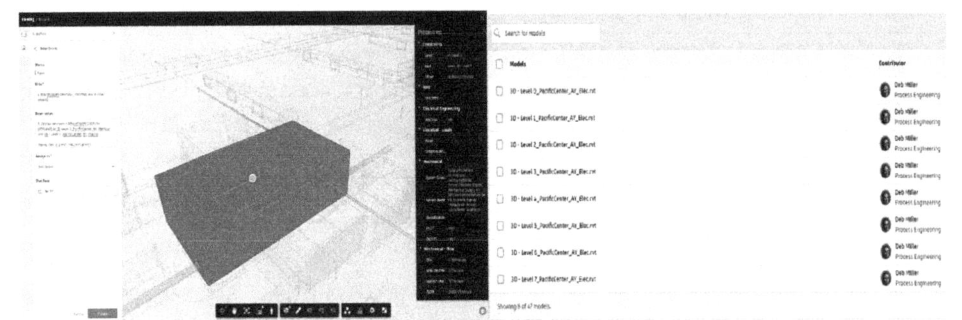

图2　BIM协调

实时冲突检测：当冲突检测由个人处理时，可能会出现瓶颈。但当冲突检测交到整个项目团队手中，可更快地解决冲突（图3）。

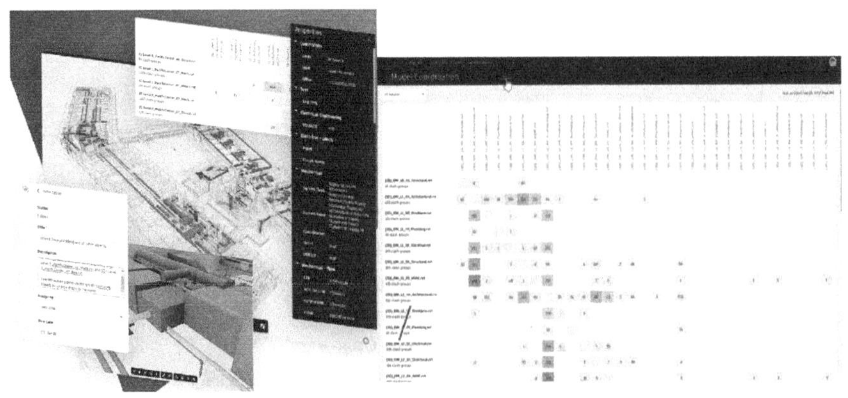

图3　冲突检测

合并模型：将多学科模型汇总到一个视图中，以实现跨专业的协调并发现潜在问题（图4）

续表

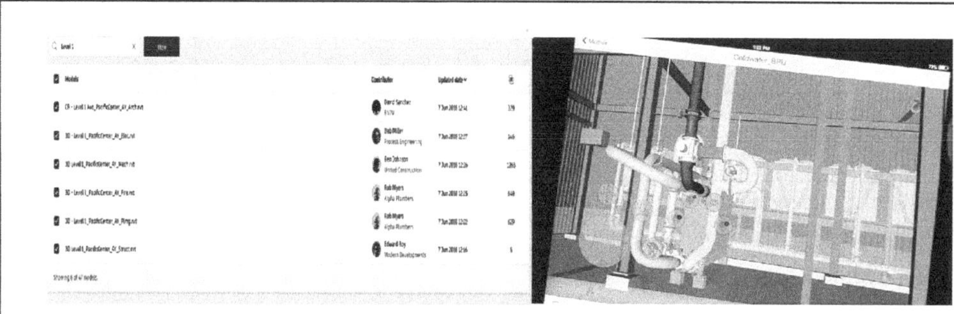

图4　合并模型

通过BIM 360 Model Coordination 以及Autodesk Forge有关的云服务和API，第三方可以提供更定制化的查看方式供用户进行碰撞报告分析，例如，结合PowerBI服务，对碰撞模型的构件自动分类检查，并在浏览器中可视化，多方参与实现设计模型协调；或根据协调规范通过Forge云服务自动解决碰撞，产生新的模型版本（图5）。

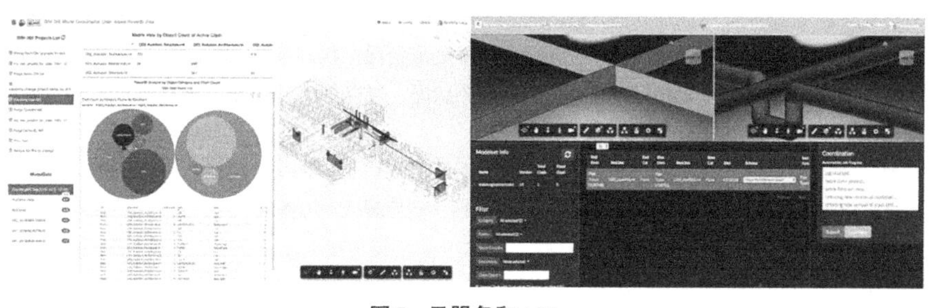

图5　云服务和API

4.2.4 3DEXPERIENCE ENOVIA

3DEXPERIENCE ENOVIA　　**表4-2-4**

<table>
<tr><td>平台/终端名称</td><td colspan="3">3DEXPERIENCE ENOVIA</td><td>厂商名称</td><td colspan="3">Dassault Systémes</td></tr>
<tr><td colspan="3">代码</td><td colspan="2">应用场景</td><td colspan="3">业务类型</td></tr>
<tr><td colspan="3">C79/G79/H79/J79/K79/P79</td><td colspan="2">通用协同</td><td colspan="3">建筑工程/道路工程/桥梁工程/隧道工程/铁路工程/水坝工程</td></tr>
<tr><td colspan="3">C85/G85/H85/J85/K85/P85</td><td colspan="2">轻量化模型文档管理</td><td colspan="3">建筑工程/道路工程/桥梁工程/隧道工程/铁路工程/水坝工程</td></tr>
<tr><td>最新版本</td><td colspan="7">3DEXPERIENCE R2021x</td></tr>
<tr><td>输入格式</td><td colspan="7">.3dxml</td></tr>
<tr><td>输出格式</td><td colspan="7">.3dxml</td></tr>
<tr><td rowspan="3">推荐硬件配置</td><td>操作系统</td><td colspan="2">64位Windows10</td><td>浏览器</td><td>IE11/Firefox</td><td>处理器</td><td>4GHz</td></tr>
<tr><td>内存</td><td colspan="2">32GB</td><td>显卡</td><td>8GB</td><td>磁盘空间</td><td>700MB</td></tr>
<tr><td>鼠标要求</td><td colspan="2">带滚轮</td><td>其他</td><td colspan="3">无</td></tr>
</table>

续表

最低硬件配置	操作系统	64位Windows10	浏览器	IE11/Firefox	处理器	2GHz
	内存	8GB	显卡	1GB	磁盘空间	500MB
	鼠标要求	带滚轮	其他	无		
功能介绍						

C79/G79/H79/J79/K79/P79：

1.本平台在“通用协同”应用上的介绍及优势

3DEXPERIENCE平台的ENOVIA系列应用模块，采用单一的数据源，所有的数据都存储在数据库中，满足以下几个方面的协同需求：

针对项目总工和专业负责人，主要有三个场景的协同：一是项目管理；二是协同环境浏览项目模型和图文档；三是流程审批。

项目管理，包括项目经理角色和项目成员角色。

项目开始时，项目经理可以新建一个空白项目，也可以根据既有模板快速创建项目并设置人员角色/权限等。

项目创建后，项目经理可以建立WBS结构，制定资源计划及财务预算等，并把任务分配给各个项目成员。项目成员将从系统自动接受任务，并可随时把任务完成情况汇报到系统中。同时，系统自动生成项目监控图表板，供项目经理和相关负责人随时了解项目进展状况。可以把项目任务与BIM对象关联起来，因此每个任务可从BIM模型中获取相关信息。

对于已在使用Microsoft Project、Primavera P6等系统的用户，ENOVIA可以与这些系统进行双向集成。例如，项目经理可以在Primavera中制定初步的进度计划，然后导入到BIM平台进行仿真验证和优化，最后再把优化之后的进度计划导出到Primavera。

协同环境浏览项目模型和图文档。

项目的模型和文档以项目文件夹的形式展示在结构树上，模型有两种模式查看：一是轻量化浏览模式，可以查看模型；二是编辑模式，支持模型的审批和标注。

按不同维度查看模型信息。按成熟度查看项目任务节点图；按完成度查看项目任务节点的完成度；按修改时间查看最近1天、3天、1周等时间段内修改过的模型；按所有者查看不同工程师所负责的模型；按碰撞查看哪些模型存在碰撞；按专业浏览模型；按项目区域浏览模型。

流程审批：可自定义文档创建、审阅、批准和分发的流程和权限。同时，可在系统中管理文档的历史版本和操作记录，实现信息管理的可追溯性。

针对专业工程师，主要有以下几个场景的协同，介绍如下：

（1）多专业在线协同

每次设计前，都打开本专业设计模型的周边模型，进行参考与碰撞检查，提前发现问题，减少返工。

在自己的电脑前，基于同一份模型，与他人进行远程沟通协调。在设计过程中，有任何需要与他人沟通协调的问题，可以直接在线呼叫；双方进行屏幕同步，接收方自动加载模型，与发送方的所见模型保持一致；双方对问题点进行圈红批注；（支持多方进行屏幕同步圈阅）一方将问题修正后，另一方可以查看到修改前后的差异变化。

（2）专业会签

校核、审查、会签工作都基于协同平台在线完成，所有问题可闭环跟踪，所有记录都可追溯查询。

（3）设计发布

工程师创建发布流程，加入模型与技术文档（如计算书）。审批人员在网页端查看模型轻量化数据，添加修改意见。提升/驳回流程。设计工程师根据驳回意见，修改模型尺寸。修改完成后，重新启动流程。流程完成后，设计模型自动提升到发布状态。审查意见保存在系统中

续表

（4）设计变更 根据企业内部标准制定变更请求流程和变更执行流程管理。发起变更申请；对变更请求流程进行批准；变更内容自动升版，工程师对新版模型进行设计；对变更执行流程的修改成果进行校核、审签；新版本模型发布，流程关闭。 2.本平台在“通用协同”应用上的操作难易度 基础操作流程：登录网页→查看任务→搜索模型→浏览模型→模型审查→会审流程→发布流程→变更流程→模型入库。 基于App的PLM功能架构和基于WEB的用户体验，使操作简单，容易上手。 3.本软硬件在“通用协同”应用上的案例 牡丹江到佳木斯铁路客运专线BIM项目，10个标段，9个工程局全部使用达索软件进行深化设计和项目协同

4.2.5 品茗CCBIM

品茗CCBIM **表4-2-5**

<table>
<tr><td>平台/终端名称</td><td colspan="2">CCBIM</td><td>厂商名称</td><td colspan="3">杭州品茗安控信息技术股份有限公司</td></tr>
<tr><td colspan="2">代码</td><td colspan="2">应用场景</td><td colspan="3">业务类型</td></tr>
<tr><td colspan="2">C79</td><td colspan="2">通用协同</td><td colspan="3">建筑工程</td></tr>
<tr><td colspan="2">C85</td><td colspan="2">轻量化模型文档管理</td><td colspan="3">建筑工程</td></tr>
<tr><td colspan="2">C05</td><td colspan="2">显示引擎</td><td colspan="3">建筑工程</td></tr>
<tr><td colspan="2">C71</td><td colspan="2">工地监测</td><td colspan="3">建筑工程</td></tr>
<tr><td>最新版本</td><td colspan="6">Web V3.8.1、iOS V2.0.3、Android V2.0.2</td></tr>
<tr><td>输入格式</td><td colspan="6">.rvt/.rte/.rfa/.nwd/.nwc/.ifc/.skp/.pbim/.dwg/doc/.docx/.xls/.xlsx/.ppt/.pptx/.pdf/.jpg/.png/.mp4/.mov/.zip</td></tr>
<tr><td>输出格式</td><td colspan="6">—</td></tr>
<tr><td rowspan="3">推荐硬件配置</td><td>操作系统</td><td>64位Windows10</td><td>浏览器</td><td>Chrome</td><td>处理器</td><td>I7</td></tr>
<tr><td>内存</td><td>16GB</td><td>显卡</td><td>2GB</td><td>磁盘空间</td><td>1TB</td></tr>
<tr><td>鼠标要求</td><td>带滚轮</td><td>其他</td><td colspan="3">无</td></tr>
<tr><td rowspan="3">最低硬件配置</td><td>操作系统</td><td>64位Windows10</td><td>浏览器</td><td>Chrome</td><td>处理器</td><td>I3</td></tr>
<tr><td>内存</td><td>4GB</td><td>显卡</td><td>1GB</td><td>磁盘空间</td><td>100GB</td></tr>
<tr><td>鼠标要求</td><td>带滚轮</td><td>其他</td><td colspan="3">无</td></tr>
<tr><td colspan="7">功能介绍</td></tr>
<tr><td colspan="7">C79：
1.本平台在“通用协同”应用上的介绍及优势
CCBIM在“通用协同”上具备较为完备的协同功能，包括文件协同、批注协同、任务协同和审批协同，同时支持移动端应用，满足移动办公和现场应用的需求。同时，支持用户自定义表单，满足用户实际需求（图1）</td></tr>
</table>

续表

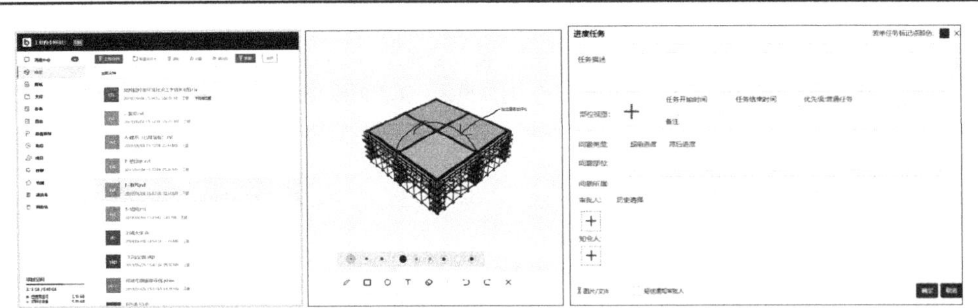

图1 文件协同　　图2 批注协同　　图3 任务协同

2. 本平台在“通用协同”应用上的操作难易度

文件协同流程：模型上传→模型浏览。

点击【上传文件】按钮，然后选择要上传的模型。等模型转换完成，点击模型名称即可浏览模型。

批注协同流程：打开模型→选择构件→标记评论。

首先打开模型，然后在模型视窗中的操作栏中点击【选择构件】按钮。在模型中点击选择一个构件，然后点击【标记评论】按钮，添加评论内容。在添加标记评论页面，添加相关内容，最后点击【确定】(图2)。

任务协同流程：发布任务→选择类型→填写表单→发布任务。

在任务页面，点击【发布任务】按钮，然后选择任务类型（系统默认提供5个任务类型：材料任务、质量任务、安全任务、进度任务、其他任务）。然后在新建任务页面，填写任务表单，最后点击【确定】发布任务（图3）

C85：

1.本平台在“轻量化模型文档管理”应用上的介绍及优势

CCBIM对轻量化模型文档进行集中管理，防止文件散落或者丢失。为了应对变更版本过多的情况，提供版本管理功能。同时提供文件权限管理，可以控制文件的访问和使用权限。

CCBIM支持10种模型和图纸文件在线预览，无需安装任何软件或插件，通过浏览器就能查看（表1）。

在线预览表　　表1

序号	文件类型	文件格式	文件版本
1	模型	*.rvt	Revit 2014~2019
2		*.rfa	
3		*.rte	
4		*.skp	SketchUp 2014~2019
5		*.nwd	Navisworks 2016~2019
6		*.nwc	
7		*.ifc	IFC 2 × 2/2 × 3/2 × 4
8		*.pbim	（品茗自有格式）
9		*.zip	（Revit链接文件的压缩包）
10	图纸	*.dwg	AutoCAD 2014

2.本平台在“通用协同”应用上的操作难易度

版本管理流程：更新→选择文件→浏览文件→切换版本（图1）

续表

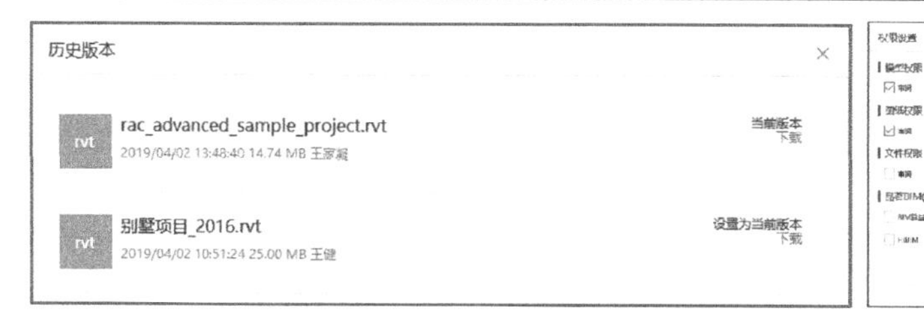

图1　版本管理

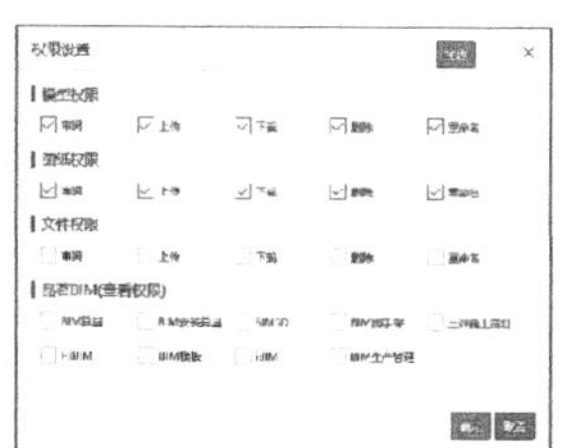

图2　权限设置

文件权限设置流程：项目成员→选择群组→权限设置。

在项目成员管理页面，选择任意一个群组，点击更多按钮【…】，然后选择【权限设置】(图2)

C05：

1.本平台在“显示引擎”应用上的介绍及优势

CCBIM的轻量化BIM显示引擎，采用B/S、C/S混合架构，支持多种BIM模型和图纸文件在线预览，无须安装任何插件，可以大幅减少企业BIM软件采购费用。用户可以直接在浏览器、PC客户端、iOS客户端、Android客户端中直接打开BIM模型。同时，提供二次开发SDK包，帮助用户快速搭建属于自己的个性化、自定义的BIM应用平台，降低平台开发的技术门槛(图3)。

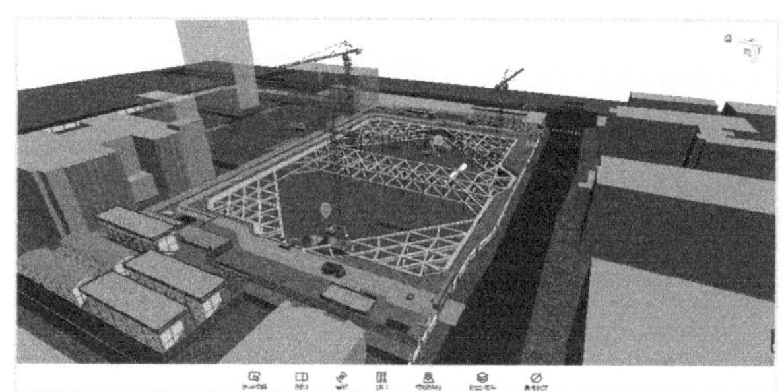

图3　显示引擎

2.本平台在“显示引擎”应用上的操作难易度

用户可以通过网页、手机App或者PC客户端直接在模型、图纸、文件三个功能模块中，点击【上传】按钮，批量上传文件。等文件转换完成，即可在线预览文件，操作简单，易于上手

C71：

1.本平台在“工地监测”应用上的介绍及优势

可以将摄像头与BIM模型进行结合，通过摄像头监控工地现场状态。支持海康、大华、萤石、乐橙等监控设备(图4)。

图4　工地监测

续表

2.本平台在"工地监测"应用上的操作难易度 关联摄像头流程：项目看板→监控视频→添加视频→选中位置→关联数据。 进入项目看板，然后在监控视频栏中点击【添加按钮】，之后在模型视窗中双击选中监控视频位置。在添加监控视频页面中输入相关信息，需要注意的是，添加的视频URL地址需要来自萤石云（图5）。  图5 关联摄像头

4.2.6 品茗BIM云平台

品茗BIM云平台 表4-2-6

平台/终端名称	品茗BIM云平台			厂商名称	杭州品茗安控信息技术股份有限公司		
代码			应用场景		业务类型		
C79			通用协同		建筑工程		
C85			轻量化模型文档管理		建筑工程		
C61			质量管理		建筑工程		
C63			进度管理		建筑工程		
C64			安全管理		建筑工程		
最新版本	Web V1.0、iOS V8.4.1、Android V8.4.1						
输入格式	.rvt/. rte /.rfa/.nwd/.nwc/.ifc/.skp/.pbim/.dwg/doc/.docx/.xls/.xlsx/.ppt/.pptx/.pdf/.jpg/.png/.mp4/.mov/.zip						
输出格式	—						
推荐硬件配置	操作系统	64位Windows10	浏览器	Chrome	处理器	I7	
	内存	16GB	显卡	2GB	磁盘空间	1TB	
	鼠标要求	带滚轮	其他	无			
最低硬件配置	操作系统	64位Windows10	浏览器	Chrome	处理器	I3	
	内存	4GB	显卡	1GB	磁盘空间	100GB	
	鼠标要求	带滚轮	其他	无			

续表

功能介绍

C79：

1.本平台在“通用协同”应用上的介绍及优势

CCBIM在“通用协同”上具备较为完备的协同功能，包括文件协同、批注协同、任务协同和审批协同，同时支持移动端应用，满足移动办公和现场应用的需求。同时，支持用户自定义表单，满足用户实际需求（图1）。

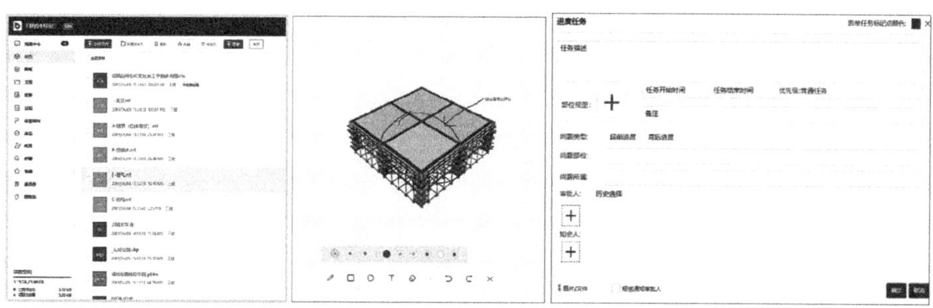

图1　文件协同　　图2　批注协同　　图3　任务协同

2.本平台在“通用协同”应用上的操作难易度

文件协同流程：模型上传→模型浏览。

点击【上传文件】按钮，然后选择要上传的模型。等模型转换完成，点击模型名称即可浏览模型。

批注协同流程：打开模型→选择构件→标记评论。

首先打开模型，然后在模型视窗中的操作栏中点击【选择构件】按钮。在模型中点击选择一个构件，然后点击【标记评论】按钮，添加评论内容。在添加标记评论页面，添加相关内容，最后点击【确定】(图2)。

任务协同流程：发布任务→选择类型→填写表单→发布任务。

在任务页面，点击【发布任务】按钮，然后选择任务类型（系统默认提供5个任务类型：材料任务、质量任务、安全任务、进度任务、其他任务）。然后在新建任务页面，填写任务表单，最后点击【确定】发布任务（图3）

C85：

1.本平台在“轻量化模型文档管理”应用上的介绍及优势

CCBIM对轻量化模型文档进行集中管理，防止文件散落或者丢失。为了应对变更版本过多的情况，提供版本管理功能。同时提供文件权限管理，可以控制文件的访问和使用权限。

CCBIM支持10种模型和图纸文件在线预览，无须安装任何软件或插件，通过浏览器就能查看（表1）。

在线预览表　　**表1**

序号	文件类型	文件格式	文件版本
1	模型	*.rvt	Revit 2014～2019
2		*.rfa	
3		*.rte	
4		*.skp	SketchUp 2014～2019
5		*.nwd	Navisworks 2016～2019
6		*.nwc	

续表

续表

序号	文件类型	文件格式	文件版本
7	模型	*.ifc	IFC 2×2/2×3/2×4
8		*.pbim	（品茗自有格式）
9		*.zip	（Revit链接文件的压缩包）
10	图纸	*.dwg	AutoCAD 2014

2.本平台在“通用协同”应用上的操作难易度

1）版本管理流程：更新→选择文件→浏览文件→切换版本（图4）。

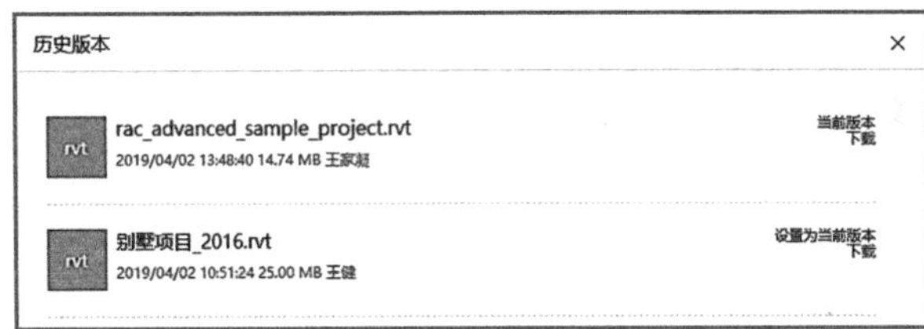

图4 版本管理

图5 权限设置

2）文件权限设置流程：项目成员→选择群组→权限设置。

在项目成员管理页面，选择任意一个群组，点击更多按钮【…】，然后选择【权限设置】(图5）

C61：

1.本平台在“质量管理”应用上的介绍及优势

品茗BIM云平台会对企业质量标准进行集中管理，并支持项目切换不同施工质量标准以应对不用甲方的施工要求，项目现场依据施工质量标准进行检查与整改。为解决相关人员不在现场不能及时进行质量验收，提供线上质量验收审批功能。同时为了提升测量效率，平台内置实测实量与结构检测国标规范，施工现场输入测量值，系统根据内置的计算规则进行结果评判并输出CAD图纸中进行测量值标记（图6）。

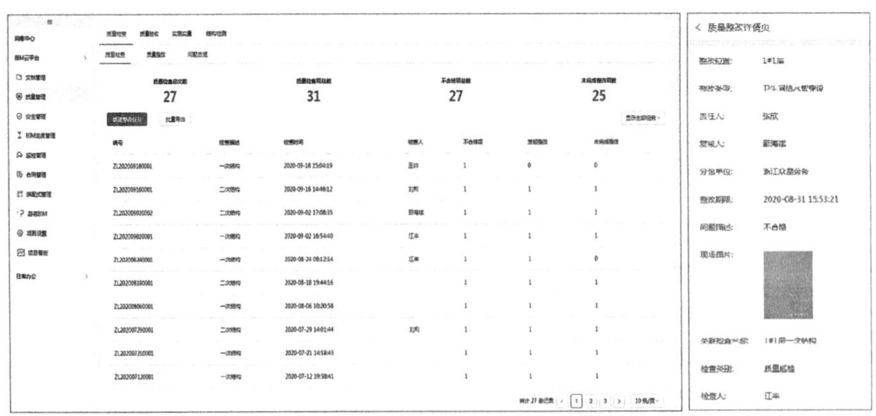

图6 质量检查　　图7 质量整改

2.本平台在“质量管理”应用上的操作难易度

质量检查整改流程：选择检查项→纪录现场问题→发起整改→提交整改结果→复核通过整改闭合（图7）。

质量验收流程：选择验收项目、部位、审批人发起验收→审批人通过审批→导出验收报表（图8）

续表

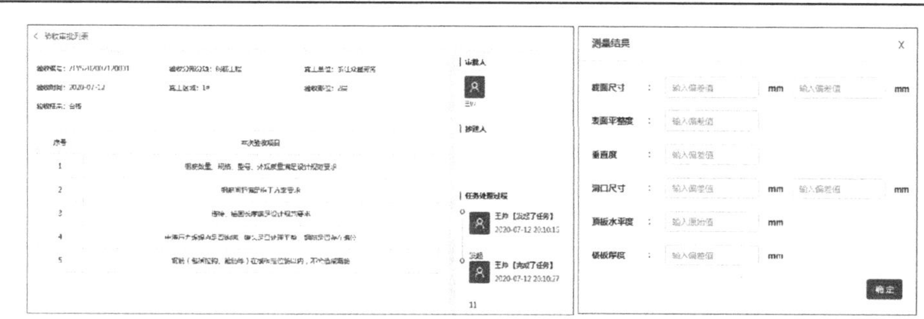

图8 验收审批　　图9 测量结果

实测实量与结构检测操作流程：选择工程楼层进行测量→输入测量结果→导出测量结果（图9）

C63：

1.本平台在“进度管理”应用上的介绍及优势

品茗BIM云平台对项目进度计划与模型进行关联，通过进度任务对现场实际进度进行跟踪，最终通过计划与实际进度对比模拟展现项目实际进展（图10）。

图10 进度任务

2.本平台在“进度管理”应用上的操作难易度

进度计划关联模型流程：上传模型→上传进度计划→匹配关联→计划进度模拟（图11）。

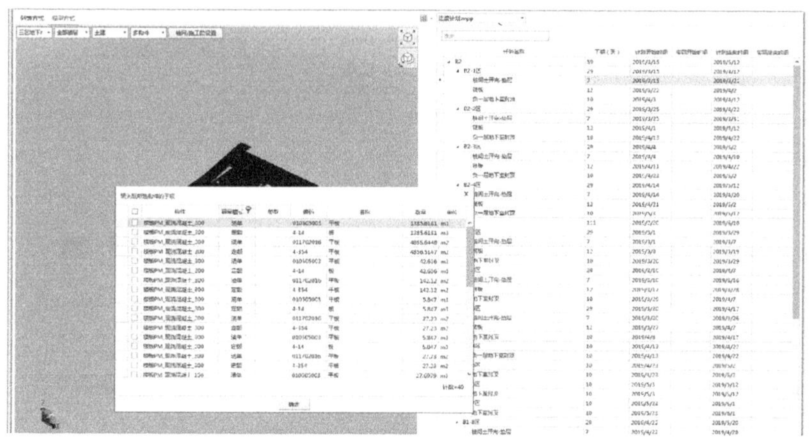

图11 进度计划关联模型

续表

实际进度填报流程：选择需要派分的进度任务→选择任务执行人派分→填报实际进度→实际进度模拟（图12）。

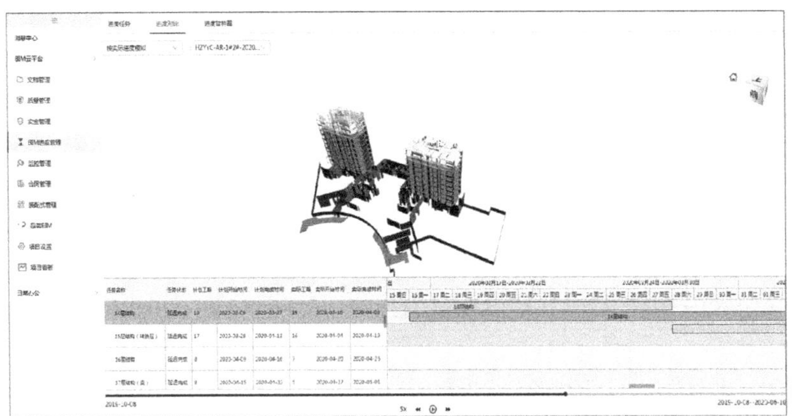

图12　实际进度填报

C64：

1. 本平台在“进度管理”应用上的介绍及优势

品茗BIM云平台将对企业安全标准进行集中管理，并支持项目切换不同施工安全标准以应对不同甲方的施工要求，项目现场依据施工安全标准进行检查与整改。为了解决相关人员不在现场不能及时进行安全验收，提供线上安全验收与动火审批功能。同时为了更好地对危大工程进行管理，平台提供危大工程管理模块，支持上传危大工程各项附件（图13）。

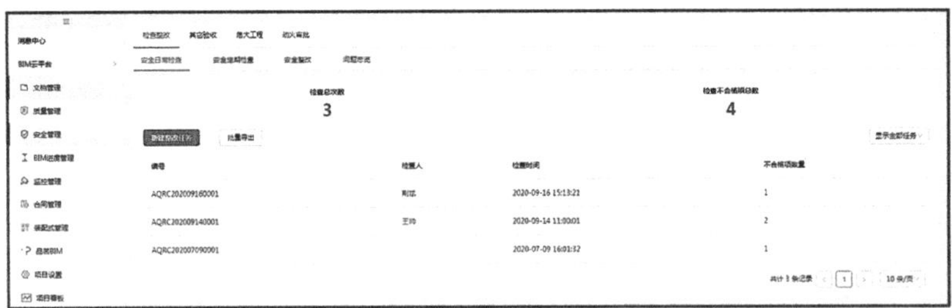

图13　安全检查

2. 本平台在“进度管理”应用上的操作难易度

安全整改流程：选择检查项→记录现场问题→发起整改→提交整改结果→复核通过，整改闭合（图14）。

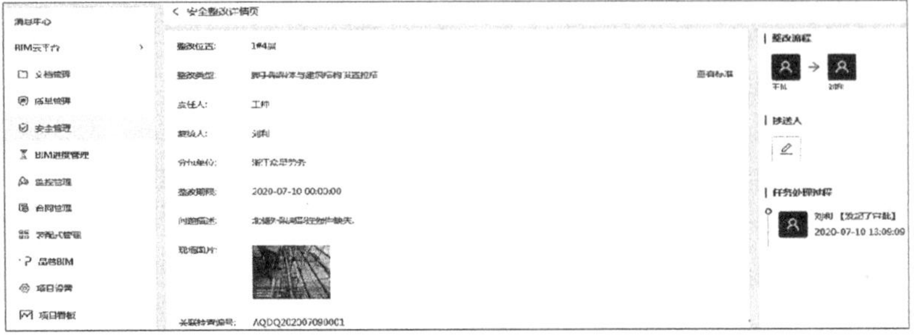

图14　安全整改

续表

安全审批流程：选择验收项目、验收部位与审批人发起验收→审批人通过审批→导出验收报表(图15)。

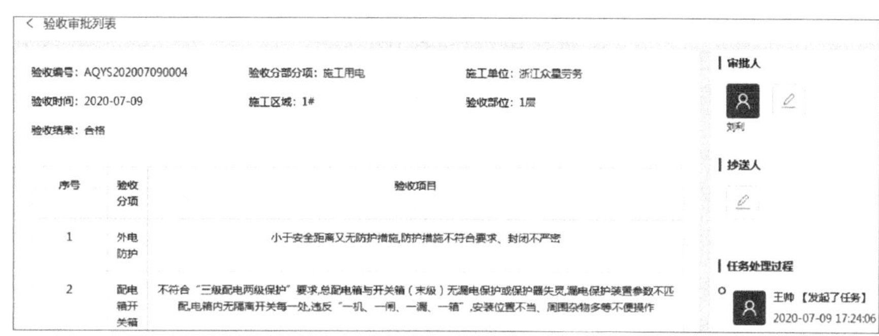

图15　验收审批

安全动火审批流程：选择动火项目、动火部位与审批人发起验收→审批人通过审批→导出动火报表(图16)。

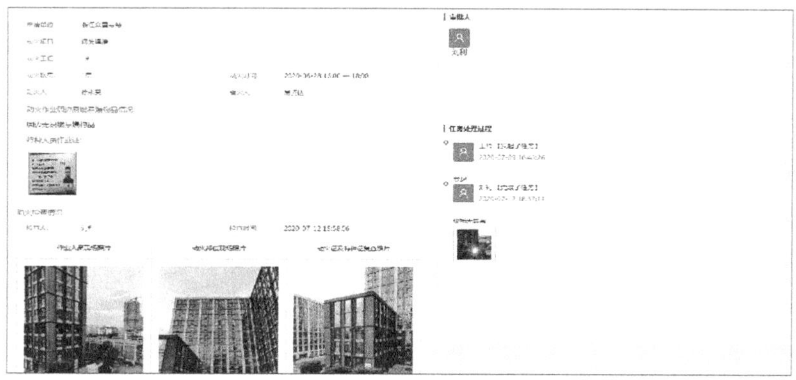

图16　安全动火审批

危大工程操作流程：新建危大工程→上传方案、交底、教育旁站附件→发起危大工程验收审批(图17)。

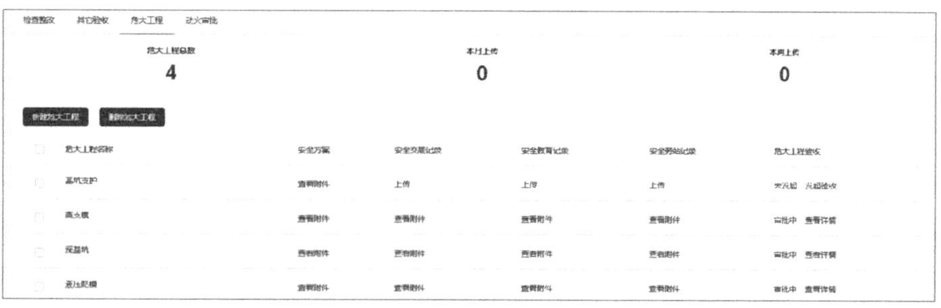

图17　危大工程

4.2.7 鲁班工场（Luban iWorks）

鲁班工场（Luban iWorks） 表4-2-7

<table>
<tr><td>平台/终端名称</td><td colspan="3">鲁班工场（Luban iWorks）</td><td colspan="2">厂商名称</td><td colspan="3">上海鲁班软件股份有限公司</td></tr>
<tr><td colspan="2">代码</td><td colspan="3">应用场景</td><td colspan="4">业务类型</td></tr>
<tr><td colspan="2">C79/F79/G79/H79/I79/J79/N79/O79</td><td colspan="3">通用协同</td><td colspan="4">建筑工程/管道工程/道路工程/桥梁工程/隧道工程/铁路工程/水坝工程/飞行工程</td></tr>
<tr><td colspan="2">C42/F42/G42/H42/I42/J42/N42/O42</td><td colspan="3">深化设计_冲突检测</td><td colspan="4">建筑工程/管道工程/道路工程/桥梁工程/隧道工程/铁路工程/水坝工程/飞行工程</td></tr>
<tr><td colspan="2">C61/F61/G61/H61/I61/J61/N61/O61</td><td colspan="3">施工实施_质量管理</td><td colspan="4">建筑工程/管道工程/道路工程/桥梁工程/隧道工程/铁路工程/水坝工程/飞行工程</td></tr>
<tr><td colspan="2">C62/F62/G62/H62/I62/J62/N62/O62</td><td colspan="3">施工实施_成本管理</td><td colspan="4">建筑工程/管道工程/道路工程/桥梁工程/隧道工程/铁路工程/水坝工程/飞行工程</td></tr>
<tr><td colspan="2">C63/F63/G63/H63/I63/J63/N63/O63</td><td colspan="3">施工实施_进度管理</td><td colspan="4">建筑工程/管道工程/道路工程/桥梁工程/隧道工程/铁路工程/水坝工程/飞行工程</td></tr>
<tr><td colspan="2">C64/F64/G64/H64/I64/J64/N64/O64</td><td colspan="3">施工实施_安全管理</td><td colspan="4">建筑工程/管道工程/道路工程/桥梁工程/隧道工程/铁路工程/水坝工程/飞行工程</td></tr>
<tr><td>最新版本</td><td colspan="8">V1.2.0</td></tr>
<tr><td>输入格式</td><td colspan="8">.ifc/.pds</td></tr>
<tr><td>输出格式</td><td colspan="8">.xlsx/.doc</td></tr>
<tr><td rowspan="3">推荐硬件配置</td><td>操作系统</td><td>64位Windows10旗舰版</td><td>处理器</td><td colspan="2">英特尔i7或以上</td><td>内存</td><td colspan="2">16GB或以上</td></tr>
<tr><td>显卡</td><td>独立显卡GTX1060或以上，4GB或以上显存</td><td>磁盘空间</td><td colspan="2">1TB或以上</td><td>鼠标要求</td><td colspan="2">—</td></tr>
<tr><td>其他</td><td colspan="7">网卡1000MB</td></tr>
<tr><td rowspan="3">最低硬件配置</td><td>操作系统</td><td>64位Windows7操作系统</td><td>处理器</td><td colspan="2">英特尔i5</td><td>内存</td><td colspan="2">4GB</td></tr>
<tr><td>显卡</td><td>独立显卡</td><td>磁盘空间</td><td colspan="2">500GB</td><td>鼠标要求</td><td colspan="2">—</td></tr>
<tr><td>其他</td><td colspan="7">网卡1000MB</td></tr>
</table>

续表

功能介绍

C79/F79/G79/H79/I79/J79/N79/O79
C42/F42/G42/H42/I42/J42/N42/O42
C61/F61/G61/H61/I61/J61/N61/O61
C62/F62/G62/H62/I62/J62/N62/O62
C63/F63/G63/H63/I63/J63/N63/O63
C64/F64/G64/H64/I64/J64/N64/O64：

鲁班工场（Luban iWorks）是基于BIM的企业级项目协同管理平台，综合考虑了施工企业项目信息化管理的需求特性，并在用户实践反馈的基础上不断进行优化改进，平台融合主流传统项目管理系统的核心理念，将BIM模型作为载体，进行数据提取、融合、分析，结合智能算法，辅助用户进行进度控制、安全生产管理、质量控制管理、成本控制分析、项目级技术资料应用等。

（1）协同管理

平台支持按照项目要求发起安全、质量、进度等类型协作。将构件、文档资料、相关负责人与模型相关联，用户可拍照上传基于位置的问题，对相关问题快速发起任务协作流程，并持续跟踪留底，增强问题的过程追责与过程监控（图1）。

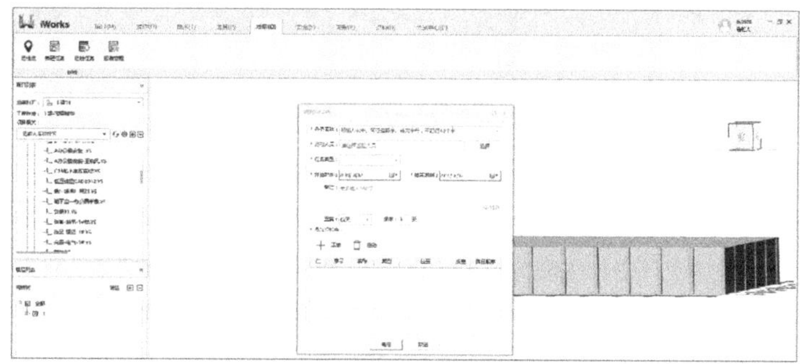

图1　协同管理

（2）安全质量管理

在平台软件上，通过设置巡检路线与任务，利用巡检过程开展质量管理。智能巡检系统可以支持不同时间段，比如每日、每周或每月等灵活的排班考核方式，能够按照区间预设巡检路线，或制定工作计划。巡检点设置完成之后，可以生成巡检路线，这样现场人员的工作就会更加井序有然、高效便捷。巡检人员可采用移动端自动定位进行巡检任务的确认，确保巡检人员现场执行巡检任务。当出现异常巡检问题时，巡检人员可第一时间拍照上传，并发起协作进行整改，让相关人员第一时间知晓情况。产品还可自动生成巡检日报、展示巡检日期、巡检点位、巡检人员、隐患描述等，并能导出使用。

产品还可集成外部监控设备，将BIM模型与监控设备位置相关联，精准定位监控信息，对施工现场进行安全监控与管理（图2）。

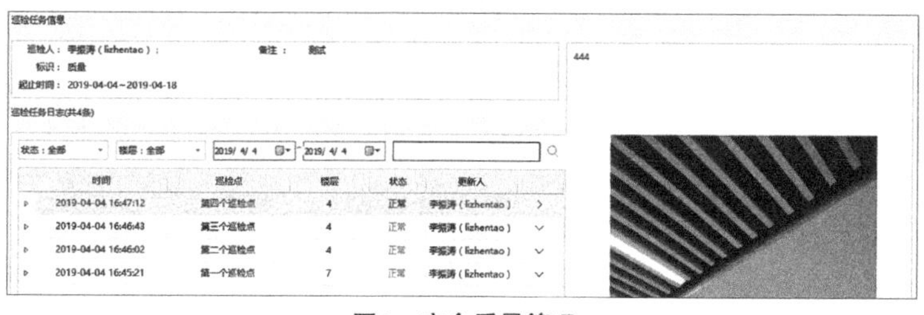

图2　安全质量管理

续表

（3）技术交底

可根据进度计划，自动生成交底计划（包含施工起止时间、计划时间）；交底任务支持关联任务、资料、动画、可创建模型关联视口（视口可进行测量、标记、图形操作、图形显隐、透明度控制）；交底支持直接发起交底审批流程，进行方案审批与电子签字确认；通过移动端、客户端多端方式线上交底、会议交底、移动端交底。交底过程可通过软件进行拍照、进行交底监控、留档过程资料；交底完成留档，以便后期追溯（图3）。

图3　冲突检测

（4）冲突检测

通过工作集模式，可将各专业模型集成为一个模型，采用领先且高效的三维算法，对多专业BIM模型进行三维空间碰撞检查、空洞检查、净高检查，对因二维图纸造成的问题进行提前预警，第一时间发现和解决设计问题

4.2.8 鲁班浏览器（Luban Explorer）

鲁班浏览器（Luban Explorer）　　**表4-2-8**

平台/终端名称	鲁班浏览器（Luban Explorer）	厂商名称	上海鲁班软件股份有限公司
代码		应用场景	业务类型
C79/F79/G79/H79/I79/J79/N79/O79		通用协同	建筑工程/管道工程/道路工程/桥梁工程/隧道工程/铁路工程/水坝工程/飞行工程
C66/F66/G66/H66/I66/J66/N66/O66		施工实施_算量造价	建筑工程/管道工程/道路工程/桥梁工程/隧道工程/铁路工程/水坝工程/飞行工程
最新版本	V8.2.0.0		
输入格式	.ifc/.pds		
输出格式	.xlsx/.doc		

续表

<table>
<tr><td rowspan="3">推荐硬件配置</td><td>操作系统</td><td>64位Windows10旗舰版</td><td>处理器</td><td>英特尔i7或以上</td><td>内存</td><td>16GB或以上</td></tr>
<tr><td>显卡</td><td>独立显卡GTX1060或以上，4GB或以上显存</td><td>磁盘空间</td><td>1TB或以上</td><td>鼠标要求</td><td>—</td></tr>
<tr><td>其他</td><td colspan="5">网卡1000MB</td></tr>
<tr><td rowspan="3">最低硬件配置</td><td>操作系统</td><td>64位Windows7操作系统</td><td>处理器</td><td>英特尔i5</td><td>内存</td><td>4GB</td></tr>
<tr><td>显卡</td><td>独立显卡</td><td>磁盘空间</td><td>500GB</td><td>鼠标要求</td><td>—</td></tr>
<tr><td>其他</td><td colspan="5">网卡1000MB</td></tr>
<tr><td colspan="7">功能介绍</td></tr>
</table>

C79/F79/G79/H79/I79/J79/N79/O79

C66/F66/G66/H66/I66/J66/N66/O66：

鲁班浏览器（Luban Explorer）是鲁班基础数据管理系统的前端应用，通过该浏览器，工程项目管理人员可以随时随地快速查询管理基础数据，操作简单方便，实现按时间、区域多维度检索与统计数据。在项目全过程管理中，为材料采购流程、资金审批流程、限额领料流程、分包管理、进度控制、成本核算、资源调配计划等方面提供动态、准确的基础数据支撑（图1）。

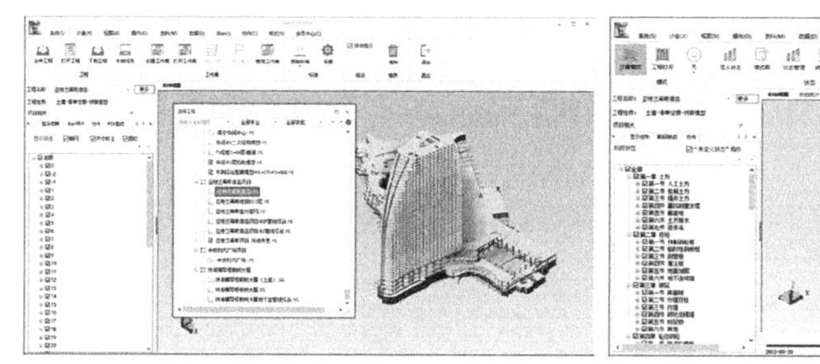

图1　鲁班浏览器

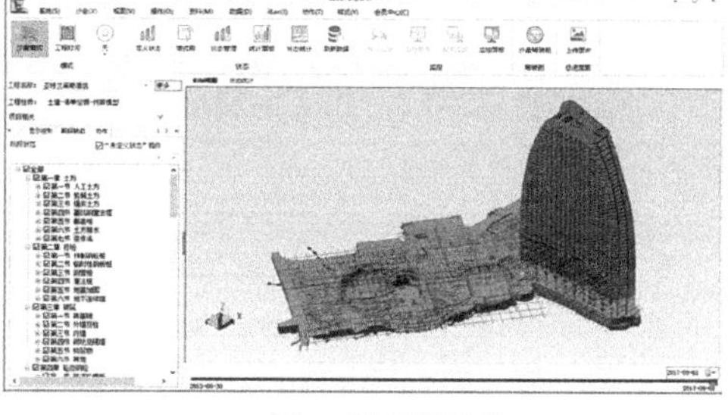

图2　沙盘驾驶舱

（1）沙盘驾驶舱

产品可以进入沙盘模式，设置工程的开工/竣工时间，定义构件的工序开始/结束时间，设置构件的施工工序，根据进度统计完成的工作量；并可将现场监控位置与模型相对应，查看监管施工现场，进行后台监控（图2）。

（2）模型操作

软件可以进行构件选择；构件属性的编辑、查看、统计与控制；隐藏选择的构件；设置与构件相关联的任务提醒；设置钢筋节点、钢筋标注；进行三维测量与标注；对模型进行剖切，查看切面信息；统计选择楼层的建筑面积（图3）

续表

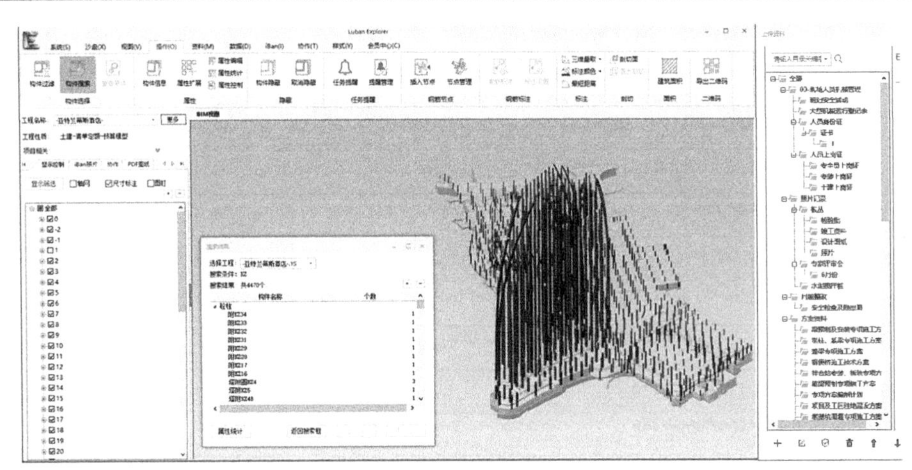

图3 模型操作　　图4 资料管理

(3) 资料管理

产品可以创建资料目录，分项目、分类别管理相关资料信息，如合同、图纸等资料可以在此进行统一管理，而且项目资料可以与模型构件相关联（图4）。

(4) 工程算量

可以通过选择显示级别，按项目/楼层/构件级显示项目清单量；具体也可选择多个构件对应出量，显示选择构件的工程量清单（图5）。

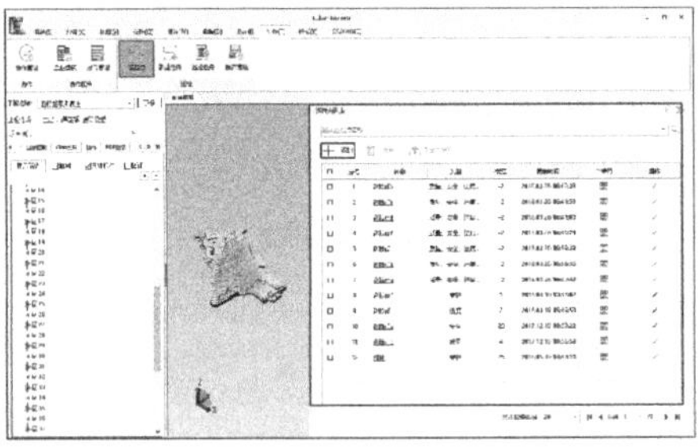

图5 工程算量

图6 巡检管理

(5) 巡检管理

产品可以进行巡检管理，添加巡检点，设置巡检类型、巡检位置，如质量、安全、进度方面的巡检；新建巡检任务，添加巡检任务名称、巡检人员、任务类型、开始和结束时间、重复频率等；对巡检任务进行统一管理，并可以显示巡检路径，输出巡检任务报告（图6）

4.2.9 鲁班驾驶舱(Luban Govern)

鲁班驾驶舱(Luban Govern) **表4-2-9**

<table>
<tr><td>平台/终端名称</td><td colspan="3">鲁班驾驶舱(Luban Govern)</td><td>厂商名称</td><td colspan="3">上海鲁班软件股份有限公司</td></tr>
<tr><td colspan="3">代码</td><td colspan="2">应用场景</td><td colspan="3">业务类型</td></tr>
<tr><td colspan="3">C79/F79/G79/H79/I79/J79/N79/O79</td><td colspan="2">通用协同</td><td colspan="3">建筑工程/管道工程/道路工程/桥梁工程/隧道工程/铁路工程/水坝工程/飞行工程</td></tr>
<tr><td colspan="3">C66/F66/G66/H66/I66/J66/N66/O66</td><td colspan="2">施工实施_算量和造价</td><td colspan="3">建筑工程/管道工程/道路工程/桥梁工程/隧道工程/铁路工程/水坝工程/飞行工程</td></tr>
<tr><td>最新版本</td><td colspan="7">V11.6.0.0</td></tr>
<tr><td>输入格式</td><td colspan="7">.ifc/.pds</td></tr>
<tr><td>输出格式</td><td colspan="7">.xlsx</td></tr>
<tr><td rowspan="3">推荐硬件配置</td><td>操作系统</td><td>64位Windows10旗舰版</td><td>处理器</td><td>英特尔i7或以上</td><td>内存</td><td colspan="2">16GB或以上</td></tr>
<tr><td>显卡</td><td>独立显卡GTX1060或以上，4GB或以上显存</td><td>磁盘空间</td><td>1TB或以上</td><td>鼠标要求</td><td colspan="2">—</td></tr>
<tr><td>其他</td><td colspan="6">网卡1000MB</td></tr>
<tr><td rowspan="3">最低硬件配置</td><td>操作系统</td><td>64位Windows7操作系统</td><td>处理器</td><td>英特尔i5</td><td>内存</td><td colspan="2">4GB</td></tr>
<tr><td>显卡</td><td>独立显卡</td><td>磁盘空间</td><td>500GB</td><td>鼠标要求</td><td colspan="2">—</td></tr>
<tr><td>其他</td><td colspan="6">网卡1000MB</td></tr>
<tr><td colspan="8">功能介绍</td></tr>
<tr><td colspan="8">C79/F79/G79/H79/I79/J79/N79/O79
C66/F66/G66/H66/I66/J66/N66/O66:
鲁班驾驶舱(Luban Govern)可用于集团公司多项目集中管理、查看、统计和分析，以及单个项目不同阶段的多算对比，主要由集团总部管理人员应用。使用者通过将工程信息模型汇总到企业总部，形成一个汇总的企业级项目基础数据库，企业不同岗位都可以进行数据的查询和分析，为总部管理和决策提供依据，为项目部的成本管理提供依据。
(1)项目结构树
项目面板可以按结构树的形式显示企业及项目的组织结构，单击任一项目可以查看对应工程概况信息，如总建筑面积、总投资、项目建设单位、负责人等。还可以通过项目面板登记各级分包单位详细信息，上传和保存项目工程各阶段的工程资料，将算量、造价文件上传至平台，与项目模型相关联，方便计算清单定额(图1)</td></tr>
</table>

续表

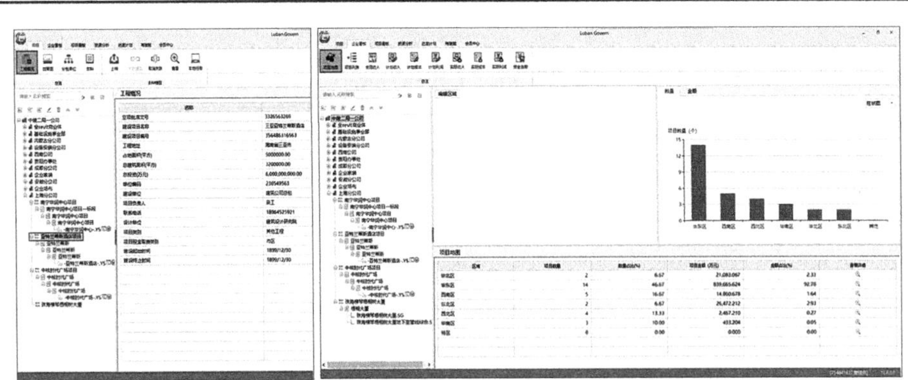

图1　项目结构树　　　　图2　看板信息

（2）看板信息

可以通过企业看板查看所有项目的工程概况列表信息，统计显示各层级项目的合同收入、计划收入、实际收入、计划成本、实际成本等商务资金信息（图2）。

（3）资源管理

资源分析面板可以查看分部分项工程清单和单价措施，也可以查看分部费用汇总表、工程清单汇总表，及人工、材料、机械汇总表，精准定位每一项目的资源利用情况（图3）。

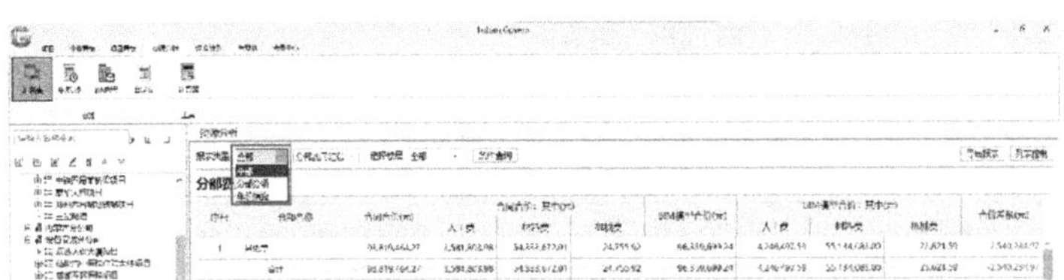

图3　资源管理

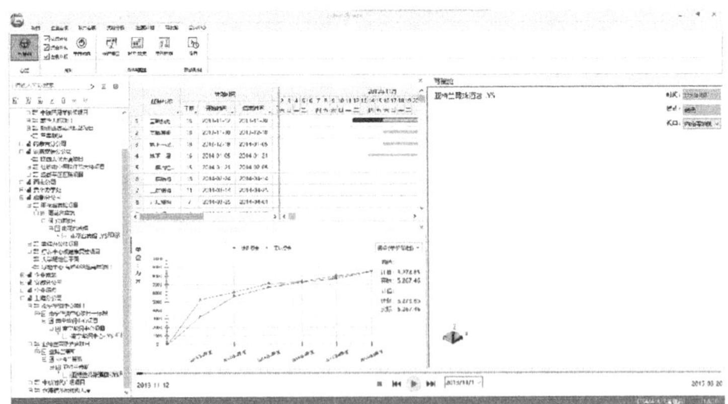

图4　驾驶舱

（4）驾驶舱

将工程项目的BIM模型与资金、进度相关联，模拟施工动画，可以动态呈现BIM建造过程，直观展示项目进展。通过计划时间与实际时间、计划资金与实际资金两相对比，准确掌握工程实际情况，管控项目实际施工（图4）

4.2.10 鲁班进度计划（Luban Plan）

鲁班进度计划（Luban Plan）　　**表4-2-10**

<table>
<tr><td>平台/终端名称</td><td colspan="2">鲁班进度计划（Luban Plan）</td><td>厂商名称</td><td colspan="3">上海鲁班软件股份有限公司</td></tr>
<tr><td colspan="3">代码</td><td colspan="2">应用场景</td><td colspan="2">业务类型</td></tr>
<tr><td colspan="3">C79/F79/G79/H79/I79/J79/N79/O79</td><td colspan="2">通用协同</td><td colspan="2" rowspan="3">建筑工程/管道工程/道路工程/桥梁工程/隧道工程/铁路工程/水坝工程/飞行工程</td></tr>
<tr><td colspan="3">C66/F66/G66/H66/I66/J66/N66/O66</td><td colspan="2">施工实施_算量和造价</td></tr>
<tr><td colspan="3">C63/F63/G63/H63/I63/J63/N63/O63</td><td colspan="2">施工实施_进度管理</td></tr>
<tr><td>最新版本</td><td colspan="6">V4.5.0.0</td></tr>
<tr><td>输入格式</td><td colspan="6">.ifc/.pds</td></tr>
<tr><td>输出格式</td><td colspan="6">.xlsx/.pdf</td></tr>
<tr><td rowspan="3">推荐硬件配置</td><td>操作系统</td><td>64位Windows10旗舰版</td><td>处理器</td><td>英特尔i7或以上</td><td>内存</td><td>16GB或以上</td></tr>
<tr><td>显卡</td><td>独立显卡GTX1060或以上，4GB或以上显存</td><td>磁盘空间</td><td>1TB或以上</td><td>鼠标要求</td><td>—</td></tr>
<tr><td>其他</td><td colspan="5">网卡1000MB</td></tr>
<tr><td rowspan="3">最低硬件配置</td><td>操作系统</td><td>64位Windows7操作系统</td><td>处理器</td><td>英特尔i5</td><td>内存</td><td>4GB</td></tr>
<tr><td>显卡</td><td>独立显卡</td><td>磁盘空间</td><td>500GB</td><td>鼠标要求</td><td>—</td></tr>
<tr><td>其他</td><td colspan="5">网卡1000MB</td></tr>
<tr><td colspan="7">功能介绍</td></tr>
<tr><td colspan="7">C79/F79/G79/H79/I79/J79/N79/O79
C66/F66/G66/H66/I66/J66/N66/O66
C63/F63/G63/H63/I63/J63/N63/O63：
鲁班进度计划（Luban Plan）是一款管理项目进度的软件。通过BIM技术将工程项目进度管理与BIM模型相互结合，用甘特图和网络图相辅相成的展示方式，革新现有的工程进度管理模式。鲁班进度计划致力于帮助项目管理人员快速、有效地对项目的施工进度进行精细化管理。同时鲁班进度计划是Luban Builder系统的重要成员，为BIM数据库提供时间维度数据，实现BIM数据库数据共享，打破传统的单机软件单打独斗的束缚。
（1）进度计划管理
通过该软件可以查看已建好的项目进度计划，或新建项目进度计划。通过上传工程，将项目的BIM模型上传至平台，选择模型上传位置、挂接的项目、项目类型（房建、基建）、工程类型（预算模型、施工模型）、授权对象（确定查看/编辑进度计划的人员）。新建工程项目进度计划可与工程模型相关联（图1）</td></tr>
</table>

续表

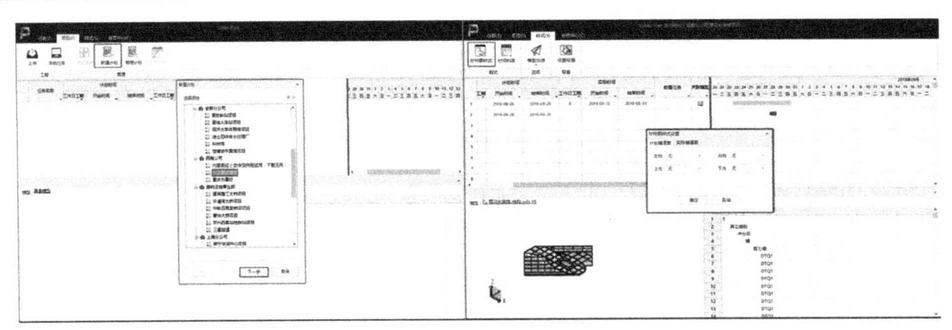

图1 进度计划管理　　图2 进度计划甘特图/网络图

(2) 进度计划甘特图/网络图

对建好的项目进度计划，可以用甘特图/网络图两种模式直观查看(图2)。

(3) 进度计划驾驶舱

可以将原本二维的进度计划数据转化为可视的三维进度模型，根据设置的时间轴动态展示施工进度，来显示不同阶段内项目施工进度模型情况，直观展示项目施工进展(图3)。

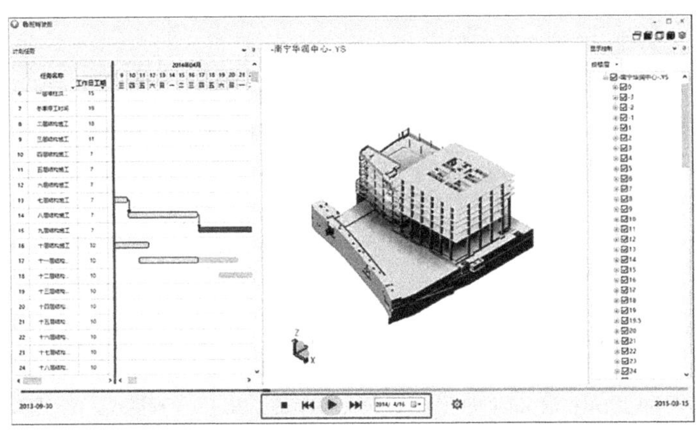

图3 进度计划驾驶舱

4.2.11 鲁班协同(Luban Cooperation)

鲁班协同(Luban Cooperation)　　表4-2-11

平台/终端名称	鲁班协同(Luban Cooperation)	厂商名称	上海鲁班软件股份有限公司
代码	应用场景	业务类型	
C79/F79/G79/H79/I79/J79/N79/O79	通用协同	建筑工程/管道工程/道路工程/桥梁工程/隧道工程/铁路工程/水坝工程/飞行工程	
C61/F61/G61/H61/I61/J61/N61/O61	施工实施_质量管理	建筑工程/管道工程/道路工程/桥梁工程/隧道工程/铁路工程/水坝工程/飞行工程	

续表

<table>
<tr><td colspan="3">C64/F64/G64/H64/I64/J64/N64/O64</td><td colspan="2">施工实施_安全管理</td><td colspan="2">建筑工程/管道工程/道路工程/桥梁工程/隧道工程/铁路工程/水坝工程/飞行工程</td></tr>
<tr><td>最新版本</td><td colspan="6">V3.0.0</td></tr>
<tr><td>输入格式</td><td colspan="6">无</td></tr>
<tr><td>输出格式</td><td colspan="6">.xlsx</td></tr>
<tr><td rowspan="3">推荐硬件配置</td><td>操作系统</td><td>64位Windows10旗舰版</td><td>处理器</td><td>英特尔i7或以上</td><td>内存</td><td>16GB或以上</td></tr>
<tr><td>显卡</td><td>独立显卡GTX1060或以上，4GB或以上显存</td><td>磁盘空间</td><td>1TB或以上</td><td>鼠标要求</td><td>—</td></tr>
<tr><td>其他</td><td colspan="5">网卡1000MB</td></tr>
<tr><td rowspan="3">最低硬件配置</td><td>操作系统</td><td>64位Windows7操作系统</td><td>处理器</td><td>英特尔i5</td><td>内存</td><td>4GB</td></tr>
<tr><td>显卡</td><td>独立显卡</td><td>磁盘空间</td><td>500GB</td><td>鼠标要求</td><td>—</td></tr>
<tr><td>其他</td><td colspan="5">网卡1000MB</td></tr>
<tr><td colspan="7">功能介绍</td></tr>
</table>

C79/F79/G79/H79/I79/J79/N79/O79
C61/F61/G61/H61/I61/J61/N61/O61
C64/F64/G64/H64/I64/J64/N64/O64：

鲁班协同（Luban Cooperation）是企业级、跨组织的协同管理软件，可以通过发起流程或发起协作的方式将参建各方的传统线下工作流在线上完成，并关联BIM模型、照片和资料，支持相关人员对协作作出审批、回复、生成报告等多项工作，大大提高了工作效率，并且结果可以追溯，快速发现问题，快速作出回应。鲁班协同有PC端、移动端两类产品，包括审批和协作两大功能。

（1）审批功能

产品审批功能可以通过新建审批、录入相应审批信息，并发起审批流程，相关人员可以进行审批处理，查看审批流转过程。并根据所给分类（待处理、我发起、已处理、抄送我的）、时间筛选、搜索主题三种方式，快速查找审批流程（图1）。

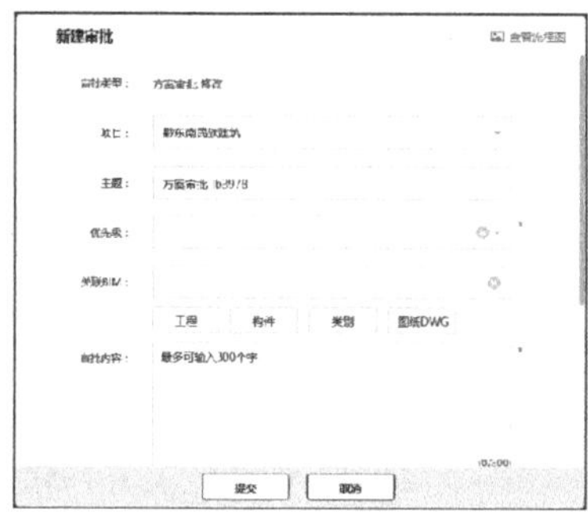

图1　审批功能

图2　协作功能

续表

（2）协作功能 用户可通过创建协作，发起协作流程，将协作关联到工程、构件、类别、图纸，并可进行反查，协作提交之后，相关人员可收到协作信息推送，对协作所述问题进行整改，并将整改结果通过协作更新的方式进行上传，相应负责人可在协作中对整改的情况进行回复、通过、拒绝等操作（图2）。 （3）My Luban App My Luban App是鲁班项目协同管理的App产品，将BIM技术和移动互联网技术相互结合，致力于帮助项目现场管理人员能够更轻便、更有效直观地查询BIM信息并进行协同合作，同时依托Luban Builder系统直接从服务器项目数据库中获取BIM数据信息，打破传统的PC客户端携带不便的束缚，提升工作效率

4.2.12 我的鲁班（My Luban）

我的鲁班（My Luban） **表4-2-12**

平台/终端名称	我的鲁班（My Luban）		厂商名称	上海鲁班软件股份有限公司
代码		应用场景		业务类型
C79/F79/G79/H79/I79/J79/N79/O79		通用协同		建筑工程/管道工程/道路工程/桥梁工程/隧道工程/铁路工程/水坝工程/飞行工程
C61/F61/G61/H61/I61/J61/N61/O61		施工实施_质量管理		建筑工程/管道工程/道路工程/桥梁工程/隧道工程/铁路工程/水坝工程/飞行工程
C64/F64/G64/H64/I64/J64/N64/O64		施工实施_安全管理		建筑工程/管道工程/道路工程/桥梁工程/隧道工程/铁路工程/水坝工程/飞行工程
最新版本	V5.6.0			
输入格式	无			
输出格式	无			
推荐硬件配置	手机系统要求：Android4.1及以上系统；iOS7及以上系统 平板电脑系统要求：安卓4.4以上系统；IOS 8.0以上系统 推荐至少4G以上RAM			
最低硬件配置	安卓手机和平板，IOS手机以及iPad			
功能介绍				
C79/F79/G79/H79/I79/J79/N79/O79 **C61/F61/G61/H61/I61/J61/N61/O61** **C64/F64/G64/H64/I64/J64/N64/O64：** My Luban App是鲁班项目协同管理的App产品，将BIM技术和移动互联网技术相互结合，致力于帮助项目现场管理人员能够更轻便、更有效直观地查询BIM信息并进行协同合作，同时依托Luban Builder系统直接从服务器项目数据库中获取BIM数据信息，打破传统的PC客户端携带不便的束缚，提升工作效率。 （1）看板管理 通过看板界面可以查看企业项目产值情况，浏览安全、质量、进度整改问题，及时追踪管理过程，方面快捷做出反应（图1）				

续表

图1　看板管理

图2　协作管理

（2）协作管理

可新建协作、话题、任务，上传资料，将协作与工程（整个工程模型）、构件（某楼层单个或多个构件）、构件类型（单个或多个同类型名称构件支持不同楼层）关联，开展基于模型的协作管理（图2）。

（3）项目信息管理

可通过移动端查看项目信息，分楼层对模型进行查看，快速、精准定位构件，调取监控，实时查看现场情况，查看、管理相应节点，更新巡检任务，录入实际消耗量，管理相应资料等（图3）。

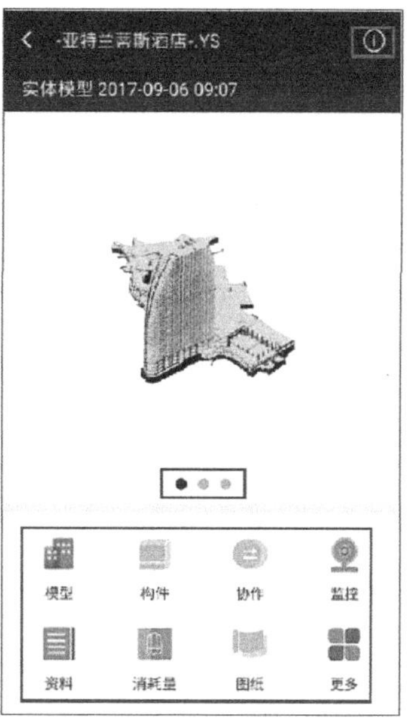

图3　项目信息管理

4.2.13 鲁班监测（Luban Monitor）

鲁班监测（Luban Monitor） **表4-2-13**

平台/终端名称	鲁班监测（Luban Monitor）		厂商名称	上海鲁班软件股份有限公司		
代码			应用场景	业务类型		
F79/G79/H79/I79/J79/N79/O79			通用协同	管道工程/道路工程/桥梁工程/隧道工程/铁路工程/水坝工程/飞行工程		
F71/G71/H71/I71/J71/N71/O71			施工实施_工地监测	管道工程/道路工程/桥梁工程/隧道工程/铁路工程/水坝工程/飞行工程		
最新版本	V2.9.1					
输入格式	无					
输出格式	.xlsx/.doc					
推荐硬件配置	操作系统	64位Windows10旗舰版	处理器	英特尔i7或以上	内存	16GB或以上
	显卡	独立显卡GTX1060或以上，4GB或以上显存	磁盘空间	1TB或以上	鼠标要求	—
	其他	网卡1000MB				
最低硬件配置	操作系统	64位Windows7操作系统	处理器	英特尔i5	内存	4GB
	显卡	独立显卡	磁盘空间	500GB	鼠标要求	—
	其他	网卡1000MB				
功能介绍						

F79/G79/H79/I79/J79/N79/O79

F71/G71/H71/I71/J71/N71/O71：

鲁班监测（Luban Monitor）针对基建工程的监控量测，将BIM模型和监控系统相结合，面向项目全过程，以满足项目管理层和企业管理层管理项目的监测需求，实现实时、直观浏览监测信息，实现多样性和及时性的预警监测，实现自动生成图表监测报告。同时配备监测设置后台Luban Center，该平台可以根据不同监测项目，用户自主配置不同的监测类型，充分体现各个监测项目的特性，灵活应用于实际监测。

（1）配置监测项目

监测后台支持同一项目部下创建不同的监测项目，并自主配置监测项目的监测类型、监测功能，满足用户自由配置监测功能需求和业务需求（图1）。

图1 配置监测项目

续表

（2）多工程管理

在监测管理的树节点支持同一监测项目创建多份实例，满足包含多个相同单位工程的工程模型，分节点录入监测数据，分节点管理监测数据，分节点存储监测数据，直观清晰地浏览各个单位工程监测数据，为施工后期用户梳理监测资料，节省大量时间（图2）。

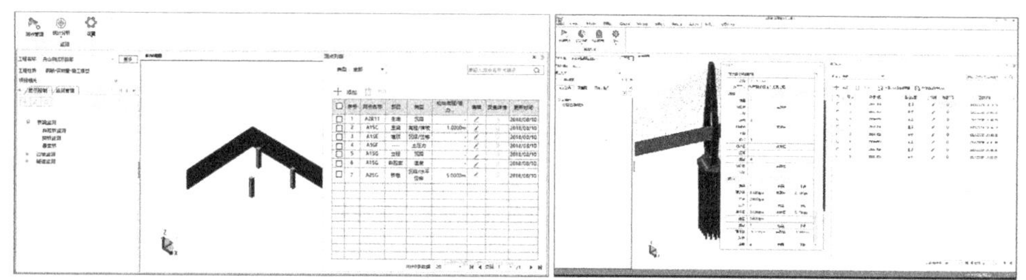

图2　多工程管理　　**图3　数据图表**

（3）数据图表

支持模型及测点列表双向查看各测点或预警测点的监测信息，帮助项目人员汇总所有测点的最新数据，并且对所有预警状态的测点数据分类统计，生成分析图表，为企业管理层作出预警决策提供有力凭证（图3）。

（4）监测预消警

监测预消警支持流程表单控制预消警和自动预消警。流程预警是根据用户表单模板，根据审批流程和预消警工作流程，人为控制预消警，且消警通过后以短信形式自动通知相关人员。自动预消警是通过用户自主配置预警参数，系统平台自动发起的预消警，从而灵活满足项目人员对监测预警方式的多样性需求（图4）。

（5）监测报告

系统根据用户提供的报告模板，自动生成报告且导出文档，为用户省去人工制作报告的时间，且保证报告的准确有效（图5）。

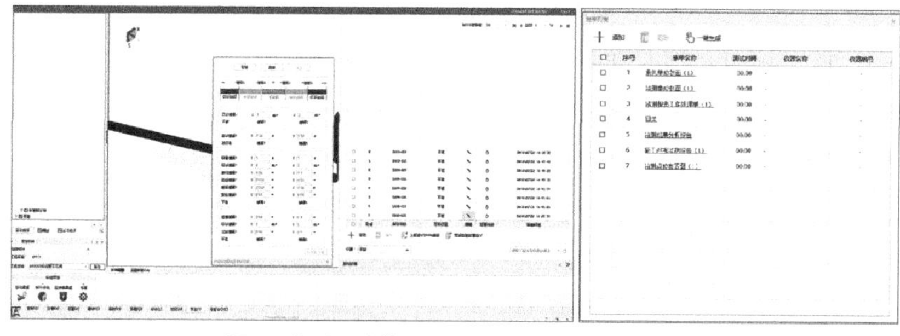

图4　监测预消警　　**图5　监测报告**

（6）集成监测设备

支持监测设备获取的数据自动实时同步到监测平台，无须人工录入监测数据，确保数据采集的及时性、准确性、智能性（图6）。

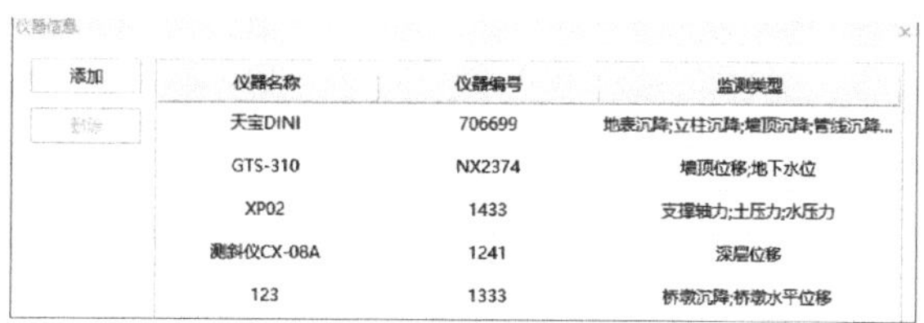

仪器信息

添加　删除

仪器名称	仪器编号	监测类型
天宝DINI	706699	地表沉降;立柱沉降;墙顶沉降;管线沉降...
GTS-310	NX2374	墙顶位移;地下水位
XP02	1433	支撑轴力;土压力;水压力
测斜仪CX-08A	1241	深层位移
123	1333	桥墩沉降;桥墩水平位移

图6　集成监测设备

4.2.14 鲁班质检计量（Luban Inspector）

鲁班质检计量（Luban Inspector） **表4-2-14**

<table>
<tr><td>平台/终端名称</td><td colspan="3">鲁班质检计量（Luban Inspector）</td><td>厂商名称</td><td colspan="2">上海鲁班软件股份有限公司</td></tr>
<tr><td colspan="3">代码</td><td colspan="2">应用场景</td><td colspan="2">业务类型</td></tr>
<tr><td colspan="3">F79/G79/H79/I79/J79/N79/O79</td><td colspan="2">通用协同</td><td colspan="2">管道工程/道路工程/桥梁工程/隧道工程/铁路工程/水坝工程/飞行工程</td></tr>
<tr><td colspan="3">F61/G61/H61/I61/J61/N61/O61</td><td colspan="2">施工实施_安全管理</td><td colspan="2">管道工程/道路工程/桥梁工程/隧道工程/铁路工程/水坝工程/飞行工程</td></tr>
<tr><td colspan="3">F64/G64/H64/I64/J64/N64/O64</td><td colspan="2">施工实施_质量管理</td><td colspan="2">管道工程/道路工程/桥梁工程/隧道工程/铁路工程/水坝工程/飞行工程</td></tr>
<tr><td>最新版本</td><td colspan="6">V1.0.0</td></tr>
<tr><td>输入格式</td><td colspan="6">.xlsx/.doc</td></tr>
<tr><td>输出格式</td><td colspan="6">.xlsx/.doc</td></tr>
<tr><td rowspan="3">推荐硬件配置</td><td>操作系统</td><td>64位Windows10旗舰版</td><td>处理器</td><td>英特尔i7或以上</td><td>内存</td><td>16GB或以上</td></tr>
<tr><td>显卡</td><td>独立显卡GTX1060或以上，4GB或以上显存</td><td>磁盘空间</td><td>1TB或以上</td><td>鼠标要求</td><td>—</td></tr>
<tr><td>其他</td><td colspan="5">网卡1000MB</td></tr>
<tr><td rowspan="3">最低硬件配置</td><td>操作系统</td><td>64位Windows7操作系统</td><td>处理器</td><td>英特尔i5</td><td>内存</td><td>4GB</td></tr>
<tr><td>显卡</td><td>独立显卡</td><td>磁盘空间</td><td>500GB</td><td>鼠标要求</td><td>—</td></tr>
<tr><td>其他</td><td colspan="5">网卡1000MB</td></tr>
<tr><td colspan="7">功能介绍</td></tr>
<tr><td colspan="7">F79/G79/H79/I79/J79/N79/O79
F61/G61/H61/I61/J61/N61/O61
F64/G64/H64/I64/J64/N64/O64：
鲁班质检计量（Luban Inspector），是服务于工程现场资料管理的前端应用。通过鲁班质检计量，可完成工程项目实施过程中的工程信息管理、资料管理和清单管理，实现工程变更、工程质检、工程计量的线上流转与审批。同时，将工程资料与模型关联，进行资料与模型构件的相互反查，结合相关BIM应用，实现工程的全过程资料审批管理。
（1）工程管理
进行项目合同的整体管理，可对项目工程进行划分，划分后的工程与模型构件组关联，支持与BIM模型内的构件组相互反查；还可对每个项目的合同清单及每个划分后工程的清单进行管理，为质检资料建立基础数据支撑（图1）</td></tr>
</table>

续表

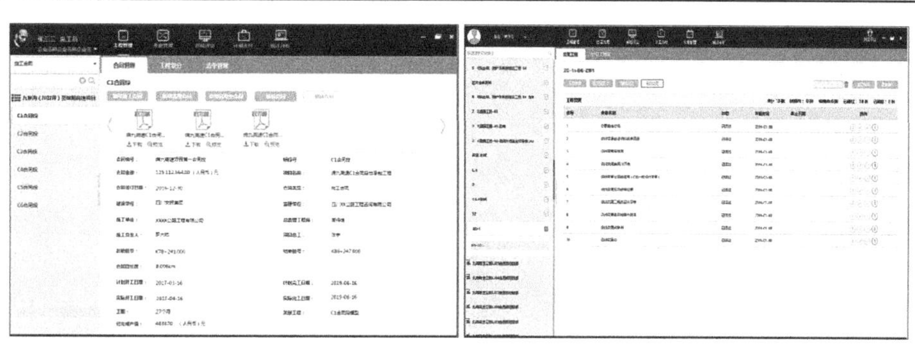

图1　工程管理　　　　图2　签证变更

(2)签证变更

承包单位发起变更申请或计日工签证单，审批通过后监理签发变更令或计日工审批单。所有资料均与模型相关构件关联，实现模型与资料的相互反查，真正做到资料审批与BIM相结合(图2)。

(3)质检评定

对工程开工资料、检验评定资料进行分类管理，实现开工资料的线上提交与线上审批；开工报告阶段内置固定表单模板，可快速生成相关表单并支持自定义增减；质检与评定资料支持自定义添加表单模板，同类分项工程发起资料审批更便捷(图3)。

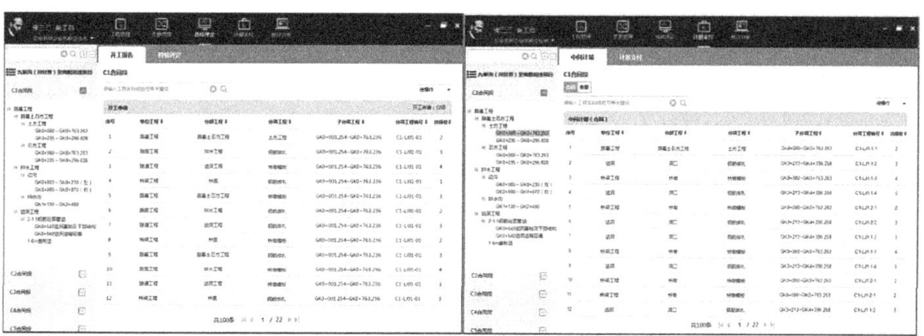

图3　质检评定　　　　图4　计量支付

(4)计量支付

成本管理中至关重要的工程量计量、计价及报业主审批工作实现全流程线上操作，自定义设置审批流程各步骤的审批人，支持退回至指定步骤；通过签证变更及质检的中间计量表，计量支付与质检评定实现了无缝对接，质检评定合格后直接进行计量支付，使得资料制作更加连贯、完整(图4)。

(5)审批管理

可以对变更工程、计日工签证、开工报告、检验评定、中间计量、计量支付6种表单进行审批统计及查看审批状态(图5)

续表

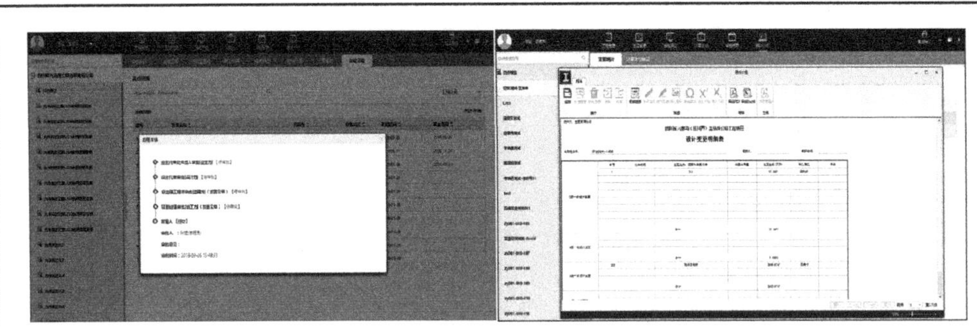

图5 审批管理　　　　图6 统计分析、批量导出

（6）统计分析、批量导出

设计变更明细表和施工计量支付台账一览无余，节省手动添加时间、杜绝手动输入错误；根据自身的需要进行表单的批量导出和批量打印，并可用于项目后期的文件整理归档（图6）

4.2.15 鲁班基建指挥中心（Luban Go Civil）

鲁班基建指挥中心（Luban Go Civil）　　表4-2-15

<table>
<tr><td>平台/终端名称</td><td colspan="3">鲁班基建指挥中心（Luban Go Civil）</td><td>厂商名称</td><td colspan="2">上海鲁班软件股份有限公司</td></tr>
<tr><td colspan="3">代码</td><td colspan="2">应用场景</td><td colspan="2">业务类型</td></tr>
<tr><td colspan="3">F79/G79/H79/I79/J79/N79/O79</td><td colspan="2">通用协同</td><td colspan="2" rowspan="6">管道工程/道路工程/桥梁工程/隧道工程/铁路工程/水坝工程/飞行工程</td></tr>
<tr><td colspan="3">F61/G61/H61/I61/J61/N61/O61</td><td colspan="2">施工实施_质量管理</td></tr>
<tr><td colspan="3">F64/G64/H64/I64/J64/N64/O64</td><td colspan="2">施工实施_安全管理</td></tr>
<tr><td colspan="3">F65/G65/H65/I65/J65/N65/O65</td><td colspan="2">施工实施_环境管理</td></tr>
<tr><td colspan="3">F71/G71/H71/I71/J71/N71/O71</td><td colspan="2">施工实施_工地监测</td></tr>
<tr><td colspan="3">F04/G04/H04/I04/J04/N04/O04</td><td colspan="2">可视化仿真与VR</td></tr>
<tr><td>最新版本</td><td colspan="6">V1.0.0</td></tr>
<tr><td>输入格式</td><td colspan="6">.ifc/.pds/.地形文件</td></tr>
<tr><td>输出格式</td><td colspan="6">无</td></tr>
<tr><td rowspan="3">推荐硬件配置</td><td>操作系统</td><td>64位Windows10旗舰版</td><td>处理器</td><td>英特尔i7或以上</td><td>内存</td><td>16GB或以上</td></tr>
<tr><td>显卡</td><td>独立显卡GTX1080或以上</td><td>磁盘空间</td><td>1TB或以上</td><td>鼠标要求</td><td>—</td></tr>
<tr><td>其他</td><td colspan="5">网卡1000MB</td></tr>
<tr><td rowspan="3">最低硬件配置</td><td>操作系统</td><td>64位Windows10旗舰版</td><td>处理器</td><td>英特尔i7</td><td>内存</td><td>8GB</td></tr>
<tr><td>显卡</td><td>独立显卡GTX1060，4GB或以上显存</td><td>磁盘空间</td><td>1TB</td><td>鼠标要求</td><td>—</td></tr>
<tr><td>其他</td><td colspan="5">网卡1000MB</td></tr>
</table>

续表

功能介绍
F79/G79/H79/I79/J79/N79/O79 **F61/G61/H61/I61/J61/N61/O61** **F64/G64/H64/I64/J64/N64/O64** **F65/G65/H65/I65/J65/N65/O65** **F71/G71/H71/I71/J71/N71/O71** **F04/G04/H04/I04/J04/N04/O04：** 鲁班基建指挥中心（Luban Go Civil）针对基建项目地形条件复杂、工程体量大、综合性强等特点，使用尖端的虚拟仿真、虚拟现实、视觉化领域的实时3D引擎，对特大场景塑造和画面渲染表现力十足，可搭建逼真震撼的虚拟内容场景。实现天气模拟、空间漫游等技术，同时内设智能监控系统，集成各类传感监测设备。提供智能化的实时检测、监测、事故预警功能，大大提高安全预防等级和抢险效率，让管理者对质量安全、进度、关键工点、关键指标全盘掌控。 （1）支持导入BIM模型、GIS地形 产品可创建数字化模型，并导入高清地形数据，通过系统完美展现实际地形，360°全方位观测，直观展示施工主体与周边地形、施工设施的关系，随时提取真实的GIS坐标数据及高程点；通过模型直观查看某个设计标段或施工标段长度，以及桥梁、隧道数量，通过选择模型查看工程数据及构件信息，操作直观便捷（图1）。 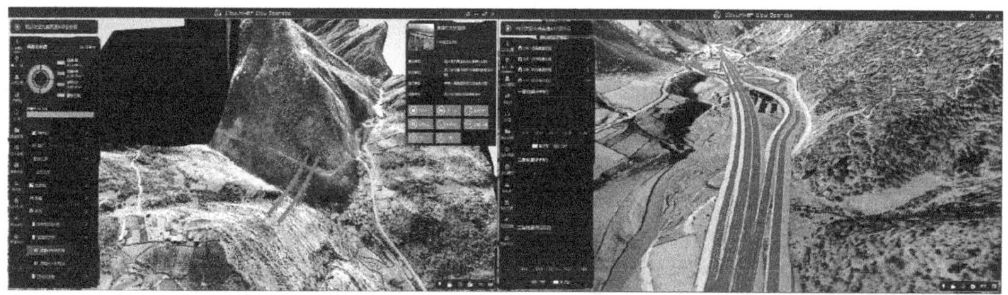 **图1　导入BIM模型、GIS地形**　　**图2　质量、安全多方位维护** （2）质量、安全多方位维护 内设有毒气体检测系统、人员管理系统、拌合站数据智能采集系统、视频监控等多个系统。对各类传感监测设备集成，可对日常工作进行实时监控检测及历史情况查询。发现故障及时报警，大大提高抢险效率，对施工质量、安全有效把控（图2）。 有毒气体监测：将有毒气体检测设备与BIM系统连接起来，形成检测设备+软件系统+警报系统为一体的有毒气体监测安全体系。在三维场景中实时展示各种气体的数据，并设定报警，一旦现场气体浓度超标，便在平台警报提示，快速定位报警点。 人员管理系统：通过定位设备，实现对隧道施工人员管理，实时显示隧道人员数量。支持查询人员详细信息，并在三维场景中实时显示人员位置；当产生紧急情况时，可定位在洞人员区域信息，为紧急救援提供可靠的信息。沉淀施工数据，并利用施工人员大数据，统计不同施工阶段工种数量分布，合理安排施工人员的进洞数量和时间。 拌合站数据智能采集系统：对混凝土拌合站所有生产活动信息、痕迹，全天候实时监控，发现材料配比偏差或拌合时间不符，会及时提醒相关负责人员，有效控制混凝土生产质量，并利用GPRS远程信息传输和数据存储，实时把混凝土拌合站生产情况采集到数据库中，保证数据安全；并且可以查看历史数据。 质量检测系统：通过对接工程检测信息化管理平台，将工程质量检测报告数据进行分类统计，将各施工主体质量检测情况进行直观地展现对比，并支持用户按条件搜索查看报检单详细信息

续表

监控量测系统：通过对接施工监测系统，将施工各主体上的测点及监测类型进行统计，用户可直观、实时浏览监测信息。同时，在系统测点监测数据通过预警提醒，方便用户及时发现定位问题并快速作出响应。系统对历史监测预警数据进行统计，可实时查看当前预警数据是否处理，了解各测点的预警值发展趋势，提前采取预防纠偏措施。

视频监控系统：通过对接视频监控系统，可直观、准确、及时地满足远程访问需求，用户不受地域限制，能随时随地访问现场监控点，使得现场施工情况一览无遗。支持不同标段、工程间的切换，快速了解不同项目现场的实时施工进展情况，及时发现安全隐患。

警报中心：通过设置预警，一旦触发就会通过短信或其他消息的方式通知负责人，并告知警报内容和具体位置，极大地降低了工程隐患，保障了施工人员的人身安全和工程质量，并实时显示警报处理情况，极大地提高了工作效率。

（3）虚拟漫游、天气模拟

支持设置特定的飞行路线，可对施工区域选择飞行、驾驶及虚拟现实（VR）模式等，进行仿真漫游，可任意角度、距离对模型360°无死角自由观察。同时，实时3D引擎，实现一站式VR虚拟现实与虚拟仿真解决方案，使用户感受高沉浸感的虚拟仿真，可提前感知项目建成后的各类场景，使得项目的展示效果更加真实。

支持显示本地的天气状况，主要针对日照、云层、风速、雷雨等因素进行模拟。同时，支持手动控制模式，可随时查看用户指定地点的未来天气状况，使得用户足不出户即可查看各工程部位的天气情况，效果逼真（图3）。

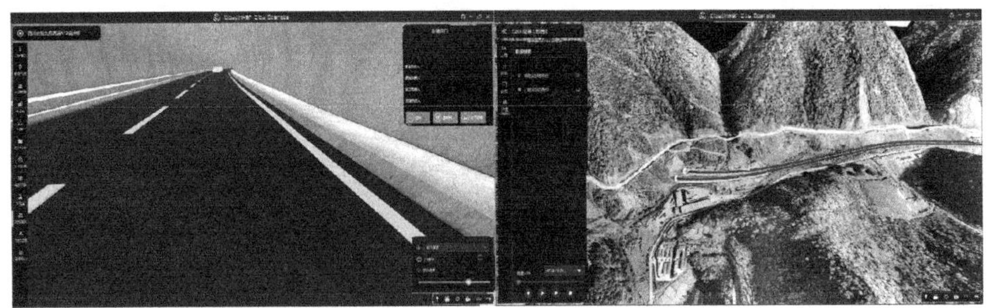

图3　虚拟漫游、天气模拟　　　　图4　进度、资料等信息实时查看

（4）进度、资料等信息实时查看

可同步现场施工主体的实际施工进度，根据已施工、未施工的状态进行BIM模型的筛选显示。同时可以查看各构件的施工工序状态，进行BIM模型的虚拟建造播放。与施工主体相关的数据信息统一集成，支持用户针对BIM模型、构件相关的所有资料、协同、属性等信息的快速浏览（图4）

4.2.16 鲁班建设企业运营指挥中心（Luban Go）

鲁班建设企业运营指挥中心（Luban Go）　　　　**表4-2-16**

平台/终端名称	鲁班建设企业运营指挥中心（Luban Go）	厂商名称	上海鲁班软件股份有限公司
代码		应用场景	业务类型
C79/F79/G79/H79/I79/J79/N79/O79		通用协同	建筑工程/管道工程/道路工程/桥梁工程/隧道工程/铁路工程/水坝工程/飞行工程

续表

<table>
<tr><td>最新版本</td><td colspan="6">V1.0.0</td></tr>
<tr><td>输入格式</td><td colspan="6">.pds/.地形文件</td></tr>
<tr><td>输出格式</td><td colspan="6">无</td></tr>
<tr><td rowspan="3">推荐硬件配置</td><td>操作系统</td><td>64位Windows10旗舰版</td><td>处理器</td><td>英特尔i7或以上</td><td>内存</td><td>16GB或以上</td></tr>
<tr><td>显卡</td><td>独立显卡GTX1080或以上</td><td>磁盘空间</td><td>1TB或以上</td><td>鼠标要求</td><td>—</td></tr>
<tr><td>其他</td><td colspan="5">网卡1000MB</td></tr>
<tr><td rowspan="3">最低硬件配置</td><td>操作系统</td><td>64位Windows10旗舰版</td><td>处理器</td><td>英特尔i7</td><td>内存</td><td>8GB</td></tr>
<tr><td>显卡</td><td>独立显卡GTX1060，4GB或以上显存</td><td>磁盘空间</td><td>1TB</td><td>鼠标要求</td><td>—</td></tr>
<tr><td>其他</td><td colspan="5">网卡1000MB</td></tr>
<tr><td colspan="7">功能介绍</td></tr>
<tr><td colspan="7">C79/F79/G79/H79/I79/J79/N79/O79：
鲁班建设企业运营指挥中心（Luban Go）可以对建设企业庞大的数据信息进行分层汇总、计算和推送；将筛选、对比、计算、分析过的数据通过“大屏”呈现在企业各级管理者面前，辅助管理和决策，帮助集团企业能够一站式、全景了解下辖项目的施工状态、运营风险及分公司运营情况。
（1）项目结构、模型操作
从宏观和微观角度，为集团未来的战略发展提供数据支撑；可查看与GIS结合的BIM三维模型，展示集团所有项目的位置分布；直观展现分/子公司、具体项目的组织架构，可点选切换大屏显示内容；直接呈现集团经营数据指标。
（2）质量、安全信息展示
统计所有项目的安全、质量数据指标；准确把握集团安全生产与质量管控情况；提升集团安全、质量管理水平。
（3）现场监控
通过在项目上布设监控点，滚动展示视频监控内容，实时展示施工现场动态，实现施工现场全方位、多角度的可视化管理；减少项目人员投入，节约项目管理成本；有效提高集团所有项目的集中监管力度。
（4）集团新闻
新闻页签滚动显示集团内部活动信息，管理人员及时掌握企业动向；作为企业的宣传窗口，加强企业文化建设；有效发挥企业文化先锋引领作用。
（5）人员信息
根据不同类型指标分类统计、展示集团人员情况；有助于开展劳务实名制，对劳务人员直接监管；方便管理者直观掌握集团人力资源发展情况，提高集团对各类人员的管控水平。
（6）签约合同信息
对比近三年计划签约额、实际签约额、签约完成率、各地区签约额及占比；集中展示合同签约情况，有效辅助集团合同管理，为集团战略发展提供数据支撑。
（7）项目经营信息
分类型、分地区统计集团产值，形象展示集团项目经营情况；为领导迅速做出抉择、部署相关工作提供最直观的数据信息，提升集团资源配置效率。
（8）资金信息管理
集中展示本年度集团的收入、开支、利润情况，为经营决策提供直观形象的数据支撑；提高集团资金利用、管理水平，有效控制成本开支，提升利润空间</td></tr>
</table>

续表

(9)物资采购

统计展示物资采购情况，辅助开展采购决策，进行有效管控，提高物资采购管理水平，提高集团议价能力，降低材料采购成本，加快流动资金周转。

(10)科研指标展示

统计展示各级科研成果以及优秀成果；管理者可直观了解集团科研实力，推进集团科技发展(图1、图2)。

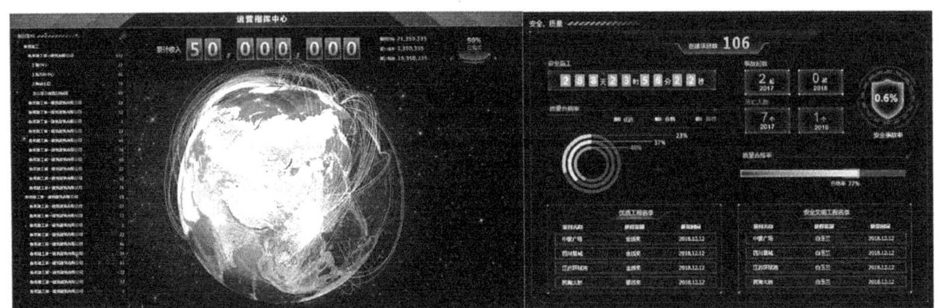

图1 资金信息管理　　图2 质量、安全信息展示

4.2.17 鲁班城市之眼(City Eye)

鲁班城市之眼(City Eye)　　表4-2-17

平台/终端名称	城市之眼(City Eye)	厂商名称	上海鲁班软件股份有限公司
代码	应用场景	业务类型	
A74/C79/F79/G79/H79/I79/J79/N79/O79	通用协同	建筑工程/管道工程/道路工程/桥梁工程/隧道工程/铁路工程/水坝工程/飞行工程	
A74/C74/F74/G74/H74/I74/J74/N74/O74	空间登记与管理	建筑工程/管道工程/道路工程/桥梁工程/隧道工程/铁路工程/水坝工程/飞行工程	
A75/C75/F75/G75/H75/I75/J75/N75/O75	资产登记与管理	建筑工程/管道工程/道路工程/桥梁工程/隧道工程/铁路工程/水坝工程/飞行工程	
A76/C76/F76/G76/H76/I76/J76/N76/O76	应急模拟与管理	建筑工程/管道工程/道路工程/桥梁工程/隧道工程/铁路工程/水坝工程/飞行工程	
A77/C77/F77/G77/H77/I77/J77/N77/O77	能耗管理	建筑工程/管道工程/道路工程/桥梁工程/隧道工程/铁路工程/水坝工程/飞行工程	
A78/C78/F78/G78/H78/I78/J78/N78/O78	其他	建筑工程/管道工程/道路工程/桥梁工程/隧道工程/铁路工程/水坝工程/飞行工程	
最新版本	V1.0.0		

续表

<table>
<tr><td>输入格式</td><td colspan="6">.ifc/.pds/.地形文件</td></tr>
<tr><td>输出格式</td><td colspan="6">.xlsx/.doc</td></tr>
<tr><td rowspan="3">推荐硬件配置</td><td>操作系统</td><td>64位Windows10旗舰版</td><td>处理器</td><td>英特尔i7或以上</td><td>内存</td><td>16GB或以上</td></tr>
<tr><td>显卡</td><td>独立显卡GTX1080或以上</td><td>磁盘空间</td><td>1TB或以上</td><td>鼠标要求</td><td>—</td></tr>
<tr><td>其他</td><td colspan="5">网卡1000MB</td></tr>
<tr><td rowspan="3">最低硬件配置</td><td>操作系统</td><td>64位Windows10旗舰版</td><td>处理器</td><td>英特尔i7</td><td>内存</td><td>8GB</td></tr>
<tr><td>显卡</td><td>独立显卡GTX1060，4GB或以上显存</td><td>磁盘空间</td><td>1TB</td><td>鼠标要求</td><td>—</td></tr>
<tr><td>其他</td><td colspan="5">网卡1000MB</td></tr>
<tr><td colspan="7">功能介绍</td></tr>
</table>

A74/C79/F79/G79/H79/I79/J79/N79/O79
A74/C74/F74/G74/H74/I74/J74/N74/O74
A75/C75/F75/G75/H75/I75/J75/N75/O75
A76/C76/F76/G76/H76/I76/J76/N76/O76
A77/C77/F77/G77/H77/I77/J77/N77/O77
A78/C78/F78/G78/H78/I78/J78/N78/O78：

City Eye是基于BIM技术的数字城市平台CIM产品，系统集成"BIM(建筑信息模型)+ GSD(地球空间数据)+ IoT(物联网)"三大数据源，可连接外部业务应用系统，通过整合云计算、大数据和人工智能众多先进技术，实现城市级海量数据承载和处理能力。

系统可利用BIM、GSD数据1:1复原真实城市空间，在细度上将数据颗粒度细化到建筑内部的一根水管、一根电线、一个机电配件；在广度上覆盖地上的建筑、地下的市政管网和隧道、地铁，建筑外部的一草一木，对城市进行全面数字化建模，通过整合城市遥感、北斗导航、地理测绘信息、智能建筑等城市空间数据，在数字空间模拟仿真中组建出虚实映射的数字孪生城市模型。

系统可融合多源异构数据，构建城市空间数据库，在此基础上，关联融合多行业业务数据，与各智能系统互联互通，共享开放，通过数据的整合、叠加计算，可视化呈现全域智能终端信息、城市运行效果、所有决策效果等，并且可通过操控系统远程控制城市运行状态。从规划阶段开始辅助工程项目开展设计、施工、运营全生命周期管理，并对城市中的复杂设备、复杂人流、复杂空间等复杂场景，开展城市精细化管理(图1、图2)。

图1　城市空间数据库

续表

图2　城市精细化管理

4.2.18 鲁班班筑家装（Remiz）

鲁班班筑家装（Remiz）　　表4-2-18

<table>
<tr><td>平台/终端名称</td><td colspan="3">鲁班班筑家装（Remiz）</td><td>厂商名称</td><td colspan="2">上海鲁班软件股份有限公司</td></tr>
<tr><td colspan="3">代码</td><td colspan="2">应用场景</td><td colspan="2">业务类型</td></tr>
<tr><td colspan="3">C79</td><td colspan="2">通用协同</td><td colspan="2">建筑工程</td></tr>
<tr><td>最新版本</td><td colspan="6">V5.18.0</td></tr>
<tr><td>输入格式</td><td colspan="6">.dwg/.pdf</td></tr>
<tr><td>输出格式</td><td colspan="6">.xlsx/.doc/.dwg</td></tr>
<tr><td rowspan="3">推荐硬件配置</td><td>操作系统</td><td>64位Windows10旗舰版</td><td>处理器</td><td>英特尔i7或以上</td><td>内存</td><td>16GB或以上</td></tr>
<tr><td>显卡</td><td>独立显卡GTX1060或以上，4GB或以上显存</td><td>磁盘空间</td><td>1TB或以上</td><td>鼠标要求</td><td>—</td></tr>
<tr><td>其他</td><td colspan="5">网卡1000MB</td></tr>
<tr><td rowspan="3">最低硬件配置</td><td>操作系统</td><td>64位Windows7操作系统</td><td>处理器</td><td>英特尔i5</td><td>内存</td><td>4GB</td></tr>
<tr><td>显卡</td><td>独立显卡</td><td>磁盘空间</td><td>500GB</td><td>鼠标要求</td><td>—</td></tr>
<tr><td>其他</td><td colspan="5">网卡1000MB</td></tr>
<tr><td colspan="7">功能介绍</td></tr>
<tr><td colspan="7">C79：
装修企业BIM管理系统是一个以BIM技术为依托的装修企业数据管理平台。它创新性地将最前沿的BIM技术应用到了装修行业的接单、设计、施工、成本、管理和装后服务中，同时将海量的数据进行分类和整理，形成一个多维度、多层次包含三维图形的BIM数据库。通过互联网技术，系统将各种处理后的数据发送到不同的岗位应用，从而对装修企业的成本精细化管控和信息化建设产生重大作用。
（1）基于BIM的3D精装模型
基于BIM的3D精装模型可承载建筑、硬装、软装、水暖电等多专业的几何信息、属性信息，并可支持扩展信息，直观显示三维效果，展示构件空间关系</td></tr>
</table>

续表

（2）连接云服务器，一键生成效果图 根据BIM模型，自动生成效果图，可一模多用，减少重复工作，快速获取精美展示效果，通过云端生成效果图，可一键分享，随时随地查看模型信息（图1）。 （3）快速生成施工图 根据BIM模型自动生成平、剖面图纸强大的标注功能，可读取BIM构件属性自动标注；修改BIM模型后，可直接生成相关图纸，减少反复修改。 （4）三维实体可视化计算，一键生成预决算 采用1:1高精度三维实体布尔运算，精准计算工程量；智能匹配工程量与企业定额，自动生成预决算数据预算报价、工程量多种方式统计分析，应用于装修全过程管理。  **图1　自动生成效果**

4.2.19 理正设计企业管理信息系统——综合办公管理系统

理正设计企业管理信息系统——综合办公管理系统　　表4-2-19

<table>
<tr><td>平台/终端名称</td><td colspan="3">理正设计企业管理信息系统
——综合办公管理系统</td><td>厂商名称</td><td colspan="4">北京理正软件股份有限公司</td></tr>
<tr><td colspan="3">代码</td><td colspan="2">应用场景</td><td colspan="4">业务类型</td></tr>
<tr><td colspan="3">A79/B79/C79/D79/E79/F79/G79/H79/J79/K79/L79/M79/N79/P79/Q79</td><td colspan="2">通用协同</td><td colspan="4">城市规划/场地景观/建筑工程/水处理/垃圾处理/管道工程/道路工程/桥梁工程/隧道工程/铁路工程/信号工程/变电站/电网工程/水坝工程/飞行工程</td></tr>
<tr><td>最新版本</td><td colspan="8">V4.8 2019</td></tr>
<tr><td>输入格式</td><td colspan="8">.dwg/.rvt/.jpg/.pdf/.doc/.plt/.tiff</td></tr>
<tr><td>输出格式</td><td colspan="8">.dwg/.rvt/.jpg/.pdf/.doc/.plt/.tiff</td></tr>
<tr><td rowspan="2">推荐硬件配置</td><td>操作系统</td><td colspan="2">64位Windows10</td><td>处理器</td><td>2GHz</td><td>内存</td><td colspan="2">8GB</td></tr>
<tr><td>显卡</td><td colspan="2">1GB</td><td>磁盘空间</td><td>700MB</td><td>鼠标要求</td><td colspan="2">带滚轮</td></tr>
<tr><td rowspan="2">最低硬件配置</td><td>操作系统</td><td colspan="2">64位Windows10</td><td>处理器</td><td>1GHz</td><td>内存</td><td colspan="2">4GB</td></tr>
<tr><td>显卡</td><td colspan="2">512MB</td><td>磁盘空间</td><td>500MB</td><td>鼠标要求</td><td colspan="2">带滚轮</td></tr>
</table>

续表

功能介绍
A79/B79/C79/D79/E79/F79/G79/H79/J79/K79/L79/M79/N79/P79/Q79： 系统以提高办公效率和办公过程的规范化为目标，以帮助企业迅速建立便捷、规范的办公环境，迅速提升企业的管理和信息化应用水平，并降低投资成本。 产品特点： 界面简洁、操作方便、容易上手，短期内有效提升企业的办公效率。 满足设计院收文、发文、申请、呈报等各类公文的管理，提高公文流转效率，减轻相关人员递交和处理公文的工作量，保证公文的快速处理和督办、催办。 公文的办理过程完全实现无纸化，系统实现批阅留痕、生成红头、电子位图签名等功能。 满足设计企业日常会议组织等行政事务的需要。 主要功能： （1）个人工作平台 每个员工可以在此处理个人工作事务、完成个性化设置和相关的个人查询。包括个人待办、待阅、关注、已办、已阅、事务中心等功能；将个人需要处理的工作信息第一时间推送到用户面前，包括领导交办的各项工作、待处理的各类公文、审批信息；可将待办事宜与具体的操作界面联系在一起，从而方便用户快速、直接地处理工作。 （2）公文管理 提供所有公文（如收文、发文、申请、呈报等）拟稿（登记）、网上流转、批复、查办、办结全过程的自动流转管理。 提供流转中及审批后等全过程的实时流转监控，流程能实现分支、同步、返回、内部循环等，公文表单具有自动编号功能。系统具有强大的流程跟踪功能，能通过流程跟踪文件的不同阶段，从而有效控制文件的流转和工作进度（图1）。 （3）委托办理 当用户因故不能及时处理流程时，可将工作委托给其他人员。提供事前委托办理和AB角办理两种模式。 （4）会议管理 实现企业各类正式会议日程安排、会议通知、会议纪要的管理维护功能。 由组织者负责安排会议，确定会议议题、会议室、参会人员。 自动发送会议（变更）通知，参会人员在网上进行反馈和签收。 进行会议记录，整理会议纪要，经审批后转发给有关人员（图2）。 可查询正在筹备的会议、已经召开的会议情况、会议通知、会议纪要等。 （5）车辆管理 建立车辆档案，管理车辆的名称、型号、生产厂家等基本参数；管理车辆的使用、维修情况，可查询车辆空闲、使用等情况。 （6）设备管理 建立设备档案，管理设备基本信息和参数；提供设备的入库、领用、调拨、归还等管理（图3）。 （7）资质管理 管理企业各种资质证书的有效期、主管部门和基本范围

续表

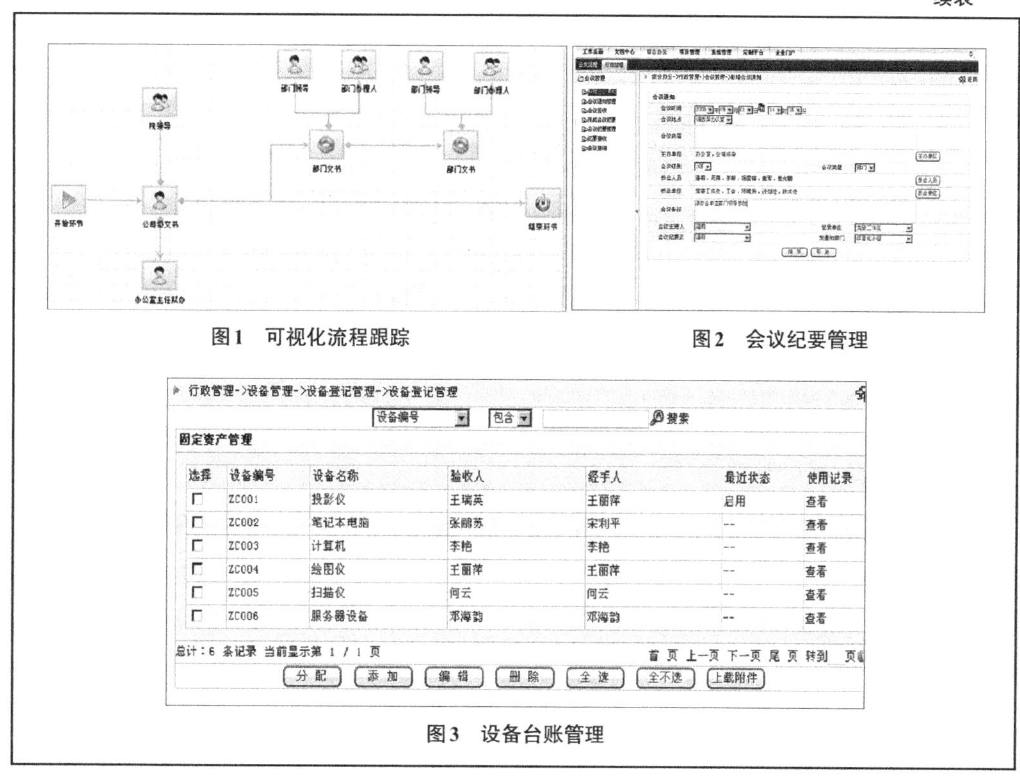

图1 可视化流程跟踪

图2 会议纪要管理

图3 设备台账管理

4.2.20 理正建设云——办公协作产品

理正建设云——办公协作产品　　表 4-2-20

平台/终端名称	理正建设云——办公协作产品			厂商名称	北京理正软件股份有限公司		
代码			应用场景		业务类型		
A79/B79/C79/D79/E79/F79/G79/H79/J79/K79/L79/M79/N79/P79/Q79			通用协同		城市规划/场地景观/建筑工程/水处理/垃圾处理/管道工程/道路工程/桥梁工程/隧道工程/铁路工程/信号工程/变电站/电网工程/水坝工程/飞行工程		
最新版本	V1.0 2019						
输入格式	.doc/.xlsx/.ppt/.pdf/.dwg/.jpeg/.jpg/.png/.bmp/.bim 模型（理正 LBP 格式及常见三维格式）						
输出格式	.doc/.xlsx/.ppt/.pdf/.dwg/.jpeg/.jpg/.png/.bmp/.bim 模型（理正 LBP 格式及常见三维格式）						
推荐硬件配置	操作系统	64 位 Windows10	处理器		2GHz	内存	8GB
	显卡	1GB	磁盘空间		700MB	鼠标要求	带滚轮
	其他	移动设备 Android 5.0 以上，IOS 8.0 以上					

续表

最低硬件配置	操作系统	64位Windows10	处理器	1GHz	内存	4GB
	显卡	512MB	磁盘空间	500MB	鼠标要求	带滚轮
	其他	移动设备Android 5.0以上，IOS 8.0以上				
功能介绍						

A79/B79/C79/D79/E79/F79/G79/H79/J79/K79/L79/M79/N79/P79/Q79：

该产品是面向各类组织，解决非生产业务的日常办公管理。利用“互联网+”技术，解决日常办公过程中各类管理事务和事项随时随地的沟通与协作。主要包括：像“微信”一样的即时沟通（单聊、群聊）、审批、云盘、云表格、通知、公告、签到、投票、日程等一系列常用的办公功能。区别于通用的“微信”等沟通工具，该产品在通用的沟通能力之上，还集成了工程建设领域所需的专业能力，如沟通过程中，随时发起专业图纸的会商、会审，发起项目的任务分工、专业评审，与业主、分包商等发起合同、付款的洽商等。利用该产品，所有沟通协商过程中产生的信息、文档和数据都被永久留存下来，做到事事可留痕、追溯，适合于企业管理中明确责任（图1～图5）。

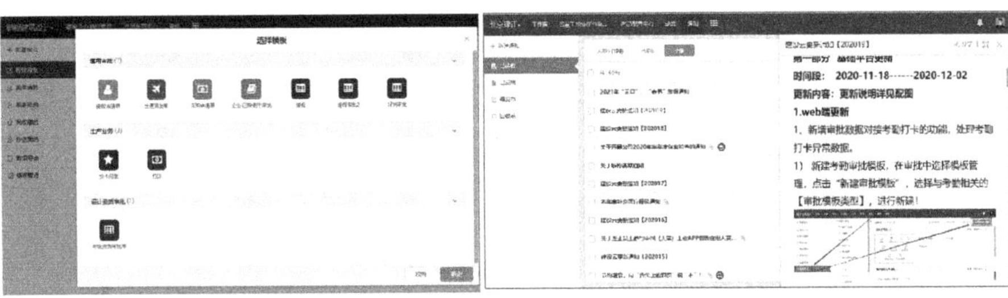

图1　审批模板　　图2　通知

图3　工作圈　　图4　消息　　图5　应用模块

4.2.21 毕美云图

毕美云图　　表4-2-21

<table>
<tr><td>平台/终端名称</td><td colspan="3">毕美云图</td><td>厂商名称</td><td colspan="3">深圳市毕美科技有限公司</td></tr>
<tr><td colspan="3">代码</td><td colspan="2">应用场景</td><td colspan="3">业务类型</td></tr>
<tr><td colspan="3">C79</td><td colspan="2">通用协同</td><td colspan="3">建筑工程</td></tr>
<tr><td>最新版本</td><td colspan="7">毕美云图</td></tr>
<tr><td>输入格式</td><td colspan="7">.dwg/.rfa/.rvt/.skp（2020以下版本）</td></tr>
<tr><td>输出格式</td><td colspan="7">.bmv</td></tr>
<tr><td rowspan="3">推荐硬件配置</td><td>操作系统</td><td>64位 Windows10 / Mac OS</td><td>浏览器</td><td>Chrome</td><td>处理器</td><td>2GHz</td></tr>
<tr><td>内存</td><td>8GB</td><td>显卡</td><td>1GB</td><td>磁盘空间</td><td>700MB</td></tr>
<tr><td>鼠标要求</td><td>带滚轮</td><td>其他</td><td colspan="3">无</td></tr>
<tr><td rowspan="3">最低硬件配置</td><td>操作系统</td><td>64位 Windows10 / Mac OS</td><td>浏览器</td><td>Chrome</td><td>处理器</td><td>1GHz</td></tr>
<tr><td>内存</td><td>4GB</td><td>显卡</td><td>512MB</td><td>磁盘空间</td><td>500MB</td></tr>
<tr><td>鼠标要求</td><td>带滚轮</td><td>其他</td><td colspan="3">无</td></tr>
<tr><td colspan="8">功能介绍</td></tr>
</table>

C79：

1.本平台在“通用协同”应用上的介绍及优势

毕美云图是针对工程项目设计数据管理的协同平台。平台以设计数据为核心，服务工程建设项目的全生命周期，旨在通过云端协同和数据分析，提高项目设计成果交付的质量和效率，降低工程项目风险和损失，助力工程建设行业客户的数字化建设和转型（图1）。

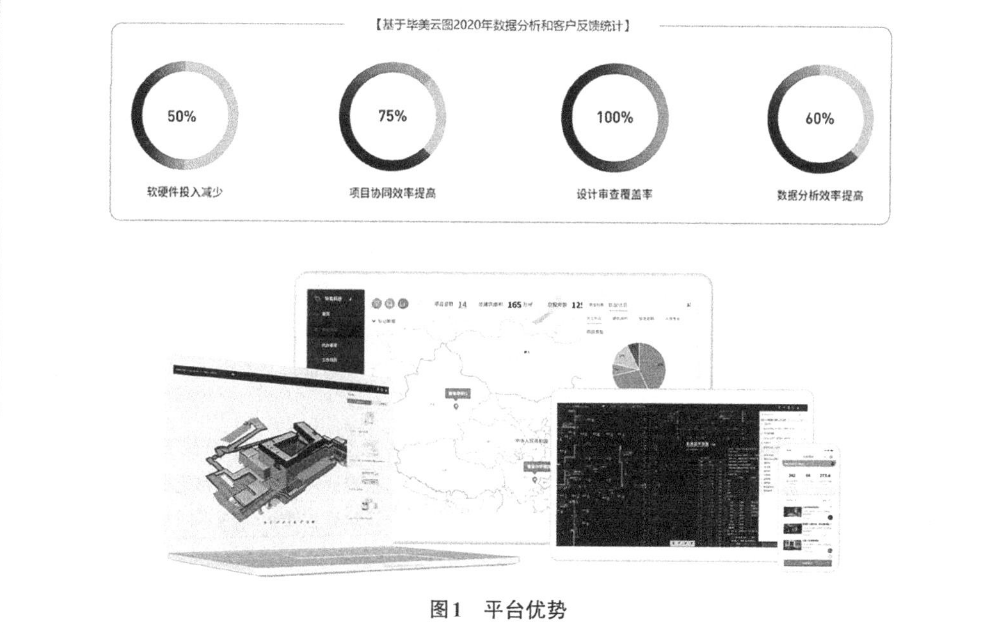

图1　平台优势

续表

团队协同：通过协同云端化和透明化，提高内部外部团队协作的效率，减少了项目交付纠纷和风险。团队协同过程中，涉及多个企业团队的参与和配合。在传统工程项目协同的过程中，项目参与人员分布广，各个专业沟通和交流往往通过点对点的沟通模式完成业务的协作，整体项目交圈质量差、效率低，这是导致工程项目中错漏碰缺问题众多、团队之间大小责任纠纷不断的核心原因之一。

通过毕美云图实现项目团队的云端化和透明化，通过云端的映射团队，快速解决项目中的问题，相互提资，并对整个过程进行自动记录和追踪，一方面减少开会和出差的时间，提高工程项目协同工作的效率；另一方面，通过协同过程的完整记录和追踪，减少团队合作的纠纷（图2）。

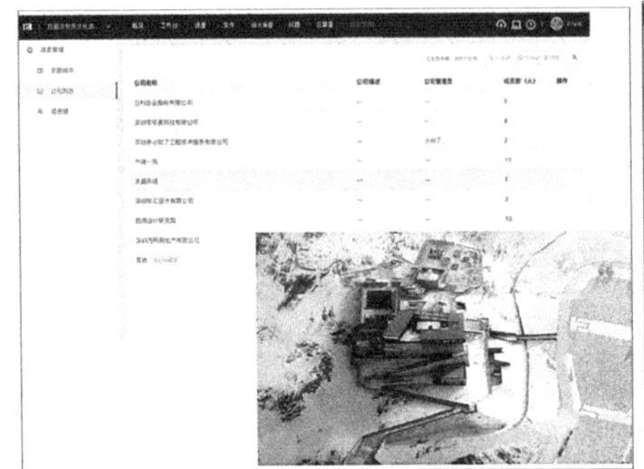

图2　团队协作

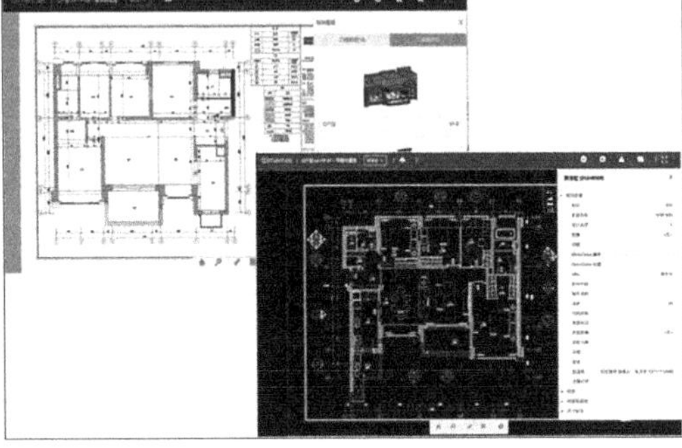

图3　成果管理

成果管理：通过设计成果集中管理、版本控制和轻量化展示，提高了设计成果管理的便捷与准确性，降低了设计成果使用的错误率。

工程项目建设过程中，各种专业资料众多，设计成果分散，版本错综复杂，管理不当将会给工程项目协同和工作带来不可忽略的代价和损失。同时，随着BIM技术的发展和在项目中的广泛应用，设计2D/3D成果的使用往往需要专业软件和设备的支持，“设计成果获取和使用的不便捷性”一方面制约了项目协同的效率，另一方面也为项目生产带来了重大的风险和损失。

毕美云图支持项目成果的集中管理和版本控制，并通过图形轻量化引擎，实现2D/3D设计成果文件的轻量化展示，从而有效提高了项目成果获取和使用的便捷性和准确性，降低了项目成果版本错误带来的风险（图3）。

质量风控：实现了质量审查不漏项和问题管理可追溯，提高了设计成果的质量，减少了项目返工和延期风险。

工程项目建设经过多年的发展和积累，虽然在知识和经验方面有丰富的积累和总结，但是由于项目建设周期长，人员变化大，给项目的成果质量管控以及问题追踪带来了重大的影响，对项目的质量和风险也造成了不可忽视的影响。

通过毕美云图，企业能够将经验和知识数据化，并在项目生产过程中不断积累和优化迭代，减少人员变化和流失对项目质量的影响。同时，通过大数据分析和推荐，系统能够在用户打开相关成果的同时匹配企业相关的经验和知识，做到“不漏项，可追溯”，帮助一线项目完成项目成果的质量管控，减少项目返工和延期风险（图4）。

统计分析：通过对项目运营数据的自动统计和分析，提高了企业经营决策的效率，降低了项目运营的成本。

在传统项目协同过程中，项目数据种类繁多，项目数据分散，很难通过数据分析和透视，辅助项目运营和决策。随着企业参与项目的不断增加，大量错误不断重复发生，风险管控难度也逐步增加，从根本上制约了企业生产效率和质量的提升。

毕美云图以设计数据为核心，服务工程项目全生命周期，自动记录和收集项目相关业务数据，并结合业务进行数据分析，从而帮助企业实现管理决策的准确性与管理效率的提升（图5）

续表

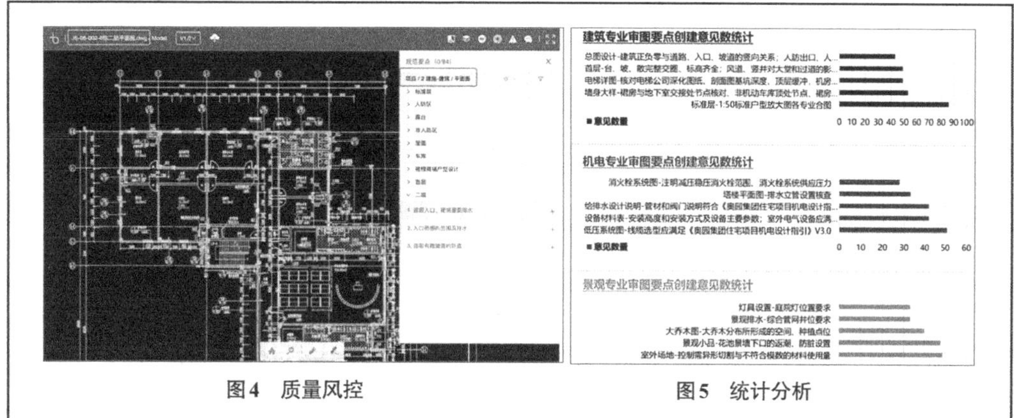

图4 质量风控　　　　图5 统计分析

4.2.22 Bentley iTwin

Bentley iTwin **表4-2-22**

平台/终端名称	Bentley iTwin			厂商名称	Bentley	
代码			应用场景		业务类型	
A79/B79/C79/D79/E79/F79/G79/H79 / J79/K79/L79/M79/N79/P79/Q79			通用协同		城市规划/场地景观/建筑工程/水处理/垃圾处理/管道工程/道路工程/桥梁工程/隧道工程/铁路工程/信号工程/变电站/电网工程/水坝工程/飞行工程	
最新版本	iTwin2.12					
输入格式	原生工程数据格式：.dgn/.dwg/.dxf/.rvt/.rfa/.ifc/.skp/.3dm/.obj/.pod/.vue/.tab/……					
输出格式	.bim/.ifc/……					
推荐硬件配置（客户端）	操作系统	64位Windows10	浏览器	Chrome	处理器	2GHz
	内存	16GB	显卡	2GB	磁盘空间	1TB
	鼠标要求	带滚轮	其他	无		
最低硬件配置（客户端）	操作系统	Windows10	浏览器	Chrome	处理器	1GHz
	内存	4GB	显卡	512MB	磁盘空间	500GB
	鼠标要求	带滚轮	其他	无		
功能介绍						

A79/B79/C79/D79/E79/F79/G79/H79 /J79/K79/L79/M79/N79/P79/Q79：

1.本平台在“通用协同”应用上的介绍及优势

Bentley iTwin是Bentley落地中国的数字孪生云平台，支持私有云、公有云及混合云部署。深度优化Bentley工程数据，兼容行业多类型原生数据。实现实景、点云、BIM、GIS、地图等数据的城市级应用。Bentley iTwin通过多数据源实时同步与分发，对数据进行4D变更管理，通过内置的数据服务应用和开源的应用扩展工具包，覆盖产品、拓展平台。实现数据级协同、数字化移交、数字化业务转型（图1）

续表

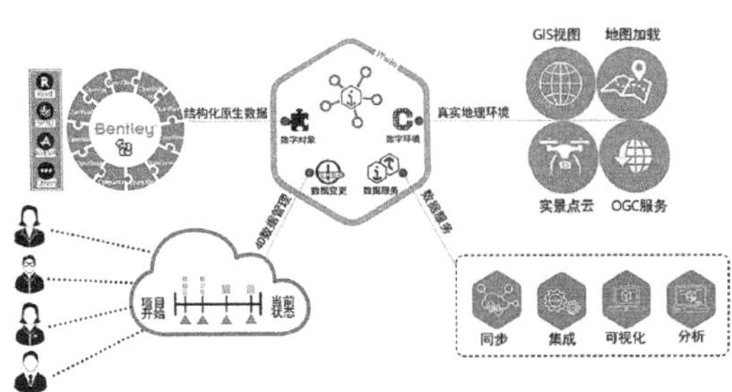

图1　Bentley iTwin数字孪生体系架构

Bentley iTwin提供了数据级的数字孪生平台，适用于基础设施各个行业全生命周期的各个阶段。符合中国基础设施行业的数据环境和业务需求。它直接兼容多种工程数据格式和点云、实景、地图等数据格式，实现大体量、高精度、多类型工程数据综合和轻量化浏览应用。同时，开放的数据结构和开放的开发工具包，使用户可以快速扩展多种数据应用服务，搭建自己的数据应用平台和数据服务（图2）。

图2　Bentley iTwin的特点符合中国数据环境

Bentley iTwin具有诸多关键核心技术，保证了系统运行的高效率和稳定性。同时，支持中国基础设施行业的数字化转型。基于SQLite的数据库存储，提供了开源的数据应用基础，通过Bridge组件兼容多种原生工程数据格式。通过iModel Bank对数据变更进行管理，并对数据进行分发管理。通过不同的iTwin服务，可以实现对数据的浏览、分析、查询、应用以及与其他数据系统进行集成。iTwin提供了开源的API，用户可以利用它开发自己的数据应用程序（图3、图4）。

图3　Bentley iTwin关键核心技术　　**图4　利用开源API可以开发的应用程序**

利用Bentley iTwin数字孪生平台，用户既可以直接使用其中的数据应用服务，又可以打造自己的数据应用平台，同时，可以利用第三方在此基础上开发的数据应用，实现SaaS和PaaS数据平台搭建。

2.本平台在“通用协同/建设方内部协同/设计方内部协同/总承包内部协同/施工现场协同/运维协同/轻量化模型文档管理”应用上的操作难易度

Bentley iTwin基于项目对工程数据进行管理，支持多种业务应用场景，典型操作流程如下：项目管理→权限设置→数据上传→版本管理→模型浏览→数据分析/版本对比/数据校审/→数据导出。

Bentley iTwin支持本地同步和服务器上传两种数据集成模式，通过Bridge组件直接转换各种工程数据格式，并对变更进行管理。实时进行数据分发，每个项目参与方都可以在每个时间得到一个唯一正确的数据版本（图5～图7）

续表

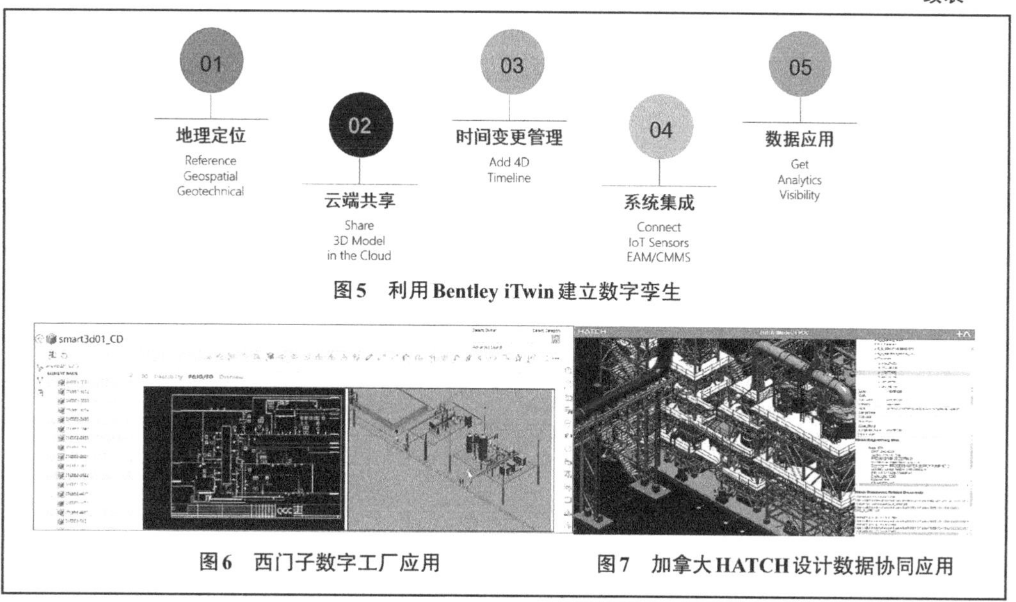

图5 利用Bentley iTwin建立数字孪生

图6 西门子数字工厂应用

图7 加拿大HATCH设计数据协同应用

4.2.23 ProjectWise

ProjectWise **表4-2-23**

平台/终端名称	ProjectWise			厂商名称	Bentley		
代码			应用场景		业务类型		
A79/B79/C79/D79/E79/F79/G79/H79/J79/K79/L79/M79/N79/P79/Q79			通用协同		城市规划/场地景观/建筑工程/水处理/垃圾处理/管道工程/道路工程/桥梁工程/隧道工程/铁路工程/信号工程/变电站/电网工程/水坝工程/飞行工程		
最新版本	CONNECT Edition 10.00.03.299						
输入格式	所有文件格式						
输出格式	所有文件格式						
推荐硬件配置	操作系统	64位WindowsServer 2012以上	浏览器	IE11	处理器	2.9GHz（4核×2）	
	内存	8GB	显卡	1GB	磁盘空间	1TB以上	
	鼠标要求	带滚轮	其他	无			
最低硬件配置	操作系统	64位WindowsServer 2012以上	浏览器	IE11	处理器	2.9GHz（4核×2）	
	内存	4GB	显卡	512MB	磁盘空间	500GB	
	鼠标要求	带滚轮	其他	无			

续表

功能介绍
A79/B79/C79/D79/E79/F79/G79/H79/J79/K79/L79/M79/N79/P79/Q79： 1. 本平台在“通用协同”应用上的介绍及优势 Bentley ProjectWise 为工程项目内容的管理提供了一个集成的协同环境，可以精确有效地管理各种 A/E/C（Architecture/Engineer/Construction）文件内容，并通过良好的安全访问机制，使项目各个参与方在一个统一的平台上协同工作。ProjectWise 构建的工程项目团队协作系统，用于帮助团队提高质量、减少返工并确保项目按时完成，为项目文档管理提供一个信息化管理系统，为工程项目建立一个共享和协同的工作平台，保障项目受控方文档交换和交付的畅通。 （1）平台具备的特点 ● 一个强大和灵活的流程引擎，可帮助实现三维协同设计。 ● 高效的内容分类存储、方便安全的内容存储能力、异地数据交换的能力。 ● 能与文档、图纸编辑软件进行集成。 ● 快速准确的内容搜索能力。 ● 快速、高效、安全的权限管理和内容访问控制管理。 （2）平台具备解决问题的能力 ● 平台具备基于工作流程驱动的协同设计能力，能够无缝集成各类主流设计工具。通过平台实现对各种文件的管理，控制文件的版次演变过程，构建基于权限共享的协同设计环境。 ● 保证项目文件集中管理，实现对文件的状态管理和实时监控。 ● 实现文档管理的工作流程，建立基于工作流驱动的协同平台。实现多多参与方之间的文件交互，以及厂家设备资料的版次控制，同时为业主和外围设计院提供文件交换的平台。 ● 实现项目文件的异地存储、实时共享。保证项目组全员能够访问最新的信息，能够跨越地理界限的限制进行有效地工作，提高项目信息的共享和传输效率。 ● 实现项目文件不同级别的安全访问控制，既保证不同的受控方之间的共享和协同，又保证不同的受控方之间相互独立、互不干扰。 ● 实现项目文件的全生命周期管理和有效版本控制，使各类文件从创建、校审、成品、升级整个生命周期有一个规范化的过程，实现对文档全过程管理。 （3）技术优势 ● 分布式存储和增量传输。ProjectWise 可以在不同的项目地点配置缓存服务器，从而实现项目内容的分布式存储，保证了对文件访问的速度。同时文件可以实现增量的传输，从而为实施大型异地甚至跨国项目提供了良好的平台基础。 ● 应用程序集成。ProjectWise 可以集成多种应用程序，对于 MicroStation、AutoCAD、Office 可以实现在应用程序中直接操作（新建、打开、保存等）ProjectWise 中的文件。 ● 文档属性扩展和查询。在 ProjectWise 中，文档除了具有基本属性（名称、时间、创建人、版本……），还提供了自定义的属性，例如设计人、审核人、比例等。所有的信息可以作为查询的条件，查询方式更为灵活，便于统计工作。 ● 参考关系维护。ProjectWise 可以动态维护文件之间的参考关系，当外部参照文件的位置发生变化，修改主文件时，系统会自动提示，告知设计人员参考文件位置发生变化，并且能够自动重新建立参考关系。 ● 文件浏览。ProjectWise 客户端可以直接浏览 dgn、dwg、office 文件，以及各种图片等；ProjectWise Web 访问方式所提供的功能与客户端方式基本一致，可以在线浏览 dgn/dwg 格式的文件，不需要安装相应软件。 ● 开放的数据接口。ProjectWise 提供了开放的接口，可以和其他管理系统进行数据集成。 2. 本平台在“通用协同”应用上的操作难易度 ProjectWise 结合工程实际业务应用，总结规划了简单易用的操作流程，具体说明如下：

续表

项目立项→任务分解→权限设置→协同设计→流程审核→文件分发→出版归档。 ● 实现项目快速立项，项目信息分类管理，提高标准化应用水平。项目立项时，一般都会对项目进行任务的分解，并需要进行相应的立项流程。ProjectWise可以将项目管理系统的WBS任务分解结构直接导入ProjectWise中，自动创建目录结构。 ● 精细化、模板化的任务分解管理。ProjectWise可针对具体的项目进行更为精细化的设置和管理，针对项目中涉及的参与角色、人员、分工、进度等信息，可进行任务和属性的分配管理，保证对应的角色能够获取到正确的信息。 ● 实现按项目角色分级授权，安全共享项目数据。ProjectWise 具备完善的文件授权机制，可以满足用户对数据访问控制的需要。在ProjectWise中，既可以按项目、按任务，也可以按文档，或者按文档的某一具体状态授权。 ● 实现二/三维协同，提高设计效率。ProjectWise二/三维协同设计平台是以各专业三维模型为基础，借助后台大型网络数据库，通过图纸和数据的智能参考机制，来实现统一工程概念下的多专业协同设计。 ● 实现项目中灵活的流程管理及控制。ProjectWise中提供了功能强大的流程引擎，灵活定制对应的工作流程，使用者可一次提交多个文件进行审批，且每级状态可配置多人同时审批或会签。 ● 实现项目多参与方文件交付。ProjectWise保障了文件传递流程的安全性、可靠性，加速文件发送，并且可以更方便地找到并解决最紧要的问题。 ● 实现出版归档系统的无缝链接。ProjectWise保障了所有数据的完整性和唯一性，通过建立归档数据源，满足归档条件后，后台自动同步相应的文档到归档数据源，也可以与用户现有档案管理系统集成，ProjectWise提供完整的SDK接口

4.3 建设方内部协同

4.3.1 理正设计企业管理信息系统——工程建设管理信息化

理正设计企业管理信息系统——工程建设管理信息化　　表4-3-1

<table>
<tr><td>平台/终端名称</td><td colspan="3">理正设计企业管理信息系统——工程建设管理信息化</td><td>厂商名称</td><td colspan="3">北京理正软件股份有限公司</td></tr>
<tr><td colspan="3">代码</td><td colspan="2">应用场景</td><td colspan="3">业务类型</td></tr>
<tr><td colspan="3">A80/B80/C80/D80/E80/F80/G80/H80/J80/K80/L80/M80/N80/P80/Q80</td><td colspan="2">建设方内部协同</td><td colspan="3">城市规划/场地景观/建筑工程/水处理/垃圾处理/管道工程/道路工程/桥梁工程/隧道工程/铁路工程/信号工程/变电站/电网工程/水坝工程/飞行工程</td></tr>
<tr><td>最新版本</td><td colspan="7">V4.8 2019</td></tr>
<tr><td>输入格式</td><td colspan="7">.dwg/.rvt/.jpg/.pdf/.doc/.plt/.tiff</td></tr>
<tr><td>输出格式</td><td colspan="7">.dwg/.rvt/.jpg/.pdf/.doc/.plt/.tiff</td></tr>
<tr><td rowspan="2">推荐硬件配置</td><td>操作系统</td><td>64位Windows10</td><td>处理器</td><td>2GHz</td><td>内存</td><td colspan="2">8GB</td></tr>
<tr><td>显卡</td><td>1GB</td><td>磁盘空间</td><td>700MB</td><td>鼠标要求</td><td colspan="2">带滚轮</td></tr>
<tr><td rowspan="2">最低硬件配置</td><td>操作系统</td><td>64位Windows10</td><td>处理器</td><td>1GHz</td><td>内存</td><td colspan="2">4GB</td></tr>
<tr><td>显卡</td><td>512MB</td><td>磁盘空间</td><td>500MB</td><td>鼠标要求</td><td colspan="2">带滚轮</td></tr>
</table>

续表

功能介绍
A80/B80/C80/D80/E80/F80/G80/H80/J80/K80/L80/M80/N80/P80/Q80： 工程建设管理信息化主要面向工程代建单位、建管公司、EPC工程公司、总承包企业、设计企业、施工企业和监理企业，提供基于项目全生命周期管理和全面企业管理的完整工程项目信息化管理解决方案。 工程建设管理是从工程建设项目立项开始到工程建设验收完成结束，实现信息化管理，与政府单位、监理单位、承建单位等统一建设编码和规则，动态提供初始来源数据；实现工程建设阶段的标准化、精细化管理，有效提高工程建设期管理能力；收集、分析、提供建设期的管理决策辅助数据；实现工程建设的全过程信息化监管。 工程建设管理以计划控制为主线，实现项目前期、规划设计、计划、质量、验收等工程业务处理过程管理，实现项目全方位管理。 （1）项目前期管理 项目前期管理侧重项目前期工作中对来源于政府单位、设计单位、施工单位和监理单位等相关的建设规划、工程规划、工程可行性研究、相关委托文件等前期资料进行收集、跟踪和管理，开放查阅权限给项目相关参与人员，可以随时查找下载所需项目前期文件，并提供工程建设信息的基础台账功能，作为后续所有工程建设内容的唯一信息来源。 （2）勘察设计管理 勘察设计管理是为了适应工程建设过程中众多勘察单位、设计单位沟通协作的需要，创建的一个代建单位、监理单位、勘察单位、设计单位等多方沟通的工作平台。规范业务流程，及时掌握勘察设计工作的动态，大幅度提高沟通、协作效率，为工程建设的勘察设计管理提供科学的决策支持和指挥管理手段，不断积累勘察设计管理资料和经验。 （3）计划调度管理 计划调度管理应用PDCA闭环管理模型的理念，实现计划全生命周期管理、计划责任分解管理、计划协调管理、基于计划基准的执行与监控、优化与提升计划管理、计划管理与成本管理的统一，从而辅助代建单位、总承包企业、设计企业、施工企业等建立一套符合质量认证标准的计划调度管理协同工作平台。通过该系统工程建设各方可及时掌握计划进展，大幅度提高沟通、协作效率，为公司承建项目的计划管理提供科学的决策支持数据和指挥管理手段。 （4）工程变更管理 为完善建设项目工程合同签署后因工程变更、洽商引起的合同变更的管理，约定工程变更、洽商的提出、审批、执行及费用清算等环节中代建单位、设计单位、建设单位等相关各方的职责及工作程序，推进工程变更管理的标准化、信息化、动态化建设，规范并完善后续的工程变更工作。 （5）资产管理 资产管理以满足政府部门、代建单位、设计单位、建设单位需求为目标，形成资产清单，推进资产管理的标准化、信息化、动态化建设，规范并完善后续的资产管理工作。包括将原有工程清单汇总流程转化为线上管理；资产管理系统与其他管理系统形成接口；依据编码规范等既定原则自动生成编码；进一步明确各设计单位、建设单位及相关部门的责任，提高工作效率，并督促相关参建单位或相关部门落实，以实现电子化办公动态化管理，进一步提升管理水平（图1）。 （6）质量管理 工程质量管理以工序为主线，通过工序分解，责任分工，过程质量资料反馈，检测、测量、实验、材料等过程验收信息，达到对工程实体质量全面把控的目的。将各工程建设过程中包含的应交付的工程资料对应配置到相应工序上，通过工程资料填报情况来控制工序的执行。实现质量资料线上填报、线上审批、电子存档留痕；实现对材料进场报验、工序质量验收、检验批验收直至工程质量验收的全过程监控

续表

（7）验收管理

验收管理以工程建设子模块为单位，实现对单位工程验收、项目工程验收、竣工验收三个工程验收阶段的管理，以约束验收行为、管理验收进展、管理验收问题、进行数据共享为设计目的。实现建设单位、勘察单位、设计单位、监理单位、施工单位等参建单位之间的验收信息互联互访，形成一个上下协同、信息共享、动态监管及自动分类汇总的验收管理（图2）。

图1 工程建设管理平台

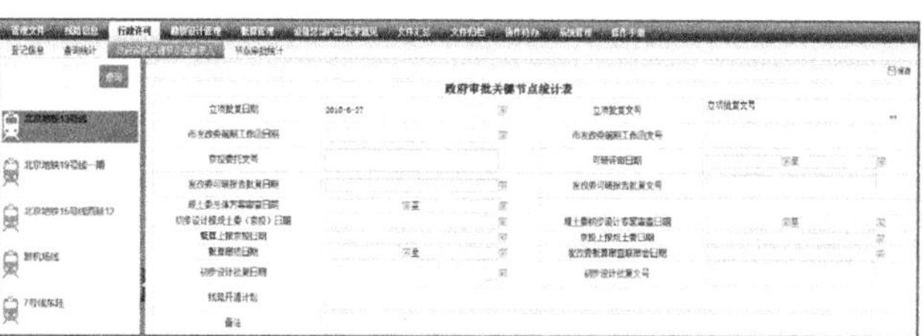

图2 工程建设管理平台审批管理

4.3.2 理正建设云——工程项目对外协作产品

理正建设云——工程项目对外协作产品 **表4-3-2**

<table>
<tr><td>平台/终端名称</td><td colspan="3">理正建设云——工程项目对外协作产品</td><td>厂商名称</td><td colspan="3">北京理正软件股份有限公司</td></tr>
<tr><td colspan="3">代码</td><td colspan="2">应用场景</td><td colspan="3">业务类型</td></tr>
<tr><td colspan="3">A80/B80/C80/D80/E80/F80/G80/H80/J80/K80/L80/M80/N80/P80/Q80</td><td colspan="2">建设方内部协同</td><td colspan="3">城市规划/场地景观/建筑工程/水处理/垃圾处理/管道工程/道路工程/桥梁工程/隧道工程/铁路工程/信号工程/变电站/电网工程/水坝工程/飞行工程</td></tr>
<tr><td>最新版本</td><td colspan="7">V1.0 2019</td></tr>
<tr><td>输入格式</td><td colspan="7">.doc/.xlsx/.ppt/.pdf/.dwg/.jpeg/.jpg/.png/.bmp/.bim模型（理正LBP格式及常见三维格式）</td></tr>
<tr><td>输出格式</td><td colspan="7">.doc/.xlsx/.ppt/.pdf/.dwg/.jpeg/.jpg/.png/.bmp/.bim模型（理正LBP格式及常见三维格式）</td></tr>
<tr><td rowspan="3">推荐硬件配置</td><td>操作系统</td><td>64位Windows10</td><td>处理器</td><td>2GHz</td><td>内存</td><td>8GB</td></tr>
<tr><td>显卡</td><td>1GB</td><td>磁盘空间</td><td>700MB</td><td>鼠标要求</td><td>带滚轮</td></tr>
<tr><td>其他</td><td colspan="5">浏览器：IE11\360\GOOGLE、移动设备Android 5.0以上、IOS 8.0以上</td></tr>
<tr><td rowspan="3">最低硬件配置</td><td>操作系统</td><td>64位Windows10</td><td>处理器</td><td>1GHz</td><td>内存</td><td>4GB</td></tr>
<tr><td>显卡</td><td>512MB</td><td>磁盘空间</td><td>500MB</td><td>鼠标要求</td><td>带滚轮</td></tr>
<tr><td>其他</td><td colspan="5">浏览器：IE11\360\GOOGLE、移动设备Android 5.0以上、IOS 8.0以上</td></tr>
</table>

续表

功能介绍
A80/B80/C80/D80/E80/F80/G80/H80/J80/K80/L80/M80/N80/P80/Q80： 该产品服务于建设单位，围绕工程项目全生命期，提供一个与设计单位、施工单位、监理单位、材料供应商、咨询机构、审图机构、政府部门等各参与方进行跨组织、跨地域沟通协商的专用平台（图1）。 该产品帮助建设单位作为工程项目的投资方或总管理协调方，调动各方高效配合来完成工作，降低沟通成本；帮助业主对项目各环节进行有效掌控，更好地进行成本控制、质量安全把关、进度把控，提高项目的利润率。 解决建设单位前期投资控制等管理部门与咨询设计单位、政府机关等协作方进行项目立项、项目选址、项目规划、可研、项目投资预算、土地摘牌、征地拆迁等事务的协商、讨论、会审（图2）。 解决建设单位规划设计管理部门与勘察单位、设计单位、审图机构、外部专家等就项目的设计招标、设计条件、方案设计、初步设计、施工图设计、设计变更等事务的协作、沟通、评审（图3）。 解决建设单位的工程管理、投资控制等管理部门与施工单位、监理单位、设计单位、检测单位、政府机关等就现场的开工前准备、技术交底、质量安全问题处置、工程变更、工程支付、进度监控、试运行、验收等事务进行多方协作、沟通、处置（图4）。 解决因目前建设单位和各方沟通不畅，业主需要频繁召集各方到现场开会、协调，带来各方巨大的差旅成本、人员消耗的问题（图5~图7）。  图1　工作台　　图2　前期手续登记 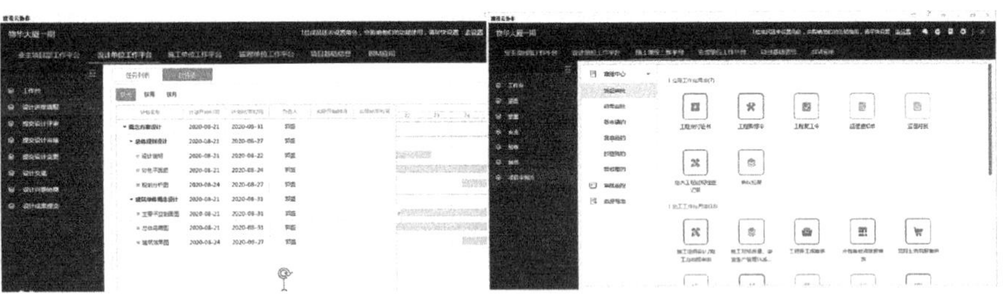 图3　设计进度计划管理　　图4　项目内审批 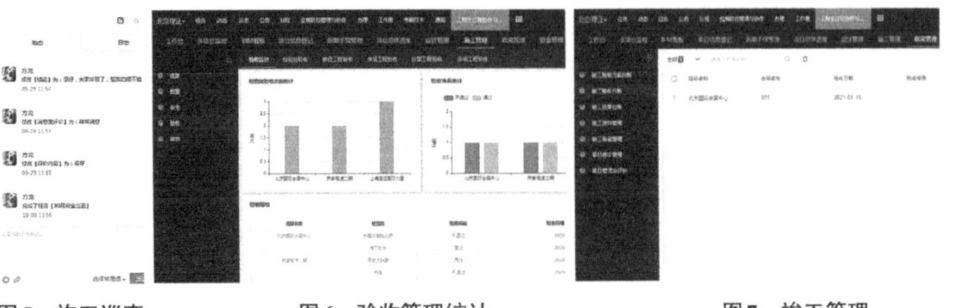 图5　施工巡查　　图6　验收管理统计　　图7　竣工管理

4.3.3 BIM 360 Cost

BIM 360 Cost　　**表4-3-3**

<table>
<tr><td>平台/终端名称</td><td colspan="2">BIM 360 Cost</td><td>厂商名称</td><td colspan="3">Autodesk</td></tr>
<tr><td colspan="3">代码</td><td colspan="2">应用场景</td><td colspan="2">业务类型</td></tr>
<tr><td colspan="3">A80/B80/C80/D80/E80/F80/G80/H80/J80/K80/L80/M80/N80/P80/Q80</td><td colspan="2">建设方内部协同</td><td colspan="2" rowspan="5">城市规划/场地景观/建筑工程/水处理/垃圾处理/管道工程/道路工程/桥梁工程/隧道工程/铁路工程/信号工程/变电站/电网工程/水坝工程/飞行工程</td></tr>
<tr><td colspan="3">A62/B62/C62/D62/E62/F62/G62/H62/J62/K62/L62/M62/N62/P62/Q62</td><td colspan="2">施工实施_成本管理</td></tr>
<tr><td colspan="3">A66/B66/C66/D66/E66/F66/G66/H66/J66/K66/L66/M66/N66/P66/Q66</td><td colspan="2">施工实施_算量和造价</td></tr>
<tr><td colspan="3">A44/B44/C44/D44/E44/F44/G44/H44/J44/K44/L44/M44/N44/P44/Q44</td><td colspan="2">深化设计_算量和造价</td></tr>
<tr><td colspan="3">A41/B41/C41/D41/E41/F41/G41/H41/J41/K41/L41/M41/N41/P41/Q41</td><td colspan="2">深化设计_专项计算和分析</td></tr>
<tr><td>最新版本</td><td colspan="6">BIM 360</td></tr>
<tr><td>输入格式</td><td colspan="6">.sat/.skp/.rvt/.stl/.nwc/.max/.dwg/.fbx/.dgn/.axm/.gbl等，浏览超过50种2D与3D模型</td></tr>
<tr><td>输出格式</td><td colspan="6">BIM项目各要素数据可导出为某些格式（PDF、CSV、Excel等），或以图表统计等形式展现或通过Autodesk Forge云服务导出浏览器加载的Autodesk特有格式（SVF、F2D），或通过Forge导出其他行业格式（OBJ、IFC、glTF、Json等），或通过Forge云服务于自行提取数据导出为其他SaaS系统的业务格式</td></tr>
<tr><td rowspan="3">推荐硬件配置</td><td>操作系统</td><td>建议使用64位浏览器，以获得最佳浏览体验</td><td>浏览器</td><td>Chrome（建议）、Firefox、Safari、Edge</td><td>处理器</td><td>2GHz</td></tr>
<tr><td>内存</td><td>8GB</td><td>显卡</td><td>1GB</td><td>磁盘空间</td><td>700MB</td></tr>
<tr><td>鼠标要求</td><td>带滚轮</td><td>其他</td><td colspan="3">在传输时网络连接能为每台计算机提供25 Mbps对称连接</td></tr>
<tr><td rowspan="3">最低硬件配置</td><td>操作系统</td><td>MS Windows</td><td>浏览器</td><td>IE</td><td>处理器</td><td>1GHz</td></tr>
<tr><td>内存</td><td>4GB</td><td>显卡</td><td>512MB</td><td>磁盘空间</td><td>500MB</td></tr>
<tr><td>鼠标要求</td><td>带滚轮</td><td>其他</td><td colspan="3">在传输时网络连接能为每台计算机提供5 Mbps对称连接</td></tr>
<tr><td colspan="7">功能介绍</td></tr>
<tr><td colspan="7">A80/B80/C80/D80/E80/F80/G80/H80/J80/K80/L80/M80/N80/P80/Q80
A62/B62/C62/D62/E62/F62/G62/H62/J62/K62/L62/M62/N62/P62/Q62
A66/B66/C66/D66/E66/F66/G66/H66/J66/K66/L66/M66/N66/P66/Q66
A44/B44/C44/D44/E44/F44/G44/H44/J44/K44/L44/M44/N44/P44/Q44：
使用BIM 360 Cost进行建筑成本管理的好处，可帮助建设项目团队控制成本并确认所有变更均得到有效管理，以维持现金流量，降低风险和最大化利润。在项目的整个生命周期中管理建筑成本，包括跟踪变更单、</td></tr>
</table>

续表

管理供应商合同以及对总体预算影响的可见性，都是很烦琐的。通过将成本信息集中到一个平台中来保持透明度并改善成本控制组织。具有预算控制和变更单，有效的变更管理和可视化成本相关风险能灵活且可定制以适合用户的需求和偏好，包括详细的层次结构、自定义细分选项和主列表（图1）。

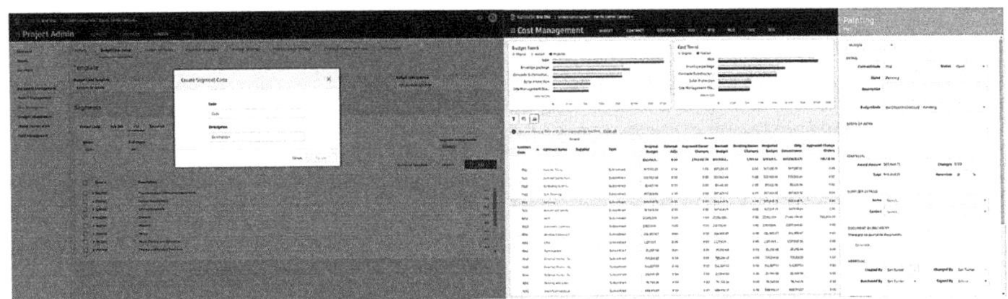

图1　成本管理

使用明细面板创建、编辑和查看供应商合同，并使用合同生成器将来自多个位置的附录编译到单个程序包中，从而简化合同文档创建过程。详细的PCO和成本项目，所有潜在变更单（PCO），其类型、范围、来源、状态和成本相关影响的概览。如果PCO要求将成本项目与层次结构建立关联，以详细说明更改的影响并与预算/合同建立联系。轻松捕获PCO根本原因，通过创建自定义PCO来源类型，标准化并增加对所有PCO的根本原因的捕获。让你获得洞察力并分析模式，以提高未来的绩效（图2）。

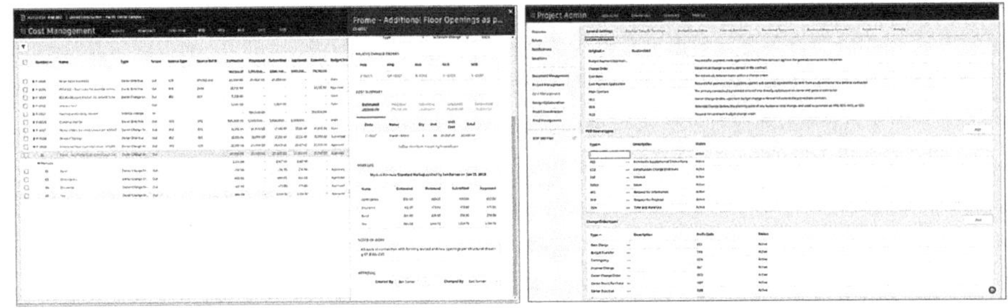

图2　编辑查看供应商合同

变更单工作流，管理变更单流程的所有方面，包括记录和详细说明所有潜在变更单（PCO）、上游预算变更单（RCO）和正式所有者变更单（OCO）、下游报价单（RFQ）和供应商变更单（SCO）。

财务加价，在提交给所有者之前，可以轻松创建多个项目级别的标记配置，以应用于潜在变更单（PCO）、变更单请求（RCO）或所有者变更单（OCO）。支持基于百分比的固定费用，带有四舍五入选项的迭代或复合加价。可使用字段名称管理文档模板，可以直接从系统填充该字段名称，以快速生成标准格式的文档，以分发给变更单定价，请求和批准流程的所有部分（图3）。

图3　管理变更

续表

A41/B41/C41/D41/E41/F41/G41/H41/J41/K41/L41/M41/N41/P41/Q41：

通过BIM 360 Cost 云服务以及Autodesk Forge有关的云服务和API，第三方可提取模型数据，进行概预算、成本管控，并同步数据到BIM 360总包成本中。例如Sigma5D公司在自身的平台中获取BIM 360模型数据，分类做预算，产生的预算和变更单同步返回到BIM 360 Cost模块；Boomi公司提供BIM 360预算和SAP管理平台互联（图4）。

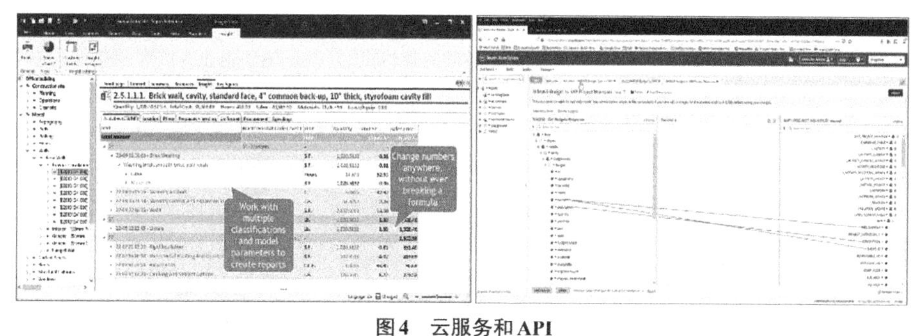

图4　云服务和API

4.4 设计方内部协同

4.4.1 CBIM协同平台

CBIM协同平台　　表4-4-1

<table>
<tr><td>平台/终端名称</td><td colspan="3">CBIM协同平台</td><td>厂商名称</td><td colspan="2">中设数字技术股份有限公司</td></tr>
<tr><td colspan="3">代码</td><td colspan="2">应用场景</td><td colspan="2">业务类型</td></tr>
<tr><td colspan="3">C81</td><td colspan="2">协同平台/终端_设计方内部协同</td><td colspan="2">建筑工程</td></tr>
<tr><td colspan="3">C85</td><td colspan="2">协同平台/终端_轻量化模型文档管理</td><td colspan="2">建筑工程</td></tr>
<tr><td>最新版本</td><td colspan="6">CBIM协同平台1.0</td></tr>
<tr><td>输入格式</td><td colspan="6">无</td></tr>
<tr><td>输出格式</td><td colspan="6">无</td></tr>
<tr><td rowspan="3">推荐硬件配置</td><td>操作系统</td><td>64位Windows10</td><td>浏览器</td><td>IE</td><td>处理器</td><td>2GHz</td></tr>
<tr><td>内存</td><td>8GB</td><td>显卡</td><td>1GB</td><td>磁盘空间</td><td>700MB</td></tr>
<tr><td>鼠标要求</td><td>带滚轮</td><td>其他</td><td colspan="3">无</td></tr>
<tr><td rowspan="3">最低硬件配置</td><td>操作系统</td><td>64位Windows10</td><td>浏览器</td><td>IE</td><td>处理器</td><td>1GHz</td></tr>
<tr><td>内存</td><td>4GB</td><td>显卡</td><td>512MB</td><td>磁盘空间</td><td>500MB</td></tr>
<tr><td>鼠标要求</td><td>带滚轮</td><td>其他</td><td colspan="3">无</td></tr>
</table>

续表

功能介绍
C81： 1.本平台在“设计方内部协同”应用上的介绍及优势 CBIM协同平台为公有云项目管理服务平台，可以让企业决策者、项目管理团队、设计师实时移动在线了解项目进展状态和设计成果质量等情况，从而大幅提升设计企业内专业之间、与业主等上下游项目参与方之间的协同工作效率。其功能特点如下： 跨企业跨专业协同：CBIM协同管理平台可实现多家企业（如设计院、施工企业、监理企业等）共同参与项目进度管控、成果质量管控、项目问题管控等项目协同工作（图1）。 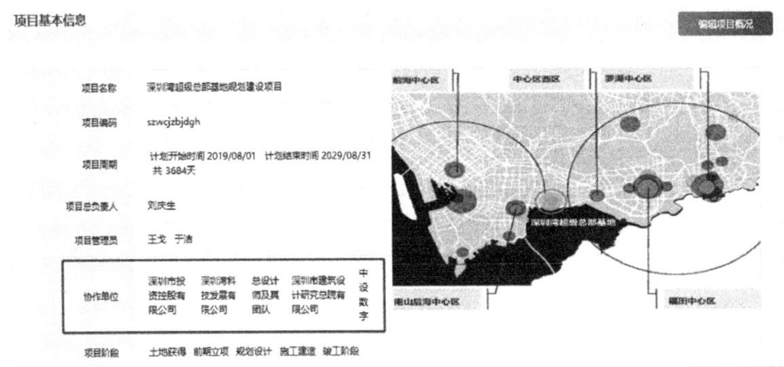 **图1　多单位协同** 项目标准管理：平台可统一管理项目各参与方的项目信息、设计依据、设计标准。 项目进度管理：平台中每个项目的进度节点均由“时间”“事项”“成果”“提交人/提交部门”“接收人/接收部门”“确定人/确定部门”6部分组成，所有节点按照节点计划开始时间顺序排列形成进度计划，从而实现在线、实时、形象可视的高效项目进度管理。 任务推送与提醒：平台可自动推送各种工作，提醒到个人工作桌面和手机端，保证任务按时完成。 成果质量管理：平台通过成果提交（提交人/提交部门）、成果接收审查（接收人/接收部门）、成果确认审查（确定人/确定部门）3个环节保证交付的项目成果质量。用户也可自定义审批流程从而保证成果质量。 权限管理：平台可设置不同项目人员不同的工作权限，确保项目进度和成果数据安全。 问题跟踪：平台可完整记录问题发起、转发、回复、关闭全过程信息，实现处处留痕，责任清晰。 2.本平台在“设计方内部协同”应用上的操作难易度 企业管理员工作流程：云端登录→架构设置→岗位设置→人员设置→权限设置→工程阶段→成果类型→存储位置→日常维护。 项目经理工作流程：云端登录→项目立项→选择团队→设置权限→流程设置→开始设计→进度检查→质量检查→审查审批→设计交付。 设计师工作流程：云端登录→设计→成果提交→模型转换→云端浏览→设计交付→项目归档。 企业管理者工作流程：云端登录→数据浏览→审批意见→监督实施。 本软件为公有云项目管理服务平台，不需要本地安装，用户操作简单明了。而且由于本平台采用管理流程模板化后台配置方式，因此可以在不改变程序的情况下灵活满足不同管理模式的企业管理流程要求

4.4.2 理正建设企业管理信息系统——设计项目管理系统

理正建设企业管理信息系统——设计项目管理系统 **表4-4-2**

<table>
<tr><td>平台/终端名称</td><td colspan="3">理正建设企业管理信息系统——设计项目管理系统</td><td colspan="2">厂商名称</td><td colspan="3">北京理正软件股份有限公司</td></tr>
<tr><td colspan="3">代码</td><td colspan="3">应用场景</td><td colspan="3">业务类型</td></tr>
<tr><td colspan="3">A81/B81/C81/D81/E81/F81/G81/H81/J81/K81/L81/M81/N81/P81/Q81</td><td colspan="3">设计方内部协同</td><td colspan="3">城市规划/场地景观/建筑工程/水处理/垃圾处理/管道工程/道路工程/桥梁工程/隧道工程/铁路工程/信号工程/变电站/电网工程/水坝工程/飞行工程</td></tr>
<tr><td>最新版本</td><td colspan="8">V4.8 2019</td></tr>
<tr><td>输入格式</td><td colspan="8">.dwg/.rvt/.jpg/.pdf/.doc/.plt/.tiff</td></tr>
<tr><td>输出格式</td><td colspan="8">.dwg/.rvt/.jpg/.pdf/.doc/.plt/.tiff</td></tr>
<tr><td rowspan="2">推荐硬件配置</td><td>操作系统</td><td colspan="2">64位Windows10</td><td>处理器</td><td>2GHz</td><td>内存</td><td colspan="2">8GB</td></tr>
<tr><td>显卡</td><td colspan="2">1GB</td><td>磁盘空间</td><td>700MB</td><td>鼠标要求</td><td colspan="2">带滚轮</td></tr>
<tr><td rowspan="2">最低硬件配置</td><td>操作系统</td><td colspan="2">64位Windows10</td><td>处理器</td><td>1GHz</td><td>内存</td><td colspan="2">4GB</td></tr>
<tr><td>显卡</td><td colspan="2">512MB</td><td>磁盘空间</td><td>500MB</td><td>鼠标要求</td><td colspan="2">带滚轮</td></tr>
<tr><td colspan="9">功能介绍</td></tr>
<tr><td colspan="9">A81/B81/C81/D81/E81/F81/G81/H81/J81/K81/L81/M81/N81/P81/Q81：
设计企业的项目管理是企业为了达到经营生产目标，通过对项目的组织，对项目资源进行计划、组织、协调、控制等的活动过程；项目管理系统包括项目登记、立项、项目策划、任务分配、人员安排、任务下达、进度监控、设计输入、资料互提、成品资料管理等内容；项目管理系统重点解决项目“进度、质量、成果、人力资源、费用”信息的获取和利用。
1.产品特点
系统不仅关注管理层的需要和期望，同时关注第一线的生产设计人员的需要和期望。
院级领导层（决策层）：方便管理层及时掌控全院所有项目承接数量、状态、计划及进度情况，部门（人员）的项目负荷、项目费用情况等生产经营关键信息，为院领导经营决策提供第一手资料。
项目级管理人员（项目经理）：进行项目执行过程的规范化管理；可方便地进行计划制定、进度监控、费用、ISO9000质量记录控制，对所关心的项目进行监控。
设计人员级：提供一个高效率的协同工作平台，实时的任务消息提醒，可以很方便地进行设计文件验证和资料互提，方便地参考共享文件。
提供项目平台管理工具，建立统一的项目编码体系（EPS、WBS、OBS、CBS等），可以适应多种项目管理模式，既可适应传统的“以专业科室为主”的生产管理模式，也可适应“项目经理负责制”的生产管理模式，并且项目管理模式调整系统不需要大量二次开发。
企业可根据项目规模和重要程度来灵活调整项目流程。
提供各种知识模板库：让使用人员可以直接利用固化在系统中的知识库进行项目策划和项目执行，如项目工作包词典库、文档模板库等，提高使用人员的工作效率。
满足和适应不同规模的大、中、小型设计院及不同管理侧重点的需要</td></tr>
</table>

续表

2. 主要功能

项目门户：每个项目建立后，系统都会创建一个项目门户，作为管理人员监控项目进展情况及项目成员进行协作的界面。

项目登记、立项：建立项目台账，登记所承接项目的各种基本信息，包括工程名称、项目编号、项目类别、建设规模等内容；提供项目的立项和审批功能。

项目策划、任务下达：对项目进行策划工作，主要完成项目组织结构分解、划分阶段、专业，进行项目任务进行分解和成员任命。策划过程可根据不同企业的要求分为多级策划。

人员策划时，系统可结合岗位要求筛选符合资质要求的人员，提高人员策划的效率和准确性。

可查询人员的任务承担状况、项目的进度完成情况等，方便人力资源调度。

任务下达：将项目策划后的任务，快速下达到生产部门、设计人员。

项目进度管理：可以编制阶段、专业、任务的时间进度，可以形成横道图。

设计过程管理：解决从设计资料的收集和确认，设计输入，设计评审，设计文件的校对、审核，互提管理，以及设计更改等业务功能。按照计划进行专业互提，可自动记录实际的互提情况，可对互提的计划时间和实际完成时间进行对比，并用颜色标记出不同的状态；提供设计文件的多版本管理功能。

项目文档管理：实现项目所有的相关文档，包括项目委托书、项目合同、客户提资、项目会议纪要及备忘、来往信函、项目专业互相提资、项目成品文件等分类集中管理，达到项目成员的资料共享、工作协同、统一管理的目的，从而大大提高工作效率。

项目ISO质量管理：提供了在项目各个环节（项目承接、设计任务下达、项目策划、一直到图纸出版、后期服务等）的ISO质量记录表单文件的生成和流转，实现ISO质量记录留痕管理。

项目归档管理：对项目完成后，项目所产生的成果文件实现与图档系统的接口管理。

项目工时管理：在项目任务分解的基础上，由生产人员填写个人实耗工时。可按项目、专业、个人统计查询实耗工时。

项目费用管理：实现项目的费用预算分配和项目实际执行过程中的费用统计；可依据企业管理规定，定义费用科目；登记项目已经发生的各种费用，可按照费用科目和时间形成统计表。

项目产值管理：实现产值分配和产值核定，产值可下发到项目、阶段、部门和处室。可以按照项目、部门、专业来进行统计。

项目查询与统计管理：提供各类查询及统计功能，方便不同的角色、人员根据自己各自的权限对项目的项目基本信息、计划进度、人力资源、质量、成果、费用等的综合查询功能（图1~图3）。

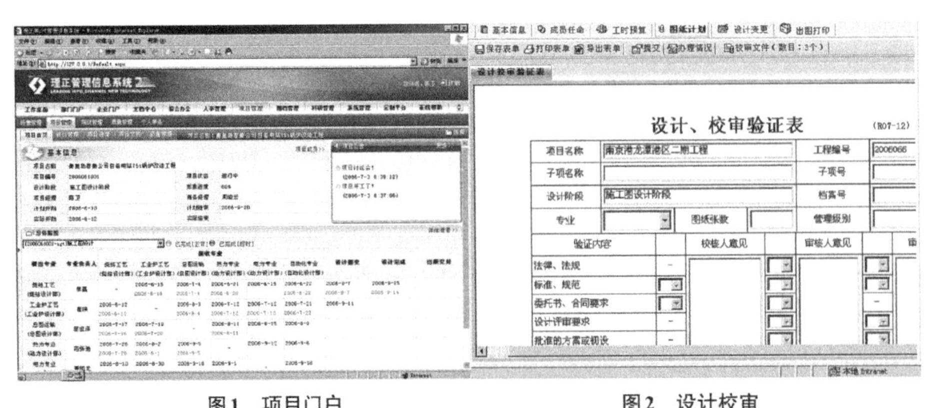

图1　项目门户　　　　图2　设计校审

续表

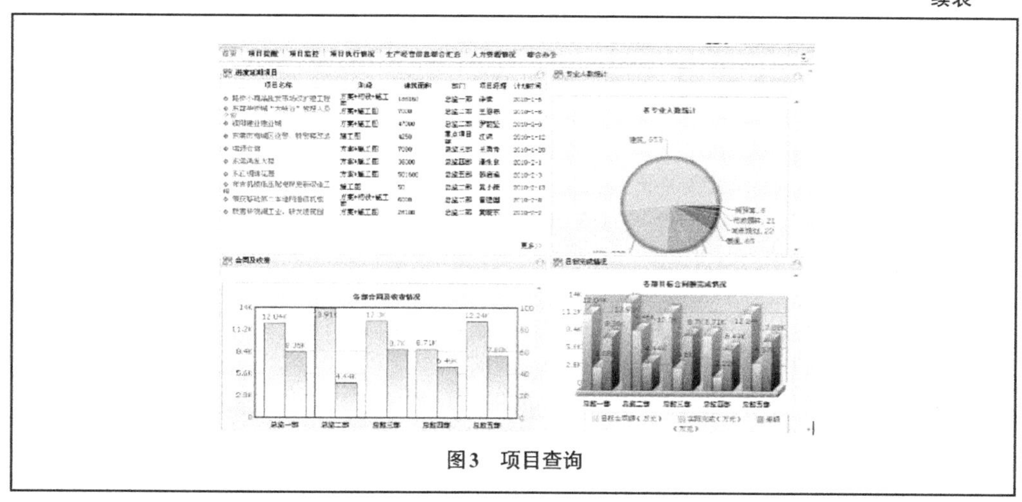

图3　项目查询

4.4.3 理正协同设计平台系统

理正协同设计平台系统　　表4-4-3

平台/终端名称	理正协同设计平台系统		厂商名称	北京理正软件股份有限公司	
代码		应用场景		业务类型	
A81/B81/C81/D81/E81/F81/G81/H81/J81/K81/L81/M81/N81/P81/Q81		设计方内部协同		城市规划/场地景观/建筑工程/水处理/垃圾处理/管道工程/道路工程/桥梁工程/隧道工程/铁路工程/信号工程/变电站/电网工程/水坝工程/飞行工程	
最新版本	V4.0 2019				
输入格式	.dwg/.rvt/.jpg/.pdf/.doc/.plt/.tiff				
输出格式	.dwg/.rvt/.jpg/.pdf/.doc/.plt/.tiff				

推荐硬件配置	操作系统	64位 Windows10	处理器	2GHz	内存	8GB
	显卡	1GB	磁盘空间	700MB	鼠标要求	带滚轮
最低硬件配置	操作系统	64位 Windows10	处理器	1GHz	内存	4GB
	显卡	512MB	磁盘空间	500MB	鼠标要求	带滚轮

功能介绍

A81/B81/C81/D81/E81/F81/G81/H81/J81/K81/L81/M81/N81/P81/Q81：

协同设计平台是采用图形网络技术，根据设计企业设计工作以及项目管理的特点，搭建出的一套从设计工作到项目管理、知识管理一体化的集成平台，为企业管理者与设计人员提供了从图档设计到出图归档全方位的信息解决方案，实现设计过程中各专业内部、不同专业之间以及不同设计层面上的分工合作与交流，帮助设计企业全面提升设计质量、提高管理效率和管理水平。

协同设计平台特点

可独立部署应用，可维护性强，可升级性强。

可支持文件协同和内容协同两个层次，符合循序渐进原则

续表

可支持设计项目管理和设、校、审管理。

协同工作区可嵌入AutoCAD运行，可与专业CAD软件组合使用，不增加设计人员负担，方便设计人员使用（图1）。

协同设计平台能够带来的价值

提升设计产品质量，便于图纸标准化。

服务于一线设计人员，提高生产效率；服务于管理者，便于项目的深入管理。

协同设计平台核心功能

项目任务管理。

输入管理、资料互提、设计校审、打印管理、设计变更。

设计归档、设计监控、离线设计、异地协同、标准化管理。

文件管理、版本管理、文件引用管理、图层图元协作、图层管理。

图纸比较、电子圈阅、签名签章管理、数字化签署管理。

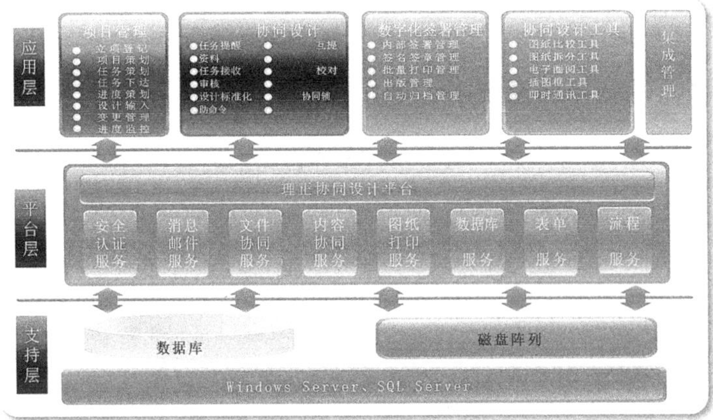

图1　平台架构

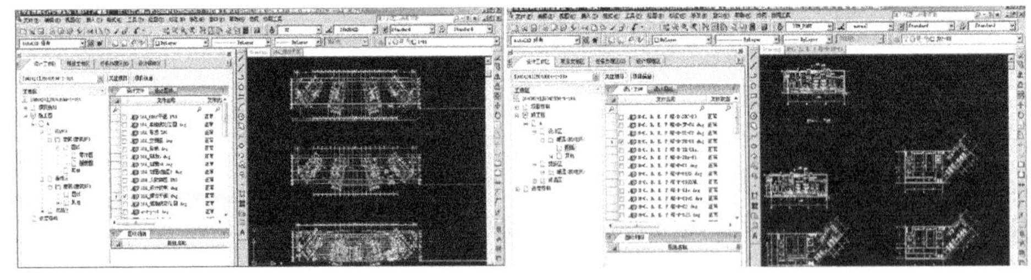

图2　设计文档管理

基础操作流程：项目立项管理→项目策划管理→项目任务下达→设计输入管理→设计任务接收→设计文件管理→专业内协同→专业间协同→设计提资管理→设计校审管理→设计会签管理→批量打印管理→出版管理→归档管理（图2）。

项目立项管理：登记项目基本信息包括项目名称、项目编号、项目级别、项目负责人、计划起止时间等信息，完成项目立项工作，形成企业项目台账，便于查询与统计。

项目策划管理：策划项目的阶段、子项、专业、人员，可实现一级策划、多级策划。

项目任务下达：通过系统进行项目任务下达管理，相关人员可随时查询项目任务下达情况。

设计输入管理：通过系统进行设计输入管理，项目组成员可以随时查询设计输入相关资料

续表

设计任务接收：协同设计工作区直接与AUTOCAD结合，自动接收生产任务，协同设计工作区可通过快捷键快速开关隐藏，不影响设计习惯。 设计文件管理：建立文件管理规则，提供统一的权限管理机制，项目组人员依据在本项目中的不同角色，拥有不同的权限（新建、查看、上载、下载、编辑等）。提供设计图纸的多版本管理，提供版本变化标识提醒，设计人员始终用最新版，避免套错图。 专业内协同：为同一专业内的设计人员分工协作，并行设计创造条件，不同设计人员可以明确分工，共同绘制同一张设计图纸，或者接替本专业其他设计人员没完成的工作，继续图纸设计，并且过程自动留痕。 专业间协同：依照“专业互提图层规则”，自动形成条件图提资，当条件图发生更新时，对应引用的条件图也及时发生更新，实现一处修改，处处更新。 设计提资管理：针对提资的整个过程进行管理，可结合提资流程（流程可自定义）、提资计划进行对应管理。 设计校审管理：通过系统实现整个校审过程（流程反复）管理，可结合校审流程（流程可自定义），可与电子圈阅管理工具结合应用。 设计会签管理：还可以结合会签管理要求，实现多专业在系统中进行会签的全过程管理。可与电子签名结合，实现流程表单及图纸上电子签名。 批量打印管理：可将一个dwg中的多张图纸、多个dwg文件、文件夹进行批量打印。 签名签章管理：通过系统后台管理企业电子签名签章文件，对相关审批确认后，系统批量自动完成签名签章工作，可与CA集成应用。 出版管理：可与出版流程结合，实现出版流程（流程可自定义）的审批管理，完成审批后才允许出版。可随时查询、统计出版情况。 归档管理：在协同设计平台上的相关设计成果文件可实现自动归档管理。 设计变更管理：可根据管理要求，对项目变更进行网上流转（流转可自定义）审批、表单电子签名，保留项目变更记录，可随时查询

4.4.4 理正协同设计工具

理正协同设计工具　　表4-4-4

平台/终端名称	理正协同设计工具			厂商名称	北京理正软件股份有限公司		
代码			应用场景		业务类型		
A81/B81/C81/D81/E81/F81/G81/H81/J81/K81/L81/M81/N81/P81/Q81			设计方内部协同		城市规划/场地景观/建筑工程/水处理/垃圾处理/管道工程/道路工程/桥梁工程/隧道工程/铁路工程/信号工程/变电站/电网工程/水坝工程/飞行工程		
最新版本	V4.0 2019						
输入格式	.dwg/.rvt/.jpg/.pdf/.doc/.plt/.tiff						
输出格式	.dwg/.rvt/.jpg/.pdf/.doc/.plt/.tiff						
推荐硬件配置	操作系统	64位Windows10	处理器	2GHz		内存	8GB
	显卡	1GB	磁盘空间	700MB		鼠标要求	带滚轮
最低硬件配置	操作系统	64位Windows10	处理器	1GHz		内存	4GB
	显卡	512MB	磁盘空间	500MB		鼠标要求	带滚轮

续表

功能介绍

A81/B81/C81/D81/E81/F81/G81/H81/J81/K81/L81/M81/N81/P81/Q81：

理正协同工具软件服务于一线设计人员。重点为项目团队内部交流沟通、图纸校审、图纸签名等具体工作提供便利、减少消耗。每个工具软件可单独使用，也可配合协同平台、电子图纸管理解决方案等组合应用。主要功能如下：

插图框工具：企业标准图框被插入时，会自动读取前期策划的项目及人员的相关信息。

图纸目录管理工具：根据公司各专业的图纸目录格式，辅助将设计人员选择的图纸自动生成本专业的图纸目录，减轻设计人员的工作量（图1）。

图纸差异比较工具：可快速比较同一文件的不同版本之间的差异之处（图2）。

文件格式转换工具：批量将dwg文件转成企业需要的其他文件格式，如pdf、dwf等，并对其进行标准命名。

电子圈阅管理工具：与校审紧密结合，在屏幕上直接圈阅批注意见，批注意见自动到校审单上，点击批注意见列表可自动定位批注位置（图3）。

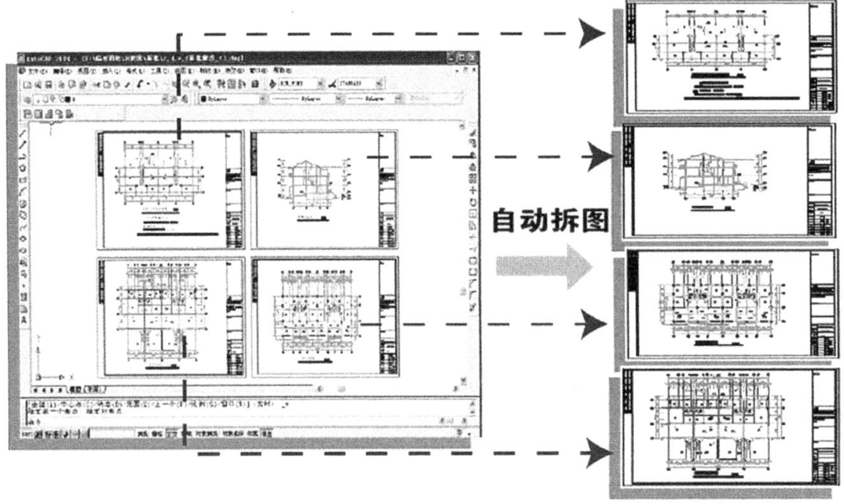

图1　图纸拆分界面

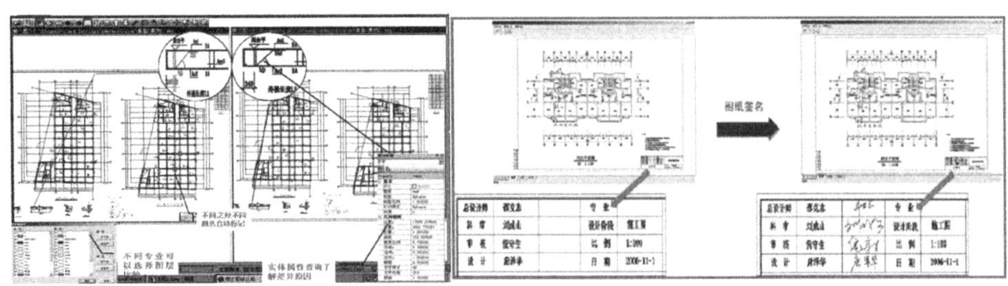

图2　快速找出两幅图纸的差异之处　　图3　图纸批量签名

4.4.5 理正建设云——设计企业生产管理和协作产品

理正建设云——设计企业生产管理和协作产品 表4-4-5

<table>
<tr><td>平台/终端名称</td><td colspan="3">理正建设云——设计企业生产管理和协作产品</td><td colspan="2">厂商名称</td><td colspan="2">北京理正软件股份有限公司</td></tr>
<tr><td colspan="3">代码</td><td colspan="2">应用场景</td><td colspan="3">业务类型</td></tr>
<tr><td colspan="3">A81/B81/C81/D81/E81/F81/G81/H81/J81/K81/L81/M81/N81/P81/Q81</td><td colspan="2">设计方内部协同</td><td colspan="3">城市规划/场地景观/建筑工程/水处理/垃圾处理/管道工程/道路工程/桥梁工程/隧道工程/铁路工程/信号工程/变电站/电网工程/水坝工程/飞行工程</td></tr>
<tr><td>最新版本</td><td colspan="7">V1.0 2019</td></tr>
<tr><td>输入格式</td><td colspan="7">.doc/.xlsx/.ppt/.pdf/.dwg/.jpeg/.jpg/.png/.bmp/.bim模型（理正LBP格式及常见三维格式）</td></tr>
<tr><td>输出格式</td><td colspan="7">.doc/.xlsx/.ppt/.pdf/.dwg/.jpeg/.jpg/.png/.bmp/.bim模型（理正LBP格式及常见三维格式）</td></tr>
<tr><td rowspan="3">推荐硬件配置</td><td>操作系统</td><td>64位Windows10</td><td>处理器</td><td>2GHz</td><td>内存</td><td colspan="2">8GB</td></tr>
<tr><td>显卡</td><td>1GB</td><td>磁盘空间</td><td>700MB</td><td>鼠标要求</td><td colspan="2">带滚轮</td></tr>
<tr><td>其他</td><td colspan="6">浏览器：IE11\360\GOOGLE
移动设备Android 5.0以上、IOS 8.0以上</td></tr>
<tr><td rowspan="3">最低硬件配置</td><td>操作系统</td><td>64位Windows10</td><td>处理器</td><td>1GHz</td><td>内存</td><td colspan="2">4GB</td></tr>
<tr><td>显卡</td><td>512MB</td><td>磁盘空间</td><td>500MB</td><td>鼠标要求</td><td colspan="2">带滚轮</td></tr>
<tr><td>其他</td><td colspan="6">浏览器：IE11\360\GOOGLE
移动设备Android 5.0以上、IOS 8.0以上</td></tr>
<tr><td colspan="8">功能介绍</td></tr>
<tr><td colspan="8">A81/B81/C81/D81/E81/F81/G81/H81/J81/K81/L81/M81/N81/P81/Q81：
该产品是借助“互联网+”技术，面向各类工程设计企业、咨询企业、设计部门、设计团队等，提供线上云应用的技术，解决设计企业跨组织、跨地域围绕设计生产中的对内设计管理及对外多方设计协作两方面的问题。
该产品可以实现不同地域的设计所、内部设计人员、外部聘用人员、分包团队之间针对项目任务分工、设计输入、设计编制、校审互提、变更协作、成果交付等的协作、管理及查询监控，极大提升设计效率。
同时，该产品也可以和业主、施工单位、总包单位等外部各方进行设计方案讨论、变更洽商、设计会审、成果交付等外部快速协作，从而提升业主满意度、降低企业服务成本。
利用该产品，所有沟通协商过程中产生的信息、文档、图纸和数据都被永久留存下来，做到事事可留痕、事事可追溯。符合很多设计企业借助互联网技术手段进行战略转型的需要（图1～图3）</td></tr>
</table>

续表

图1　项目管理

图2　项目内审批

图3　设计事务协商

4.4.6 Vault

Vault　　**表 4-4-6**

平台/终端名称	Vault			厂商名称	Autodesk	
代码			应用场景		业务类型	
A81/B81/C81/D81/E81/F81/G81/H81/I81/J81/K81/L81/M81/N81/P81/Q81			设计方内部协同		城市规划/场地景观/建筑工程/水处理/垃圾处理/管道工程/道路工程/桥梁工程/隧道工程/铁路工程/信号工程/变电站/电网工程/水坝工程/飞行工程	
最新版本	Vault 2021					
输入格式	.dwg/.rvt/.rfa/.nwc/.nwf/.ipt/.docx/.pptx/.xlsx					
输出格式	.mdf/.ldf					
服务器推荐硬件配置	操作系统	Windows Server 2016 Standard/Datacenter；Windows Server 2019 Standard/Datacenter	浏览器	IE	处理器	3GHz
	内存	16GB	显卡	1GB	磁盘空间	200GB
	鼠标要求	带滚轮	其他	无		

续表

服务器最低硬件配置	操作系统	Windows Server 2016 Standard/Datacenter；Windows Server 2019 Standard/Datacenter	浏览器	IE	处理器	2GHz
	内存	8GB	显卡	1GB	磁盘空间	100GB
	鼠标要求	带滚轮	其他	无		
客户端推荐硬件配置	操作系统	64位Windows 10	浏览器	IE	处理器	3GHz
	内存	8GB	显卡	1GB	磁盘空间	10GB
	鼠标要求	带滚轮	其他	无		
客户端最低硬件配置	操作系统	64位Windows 10	浏览器	IE	处理器	1.6GHz
	内存	4GB	显卡	1GB	磁盘空间	6GB
	鼠标要求	带滚轮	其他	无		
功能介绍						

A81/B81/C81/D81/E81/F81/G81/H81/I81/J81/K81/L81/M81/N81/P81/Q81：

1.本平台在“设计方内部协同”应用上的介绍及优势

Autodesk Vault是Autodesk公司推出的数据管理解决方案，它不仅可以用来管理设计数据和管理各种文档，而且可以用来管理设计流程和变更流程。可以说Vault的管理对象包括所有的文件格式。由于其同Autodesk设计软件紧密集成，而且易学易用，经济实惠，因而在全球范围已经形成普及热销态势（图1）。

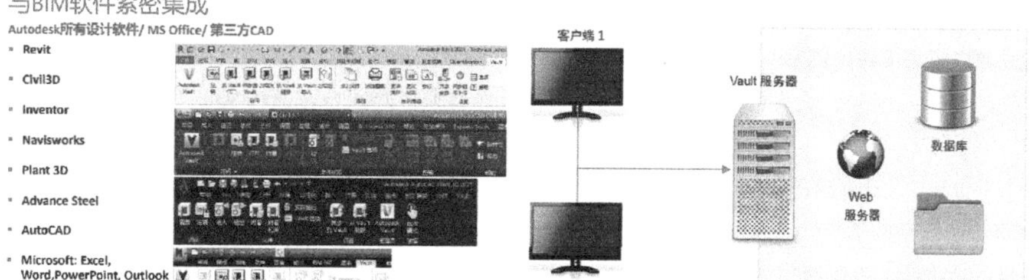

图1　同Autodesk设计软件紧密结合　　图2　部署灵活

Vault部署灵活，既支持局域网络中的团队协同，也支持广域网环境下分布式团队的协同，满足不同规模和地域的项目要求（图2）。

Vault可以集中存储、管理、查询工程数据。它可以管理访问权，跟踪设计变更，以增加协作性。软件功能全面，完全满足企业各个部门之间对设计数据访问和管理的需求，并使数据符合公司标准化目标，其主要功能可以用以下简图表示（图3）。

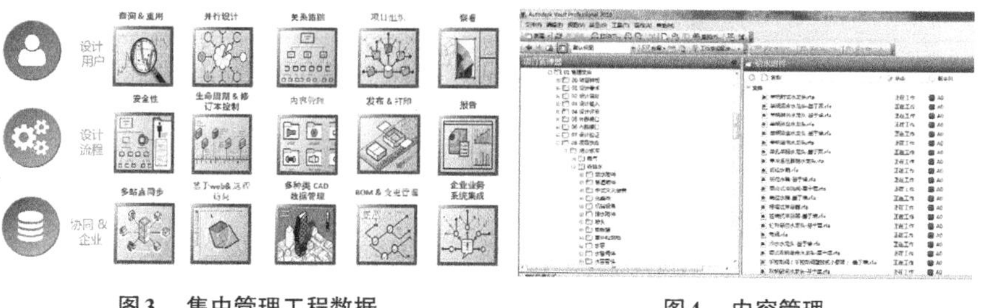

图3　集中管理工程数据　　图4　内容管理

续表

并行设计：Autodesk Vault支持基于网络的并行设计。假设某个设计项目包含三个部分，则三个工程师可以同时分别在三个部分上进行工作。当一个工程师将某个部分检出进行设计修改时，则该文件被自动锁定并以图标的方式表示出其当前状态，其他人可以继续使用此文件，但只能以只读方式检出其副本，保证其文件修改的唯一性。而当某个文件被修改后再次检入时，则该文件会生成一个新版本，记录关于本次修改的内容、修改者、检入时间、评注等。同时，其他使用此文件模型进行设计的工程师会得到及时的通知以及自动地进行更新，保证项目组的工程师在并行设计环境中所使用的模型文件都是最新的数据，所以，即使不同的人分别在对同一个文件检出进行编辑，也不用担心不同的版本之间会互相覆盖和设计不能及时更新的问题。 关系跟踪：在Vault中，可以查看某个对象的历史信息，如版本数量、版本记录等，也可以查看每个文件链接的其他文件和被引用文件的情况。 安全性：Autodesk Vault 提供一整套安全机制，包括基于角色的安全性、基于对象的安全性、基于生命周期的安全性等，保证正确的人在正确的时间访问正确的数据。 生命周期和版本控制：Autodesk Vault 提供生命周期管理和修订版本控制机制。用户可以非常灵活的自定义自己企业的产品生命周期状态，如“正在设计”“需要审阅”“已发布”“已归档”等，并和类别相关联，从而使符合此类别的对象自动被分配某种状态。同时可以对每个状态的访问权限和状态转换的权限进行安全性设置，从而保证了设计流程的管理和数据访问的安全性。修订版本的方案可以非常灵活地进行创建和编辑，可以按照企业的实际要求设置大版本、小版本的样式，支持Txt导入，从而使每一个对象在关键修订后产生一个独立的修订版本。 内容管理：内容管理实际上就是对标准件库的管理，包括GB标准件库、企业自制标准件库和外购件库等。在Vault中专门以库文件夹的方式进行存储和管理，保证企业对标准件库的安全性、统一规范性和通用共享性要求（图4）。 多站点同步：多站点同步是Vault的一个优势功能，通过搭建异地同步（Replication）环境，数据可以按照时间或者按照需求快速同步，从而解决跨国或者跨地域的数据访问的效率问题。在2011版，Vault在异地同步的速度提高50~100倍，大大提升了基础性能，目前已经有众多跨国企业通过Vault实现了全球范围的数据同步和协同设计。 2.本平台在“设计方内部协同”应用上的操作难易度 Vault协同管理的基本操作流程是：项目策划→权限设置→协同设计→协同管理→数据移交。 项目策划阶段，可按照质量管理体系建立文件管理结构，根据专业特点进行模型拆分，并设置协同规则以及族、库管理标准等。 3.基于项目参与人员的岗位、角色、团队进行权限设置 设计人员按各自分配的文件，使用AutoCAD、Revit或Inventor等软件中的Vault插件直接登录Vault，进行设计和建模。 最后，Vault上的数据可以作为整体数据移交给业主，也可以和企业其他部门或系统进行数据交互，实现顺畅协同。 Vault除了能与Autodesk软件紧密集成外，也已经为多种设计软件包括某些第三方软件提供集成和插件，比如Solidwork、ProE，从而使该软件满足更大范围的用户需求

4.5 总承包内部协同

4.5.1 理正设计企业管理信息系统——工程项目管理系统

理正设计企业管理信息系统——工程项目管理系统　　表4-5-1

<table>
<tr><td>平台/终端名称</td><td colspan="3">理正设计企业管理信息系统——工程项目管理系统</td><td colspan="2">厂商名称</td><td colspan="3">北京理正软件股份有限公司</td></tr>
<tr><td colspan="3">代码</td><td colspan="2">应用场景</td><td colspan="4">业务类型</td></tr>
<tr><td colspan="3">A82/B82/C82/D82/E82/F82/G82/H82/J82/K82/L82/M82/N82/P82/Q82</td><td colspan="2">总承包内部协同</td><td colspan="4">城市规划/场地景观/建筑工程/水处理/垃圾处理/管道工程/道路工程/桥梁工程/隧道工程/铁路工程/信号工程/变电站/电网工程/水坝工程/飞行工程</td></tr>
<tr><td>最新版本</td><td colspan="8">V4.8 2019</td></tr>
<tr><td>输入格式</td><td colspan="8">.dwg/.rvt/.pdf/.doc/.jpg/.plt（上传）</td></tr>
<tr><td>输出格式</td><td colspan="8">.dwg/.rvt/.pdf/.doc/.jpg/.plt（下载）</td></tr>
<tr><td rowspan="2">推荐硬件配置</td><td>操作系统</td><td>64位Windows10</td><td>处理器</td><td colspan="2">2GHz</td><td>内存</td><td colspan="2">8GB</td></tr>
<tr><td>显卡</td><td>1GB</td><td>磁盘空间</td><td colspan="2">700MB</td><td>鼠标要求</td><td colspan="2">带滚轮</td></tr>
<tr><td rowspan="2">最低硬件配置</td><td>操作系统</td><td>64位Windows10</td><td>处理器</td><td colspan="2">1GHz</td><td>内存</td><td colspan="2">4GB</td></tr>
<tr><td>显卡</td><td>512MB</td><td>磁盘空间</td><td colspan="2">500MB</td><td>鼠标要求</td><td colspan="2">带滚轮</td></tr>
<tr><td colspan="9">功能介绍</td></tr>
</table>

A82/B82/C82/D82/E82/F82/G82/H82/J82/K82/L82/M82/N82/P82/Q82：

理正工程项目管理系统是以PMI的九大项目管理知识体系为思想，以先进的IT技术为手段，将国际先进的项目管理理论、国内项目管理的现状特色及理正多年设计行业的专家经验融会贯通，打造出既符合国情又与国际先进水平与时俱进的项目管理系统平台。

1.系统建设目标

（1）建立基于核心业务的设计管理与总承包管理统一集成信息化管理平台

建立起以设计项目为核心，总承包与设计管理统一集成的信息化集成系统，将总包业务与设计管理紧密结合起来，实现设计与总包的统一协调管理，使设计管理能成为总承包管理的一部分，实现项目总体控制和设计、采购、施工控制的统一动态管理（图1）。

（2）建立具有中国设计院总承包特色的总承包管理平台

设计院开展总承包多数是以职能管理为主的管理模式，总承包管理还不是真正意义上的项目管理模式，因此本系统的建设不仅仅考虑单项目的管理过程，更注重考虑院领导、职能部门、项目部等不同层级对总承包项目的监控监管要求，从项目承接、合同管理、费控管理、计划管理、设计管理、采购管理、施工管理、现场管理等不同角度实现对总包的监控监管管理，加强部门之间的相互协作与沟通，提升整个总承包管理的综合管理水平（图2）。

2.主要功能

（1）项目门户（PIP）

建立项目信息门户，提供一个项目的统一入口，实现项目各类通知、公告和工程照片的集中管理。

（2）合同与费用管理

实现合同创建、合同变更、结算、合同收款、付款、合同台账、支付管理

续表

主合同管理：合同基本信息管理、合同电子文件管理、收费计划管理、实际收款记录管理、合同变更管理。 支出合同关联管理：实现与设计合同、采购合同、施工合同及各类顾问服务合同的关联管理。可以查看各支出合同的基本信息、计划付款信息、实际付款信息、变更信息和合同电子文件。 （3）项目策划管理 可以对项目组人员（项目经理、项目管理专责、设计经理、采购经理、采购工程师、施工经理等角色）进行编辑、变更、补充。 （4）项目计划管理 以项目进度计划为核心进行进度控制，同时派生出其他相关的管理计划，如采购计划、施工计划、质量检查计划等。 可实现与P3、Project或Excel文件的数据接口。 （5）设计管理 实现设计任务下达，并与设计项目管理子系统关联，实现设计人员、供图计划跟踪管理，同时对设计材料清单和技术规格书等设计成果进行管理，实现设计变更管理。 （6）施工管理 对施工分包单位、建安合同、施工计划、施工方案、现场管理、施工日志、施工安全等内容进行管理。 （7）进度管理 提供进度计划编制与监控功能，包括计划控制工程师编制计划、各个专业按计划执行施工任务、定期（如每周、每月）反馈进度、计划控制工程师对计划进行进度的对比和动态调整、布置下发下一周期的工作任务计划。 （8）采购管理 以物资需求计划为起点，结合管理作业流程，实现对采购的全过程管理。 设备材料库管理：建立企业级的设备库和材料库。可以分类、分层次的将所有的设备和材料统一管理。 供应商管理：建立合格供应商库，对供应商的基本信息、主要产品和价格进行管理，实现对供应商评价管理。 请购单管理：实现请购单登记与审批管理。 采购招标管理：解决“邀请招标、公开招标、议标、续标、系统指定、业主指定、安装、急购”多种采购招标形式的过程与信息管理。 采购合同管理：采购合同登记、零星采购合同登记、采购合同台账及明细管理、合同履行信息管理、合同变更管理。 采购资金管理：采购合同付款申请管理与款项支付管理。 库存管理：提供库房管理、设备材料入库管理、设备材料出库管理及库存查询等相关功能模块。 （9）费用管理 工程的费用控制首先要对各类费用科目分解费控指标，工程建设的过程中采集实际发生的费用指标，跟踪监控各类指标的趋势及超支状态，费用控制的指标包括工程预算价、工程合同价、工程实际价。 费用指标分解：分解制定所对应成本结构各类科目的费控指标，包括预算价和合同价。 实际费用的采集：根据费控指标的控制标准，动态跟踪和控制实际费用的支出，实际费用的采集根据不同类型的成本科目采用不同的采集方式。 费控指标监控：对项目各项费用预算与实际支出进行监控和对比分析。 （10）HSE体系管理 实现项目各环节HSE体系记录表单自动生成、流转和审批、查询和打印。并提供按项目的HSE体系表单汇总功能，减轻手工编制时的大量重复填写工作量。系统还提供HSE管理功能，主要包括体系文件的发布、利用管理和实施过程文件的收集、监控管理

续表

（11）沟通管理

系统针对总包项目管理的特点，为项目组成员和相关管理部门及公司领导，提供多种快速沟通、协作的电子化管理工具，包括项目大事记管理、重大协调问题管理。

（12）文档资料管理

文档管理涵盖了总包项目管理全生命周期的文档资料，实现灵活的文档分类、稳定的文档存储与备份、严密的安全控制与版本控制、高效的索引检索机制，同时为文档资料的创建、传递、接收、共享、查询、发布提供支持（图3）。

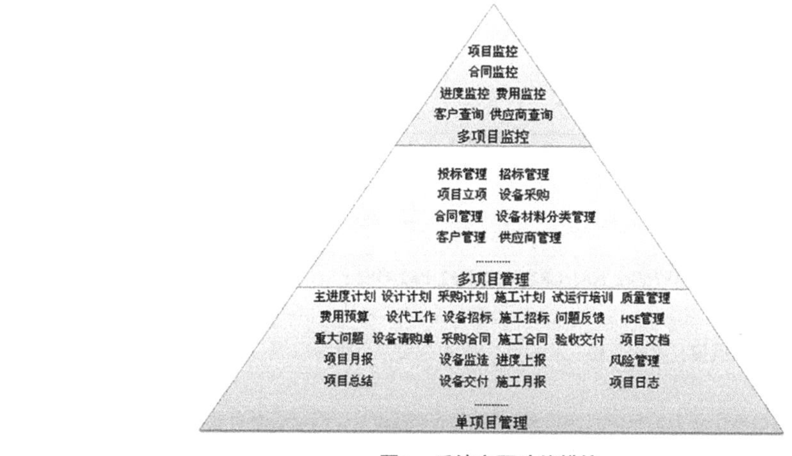

图1 系统主要功能模块

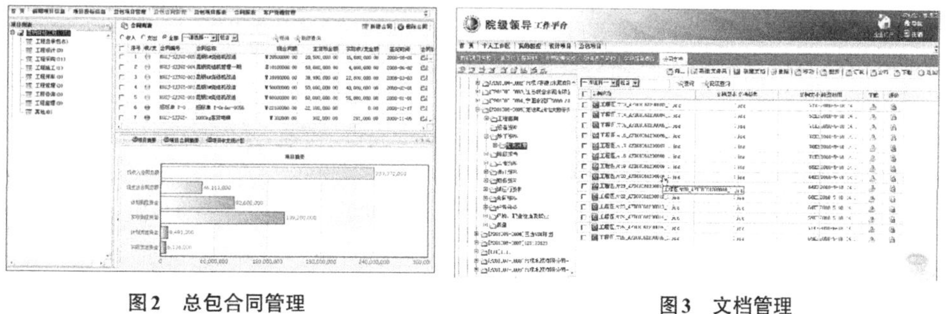

图2 总包合同管理　　图3 文档管理

4.5.2 理正建设云——工程项目对外协作产品

理正建设云——工程项目对外协作产品　　表4-5-2

平台/终端名称	理正建设云——工程项目对外协作产品	厂商名称	北京理正软件股份有限公司
代码	应用场景		业务类型
A82/B82/C82/D82/E82/F82/G82/H82/J82/K82/L82/M82/N82/P82/Q82	总承包内部协同		城市规划/场地景观/建筑工程/水处理/垃圾处理/管道工程/道路工程/桥梁工程/隧道工程/铁路工程/信号工程/变电站/电网工程/水坝工程/飞行工程

续表

<table>
<tr><td>最新版本</td><td colspan="7">V1.0 2019</td></tr>
<tr><td>输入格式</td><td colspan="7">.doc/.xlsx/.ppt/.pdf/.dwg/.jpeg/.jpg/.png/.bmp/.bim模型（理正LBP格式及常见三维格式）</td></tr>
<tr><td>输出格式</td><td colspan="7">.doc/.xlsx/.ppt/.pdf/.dwg/.jpeg/.jpg/.png/.bmp/.bim模型（理正LBP格式及常见三维格式）</td></tr>
<tr><td rowspan="3">推荐硬件配置</td><td>操作系统</td><td>64位Windows10</td><td>处理器</td><td>2GHz</td><td>内存</td><td>8GB</td></tr>
<tr><td>显卡</td><td>1GB</td><td>磁盘空间</td><td>700MB</td><td>鼠标要求</td><td>带滚轮</td></tr>
<tr><td>其他</td><td colspan="5">浏览器：IE11\360\GOOGLE
移动设备Android 5.0以上、IOS 8.0以上</td></tr>
<tr><td rowspan="3">最低硬件配置</td><td>操作系统</td><td>64位Windows10</td><td>处理器</td><td>1GHz</td><td>内存</td><td>4GB</td></tr>
<tr><td>显卡</td><td>512MB</td><td>磁盘空间</td><td>500MB</td><td>鼠标要求</td><td>带滚轮</td></tr>
<tr><td>其他</td><td colspan="5">浏览器：IE11\360\GOOGLE
移动设备Android 5.0以上、IOS 8.0以上</td></tr>
<tr><td colspan="7">功能介绍</td></tr>
</table>

A82/B82/C82/D82/E82/F82/G82/H82/J82/K82/L82/M82/N82/P82/Q82：

该产品服务于工程建设总包单位，围绕工程项目全生命期，为其提供一个与设计单位、施工单位、监理单位、材料供应商、咨询机构、审图机构、政府部门等各参与方进行跨组织、跨地域沟通协商的专用平台（图1）。

该产品可以帮助总包单位作为工程项目的投资方或总管理协调方，调动各方高效配合来完成工作，降低沟通成本；帮助业主对项目各环节进行有效掌控，更好地进行成本控制、质量安全把关、进度把控，提高项目的利润率。

解决建设单位前期投资控制等管理部门与咨询设计单位、政府机关等协作方进行项目立项、项目选址、项目规划、可研、项目投资预算、土地摘牌、征地拆迁等事务的协商、讨论、会审（图2）。

解决建设单位规划设计管理部门与勘察单位、设计单位、审图机构、外部专家等就项目的设计招标、设计条件、方案设计、初步设计、施工图设计、设计变更等事务的协作、沟通、评审（图3）。

解决建设单位的工程管理、投资控制等管理部门与施工单位、监理单位、设计单位、检测单位、政府机关等就现场的开工前准备、技术交底、质量安全问题处置、工程变更、工程支付、进度监控、试运行、验收等事务进行多方协作、沟通、处置（图4）。

解决因目前建设单位和各方沟通不畅，业主需要频繁召集各方到现场开会、协调，带来各方巨大的差旅成本、人员消耗的问题（图5~图8）。

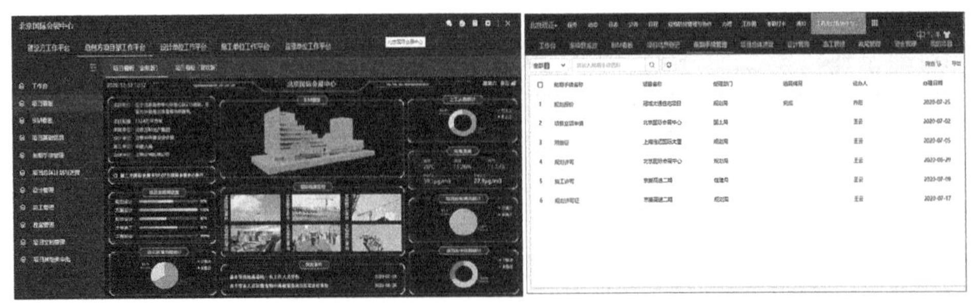

图1　项目看板　　　　**图2　前期手续台账**

续表

图3 设计进度管理

图4 施工进度计划

图5 招标协作

图6 供应商管理

图7 项目内事项审批

图8 竣工管理

4.5.3 BIM 360 Plan

BIM 360 Plan 表4-5-3

平台/终端名称	BIM 360 Plan	厂商名称	Autodesk
代码	应用场景		业务类型
A82/B82/C82/D82/E82/F82/G82/H82/J82/K82/L82/M82/N82/P82/Q82	总承包内部协同		城市规划/场地景观/建筑工程/水处理/垃圾处理/管道工程/道路工程/桥梁工程/隧道工程/铁路工程/信号工程/变电站/电网工程/水坝工程/飞行工程
A50/B50/C50/D50/E50/F50/G50/H50/J50/K50/L50/M50/N50/P50/Q50	施工准备_施工组织和计划		
A63/B63/C63/D63/E63/F63/G63/H63/J63/K63/L63/M63/N63/P63/Q63	施工实施_进度管理		

续表

A68/B68/C68/D68/E68/F68/G68/H68/J68/K68/L68/M68/N68/P68/Q68	施工实施_物资管理					
A70/B70/C70/D70/E70/F70/G70/H70/J70/K70/L70/M70/N70/P70/Q70	施工实施_设备管理					
最新版本	BIM 360					
输入格式	.sat/.skp/.rvt/.stl/.nwc/.max/.dwg/.fbx/.dgn/.axm/.gbl等，浏览超过50种2D与3D模型					
输出格式	BIM项目各要素数据可导出为某些格式（PDF、CSV、Excel等 ），或以图表统计等形式展现或通过Autodesk Forge云服务导出浏览器加载的Autodesk特有格式（SVF、F2D），或通过Forge导出其他行业格式（OBJ、IFC、glTF、Json等），或通过Forge云服务于自行提取数据导出为其他SaaS系统的业务格式					
推荐硬件配置	操作系统	建议使用64位浏览器，以获得最佳浏览体验	浏览器	Chrome（建议）、Firefox、Safari、Edge	处理器	2GHz
	内存	8GB	显卡	1GB	磁盘空间	700MB
	鼠标要求	带滚轮	其他	在传输时网络连接能为每台计算机提供25 Mbps对称连接		
最低硬件配置	操作系统	MS Windows	浏览器	IE	处理器	1GHz
	内存	4GB	显卡	512MB	磁盘空间	500MB
	鼠标要求	带滚轮	其他	在传输时网络连接能为每台计算机提供5 Mbps对称连接		

功能介绍

A82/B82/C82/D82/E82/F82/G82/H82/J82/K82/L82/M82/N82/P82/Q82
A50/B50/C50/D50/E50/F50/G50/H50/J50/K50/L50/M50/N50/P50/Q50
A63/B63/C63/D63/E63/F63/G63/H63/J63/K63/L63/M63/N63/P63/Q63
A68/B68/C68/D68/E68/F68/G68/H68/J68/K68/L68/M68/N68/P68/Q68：

Autodesk BIM 360 Plan是针对承包商的生产计划应用程序，支持精益施工实践，提高项目工作计划的可靠性，同时深入了解可能削弱团队生产力和项目利润的根本原因。BIM 360 Plan使用直观，高度可视化的用户界面，通过Web和移动访问实现更透明，接近实时的规划，有助于减少手动数据处理时间，同时最大限度地减少与生产过剩、库存过多和重新工作相关的项目浪费。查看和编辑你的工作计划：BIM 360 Plan、生产计划及完成度监控，以支持精益化过程管理、设计进度的动态跟踪、共享及更新（图1）。

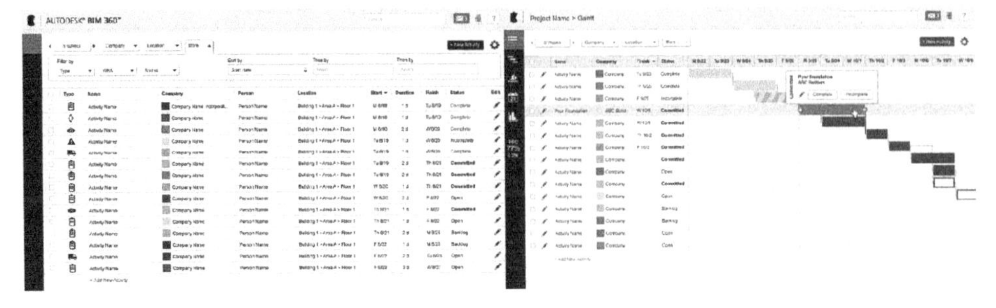

续表

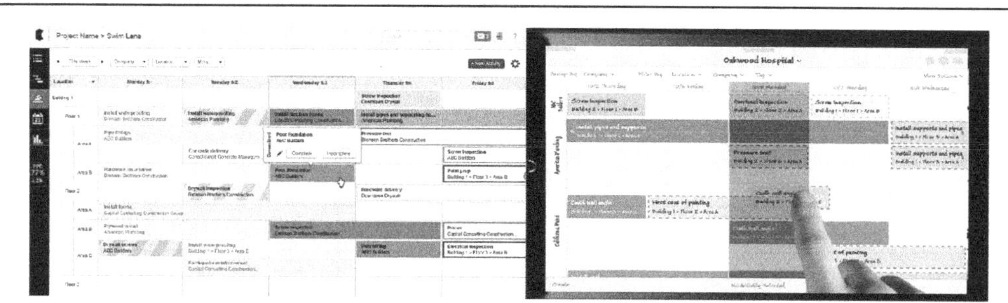

图1　承包商生产计划管理

A82/B82/C82/D82/E82/F82/G82/H82/J82/K82/L82/M82/N82/P82/Q82
A70/B70/C70/D70/E70/F70/G70/H70/J70/K70/L70/M70/N70/P70/Q70：

Construction生产计划软件：①采用移动优先的生产计划；②使用精益建设原则，建立可靠的工作计划；③减少生产过剩、库存过多和返工造成的浪费（图2～图4）。

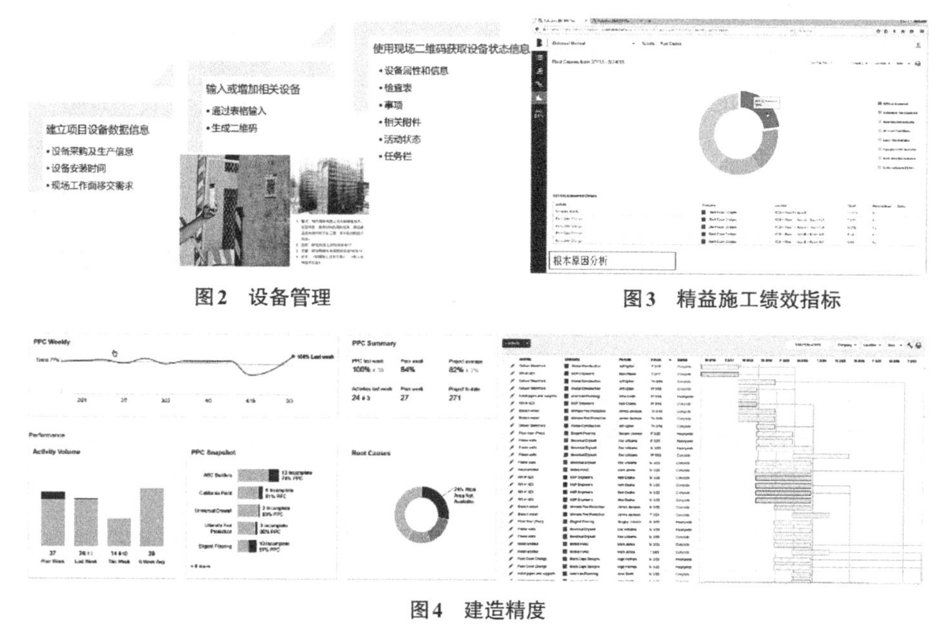

图2　设备管理　　图3　精益施工绩效指标

图4　建造精度

通过BIM 360 Document有关的云服务和API（Autodesk Forge），第三方可拓展互联BIM 360的文档数据，在自身平台上进行自定义的建造进度和计划进行管理，并通过API更新BIM 360数据。例如OnTarget公司工程进度管理以及成本管控；Qalgo公司为BIM 360客户打造定制化的任务计划、提供商评价和设备管理系统（图5）。

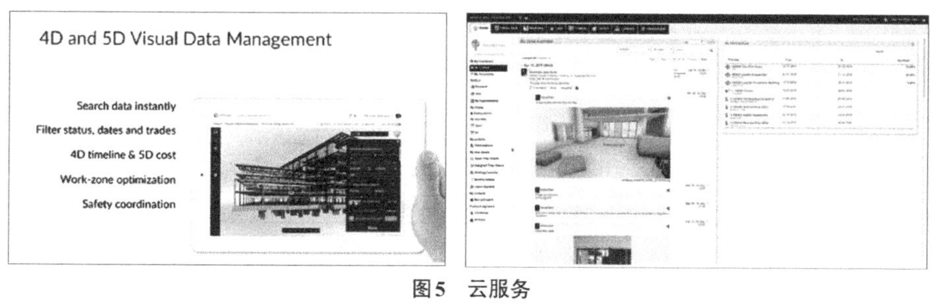

图5　云服务

4.6 施工现场协同

4.6.1 理正建设云——施工现场协作与管理产品

理正建设云——施工现场协作与管理产品　　表 4-6-1

<table>
<tr><td>平台/终端名称</td><td colspan="2">理正建设云——施工现场协作与管理产品</td><td>厂商名称</td><td colspan="3">北京理正软件股份有限公司</td></tr>
<tr><td colspan="2">代码</td><td colspan="2">应用场景</td><td colspan="3">业务类型</td></tr>
<tr><td colspan="2">C83/D83/E83/F83/G83/H83 /J83/K83/L83/M79/N83/P83/Q83</td><td colspan="2">施工现场协同</td><td colspan="3">建筑工程/水处理/垃圾处理/管道工程/道路工程/桥梁工程/隧道工程/铁路工程/信号工程/变电站/电网工程/水坝工程/飞行工程</td></tr>
<tr><td colspan="2">C61/D61/E61/F61/G61/H61/I61/J61/K61/L61/M61/N61/P61/Q61</td><td colspan="2">施工实施_质量管理</td><td colspan="3">建筑工程/水处理/垃圾处理/管道工程/道路工程/桥梁工程/隧道工程/铁路工程/信号工程/变电站/电网工程/水坝工程/飞行工程</td></tr>
<tr><td colspan="2">C63/D63/E63/F63/G63/H63/I63/J63/K63/L63/M63/N63/P63/Q63</td><td colspan="2">施工实施_进度管理</td><td colspan="3">建筑工程/水处理/垃圾处理/管道工程/道路工程/桥梁工程/隧道工程/铁路工程/信号工程/变电站/电网工程/水坝工程/飞行工程</td></tr>
<tr><td colspan="2">C65/D65/E65/F65/G65/H65/I65/J65/K65/L65/M65/N65/P65/Q65</td><td colspan="2">施工实施_环境管理</td><td colspan="3">建筑工程/水处理/垃圾处理/管道工程/道路工程/桥梁工程/隧道工程/铁路工程/信号工程/变电站/电网工程/水坝工程/飞行工程</td></tr>
<tr><td colspan="2">C70/D70/E70/F70/G70/H70/I70/J70/K70/L70/M70/N70/P70/Q70</td><td colspan="2">施工实施_设备管理</td><td colspan="3">建筑工程/水处理/垃圾处理/管道工程/道路工程/桥梁工程/隧道工程/铁路工程/信号工程/变电站/电网工程/水坝工程/飞行工程</td></tr>
<tr><td colspan="2">C71/D71/E71/F71/G71/H71/I71/J71/K71/L71/M79/N71/P71/Q71</td><td colspan="2">施工实施_工地监测</td><td colspan="3">建筑工程/水处理/垃圾处理/管道工程/道路工程/桥梁工程/隧道工程/铁路工程/信号工程/变电站/电网工程/水坝工程/飞行工程</td></tr>
<tr><td>最新版本</td><td colspan="6">V1.0 2019</td></tr>
<tr><td>输入格式</td><td colspan="6">.doc/.xlsx/.ppt/.pdf/.dwg/.jpeg/.jpg/.png/.bmp/.bim 模型（理正 LBP 格式及常见三维格式）</td></tr>
<tr><td>输出格式</td><td colspan="6">.doc/.xlsx/.ppt/.pdf/.dwg/.jpeg/.jpg/.png/.bmp/.bim 模型（理正 LBP 格式及常见三维格式）</td></tr>
<tr><td rowspan="3">推荐硬件配置</td><td>操作系统</td><td>64 位 Windows7/10</td><td>处理器</td><td>2GHz</td><td>内存</td><td>4GB</td></tr>
<tr><td>显卡</td><td>1GB</td><td>磁盘空间</td><td>500GB</td><td>鼠标要求</td><td>带滚轮</td></tr>
<tr><td>其他</td><td colspan="5">浏览器：IE11\360\GOOGLE
移动设备 Android 5.0 以上、IOS 8.0 以上</td></tr>
</table>

续表

最低硬件配置	操作系统	64位Windows7	处理器	1GHz	内存	4GB
	显卡	512MB	磁盘空间	100GB	鼠标要求	带滚轮
	其他	移动设备Android 5.0以上、IOS 8.0以上				
功能介绍						

B83/C83/D83/E83/F83/G83/H83/J83/K83/L83/M79/N83/P83/Q83
B61/C61/D61/E61/F61/G61/H61/J61/K61/L61/M61/N61/P61/Q61
B63/C63/D63/E63/F63/G63/H63/J63/K63/L63/M63/N63/P63/Q63
B65/C65/D65/E65/F65/G65/H65/J65/K65/L65/M65/N65/P65/Q65
A70/B70/C70/D70/E70/F70/G70/H70/J70/K70/L70/M70/N70/P70/Q70
B71/C71/D71/E71/F71/G71/H71/J71/K71/L71/M79/N71/P71/Q71：

该产品是借助互联网技术，面向施工企业的两级管理（公司级、项目部级），提供线上云应用的产品，解决施工项目的管控和协调处置，提升施工企业对项目全过程以及各个业务点位的管控能力。利用该产品，所有沟通协商过程中产生的信息、文档、图纸和数据都被永久地留存下来，做到事事可留痕，事事可追溯。公司级：实现公司各业务部门对项目部的直接管理，如合同、请款、施工方案、计划进度等的上报、下达；实现公司各业务部门对施工现场业务的监管、抽查、协调处置等。项目部：对上级，实现施工现场项目部对公司各业务主管部门的各类事务的上报和接收；对下级，实现施工现场项目部与分包单位、材料供应商等项目各参与方的管控与协调处置。实现项目部对项目实施过程的直接管控和协调处置，包括日常巡检、人员管理、变更签证管理、考勤管理、合同管理、技术交底、支付管理、分包管理等（图1～图5）。

图1　项目看板

图2　项目文档

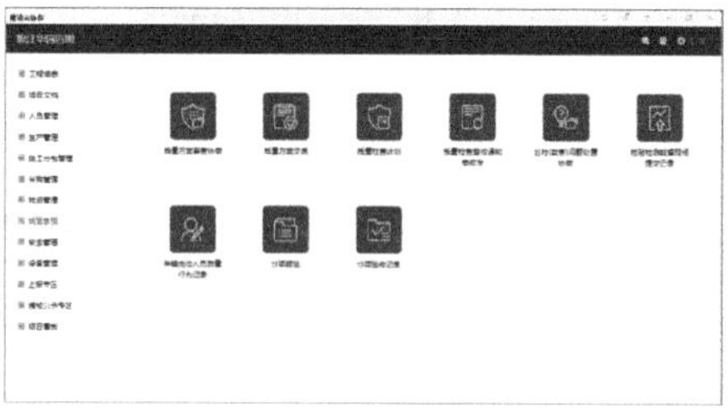

图3　质量管理

图4　安全管理

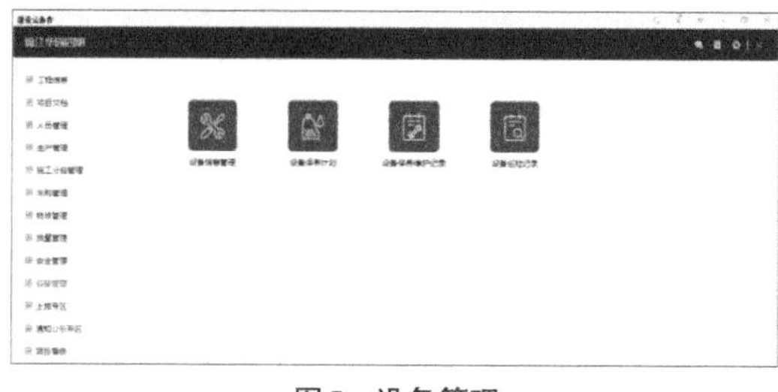

图5　设备管理

4.6.2 BIM 360 Build

BIM 360 Build **表 4-6-2**

<table>
<tr><td>平台/终端名称</td><td colspan="3">BIM 360 Build</td><td>厂商名称</td><td colspan="2">Autodesk</td></tr>
<tr><td colspan="3">代码</td><td colspan="2">应用场景</td><td colspan="2">业务类型</td></tr>
<tr><td colspan="3">A83/B83/C83/D83/E83/F83/G83/H83/J83/K83/L83/M83/N83/P83/Q83</td><td colspan="2">施工现场协同</td><td colspan="2" rowspan="4">城市规划/场地景观/建筑工程/水处理/垃圾处理/管道工程/道路工程/桥梁工程/隧道工程/铁路工程/信号工程/变电站/电网工程/水坝工程/飞行工程</td></tr>
<tr><td colspan="3">A61/B61/C61/D61/E61/F61/G61/H61/J61/K61/L61/M61/N61/P61/Q61</td><td colspan="2">施工实施_质量管理</td></tr>
<tr><td colspan="3">A64/B64/C64/D64/E64/F64/G64/H64/J64/K64/L64/M64/N64/P64/Q64</td><td colspan="2">施工实施_安全管理</td></tr>
<tr><td colspan="3">A71/B71/C71/D71/E71/F71/G71/H71/J71/K71/L71/M71/N71/P71/Q71</td><td colspan="2">施工实施_工地检测</td></tr>
<tr><td>最新版本</td><td colspan="6">BIM 360</td></tr>
<tr><td>输入格式</td><td colspan="6">.sat/.skp/.rvt/.stl/.nwc/.max/.dwg/.fbx/.dgn/.axm/.gbl 等，浏览超过 50 种 2D 与 3D 模型</td></tr>
<tr><td>输出格式</td><td colspan="6">BIM 项目各要素数据可导出为某些格式（PDF、CSV、Excel 等），或以图表统计等形式展现或通过 Autodesk Forge 云服务导出浏览器加载的 Autodesk 特有格式（SVF、F2D），或通过 Forge 导出其他行业格式（OBJ、IFC、glTF、Json 等），或通过 Forge 云服务于自行提取数据导出为其他 SaaS 系统的业务格式</td></tr>
<tr><td rowspan="3">推荐硬件配置</td><td>操作系统</td><td>建议使用 64 位浏览器，以获得最佳浏览体验</td><td>浏览器</td><td>Chrome（建议）、Firefox、Safari、Edge</td><td>处理器</td><td>2GHz</td></tr>
<tr><td>内存</td><td>8GB</td><td>显卡</td><td>1GB</td><td>磁盘空间</td><td>700MB</td></tr>
<tr><td>鼠标要求</td><td>带滚轮</td><td>其他</td><td colspan="3">在传输时网络连接能为每台计算机提供 25 Mbps 对称连接</td></tr>
<tr><td rowspan="3">最低硬件配置</td><td>操作系统</td><td>MS Windows</td><td>浏览器</td><td>IE</td><td>处理器</td><td>1GHz</td></tr>
<tr><td>内存</td><td>4GB</td><td>显卡</td><td>512MB</td><td>磁盘空间</td><td>500MB</td></tr>
<tr><td>鼠标要求</td><td>带滚轮</td><td>其他</td><td colspan="3">在传输时网络连接能为每台计算机提供 5 Mbps 对称连接</td></tr>
<tr><td colspan="7">功能介绍</td></tr>
<tr><td colspan="7">A83/B83/C83/D83/E83/F83/G83/H83/J83/K83/L83/M83/N83/P83/Q83
A61/B61/C61/D61/E61/F61/G61/H61/J61/K61/L61/M61/N61/P61/Q61
A64/B64/C64/D64/E64/F64/G64/H64/J64/K64/L64/M64/N64/P64/Q64：
使用 BIM 360 BUILD 建设项目管理软件可改善施工质量控制、分配和管理问题，还可以使用仪表板和报告跟踪现场绩效。
质量控制：创建质量检查清单和打孔清单，分配给团队成员，并跟踪质量问题的状态。检查期间使用移动应用程序添加注释、签名、照片，并自动为不合格项生成问题。积极主动的质量管理计划有助于减少返工，并确保每次都按规范构建项目。BIM 360 支持质量检查表，并发布具有支持移动质量检查和问题创建功能的</td></tr>
</table>

续表

工作流。使用拖放UI从头开始创建质量检查表，或导入数字检查表。修改完整的清单或项目。将清单（包括位置详细信息和截止日期）分配给团队成员或公司（图1）。

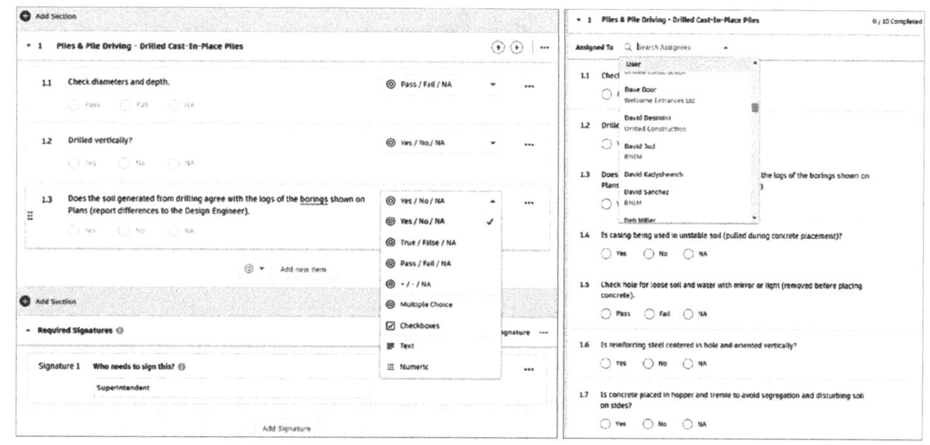

图1　质量控制

访问移动设备上的清单，查看每个项目的标准，并将其标记为合格或不合格。创建质量问题，包括为不合格清单项目自动创建问题。添加照片或评论以帮助解决问题（图2）。

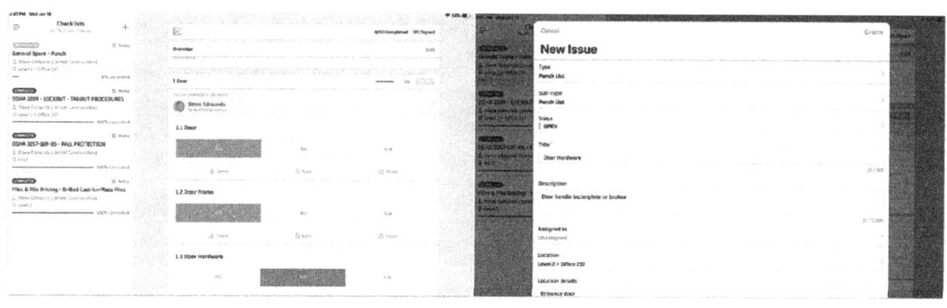

图2　创建质量问题

Insight预测和分析，管理建设项目风险的能力就是在正确的时间访问正确的数据。通过即时查看日常优先事项、单个项目运行状况的快照以及对公司范围内绩效的洞察力，来预测、预防和管理风险（图3）。

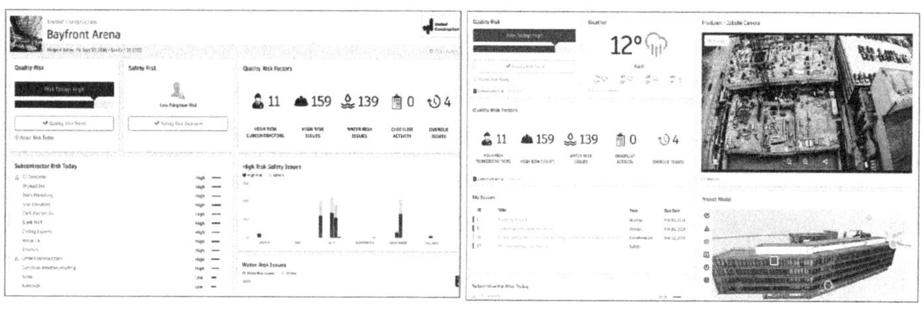

图3　风险预测

续表

质量风险、安全隐患，查看哪些项目存在风险，并获得整个项目的质量风险模式的概述，包括分包商的绩效；帮助安全管理人员了解潜在的行为和环境危害的领先指标，并在重大事件发生之前采取积极措施（图4）。

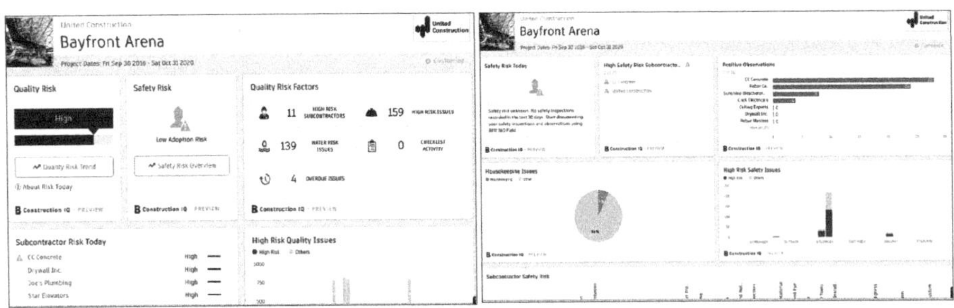

图4　预防安全隐患

通过BIM 360的云服务和API（Forge），第三方可以互联BIM 360数据、模型、功能和流程，创建特定专业或场景的质量跟踪、施工检查、建造交付等方案，例如EeartchCAM公司把施工现场和施工模型叠加，实现实时动态对比查看；SmartVid公司将BIM 360中施工汇总的大量现场图片及视频交给机器学习服务，可自动探测不规范或危险的施工行为，及时预警和产生BIM 360问题；ESub公司将BIM 360总包平台的FRI数据同步到其分包商平台，分解每天待解决的问题和任务，并同步分包商平台的状态到BIM 360；InsiteVR公司将BIM 360模型转成VR协作审查，发现的问题同步到BIM 360问题系统（图5）。

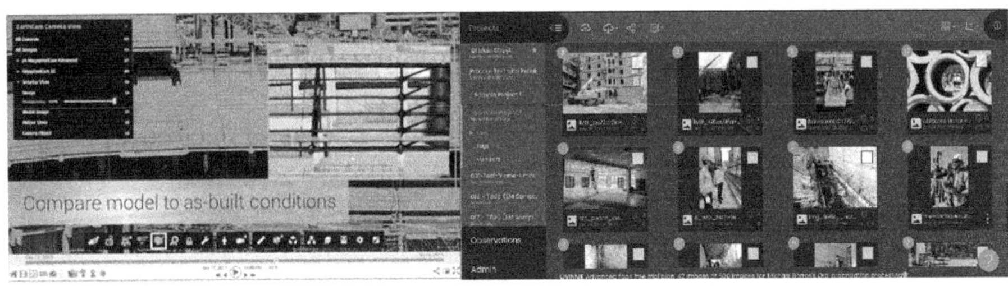

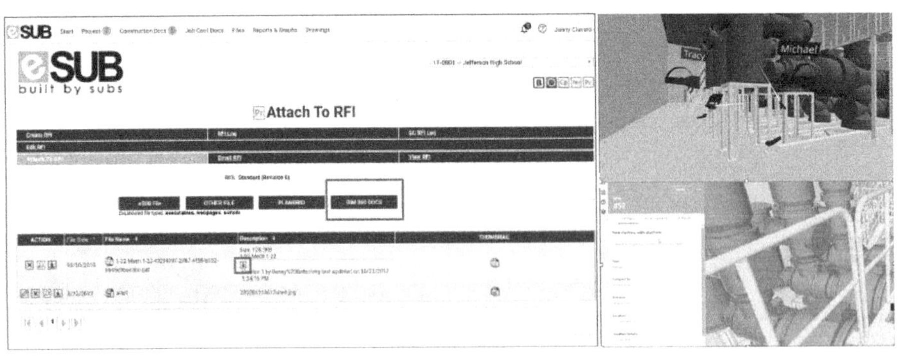

图5　云服务和API（Forge）

A71/B71/C71/D71/E71/F71/G71/H71/J71/K71/L71/M71/N71/P71/Q71：

直接从清单或将问题固定到工程图或模型上的位置，将质量问题分配给团队成员。从完成工作到最终检查，跟踪已分配问题的状态（图6）

续表

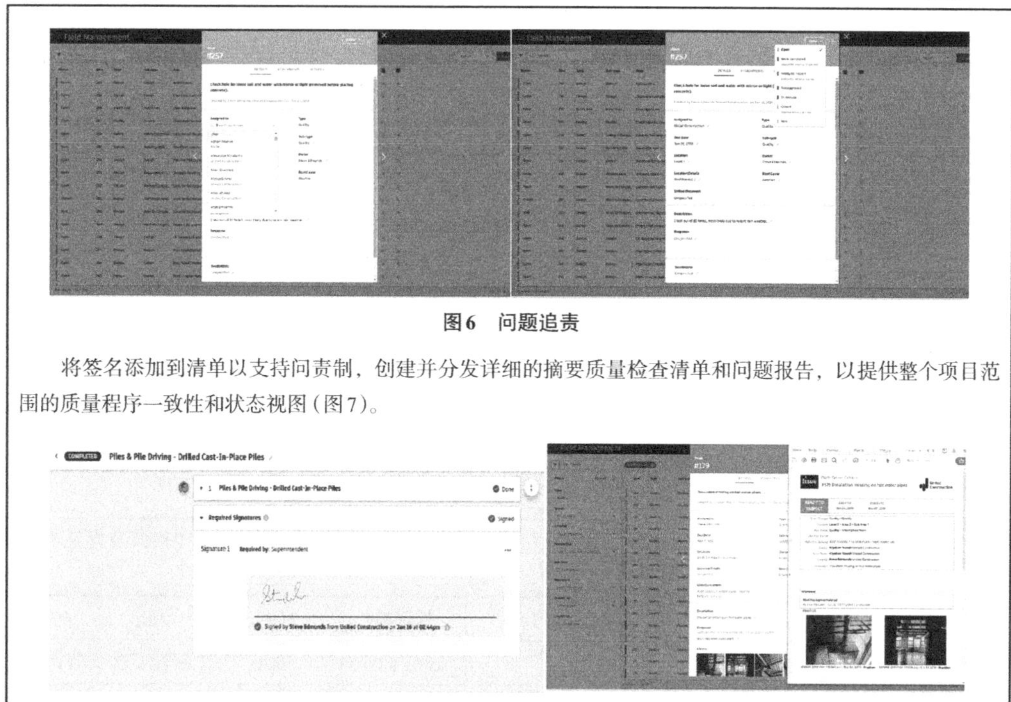

图6　问题追责

将签名添加到清单以支持问责制，创建并分发详细的摘要质量检查清单和问题报告，以提供整个项目范围的质量程序一致性和状态视图（图7）。

图7　质量管理程序

4.6.3 理正建设云——智慧工地协作与监管平台

理正建设云——智慧工地协作与监管平台　　表4-6-3

平台/终端名称	理正建设云——智慧工地协作与监管平台	厂商名称	北京理正软件股份有限公司
代码	应用场景		业务类型
C61/D61/E61/F61/G61/H61 /J61/K61/L61/M61/N61/P61/Q61	施工实施_质量管理		建筑工程/水处理/垃圾处理/管道工程/道路工程/桥梁工程/隧道工程/铁路工程/信号工程/变电站/电网工程/水坝工程/飞行工程
C63/D63/E63/F63/G63/H63/I63/J63/K63/L63/M63/N63/P63/Q63	施工实施_进度管理		建筑工程/水处理/垃圾处理/管道工程/道路工程/桥梁工程/隧道工程/铁路工程/信号工程/变电站/电网工程/水坝工程/飞行工程
C65/D65/E65/F65/G65/H65/I65/J65/K65/L65/M65/N65/P65/Q65	施工实施_环境管理		建筑工程/水处理/垃圾处理/管道工程/道路工程/桥梁工程/隧道工程/铁路工程/信号工程/变电站/电网工程/水坝工程/飞行工程

续表

<table>
<tr><td>C70/D70/E70/F70/G70/H70/I70/J70/K70/L70/M70/N70/P70/Q70</td><td colspan="3">施工实施_设备管理</td><td colspan="3">建筑工程/水处理/垃圾处理/管道工程/道路工程/桥梁工程/隧道工程/铁路工程/信号工程/变电站/电网工程/水坝工程/飞行工程</td></tr>
<tr><td>C71/D71/E71/F71/G71/H71/I71/J71/K71/L71/M79/N71/P71/Q71</td><td colspan="3">施工实施_工地监测</td><td colspan="3">建筑工程/水处理/垃圾处理/管道工程/道路工程/桥梁工程/隧道工程/铁路工程/信号工程/变电站/电网工程/水坝工程/飞行工程</td></tr>
<tr><td>C83/D83/E83/F83/G83/H83/I83/J83/K83/L83/M79/N83/P83/Q83</td><td colspan="3">施工现场协同</td><td colspan="3">建筑工程/水处理/垃圾处理/管道工程/道路工程/桥梁工程/隧道工程/铁路工程/信号工程/变电站/电网工程/水坝工程/飞行工程</td></tr>
<tr><td>输入格式</td><td colspan="6">在线浏览.doc/.xlsx/.ppt/.pdf/.dwg/.jpeg/.jpg/.png/.bmp/.bim模型（理正LBP格式及常见三维格式）</td></tr>
<tr><td>输出格式</td><td colspan="6">在线浏览.doc/.xlsx/.ppt/.pdf/.dwg/.jpeg/.jpg/.png/.bmp/.bim模型（理正LBP格式及常见三维格式）</td></tr>
<tr><td rowspan="3">推荐硬件配置</td><td>操作系统</td><td>64位Windows7/10</td><td>处理器</td><td>2GHz</td><td>内存</td><td>4GB</td></tr>
<tr><td>显卡</td><td>1GB</td><td>磁盘空间</td><td>500G</td><td>鼠标要求</td><td>带滚轮</td></tr>
<tr><td>其他</td><td colspan="5">浏览器：IE11/360/GOOGLE
移动设备Android 5.0以上、IOS 8.0以上</td></tr>
<tr><td rowspan="3">最低硬件配置</td><td>操作系统</td><td>64位Windows7</td><td>处理器</td><td>1GHz</td><td>内存</td><td>4GB</td></tr>
<tr><td>显卡</td><td>512MB</td><td>磁盘空间</td><td>100G</td><td>鼠标要求</td><td>带滚轮</td></tr>
<tr><td>其他</td><td colspan="5">移动设备Android 5.0以上、IOS 8.0以上</td></tr>
<tr><td colspan="7">功能介绍</td></tr>
<tr><td colspan="7">C61/D61/E61/F61/G61/H61/J61/K61/L61/M61/N61/P61/Q61
C63/D63/E63/F63/G63/H63/J63/K63/L63/M63/N63/P63/Q63
C65/D65/E65/F65/G65/H65/J65/K65/L65/M65/N65/P65/Q65
C70/D70/E70/F70/G70/H70/J70/K70/L70/M70/N70/P70/Q70
C71/D71/E71/F71/G71/H71/J71/K71/L71/M79/N71/P71/Q71
C83/D83/E83/F83/G83/H83/J83/K83/L83/M79/N83/P83/Q83：
该产品是借助互联网技术，面向施工企业的两级管理（公司级、项目部级），提供线上云应用的产品，解决施工项目的管控和协调处置，提升施工企业对项目全过程以及各个业务点位的管控能力。利用该产品，所有沟通协商过程中产生的信息、文档、图纸和数据都被永久的留存下来，做到事事可留痕，事事可追溯。公司级：实现公司各业务部门对项目部的直接管理，如合同、请款、施工方案、计划进度等的上报、下达；实现公司各业务部门对施工现场业务的监管、抽查、协调处置等。项目部：对上级，实现施工现场项目部对公司各业务主管部门的各类事务的上报和接收；对下级，实现施工现场项目部与分包单位、材料供应商等项目各参与方的管控与协调处置。实现项目部对项目实施过程的直接管控和协调处置，包括日常巡检、人员管理、变更签证管理、考勤管理、合同管理、技术交底、支付管理、分包管理等（图1~图5）</td></tr>
</table>

续表

图1 项目看板	图2 项目文档
图3 质量管理	图4 安全管理
图5 设备管理	

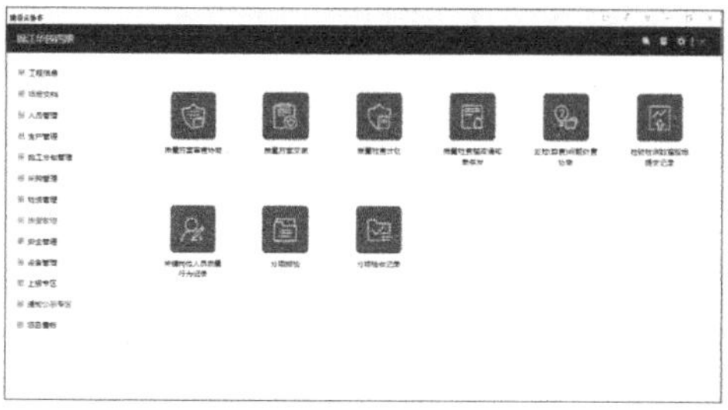

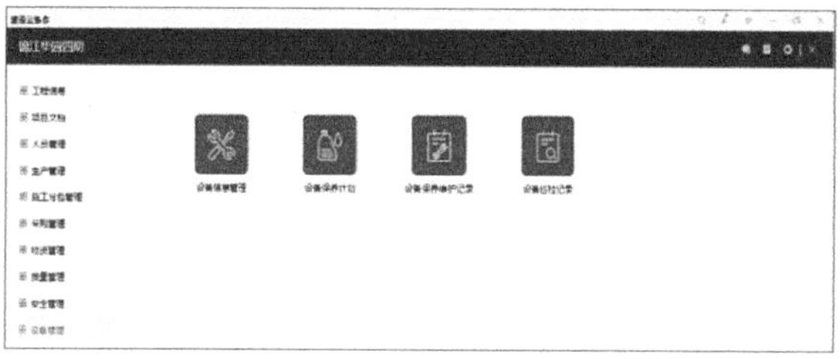

4.6.4 好工易

好工易 表4-6-4

平台/终端名称	好工易	厂商名称	深圳前海好工易网络科技有限公司
代码	应用场景		业务类型
C83	施工现场协同		建筑工程
C61	施工实施_质量管理		建筑工程
C63	施工实施_进度管理		建筑工程
C64	施工实施_安全管理		建筑工程
C67	施工实施_劳务管理		建筑工程
C70	施工实施_设备管理		建筑工程
C72	施工实施_竣工与验收		建筑工程

续表

最新版本	好工易 3.0					
输入格式	.gif/.png/.jpg/.xls/.xlsx/.mp4					
输出格式	.png/.jpg/.xls/.xlsx					
推荐硬件配置	操作系统	64位 Windows10	浏览器	Chrome	处理器	2GHz
	内存	8GB	显卡	1GB	磁盘空间	256GHz
	鼠标要求	带滚轮	其他	无		
最低硬件配置	操作系统	64位 Windows10	浏览器	Chrome	处理器	2GHz
	内存	4GB	显卡	512MB	磁盘空间	128G
	鼠标要求	带滚轮	其他	无		

功能介绍

C83、C61：

1.施工质量的重要性

质量是企业的生命，质量是企业发展的根据保证。在建筑市场竞争激烈的今天，如何提高施工质量是从每一位项目现场实施者，到项目管理者，再到企业管理者必须思考的问题。而作为市场上的牌面之一，质量也是客户对产品的重要印象，在某种程度上代表了一个企业在客户心中的地位和主要选择条件。质量最简单的概括：事物（件）经过一系列操作后所反映结果的表现。工程质量包括的内容非常丰富，如何保证、提高施工质量的措施和方法也是多方面的。但是有一个共同点：过程操作与监控是保证和提高施工质量的根本所在。而在过程操作阶段，人与工具的使用起到了非常重要的作用，在管理水平和信息化日新月异的发展阶段，给企业匹配对应的信息化人才和工具，是施工企业与行业现代化发展大趋势同步的必要手段之一。近几年，工程质量问题一直受到党中央、国务院和全国各地政府的高度重视，受到了人民群众的广泛关注。在这种形势下，施工企业如何进一步重视和抓好质量工作，值得认真研究。搞好质量是企业生死存亡的首要任务，必须用铁的手腕和严厉措施抓好质量工作，以精细化管理推动质量更上一台阶。而质量问题，最根本的还是管理问题，最直面的问题，就是项目现场的质量管理问题。

2.质量管理的背景与现状

随着我们建筑市场的发展和不断规范，建筑工程施工质量控制与管理成为施工企业面临的首要问题。市场竞争的激烈，使得施工企业在注重施工成本的同时必须面对施工质量对企业发展的影响，以施工质量为基础，促进企业市场竞争力的提高，建筑工程施工质量对企业发展起着重要作用，现代建筑工程施工企业必须针对施工质量问题做出科学的应对，以健全、完善的施工质量控制体系为基础，提高企业的施工质量管理水平，以此为企业综合市场竞争力的提高奠定基础。而目前，我国建筑工程施工企业的管理过于粗放，导致施工质量控制存在诸多不足。工程质量管理实质上也是一种管理活动，其目的是为了保证工程质量的提高，以此通过科学手段以及科学方法的运用对整个工程进行控制。在现代化建设中，建筑工程是必不可少的环节，如若建筑施工过程中出现质量问题，便会对建筑质量造成影响，就会影响建筑企业的整体经济效益，造成巨大的损失，因此，工程质量的控制以及管理工作就显得十分重要。随着我国经济的飞速发展以及社会主义现代化进程的不断推进，人民生活水平在不断提高，对建筑工程施工质量也提出了更高的要求，建筑工程施工质量直接影响着使用者的舒适度，决定着建筑施工企业在该行业中的地位，代表了建筑施工企业的综合实力是建筑施工中的核心问题，在企业竞争越演越烈的今天，只有紧抓质量管理打造精品工程，才能使企业立于不败之地。

3.质量管理的目的和意义

质量管理的目的是为了确保项目按照设计者规定的要求，建设符合规范、标准的建筑产品，满足业主的使用要求。质量管理有着重要意义，从大的方面讲，一个国家产品质量的好坏，从一个侧面反映了民族的素质，质量问题关系到国家的命运、民族的未来。从小的方面讲，质量是立足市场的基石，是企业竞争举

续表

足轻重的筹码。工程质量事关人民群众生活、生命、财产的安危，我们必须坚持质量第一、用户至上的宗旨。 4.质量过程管理 质量过程管理是“事物（件）经过一系列操作后所反映结果的表现”中的“一系列操作”，在基于施工工序标准化的前提下，施工工序的过程质量控制点也能够在经验和累积下经过穷举，形成控制点的最大集合，并用质量体系将最大集合划分成质量体系下的质量过程控制点子集合。在实际项目中，根据项目所属的不同质量体系，将该质量体系下的质量过程控制点，转化为质量管理者的任务，如控制点巡检、控制点问题发现等，形成质量管理者的施工管理质量标准化动作。标准化的行为和业务，即可以匹配对应的信息化工具，将行业与现代化建设大趋势相结合，提高效率、利于协作、促进数据分析在行业中的运用，达到信息共享的目的。通过反向搜集标准化动作的执行情况，作为质量相关岗位的履职情况，展示在各大数据分析的端口，如项目大屏、管理层移动端等，使得质量管理标准化、高效化、实时化。标准化后的质量过程管理，其以标准化的施工工序为基础，配以施工工序的质量控制点、合格标准、发现问题等为主的数据结构，可以与BIM引擎所需数据进行对接，构成BIM所属的元数据，完成与BIM引擎的联动。 5.质量结果管理 质量结果管理是“事物（件）经过一系列操作后所反映结果的表现”中的“表现”，与质量过程管理不同的是，两个管理过程是在施工的不同时期对质量进行监督和把控。质量结果管理是质量管理中非常重要的一环，是对局部位置工序和工艺进行考核与验收的一个正式节点，其结果可以通过信息化工具，进行线上数据化（如一户一档数据等）后，直接反映给终端业主，让业主可以最直接和及时地了解产品质量。同质量过程管理一样，对于质量结果管理的标准化，是基于施工工序的标准化后，其质量的验收项也可以通过穷举后预编制成质量验收标准项，作为质量验收项的总集合，再按不同项目和不同企业的质量标准，分配不同的质量验收标准项子集来适配不同的需求。质量结果管理相对应的信息化工具将具体的内部逻辑容纳其中，使得线上业务与线下业务紧密结合，并将信息化的优势赋能业务，使得质量验收操作及质量结果数据皆可反映到线上系统，形成大屏输出数据、质量报表等，与质量过程管理一起形成信息化质量保证系统。标准化后的质量结果管理，也是以标准化的施工工序为基础，配以施工工序的质量验收标准项等为主的数据结构，可以与BIM引擎所需数据进行对接，构成BIM所属的元数据，完成与BIM引擎的联动。 6.我们的质量管理 质量管理的参与者，包括但不限于质量主管、质量员、施工员、专业作业班组、劳务工人等，而建筑行业作为传统行业，其发展时间久远、演变复杂，而其概念和流程也非常丰富，因而在概念和流程上产生了许多差异化，在沟通交流与传播时产生了许多阻力，不利于行业发展。结合施工进度的线上信息化，质量员在及时收到质量管理的工作内容，通过每天按照标准化的动作进行质量管理，将质量留痕及质量问题数据录入系统，使问题得到反馈，并及时解决与闭合。同时留存于系统的数据，系统通过计算（管理履职率、质量验收合格率及第三方问题覆盖率）得出当前质量的情况，以及时间维度上的质量趋势图，向管理者展示能直接决策的图形化数据。在管理企业维度，可以通过项目的质量数据对比，得到项目的实时排名，及时调整关注点及工作重心，避免短板效应，造成不必要的损失。 具体模块包括：质量体系管理、过程质量控制点、质量验收标准、工人质量交底、过程质量控制点巡检、质量问题发现与整改、品质量化管理、质量趋势图、质量排行榜、质量员履职排行榜等
C83、C63： 1.施工计划管理的重要性 施工计划管理在工程项目管理中是一项重要的管理内容，计划管理的效果决定了项目的进度、质量、安全、物资、资金、合同、劳务、经营、预算等方面的管理效果，计划管理的不到位也是目前公司各部门、各片区项目部、各直属公司普遍存在的问题，也是急需解决的问题。作为公司的第一线先锋队——工程管理部，项目管理是工程管理部的主要职责，而工程项目管理计划又是项目管理的首要任务，它可以让设计图纸、合同成为实物产品。一个工程项目的管理是否有序、项目管理的目标是否能实现首先应该从工程项目的计划、

续表

策划开始。由于实际工程项目管理过程中不可预见的因素非常多，所以现场项目管理过程中几乎不可能100%的遵照原定计划实施，过程中总会有一些想不到的事情发生，而这些事情中有很多都将会影响原定项目管理各项计划的实施。原本我们制定各种计划就是为了使项目管理制度化、规范化、简单化，但是如果原定项目管理计划被变化打乱，那原来的项目管理计划也就成了摆设。计划被打乱不足为奇，关键是及时的分析原因，然后修正计划。所以对于项目管理计划必须有一个过程监控，及时发现项目实施中的问题，并及时分析问题，才能够及时地修改计划，使整个项目处于控制之中。 2.进度管理的背景与现状 随着城市化进程的不断推进，建筑工程之间的市场竞争更是不断加剧。在一个完整的建筑工程施工环节中，尽管施工质量是施工人员所追求的一大目标，同时施工的工期以及施工方案等都是建筑工程施工中不可缺少的环节。因此，建立一整套完善的施工进度管理体系，可以促进施工水平的提高，对于施工企业的经济效益而言，施工的进度无疑是最为重要的一环。在建筑标准不断升级下，建筑业对建筑的标准更是日益严格。为了保证建筑质量，只能从扩大企业对于建筑工程的投资入手。然而，如何加快企业的建筑进度从而减小企业在建筑市场中所面临的巨大压力，就需要从控制建筑工程的施工管理入手。建筑工程的施工进度是建筑工程在施工管理中必不可少的。在建筑工程的实际施工中，每个施工的程序都需要施工单位进行大量的资金投入，以保证一定的工期和建筑质量。施工进度涵盖了从施工的前期设计和后期竣工以及中间一系列的施工环节，包括工程项目的设计、施工材料的选购、施工人员的薪资分配等。然而我国的许多施工企业长期以来缺乏对加快施工进度的控制方法，因此往往导致企业的经济效益得不到提高，更有甚者还会造成企业的经济效益严重流失。并且，长期高负荷施工的资金投入，带来的必将是企业市场竞争力的持续下降，从而难以应对当前不断发展的建筑市场形势。对于施工的进度控制来说，施工单位要注重从施工材料和施工手段对施工进度进行整体控制。然而，企业不能只一味地追求加快施工进度，从而减少了对于工程质量的监管水平。这样虽然加快了施工进度，但是可能会使工程面临极大的安全隐患，还有可能导致工程返工。因此，有效的施工进度控制手段需要与施工的工期和工程的质量进行紧密结合，从而保证企业经济效益的长期良性发展，还保证了一定的工程质量。随着我国建筑工程的不断发展，施工企业已经在施工进度的控制上有了较大进步。然而，施工进度控制的体系仍然存在着不完善性，严重降低了施工管理水平，不利于企业经济效益的持续提高。 3.我们的进度管理 当前行业处在快速发展期，需要各企业管理及执行人员参与到施工过程中的决策过程，实时掌控工程进度及质量与成本，降本提效不再是一句空话，而是企业应当执行的一个关键点。决策的速度依赖于对信息的掌握，传统施工进度的资料繁多且不易整理，既不利于业务部门的协作，也不利于决策者的需求，更不利于第三方信息的传递与同步。信息化工具的介入既满足了协作，也提升了效率，同时也打通了与众多第三方信息现代化企业的信息共享渠道。从项目前期录入进度计划开始，系统开始定期实时推送近期工程计划，转化为施工任务，下发至各现场施工管理者，间接督促施工进度的推进。而现场施工管理者通过与系统的交互（移动端、电脑端等），将履职记录留存于系统的同时，将施工进度数据反映至系统，实时同步到数据输出端，作为管理决策者的重要参考之一，如进度里程碑推算、进度计划对比、形象进度展示等。标准化后的进度管理，是以标准化的施工工序为基础，配以施工进度计划、问题整改、进度发起与验收项目等为主的数据结构，可以与BIM引擎所需数据进行对接，构成BIM所属的元数据，完成与BIM引擎的联动。 具体模块包括：进度计划管理、形象进度展示、进度发起与验收、施工问题整改、一户一档数据等
C83、C64： 1.施工安全的重要性 安全生产是人类生存发展过程中永恒的主题。随着社会的进步和经济的发展，安全问题正越来越多地得到整个社会的关注与重视。做好安全生产工作，保证人民群众的生命和财产安全，是实现我国国民经济持续发展的前提和保障，是提高人民群众的生活质量，促进社会稳定的基础。工程施工必须从传统而繁重的手工操作中解脱出来，取而代之的是机械化操作，如塔式起重机、井架龙门架、物料提升机械等代替了人挑肩扛。

续表

<table>
<tr><td>机械化程度越高，而我们操作者的安全技术素质能否适应是个关键，为了控制和减少伤亡事故发生，确保安全施工的关键之一是“强化对人的安全教育和培训”。安全生产是党和国家的一贯方针和基本国策，是保护劳动者的安全和健康，促进社会生产力发展的基本保证，也是保证社会主义经济发展、进一步实行改革开放的基本条件。然而，近期全国各地特大安全事故频发。这些事故不但造成国家财产损失和人员伤亡，而且在社会上造成非常恶劣的影响。作为安全事故多发的建筑施工行业，应引起高度重视，吸取血的教训，提高认识，防患于未然。
2.安全管理的背景与现状
随着市场经济的不断深入与发展，竞争已经渗入各个行业与领域，建筑行业作为由来已久的传统行业，同样不可避免地受到市场竞争的影响与冲击，市场化竞争的必然结果都会导致市场价格与价值的不断接近，进而降低利润空间，这就导致施工单位在建筑施工过程中所能取得的利润在不断压缩，更有甚者会降低施工单位对安全成本的投入，从而会对建筑工程的安全质量产生重大影响，进而导致各种安全隐患的产生，对施工质量、人民的生命财产安全等造成不可挽回的损失，其中工人自我防护意识淡薄、对重大危险源的认识不足、安全生产责任制落实不到位等问题依然存在且很严重。
3.安全管理的目的
施工过程中的安全管理，主要是保证施工过程的顺利进行，杜绝重大伤害事故，减少一般事故，无重大责任事故，无重大安全隐患，减小人员因施工负伤率，减小重伤率（施工单位职工、民工），不得因施工对周边环境、建筑、设施等造成破坏，无刑事案件发生等。
4.我们的安全管理
在施工工序标准化的大前提下，工序的过程安全控制点也可以如同过程质量控制点一样标准化，并形成安全控制点大集合，通过安全体系将控制点划分，形成以安全体系为范围的控制点子集。不同的项目使用不同的安全体系，即使用不同的控制点子集，信息化工具将对应的控制点转化为任务，下发至安全管理者，形成安全管理的标准化动作。同时反向搜集安全管理者的管理痕迹，形成履职的数据，实时同步到数据输出端口，如项目大屏、领导移动端、监管端等。标准化后的施工安全管理，是以标准化的施工工序为基础，配以施工工序的过程安全控制点、发现问题等为主的数据结构，可以与BIM引擎所需数据进行对接，构成BIM所属的元数据，完成与BIM引擎的联动。
具体模块包括：安全体系管理、施工过程安全控制点、工人安全交底、过程安全控制点巡检、安全问题发现与整改等</td></tr>
<tr><td>C83、C67：
1.劳务管理的重要性
劳务团队的单员专业素质在稳步提升，但施工现场都是以团队为单位进行任务的协作与配合，所以劳务团队的自我管理和劳务的现场管理是提升劳务团队生产力的有效手段，让劳务团队规范化、标准化、可复制化，从而保证施工的施工效率和顺利进行，减少时间成本及劳务成本。
2.劳务管理的背景与现状
近年来，我国大型施工企业逐渐向技术型、管理型转变，施工企业总承包的管控能力决定了工程项目经验的成效，施工总承包企业合理利用社会资源是分散风险、优势互补的有效途径，工程分包就在这种经营理念下不断普及。但市场上分包企业鱼龙混杂，劳务发包方和分包方合同纠纷司空见惯，分包方施工过程中能力不足等问题严重制约了建筑业向管理型、技术型、专业型合理布局方向发展。笔者认为，从分包方选择、分包合同签订以及分包过程管理的各个环节加以规范，并狠抓落实，可以较好地解决施工过程中的分包管理问题，如经常出现的如下问题：劳务分包企业良莠不齐、劳务发包人与分包人的合同纠纷频繁、资源配置满足不了施工生产的需要、施工生产协调差、劳务发包企业以包代管、失去对劳务分包人的控制力等</td></tr>
</table>

续表

3.我们的劳务管理 政府强制推行施工现场劳务实名制以来，施工现场工人的实名制已经非常普及，结合与系统联动的门禁识别系统，可以有效监控工人的进出场考勤及工作时长等，作为系统数据参与到后续的金融服务当中，以解决工人工资问题。工人的技能培训、安全交底、质量交底、专业考核等，都可以通过信息化系统支持在线视频播放、在线考试等功能，完成相关的过程，并且与工人在项目上的其他数据（进度完成、安全数据、问题整改等）一起形成工人履历，作为后续各企业考核工人、了解工人、挑选工人的重要依据。工人在工地形成的真实数据，通过项目负责人或者总承包企业的担保，作为工人工资借贷的重要支撑，为解决工人工资拖欠问题迈出有力的一步。标准化后的劳务管理是以劳务单体为基本单元，与标准化工序按责任直接关联，再以劳务构成的班组为单元，构成相关责任矩阵，可以与BIM引擎所需数据进行对接，构成BIM所属的元数据，完成与BIM引擎的联动。 具体模块包括：工人实名制、班组管理、工序责任矩阵、工人借支、工人结算等
C83、C70： 1.设备管理的重要性 工程机械设备在施工现场中起着重要作用，一切的施工活动都离不开机械设备。如何加强企业机械设备的管理力度，充分发挥机械设备效能，挖掘机械设备的潜力，具有重要的现实意义。而其中的大型机械设备是现场施工的一个非常重要的工具，特别是高层建筑尤为重要，而大型机械设备现场管理的好坏又直接影响了施工进度、安全管理、经济成本等多方面。在市场环境下，大型机械设备以租赁为主，那么总承包单位对于大型机械设备的管理仍然不能放松，在工程施工领域，机械设备的外包租赁永远不能代替使用管理。 2.设备管理的背景与现状 随着国家基础设施建设的不断发展，施工生产机械化要求越来越高，企业设备管理水平的高低，对企业发展、工程进度、项目经济成本等方面起着举足轻重的作用。“项目精细化管理”使建筑企业项目管理进入一个全新的信息化时代，设备采购电子商务平台、设备租赁成本信息管控系统等信息化手段的应用，使企业设备管理上升到一个新的台阶。在施工企业中，机械设备的管理是一项比较复杂和系统的工作，企业的机械设备管理水平高低对于企业市场竞争力具有直接的影响，同时也关系到企业自身的发展和经济效益，因此，施工企业需要对机械设备的管理水平进行不断提高，并且实施标准化的管理，从而保证机械设备自身的功效可以得到最大化的发挥。 3.我们的设备管理 施工现场的设备按类型列举后，每种类型都可以把工序标准化后，把设备巡检点也标准化，作为设备管理者的日常任务，通过信息化系统下发任务，并反向搜集设备管理者的执行情况，形成这个岗位的履职情况，作为数据输出的一部分，供安全主管或者其他领导决策参考。同时也减少设备管理者的培训成本，轻易应对人员变更时的交接工作。标准化后的设备管理是以设备实体为基本单元，与设备的标准化工序按责任直接关联，再以设备巡检点、设备问题发现为数据结构，可以与BIM引擎所需数据进行对接，构成BIM所属的元数据，完成与BIM引擎的联动。 具体模块包括：设备管理、设备巡检点管理、设备管理履职、设备巡检管理等
C83、C72： 验收是施工过程中重要的一环，代表施工的一个节点完成，信息化系统可支持线上验收，数据同步至大屏等需要数据输出的地方，形成形象进度的必要数据，并作为一户一档的组成部分，展示给业主、企业管理者等查看。标准化后的验收过程是以标准化施工工序为基础，将验收纳入标准化动作，留存验收相关数据，可以与BIM引擎所需数据进行对接，构成BIM所属的元数据，完成与BIM引擎的联动。 具体模块包括：质量品质化管理、工序验收等

4.7 运维协同

4.7.1 BIM 360 Ops

BIM 360 Ops　　表4-7-1

<table>
<tr><td>平台/终端名称</td><td colspan="3">BIM 360 Ops</td><td>厂商名称</td><td colspan="2">Autodesk</td></tr>
<tr><td colspan="3">代码</td><td colspan="2">应用场景</td><td colspan="2">业务类型</td></tr>
<tr><td colspan="3">A84/B84/C84/D84/E84/F84/G84/H84/J84/K84/L84/M84/N84/P84/Q84</td><td colspan="2">运维协同</td><td colspan="2" rowspan="4">城市规划/场地景观/建筑工程/水处理/垃圾处理/管道工程/道路工程/桥梁工程/隧道工程/铁路工程/信号工程/变电站/电网工程/水坝工程/飞行工程</td></tr>
<tr><td colspan="3">A72/B72/C72/D72/E72/F72/G72/H72/J72/K72/L72/M72/N72/P72/Q72</td><td colspan="2">施工实施_竣工和验收</td></tr>
<tr><td colspan="3">A74/B74/C74/D74/E74/F74/G74/H74/J74/K74/L74/M74/N74/P74/Q74</td><td colspan="2">运维_空间登记与管理</td></tr>
<tr><td colspan="3">A75/B75/C75/D75/E75/F75/G75/H75/J75/K75/L75/M75/N75/P75/Q75</td><td colspan="2">运维_资产登记与管理</td></tr>
<tr><td>最新版本</td><td colspan="6">BIM 360</td></tr>
<tr><td>输入格式</td><td colspan="6">.sat/.skp/.rvt/.stl/.nwc/.max/.dwg/.fbx/.dgn/.axm/.gbl等，浏览超过50种2D与3D模型</td></tr>
<tr><td>输出格式</td><td colspan="6">BIM项目各要素数据可导出为某些格式（PDF、CSV、Excel等），或以图表统计等形式展现或通过Autodesk Forge云服务导出浏览器加载的Autodesk特有格式（SVF、F2D），或通过Forge导出其他行业格式（OBJ、IFC、glTF、Json等），或通过Forge云服务于自行提取数据导出为其他SaaS系统的业务格式</td></tr>
<tr><td rowspan="3">推荐硬件配置</td><td>操作系统</td><td>建议使用64位浏览器，以获得最佳浏览体验</td><td>浏览器</td><td>Chrome（建议）、Firefox、Safari、Edge</td><td>处理器</td><td>2GHz</td></tr>
<tr><td>内存</td><td>8GB</td><td>显卡</td><td>1GB</td><td>磁盘空间</td><td>700MB</td></tr>
<tr><td>鼠标要求</td><td>带滚轮</td><td>其他</td><td colspan="3">在传输时网络连接能为每台计算机提供25 Mbps对称连接</td></tr>
<tr><td rowspan="3">最低硬件配置</td><td>操作系统</td><td>MS Windows</td><td>浏览器</td><td>IE</td><td>处理器</td><td>1GHz</td></tr>
<tr><td>内存</td><td>4GB</td><td>显卡</td><td>512MB</td><td>磁盘空间</td><td>500MB</td></tr>
<tr><td>鼠标要求</td><td>带滚轮</td><td>其他</td><td colspan="3">在传输时网络连接能为每台计算机提供5 Mbps对称连接</td></tr>
<tr><td colspan="7">功能介绍</td></tr>
<tr><td colspan="7">A84/B84/C84/D84/E84/F84/G84/H84/J84/K84/L84/M84/N84/P84/Q84
A72/B72/C72/D72/E72/F72/G72/H72/J72/K72/L72/M72/N72/P72/Q72
A74/B74/C74/D74/E74/F74/G74/H74/J74/K74/L74/M74/N74/P74/Q74：
Autodesk BIM 360 Ops，这是一款改变游戏规则、移动优先的资产和维护管理解决方案，可大大改善切换体验。BIM 360 Ops将在基于BIM的项目设计和施工阶段收集的运营数据交到维护建筑物第一天的团队手中。移动优先的维护管理解决方案可从第一天开始运营，更好地满足你的移动员工需求，构建仪表板可</td></tr>
</table>

续表

为你的技术人员、经理和居住者提供基于角色的集中和相关的信息。

使你的团队能够直接从其移动设备立即访问和更新资产信息。从Autodesk Revit®、Autodesk BIM 360 Build或电子表格导入建筑物的资产和相关数据，以快速启动该过程，在手机或平板电脑上创建和更新票证或附加照片和视频。每当分配或更新故障单时，你都会收到通知。通过语音到文本的转换以加快数据输入（图1）。

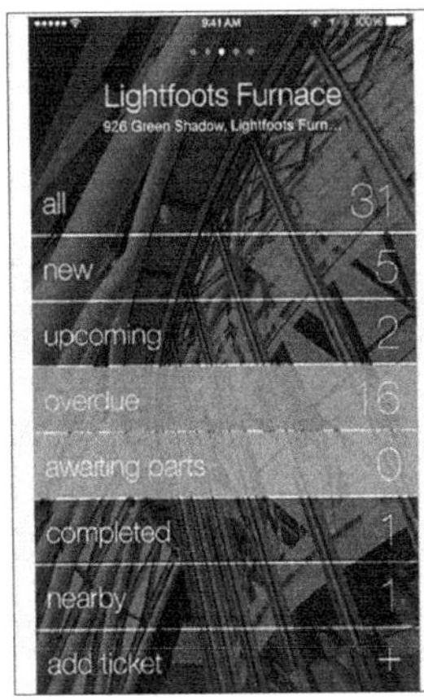

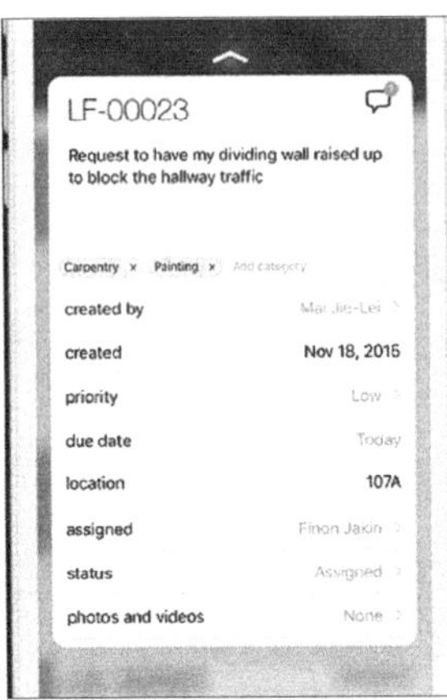

图1 移动端访问

A75/B75/C75/D75/E75/F75/G75/H75/J75/K75/L75/M75/N75/P75/Q75：

BIM 360 Ops旨在将正确的资产数据提供给你的维护人员。表单描述经过精简，可以包含照片和视频iOS仪表板上突出显示"附近"票证，可在智能手机或平板电脑上查看详细的资产数据，包括3D模型和PDF技术人员，还可以使用语音转文本来更快地输入数据，并自动通知居住者（图2）。

图2 移动端查看资产数据

预防性的维护，BIM 360 Ops可以支持你的预防性维护计划。安排资产检查，包括移动清单以推动基于标准的程序，将资产分配给特定的供应商或技术人员，监控报告的合规性BIM 360 Ops和Panoramic Power使所有人都能进行预测性维护。仅需几个步骤，就可以在设备出现故障之前向维护人员发出异常警报。用Panoramic Power传感器夹住断路器输出的电线，在数小时内安装数百个传感器，传感器监控电流并无线发送实时电路信息。BIM 360 Ops枚举每个资产，设备故障检测警报直接变成维修单

4.7.2 AssetWise ALIM

AssetWise ALIM　　**表4-7-2**

<table>
<tr><td>平台/终端名称</td><td colspan="3">AssetWise ALIM</td><td>厂商名称</td><td colspan="2">Bentley</td></tr>
<tr><td colspan="3">代码</td><td colspan="2">应用场景</td><td colspan="2">业务类型</td></tr>
<tr><td colspan="3">A84/B84/C84/D84/E84/F84/G84/H84/J84/K84/L84/M84/N84/P84/Q84</td><td colspan="2">运维协同</td><td colspan="2">城市规划/场地景观/建筑工程/水处理/垃圾处理/管道工程/道路工程/桥梁工程/隧道工程/铁路工程/信号工程/变电站/电网工程/水坝工程/飞行工程</td></tr>
<tr><td>最新版本</td><td colspan="6">AssetWise ALIM v16.7.56</td></tr>
<tr><td>输入格式</td><td colspan="6">所有文件格式</td></tr>
<tr><td>输出格式</td><td colspan="6">所有文件格式</td></tr>
<tr><td rowspan="3">推荐硬件配置</td><td>操作系统</td><td>64位Windows Server 2016</td><td>浏览器</td><td>IE/Chrome</td><td>处理器</td><td>Intel Xoen</td></tr>
<tr><td>内存</td><td>64GB</td><td>显卡</td><td>8GB</td><td>磁盘空间</td><td>80GB SSD</td></tr>
<tr><td>鼠标要求</td><td>带滚轮</td><td>其他</td><td colspan="3">64位SQL Server 2016 SP2/Oracle 12C</td></tr>
<tr><td rowspan="3">最低硬件配置</td><td>操作系统</td><td>64位Windows Server 2012</td><td>浏览器</td><td>IE/Chrome</td><td>处理器</td><td>2.7GB</td></tr>
<tr><td>内存</td><td>8GB</td><td>显卡</td><td>2GB</td><td>磁盘空间</td><td>20GB</td></tr>
<tr><td>鼠标要求</td><td>带滚轮</td><td>其他</td><td colspan="3">64位SQL Server 2012 SP4/Oracle 11g</td></tr>
<tr><td colspan="7">功能介绍</td></tr>
</table>

A84/B84/C84/D84/E84/F84/G84/H84/J84/K84/L84/M84/N84/P84/Q84：

资产生命周期信息管理

（1）准确、灵活和强大的信息管理

AssetWise资产生命周期信息管理（ALIM）提供支持空间管理的互连数据环境，可跨不同行业和资产类型管理基础设施运营资产和相关信息。

AssetWise ALIM可在资产全生命周期内提高资产数据在情境中的整体可访问性、质量、完整性和相关性。

AssetWise ALIM可在基础设施的运营周期内提供全面的信息管理，并安全可靠地帮助延长使用寿命。它独家集成了配置需求和变更管理最佳实践，提供强大的资产生命周期信息管理功能。

（2）无论何时何地，都可提供可靠信息

AssetWise ALIM可在整个变更生命周期内管理信息，确保根据需要随时随地提供相关的可靠信息。通过AssetWise ALIM，可以轻松定义信息类型及各类信息之间的关系，包括文档、需求、人员、流程、策略、实物资产等。

（3）支持空间管理的资产信息管理

用户可利用AssetWise ALIM，从图形角度查看和使用带空间定位的资产及相关信息。你可以通过查看不同类型的线性资产和信息，提高决策能力。可以根据空间坐标、沿线性网络的位置或与其他资产的接近程度来定位资产。通过这种基于网络的方法，还可以在整个网络中执行复杂的线性分析

续表

(4)企业数据互用性

AssetWise ALIM 可访问任务关键型企业应用程序(如企业资产管理(EAM)和企业资源规划(ERP)系统),并实现数据互用。通过与重要的企业应用程序相集成,AssetWise ALIM 可以查看和管理完整的可用信息集。经认证的集成功能可自动完成数据同步,实现同步创建、更新和修改数据,并使系统中的数据保持准确和最新。

(5)互连数据环境

借助开放式互连数据环境,用户可以更好地管理和访问可信且准确的信息。此功能可促进协作、改进决策和提高运营效率。AssetWise ALIM 采用这一理念,使你能够将一系列数字化工作流与包含数字化组件和数字化环境的数字孪生环境连接起来。AssetWise 和Bentley 的 iTwin™ Services 共同打造互连数据环境,以数字云服务的方式帮助组织创建、查看和分析基础设施资产的性能数字孪生模型。

AssetWise ALIM 的主要功能(图1)

(1)资产登记与标签管理

有些组织拥有数十万或数百万的资产、设备、结构、系统和组件,需要对其进行管理、跟踪和维护,以确保持续运营。借助用 AssetWise ALIM,你能够管理资产及其配置,包括产品和物项基线、快照和系列化资产编号,以及标签和物理设备的持久性和变更管理。

(2)空间线性网络管理

确保线性网络及相关资产的信息保持最新和可用于对有效的决策之中。AssetWise ALIM 提供一个空间环境来直观地访问信息并采取行动。这包括查看线性网络、相关资产、属性以及其他空间定位信息。具备导航功能的地图可用于直接在空间界面中执行业务功能。友好的用户图形报告功能可以对数据进行查询和生成报表,无需任何编程或 GIS 知识。

(3)变更管理

变更管理离不开在相关信息之间建立关联关系的能力,这是识别变更的影响或作用的关键。AssetWise ALIM 为不同级别的变更管理提供强大的功能;此外,应用程序还通过提供每个信息资产的状态信息来监控变更请求的进度,并通过修订历史记录跟踪变更生命周期。

(4)配置管理

配置管理可确保资产配置符合需求。它可在全生命周期内,识别和保留信息背景及其与项目、流程、设备、组织和人员的关系。AssetWise ALIM 可通过闭环变更管理来实现信息完整性和一致性。

(5)文档控制

有效的文档控制必须融合四个重要功能:文档控制、变更管理、记录管理和分发。AssetWise ALIM 集成了这些功能,能够有效、高效、准确地在各个设施或网络之间采集、管理、控制、检索、分发和存档各类基础设施资产的信息。

(6)记录管理

有效的记录管理可为交易、合规审查、法律取证等提供证据。AssetWise ALIM 提供高级文件计划和处置功能,通过强大的记录管理系统为所有公司记录及相关信息提供完整的生命周期管理。AssetWise ALIM 帮助你遵循所在组织的公司记录保存政策,满足合规要求,降低审计和立法相关风险。

(7)需求管理

需求管理是一个持续过程,对于满足设计规范以及确保运营和合规性至关重要。借助 AssetWise ALIM,需求信息可以实时更新,并且信息会自动传播,让不同地方的项目参与方都能按需访问信息。

(8)在沉浸式数字运营环境中工作

通过 AssetWise ALIM 互连数据环境访问资产的所有数字信息,使性能资产数字孪生比简单三维模型具有更高的相关性并且更富有成果。通过以直观的 3D 沉浸式方式安全地访问项目和资产数字化组件信息,获得

续表

资产的情境关联信息。沉浸式数字化运营可支持用户在情境中以数字方式准确地查看资产，从而改进决策并最大限度地提高资产性能。

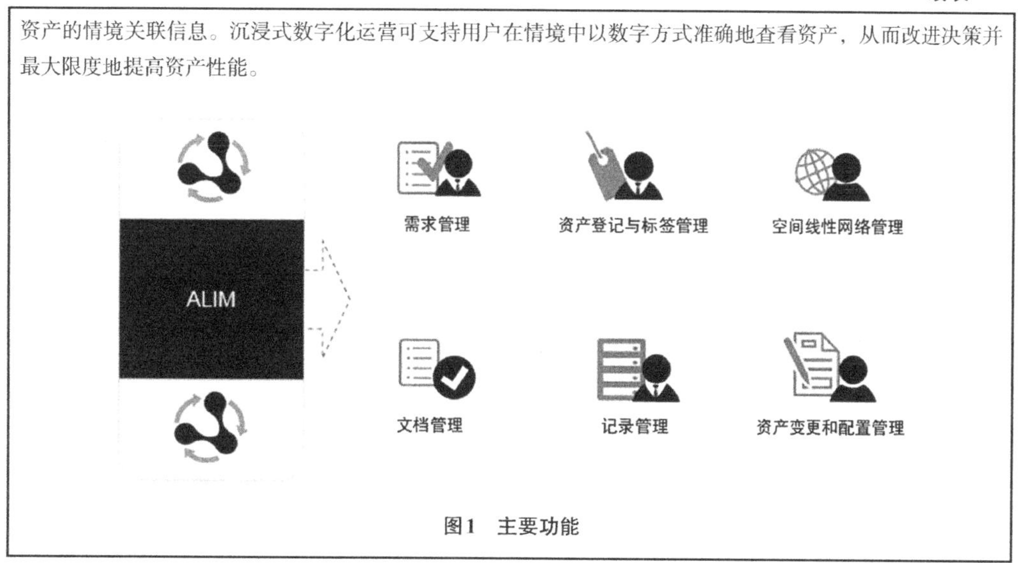

图1　主要功能

4.8 轻量化模型文档管理

4.8.1 3DEXPERIENCE ENOVIA

3DEXPERIENCE ENOVIA　表4-8-1

<table>
<tr><td>平台/终端名称</td><td colspan="2">3DEXPERIENCE ENOVIA</td><td>厂商名称</td><td colspan="3">Dassault Systémes</td></tr>
<tr><td colspan="3">代码</td><td>应用场景</td><td colspan="3">业务类型</td></tr>
<tr><td colspan="3">C79/G79/H79/J79/K79/P79</td><td>通用协同</td><td colspan="3">建筑工程/道路工程/桥梁工程/隧道工程/铁路工程/水坝工程</td></tr>
<tr><td colspan="3">C85/G85/H85/J85/K85/P85</td><td>轻量化模型文档管理</td><td colspan="3">建筑工程/道路工程/桥梁工程/隧道工程/铁路工程/水坝工程</td></tr>
<tr><td>最新版本</td><td colspan="6">3DEXPERIENCE R2021x</td></tr>
<tr><td>输入格式</td><td colspan="6">.3dxml</td></tr>
<tr><td>输出格式</td><td colspan="6">.3dxml</td></tr>
<tr><td rowspan="3">推荐硬件配置</td><td>操作系统</td><td>64位Windows10</td><td>浏览器</td><td>IE11/Firefox</td><td>处理器</td><td>4GHz</td></tr>
<tr><td>内存</td><td>32GB</td><td>显卡</td><td>8GB</td><td>磁盘空间</td><td>700MB</td></tr>
<tr><td>鼠标要求</td><td>带滚轮</td><td>其他</td><td colspan="3">无</td></tr>
<tr><td rowspan="3">最低硬件配置</td><td>操作系统</td><td>64位Windows10</td><td>浏览器</td><td>IE11/Firefox</td><td>处理器</td><td>2GHz</td></tr>
<tr><td>内存</td><td>4GB</td><td>显卡</td><td>1GB</td><td>磁盘空间</td><td>500MB</td></tr>
<tr><td>鼠标要求</td><td>带滚轮</td><td>其他</td><td colspan="3">无</td></tr>
</table>

续表

功能介绍
C85/G85/H85/J85/K85/P85： 1.本平台在"轻量化模型文档管理"应用上的介绍及优势 3DEXPERIENCE平台的ENOVIA产品在轻量化模型文档管理上有如下应用： 在线可视化审阅模型和图文档。内置文件查看器，实现对常用文档格式的Web端审阅。支持对所有文本文件的在线查看，如Word、Excel、PPT、PDF等。支持对3D模型的在线查看。支持对2D工程图的在线查看。支持对图片的在线查看。ENOVIA的在线浏览器无法实现下载文件到本地的浏览，用户无法获取到源文件，能够有效保护智力资产。 模型校审。设计校审人员可以集成多种不同来源的BIM数据。对模型进行装配、浏览，并进行批注、测量以及动态3D截面、碰撞检查等。还可对新旧不同版本的对象进行3D可视化对比。如果在模型校审中发现问题，可将问题分配给责任人，并跟踪解决状况。责任人解决问题后，提交审核人员确认关闭问题。 图文档的归类管理。实现对图文档、物料的多维度分类，支持快速检索与重用。项目中的所有交付物可以使用图文档分类库和物料分类库归档。分类可以根据实际需求按照专业、客户、产品类别进行划分、调整，不影响实际数据存放。直观的目录并结合方便的查询功能可快速定位需要的数据。 图文档生命周期管理。ENOVIA对所有数据提供生命周期和状态管理，不同的生命周期状态可定义不同的权限规则和业务逻辑。通过生命周期状态管理数模的访问、操作、审批、变更等业务流程。 模型和文档的权限管理。可根据项目或专业定义模型和文档的自动编码规则、访问权限要求。 支持多视图查看。可根据项目结构、工程结构、物料结构等不同方式查看模型和文档。 2.本平台在"轻量化模型文档管理"应用上的操作难易度 三维模型校审管理基础操作流程：登录账号→模型上传→模型搜索→模型浏览→模型审阅→记录提交→模型修改→模型发布。 基于WEB的用户体验平台，支持拖拽文件方式上传到网页。通过罗盘方式在不同App来回切换，使用方便。CATIA客户端的模型数据与ENOVIA使用同一个数据库，模型不需要上传下载，直接在WEB端搜索即可轻量化浏览。其他CAD数据可通过接口一键传至ENOVIA数据库中

4.8.2 CBIM协同平台

CBIM协同平台 表4-8-2

<table>
<tr><td>平台/终端名称</td><td colspan="3">CBIM协同平台</td><td>厂商名称</td><td colspan="3">中设数字技术股份有限公司</td></tr>
<tr><td colspan="2">代码</td><td colspan="3">应用场景</td><td colspan="3">业务类型</td></tr>
<tr><td colspan="2">C81</td><td colspan="3">协同平台/终端_设计方内部协同</td><td colspan="3">建筑工程</td></tr>
<tr><td colspan="2">C85</td><td colspan="3">协同平台/终端_轻量化模型文档管理</td><td colspan="3">建筑工程</td></tr>
<tr><td>最新版本</td><td colspan="7">CBIM协同平台1.0</td></tr>
<tr><td>输入格式</td><td colspan="7">无</td></tr>
<tr><td>输出格式</td><td colspan="7">无</td></tr>
<tr><td rowspan="3">推荐硬件配置</td><td>操作系统</td><td>64位Windows10</td><td>浏览器</td><td>IE</td><td>处理器</td><td>2GHz</td></tr>
<tr><td>内存</td><td>8GB</td><td>显卡</td><td>1GB</td><td>磁盘空间</td><td>700MB</td></tr>
<tr><td>鼠标要求</td><td>带滚轮</td><td>其他</td><td colspan="3">无</td></tr>
</table>

续表

<table>
<tr><td rowspan="3">最低硬件配置</td><td>操作系统</td><td>64位Windows10</td><td>浏览器</td><td>IE</td><td>处理器</td><td>1GHz</td></tr>
<tr><td>内存</td><td>4GB</td><td>显卡</td><td>512MB</td><td>磁盘空间</td><td>500MB</td></tr>
<tr><td>鼠标要求</td><td>带滚轮</td><td>其他</td><td colspan="3">无</td></tr>
<tr><td colspan="7">功能介绍</td></tr>
<tr><td colspan="7">C85：
1.本平台在“轻量化模型文档管理”应用上的介绍及优势
CBIM协同平台由于是基于BIM技术的管理平台，因此平台支持轻量化BIM模型在线浏览、在线文档管理等功能，实现了多专业、上下游多企业之间基于公有云的高效项目协调管理。
项目文件管理：CBIM协同管理平台可根据项目需求设置项目成果文件的存储和共享管理。
轻量化BIM模型在线浏览：CBIM平台提供专用轻量化工具软件，可以将Revit等BIM模型轻量化处理后，上传到CBIM云平台中进行在线浏览、剖切、属性查询、意见批注等。
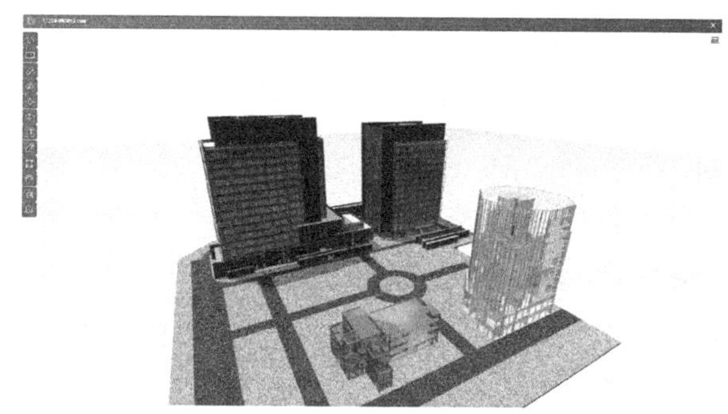
图1　轻量化BIM模型在线浏览
2.本平台在“轻量化模型文档管理”应用上的操作难易度
轻量化模型操作流程：安装插件→打开模型→格式转化→保存文件→文件上传→在线查看。
文件管理操作流程：云端登录→文件上传→文件管理→文件下载。
轻量化模型及文件管理，均属于软件一键转化、批量上传方式，因此操作简单。
3.本软硬件在“轻量化模型文档管理”应用上的案例
本软件已经在北京城市副中心行政办公区A2、B1、B2、C2楼工程项目（45万m²）、雄安市民服务中心项目（10万m²）、厦门翔安机场项目（104万m²）、太古远洋颐堤港项目（70万m²）等大量重点工程项目的设计阶段进行了全过程的BIM设计深入应用，交付了全套BIM模型和图纸设计成果</td></tr>
</table>

4.8.3 品茗CCBIM

品茗CCBIM　　**表4-8-3**

<table>
<tr><td>平台/终端名称</td><td colspan="2">CCBIM</td><td>厂商名称</td><td>杭州品茗安控信息技术股份有限公司</td></tr>
<tr><td colspan="2">代码</td><td colspan="2">应用场景</td><td>业务类型</td></tr>
<tr><td colspan="2">C79</td><td colspan="2">通用协同</td><td>建筑工程</td></tr>
<tr><td colspan="2">C85</td><td colspan="2">轻量化模型文档管理</td><td>建筑工程</td></tr>
<tr><td colspan="2">C05</td><td colspan="2">显示引擎</td><td>建筑工程</td></tr>
<tr><td colspan="2">C71</td><td colspan="2">工地监测</td><td>建筑工程</td></tr>
</table>

续表

最新版本	Web V3.8.1、iOS V2.0.3、Android V2.0.2					
输入格式	.rvt/.rte/.rfa/.nwd/.nwc/.ifc/.skp/.pbim/.dwg/doc/.docx/.xls/.xlsx/.ppt/.pptx/.pdf/.jpg/.png/.mp4/.mov/.zip					
输出格式	—					
推荐硬件配置	操作系统	64位Windows10	浏览器	Chrome	处理器	I7
	内存	16GB	显卡	2GB	磁盘空间	1TB
	鼠标要求	带滚轮	其他	无		
最低硬件配置	操作系统	64位Windows10	浏览器	Chrome	处理器	I3
	内存	4GB	显卡	1GB	磁盘空间	100GB
	鼠标要求	带滚轮	其他	无		
功能介绍						

C79：

1.本平台在“通用协同”应用上的介绍及优势

CCBIM在“通用协同”上具备较为完备协同功能，包括文件协同、批注协同、任务协同和审批协同，同时支持移动端应用，满足移动办公和现场应用的需求。同时，支持用户自定义表单，满足用户实际需求（图1）。

图1　文件协同

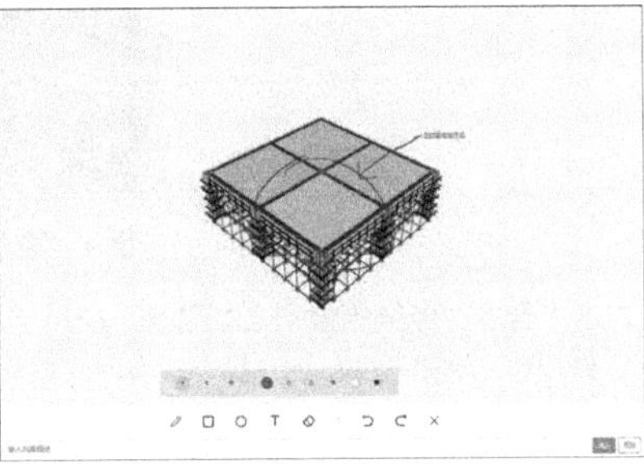

图2　批注协同

2.本平台在“通用协同”应用上的操作难易度

文件协同流程：模型上传→模型浏览。

点击【上传文件】按钮，然后选择要上传的模型。等模型转换完成，点击模型名称即可浏览模型。

批注协同流程：打开模型→选择构件→标记评论。

首先打开模型，然后在模型视窗中的操作栏中点击【选择构件】按钮。在模型中点击选择一个构件，然后点击【标记评论】按钮，添加评论内容。在添加标记评论页面添加相关内容，最后点击【确定】(图2)。

任务协同流程：发布任务→选择类型→填写表单→发布任务。

在任务页面，点击【发布任务】按钮，然后选择任务类型（系统默认提供5个任务类型：材料任务、质量任务、安全任务、进度任务、其他任务）。然后在新建任务页面填写任务表单，最后点击【确定】发布任务（图3）

续表

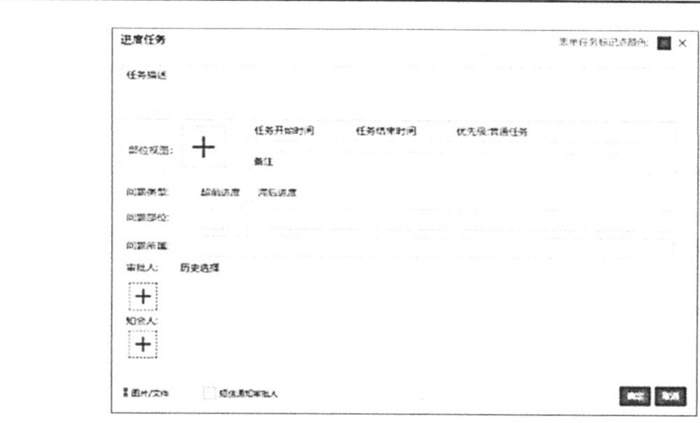

图3　任务协同

C85：

1.本平台在“轻量化模型文档管理”应用上的介绍及优势

CCBIM对轻量化模型文档进行集中管理，防止文件散落或者丢失。为了应对变更版本过多的情况出现，可提供版本管理功能。同时提供文件权限管理，可以控制文件的访问和使用权限。

CCBIM支持10种模型和图纸文件在线预览，无须安装任何软件或插件，通过浏览器就能查看。

序号	文件类型	文件格式	文件版本
1	模型	*.rvt	Revit 2014~2019
2		*.rfa	
3		*.rte	
4		*.skp	SketchUp 2014~2019
5		*.nwd	Navisworks 2016~2019
6		*.nwc	
7		*.ifc	IFC 2 × 2/2 × 3/2 × 4
8		*.pbim	（品茗自有格式）
9		*.zip	（Revit链接文件的压缩包）
10	图纸	*.dwg	AutoCAD 2014

2.本平台在“通用协同”应用上的操作难易度

版本管理流程：更新→选择文件→浏览文件→切换版本（图4）。

图4　版本管理

续表

文件权限设置流程：项目成员→选择群组→权限设置（图5）。

在项目成员管理页面，选择任意一个群组，点击更多按钮【…】，然后选择【权限设置】。

图5　文件权限设置

C05：

1.本平台在“显示引擎”应用上的介绍及优势

CCBIM的轻量化BIM显示引擎，采用B/S、C/S混合架构，支持多种BIM模型和图纸文件在线预览，无须安装任何插件，可以大幅减少企业BIM软件采购费用。用户可以直接在浏览器、PC客户端、iOS客户端、Android客户端中打开BIM模型。

同时，提供二次开发SDK包，帮助用户快速搭建属于自己的、个性化、自定义的BIM应用平台，降低平台开发的技术门槛（图6）。

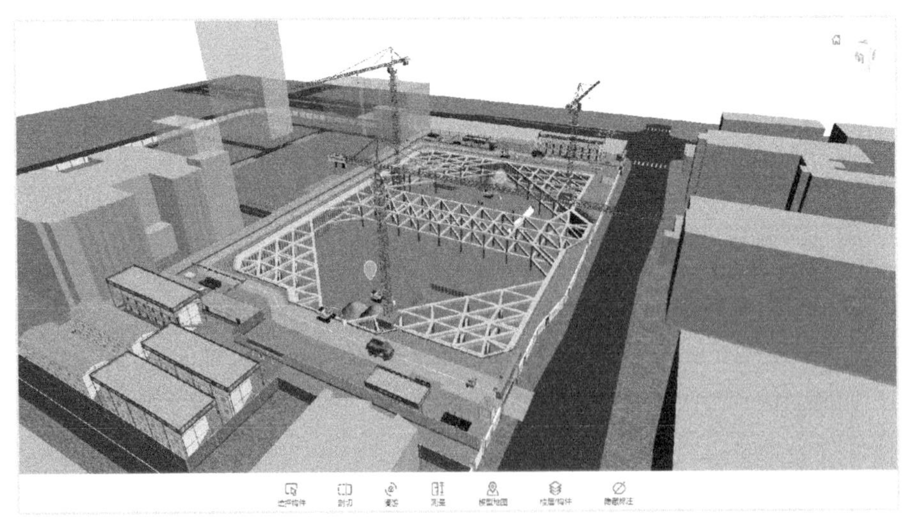

图6　显示引擎

2.本平台在“显示引擎”应用上的操作难易度

用户可以通过网页、手机App或者PC客户端直接在模型、图纸、文件三个功能模块中，点击【上传】按钮，批量上传文件。等文件转换完成，即可在线预览文件。操作简单，易于上手

续表

C71：

1.本平台在“工地监测”应用上的介绍及优势

可以将摄像头与BIM模型进行结合，通过摄像头监控工地现场状态。支持海康、大华、萤石、乐橙等监控设备（图7）。

图7　工地监测

2.本平台在“工地监测”应用上的操作难易度

关联摄像头流程：项目看板→监控视频→添加视频→选中位置→关联数据。

进入项目看板，在监控视频栏中点击【添加按钮】，然后在模型视窗中双击选中监控视频位置。在添加监控视频页面输入相关信息。需要注意的是，添加的视频URL地址需要来自萤石云（图8）。

图8　关联摄像头

4.8.4 品茗BIM云平台

品茗BIM云平台 **表4-8-4**

<table>
<tr><td>平台/终端名称</td><td colspan="3">品茗BIM云平台</td><td>厂商名称</td><td colspan="2">杭州品茗安控信息技术股份有限公司</td></tr>
<tr><td colspan="3">代码</td><td colspan="2">应用场景</td><td colspan="2">业务类型</td></tr>
<tr><td colspan="3">C79</td><td colspan="2">通用协同</td><td colspan="2">建筑工程</td></tr>
<tr><td colspan="3">C85</td><td colspan="2">轻量化模型文档管理</td><td colspan="2">建筑工程</td></tr>
<tr><td colspan="3">C61</td><td colspan="2">质量管理</td><td colspan="2">建筑工程</td></tr>
<tr><td colspan="3">C63</td><td colspan="2">进度管理</td><td colspan="2">建筑工程</td></tr>
<tr><td colspan="3">C64</td><td colspan="2">安全管理</td><td colspan="2">建筑工程</td></tr>
<tr><td>最新版本</td><td colspan="6">Web V1.0、iOS V8.4.1、Android V8.4.1</td></tr>
<tr><td>输入格式</td><td colspan="6">.rvt/.rte/.rfa/.nwd/.nwc/.ifc/.skp/.pbim/.dwg/.doc/.docx/.xls/.xlsx/.ppt/.pptx/.pdf/.jpg/.png/.mp4/.mov/.zip</td></tr>
<tr><td>输出格式</td><td colspan="6">—</td></tr>
<tr><td rowspan="3">推荐硬件配置</td><td>操作系统</td><td>64位Windows10</td><td>浏览器</td><td>Chrome</td><td>处理器</td><td>I7</td></tr>
<tr><td>内存</td><td>16GB</td><td>显卡</td><td>2GB</td><td>磁盘空间</td><td>1TB</td></tr>
<tr><td>鼠标要求</td><td>带滚轮</td><td>其他</td><td colspan="3">无</td></tr>
<tr><td rowspan="3">最低硬件配置</td><td>操作系统</td><td>64位Windows10</td><td>浏览器</td><td>Chrome</td><td>处理器</td><td>I3</td></tr>
<tr><td>内存</td><td>4GB</td><td>显卡</td><td>1GB</td><td>磁盘空间</td><td>100GB</td></tr>
<tr><td>鼠标要求</td><td>带滚轮</td><td>其他</td><td colspan="3">无</td></tr>
<tr><td colspan="7">功能介绍</td></tr>
</table>

C79：

1. 本平台在“通用协同”应用上的介绍及优势

品茗BIM云平台在“通用协同”上具备较为完备协同功能，包括文件协同、批注协同，同时支持移动端应用，满足移动办公和现场应用的需求（图1）。

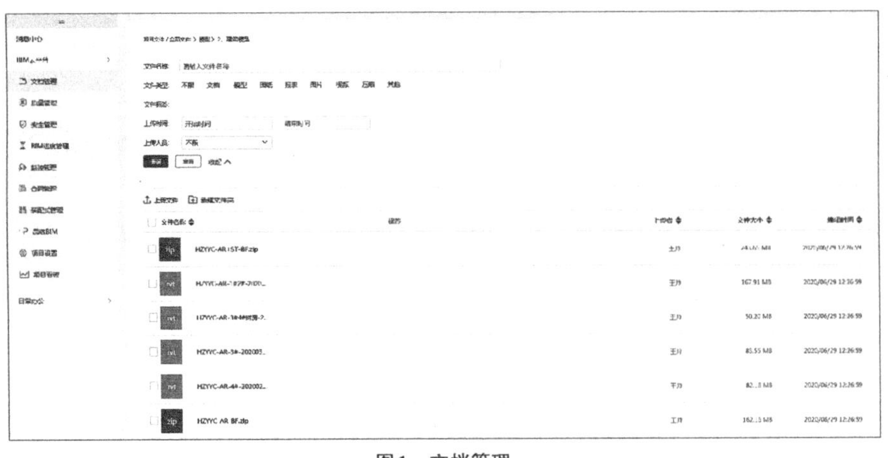

图1 文档管理

续表

2. 本平台在"通用协同"应用上的操作难易度

文件协同流程：模型上传→模型浏览。

点击【上传文件】按钮，然后选择要上传的模型。等模型转换完成，点击模型名称即可浏览模型。

批注协同流程：打开模型→选择构件→标记评论（图2）。

在模型视窗中的操作栏中点击【选择构件】按钮。在模型中点击选择一个构件，然后点击【标记评论】按钮，添加评论内容。在添加标记评论页面，添加相关内容，最后点击【确定】。

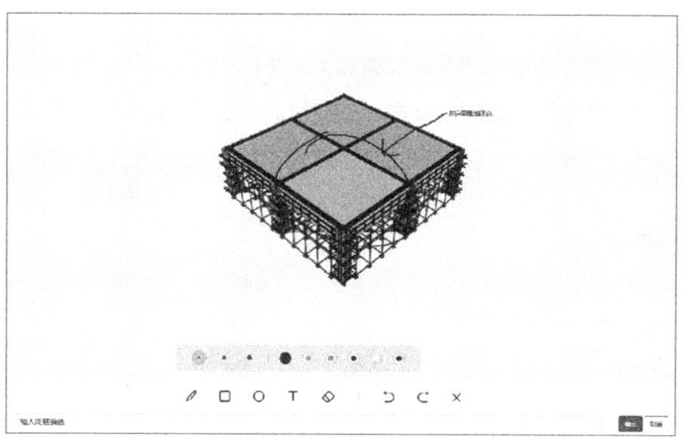

图2　批注协同

C85：

1. 本平台在"轻量化模型文档管理"应用上的介绍及优势

品茗BIM云平台对轻量化模型文档进行集中管理，防止文件散落或者丢失。为了应对变更版本过多的情况，提供版本管理功能。同时提供文件权限管理，可以控制文件的访问和使用权限。

品茗BIM云平台支持10种模型和图纸文件在线预览，无须安装任何软件或者插件，通过浏览器就能查看。

序号	文件类型	文件格式	文件版本
1	模型	*.rvt	Revit 2014~2019
2		*.rfa	
3		*.rte	
4		*.skp	SketchUp 2014~2019
5		*.nwd	Navisworks 2016~2019
6		*.nwc	
7		*.ifc	IFC 2 × 2/2 × 3/2 × 4
8		*.pbim	（品茗自有格式）
9		*.zip	（Revit链接文件的压缩包）
10	图纸	*.dwg	AutoCAD 2014

2.本平台在"通用协同"应用上的操作难易度

版本管理流程：更新→选择文件→浏览文件→切换版本（图3）

续表

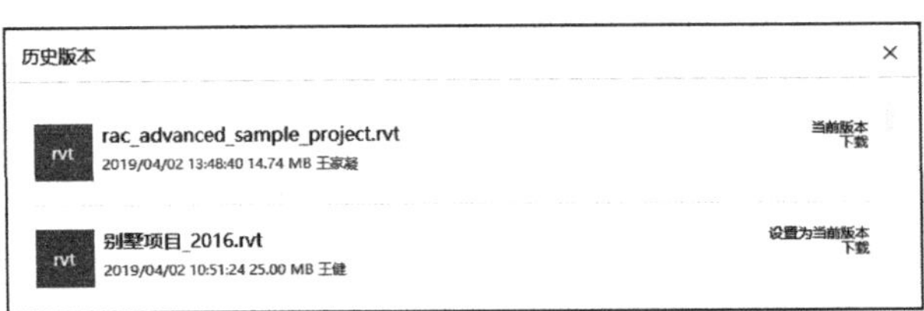

图3　版本管理

文件权限设置流程：项目成员→选择群组→权限设置（图4）。

项目成员管理页面，选择任意一个群组，点击更多按钮【…】，然后选择【权限设置】。

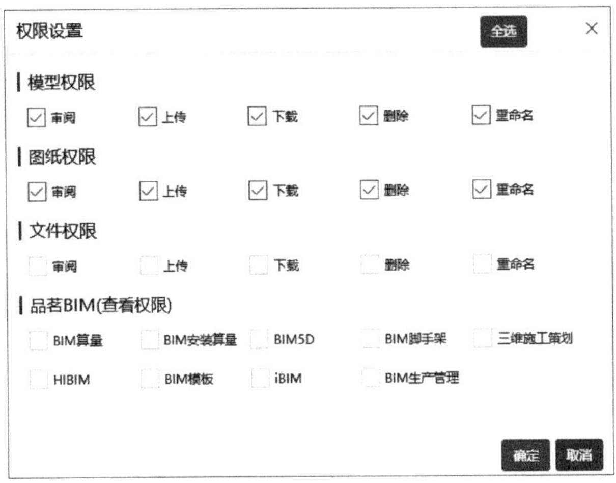

图4　文件权限设置

C61：

1. 本平台在“质量管理”应用上的介绍及优势

品茗BIM云平台会对企业质量标准进行集中管理，并支持项目切换不同施工质量标准以应对不用甲方的施工要求，项目现场依据施工质量标准进行检查与整改。为了解决相关人员不在现场不能及时进行质量验收，提供线上质量验收审批功能。同时为了提升测量效率平台内置实测实量与结构检测国标规范，施工现场输入测量值系统根据内置的计算规则进行结果评判并输出CAD图纸上进行测量值标记（图5）。

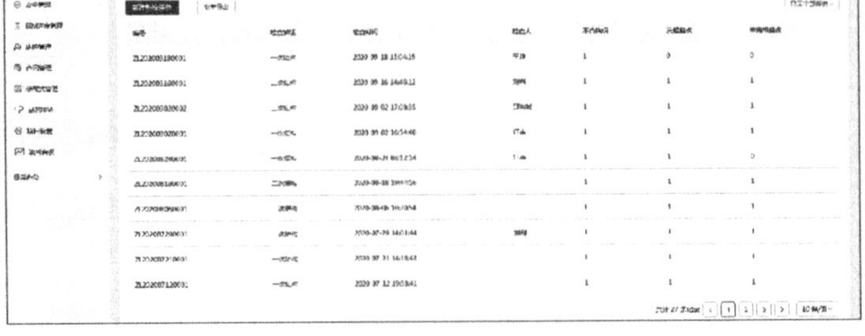

图5　质量检查

续表

2. 本平台在“质量管理”应用上的操作难易度

质量检查整改流程：选择检查项→记录现场问题→发起整改→提交整改结果→复核通过整改闭合（图6）。

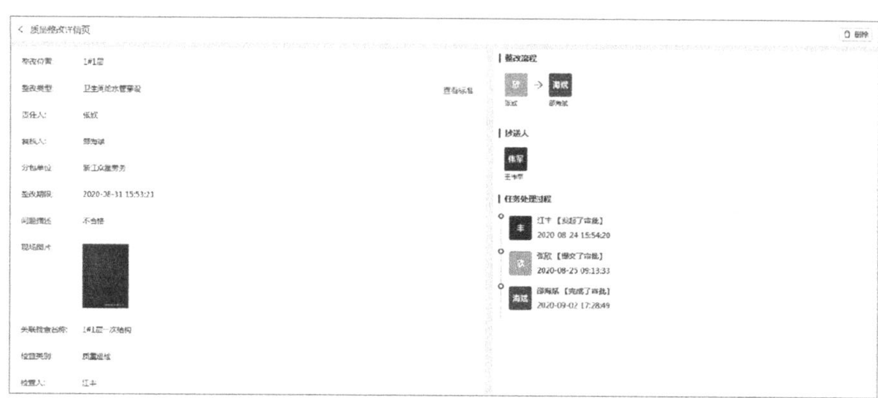

图6　质量检查整改

质量验收流程：选择验收项目、验收部位与审批人发起验收→审批人通过审批→导出验收报表（图7）。

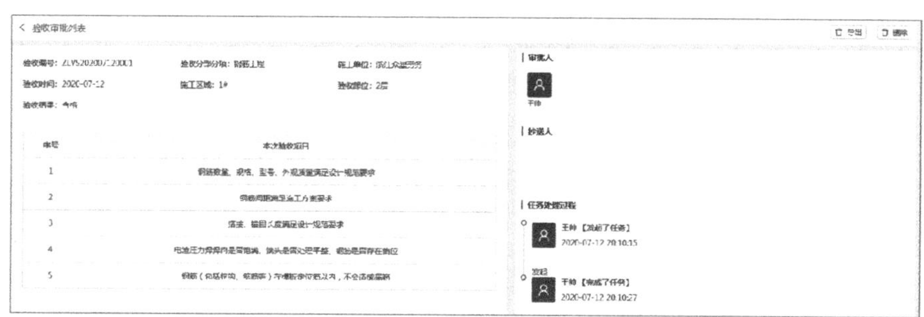

图7　质量验收

实测实量与结构检测操作流程：选择工程楼层进行测量→输入测量结果→导出测量结果（图8）。

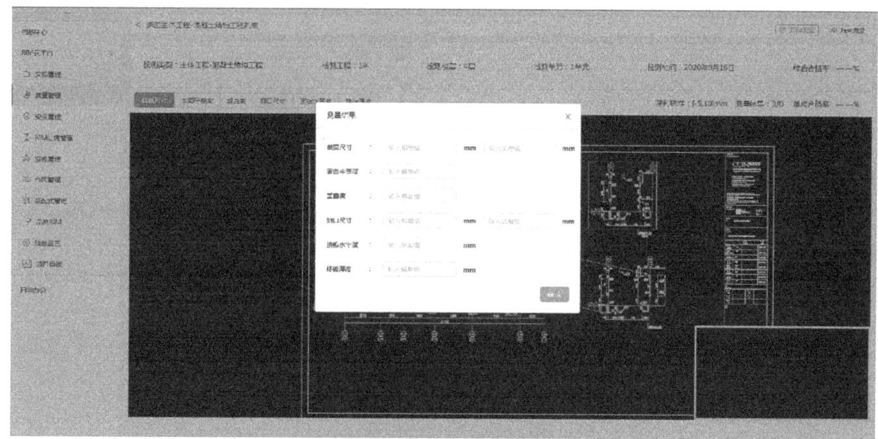

图8　实测实量与结构检测

续表

C63：

1. 本平台在“进度管理”应用上的介绍及优势

品茗BIM云平台对项目进度计划与模型进行关联，通过进度任务对现场实际进度进行跟踪，最终通过计划与实际进度对比模拟展现项目实际进展（图9）。

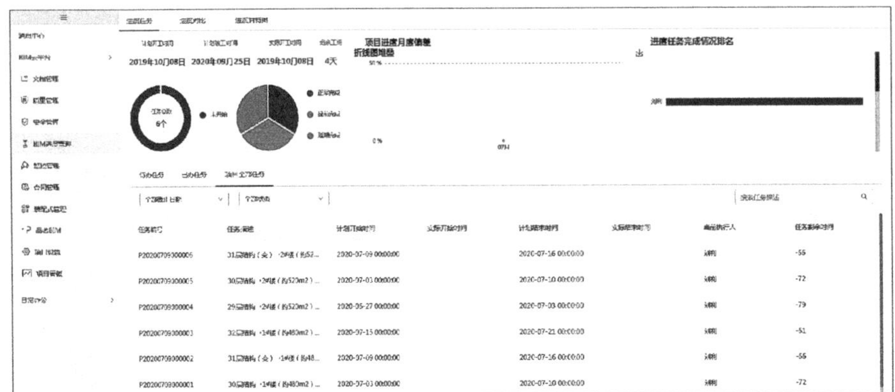

图9 进度任务

2. 本平台在“进度管理”应用上的操作难易度

进度计划关联模型流程：上传模型→上传进度计划→匹配关联→计划进度模拟（图10）。

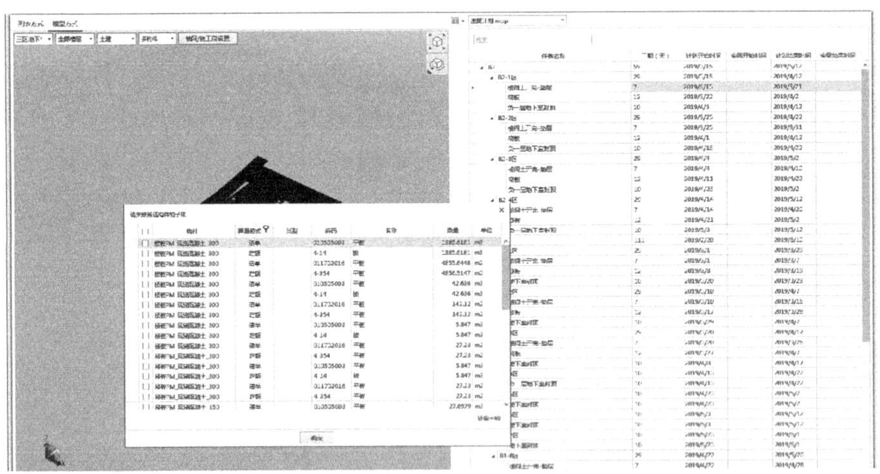

图10 进度计划关联模型

实际进度填报流程：选择需要派分的进度任务→选择任务执行人派分→填报实际进度→实际进度模拟（图11）

续表

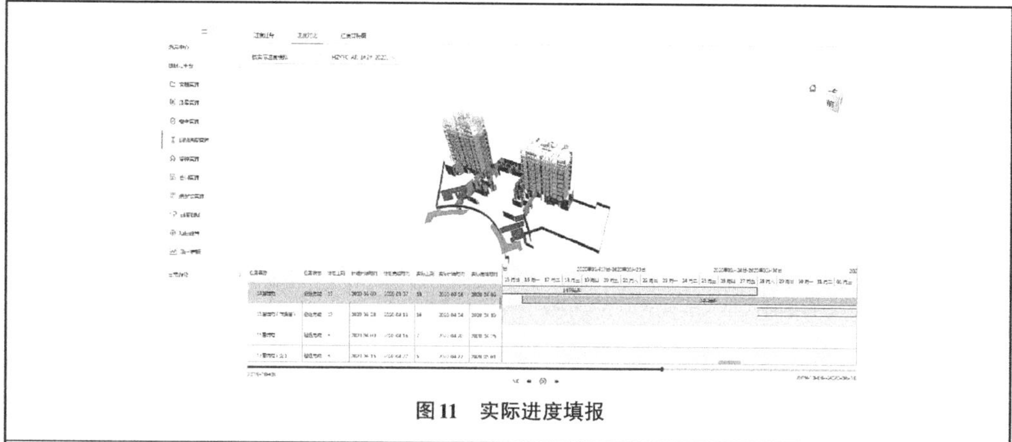

图11　实际进度填报

C64：

1. 本平台在“安全管理”应用上的介绍及优势

品茗BIM云平台会对企业安全标准进行集中管理，并支持项目切换不同施工安全标准以应对不同甲方的施工要求，项目现场依据施工安全标准进行检查与整改。为了解决相关人员不在现场不能及时进行安全验收，提供线上安全验收与动火审批功能。同时为了更好地对安全危大工程进行管理，平台提供危大工程管理模块，支持上传危大工程各项附件（图12）。

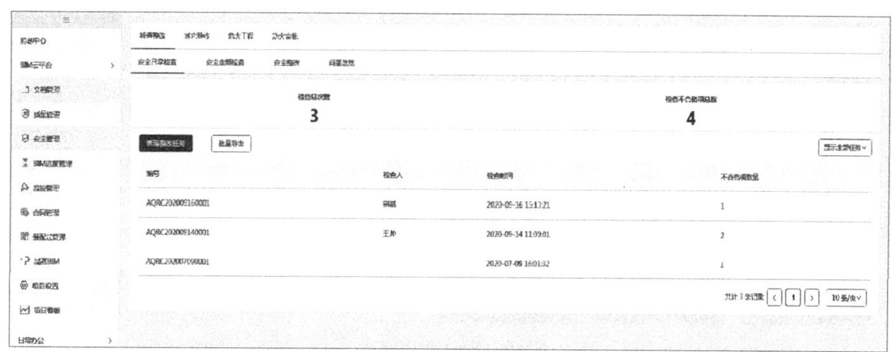

图12　安全检查

2. 本平台在“安全管理”应用上的操作难易度

安全检查整改流程：选择检查项→记录现场问题→发起整改→提交整改结果→复核通过整改闭合（图13）。

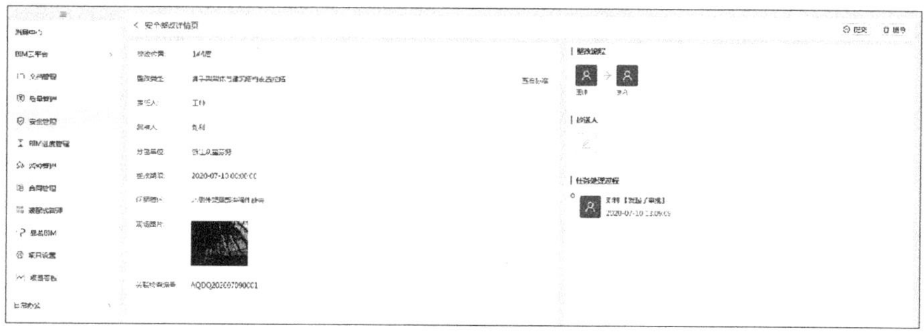

图13　安全检查整改

续表

安全验收审批流程：选择验收项目、验收部位与审批人发起验收→审批人通过审批→导出验收报表（图14）。

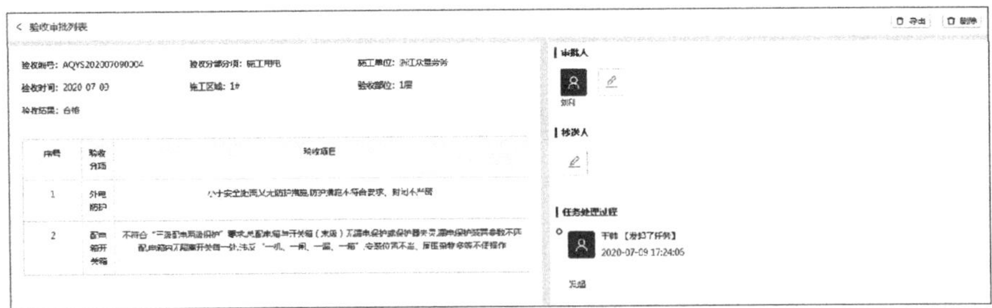

图14　安全验收审批

安全动火审批流程：选择动火项目、动火部位与审批人发起验收→审批人通过审批→导出动火报表（图15）。

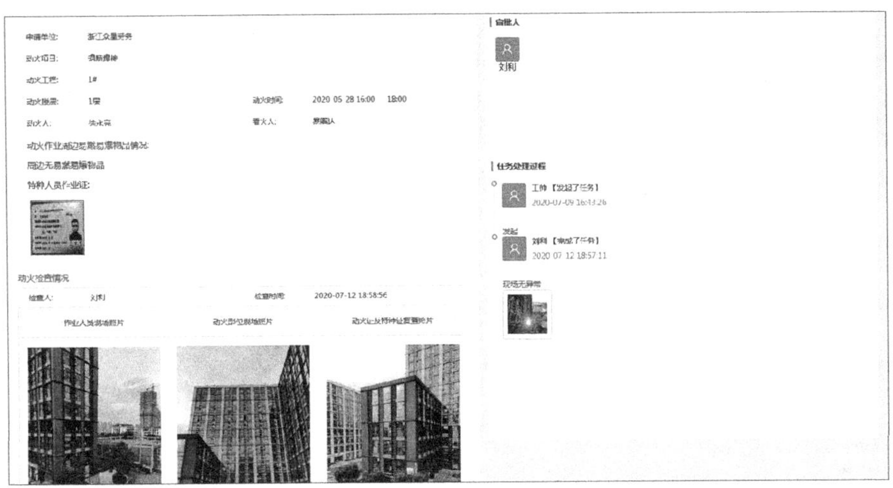

图15　安全动火审批

安全危大工程操作流程：新建危大工程→上传方案、交底、教育旁站附件→发起危大工程验收审批（图16）。

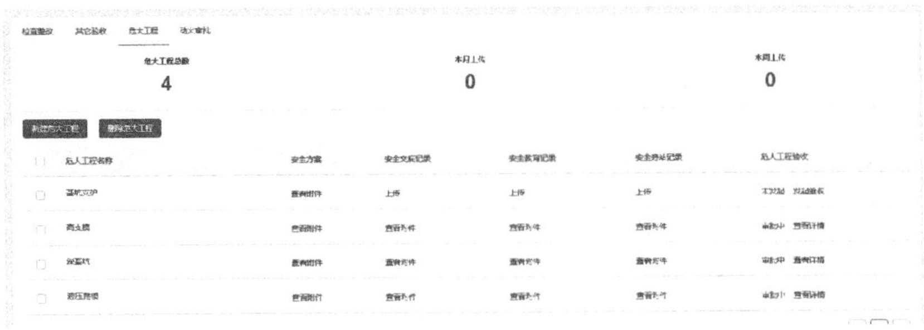

图16　危大工程

4.8.5 理正建设云——BIM模型协作产品

理正建设云——BIM模型协作产品　　**表4-8-5**

<table>
<tr><td>软件名称</td><td colspan="3">理正建设云——BIM模型协作产品</td><td colspan="2">厂商名称</td><td colspan="2">北京理正软件股份有限公司</td></tr>
<tr><td colspan="3">代码</td><td colspan="2">应用场景</td><td colspan="3">业务类型</td></tr>
<tr><td colspan="3">A85/B85/C85/D85/E85/F85/G85/H85 / J85/K85/L85/M85/N85 /P85/Q85</td><td colspan="2">轻量化模型文档管理</td><td colspan="3">城市规划/场地景观/建筑工程/水处理/垃圾处理/管道工程/道路工程/桥梁工程/隧道工程/铁路工程/信号工程/变电站/电网工程/信号工程/飞行工程</td></tr>
<tr><td colspan="3">A05/B05/C05/D05/E05/F05/G05/H05 / J05/K05/L05/M05/N05/P05/Q05</td><td colspan="2">显示引擎</td><td colspan="3">城市规划/场地景观/建筑工程/水处理/垃圾处理/管道工程/道路工程/桥梁工程/隧道工程/铁路工程/信号工程/变电站/电网工程/信号工程/飞行工程</td></tr>
<tr><td>最新版本</td><td colspan="7">V1.0 2019</td></tr>
<tr><td>输入格式</td><td colspan="7">理正LBP格式及常见三维格式</td></tr>
<tr><td>输出格式</td><td colspan="7">理正LBP格式及常见三维格式</td></tr>
<tr><td rowspan="3">推荐硬件配置</td><td>操作系统</td><td>64位Windows10</td><td>处理器</td><td>2GHz</td><td>内存</td><td colspan="2">8GB</td></tr>
<tr><td>显卡</td><td>1GB</td><td>磁盘空间</td><td>700MB</td><td>鼠标要求</td><td colspan="2">带滚轮</td></tr>
<tr><td>其他</td><td colspan="6">浏览器：IE11/360/GOOGLE；
移动设备Android 5.0以上、IOS 8.0以上</td></tr>
<tr><td rowspan="3">最低硬件配置</td><td>操作系统</td><td>64位Windows10</td><td>处理器</td><td>1GHz</td><td>内存</td><td colspan="2">4GB</td></tr>
<tr><td>显卡</td><td>512MB</td><td>磁盘空间</td><td>500MB</td><td>鼠标要求</td><td colspan="2">带滚轮</td></tr>
<tr><td>其他</td><td colspan="6">浏览器：IE11/360/GOOGLE；
移动设备Android 5.0以上、IOS 8.0以上</td></tr>
<tr><td colspan="8">功能介绍</td></tr>
<tr><td colspan="8">A85/B85/C85/D85/E85/F85/G85/H85/J85/K85/L85/M85/N85 /P85/Q85
A05/B05/C05/D05/E05/F05/G05/H05/J05/K05/L05/M05/N05/P05/Q05：
该产品是面向设计企业、设计团队、施工单位、业主或相关配合单位，基于BIM模型对象，进行跨组织、远程、异地、随时沟通协作的一款专用的工具类产品。该产品可远程实时进行三维成果展示与互动，可用于招标投标、方案评审、工作汇报等工程环节，大大提高工作效率及沟通效果。该产品不需要安装专业软件，即可以通过浏览器或者手机进行三维模型的在线浏览、意见批注、文字评论、进行互动交流、问题追踪，并可以将交流结果导出形成图文并茂的纪要进行留存。解决组织内外各类人员针对BIM模型的快速沟通协作，不受时间、地域、组织的限制。解决设计前期设计院与业主就设计方案进行三维模型远程互动，快速进行方案的选型，避免因沟通局限导致的偏差。各专业在设计过程中通过三维模型的协作，可以查找错、漏、碰、缺等设计冲突，优化设计成果。在施工过程中，施工方会同业主方、设计方、设备方等基于模型进行在线模拟与讨论，可快速确定施工方案及施工工序优化等（图1～图3）</td></tr>
</table>

续表

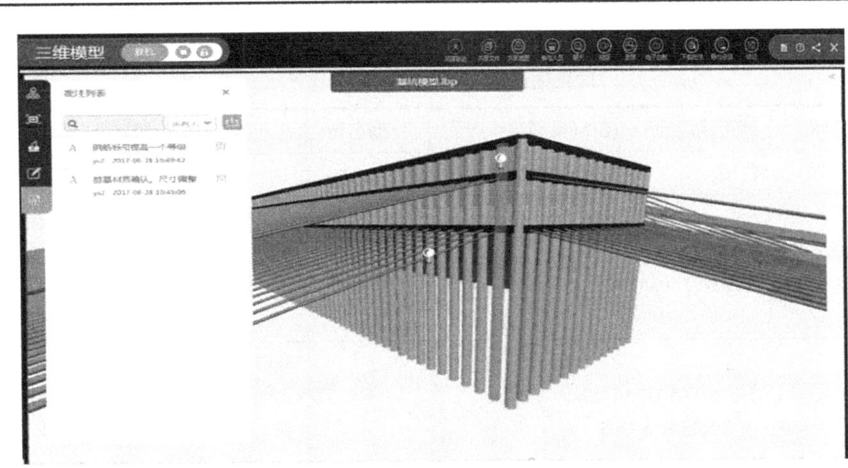

图1　模型在线会商

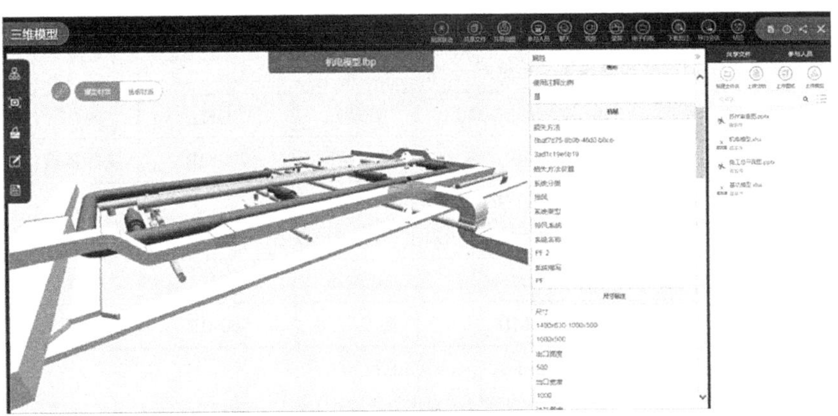

图2　模型在线会商

图3　模型协作

第5章

支持类硬件适用技术

5.1 “后勤保障部队”——支持类硬件

巧妇难为无米之炊，软件再精良没有硬件的支持也只是空中楼阁，强大的BIM软件通常需要更强大的支持类硬件来支撑，就像前线作战需要充足的后勤保障一样，支持类硬件就像工程软硬件的“后勤保障部队”，虽不是主角，但一样至关重要。

兵马未动粮草先行，当你组建一支BIM团队或购买BIM软件前就要提前备齐相匹配的支持类硬件。

5.1.1 “后勤保障部队”的分类

支持类硬件指不面向特定应用场景而提供底层技术支持环境的硬件或硬件集成。支持类硬件分为设备类硬件、组件类硬件。设备类硬件指用来运行常用BIM软件的设备类产品或硬件集成，如工作站、笔记本电脑等。组件类硬件为设备类产品的组成构件，指为了顺畅运行BIM软件而提升设备性能的组件，如显卡等。本章将根据此分类分别进行介绍(图5-1-1)。

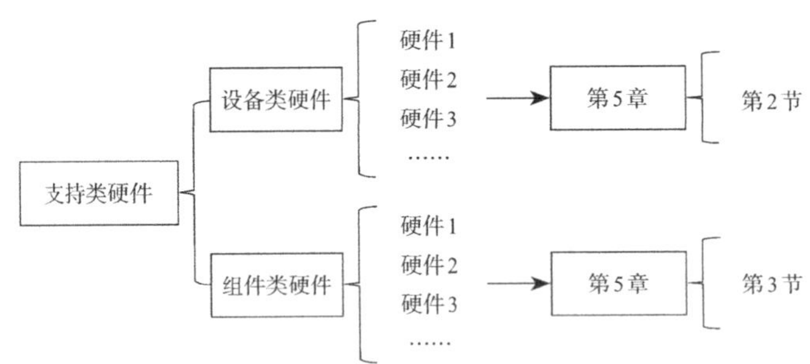

图5-1-1　支持类硬件功能章节分布

5.2 设备类硬件

5.2.1 Dell Precision 3000/5000工作站

Dell Precision3000/5000工作站　　表5-2-1

产品种类	Dell Precision 3000/5000工作站
名称型号	Precision 3000/5000移动工作站
厂商名称	戴尔

续表

<table>
<tr><td rowspan="3">适用场景</td><td colspan="3">通用建模和表达</td></tr>
<tr><td colspan="3">设计辅助</td></tr>
<tr><td colspan="3">初步/施工图设计_工程量统计</td></tr>
<tr><td>操作系统</td><td>64位Windows10</td><td>处理器</td><td>2.4G～5.0GHz</td></tr>
<tr><td>内存</td><td>8G～64GB</td><td>显卡</td><td>2G～4GB</td></tr>
<tr><td>磁盘空间</td><td>512GB～4TB</td><td>重量</td><td>起始重量1.78kg</td></tr>
<tr><td colspan="4">产品介绍</td></tr>
<tr><td colspan="4">建模：
可自定义的小型15"移动工作站价格如PC一般实惠，性能却如工作站一样强大。借助英特尔®处理器以及快速内存和存储选项，享受工作站级的性能。专业显卡可使设计灵感不断迸发，不管是使用CAD应用程序还是处理大型Excel电子表格，创建和编辑时均可享受出色的清晰度。
Precision 5000系列是一款小巧轻便的15"移动工作站，从哪个角度看都有令人耳目一新之感，其铝制外壳有白金银色和泰坦灰两种颜色。顶部边框装有高清摄像头时，可选配OLED InfinityEdge显示屏，让你可以体验更出色的对比度、触摸屏功能和画面质量。此系统的重量在4磅以下，配备下一代专业显卡（最高可配NVIDIA Quadro® T2000）以及高达64GB的2667MHz DDR4内存，功能比以往更加强大。凭借高达4TB的存储，可快速轻松地访问、传输和存储大型3D、视频和多媒体文件。这么大的存储在如此轻薄的移动工作站中极为少见。

图1　Precision 3000系列移动工作站

图2　Precision 5000系列移动工作站</td></tr>
</table>

5.2.2 Dell Precision7000工作站

Dell Precision7000工作站　　**表5-2-2**

<table>
<tr><td>产品种类</td><td colspan="3">Dell Precision工作站</td></tr>
<tr><td>名称型号</td><td colspan="3">Precision 7000系列移动工作站</td></tr>
<tr><td>厂商名称</td><td colspan="3">戴尔</td></tr>
<tr><td rowspan="4">适用场景</td><td colspan="3">体系结构</td></tr>
<tr><td colspan="3">结构工程</td></tr>
<tr><td colspan="3">电气、机械和管道</td></tr>
<tr><td colspan="3">VR可视化</td></tr>
<tr><td>操作系统</td><td>64位Windows10</td><td>处理器</td><td>2.4G～5.0GHz</td></tr>
<tr><td>内存</td><td>16G～128GB（ECC）</td><td>显卡</td><td>6G～16GB</td></tr>
<tr><td>磁盘空间</td><td>512GB～8TB</td><td>重量</td><td>起始重量2.53kg</td></tr>
</table>

续表

<table>
<tr><th>产品介绍</th></tr>
<tr><td>**建模：**
戴尔功能强大的 15" 和 17" 移动工作站支持 VR 和 AI 应用，集非凡的性能与出色的移动性于一身。可定制的组件保障了非凡的处理能力，这些组件包括：最高为英特尔®、至强®和酷睿TM i9 的处理器，AMD 和 NVIDIA 的专业高端显卡，6 TB 或 8 TB 存储，以及 128GB 的高容量 2666 MHz 内存或 64GB 的 3200 MHzGB SuperSpeed 内存。提供了 ECC 内存，让客户可以利用戴尔独有的可靠内存技术，获得又一层针对内存相关错误的可靠性保护。

图 1　Precision 7000 系列移动工作站</td></tr>
<tr><td>VR：
利用 VR 就绪型 NVIDIA Quadro® RTX 专业显卡和最新英特尔®第九代处理器创作完全沉浸式 AR 和 VR 内容。利用高达 3200MHz 的 SuperSpeed 内存和适用于移动工作站的高达 128GB 超大 ECC 内存容量，加快繁重工作流的处理速度。凭借适用于移动工作站的高达 6/8 TB 的超大 PCIe SSD 存储容量，无中断地运行图形或数据密集型应用程序。DisplayPort 1.4 可以带给你令人惊叹的细节，通过一根缆线支持 8K 分辨率和 HDR</td></tr>
</table>

5.2.3 Dell Precision3000 系列塔式工作站

Dell Precision3000 系列塔式工作站　　表 5-2-3

<table>
<tr><td>产品种类</td><td colspan="3">Dell Precision 工作站</td></tr>
<tr><td>名称型号</td><td colspan="3">Precision 3000 系列塔式工作站</td></tr>
<tr><td>厂商名称</td><td colspan="3">戴尔</td></tr>
<tr><td rowspan="3">适用场景</td><td colspan="3">体系结构设计</td></tr>
<tr><td colspan="3">模型整合与管理</td></tr>
<tr><td colspan="3">可视化仿真与 VR</td></tr>
<tr><td>操作系统</td><td>64 位 Windows10</td><td>处理器</td><td>2.6G～4.8GHz</td></tr>
<tr><td>内存</td><td>16G～128GB</td><td>显卡</td><td>4G～16GB</td></tr>
<tr><td>磁盘空间</td><td>512GB～14TB</td><td>重量</td><td>起始重量 1.71kg（T3240）</td></tr>
</table>

续表

产品介绍
建模： 在可扩展的微塔式设计中获得卓越的性能和经济性，非常适合处理入门级3D或复杂2D图形的工程师，以及处理大型数据集和复杂分析（需要 ISV 认证）的高级用户。微塔式设计实现了更小的占地面积，而又不牺牲处理能力。利用 Radeon™ Pro 或 NVIDIA® Quadro® 专业级显卡（最高可支持 265 W 显卡），无拘无束地创作内容。利用高达 128GB 的 2666 Mhz 快速内存，获得实时结果。利用高达 28 TB 的 SATA 或 PCIe NVMe SSD 选件实现安全的可扩展存储，为每个项目提供充足空间。 **沉淀式工作体验：** 利用Radeon™ Pro或NVIDIA® Quadro®专业级显卡（最高可支持320W显卡，如：RTX5000/RTX2080），可以无限地创作VR内容。利用高达28 TB的SATA或PCIe NVMe固态硬盘选件实现可扩展存储，为每个项目提供充足空间。   **图1　Dell Precision 3000 系列塔式工作站**

5.2.4 Dell Precision5000塔式工作站

Dell Precision5000 塔式工作站　　**表5-2-4**

产品种类	Dell Precision工作站		
名称型号	Precision 5000塔式工作站		
厂商名称	戴尔		
适用场景	施工仿真		
	渲染		
	结构工程模拟分析		
操作系统	64位 Windows10	处理器	2.4G～5.0GHz
内存	8G～256GB	显卡	4G～24GB
磁盘空间	512GB～4TB	重量	起始重量 1.78kg

续表

<table>
<tr><th>产品介绍</th></tr>
<tr><td>**建模：**
戴尔Precision工作站是AEC专业人员构建未来城市的顶级工具。改进的概念设计和协作有助于利益相关者更快的做出决策。包括和客户进行更有效的设计审查。客户可以在真实的AR和VR体验中可视化设计。无论是测量新桥梁跨度的荷载和应力，还是计算新摩天大楼的照明和HVAC规模调整，使用户始终面临着快速交付结果的压力。戴尔Precision工作站为AEC用户可加快设计和构建流程，提供更理想的客户满意度和更高的投资回报率。
Precision 5820 塔式工作站
可完美实现你的愿景。使用Precision 5820塔式工作站能扩展你的创意。以创新、通用的紧凑型设计提供高性能服务（图1）。

图1　Precision 5000塔式工作站</td></tr>
</table>

5.2.5 Dell Latitude Rugged

Dell Latitude Rugged　　　　**表5-2-5**

<table>
<tr><td>产品种类</td><td colspan="3">Dell Latitude Rugged</td></tr>
<tr><td>名称型号</td><td colspan="3">5420/5424/7424</td></tr>
<tr><td>厂商名称</td><td colspan="3">戴尔</td></tr>
<tr><td rowspan="4">适用场景</td><td colspan="3">通用建模和表达</td></tr>
<tr><td colspan="3">模型整合与管理</td></tr>
<tr><td colspan="3">环境拍照及扫描</td></tr>
<tr><td colspan="3">可视化仿真与VR</td></tr>
<tr><td>操作系统</td><td>64位Windows10</td><td>处理器</td><td>1.7G～2.4GHz</td></tr>
<tr><td>内存</td><td>8G～32GB</td><td>显卡</td><td>4GB</td></tr>
<tr><td>磁盘空间</td><td>128GB～4TB</td><td>重量</td><td>2.2kg（5420）；2.5kg（5424）:3.45kg（7424）</td></tr>
<tr><td>其他</td><td colspan="3">可选配笔记本肩带，桌面端口复制器，车载电源</td></tr>
</table>

续表

产品介绍
建模： Dell Latitude Rugged 5420/5424/7424是半坚固/全坚固14寸笔记本，应用于建筑现场作业的坚固型工作站，通过军标MIL-STD-810G、IP52/IP65防水防尘测试，可在恶劣危险强电磁环境盐雾等环境下正常使用。支持双串口双网口，可选配内置光驱，高达1000NIT FHD显示屏，5424/7424最大支持三块硬盘。可配备双电池，并支持热插拔、户外强光可视屏幕、戴手套触摸显示屏、摄像头物理开关、四色背光键盘（图1）。 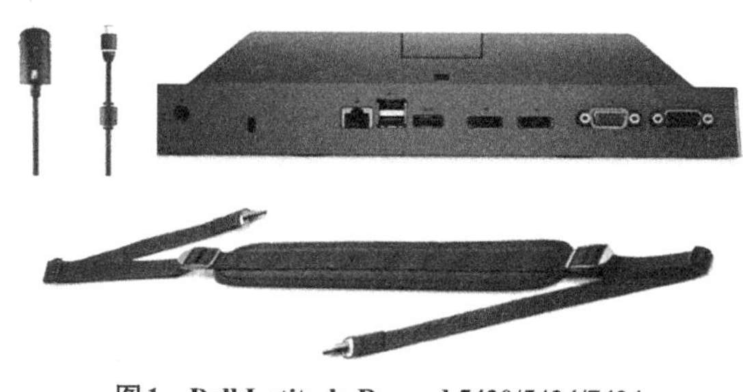 **图1 Dell Latitude Rugged 5420/5424/7424**

5.2.6 Dell Latitude Rugged Tablet

Dell Latitude Rugged Tablet **表5-2-6**

产品种类	Dell Latitude Rugged Tablet		
名称型号	7212		
厂商名称	戴尔		
适用场景	通用建模和表达		
	模型整合与管理		
	环境拍照及扫描		
	可视化仿真与VR		
操作系统	64位Windows10	处理器	2.4G～2.8GHz
内存	8G～16GB	显卡	UMA
磁盘空间	128GB～1TB	重量	1.3kg
其他	可选配笔记本肩带、提手、手托、胸前背带、桌面端口复制器、外置键盘、扫码模块、端口可扩展模块、电池充电器、笔记本支架、车载电源		

续表

产品介绍
建模： Dell Latitude Rugged 7212是全坚固11.6寸平板，应用于建筑现场作业，通过军标MIL-STD-810G、IP52/IP65防水防尘测试，可在恶劣危险强电磁环境盐雾等环境下正常使用。 可配备双电池，并支持热插拔、户外强光可视屏幕、戴手套触摸显示屏、摄像头物理开关。配有多款配件可供建筑行业现场作业（图1）。 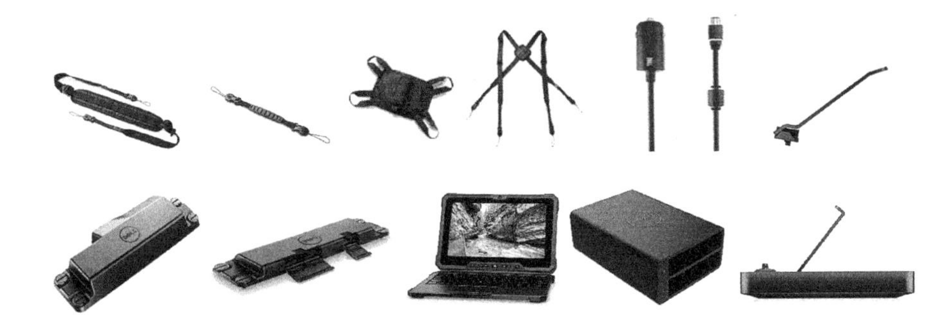 **图1　Dell Latitude Rugged 7212**

5.2.7 惠普VR G2背包电脑

惠普VR G2背包电脑　　**表5-2-7**

产品种类	VR背包电脑		
名称型号	惠普VR G2背包电脑		
厂商名称	惠普		
适用场景	VR		
操作系统	64位Windows10	处理器	英特尔酷睿i7-9750H
内存	最高32GB	显卡	NVIDIA GeForce RTX 2080（8GB）
磁盘空间	256GB～1TB SSD	重量	起重4.66kg（包括背包电脑和背带以及外部电池）
其他	无		
产品介绍			
VR： HP VR G2背包电脑（图1）是可穿戴的多功能VR电脑，针对自由漫游体验进行优化。从实景娱乐到沉浸式培训再到创新设计，利用这种紧凑型可穿戴设备的超凡性能，可以开创全新的体验。传统的PC VR需要VR眼镜连接固定的主机，使用者活动的范围和动作受到连接线缆的限制。使用可穿戴式VR电脑可以让头显和主机之间的连线缩短到最小，可以在体验VR的同时也在大范围内进行移动，并支持复杂的动作，使复杂大型工程的VR漫游成为可能。 HP VR G2背包电脑性能强劲，使用NVIDIA GeForce RTX 2080显卡以及英特尔酷睿处理器，搭配HP Reverb头显可以实现90Hz帧率以及4K分辨率，即便是复杂的建筑工程设计，在展现的时候也能够流畅进行，并且可以展现更丰富的细节，体验也更加逼真。HP VR G2背包电脑在人体工程学设计中，兼顾简单和舒适性，易于使用，在复杂的外界工程环境中依然游刃有余。热插拔的外置电源能让体验可以持续（图1）			

续表

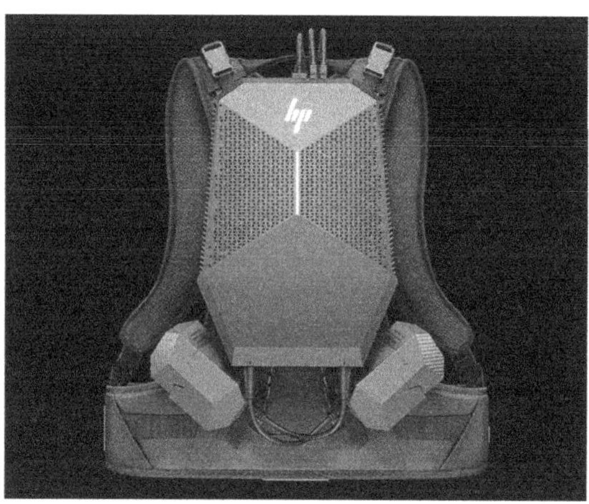

图1 惠普VR G2背包电脑

5.2.8 HP Z2 G4 立式工作站

HP Z2 G4 立式工作站 表5-2-8

产品种类	工作站		
名称型号	HP Z2 G4 立式工作站		
厂商名称	惠普		
适用场景	建模	60万m^2级项目	
	渲染	40万m^2级项目	
	VR	40万m^2级项目	
操作系统	64位Windows10	处理器	推荐i7-8700K，3.7GHz（基础频率）/4.7GHz（睿频）
内存	推荐64GB及以上	显卡	4G～16GB
磁盘空间	推荐1TB SSD+4T SATA	重量	起重7kg
产品介绍			

建模：

BIM高度集成三维信息化数据，囊括了设计、施工、成本、质量在内的各种信息，传统PC从3D图形处理性能、稳定性等方面都已经无法满足BIM设计的需求。惠普图形工作站为专业图形应用而设计，拥有众多专业软件的认证，采用服务器级别的主板芯片组，可选用有纠错功能的ECC内存、专业图形显卡、整机模块化设计、高效的散热体系，确保系统性能以及稳定性。

惠普Z2 G4立式工作站，支持SketchUp、Rhino、Revit等软件流畅运行，具有多种建筑专业软件的认证，配合快速稳定的冗余校验ECC内存，灵活的存储方案（SSD、SATA、HP Z Turbo Drive），支持RAID保护数据安全，并通过惠普工作站全面而苛刻的测试流程，工作站优化专家软件“HP PA”更能够针对专业建模软件的需求对系统环境进行优化，从而提供了远超传统PC（个人电脑）的软硬件可靠性、专业性，是实现设计方案、迅速更新迭代的高性价比解决方案。

以下测试为例HP Z2 G4（i7-8700K CPU 3.7GHz、64GB内存、512GB SSD、NVIDIA Quadro P4000）运行Autodesk Revit 2018，表现优秀

续表

建筑模型，测试所需的建筑模型总大小为412M。

表1 测试所需建筑模型资源

文件名称（*.rvt）	1	2	3	4	5	6	7	8
文件大小（K）	29956	28700	25072	23608	20464	18828	14004	10988
文件名称（*.rvt）	9	10	11	12	13	14	15	16
文件大小（K）	10984	10984	10984	10984	10988	10980	10992	10984
文件名称（*.rvt）	17	18	19	20	21	22	23	24
文件大小（K）	10992	10984	11464	11172	12032	11988	11984	11988
文件名称（*.rvt）	25	26	27	28	29	30		
文件大小（K）	11988	11988	11988	11988	11984	11984		

结构模型，测试所需的结构模型总大小为400M。

表2 测试所用结构模型资源

文件名称（*.rvt）	1	2	3	4	5	6	7	8
文件大小（K）	25368	18736	16620	15720	14016	10788	9128	8812
文件名称（*.rvt）	9	10	11	12	13	14	15	16
文件大小（K）	6924	3956	3956	3960	3956	4188	3956	3956
文件名称（*.rvt）	17	18	19	20	21	22	23	24
文件大小（K）	11768	12176	12500	11744	12396	13480	11728	11448
文件名称（*.rvt）	25	26	27	28	29	30	31	
文件大小（K）	11104	10788	11692	11720	11780	11700	3992	

（1）链接rvt文件

打开“建筑1”文件，然后依次把建筑模型的2~30文件链接进去，并保存为一个建筑链接.rvt（大小为412036KB）；

打开“结构1”文件，然后依次把结构模型的2~31文件链接进去，并保存为一个结构链接.rvt（大小为400000 KB）；

保持打开“结构1”状态，然后将建筑链接.rvt链接进去，并保存为一个综合.rvt（大小为395246KB）；

机器运行流畅。

（2）打开模型

打开建筑链接.rvt，用时9s；打开结构链接文件，结构链接.rvt，用时7s；

打开综合链接文件，综合.rvt，用时6s。

（3）旋转、剖切和导出dwfx，sat文件

旋转模型，在打开的综合.rvt模型上，进行旋转模型操作时，没有延迟现象。

三维剖切，在打开的综合.rvt模型上，进行三维剖切操作，延迟显示时间，表现在1s左右。

（4）导出dwfx

将综合.rvt文件导出为dwfx文件，导出的dwfx文件大小为11584KB，用时9s

续表

(5)绑定文件 用链接完的文件做绑定。 打开的综合.rvt，依次绑定建筑模型1~30，绑定塔楼时平均35s左右，绑定地下室时，平均1m用时10s左右。再依次绑定结构模型2~31，绑定塔楼时平均38s左右，绑定地下室时平均1m用时30s左右
渲染： 视觉效果制作人员使用Navisworks（与BIM模型具有良好衔接性）、Lumion（实时渲染优势）、3DS MAX（提供逼真的渲染效果）可以制作出令人惊叹的照片级效果图和电影级动画，令设计方案更易赢得客户的肯定与赞赏。 多处理器内核、大容量内存可以有效加快三维模型渲染的速度，部分渲染工作亦可以通过GPU来加速。HP Z2 G4工作站通过睿频技术CPU主频可以达到4.7GHz，内存可以支持到64GB，同时可以插入NVIDIA Quadro P5000（16GB）高端专业显卡，以超强的性能和良好的扩展性，可以很好地满足三维模型渲染的需求
VR： HP Z2 G4支持VR Ready的配置，帮助建筑工程人员在一台设备上完成从BIM设计、渲染到VR沉浸式体验的全部流程

5.2.9 HP Reverb G2虚拟现实头戴设备

HP Reverb G2虚拟现实头戴设备 **表5-2-9**

产品种类	HP Reverb G2虚拟现实头戴设备					
厂商名称	惠普					
适用场景	可视化仿真与VR					
主机推荐配置	操作系统	64位Windows10	处理器	2.6GHz	内存	16GB
	显卡	NV GeForce RTX2080/NV RTX 5000	磁盘空间	512GB	鼠标要求	无
功能介绍						
建筑设计中，最大的挑战莫过于让客户从楼层平面图、3D效果图中理解建筑师的设计理念。尤其是遇到意见分歧时，依靠现有的表达方式想说明设计方案有些费力。BIM技术正在推动建筑设计走向行业变革，VR作为BIM的创新应用更是提升了其应用效果。借助VR，建筑师在虚拟空间中可直接建模，完美展现其设计理念，方便与客户沟通。在传统建筑设计中，建筑只有在建成那一刻才能够被真正体验。VR技术将SketchUP、Revit和其他BIM模型进行一定形式的优化后导入VR环境中，进行材质、灯光、交互设计等处理，并实时渲染出效果，进而沉浸式体验和推敲作品。值得注意的是建筑师可以不离开VR场景，在设计方案之间自由选择切换，并在头盔上立即输出设计效果。此外，基于虚拟现实技术开发的VR安全体验系统，体验者通过VR头显设备，置身于施工现场，以第一和第三视角，分别体验不同安全事故伤害的严重后果，并通过对事故原因、防范措施的简要交互问题，在震撼体验同时，进一步增加安全意识。然而由于BIM高度集成了设计、施工、成本、质量在内的三维信息化数据，决定了其大体量多专业的三维建筑设计特性。复杂模型，高质量的视觉体验，完全交互式VR软件，实时VR渲染，VR内容流畅呈现，决定了具有极高的硬件运行性能需求。 HP Reverb G2虚拟现实头戴设备（图1），是惠普新一代VR头显，提供无与伦比的多感官体验。令人惊叹的2160×2160单眼分辨率提供4K的清晰度，画面细腻色彩鲜明。114° 视场角，以及精彩的音效，让人全身心沉浸其中。集成式双麦克风支持Windows智能助手，让交互更加便捷。这款超轻型头显设计精简，不含线缆仅0.55kg，可提供持久的舒适感，还可以让你能够尽享高度沉浸感和自然观看体验。与Windows MR 和 SteamVR 有良好的兼容性，摄像头自内向外追踪，不需要外置定位器，也可以实现卓越的位置和动作跟踪						

续表

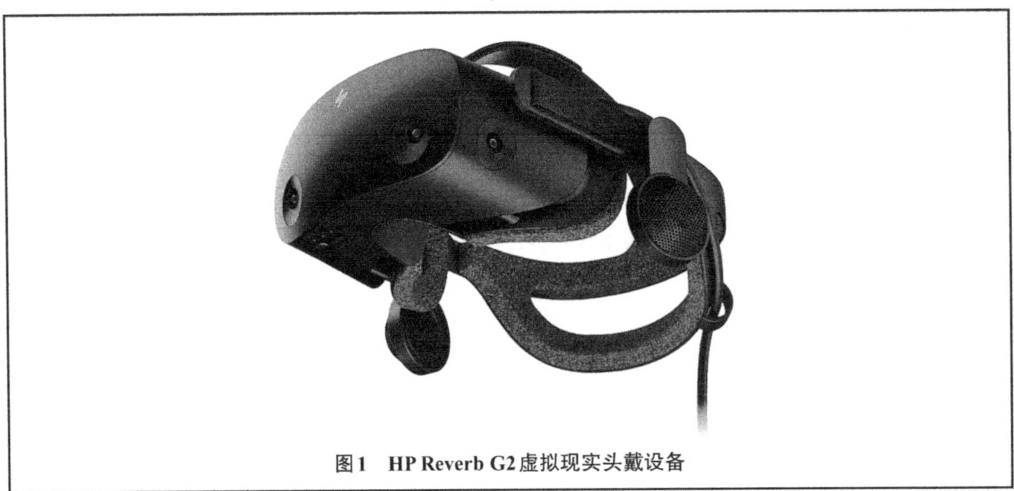

图1　HP Reverb G2虚拟现实头戴设备

5.2.10 HP Reverb G2 Omnicept版本

HP Reverb G2 Omnicept版本　　　　表5-2-10

产品种类	HP Reverb G2 Omnicept版本						
厂商名称	惠普						
适用场景	可视化仿真与VR						
主机推荐配置	操作系统	64位 Windows10	处理器	2.6GHz	内存	16GB
	显卡	NV GeForce RTX2080 / NV RTX 5000	磁盘空间	512GB	鼠标要求	无
功能介绍							

建筑设计中，工程师希望能够了解客户对于设计最真实和准确的感受，传统的VR技术，能够将设计进行沉浸式的展现，但是客户的感受和反馈只能够通过手柄的交互或者观看后与客户进行访谈才能了解，常常受限于客户表达的准确性以及沟通的有效性。

HP Reverb G2 Omnicept方案将先进的传感器系统与VR技术相结合，可以帮助设计者实时捕获生物特征数据，从而获得最真实、最详细的客户感受。HP Reverb G2 Omnicept版本集成的传感器可测量脉搏、瞳孔大小、注视点变化，并且包括下面部摄像头，从而能够科学地捕获用户在VR会话中的状态，进而了解客户最真实和细微的反馈。

在应急响应流程的设计中，HP Reverb G2 Omnicept也能够发挥独特的作用。在虚拟现实的环境中模拟紧急状况的发生，通过观察体验者在撤离过程中的反应，例如注视点的变化、瞳孔和脉搏的变化，能够分析出各个应急标志的设计与安放是否足够醒目，是否能够起到正确的指示作用；人们的反应和撤离路线是否与预期相符，从而验证应急路线和相应流程的设计是否合理，或者哪里还需要进一步优化。

硬件方面，HP Reverb G2 Omnicept版本继承了HP Reverb G2的优秀设计，包括单眼2160×2160的高清分辨率、4个内置摄像头6DOF追踪、无须外置定位器等。软件方面，惠普为应用开发者提供了完备的SDK、开发样例等资料，在开发者网站上可以方便地获得（https：//developers.hp.com/xr）（图1）

续表

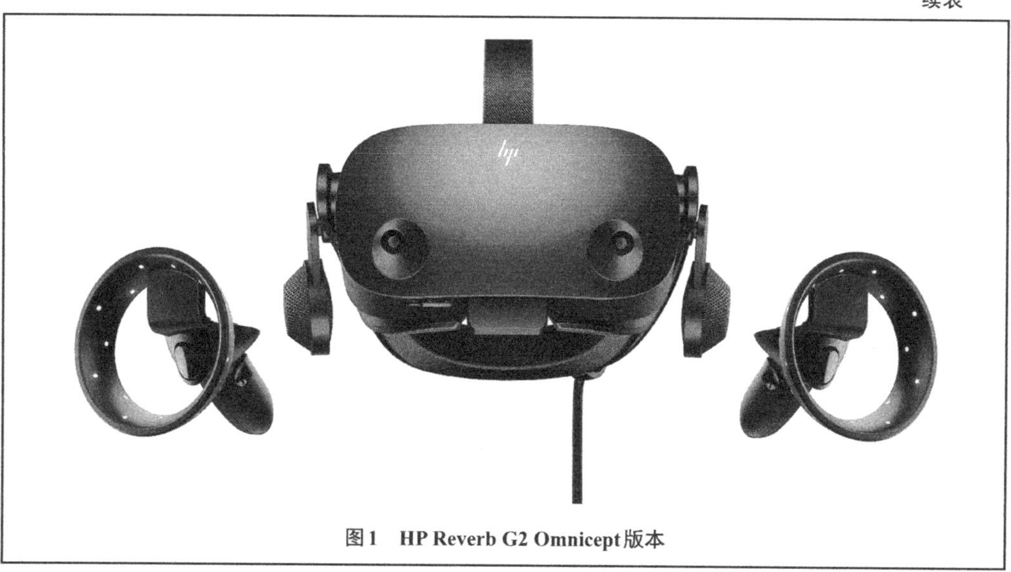

图1　HP Reverb G2 Omnicept版本

5.2.11 ThinkPad P1

ThinkPad P1　　　　**表5-2-11**

<table>
<tr><td>产品种类</td><td colspan="3">移动工作站</td></tr>
<tr><td>名称型号</td><td colspan="3">ThinkPad P1</td></tr>
<tr><td>厂商名称</td><td colspan="3">联想</td></tr>
<tr><td rowspan="2">适用场景</td><td>建模</td><td colspan="2">40万m^2级项目</td></tr>
<tr><td>渲染</td><td colspan="2">20万m^2级项目</td></tr>
<tr><td>操作系统</td><td>64位Windows10</td><td>处理器</td><td>至强2.8睿频至4.7GHz，6核12线程，i9 2.3GHz睿频至4.8GHz，8核16线程，i7 2.6GHz睿频至4.6GHz，6核12线程</td></tr>
<tr><td>内存</td><td>最大64G</td><td>显卡</td><td>Quadro T1000 4GB，Quadro T2000 4GB</td></tr>
<tr><td>磁盘空间</td><td>单块硬盘容量256GB至最高2T SSD，最大支持2块SSD，可支持Raid0、Raid1</td><td>重量</td><td>1.7kg起</td></tr>
<tr><td>其他</td><td colspan="3">屏幕15.6 4K OLED 100% DCI P3色域，15.6 4K IPS 100% Adobe RGB色域，15.6 FHD IPS 100% sRGB</td></tr>
<tr><td colspan="4">产品介绍</td></tr>
<tr><td colspan="4">建模：
3D建模的设计师，数据计算主要依赖显卡的性能，建议搭配高性能的专业图形卡。
市面上有游戏显卡和专业显卡的区别。所谓的游戏显卡就是针对游戏优化的一种显卡，它不适合用作专业及商业领域的工作，而它的侧重就是游戏，游戏的场景往往不太复杂，所以游戏的性能瓶颈大多出现在像素或者纹理处理速度上</td></tr>
</table>

续表

专业显卡与游戏显卡的最大不同在于游戏显卡着重“显现”能力，就是把已经做好的东西重现出流畅的画面；而专业显卡着重“生成”能力，就是按照设计师给定的坐标、参数，生成虚拟的三维物体。专业卡除了能比游戏卡更加流畅地控制复杂模型外，还支持一些游戏显卡所没有的，或者支持度达不到设计工作要求的特效，使设计师在建模阶段就可以看到最接近最终结果的画面。专业显卡是专门为某些专业应用而优化的显卡，在专业应用中，高级场景渲染、CAD/CAM、影视用三维动画等应用领域往往会遇上非常大规模的模型和许多光源，所以图形系统的几何与光线处理能力是十分重要的。

在硬件层面上，专业显卡有着绝对的稳定性、足够高的渲染精度，专业图形显卡一般需要较大的显存容量，对特定的软件进行优化的显卡驱动程序，经过优化的显卡驱动才是专业卡的灵魂，这也是专业卡价格高的主要原因。

新一代的ThinkPad P1支持英伟达 Quadro T1000/T2000。ThinkPad P系列整体经过ISV 的软件测试，保证在运行大型专业软件时的系统稳定性，大大加强了专业工作者的工作效率。

以ThinkPad P1 移动工作站产品为例：E-2176至强处理器，16G DDR4 2677MHz 内存，512G NVMe 固态硬盘，Nvidia Quadro P2000 4G专业显卡，运行Autodesk Revit 2018，评测结果如下：

模型大小	描述	加载	链接	3维转2维	剖面	渲染
5M	434物件别墅模型	7s	6s	4s	3s	12s
100M	7739物件别墅酒店模型	9s	9s	5s	4s	29s
300M	15488物件别墅酒店模型	15s	14s	5s	10s	4min33s

Revit测试项目，其中包括了3个测试场景，做打开、移动、旋转、查看输出等操作，对比CPU、GPU等配件性能，ThinkPad P1 产品在同类产品中表现最为优越

渲染：

3D渲染基本是依赖于电脑的中央处理器，对于这样的设计建议用高性能CPU，以保证设计人员应对大量的数据计算。

处理器方面，高性能PC一般使用家用级芯片组与英特尔酷睿处理器的组合，工作站则为了更强劲的性能和更稳定的运行，使用了工作站级别芯片组和多核处理器，或者支持多路处理器来满足诸如图形应用中的大量浮点运算和3D渲染工作等。众所周知，在石油和天然气勘探、地理信息系统、大型汽车、飞机、CAD/CAM制造、数字内容创建等高端可视化技术重点应用的领域中，对计算机硬件配置提出了极其苛刻的要求。只有配备了强大的至强处理器才足以支持海量数据的可视化处理和高清晰复杂三维图形数据的高速稳定运算。

3ds Max测试项目，其中包括了3个测试场景，用于测试系统在综合建模、交互式图形、视觉特效渲染输出操作中的CPU和GPU性能。硬件ThinkPad P1 移动工作站（E-2176至强处理器，16G DDR4 2677MHz内存，512G NVMe 固态硬盘，Nvidia Quadro P2000 4G专业显卡）评测结果如下：

模型大小	描述	加载时间	一般操作	渲染时间
50M	386对象753895面建筑模型	20s	流畅	49s
556M	1510对象4386256面城区模型	25s	流畅	1min49s
1.35G	3440对象4980284面建筑外部内部整体模型	34s	流畅	4min19s

整体的测试结果非常流畅，可以满足设计师专业需求

拓展性：

由于工作站产品的特殊使用场景以及对工作内容的严格要求，对电脑的扩展性也有很高要求。

内存：

由于工作站需要长时间工作，对于系统的稳定性要求非常高。而内存如果出现错误，产生的后果是非常严重的。所以在工作站上一般应用了ECC技术，ECC被称作错误检测和纠正，可以检测1位或者4位数据错误，并进行纠正。这样能有效避免随机出现的内存软错误，保证系统的高度稳定性。联想ThinkPad P系列移

续表

<table>
<tr><td>动工作站搭载英特尔最新志强处理器，还完美支持DDR4 ECC内存，带来更加稳定、强大的计算性能。
存储：
区别于一般电脑使用者，建筑领域的专业工作者需要对数据有更高的存储需求，联想ThinkPad P系列移动工作站产品提供了不同的硬盘存储解决方案，支持RAID 0/1，满足用户对计算以及数据存储的不同要求。
RAID 0，它代表了所有RAID级别中最高的存储性能。RAID 0提高存储性能的原理是把连续的数据分散到多个磁盘上存取，这样，系统有数据请求时就可以被多个磁盘并行执行，每个磁盘执行属于它自己的那部分数据请求。这种数据上的并行操作可以充分利用总线的带宽，显著提高磁盘整体存取性能。
其他：散热和噪声
持续高负荷工作的稳定性不仅是工作站区别于PC的一大特性，更是品牌工作站强于DIY的明显优势。工作站需要长时间工作，对系统的稳定性要求很高，故而往往会选用具有更高可靠性的硬件。除了显卡、CPU等关键部件外，工作站还采用了高品质的电源，保证长时间工作中的动力稳定。除此，在散热和静音方面也不惜工本，联想ThinkPad P系列移动工作站采用了独家的散热技术，通过真空铜管散热以及鹰翼风尚设计，最大限度将冷空气直接导向关键系统部件进行冷却，在提高关键部件的散热性能的同时，还能保证整体的噪声水平大大降低，确保工作站全天候正常运行。而在售后服务方面，联想为用户配备了专业售后服务团队，可实现7×24小时快速响应，24小时以内全国上门服务。除此之外，联想还对P系列用户提供了意外保护服务，用户在使用过程中出现的任何硬件意外损坏也可以得到完善的保障。最后，联想还提供了数据拯救的服务，即使硬盘物理损伤，我们也将尽量为用户找回最宝贵的数据。为用户业务稳定运行提供坚实保障</td></tr>
</table>

5.2.12 ThinkPad P53

ThinkPad P53 **表5-2-12**

<table>
<tr><td>产品种类</td><td colspan="3">移动工作站</td></tr>
<tr><td>名称型号</td><td colspan="3">ThinkPad P53</td></tr>
<tr><td>厂商名称</td><td colspan="3">联想</td></tr>
<tr><td rowspan="2">适用场景</td><td>建模</td><td colspan="2">40万m²级项目</td></tr>
<tr><td>渲染</td><td colspan="2">20万m²级项目</td></tr>
<tr><td></td><td>VR</td><td colspan="2">20万m²级项目</td></tr>
<tr><td>操作系统</td><td>64位Windows10</td><td>处理器</td><td>至强2.8睿频至4.7GHz，6核12线程，i9 2.3GHz睿频至4.8GHz，8核16线程，i7 2.6GHz睿频至4.6GHz，6核12线程</td></tr>
<tr><td>内存</td><td>最大128GB</td><td>显卡</td><td>QUADRO RTX 5000 16GB，QUADRO RTX 4000 8GB，QUADRO RTX 3000 6GB，QUADRO T2000 4GB，QUADRO T1000 4GB</td></tr>
<tr><td>磁盘空间</td><td>P53 最大3×2TB 固态，支持RAID 0/1/5；
P73最大2×2T固态+2T机械，支持RAID0/1</td><td>重量</td><td>P53：2.45kg起
P73：3.4kg起</td></tr>
<tr><td>其他</td><td colspan="3">P53屏幕15.6 4K OLED 100% DCI P3色域，15.6 4K IPS 100% Adobe RGB色域，15.6 FHD IPS 100% sRGB；P73屏幕17.3 4K IPS 100% Adobe RGB色域，17.3 FHD IPS 100% sRGB</td></tr>
</table>

续表

产品介绍
建模： 3D建模的设计师，数据计算主要依赖显卡的性能，建议搭配高性能的专业图形卡。 市面上有游戏显卡和专业显卡的区别。所谓的游戏显卡就是针对游戏优化的一种显卡，它不适合用作专业及商业领域的工作，而它的侧重就是游戏，游戏的场景往往不太复杂，所以游戏的性能瓶颈大多出现在像素或者纹理处理速度上。 专业显卡与游戏显卡的最大不同在于游戏显卡着重"显现"能力，就是把已经做好的东西重现出流畅的画面；而专业显卡着重"生成"能力，就是按照设计师给定的坐标、参数，生成虚拟的三维物体。专业卡除了能比游戏卡更加流畅地控制复杂模型外，还支持一些游戏显卡所没有的，或者支持度达不到设计工作要求的特效，使设计师在建模阶段就可以看到最接近最终结果的画面。专业显卡是专门为某些专业应用而优化的显卡，在专业应用中，高级场景渲染、CAD/CAM、影视用三维动画等应用领域往往会遇上非常大规模的模型和许多光源，所以图形系统的几何与光线处理能力是十分重要的。 在硬件层面上，专业卡有着绝对的稳定性、足够高的渲染精度。专业图形显卡一般需要较大的显存容量，对特定的软件进行优化的显卡驱动程序，经过优化的显卡驱动才是专业卡的灵魂，这也是专业卡价格高的主要原因。 新一代的ThinkPad P53 P73支持英伟达Quadro T1000/T2000以及更高级别的RTX3000/RTX4000/RTX5000（RTX 3000及以上显卡支持VR功能）。ThinkPad P系列整体经过ISV的软件测试，保证在运行大型专业软件时的系统稳定性，大大加强了专业工作者的工作效率。 以ThinkPad P53移动工作站产品为例：E-2276至强处理器，64G DDR4 2666MHz内存，2×1TB NVMe固态硬盘，Nvidia Quadro RTX5000 16G专业显卡，运行Autodesk Revit 2018，评测结果如下：

模型大小	描述	加载	链接	3维转2维	剖面	渲染
5M	434物件别墅模型	6s	5s	3s	2s	27s
100M	7739物件别墅酒店模型	8s	11s	8s	4s	53s
300M	15488物件别墅酒店模型	24s	12s	13s	9s	4min8s

Revit测试项目，其中包括了3个测试场景，做打开、移动、旋转、查看输出等操作、对比CPU、GPU等配件性能

渲染：

3D渲染基本是依赖于电脑的中央处理器，对于这样的设计建议用高性能CPU，以保证设计人员应对大量的数据计算。

处理器方面，高性能PC一般使用家用级芯片组与英特尔酷睿处理器的组合，工作站则为了更强劲的性能和更稳定的运行，使用了工作站级别芯片组和多核处理器，或者支持多路处理器来满足诸如图形应用中的大量浮点运算和3D渲染工作等。众所周知，在石油和天然气勘探、地理信息系统、大型汽车、飞机、CAD/CAM制造、数字内容创建等高端可视化技术重点应用的领域中，对计算机硬件配置提出了极其苛刻的要求。只有配备了强大的至强处理器才足以支持海量数据的可视化处理和高清晰复杂三维图形数据的高速稳定运算。

3ds Max测试项目，其中包括了3个测试场景，用于测试系统在综合建模、交互式图形、视觉特效渲染输出操作中的CPU和GPU性能。硬件ThinkPad P1移动工作站（E-2276至强处理器，64G DDR4 2666MHz内存，2×1TB NVMe固态硬盘，Nvidia Quadro RTX5000 16G专业显卡）评测结果如下：

模型大小	描述	加载时间	一般操作	渲染时间
50M	386对象753895面建筑模型	8s	流畅	1min6s
556M	1510对象4386256面城区模型	13s	流畅	3min3s
1.35G	3440对象4980284面建筑外部内部整体模型	18s	流畅	3min41s

续表

整体的测试结果非常流畅，可以满足设计师专业需求

VR：

新一代的ThinkPad P53 P73支持英伟达Quadro T1000/T2000以及更高级别的RTX3000/RTX4000/RTX5000（RTX 3000及以上显卡支持VR功能）。ThinkPad P系列整体经过ISV的软件测试，保证在运行大型的专业软件时的系统稳定性，大大加强了专业工作者的工作效率。

以ThinkPad P53移动工作站产品为例：(E-2276至强处理器，64G DDR4 2666MHz内存，2×1TB NVMe固态硬盘，Nvidia Quadro RTX5000 16G专业显卡)，运行达索3DE 2019x(图1)。

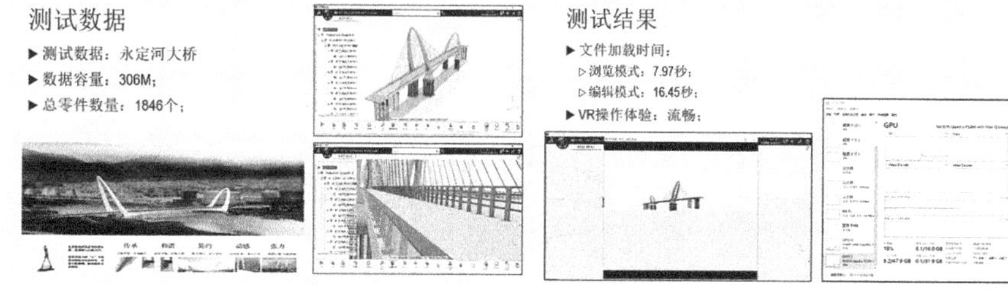

图1　测试结果

拓展性：

由于工作站产品的特殊使用场景以及对工作内容的严格要求，对电脑的扩展性也有很高要求。

内存：

由于工作站需要长时间工作，对于系统的稳定性要求非常高。而内存如果出现错误，产生的后果是非常严重的。所以在工作站上一般应用了ECC技术，ECC被称作错误检测和纠正，可以检测1位或者4位数据错误，并进行纠正。这样能有效避免随机出现的内存软错误，保证系统的高度稳定性。联想ThinkPad P系列移动工作站搭载英特尔最新志强处理器，还完美支持DDR4 ECC内存，带来更加稳定、强大的计算性能。

存储：

区别于一般电脑使用者，建筑领域的专业工作者需要对数据有更高的存储需求，联想ThinkPad P系列移动工作站产品提供了不同的硬盘存储解决方案，支持RAID 0/1，满足用户对计算以及数据存储的不同要求。

RAID 0，它代表了所有RAID级别中最高的存储性能。RAID 0提高存储性能的原理是把连续的数据分散到多个磁盘上存取，这样，系统有数据请求时就可以被多个磁盘并行执行，每个磁盘执行属于它自己的那部分数据请求。这种数据上的并行操作可以充分利用总线的带宽，显著提高磁盘整体存取性能。

其他：散热和噪声

持续高负荷工作的稳定性不仅是工作站区别于PC的一大特性，更是品牌工作站强于DIY的明显优势。工作站需要长时间工作，对系统的稳定性要求很高，故而往往会选用具有更高可靠性的硬件。除了显卡、CPU等关键部件外，工作站还采用了高品质的电源，保证长时间工作中的动力稳定。除此，在散热和静音方面也不惜工本，联想ThinkPad P系列移动工作站采用了独家的散热技术，通过真空铜管散热以及鹰翼风尚设计，最大限度将冷空气直接导向关键系统部件进行冷却，在提高关键部件的散热性能的同时，还能保证整体的噪声水平大大降低，确保工作站全天候正常运行。而在售后服务方面，联想为用户配备了专业售后服务团队，可实现7×24小时快速响应，24小时以内全国上门服务。除此之外，联想还对P系列用户提供了意外保护服务，用户在使用过程中出现的任何硬件意外损坏也可以得到完善的保障。最后，联想还提供了数据拯救的服务，即使硬盘物理损伤，我们也将尽量为用户找回最宝贵的数据。为用户业务稳定运行提供坚实保障

第6章

案　例

——成都绿地中心蜀峰468超高层项目 BIM综合应用

6.1 项目概况

成都绿地中心蜀峰468超高层项目（图6-1-1）位于成都东部新城文化创意产业综合功能核心区域，项目总建筑面积454428m^2，主体结构采用“核心筒+外伸臂+（外周）巨型斜撑框架”的结构体系，本工程主要由超高层塔楼、高层裙楼和地下室构成，其中超高层主楼（T1）包括天际会所、酒店、行政公馆、办公等，地下5层，地上101层，建筑高度468m，为西南地区地标建筑。

图6-1-1　成都绿地中心

1.项目名称：成都绿地蜀峰468超高层项目。

2.项目地点：成都东部新城文化创意产业综合功能核心区域。

3.项目规模：项目总建筑面积454428m^2，主体结构采用“核心筒+外伸臂+巨型斜撑框架”的结构体系，地下5层，地上101层，建筑高度468m，为西南地区地标建筑。

4.项目关键时间节点：

1）核心筒结构：2020年3月封顶；

2）外框结构：2020年8月封顶；

3）幕墙安装：2020年12月完成；

4）机电安装：2021年5月完成。

5.项目主要参与方：

1）建设单位：绿地控股集团；

2）设计单位：华东建筑设计研究总院；

3）施工单位：中建三局集团有限公司；

4）BIM实施单位：上海鲁班软件股份有限公司。

6.项目交付模式：工程总承包（Engineering Procurement Construction. EPC）。

7.项目类型：超高层综合体。

6.2 BIM应用动机

蜀峰468项目作为成都地标、西南第一高楼，建筑高度468m。建筑体量大，高空垂直运输压力大，安全施工要求高，项目施工与管理难度可见一斑。由于本项目的特殊性，有多处重难点：①建筑业态功能多，机电系统十分复杂；②结构异型多变，钢筋与钢构冲突密集，深基坑27.1m，开挖和爆破精度要求高；③幕墙曲折，每一层幕墙均不同；④施工单位多，施工管理难度大。有必要通过引入BIM技术，实现项目的精细化管理。

6.3 BIM应用模式及组织

6.3.1 BIM应用模式

为确保项目顺利实施，绿地集团采用业主主导BIM应用的方式，通过引入鲁班软件的BIM应用技术，成立项目BIM技术中心。以BIM平台为核心，统筹建设方、设计方、施工方、顾问方共同协作，推动项目设计、施工、成本管理，有效防控与解决设计、施工过程中产生的风险与问题，以全新的技术手段提高项目精细化管理水平，实现降本增效的目的（图6-3-1）。

6.3.2 组织结构

BIM融入本项目各参建单位，由BIM全面推动项目拔地而起。通过建立完善的BIM管理机制，确定BIM管理流程，实现各参建单位、各部门条线的统筹（图6-3-2、图6-3-3）。

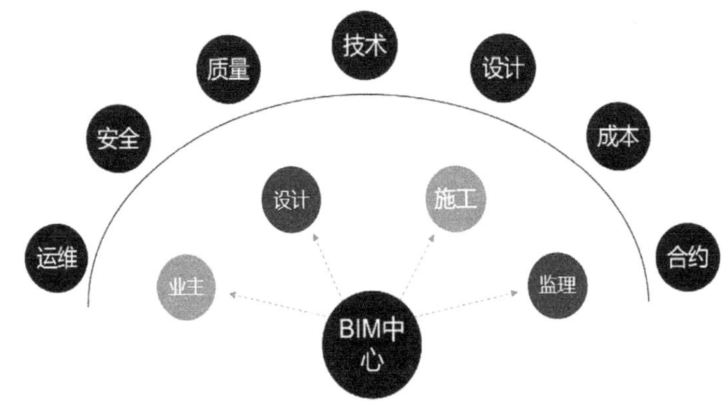

图 6-3-1　BIM 统筹模式

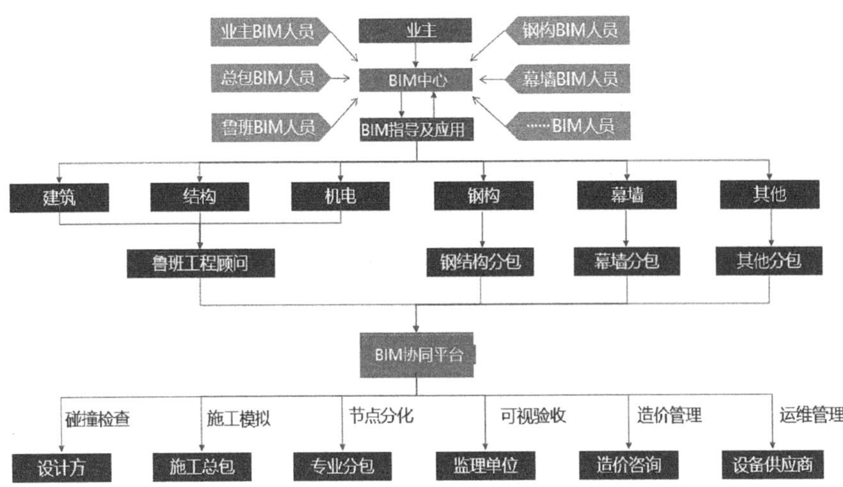

图 6-3-2　BIM 组织架构

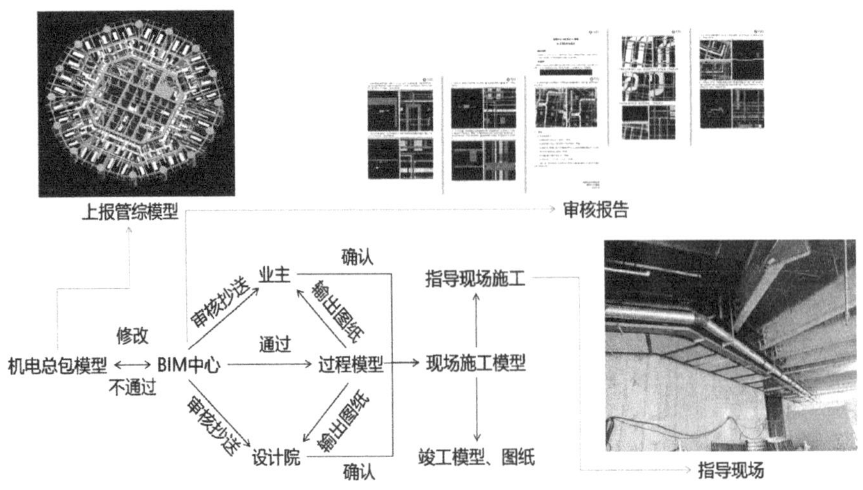

图 6-3-3　分包模型审核流程

6.4 BIM应用领域

6.4.1 设计管理

设计管理工作，是项目前期最重要的工作，决定了项目的投资和收益，是整个项目的风向标，如何规避设计风险、提升项目建设品质，是设计前端的核心工作。绿地集团通过将BIM技术应用到项目前期设计管理职能中，优化项目设计流程，从源头把控工程品质，提前发现排查图纸中的问题，减少因设计问题造成的返工和对工期的延误，为项目全生命周期信息化管理打下坚实的基础。

1. 设计图纸审查

通过可视化设计管理提升管理效率。项目设计图纸会审采用三维可视化技术进行，通过模型分析将图纸问题直观反映出来，更利于各方人员准确地理解问题的症结所在，协助设计院进行最合理的优化。BIM模型的优势不仅在于简单的可视化，更在于直观体现本项目复杂的空间关系，将传统平面图无法审核到的错位、碰撞、矛盾等问题一一反应。截至目前，本项目累计规避设计1000多处复杂的设计协同问题，经测算，约减少70%的设计变更，有力地缩短了项目建设周期，减少了投资浪费（图6-4-1）。

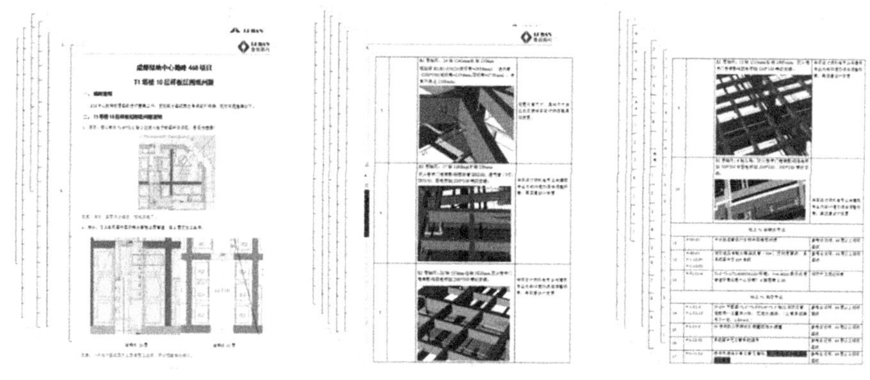

图6-4-1　图纸问题记录

以一项图纸问题为例，在现场施工前，通过BIM模型发现部分报警阀间未设置地漏，排水沟废水无法排出，及时反馈设计院建议增加地漏及排水管，设计院随机对图纸进行修改完善（图6-4-2）。如主体施工后才发现此问题，涉及现场开凿洞口及设计变更，不仅增加成本且容易对结构造成影响；如到机电施工完成后还未有人发现此问题，则会对以后交付使用造成严重影响。

通过BIM平台对建筑、结构、机电、钢结构、幕墙等模型进行整合及碰撞分析（图6-4-3），提前解决了各专业之间的冲突，并优化了方案。例如，在T1塔楼9层精

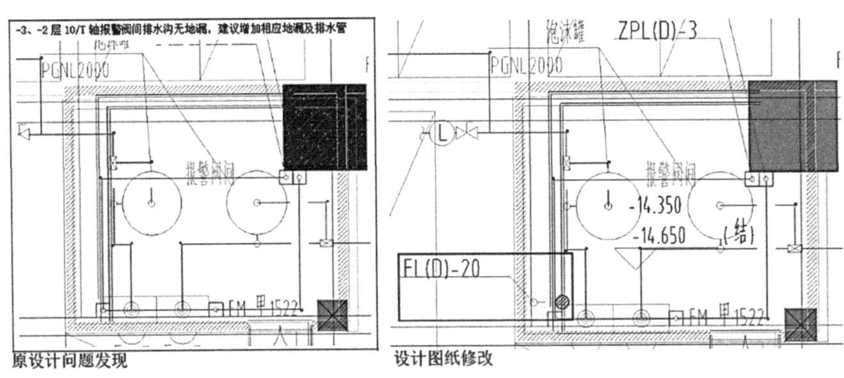

图 6-4-2　设计图纸完善

装样板层施工前，将精装模型、结构模型、机电模型进行整合，系统性地分析各专业之间的矛盾点，及时发现12项严重碰撞问题，必须对吊顶方案、机电末端等进行设计调整，方能解决上述问题。通过BIM技术于设计前期阶段将问题解决，确保了项目施工及整体工程的顺利推进。

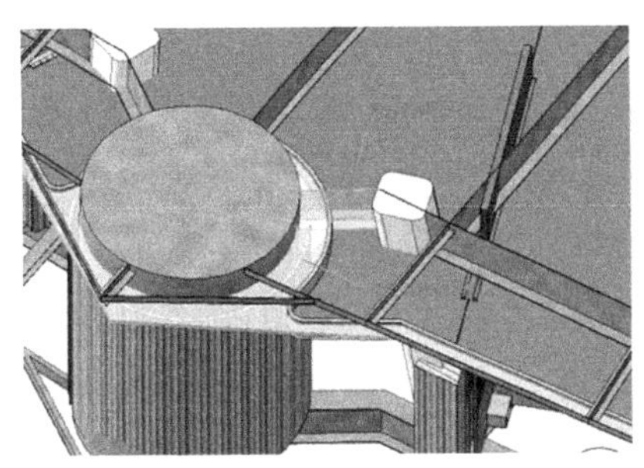

（a）吊顶板面与钢梁冲突

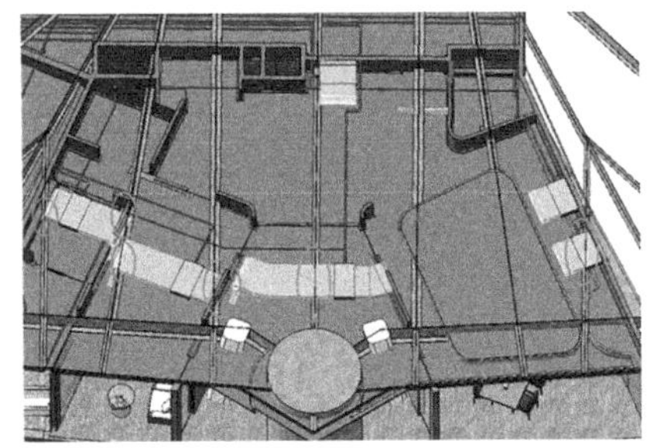

（b）机电管线与钢梁冲突

图 6-4-3　多专业碰撞检查

2.设计方案优化

本项目所有机电管道均经过BIM技术的优化，解决了净高不足、管道冲突、无法安装等一系列相关问题（图6-4-4）。在运用BIM技术进行优化时，充分考虑了设计规范、净高提升、验收规范、检修空间、施工工艺等诸多要素，能够提前组织及协调各参建方确认施工方案，提前规避了大量各专业的协调问题，其功效是事半功倍的。

如何保证净高是本工程重难点，在地上23～25层7000m^2的空间中就存在41处净高不足，其碰撞点多达4423处，并且涉及结构提前预留预埋等问题。如T1主塔楼23～25层为设备层及伸臂桁架层，因设备机房集中，机电综合管道不仅繁多而且管径均较大，非常占用空间，而伸臂桁架斜穿房间及走道，对走道的净高及机电的安装空间造成了严重的影响。

通过BIM技术提前对机电综合管道进行合理排布及分析，并与设计协同修改

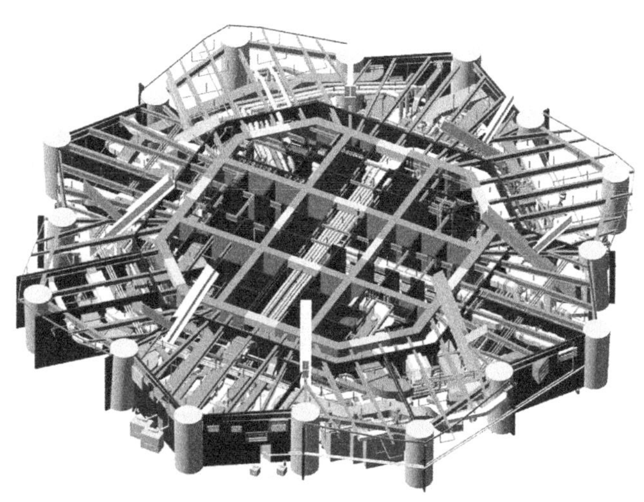

图6-4-4　机电管综模型

部分机电系统，最终将全部问题解决，满足建筑净高要求，保证了房间功能及品质（图6-4-5）。在主塔办公楼层一处走道，通过BIM技术分析发现碰撞冲突严重，空间净高仅为480mm，经过综合分析各方协调解决，最后净高提升至2480mm。

所以如此庞大的建筑体系，诸多问题如不利用BIM技术提前解决，现场施工将是无数次的重复拆改及工期延误，造成巨大的资金浪费。

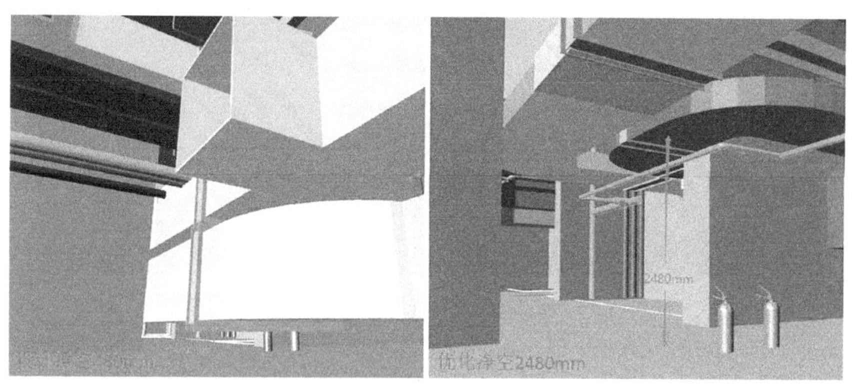

图6-4-5　机电管综前后对比

3.预留预埋深化

综合考虑机电综合管网的平衡，对混凝土墙、梁、钢板等预留开孔位置及尺寸进行优化（图6-4-6）。对机房等特殊部位重点模拟，确保现场预埋的准确性和有效性。经过统计，平均每层预留洞优化率为40%；如果没有使用BIM技术，将有40%的洞口在实际安装过程中无法有效利用，造成返工及浪费。

例如在B1层南侧排水管出外墙时，根据水井管道排布至此处，发现管道位置与图中预留洞位置不符，如要与留洞位置保持一致，则需管道交叉翻弯交换位置。为避免不必要的翻弯，根据BIM管综模型对预留洞尺寸及位置进行合理优化，降低了施工难度（图6-4-7）。

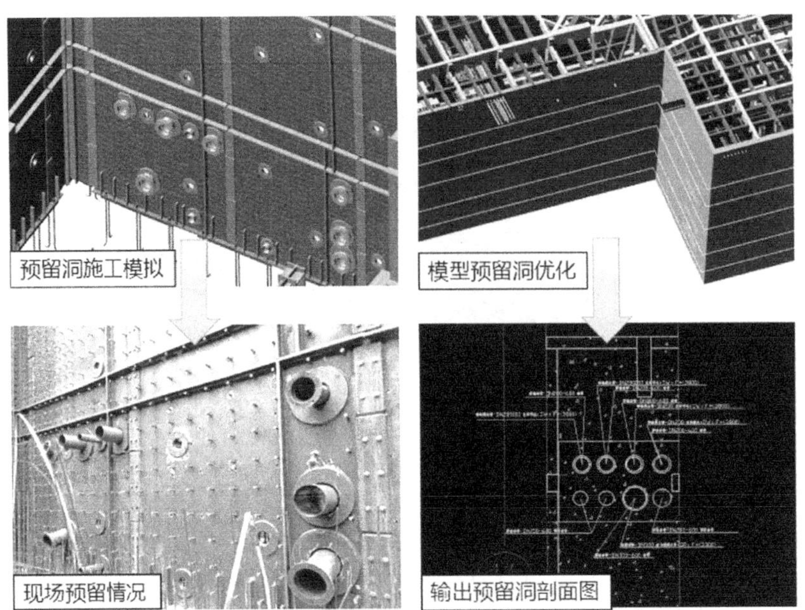

图6-4-6　地下室机电预留管道优化

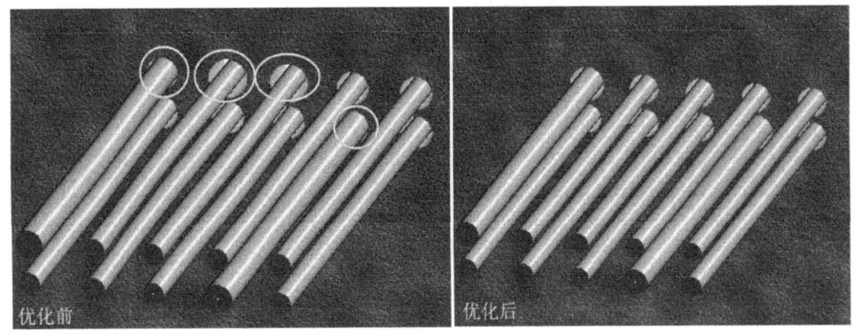

图6-4-7　洞口优化前后对比

4.设计指标校核

根据BIM模型的计量属性功能，BIM中心对各项设计指标进行分析，提前反馈技术部及设计院对设计方案进行优化，为设计阶段参数指标选择、成本控制分析提供了数据支撑。例如，针对各专业进行设备清单统计，分析设备参数与工程的吻合度；根据各项材料的指标（管材线缆等统计）指导项目的成本控制。

5.消防报审保障工具

本项目主塔101层，两栋副塔42层，消防系统庞大，消防的报审工作进展缓慢。仅地下室消防储水量为700m^3，裙房及塔楼设多处水箱。引入BIM技术平台消防原理及路径清晰可见，极大地加快了消防报审进度（图6-4-8）。

图6-4-8　消防系统漫游

6.精装净高分析

按照传统工作流程的方式，精装设计与机电安装基本处于分离状态，很多时候精装进场施工时，才发现现场的机电安装无法满足精装的净高要求或与精装造型冲突。通过BIM技术中心进行全专业统筹，将机电和精装有效结合在一起，对各楼层、各区域的管综进行系统的净高分析，绘制各区域的机电完成面净高分布情况（图6-4-9），可以有效地帮助精装设计能设计出最匹配的方案，同时对于一些特殊的精装节点，BIM可综合各专业进行模拟，确保设计方案的可行性，避免后期修改方案造成工期延误及装修效果下降。

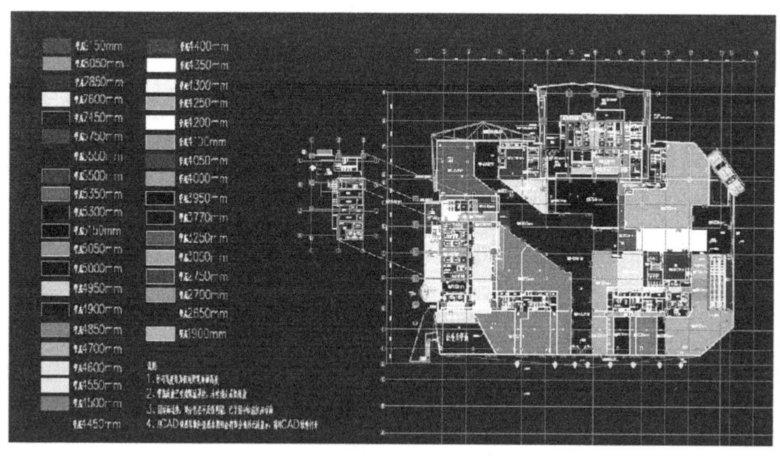

图6-4-9　机电净高分布图

6.4.2 施工管理

在施工阶段，由业主主导的BIM技术应用模式，有利于以统一的管理理念和思想、统一的管理目标、统一的管理语言、统一的管理规则，推动整个项目的实施。

BIM 技术能够精确、直观地进行施工组织模拟、方案模拟，避免交叉作业，降低安全质量隐患，避免工期延误、投资浪费，为建设单位提供更好的进度控制工具，最终达到实现项目全生命周期目标。

1.施工模拟及预警

T1塔楼核心筒外墙从L50层开始向内倾斜至61层，倾斜宽度约240mm，倾斜高度48.4m，倾斜角度约为3°，将面临斜墙转角部位模板转角下大上小的情况，且结构异形需局部拆改部分区域还存在较大门洞，利用BIM技术对模板拆改方案进行模拟优化，确保了方案可行性（图6-4-10）。

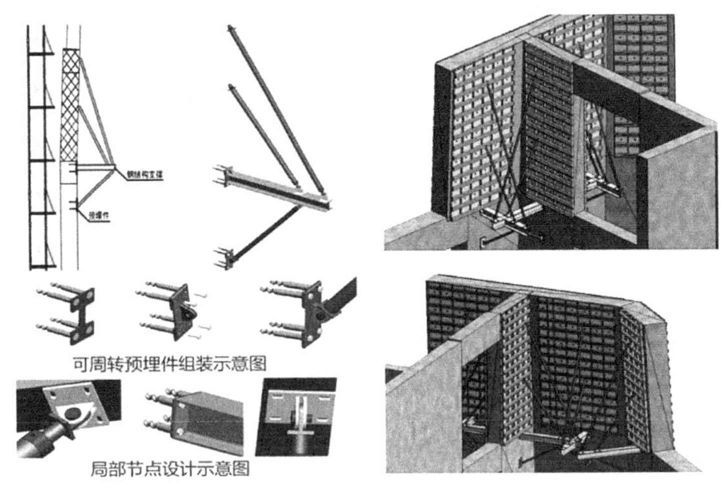

图6-4-10　施工方案模拟

2.样板间模拟

通过AR增强现实技术对本工程重难点工艺及做法，进行虚拟仿真交底，如脚手架搭设、梁柱节点施工、钢板剪力墙工艺、防水工艺等，使现场技术人员可以快捷有效地组织现场施工人员进行技术交底，即达到了现场交底指导的作用，同时也节省了现场实体样板制作，避免了材料的浪费。

（a）AR楼梯样板

（b）AR剪力墙样板

图6-4-11　样板交底

3. 现场质量管控

BIM成果落地才能体现BIM的价值，通过PAD、手机客户移动端，将BIM成果带到现场，与现场管理结合。机电安装涉及专业多、管道复杂，平面图只能体现具体管道的安装位置，无法表达各专业之间的避让关系。通过将手机客户端融入现场管理，打破BIM与施工、办公室与现场的壁垒，现场管理人员甚至工人均可随时打开手机查看模型，对照现场施工情况，确保现场与机电管综的一致性（图6-4-12）。

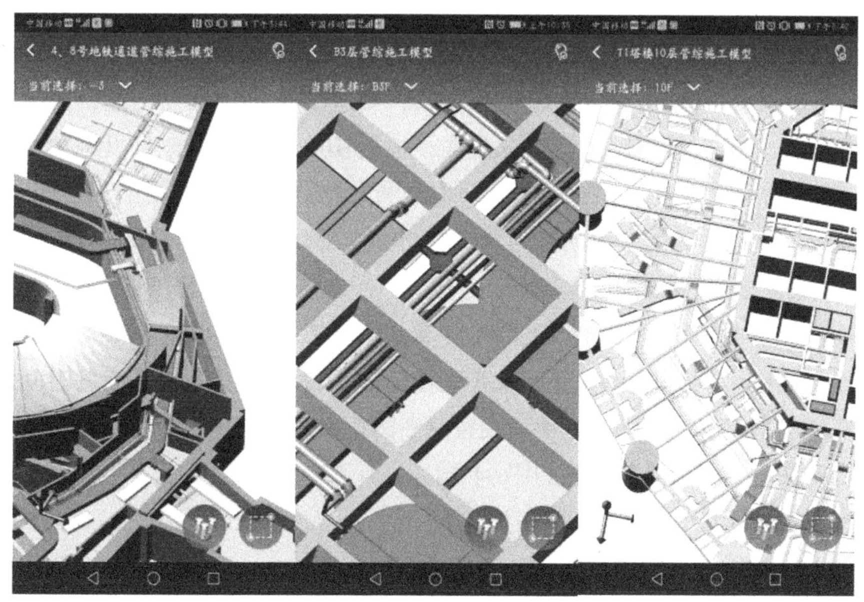

图6-4-12　手机客户端进行管综校核

BIM移动端助力现场监管。监理单位通过BIM移动端对现场质量、安全进行管控，创建质量安全问题整改共计320项（图6-4-13）。

图6-4-13　移动端现场质量监督流程

6.4.3 合约管理

在合约管理中，BIM 技术的最大价值体现在能实现对工程项目的基本信息的任何时间点的快速采集，并提供精确的工程量数据。项目管理人员通过招标成本分析，选择最优方案；对比计划与实际项目工程量，快速制定准确的材料计划；根据项目实际进度，计算已完工工程量，支付相应价款。以此来实现建设单位对项目实现与项目投资风险的有效控制。

1.招标成本分析

BIM数据模型的建立，结合可视化技术、拟建设等BIM软件功能，为项目的模拟决策提供了基础，在项目投资决策阶段，根据BIM模型数据，可以调用与拟建项目相似工程的造价数据，如该地区的人、材、机价格等，也可以输出已完工每平方米造价，高效准确地估算出规划项目的总投资额，为投资决策提供准确依据。

2.甲供设备材料招标管理

本项目BIM技术应用平台输入了时间和成本元素，能够根据施工动态提供造价管理需要的数据，例如通过模型可以获取任何时间段内的工程量及该段时间内的造价，将造价成本控制定量化，为甲供设备材料的招标管理提供了有效的数据支撑，降低设备材料采购无谓的浪费情况（图6-4-14）。

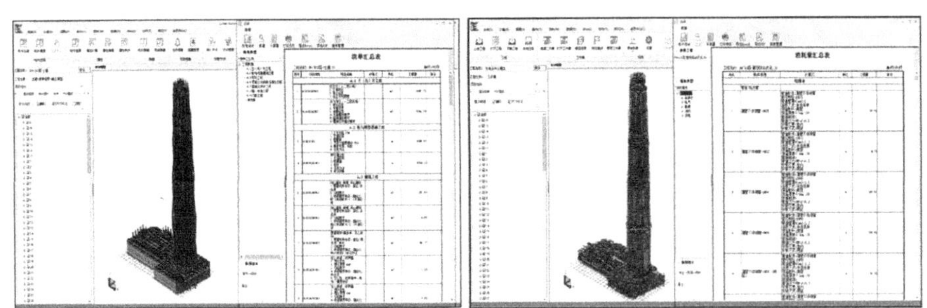

图6-4-14　材料清单

3.分包支付管理

基于BIM的进度管理，利用BIM核算的工程量清单进行成本控制，根据实时工程进度与量价结合，便于项目施工过程中成本审核与工程款项的准确支付。根据现场实际进度，对模型进行分区、分楼层出量，对比施工单位上报工程量，严格控制分包支付价款，保证各单位款项的合理支付。

6.5 BIM技术与工具

6.5.1 BIM标准与规范

绿地控股集团作为成都本地蜀峰468超高层项目，在本项目应用BIM之初，就根据《绿地集团BIM标准化方案》制定了《成都绿地中心468超高层项目BIM实施方案》，为本项目的BIM应用打下制度基础。

6.5.2 BIM软硬件

项目根据BIM中心人员配置，共计配置31台设备。其中笔记本电脑3台，台式电脑7台，供BIM技术人员使用，完成BIM模型相关技术工作；平板电脑20台，供现场BIM管理人员协调施工使用，保证BIM成果落地，提高施工质量；移动工作站一台，作为项目大体量模型处理、高精度动画制作使用，同时作为所有电脑的协同中心（表6-5-1、表6-5-2）。

硬件配置 **表6-5-1**

名称	硬件配置型号	数量（台）
笔记本电脑	处理器：英特尔 酷睿 i7-7700HQ@2.80GHz；显卡：戴尔GTX1050 Ti（4GB）；内存：16GB（海力士 DDR4 2400MHz）；主板：戴尔0C71；硬盘：闪迪X400 M.2 2280 128GB 固态硬盘；操作系统：Windows 10 64位（简体中文）	3
台式电脑	处理器：英特尔 酷睿 i7-7700@3.60GHz；显卡：戴尔GTX1060（6GB）；内存：16GB（海力士 DDR4 2400MHz）；主板：戴尔0VHXCD；硬盘：Conner CP03 256GB 固态硬盘；操作系统：Windows 7 旗舰版 64位（简体中文）	7
戴尔移动工作站 Precision7710	处理器：英特尔® 酷睿™ i7-6820HQ @2.70GHz；显卡：AMD FirePro W7170M（4GB）；内存：16GB（三星DDR4 2133MHz）；主板：戴尔0R7JMV；硬盘：希捷ST1000LM044 HN-M101SAD 1TB；操作系统：Windows 10 64位（简体中文）	1
平板电脑	尺寸：9.7英寸；分辨率：2048 × 1536；核心数：三核心；处理器：苹果A8X；系统内存：2GB；存储容量：16GB	20

软件配置 **表6-5-2**

序号	软件名称	软件用途
1	鲁班BIM	土建、钢筋、安装专业BIM建模算量软件
2	Tekla v.19	钢结构建模软件
3	Rhino5.0	幕墙参数化建模软件

续表

序号	软件名称	软件用途
4	Autodesk Revit 2016	施工方案措施模拟软件；场地动态管理应用软件
5	Navisworks Manage 2016	施工模拟，软硬空间碰撞检测等应用软件
6	Luban works	多专业数据集成应用平台
7	Luban Explorer	BIM云数据浏览中心平台
8	Luban Plan	进度管理平台
9	Luban Govern	资源数据分析平台

6.5.3 BIM协同管理平台

成都绿地蜀峰468项目以鲁班BIM系统平台为基础，创建了多方协同平台（图6-5-1），令各参建方可在这一平台进行数据管理与协同工作。绿地集团以BIM技术为基础搭建平台，协调各参建单位服务项目，形成以业主为核心的工作共享网络关系网。

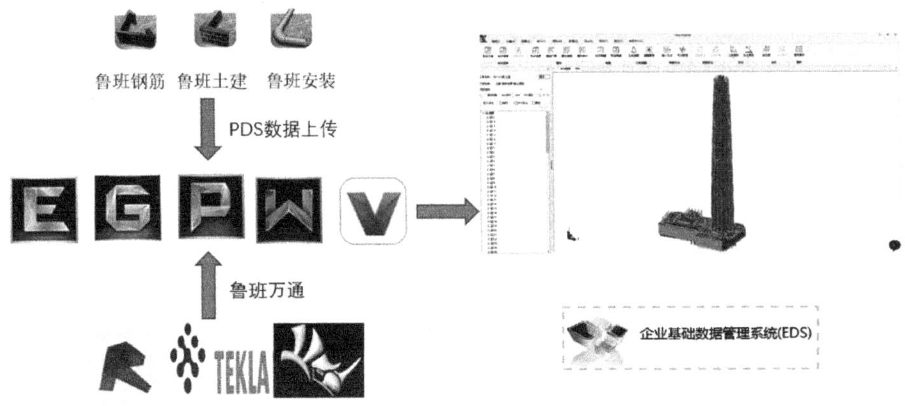

图6-5-1　BIM协同平台结构

鲁班企业级BIM系统基于模型信息的集成，同时结合授权机制，在实现施工项目管理的协同的同时，能够进行企业级的管控、项目级协同管理（图6-5-2）。BIM系统客户端包括鲁班驾驶舱、鲁班集成应用、鲁班浏览器、鲁班进度计划、我的鲁班、鲁班大全、鲁班协同等。

6.6 BIM应用效益

蜀峰468项目建造过程实行BIM样机先行机制，对支护桩爆破、大容积混凝土浇筑等工程重大施工方案进行模拟推演，对施工现场设备堆场进行策划，有效提升项目建造的效率与进度。截至目前，在设计优化、建造施工预警风险、成本管控数据支

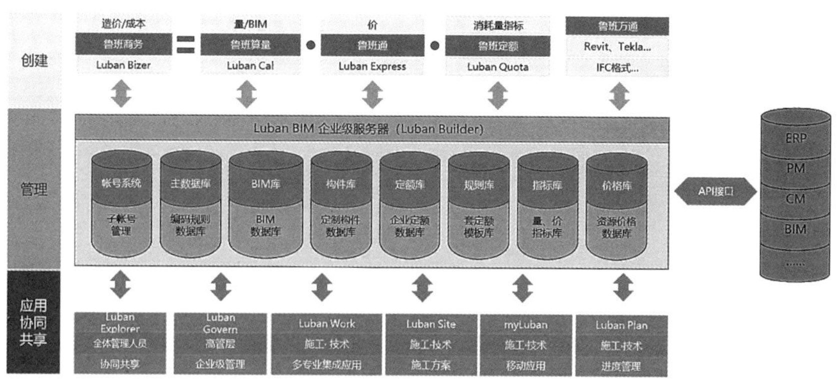

图6-5-2　BIM协同平台系统架构

持、项目协同管理等方面，累计规避2900余万经济损失，减少设计变更1500余项，避免工期延误200余天。

6.7 BIM应用总结

本项目在基础建模端上，利用BIM平台进行成果的整合和转化，将现场管理与BIM统筹，完成设计、合约、工程三线合一的新管理模式的建立，使管理更加高效。截至目前，本项目完成项目级培训20余次，规避了设计风险1500余项，完成复杂节点模拟550余项，深化预留洞3800余个，解决设计净高不足问题900余处，BIM审核意见2600余条，平台协同次数6万余次。

在BIM推行过程中，存在着传统思维与新模式的冲突问题，无论是施工单位、监理单位还是设计院，都会或多或少的抗拒新模式的转变，不愿意改变原有的工作模式和流程。但是经过我单位的不懈努力，多方面、坚持不懈的向各单位展示BIM的成效，最终将各单位一一“征服”，得到了所有参建单位的认可与好评，完成了思维上的巨大转变，使项目管理进入一种以BIM为核心的全新管理模式，BIM成为项目建设不可或缺的元素。

在后期的建设过程中，本项目考虑与运维阶段进行衔接，与智能化、监控、设备管理等对接起来，将建设过程中的有效信息过渡到运维阶段。绿地468作为一个集商业、办公、酒店、公寓于一体的综合性项目，在运维过程中无论是人流、物流、资金、能源都是巨大而复杂的。将所有管理信息化、BIM化，以BIM为基础载体，信息化管理作为手段，智能化CIM成为结果。

第7章 彩页附录

7.1 Autodesk Advance Steel

Autodesk Advance Steel　　表 7-1-1

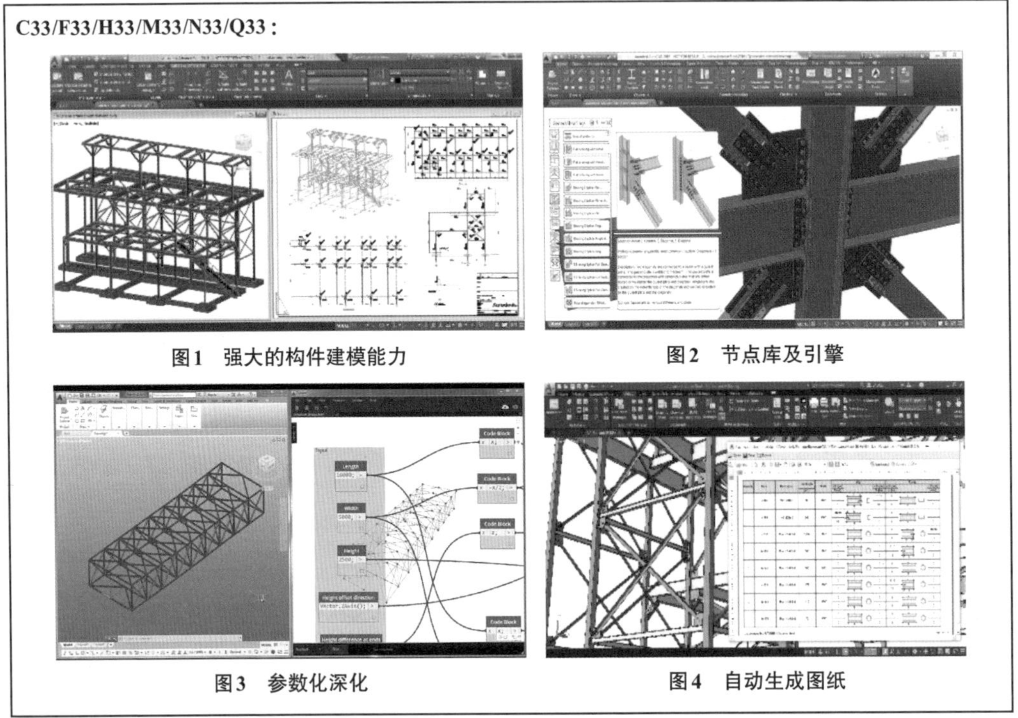

C33/F33/H33/M33/N33/Q33：

图1　强大的构件建模能力

图2　节点库及引擎

图3　参数化深化

图4　自动生成图纸

7.2 Dynamo Studio

Dynamo Studio　　表 7-2-1

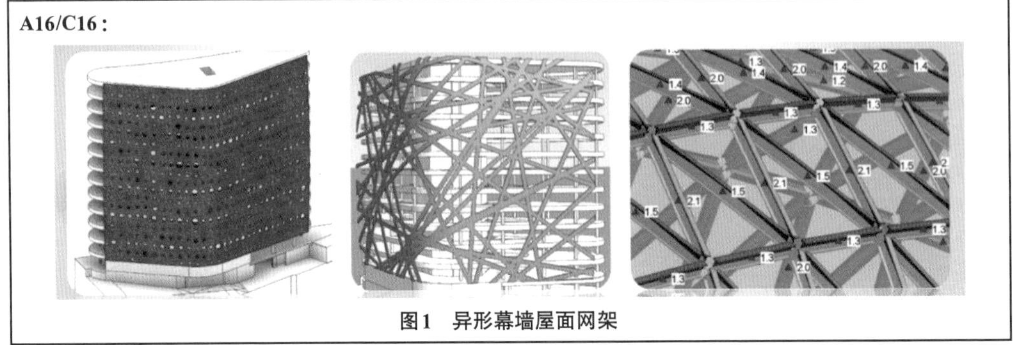

A16/C16：

图1　异形幕墙屋面网架

7.3 Recap Pro/Photo

Recap Pro/Photo 表7-3-1

A03/B03/C03/D03/E03/F03/G03/H03/J03/K03/L03/M03/N03/P03/Q03：

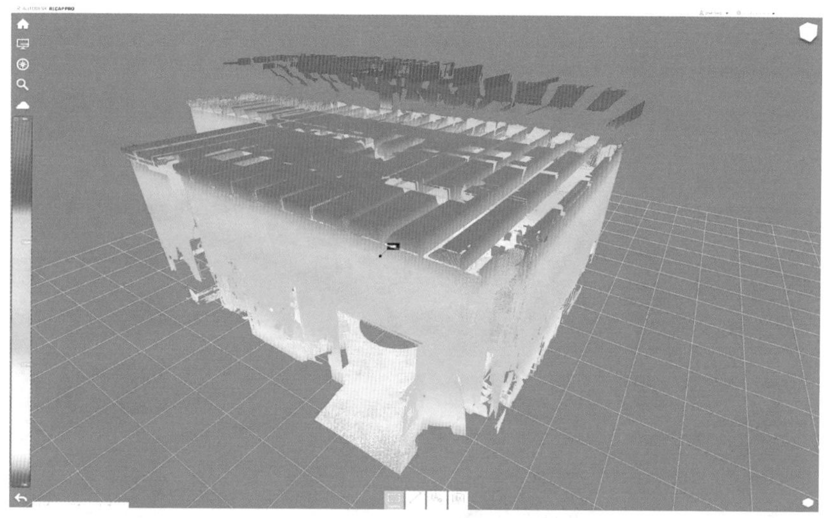

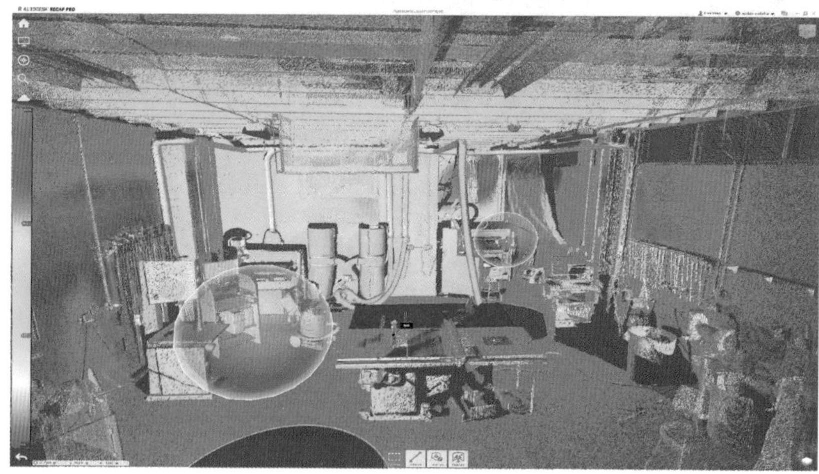

图1 点云数据

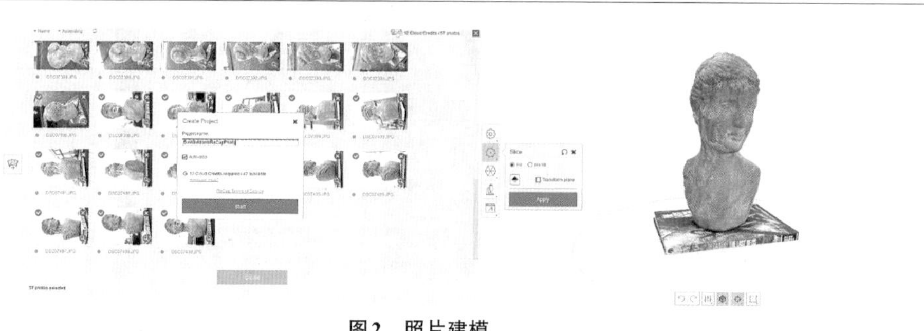

图2 照片建模

7.4 Trimble SketchUp Pro

Trimble SketchUp Pro　　表 7-4-1

A01/B01/C01/F01：

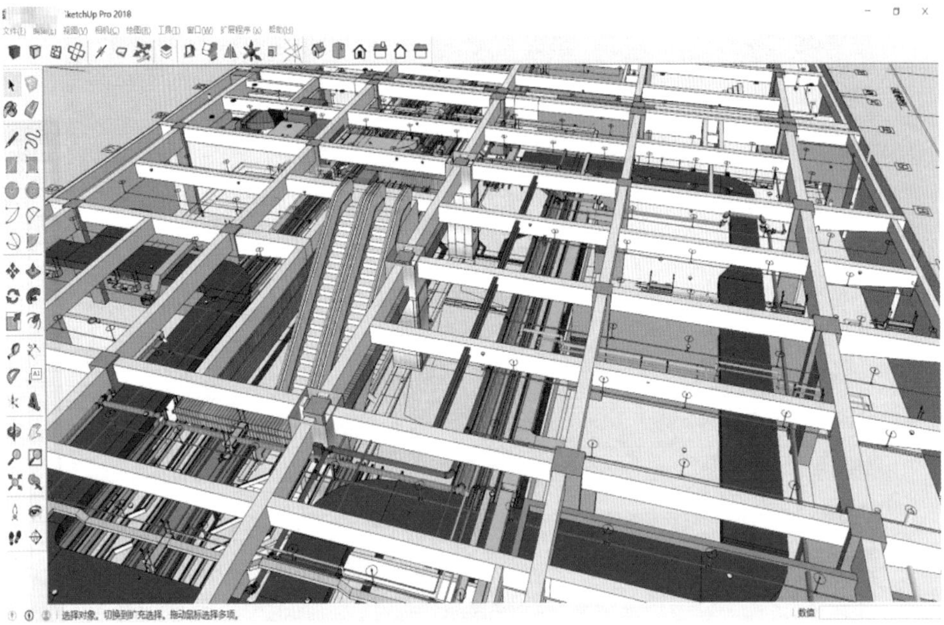

图 1　操作界面

A01/B01/C01/F01、A02/B02/C02/F02：

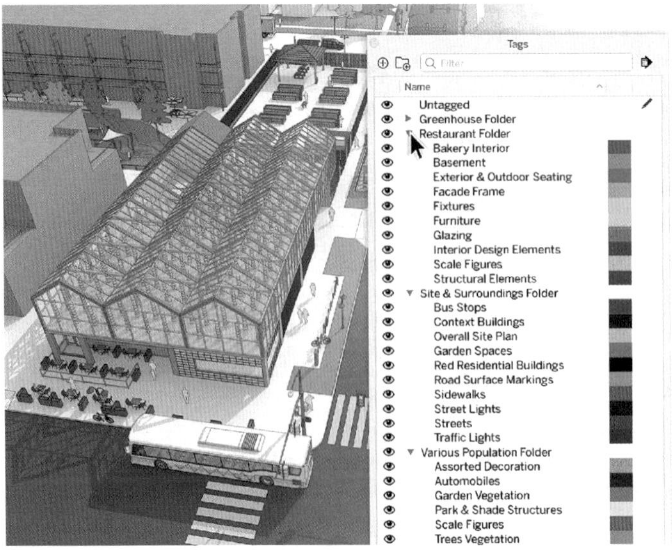

图 2　标记图层

续表

A25/B25/C25/F25、A27/B27/C27/F27、A31/B31/C31/F31：

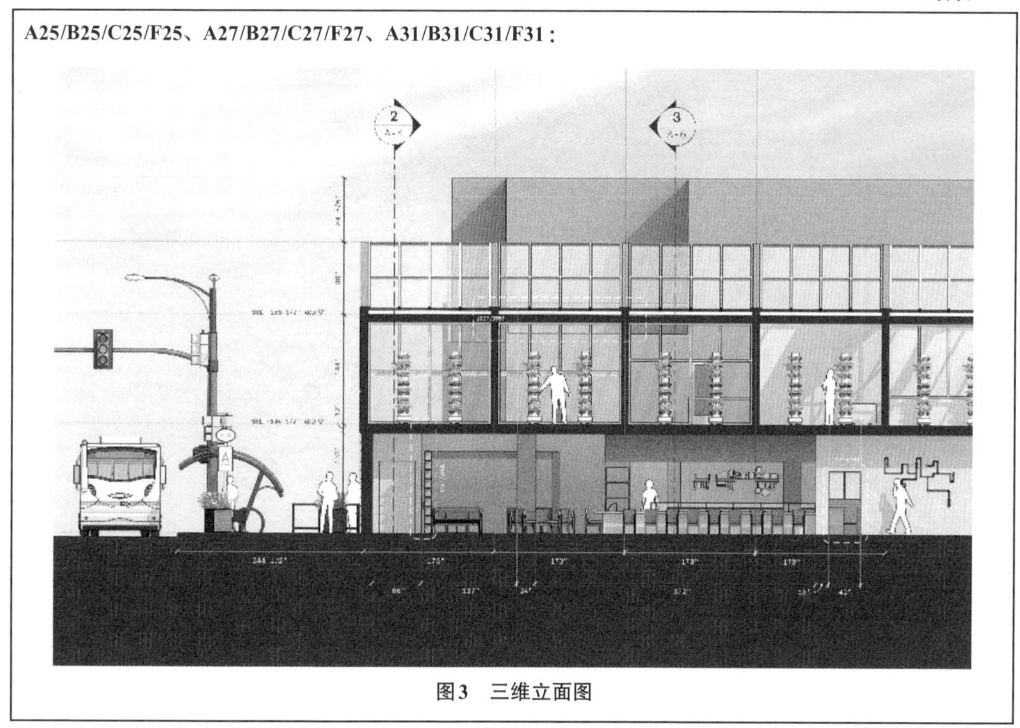

图3 三维立面图

7.5 Trimble Scan Essentials for SketchUp

Trimble Scan Essentials for SketchUp 表 7-5-1

A01/B01/C01/F01/G01/H01/J01：

图1 室内点云数据建模

续表

A03/B03/C03/F03/G03/H03/J03：

图2　点云模型

C60/F60/H60/J60：

图3　隐蔽工程点云数据

C72/F72/H72/J72：

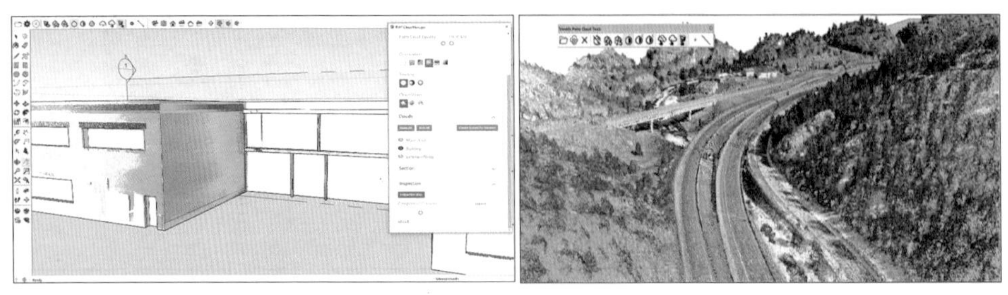

图4　点云数据对比

7.6 Microstation

Microstation　　表7-6-1

A02/B02/C02/D02/E02/F02/G02/H02/J02/K02/L02/M02/N02/P02/Q02：

图1　照片级渲染技术

7.7 理正数字化移交及发布集成展示平台

理正数字化移交及发布集成展示平台　　表7-7-1

B06/C06/F06/G06/H06/J06/K06/M06/N06/P06：

图1　叠加倾斜摄影模型

7.8 理正勘察三维地质软件

理正勘察三维地质软件　　表7-8-1

B09/C09/F09/G09/H09/J09/K09/M09/N09/O09：

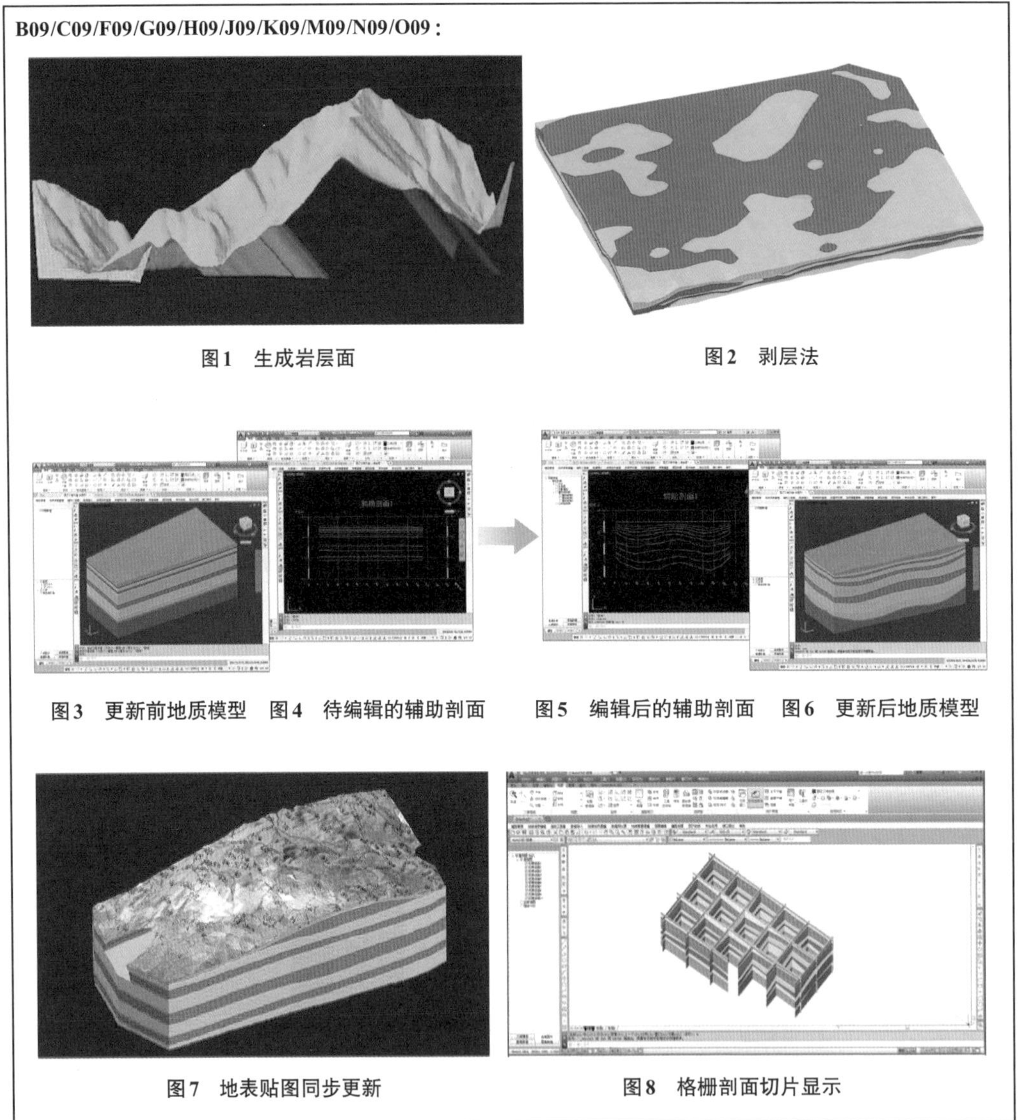

图1　生成岩层面　　图2　剥层法

图3　更新前地质模型　图4　待编辑的辅助剖面　图5　编辑后的辅助剖面　图6　更新后地质模型

图7　地表贴图同步更新　　图8　格栅剖面切片显示

续表

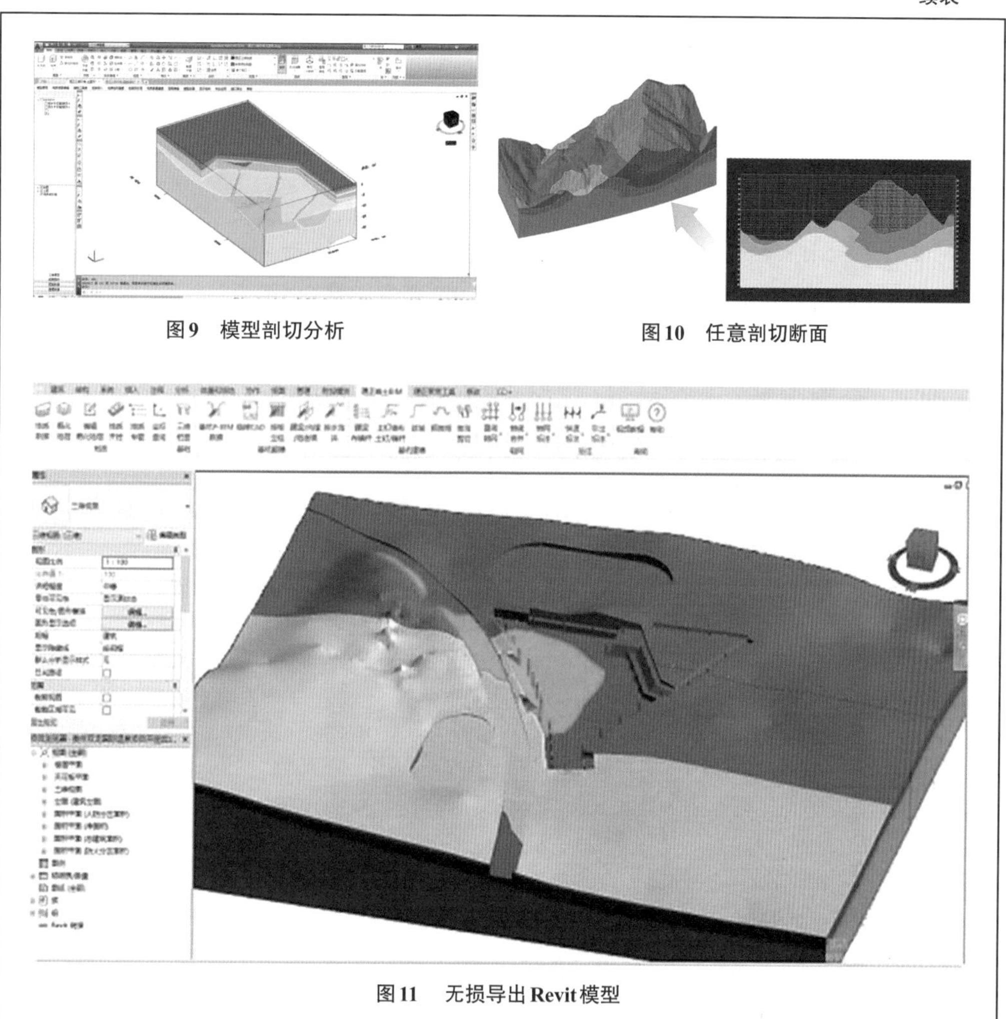

图9　模型剖切分析

图10　任意剖切断面

图11　无损导出Revit模型

7.9 理正三维连层软件

理正三维连层软件　　表 7-9-1

C09/F09/G09/H09/J09/K09/M09/N09/P09：

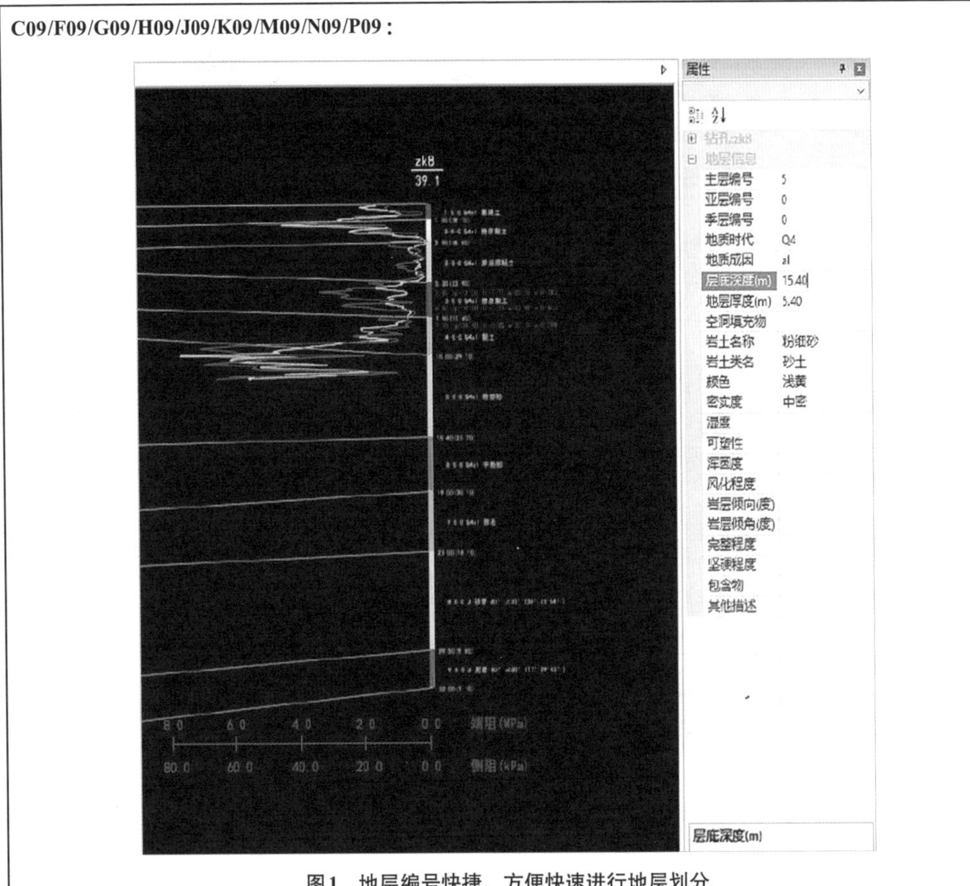

图 1　地层编号快捷，方便快速进行地层划分

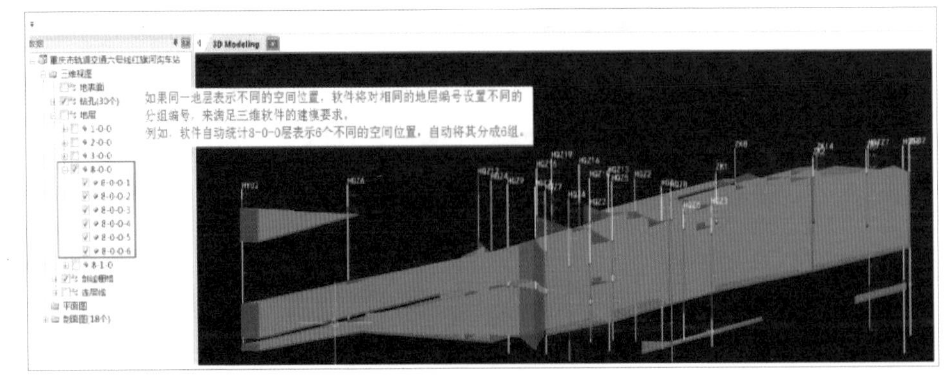

图 2　岩层和复杂地层连层

续表

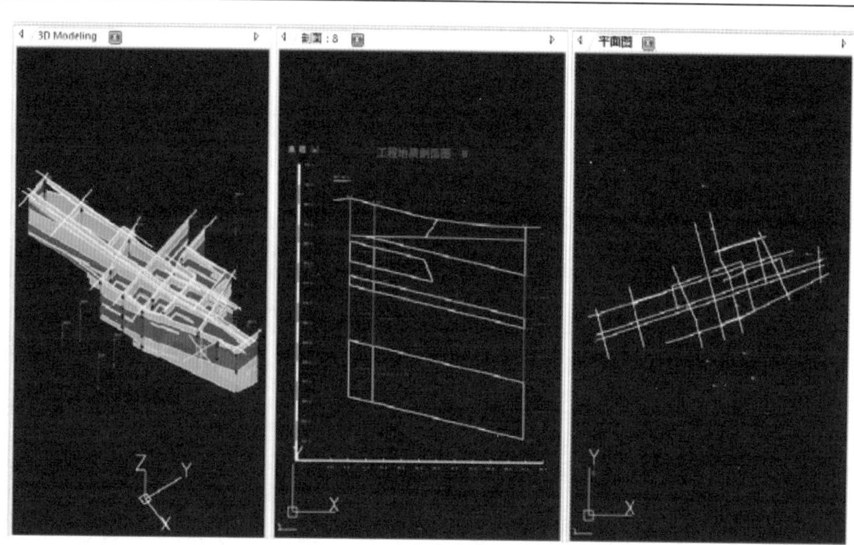

图3　多视图编辑和调整查看，各视图实时联动

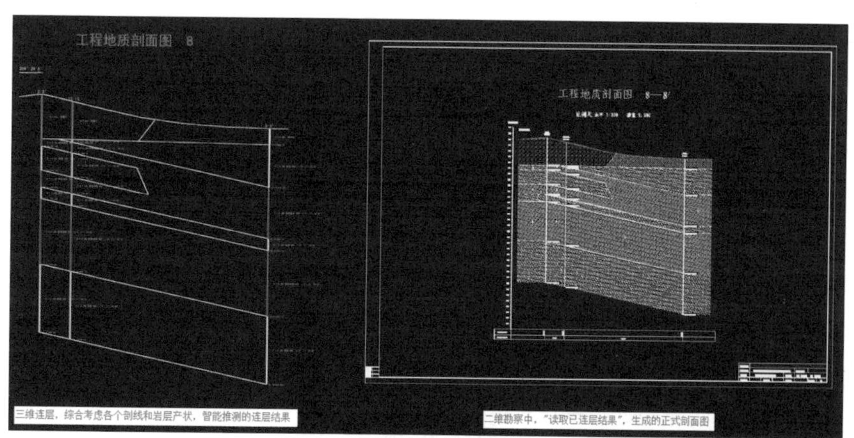

图4　剖面连层结果可保存入库，直接导入二维勘察生成正式剖面图

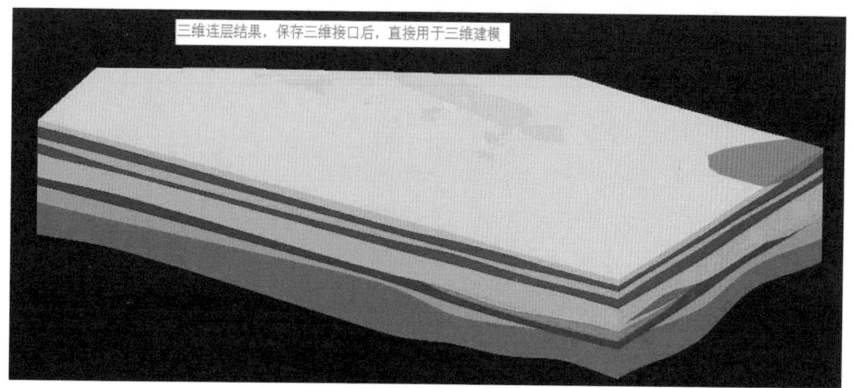

图5　三维连层结果可直接生成三维接口

7.10 理正深基坑支护结构设计软件

理正深基坑支护结构设计软件　　表 7-10-1

C10/F10/G10/H10/K10/P10、C12/F12/G12/H12/K12/P12：

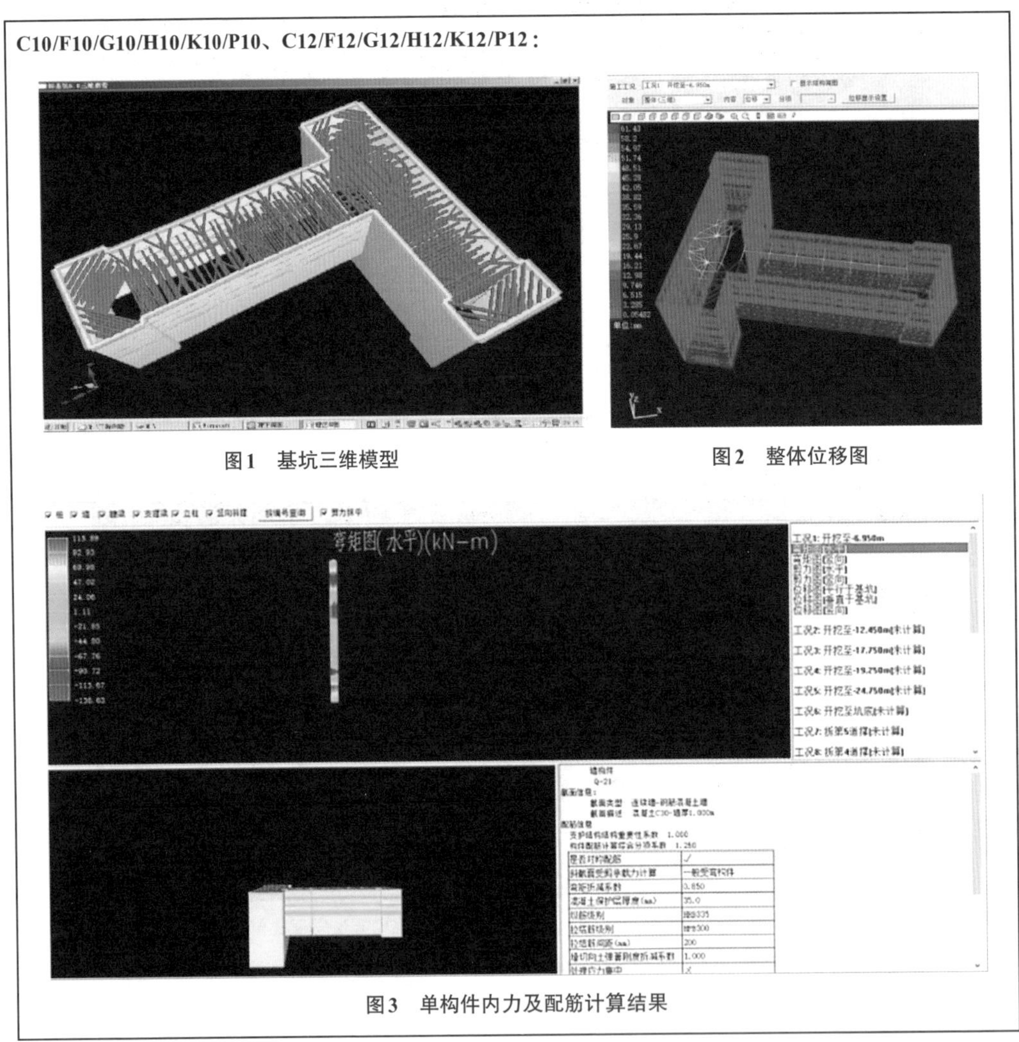

图1　基坑三维模型

图2　整体位移图

图3　单构件内力及配筋计算结果

7.11 理正岩土边坡综合治理软件(有限元版)

理正岩土边坡综合治理软件(有限元版)　　表7-11-1

C10/F10/G10/H10/J10/K10/P10、
C11/F11/G11/H11/J11/K11/P11、
C12/F12/G12/H12/J12/K12/P12:

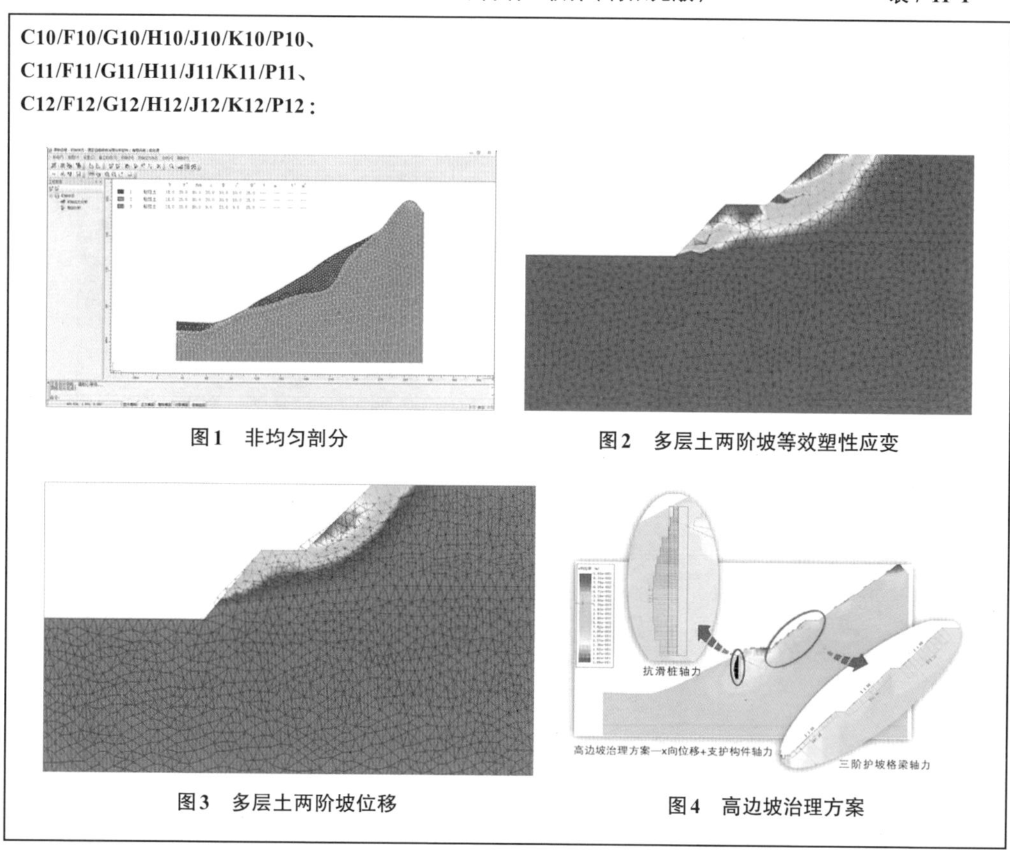

图1　非均匀剖分

图2　多层土两阶坡等效塑性应变

图3　多层土两阶坡位移

图4　高边坡治理方案

7.12 ProStructures

ProStructures　表 7-12-1

C38、C42、C55：

图 1　钢结构设计辅助和建模

图 2　冲突检测

续表

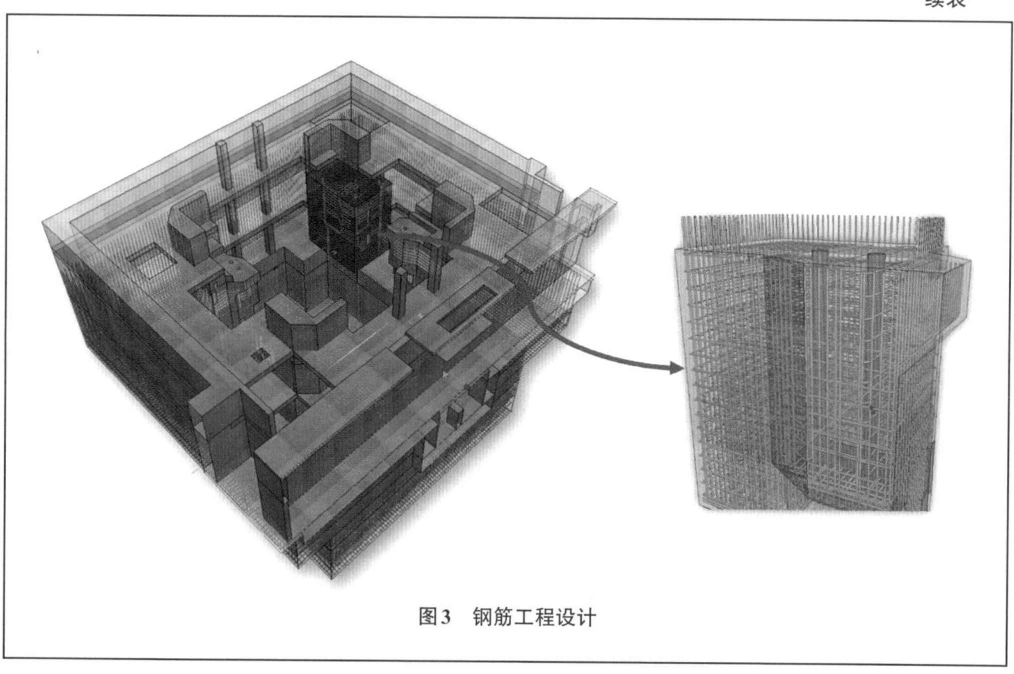

图3　钢筋工程设计

7.13 OpenRail Designer

OpenRail Designer　　表7-13-1

A31/F31/G31/J31/K31：

图1　高速铁路渲染表达

7.14 OpenUtilities™ Substation

OpenUtilities™ Substation　　表 7-14-1

C16/K16/L16/M16/N16、C25/K25/L25/M25/N25、C33/K33/L33/M33/N33：

图1　光伏电站项目效果图

图2　变电站项目效果图

7.15 Bentley iTwin

Bentley iTwin　　　　表 7-15-1

A79/B79/C79/D79/E79/F79/G79/H79 /J79/K79/L79/M79/N79/P79/Q79：

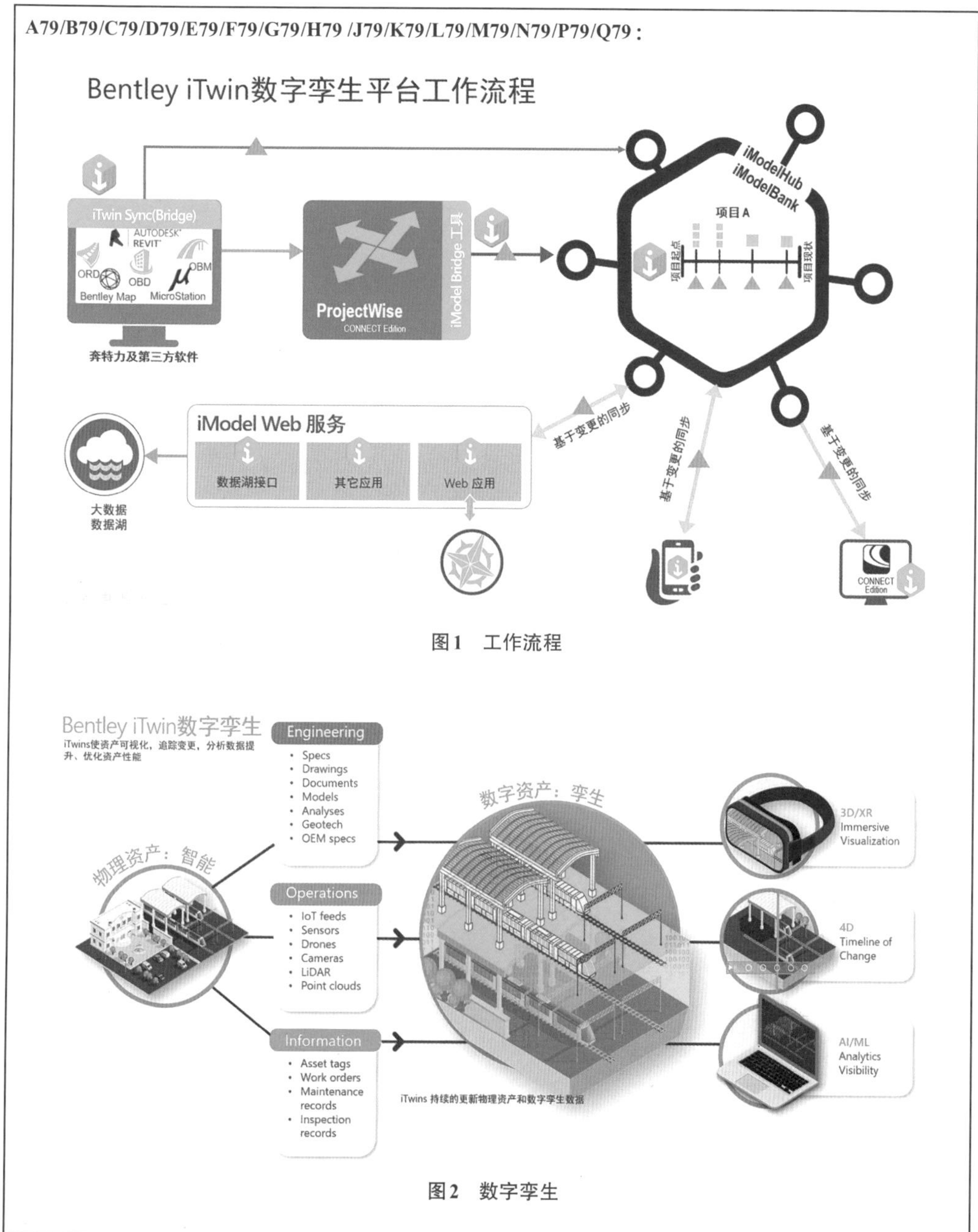

图1　工作流程

图2　数字孪生